（2023年版）

U0818020

# 国网河南省电力公司35～220kV变电站通用设计

# 施工图实施方案

国 网 河 南 省 电 力 公 司
国网河南省电力公司经济技术研究院 组编

中国电力出版社
CHINA ELECTRIC POWER PRESS

**图书在版编目（CIP）数据**

国网河南省电力公司35~220kV变电站通用设计施工图实施方案：2023年版 / 国网河南省电力公司，国网河南省电力公司经济技术研究院组编．—北京：中国电力出版社，2024.1

ISBN 978-7-5198-8942-5

Ⅰ.①国… Ⅱ.①国… ②国… Ⅲ.①变电所—工程施工—施工设计—河南 Ⅳ.① TM63

中国国家版本馆CIP数据核字（2024）第105621号

出版发行：中国电力出版社
地　　址：北京市东城区北京站西街19号（邮政编码100005）
网　　址：http://www.cepp.sgcc.com.cn
责任编辑：周秋慧
责任校对：黄　蓓　朱丽芳　于　维　张晨荻　王海南
装帧设计：张俊霞
责任印制：石　雷

印　　刷：北京九州迅驰传媒文化有限公司
版　　次：2024年1月第一版
印　　次：2024年1月北京第一次印刷
开　　本：880毫米×1230毫米　横16开本
印　　张：34.5
字　　数：1236千字
定　　价：498.00元

## 本书编委会

# 编制工作组

**组织单位** 国网河南省电力公司建设部

**牵头单位** 国网河南省电力公司经济技术研究院

**成员单位** 河南九域博慧方舟咨询发展有限公司

国网河南能源互联网电力设计院有限公司

河南经纬电力设计咨询有限公司

郑州祥和电力设计有限公司

漯河汇力电力勘察设计有限公司

许昌鲲鹏电力设计咨询有限公司

新乡华源电力勘察设计有限公司

洛阳电力勘察设计有限公司

《国网河南省电力公司 35～220kV 变电站通用设计施工图实施方案（2023 年版）》

## 各章节编写人员

**第 1 篇　总论**

审　　定　席小娟

审　　核　路晓军　郭　雷

编　　写　刘存凯　王文峰　路晓军　郑　征　杨　敏　郭　静　曹　艳

**第 2 篇　国网河南省电力公司 35～220kV 变电站通用方案**

**第 6 章　35～220kV 变电站河南省通用方案设计技术导则**

审　　定　席小娟

审　　核　郭正位　胡　鑫

编　　写　王文峰　刘存凯　路晓军　郑　征　杨　敏　郭　静　曹　艳　胡　鑫　陈宏强　周志恒
高纪云　皇甫红柱　韩超伟　方林艳

**第 7 章　HA-220-A2-10 方案**

编写单位　国网河南能源互联网电力设计院有限公司

审　　核　张　波

设计总工程师　王　璐

校　　核　张林涛　邓大磊　杨建华　都全红　梁尚坤

编　　　写　石国良　王晨晨　肖巍巍　王　晓　顾晓伟　张子璇　李　化　毕士超　王鹏桢　姜光侠

**第 8 章　HA−220−A3−2 方案**

**编写单位**　国网河南能源互联网电力设计院有限公司

**审　　　核**　王红训

**设计总工程师**　王　璐

**校　　　核**　杨建华　李　远　吴　蕾　肖巍巍　葛云威

**编　　　写**　张林涛　邓大磊　都全红　后　鹏　王事臻　秦子暄　张　瑾　杨　博　任晓克　蔡玲玲

**第 9 章　HA−220−B−1 方案**

**编写单位**　河南经纬电力设计咨询有限公司

**审　　　核**　殷　毅

**设计总工程师**　宋晓帆

**校　　　核**　周　正　董平先　姚　晗　郭　放　张蔚然

**编　　　写**　宋景博　白萍萍　王　卿　王顺然　韩慧娜　李　锦　周迪雅　申文苑　翟育新　薛文杰

**第 10 章　HA−110−A2−3 方案**

**编写单位**　郑州祥和电力设计有限公司

**审　　　核**　刘　峰　朱　勇

**设计总工程师**　白由柯

校　　　核　张海燕　荆国胜　李　鹏　李菁菁　王　丹

编　　　写　王　宛　王雪文　崔浩慧　王家卉　靳　远　王晓明　刘晓妍　王顺超　王乐怡　曹胡保

**第 11 章　HA-110-A3-3 方案**

编 写 单 位　漯河汇力电力勘察设计有限公司

审　　　核　樊贺伟

设计总工程师　郑沛豪

校　　　核　付永健　刘保军　贾晓科　杨红涛　刘二伟

编　　　写　赵　胜　李春风　赵蕊蕊　肖　燕　徐秋丽　张　超　马润植　陈小明　钟　山　刘金枝

**第 12 章　HA-110-B-1 方案**

编 写 单 位　许昌鲲鹏电力设计咨询有限公司

审　　　核　韦　杰　张少辉

设计总工程师　孙　嘉

校　　　核　王晓松　丁　毅　韩文强　赵　燕　罗文娟

编　　　写　李旭阳　王建立　朱站坡　杨玉珍　李德峰　郝占宾　刘宗贤　倪　虹　何永吉　王振伟

**第 13 章　HA-110-B-3 方案**

编 写 单 位　新乡华源电力勘察设计有限公司

审　　　核　杨增涛

设计总工程师　焦　坦

校　　　　核　王宏强　赵　军　任友新

编　　　　写　李　怡　郜时昆　王纪强　刘　雪　杨雅慧

第14章　HA-35-E3-1方案

编 写 单 位　洛阳电力勘察设计有限公司

审　　　　核　李　建

设计总工程师　王绍辉

校　　　　核　张五一　侯玉红　李　雯　刘晓楠　杨善峰

编　　　　写　刘丽平　薛　隆　相　力　岳浩然　丁　颖　蔡文强　韩京芪　关晓萌　任世杰　韩文琳

# 前　　言

国网河南省电力公司变电站通用设计实施方案是国家电网有限公司标准化建设成果的重要组成部分。2020年，国网河南省电力公司组织编制出版了《国网河南省电力公司35～220kV变电站通用设计施工图实施方案（2020年版）》，对国网河南省电力公司基建标准化建设和提升工程建设质量、效率效益发挥了重要作用。随着装备水平进一步提升、一键顺控技术的深化应用、变电站智能化水平不断提高、绿色建造持续推进，2020年版国网河南省电力公司变电站通用设计实施方案已不能满足实际需要，需进行修编，提升其适用性。

为更好地适应输变电工程高质量建设、装备水平提升、智能化水平提高及绿色建造要求，根据国网河南省电力公司要求，国网河南省电力公司经济技术研究院组织河南九域博慧方舟咨询发展有限公司、国网河南能源互联网电力设计院有限公司、河南经纬电力设计咨询有限公司、郑州祥和电力设计有限公司、漯河汇力电力勘察设计有限公司、许昌鲲鹏电力设计咨询有限公司、新乡华源电力勘察设计有限公司和洛阳电力勘察设计有限公司，对2020年版国网河南省电力公司变电站通用设计实施方案进行修编。主要修订内容包括：一是纳入全电压等级HGIS（混合式气体绝缘金属封闭开关设备）配电装置、GIS（气体绝缘金属封闭开关设备）不停电扩建（双断口隔离开关）、辅助设备智能监控等变电站模块化建设2.0版技术成果，进一步提高了变电站设备集成度及智能化水平；二是根据国家电网有限公司通用设计调整情况并结合国网河南省电力公司实际需求，调整了1个220kV全户内方案、2个110kV HGIS方案，增加了2个半户内方案（220kV和110kV各1个），进一步提高了实施方案的适用性；三是落实“四统一”标准的补充新增内容，包括变压器采用高效节能变压器，优化调整GIS的电气接口及土建接口等；四是增加了绿色建造技术应用，将绿色发展理念融入变电站工程建设全过程，实施“绿色策划、绿色设计、绿色施工、绿色移交”，有效降低了建造全过程对资源的消耗和生态环境的影响，减少了碳排放，整体提升了输变电工程绿色建造水平。

《国网河南省电力公司35～220kV变电站通用设计施工图实施方案（2023年版）》共分为2篇，第1篇为总论，包括概述、工作过程、设计依据、主要技术方案组合、通用设计方案应用方法；第2篇为国网河南省电力公司35～220kV变电站通用方案，主要包括35～220kV变电站河南省通用方案设计技术导则及8个方案设计说明和主要图纸。

本书主要用于指导国网河南省电力公司系统新建35～220kV变电站工程设计建设，扩建及技改工程参照执行。

由于编者水平有限，文中疏漏之处在所难免，敬请读者批评指正。

**编　者**

2023年12月

# 目　　录

# 第1篇　总　　论

## 第1章　概　　述

### 1.1　目的和意义

为更好地适应输变电工程高质量建设、装备水平提升、智能化水平提高及绿色建造要求，持续深化基建标准化建设，在国家电网有限公司变电站通用设计和国网河南省电力公司通用设计实施方案等标准化工程成果的基础上，国网河南省电力公司组织开展《国网河南省电力公司35～220kV变电站通用设计施工图实施方案》修订，进一步深化、优化变电站工程设计，实现变电站零米以上、围墙以内技术方案、工程量、造价指标的标准化设计，从源头推进电网高质量建设和精准管控。

**一是深化标准化建设。**集成应用成熟适用新技术，形成电气一次、二次、土建各专业标准化技术方案，实现设计、建设标准化，提升工程技术水平，提升节能环保水平。

**二是提高智能变电站建设效率。**实现初步设计、设备采购、施工图设计、土建施工、安装调试、生产运行等环节有效衔接，减少现场湿作业，提高变电站建设全过程精益化管理和建设效率。

**三是全面提高电网建设能力。**设计达到施工图深度，技术和装备实现集成和工厂化调试，应用预制装配结构，推进现场机械化施工，减少现场接线和调试工作，提高工程建设安全质量、工艺水平。

### 1.2　工作内容

在国家电网有限公司变电站通用设计基础上，结合河南电网特点和工程实际，开展国网河南省电力公司35～220kV变电站通用设计实施方案优化修订，形成《国网河南省电力公司35～220kV变电站通用设计施工图实施方案（2023年版）》。主要包括以下修订内容：

（1）纳入全电压等级HGIS配电装置、GIS不停电扩建（双断口隔离开关）、辅助设备智能监控等变电站模块化建设2.0版技术成果，进一步提高了变电站设备集成度及智能化水平。

（2）根据国家电网有限公司通用设计调整情况并结合国网河南省电力公司实际需求调整了1个220kV全户内方案、2个110kV HGIS方案，增加了2个半户内方案（220kV和110kV各1个），进一步提高了实施方案的适用性。

（3）落实“四统一”标准的补充新增内容，包括变压器采用高效节能变压器，优化调整GIS的电气接口及土建接口等。

（4）增加了绿色建造专题，将绿色发展理念融入变电站工程建设全过程，实施“绿色策划、绿色设计、绿色施工、绿色移交”，有效降低了建造全过程对资源的消耗和生态环境的影响，减少了碳排放，整体提升了输变电工程绿色建造水平。

（5）随本书出版图纸426张，其中包括HA-220-A2-10方案72张，HA-220-A3-2方案87张，HA-220-B-1方案75张，HA-110-A2-3方案55张，HA-110-A3-3方案40张，HA-110-B-1方案43张，HA-110-B-3方案37张，HA-35-E3-1方案37张。

### 1.3　修订原则

（1）优选通用设计方案，提高方案适应性。结果河南省实际情况，进一步优化通用设计方案，增加2个半户内设计方案，提高了国网河南省电力公司35～220kV变电站通用设计实施方案的适用性。

（2）深化通用设计，达到施工图深度。严格执行通用设备“四统一”（统一技术参数、统一电气接口、统一二次接口、统一土建接口）要求，整合应用标准工艺，编制 35～220kV 变电站施工图通用设计，提高通用性。

（3）实现通用互换。统一建设标准，全面应用模块化通用设计，全过程深化应用通用设备，实现全站一次设备、二次设备和建筑物、构筑物、基础等通用互换。

# 第 2 章　工 作 方 式 及 过 程

## 2.1　工作方式

本次通用设计修订工作按照统一组织、分工负责的形式开展，为加强有关工作管控和协调，成立《国网河南省电力公司 35～220kV 变电站通用设计施工图实施方案（2023 年版）》修订工作组。

归口管理：国网河南省电力公司建设部。

牵头单位：国网河南省经济技术研究院。

成员单位：河南九域博慧方舟咨询发展有限公司、河南经纬电力设计咨询有限公司、郑州祥和电力设计有限公司、国网河南能源互联网电力设计院有限公司、漯河汇力电力勘察设计有限公司、许昌鲲鹏电力设计咨询有限公司、新乡华源电力勘察设计有限公司、洛阳电力勘察设计有限公司。

国网河南省经济技术研究院统一组织，协调并督导各参与单位按照分工开展工作，总体把握工作要求及进度；负责通用设计修订总体工作，具体负责 110～220kV 通用设计方案修订工作推进实施。

河南九域博慧方舟咨询发展有限公司负责 35kV 通用设计方案修订工作推进实施。

各电力设计公司负责各设计方案的具体编制工作，按照确定的深度和计划，保质保量完成各阶段成果；按照工作计划承办集中工作及评审会议，并按照反馈的审查意见开展修订工作。

## 2.2　工作过程

《国网河南省电力公司 35～220kV 变电站通用设计施工图实施方案（2023 年版）》修订工作分为确定技术方案组合、修订技术导则、修订通用设计方案施工图、中间审查及征求意见、形成并完善设计成果等阶段。

### 2.2.1　确定技术方案组合，明确工作分工

2022 年 10 月，根据河南省历年通用设计方案使用需求，并结合国网河南省电力公司未来 5 年发展情况确定了河南省 35～220kV 新建变电站 8 个常用的通用设计方案（3 个 220kV 方案、4 个 110kV 方案、1 个 35kV 方案）。经讨论、评审后确定各模块主要建设规模、接线方式、布置方式等主要技术条件。

### 2.2.2　修订技术导则

参考国家电网有限公司通用设计方案技术导则，并结合河南省 35～220kV 变电站建设特点，修订技术导则，并经各专业讨论深化、细化设计后，经专家组评审后修改完善形成技术导则。

### 2.2.3　修订通用设计方案

2022 年 10 月～2023 年 3 月，选取 220-A2-10、220-A3-2、220-B-1、110-A2-3、110-A3-3、110-B-1、110-B-3、35-E3-1 共 8 个通用设计方案作为河南省通用设计实施方案（涵盖全户内、半户内、户外 HGIS、户内开关柜）。根据国家电网有限公司最新版通用设计，并结合 2020 年来工程的实际使用情况修订国网河南省电力公司 35～220kV 变电站通用设计施工图实施方案。

### 2.2.4　审查通用设计方案及统稿

2023 年 4 月，召开 2 次评审会，经编制单位内部校核、交叉互查、省内广泛征求意见，修改、完善后形成适用于河南省的通用设计施工图实施方案。

2023 年 6 月，召开《国网河南省电力公司 35～220kV 变电站通用设计施工图实施方案（2023 年版）》宣贯会，并要求在基建项目中贯彻执行。积极收集建设单位、设计单位在应用过程中发现的问题和修改建议。

2023 年 11 月，召开统稿会，统一图纸表达、专业划分、技术方案等，形成施工图通用设计成果。

# 第 3 章　设　计　依　据

## 3.1　设计依据性文件

国网河南省电力公司建设部关于启动 35～220kV 变电站通用方案施工图设计（2022 年版）修订工作的相关通知和文件。

### 3.2 主要设计标准、规程规范

下列设计标准、规程规范中凡是注日期的引用文件，其随后所有的修改单或修订版均不适用于本通用设计，凡是不注日期的引用文件，其最新版本适用于本通用设计。

GB/T 2887—2011　计算机场地通用规范
GB/T 9361—2011　计算机场地安全要求
GB/T 14285—2023　继电保护和安全自动装置技术规程
GB 20052—2020　电力变压器能效限定值及能效等级
GB/T 30155—2013　智能变电站技术导则
GB/T 50006—2010　厂房建筑模数协调标准
GB 50007—2011　建筑地基基础设计规范
GB 50009—2012　建筑结构荷载规范
GB/T 50010—2010　混凝土结构设计标准（2024 年版）
GB/T 50011—2010　建筑抗震设计标准（2024 年版）
GB 50016—2014　建筑设计防火规范（2018 年版）
GB 50017—2017　钢结构设计标准
GB 50059—2011　35kV～110kV 变电站设计规范
GB 50060—2008　3～110kV 高压配电装置设计规范
GB/T 50063—2017　电力装置电测量仪表装置设计规范
GB/T 50064—2014　交流电气装置的过电压保护和绝缘配合设计规范
GB/T 50065—2011　交流电气装置的接地设计规范
GB 50068—2018　建筑结构可靠性设计统一标准
GB 50116—2013　火灾自动报警系统设计规范
GB 50217—2018　电力工程电缆设计标准
GB 50219—2014　水喷雾灭火系统技术规范
GB 50222—2017　建筑内部装修设计防火规范
GB 50223—2008　建筑工程抗震设防分类标准
GB 50227—2017　并联电容器装置设计规范
GB 50229—2019　火力发电厂与变电站设计防火标准
GB 50260—2013　电力设施抗震设计规范
GB 50345—2012　屋面工程技术规范
GB 50352—2019　民用建筑设计统一标准
GB 50974—2014　消防给水及消火栓系统技术规范
GB/T 51072—2014　110（66）kV～220kV 智能变电站设计规范
GB 51251—2017　建筑防烟排烟系统技术标准
GB 51309—2018　消防应急照明和疏散指示系统技术标准
GB 55001—2021　工程结构通用规范
GB 55002—2021　建筑与市政工程抗震通用规范
GB 55003—2021　建筑与市政地基基础通用规范
GB 55006—2021　钢结构通用规范
GB 55008—2021　混凝土结构通用规范
GB 55015—2021　建筑节能与可再生能源利用通用规范
GB 55016—2021　建筑环境通用规范
GB 55020—2021　建筑给水排水与节水通用规范
GB 55029—2022　安全防范工程通用规范
GB 55030—2022　建筑与市政工程防水通用规范
GB 55036—2022　消防设施通用规范
GB 55037—2022　建筑防火通用规范
DL/T 448—2016　电能计量装置技术管理规程
DL/T 548—2012　电力系统通信站过电压防护规程
DL/T 860（所有部分）　电力自动化通信网络和系统
DL/T 5002—2021　地区电网调度自动化设计规程
DL/T 5003—2017　电力系统调度自动化设计规程
DL/T 5024—2020　电力工程地基处理技术规程
DL 5027—2015　电力设备典型消防规程
DL/T 5035—2016　发电厂供暖通风与空气调节设计规范
DL/T 5044—2014　电力工程直流电源系统设计技术规程
DL/T 5056—2007　变电站总布置设计技术规程
DL/T 5136—2012　火力发电厂、变电站二次接线设计技术规程
DL/T 5143—2018　变电站和换流站给水排水设计规程
DL/T 5155—2016　220kV～1000kV 变电站站用电设计技术规程
DL/T 5158—2021　电力工程气象勘测技术规程
DL/T 5170—2015　变电站岩土工程勘测技术规程

DL/T 5202—2022　电能量计量系统设计规程
DL/T 5218—2012　220kV～750kV 变电站设计技术规程
DL/T 5222—2021　导体和电器选择设计规定
DL/T 5242—2010　35kV～220kV 变电站无功补偿装置设计技术规定
DL/T 5352—2018　高压配电装置设计规范
DL/T 5390—2014　发电厂和变电站照明设计技术规定
DL/T 5452—2012　变电工程初步设计内容深度规定
DL/T 5457—2012　变电站建筑结构设计技术规程
DL/T 5458—2012　变电工程施工图设计内容深度规定
DL/T 5484—2013　电力电缆隧道设计规程
DL/T 5495—2015　35kV～110kV 户内变电站设计规程
DL/T 5496—2015　220kV～500kV 户内变电站设计规程
JTG B01—2014　公路工程技术标准
JG/T 368—2012　钢筋桁架楼承板

## 3.3　有关企业标准、国网公司文件及技术要求

Q/GDW 441　智能变电站继电保护技术规范
Q/GDW 678　智能变电站一体化监控系统功能规范
Q/GDW 679　智能变电站一体化监控系统建设技术规范
Q/GDW 1161—2014　线路保护及辅助装置标准化设计规范
Q/GDW 1175—2013　变压器、高压并联电抗器和母线保护及辅助装置标准化设计规范
Q/GDW 10166.2—2017　国家电网有限公司输变电工程初步设计内容深度规定 第 2 部分：110（66）kV 智能变电站
Q/GDW 10166.8—2017　国家电网有限公司输变电工程初步设计内容深度规定 第 8 部分：220kV 智能变电站
Q/GDW 10212—2019　电力系统无功补偿技术导则
Q/GDW 10381.1—2017　国家电网有限公司输变电工程施工图设计内容深度规定 第 1 部分：110（66）kV 智能变电站
Q/GDW 10381.5—2017　国家电网有限公司输变电工程施工图设计内容深度规定 第 5 部分：220kV 智能变电站
Q/GDW 11126—2021　35kV～750kV 变电站站用电设计规范
Q/GDW 11152—2014　智能变电站模块化建设技术导则
Q/GDW 11154—2014　智能变电站预制电缆技术规范
Q/GDW 11155—2014　智能变电站预制光缆技术规范
Q/GDW 11157—2014　预制舱式二次组合设备技术规范
Q/GDW 11276—2022　户内变电站设计规范
Q/GDW 11277—2014　变电站降噪材料和降噪装置技术要求
Q/GDW 11358—2019　电力通信网规划设计技术导则
Q/GDW 11687—2017　变电站装配式钢结构建筑设计规范
Q/GDW 11736—2017　城市变电站降噪模块化设计规范

《国家电网有限公司关于印发十八项电网重大反事故措施（修订版）的通知》（国家电网设备〔2018〕979 号）

《国家电网公司输变电工程通用设计 35～110kV 智能变电站模块化建设施工图设计》（2016 年版）

《国家电网公司输变电工程通用设计 220kV 变电站模块化建设》（2017 年版）

《国网基建部关于发布 35～750kV 输变电工程设计质量控制“一单一册”（2019 年版）的通知》（基建技术〔2019〕20 号）

《国网基建部关于发布 35～750kV 变电站通用设计通信、消防部分修订成果的通知》（基建技术〔2019〕51 号）

国家电网公司关于加快推进电力监控系统网络安全管理平台建设的通知（国家电网调〔2017〕1084 号）

《国网基建部关于印发变电站机械化施工技术导则（试行）的通知》（基建技术〔2017〕99 号）

《电网设备技术标准差异条款统一意见》（国家电网科〔2017〕549 号）

《国家电网有限公司关于印发电网运行有关技术标准差异协调统一条款的通知》（国家电网科〔2020〕163 号）

《国网基建部关于发布基建技术应用目录的通知》（基建技术〔2022〕14 号）

《国网河南省电力公司电网设备选型技术原则》

《国网河南省电力公司电网设备装备技术原则》

《国家电网有限公司 35～750kV 变电站通用设计、通用设备应用目录（2023 年版）》

《输变电工程绿色建造指引（2.0 版）》

《国网基建部关于进一步推进 110～35kV 变电站设备通用互换的工作要求》

（基建技术〔2016〕16 号）

《国家电网公司防止变电站全停十六项措施（2015 年版）》（国家电网运检〔2015〕376 号）

《国网基建部关于加强新建输变电工程防污闪等设计工作的通知》（基建技术〔2014〕10 号）

《国网基建部关于进一步明确变电站通用设计开关柜选型技术原则的通知》（基建技术〔2014〕48 号）

《35～750kV 输变电工程设计阶段常见问题清册（2023 年版）》

《国家电网有限公司关于印发加强易受洪涝灾害影响地区电网设备防洪防涝工作重点措施的通知》（国家电网设备〔2020〕770 号）

《国家电网有限公司关于提升城市电网防内涝能力有关要求的通知》（国家电网发展〔2021〕491 号）

《国网设备部关于印发提升在运变电站防汛抗灾能力重点措施（试行）及释义的通知》（变电设备〔2021〕69 号）

《国调中心、国网设备部关于印发变电场景一体化通信技术方案的通知》（调通〔2023〕25 号）

《国网河南省电力公司关于印发河南电网基建工程可研防洪涝重点措施的通知》（豫电发展〔2021〕507 号）

《国网河南省电力公司关于印发河南电网基建工程防洪涝灾害设计评审要点的通知》（豫电建设〔2022〕177 号）

# 第 4 章　主要技术方案组合

在国家电网有限公司通用设计方案的基础上，结合河南电网实际情况，根据电压等级、主变压器建设规模、配电装置形式等，合理确定河南省 35～220kV 电站常用设计方案。220kV 变电站常用设计方案 3 个，110kV 变电站常用设计方案 4 个，35kV 变电站常用设计方案 1 个，主要技术方案组合见表 4.0.0−1。河南省 35～220kV 变电站通用设计实施方案与国家电网通用设计的差异对比见表 4.0.0−2。

**表 4.0.0−1　　河南省 35～220kV 变电站常用设计方案**

| 序号 | 方案编号 | 使用条件 | 建设规模（本期 / 终期） | 接线形式 | 总布置及配电装置 | 围墙内占地面积（$hm^2$）/ 总建筑面积（$m^2$） |
|---|---|---|---|---|---|---|
| 1 | HA−220−A2−10 | 人口密度高、土地昂贵地区；受外界条件限制、站址选择困难地区；复杂地质条件、高差较大的地区；特殊环境条件、对噪声环境要求较高的地区 | 主变压器：2/3 × 240MVA；<br>220kV 出线：4/6 回；<br>110kV 出线：8/14 回；<br>10kV 出线：28/42 回；<br>10kV 电容器：每台主变压器 3/3 组；<br>10kV 电抗器：每台主变压器 2/2 组 | 220kV：本期及终期双母线接线；<br>110kV：本期及终期双母线接线；<br>10kV：本期单母线三分段接线，终期单母线四分段接线 | 全户内一幢楼布置，主变压器户内布置；<br>一层布置主变压器、220kV GIS、110kV GIS、10kV 开关柜（双列布置）及并联电抗器、二次设备，二层布置接地变压器及消弧线圈成套装置、10kV 电容器；<br>220kV 全电缆出线，110kV 全电缆出线；<br>各电压等级间隔层设备下放布置，公用及主变压器二次设备布置在二次设备室 | 0.6332/4996 |
| 2 | HA−220−A3−2 | 人口密度较高、土地较昂贵地区；受外界条件限制、站址选择困难地区； | 主变压器：1/3 × 180MVA；<br>220kV 出线：4/6 回；<br>110kV 出线：6/12 回； | 220kV：本期及终期双母线接线；<br>110kV：本期及终期双母线接线； | 两栋楼平行布置，主变压器户外布置；<br>220kV 配电装置楼：一层布置部分二次设备、并联电容器及 220kV GIS 设备，二层布置并联电容器；<br>110kV 配电装置楼：一层布置 10kV 户内开关柜（双列布置）、接地变压器及消弧线圈成套装置，二层布置 110kV GIS 及二次设备； | 0.7353/2788 |

续表

| 序号 | 方案编号 | 使用条件 | 建设规模（本期/终期） | 接线形式 | 总布置及配电装置 | 围墙内占地面积（$hm^2$）/总建筑面积（$m^2$） |
|---|---|---|---|---|---|---|
| 2 | HA-220-A3-2 | 复杂地质条件、高差较大的地区；重污秽地区 | 10kV 出线：12/36 回；<br>10kV 电容器：每台主变压器 4/4 组 | 10kV：本期单母线接线，终期单母线三分段接线 | 220kV 电缆、架空混合出线，110kV 电缆、架空混合出线；<br>各电压等级间隔层设备下放布置，公用及主变压器二次设备布置在二次设备室 | 0.7353/2788 |
| 3 | HA-220-B-1 | 人口密度不高、土地相对便宜地区；环境条件较好地区 | 主变压器：1/3×180MVA；<br>220kV 出线：4/6 回；<br>110kV 出线：4/12 回；<br>10kV 出线：8/24 回；<br>10kV 电容器：每台主变压器 4/4 组 | 220kV：本期及终期双母线接线；<br>110kV：本期及终期双母线接线；<br>10kV：本期单母线接线，终期单母线三分段接线 | 220、110kV 及主变压器场地平行布置；<br>220kV 户外悬吊管型母线、HGIS 设备单列布置；<br>110kV 户外悬吊管型母线、HGIS 设备单列布置；<br>10kV 户内开关柜双列布置；<br>10kV 电容器户外双列布置；<br>接地变压器及消弧线圈成套装置户内布置；<br>站控层设备、间隔层设备、交直流一体化电源柜、通信柜等均集中布置于二次设备室 | 1.5052/846 |
| 4 | HA-110-A2-3 | 人口密度高、土地昂贵地区；受外界条件限制、站址选择困难地区；重污秽地区；对噪声环境要求高的地区 | 主变压器：1/3×63MVA；<br>110kV 出线：2/4 回；<br>10kV 出线：12/36 回（14/42 回）；<br>10kV 电容器：每台主变压器 2/2 组 | 110kV：本期及终期单母线分段接线；<br>10kV：本期单母线接线，终期单母线三（四）分段接线 | 全户内一幢楼布置，主变压器户内布置；<br>一层布置主变压器、110kV GIS、10kV 开关柜（双列布置）、接地变压器及消弧线圈成套装置，二层布置二次设备、蓄电池、10kV 电容器；<br>110kV 全电缆出线；<br>各电压等级间隔层设备下放布置，公用及主变压器二次设备布置在二次设备室 | 0.340/1983 |
| 5 | HA-110-A3-3 | 人口密度高、土地昂贵地区；受外界条件限制，站址选择困难地区；重污秽地区；投资受限地区 | 主变压器：1/3×50MVA；<br>110kV 出线：2/4 回；<br>10kV 出线：10/30 回；<br>10kV 电容器：每台主变压器 2/2 组 | 110kV：本期及终期单母线分段接线；<br>10kV：本期单母线接线，终期单母线三分段接线 | 半户内一幢楼一层布置，主变压器户外布置；<br>一层布置主变压器、110kV GIS、10kV 开关柜（双列布置）、接地变压器及消弧线圈成套装置、二次设备室、蓄电池室、10kV 电容器室；<br>110kV 两回架空、两回电缆出线；<br>各电压等级间隔层设备下放布置，公用及主变压器二次设备布置在二次设备室 | 0.3690/901 |
| 6 | HA-110-B-1 | 人口密度低、土地征地费用较低地区；不受外界条件限制、站址选择较为容易、无特殊地形条件、中度大气污染地区 | 主变压器：1/3×50MVA；<br>110kV 出线：2/4 回；<br>35kV 出线：3/6 回；<br>10kV 出线：8/26 回；<br>10kV 电容器：每台主变压器 2/2 组 | 110kV：本期单母线（分段）接线，终期单母线分段接线；<br>35kV：本期单母线接线，终期单母线分段接线；<br>10kV：本期单母线接线，终期单母线三分段接线 | 110、35、10kV 及主变压器场地平行布置；<br>110kV 户外 HGIS，架空出线，设置 1 个Ⅱ型预制舱；<br>35、10kV 户内开关柜双列布置，全电缆出线；<br>10kV 电容器一列式户外布置；<br>站用变压器、消弧线圈户外布置 | 0.4521/637 |

续表

| 序号 | 方案编号 | 使用条件 | 建设规模（本期 / 终期） | 接线形式 | 总布置及配电装置 | 围墙内占地面积（$hm^2$）/ 总建筑面积（$m^2$） |
|---|---|---|---|---|---|---|
| 7 | HA-110-B-3 | 人口密度低、土地征地费用较低地区；不受外界条件限制、站址选择较为容易、无特殊地形条件、中度大气污染地区 | 主变压器：1/3×50MVA；<br>110kV 出线：2/4 回；<br>10kV 出线：10/30 回；<br>10kV 电容器：每台主变压器 2/2 组 | 110kV：本期单母线（分段）接线，终期单母线分段接线；<br>10kV：本期单母线接线，终期单母线三分段接线 | 110、10kV 及主变压器场地平行布置；<br>110kV 户外 HGIS，架空出线，设置 1 个Ⅱ型预制舱；<br>10kV 户内开关柜双列布置，全电缆出线；<br>10kV 电容器一列式户外布置；<br>站用变压器、消弧线圈户外布置 | 0.4131/497 |
| 8 | HA-35-E3-1 | 适用于河南电网 35kV 变电站新建工程 | 主变压器：1×10/2×20MVA；<br>35kV 出线：2/4 回；<br>10kV 出线：6/16 回；<br>10kV 电容器：每台主变压器 2/2 组 | 35kV：本期及终期单母线分段接线；<br>10kV：本期单母线接线，终期单母线分段接线 | 主变压器户外布置；<br>35、10kV 开关柜户内双列布置，全电缆出线；<br>10kV 电容器一列式户外布置；<br>站用变压器、消弧线圈户外布置 | 0.2418/416 |

**表 4.0.0-2　　河南省 35～220kV 变电站常用方案与国家电网通用设计的差异对比**

| 序号 | 方案号 | 建设规模（本期 / 终期） | 接线形式 | 总建筑面积 | | | 围墙内占地面积 | | |
|---|---|---|---|---|---|---|---|---|---|
| | | 主要差异 | 主要差异 | 国家电网（$m^2$） | 河南（$m^2$） | 主要差异 | 国家电网（$hm^2$） | 河南（$hm^2$） | 主要差异 |
| 1 | HA-220-A2-10 | 220kV 规划出线回路数由 8 回改为 6 回；10kV 规划出线回路数由 36 回改为 42 回；10kV 并联电容器由 4 组改为 3 组；10kV 电抗器由 1 组改为 2 组 | （1）220、110kV 终期由双母线单分段接线调整为双母线接线；<br>（2）10kV 终期由单母线三分段接线调整为单母线四分段接线 | 5450 | 4996 | 相比国家电网有限公司典设，由于 GIS 规模减小并优化了布置，建筑物横向尺寸减小，建筑面积减少 $454m^2$ | 0.6782 | 0.6332 | 围墙内占地面积减少 $0.045hm^2$，主要是由于配电装置楼占地面积减小，并优化了站前区的面积 |
| 2 | HA-220-A3-2 | 主变压器容量由 3×240MVA 改为 3×180MVA；220kV 规划出线回路数由 10 回改为 6 回；10kV 并联电容器由 3 组改为 4 组；10kV 电抗器由 2 组改为 0 组 | （1）220kV 终期由双母线单分段接线调整为双母线接线；<br>（2）10kV 终期由单母线六分段接线调整为单母线三分段接线 | 3921 | 2788 | 取消了 10kV 电抗器，10kV 电容器调整为两层布置，220kV GIS 规模核减并由二层调整至一层，建筑面积减少 $1133m^2$ | 0.7738 | 0.7353 | 围墙内占地面积减少 $0.0385hm^2$，主要是由于配电装置楼占地面积减小 |
| 3 | HA-220-B-1 | 110kV 规划出线回路数由 10 回改为 12 回 | 无差异 | 934 | 846 | 10kV 配电装置室由单列布置调整为双列布置，接地变压器及消弧线圈成套装置由户外布置调整为户内布置，建筑面积减少 $88m^2$ | 1.447 | 1.5052 | 围墙内占地面积增加 $0.0582hm^2$，110kV 出线规模增大，导致站区面积增加 |
| 4 | HA-110-A2-3 | 主变压器容量由 50MVA 改为 63MVA；110kV 出线回路数由 6 回改为 4 回；10kV 出线回路数由 48 回改为 42 回 | 10kV 终期由单母线三分段接线改为单母线三（四）分段接线 | 1444 | 1983 | 110kV GIS 配电室、10kV 配电室下均采用夹层，建筑面积增加 $539m^2$ | 0.3400 | 0.3400 | 无差异 |

续表

| 序号 | 方案号 | 建设规模（本期 / 终期） | 接线形式 | 总建筑面积 | | | 围墙内占地面积 | | |
|---|---|---|---|---|---|---|---|---|---|
| | | 主要差异 | 主要差异 | 国家电网（$m^2$） | 河南（$m^2$） | 主要差异 | 国家电网（$hm^2$） | 河南（$hm^2$） | 主要差异 |
| 5 | HA-110-A3-3 | 110kV 规划出线回路数由 3 回改为 4 回 | （1）110kV 终期由内桥+线路 - 变压器组接线调整为单母线分段接线；（2）10kV 终期由单母线四分段接线调整为单母线三分段接线 | 829 | 904 | 110kV GIS 出线规模增加、接线方式调整，建筑面积增加 $75m^2$ | 0.3524 | 0.3567 | 围墙内占地面积增加 $0.0043hm^2$，主要是由于 110kV 出线采架空电缆混合出线，变电站宽度由 40.5m 增加至 41m |
| 6 | HA-110-B-1 | 无差异 | 无差异 | 621 | 637 | 二次设备室加大，建筑面积增加 $16m^2$ | 0.4521 | 0.4521 | 无差异（调整了部分构筑物位置） |
| 7 | HA-110-B-3 | 无差异 | 无差异 | 461 | 497 | 二次设备室加大，建筑面积增加 $36m^2$ | 0.4131 | 0.4131 | 无差异 |
| 8 | HA-35-E3-1 | 主变压器本期容量由 20MVA 改为 10MVA；10kV 出线回路数由 8/16 回改为 6/16 回；每台主变压器 10kV 并联电容器由 2 组分别为 1000、2000kvar 改为 2 组容量均为 1000kvar | 无差异 | 416 | 416 | 无差异 | 0.2418 | 0.2418 | 无差异 |

# 第 5 章 通用设计方案应用方法

## 5.1 适用范围

按照变电站主变压器建设规模、配电装置形式等不同，35～220kV 智能变电站施工图通用设计共分为 8 个方案，其中，220kV 变电站 3 个，110kV 变电站 4 个，35kV 变电站 1 个。设计应根据具体工程条件，从中选择适用的方案作为变电站本体设计。

通用设计范围是变电站围墙以内，设计标高零米以上，未包括受外部条件影响的项目，如系统通信、保护通道、进站道路、竖向布置、站外给排水、地基处理等。

## 5.2 方案编号

通用设计方案编号由 4 个字段组成：国网河南省电力公司代号 - 变电站电压等级 - 分类 - 方案序列号。

第一字段“国网河南省电力公司代号”：HA。

第二字段“变电站电压等级”：220、110、35。220 代表 220kV 变电站施工图通用设计方案，110 代表 110kV 变电站施工图通用设计方案，35 代表 35kV 变电站施工图通用设计方案。

第三字段“分类号”：高压侧开关设备类型。A 代表 GIS 方案，A2 代表全户内变电站，A3 代表半户内变电站；B 代表户外 HGIS 方案；E 代表户内开关柜方案，E3 代表半户内开关柜方案。

第四字段“方案序列号”：用 1、2、3…表示（方案序列号与参照的国家电网通用设计保持一致）。

## 5.3 图纸编号

图纸编号由 6 个字段组成：

第一字段～第四字段：含义同通用设计方案编号。

第五字段“专业代号”：由 D1、D2、T、N、S 组成，其中：D1 代表电气一次线专业；D2 代表电气二次线专业；T 代表土建建筑、结构专业；N 代表暖通；S 代表水工。

第六字段“流水号”：用 01、02…表示。

## 5.4 初步设计

（1）根据系统条件、外部条件选用适用的通用设计方案。选用通用设计方案时，首先应根据工程规模和设备形式在基本方案中直接选择。

个别工程终期规模与通用设计不一致时，应因地制宜，分析基本方案后，在保证电气主接线方案不变、不影响整个方案布置格局的前提下，允许高、中压侧出线规模增减 1～2 回，低压侧电缆出线规模增减 2～4 回或经专题论证后确定。

（2）加入外围部分完成整体设计，形成完整的初步设计文件，依据性文件包括：

1）国家相关政策法规和规章。

2）工程设计有关规程、规范。

3）政府和上级有关部门批准、核准的文件。

4）可行性研究报告及评审文件。

5）设计合同或设计委托文件。

6）城乡规划、建设用地、水土保持、环境保护、防震减灾、地质灾害、压覆矿产、文物保护、消防和劳动安全卫生等相关依据。

## 5.5 施工图设计

（1）核实详细资料。根据初步设计评审及批复意见，核对工程系统参数，核实详细勘察资料，开展电气、力学等计算，落实通用设计方案，同时应严格遵守工程强制性条文及相关规程规范。

（2）编制施工图。按照《国家电网有限公司输变电工程施工图设计内容深度规定》（Q/GDW 10381）（所有部分）的要求，根据工程具体条件，以施工图通用设计卷册目录图纸为基础，编制完成全部施工图。

（3）核实厂家资料。设备中标后，应及时核对厂家资料是否满足通用设备技术及接口要求，不符合规范的应要求厂家修改后重新提供。

# 第 2 篇　国网河南省电力公司 35～220kV 变电站通用方案

## 第 6 章　35～220kV 变电站河南省通用方案设计技术导则

### 6.1　概述

依据电力行业相关设计规定，《河南省 35～220kV 变电站建设施工图通用设计技术导则》总结了河南省智能变电站建设经验，同时结合国家电网有限公司输变电工程通用设计、通用设备、标准工艺及“两型三新一化”相关要求进行修订编制。

国网河南省电力公司 35～220kV 变电站通用设计施工图实施方案的 8 个典型方案均遵循设计技术导则编制完成，当实际工程与通用设计方案有差异时应根据导则原则合理调整。

### 6.2　电气部分

#### 6.2.1　电气主接线

电气主接线根据初步设计所确定的接线形式开展施工图设计。

6.2.1.1　220kV 变电站

（1）220kV 终期规模 6 线 3 变采用双母线接线。

（2）110kV 终期出线 12/14 回采用双母线接线。

（3）10kV 终期规模：出线回路数为 42、36、24 回时，采用单母线三分段接线；出线回路数为 42 回时，采用单母线四分段接线。

（4）主变压器中性点接地方式。主变压器 220、110kV 侧中性点经隔离开关接地，依据出线线路总长度及出线线路性质确定 10kV 系统采用不接地、经消弧线圈或小电阻接地方式。

6.2.1.2　110kV 变电站

（1）110kV 终期规模 4 线 3 变采用单母线分段接线。

（2）35kV 终期出线 6 回采用单母线分段接线。

（3）10kV 终期出线回路数为 26、30、36 回时，采用单母线三分段接线；出线回路数为 42 回时，采用单母线四分段接线。

（4）主变压器中性点接地方式。110kV 主变压器经隔离开关接地，依据出线线路总长度及出线线路性质确定 35、10kV 系统采用不接地、经消弧线圈或小电阻接地方式。

6.2.1.3　35kV 变电站

（1）35kV 终期规模 4 线 2 变采用单母线分段接线。

（2）10kV 终期出线 16 回采用单母线分段接线。

（3）主变压器中性点接地方式。35kV 主变压器不接地，依据出线线路总长度及出线线路性质确定 10kV 系统采用不接地、经消弧线圈或小电阻接地方式。

#### 6.2.2　电气总平面

智能变电站总平面布置应满足总体规划要求，并应遵循通用设计及“两型三新一化”智能变电站设计要求，使站内工艺布置合理、功能分区明确、交通便利、配电装置引线流畅，与其他相关专业配合协调。

电气总平面布置应减少变电站占地面积，以最少土地资源达到变电站建设要求。出线方向适应各电压等级线路走廊要求，尽量减少线路交叉和迂回。配电装置尽量不堵死扩建的可能，进站道路条件允许时，变电站大门应直对主变压器运输道路。

站内电缆管沟布置在满足安全及使用要求下，应力求线路最短、转弯最少，可适当集中布置，减少交叉。电缆沟宽度采用800、1100、1400mm的规格。

户外电缆（埋管）在满足工艺要求前提下应减少埋深。不设置电缆支沟，采用直埋或穿管方式敷设。

### 6.2.3 配电装置

220kV配电装置主要考虑采用户外HGIS、户内GIS配电装置。

110kV配电装置主要考虑采用GIS和HGIS配电装置。

35、10kV配电装置采用户内交流金属封闭开关柜。

主变压器分为户外、户内两种布置形式。

#### 6.2.3.1 户外配电装置

1. 总体要求

（1）户外配电装置的布置，导体、电气设备、构架的选择，应满足在当地环境条件下正常运行、安装检修、短路和过电压时的安全要求，并满足规划容量要求。

（2）户外高压配电装置各回路相序排列宜一致，一般按面对出线，从左到右、从上到下、从远到近的顺序，相序为A、B、C。

（3）110kV及以上户外配电装置不考虑带电作业，实际工程结合该地区检修经验确定，并校核安全距离。

2. 主母线设计

户外配电装置母线采用管母线、软导线。母线的设置应考虑在不同天气条件、运行工况下母线周围的电气距离校验。

3. 跨线设计

（1）220、110kV各跨导线以上人状况为最大荷载条件。跨线耐张绝缘子串仅限于根部可以三相同时上人，三相上人总重（人及工具）不超过1kN/相；跨线中部有引下线处仅可以单相上人，单相上人总重（人及工具）不超过1.5kN/相。主变压器进线挡不考虑三相同时上人。

（2）各跨导线在安装紧线时应采用上滑轮牵引方案，牵引线与地面的夹角不大于45°，并严格控制放线速度，以满足构架的荷载条件。安装紧线时梁上上人荷载不应超过2kN。

（3）主变压器构架的设计仅考虑220、110kV主变压器进线挡导线的荷载，不考虑主变压器上节油箱的起吊重量，主变压器检修需起吊上节油箱时，必须采用起重机进行。

（4）220kV配电装置跨线弧垂按2m设计，110kV配电装置跨线弧垂按1m设计。

4. 出线构架设计

（1）当户外配电装置采用架空出线时，其出线构架应满足线路张力要求及进线挡允许偏角要求。如果出线零挡线采用同塔双回路，则终端塔宜设在两出线间隔的垂直平分线上。

（2）各级电压配电装置出线挂环常规控制水平张力为220kV导线15kN/相、地线5kN/根，110kV导线5kN/相、地线3kN/根。实际工程中出线梁要求受力受线路情况影响较大，应根据线路资料进行复核。

5. 专业配合要求

户外配电装置设计过程中需要向土建专业提供以下资料：

（1）平面布置资料包括构、支架的定位，道路围墙等的布置。

（2）设备支架资料需包含设备支架制作详图、设备荷重、埋管要求等。

（3）构架资料需包括构架受力、导线挂线角度要求、爬梯设置要求等。构架受力计算应按单相上人、三相上人、最大风速、最低温度、最高温度等不同工况下的计算结果分别给出。爬梯设置需满足安全距离要求和检修需要。

#### 6.2.3.2 户内GIS配电装置

1. 总体要求

（1）与GIS配电装置连接并需单独检修的电气设备、母线和出线，均应配置接地开关。一般情况下，出线侧接地开关应采用具有关合动稳定电流能力的快速接地开关。

（2）GIS配电装置宜采用多点接地方式，当选用分相设备时，应设置外壳三相短接线，并在短接线上引出接地线通过接地母线接地。

（3）GIS配电装置每间隔应分为若干个隔室，隔室的分隔应满足正常运行、检修和扩建的要求。

（4）GIS配电装置分期建设时，宜在将来扩建的接口处装设隔离开关和独立的隔离气室，以便将来不停电扩建。

（5）GIS配电装置户内不设行车，采用屋顶钢轨结合地锚方式配合调试、安装，其容量应能满足起吊最大检修单元要求，并满足设备检修要求，如图6.2.3-1所示。

2. 布置原则

（1）GIS配电装置布置的设计，应考虑其安装、检修、起吊、搬运、运行、

**图 6.2.3-1　GIS 配电装置室屋顶钢轨**

巡视，以及气体回收装置所需的空间和通道。起吊设备容量应能满足起吊最大检修单元要求。

（2）配电装置采用单列布置，避免双列布置，以满足室内 GIS 运输及安装的空间要求。

（3）同一间隔 GIS 配电装置的布置应避免跨土建结构缝。

（4）GIS 配电装置室内应清洁、防尘，GIS 配电装置室内地面宜采用耐磨、防滑、高硬度地面，并应满足 GIS 配电装置设备对基础不均匀沉降的要求。

（5）GIS 配电装置室两侧应设置安装检修和巡视的通道，主通道宜靠近断路器侧，宽度宜为 2000～3500mm；巡视通道不应小于 1000mm。

（6）对于全电缆进出线的 GIS 配电装置，应留有满足现场耐压试验电气距离的空间。

3. 专业配合要求

户内 GIS 组合电器土建资料应包括 GIS 的基础埋件、各埋件点的荷重；户内 GIS 最大吊装单元尺寸，设备运输通道设置要求，接地件位置及做法等。

6.2.3.3　35、10kV 户内交流金属封闭开关柜

（1）建筑应考虑其安装、检修、运行、巡视所需的空间和通道。

（2）35kV 空气绝缘开关柜尺寸（宽 × 深）按 1.4m × 2.8m 考虑。

（3）户内交流金属封闭开关柜室内各种通道的最小宽度（净距），不宜小于表 6.2.3-1 所列数值。

此外，当连续布置开关柜较长时，在不同母线段之间应设置维护通道。

**表 6.2.3-1　配电装置室内各种通道的最小宽度（净距）（mm）**

| 布置方式 | 通道分类 | | |
|---|---|---|---|
| | 维护通道 | 操作通道 | |
| | | 固定式 | 移开式 |
| 设备单列布置时 | 800 | 1500 | 单车长 + 1200 |
| 设备双列布置时 | 1000 | 2000 | 双车长 + 900 |

注　1. 通道宽度在建筑物的墙柱个别突出处，允许缩小 200mm。
2. 手车式开关柜不需进行就地检修时，其通道宽度可适当减小。
3. 当采用 35kV 开关柜时，柜后通道不宜小于 1m。

6.2.3.4　主变压器及站用变压器的布置

1. 户外油浸变压器

（1）油量为 2500kg 及以上的户外油浸变压器之间的最小间距应符合表 6.2.3-2 的规定。

**表 6.2.3-2　户外油浸变压器之间的最小间距**

| 电压等级（kV） | 最小间距（m） |
|---|---|
| 35 | 5 |
| 110 | 8 |
| 220 | 10 |

（2）户外布置的油浸变压器外廓与建筑物外墙的距离小于 5m 时，在设备外轮廓投影范围外侧各 3m 内的建筑物外墙上不应设置门、窗、洞口和通风孔，且该区域外墙应为防火墙，当设备高于建筑物时，防火墙应高于该设备的高度；当建筑物墙外 5～10m 范围内布置有油浸变压器时，在上述外墙上可设置甲级防火门，设备高度以上可设防火窗，其耐火极限不应小于 0.90h。

2. 户内油浸变压器

（1）布置在户内的油浸变压器采用散热器与本体分离布置方式。

（2）户内油浸变压器外廓与变压器室四壁的最小净距不应小于表 6.2.3-3 所列数值。

**表 6.2.3-3　户内油浸变压器外廓与变压器室四壁的最小净距（mm）**

| 变压器容量 | 1000kVA 及以下 | 1250kVA 及以上 |
|---|---|---|
| 变压器与后壁侧壁之间 | 600 | 800 |
| 变压器与门之间 | 800 | 1000 |

注　若变压器室内布置有中性点接地开关、避雷器或电缆终端装置时，除满足布置上的要求外，还应考虑这些设备在做试验时所要求的电气距离。

3. 干式站用变压器

站用变压器布置于 10kV 配电装置室时不应紧靠开关柜布置，也可布置于单独小室内。干式站用变压器之间的距离不应小于 1000mm，并应满足巡视维修的要求。对于全封闭型干式变压器，可不受上述距离的限制，但应满足巡视维护的要求。

### 6.2.4　设备安装

智能变电站电气设备的安装应根据《国家电网有限公司输变电工程标准工艺（2022 年版）》的要求，设计工艺标准化与安装效果观感度相结合，结合工程总体实际安装情况，通过技术经济比较确定合适的设备安装工艺。典型设备安装主要分为变压器安装、组合电器安装、AIS 设备安装、电容器 / 电抗器安装、母线安装、开关柜安装等。

6.2.4.1　总体原则

（1）设备安装时，应满足安装地点的自然环境条件并克服不利的自然因素。

（2）电气布置设计应考虑土建施工误差，确保电气安全距离的要求留有适当裕度。

（3）充油电气设备的布置，应满足带电观察油位、油温时安全、方便的要求，并应便于抽取油样。

（4）当主接地网采用铜质接地材料时，除主变压器中性点外，其余电气设备可通过一点与主接地网相连接；当主接地网采用钢质接地材料时，主变压器、隔离开关、断路器、电流互感器、电压互感器通过两点与主接地网相连接，支柱绝缘子通过一点与主接地网连接。

6.2.4.2　变压器安装

1. 户内主变压器安装

总油量超过 100kg 的屋内油浸变压器应安装在单独的变压器间，并应设置灭火设施，其外廓与变压器室四周墙壁的最小净距应满足表 6.2.3-3 的要求。

2. 户外主变压器安装

（1）户外单台电气设备的油量在 1000kg 以上时，应设置储油或挡油设施。储油设施内应铺设卵石层。

（2）防火间距不能满足最小净距要求时，应设置防火墙。防火墙耐火极限不宜小于 3h。防火墙的高度应高于变压器储油柜，其长度应大于变压器储油池两侧各 1000mm。储油和挡油设备应大于设备外廓每边各 1000mm。

3. 主变压器各侧连接线的选择

主变压器高、中压侧引线一般采用软导线连接；低压侧一般采用硬母线连接，与主变压器连接时应设置伸缩金具，金具的选择应与变压器套管的接线端子和硬母线相配合。220kV 及以下主变压器的 6～35kV 中（低）压侧引线、户外母线（不含架空软导线形式）及接线端子应绝缘化。

4. 接地

（1）本体应两点与主接地网不同网格可靠连接。调压机构箱、二次接线箱应可靠接地。电流互感器备用绕组应短路后可靠接地。

（2）变压器铁芯、夹件应分别可靠一点接地，接地排上部与瓷套接线端子连接部位、接地排下部与主接地网连接部位应采用软连接，铁芯、夹件引出线与本体可靠绝缘，且采用黑色标识。

（3）主变压器中性点引出线应两点接地，分别与主接地网的不同干线相连，中性点引出线与本体可靠绝缘，且采用淡蓝色标识。

5. 主变压器基础的固定方案

当主变压器基础采用条形基础时，土建基础梁的表面预埋钢板，变压器底座宜采用点焊方式固定在基础的预埋钢板上。

6. 走线槽的设置

（1）主变压器本体上的端子箱、机构箱引出的电缆应采用不锈钢槽盒保护，槽盒大小应与箱底开孔尺寸一致，高度为箱底至基础，与端子箱、机构箱的连接采用螺栓。

（2）当主变压器户外布置时，端子箱、机构箱引出的电缆采用热镀锌钢管保护，以方便穿越卵石层至电缆沟。

7. 站用变压器安装

（1）油浸式站用变压器储油柜上的油位计朝向应便于观察。

（2）站用变压器高、低压套管引出线采用硬母线连接时统一加装热缩套。

（3）站用变压器本体应两点接地，采用接地线与主接地网可靠连接。低压侧中性点应与主接地网直接相连。本体内部引出其他接地件就近与主接地网可靠连接。

6.2.4.3 组合电器安装

GIS 底座建议采用焊接固定在水平预埋钢板的基础上，也可采用地脚螺栓或化学锚栓方式固定。

对于 GIS 出线套管支架，其高度应能保证套管最低部位距离地面不小于 2500mm。

在 GIS 配电装置间隔内，应设置一条贯穿所有 GIS 间隔的接地母线或环形接地母线。将 GIS 配电装置的接地线引至接地母线，由接地母线再与接地网连接；接地点的接触面和接地连线的截面积应能安全地通过故障接地电流；接地引线与设备本体采用螺栓搭接。

智能控制柜的基础宜采用螺栓固定于基础槽钢上，不宜采用点焊。箱柜底座与主接地网连接牢靠，可开启门应采用软铜绞线可靠接地。

6.2.4.4 AIS 设备的安装

1. 断路器安装

（1）断路器各类表计（密度继电器、压力表等）及指示器（位置指示器、储能指示器等）的安装位置应方便巡视人员或智能机器人巡视观察。

（2）断路器设置移动式操作平台，不设置固定式操作平台。

2. 电流、电压互感器的安装

（1）互感器本体与接地网两处可靠接地，电容式套管末屏、TV 的 N 端、二次备用线圈一端可靠接地；采用高位布置时，安装在支架上，用螺栓与支架固定；每个支架应有两个接地点，接地点高度与其他设备接地点一致。

（2）电磁式电压互感器安装在中性点非直接接地系统中，可在电压互感器上装设消谐器。

3. 避雷器安装

（1）采用高位布置时，安装在支架上，用螺栓与支架固定；每个支架应有两个接地点，接地点高度与其他设备接地点一致。

（2）避雷器就位时压力释放口方向不得朝向巡检通道，排出的气体不会引起相间闪络，并不得喷及其他电气设备。

（3）在线监测仪朝向和高度应便于巡视，接地可靠（利用设备支架作为接地线时，支撑件应与设备支架可靠焊接）。三相安装位置一致，计数器三相应调至同一数值。

4. 隔离开关及接地开关的安装

隔离开关及接地开关的设备支架采用地脚螺栓固定，地脚螺栓一次浇注在土建基础上。每个支架应分别设有上、下两组接地件，下接地件应设置两个。

5. 穿墙套管安装

（1）穿墙套管垂直安装时，法兰应向上；水平安装时，法兰应在外。

（2）穿墙套管直接固定在钢板上时，套管周围不应形成闭合电磁回路；600A 及以上母线穿墙套管端部的金属夹板（紧固件除外）应采用非磁性材料。穿墙套管固定钢板应可靠接地，瓷套爬距应满足设计要求。

（3）采用热缩套进行防护时，热缩套的规格应与导电杆及母线配套。加装绝缘套后，应在绝缘套下凹处打泄水孔。

6.2.4.5 电容器安装

（1）干式空心串联电抗器应安装在电容器组的首端。

（2）电容器底座应与主接地网可靠连接。

（3）固定在框架上的放电线圈与框架可靠跨接；有独立基础的放电线圈本体与主接地网可靠连接。放电线圈的二次绕组一点可靠接地。

（4）网栏高度不应小于 1.7m，安装平整牢固，防腐完好，与设备间距离符合设计要求。当采用金属围栏时，金属围栏应设明显接地。金属围栏内若布置有空心电抗器，则金属围栏不应构成闭合磁路。

6.2.4.6 母线安装

1. 软导线安装

在空气中含盐量较大的沿海地区或周围气体对铝有明显腐蚀的场所，宜选用防腐型铝绞线或铜绞线。

2. 硬导体安装

（1）硬导体除满足工作电流、机械强度和电晕等要求外，导体形状还应满足：电流分布均匀；机械强度高；散热良好；有利于提高电晕起始电压；安装检修简单，连接方便。

（2）硬导体和电器连接处，应装设伸缩接头或采取防震措施。

6.2.4.7 开关柜的安装

（1）盘、柜体底座与基础槽钢采用螺栓可靠连接，接地良好，成列开关柜的接地母线，应有两处明显的与接地网可靠连接点。金属柜门应以软铜线与接地的金属构件可靠连接。成套柜应装有供检修用的接地装置。

（2）开关柜封闭母线外壳连接处用截面积不小于 $4mm^2$ 的接地线进行跨接，

在与穿墙套管结合处直接接地。

### 6.2.5 交流站用电系统

全站宜配置两台站用变压器，每台站用变压器容量按全站计算负荷选择；当全站只有一台主变压器时，其中一台站用变压器的电源宜从站外引接。也可本期仅设置一台站用变压器，站用电另一回路自站外引接。

站用电低压配电网络应采用 TN 系统。对于全户内、半户内变电站，应采用 TN−S 系统；对于户外变电站，可采用 TN−C−S 系统，其中中央配电屏后为 TN−S 系统，中央配电屏后 N 线不应重复接地。

系统额定电压为 380/220V。站用电低压母线应采用按站用工作变压器划分的单母线分段接线，两段母线同时供电，分列运行。两段工作母线间不应装设自动投入装置，两回 380V 进线配置失压自动投入装置。

站用电负荷由站用配电屏直配供电。

负荷计算采用换算系数法，站用变压器容量按下式计算

$$S \geqslant K_1 P_1 + P_2 + P_3$$

式中 $S$——站用变压器量，kVA；

$K_1$——站用动力负荷换算系数，一般取 $K_1 = 0.85$；

$P_1$——站用动力负荷之和，kW；

$P_2$——站用电热负荷之和，kW；

$P_3$——站用照明负荷之和，kW。

主要站用电负荷特征详见表 6.2.5−1。

**表 6.2.5−1　　主要站用电负荷特征表**

| 序号 | 名称 | 负荷类别 | 运行方式 | 计算系数 |
|---|---|---|---|---|
| 1 | 变压器冷却装置 | Ⅰ | 经常、连续 | 1 |
| 2 | 变压器有载调压装置 | Ⅱ | 经常、断续 | 1 |
| 3 | 有载调压装置的带电滤油装置 | Ⅱ | 经常、连续 | 1 |
| 4 | 变压器水喷雾装置 | Ⅰ | 不经常、短时 | 不计入负荷计算 |
| 5 | 配电装置电机电源、操作电源 | Ⅱ | 经常、断续 | 1 |
| 6 | 配电装置区机构箱、端子箱、开关柜等的加热、通风、空调电源 | Ⅱ | 经常、连续 | 1 |

续表

| 序号 | 名称 | 负荷类别 | 运行方式 | 计算系数 |
|---|---|---|---|---|
| 7 | 直流电源充电装置 | Ⅱ | 不经常、连续（均充） | 0.85 |
|  |  |  | 经常、连续（浮充） | 0.85 |
| 8 | 通信电源充电装置 | Ⅱ | 不经常、连续（均充） | 0.85 |
|  |  |  | 经常、连续（浮充） | 0.85 |
| 9 | 不间断电源（UPS）计算负荷（包括监控系统后台、电能量采集装置、调试网络及安全防护装置、火灾报警装置电源、通信设备等） | Ⅰ | 经常、连续 | 1 |
| 10 | 辅助控制系统 | Ⅱ | 经常、连续 | 1 |
| 11 | 视频监控系统 | Ⅱ | 经常、连续 | 1 |
| 12 | 消防水泵 | Ⅰ | 不经常、连续（建筑消防） | 0.85 |
|  |  |  | 不经常、短时（主变压器消防） | 不计入负荷计算 |
| 13 | 深井水泵或给水泵 | Ⅱ | 经常、短时 | 0.85 |
| 14 | 生活水泵 | Ⅱ | 不经常、短时 | 不计入负荷计算 |
| 15 | 雨水泵 | Ⅱ | 不经常、短时 | 不计入负荷计算 |
| 16 | 潜污泵 | Ⅲ | 不经常、短时 | 不计入负荷计算 |
| 17 | 照明、空调、通风、除消防间外的电加热 | Ⅲ | 经常、连续 | 1 |
| 18 | 水泵房、泡沫间的电加热 | Ⅱ | 经常、连续 | 1 |
| 19 | 检修电源、电动门等 | Ⅲ | 不经常、短时 | 不计入负荷计算 |
| 20 | 事故通风 | Ⅱ | 不经常、连续 | 0.85 |
| 21 | 应急照明 | Ⅱ | 不经常、连续 | 1 |

检修电源的供电半径不宜大于 50m。主变压器附近电源箱的回路及容量宜满足滤、注油的需要。

### 6.2.6 防雷接地

6.2.6.1 站内防雷

变电站防雷计算应根据《交流电气装置的过电压保护和绝缘配合设计规范》（GB/T 50064—2014）的要求执行。

变电站采用构架避雷针与独立避雷针联合构成全站配电装置和建筑物防直击雷保护。

独立避雷针（含悬挂独立避雷线的构架）的接地电阻在土壤电阻率不大于500Ω·m的地区不应大于10Ω。

独立避雷针（线）宜设独立的接地装置。在非高土壤电阻率地区，其接地电阻不宜超过10Ω，当有困难时，该接地装置可与主接地网连接，但避雷针与主接地网的地下连接点至35kV及以下设备与主接地网的地下连接点之间，沿接地体的长度不得小于15m。

独立避雷针不应设在人经常通行的地方，避雷针及其接地装置与道路或出入口等的距离不宜小于3m，否则应采取均压措施，或铺设砾石或沥青地面，也可铺设混凝土地面。

独立避雷针与配电装置带电部分、变电站电气设备接地部分、构架接地部分之间的空气中距离，应符合下式的要求：

$$S_a \geqslant 0.2R_i + 0.1h$$

式中 $S_a$——空气中距离，m；

$R_i$——避雷针的冲击接地电阻，Ω；

$h$——避雷针校验点的高度，m。

独立避雷针的接地装置与变电站接地网间的地中距离，应符合下式要求：

$$S_e \geqslant 0.3R_i$$

式中 $S_e$——地中距离，m。

避雷线与配电装置带电部分和变电站电气设备接地部分及构架接地部分间的空气中距离，应符合下列要求。

对于一端绝缘另一端接地的避雷线

$$S_a \geqslant 0.2R_i + 0.1(h + \Delta l)$$

式中 $h$——避雷线支柱的高度，m；

$\Delta l$——避雷线上校验的雷击点与接地支柱的距离，m。

对于两端接地的避雷线：

$$S_a \geqslant \beta'[0.2R_i + 0.1(h + \Delta l)]$$

式中 $\beta'$——避雷线分流系数；

$\Delta l$——避雷线上校验的雷击点与最近支柱间的距离，m。

避雷线的接地装置与变电站接地网间的地中距离，应符合下列要求：对于一端绝缘另一端接地的避雷线，应按 $S_e \geqslant 0.3R_i$ 校验。对于两端接地的避雷线，应按下式校验：

$$S_e \geqslant 0.3\beta' R_i$$

除上述要求外，对于避雷针和避雷线，$S_a$ 不宜小于5m，$S_e$ 不宜小于3m。

装有避雷针和避雷线的构架上的照明灯电源线，均必须采用直接埋入地下的带金属外皮的电缆或穿入金属管的导线。电缆外皮或金属管埋地长度在10m以上，才允许与35kV及以下配电装置的接地网及低压配电装置相连接。

当采用全户内布置，所有电气设备均布置在户内时，只需在建筑顶部设置避雷带对全站进行防直击雷保护。该避雷带的网络为8～10m，每隔10～20m设引下线接地。上述接地引下线应与主接地网连接，并在连接处加装集中接地装置。其地下连接点至变压器及其他设备接地线与主接地网的地下连接点之间，沿接地体的长度不得小于15m。

上述接地引下线应与主接地网连接，并在连接处加装集中接地装置。屋顶上的设备金属外壳、电缆金属外皮和建筑物金属构件均应接地。

6.2.6.2 站内接地

有效接地和低电阻接地系统中变电站电气装置保护接地的接地电阻一般情况下应符合 $R \leqslant 2000/I_G$，其中，$R$ 为考虑季节变化的最大接地电阻（Ω），$I_G$ 为计算用的流经接地装置的入地的最大接地故障短路电流。当接地装置的接地电阻不符合上述要求时，可通过技术比较适当增大接地电阻，在符合《交流电气装置的接地设计规范》（GB/T 50065—2011）第4.3.3条的规定时，接地网地电位升高可提高至5kV。

不接地、经消弧线圈接地和经高电阻接地系统中变电站电气装置保护接地的接地电阻应符合 $R \leqslant 120/I_G$，但不应大于4Ω。

人工接地网的外缘应闭合，外缘各角应做成圆弧形，圆弧的半径不宜小于均压带间距的一半。接地网内应敷设水平均压带。接地网埋深不宜小于0.8m。接地网均压带可采用等间距或不等间距布置。为较少相邻接地极的屏蔽作用，垂直接地极的间距不应小于其长度的2倍，水平接地极的间距不宜小于5m。

35kV 及以上变电站接地网边缘经常有人出入的走道处，应铺设砾石、沥青路面或在地下装设两条与接地网相连的均压带。

变电站的接地装置应与线路的避雷线相连，且有便于分开的连接点。

变电站电气装置中下列部位应采用专门敷设的接地线接地：

（1）110kV 及以上钢筋混凝土构件支座上电气设备的金属外壳。

（2）预制舱的金属箱体。

（3）直接接地的变压器中性点。

（4）变压器、高压并联电抗器中性点所接消弧线圈、接地电抗器、电阻器或变压器等的接地端子。

（5）GIS 的接地端子。

（6）避雷器、避雷针、避雷线等的接地端。

接地装置的电位可按 $U_g=I_GR$ 计算，其中，$I_G$ 为计算用短路电流，$R$ 为接地装置的接地电阻。

等间布置距接地网的接触电位差为

$$U_m=\frac{\rho I_G K_m K_i}{L_M}$$

等间布置距接地网的跨步电位差为

$$U_S=\frac{\rho I_G K_s K_i}{L_s}$$

式中 $\rho$——土壤电阻率，Ω·m；

$K_m$——网孔电压几何校正系数；

$K_i$——接地网不规则校正系数，用来计及推导 $K_m$ 时的假设条件引入的误差；

$I_G$——接地网的最大入地电流，A；

$L_M$——有效埋设长度，m；

$L_s$——埋入地中的接地系统导体有效长度，m。

当人工接地网局部地带的接触电位差、跨步电位差超过规定值，可采取局部增设水平均压带或垂直接地极、铺设砾石地面或沥青地面的措施。

在有效接地系统及低电阻接地系统中，变电站电气装置中电气设备接地线的截面应按接地短路电流进行热稳定校验。钢接地线的短时温度不应超过 400℃，铜接地线采用放热焊接方式时应根据土壤腐蚀的严重程度经验算分别取 900、800℃或 700℃。校验不接地、经消弧线圈接地和经高电阻接地系统中电气设备接地线的热稳定时，敷设在地上的接地线长时间温度不应大于 150℃，敷设在地下的接地线长时间温度不应大于 100℃。

根据热稳定条件，未考虑腐蚀时，接地线的最小截面积应符合下式要求：

$$S_g \geqslant \frac{I_g}{C_g}\sqrt{t_e}$$

式中 $S_g$——接地线的最小截面积，mm²；

$I_g$——流过接地线的短路电流稳定值，kA；

$t_e$——短路的等效持续时间，s；

$C_g$——接地线材料的热稳定系数，根据材料的种类、性能及最高允许温度和短路前接地线的初始温度确定。

### 6.2.7 照明

6.2.7.1 照明种类

变电站的照明种类可分为正常照明和应急照明，应急照明包括备用照明和疏散照明。

户外配电装置考虑设置正常照明，不设应急照明。场区道路照明根据实际要求设置。

二次设备室、户内配电装置和其他房间除设置正常照明外，根据需要设置应急照明。

智能变电站装设应急照明的工作场所见表 6.2.7-1。

**表 6.2.7-1 智能变电站宜装设应急照明的工作场所**

| 工作场所 | 备用照明 | 疏散照明 |
|---|---|---|
| 二次设备室 | √ | |
| 屋内配电装置室 | √ | |
| 蓄电池室 | √ | |
| 消防水泵房 | √ | |
| 主要通道、主要出入口 | | √ |
| 主要楼梯间 | | √ |

无人值班变电站应尽量简化备用照明配置。

6.2.7.2 计算项目及其深度要求

计算项目包括照度计算、照明配电计算、照明导体选择计算，根据照度计算结果布置灯具，统计计算回路工作电流，选择各回路开关、保护设备参数、规格，选择电缆、导线截面。

6.2.7.3 照明标准值

按照《发电厂和变电站照明设计技术规定》(DL/T 5390—2014)，户内、外的照明标准见表 6.2.7-2 和表 6.2.7-3。

**表 6.2.7-2 户外照明标准值**

| 名称 | 参考平面及其高度 | 照度标准值（lx） | 统一眩光值 $U_{GR}$ | 照度均匀度 $U_0$ | 一般显色指数 $Ra$ | 备注 |
|---|---|---|---|---|---|---|
| 户外配电装置（GIS） | 地面 | 20 | — | — | — | |
| 户外配电装置变压器气体继电器、油位指示器、隔离开关断口部分、断路器的排气指示器 | 作业面 | 20 | — | — | — | |
| 变压器和断路器的引出线、电缆头、避雷器、隔离开关和断路器的操动机构、断路器的操作箱 | 作业面 | 20 | — | — | — | |
| 主干道 | 地面 | 10 | — | 0.4 | 20 | |
| 次干道 | 地面 | 5 | — | 0.25 | 20 | |

**表 6.2.7-3 户内照明标准值**

| 名称 | 参考平面及其高度 | 照度标准值（lx） | 统一眩光值 $U_{GR}$ | 照度均匀度 $U_0$ | 一般显色指数 $Ra$ | 备注 |
|---|---|---|---|---|---|---|
| 二次设备室 | 0.75m 水平面 | 300 | 22 | 0.6 | 80 | |
| | 1.5m 垂直面 | 150 | 22 | 0.6 | 80 | |
| 10～220kV 户内配电装置 | 地面 | 200 | — | 0.6 | 80 | |
| 电容器、电抗器、变压器室 | 地面 | 100 | — | 0.6 | 60 | |
| 蓄电池室 | 地面 | 100 | — | 0.6 | 60 | |
| 电缆夹层 | 地面 | 30 | — | 0.4 | 60 | |
| 电缆隧道 | 地面 | 15 | — | 0.6 | 60 | |
| 工具库 | 地面 | 100 | — | 0.6 | 60 | |
| 楼梯间 | 地面 | 30 | — | 0.6 | 60 | |

6.2.7.4 供电系统

正常照明主干线路采用 TN 系统。

动力回路应与照明回路分开，动力回路每回路设剩余电流动作保护装置。

当馈电回路与站内智能辅助控制系统联动时，应示意其联动控制回路。

6.2.7.5 照明和动力设备选择

屋外光源宜采用 LED 灯，也可采用高压钠灯、金属卤化物灯。

屋内光源宜采用 LED 灯。

采用阀控式密封铅酸蓄电池时，蓄电池室可不设置防爆灯具（空调）。隧道照明采用 24V 电压灯具，卫生间采用防潮灯具。

推荐的各房间和场地采用灯具见表 6.2.7-4。

**表 6.2.7-4 推荐的各房间和场地采用灯具**

| 场地名称 | 光源选择 | 安装位置及高度 | 备注 |
|---|---|---|---|
| 主变压器室 | LED 灯 | 壁灯 4m（220kV 主变压器）、壁灯 3.5m（110kV 主变压器） | 不低于设备主体高度 |
| GIS 室 | LED 灯 | 墙壁 3.5m（220kV 变电站）、3m（110kV 变电站） | |
| 10kV 配电室 | LED 灯 | 管吊、墙壁 3m | |
| 电容器 | LED 灯 | 管吊 3m | |
| 二次设备室 | LED 灯 | 管吊 3m | |
| 蓄电池室 | LED 灯 | 墙壁、管吊 3m | |
| 卫生间 | LED 灯 | 吸顶 | |
| 楼梯间 | LED 灯 | 吸顶、墙壁 3m | |
| 走廊 | LED 灯 | 吸顶、墙壁 3m | |
| 电缆层、隧道 | 24V 电压灯具 | 吸顶 | |
| 辅助房间 | LED 灯 | 管吊 3m | |
| 屋外配电装置 | LED 灯 | 支架 1.5m | |

6.2.7.6 开关、插座的选择和安装

（1）开关安装在便于操作的出入口，位于进门开门侧。配电室排风机控制开关应在室外。有防爆要求和酸性蓄电池室（不含阀控式密封铅酸蓄电池室）开关和插座等应装在门外。

（2）开关距离门框边缘宜为150～200mm，开关位置与灯具位置相对应。开关面板底边距地面高度宜为1.3～1.4m；插座安装高度宜为0.3m（夹层插座安装高度宜为1.5m），厨房、卫生间插座底边距地面高度宜为1.5m。

（3）开关和插座的选择原则。

1）在有爆炸、火灾危险的场所，应选用防爆型开关。卫生间和淋浴间开关应采用防水型。外墙开关应采用防水型或设置防雨罩。

2）厨房、卫生间和淋浴间插座应采用防水型，外墙插座应设置防雨罩，蓄电池室内不得装设插座。

3）当交流、直流或不同电压等级的插座安装在同一场所时，应有明显的区别，且必须选择不同结构、不同规格和不能互换的插座；配套的插头应按交流、直流或不同电压等级区别使用。

4）二次设备室和附属房间等，宜选用两级加三级联体插座。插座额定电压应为250V，电流不小于10A。

（4）插座的布置原则。

1）插座布置不宜太分散，应成组装设在需要的地方。

2）二次设备室和一般室内插座，宜布置在靠近窗口和门口附近的墙上，每间不少于两只，宜采用暗装。

3）蓄电池室不应装设插座。

6.2.7.7 布置和安装工艺

户外灯具采用集中布置、分散布置、集中与分散相结合的布置方式，推荐采用分散布置。考虑到维护方便，不推荐在构架和避雷针高处安装；当采用构架上安装时，要保证安全距离和安全检修条件。低处布置的投光灯，宜具有水平旋转和垂直旋转的支架。

户内灯具布置，可采用均匀布置和选择性布置两种方式，应便于维护和安全检修。

灯具、插座布置和安装工艺应符合《国家电网有限公司输变电工程标准工艺（2022版）变电工程土建分册》中第8章建筑安装工程的相关要求，并应在图纸中注明需采用的标准工艺。

### 6.2.8 电缆敷设及防火

6.2.8.1 电缆选型

交流系统中电力电缆导体的相间额定电压，不得低于使用回路的工作线电压。中性点直接接地或经低电阻接地的系统，接地保护动作不超过1min切除故障时，不应低于100%的使用回路工作相电压。除上述供电系统外，其他系统不宜低于133%的使用回路工作相电压；在单相接地故障可能持续8h以上或发电机回路等安全性要求较高时，宜采用173%的使用回路工作相电压。

低压电缆宜选用聚氯乙烯或交联聚乙烯型挤塑绝缘类型，高压电缆宜选用交联聚乙烯绝缘类型。

−15℃以下低温环境，应按低温条件和绝缘类型要求，选用交联聚乙烯、聚乙烯绝缘、耐寒橡皮绝缘电缆。低温环境不宜选用聚氯乙烯绝缘电缆。在人员密集场所或有低毒性要求的场所，应选用交联聚乙烯或乙丙橡皮等无卤绝缘电缆，不应选用聚氯乙烯绝缘电缆。

电力电缆导体截面积的选择，应符合下列规定：

（1）最大工作电流作用下的电缆导体温度，不得超过电缆使用寿命的允许值。持续工作回路的电缆导体工作温度，应符合表6.2.8−1的规定。

（2）最大短路电流和短路时间作用下的电缆导体温度，应符合表6.2.8−1的规定。

（3）最大工作电流作用下连接回路的电压降，不得超过该回路允许值。

（4）10kV及以下电力电缆截面积除应符合上述（1）～（3）的要求外，尚宜按电缆的初始投资与使用寿命期间的运行费用综合经济的原则选择。

（5）多芯电力电缆导体最小截面积，不宜小于2.5mm$^2$。

（6）对于非熔断器保护回路，应按满足短路热稳定条件确定电缆导体允许最小截面。

**表6.2.8−1　　常用电力电缆导体的最高允许温度**

| 电缆 | | | 最高允许温度（℃） | |
|---|---|---|---|---|
| 绝缘类别 | 形式特征 | 电压（kV） | 持续温度 | 短路暂态 |
| 聚氯乙烯 | 普通 | ≤1 | 70 | 160（140） |
| 交联聚乙烯 | 普通 | ≤500 | 90 | 250 |
| 自容式充油 | 普通牛皮纸 | ≤500 | 80 | 160 |
| | 半合成纸 | ≤500 | 85 | 160 |

**注**　括号内的数字适用于截面积大于300mm$^2$的聚氯乙烯绝缘电缆。

6.2.8.2 电 / 光缆敷设通道

（1）当采用 GIS 配电装置时，沿汇控柜平行布置一条电缆通道。

（2）二次设备室位于建筑一层，无电缆层时可采用电缆沟作为屏柜电缆进出通道；若二次设备室位于建筑二层及以上，采用架空活动地板层作为电缆通道，电缆或光缆数量较多时，还可视情况选择带电缆小支架的活动地板托架，以便于电缆规划路由和绑扎。

（3）变电站内电缆沟宽度统一为 800、1100、1400mm 三种宽度。电缆沟维护通道宽度宜按 500mm 考虑；800、1100mm 宽电缆沟每侧托臂长度采用 300mm，1400mm 宽电缆沟每侧掩臂长度采用 450mm。高压电力电缆、低压动力电缆在托臂上单层敷设；控制电缆在托臂上叠放敷设不宜超过 2 层；光缆可多层叠放敷设。高压电力电缆层间距依据电缆直径的不同采用 250mm 和 300mm、低压动力电缆层间距采用 200mm，控制电缆层间距采用 150mm，光缆敷设于槽盒内，层间距为 200 和 150mm，当占用托臂空间较小时，托臂空余空间可敷设控制电缆。当支架为角钢时，立柱采用 50mm × 50mm × 5mm 规格，托臂采用 40mm × 40mm × 4mm 规格。

6.2.8.3 敷设方式

（1）光缆敷设采用槽盒，也可采用穿管敷设方式。

（2）根据电缆和光缆敷设的特点，工程中应在核算敷设断面电缆、光缆数量的基础上，按实际需求设计电缆通道截面积。

（3）在电缆（光缆）敷设时需考虑其转弯半径的要求。

（4）在满足电缆（光缆）敷设容量要求的前提下，永久性建筑之间主通道宜采用混凝土电缆沟。

（5）在满足电缆（光缆）敷设容量要求的前提下，GIS 室内电缆沟通道宜采用光缆槽盒，光缆槽盒需根据工程环境条件满足防火和耐腐蚀等要求。

（6）光缆在垂直敷设时，应特别注意光缆的承重问题，一般每两层要将光缆固定一次；光缆穿墙或穿楼层时，要加带护口的保护用塑料管，并且要用阻燃的填充物将管子填埋；在站内也可以预先敷设定量的塑料管道，待以后要敷设光缆时再用牵引或真空法布放电缆。

（7）同一通道内电缆数量较多时，若在同一侧的多层支架上敷设，应符合下列规定：

1）应按电压等级由高至低的电力电缆、强电至弱电的控制和信号电缆、通信电缆“由上而下”的顺序排列。当水平通道中含有 35kV 以上高压电缆，或为满足引入柜盘的电缆符合允许弯曲半径要求时，宜按“由下而上”的顺序排列。

2）支架层数受通道空间限制时，35kV 及以下的相邻电压等级的高压电力电缆可排列于同一层支架上；1kV 及以下电缆也可与强电控制和信号电缆配置在同一层支架上。

3）同一重要回路的工作与备用电缆实行耐火分隔时，应配置在不同层的支架上。

（8）同一层支架上电缆排列的配置，应符合下列规定：

1）控制和信号电缆可紧靠或多层重叠。

2）除交流系统用单芯电力电缆的同一回路可采取品字型（三叶型）配置外，对重要的同一回路多根电力电缆，不宜重叠。

3）除交流系统用单芯电缆情况外，电力电缆相互间宜有 1 倍电缆外径的空隙。

（9）电缆直埋敷设方式的选择，应符合下列规定：

1）同一通路少于 6 根的 35kV 及以下电力电缆，在站内通往远距离辅助设施等不易经常性开挖的地段，宜采用直埋。

2）站内地下管网较多的地段，可能有熔化金属、高温液体溢出的场所，不宜采用直埋。

3）在化学腐蚀或杂散电流腐蚀的土壤范围内，不得采用直埋。

（10）抑制电气干扰强度的弱电回路控制和信号电缆，敷设时可采取下列措施：

1）与电力电缆并行敷设时相互间距，在可能范围内宜远离；对于电压高、电流大的电力电缆，间距宜更远。

2）敷设于配电装置内的控制和信号电缆，与耦合电容器或电容式电压互感器、避雷器或避雷针接地处的距离，宜在可能范围内远离。

3）沿控制和信号电缆可平行敷设屏蔽线，也可将电缆敷设于钢制管或盒中。

（11）电缆若敷设在保护管内时需要注意的问题：

1）电缆保护管内壁应光滑、无毛刺，其选择应满足使用条件所需的机械强度和耐久性，且应符合下列规定：①需采用穿管抑制对控制电缆的电气干扰时，应采用钢管；②交流单芯电缆以单根穿管时，不得采用未分隔磁路的钢管。

2）部分和全部露出在空气中的电缆保护管的选择，应符合下列规定：①防火或机械性要求高的场所，宜采用钢质管，并应采取涂漆或镀锌包塑等适合环境耐久要求的防腐处理；②满足工程条件自熄性要求时，可采用阻燃型塑料管。部分埋入混凝土中等有耐冲击的使用场所，塑料管应具备相应承压能力，且宜采用可挠性的塑料管。

3）地中埋设的保护管，应满足埋深下的抗压和耐环境腐蚀性的要求；管枕配置跨距，宜按管路底部未均匀夯实时满足抗弯矩条件确定；在通过不均匀沉降的回填土地段或地震活动频发地区时，管路纵向连接应采用可挠式管接头。同一通道的电缆数量较多时，宜采用排管。

4）保护管管径与穿过电缆数量的选择，应符合下列规定：①每管宜只穿 1 根电缆；②管的内径不宜小于电缆外径或多根电缆包络外径的 1.5 倍，排管的管孔内径不宜小于 75mm。

5）单根保护管使用时，宜符合下列规定：①每根电缆保护管的弯头不宜超过 3 个，直角弯不宜超过 2 个；②地下埋管距地面深度不宜小于 0.5m，与铁路交叉处距路基不宜小于 1.0m，距排水沟底不宜小于 0.3m；③并列管相互间宜留有不小于 20mm 的空隙。

6）使用排管时，应符合下列规定：①管孔数宜按发展预留适当备用；②导体工作温度相差大的电缆，宜分别配置于适当间距的不同排管组；③管路顶部土壤覆盖厚度不宜小于 0.5m；④管路应置于经整平夯实土层且有足以保持连续平直的垫块上，纵向排水坡度不宜小于 0.2%；⑤管路纵向连接处的弯曲度，应符合牵引电缆时不致损伤的要求；⑥管孔端口应采取防止损伤电缆的处理措施。

（12）户内站至电容器的电缆竖井采用预制式成品电缆竖井，如图 6.2.8-1 所示。

**图 6.2.8-1　预制式成品电缆竖井**

6.2.8.4　电缆孔、洞的封堵

（1）盘柜类封堵。低压柜柜底用耐火隔板、无机堵料及有机堵料组合封堵，封堵厚度与楼板相同。

（2）电缆穿侧墙类封堵。

1）建筑物侧墙一次电缆留孔用耐火隔板、防火包或者无机堵料、有机堵料组合封堵，封堵厚度与墙相同。

2）电缆桥架贯穿内墙孔封堵用耐火隔板、无机堵料、有机堵料组合封堵，封堵厚度与墙相同。

3）电缆桥架贯穿接外墙孔封堵用耐火隔板、无机堵料、有机堵料组合封堵，封堵厚度与墙相同。

（3）电缆穿管类封堵。电缆穿管孔洞用有机堵料封堵，封堵厚度大于 50mm。

（4）端子箱类封堵。端子箱用有机堵料封堵，封堵厚度大于 120mm。

（5）电缆竖井封堵。电缆竖井用角钢、耐火隔板、防火包、有机堵料组合封堵，封堵厚度与楼板相同。

（6）电缆穿楼板孔洞封堵。

1）楼板预留孔洞用角钢、耐火隔板、扎花钢板及防火包组合封堵，封堵度与楼板厚度相同。

2）一次电缆穿楼板孔洞用耐火隔板、防火包、无机堵料及有机堵料组合封堵，封堵厚度与楼板相同；当孔洞较大时用角钢加固。

3）二次电缆穿楼板孔洞用耐火隔板、无机堵料及有机堵料组合封堵，封堵厚度与楼板相同。

（7）电缆沟封堵。电缆沟用耐火隔板、有机堵料及防火包组合封堵，封堵厚度为 240mm。电缆桥架贯穿接墙孔封堵用耐火隔板、无机堵料、有机堵料组合封堵，封堵厚度与墙相同。

（8）各设备房间电缆入口、进入设备的孔洞及电缆沟的接口处、穿过各层楼板的竖井口均需封堵，其封堵厚度应大于 100mm。

（9）消防封堵只起防火作用，不考虑承重。所采用的防火材料对设备无腐蚀作用。

（10）电缆隧道封堵，宜在以下部位设置阻火墙。阻火墙顶部有机堵料填平整，并加盖防火板；底部必须留有排水孔洞；阻火墙两侧不小于 2m 范围内电缆应涂刷防火涂料，厚度为（1±0.1）mm。

1）公用主沟通道的分支处。

2）多段配电装置对应的沟道适当分段处。

3）至二次设备室或配电装置的沟道入口、厂区围墙处。

## 6.3 电气二次部分

### 6.3.1 二次设备室（舱）及屏（柜）布置

6.3.1.1 二次设备室（舱）的布置

（1）二次设备室应符合《计算机场地通用规范》（GB/T 2887）、《计算机场地安全要求》（GB/T 9361）的规定，应尽可能避开强电磁场、强振动源和强噪声源的干扰，还应考虑防尘、防潮、防噪声，并符合防火标准。二次设备舱应采用防静电地板。

（2）二次设备室（舱）的布置要有利于防火和有利于紧急事故时人员的安全疏散，其净空高度应满足屏柜的安装要求。Ⅱ型预制舱宜设置1个舱门，Ⅲ型预制舱宜设置2个舱门，开门尺寸为2350mm×900mm（高×宽），满足设备搬运要求。

（3）二次设备柜采用集中布置时，备用柜数宜按终期规模的10%～15%考虑；采用预制舱式二次组合设备时，备用柜数宜按2～3面考虑。

（4）二次设备室的屏间距离和通道宽度，要考虑运行维护及控制、保护装置调试方便。二次设备室屏间距离和通道宽度要求详见表6.3.1–1。

表6.3.1–1　　二次设备室屏间距离和通道宽要求

| 距离名称 | 采用尺寸（mm） | |
|---|---|---|
| | 一般 | 最小 |
| 屏正面至屏正面 | 1800 | 1400[a] |
| 屏正面至屏背面 | 1500 | 1200 |
| 屏背面至屏背面 | 1000 | 800[b] |
| 屏正面至墙 | 1500 | 1200 |
| 屏背面至墙 | 1200 | 800[b] |
| 边屏至墙 | 1200 | 800 |
| 主要通道 | 1600 | 1400 |

注 1. 复杂保护或继电器凸出屏面时，不宜采用最小尺寸。

2. 直流屏、事故照明屏等动力屏的背面间距不宜小于1000mm。

3. 屏背面至屏背面之间的距离，当屏背面地坪上设有电缆沟盖板时，可适当放大。

a. 预制舱内二次设备应采用前接线、前显示式装置，屏柜采用双列靠墙布置，屏正面开门，屏后面不开门。两列屏之间的距离不应小于1200mm。

b. 当二次设备室内二次设备采用前接线、前显示式装置时，屏柜可采用靠墙布置或背靠背布置，屏正面开门，屏后面不开门。当采用背靠背布置时，屏柜背部之间距离不小于200mm。

（5）舱内设置集中接线柜，宜结合进线口位置布置在长边侧屏柜两端。

（6）预制舱内的终期屏柜宜在本期安装好空屏柜，并预留好相关布线。永久性备用的屏位宜布置在靠近舱门的位置，并敷设盖板。

6.3.1.2 二次屏（柜）的选择及安装

1. 室（舱）内屏（柜）的选择

（1）屏（柜）的尺寸。二次设备室（舱）内柜体尺寸宜统一。预制舱屏柜宜采用2260mm×700mm×550mm（高×宽×深，高度中包含60mm眉头）屏柜；220kV及110kV变电站的二次设备室屏柜宜采用2260mm×600mm×600mm（高×宽×深，高度中包含60mm眉头）屏柜，交流柜宜采用2260mm×800mm×600mm（高×宽×深，高度中包含60mm眉头）屏柜；35kV变电站站控层设备（服务器柜除外）、间隔层二次设备、交直流设备及通信设备等二次设备屏柜采用2260mm×800mm×600mm（高×宽×深，高度中包含60mm眉头）屏柜；站控层服务器柜可采用2260mm×600mm×900mm（高×宽×深，高度中包含60mm眉头）屏柜。

（2）屏（柜）的结构。二次设备室可采用独立屏柜，预制舱内的屏柜采用与预制舱一体化制造的机架式结构。采用独立屏柜时，采用后接线设备时，屏（柜）前后开门；设备靠墙布置采用前接线前显示设备时，屏（柜）前开门。屏（柜）应采用垂直自立、柜门内嵌式的柜式结构，前门宜为玻璃门（不包括通信设备屏柜），正视屏（柜）体转轴在右边，门把手在左边。

（3）屏（柜）的颜色。全站二次系统设备屏（柜）体颜色应统一。

（4）前开门屏（柜）内的布置：

1）站内所有前接线前显示式装置的安装固定点及装置前面板（液晶面板）位置应统一，保证整体美观且便于装置安装、拆除及现场布线。

2）装置布置于柜体中间（面对屏柜，下同），装置前面板采用右轴旋转或向上打开方式，竖走线槽布置在柜体左侧，横走线槽置于装置下部。

3）装置安装固定点与装置前面板距离宜为130mm，安装固定点至装置后部距离应不大于350mm，装置前面板宽度宜为447mm，装置前面板与柜门面距离宜为85mm。

4）竖向线槽宽度不应小于70mm，并满足光纤弯曲半径的要求。竖向线槽深度应考虑柜内走线的数量，以满足柜体内所有走线要求。走线槽等均采用金属专用盖板（材质与柜体面板材质一致）封装，并方便拆装。

5）端子排统一设置在柜体下部，并采用横端子排布置方式。

2. 预制式智能控制柜的选择

（1）柜的结构。柜结构为柜前后开门、垂直自立、柜门内嵌式的柜式结构，正视柜体转轴在右边，门把手在左边。

（2）柜的颜色。全站预制式智能控制柜柜体颜色应统一。

（3）柜的要求。

1）内层密闭，夹层通风；当采用户外布置时，柜体的防护等级至少应达到IP55。

2）宜具有散热和加热除湿装置，在温湿度传感器达到预设条件时启动。柜内温湿度宜由本间隔测控装置进行监视。

3）应根据具体外部环境的条件选择合适的柜体。预制式智能控制柜内部的环境应能够满足保护、测控、智能终端、合并单元等二次元件的长年正常工作温度、电磁干扰、防水防尘条件，不影响其运行寿命。

3. 屏柜的安装

采用前后开门屏（柜），宜在屏（柜）底部两侧开孔，开孔尺寸为300mm×150mm。

### 6.3.2 二次回路设计

#### 6.3.2.1 二次回路的基本要求

（1）变电站的强电控制系统电源额定电压可选用220V。

（2）断路器的控制回路应满足下列要求：应有电源监视，并宜监视跳、合闸绕组回路的完整性；有防止断路器“跳跃”的电气闭锁装置；宜使用断路器机构内的防跳回路。

（3）断路器控制电源消失及控制回路断线应发出报警信号。

（4）计算机监控系统控制的断路器、隔离开关、接地开关的状态量信号应同时接入开、闭两个状态信号。

（5）继电保护及自动装置的动作等信号应通过站控层网络直接接入站控层主机，装置告警、故障信号应通过硬触点接入计算机监控系统。

（6）测量回路的电流回路额定电流可选1A或5A；电压回路宜为57.7V。

#### 6.3.2.2 二次“虚回路”的基本要求

（1）根据保护原理及自动化方案，应绘制SV信息流图及GOOSE信息流图，表达设备间的逻辑关系。SV信息流图反映设备间电流、电压数据流的连接，GOOSE信息流图反映设备控制原理和信号传输要求等内容。

（2）以SV/GOOSE信息流图为基础，根据IED制造厂商提供的具体设备虚端子图（表）及原理接线图，绘制SV/GOOSE信息的配置及光缆回路。

（3）SV/GOOSE信息流图应包含信息传输回路图。信息传输回路图表示SV和GOOSE信息的实际传输路径，包括中间环节交换机。同时信息流中应包括保护原理和控制、信号、闭锁等信息。

（4）SV/GOOSE信息逻辑配置应包含模拟量开入、开关量开入、开关量开出的分类，将智能设备之间的虚端子通过直观的形式连接起来。信息逻辑配置应包含信息内容、起点设备名称、起点设备虚端子号、起点设备数据属性、终点设备名称、终点设备虚端子号、终点设备数据属性。

### 6.3.3 二次网络设计

#### 6.3.3.1 站控层网络

（1）可传输MMS报文和GOOSE报文。

（2）220kV及110kV变电站站控层网络采用双星形以太网络，站控层交换机可按二次设备室（舱）或电压等级配置交换机，并相互级联。

35kV变电站站控层间隔层网络采用单星形以太网络，站控层交换机可按二次设备室或电压等级配置交换机，并相互级联。

（3）站控层/间隔层MMS信息应在站控层网络传输。站控层/间隔层MMS信息应具备间隔层设备支持的全部功能，其内容应包含“四遥”信息及故障录波报告信息，“四遥”信息主要包含保护、测控、故障录波装置的模拟量、设备参数、定值区号及定值、自检信息、保护动作事件及参数、设备告警、软压板遥控、断路器遥控、远方复归、同期控制等。

（4）站控层/间隔层GOOSE信息可在站控层网络传输。主要用于间隔层设备间通信，其内容可包含站域保护后备保护跳闸信息、过负荷联切、低频低压减负荷、35kV及10kV保护测控集成装置GOOSE信息、测控联闭锁信息等。

#### 6.3.3.2 过程层网络

（1）220kV间隔层设备与过程层设备之间宜采用点对点方式传输GOOSE/SV报文。全站220kV过程层设置双星形以太网络，GOOSE报文与SV报文共网传输。过程层按照间隔设置过程层交换机，过程层中心交换机集中布置在220kV母线保护柜。

（2）110kV间隔层设备与过程层设备之间宜采用点对点方式传输GOOSE/SV报文。220kV变电站110kV（除110kV线路外）过程层设置双星形以太网络，110kV变电站110kV过程层设置单星形以太网络，GOOSE报文与SV报文共网传输。过程层宜集中设置过程层中心交换机。

（3）35（10）kV 电压等级不宜单独设置过程层网络，主变压器 35（10）kV 过程层设备接入主变压器 110kV 侧过程层网络。GOOSE 报文通过站控层网络传输。

### 6.3.4 二次设备的选择及配置

#### 6.3.4.1 控制保护设备

控制开关的选择应符合二次回路额定电压、额定电流、分断电流、操作频繁率、电寿命和控制接线等要求。

二次回路的保护设备用于切除二次回路的短路故障，并作为回路检修、调试时断开交、直流电源之用。二次电源回路宜采用自动开关。

对于具有双重化配置的快速主保护和断路器具有双跳闸线圈的安装单位，其控制回路和继电保护、自动装置回路应分设独立的自动开关，并由不同的直流母线段分别向双重化主保护供电。

控制回路、继电保护、自动装置屏内电源消失时应有报警信号。

#### 6.3.4.2 小母线

35（10）kV 开关柜顶设置小母线，小母线宜采用 $\phi$6mm 的绝缘铜棒。

#### 6.3.4.3 端子排

端子排应由阻燃材料构成。端子的导电部分应为铜质。潮湿地区宜采用防潮端子。

每个安装单位应有其独立的端子排。同一屏上有几个安装单位时，各安装单位端子排的排列应与屏面布置相配合。

对于前后开门的屏柜，当一个安装单位的端子过多或一个屏上仅有一个安装单位时，可将端子排成组地布置在屏的两侧；对于前开门屏柜，宜简化端子排，统一布置在柜体下部。

每一安装单位的端子排应编有顺序号，并宜在最后留 2～5 个端子作为备用。当条件许可时，各组端子排之间也宜留 1～2 个备用端子。在端子排组两端应有终端端子。

正、负电源之间以及经常带电的正电源与合闸或跳闸回路之间的端子排，应以一个空端子隔开。

#### 6.3.4.4 虚端子

GOOSE、SV 输入、输出信号为网络上传递的变量，与传统屏柜的端子存在着对应的关系，为了便于形象地理解和应用 GOOSE、SV 信号，这些信号的逻辑连接点称为虚端子。

装置 GOOSE 输入定义采用虚端子的概念，在以“GOIN”为前缀的 GGIO 逻辑节点实例中定义 DO 信号，DO 信号与 GOOSE 外部输入虚端子一一对应，通过该 GGIO 中 DO 的描述和 DU 可以确切描述该信号的含义。

在 SCD 文件中每个装置的 LLNO 逻辑节点中的 Inputs 部分定义了该装置输入的 GOOSE 连线，每一个 GOOSE 连线包含了装置内部输入虚端子信号和外部装置的输出信号信息，虚端子与每个外部输出信号为一一对应关系。

在 SCD 文件中每个装置的 LLNO 逻辑节点中的 Inputs 部分定义了该装置输入的采样值连线，每一个采样值连线包含了装置内部输入虚端子信号和外部装置的输出信号信息，虚端子与每个外部输出采样值为一一对应关系。Extref 中的 IntAddr 描述了内部输入采样值的引用地址，应填写与之相对应的以 SVIN 为前缀的 GGIO 中 DO 信号的引用名，引用地址的格式为“LD/LN.DO”。

#### 6.3.4.5 预制舱内布线及外部光电缆接口

（1）预制舱内应设置配电箱、开关面板、插座等，舱内所有线缆均应采用暗敷方式。

（2）舱内宜采用下走线方式，舱底部设置槽盒，不设置槽盒盖。

（3）舱内与舱外光纤联系应采用预制光缆，预制光缆宜采用小型化接头。

#### 6.3.4.6 控制电缆

（1）控制电缆的选型应符合《电力工程电缆设计标准》（GB 50217）及火力发电厂、变电站二次接线设计技术规程（DL/T 5136）、《电测量及电能计量装置设计技术规程》（DL/T 5137）的有关规定。微机型继电保护装置及计算机测控装置所有二次回路的电缆均应使用屏蔽电缆。

（2）信号回路电缆截面积可采用 1.5mm$^2$，控制回路电缆截面积可采用 2.5mm$^2$，交流采集回路电缆截面积可采用 4mm$^2$。

（3）主变压器、断路器、隔离开关、接地开关等设备本体与智能控制柜之间的控制、信号回路宜采用预制电缆连接。

（4）预制电缆的使用应遵循以下配置原则：

1）预制电缆应自带航空插头，宜采用体积小、集成密度高、防护性能高、机械性能强、稳定性好的航空插头。

2）宜实现一次设备本体与智能控制柜之间标准的输入、输出，以提高抗干扰能力、适应现场工作环境、便于施工。

3）当一次设备本体至就地控制柜间路径满足预制电缆敷设要求时（全程无电缆穿管），优先选用双端预制电缆。应准确测算双端预制电缆长度，避免出现电缆长度不足或过长的情况。预制电缆余长有足够的收纳空间。

4）当电缆采用穿管敷设时，宜采用单端预制电缆，预制端宜设置在智能控制柜侧。预制电缆端采用圆形连接器且满足穿管要求时，也可采用双端预制。

5）预制电缆采用双端预制且为穿管敷设方式下，宜采用小型化连接器。

6）在满足试验、调试要求的前提下，预制电缆插座端宜直接引至二次装置背板端子排。

（5）预制电缆导线应采用多股软导线。预制电缆规格宜按推荐规格选择，见表6.3.4−1。

**表6.3.4−1　　预制电缆规格**

| 规格 | 信号回路 | 控制回路 | 交流电源回路 |
|---|---|---|---|
| 截面积（$mm^2$） | 1.5 | 2.5 | 4 |
| 芯数 | 5. 8. 11. 16. 21 | 4. 8. 12. 19 | 4. 8. 12 |

6.3.4.7　光缆和网线

（1）光缆选择。

1）除线路纵联保护专用光纤外，其余宜采用缓变型多模光纤。

2）同一建筑屋内不同屏柜间二次装置连接宜采用预制光缆或软装光缆。柜内二次装置间连接宜采用跳纤，柜内跳纤宜采用单芯或多芯跳纤。

3）室外光缆可根据敷设方式采用无金属、阻燃、加强芯光缆或铠装光缆，缆芯一般采用紧套光纤。

4）光缆芯数宜选取4、8、12、24芯，每根光缆或预制光缆应至少预留2芯备用芯，一般预留20%备用芯。

（2）同一室（舱）内站控层网络宜采用网线连接；跨室（舱）或数据级联时站控层网络宜采用光缆连接。

（3）双重化保护的电流、电压，以及GOOSE跳闸控制回路等需要增强可靠性的两套系统，应采用各自独立的光缆。

（4）光缆起点、终点为同一对象的多个相关装置时（在同一智能控制柜内对应一套继电保护的多个装置），可合用同一根光缆进行连接，一根光缆的芯数不宜超过24芯。

（5）预制光缆起点、终点为同一对象的多个相关装置，且预制光缆接口类型一致时，合用同一根预制光缆进行连接。

（6）全户内方案中，同一房间或跨房间不同屏柜间二次装置连接宜采用预制光缆，多芯预制光缆芯数不宜超过12芯，每根预制光缆至少备用2芯。

（7）全户外布置方案中，跨房间、跨场地不同屏柜间二次装置连接宜采用预制光缆。

（8）预制光缆的使用应遵循以下配置原则：

1）预制光缆应自带连接器，宜采用体积小、集成密度高、防护性能高、机械性能强、稳定性好的连接器。

2）为了保证光缆的可靠性和使用寿命，应采用密封性能良好和便于接续的光缆接头，宜采用标准化的光纤接口、熔接或插接工艺，可以根据需要适当选用无须现场熔接的预制光缆组件。

3）室外预制光缆可采用双端预制方式，也可采用单端预制方式。

4）双端预制光缆应准确测算预制光缆敷设长度，避免出现光缆长度不足或过长的情况。可利用柜体底部或特制槽盒两种方式进行光缆余长收纳。

（9）应根据室外光缆、预制光缆、跳纤不同的性能指标、布线要求预先规划合理的柜内布线方案，有效利用线缆收纳设备，合理收纳线缆余长及备用芯，满足柜内布线整洁美观、柜内布线分区清楚、线缆标识明晰的要求，便于运行维护。

### 6.3.5　一体化电源

6.3.5.1　系统组成及功能要求

站用交直流一体化电源系统由站用交流电源、直流电源、交流不间断电源、逆变电源（可选）、直流变换电源（DC/DC）等装置组成，并统一监视控制，共享直流电源的蓄电池组。

系统应具有监视交流电源进线开关、交流电源母线分段开关、直流电源交流进线开关、充电装置输出开关、直流母线分段开关、交流不间断电源输入开关、直流变换电源输入开关等状态的功能，上述开关宜选择智能型断路器，具备远方控制及通信功能。系统应具有控制交流电源切换、充电装置充电方式转换等功能。

系统应具有监视站用交流电源、直流电源、蓄电池组、交流不间断电源、逆变电源、直流变换电源等设备的运行参数的功能。

6.3.5.2　直流系统

站内配置1套直流电源系统，采用220V直流系统，取消48V通信蓄电池，220kV变电站通信设备采用2套独立的DC/DC变换器供电，110kV及35kV变电站通信设备采用1套独立的DC/DC变换器供电，直流电源取自站内直流系统，通信直流电源系统具体方案为：220kV变电站通过2套7个50A的DC 220V/DC 48V

转换模块为通信装置供电；110kV 变电站通过 5 个 30A 的 DC 220V/DC 48V 转换模块为通信装置供电；35kV 变电站通过 5 个 20A 的 DC 220V/DC 48V 转换模块为通信装置供电，DC 220V/DC 48V 转换模块和 −48V 通信电源馈线安装在通信电源柜内。

直流负荷包括全站的监控系统设备、保护装置、UPS 及事故照明等二次系统负荷和通信系统负荷，每组蓄电池容量按二次系统负荷事故停电 2h 和通信系统负荷事故停电 4h 进行计算。

根据直流负荷统计和直流系统计算结果，依据《电力工程直流电源系统设计技术规程》（DL/T 5044），并考虑变电站的终期建设规模，220kV 变电站全站设计选用 2 组支架式 220V、800Ah 阀控式密封铅酸蓄电池组，每组蓄电池组装设 1 套 6×40A（$N$+1）/220V 高频充电装置作为浮充电用；110kV 变电站全站设计选用 1 组支架式 220V、400Ah 阀控式密封铅酸蓄电池组，蓄电池组装设 1 套 5×30A（$N$+1）/220V 高频充电装置作为浮充电用；35kV 变电站选用 1 组 220V、150Ah 阀控式密封铅酸蓄电池组，蓄电池组装设 1 套 6×10A（$N$+1）/220V 高频充电装置作为浮充电用。

220kV 变电站直流系统采用单母分段接线方式，正常情况下两组蓄电池组分别带负荷分列运行，当一组蓄电池组退出时，短时投入分段开关，由另一组蓄电池组向全站直流负荷不间断供电。110kV 及 35kV 变电站直流系统采用单母线接线方式。

在进行蓄电池容量选择时，直流负荷统计计算时间和直流负荷统计负荷系数选取应分别按照表 6.3.5−1 和表 6.3.5−2 执行。

**表 6.3.5−1　　直流负荷统计计算时间**

| 序号 | 负荷名称 | 经常 | 事故放电计算时间 | | | | | |
|---|---|---|---|---|---|---|---|---|
| | | | 初期（min） | 持续（min） | | | | 随机（s） |
| | | | 0～1 | 1～30 | 30～60 | 60～120 | 120～240 | 5.0 |
| 1 | 微机监控保护系统 | √ | √ | — | — | √ | — | — |
| 2 | 智能组件、智能装置 | √ | √ | — | — | √ | — | — |
| 3 | 断路器合闸 | — | — | — | — | — | — | √ |
| 4 | UPS | — | √ | — | — | √ | — | — |
| 5 | INV | — | √ | — | — | √ | — | — |
| 6 | DC/DC | √ | √ | — | — | — | √ | — |

**表 6.3.5−2　　直流负荷统计负荷系数**

| 序号 | 负荷名称 | 负荷系数 | 备注 |
|---|---|---|---|
| 1 | 微机控制、保护、继电器 | 0.6 | |
| 2 | UPS | 0.6 | |
| 3 | DC/DC | 0.8 | |
| 4 | 断路器跳闸 | 0.6 | |
| 5 | 恢复供电断路器合闸 | 1.0 | |
| 6 | 事故照明 | 1.0 | |
| 7 | 监控系统、智能装置、智能组件 | 0.8 | |

注　事故初期（1min）的冲击负荷，按以下原则统计：
（1）低电压、母线保护、低频减载等跳闸回路按实际数量统计。
（2）控制、信号和保护回路等按实际负荷统计。

300Ah 及以上蓄电池设专用的蓄电池室，采用组架安装方式布置于专用蓄电池室内。

馈线开关选用专用直流空气开关，各直流回路空气开关的额定电流进行选择计算，各级开关保护动作电流和动作时间应满足上下级选择性配合要求，且应有足够的灵敏性。

电缆截面的选择计算，根据负荷性质、负荷容量、压降要求、供电距离和电缆材质计算直流各进出线回路及蓄电池回路的电缆截面。直流柜与直流分电柜间的电缆截面，应根据分电柜最大负荷电流选择。

蓄电池组引出线为电缆时，其正极和负极的引出线不应共用 1 根电缆。由直流柜和直流分电柜引出的控制、信号和保护馈线应选择铜芯电缆。

各安装单位的控制、信号电源，宜由电源屏或电源分屏的馈线以辐射状供电，供电线应设保护及监视设备。

6.3.5.3 不间断电源系统

110kV 和 220kV 变电站设 2 套交流不停电电源系统（UPS），1 套满足站内事故照明电源，1 套满足计算机监控系统主机、电量计费系统、调度数据网、二次安防设备及火灾报警等装置的供电要求。逆变器采用模块化结构，事故照明电源容量为 5kVA（220kV 变电站）或 3kVA（110kV 变电站），UPS 电源为 2×10kVA（220kV 变电站）或 1×10kVA（110kV 变电站），输入交流和直流双回路，输出为交流 220V、50Hz。直流电源取自站内直流系统，满负荷放电时间为 120min。UPS 机柜布置在二次设备室内。

35kV 变电站设 1 套交流不停电电源系统（UPS），主机容量按 3kVA 考虑，逆变器采用模块化结构，输入交流和直流双回路，输出为交流 220V、50Hz。直流电源取自站内直流系统，满负荷放电时间为 120min。与通信电源设备组 1 面柜布置在二次设备室内。

不间断电源 UPS 的供电负荷包括：①计算机监控系统；②电能计费系统；③火灾报警系统；④调度自动化系统。

### 6.3.6 时钟同步系统

（1）110kV 和 220kV 变电站主时钟应双重化配置，另配置扩展装置实现站内所有对时设备的软、硬对时。35kV 变电站主时钟应单套配置。

（2）站控层设备对时宜采用 SNTP 方式。

（3）间隔层设备对时宜采用 IRIG-B 电信号。

（4）过程层设备对时宜采用 IRIG-B 光信号。

（5）时间同步系统应具备 RJ145、ST、RS-232/485 等类型对时输出接口扩展功能，工程中输出接口类型、数量按需求配置。

（6）时钟源采用天基授时为主、地基授时为辅的模式。

（7）应满足电力系统治安反恐防范要求，主时钟应具有欺骗及干扰信号辨识和处理能力。

（8）应具备对被授时设备时间同步及状态监测的功能。

### 6.3.7 辅助设备智能监控系统

（1）辅助设备智能监控系统包括一次设备在线监测子系统、火灾消防子系统、安全防卫子系统、动环子系统、智能锁控子系统、智能巡视子系统等，实现一次设备在线监测、火灾、消防、安全警卫、动力环境的监视及控制、智能锁控、安全环境监视及设备智能巡视等功能。

（2）智能巡视子系统。变电站智能巡视子系统采用分层、分布、开放式的网络构架，由站层设备和前端设备构成，部署在安全Ⅳ区。

前端设备相关视频图像及告警信息采用 TCP/UDP、FTPS 传输协议上传至巡视主机，与主辅设备监控系统，实现与安全Ⅰ、Ⅱ区的联动。

各种方案智能变电站视频安全监视系统配置一览表见表 6.3.7-1～表 6.3.7-4。

**表 6.3.7-1 HA-220-A2-10 方案智能变电站视频安全监视系统配置一览表**

| 序号 | 安装地点 | 数量 |
|---|---|---|
| 1 | 主变压器区 | 每台主变压器配置 2 台球机或云台、1 台热成像 |
| 2 | 电容器 / 电抗器区 | 每个房间配置 2～3 台球机或云台 |
| 3 | 220kV 配电装置区 | GIS 设备：每两个间隔配置 2 台球机或云台 |
| 4 | 110kV 配电装置区 | GIS 设备：每两个间隔配置 1 台球机或云台 |
| 5 | 消弧线圈与接地变区 | 配置 2 台球机或云台 |
| 6 | 10kV 配电装置室 | 配置 2～4 台球机或云台 |
| 7 | 二次设备室 | 配置 2～4 台球机或云台 |
| 8 | 蓄电池室 | 配置 2 台球机或云台 |
| 9 | 一楼门厅 | 配置 1 台 |
| 10 | 全景 | 配置 1 台 |
| 11 | 周界 | 每个围墙边角配置 1 台球机或云台 |
| 12 | 变电站大门 | 配置 2 台枪机 |
| 13 | 高压脉冲电子围栏 | 根据围墙边界进行防区划分 |
| 14 | 红外对射装置 | 大门上方装设 1 对 |
| 15 | 门禁装置 | 变电站进站大门、配电楼门厅、10kV 室进出门、GIS 室等 |
| 16 | 电缆夹层进出口 | 每个出口 1 台球机 |
| 17 | 消防用房 | 按每个小室 1 台 |

**表 6.3.7-2 HA-220-B-1 方案智能变电站视频安全监视系统配置一览表**

| 序号 | 安装地点 | 数量 |
|---|---|---|
| 1 | 主变压器区 | 每台主变压器配置 2 台球机或云台、1 台热成像 |
| 2 | 电容器区 | 配置 1～2 台球机或云台 |
| 3 | 220kV 配电装置区 | HGIS 设备：每两个间隔配置 2 台球机或云台 |
| 4 | 110kV 配电装置区 | GIS 设备：每两个间隔配置 1 台球机或云台 |

续表

| 序号 | 安装地点 | 数量 |
|---|---|---|
| 5 | 消弧线圈与接地变区 | 配置 1 台球机或云台 |
| 6 | 10kV 配电装置室 | 配置 2～4 台球机或云台 |
| 7 | 二次设备室 | 配置 2～4 台球机或云台 |
| 8 | 蓄电池室 | 配置 2 台球机或云台 |
| 9 | 一楼门厅 | 配置 1 台 |
| 10 | 220kV 预制舱 | 配置 1 台球机或云台 |
| 11 | 110kV 预制舱 | 配置 1 台球机或云台 |
| 12 | 全景 | 配置 2 台 |
| 13 | 周界 | 每个围墙边角配置 1 台 |
| 14 | 变电站大门 | 配置 2 台枪机 |
| 15 | 高压脉冲电子围栏 | 根据围墙边界进行防区划分 |
| 16 | 红外对射装置 | 大门上方装设 1 对 |
| 17 | 门禁装置 | 二次设备室及 35kV/10kV 配电室大门处安装 |

**表 6.3.7–3　110kV 智能变电站视频安全监视系统配置一览表**

| 序号 | 安装地点 | 数量 |
|---|---|---|
| 1 | 主变压器区 | 每台主变压器配置 1 台球机或云台，1 台热成像 |
| 2 | 35（10）kV 无功补偿区 | 户外每 2 台电容器配置 1 台球机或云台，户内布置按每个房间 2 台球机或云台 |
| 3 | 110kV 设备区 | HGIS 设备：每间隔配置 1 台球机或云台；GIS 设备：每两个间隔配置 1 台球机或云台 |
| 4 | 35（10）kV 配电装置室 | 根据规模配置 2～4 台球机或云台 |
| 5 | 二次设备室（含通信设备） | 根据规模配置 1～2 台球机或云台 |
| 6 | 二次设备舱 | 根据规模配置 1～2 台球机或云台 |
| 7 | 一楼门厅 | 配置 1 台 |
| 8 | 蓄电池室 | 配置 1 台球机或云台 |
| 9 | 全景（安装在配电楼顶） | 配置 1 台 |
| 10 | 周界（安装在变电站围墙边角） | 每个围墙边角配置 1 台球机或云台 |
| 11 | 高压脉冲电子围栏 | 根据围墙边界进行防区划分 |

续表

| 序号 | 安装地点 | 数量 |
|---|---|---|
| 12 | 门禁装置 | 变电站进站大门、配电楼门厅 |
| 13 | 变电站大门 | 配置 2 台枪机 |
| 14 | 电缆夹层进出口 | 每个出口 1 台球机 |

**表 6.3.7–4　35kV 智能变电站视频安全监视系统配置一览表**

| 序号 | 安装地点 | 数量 |
|---|---|---|
| 1 | 主变压器区 | 每台主变压器配置 1 台热成像 |
| 2 | 站用变区 / 电容器区 | 均配置 1 台球机或云台 |
| 3 | 35kV/10kV 配电装置室 | 根据规模配置 2～4 台球机或云台 |
| 4 | 二次设备室 | 根据规模配置 1～2 台球机或云台枪机 |
| 5 | 门厅 | 配置 1 台 |
| 6 | 变电站大门 | 配置 2 台枪机 |
| 7 | 全景 | 配置 1 台 |
| 8 | 红外对射（安装在大门两侧）及高压脉冲电子围栏（安装在变电站围墙边角） | 1 套 |
| 9 | 7 门禁装置 | 二次设备室及 35kV/10kV 配电室大门处安装 |
| 10 | 周界（安装在变电站围墙边角） | 每个围墙边角配置 1 台 |

（3）火灾自动报警及消防子系统。火灾探测区域应按独立房（套）间划分。火灾探测区域有二次设备室、蓄电池室、各级电压等级配电装置室、可燃介质电容器室（如有）、二次设备预制舱（如有）、油浸变压器、户内电缆沟及电缆竖井等。应根据所探测区域的不同，配置不同类型和原理的探测器或探测器组合。

火灾报警控制器应设置在二次设备室或门厅处。声光报警器、手动报警按钮装设在二次设备室或配电装置楼各层的主要通道或出入口处明显部位，感温感烟探测器布控在二次设备室、蓄电池室、资料室、低压配电间等所有要求监视场所。当火灾发生时，火灾报警控制器可及时发出声光报警信号，显示发生火灾的地点。

（4）环境监测子系统。环境监测设备包括环境数据处理单元 1 套、温度传感器、湿度传感器、风速传感器、水浸探头、$SF_6$ 传感器及泄漏报警主机（如有）、环境监测处理单元等。各类型传感器根据环境测点的实际需求配置，数据处理单元布置于二次设备室，传感器安装于设备现场。

（5）预制舱辅助设施。

1）预制舱内应配置照明、消防、暖通、图像监控、通信、环境监控等设备，各设备应接入站内相应智能辅助控制子系统。

2）照明设施。舱内照明设正常照明和事故照明。部分正常照明自带蓄电池兼做事故照明，应急时间不小于60min。正常照明应采用嵌入式LED灯带。各照明开关应设置于门口处，嵌入式安装，开关面板底部距地面高度为1.3m。

3）火灾报警设施。舱内火灾探测及报警系统和消防控制设备选择执行《火灾自动报警系统设计规范》（GB 50116—2013）的规定。舱内火灾报警烟感探测装置采用吸顶布置。

4）消防设施。舱内配置5kg手提式灭火器2个，置于门口处。

5）暖通设施。正常工作状态下舱内温度宜控制在18～25℃内，相对湿度为45%～75%，任何情况下无凝露。舱内设置2台空调，在任一台空调故障时舱内温度应控制在5～30℃范围内。空调应选用低噪声设备，噪声控制要求不大于50dB，舱体应设置机械通风装置，舱内形成通风回路。

6）环境监测设施。舱内宜设置温湿度传感器，可根据需要设置水浸传感器，并将信息上传至智能辅助控制系统。

7）视频监控设施。舱内安装视频监控，设置1～2台旋转式摄像机。

8）其他辅助设施。舱内应设置有线电话，壁挂安装。照明箱、检修箱采用户内嵌入式安装。舱内应配置活动式或固定式折叠桌，方便生产运行。

### 6.3.8　二次设备接地和抗干扰

#### 6.3.8.1　接地

（1）控制电缆的屏蔽层两端可靠接地。

（2）所有敏感电子装置的工作接地应不与安全地或保护地混接。

（3）在二次设备室（舱）、敷设二次电缆的沟道、就地端子箱等处，使用截面积不小于100mm² 的裸铜排敷设于与变电站主接地网紧密连接的等电位接地网。

（4）在二次设备室（舱）内，沿屏（柜）布置方向敷设截面积不小于100mm² 的专用接地铜排，并首末端连接后构成室内等电位接地网。室（舱）内等电位接地网必须用至少4根以上、截面积不小于50mm² 的铜排（缆）与变电站的主接地网可靠接地。连接点处需设置明显的二次接地标识。

（5）在二次设备室（舱）内暗敷接地干线，在离地板300mm处设置临时接地端子。Ⅱ、Ⅲ型预制舱宜设置3个临时接地端子。

（6）沿二次电缆的沟道敷设截面积不少于100mm² 的裸铜排（缆），构建室外的等电位接地网。开关场的就地端子箱内应设置截面积不少于100mm² 的裸铜排，并使用截面积不少于100mm² 的铜缆与电缆沟道内的等电位接地网连接。

（7）有电联系的电压互感器二次侧的接地应仅在一个二次设备室相连一点接地。为保证接地可靠，各电压互感器的中性线不得接有可能断开的断路器等。已在二次设备室一点接地的电压互感器二次绕组，宜在开关场将二次绕组中性点经放电间隙或氧化锌阀片接地。为防止造成电压二次回路多点接地的现象，应定期检查放电间隙或氧化锌阀片。

（8）公用电流互感器二次绕组二次回路只允许且必须在相关保护屏（柜）内一点接地。电流互感器的二次回路应只有一点接地，宜在就地端子箱接地。

（9）微机型继电保护装置屏（柜）内的交流供电电源的中性线不应接入等电位接地网。

#### 6.3.8.2　防雷

必要时，在各种装置的交、直流电源输入处设电源防雷器。

#### 6.3.8.3　抗干扰

（1）微机型继电保护装置所有二次回路的电缆均应使用屏蔽电缆。

（2）交流电流和交流电压回路、交流和直流回路、强电和弱电回路，以及来自开关场电压互感器二次的四根引入线和电压互感器开口三角绕组的两根引入线均应使用各自独立的电缆。

（3）双重化配置的保护装置的跳闸回路均应使用各自独立的光（电）缆。

（4）经长电缆跳闸回路，宜采取增加出口继电器动作功率等措施，防止误动。

（5）制造部门应提高微机保护抗电磁骚扰水平和防护等级，光耦开入的动作电压应控制在额定直流电源电压的55%～70%以内。

（6）针对来自系统操作、故障、直流接地等异常情况，应采取有效防误动措施，防止保护装置单一元件损坏可能引起的不正确动作。

（7）所有涉及直接跳闸的重要回路应采用动作电压在额定直流电源电压的55%～70%以内的中间继电器，并要求其动作功率不低于5W。

（8）遵循保护装置24V开入电源不出二次设备室的原则，以免引进干扰。

（9）经过配电装置的通信网络连线均采用光纤介质。

（10）合理规划二次电缆的敷设路径，尽可能离开高压母线、避雷器和进雷针的接地点、并联电容器、CVT、结合电容及电容式套管等设备，避免和减少迂回，缩短二次电缆的长度。

## 6.4 站内通信

### 6.4.1 调度及行政电话

220kV 及以下变电站不单独设置程控调度交换机，变电站调度电话与行政电话采用远端放号方式分别接入河南电力调度交换网与行政 IMS 系统。

### 6.4.2 通信设备监测系统

220kV 及以下变电站通信设备告警信息通过网管和监控系统上传至 24h 有人值班场所，一体化电源 −48V 通信部分的状态及告警信息纳入实时监控，满足通信运行要求。

### 6.4.3 通信电源系统

220kV 及以下变电站不设置独立通信电源系统，采用站用交直流一体化电源系统提供 −48V 直流电源为通信设备供电，具体配置详见 6.3.5 节相关内容。

### 6.4.4 通信设备布置

（1）220kV 变电站通信设备按远景规模布置不少于 24 面屏位，110kV 变电站通信设备按远景规模布置不少于 11 面屏位，35kV 变电站通信设备按远景规模布置不少于 6 面屏位，与二次设备统一布置在二次设备室，通信设备屏位原则上应连续布置。

（2）光传输设备、接入设备、配线设备等分类组柜，通信机柜尺寸为 2260mm × 600mm × 600mm（35kV 变电站采用 2260mm × 800mm × 600mm），与二次设备机柜颜色保持一致。

### 6.4.5 防雷与接地

（1）通信设备的防雷和过电压能力满足《电力系统通信站防雷运行管理规程》（DL 548）的要求。

（2）通信设备的防雷接地、保护接地与工作接地合用一组接地体，机房接地母排和其他二次设备统一考虑，接地母排延伸到通信各屏柜。

（3）通信设备各直流电源的正极，在电源设备侧直接接地。

### 6.4.6 通信线缆敷设

（1）站内引入光缆选择非金属阻燃光缆，按照《国家电网公司十八项电网重大反事故措施》要求采取完善的防火阻燃和阻火分隔措施。

（2）站内引入光缆在变电站内敷设应具备两条及以上完全独立的光缆敷设沟道（竖井）至二次设备室。

## 6.5 土建部分

### 6.5.1 站址基本条件

站址基本条件按以下规定执行：海拔不大于 1000m，设计基本地震加速度 0.15$g$，场地类别按Ⅱ类考虑；设计基准期为 50 年，基本风速 $v_0$ = 27m/s；天然地基，假定地基承载力特征值 $f_{ak}$ = 150kPa，假设场地为同一标高，无地下水影响。

### 6.5.2 站址征地

站址征地应注明大地 2000 坐标及 85 高程系统，并提供测量控制点坐标及高程：站址征地应标注指北针及风玫瑰图；在地形图上绘出变电站围墙及进站道路的中心线、征地轮廓线及规划控制红线。变电站征（占）地面积见表 6.5.2−1。

**表 6.5.2−1　　变电站征（占）地面积一览表**

| 序号 | 指标名称 | 单位 | 数量 | 备注 |
| --- | --- | --- | --- | --- |
| 1 | 站址总用地面积 | $hm^2$ | | |
| 1.1 | 站区围墙内占地面积 | $hm^2$ | | |
| 1.2 | 进站道路占地面积 | $hm^2$ | | |
| 1.3 | 其他占地面积 | $hm^2$ | | |

注　进站道路用地面积按路堤坡脚、路堑坡顶设施的外边缘计算。当设置路边排水沟时，按边沟外 1m 计算。

### 6.5.3 总平面及竖向布置

6.5.3.1　总平面布置图

（1）变电站的总平面布置应根据生产工艺、运输、防火、防爆、环境保护和施工等方面的要求，按最终规模对站区的建（构）筑物、管沟及道路进行统筹安排。

（2）图中应综合布置各种主要管沟，并标明其相对关系和尺寸。

（3）图中应标明站内各建筑物、配电装置构架、主变压器场地、围墙、道路等建（构）筑物的控制点坐标。

（4）图中应标注指北针，并应标出指北针与建筑坐标的夹角。

（5）图中应标明各道路的宽度及转弯半径。

（6）场地处理。户外变电站配电装置场地宜采用碎石地坪，且对下层地面采用 100mm 厚三七灰土封闭层处理。不设巡视小道，操作地坪按电气专业要求设置。缺少碎石且雨水充沛的地区，可简易绿化，但不应设置管网等绿化设施，控制绿化造价。

市内变电站如规划部门对绿化有明确要求时，可进行简易绿化，但应综合考虑养护管理，选择经济合理的本地区植物，不应选用高级乔灌木、草皮或花木。

（7）应按《变电站总布置设计技术规程》（DL/T 5056），在图中列出主要技术经济指标一览表（见表 6.5.3−1）和站区建（构）筑物一览表（见表 6.5.3−2）。

**表 6.5.3−1　　主要技术经济指标一览表**

| 序号 | 名称 | | 单位 | 数量 | 备注 |
|---|---|---|---|---|---|
| 1 | 站址总用地面积 | | $hm^2$ | | |
| 1.1 | 站区围墙内占地面积 | | $hm^2$ | | |
| 1.2 | 进站道路占地面积 | | $hm^2$ | | |
| 1.3 | 站外供水设施占地面积 | | $hm^2$ | | |
| 1.4 | 站外排水设施占地面积 | | $hm^2$ | | |
| 1.5 | 站外防（排）洪设施占地面积 | | $hm^2$ | | |
| 1.6 | 其他占地面积 | | $hm^2$ | | |
| 2 | 进站道路长度（新建 / 改造） | | m | | |
| 3 | 站外供水管长度 | | m | | |
| 4 | 站外排水管长度 | | m | | |
| 5 | 站内主电缆沟长度（截面积 0.6m × 0.6m 以上） | | m | | |
| 6 | 站内外挡土墙体积 | | $m^3$ | | |
| 7 | 站内外护坡面积 | | $m^2$ | | |
| 8 | 站址土（石）方量 | 挖方（−） | $m^3$ | | |
| | | 填方（+） | $m^3$ | | |
| 8.1 | 站区场地平整 | 挖方（−） | $m^3$ | | |
| | | 填方（+） | $m^3$ | | |
| 8.2 | 进站道路 | 挖方（−） | $m^3$ | | |
| | | 填方（+） | $m^3$ | | |
| 8.3 | 建（构）筑物基槽余土 | | $m^3$ | | |
| 8.4 | 站址土方综合平衡 | 弃土 | $m^3$ | | |
| | | 取土 | $m^3$ | | |
| 9 | 站内道路面积 | | $m^2$ | | |
| 10 | 屋外配电装置场地面积 | | $m^2$ | | |
| 11 | 总建筑面积 | | $m^2$ | | |
| 12 | 站区围墙长度 | | m | | |

续表

**注**　如有软弱土或特殊地基处理方式引起的土石方量变化可调整相应项目。

**表 6.5.3−2　　站区建（构）筑物一览表**

| 序号 | 项目名称 | 单位 | 数量 | 备注 |
|---|---|---|---|---|
| 1 | 配电装置室（楼） | $m^2$ | | 建筑面积 |
| 2 | 二次设备室 | $m^2$ | | 建筑面积 |
| 3 | 辅助用房 | $m^2$ | | 建筑面积 |
| 4 | 配电装置场地 | $m^2$ | | 占地面积 |
| 5 | 主变压器场地 | $m^2$ | | 占地面积 |
| 6 | 电容器场地 | $m^2$ | | 占地面积 |
| 7 | 雨水泵井 | $m^2$ | | 占地面积 |
| 8 | 事故油池 | $m^2$ | | 占地面积 |
| 9 | 独立避雷针 | 根 | | |
| 10 | 地下消防水池 | $m^2$ | | 占地面积 |
| 11 | 消防泵房 | $m^2$ | | 建筑面积 |

**注**　具体建（构）筑物根据工程具体情况调整。

6.5.3.2　竖向布置

（1）竖向布置的形式应综合考虑站区地形、场地及道路允许坡度、站区排水方式、土石方平衡等条件来确定，场地的地面坡度不宜小于 0.5%。

（2）图中应标出站区各建（构）筑物、道路、配电装置场地、围墙内侧及站区出入口处的设计标高，建筑物设计标高以室内地坪为 ±0.000m。标明场地、道路及排水沟排水坡度及方向。

### 6.5.4　站内外道路

6.5.4.1　站内外道路平面布置

（1）站内外道路的形式。变电站进站道路宜采用郊区型道路；站内道路宜采用郊区型道路；湿陷性黄土地区、膨胀土地区、站区散排宜采用城市型道路；户内站为与城市道路衔接，进站道路亦可采用城市型道路。可采用混凝土路面或沥青混凝土路面。

（2）站内外道路的规格。站内外道路宽度见表 6.5.4–1，路肩宽度每边均为 0.5m。

**表 6.5.4–1　　站内外道路宽度（m）**

| 变电站 | 进站道路 | 运输道路 | 检修道路 | 消防道路 |
|---|---|---|---|---|
| 35kV | 4.0 | 4.0 | 3.0 | 4.0 |
| 110kV | 4.0 | 4.0 | 3.0 | 4.0 |
| 220kV | 4.5 | 4.5 | 3.0 | 4.0 |

110kV 以及上主变压器运输道路混凝土面层厚度为 220mm，其他道路面层均为 180mm。

站内道路宜形成环形道路，也可结合市政道路形成环形道路；当不能形成环形道路时，应设回车场（不小于 12m × 12m）或 T 形回车道。

变电站站内道路转弯半径：主变压器运输道路及消防道路为 9m，其他道路不宜小于 7m。

（3）其他。进站道路与桥涵或沟渠等交汇处应标明其坐标并绘制断面详图。站内道路平面布置应标明站内地下管沟，并标示穿越道路管沟的位置。

6.5.4.2　进站道路

（1）进站道路按《厂矿道路设计规范》（GBJ 22）规定的四级厂矿道路设计，宜采用郊区型混凝土道路，路面混凝土强度不小于 C30，可采用专用机械一次浇注完成或根据建设单位文明施工要求分两次浇注完成。

（2）进站道路最大限制纵坡一般为 6%，应能满足大件设备运输车辆的爬坡要求。

6.5.4.3　站内道路

（1）站内道路宜采用郊区型混凝土或沥青道路，路面混凝土强度为 C30，施工可采用专用机械一次浇注完成或根据建设单位文明施工要求分两次浇注完成。

（2）站内道路纵坡不宜大于 6%，山区变电站或受条件限制的地段可加大至 8%，但应考虑相应的防滑措施。

### 6.5.5　装配式建筑物

6.5.5.1　建筑物布置

（1）变电站应按无人值守运行设计，仅设置生产用房及辅助用房。根据不同电压等级及通用设计方案，设置不同的建筑物，见表 6.5.5–1。

**表 6.5.5–1　　各电压等级变电站内建筑物名称表**

| 电压等级 | 通用设计实施方案 | 站内建筑物名称 |
|---|---|---|
| 220kV | HA–220–A2–10 | 配电装置楼、辅助用房、消防泵房 |
| | HA–220–A3–2 | |
| | HA–220–B–1 | 二次设备综合用房、配电装置室 |
| 110kV | HA–110–A2–3 | 配电装置楼、辅助用房、消防泵房 |
| | HA–110–A3–3 | |
| | HA–110–B–1 | 配电装置室、辅助用房 |
| | HA–110–B–3 | |
| 35kV | HA–35–E–3 | 配电装置室 |

生产用房设置主变压器室、配电室、站用变压器室、接地变压器及消弧线圈室、电容器室、二次设备室、蓄电池室等电气房间，以及安全工具间、防汛器材室、资料室 / 应急操作室等附属房间。如需要，可设置消防控制室。

辅助用房采用预制装配整体式，设置保电值班室、警卫室、备餐间、卫生间等房间。

根据需要设置消防泵房。

（2）柱距、层高、跨度、模数宜按《厂房建筑模数协调标准》（GB/T 50006）执行。

变电站建筑物柱距不宜多于三种。变电站各主要房间柱距、跨度、层高（净高）数据参照表 6.5.5–2。

**表 6.5.5–2　　变电站各主要房间柱距、跨度、层高（净高）表**

| 房间名称 | 柱距 | 跨度 | 层高（净高） |
|---|---|---|---|
| 35kV 配电室 | 6m | 7.5m，单列布置 | 4.5m，电缆进线 4.0m |
| | | 12m，双列布置 | |
| 35/10kV 配电室 | 6m | 11m，双列布置 | |
| 10kV 配电室 | 5.7～6.3m | 6m，单列布置 | 4.0m，上面有房间时 4.8m |
| | | 9m，双列布置 | |
| 110kV 主变压器室 | 6～7.5m | 10m | 7.5m |

续表

| 房间名称 | 柱距 | 跨度 | 层高（净高） |
| --- | --- | --- | --- |
| 220kV 主变压器室 | 7～11m | 15m | （12m） |
| 110kV GIS 室 | | 9m，电缆进线 10m | 8.0m（7.0m） |
| 220kV GIS 室 | | 12.5m | 9.5m（8.0m） |
| 二次设备室 | | | （3.0m） |

110kV 全户内变电站电缆层高出室外地坪高度 1.5m，电缆层层高 2.7m；220kV 全户内变电站电缆层高出室外地坪高度 1.5m，电缆层层高 3.8m。

6.5.5.2 墙体

（1）建筑物外墙板及其接缝设计应满足结构、热工、防水、防火及建筑装饰等要求，内墙板设计应满足结构、隔声及防火要求。

外墙由外墙板＋内墙板组成，外墙板采用一体化铝镁锰岩棉夹芯板，内墙板采用 9mm 厚纤维水泥饰面板。用于防火墙时，内墙板采用纤维水泥复合板，两侧为 12mm 厚纤维水泥板（室内侧为纤维水泥饰面板），中间为 100mm 厚岩棉。

内隔墙采用纤维水泥复合板，两侧为 9mm 厚纤维水泥饰面板，内部填充 50～100mm 厚岩棉。

铝镁锰岩棉夹芯板由 0.8mm 铝镁锰板＋100mmA 级防火岩棉＋0.6mm 铝镁锰板复合而成。采用四面启口做法，板竖向封边处铝镁锰折边不小于 50mm，严禁采用仅贴铝箔纸假四面启口做法，夹芯板芯材不得外露；所有板材需要工厂一体化生产，安装过程不允许现场切板。

铝镁锰夹芯板外板采用 0.8mm 铝镁锰板，横向排版表面呈纯平效果，镀层以滚轮涂覆，并经三涂三烤；正面漆涂膜正面 20μm 聚偏氟乙烯，背面 5μm 环氧树脂；内板采用 0.6mm 铝镁锰板，面漆涂膜正面、背面要求同外板。使用寿命在 50 年以上。芯材采用 100mm 厚 A 级防火岩棉，憎水性 99%，密度为 136～140kg/m$^3$，有效保证岩棉夹芯板的保温和耐火时间。

各种外墙洞口收边系统应做铝合金 / 铝板一体式收边件，必须工厂预制完成后现场组装。

2）主变压器室周围除泄压墙和可拆卸运输墙板外，其他墙板采用 150mm 厚 A 级 ALC 板。ALC 板满足耐火极限 3.0h 以上。

（2）变压器室设计应采取泄压措施。

1）泄压墙可采用泄压螺栓连接方式，板材同外墙的铝镁锰岩棉夹芯板，内侧不再用墙板封闭。

2）泄压墙也可采用装配式轻质墙体，轻质墙体容重不宜大于 60kg/m$^2$。

3）各种措施都应具备泄压迅速、强度良好、轻质、耐久、防火和安装拆卸方便等特点。

（3）变压器室运输部位可采用可拆卸墙体。

6.5.5.3 楼屋面

（1）楼、屋面板采用 TDM/P 型钢筋桁架楼承板，表面不得出现焊点，搭接处必须采用双折边体系，底模需满足可着色可喷漆效果。屋面宜设计为结构找坡，平屋面采用结构找坡不得小于 5%，建筑找坡不得小于 3%；天沟、檐沟纵向找坡不得小于 1%；寒冷地区可采用坡屋面。坡屋面坡度应符合设计规范要求。

（2）屋面采用有组织排水，防水等级采用Ⅰ级。

6.5.5.4 室内外装饰装修

（1）外墙、内墙涂料装饰。采用金属外墙板时，建筑外装饰色彩与周围景观相协调，装修材料的燃烧性能应符合防火要求。

（2）变电站建筑物楼、地面做法应按照现行国家标准图集 23J909 选用，可按《国家电网有限公司输变电工程标准工艺》选用。

1）主变压器室、配电装置室、电容器室、站用变压器室、蓄电池室等电气设备房间宜采用水泥基自流平地坪。

2）二次设备室在楼层布置时，采用抗静电架空地板。

3）电缆夹层采用 40mm 厚 C25 细石混凝土面层。

4）其他辅助房间可采用地砖面层，卫生间、室外台阶采用防滑地砖，卫生间四周除门洞外，应做不应小于 120mm 混凝土翻边。

6.5.5.5 门窗

（1）门窗应设计成规整矩形，不应采用异型窗。

（2）门窗宜设计成以 1m 为基本模数的标准洞口，一般房间疏散门高度不应小于 2.1m；外窗宽度不宜超过 1.5m，高度不宜超过 2.0m。

（3）外窗宜采用三层中空玻璃（F5＋1.52＋G5＋9A＋G5）mm，胶片采用 1.52mm 厚度，中间为夹胶玻璃断桥铝合金门窗。蓄电池室的窗采用磨砂玻璃。

（4）建筑外门窗抗风压性能分级不得低于 4 级，气密性能分级不得低于 3 级，水密性能分级不得低于 3 级，保温性能分级为 7 级，隔音性能分级为 4 级，外窗采光性能等级不低于 3 级。

6.5.5.6　楼梯、坡道、台阶及散水

（1）楼梯采用装配式钢结构楼梯。楼梯尺寸设计应经济合理。如不需运输设备，楼梯开间尺寸不宜超过 3.0m。踏步高度不宜小于 0.15m，步宽不宜大于 0.30m，踏步应防滑。室内台阶踏步数不应小于 2 级。当高差不足 2 级时，应按坡道要求设置。

（2）楼梯梯段改变方向时，扶手转向端处的平台最小宽度不应小于梯段宽度，并不得小于 1.20m。

（3）室内楼梯扶手高度不宜小于 0.9m。靠楼梯井一侧水平扶手长度超过 0.5m 时，其高度不应小于 1.1m。

（4）楼梯栏杆扶手宜采用硬杂木加工木扶手，不应采用高档装饰材料。

（5）踏步、坡道、台阶采用细石混凝土或水泥砂浆材料。

（6）细石混凝土散水宽度采用预制散水。散水与建筑物外墙间应留置沉降缝，缝宽 20～25mm。

6.5.5.7　建筑节能

（1）控制建筑物窗墙比，窗墙比应满足国家规范要求。

（2）建筑外窗选用中空玻璃，改善门窗的隔热性能。

（3）屋面宜采用保温隔热层，按倒置式屋面设计。

### 6.5.6　装配式建筑物结构

6.5.6.1　基本设计规定

（1）装配式建筑物宜采用钢结构。结构体系宜采用钢框架结构，地下电缆层采用钢筋混凝土结构。

（2）根据《建筑结构可靠度设计统一标准》（GB 50068），建筑结构安全等级取为二级；根据《电力设施抗震设计规范》（GB 50260），建筑抗震设防类别取为丙类；荷载标准值、荷载分项系数、荷载组合值系数等，应满足《工程结构通用设计规范》（GB 55001—2021）和《变电站建筑结构设计技术规程》（DL/T 5457）的规定。结构的重要性系数 $\gamma_0$ 宜取 1.0。

（3）承重结构应按承载力极限状态和正常使用极限状态进行设计，按承载能力极限状态设计时，采用荷载效应的基本组合；按正常使用极限状态设计时，采用荷载效应的标准组合。

6.5.6.2　材料

（1）钢结构梁柱等主要承重构件宜采用 Q235. Q355 热轧 H 型钢；轻型围护板材（铝镁锰板等）的檩条、墙梁等次构件，宜采用 Q235 冷弯薄壁型钢（如 C 型钢、Z 型钢等）。钢材的强屈比不宜小于 1.2，钢材应有明显的屈服台阶，且延伸率宜大于 20%。

（2）钢结构的传力螺栓连接宜选用高强度螺栓连接，高强度螺栓宜选用 8.8、10.9 级，高强度螺栓的预拉应力应满足表 6.5.6−1 的要求，钢结构构件上螺栓钻孔直径宜比螺栓直径大 1.5～2.0mm。

**表 6.5.6−1　　高强度螺栓的预拉力值**

| 螺栓公称直径（mm） | M16 | M20 | M22 | M24 | M27 | M30 |
|---|---|---|---|---|---|---|
| 螺栓预拉力（kN） | 100 | 155 | 190 | 225 | 290 | 355 |

（3）Q355 与 Q355 钢之间焊接宜采用 E50 型焊条，Q235 与 Q235 钢之间焊接宜采用 E43 型焊条，Q235 与 Q355 钢之间焊接宜采用 E43 型焊条，焊缝的质量等级不低于二级。

6.5.6.3　结构布置

（1）结构柱网尺寸按照模块化建设通用设计要求进行布置，厂房柱宜采用 H 形、箱形截面；框架梁宜采用 H 形截面；梁柱宜采用刚性连接。次梁的布置应综合考虑设备布置和工艺要求，宜使次梁传递至该区域柱上的楼面荷载均匀，次梁宜与主梁铰接，并与楼板组成简支组合梁。

（2）固定铝镁锰板的墙檩应竖向布置，间距在 1.2～1.5m 之间。

（3）GIS 室楼面或屋面预留工字型钢轨，钢轨型号应根据安装跨度，通过计算确定，如图 6.5.6−1 所示。

**图 6.5.6−1　GIS 室楼面或屋面预留工字型钢轨**

6.5.6.4 钢结构计算的基本原则

（1）钢结构的计算宜采用空间结构计算方法，对结构在竖向荷载、风荷载及地震荷载作用下的位移和内力进行分析。

（2）进行构件的截面设计时，应分别对每种荷载组合工况进行验算，取其中最不利的情况作为构件的设计内力。荷载及荷载效应组合应满足《工程结构通用设计规范》（GB 55001—2022）、《建筑与市政工程抗震通用规范》（GB 55002—2012）、《建筑与市政地基基础通用规范》（GB 55003—2021）、《建筑结构可靠性设计统一标准》（GB 50068—2018）等规范的规定。

（3）框架柱在压力和弯矩共同作用下，应进行强度计算、强轴平面内稳定计算和弱轴平面内稳定计算。在验算柱的稳定性时，框架柱的计算长度应根据有无支撑情况按照《钢结构设计标准》（GB 50017）进行计算。

（4）柱与梁连接处、柱在与梁上翼缘对应位置宜设置水平加劲肋，以形成柱节点域，节点域腹板的厚度应满足节点域的屈服承载力要求和抗剪强度要求。

6.5.6.5 钢结构节点设计与构造

（1）梁与柱的连接要求。

1）梁与柱刚性连接节点应具有足够的刚性，梁的上下翼缘用坡口全熔透焊缝与柱翼缘连接，腹板用 8.8 级或 10.9 级高强度螺栓与柱翼缘上的剪力板连接。梁与柱的连接应验算其在弹性阶段的连接强度、弹塑性阶段的极限承载力、在梁翼缘拉力和压力作用下腹板的受压承载力和柱翼缘板刚度、节点域的抗剪承载力。

2）梁腹板上下端均作扇形切角，切角高度应容许焊条通过，下翼缘焊接衬板的反面与柱翼缘或壁板的连接处，应沿衬板全长用角焊缝连接，焊缝尺寸宜取为 6mm。

3）梁腹板与柱的连接螺栓不宜小于两列，且螺栓总数不宜小于计算值的 1.5 倍。

4）H 形截面柱在弱轴方向与主梁刚性连接时，应在主梁翼缘对应位置设置柱水平加劲肋，其厚度分别与梁翼缘和腹板厚度相同。柱水平加劲肋与柱翼缘和腹板均为全熔透坡口焊缝，竖向连接板柱腹板连接为角焊缝。

（2）柱与柱的连接要求。

1）框架柱宜采用 H 形、箱形截面，框架柱的工地拼接应采用坡口全熔透焊缝。

2）框架柱拼接点高于框架梁顶面以上 1.2～1.3m 或柱净高的一半，取二者的较小值。

3）耳板厚度应根据风荷载和其他施工荷载确定，在任何情况下厚度不得小于 10mm。

4）钢柱的上下层截面应保持一致，当需要变截面时，柱的截面尺寸宜保持不变，仅改变翼缘厚度。

（3）梁与梁的连接要求。

1）主梁的翼缘和腹板均宜采用高强度螺栓连接。

2）次梁与主梁的连接宜为铰接，次梁与主梁的竖向加劲板宜采用高强度螺栓连接；当次梁跨数较多、跨距较大且荷载较大时，次梁与主梁可采用刚性连接。

（4）梁腹板开孔补强要求。为满足电气工艺要求，梁腹板上需开孔时应满足以下要求：

1）当圆孔尺寸不大于梁高的 1/3，孔洞的间距大于 3 倍的孔径，且在梁端 1/8 跨度范围内无开孔时，可不予补强。

2）当开孔需要补强时，在梁腹板上加焊 V 形加劲肋，且纵向加劲板伸过洞口的长度不小于矩形孔的高度，加劲肋的宽度为梁翼缘宽度的 1/2，厚度与腹板同。

（5）楼盖底模构造要求。楼盖底模选用钢筋桁架楼承板，应满足建筑防水、保温、耐腐蚀性能和结构承载等功能。钢筋桁架楼承板的型号及技术参数根据《钢筋桁架楼承板》（JG/T 368）选用，钢筋桁架楼承板的选用应进行施工和使用两阶段设计。对单向简支或连续板，在施工阶段，除楼板自重外的施工活荷载标准值不应大于 1.5kN/m$^2$。单向连续板的支座负筋、简支或连续双向板垂直于钢筋桁架方向的板底钢筋及支座负筋均应按计算确定。组合楼盖的设计应符合《混凝土结构设计标准》（GB/T 50010）（2024 年版）和其他相关标准的规定，其混凝土强度不应低于 C20 级。

屋面钢筋桁架楼承板建议选用 HB1-90，楼板厚度取 120mm。底模钢板厚度不宜小于 0.5mm，宜采用咬口式搭缝构造，屋面板的连接宜采用圆柱头栓钉将压型钢板与钢梁焊接固定，栓钉宜穿透压型钢板焊于钢梁翼缘上。栓钉的直径不宜大于 19mm。

（6）柱脚的要求。钢结构采用刚接柱脚，柱脚可采用外包式或埋入式，6、7 度（0.1g）时对低层房屋（如单层的配电装置室、消防泵房等）也可采用外露式。

6.5.6.6 钢结构防腐和防火

（1）钢结构防腐。

1）钢结构建筑物梁柱均应进行防腐处理，涂料防腐。

2）钢柱脚埋入地下部分应采用比基础或连接处混凝土等级高一级的混凝土包

裹，包裹厚度不宜小于 50mm。

（2）钢结构防火。变电站钢结构建筑防火设计应按照《火力发电厂与变电站设计防火标准》（GB 50229—2019）表 11.1.1 的建（构）筑物火灾危险性分类和耐火等级采用差异化设计。

丙类钢结构多层厂房主变压器室和散热器室的耐火等级为一级，钢柱的耐火极限为 3h，钢梁的耐火极限为 2h，如为单层布置，钢柱的耐火极限为 2.5h。

戊类单层钢结构厂房耐火等级为二级，钢柱耐火极限为 2.0h，钢梁的耐火极限为 1.5h。

1）防火板。耐火等级为一级的丙类钢结构多层厂房柱宜采用防火板外包防火构造，板材的耐火性能应经国家检测机构认定。外包板的厚度和层数应根据外包板的板材型式和结构的耐火极限进行计算选定。

2）防火涂料。根据建筑物耐火等级，确定各构件的耐火极限，选择膨胀型、非膨胀型的特种防火涂料。防火涂料的厚度应满足表 6.5.6-2 的要求。防火涂料的黏结强度宜大于 0.05MPa；钢结构节点部位的防火涂料宜适当加厚。

**表 6.5.6-2　　防火涂料的耐火极限**

| 涂层厚度（mm） | 20 | 30 | 40 | 50 |
|---|---|---|---|---|
| 耐火极限（h） | 1.5 | 2.0 | 2.5 | 3.0 |

### 6.5.7 装配式构筑物

6.5.7.1 围墙

（1）围墙高度为 2.3m。采用装配式围墙，如城市规划有特殊要求的变电站可采用通透式围墙。

（2）围墙变形缝。围墙变形缝宜留在墙垛处，缝宽 20～30mm，并与墙基础伸缩缝上下贯通，变形缝间距 10～20m。

6.5.7.2 大门

变电站大门应采用实体大门，110kV 及以下变电站宽度为 5.0m，220kV 变电站宽度为 5.5m，门高 2.1m。

6.5.7.3 防火墙

（1）主变压器防火墙宜采用框架 + 预制墙板。

（2）主变压器防火墙的耐火等级为一级，需满足耐火极限不小于3h 的要求。墙应高出储油柜顶，墙长应不小于储油坑两侧各 1m。

（3）防火墙墙体材料应采用环保材料，宜就地取材。墙体材料可采用 ALC 板。

6.5.7.4 电缆沟

（1）配电装置区不设置电缆支沟，可采用电缆埋管或电缆排管，电缆沟宽度宜采用 800、1100、1400mm。

（2）电缆支沟可采用电缆槽盒，主电缆沟宜采用砌体、现浇混凝土或钢筋混凝土沟体，砌体沟体顶部宜设置预制压顶。沟深不大于 1000mm 时，沟体宜采用砌体；沟体不小于 1000mm 或离路边小于 1000mm 时，沟体宜采用现浇混凝土，在湿陷性黄土地区及寒冷地区，采用混凝土电缆沟。电缆沟沟壁应高出场地地坪 100mm。

（3）电缆沟盖板采用包角钢混凝土盖板。盖板每边宜超出沟壁（压顶）外沿 50mm。电缆沟支架宜采用镀锌角钢支架。

（4）主变压器区二次电缆沟应采用密封设计。

6.5.7.5 构架

（1）结构形式。构架采用钢管 A 型柱联合构架。构架柱宜采用钢管 A 型柱，钢管宜采用 $\phi273\times6$mm、$\phi300\times6$mm、$\phi350\times8$mm、$\phi420\times10$mm；三角形钢桁架梁；梁柱连接采用铰接。柱与基础之间宜采用地脚螺栓连接。

（2）构造要求。人字柱的根开与柱高之比不宜小于 1/7。构架梁的高跨比：格构式钢梁不宜小于 1/25；变电构架人字柱的主柱与水平横杆的连接，应在平面外有足够的刚度，以保证拉压杆的共同工作。

（3）爬梯及接地。构架设计应设有便利维护检修人员上下的直爬梯，直爬梯的设置应满足带电检修的上人条件，梯宽不宜小于 0.30m，爬梯第一挡到地面的距离为 0.45m。构架柱在距地面 0.5m 高处均设接地件，接地件位于柱外侧。柱脚排水孔设在人字柱内侧底部。

（4）防腐。构架应根据大气腐蚀介质采取有效的防腐措施，对通常环境条件的钢结构宜采用热镀锌或冷喷锌防腐。

6.5.7.6 设备支架

（1）设备支架应与构架的结构形式相协调，采用钢管结构，钢管宜采用 $\phi273\times6$mm、$\phi300\times6$mm。管型母线支架采用 T 形支架或 π 型支架。设备支架钢管与基础之间宜采用地脚螺栓连接。支架柱在距地面 0.5m 高处、距柱顶 −0.30m 处均设接地件，接地件位于柱外侧。柱脚排水孔设在钢管柱底部。

（2）防腐。支架应根据大气腐蚀介质采取有效的防腐措施，对通常环境条件的钢结构宜采用热镀锌或冷喷锌防腐。

### 6.5.8 给排水

6.5.8.1 给水

（1）生活给水：水源应根据供水条件综合比较确定，优先选用自来水。

（2）消防给水：变电站消防给水量应按火灾时一次最大消防用水量，即室内和室外消防用水量之和计算。

220kV 户内变电站需配置 3～4 组水泵接合器。表 6.5.8-1 括号内数值考虑散热器间水喷雾用水量。

**表 6.5.8-1　　各方案消防水最低用量**

<table>
<tr><th>类型</th><th>室外消火栓用水量（L/s）</th><th>室内消火栓用水量（L/s）</th><th>火灾延续时间（h）</th><th>消防水池有效容积（m³）</th></tr>
<tr><td>110kV 半户内站</td><td>20</td><td>10</td><td>3</td><td>324</td></tr>
<tr><td>110kV 户内站</td><td>25</td><td>20</td><td>3</td><td>486</td></tr>
<tr><td rowspan="2">220kV 户内站</td><td>30</td><td>20</td><td>3</td><td rowspan="2">640（740）</td></tr>
<tr><td colspan="2">主变压器水喷雾</td><td>0.4</td></tr>
<tr><td rowspan="2">220kV 半户内站</td><td>25</td><td>20</td><td>3</td><td rowspan="2">630</td></tr>
<tr><td colspan="2">主变压器水喷雾</td><td>0.4</td></tr>
<tr><td rowspan="2">220kV 户外站</td><td>15</td><td></td><td>2</td><td rowspan="2">260</td></tr>
<tr><td colspan="2">主变压器水喷雾</td><td>0.4</td></tr>
</table>

6.5.8.2 排水

（1）场地排水应根据站区地形、地区降雨量、土质类别、站区竖向及道路综合布置，变电站内排水系统宜采用分流制排水。站区雨水采用散排或有组织排放。生活污水采用化粪池处理，定期处理。

（2）站区排水有困难时，可采用地下或半地下式排水泵池。

（3）事故油池中的废油应由有资质的单位进行回收处理。事故油池的储油池容积按站内油量最大的一台变压器或高压电抗器的 100% 油量设计。

（4）户内站散热器间下面不考虑油坑。

### 6.5.9 暖通

建筑物内电气设备间应根据工艺设备对环境温度的要求采用分体空调或电采暖。

10/35kV 配电装置室采用风管式空调降温，吊挂式安装；并设置事故后风机，满足规范要求。风管式空调如图 6.5.9-1 所示。

**图 6.5.9-1　风管式空调**

二次设备室采用风管式空调降温，吊挂式安装。

电容器室、接地变压器室等电气房间采用机械排风，自然进风，设置轴流风机。

$SF_6$ 气体绝缘设备的配电装置室内应设置 $SF_6$ 气体探测器，房间上、下均设置轴流风机满足通风要求。

蓄电池室采用壁挂式空调采暖和降温，同时设置 1 个轴流风机做事故排风，当蓄电池室内设置带报警功能的氢气浓度检测仪时，排风机应与氢气浓度检测仪联锁，当室内空气中氢气体积浓度达到 1% 时，联锁启动屋顶排风机。

消防泵房采用电采暖。

采暖通风系统与消防报警系统应能联动闭锁，同时具备自动启停、现场控制和远方控制功能。

### 6.5.10 消防

6.5.10.1 建筑物消防

（1）变电站建筑根据其火灾危险性、耐火等级和建筑体积等采用相应的消防给水与灭火设施。

（2）结合灭火配置场所的火灾种类和变电站建筑火火器配置场所的危险等级，按现行规范配置灭火器并标注定位尺寸。

6.5.10.2 主变压器消防

220kV 变电站主变压器消防采用水喷雾灭火系统；35～110kV 变电站主变压器消防采用移动式灭火装置。

220kV 户内站按储油柜在主变压器室考虑，按照《火力发电厂与变电站设计防火标准》（GB 50229—2019）第 11.5.5 条执行。

6.5.10.3 电缆层、电缆隧道消防措施

电缆从室外进入室内的入口处、电缆竖井的出入口处、电缆接头处、配电

装置室与电缆层之间的电缆沟或隧道，均采取防止电缆火灾蔓延的阻燃或分隔措施：采用防火隔墙或隔板，并用防火材料封堵电缆通过的孔洞；电缆局部涂防火涂料或局部采用防火带、防火槽盒。

220kV 变电站电缆层采用超细干粉灭火装置。

变电站电缆层、电缆竖井内应设置火灾检测装置。

## 6.6 绿色建造

### 6.6.1 总平设计

（1）变电站总平面布置应满足总体规划要求，宜将近期建设的建（构）筑物集中布置，以利分期建设和节约用地。

（2）变电站围墙形式应根据站址位置、城市规划和环境要求等因素综合确定，宜选用与周边相匹配的装配式围墙。围墙力求规整，地形复杂或山区变电站的围墙可结合地形布置。依据噪声控制标准，需加装隔声屏障的围墙应满足安装要求。

### 6.6.2 建筑设计

（1）装饰装修材料应符合国家现行绿色产品评价标准。宜优先选用获得绿色材料评价认证标识的建筑材料和产品。

（2）管材、管线、管件应选用耐腐蚀、抗老化、耐久性能好的材料；活动配件应选用长寿命产品，并应考虑部品部件之间合理的寿命匹配性；不同使用寿命的部品部件组合时，构造应便于分别拆换、更新和升级。

### 6.6.3 结构设计

（1）建（构）筑物部品、部件宜采用标准化设计，固化部品、部件选型；固化专业间接口设计，形成设备电气接口和土建接口标准化方案；使用集成化模块化建筑部品，宜采用标准化部件，提高工程品质，降低运行维护成本。

（2）变电站应采用预拌混凝土、预拌砂浆。钢筋连接宜采用机械连接。

### 6.6.4 给排水设计

（1）场地应采用有组织排水，实现雨污分流。

（2）管材选用应符合耐腐蚀、抗老化、耐久性等要求；应采取有效措施，减少用水设备和管网漏损。

（3）应使用较高用水效率等级的卫生器具，节水效率等级达到现行国家标准规定的 1 级能效标准。

### 6.6.5 暖通设计

（1）配电装置室通风系统可设置温（湿）度自动控制装置，设定风机的启停温（湿）度，以利于节能和减少噪声。

（2）空调、供暖系统的冷热源机组的能效值应达到《建筑节能与可再生能源利用通风规范》（GB 55015）规定的能效等级；空调设备宜选用环保冷媒，满足绿色环保的要求。

（3）变电站通风设备宜选用高效、低噪声风机。风机等动力设备（消防设备除外）效率值应达 2 级能效标准。

# 第 7 章　HA-220-A2-10 方案

## 7.1 HA-220-A2-10 方案主要技术条件

HA-220-A2-10 方案主要技术条件见表 7.1.0-1。

**表 7.1.0-1　　HA-220-A2-10 方案主要技术条件**

| 序号 | 项目 | | 本方案技术条件 |
|---|---|---|---|
| 1 | 建设规模 | 主变压器 | 本期 2 组 240MVA，终期 3 组 240MVA |
| | | 出线 | 220kV：本期 4 回，终期 6 回，电缆出线；<br>110kV：本期 8 回，终期 14 回，电缆出线；<br>10kV：本期 28 回，终期 42 回，电缆出线 |
| | | 无功补偿装置 | 10kV 并联电容器：每台主变压器配置 10kV 并联电容器组 3 组，每组容量 8000kvar；<br>10kV 并联电抗器：每台主变压器配置 10kV 并联电抗器 2 组，每组容量 10000kvar |
| 2 | 站址基本条件 | | 海拔小于 1000m，设计基本地震加速度 0.15$g$，设计风速不大于 30m/s，设计地震分组为第二组，建筑物抗震设防类别为丙类，建筑场地类别为Ⅱ类，特征周期为 0.4s，无地下水影响 |
| 3 | 电气主接线 | | 220kV：本期及终期采用双母线接线；<br>110kV：本期及终期采用双母线接线；<br>10kV：本期采用单母线三分段接线，终期采用单母线四分段接线 |

续表

| 序号 | 项目 | 本方案技术条件 |
| --- | --- | --- |
| 4 | 主要设备选型 | 主变压器选用三相三绕组低损耗自然油循环风冷式有载调压变压器；<br>220kV：户内 GIS；<br>110kV：户内 GIS；<br>10kV：户内空气绝缘开关柜；<br>10kV：并联电抗器：干式铁芯并联电抗器；<br>10kV 站用变压器：户内干式 |
| 5 | 电气总平面及配电装置 | 主变压器：户内布置<br>220kV：户内 GIS<br>110kV：户内 GIS<br>10kV：户内高压开关柜双列布置；<br>无功补偿：户内成套装置 |
| 6 | 二次系统 | 全站采用模块化二次设备、预制式智能控制柜及预制尾缆的二次设备模块化设计方案；<br>变电站自动化系统按照一体化监控设计；<br>采用常规互感器＋合并单元；<br>220kV、110kV GOOSE 与 SV 共网，保护直采直跳；<br>220kV 及主变压器采用保护、测控独立装置，110kV 采用保护测控集成装置，10kV 采用保护测控集成装置；<br>采用一体化电源系统，通信电源不独立设置；<br>间隔层设备下放布置，公用及主变压器二次设备布置在二次设备室 |
| 7 | 土建部分 | 本方案围墙内占地面积 0.6332hm$^2$；全站总建筑面积 4996m$^2$，其中配电装置楼建筑面积 4866m$^2$。<br>配电装置楼，地下一层，地上两层，其中地下一层采用钢筋混凝土结构，零米以上采用钢框架结构。<br>外墙板采用一体化铝镁锰复合墙板，外墙内墙板采用 9mm 厚纤维水泥饰面板，用于防火墙时，内墙板采用两侧双层 9mm 厚纤维增强硅酸钙板，内部填充 100mm 厚岩棉，室内侧贴 9mm 厚纤维水泥饰面板，耐火极限 3.0h。内墙：建筑内隔墙由两侧内墙板＋中间保温层组成。内墙板采用 9mm 厚纤维水泥饰面板（中间填 50～100mm 岩棉，容重 120kg/m$^3$）。楼面板采用压型钢板为底模的现浇钢筋混凝土板，屋面板采用钢筋桁架楼承板。<br>围墙采用装配式围墙。<br>设备支架与基础采用地脚螺栓连接 |
| 8 | 短路电流 | 220kV 短路电流：50kA；<br>110kV 短路电流：40kA；<br>10kV 短路电流：40/31.5kA |

## 7.2 HA－220－A2－10 方案主要设计图纸

HA－220－A2－10 方案三维效果图如图 7.2.0－1 和图 7.2.0－2 所示（附于书后）。

### 7.2.1 电气一次部分

电气一次部分主要图纸见表 7.2.1－1。

**表 7.2.1－1　　电气一次部分主要图纸**

| 图号 | 图名及方案编号 |
| --- | --- |
| 图 7.2.1－01 | HA－220－A2－10　电气主接线图 |
| 图 7.2.1－01 | HA－220－A2－10　电气主接线图参数表 |
| 图 7.2.1－02 | HA－220－A2－10　电气总平面布置图 |
| 图 7.2.1－03 | HA－220－A2－10　电缆夹层平面布置图 |
| 图 7.2.1－04 | HA－220－A2－10　电气一层平面布置图 |
| 图 7.2.1－05 | HA－220－A2－10　电气二层平面布置图 |
| 图 7.2.1－06 | HA－220－A2－10　220kV 配电装置平面布置图 |
| 图 7.2.1－07 | HA－220－A2－10　220kV 配电装置断面图 |
| 图 7.2.1－08 | HA－220－A2－10　220kV 户内 GIS 气室分割图 |
| 图 7.2.1－09 | HA－220－A2－10　110kV 配电装置平面布置图 |
| 图 7.2.1－10 | HA－220－A2－10　110kV 配电装置断面图 |
| 图 7.2.1－11 | HA－220－A2－10　110kV 户内 GIS 气室分隔图 |
| 图 7.2.1－12 | HA－220－A2－10　10kV 配电装置平断面布置图 |
| 图 7.2.1－13 | HA－220－A2－10　主变压器及 10kV 母线桥平面布置图 |
| 图 7.2.1－14 | HA－220－A2－10　主变压器断面布置图 |
| 图 7.2.1－15 | HA－220－A2－10　主变压器及 10kV 母线桥断面布置图 |
| 图 7.2.1－16 | HA－220－A2－10　站区主接地网布置图 |
| 图 7.2.1－17 | HA－220－A2－10　一层接地网布置图 |
| 图 7.2.1－18 | HA－220－A2－10　屋顶避雷带敷设图 |
| 图 7.2.1－19 | HA－220－A2－10　户外照明布置图 |
| 图 7.2.1－20 | HA－220－A2－10　电缆夹层支架断面图 |
| 图 7.2.1－21 | HA－220－A2－10　一层配电装置室防火封堵布置图 |
| 图 7.2.1－22 | HA－220－A2－10　电缆夹层防火封堵布置图 |

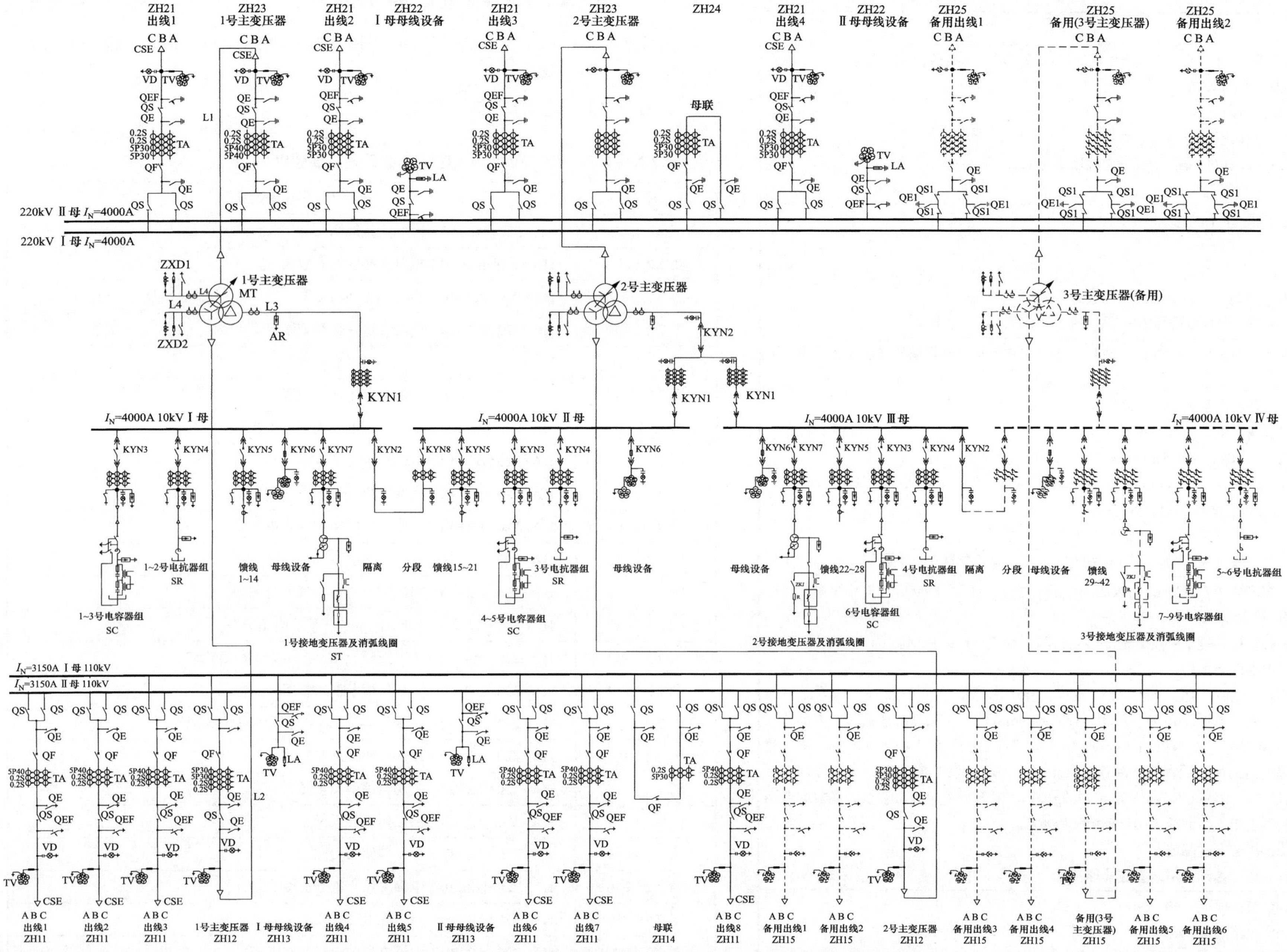


**图 7.2.1-01　HA-220-A2-10　电气主接线图**

说明：1. 图中实线部分为本期工程，虚线部分为远期扩建部分。

2. 远期建设 3×240MVA 主变压器，本期建设 2×240MVA 主变压器。

3. 220kV 远期出线 6 回，本期出线 4 回；110kV 远期出线 14 回，本期出线 8 回；10kV 远期出线 42 回，本期出线 28 回。

4. 220kV 及 110kV 均采用户内 GIS 配电装置。

| 序号 | 编号 | 名称 | 规范 | 单位 | 数量 | 备注 |
|---|---|---|---|---|---|---|
| 1 | MT | 主变压器 | SFSZ 口 −240000/220　240/240/120MVA<br>230 ± 8 × 1.25%/121/10.5kV　YNyn0d11<br>$U_{k1-2\%}$=14，$U_{k1-3\%}$=64，$U_{k2-3\%}$=50<br>主变压器高压中性点套管 TA，600/1A，5P30/5P30，15VA/15VA；<br>主变压器中压中性点套管 TA，600/1A，5P30/5P30，15VA/15VA；<br>主变压器低压侧套管 TA，4000～6000/1A，5P20/5P20，15VA/15VA；<br>选用节能变压器，空载损耗（额定频率、额定电压时）不大于 100kW；<br>负载损耗（额定容量、75℃、不含辅机损耗）不大于 704kW；<br>噪声水平小于 65dB | 台 | 2 | |
| 2 | ZXD1 | 220kV 中性点成套装置 | 单极隔离开关 GW13−126kV 1600A；避雷器 144/320；放电间隙；<br>电流互感器 LZZBW−10　100/1A 5P20/5P20 15VA/15VA | 套 | 2 | |
| 3 | ZXD2 | 110kV 中性点成套装置 | 单极隔离开关 GW13−72.5kV 1250A；避雷器 72/186；放电间隙；<br>电流互感器 LZZB1−12W　100/1A 5P20/5P20 15VA/15VA | 套 | 2 | |
| 4 | ZH21 | 户内 GIS 组合电器 | $U_n$=252kV，$I_n$=4000A，$I_b$=50kA，$I_t$=50kA（3s），$I_d$=125kA（峰值）<br>附断路器 QF 1 台；附隔离开关 QS 3 组；附接地开关 QE 2 组；快速接地开关 QEF 1 组；<br>附电流互感器 TA 3 台：1250～2500/1A，5P30/5P30/0.2S/0.2S，15VA/15VA/5VA/5VA；<br>附电压互感器 TV 3 台（带可拆卸导体）：220/$\sqrt{3}$/0.1/$\sqrt{3}$/0.1/$\sqrt{3}$/0.1/$\sqrt{3}$/0.1kV，0.2/0.5(3P)/0.5(3P)/3P，10VA/10VA/10VA/10VA；<br>附 GIS 电缆终端罐；附三相带电显示器 | 套 | 4 | 220kV 电缆出线间隔 |
| 5 | ZH22 | 户内 GIS 组合电器 | $U_n$=252kV，$I_n$=4000A，$I_b$=50kA，$I_t$=50kA(3s)，$I_d$=125kA（峰值）<br>附隔离开关 QS 1 组；附接地开关 QE 1 组；快速接地开关 QEF 1 组；<br>附电压互感器 TV3 台：220/$\sqrt{3}$/0.1/$\sqrt{3}$/0.1/$\sqrt{3}$/0.1/$\sqrt{3}$/0.1kV，0.2/0.5(3P)/0.5(3P)/3P，10VA/10VA/10VA/10VA；<br>附氧化锌避雷器 3 台，204/532 | 套 | 2 | 220kV 母线设备间隔 |
| 6 | ZH23 | 户内 GIS 组合电器 | $U_n$=252kV，$I_n$=4000A，$I_b$=50kA，$I_t$=50kA（3s），$I_d$=125kA（峰值）<br>附断路器 QF 1 台；附隔离开关 QS 3 组；附接地开关 QE3 组；<br>附电流互感器 TA 3 台：600～1200/1A，5P40/5P40/0.2S/0.2S，15VA/15VA/5VA/5VA；<br>附电压互感器 TV 3 台（带可拆卸导体）：220/$\sqrt{3}$/0.1/$\sqrt{3}$/0.1/$\sqrt{3}$/0.1/$\sqrt{3}$/0.1kV，0.2/0.5(3P)/0.5(3P)/3P，10VA/10VA/10VA/10VA；<br>附 GIS 电缆终端罐；附三相带电显示器 | 套 | 2 | 220kV 主变压器进线间隔 |
| 7 | ZH24 | 户内 GIS 组合电器 | $U_n$=252kV，$I_n$=4000A，$I_b$=50kA，$I_t$=50kA（3s），$I_d$=125kA（峰值）<br>附断路器 QF 1 台；附隔离开关 QS 2 组；附接地开关 QE 2 组；<br>附电流互感器 TA 3 台：1250～2500/1A，5P30/5P30/0.2S/0.2S，15VA/15VA/5VA/5VA | 套 | 1 | 220kV 母联间隔 |
| 8 | ZH25 | 户内 GIS 组合电器 | $U_n$=252kV，$I_n$=4000A，$I_b$=50kA，$I_t$=50kA（3s），$I_d$=125kA（峰值）<br>附双断口隔离开关 2 组（带辅助接地开关）；附接地开关 QE1 组（工程中根据实际需要选用） | 套 | 3 | 220kV 预留间隔（主进、出线） |
| 9 | ZH11 | 户内 GIS 组合电器 | $U_n$=126kV，$I_n$=3150A，$I_b$=40kA，$I_t$=40kA（3s），$I_d$=100kA（峰值）<br>附断路器 QF 1 台；附隔离开关 QS 3 组；附接地开关 QE 2 组；快速接地开关 QEF 1 组；<br>附电流互感器 TA 3 台：600～1200/1A，5P40/0.2S/0.2S，15VA/5VA/5VA；<br>附电压互感器 TV 3 台（带可拆卸导体）：110/$\sqrt{3}$/0.1/$\sqrt{3}$/0.1/$\sqrt{3}$/0.1/$\sqrt{3}$/0.1kV，0.2/0.5(3P)/0.5(3P)/3P，10VA/10VA/10VA/10VA；<br>附 GIS 电缆终端罐；附三相带电显示器 | 套 | 8 | 110kV 电缆出线间隔 |
| 10 | ZH12 | 户内 GIS 组合电器 | $U_n$=126kV，$I_n$=3150A，$I_b$=40kA，$I_t$=40kA（3s），$I_d$=100kA（峰值）<br>附断路器 QF 1 台；附隔离开关 QS 3 组；附接地开关 QE 3 组；<br>附电流互感器 TA 3 台：1200～2400/1A，5P30/5P30/0.2S/0.2S，15VA/15VA/5VA/5VA；<br>附电压互感器 TV 3 台（带可拆卸导体）：110/$\sqrt{3}$/0.1/$\sqrt{3}$/0.1/$\sqrt{3}$/0.1/$\sqrt{3}$/0.1kV，0.2/0.5(3P)/0.5(3P)/3P，10VA/10VA/10VA/10VA；<br>附 GIS 电缆终端罐；附三相带电显示器 | 套 | 2 | 110kV 主变压器进线间隔 |
| 11 | ZH13 | 户内 GIS 组合电器 | $U_n$=126kV，$I_n$=3150A，$I_b$=40kA，$I_t$=40kA（3s），$I_d$=100kA（峰值）<br>附隔离开关 QS 1 组；附接地开关 QE 1 组；快速接地开关 QEF 1 组；<br>附电压互感器 TV3 台：110/$\sqrt{3}$/0.1/$\sqrt{3}$/0.1/$\sqrt{3}$/0.1/$\sqrt{3}$/0.1kV，0.2/0.5(3P)/0.5(3P)/3P，10VA/10VA/10VA/10VA；<br>附氧化锌避雷器 3 台　102/266 | 套 | 2 | 110kV 母线设备间隔 |
| 12 | ZH14 | 户内 GIS 组合电器 | $U_n$=126kV，$I_n$=3150A，$I_b$=40kA，$I_t$=40kA（3s），$I_d$=100kA（峰值）<br>附断路器 QF 1 台；附隔离开关 QS 2 组；附接地开关 QE 2 组；<br>附电流互感器 TA 3 台：1200～2400/1A，5P30/0.2S，15VA/5VA | 套 | 1 | 110kV 母联间隔 |

续表

| 序号 | 编号 | 名称 | 规范 | 单位 | 数量 | 备注 |
|---|---|---|---|---|---|---|
| 13 | ZH15 | 户内 GIS 组合电器 | $U_n$=126kV，$I_n$=3150A，$I_b$=40kA，$I_t$=40kA（3s），$I_d$=100kA（峰值）<br>附隔离开关 QS 2 组；附接地开关 QE 1 组 | 套 | 7 | 110kV 预留间隔（主进、出线） |
| 14 | KYN1 | 10kV 户内高压开关柜 | 真空断路器，12kV，4000A，4s 热稳定电流 40kA，动稳定电流峰值 100kA；<br>干式电流互感器 3 台：4000/1A，5P20/5P20/0.2S/0.2S，15VA/15VA/5VA/5VA | 面 | 3 | 主进柜 |
| 15 | KYN2 | 10kV 户内高压开关柜 | 隔离手车，12kV，4000A | 面 | 3 | 隔离柜 |
| 16 | KYN3 | 10kV 户内高压开关柜 | $SF_6$ 断路器，12kV，1250A，3s 热稳定电流 31.5kA，动稳定电流峰值 80kA；<br>干式电流互感器 3 台：800/1A，5P40/0.2/0.2S，15VA/15VA/5VA；<br>避雷器 17/45kV；接地开关 JN−12/31.5kA；零序电流互感器 50/1A，10P，1010VA | 面 | 6 | 电容器柜 |
| 17 | KYN4 | 10kV 户内高压开关柜 | 真空断路器，12kV，1250A，3s 热稳定电流 31.5kA，动稳定电流峰值 80kA；<br>干式电流互感器 3 台：800/1A，5P40/0.2/0.2S，15VA/15VA/5VA；<br>避雷器 17/45kV；接地开关 JN−12/31.5kA；零序电流互感器 50/1A，10P，10，10VA | 面 | 4 | 电抗器柜 |
| 18 | KYN5 | 10kV 户内高压开关柜 | 真空断路器，12kV，1250A，3s 热稳定电流 31.5kA，动稳定电流峰值 80kA；<br>干式电流互感器 3 台：300−600/1A，5P40/0.2/0.2S，15VA/15VA/5VA；<br>避雷器 17/45kV；接地开关 JN−12/31.5kA；零序电流互感器 50/1A，10P，10，10VA | 面 | 28 | 馈线柜 |
| 19 | KYN6 | 10kV 户内高压开关柜 | 熔断器 + 避雷器车，熔断器 12kV/0.5A；避雷器 17/45kV；<br>母线电压互感器 3 台：10/$\sqrt{3}$/0.1/$\sqrt{3}$/0.1/$\sqrt{3}$/0.1/$\sqrt{3}$/0.1/3kV，0.2/0.5(3P)/0.5(3P)/3P，30VA/30VA/30VA/30VA；附消谐 TV 1 只 | 面 | 3 | 母线设备柜 |
| 20 | KYN7 | 10kV 户内高压开关柜 | 真空断路器，12kV，1250A，3s 热稳定电流 31.5kA，动稳定电流峰值 80kA；<br>干式电流互感器 3 台：100−200/1A，5P40/0.2/0.2S，15VA/15VA/5VA；<br>避雷器 17/45kV；接地开关 JN−12/31.5kA；零序电流互感器 50/1A | 面 | 2 | 接地变压器柜 |
| 21 | KYN8 | 10kV 户内高压开关柜 | 真空断路器，12kV，4000A，4s 热稳定电流 40kA，动稳定电流峰值 100kA；<br>干式电流互感器 3 台：4000/1A，5P20/0.2，15VA/15VA | 面 | 1 | 分段柜 |
| 22 | AR | 10kV 避雷器 | YH5WZ−17/45W | 只 | 6 | |
| 23 | SC | 10kV 并联电容器成套装置 | 容量：8000kvar；<br>配置：并联电容器 BAM11/2$\sqrt{3}$−334−1W　24 只；干式铁芯串联电抗器 1 台；<br>串抗率 5%（2 组），12%（1 组）；氧化锌避雷器 3 台；隔离开关 1 组；放电线圈 3 台 | 套 | 6 | |
| 24 | SR | 10kV 并联电抗器 | 干式铁芯并联电抗器 10000kvar | 台 | 4 | |
| 25 | ST | 10kV 接地变压器及消弧线圈成套装置 | 接地变压器 1500kVA−500kVA/10.5kV；<br>消弧线圈容量 1000kVA | 台 | 2 | |
| 26 | L1 | 220kV 主进电缆 | 3 ×（YJLW02−127/220kV−1 × 1000） | m | | 选择电缆载流量参数依据《高压电力电缆载流量参考手册》 |
| 27 | L2 | 110kV 主进电缆 | 3 ×（YJLW02−64/110kV−1 × 1600） | m | | 选择电缆载流量参数依据《高压电力电缆载流量参考手册》 |
| 28 | L3 | 10kV 主变压器压器进线 | 3 ×（TMY−125 × 10）；10kV 封闭母线 4000A | m | | |
| 29 | L4 | 钢芯铝绞线 | JL/G1A−300/40 | m | | 主变压器中性点引线 |

**图 7.2.1−01　HA−220−A2−10　电气主接线图参数表**

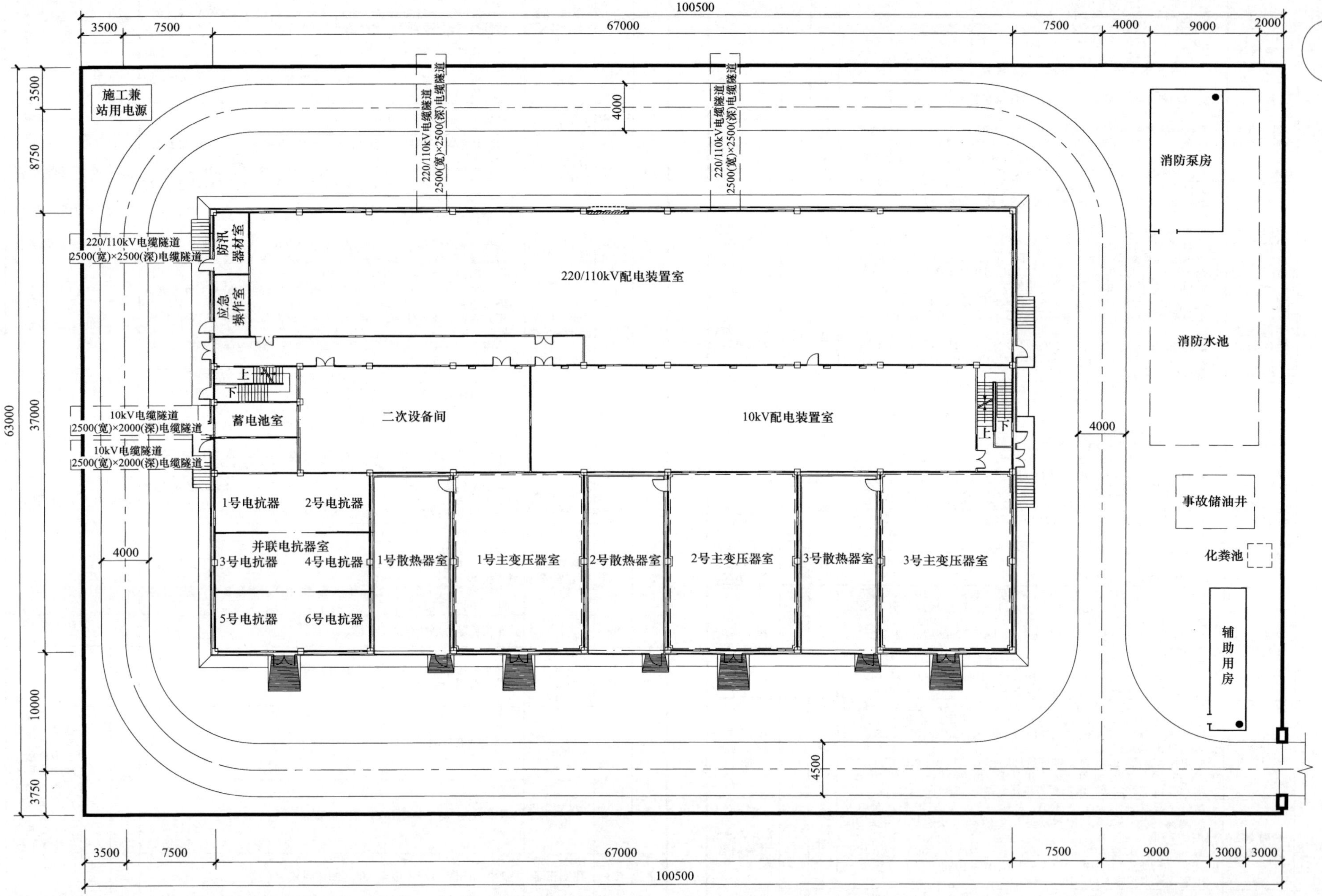


说明：本方案中220kV为电缆出线，如实际工程中采用架空出线，可在此基础上相应调整总平面尺寸。

**图7.2.1-02　HA-220-A2-10　电气总平面布置图**

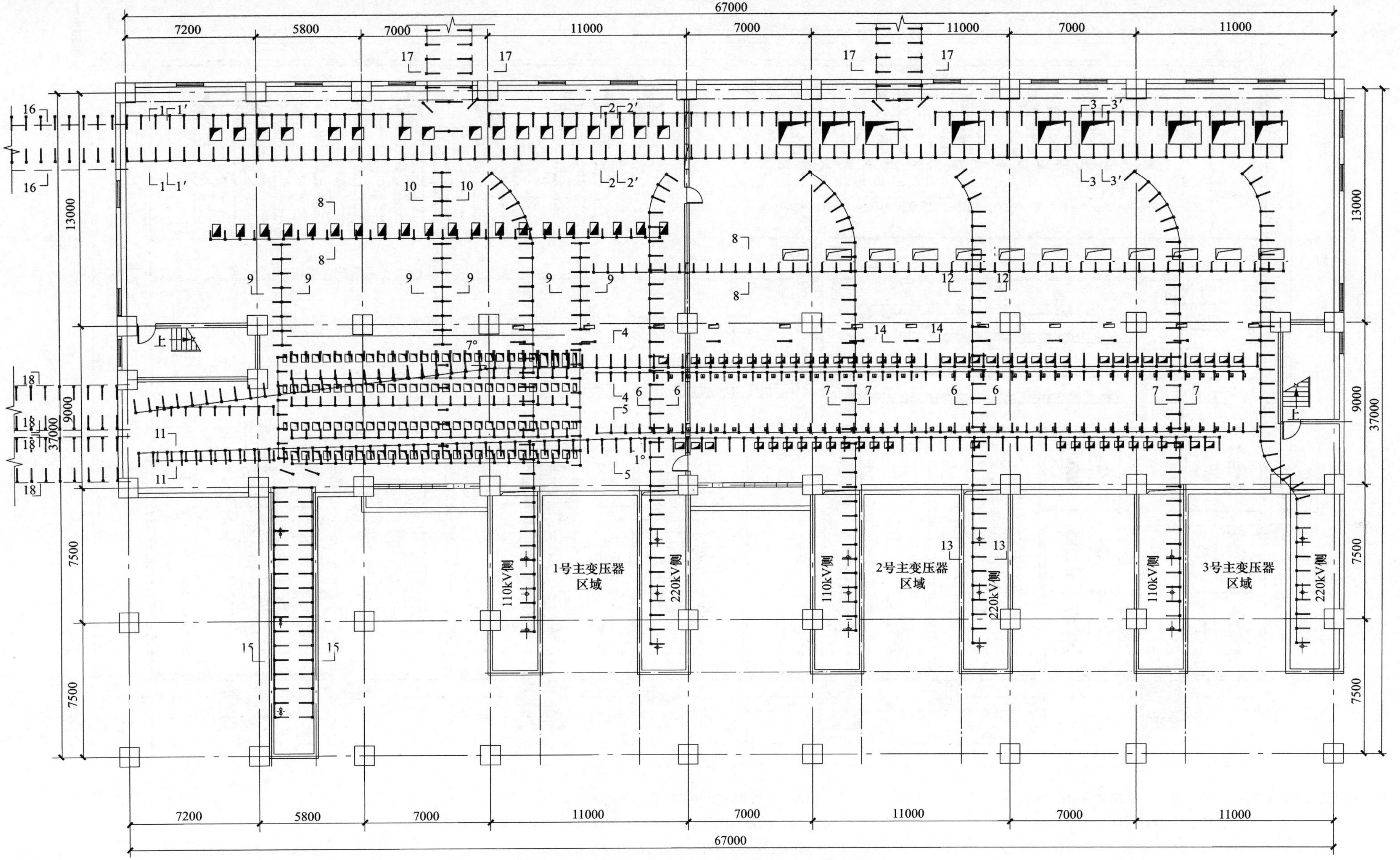


**图 7.2.1-03　HA-220-A2-10　电缆夹层平面布置图**

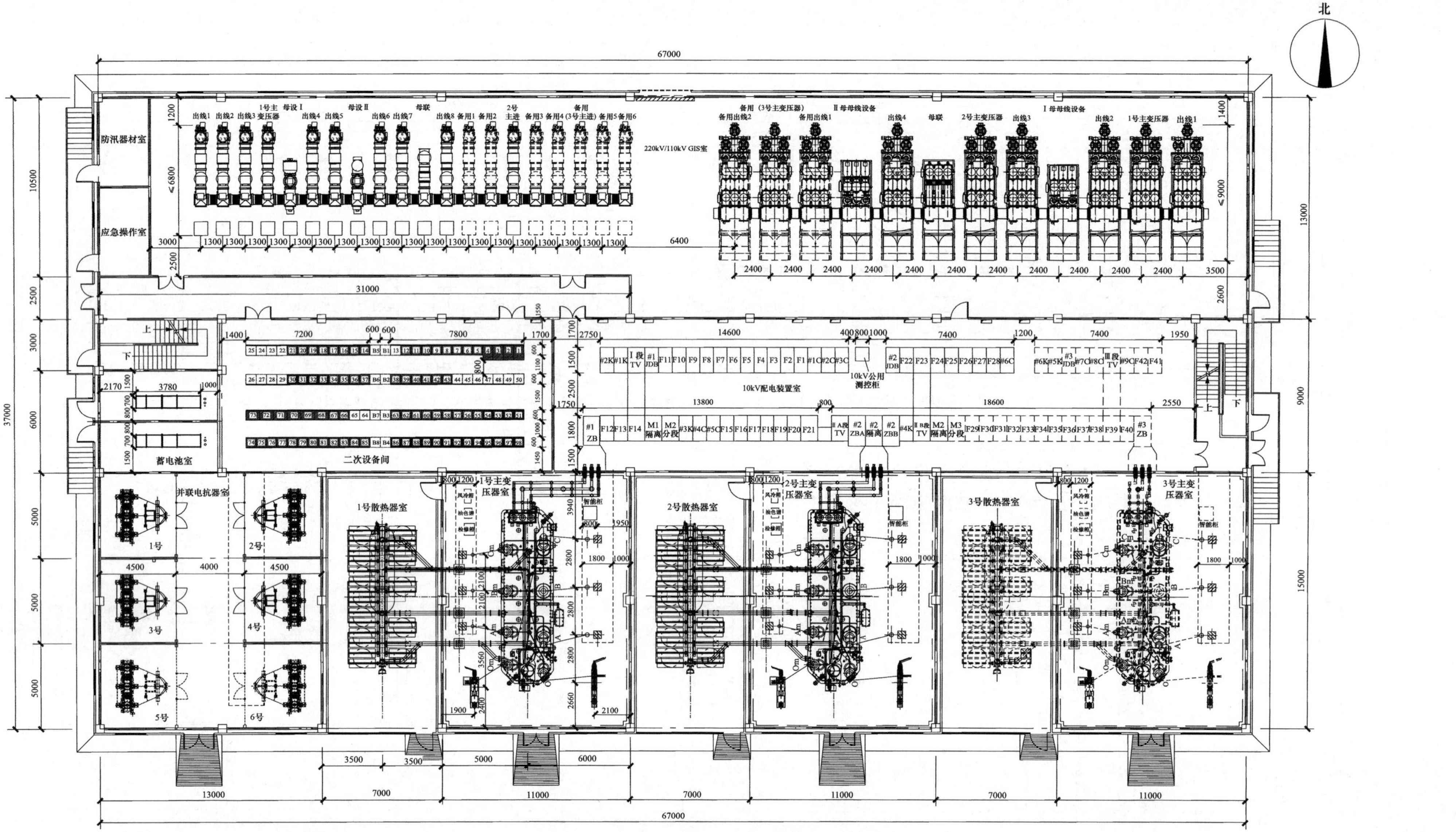


说明：1. 实线部分为本期工程，虚线部分为预留工程。

2. 本期上 1、2 号主变压器；预留 3 号主变压器。

3. 本期 220kV GIS 双母线接线，本期出线 4 回；远期出线 6 回。

4. 本期 110kV GIS 双母线接线，本期出线 8 回；远期出线 14 回。

5. 10kV 开关柜本期出线 28 回；远期出线 42 回。

6. 10kV 并联电抗器本期上 1、2、3、4 号，预留 5、6 号。

7. 可结合具体工程实际调整 GIS 设备布置。

8. 可结合厂家实际设备调整主变压器布置。

**图 7.2.1-04　HA-220-A2-10　电气一层平面布置图**

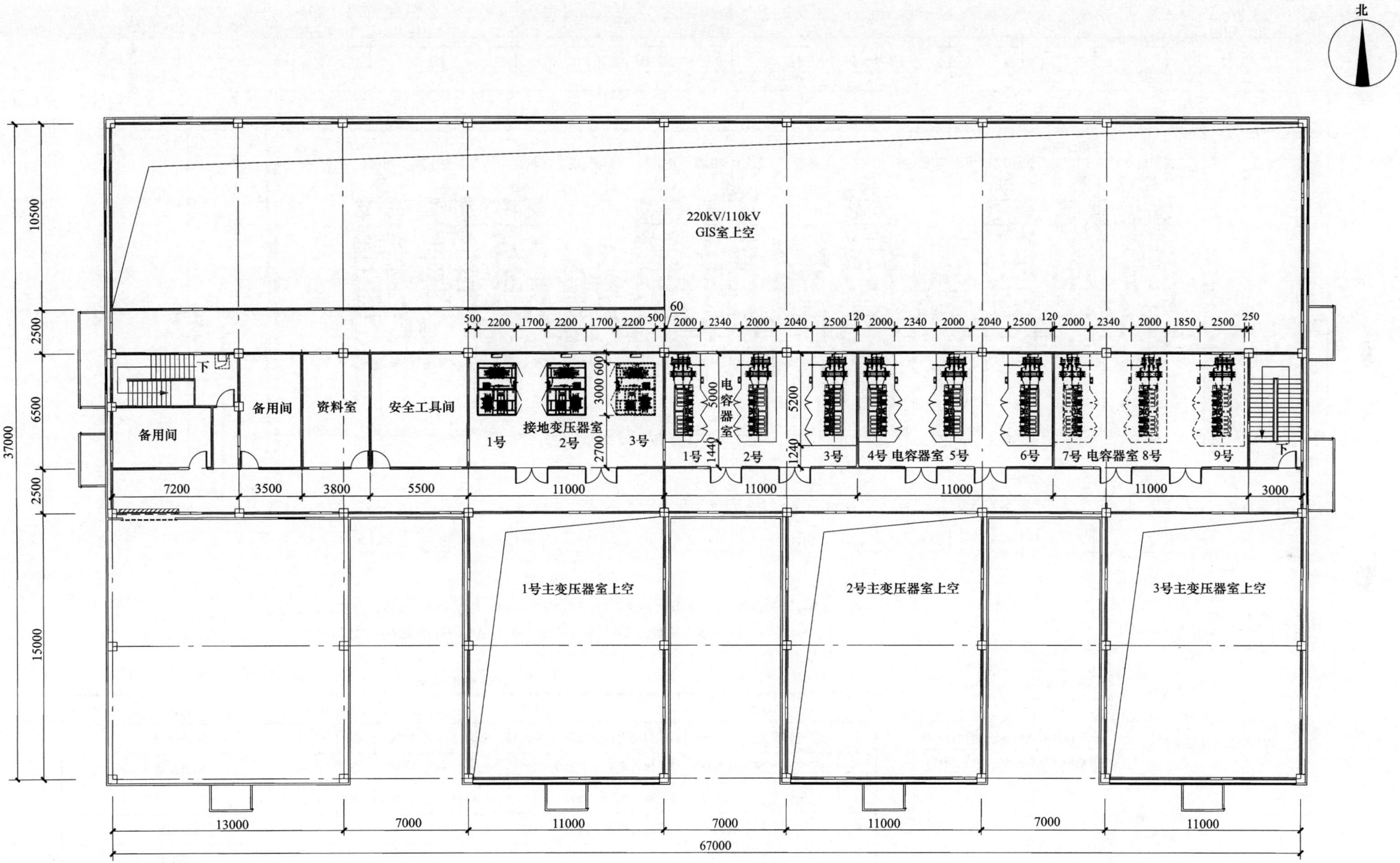


说明：1. 实线部分为本期工程，虚线部分为预留工程。

2. 10kV 电容器组本期上 1～6 号，预留 7～9 号。

3. 10kV 接地变压器及消弧线圈共 3 组，本期上 1、2 号，预留 3 号。

**图 7.2.1-05　HA-220-A2-10　电气二层平面布置图**

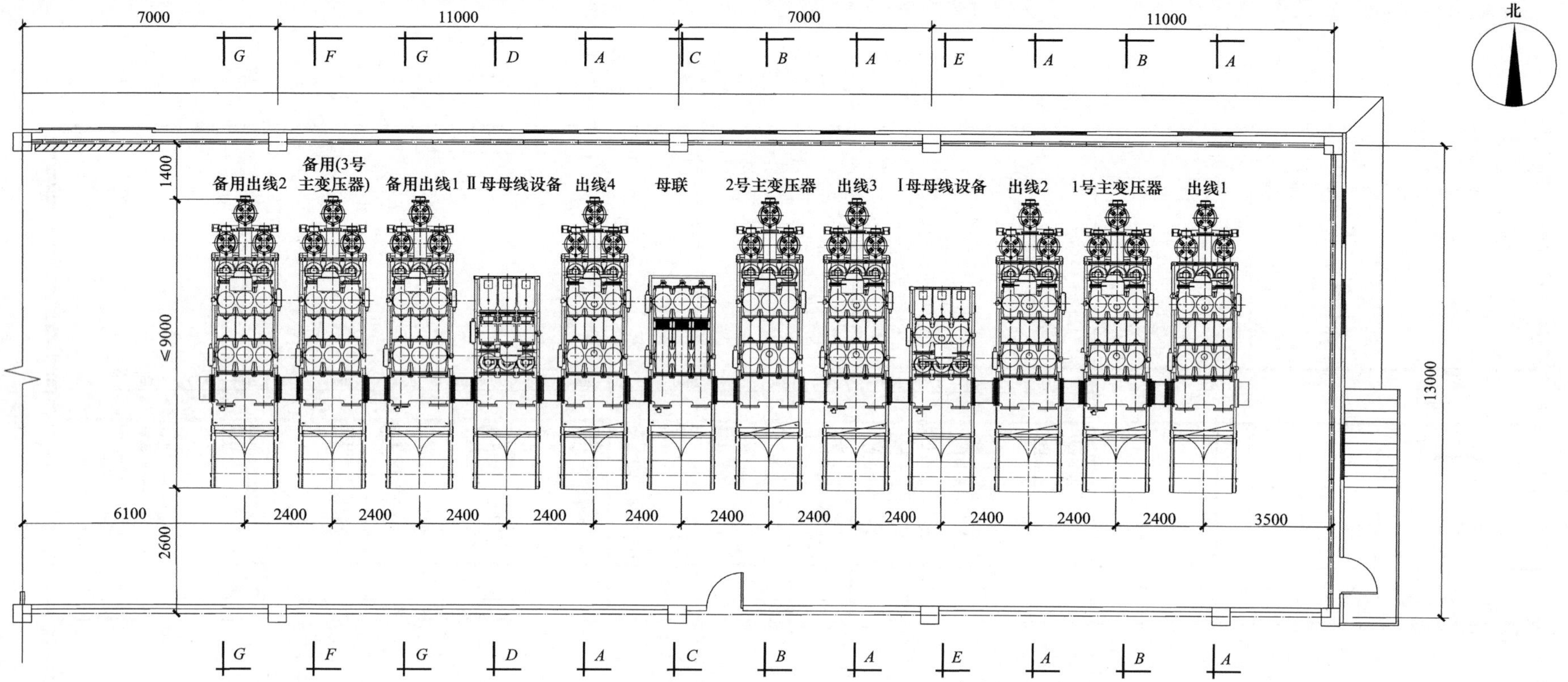


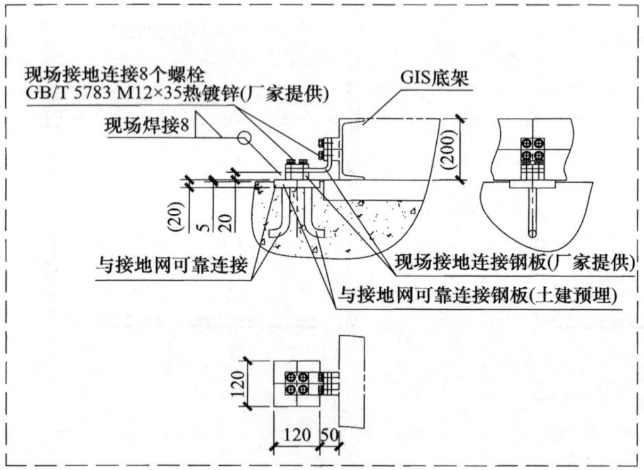


220kV GIS接地点示意图

说明：1. $SF_6$ 开关设备配套设施均由厂家供应，包括设备材料汇总表中的 GIS 及母线管和安装支架。

2. $SF_6$ 开关设备要求多点接地，接地排通过螺栓压接与热镀锌钢板上的接地过渡块连接。

3. 实线部分为本期工程，虚线部分为远期工程。

设备材料汇总表

| 序号 | 名称 | 规范 | 单位 | 数量 | 备注 |
|---|---|---|---|---|---|
| 1 | $SF_6$ 气体绝缘金属封闭 | GIS 组合电器，252kV，4000A，50kA（3s），125kA | 套 | 2 | 进线间隔 |
| 2 | $SF_6$ 气体绝缘金属封闭 | GIS 组合电器，252kV，4000A，50kA（3s），125kA | 套 | 4 | 出线间隔 |
| 3 | $SF_6$ 气体绝缘金属封闭 | GIS 组合电器，252kV，4000A，50kA（3s），125kA | 套 | 2 | 母线设备间隔 |
| 4 | $SF_6$ 气体绝缘金属封闭 | GIS 组合电器，252kV，4000A，50kA（3s），125kA | 套 | 1 | 母联间隔 |
| 5 | 组合电器智能汇控柜 | | 套 | 9 | 厂家配套 |
| 6 | $SF_6$ 气体绝缘金属封闭 | GIS 组合电器，252kV，4000A，50kA（3s），125kA | 套 | 3 | 备用出线间隔 2 个，备用主进间隔 1 个 |
| 7 | 主母线 | 252kV，4000A，50kA（3s），125kA | m | | 厂家配套提供，数量以实际为准 |

**图 7.2.1-06　HA-220-A2-10　220kV 配电装置平面布置图**

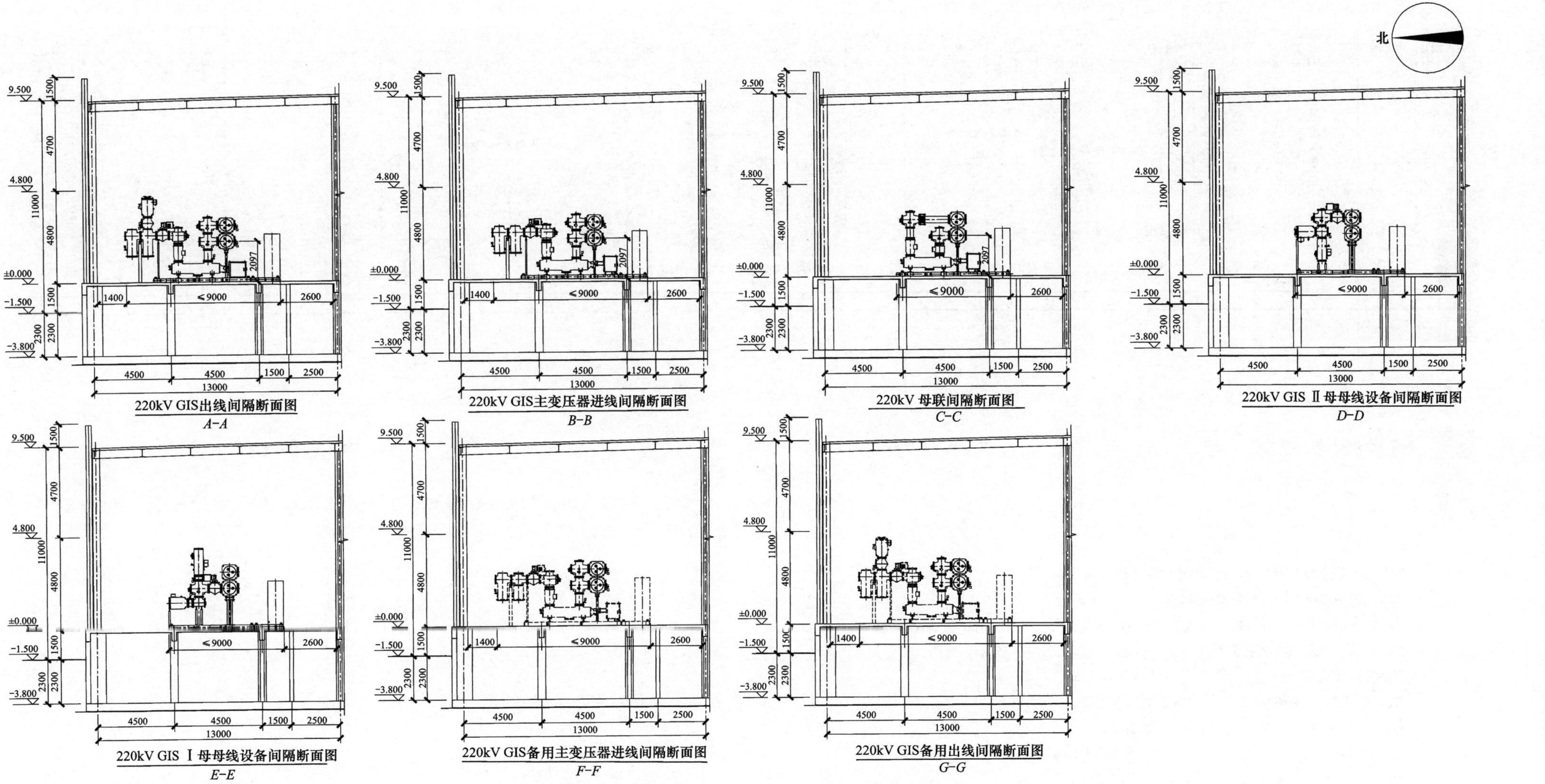


**图 7.2.1−07　HA−220−A2−10　220kV 配电装置断面图**

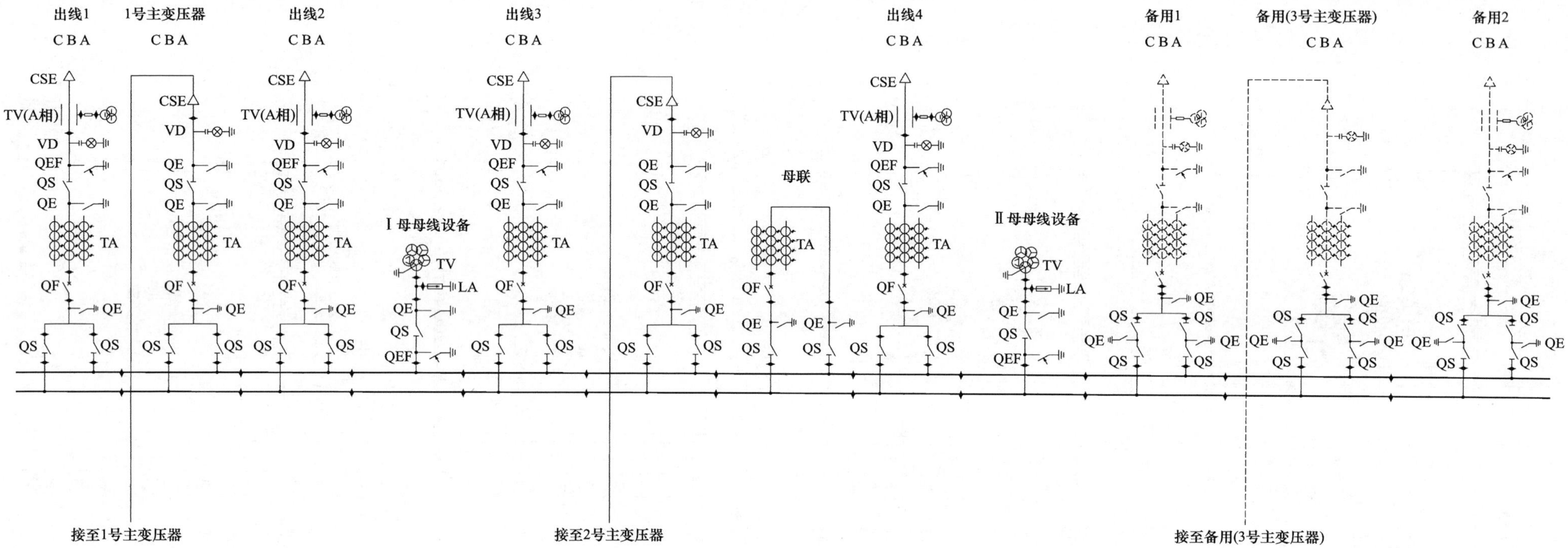


说明：1. 图中实线部分为本期工程，虚线部分为远期扩建部分。

2. 220kV 远期出线 6 回，本期出线 4 回。

3. 220kV 终期采用双母线接线，本期采用双母线接线。

4. 220kV 采用户内 GIS 配电装置。

5. 图中符号含义：

QF：断路器； TV：电压互感器；

QS：隔离开关； LA：避雷器；

QE：检修接地开关； VD：高压带电显示装置；

QEF：快速接地开关； CSE：电缆终端；

TA：电流互感器； ◆：气体分隔绝缘子。

6. 建议备用间隔根据实际情况增加过渡气室，以满足扩建时不停电要求。

**图 7.2.1-08 HA-220-A2-10 220kV 户内 GIS 气室分割图**

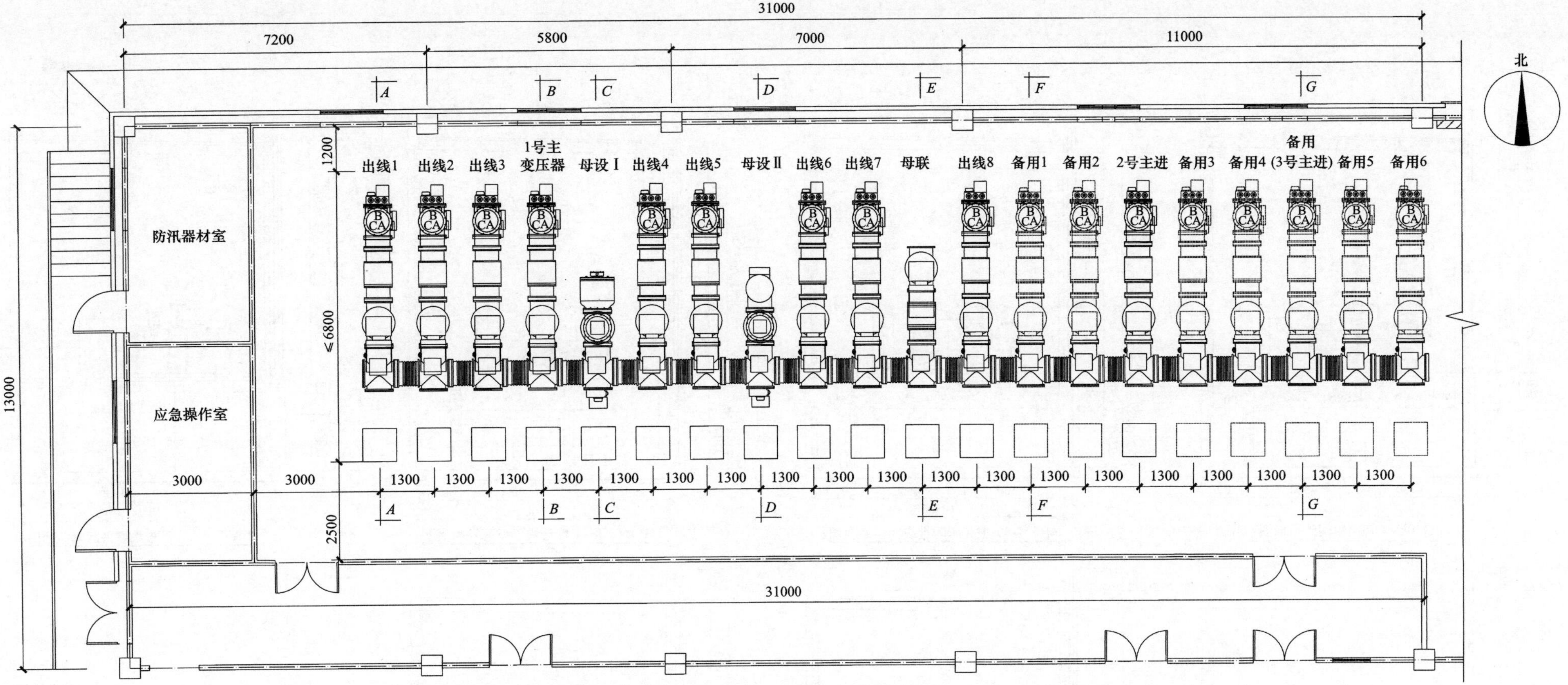


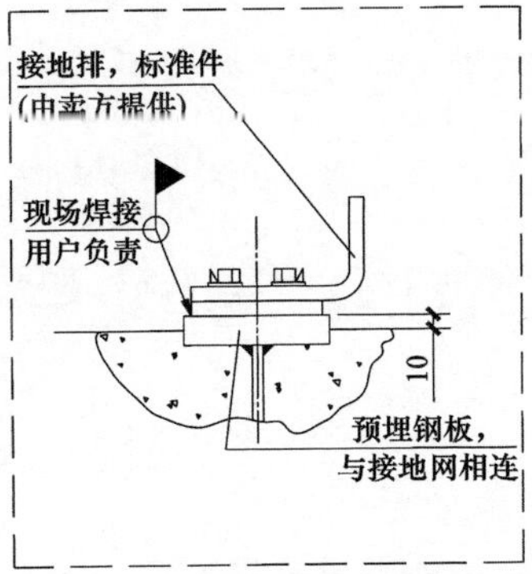


110kV GIS接地点示意图

说明：1. $SF_6$气体绝缘金属封闭开关设备配套设施均由厂家供应，包括设备材料汇总表中的 GIS 及母线管和安装支架。

2. $SF_6$气体绝缘金属封闭开关设备要求多点接地，接地排通过螺栓压接与热镀锌钢板上的接地过渡块连接。

3. 实线部分为本期工程，虚线部分为远期工程。

设备材料汇总表

| 序号 | 名称 | 规范 | 单位 | 数量 | 备注 |
|---|---|---|---|---|---|
| 1 | $SF_6$气体绝缘金属封闭开关设备 | GIS 组合电器，126kV，3150A，40kA（3s），100kA | 套 | 2 | 进线间隔 |
| 2 | $SF_6$气体绝缘金属封闭开关设备 | GIS 组合电器，126kV，3150A，40kA（3s），100kA | 套 | 8 | 出线间隔 |
| 3 | $SF_6$气体绝缘金属封闭开关设备 | GIS 组合电器，126kV，3150A，40kA（3s），100kA | 套 | 2 | 母线设备间隔 |
| 4 | $SF_6$气体绝缘金属封闭开关设备 | GIS 组合电器，126kV，3150A，40kA（3s），100kA | 套 | 1 | 母联间隔 |
| 5 | 组合电器智能汇控柜 | | 套 | 13 | 厂家配套 |
| 6 | $SF_6$气体绝缘金属封闭开关设备 | GIS 组合电器，126kV，3150A，40kA（3s），100kA | 套 | 7 | 备用出线间隔 6 个，备用主进间隔 1 个 |
| 7 | 主母线 | 126kV，3150A，40kA（3s），100kA | | m | 厂家配套提供，数量以实际为准 |

**图 7.2.1-09　HA-220-A2-10　110kV 配电装置平面布置图**

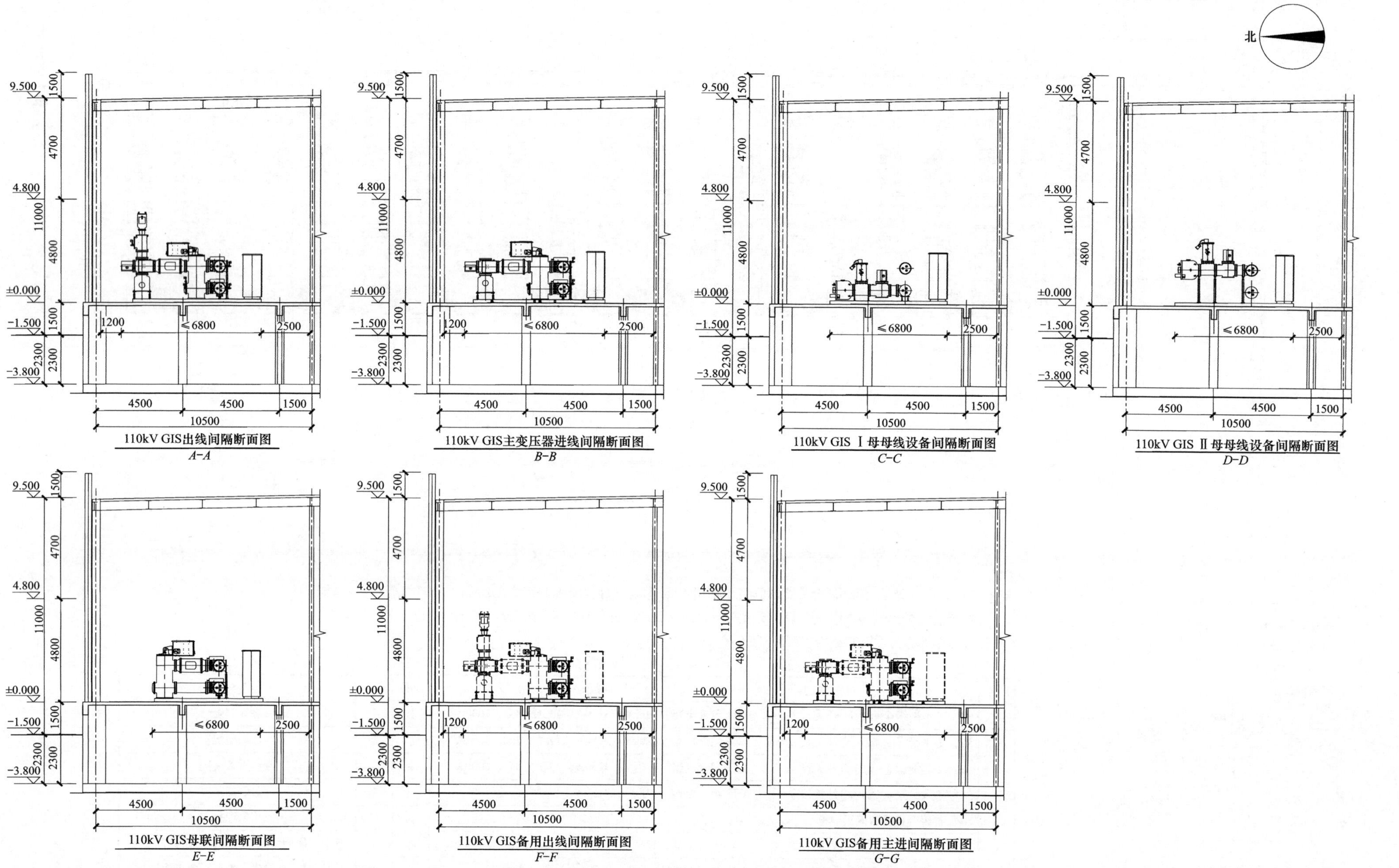


**图 7.2.1–10　HA–220–A2–10　110kV 配电装置断面图**

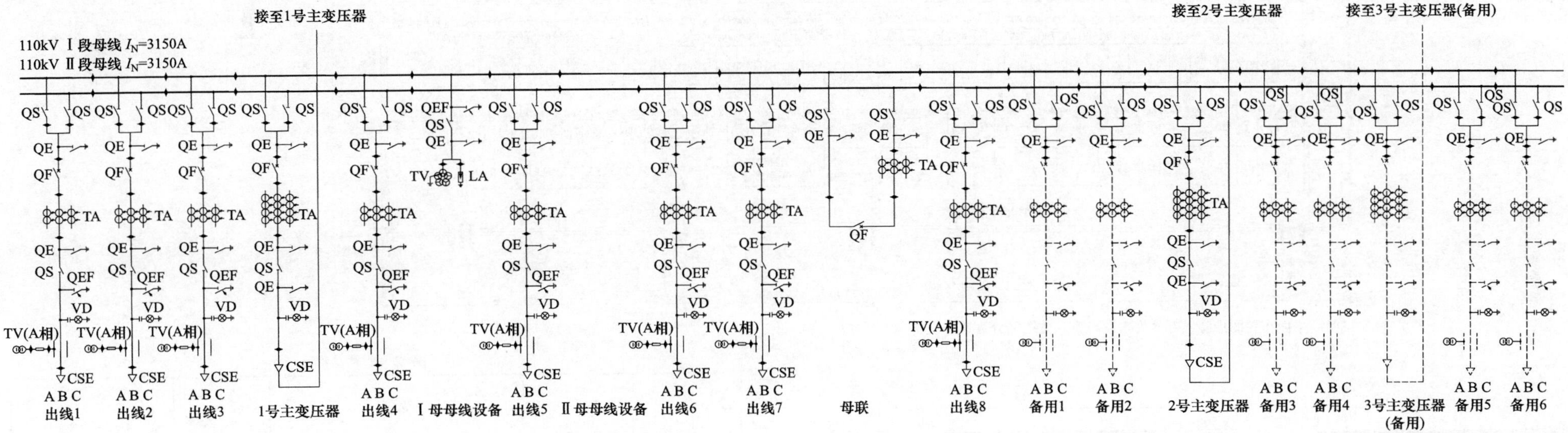


说明：1. 图中实线部分为本期工程，虚线部分为远期扩建部分。

2. 110kV 远期出线 14 回，本期出线 8 回。

3. 110kV 终期采用双母线接线，本期采用双母线接线。

4. 110kV 采用户内 GIS 配电装置。

5. 图中符号含义：

| | |
|---|---|
| QF：断路器； | TV：电压互感器； |
| QS：隔离开关； | LA：避雷器； |
| QE：检修接地开关； | VD：高压带电显示装置； |
| QEF：快速接地开关； | CSE：电缆终端； |
| TA：电流互感器； | ◆：气体分隔绝缘子。 |

6. 建议备用间隔根据实际情况增加过渡气室，以满足扩建时不停电要求。

**图 7.2.1-11　HA-220-A2-10　110kV 户内 GIS 气室分隔图**

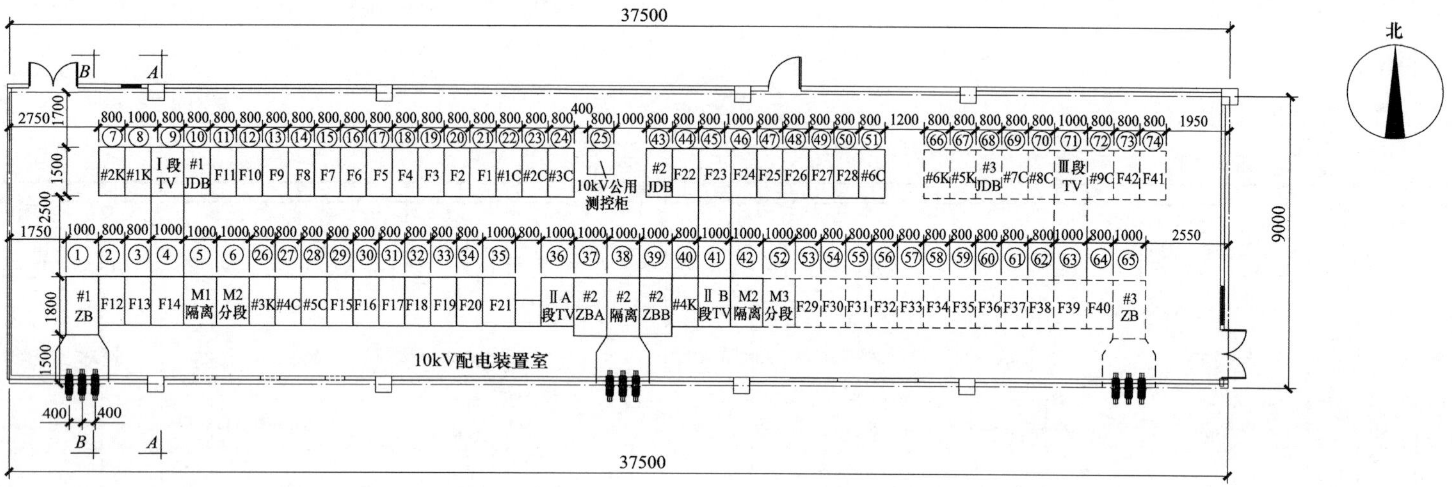


说明：平面布置图中实线部分为本期设备，虚线部分为远期设备。

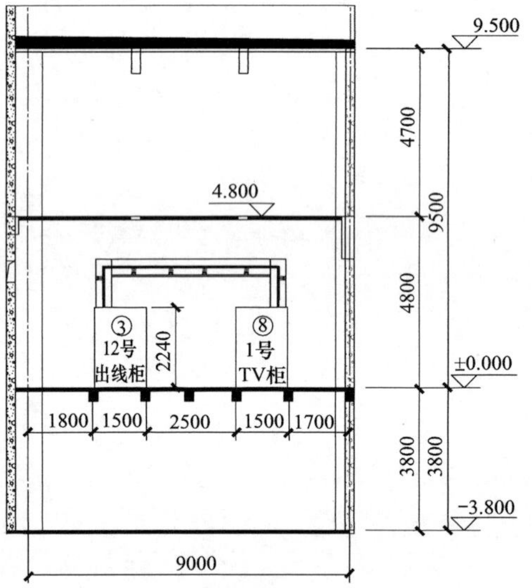


10kV配电装置进线断面图

A-A

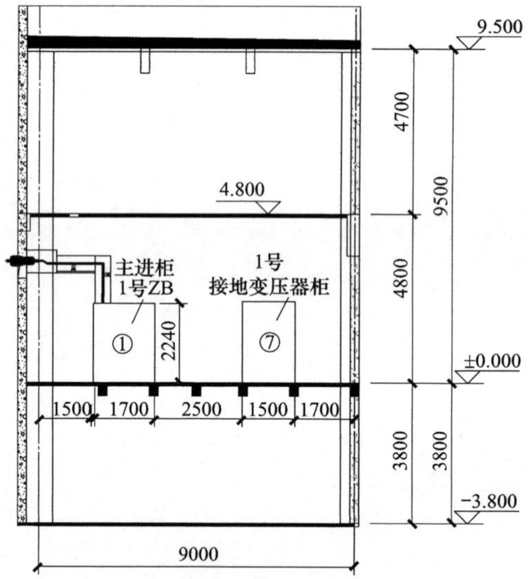


10kV配电装置进线断面图

B-B

设 备 材 料 表

| 序号 | 用途 | 编号 | 单位 | 本期数量 | 备注 |
|---|---|---|---|---|---|
| 1 | 主进柜 | 1、37、39（65） | 面 | 3 | 详见接线图 |
| 2 | 分段柜 | 6、（52） | 面 | 1 | 详见接线图 |
| 3 | 隔离柜 | 5、38、42 | 面 | 3 | 详见接线图 |
| 4 | TV 柜 | 9、36、41、（71） | 面 | 3 | 详见接线图 |
| 5 | 电容器柜 | 22～24、27、28、51、（68、69、70） | 面 | 6 | 详见接线图 |
| 6 | 消弧线圈及接地变压器柜 | 10、43、（65） | 面 | 2 | 详见接线图 |
| 7 | 电抗器柜 | 7、8、26、40、（66、67） | 面 | 4 | 详见接线图 |
| 8 | 馈线柜 | 2～4、11～21、29～35、44～50、（53～64、73、74） | 面 | 28 | 详见接线图 |
| 9 | 10kV 封闭母线桥 | 10kV 4000A 三相共箱 | m | | 以实际测量为准 |
| 10 | 封墙板（耐火绝缘封板） | 1600mm × 700mm × 8mm | 块 | 1 | 用于预留的远期进线孔洞封堵 |
| 11 | 封墙板（耐火绝缘封板） | 1600mm × 700mm × 8mm | 块 | 2 | 用于本期进线孔洞封堵 |
| 12 | 10kV 公共测控柜 | 25 | 面 | 1 | |

**图 7.2.1-12　HA-220-A2-10　10kV 配电装置平断面布置图**

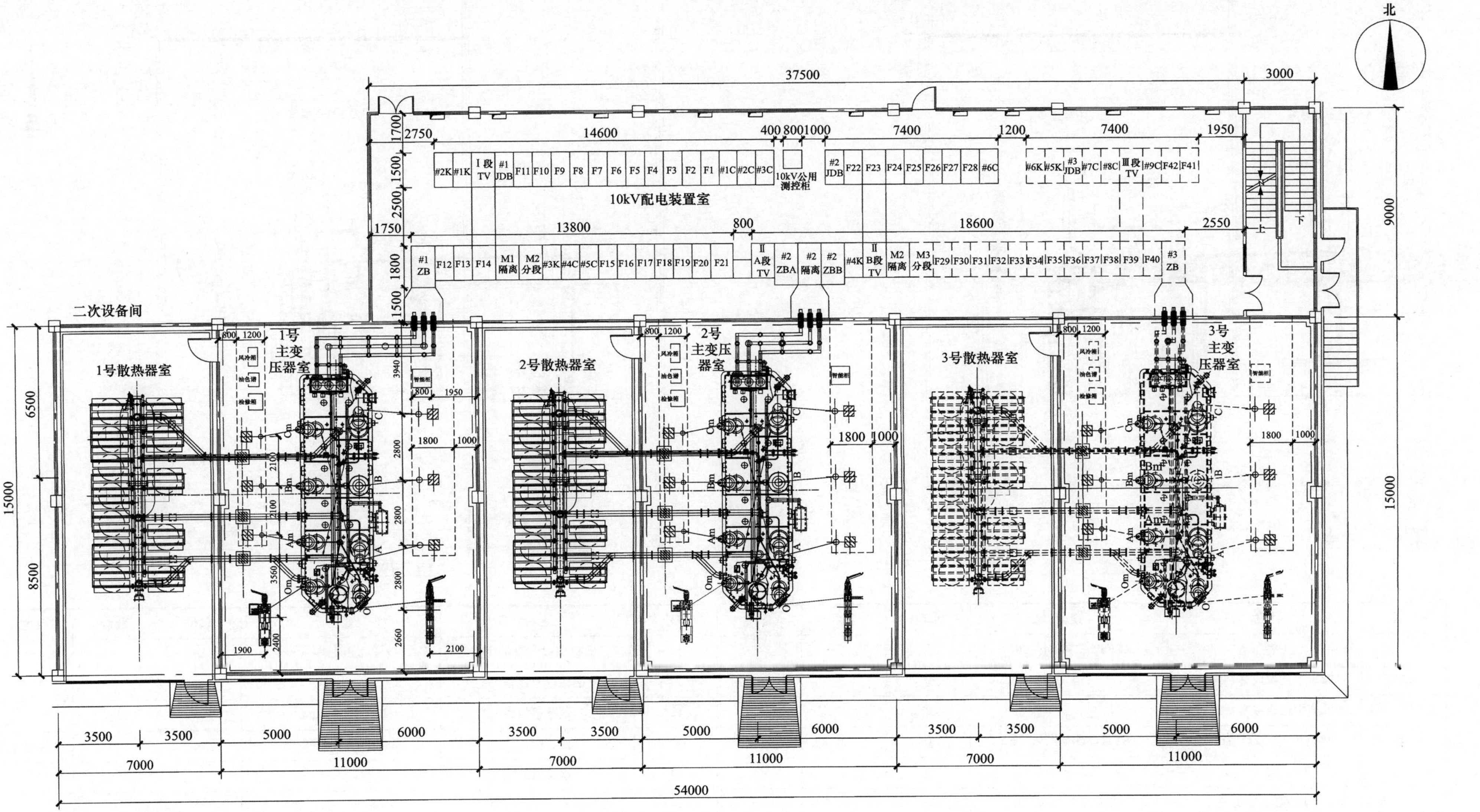


说明：1. 实线部分为本期，虚线部分为远期。

2. 本期上 1、2 号变压器，预留 3 号变压器。

**图 7.2.1-13　HA-220-A2-10　主变压器及 10kV 母线桥平面布置图**

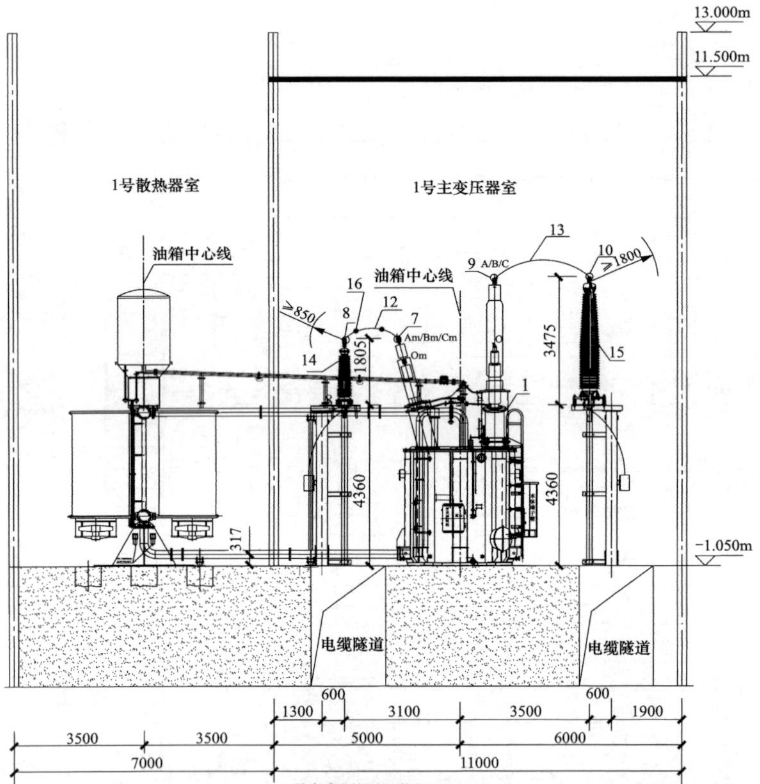


1号主变压器断面图(一)

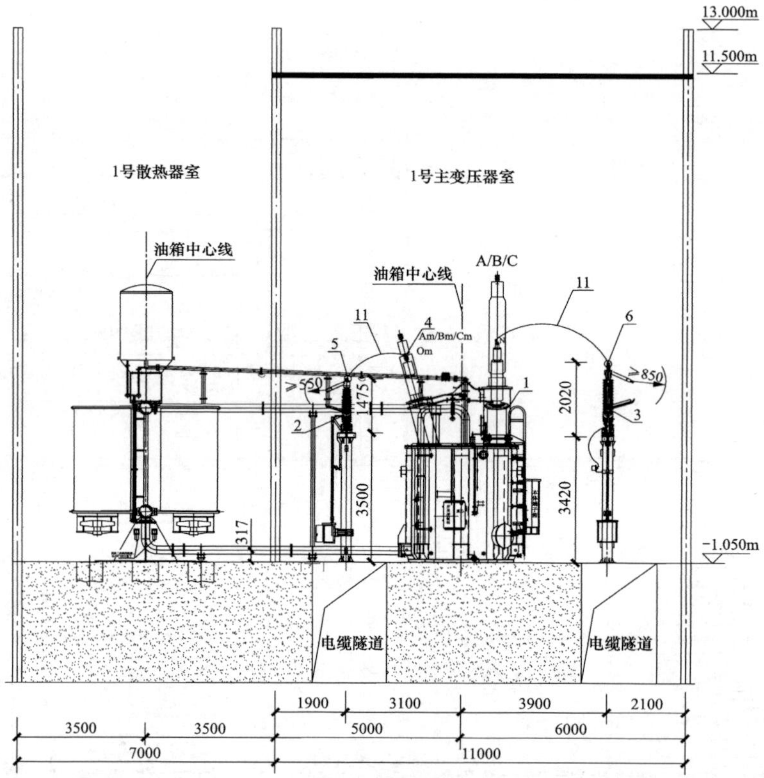


1号主变压器断面图(二)

设备材料表

| 序号 | 名称 | 规范 | 单位 | 数量 | 备注 | 序号 | 名称 | 规范 | 单位 | 数量 | 备注 |
|---|---|---|---|---|---|---|---|---|---|---|---|
| 1 | 主变压器 | SFSZ-240000/220 | 台 | 1 | | 9 | 30°铜铝过渡设备线夹 | SYG-630/45B-a×b | 套 | 3 | |
| 2 | 110kV 中性点成套接地装置 | | 套 | 1 | | 10 | 0°铜铝过渡设备线夹 | SYG-630/45A-a×b | 套 | 3 | |
| 3 | 220kV 中性点成套接地装置 | | 套 | 1 | | 11 | 钢芯铝绞线 | JL/G1A-300/40 | m | 15 | |
| 4 | 90°铜铝过渡设备线夹 | SYG-300/40C-a×b | 套 | 2 | | 12 | 钢芯铝绞线 | 2×JL/G1A-630/45 | m | 30 | 以单根计列 |
| 5 | 30°铝设备线夹 | SY-300/40B-a×b | 套 | 1 | | 13 | 钢芯铝绞线 | JL/G1A-630/45 | m | 15 | |
| 6 | 30°铝设备线夹 | SY-300/40B-a×b | 套 | 1 | | 14 | 110kV 电缆终端 | YJZWCF4-64/110kV | 个 | 3 | |
| 7 | 30°双导线铜铝过渡设备线夹 | SSYG-630/45B-a×b | 套 | 3 | | 15 | 220kV 电缆终端 | YJZWCF4 127/220-202-ZP | 个 | 3 | |
| 8 | 0°双导线铜铝过渡设备线夹 | SSYG-630/45A-a×b | 套 | 3 | | 16 | 间隔棒 | MRJ-6/200 | | 9 | |

**图 7.2.1-14　HA-220-A2-10　主变压器断面布置图**

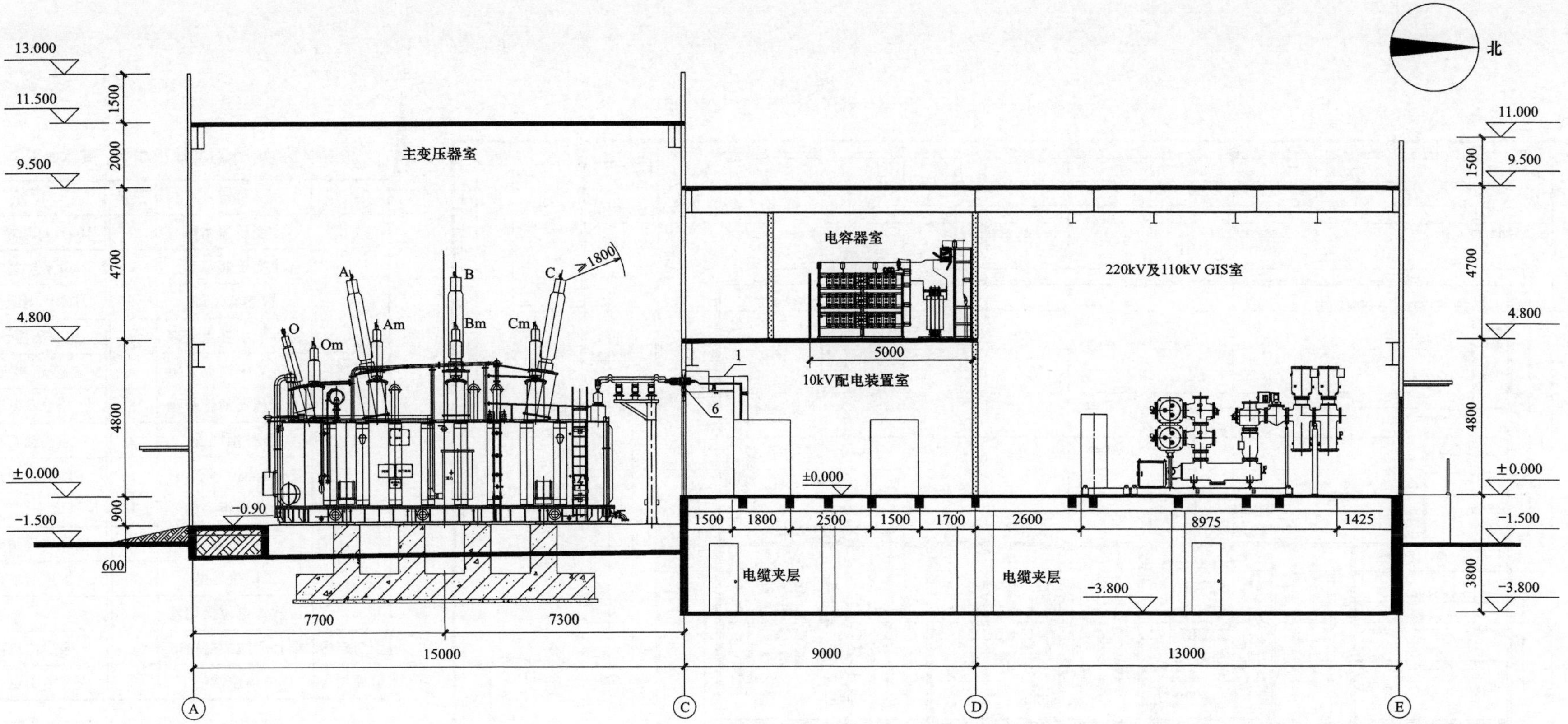


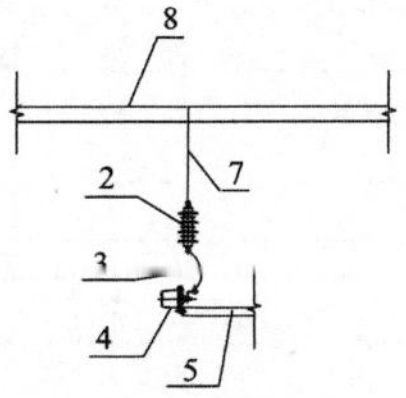


10kV避雷器安装示意图

说明：1. 本图以室内地坪为 ±0.00m。
2. 本期上 1、2 号主变压器。
3. 10kV 避雷器根据现场实际情况安装。

设备材料表

| 序号 | 名称 | 规范 | 单位 | 数量 | 备注 |
|---|---|---|---|---|---|
| 1 | 封闭母线桥 | 10kV 4000A | m | 32 | 以现场实际测量为准 |
| 2 | 氧化锌避雷器 | HY5WZ-17/45W | 只 | 3 | |
| 3 | 黄绿铜绞线 | 120mm$^2$ | m | 6 | |
| 4 | 避雷器监测器 | JCQ1 | 只 | 3 | |
| 5 | 角钢 | ∠50×5 | m | 12 | |
| 6 | 封墙板（耐火绝缘封板） | 1600×700 | 套 | 3 | 列入 10kV 分册 |
| 7 | 铜排 | -40×5 | m | 20 | 铜管母、避雷器监测器直接接地 |
| 8 | 铜排 | TMY-125×10 | m | 120 | 三片立放 |

图 7.2.1-15　HA-220-A2-10　主变压器及 10kV 母线桥断面布置图

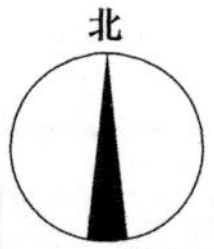


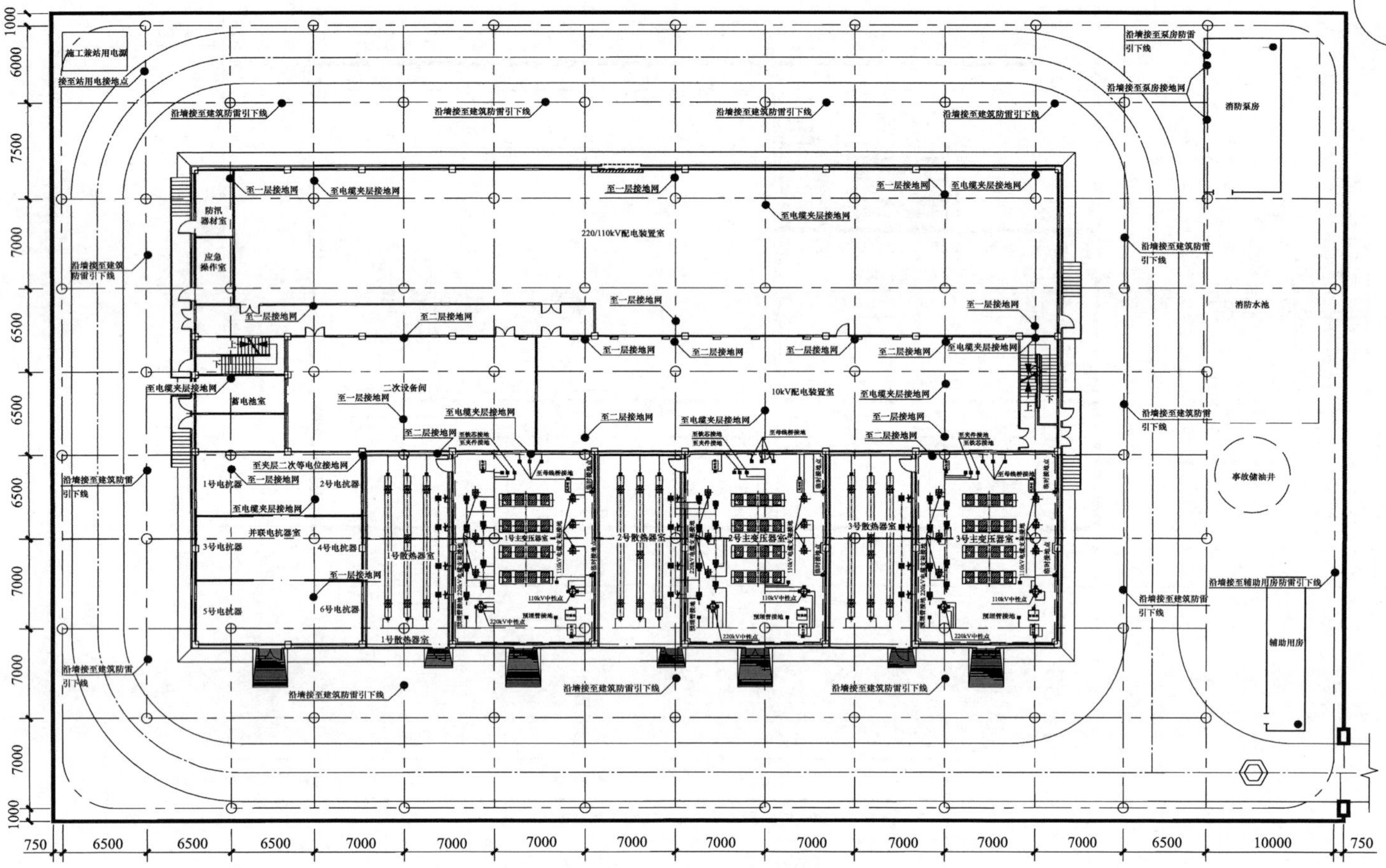


全站各区域引出点共计 182 个，具体如下：

| | 位置 | 数量 | 位置 | 数量 |
|---|---|---|---|---|
| 主变压器区域（单台） | 主变压器本体 | 2 | 10kV 母线桥支架 | 3 |
| | 主变压器基础 | 2 | 220kV 电缆支架 | 3 |
| | 散热器基础 | 6 | 110kV 电缆支架 | 3 |
| | 220kV 中性点支架 | 4 | 主变压器铁芯 | 1 |
| | 110kV 中性点支架 | 4 | 主变压器夹件 | 1 |
| | 主变压器油管基础 | 8 | 检修箱基础 | 1 |
| | 各种预埋管 | 2 | 风冷箱基础 | 1 |
| | 智能柜基础 | 1 | 临时接地点 | 2 |
| | 油色谱柜基础 | 1 | | |
| 配电装置楼 | 一层接地网 | 12 | 电缆夹层接地网 | 8 |
| | 二层接地网 | 8 | 屋顶避雷带 | 13 |
| | 二次等电位接地网 | 1 | | |
| 消防泵房 | 楼梯间屋顶避雷带 | 1 | 泵房内地网 | 2 |
| 辅助用房 | 屋顶避雷带 | 2 | 站用电 | 1 |

主 要 材 料 表

| 序号 | 名称 | 规范 | 单位 | 数量 | 备注 |
|---|---|---|---|---|---|
| 1 | 垂直接地体 | $\phi$17.3，$L$=2.5m | 根 | 70 | 铜棒 |
| 2 | 水平接地体 | −40 × 5 | m | 2300 | 铜排 |
| 3 | 接地引上线 | −40 × 5 | m | 1400 | 铜排 |

说明：图例：— — — 表示水平接地体，−40 × 5 铜排埋深 −5.4m（建筑物范围内），−0.8m（建筑物范围外）；实际埋深可根据土建基础现场实际施工情况进行调整。

● 表示接地线标志，接地线由 −5.4m 层沿混凝土柱或墙引出，与建筑物接地网及屋顶避雷带连接。

○ 表示垂直接地体 $\phi$17.3，$L$=2.5m。

◎ 表示帽檐式均压带。

■ 表示主变压器区域接地预留线（设备引下接地线，从 −5.4m 层地网引出）。

**图 7.2.1−16 HA−220−A2−10 站区主接地网布置图**

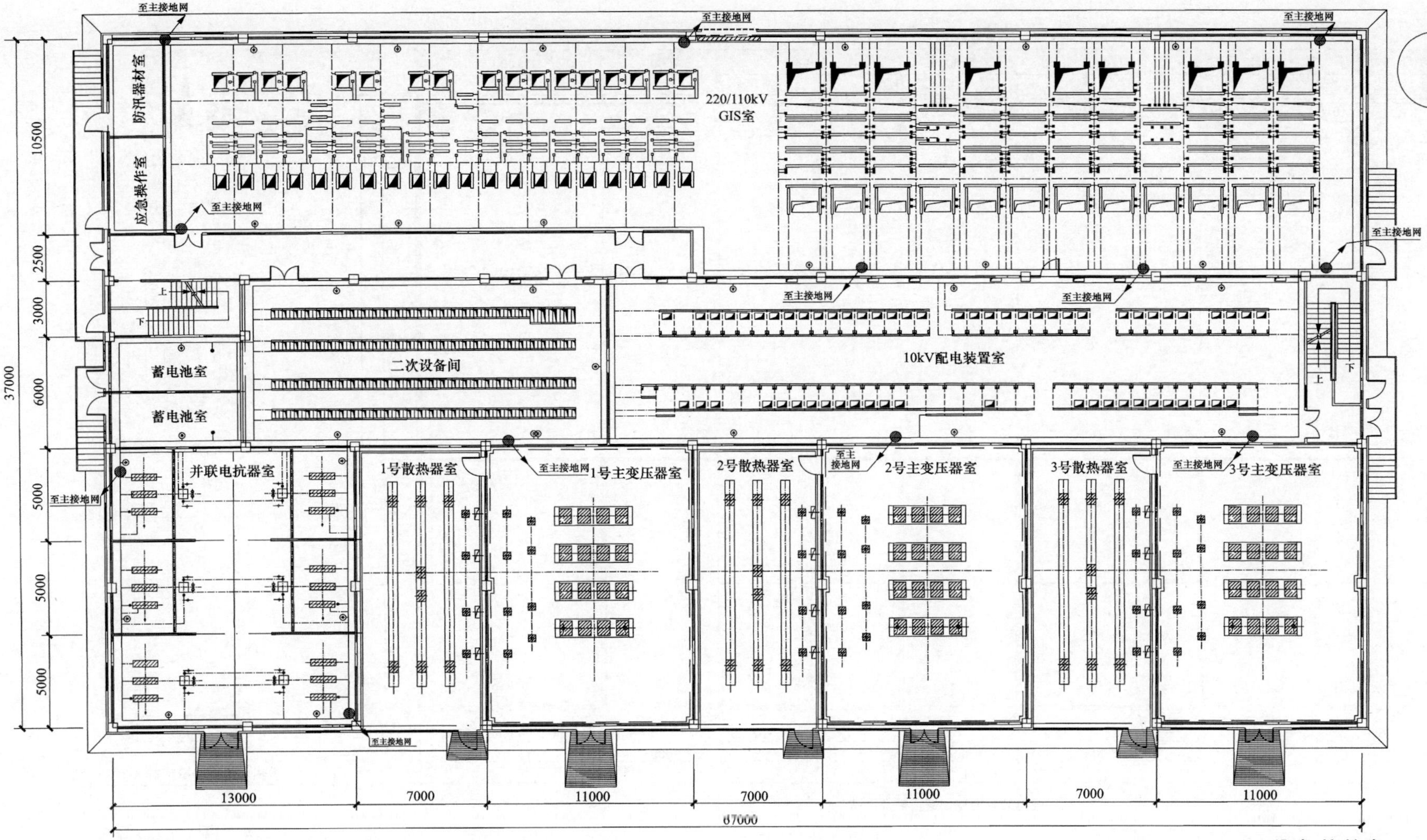

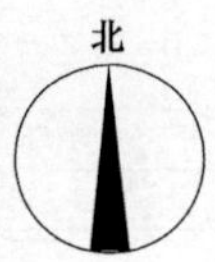


说明：

1. ●为明显接地点。
2. GIS 基础槽钢和各接地点（按厂家要求通过接地块）应以最短路径与室内环形接地母线连续。

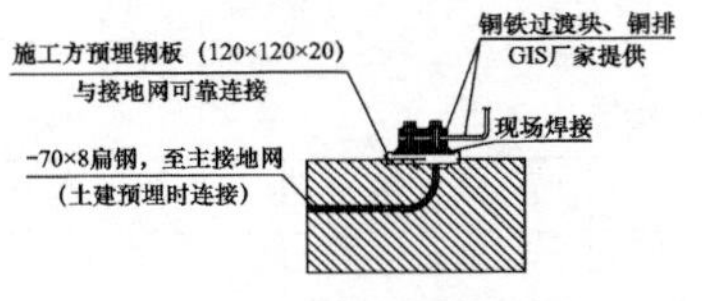


220kV GIS独立接地点示意图

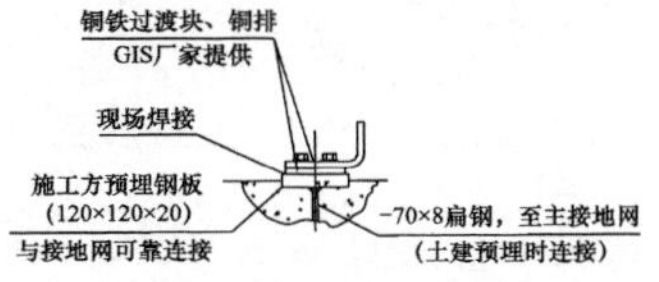


110kV GIS独立接地点示意图

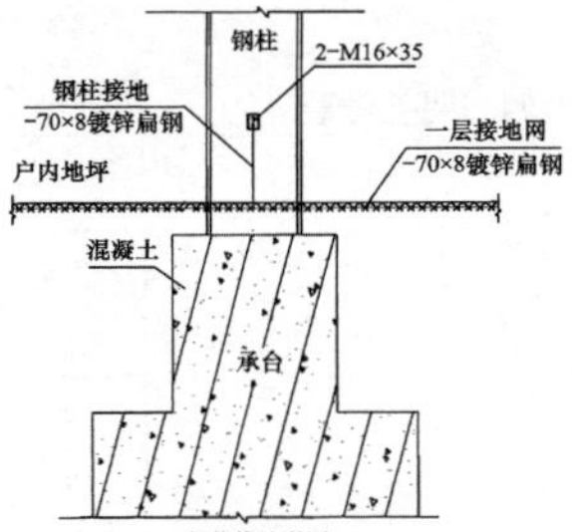


钢柱接地详图

设备材料表

| 序号 | 名称 | 规范 | 单位 | 数量 | 图例 | 备注 |
|---|---|---|---|---|---|---|
| 1 | 热镀锌扁钢 | −70×8 | m | 500 | ———— | 水平接地体，靠墙处沿墙粉刷层敷设，且距地 0.2m，过门处理入抹面层内 |
| 2 | 热镀锌扁钢 | −70×8 | m | 2000 | —·—·— | 预埋件接地、支架接地 |
| 3 | 铜排 | −40×5 | m | | ● | 接地引上线，数量计列于站区总接地图中，沿混凝土柱或沿墙引上 |
| 4 | 临时接地端子 | | 个 | 32 | ⏚ | |
| 5 | 热镀锌扁钢 | −40×4 | m | 200 | | 用于金属楼梯、栏杆、门、空调支架、室外机等金属部分接地 |

图 7.2.1−17　HA−220−A2−10　一层接地网布置图

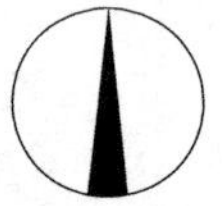


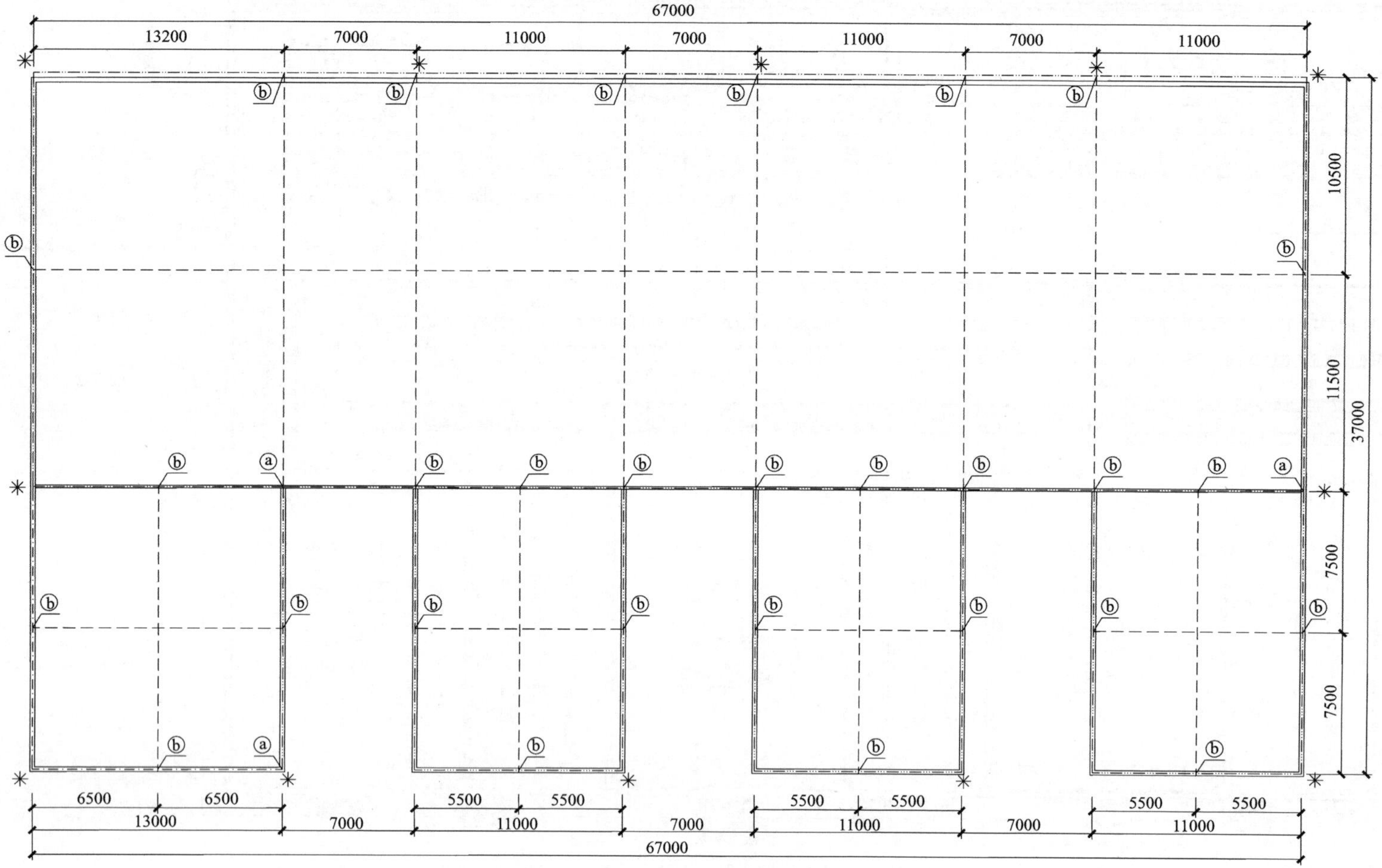


配电装置楼屋顶避雷带敷设图

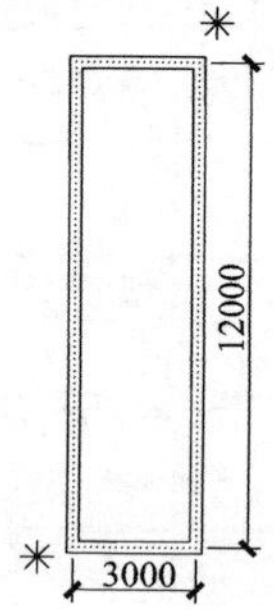


辅助用房屋顶避雷带敷设图

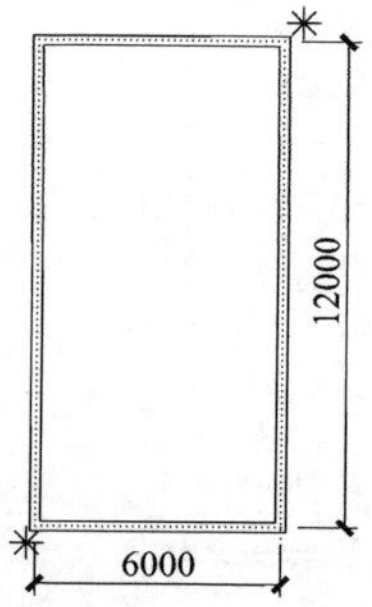


水泵房楼梯间屋顶避雷带敷设图

说明：1. ———表示 −60×6 热镀锌扁钢沿屋顶面明敷做避雷带。

2. ………表示在标高5.1m/3.0m上，用 $\phi$12 镀锌圆钢沿辅助用房女儿墙 / 泵房楼梯间顶四周明敷做避雷带。

3. —·—表示在标高6.3m上，用 $\phi$12 镀锌圆钢沿女儿墙四周明敷做避雷带。

4. —··—表示在标高11.0m上，用 $\phi$12 镀锌圆钢沿女儿墙四周明敷做避雷带。

5. —···—表示在标高13.0m上，用 $\phi$12 镀锌圆钢沿女儿墙四周明敷做避雷带。

6. ⓐ表示用 $\phi$12 镀锌圆钢沿墙柱外侧明敷，联通上下两个标高上的避雷带。

7. ⓑ表示用 −60×6 的镀锌扁钢沿屋顶明敷两边联通。

8. ∗表示用 −40×5 的铜排沿墙柱外侧暗敷，作为避雷带引下线，上下贯通，上与屋顶避雷带连接，下部引至与主接地网连接，引下线在距地面 1.8m 处设断接卡，用于接地测量，接地线施工完毕验收合格后再进行配电装置楼外装修。

设 备 材 料 表

| 序号 | 名称 | 规范 | 单位 | 数量 | 备注 |
|---|---|---|---|---|---|
| 1 | 热镀锌扁钢 | −60×6 | m | 400 | |
| 2 | 镀锌圆钢 | $\phi$12 | m | 500 | |
| 3 | 铜排 | −40×5 | m | | 计列于防雷接地分册 |
| 4 | 断线盒 | 300×210×120 | 个 | 15 | |

**图 7.2.1−18 HA−220−A2−10 屋顶避雷带敷设图**

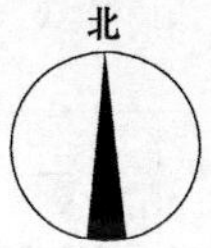


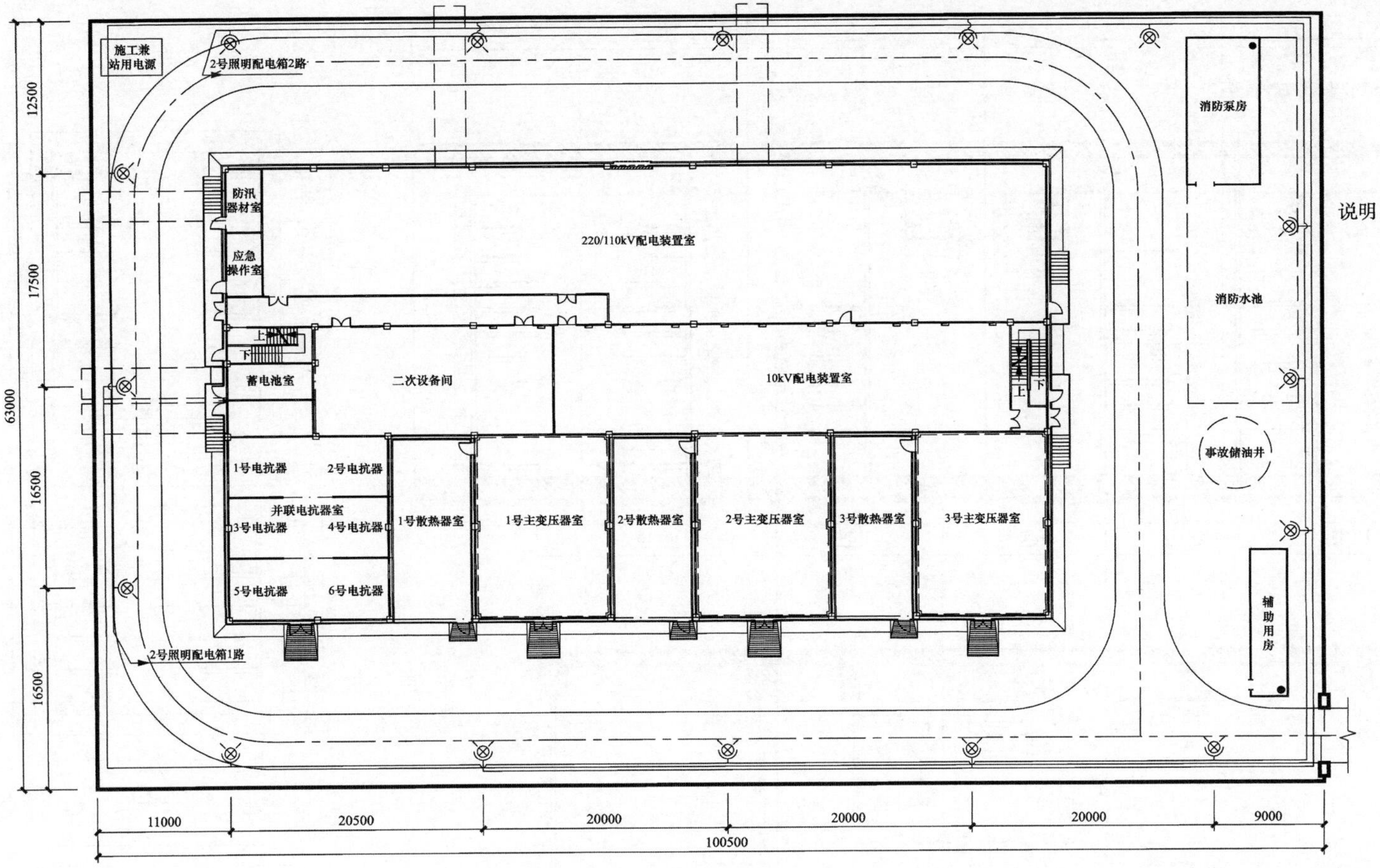


说明：1. 电源来自 2 号照明配电箱。主干线采用电缆，穿钢管敷设；支线采用 BV 绝缘电线，穿 PVC 管敷设至灯具，管内径不小于导线束直径的 1.5 倍。

2. 穿管电线在室外直埋深度不应小于 0.7m，电线埋至地下及引出地面均应穿管保护。

3. 2 号照明配电箱装在门厅内，箱底离地面 1.5m。

4. 200W LED 投光灯共 16 盏，带支架和底座，高度为 1.5m。

5. 施工时应与土建密切配合，预埋好各种埋件，安装应符合国家标准及行业标准的有关规定。

6. 图中灯具位置已考虑附近设施，若仍有相碰，可适当调整位置。

7. 灯具和电动大门采用 −25 × 4 热镀锌扁钢就地明接地。

8. 200W LED 投光灯安放位置距围墙 0.5m。

设 备 材 料 表

| 序号 | 名称 | 规范 | 单位 | 图例 | 数量 | 备注 | 序号 | 名称 | 规范 | 单位 | 图例 | 数量 | 备注 |
|---|---|---|---|---|---|---|---|---|---|---|---|---|---|
| 1 | LED 投光灯 | AC220V 200W | 套 | ⊗ | 16 | 灯头可转向，带支架及底座 | 6 | 热镀锌扁钢 | −25 × 4 | m | | 150 | 灯具及电动大门接地用 |
| 2 | 断路器 | C65N−D10A/4P VE 30mA | 个 | ⊶⁄ | 1 | 电动大门用 | 7 | 热镀锌钢管 | $\phi$40 | m | | 100 | 电动大门电源线用 |
| 3 | 电力电缆 | ZR−YJV22−1−5 × 4 | m | | 100 | 电动大门电源线 | 8 | 热镀锌钢管 | $\phi$25 | m | | 400 | 照明主干线用 |
| 4 | 电力电缆 | ZR−YJV22−1−2 × 4 | m | | 900 | 户外照明Ⅰ、Ⅱ路主干线 | 9 | PVC 管 | $\phi$20 | m | | 150 | 接灯线用 |
| 5 | 塑料绝缘铜线 | BV−750−2 × 2.5 | m | | 200 | 接灯线 | 10 | 分接线盒 | | 个 | | 40 | |

**图 7.2.1−19 HA−220−A2−10 户外照明布置图**

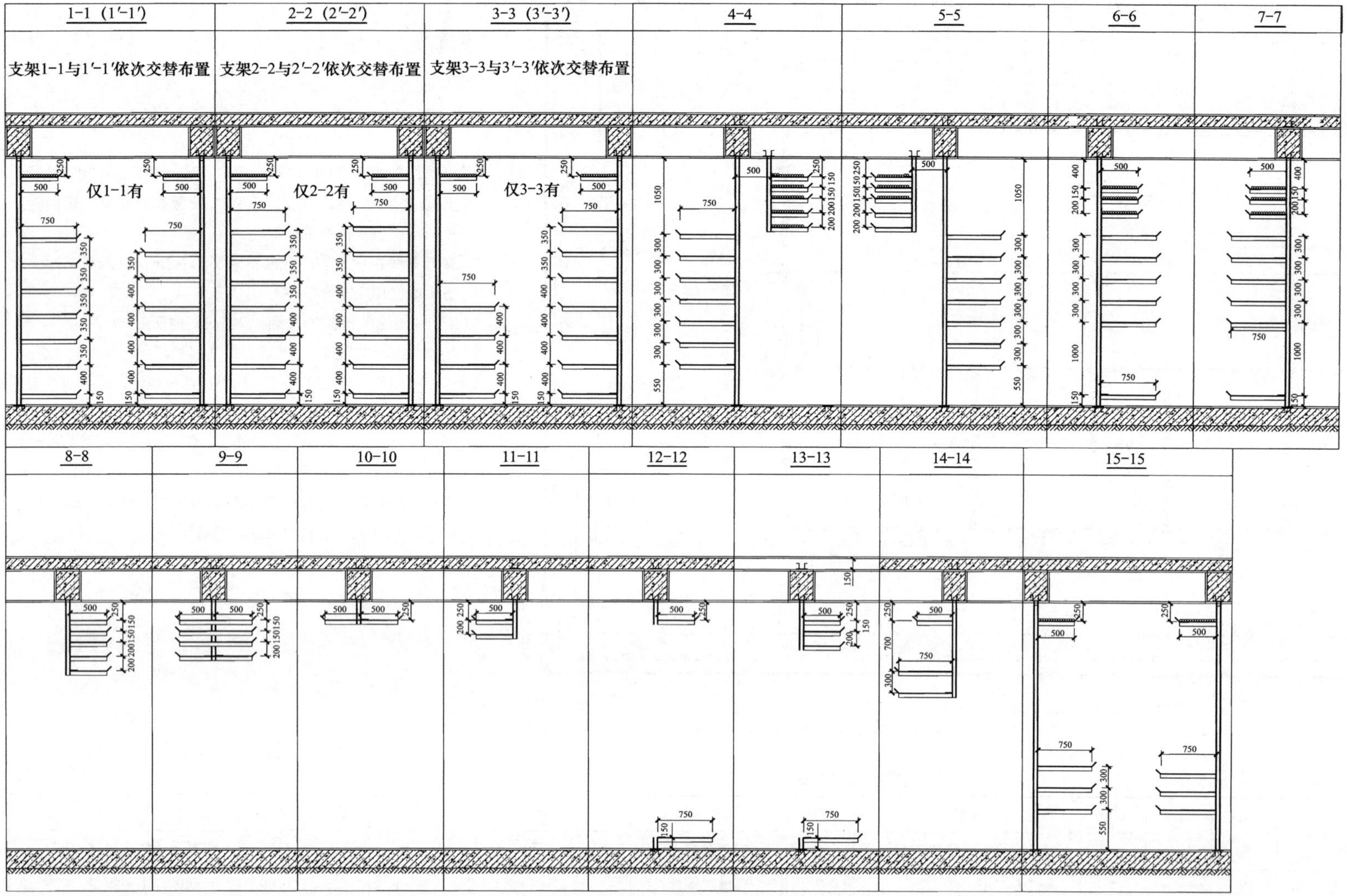


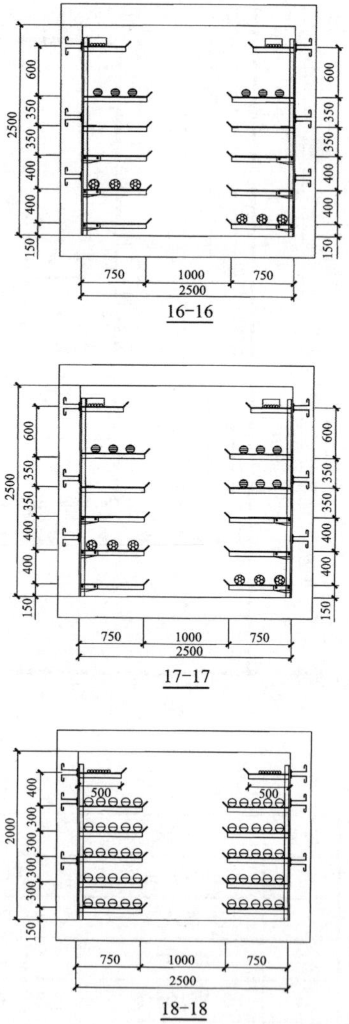


说明：1. 在电缆夹层内所有角钢支架通过一根 −70×8 接地扁铁相连，接地扁铁两端与变电站接地网可靠连接。

2. 支架 1-1、2-2、3-3 为 220、110kV 电缆敷设用，支架间距为 1500mm。

**图 7.2.1-20　HA-220-A2-10　电缆夹层支架断面图**

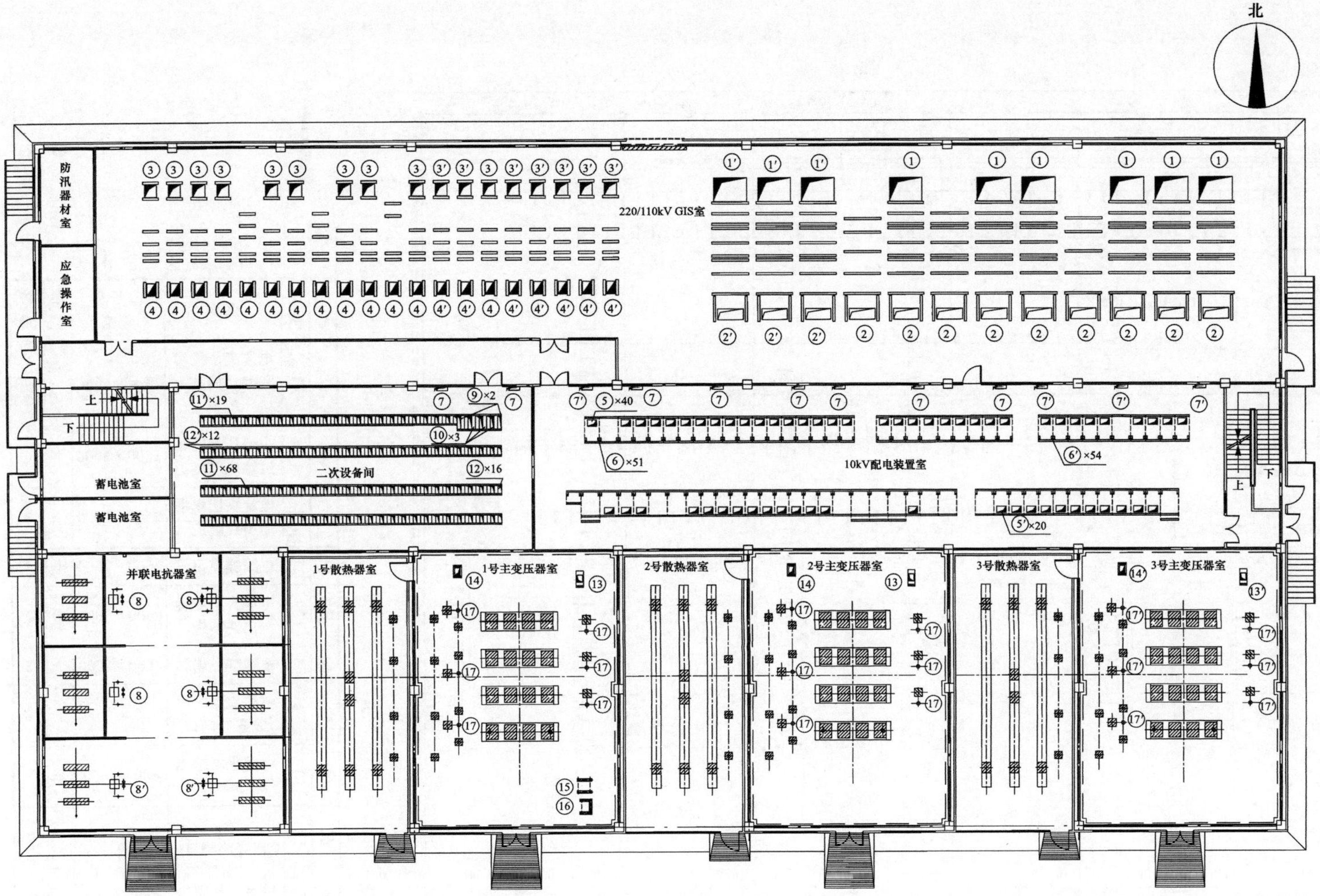


**电缆防火材料表**

| 编号 | 图例 | 名称 | 型号及规范 | 单位 | 数量 |
|---|---|---|---|---|---|
| ① | | 220kV GIS 电缆出线孔洞（本期） | 1800×1300 | 个 | 6 |
| ①' | | 220kV GIS 电缆出线孔洞（备用） | 1800×1300 | 个 | 3 |
| ② | | 220kV GIS 控制柜孔洞（本期） | 1400×600 | 个 | 9 |
| ②' | | 220kV GIS 控制柜孔洞（备用） | 1400×600 | 个 | 3 |
| ③ | | 110kV GIS 电缆出线孔洞（本期） | 800×800 | 个 | 10 |
| ③' | | 110kV GIS 电缆出线孔洞（备用） | 800×800 | 个 | 7 |
| ④ | | 110kV GIS 控制柜孔洞（本期） | 450×700 | 个 | 13 |
| ④' | | 110kV GIS 控制柜孔洞（备用） | 450×700 | 个 | 7 |
| ⑤ | | 开关柜一次洞口（本期） | 500×350 | 个 | 40 |
| ⑤' | | 开关柜一次洞口（备用） | 500×350 | 个 | 20 |
| ⑥ | | 开关柜二次洞口（本期） | 200×200 | 个 | 51 |
| ⑥' | | 开关柜二次洞口（备用） | 200×200 | 个 | 23 |
| ⑦ | | 电容器、接地变压器竖井穿墙孔洞（含二楼，本期） | 600×200 | 个 | 16 |
| ⑦' | | 电容器、接地变压器竖井穿墙孔洞（含二楼，备用） | 600×200 | 个 | 8 |
| ⑧ | ○ | 并联电抗器一次电缆孔洞（本期） | $\phi$150 | 个 | 8 |
| ⑧' | ○ | 并联电抗器一次电缆孔洞（备用） | $\phi$150 | 个 | 4 |
| ⑨ | | 二次设备室屏柜孔洞（一） | 740×200 | 个 | 2 |
| ⑩ | | 二次设备室屏柜孔洞（二） | 740×400 | 个 | 3 |
| ⑪ | | 二次设备室屏柜孔洞（三）（本期） | 440×400 | 个 | 68 |
| ⑪' | | 二次设备室屏柜孔洞（三）（备用） | 440×400 | 个 | 19 |
| ⑫ | | 二次设备室屏柜孔洞（四）（本期） | 440×200 | 个 | 16 |
| ⑫' | | 二次设备室屏柜孔洞（四）（备用） | 440×200 | 个 | 12 |
| ⑬ | | 主变压器室风冷控制柜孔洞（本期） | 400×300 | 个 | 2 |
| ⑬' | | 主变压器室风冷控制柜孔洞（备用） | 400×300 | 个 | 1 |
| ⑭ | | 主变压器室油色谱柜孔洞（本期） | 400×290 | 个 | 2 |
| ⑭' | | 主变压器室油色谱柜孔洞（备用） | 400×290 | 个 | 1 |
| ⑮ | | 主变压器室智能控制柜孔洞 | 600×320 | 个 | 1 |
| ⑯ | | 主变压器室检修箱孔洞 | 550×400 | 个 | 1 |
| ⑰ | ○ | 主变压器室高压电缆穿隧道孔洞（本期） | $\phi$200 | 个 | 12 |
| ⑰' | ○ | 主变压器室高压电缆穿隧道孔洞（备用） | $\phi$200 | 个 | 6 |
| ⑱ | ○ | 配电装置楼内预埋管线孔洞 | $\phi$100 | 个 | 若干 |

说明：1. 电缆封堵时，先将电缆束打开，用有机堵料填充电缆间的缝隙。

2. 用有机防火堵料包绕电缆束外围，包绕厚度不小于 20mm。

3. 测量待封堵空洞尺寸，按实际形状切割耐火隔板。切割时，楼板下部耐火隔板尺寸比楼板空洞大 80～100mm；盘柜箱底部耐火隔板尺寸比盘柜箱孔尺寸大 50mm。

4. 电缆穿过洞口两侧不小于 1.5m 范围内，电缆应涂刷防火涂料，厚度为 1mm。

5. 图中若有电缆穿管，封堵材料见总材料表，分图不再显示。

6. 图中预留大于 400×400 的孔洞，应采用角钢进行加固，将孔洞缩小后方可加装防火板，该部分槽钢或角钢列在总材料表中。

**图 7.2.1-21　HA-220-A2-10　一层配电装置室防火封堵布置图**

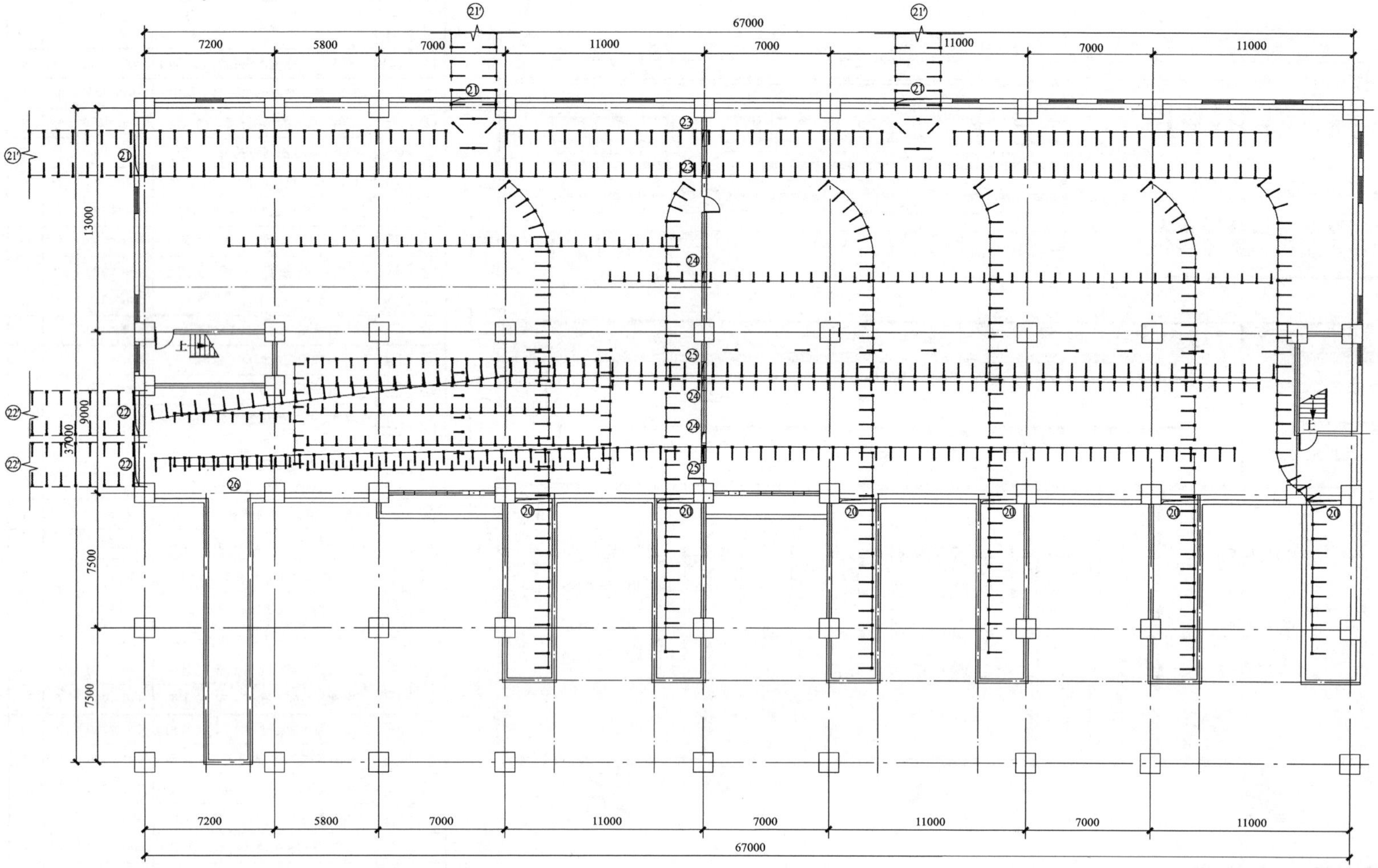


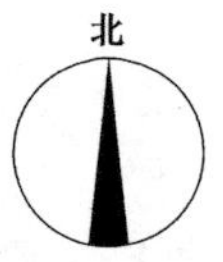


**电缆防火材料表**

| 编号 | 图例 | 名称 | 型号及规范 | 单位 | 数量 |
|---|---|---|---|---|---|
| ⑲ | ◸ | 电缆夹层控缆支架层间防火隔板 | $W$=500mm | m | 370 |
| ⑳ | ◸ | 主变压器区域进线电缆隧道 | 1800×3000 | 个 | 6 |
| ㉑ | ◸ | 电缆夹层电缆出线隧道 | 2500×2500 | 个 | 3 |
| ㉑' | ◸ | 电缆隧道出站 | 2500×2500 | 个 | 3 |
| ㉒ | ◸ | 电缆夹层电缆出线隧道 | 2500×2000 | 个 | 2 |
| ㉒' | ◸ | 电缆隧道出站 | 2500×2000 | 个 | 2 |
| ㉓ | ◸ | 电缆夹层内电缆穿墙洞口 | 900×3300 | 个 | 2 |
| ㉔ | ◸ | 电缆夹层内电缆穿墙洞口 | 600×1050 | 个 | 3 |
| ㉕ | ◸ | 电缆夹层内电缆穿墙洞口 | 900×2150 | 个 | 2 |
| ㉖ | ◸ | 电缆夹层内电缆穿墙洞口 | 2200×2300 | 个 | 1 |

说明：1. 电缆封堵时，先将电缆束打开，用有机堵料填充电缆间的缝隙。

2. 用有机防火堵料包绕电缆束外围，包绕厚度不小于 20mm。

3. 测量待封堵空洞尺寸，按实际形状切割耐火隔板。切割时，楼板下部耐火隔板尺寸比楼板空洞大 80～100mm；盘柜箱底部耐火隔板尺寸比盘柜箱孔尺寸大 50mm。

4. 电缆穿过洞口两侧不小于 2m 范围内，电缆应涂刷防火涂料，厚度为 1mm。

5. 图中若有电缆穿管，封堵材料见总材料表，分图不再显示。

6. 图中预留大于 400×400 的孔洞，应采用角钢进行加固，将孔洞缩小后方可加装防火板，该部分槽钢或角钢列在总材料表中。

**图 7.2.1−22　HA−220−A2−10　电缆夹层防火封堵布置图**

### 7.2.2 电气二次部分

电气二次部分主要图纸见表 7.2.2-1。

**表 7.2.2-1　　电气二次部分主要图纸**

| 图号 | 图名 |
|---|---|
| 图 7.2.2-01 | HA-220-A2-10　系统继电保护配置示意图 |
| 图 7.2.2-02 | HA-220-A2-10　变电站计算机监控系统图 |
| 图 7.2.2-03 | HA-220-A2-10　全站过程层网络结构示意图 |
| 图 7.2.2-04 | HA-220-A2-10　主变压器保护配置图 |
| 图 7.2.2-05 | HA-220-A2-10　220kV 线路过程层 SV 信息逻辑图 |
| 图 7.2.2-06 | HA-220-A2-10　220kV 线路过程层 GOOSE 信息逻辑图 |
| 图 7.2.2-07 | HA-220-A2-10　220kV 母联过程层 SV 信息逻辑图 |
| 图 7.2.2-08 | HA-220-A2-10　220kV 母联过程层 GOOSE 信息逻辑图 |
| 图 7.2.2-09 | HA-220-A2-10　220kV 母线过程层 SV 信息逻辑图 |
| 图 7.2.2-10 | HA-220-A2-10　220kV 母线过程层 GOOSE 信息逻辑图 |
| 图 7.2.2-11-1 | HA-220-A2-10　主变压器过程层 SV 信息逻辑图 1 |
| 图 7.2.2-11-2 | HA-220-A2-10　主变压器过程层 SV 信息逻辑图 2 |
| 图 7.2.2-11-3 | HA-220-A2-10　主变压器过程层 SV 信息逻辑图 3 |
| 图 7.2.2-12-1 | HA-220-A2-10　主变压器过程层 GOOSE 信息逻辑图 1 |
| 图 7.2.2-12-2 | HA-220-A2-10　主变压器过程层 GOOSE 信息逻辑图 2 |
| 图 7.2.2-12-3 | HA-220-A2-10　主变压器过程层 GOOSE 信息逻辑图 3 |
| 图 7.2.2-12-4 | HA-220-A2-10　主变压器过程层 GOOSE 信息逻辑图 4 |
| 图 7.2.2-13 | HA-220-A2-10　110kV 线路过程层 SV 及 GOOSE 信息逻辑图 |
| 图 7.2.2-14 | HA-220-A2-10　110kV 母联过程层 SV 及 GOOSE 信息逻辑图 |
| 图 7.2.2-15 | HA-220-A2-10　110kV 母线过程层 SV 及 GOOSE 采样值信息逻辑图 |
| 图 7.2.2-16 | HA-220-A2-10　辅助设备智能监控系统结构图 |
| 图 7.2.2-17-1 | HA-220-A2-10　辅助设备智能监控系统布置示意及统计图 1 |
| 图 7.2.2-17-2 | HA-220-A2-10　辅助设备智能监控系统布置示意及统计图 2 |
| 图 7.2.2-17-3 | HA-220-A2-10　辅助设备智能监控系统布置示意及统计图 3 |
| 图 7.2.2-17-4 | HA-220-A2-10　辅助设备智能监控系统布置示意及统计图 4 |
| 图 7.2.2-18 | HA-220-A2-10　火灾报警系统结构图 |
| 图 7.2.2-19-1 | HA-220-A2-10　火灾报警系统布置示意及统计图 1 |
| 图 7.2.2-19-2 | HA-220-A2-10　火灾报警系统布置示意及统计图 2 |
| 图 7.2.2-19-3 | HA-220-A2-10　火灾报警系统布置示意及统计图 3 |
| 图 7.2.2-20 | HA-220-A2-10　交直流一体化电源系统接线图 |
| 图 7.2.2-21 | HA-220-A2-10　220kV GIS 智能控制柜布置图 |
| 图 7.2.2-22 | HA-220-A2-10　110kV GIS 智能控制柜布置图 |
| 图 7.2.2-23 | HA-220-A2-10　二次设备室屏位布置图 |

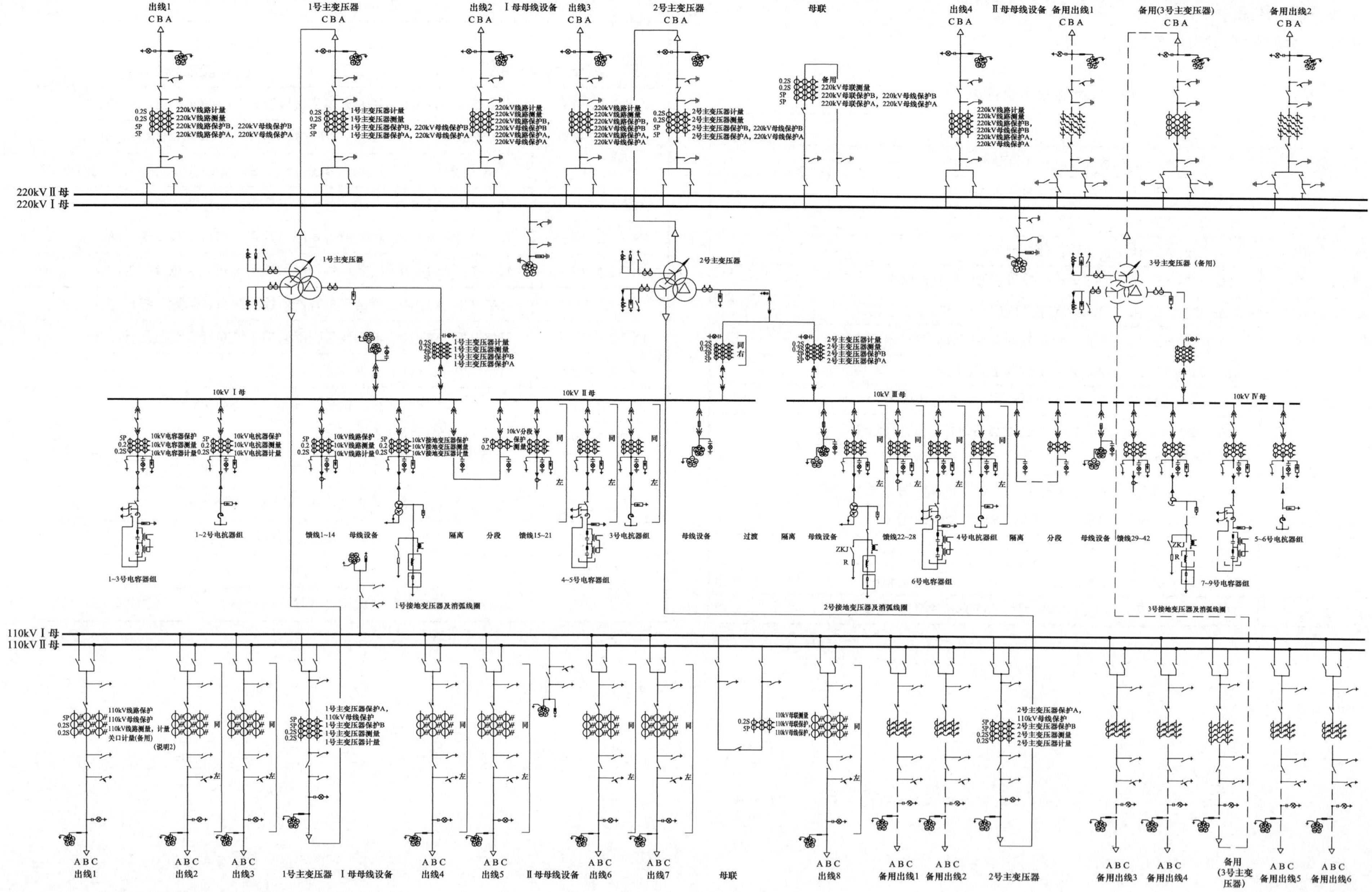


说明：1. 图中实线部分为本期工程，虚线部分为远期扩建部分。

2. 图中 110kV 线路间隔靠近线路侧 0.2S 级 TA 绕组为关口计量备用绕组，只用于模拟量接入的关口表计量用，不接入合并单元。

**图 7.2.2-01　HA-220-A2-10　系统继电保护配置示意图**

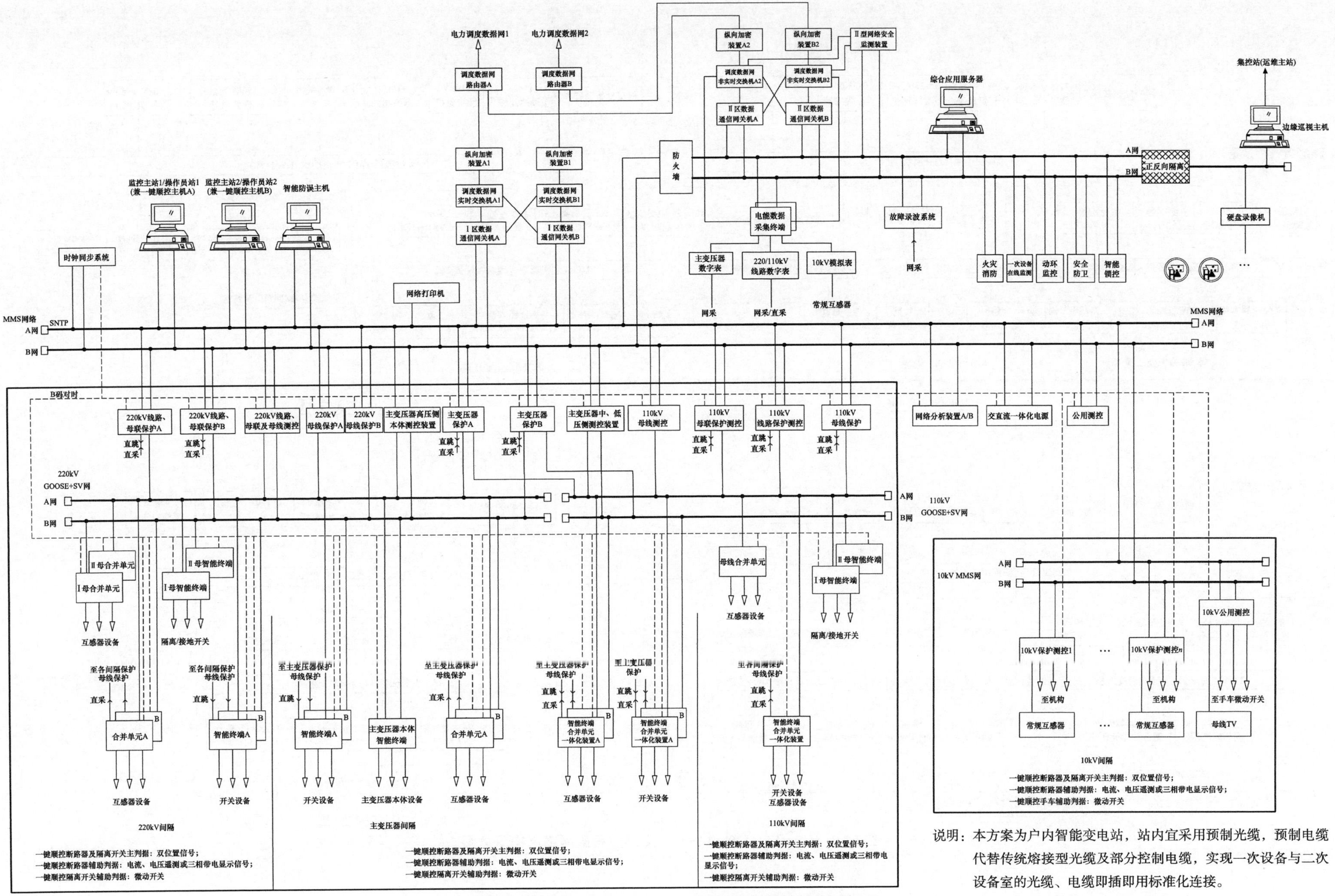


说明：本方案为户内智能变电站，站内宜采用预制光缆，预制电缆代替传统熔接型光缆及部分控制电缆，实现一次设备与二次设备室的光缆、电缆即插即用标准化连接。

**图 7.2.2-02　HA-220-A2-10　变电站计算机监控系统图**

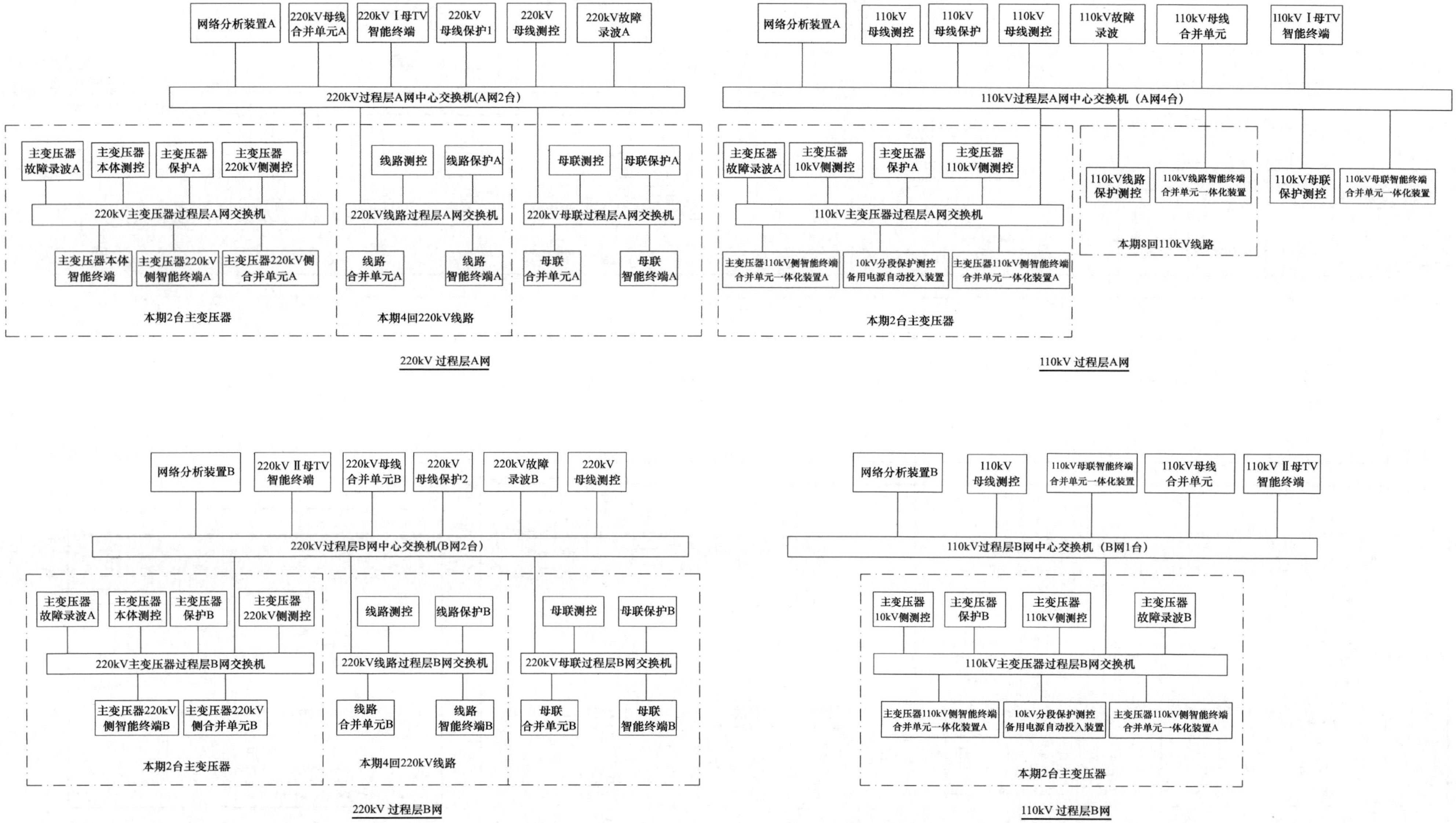


**图 7.2.2-03 HA-220-A2-10 全站过程层网络结构示意图**

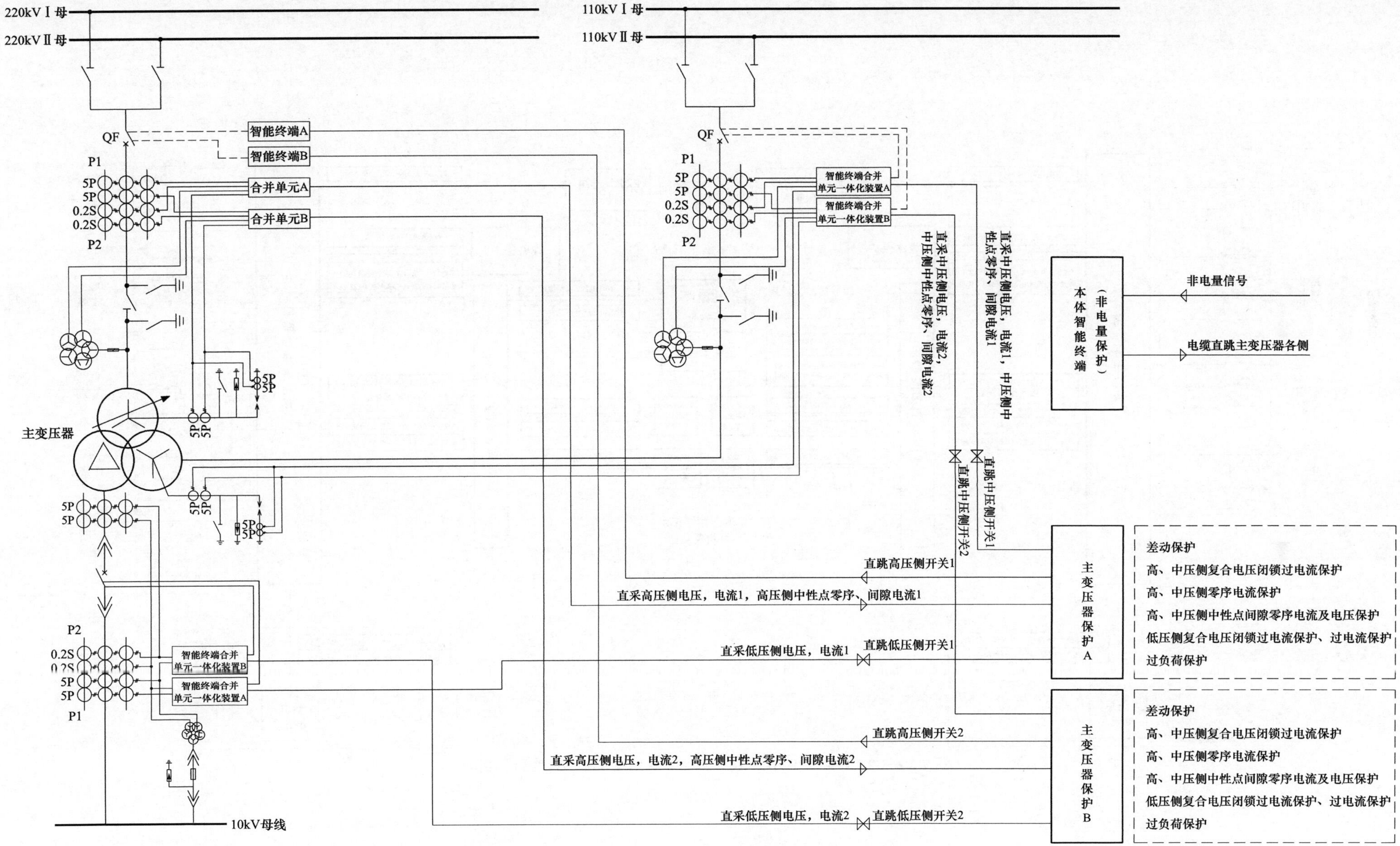


说明：1. 主变压器本体不配置合并单元，中性点零序、间隙电流接入相应侧合并单元。

2. 2 号主变压器低压侧带分支，各配置 2 台合并单元智能终端一体化装置，主变压器保护直采直跳对应的低压侧合并单元智能终端一体化装置。

**图 7.2.2-04　HA-220-A2-10　主变压器保护配置图**

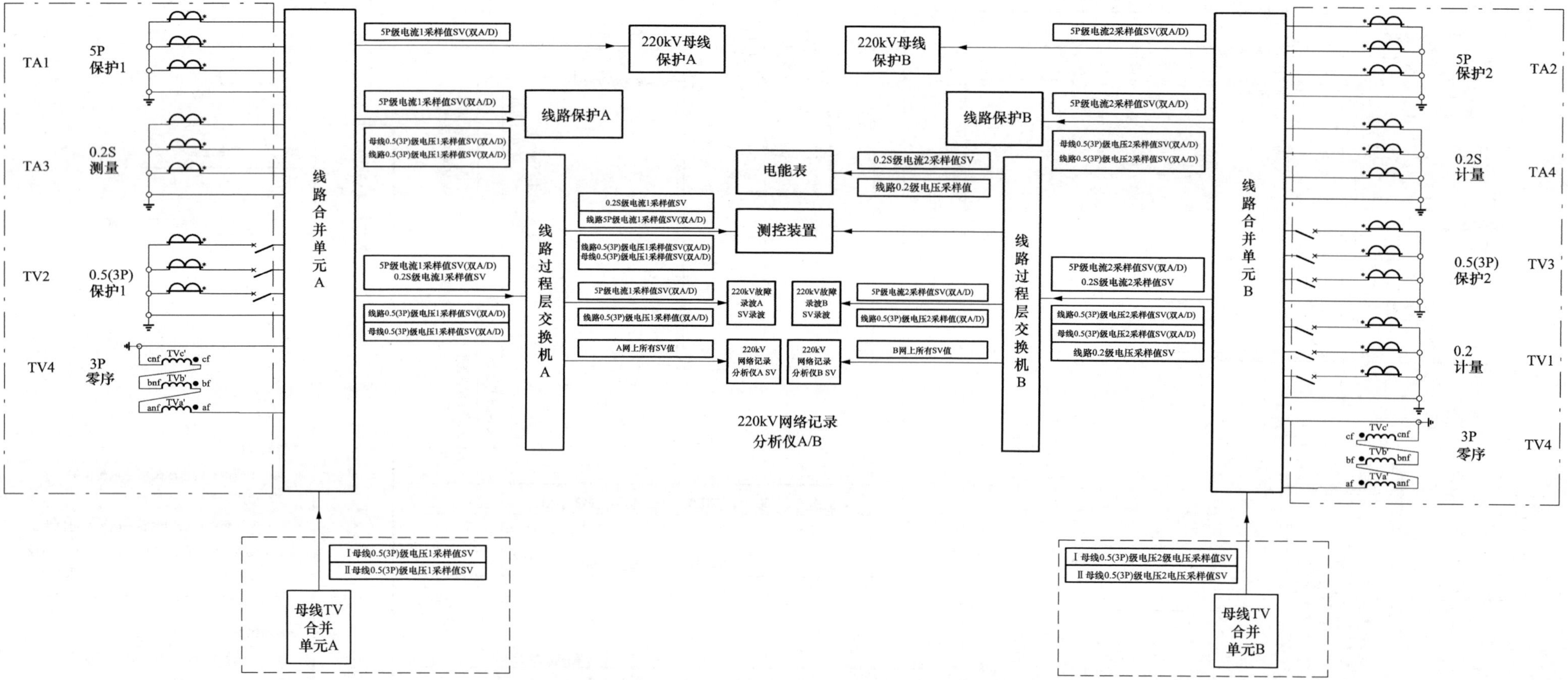


**图 7.2.2-05　HA-220-A2-10　220kV 线路过程层 SV 信息逻辑图**

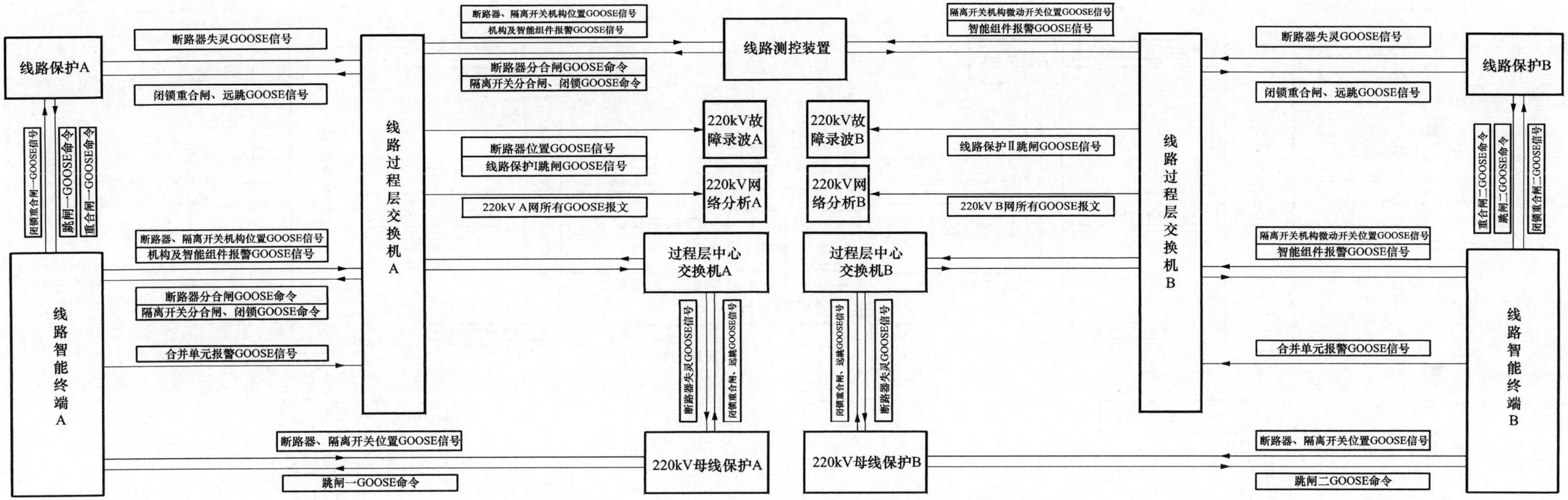


图 7.2.2-06　HA-220-A2-10　220kV 线路过程层 GOOSE 信息逻辑图

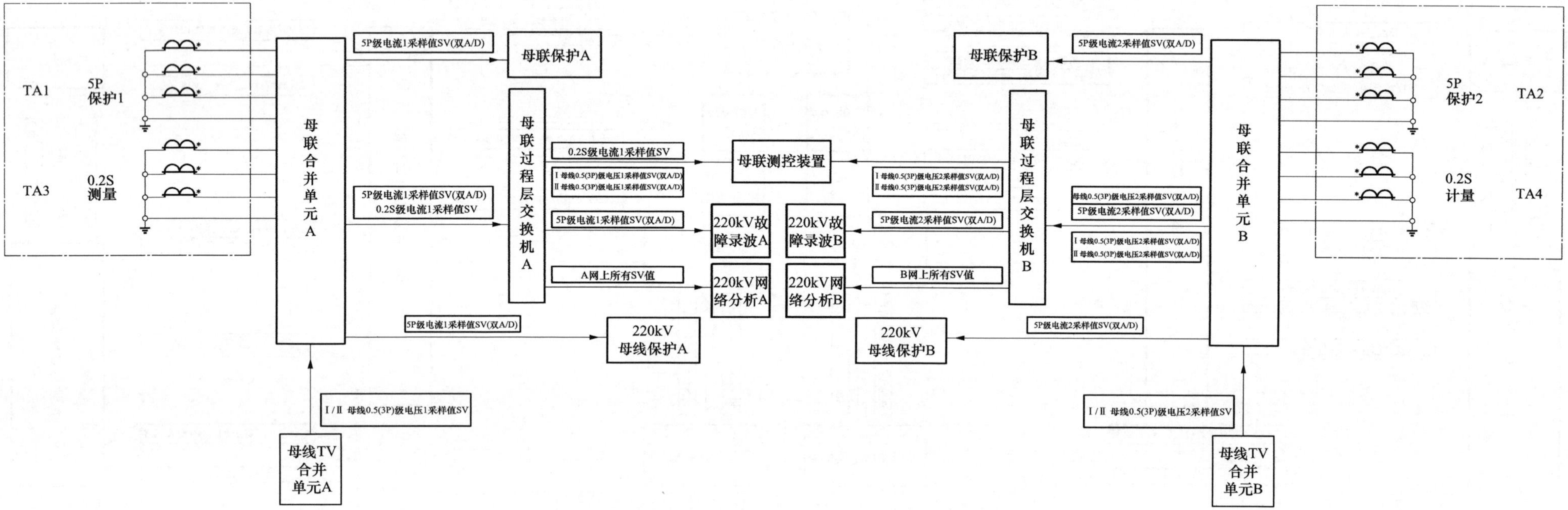


**图 7.2.2-07　HA-220-A2-10　220kV 母联过程层 SV 信息逻辑图**

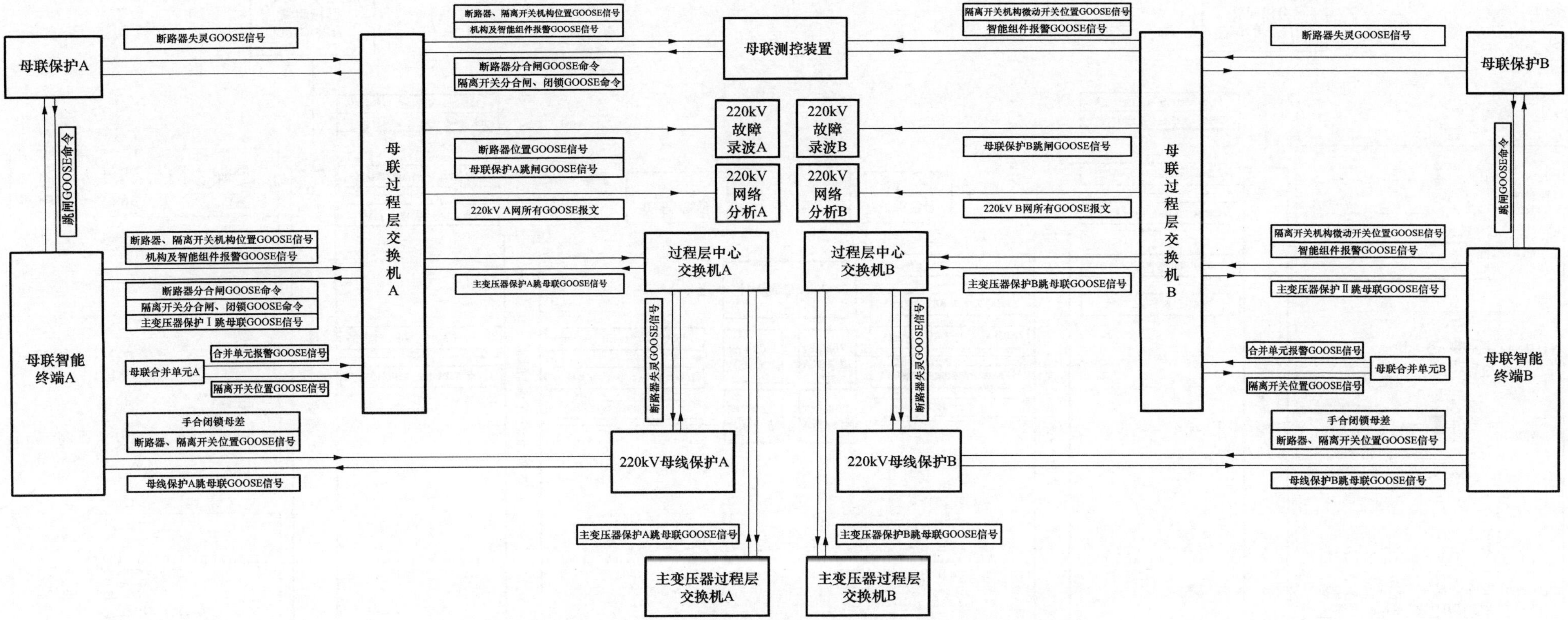


**图 7.2.2-08　HA-220-A2-10　220kV 母联过程层 GOOSE 信息逻辑图**

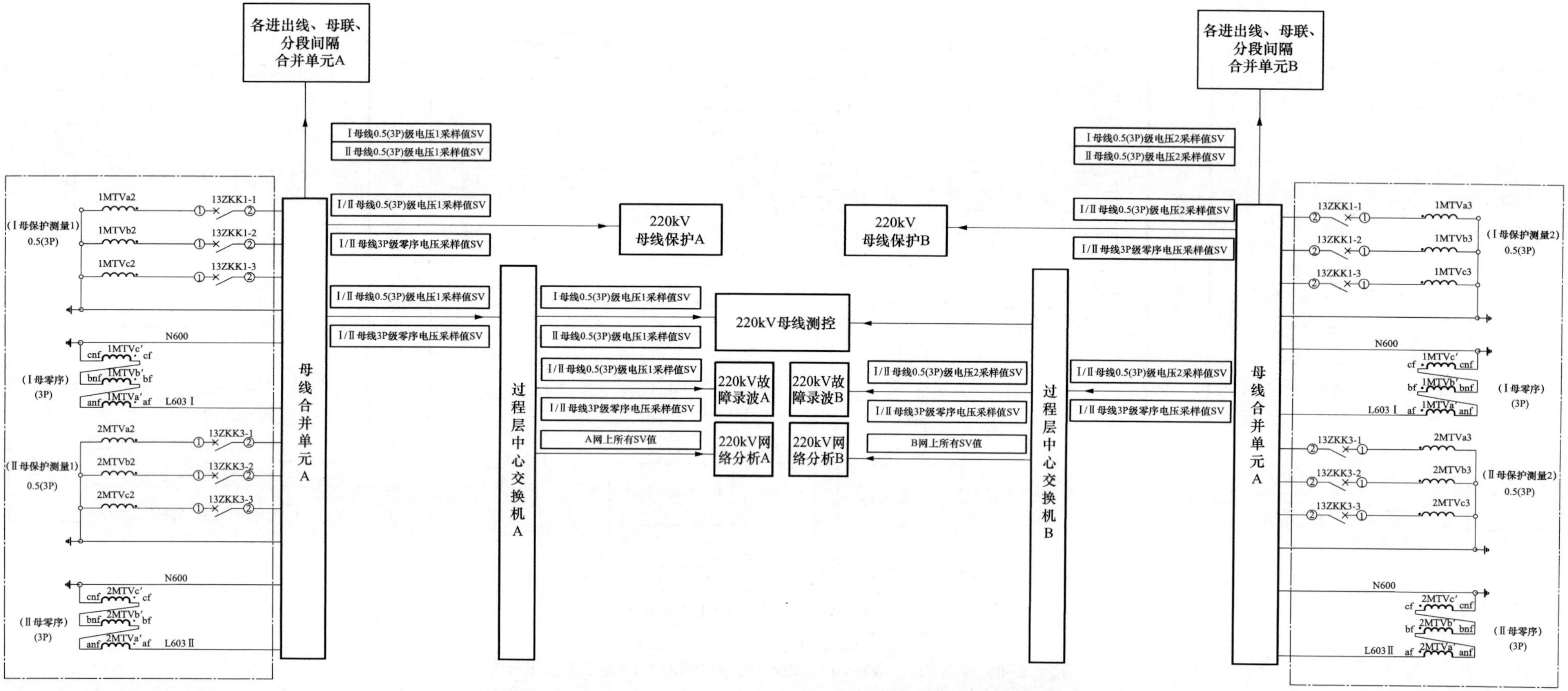


图 7.2.2-09　HA-220-A2-10　220kV 母线过程层 SV 信息逻辑图

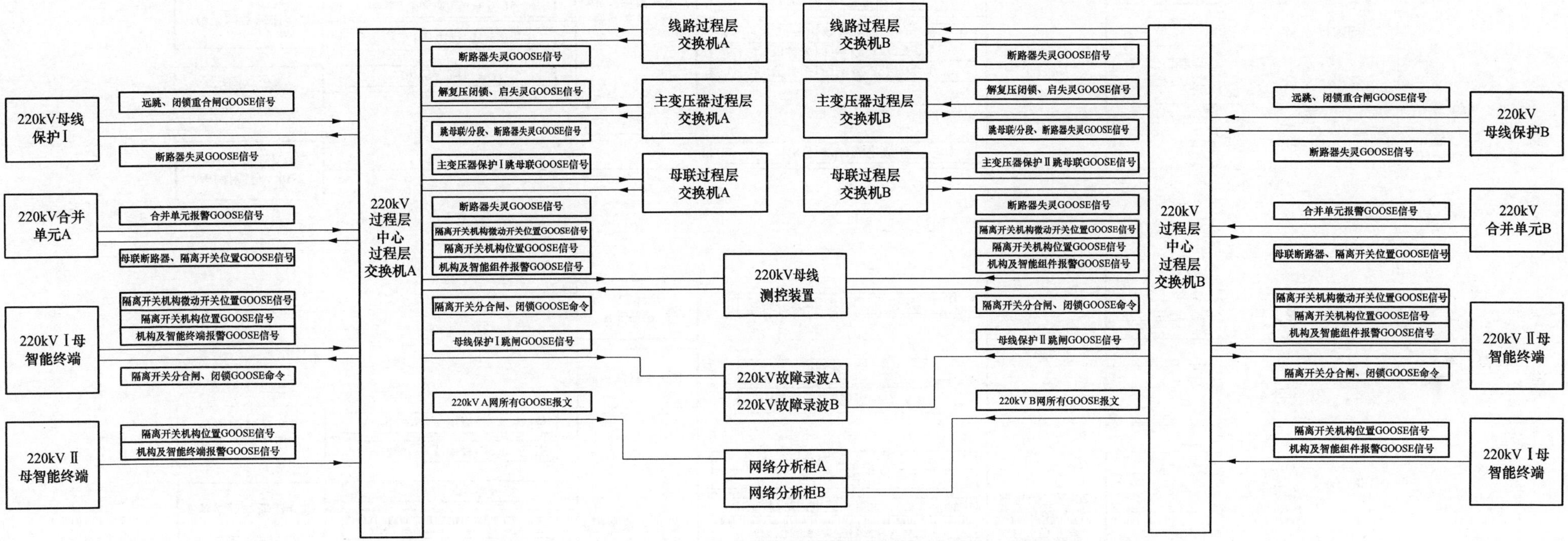


**图 7.2.2-10　HA-220-A2-10 220kV 母线过程层 GOOSE 信息逻辑图**

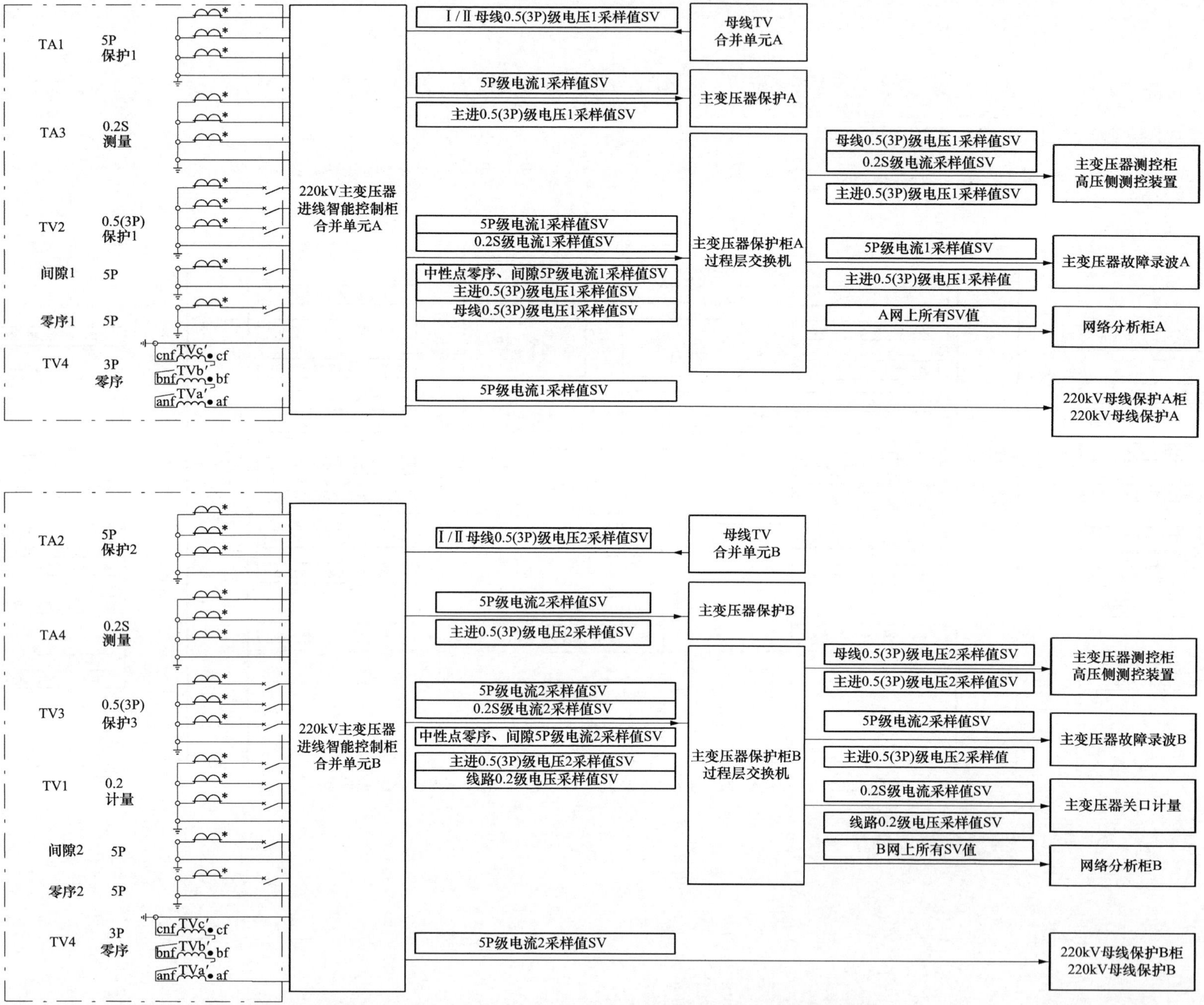


**图 7.2.2-11-1　HA-220-A2-10　主变压器过程层 SV 信息逻辑图 1**

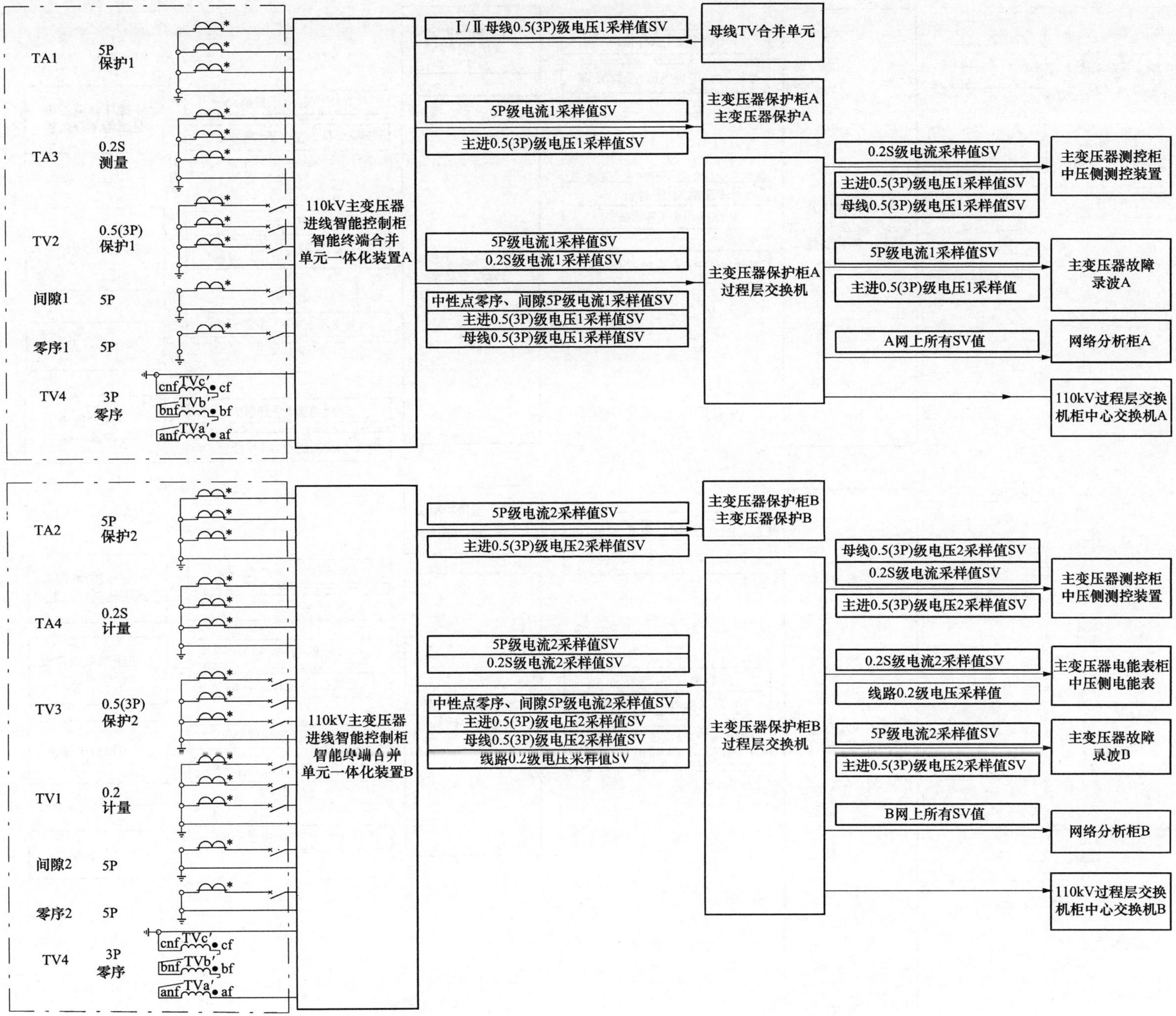


**图 7.2.2-11-2　HA-220-A2-10　主变压器过程层 SV 信息逻辑图 2**

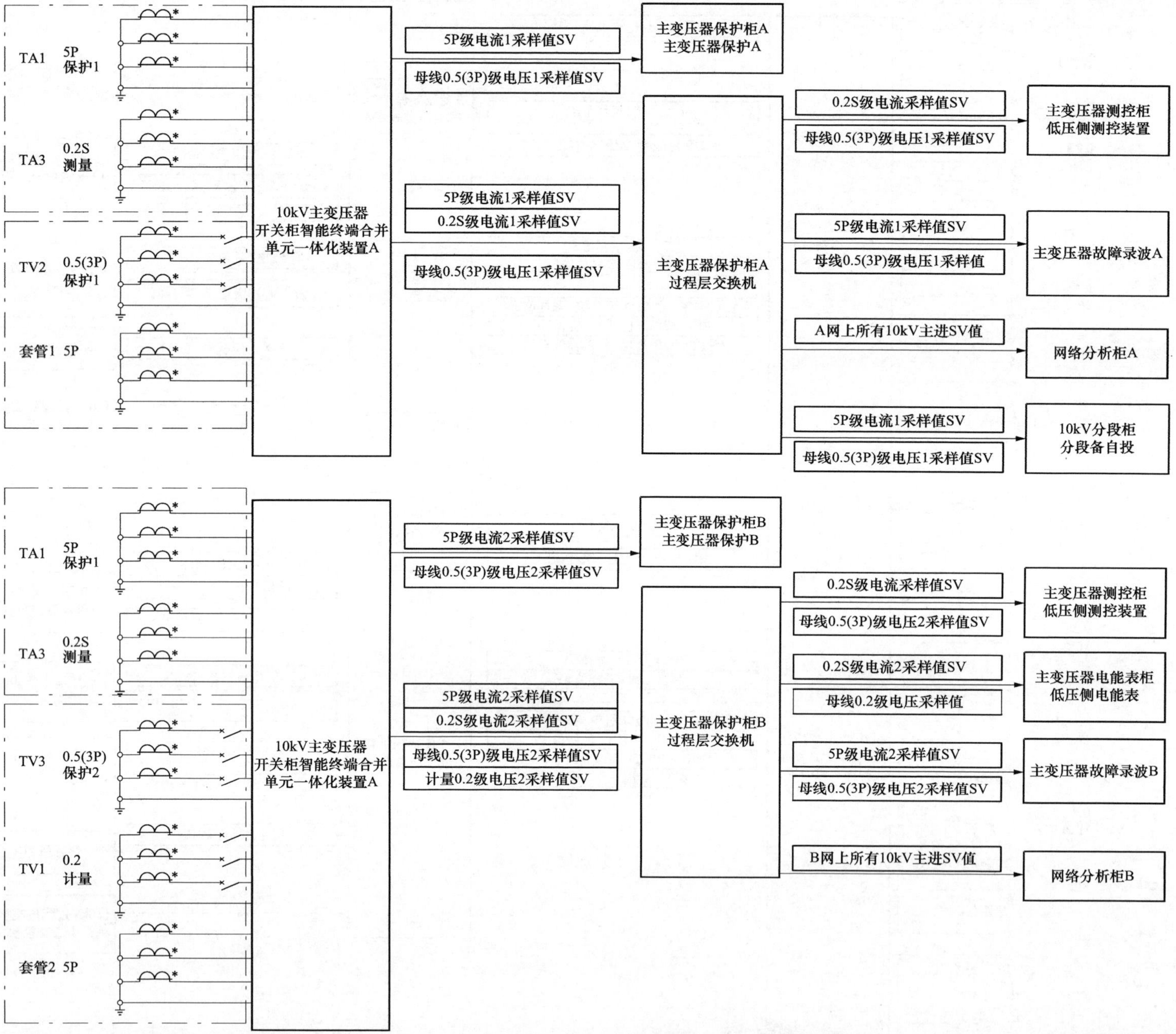


图 7.2.2-11-3　HA-220-A2-10　主变压器过程层 SV 信息逻辑图 3

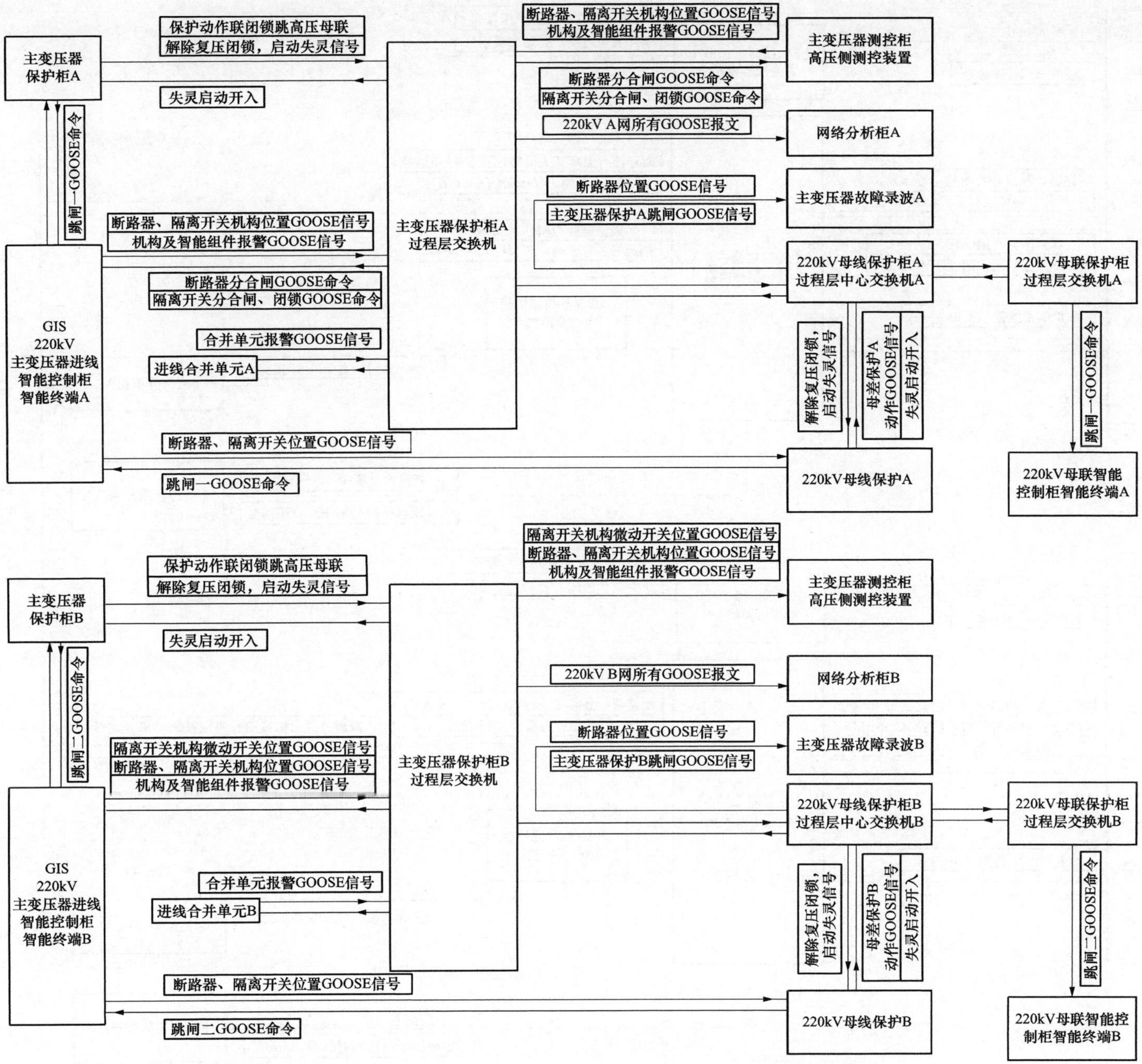


图 7.2.2-12-1 HA-220-A2-10 主变压器过程层 GOOSE 信息逻辑图 1

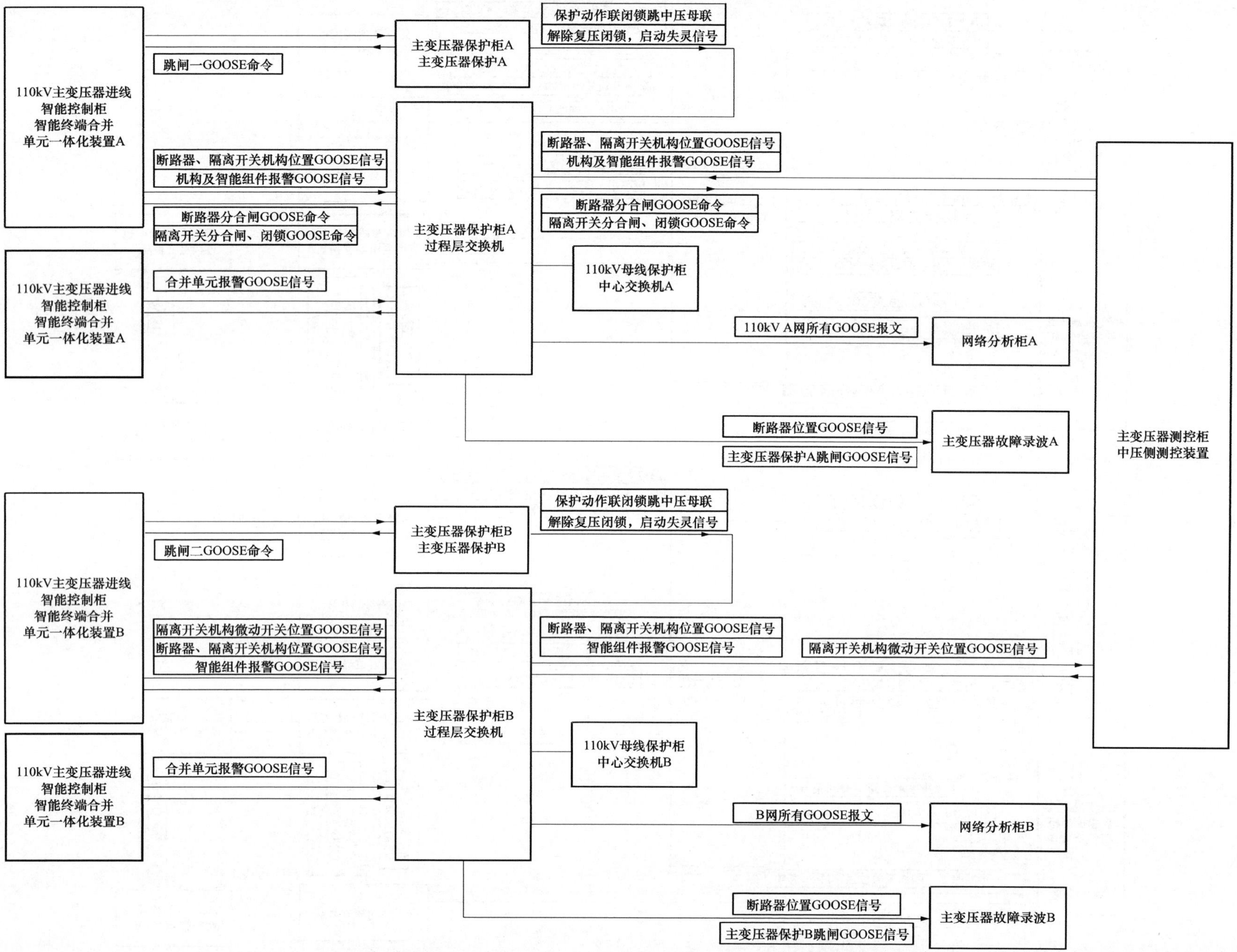


**图 7.2.2-12-2　HA-220-A2-10　主变压器过程层 GOOSE 信息逻辑图 2**

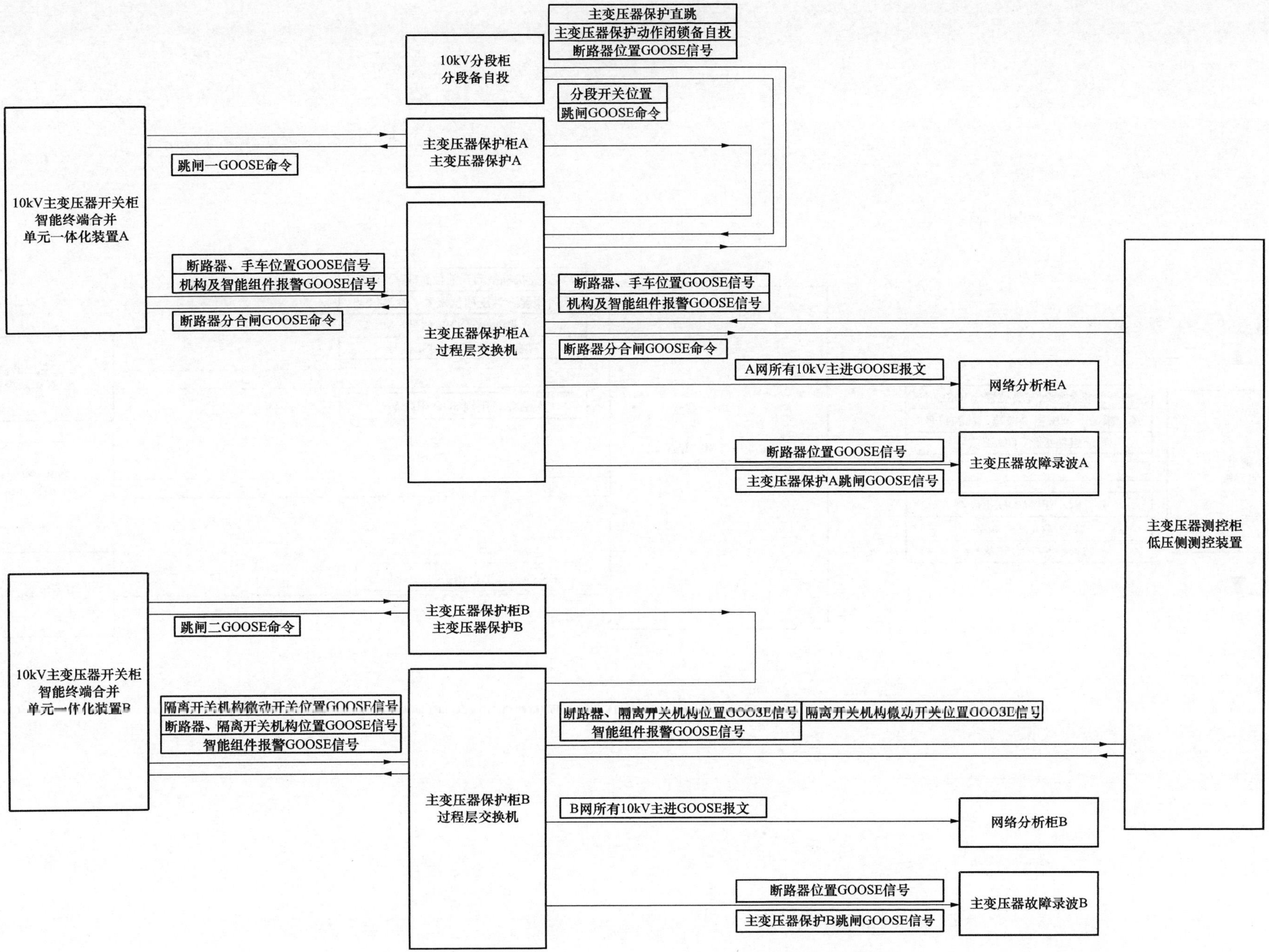


**图 7.2.2-12-3　HA-220-A2-10　主变压器过程层 GOOSE 信息逻辑图 3**

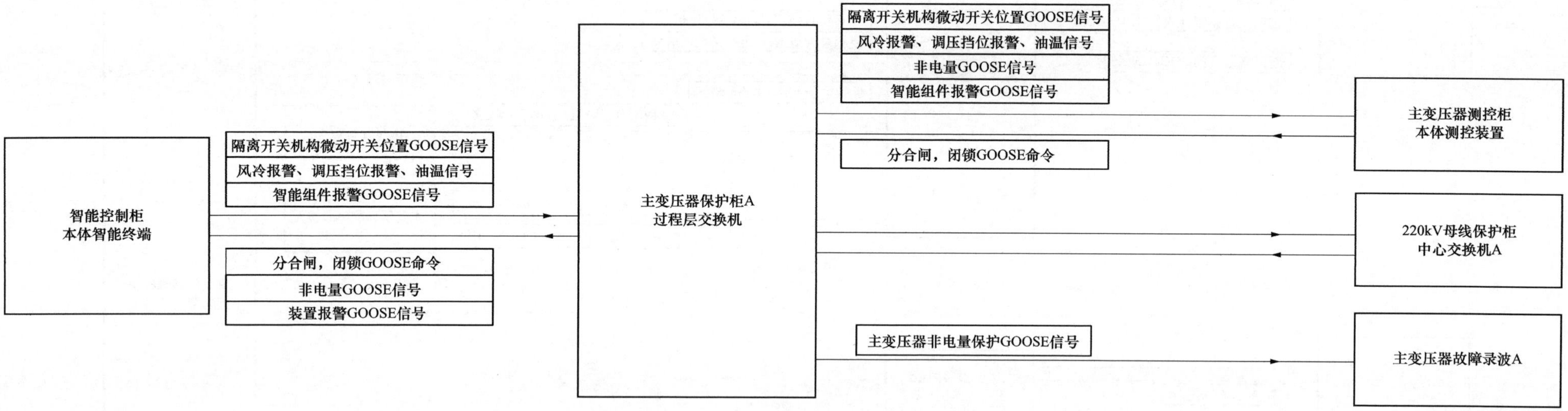


图 7.2.2-12-4　HA-220-A2-10　主变压器过程层 GOOSE 信息逻辑图 4

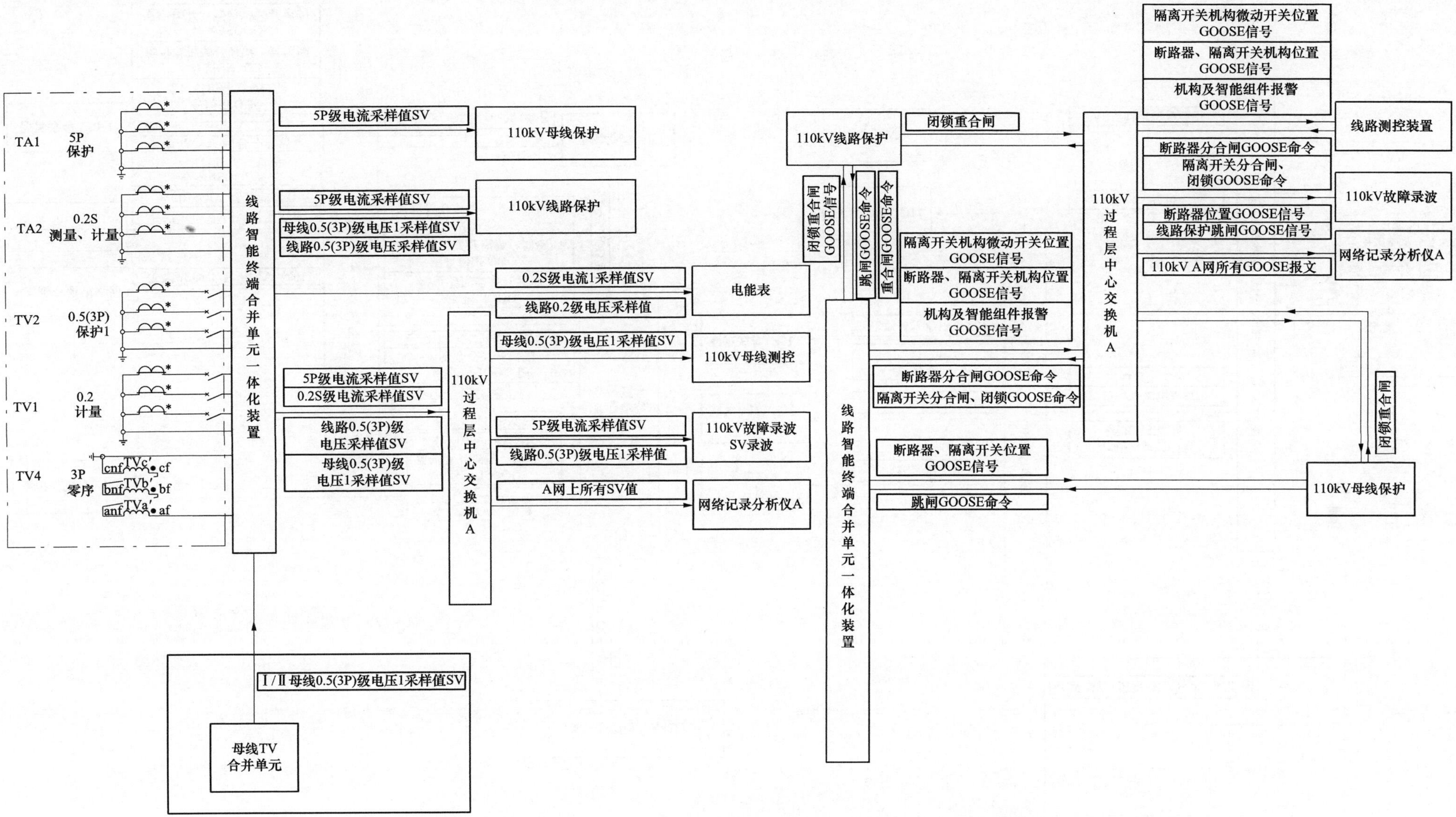


图 7.2.2-13　HA-220-A2-10　110kV 线路过程层 SV 及 GOOSE 信息逻辑图

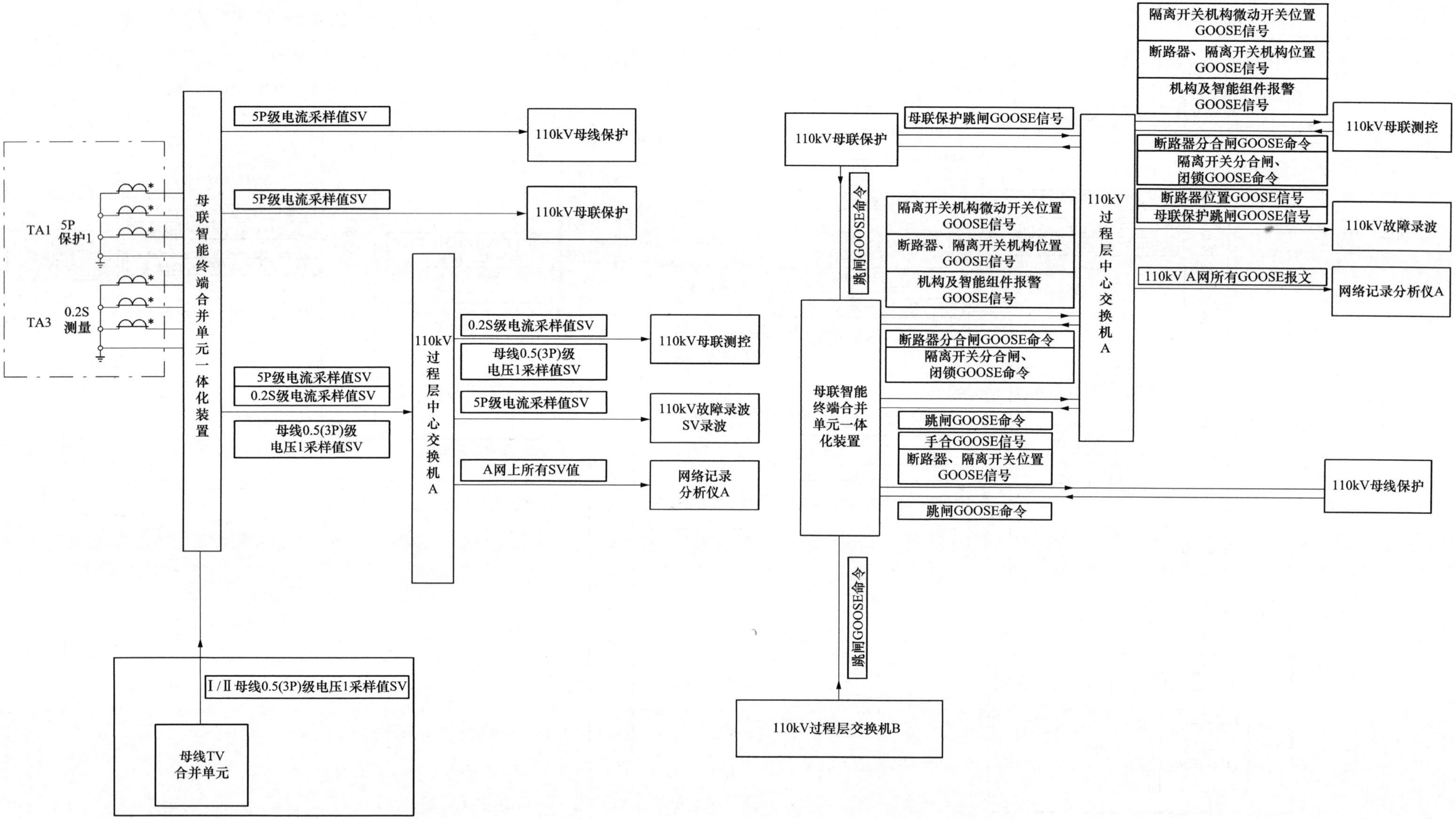


图 7.2.2-14 HA-220-A2-10 110kV 母联过程层 SV 及 GOOSE 信息逻辑图

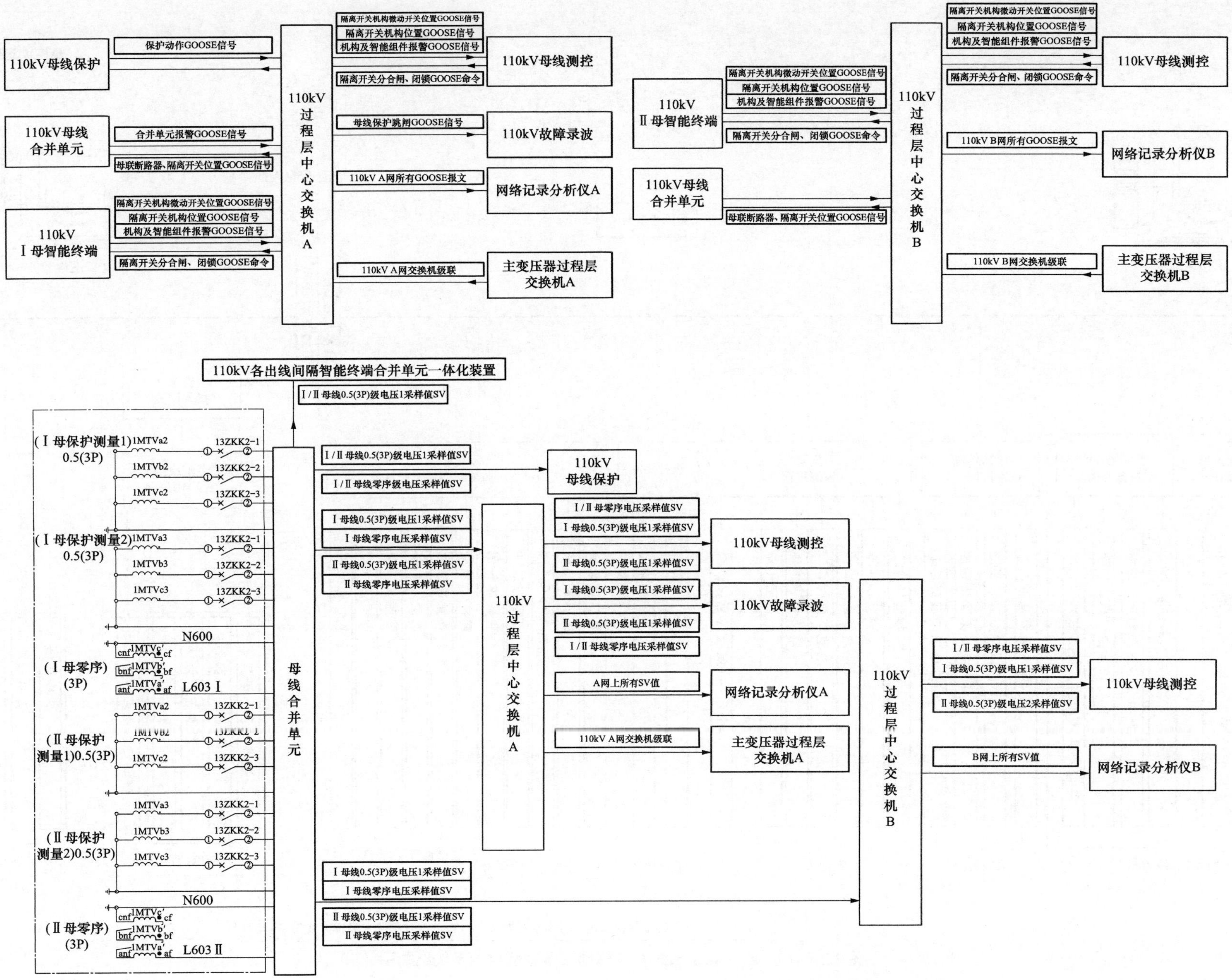


图 7.2.2-15　HA-220-A2-10　110kV 母线过程层 SV 及 GOOSE 采样值信息逻辑图

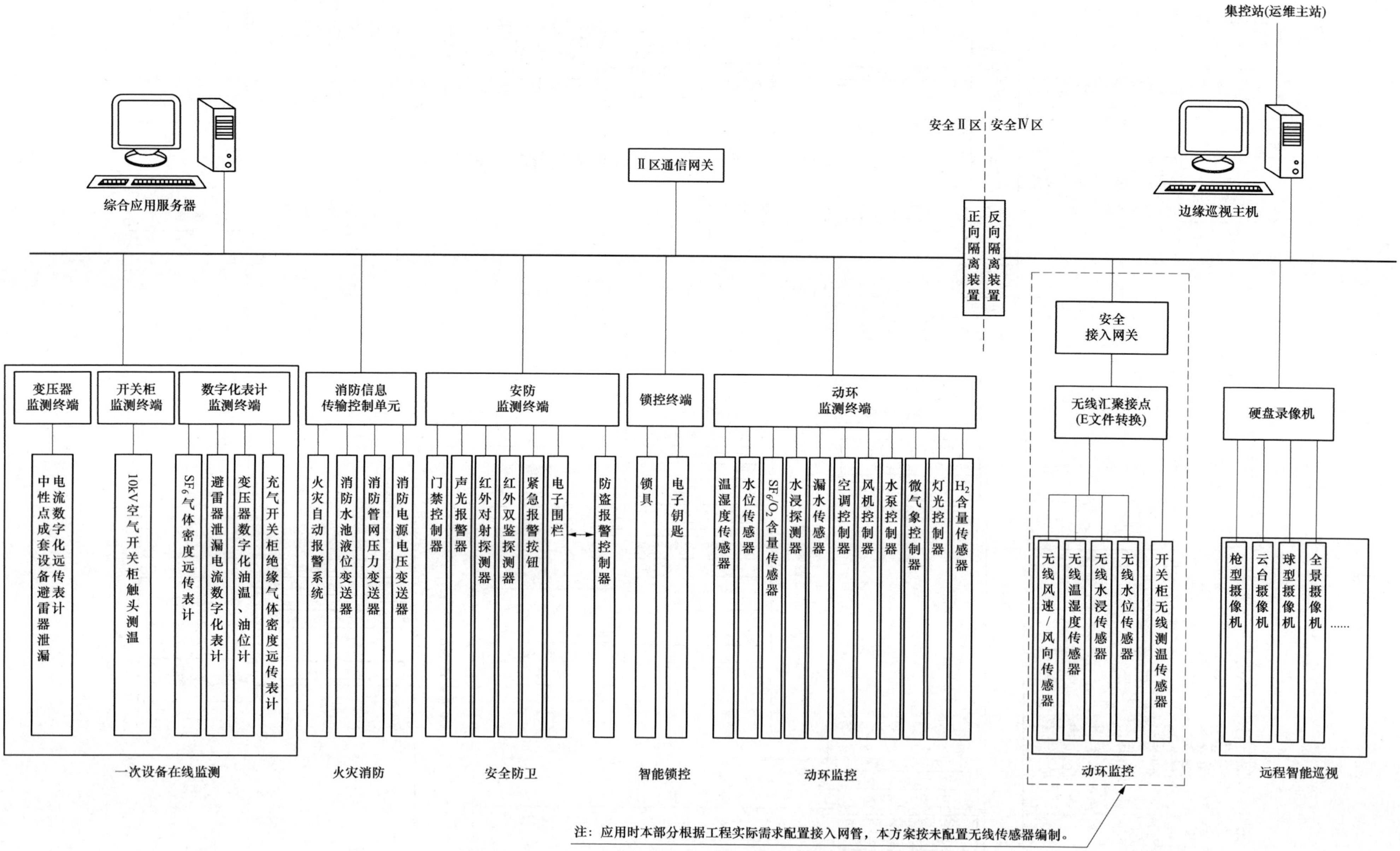


图 7.2.2-16　HA-220-A2-10　辅助设备智能监控系统结构图

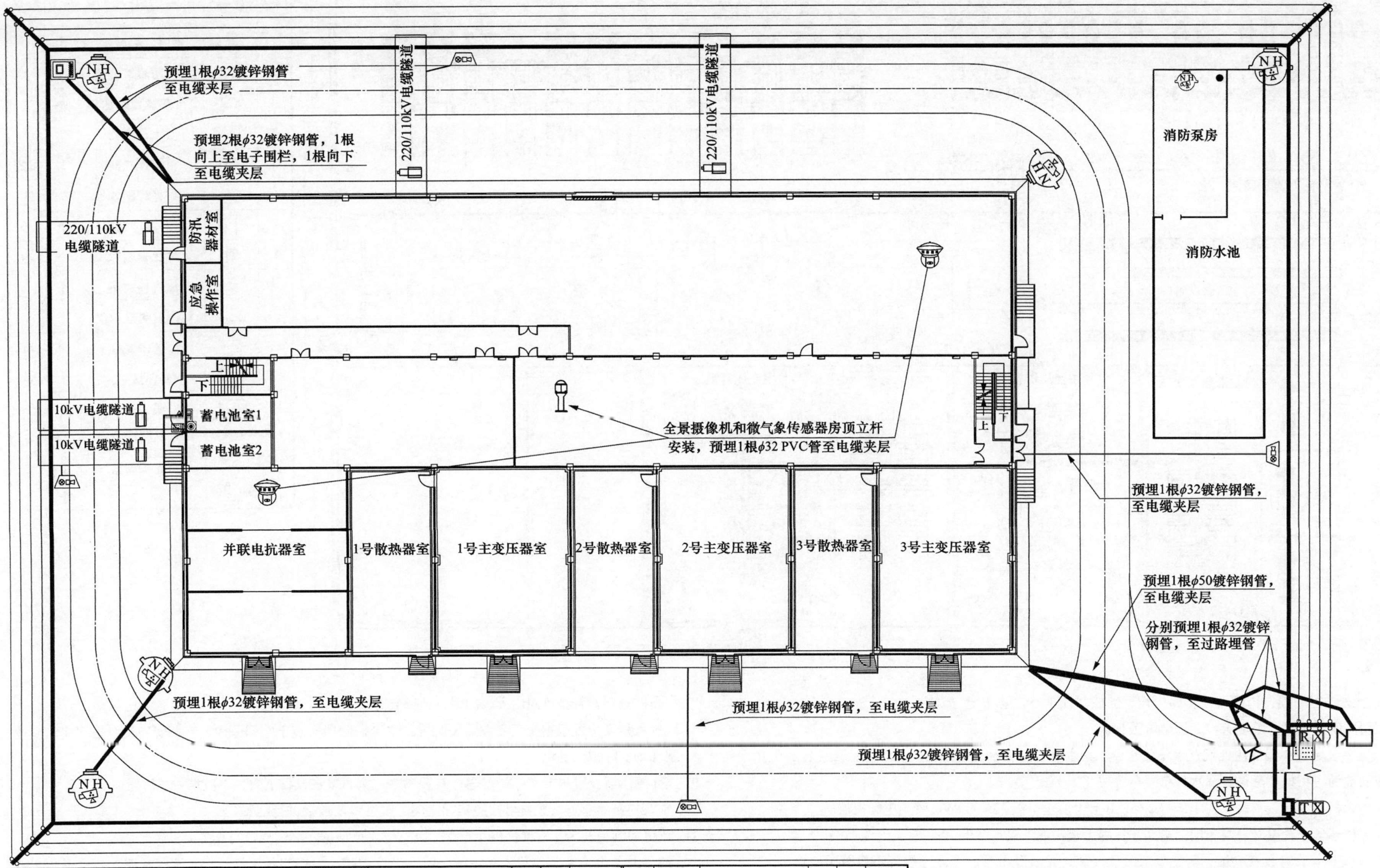


| 序号 | 图例 | 名称 | 单位 | 数量 | 序号 | 图例 | 名称 | 单位 | 数量 | | 序号 | 图例 | 名称 | | 单位 | 数量 |
|---|---|---|---|---|---|---|---|---|---|---|---|---|---|---|---|---|
| 1 | | 室外网络球机 | 个 | 6 | 5 | | 电子围栏 | 套 | 1 | 约325m | 9 | | 微气象传感器 | 套 | 1 | |
| 2 | | 室外网络固定/枪型机 | 个 | 2 | 6 | | 电子围栏主机 | 套 | 1 | 4个防区 | 10 | | 声光报警器 | 个 | 4 | |
| 3 | | 主动红外对射 | 对 | 1 | 7 | | 读卡器（具备可视对讲） | 个 | 1 | | 11 | | 室内网络球机 | 个 | 1 | |
| 4 | | 水浸探测器 | 个 | 5 | 8 | | 全景摄像机 | 台 | 2 | | | | | | | |

说明：1. 围墙内角立杆安装高清网络球形摄像机高度3.5～4m；户内安装高度随建筑高度保护，离屋顶0.5～1m；车牌识别摄像机安装高度为1.3m。

2. 读卡器壁装，高度为1.5m；正对读卡器位置摄像机采用壁装；电子围栏主机壁装。

3. 跨路均采用镀锌钢管。

4. 本图仅供参考，实际布点及安装位置根据需求调整。

**图 7.2.2-17-1　HA-220-A2-10　辅助设备智能监控系统布置示意及统计图1**

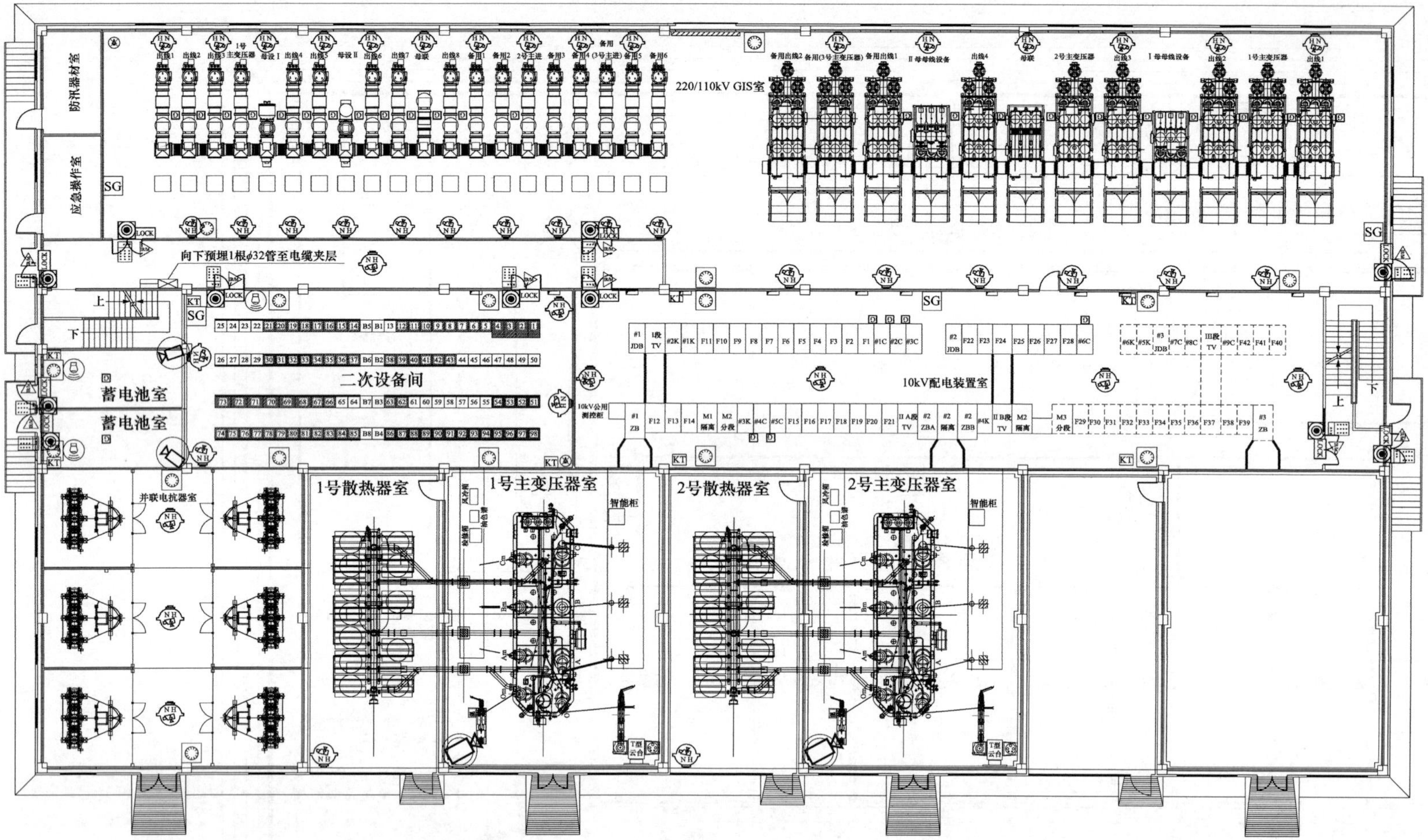


| 序号 | 图例 | 名称 | 单位 | 数量 |
|---|---|---|---|---|
| 1 | | 室内网络球机 | 个 | 45 |
| 2 | | 室内防爆摄像机 | 个 | 2 |
| 3 | | 红外热成像摄像机 | 个 | 2 |
| 4 | | 漏水传感器 | 个 | 3 |
| 5 | KT | 空调控制器 | 个 | 按需 |
| 6 | | 灯光控制器 | 个 | 3 |
| 7 | | 温湿度传感器 | 个 | 20 |
| 8 | G | 气体探测器 | 个 | 29 |
| 9 | | 风机控制箱 | 个 | 1 |
| 10 | | 气体监测显示仪 | 个 | 1 |
| 11 | | 读卡器 | 个 | 11 |
| 12 | | 开门按钮 | 个 | 11 |
| 13 | LOCK | 磁力锁 | 个 | 11 |
| 14 | IR/M | 红外双鉴探测器 | 个 | 11 |
| 15 | SG | 声光报警器 | 个 | 4 |
| 16 | T型云台 | 云台 | 个 | 2 |

说明：1. 锁具部署在全站屏柜门锁、箱门锁、爬梯门锁、围栏门锁（不含防止电气误操作的锁具），消防小室门、水泵房门等需要常开的场合，无须部署锁具。

2. 电缆层电缆集中区域或夹层低洼处配置水浸传感器，集水井应配置水位传感器。漏水传感器安装于易漏水区域的地面，根据实际调整漏水传感器布置位置。

3. 室内温湿度传感器，为壁装，高度为1.3～1.5m；由土建预埋1根$\phi$25的PVC管至电缆夹层。

4. 室内红外双鉴传感器，为壁装，高于门上沿2cm；由土建预埋1根$\phi$32的PVC管至电缆夹层。

5. 室内摄像机，应具有红外夜视功能，为壁装或吸顶安装；壁装及吊装高度注意视野不要被梁遮挡，预埋1根$\phi$32 PVC管至电缆夹层。主变压器室摄像头安装高度应便于观测套管油温等点位，位置应能观察高中压侧中性点接地开关位置及储油柜。散热器室安装位置和高度应不受散热器遮挡。每台主变压器室配置1台红外测温摄像机，每个蓄电池配置1台防爆摄像头。

6. 读卡器、开门按钮1.3～1.5m壁装，采用$\phi$32的PVC管敷设至电缆夹层，再从读卡器或开门按钮位置的86盒向上至门框处预埋1根$\phi$32的PVC管。

7. 灯光控制器安装在房间出入口的附近，壁装高度为1.3～1.5m。

8. 风机数量及位置根据土建专业需要配置；空调控制器安装于空调旁边，空调安装位置根据建筑专业图现场实际情况确定。

9. 气体探测器位置根据实际情况进行布置调整，应布置在设备下方，不应挡住巡视通道。

10. 空调控制器布点及数量可按照实际空调配置位置及数量进行配置。

11. 风机控制箱及$SF_6$监测仪相邻布置，具体位置可根据实际需要进行调整。

12. 应用时各设备安装位置依实际情况需求进行调整。根据实际工程规模，按照本期安装位置预留各类设备埋管。

13. 安装满足《35～750kV变电站辅助设备智能监控系统设计方案》的要求，并实现相关联动功能。

14. 实际应用时，云台摄像机和球型摄像机选型根据设备情况调整。

15. 本图仅供参考，实际布点及安装位置根据需求调整。

**图7.2.2-17-2　HA-220-A2-10　辅助设备智能监控系统布置示意及统计图2**

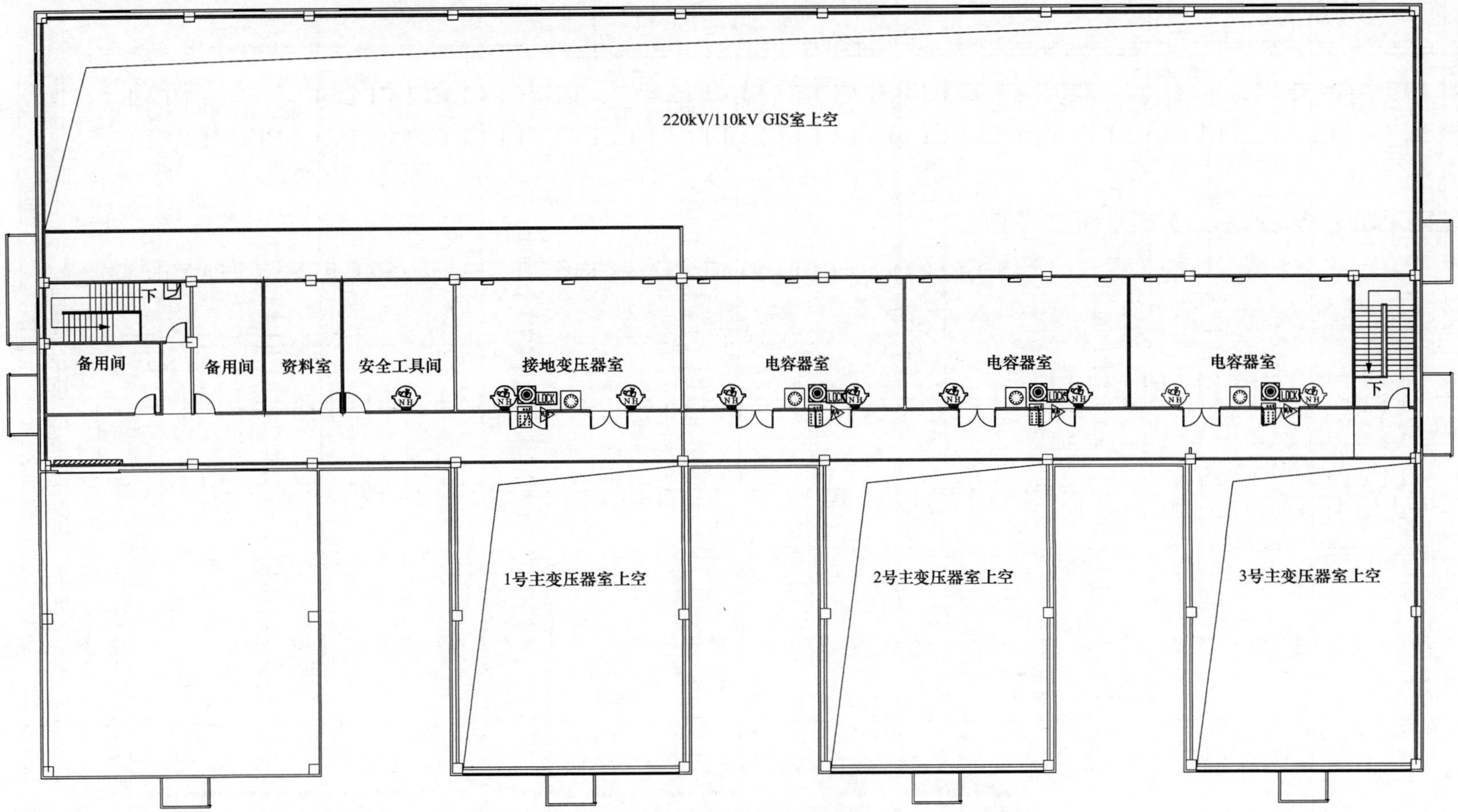


| 序号 | 图例 | 名称 | 单位 | 数量 |
| --- | --- | --- | --- | --- |
| 1 | | 室内网络球机 | 个 | 9 |
| 2 | | 温湿度传感器 | 个 | 4 |
| 3 | | 读卡器 | 个 | 4 |
| 4 | | 开门按钮 | 个 | 4 |
| 5 | LOCK | 磁力锁 | 个 | 4 |
| 6 | | 红外双鉴探测器 | 个 | 4 |

说明：1. 室内温湿度传感器，为壁装，高度为1.3～1.5m；由土建预埋1根$\phi25$的PVC管至电缆夹层。

2. 室内红外双鉴传感器，为壁装，高于门上沿2cm；由土建预埋1根$\phi32$的PVC管至电缆夹层。

3. 室内摄像机，应具有红外夜视功能，为壁装或吸顶安装；壁装及吊装高度注意视野不要被梁遮挡，预埋1根$\phi32$ PVC管至电缆夹层。主变压器室摄像头安装高度应便于观测套管油温等点位。

4. 读卡器、开门按钮1.3～1.5m壁装，采用$\phi32$的PVC管敷设至电缆夹层，再从读卡器或开门按钮位置的86盒向上至门框处预埋1根$\phi32$的PVC管。

5. 预埋需在厂家指导下完成，预埋管内预留拉线钢丝。

6. 应用时各设备安装位置依实际情况需求进行调整。根据实际工程规模，按照本期安装位置预留各类设备埋管。

7. 本图仅供参考，实际布点及安装位置根据需求调整。

**图 7.2.2-17-3　HA-220-A2-10　辅助设备智能监控系统布置示意及统计图 3**

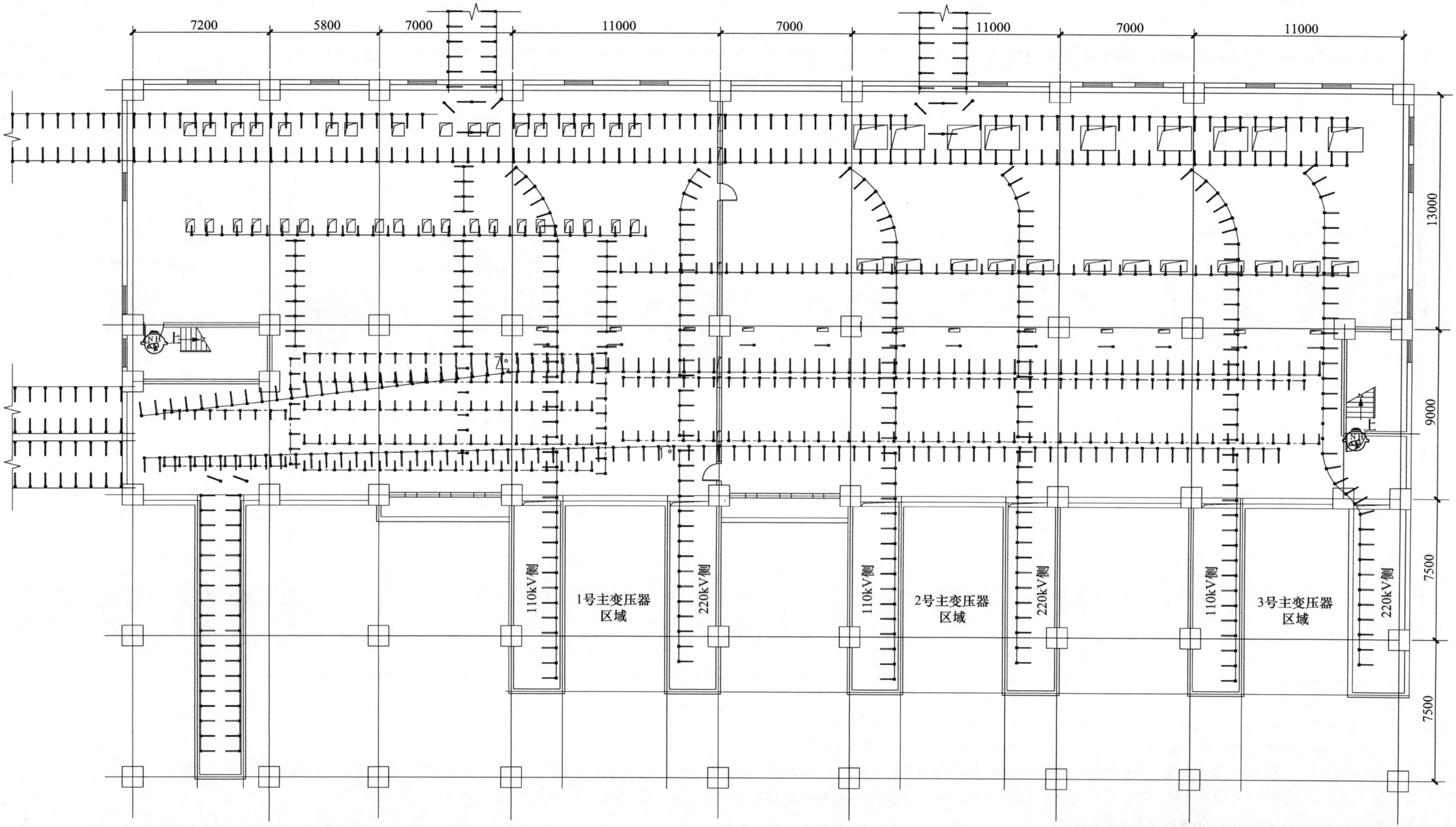


说明：1. 室内网络球机、电缆夹层室采用吸顶安装 / 吊装，安装高度注意视野不要被梁遮挡，预埋 1 根 $\phi32$ PVC 管至就近二次电缆支架。

2. 本图仅供参考，实际布点及安装位置根据需求调整。

| 图例 | 名称 | 单位 | 数量 |
|---|---|---|---|
|  | 室内网络球机 | 个 | 2 |

**图 7.2.2-17-4　HA-220-A2-10　辅助设备智能监控系统布置示意及统计图 4**

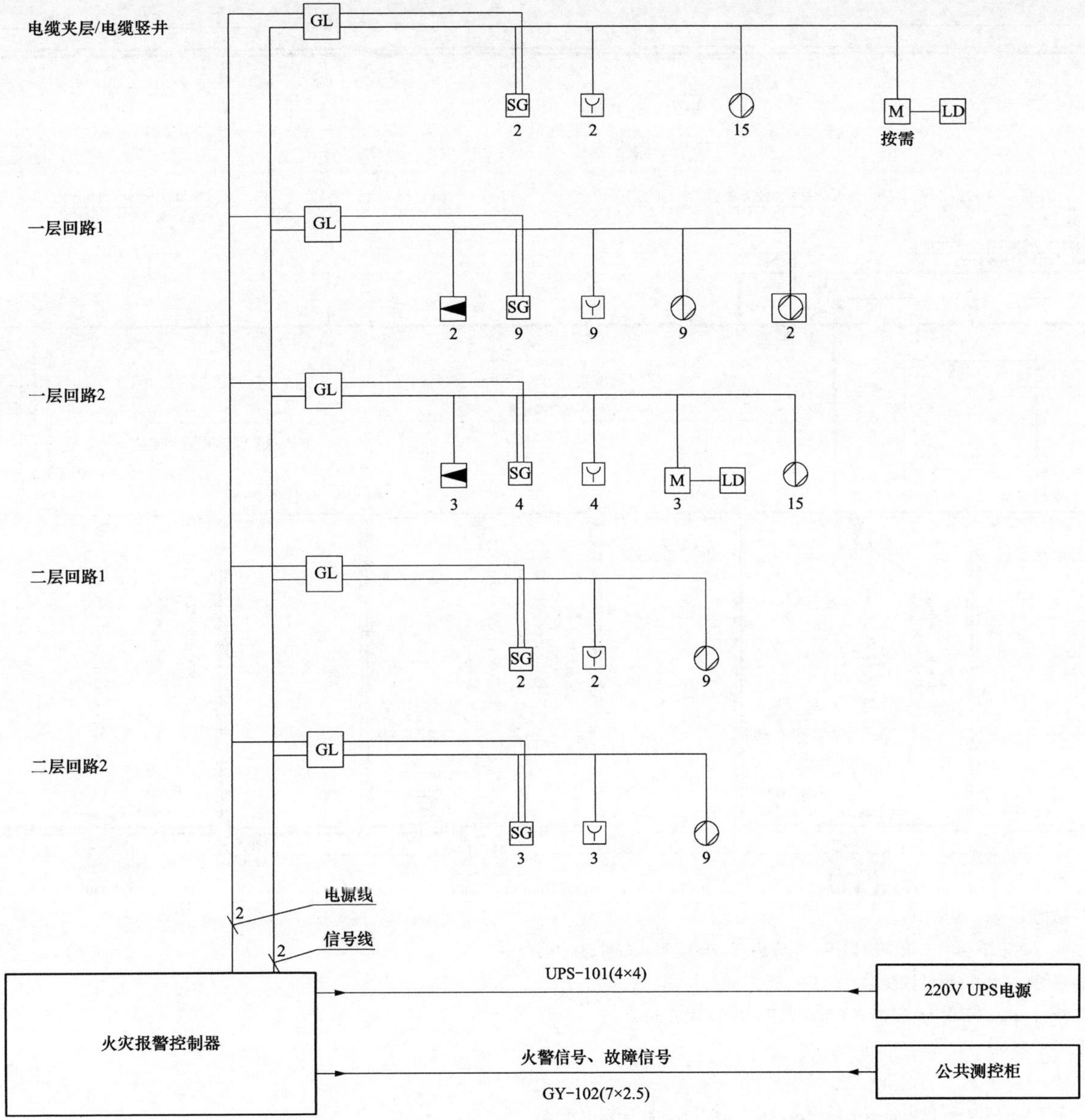


说明：电缆夹层、电缆竖井布置感温电缆，主变压器本体缠绕感温电缆，经输入模块与就近手动声光报警器连接。

**图 7.2.2-18　HA-220-A2-10　火灾报警系统结构图**

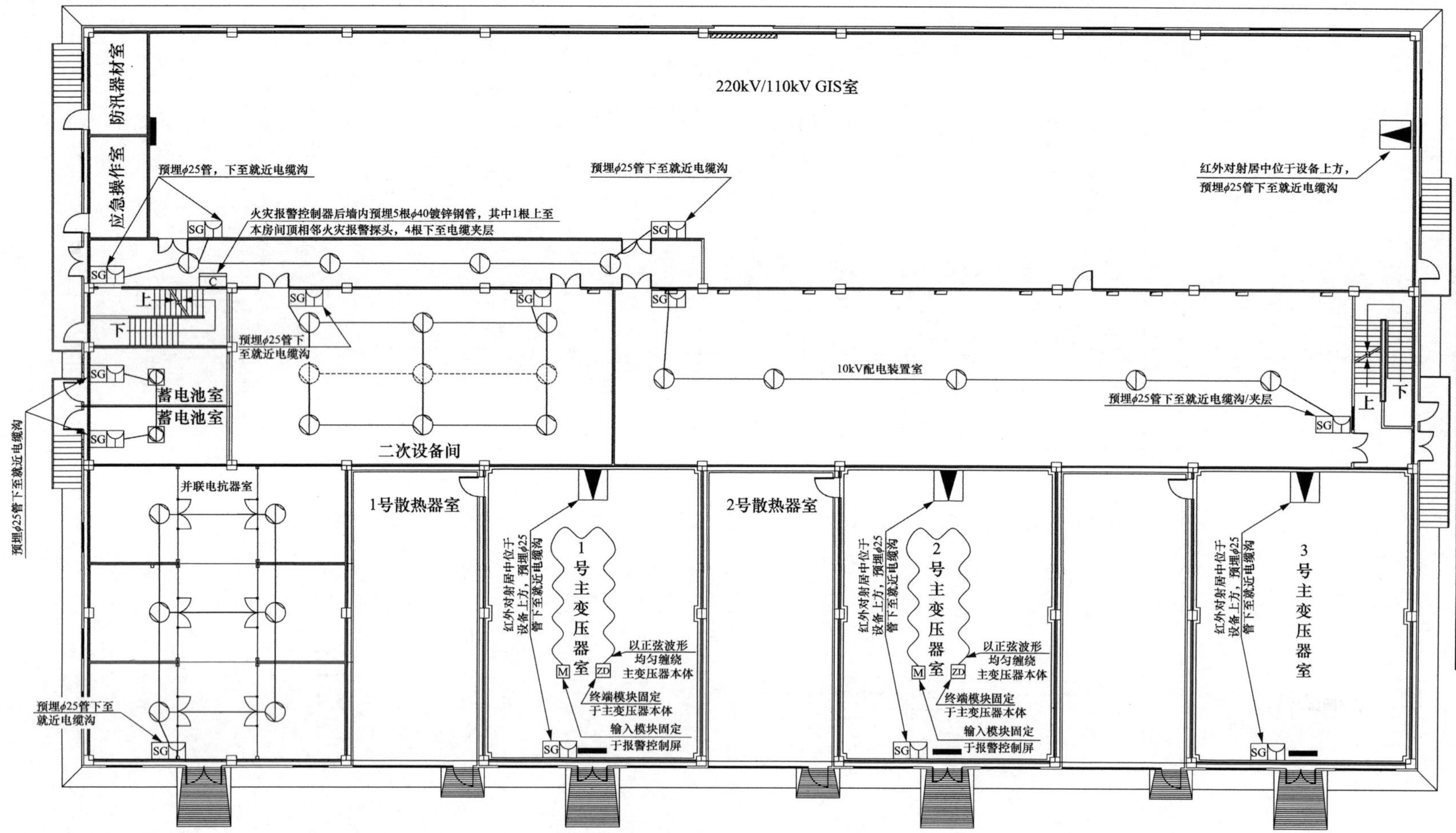


| 序号 | 图例 | 名称 | 单位 | 数量 |
| --- | --- | --- | --- | --- |
| 1 | SG | 声光报警器 | 个 | 13 |
| 2 | | 手动报警按钮 | 个 | 13 |
| 3 | | 智能线型红外感烟探测器 | 个 | 4 |
| 4 | | 智能线型红外感烟探测器反射器 | 个 | 4 |
| 5 | | 吸气式感烟探测器 | 个 | 24 |
| 6 | | 防爆型感烟探测器 | 个 | 2 |
| 7 | C | 火灾报警控制箱 | 个 | 1 |
| 8 | M | 输入模块 | 个 | 2 |
| 9 | ZD | 终端模块 | 个 | 2 |
| 10 | | 感温电缆 | m | 按需 |

说明：1. 应用时感烟探测器布点设计需结合建筑结构。

2. 主变压器本体缠绕感温电缆，经输入模块与就近手动声光报警器连接。电缆夹层、电缆竖井布置感温电缆。
3. 所有感烟探测器、报警按钮、声光报警器等处，均应预埋接线盒。
4. 编码手动报警器的安装高度为距地面 1.3～1.5m。编码声光报警器的安装高度为距地面 2.5m。
5. 红外感烟的安装高度为距顶棚的垂直距离宜为 0.3～1.0m。
6. 点式感温探测器室内吸顶安装。
7. 本图供参考，实际实施时需满足《35～750kV 变电站辅助设备智能监控系统设计方案》及相关规范要求。
8. 布点位置、数量根据招标结果及实际需求调整。

**图 7.2.2-19-1　HA-220-A2-10　火灾报警系统布置示意及统计图 1**

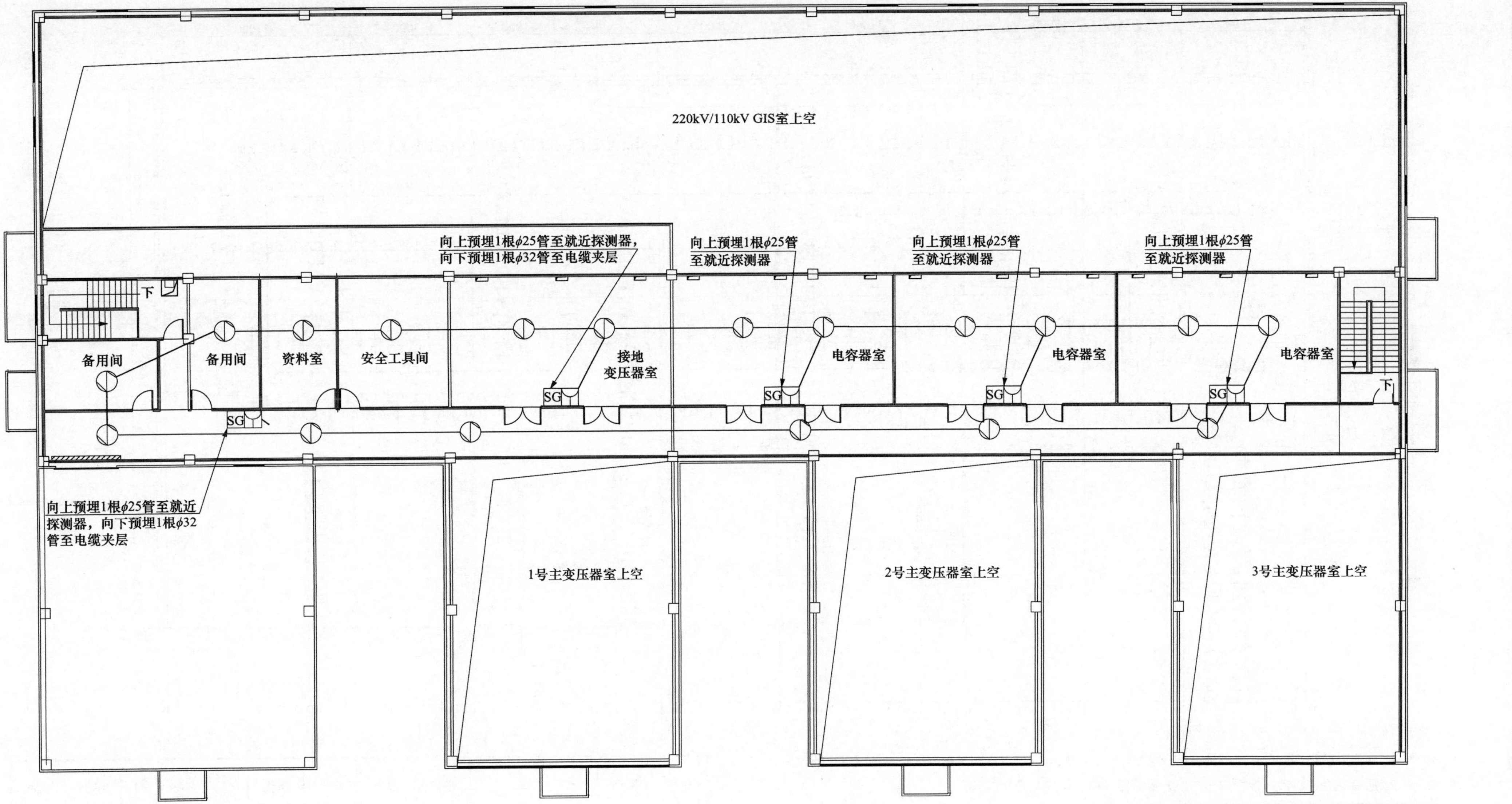


说明：1. 应用时感烟探测器布点设计需结合建筑结构。
2. 所有感烟探测器、报警按钮、声光报警器等处，均应预埋接线盒。
3. 编码手动报警器的安装高度为距地面 1.3～1.5m。编码声光报警器的安装高度为距地面 2.5m。
4. 本图仅供参考，实际实施时需满足《35～750kV 变电站辅助设备智能监控系统设计方案》及相关规范要求。
5. 布点位置、数量根据招标结果及实际需求调整。

| 序号 | 图例 | 名称 | 单位 | 数量 |
|---|---|---|---|---|
| 1 | SG | 声光报警器 | 个 | 5 |
| 2 | [symbol] | 手动报警按钮 | 个 | 5 |
| 3 | [symbol] | 吸气式感烟探测器 | 个 | 18 |

**图 7.2.2-19-2　HA-220-A2-10　火灾报警系统布置示意及统计图 2**

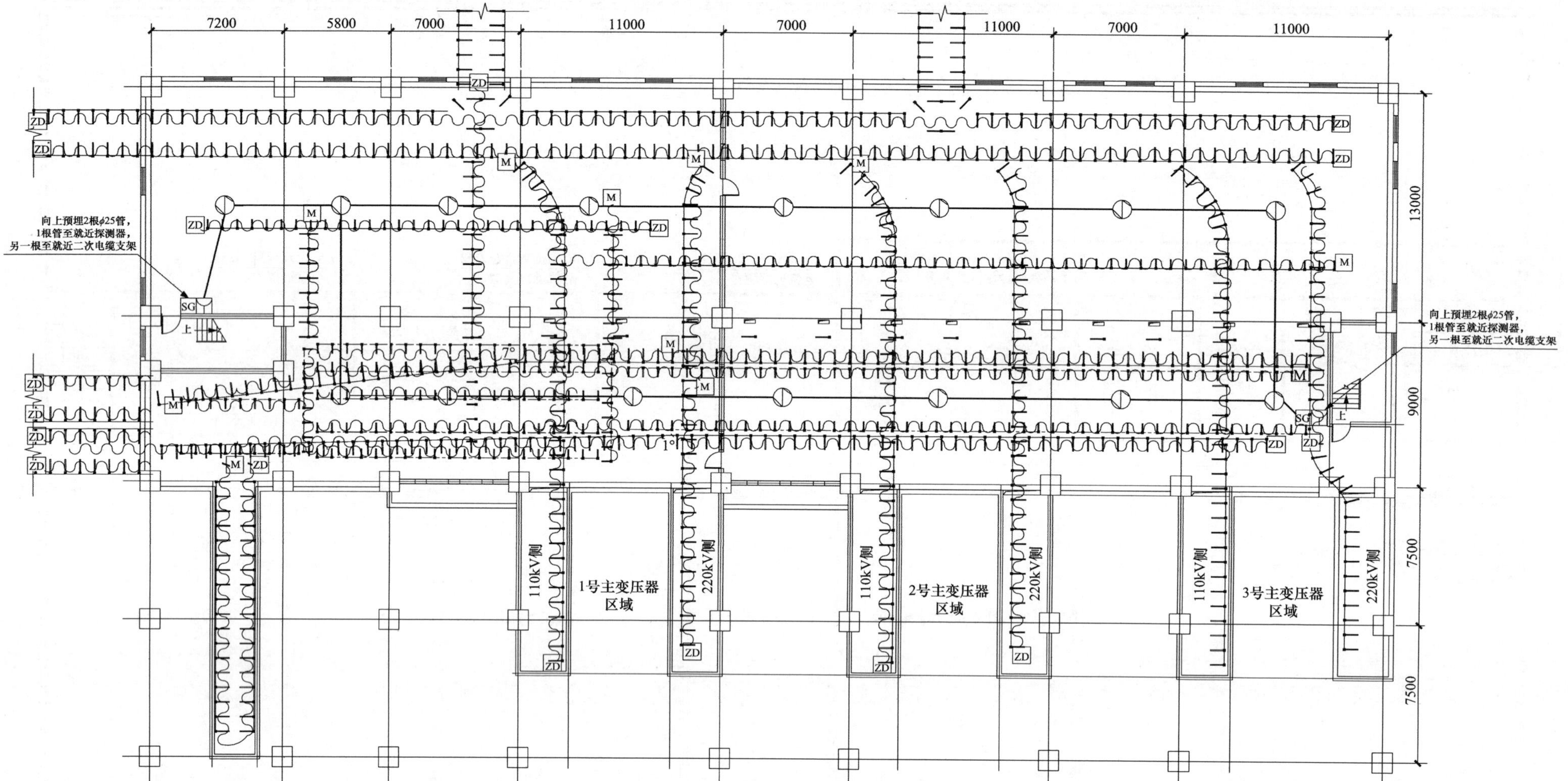


说明：1. 应用时感烟探测器布点设计需结合建筑结构；感温电缆根据本期工程电缆敷设情况进行铺设。

2. 所有感烟探测器、报警按钮、声光报警器等处，均应预埋接线盒。

3. 编码手动报警器的安装高度为距地面 1.3～1.5m。编码声光报警器的安装高度为距地面 2.5m。

4. 在电缆竖井和电缆夹层布置感温电缆，输入模块和终端模块根据现场感温电缆实际辐射路径配置。

5. 出入口声光报警器及手报按钮预埋 ϕ25 阻燃 PVC 管至就近二次电缆支架。

6. 本图仅供参考，实际实施时需满足《35～750kV 变电站辅助设备智能监控系统设计方案》及相关规范要求。

7. 布点位置、数量根据招标结果及实际需求调整。

| 序号 | 图例 | 名称 | 单位 | 数量 | 序号 | 图例 | 名称 | 单位 | 数量 |
|---|---|---|---|---|---|---|---|---|---|
| 1 | SG | 声光报警器 | 个 | 2 | 4 | M | 输入模块 | 个 | 按需 |
| 2 | | 手动报警按钮 | 个 | 2 | 5 | ZD | 终端模块 | 个 | 按需 |
| 3 | | 吸气式感烟探测器 | 个 | 15 | 6 | | 感温电缆 | m | 按需 |

**图 7.2.2-19-3　HA-220-A2-10　火灾报警系统布置示意及统计图 3**

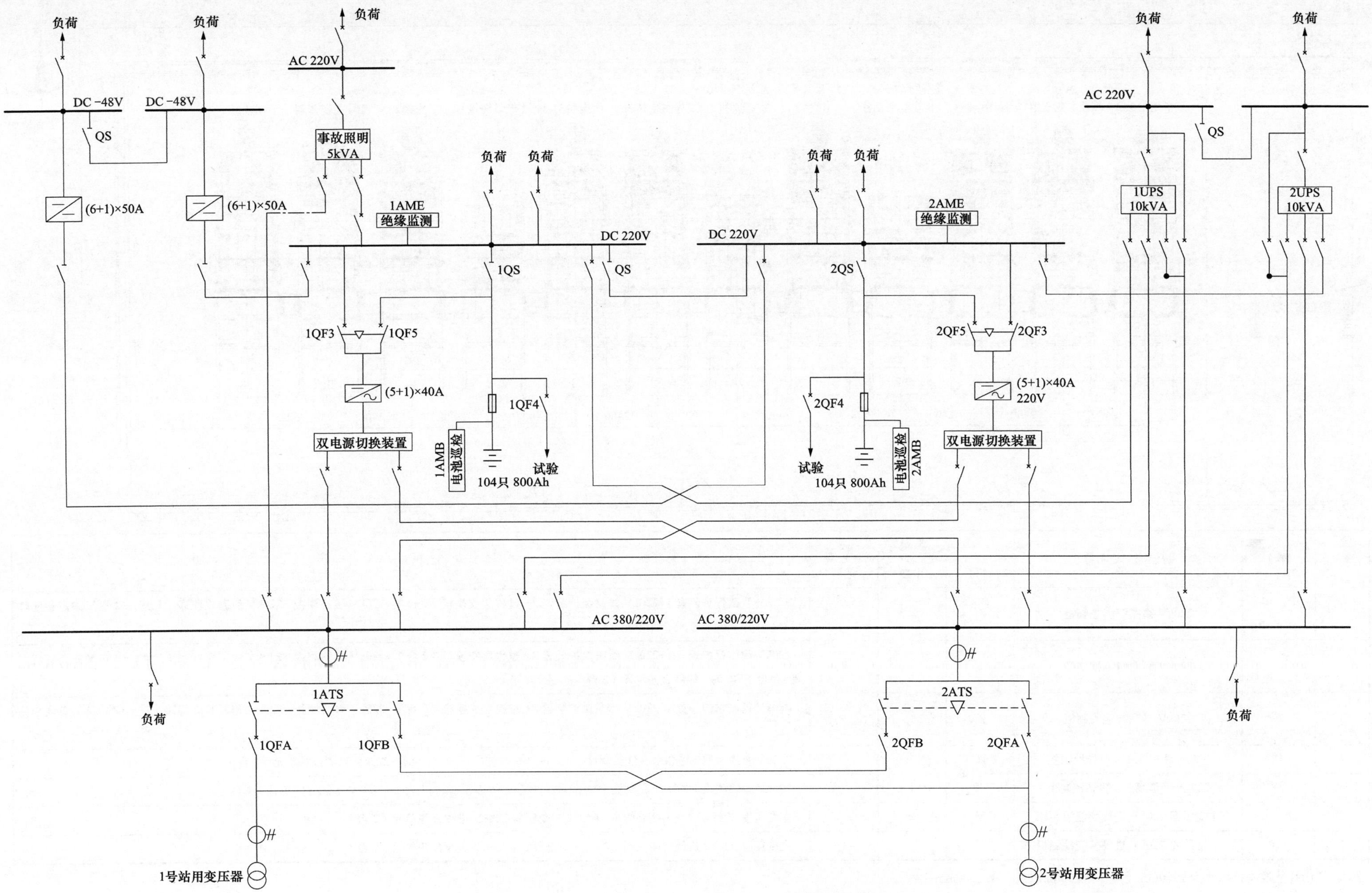


**图 7.2.2-20　HA-220-A2-10　交直流一体化电源系统接线图**

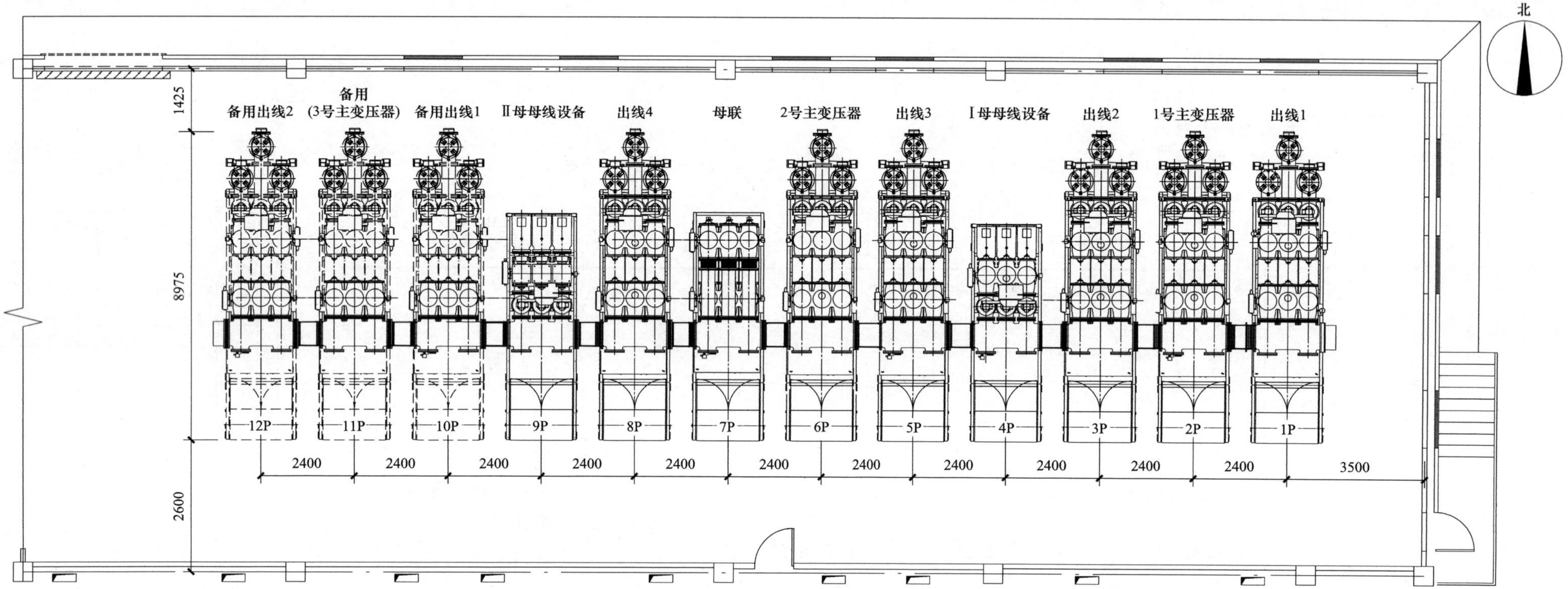


| 序号 | 屏位 | 智能控制柜名称 | 数量 | | | 组柜方式 |
|---|---|---|---|---|---|---|
| | | | 单位 | 本期 | 远期 | |
| 1 | 1P、3P、5P、8P | 220kV 线路智能控制柜 | 面 | 4 | | 220kV 线路保护装置 1+220kV 线路保护装置 2+ 过程层交换机（2 台）+220kV 线路测控 +220kV 线路电能表（1 块）+220kV 线路智能终端（2 台）+220kV 线路合并单元（2 台） |
| 2 | 10P、12P | 220kV 线路智能控制柜 | 面 | | 2 | 220kV 线路保护装置 1+220kV 线路保护装置 2+ 过程层交换机（2 台）+220kV 线路测控 +220kV 线路电能表（1 块）+220kV 线路智能终端（2 台）+220kV 线路合并单元（2 台） |
| 3 | 7P | 220kV 母联智能控制柜 | 面 | 1 | | 220kV 母联保护装置 1+220kV 母联保护装置 2+ 过程层交换机（2 台）+220kV 母联测控 +220kV 母联智能终端（2 台）+220kV 母联合并单元（2 台） |
| 4 | 4P | 220kV Ⅰ母线 TV 智能控制柜 | 面 | 1 | | 220kV 母线测控 + 避雷器在线监测设备 +220kV 母线智能终端（1 台）+220kV 母线合并单元（1 台） |
| 5 | 9P | 220kV Ⅱ母线 TV 智能控制柜 | 面 | 1 | | 220kV 母线测控 + 间隔层交换机（2 台）+220kV 母线智能终端（1 台）+220kV 母线合并单元（1 台） |
| 6 | 2P、6P | 主变压器 220kV 进线智能控制柜 | 面 | 2 | | 主变压器 220kV 进线智能终端（2 台）+ 主变压器 220kV 进线合并单元（2 台） |
| 7 | 11P | 主变压器 220kV 进线智能控制柜 | 面 | | 1 | 主变压器 220kV 进线智能终端（2 台）+ 主变压器 220kV 进线合并单元（2 台） |

说明：户内智能控制柜尺寸为 2000mm（宽）× 800mm（深）× 2000mm（高）。

**图 7.2.2-21　HA-220-A2-10　220kV GIS 智能控制柜布置图**

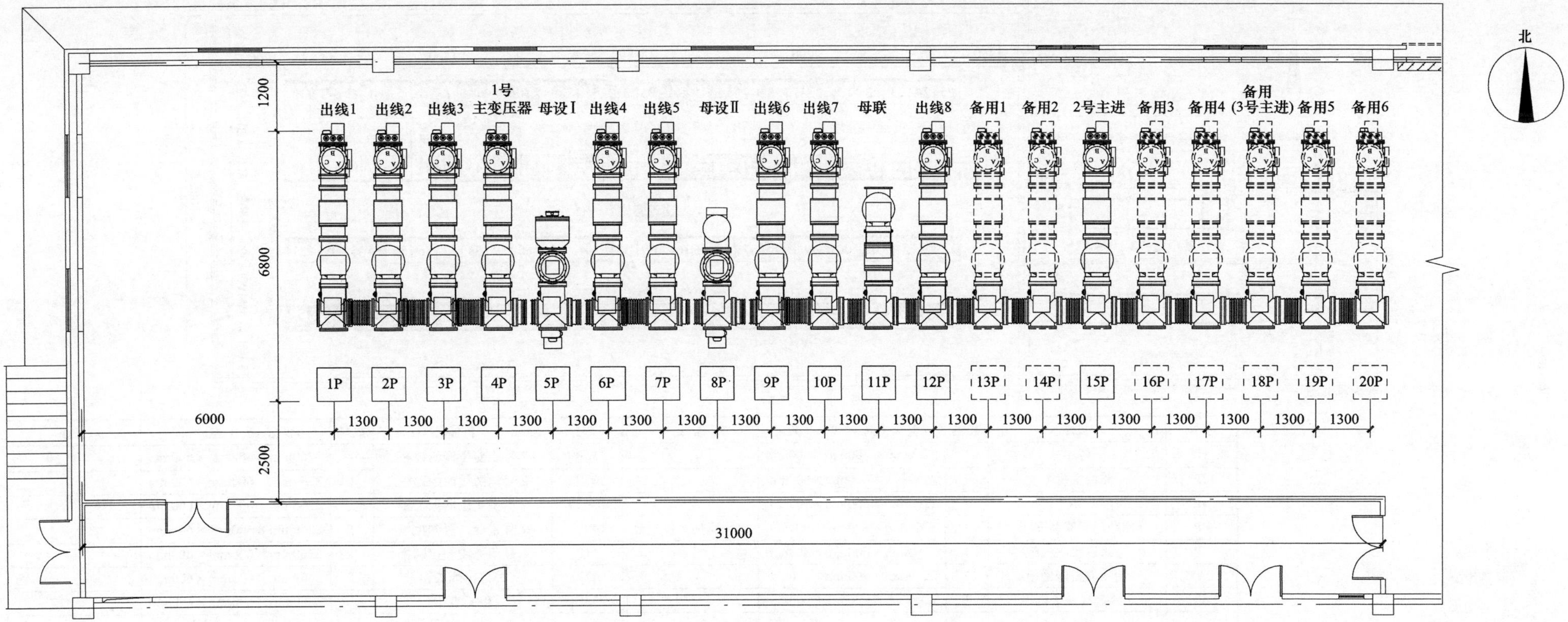


| 序号 | 屏位 | 智能控制柜名称 | 数量 | | | 组柜方式 |
|---|---|---|---|---|---|---|
| | | | 单位 | 本期 | 远期 | |
| 1 | 1P-3P、6P、7P、9P、10P、12P | 110kV 线路智能控制柜 | 面 | 8 | | 110kV 线路保护测控集成装置 +110kV 线路电能表（1 块）+110kV 线路合并单元智能终端集成装置（1 台） |
| 2 | 13P、14P、16P、17P、19P、20P | 110kV 线路智能控制柜 | 面 | | 6 | 110kV 线路保护测控集成装置 +110kV 线路电能表（1 块）+110kV 线路合并单元智能终端集成装置（1 台） |
| 3 | 11P | 110kV 母联智能控制柜 | 面 | 1 | | 110kV 母联保护测控集成装置 +110kV 母联合并单元智能终端集成装置（1 台） |
| 4 | 5P | 110kV Ⅰ母线 TV 智能控制柜 | 面 | 1 | | 110kV 母线测控 + 间隔层交换机（2 台）+110kV 母线智能终端（1 台）+110kV 母线合并单元（1 台） |
| 5 | 8P | 110kV Ⅱ母线 TV 智能控制柜 | 面 | 1 | | 110kV 母线测控 +110kV 母线智能终端（1 台） |
| 6 | 4P、15P | 主变压器 110kV 进线智能控制柜 | 面 | 2 | | 主变压器 110kV 进线合并单元智能终端集成装置 A（1 台）+ 主变压器 110kV 进线合并单元智能终端集成装置 B（1 台） |
| 7 | 18P | 主变压器 110kV 进线智能控制柜 | 面 | | 1 | 主变压器 110kV 进线合并单元智能终端集成装置 A（1 台）+ 主变压器 110kV 进线合并单元智能终端集成装置 B（1 台） |

说明：户内智能控制柜尺寸为 800mm（宽）× 800mm（深）× 2200mm（高）。

**图 7.2.2-22　HA-220-A2-10　110kV GIS 智能控制柜布置图**

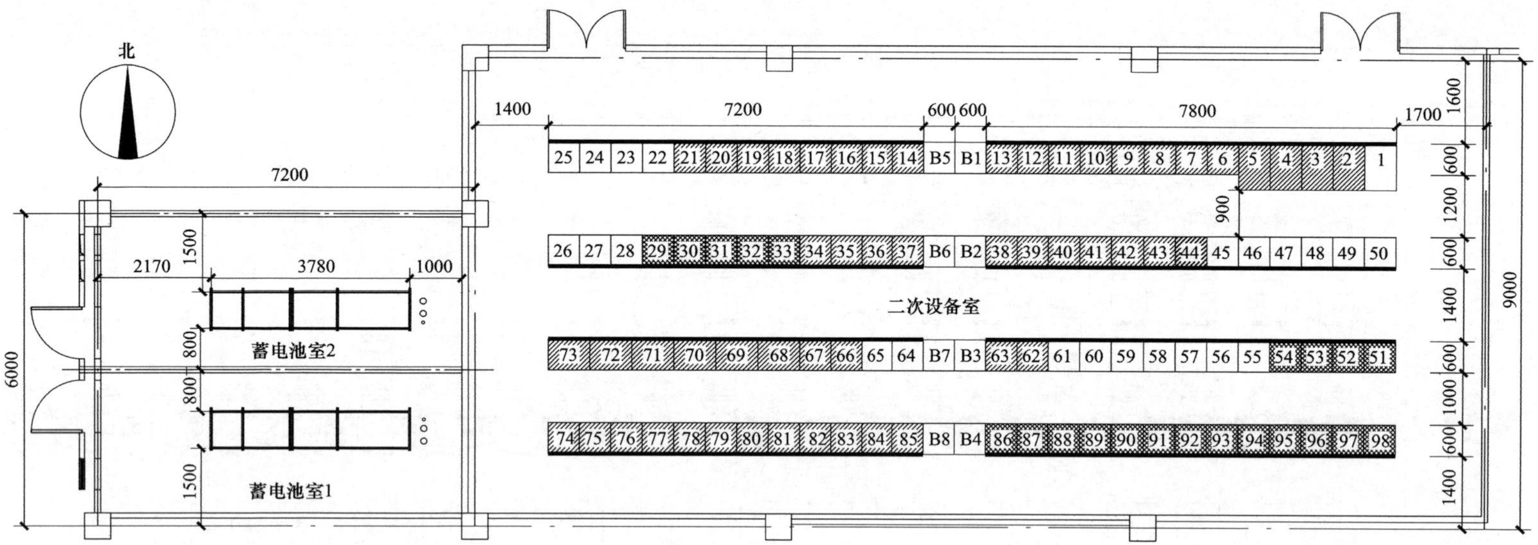


图例：

本期屏位

备用屏位

远期屏位

说明：1. 继电器室屏位共 98+8 面，其中备用屏位 18+8 面。

2. 图中蓄电池组尺寸仅供参考，蓄电池具体尺寸根据工程招标结果确定，运行和检修通道满足《电力工程直流电源系统设计技术规程》(DL/T 5044—2014) 的要求。

3. 图中蓄电池尺寸仅供参考，具体参数以实际工程为准。

4. 图中 B1P～B8P 位置可作为最后补充位置，本期先做基础和孔洞。

| 序号 | 名称 | 数量 | 型式（高 × 宽 × 深） | 备注 | 序号 | 名称 | 数量 | 型式（高 × 宽 × 深） | 备注 |
|---|---|---|---|---|---|---|---|---|---|
| 1P | 备用 | 1 | 2260mm × 600mm × 900mm | | 36P | 2 号主变压器测控柜 | 1 | 2260mm × 600mm × 600mm | |
| 2P | 监控主机柜 | 1 | 2260mm × 600mm × 900mm | | 37P | 2 号消弧线圈控制柜 | 1 | 2260mm × 600mm × 600mm | |
| 3P | 智能防误主机柜 | 1 | 2260mm × 600mm × 900mm | | 38P–39P | 1 号主变压器保护柜 | 2 | 2260mm × 600mm × 600mm | |
| 4P | 综合应用服务器柜 | 1 | 2260mm × 600mm × 900mm | 边缘巡视主机 1 台 | 40P | 1 号主变压器测控柜 | 1 | 2260mm × 600mm × 600mm | |
| 5P | 边缘巡视主机柜 | 1 | 2260mm × 600mm × 900mm | | 41P | 1 号消弧线圈控制柜 | 1 | 2260mm × 600mm × 600mm | |
| 6P–7P | 调度数据专网柜 | 2 | 2260mm × 600mm × 600mm | | 42P | 关口电能表柜 | 1 | 2260mm × 600mm × 600mm | |
| 8P | Ⅰ区数据网关机柜 | 1 | 2260mm × 600mm × 600mm | | 43P | 电能表柜 | 1 | 2260mm × 600mm × 600mm | |
| 9P | Ⅱ区数据网关机柜 | 1 | 2260mm × 600mm × 600mm | | 44P | 1 号 /2 号主变压器消防控制柜 | 1 | 2260mm × 600mm × 600mm | |
| 10P | 公用测控网络设备柜 | 1 | 2260mm × 600mm × 600mm | | 45P–50P | 备用 | 6 | 2260mm × 600mm × 600mm | |
| 11P | 时钟同步系统主机柜 | 1 | 2260mm × 600mm × 600mm | | 51P–61P | 通信柜 | 11 | 2260mm × 600mm × 600mm | 本期 7 面 |
| 12P | 时钟同步系统从机柜 | 1 | 2260mm × 600mm × 600mm | | 62P–63P | 保护通道接口装置柜 | 2 | 2260mm × 600mm × 600mm | 根据保护配置选配 |
| 13P–14P | 网络记录分析柜 | 2 | 2260mm × 600mm × 600mm | | 64P–65P | 备用 | 2 | 2260mm × 600mm × 600mm | |
| 15P | 主变压器故障录波装置柜 | 1 | 2260mm × 600mm × 600mm | | 66P–67P | UPS 电源柜 | 2 | 2260mm × 600mm × 600mm | |
| 16P | 220kV 故障录波装置柜 | 1 | 2260mm × 600mm × 600mm | | 68P–73P | 交流电源柜 | 6 | 2260mm × 800mm × 600mm | |
| 17P | 110kV 故障录波装置柜 | 1 | 2260mm × 600mm × 600mm | | 74P–76P | 1～3 号直流馈线柜 | 3 | 2260mm × 600mm × 600mm | |
| 18P–19P | 220kV 母线保护柜 | 2 | 2260mm × 600mm × 600mm | | 77P | 1 号直流充电柜 | 1 | 2260mm × 600mm × 600mm | |
| 20P | 110kV 母线保护柜 | 1 | 2260mm × 600mm × 600mm | | 78P | 直流电源联络柜 | 1 | 2260mm × 600mm × 600mm | |
| 21P | 110kV 过程层交换机柜 | 1 | 2260mm × 600mm × 600mm | | 79P | 2 号直流充电柜 | 1 | 2260mm × 600mm × 600mm | |
| 22P–28P | 备用 | 7 | 2260mm × 600mm × 600mm | | 80P–82P | 4～6 号直流馈线柜 | 3 | 2260mm × 800mm × 600mm | |
| 29P | 主变压器消防控制柜 | 1 | 2260mm × 600mm × 600mm | 预留 | 83P | 事故照明柜 | 1 | 2260mm × 600mm × 600mm | |
| 30P–31P | 3 号主变压器保护柜 | 2 | 2260mm × 600mm × 600mm | 预留 | 84P–85P | 通信电源柜 | 2 | 2260mm × 600mm × 600mm | |
| 32P | 3 号主变压器测控柜 | 1 | 2260mm × 600mm × 600mm | 预留 | 86P–98P | 通信柜 | 13 | 2260mm × 600mm × 600mm | 预留 |
| 33P | 3 号消弧线圈控制柜 | 1 | 2260mm × 600mm × 600mm | 预留 | B1P–B8P | 备用（预留） | 8 | 2260mm × 600mm × 600mm | 建议最后使用 |
| 34P–35P | 2 号主变压器保护柜 | 2 | 2260mm × 600mm × 600mm | | | | | | |

**图 7.2.2–23　HA–220–A2–10　二次设备室屏位布置图**

### 7.2.3 土建部分

土建部分主要图纸见表 7.2.3-1。

表 7.2.3-1　　土建部分主要图纸

| 图号 | 图名 |
| --- | --- |
| 图 7.2.3-01 | HA-220-A2-10　总平面布置图 |
| 图 7.2.3-02 | HA-220-A2-10　配电装置楼建筑设计说明 |
| 图 7.2.3-03 | HA-220-A2-10　配电装置楼夹层平面布置图（含暖通布置） |
| 图 7.2.3-04 | HA-220-A2-10　配电装置楼一层平面布置图（含暖通布置） |
| 图 7.2.3-05 | HA-220-A2-10　配电装置楼二层平面布置图（含暖通布置） |
| 图 7.2.3-06 | HA-220-A2-10　配电装置楼屋顶平面布置图（含暖通布置） |
| 图 7.2.3-07 | HA-220-A2-10　配电装置楼立面图 |
| 图 7.2.3-08 | HA-220-A2-10　配电装置楼立面图、剖面图 |

续表

| 图号 | 图名 |
| --- | --- |
| 图 7.2.3-09-1 | HA-220-A2-10　工程结构设计说明 1 |
| 图 7.2.3-09-2 | HA-220-A2-10　工程结构设计说明 2 |
| 图 7.2.3-09-3 | HA-220-A2-10　工程结构设计说明 3 |
| 图 7.2.3-09-4 | HA-220-A2-10　工程结构设计说明 4 |
| 图 7.2.3-10-1 | HA-220-A2-10　配电装置楼暖通设计说明 1 |
| 图 7.2.3-10-2 | HA-220-A2-10　配电装置楼暖通设计说明 2 |
| 图 7.2.3-11 | HA-220-A2-10　站区给排水管道平面布置图 |
| 图 7.2.3-12 | HA-220-A2-10　夹层给排水平面布置图 |
| 图 7.2.3-13 | HA-220-A2-10　主变压器水喷雾灭火管道及喷头平面布置图 |
| 图 7.2.3-14 | HA-220-A2-10　主变压器水喷雾灭火管道系统图 |
| 图 7.2.3-15 | HA-220-A2-10　消防泵房及水池平面图 |

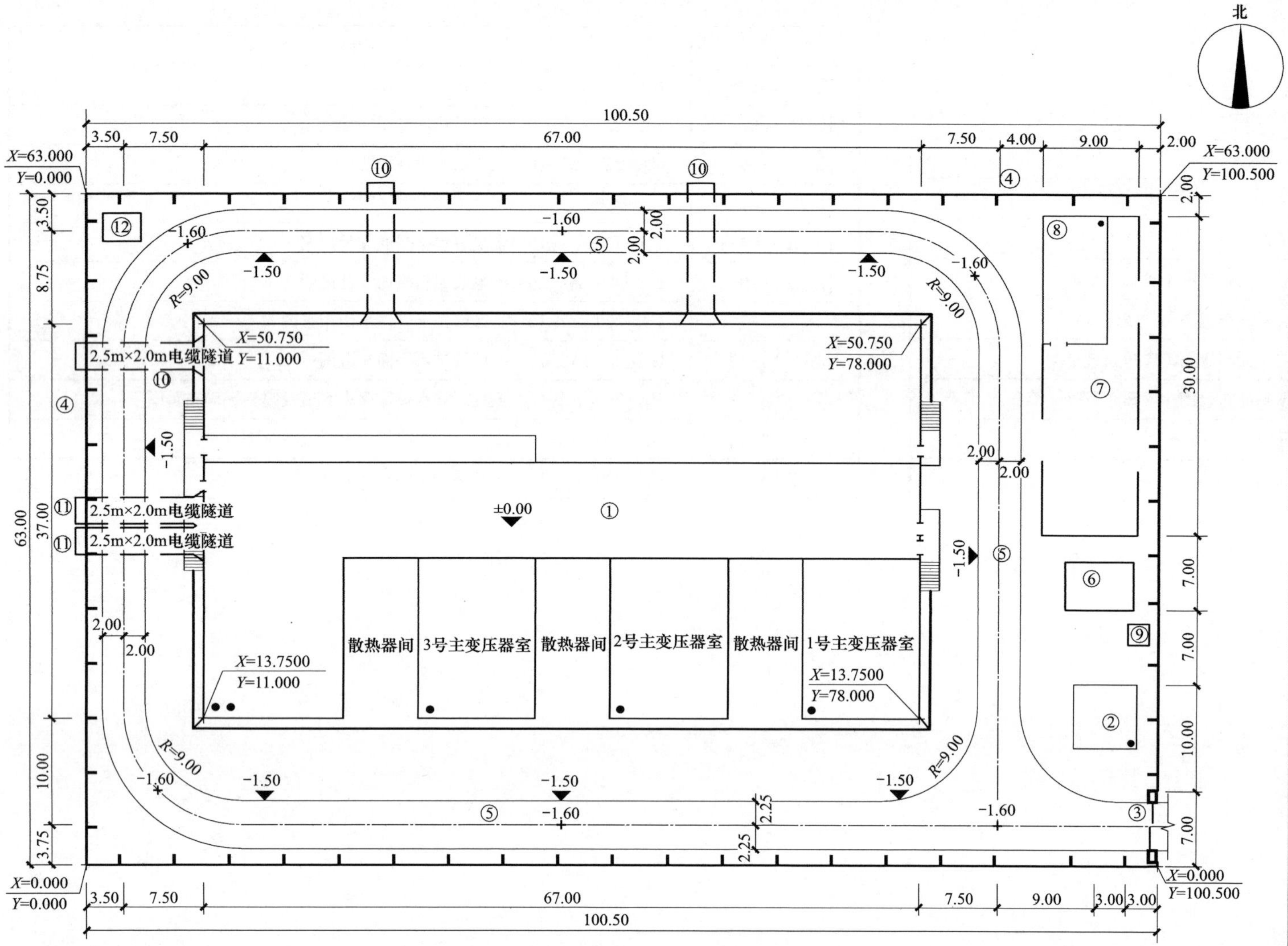


总平面布置图

建（构）筑物一览表

| 编号 | 名称 | 单位 | 数量 | 备注 |
|---|---|---|---|---|
| ① | 配电装置楼 | 栋 | 1 | |
| ② | 辅助用房 | 栋 | 1 | |
| ③ | 电动平开大门 | 樘 | 1 | |
| ④ | 围墙（装配式） | m | 327 | |
| ⑤ | 道路 | m² | 1166 | |
| ⑥ | 事故储油井 | 座 | 1 | 90m³ |
| ⑦ | 消防水池 | 座 | 1 | 地下 |
| ⑧ | 消防泵房 | 座 | 1 | 地下 |
| ⑨ | 化粪池 | 座 | 1 | 地下 |
| ⑩ | 2.5m×2.5m 电缆隧道 | m | 42.5 | 出围墙外1m |
| ⑪ | 2.5m×2.0m 电缆隧道 | m | 24 | |
| ⑫ | 施工电源 | 座 | 1 | |

主要技术经济指标表

| 序号 | 名称 | 单位 | 数量 | 备注 |
|---|---|---|---|---|
| 1 | 站区围墙内用地面积 | hm² | 0.6332 | 合 9.50 亩 |
| 2 | 围墙长度 | m | 327 | 装配式围墙 |
| 3 | 站内道路面积 | m² | 1166 | |
| 4 | 建筑物占地面积 | m² | 2288 | |
| 5 | 总建筑面积 | m² | 4996 | |
| 6 | 配电装置楼建筑面积 | m² | 4866 | |
| 7 | 总建筑体积 | m³ | 28908 | |
| 8 | 配电装置楼建筑体积 | m³ | 28219 | |
| 9 | 建筑高度 | m | 13.5 | |
| 10 | 容积率 | | 0.79 | |
| 11 | 建筑密度 | % | 36.13 | |

说明：1. 图中标高、尺寸单位均为米。

2. 图中“┴─┴”为围墙线。

**图 7.2.3-01　HA-220-A2-10　总平面布置图**

| 本册建筑项目主要特征表 | 建筑名称 | 结构类型 | 建筑面积（$m^2$） | 建筑基底面积（$m^2$） | 建筑工程等级 | 设计使用年限 | 建筑层数 | 建筑总高度（m） | 火灾危险性分类 | 耐火等级 | 屋面防水等级 | 地下室防水等级 | 抗震设防烈度 |
|---|---|---|---|---|---|---|---|---|---|---|---|---|---|
| | 配电装置楼 | 装配式钢框架结构 | 4866 | 2552.3 | Ⅲ | 50 | 地下一层、地上两层 | 13.50 | 丙 | 一 | Ⅰ | Ⅰ | 7 |

## 建筑专业施工图设计说明

1 主要设计依据

1.1 初步设计、总平面图及各相关专业资料。

1.2 现行的国家有关建筑设计的主要规范及规程：
《建筑设计防火规范》[GB 50016—2014）2018 年版]、《火力发电厂与变电站设计防火标准》（GB 50229—2019）、
《屋面工程技术规范》（GB 50345—2012）、《民用建筑设计统一标准》（GB 50352—2019）、
《建筑玻璃应用技术规程》（JGJ 113—2015）、《建筑内部装修设计防火规范》（GB 50222—2017）、
《建筑防烟排烟系统技术标准》（GB 51251—2017）、《220kV～500kV 户内变电站设计规程》（DL/T 5496—2015）、
《220kV～750kV 变电站设计技术规程》（DL/T 5218—2012）、《建筑节能与可再生能源利用通用规范》（GB 55015—2021）、
《国家电网有限公司输变电工程施工图设计内容深度规定》（Q/GDW 10381）

1.3 本方案需遵照执行《输变电工程建设标准强制性条文实施管理规程》《国家电网公司输变电工程质量通病防治工作要求及技术措施》和《国家电网公司输变电工程标准工艺——变电工程土建分册》（2022 版）中相关要求。

1.4 其他相关的国家和项目所在省、市的法规、规范、规定、标准等。

2 本单体建筑工程概况

2.1 本单体建筑工程概况见本册建筑项目主要特征表。本变电站为无人值守智能变电站。

2.2 本建筑总平面定位坐标详见总平面图；本建筑室内地坪 ±0.000 标高相对应的绝对标高详见总平面图。

2.3 本建筑图中标高单位为米，其余图纸尺寸单位为毫米，各层标注标高为完成面标高（建筑面标高），屋面标高为结构面标高。

2.4 梁柱的尺寸、定位等详见结构施工图。

3 墙体工程

3.1（1）外墙板：外墙板由外层板和内层板组成。外层板为一体化铝镁锰复合墙板，为三层结构金属夹芯板，墙板工厂一体化施工，外层采用 0.8mm 厚铝镁锰板，芯层采用岩棉保温，内层采用 0.6mm 厚镀锌钢板。内层板为 9mm 厚纤维水泥饰面板。用于防火墙时，内层板选用一体化纤维水泥集成墙板，内层板两侧墙板为 9mm 厚高密度水泥纤维饰面板，中间层为水泥聚苯颗粒或其他保温材料。

（2）芯材采用 100mm 厚 A 级防火岩棉，憎水性 99%，密度为 136～140kg/$m^3$，有效保证岩棉夹芯板的保温和耐火时间。

（3）内隔墙采用一体化纤维水泥集成墙板，由两侧外层板 + 中间保温层组成。两侧外层板采用 9mm 厚高密度水泥纤维饰面板。中间保温层为 75mm 厚 A 级防火岩棉用于防火墙时，两侧外层板采用 9mm 厚高密度水泥纤维饰面板，内部填充 100mm 厚 A 级防火岩棉，耐火极限 3.0h。

注：工业化墙板系统材料均为工厂预制完成，现场拼接、固定、安装完成，最终以甲方订货为准。
墙上预留埋铁需由装配式墙体厂家考虑设置并满足荷载要求。
阴影处墙体为配电箱等设备所在墙体，按照箱体要求适当加厚处理，满足配电箱暗装要求。

3.2 构造要求：建议工业化墙板由专业和具备资质的同一厂家进行排版、设计、供货、施工安装，厂家应考虑墙体上的洞口、门、雨篷安装等要求。设备尺寸大于房间门洞尺寸的房间须待设备安装到位后再安装墙体。

3.3 外墙窗户及墙体预留洞详见建施及设备平面图，洞口处四周增加檩条，由墙体厂家统一考虑。

3.4 墙体上的空调管留洞、排气洞、过水洞等应注意避开水立管和不影响外窗开启。

3.5 墙上管道及工艺开孔需封堵的孔洞请见各专业相应要求。

3.6 墙上配电箱等设备的预留洞（槽）尺寸及位置需结合设备专业图纸。

3.7 散水宽度根据具体工程情况核定，图中为示意。

4 楼地面工程
本工程楼地面做法详见"室内装修做法表"。

5 屋面防水工程

5.1 雨水管下方设置水簸箕。雨水管及水簸箕做法参见《平屋面建筑构造》（12J201–H6）。

5.2 屋面检修孔做法参见《平屋面建筑构造》（12J201–H20）；设备基座做法参见 12J201–H20–3。

5.3 设防要求：按倒置式屋面做法（即防水层在下，保温隔热层在上）；所有防水材料的四周卷起泛水高度，均距结构楼面 300mm 高；女儿墙阴阳转角处应附加一层防水材料。

5.4 凡管道穿屋面等屋面留孔位置需检查核实后再做防水材料，避免做防水材料后再凿洞。

6 外门窗工程

6.1 站内建筑物外门窗均采用 65 系列节能型断热桥铝合金型材，钢化夹胶中空玻璃 F5+1.52+G5+9A+G5mm，胶片采用 1.52mm 厚度。蓄电池室窗采用磨砂玻璃。
易遭受撞击、冲击而造成人体伤害部位的玻璃均应选用安全玻璃。
建筑物外门窗保温性能等级应满足建筑节能设计要求，采用节能门、节能窗。门窗反复启闭性能达到《建筑幕墙、门窗通用技术条件》（GB/T 31433）、《建筑门窗五金件通用要求》（GB/T 32223）等相应产品标准要求的 2 倍；外门窗的气密性、水密性及抗风压性能应符合《建筑幕墙、门窗通用技术条件》（GB/T 31433—2015）的要求。
外门窗的气密性、水密性及抗风压性能应符合《建筑幕墙、门窗通用技术条件》（GB/T 31433—2015）的相关规定，其中气密性不应低于 4 级，水密性不应低于 4 级，抗风压性能不应低于 3 级，空气隔声性能不应低于 3 级。

6.2 门窗立面均表示洞口尺寸，门窗加工尺寸应按照装修面厚度予以调整，门窗制作安装应实测核对各洞口尺寸及各门窗编号与个数，以防止由于设计及构造误差造成安装困难，门窗侧边固定连接点的定位原则：每边最端头固定点距门窗边框端头 180mm，其余固定点位置间隔 500mm 左右均分。

6.3 门窗立樘：内外门窗立樘除特殊说明外均居墙中（墙檩处）。

6.4 建筑外窗宜加装安全防盗设施，具体形式由建设方确定。

6.5 门窗的立面形式、数量、尺寸、色彩、开启方式、型材、玻璃等详见门窗表和门窗立面图放大图。

7 内装修工程

7.1 本工程各部位内装修做法详见"室内装修做法表"。装修所用材料应采用对人体健康无毒无害的环保型材料，同时符合《民用建筑工程室内环境污染控制标准》（GB 50325—2020）的规定，并应在施工前提供样板，经建设单位和设计单位认可后方可施工。
本工程所有建筑材料和设备均应符合管理部门的环保规定和质量标准及节约能源的要求。

7.2 装修时建筑内部污水立管、透气管、雨水管、空调冷凝水管、排气道的位置不得移动。

7.3 未经技术鉴定和设计认可，不得拆改结构构件和进行加层改造。当建筑装修涉及主体结构改动或增加荷载时，须由设计单位进行结构安全性复核，提出具体实施方案后方可施工。

7.4 所有穿过防水层的预埋件、紧固件应采用高性能密封材料密封。

7.5 楼面找平须待设备管线孔洞预留无误后再行施工。

7.6 所有材料、构造、施工应遵照《建筑装饰装修工程质量验收标准》（GB 50210—2018）执行。

8 外装修工程

8.1 建筑立面的颜色和材质详见立面图，外墙面做法详见"室外装修做法表"。外墙面施工前应做出样板，待建设方和设计方认可后方可进行施工，并应遵照《建筑装饰装修工程质量验收标准》（GB 50210—2018）的要求。

8.2 其余外露铁件做一道防锈底漆和二道面漆。不露面铁件做二道防锈漆，金属件接缝要严密，用于室外的金属件接缝处用树脂涂料二道密封。

8.3 各种外墙洞口边缘应做铝合金 / 铝板一体式收边件。

8.4 窗台节点确保里高外低不泛水。腰线、檐板及窗外窗台面层均坡向墙外。

8.5 建筑装饰装修工程所用材料应符合国家有关建筑装饰装修材料有害物质限量标准的规定。

9 噪声防治及主变压器泄爆措施

9.1 变电站噪声对周围环境的影响必须符合《工业企业厂界噪声标准》（GB 12348—2008）和《声环境质量标准》（GB 3096—2008）规定的 2 类标准。

9.2 主变压器室室内墙体吸声、大门、窗、风机等设施降噪均应选择隔声性能合格的产品，由专业厂家二次设计、制作、安装。

9.3 主变压器室外墙设置轻型泄爆外墙，墙体构造根据《建筑设计防火规范》[GB 50016—2014（2018 版）] 的要求，单位质量不大于 0.6kN/m，具备资质厂家二次设计，墙体做法参考《抗爆、泄爆门窗及屋盖、墙体建筑构造》（14J 938）相关做法执行。

9.4 泄爆外墙装饰应与整体建筑装饰效果相适应，优先选择同种材料。

10 其他应注意事项

10.1 土建施工时应注意将建筑、结构、水、暖、电气等各专业施工图纸相互对照，确认墙体及楼板各种预留孔洞尺寸及位置无误后方可进行施工。

10.2 若有疑问应提前与设计院沟通解决。施工过程中，如遇各专业施工图纸不符的，不得以其中任何一个专业图纸作为施工依据。

10.3 工业化墙板供货厂家应根据产品实际规格及相关配件规格进行深化设计及排板设计。建筑物装修色彩应先做样，取得建设单位和设计单位的同意后方可施工。

10.4 本设计说明及全部施工图纸未尽之处应按国家有关施工及验收规范执行。

11 本站选用建筑标准设计图集
《国家电网公司输变电工程标准工艺——变电工程土建分册》（2022 版）；
《特种门窗》国标图集 17J610–1；
《建筑节能门窗（一）》国标图集 06J607–1；
《12 系列建筑标准设计图集》12YJ 系列；
《抗裂硅质刚性防水系统建筑构造》21CJ86–4 JX。

**图 7.2.3–02　HA–220–A2–10　配电装置楼建筑设计说明**

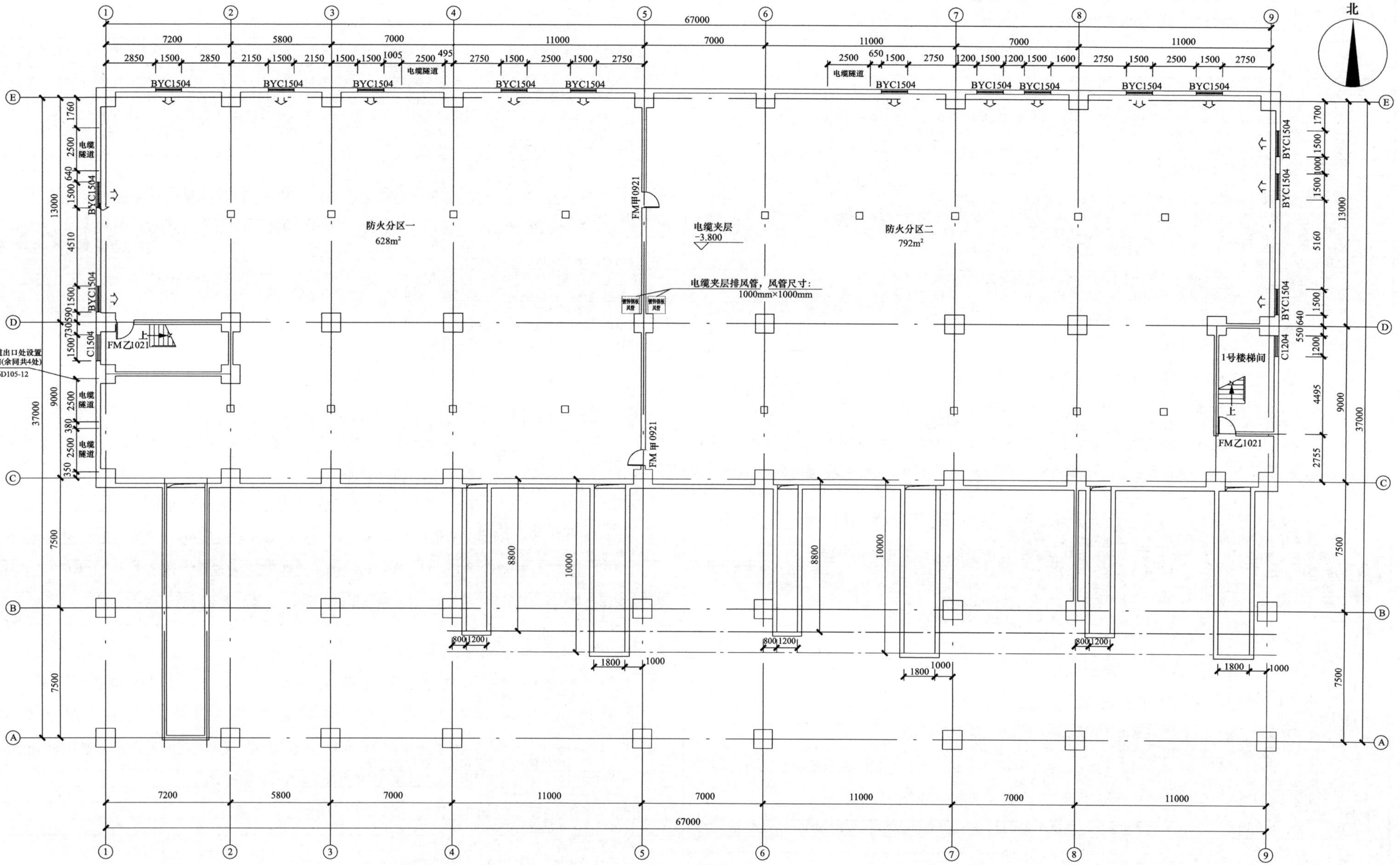


图 7.2.3-03　HA-220-A2-10　配电装置楼夹层平面布置图（含暖通布置）

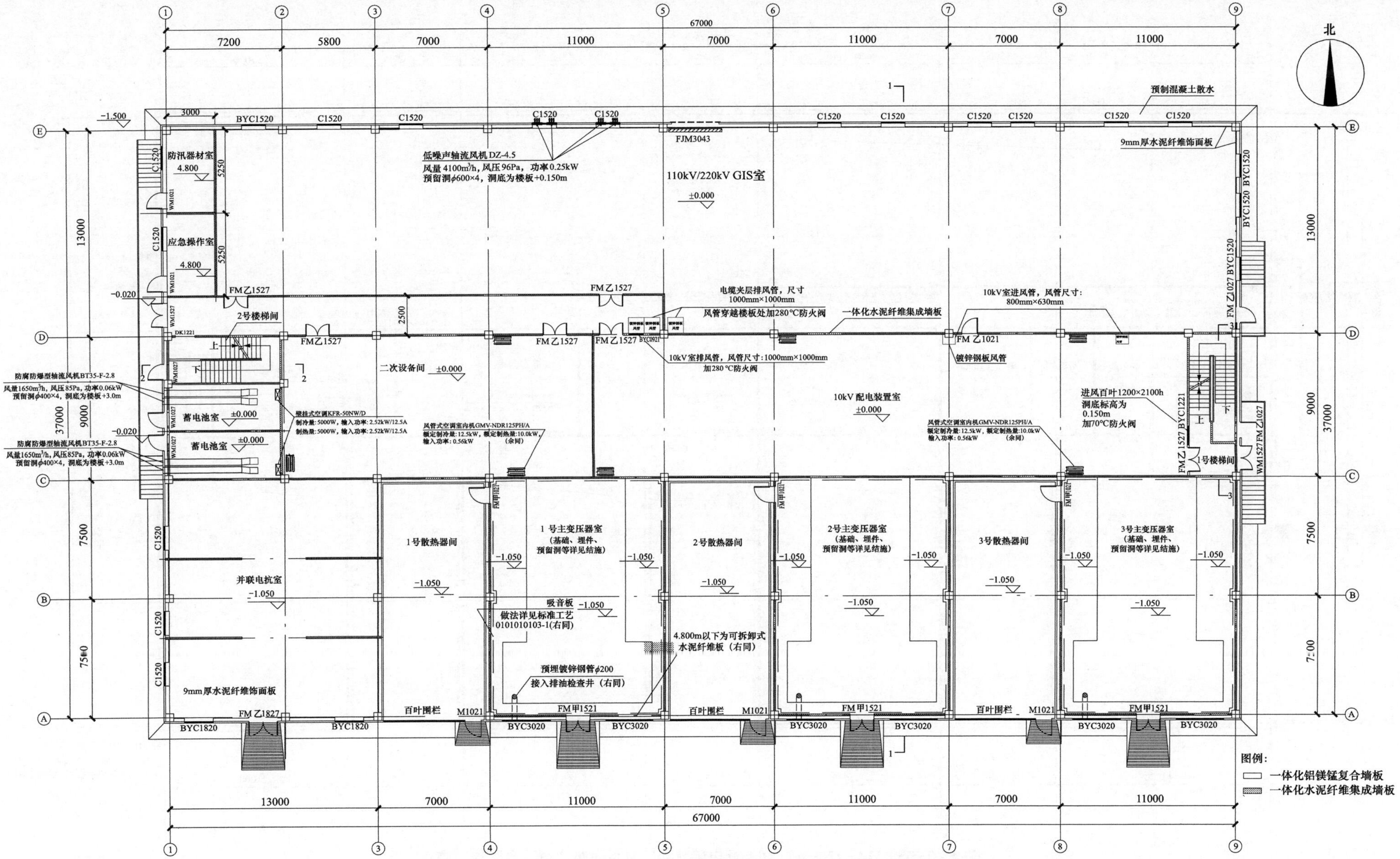


图 7.2.3-04　HA-220-A2-10　配电装置楼一层平面布置图（含暖通布置）

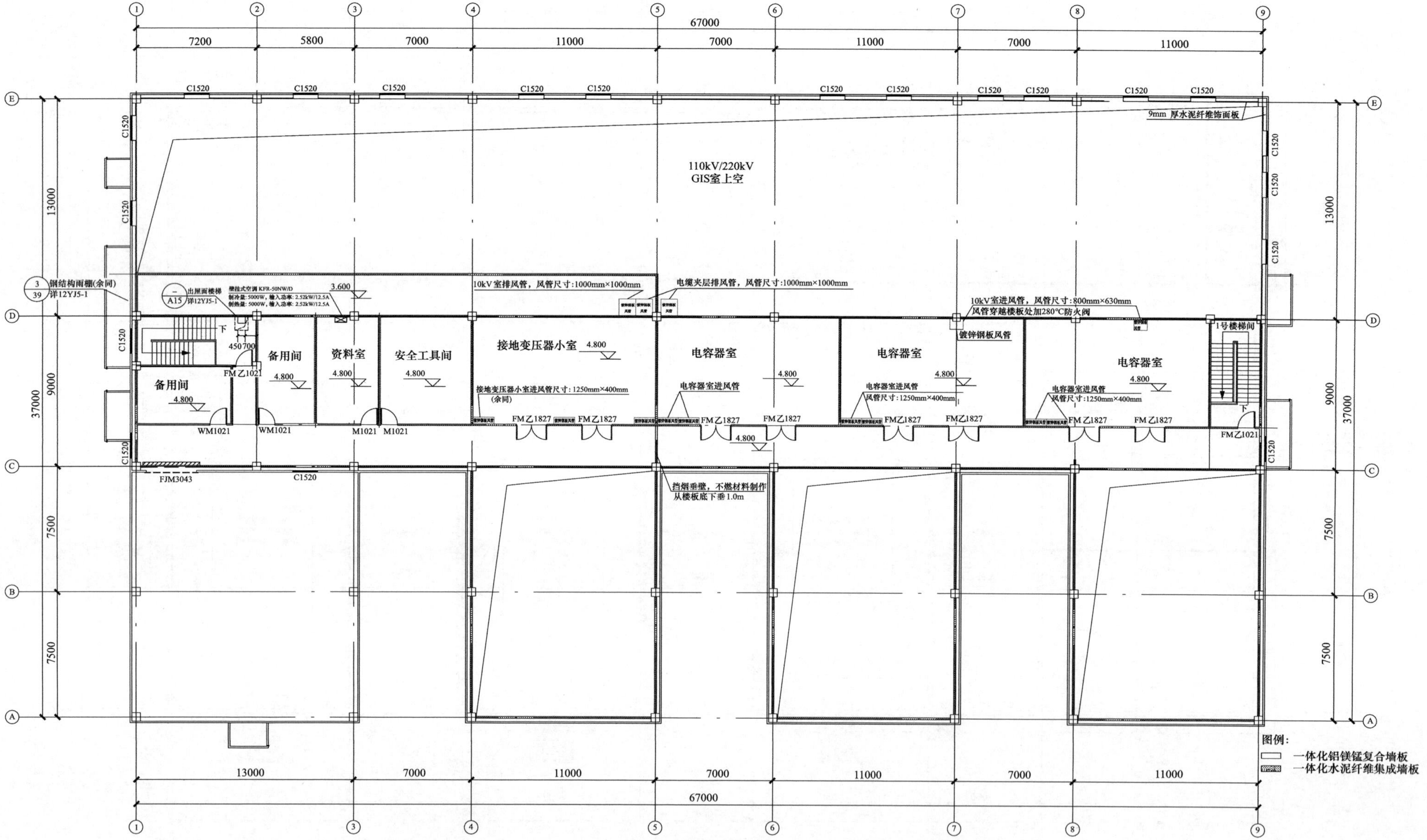


图 7.2.3-05 HA-220-A2-10 配电装置楼二层平面布置图（含暖通布置）

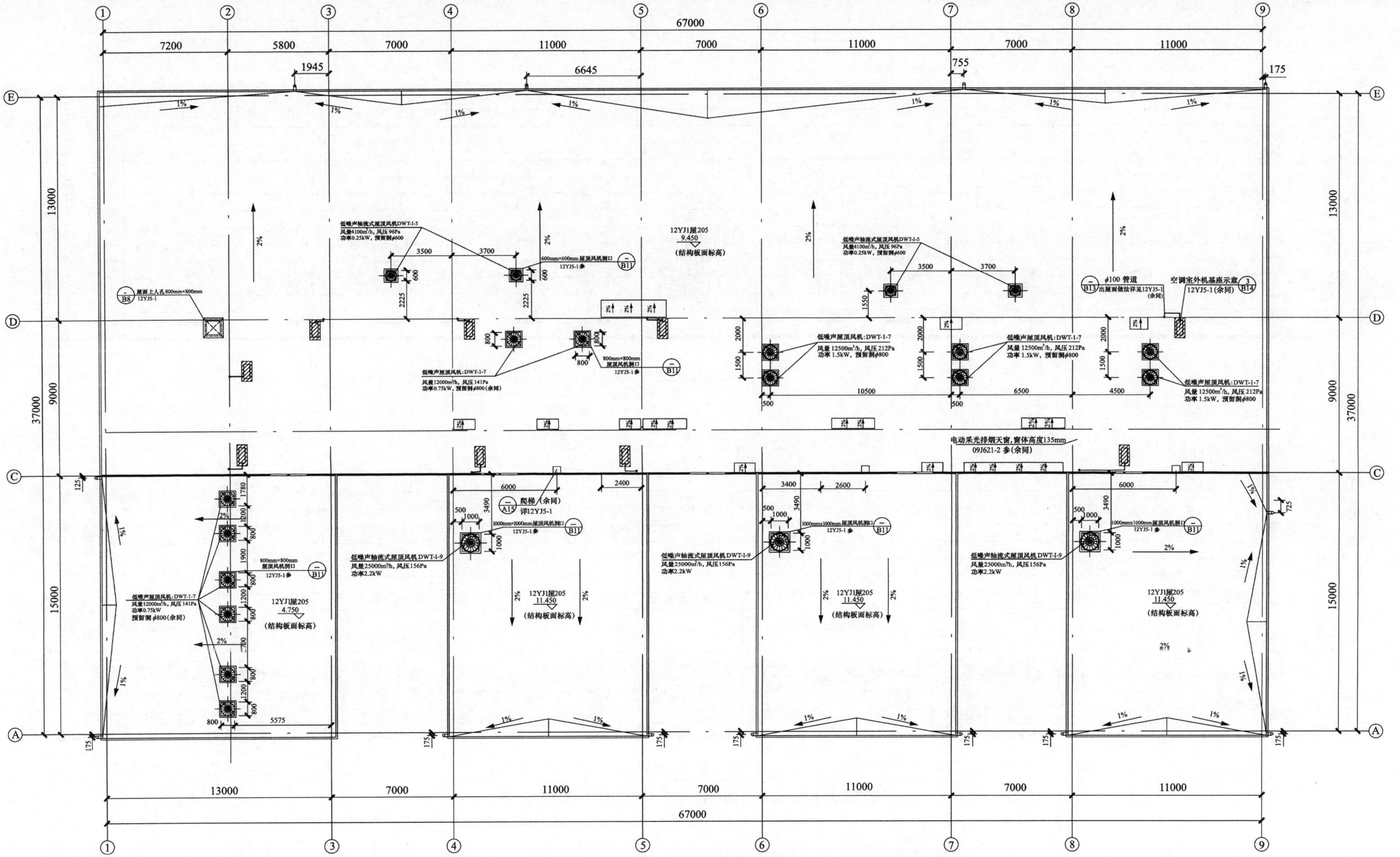


图 7.2.3-06　HA-220-A2-10　配电装置楼屋顶平面布置图（含暖通布置）

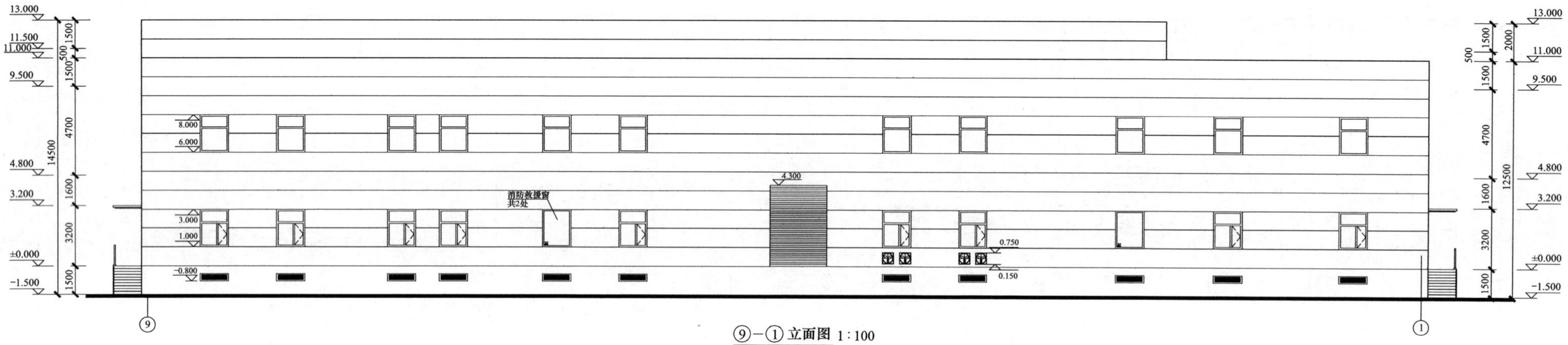

⑨—① 立面图 1∶100

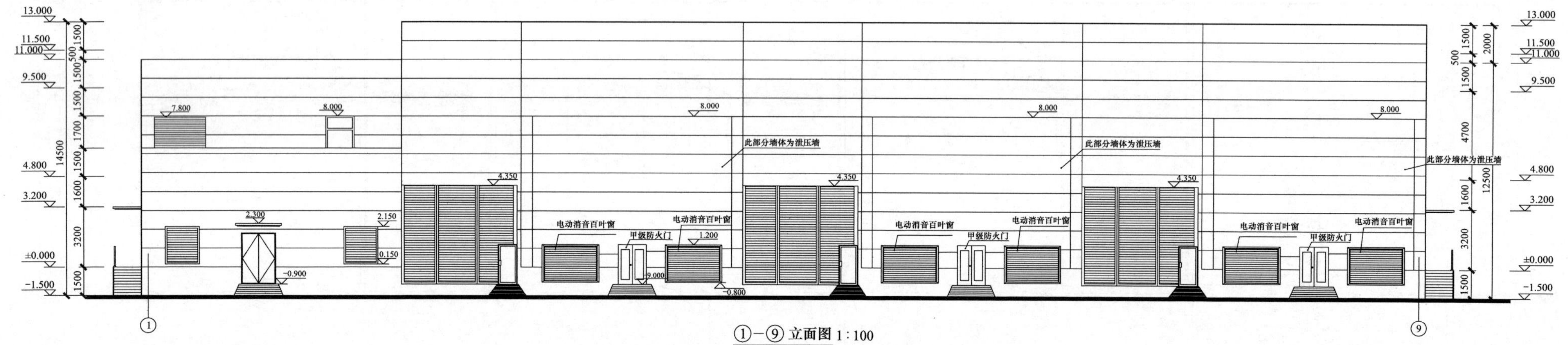

①—⑨ 立面图 1∶100

**图 7.2.3-07　HA-220-A2-10　配电装置楼立面图**

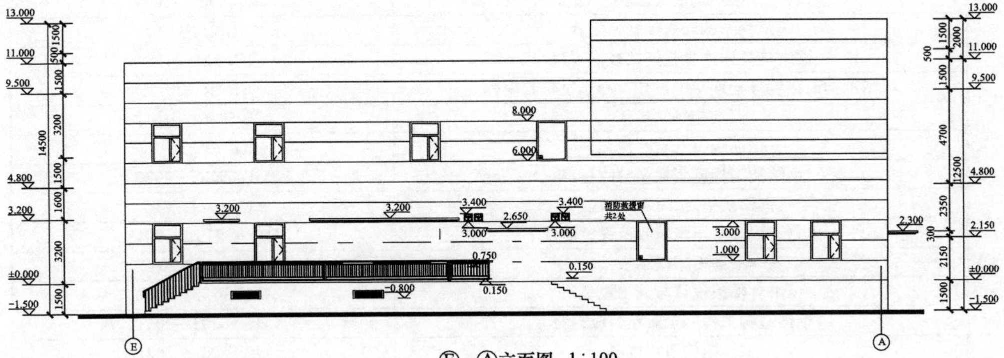


Ⓔ－Ⓐ立面图 1:100

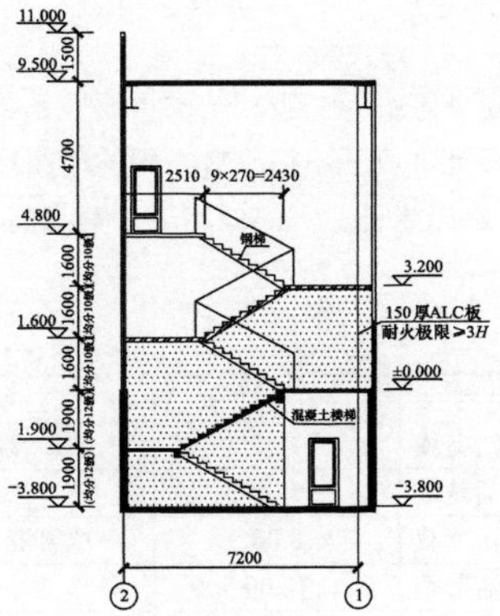


2-2 剖面图 1:50

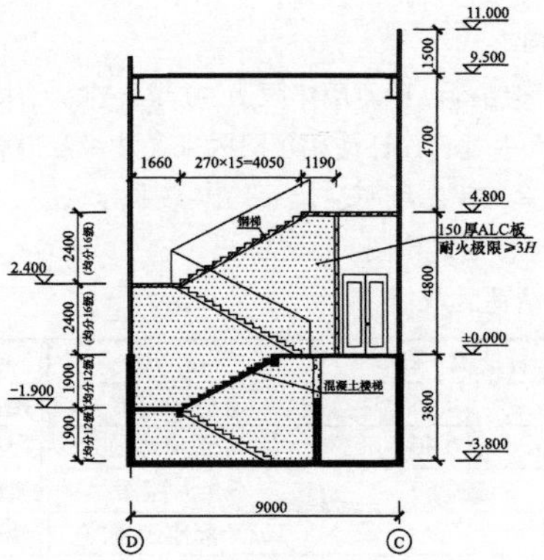


3-3 剖面图 1:50

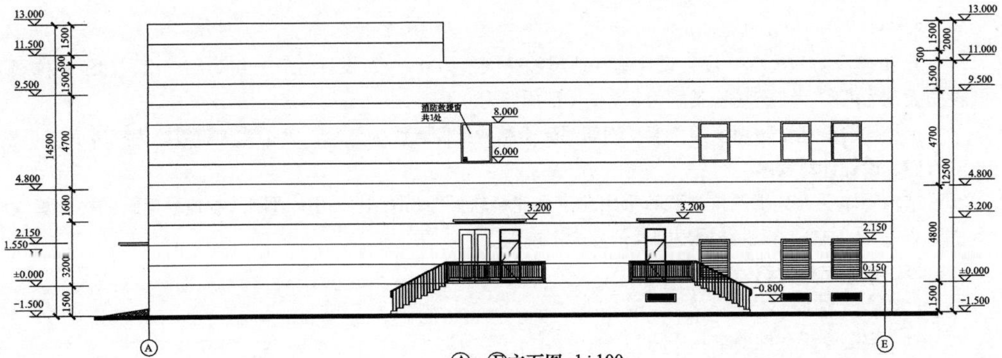


Ⓐ－Ⓔ立面图 1:100

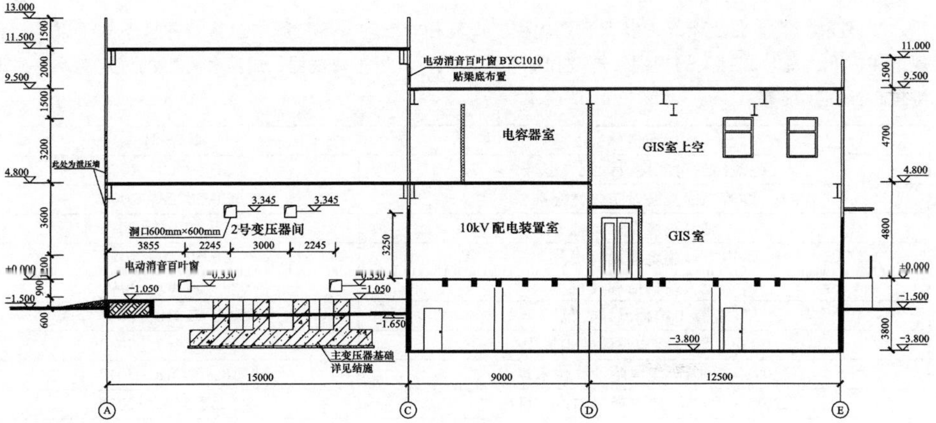


1-1 剖面图 1:100

**图 7.2.3-08　HA-220-A2-10　配电装置楼立面图、剖面图**

## 一、工程概况

1. 本方案为国网河南省电力公司 220kV A2-10 标准化设计配电装置楼结构图。

2. 配电装置楼，地下一层、地上两层，其中地下一层采用钢筋混凝土结构，零米以上采用钢框架结构。

3. 本方案未包含基础设计，采用本方案的工程，需根据具体的工程地质进行具体的基础设计及必要的地基处理。

4. 本方案结构设计使用年限为 50 年，建筑结构安全等级为二级，结构重要性系数为 1.0，建筑抗震设防类别为丙类，设计使用年限内未经技术鉴定或设计许可，不得改变结构的用途和使用环境。

5. 本方案工程图纸所注尺寸均以毫米为单位，标高以米计，±0.00 相当于黄海高程 ×××m，建筑定位详见总平面定位图。

6. 设计活荷载取值。

| 种类 | 标准值（$kN/m^2$） | 所在区域 | 种类 | 标准值（$kN/m^2$） | 所在区域 |
|---|---|---|---|---|---|
| 基本风压 | 0.45 | $n=50$ 年 | 楼面活荷载 | 3.50 | 楼梯、走道 |
| 基本雪压 | 0.40 | $n=50$ 年 | 楼面活荷载 | 5.00 | 二次设备间 |
| 屋面活荷载 | 0.50 | 不上人屋面 | 楼面活荷载 | 8.00 | 电容器、消弧线圈室 |
| 楼面活荷载 | 7.00 | 10kV 配电装置室 | 楼面活荷载 | 10.00 | GIS 室 |
| 楼面活荷载 | 5.00 | 资料室 | 吊顶荷载 | 1.00 | 含风道、消防水管、灯具等 |

## 二、设计依据

1. 根据国家电网有限公司部门文件《国网基建部关于发布 35～750kV 变电站通用设计通信、消防部分修订成果的通知》（基建技术〔2019〕51 号）的规定及通用方案，并结合河南省实际而修改后的实施方案，编号为 HA-220-A2-10。

2. 国家有关标准及规范（以下所列规程、规范和标准均按现行版本执行，并且不限于以下规程、规范和标准，凡与其有关的规程、规范和标准均须执行。当所列规程、规范和标准的规定有不一致时，按较高标准执行）。

| 标准名称 | 标准号 |
|---|---|
| 建筑结构可靠度设计统一标准 | GB 50068—2018 |
| 建筑工程抗震设防分类标准 | GB 50223—2008 |
| 建筑抗震设计规范 | GB 50011—2010（2016 年版） |
| 电力设施抗震设计规范 | GB 50260—2013 |
| 建筑结构荷载规范 | GB 50009—2012 |
| 混凝土结构设计规范 | GB 50010—2010（2015 年版） |
| 变电站建筑结构设计技术规程 | DL/T 5457—2012 |
| 220kV～750kV 变电站设计技术规程 | DL/T 5218—2012 |
| 220kV～500kV 户内变电站设计规程 | DL/T 5496—2015 |
| 建筑地基基础设计规范 | GB 50007—2011 |
| 建筑地基处理技术规范 | JGJ 79—2012 |
| 建筑地基基础工程施工质量验收标准 | GB 50202—2018 |
| 混凝土结构工程施工质量验收规范 | GB 50204—2015 |
| 钢结构设计标准 | GB 50017—2017 |
| 冷弯薄壁型钢结构技术规范 | GB 50018—2002 |

续表

| 标准名称 | 标准号 |
|---|---|
| 建筑设计防火规范 | GB 50016—2014（2018 年版） |
| 火力发电厂与变电站设计防火标准 | GB 50229—2019 |
| 建筑钢结构防火技术规范 | GB 51249—2017 |
| 钢结构防火涂料 | GB 14907—2018 |
| 建筑钢结构防腐蚀技术规程 | JGJ/T 251—2011 |
| 钢结构高强度螺栓连接技术规程 | JGJ 82—2011 |
| 钢结构高强度螺栓连接的设计、施工及验收规程 | JGJ 82—2011 |
| 钢结构焊接规范 | GB 50661—2011 |
| 钢筋焊接及验收规程 | JGJ 18—2012 |
| 钢结构工程施工质量验收标准 | GB 50205—2020 |
| 钢筋机械连接技术规程 | JGJ 107—2016 |
| 电力建设施工质量验收及评定规程 | DL/T 5210.1—2018 |
| 钢筋桁架楼承板 | JG/T 368—2012 |
| 组合楼板设计与施工规范 | CECS 273：2010 |
| 砌体结构工程施工质量验收规范 | GB 50203—2011 |
| 工程结构通用规范 | GB 55001—2021 |
| 建筑与市政工程抗震通用规范 | GB 55002—2021 |
| 钢结构通用规范 | GB 55006—2021 |
| 砌体结构通用规范 | GB 55007—2021 |
| 混凝土结构通用规范 | GB 55008—2021 |

## 三、本方案设计假定自然条件

1. 基本风压：$0.45kN/m^2$，地面粗糙度为 B 类。

2. 基本雪压：$S_0=0.4kN/m^2$。

3. 抗震设防烈度为 7 度，设计基本地震加速度值为 $0.15g$，设计地震分组为第二组，建筑物抗震设防类别为丙类，建筑场地类别为Ⅱ类，特征周期为 0.4s。

抗震构造措施设防烈度为 7 度，钢筋混凝土结构抗震等级为二级，钢结构抗震等级为三级。

## 四、设计计算程序

结构整体受力分析及抗震验算采用北京盈建科软件股份有限公司院研制的盈建科建筑结构计算软件（YJK－A）V3.1 版，结构规则性信息为不规则。

## 五、主要结构材料

1. 混凝土结构部分：

（1）混凝土耐久性要求：

| 环境类别 | 最大水胶比 | 最小水泥用量 | 最大氯离子含量 | 最大碱含量 |
|---|---|---|---|---|
| 二（b） | 0.50 | $275kg/m^3$ | 0.15% | $3.0kg/m^3$ |

（2）材料：基础垫层为 C15 混凝土；基础、地梁、女儿墙等混凝土构件为 C30。

（3）混凝土保护层厚度：

| 环境类别 | 混凝土板 | 地梁、梁 | 现浇柱 | 基础 |
|---|---|---|---|---|
| 二（b） | 25mm | 35mm | 35mm | 40mm |

**图 7.2.3-09-1　HA-220-A2-10　工程结构设计说明 1**

（4）钢筋：Φ为 HPB300 级钢筋，Φ为 HRB400 级钢筋；型钢及埋件用钢材为 Q235B、Q355B。

（5）钢筋的强度标准值应具有不小于 95% 的保证率。框架中纵向受力钢筋的抗拉强度实测值与屈服强度实测值的比值不应小于 1.25，且屈服强度实测值与强度标准值的比值不应大于 1.30；钢筋最大拉力下的总伸长率实测值不应小于 9%。

2. 钢结构部分：

（1）钢材材料选用表。

| 构件 | 材质 | 应符合的标准名称 | 应符合的标准代号 |
|---|---|---|---|
| 框架梁、柱、次梁、连接板 | Q355-B | 低合金高强度结构钢 | GB/T 1591—2018 |
| 柱内的水平加劲隔板、隅撑、梁加劲肋、锚栓 | Q235-B | 碳素结构钢 | GB/T 700—2006 |

（2）承重结构所用的钢材应具有屈服强度、抗拉强度、断后伸长率和硫、磷含量的合格保证，对焊接结构尚应具有碳当量的合格保证。焊接承重结构及重要的非焊接承重结构采用的钢材应具有冷弯试验的合格保证。

（3）连接材料选用表。

| 连接材料 | | 应符合的标准名称 | 应符合的标准代号 | 备注 |
|---|---|---|---|---|
| 普通螺栓 | | 六角头螺栓　C 级 | GB/T 5780—2016 | 采用 4.6 级 |
| 承压型连接高强度螺栓 | | 钢结构用高强度大六角头螺栓 | GB/T 1228—2006 | 采用 10.9 级 |
| | | 钢结构用高强度大六角螺母 | GB/T 1229—2006 | |
| | | 钢结构用高强度垫圈 | GB/T 1230—2006 | |
| | | 钢结构用高强度大六角头螺栓、大六角螺母、垫圈技术条件 | GB/T 1231—2006 | |
| 钢梁上翼缘栓钉 | | 电弧螺柱焊用圆柱头焊钉 | GB/T 10433—2002 | 采用 B1 型，$d$=19mm |
| 手工焊接焊条 | Q235 与 Q235 焊 | 非合金钢及细晶粒钢焊条 | GB/T 5117—2012 | E43XX |
| | Q235 与 Q355 焊 | | | |
| | Q355 与 Q355 焊 | 热强钢焊条 | GB/T 5118—2012 | E50XX |
| 自动焊或半自动焊用焊丝 | Q235 与 Q235 焊 | 非合金钢及细晶粒钢药芯焊丝 | GB/T 10045—2018 | E43XTX-X |
| | Q235 与 Q355 焊 | | | |
| | Q355 与 Q355 焊 | 热强钢药芯焊丝 | GB/T 17493—2018 | E50XTX-X |
| 埋弧焊用焊丝和焊剂 | Q235 与 Q235 焊 | 埋弧焊用非合金钢及细晶粒钢实心焊丝、药芯焊丝和焊丝-焊剂组合分类要求 | GB/T 5293—2018 | F4XX-H08A |
| | Q235 与 Q355 焊 | | | |
| | Q355 与 Q355 焊 | 埋弧焊用热强钢实心焊丝、药芯焊丝和焊丝-焊剂组合分类要求 | GB/T 12470—2018 | F48XX-H08MnA |

（4）屋面钢筋桁架楼承板，应符合《钢筋桁架楼承板》（JG/T 368—2012）的要求。

钢筋桁架楼承板除楼板自重外的施工活荷载标准值不应大于 1.5kN/m$^2$。

（5）墙檩采用热镀锌带钢压制而成的檩条，镀层标准为 A 级，度锌量为 250～275g/m$^2$。

（6）钢材的屈服强度实测值与抗拉强度实测值的比值不应大于 0.85；应有明显的屈服台阶；伸长率应大于 20%；应有良好的可焊性。

（7）钢框架梁柱节点、主次梁连接均采用 10.9 级摩擦型高强度螺栓，柱底板与基础连接采用 Q355B 钢锚栓，均应符合《紧固件机械性能　螺栓、螺钉和螺柱》（GB/T 3098.1—2010）的规定。

**六、钢结构制造、安装和构件连接**

1. 钢结构在制作前，应按设计要求编制施工图的深化设计，钢结构的制作和安装须根据加工详图进行。修改设计应取得设计院同意，并编制相应的制作工艺和安装施工组织设计。

2. 加工单位所订购的钢材及连接材料必须符合设计要求，当确有必要代用时应经设计认可。所有材料均应有质量合格证明。

3. 钢结构的材料、放样、号料和切割、矫正、弯曲和边缘加工、制作摩擦面的加工、除锈、编号和发运应遵照《钢结构工程施工质量验收标准》（GB 50205—2020）的有关规定。

4. 钢构件在运输、吊装过程中，应采取可靠措施，防止出现变形、失稳和坠落，防止产生加工精度超规，影响工程质量。钢结构的安装吊装应进行计算，防止在吊装中构件产生永久变形。钢结构安装施工时，应设置可靠的支护体系。

5. 柱、主梁等大型构件安装时应随即进行校正。为了减少安装偏差和焊接应力，平面上应从建筑物中间向四周扩散安装。

6. 加工时，除特殊注明外，跨度大于 8m 的两端铰接钢梁和跨度大于 10m 的刚接钢梁，须在跨中起拱 1/1500。

7. 钢框架梁和框架柱之间的连接采用刚接。次梁与主梁的连接采用铰接。在工地，采用摩擦型高强度螺栓连接。

8. 框架分段连接采用高强度螺栓，接触面不需特殊处理。

9. 钢梁预留孔洞，按照设计图纸所示尺寸、位置，在工厂制孔，并按设计要求进行。

10. 高强度螺栓孔径比杆径大 1.5～2.0mm，普通螺栓孔径比杆径大 1.0～1.5mm。高强度螺栓应能自由穿入组装的板件螺孔内，如不吻合不允许强行打入，而应更换连接板。高强度螺栓孔应采用机钻成孔，不得气割成孔。

11. 在高强度螺栓连接范围内，构件接触面采用喷砂处理，要求抗滑移系数为 0.45。制作单位应进行抗滑移系数试验，安装单位应进行复验。现场处理的构件摩擦面应单独试验。

12. 上下翼缘和腹板的拼接缝应错开，并避免与加劲肋板重合，腹板拼接缝与它平行的加劲板至少相距 200mm，腹板拼接缝与上下翼缘至少相距 200mm。对接焊缝应符合《钢结构工程施工质量验收标准》（GB 50205—2020）的要求，且不低于一级。

13. 所有钢梁横向加劲板与上翼缘板连接处，加劲板上端要求刨平顶紧后施焊。

14. 焊缝等级：构件对接焊缝为一级，其他焊缝为二级。板材拼接焊缝为一级坡口全溶透焊缝。

15. 直角角焊缝的焊角尺寸不宜大于较薄焊件厚度的 1.2 倍，长度均为满焊。图中未注明的角焊缝均为 6mm，长度均为满焊。未注明的圆弧半径均为 35mm。

16. 柱脚锚固螺栓安装、紧固均采用双螺母，埋设时须用铁件固定，保证安装准确。

17. 柱脚锚栓埋设位移偏差不大于 2mm。标高控制必须满足螺栓在混凝土内握裹长度及螺杆丝扣露出的长度。

18. 柱脚处柱翼、腹板和加劲板，梁支座支承板下端要求刨平顶紧后施焊。

19. 柱子安装完毕后，必须将锚栓垫板与柱底板焊牢，锚栓垫板与螺母进行点焊，且不得损伤螺栓母材。

**图 7.2.3-09-2　HA-220-A2-10　工程结构设计说明 2**

20. 所有工艺专业的设备吊重均应焊接于钢梁底，在钢梁上设备吊点处对称增设加劲肋板（见附图一）。

21. 钢梁柱构件编号（见附图二）。

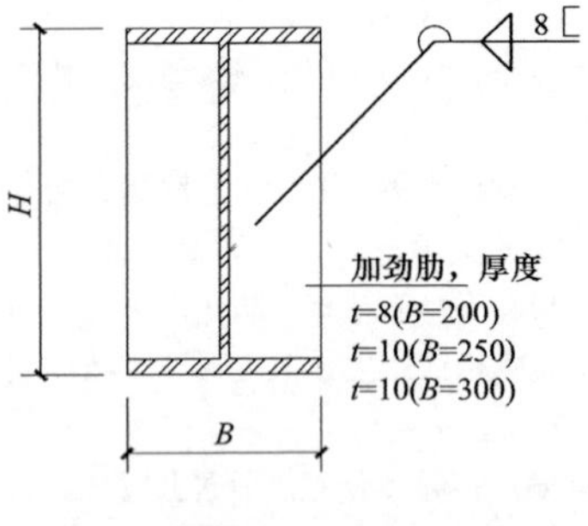


附图一

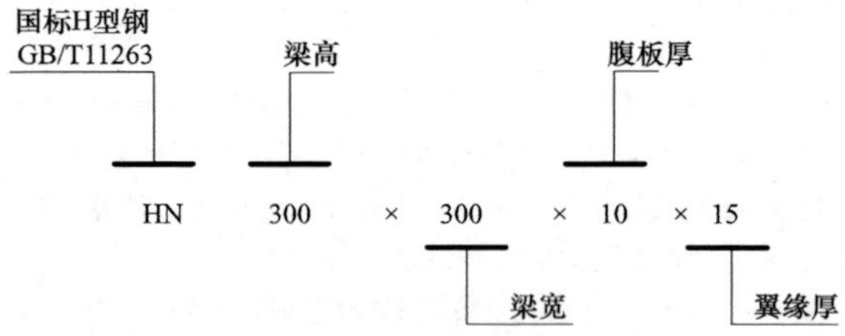


附图二

**七、钢结构构件的涂装要求**

1. 所有构件涂漆前均应严格进行金属表面喷砂防锈处理，除锈等级要求达到《涂覆涂料前钢材表面处理表面清洁度的目视评定　第 1 部分：未涂覆过的钢材表面和全面清除原有涂层后的钢材表面的锈蚀等级和处理等级》（GB/T 8923.1—2011）中的 Sa21/2 等级规定。

2. 钢构件出厂前不需要涂漆部位：与混凝土紧贴或埋入混凝土内的钢构件；高强度螺栓连接点的摩擦面；箱型柱内的封闭区；地脚螺栓和底板；工地焊接部位及两侧 100mm，且要满足超声波探伤要求的范围。但工地焊接部位及两侧应进行不影响焊接的防锈处理。在除锈后刷涂防护保护漆。

3. 除上述所列范围以外的钢构件表面，钢材经除锈制作完成出厂前，涂环氧富锌底漆二道 70μm，环氧云铁中漆二道 60μm，聚氨酯面漆二道 70μm。焊接区除锈后涂专用坡口焊保护漆两道。

4. 构件安装后需补漆部位：

1）高强度螺栓未涂刷部位；工地焊接区；经碰撞脱漆的工厂油漆部分，均涂防锈底漆一道。

2）高强度螺栓终拧完毕并检查合格后，除按要求进行涂装，连接处的缝隙应嵌刮硅酮耐候密封胶。

3）整个构件涂防锈底漆两道，保证最终达到二底、一中、一面配套防锈层。

5. 涂装后的漆膜外观应均匀、平整、丰满而有光泽，不允许有咬底、裂纹、剥落、针孔等缺陷。涂层厚度用磁厚仪测定，总厚度应达到设计规定的要求。

**八、钢结构构件的防火要求**

1）房屋梁板柱均为不燃烧体。钢柱耐火极限不低于 2.5h，钢梁耐火极限不低于 2.0h，屋面承重系统耐火极限不低于 1.5h。

2）防火保护材料应为绝缘性好，具有一定的抗冲击能力，能牢固附在构件上，又不腐蚀钢材，且经当地消防部门认可的薄型、超薄型防火涂料、厚型或不燃性板材。

3）防火涂料的保护层厚度确定必须以型式检测报告为依据。做法见 06SG501-P8、P9 的规定。

4）防火涂料的检验及质量合格判定应遵守《钢结构防火涂料》（GB 14907—2018）的相关规定。

**九、焊缝检查及检测**

1. 所有超声波检查方法遵照《焊缝无损检测　超声波检测　技术、检测等级和评定》（GB/T 11345）及有关规定和要求进行焊接质量检查。

2. 焊缝表面缺陷及焊缝内部缺陷应严格按照《钢结构工程施工质量验收标准》（GB 50205—2020）的相关要求进行。

**十、施工安装要求**

1. 楼层标高采用设计标高控制，由柱拼接焊接引起钢柱的收缩变形或其他压缩变形，需在构件制作时逐节进行考虑确定柱的实际长度。

2. 柱安装时，每一节柱的定位轴线不应使用下根柱子的定位轴线，应将地面控制轴线引到高空，以保证每节柱安装正确无误。

3. 钢结构施工时，宜设置可靠的支护体系以保证结构在各种荷载作用下的稳定性和安全性。

**十一、钢结构使用维护要求**

1. 使用单位应每隔五年对所有钢结构外观进行一次全面检查，发现局部锈蚀应及时进行修补。

2. 使用单位在使用过程中发现严重超出规范的变形、位移、材料损坏等情况，应及时向设计、施工等单位书面反映。

3. 使用及维护应满足相关设备、材料生产技术标准及工艺的相关规定。

**十二、其他**

1. 图中凡未注明单位的尺寸，除标高为米（m）外，其余均为毫米（mm）。

2. 钢梁栓钉均采用 M16×100 高规格，钢梁翼缘宽度不小于 200mm 时，设双排栓钉，间距为 100mm，纵向间距为 200mm；梁翼缘宽度小于 200mm 时，设单排栓钉，纵向间距为 200mm。

3. 预埋件采用镀锌防腐（锚筋不镀锌），预埋件严禁手工切割，机械切割后应将四周打磨光滑，预埋件四周设缝，缝宽 2～4mm，缝深同埋件厚度，缝内用硅酮耐候密封胶密封。预埋件排气孔设置要求详见《国家电网公司输变电工程标准工艺》设计图集，标准工艺编号为 0101020301。

4. 预埋件采用 Q235B 钢，锚筋采用 HRB400 级钢筋。锚筋的焊接要求：直锚筋与锚板应采用 T 型焊，锚筋直径不大于 20mm 时，宜采用压力埋弧焊；锚筋直径大于 20mm 时，宜采用穿孔塞焊。

5. 严禁在钢梁腹板上直接焊接设备吊重，严禁悬挑支撑和承担侧向水平力。

6. 本套图纸为钢结构施工图，施工单位应根据本施工图对钢结构部分进行深化设计。

7. 本设计图纸经有关部门审查并经技术交底和图纸会审后实施施工，图纸若修改，须经设计单位同意。

8. 不允许两台及以上电动葫芦同时工作，同一时间只允许一台电动葫芦处于工作状态。

9. 以下为部分施工中会应用到的图、表。

10. 本说明未详尽处，应遵照现行国家有关规范与规程规定施工。

**单个高强螺栓预拉力值 *P*（kN）**

| 螺栓性能等级 | 螺栓的公称直径（mm） | | | | | |
|---|---|---|---|---|---|---|
| | M16 | M20 | M22 | M24 | M27 | M30 |
| 8.8 级 | 80 | 125 | 150 | 175 | 230 | 280 |
| 10.9 级 | 100 | 155 | 190 | 225 | 290 | 355 |

**图 7.2.3-09-3　HA-220-A2-10　工程结构设计说明 3**

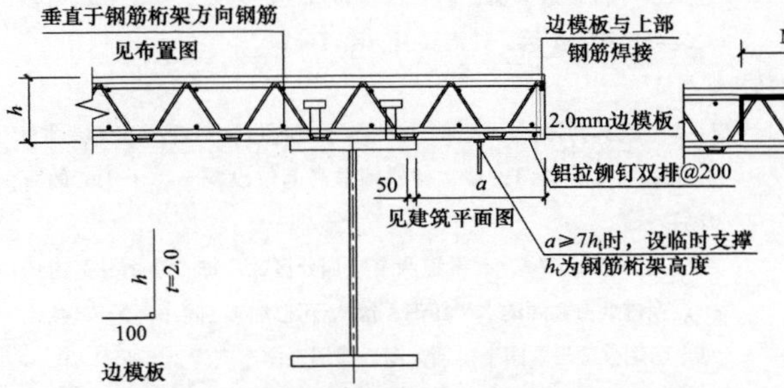


桁架上下弦钢筋与梁垂直且悬挑较长时

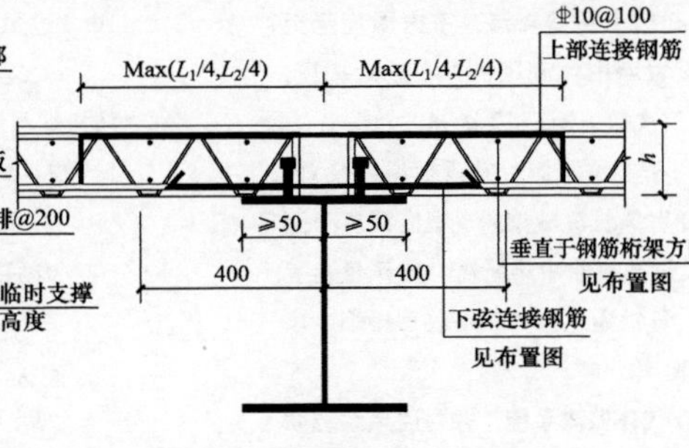


楼层板中间节点二

注：楼承板断开处加设上下弦连接钢筋
$L_1$、$L_2$为左右板短向跨度。

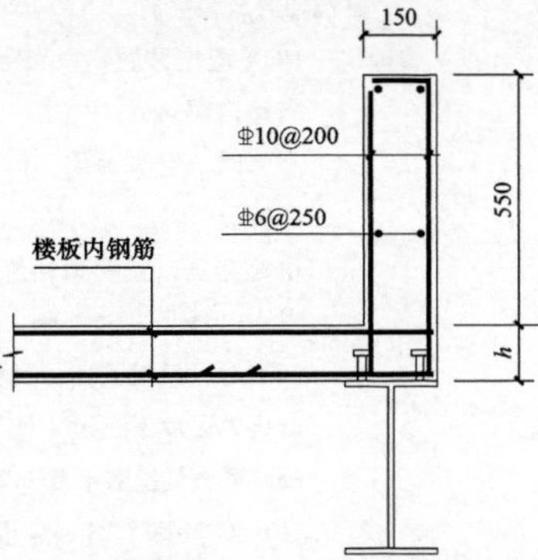


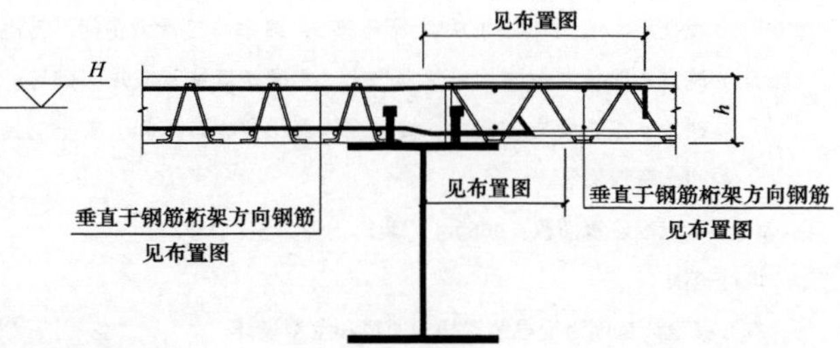


板中节点二

用于楼承板垂直相交处

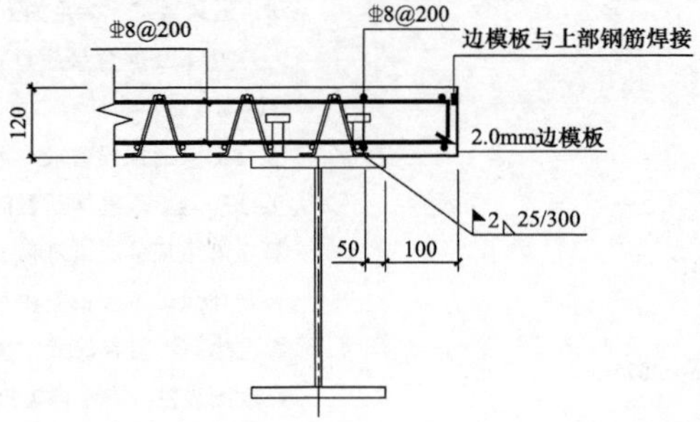


1

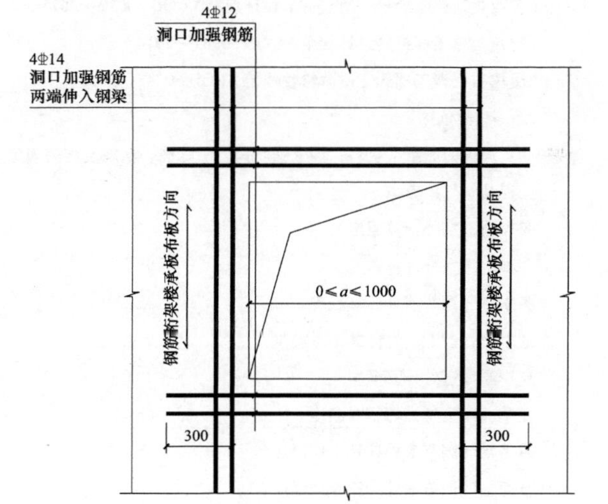


无梁洞口处节点

注：无梁洞口位置，大小根据相关专业确定预留，在楼板混凝土浇筑完毕，达到设计强度后，将洞口范围内钢筋桁架楼承板割除。

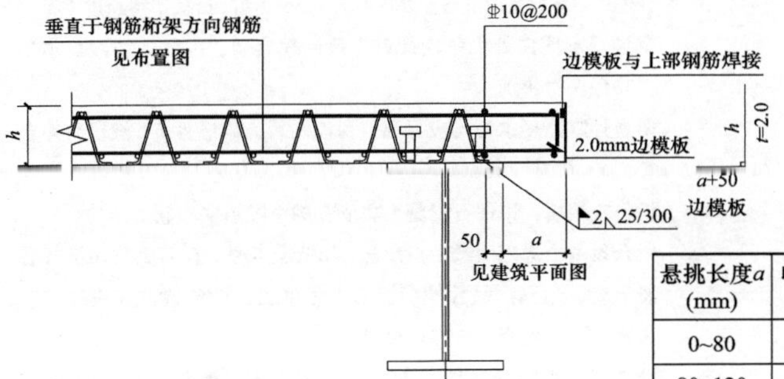


桁架上下弦钢筋与梁平行且悬挑较短时

| 悬挑长度a (mm) | 收边板厚t (mm) |
|---|---|
| 0~80 | 1.2 |
| 80~120 | 1.5 |
| 120~180 | 2.0 |
| 180~250 | 2.6 |

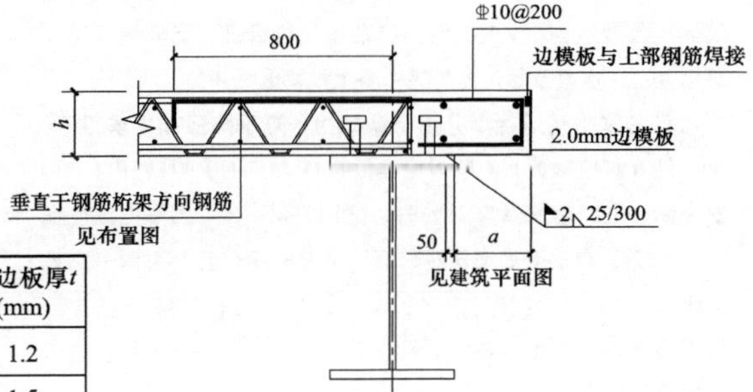


桁架上下弦钢筋与梁垂直且悬挑较短时

图 7.2.3-09-4　HA-220-A2-10　工程结构设计说明 4

一、 工程概况

1. 本方案为国网河南省电力公司标准化 220–A2–10 方案。

建筑结构形式为钢框架结构。

2. 本工程为全户内变电站，配电装置楼为地上 2 层、地下 1 层电缆夹层。地上 1 层为 10kV 配电室、GIS 室、二次设备间、蓄电池室、防汛器材室、应急操作室、主变压器室及散热器间等；地上 2 层布置电容器室、接地变压器小室、备用间、安全工具间、资料室等。

3. 本工程建筑面积：4866m$^2$。建筑占地面积：2552.3m$^2$。

二、 设计范围

本方案设计范围为配电装置楼的通风和空调设计。

三、 设计依据

1. 标准规范

《220kV～500kV 户内变电站设计规程》（DL/T 5496—2015）

《建筑设计防火规范》（GB 50016—2014）（2018 年版）

《火力发电厂与变电站设计防火标准》（GB 50229—2019）

《建筑防烟排烟系统技术标准》（GB 51251—2017）

《工业建筑供暖通风与空气调节设计规范》（GB 50019—2015）

《建筑机电工程抗震设计规范》（GB 50981—2014）

《通风与空调工程施工质量验收规范》（GB 50243—2016）

2. 其他依据

业主提供的图纸、资料；国家强制执行的标准、法规及有关规定。

四、 工程基本气象参数

| | |
|---|---|
| 冬季采暖室外计算温度 | −3.2℃ |
| 冬季通风室外计算温度 | 0.7℃ |
| 冬季空气调节室外计算温度 | −5.5℃ |
| 冬季空气调节室外计算相对湿度 | % |
| 夏季通风室外计算温度 | 30.9℃ |
| 夏季通风室外计算相对湿度 | 66% |
| 夏季空气调节室外计算干球温度 | 35.1℃ |
| 夏季空气调节室外计算湿球温度 | 27.9℃ |
| 冬季室外平均风速 | 2.4m/s |
| 夏季室外平均风速 | 2.2m/s |
| 历年极端最低温度 | −19.6℃ |
| 历年极端最高温度 | 41.9℃ |

五、 建筑物通风和空调

1. 10kV 配电装置室设置空调器用于夏季降温，并设置温控装置，当室内温度达 29℃时，自动开启空调器降温，室内温度降至 25℃时，空调关闭；同时，设置墙内轴流风机为事故后排风，风机带自闭百叶，事故通风换气次数不低于 12 次 /h。

2. 电容器室设置屋顶轴流风机用于夏季降温，并设置温控装置，当室内温度达 35℃时，自动开启风机机械排风，室内温度降至 30℃时，风机关闭。风机排风量按排除余热所需的排风量及夏季排风温度不超过 40℃计算，日常通风换气兼事故后排烟，事故通风换气次数不低于 12 次 /h。

3. 110kV/220kV GIS 室应设置 $SF_6$ 气体监测系统，并与通风系统联动，通风系统应满足如下要求：

（1）空气中 $SF_6$ 的含量超过 6000mg/m$^3$，气体监测装置联动开启通风系统。

（2）正常时，通风设备应满足低位排风口换气次数不低于 2 次 /h 的要求；当 $SF_6$ 气体泄漏时，事故通风量不应少于 4 次 /h，由设置上部屋顶轴流风机和下部的墙内轴流风机同时开启。

（3）系统排风口不应布置在人员经常停留或经常通过的地点。

4. 蓄电池室设置直流式空调器用于夏季降温、冬季采暖。室内设置温控装置，当室内温度达 25℃时，自动开启空调器降温，室内温度降至 20℃时，空调关闭；冬季当室内温度低于 15℃时，自动开启空调器采暖，室内温度升至 20℃时，空调关闭；同时设置 2 个墙内轴流风机做事故排风（一用一备），事故通风换气次数不低于 6 次 /h；当蓄电池室内设置带报警功能的氢气浓度检测仪时，排风机应与氢气浓度检测仪联锁，当室内空气中氢气体积浓度达到 1% 时，联锁启动屋顶排风机。空调机及排风机应分别在室内及靠近外门的外墙上设置电气开关。

5. 二次设备室采用风冷型分体空调机用于夏季降温和冬季采暖，室内设置温控装置，夏季当室内温度达 25℃时，自动开启空调器降温，室内温度降至 28℃时，空调关闭；冬季当室内温度低于 16℃时，自动开启空调器采暖，室内温度升至 18℃时，空调关闭。

6. 资料室采用风冷型分体空调机用于夏季降温和冬季采暖，室内就地手动启停。

7. 所有的空调系统和通风系统的电源均与消防报警系统联锁。火灾时，所有通风空调设备电源开关应能够自动切断。

8. 消防报警系统动作时，切断相关电源设备停运。当火灾确认被扑灭后，手动打开风机排风。

9. 空调选用高效变频节能空调，能效应达到国家空调能效等级 2 级水平。

10. 进风百叶自带过滤器，防火百叶风口还应有防火阀。风机内侧安装可拆卸防护网，外侧安装防雨百叶窗。

六、 防排烟系统

1. 1、2 号楼梯间为封闭楼梯，通向地下楼梯可自然通风，首层设有直通室外的疏散门；地上楼梯间最高部位设置不小于 1m$^2$ 的可开启外窗。

2. 二层走廊总长 67m，需设置两个防烟分区，且每个防烟分区内任一点到排烟窗之间的水平距离不能大于建筑内空间净高的 2.8 倍；每个防烟分区设置两个排烟天窗。排烟天窗选型详见 09J621–3。

3. 二层走廊设挡烟垂壁，用不燃烧材料制成，从楼板下垂 1m 设固定挡烟设施。

4. 风管穿过防火隔墙、楼板和防火墙时，穿越处风管上的排烟防火阀两侧各 2.0m 范围内的风管应采用耐火风管或风管外壁应采取防火保护措施，且耐火极限不应低于该防火分隔体的耐火极限。

七、 施工说明

1. 屋顶风机采用铝合金材料；墙内轴流风机采用玻璃钢材料。安装时，必须采用橡胶隔振垫；底座必须与安装处基平面自然接合，不得敲打螺栓强制连接，以防底座变形，安装时应用水平尺校正机座，加垫以保持其水平位置，然后将地脚螺栓旋紧。

2. 所有空调器的室外机外壳要求采用优质钢板表面静电喷涂或不锈钢材料，机组露天放置不易生锈；所有空调机在运行过程中要达到噪声允许标准：≤60dB。

3. 分体式空调器室内机与室外机不大于 5m 为好，最长不得超过 10m。

4. 空调器配室内外机各连接管（包括气液管、电气管和冷凝水管及其保温材料）。

5. 所有外露冷凝水管均应保温，保温材料为阻燃性 B1 橡塑海绵套管，$K$≤0.034W/mK。

6. 设备安装后，用细石混凝土将墙孔的空隙填实、粉光。

7. 所有设备应选用低噪声型产品，降低噪声源。设备到货后进行必要检查，达到产品性能指标后方可施工，设备就位前应对其安装孔洞进行检查，合格后再进行安装。

8. 分体式空调机安装参见 94K303《分体式空调器安装》。空调室内机落地（壁挂）安装，室外机安装在屋外土建基础上。二次设备室风管式空调机避免风口直吹室内屏柜。

9. 屋顶轴流风机的安装参见 12K101–2《屋顶风机安装》21 页，侧墙轴流风机的安装参见 12K101–1《轴流通风机安装》甲型安

**图 7.2.3–10–1　HA–220–A2–10　配电装置楼暖通设计说明 1**

装图。风机安装位置以土建留孔为准。

10. 空调机尺寸仅为示意，具体尺寸以现场到货为准，空调室内机可根据现场情况适当调整位置，应尽量避开电缆沟入口。

11. 所有空调的室外机均布置在屋顶，根据设备招标后的底座实际尺寸确定基础大小。

12. 风机等设备除参照国标图集安装外，还应符合国网《标准工艺设计图集》(变电工程部分)，详见下表2。

八、建筑机电工程抗震设计专篇

1. 为防止地震时通风空调设备及管道系统失效或跌落造成人员伤亡及财产损失，根据《建筑抗震设计标准》(GB 50011—2010)第1.0.2条、第3.7.1条及《建筑机电工程抗震设计规范》(GB 50981—2014)第1.0.4条等强制性条文，对机电管线系统进行抗震加固。本工程对直径不小于DN65的管道设置抗震支吊架，且此项目抗震支吊架产品需通过FM认证，支架与混凝土、钢结构、木结构等主体结构须采取可靠的锚固形式。

2 抗震支吊架的设置原则为：新建工程刚性管道侧横向抗震支撑最大设计间距12m，纵向抗震支撑最大设计间距24m，柔性管道上述参数减半，为保证抗震系统的整体安全性，对长度低于300mm的吊杆，也建议进行适当的补强，最终间距根据现场实际情况在深化设计阶段确定。

3. 所有产品需满足《建筑机电设备抗震支吊架通用技术条件》(CJ/T 476—2015)。本设计说明同图纸具有同等效力，二者有矛盾时，甲方或施工单位应及时和设计院沟通以便及时更改。

**主要设备材料表**

| 序号 | 设备名称 | 型号及规格 | 单位 | 数量 | 备注 |
|---|---|---|---|---|---|
| 1 | 低噪声屋顶风机 | DWT-I-8 | 台 | 2 | 电缆夹层<br>机械通风兼灾后通风 |
| | | 风量：22392m³/h 全压：117Pa | | | |
| | | 功率：1.5kW | | | |
| 2 | 消音轴流式屋顶风机 | DWT-I-9 | 台 | 3 | 主变压器室<br>事故后排烟兼做平时通风 |
| | | 风量：25000m³/h 全压：156Pa | | | |
| | | 功率：2.2kW | | | |
| 3 | 低噪声屋顶风机 | DWT-I-7 | 台 | 9 | 并联电抗器室<br>接地变压器小室<br>事故后排烟兼做平时通风 |
| | | 风量：12000m³/h 全压：85Pa | | | |
| | | 功率：0.75kW | | | |
| 4 | 防腐防爆型轴流风机 | BT35-F-2.8 | 台 | 2 | 蓄电池室<br>事故风机<br>(一用一备) |
| | | 风量：1650m³/h 全压：85Pa | | | |
| | | 功率：0.06kW | | | |
| 5 | 低噪声屋顶风机 | DWT-I-5 | 台 | 4 | GIS室<br>事故后排烟 |
| | | 风量：4100m³/h 全压：96Pa | | | |
| | | 功率：0.25kW | | | |
| 6 | 壁挂式空调 | KFR-50NW/D | 台 | 2 | 蓄电池室、资料室 |
| | | 制冷量：5000W 输入功率：2.52kW/12.5A | | | |
| | | 制热量：6000W 输入功率：2.53kW/12.0A | | | |
| 7 | 风管式空调室内机 | GMV-NDR125PH/A | 台 | 8 | 二次设备间<br>10kV配电装置室 |
| | | 额定制冷量12.5kW 额定制热量10.0kW | | | |
| | | 输入功率0.56kW 220V 54dB(A) | | | |
| 8 | 低噪声轴流风机 | DZ-3.5 | 台 | 4 | GIS室<br>事故后排烟兼做平时通风 |
| | | 风量：4100m³/h 全压：96Pa | | | |
| | | 功率：0.25kW | | | |
| 9 | 低噪声轴流风机 | DWT-I-7 | 台 | 1 | 10kV配电装置室<br>事故后排烟兼做平时通风 |
| | | 风量：12500m³/h 全压：121Pa | | | |
| | | 功率：1.5kW | | | |
| 10 | 风管式空调室外机 | GMV-730W/A1 | 台 | 8 | |
| | | 额定制冷量12.5kW 额定制热量10.0kW | | | |
| | | 输入功率4.5kW 380V 54dB(A) | | | |
| 11 | 低噪声轴流风机 | DWT-I-7 | 台 | 6 | 电容器室<br>事故后排烟兼做平时通风 |
| | | 风量：12500m³/h 全压：121Pa | | | |
| | | 功率：1.5kW | | | |
| 12 | 风管式空调室外机 | GMV-730W/A1 | 台 | 8 | |
| | | 额定制冷量12.5kW 额定制热量10.0kW | | | |
| | | 输入功率4.5kW 380V 54dB(A) | | | |

**表1　室内设计参数**

| 房间名称 | 设计温度(℃) | | 相对湿度(%) | | 通风 | |
|---|---|---|---|---|---|---|
| | 夏季 | 冬季 | 夏季 | 冬季 | 通风方式 | 换气次数(次/h) |
| 10kV配电装置室 | 30 | | | | 自然进风，机械排风 | ≥12 |
| GIS室 | 40 | | | | 自然进风，机械排风 | ≥4 |
| 电容器室 | 40 | | | | 自然进风，机械排风 | ≥12 |
| 蓄电池室 | 30 | 20 | | | 自然进风，机械排风 | ≥6 |
| 二次设备室 | 28 | 18 | 70 | | 自然通风 | |
| 资料室 | 28 | 18 | | | 自然通风 | |

**表2　通风空调专业标准工艺汇总表**

| 序号 | 名称 | 编号 |
|---|---|---|
| 1 | 屋顶风机 | 0101011401 |
| 2 | 墙体轴流风机 | 0101011402 |
| 3 | 通风百叶窗 | 0101011403 |
| 4 | 空调室外机布置 | 0101011502 |

图7.2.3-10-2　HA-220-A2-10　配电装置楼暖通设计说明2

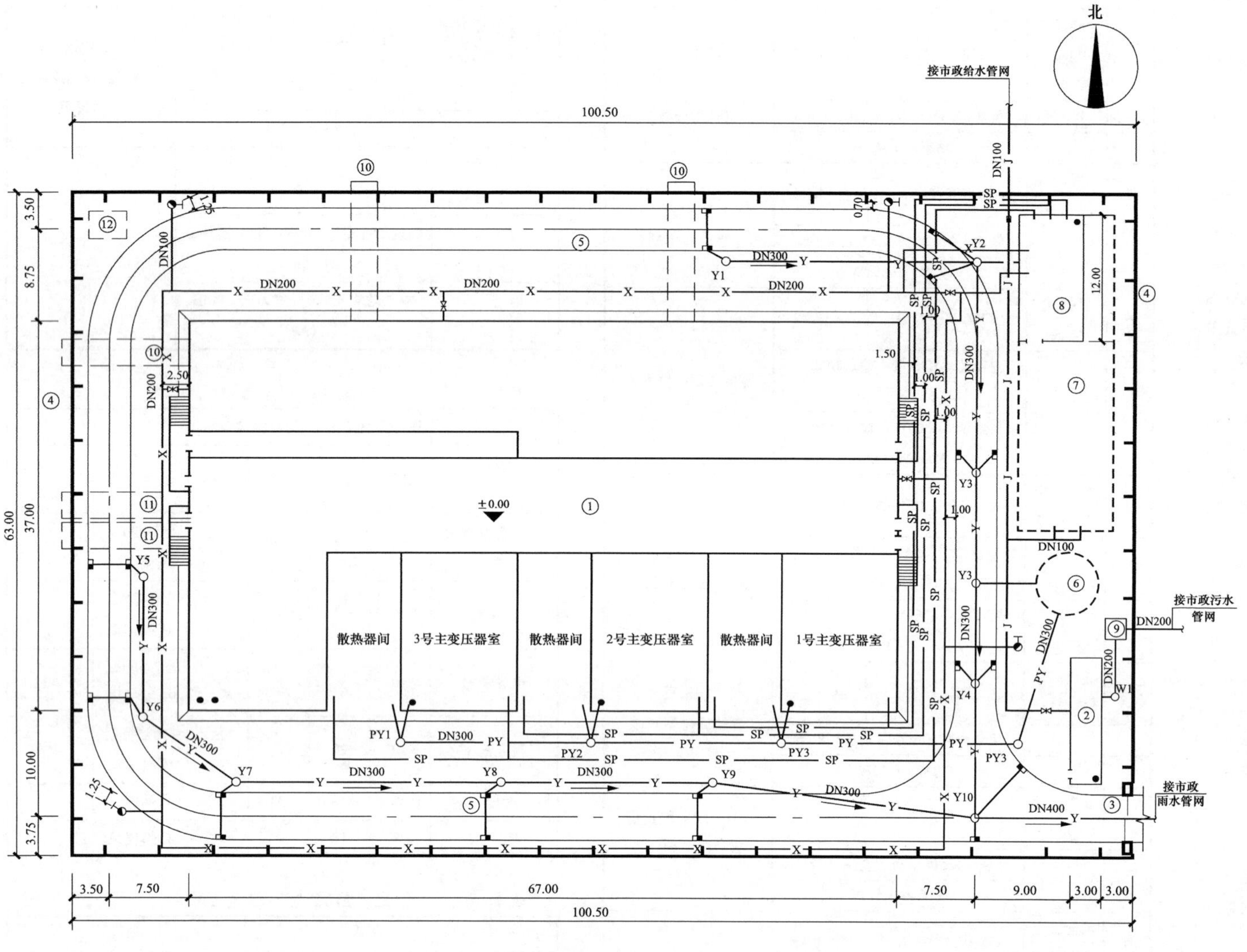


给排水总平面布置图 1:300

建（构）筑物一览表

| 编号 | 名称 | 单位 | 数量 | 备注 |
|---|---|---|---|---|
| ① | 配电装置楼 | 栋 | 1 | |
| ② | 辅助用房 | 栋 | 1 | |
| ③ | 电动平开大门 | 樘 | 1 | |
| ④ | 围墙（装配式） | m | 327 | |
| ⑤ | 道路 | m² | 1166 | |
| ⑥ | 事故储油井 | 座 | 1 | 110m³ |
| ⑦ | 消防水池 | 座 | 1 | 地下 |
| ⑧ | 消防泵房 | 座 | 1 | 地下 |
| ⑨ | 化粪池 | 座 | 1 | 地下 |
| ⑩ | 2.5m×2.5m 电缆隧道 | m | 42.5 | 出围墙外 1m |
| ⑪ | 2.5m×2.0m 电缆隧道 | m | 24 | |
| ⑫ | 施工电源 | 座 | 1 | |

注 本期上一台变压器，水喷雾灭火系统和雨淋阀等只上本期，其余应预留接口。

图 例

| 序号 | 图示 | 名称 |
|---|---|---|
| 1 | ——J—— JL− | 生产、生活给水系统 给水管及其立管 |
| 2 | ——W—— ○W1 | 生产、生活污水系统 给水管及其立管 |
| 3 | ——X—— XL− | 室内外消火栓系统 给水管及其立管 |
| 4 | ——PY—— ⦶PY1 | 事故排油管道 排油水封井 |
| 5 | ——SP—— | 水喷雾灭火系统 |
| 6 | ——Y—— ○Y1 | 雨水管道系统 雨水检查井 |
| 7 | XHS1 | 室外消火栓 |
| 8 | | 水表井 |
| 9 | | 闸阀井 |

图 7.2.3-11 HA-220-A2-10 站区给排水管道平面布置图

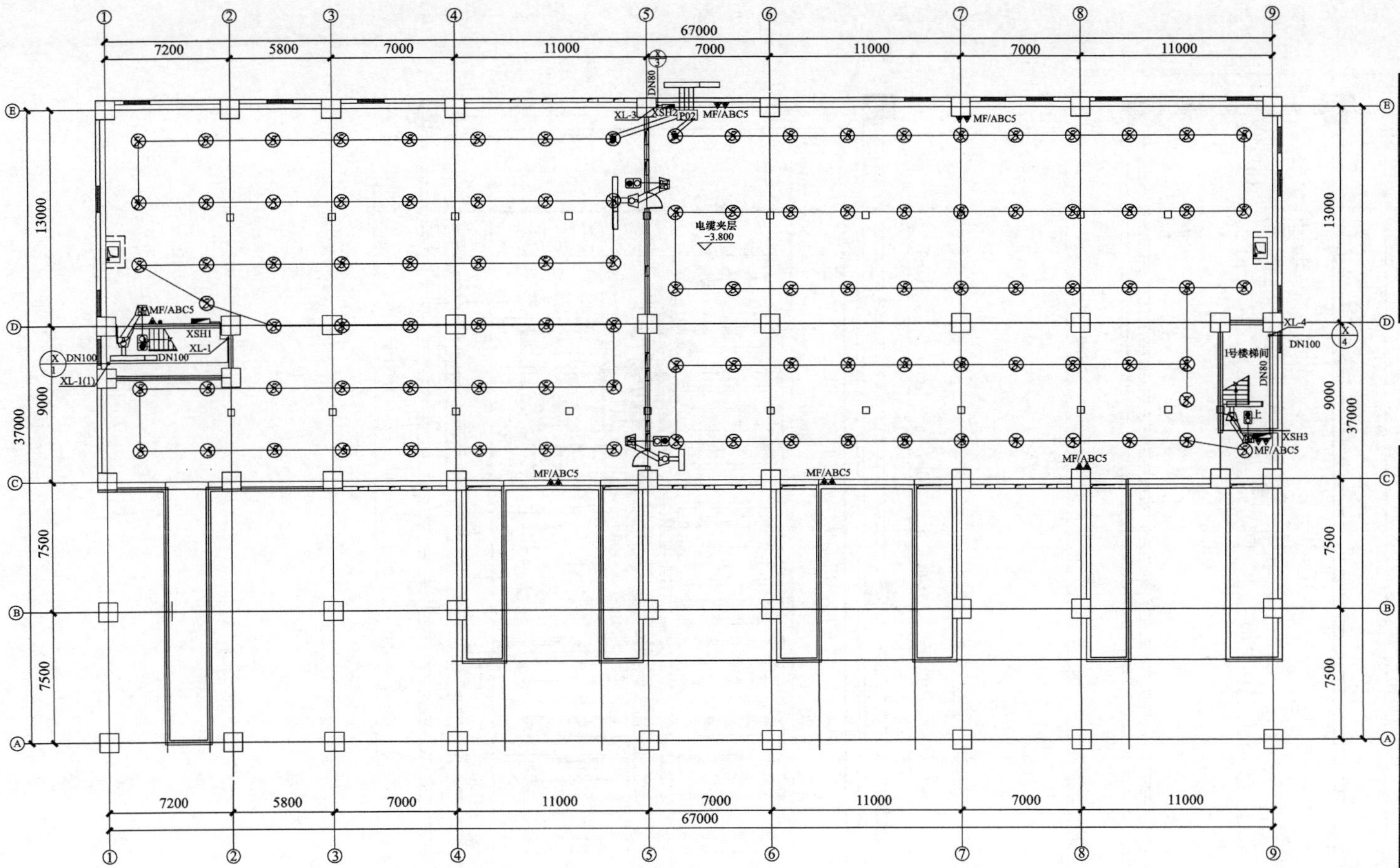


| 图例 | | | |
|---|---|---|---|
|  | 超细干粉灭火设备 | —— | 电源二总线 |
|  | 紧急启停按钮 | —— | 信号二总线 |
|  | 粉剂喷洒指示灯 |  | 智能电源箱 |
|  | 火灾声光报警器 | —— | 反馈线 |
| PO2 | 气体灭火控制器 / 火灾报警控制器 | —— | 启动电源线 |
| —— | 电源线 |  | 电缆桥架 |
| S | 点式光电感烟探测器 | ● | 反馈器 |
|  | 点式感温探测器 |  |  |

注　图中管线规格型号除平面图标注的外，全部参照系统图的要求，平面图中线对数没有标注的一律是两根。

超细干粉灭火装置安装示意图及材料明细

| 序号 | 设备材料及名称 | 型号 | 单位 | 数量 | 备注 |
|---|---|---|---|---|---|
| 1 | 贮压悬挂超细干粉灭火装置 | FZX-ACT 5.5/1.5-HLK | 具 | 100 | 电控 |
| 2 | 贮压悬挂超细干粉灭火装置 | FZX-ACT 5.5/1.5-HLK | 具 | 2 | 带反馈装置 |
| 3 | 消防电源 |  | 具 | 1 | DC24V/70A |
| 4 | 紧急启停按钮 |  | 具 | 4 |  |
| 5 | 声光报警器 |  | 具 | 4 |  |
| 6 | 气体喷洒指示灯 |  | 具 | 4 |  |
| 7 | 气体灭火控制器 |  | 具 | 1 |  |
| 8 | 点式光电感烟探测器 |  | 具 | n |  |
| 9 | 点式感温火灾探测器 |  | 具 | n |  |
| 10 | 电源线 |  | m |  | 数量根据现场实际情况定 |
| 11 | 反馈信号线 |  | m |  | 数量根据现场实际情况定 |
| 12 | 装置启动线 |  | m |  | 数量根据现场实际情况定 |
| 13 | 区域信号线 |  | m |  | 数量根据现场实际情况定 |
| 14 | 区域电源线 |  | m |  | 数量根据现场实际情况定 |
| 15 | RS485 通信线 |  | m |  | 数量根据现场实际情况定 |
| 16 | KBG 钢管 |  | m |  | 数量根据现场实际情况定 |
| 17 | 金属软管 |  | m |  | 数量根据现场实际情况定 |

注　上述导线长度及 KBG 钢管数为参考数据，具体米数应按现场情况而定。

超细干粉自动灭火装置设计技术参数表

| 参数　项目<br>防护区 | 容积（$m^3$） | 设计浓度（$kg/m^3$） | 灭火浓度检测值的 1.2 倍 | 防护区不密封度补偿系数 | 配置场所危险等级补偿系数 | 灭火装置设计用量（kg） | 灭火装置型号 | 具数 | 备注 |
|---|---|---|---|---|---|---|---|---|---|
| 防护区一 | 2488 | 0.065 | 1.2 | 1.1 | 1.1 | 235 | FZX-ACT5/1.5-HLK | 47 |  |
| 防护区二 | 2880 | 0.065 | 1.2 | 1.1 | 1.1 | 272 | FZX-ACT5/1.5-HLK | 55 |  |

说明：1. 选用复合材料超细干粉灭火剂，灭火剂有不吸潮、不结块、不导电、对设备无腐蚀等特点；不得采用磷酸铵盐灭火剂，防止磷酸铵盐吸潮后及灭火衍生物腐蚀、损毁设备。
2. 超细干粉灭火剂和灭火装置必须有 CCC 认证证书，且为同一家厂家生产。
3. 灭火剂设计灭火效能为 $65g/m^3$，当灭火剂检测报告的数值达不到此数值时，不得采用本设计。
4. 设备具有国家建筑工程质量监督检验中心出具的灭电缆火的检验报告。
5. 灭火剂有“无腐蚀性报告”“急性吸入无毒报告”“对皮肤无刺激性报告”。

**图 7.2.3-12　HA-220-A2-10　夹层给排水平面布置图**

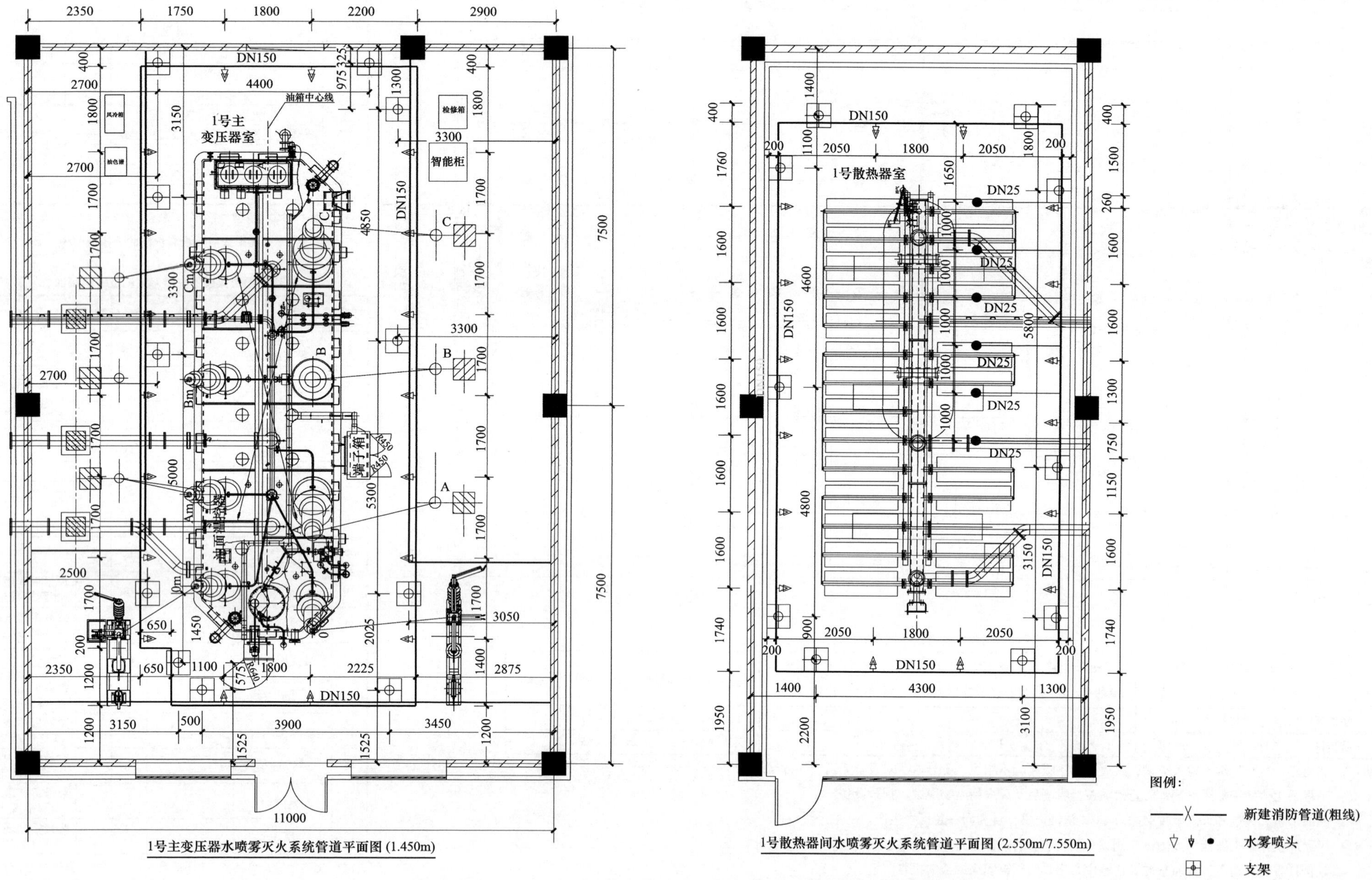


**图 7.2.3-13　HA-220-A2-10　主变压器水喷雾灭火管道及喷头平面布置图**

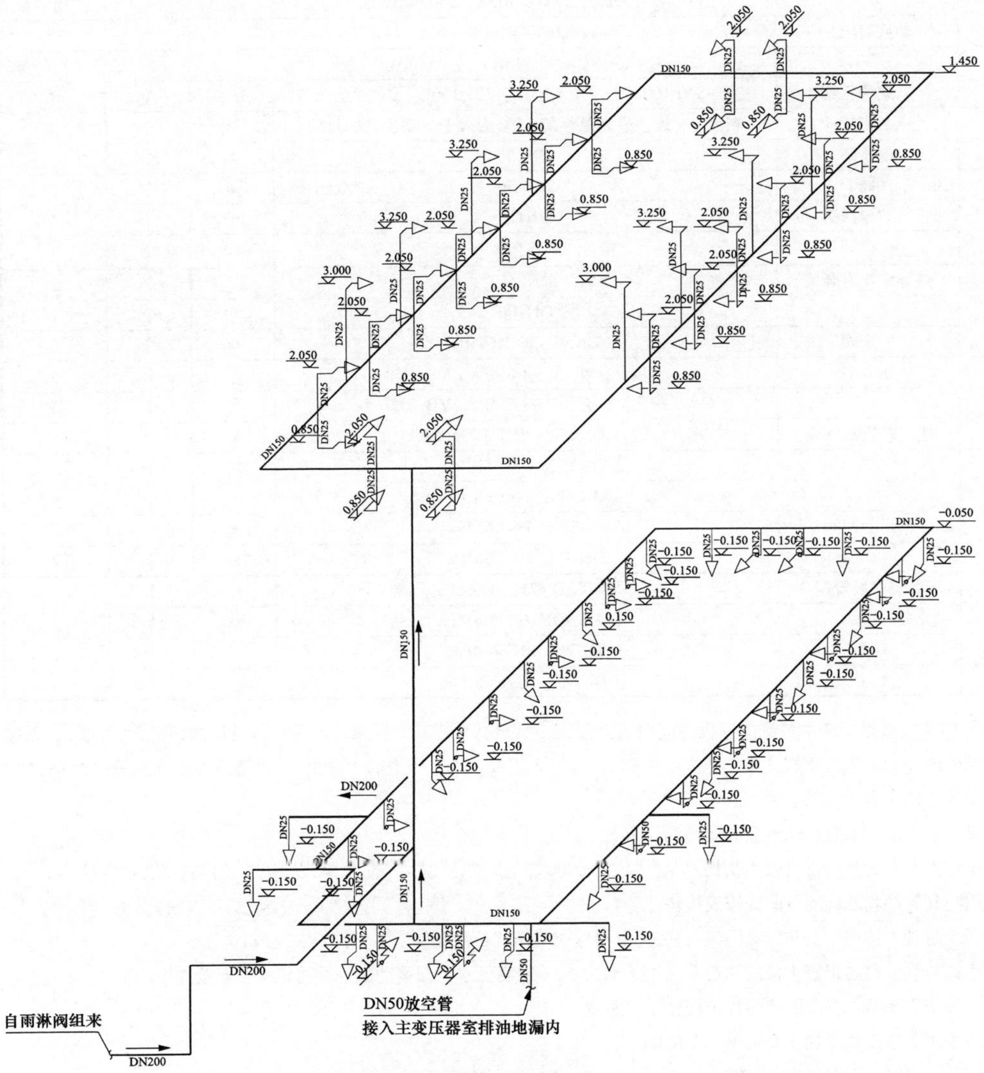

1号主变压器水喷雾灭火系统图

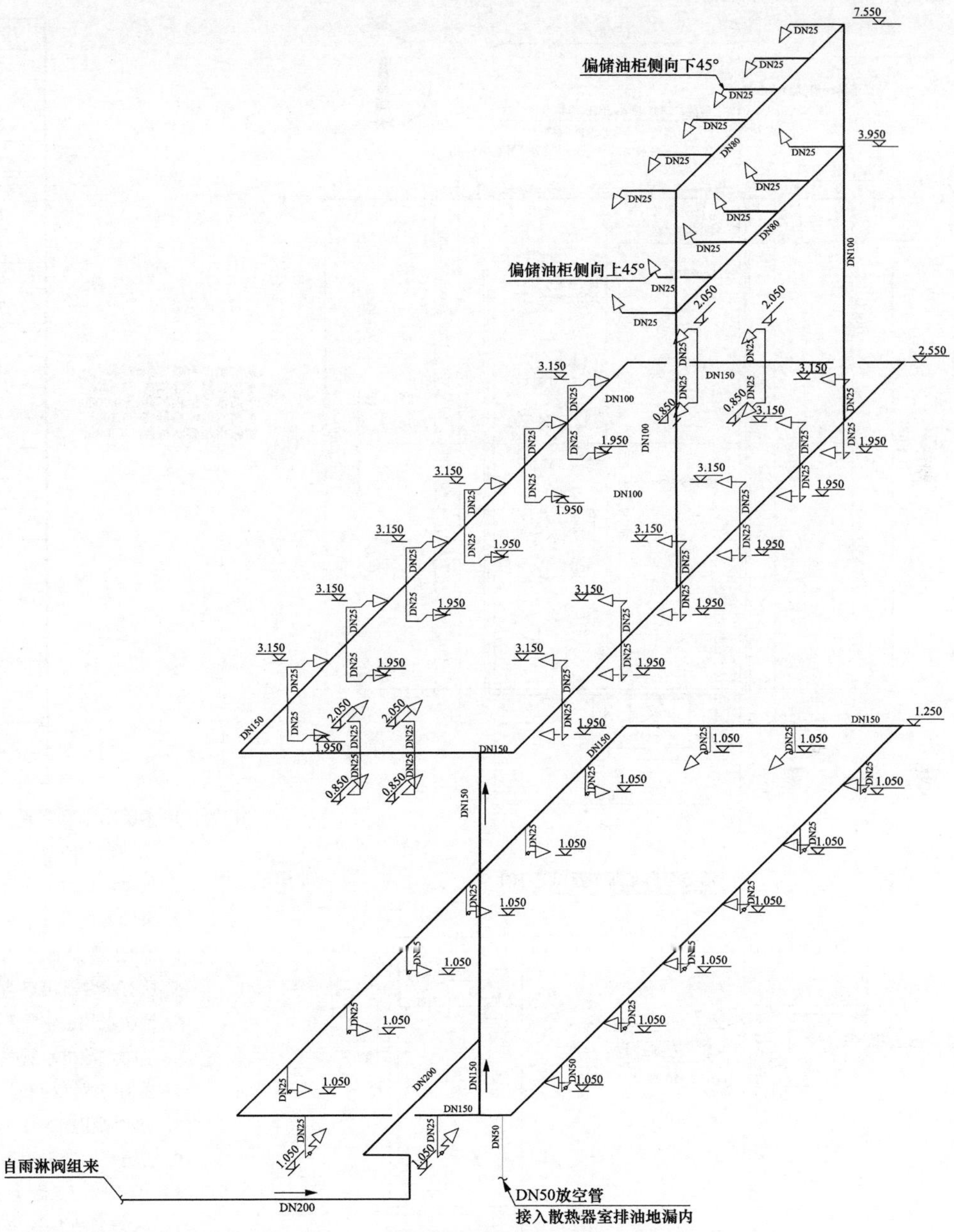

1号散热器水喷雾灭火系统图

**图 7.2.3-14　HA-220-A2-10　主变压器水喷雾灭火管道系统图**

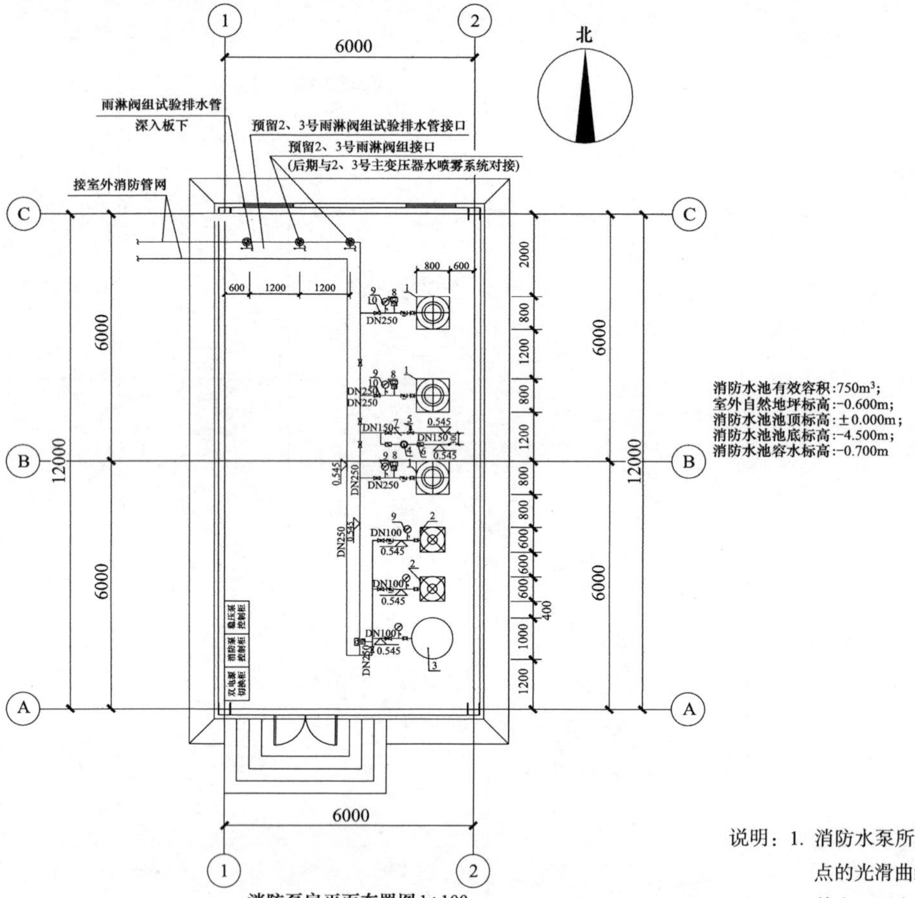


消防水池有效容积:750m³;
室外自然地坪标高:-0.600m;
消防水池池顶标高:±0.000m;
消防水池池底标高:-4.500m;
消防水池容水标高:-0.700m

消防泵房平面布置图 1∶100

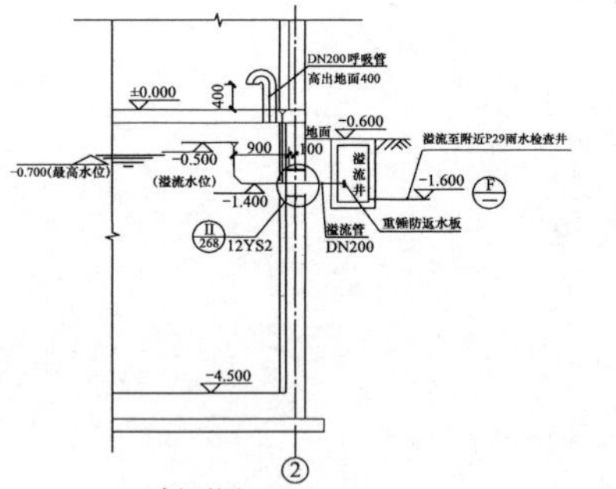


1-1剖面图 1∶50

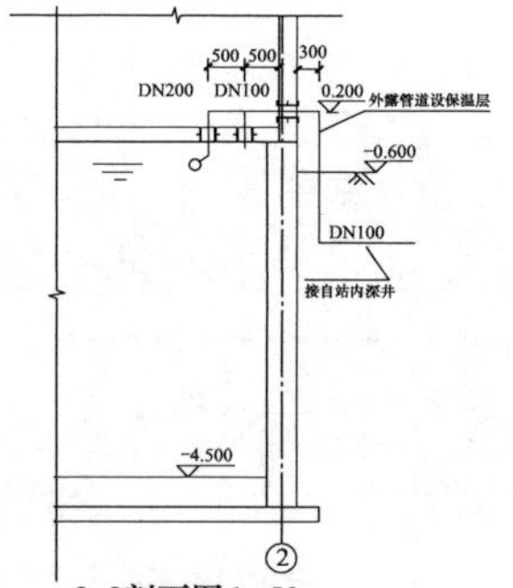


2-2剖面图 1∶50

**主 材 表**

| 序号 | 名称 | 规格 | 图例 | 单位 | 备注 |
|---|---|---|---|---|---|
| 1 | 轴流消防泵 | XBD7.0/110GJ | | 套 | 3 |
| | | $Q$=100L/s；$P$=0.64MPa；$N$=110kW | | | 二用一备 |
| 2 | 轴流稳压泵 | XBD7.4/1WJ | | 套 | 2 |
| | | $Q$=1.5L/s；$P$=0.74MPa；$N$=5.5kW | | | 一用一备 |
| 3 | 立式稳压罐 | SNL1000x0.6，$V_q$=900L，$V_{q1}$=150L，$a_b$=0.85 | | 个 | 1 |
| 4 | 电磁流量计 | 精度 0.4 级，最大量程的 75% 应大于 210L/s，DN150 | | 个 | 1 |
| 5 | 泄压阀 | DN150 | | 个 | 1 |
| 6 | 蝶阀 | DN150 | | 个 | 2 |
| 7 | Y 型过滤器 | DN150 | | 个 | 1 |
| | | DN100 | | 个 | 1 |
| 8 | 热导式压力开关 | DN250 | | 个 | 2 |
| | | DN100 | | 个 | 1 |
| | 安全阀 | DN50，PN1.6MPa | | 个 | 3 |
| 9 | 压力表 | 精度 0.5 级，0～1.6MPa，YB-250 | | 个 | 2 |
| | | 精度 0.5 级，0～1.6MPa，YB-100 | | 个 | 3 |
| 10 | 明杆软密封闸阀 | DN250，PN1.6MPa | | 个 | 4 |
| | | DN150，PN1.6MPa | | 个 | 1 |
| | | DN100，PN1.6MPa | | 个 | 4 |
| 11 | 消声止回阀 | DN250，PN1.6MPa | | 个 | 2 |
| | | DN100，PN1.6MPa | | 个 | 2 |
| 12 | 可曲绕橡胶管接头 | KXT–DN250–1.6MPa | | 个 | 2 |
| | | KXT–DN100–1.6MPa | | 个 | 3 |
| 13 | 球阀 | DN25，PN1.6MPa | | 个 | 1 |
| 14 | 遥控液位控制阀 | DN100，PN1.6MPa | | 个 | 1 |

说明：1. 消防水泵所配驱动器的功率应满足所选水泵流量扬程性能曲线上任何一点运行所需功率要求；流量扬程性能曲线应为无驼峰、无拐点的光滑曲线，零流量时的压力不应大于设计工作压力的 140%，且宜大于设计工作压力的 120%；当出流量为设计流量的 150% 时，其出口压力不应低于设计工作压力的 65%。

2. 泵轴的密封方式和材料应满足消防水泵在低流量时运转的要求。

3. 消防水泵外壳宜为球墨铸铁，叶轮宜为青铜或不锈钢。稳压泵外壳和叶轮宜为不锈钢。消防水泵、稳压泵及控制柜防护等级为 IP55。

4. 所有水泵进出口均采用与其管径相匹配的可曲挠橡胶接头。

5. 消防水池进水管上阀门、附件的选型、安装详见图集《100X 型浮球式液压水位控制阀安装》（12YS2–P51）。

6. 消防水池进水管的出水口与水池最高报警水位的间距不应小于 0.20m。（带高低水位报警功能，并将讯号传至监控中心）

7. 在消防水池检修孔附近设带不锈钢护套管的液位计及液位信号装置。

8. 与水泵相连的管道安装采用固定支架，加工安装见 12YS10。

9. 管道穿池壁采用防水套管，套管加工安装见 12YS2–P268～269，施工时必须与土建配合。

10. 给水阀门井做法详见图集 12YS2–P33。

11. 水泵基础上应以实际到货的水泵底座尺寸预埋地脚螺栓。

12. 溢流井选用塑料溢流井（成品）。

**图 7.2.3–15　HA–220–A2–10　消防泵房及水池平面图**

# 第 8 章　HA−220−A3−2 方案

## 8.1　HA−220−A3−2 方案主要技术条件

HA−220−A3−2 方案主要技术条件见表 8.1.0−1。

**表 8.1.0−1　　　　HA−220−A3−2 方案主要技术条件**

| 序号 | 项目 | | 本方案技术条件 |
|---|---|---|---|
| 1 | 建设规模 | 主变压器 | 本期 1×180MVA，终期 3×180MVA |
| | | 出线 | 220kV：本期 4 回，终期 6 回，架空、电缆混合出线；<br>110kV：本期 6 回，终期 12 回，架空、电缆混合出线；<br>10kV：本期 12 回，终期 36 回，电缆出线 |
| | | 无功补偿装置 | 10kV 并联电容器：每台主变压器配置 10kV 并联电容器组 4 组，每组容量 8000kvar |
| 2 | 站址基本条件 | | 海拔小于 1000m，设计基本地震加速度 0.10$g$，设计风速不大于 30m/s，地基承载力特征值 $f_{ak}$=150kPa，无地下水影响，场地同一设计标高 |
| 3 | 电气主接线 | | 220kV：本期及终期采用双母线接线；<br>110kV：本期及终期采用双母线接线；<br>10kV：本期采用单母线接线，终期采用单母线三分段接线 |
| 4 | 主要设备选型 | | 主变压器选用户外三相三绕组低损耗自然油循环自冷式有载调压变压器；<br>220kV：户内 GIS；<br>110kV：户内 GIS；<br>10kV：户内空气绝缘开关柜；<br>10kV 并联电容器：框架式成套装置；<br>10kV 接地变压器及消弧线圈成套装置：户内成套式 |
| 5 | 电气总平面及配电装置 | | 主变压器：户外布置；<br>220kV：户内 GIS，架空出线套管布置于户外；<br>110kV：户内 GIS，架空出线套管布置于户外；<br>10kV：户内高压开关柜双列布置；<br>无功补偿：户内成套装置 |

续表

| 序号 | 项目 | 本方案技术条件 |
|---|---|---|
| 6 | 二次系统 | 全站采用模块化二次设备、预制式智能控制柜及预制光缆 / 尾缆的二次设备模块化设计方案；<br>变电站自动化系统按照一体化监控设计；<br>采用常规互感器 + 合并单元；<br>220kV 和 110kV GOOSE 与 SV 共网，保护直采直跳；<br>220kV 及主变压器采用保护、测控独立装置，110kV 采用保护测控集成装置，10kV 采用保护测控集成装置；<br>采用一体化电源系统，通信电源不独立设置；<br>间隔层设备下放布置，公用及主变压器二次设备布置在二次设备室 |
| 7 | 土建部分 | 本方案围墙内占地面积 7353m$^2$；全站总建筑面积 2787.65m$^2$，其中 110kV 配电装置楼建筑面积 1797m$^2$，220kV 配电装置楼建筑面积 862.4m$^2$。<br>建筑物结构形式为钢结构：<br>建筑物外墙采用铝镁锰复合板，内隔墙采用一体化纤维水泥集成墙板，由两侧外层板 + 中间保温层组成。两侧外层板采用 9mm 厚高密度水泥纤维饰面板。中间保温层为 75mm 厚 A 级防火岩棉，用于防火墙时，两侧外层板采用 9mm 厚高密度水泥纤维饰面板，内部填充 100mm 厚 A 级防火岩棉，耐火极限 3.0h。楼面板采用压型钢板为底模的现浇钢筋混凝土板，屋面板采用钢筋桁架楼承板；<br>围墙采用装配式实体围墙；<br>构、支架基础采用定型钢模浇筑，构支架与基础采用地脚螺栓连接 |
| 8 | 短路电流 | 220kV 短路电流：50kA；<br>110kV 短路电流：40kA；<br>10kV 短路电流：40/31.5kA |

## 8.2　HA−220−A3−2 方案主要设计图纸

HA−220−A3−2 方案三维效果图如图 8.2.0−1 所示（附于书后）。

### 8.2.1　电气一次部分

电气一次部分主要图纸见表 8.2.1−1。

**表 8.2.1−1　　　　电气一次部分主要图纸**

| 图号 | 图名 |
|---|---|
| 图 8.2.1−01 | HA−220−A3−2　电气主接线图 |
| 图 8.2.1−02 | HA−220−A3−2　电气总平面布置图（一层） |

续表

| 图号 | 图名 |
|---|---|
| 图 8.2.1-03 | HA-220-A3-2 电气总平面布置图（二层） |
| 图 8.2.1-04 | HA-220-A3-2 电气综合断面图 |
| 图 8.2.1-05 | HA-220-A3-2 220kV 配电装置楼一层平面布置图 |
| 图 8.2.1-06 | HA-220-A3-2 220kV 配电装置楼二层电气平面布置图 |
| 图 8.2.1-07 | HA-220-A3-2 220kV 架空出线间隔断面图 |
| 图 8.2.1-08 | HA-220-A3-2 110kV 配电装置楼一层电气平面布置图 |
| 图 8.2.1-09 | HA-220-A3-2 110kV 配电装置楼二层电气平面布置图 |
| 图 8.2.1-10 | HA-220-A3-2 110kV 架空出线间隔断面图 |
| 图 8.2.1-11 | HA-220-A3-2 主变压器及 10kV 母线桥平断面布置图 |
| 图 8.2.1-12 | HA-220-A3-2 主变压器断面布置图 |
| 图 8.2.1-13 | HA-220-A3-2 全站直击雷保护范围图 |
| 图 8.2.1-14 | HA-220-A3-2 站区主接地网布置图 |
| 图 8.2.1-15 | HA-220-A3-2 220kV 配电装置楼接地平面布置图 |
| 图 8.2.1-16 | HA-220-A3-2 110kV 配电装置楼接地平面布置图 |

续表

| 图号 | 图名 |
|---|---|
| 图 8.2.1-17 | HA-220-A3-2 站区户外照明布置图 |
| 图 8.2.1-18 | HA-220-A3-2 站区电缆敷设设施平面布置图 |
| 图 8.2.1-19 | HA-220-A3-2 站区电缆敷设设施支架断面图 |
| 图 8.2.1-20 | HA-220-A3-2 电缆夹层支架布置及断面图 |
| 图 8.2.1-21 | HA-220-A3-2 站区防火封堵布置图 |
| 图 8.2.1-22 | HA-220-A3-2 220kV 配电装置楼防火封堵布置图 |
| 图 8.2.1-23 | HA-220-A3-2 110kV 配电装置楼防火封堵布置图 |
| 图 8.2.1-24 | HA-220-A3-2 电缆隧道防火封堵示意图 |
| 图 8.2.1-25 | HA-220-A3-2 电缆沟防火封堵示意图 |
| 图 8.2.1-26 | HA-220-A3-2 电缆沟穿墙防火封堵示意图 |
| 图 8.2.1-27 | HA-220-A3-2 电气盘、柜、端子箱封堵示意图 |
| 图 8.2.1-28 | HA-220-A3-2 10kV 高压开关柜封堵示意图 |
| 图 8.2.1-29 | HA-220-A3-2 电缆穿钢管防火封堵示意图 |
| 图 8.2.1-30 | HA-220-A3-2 备用屏柜防火封堵示意图 |

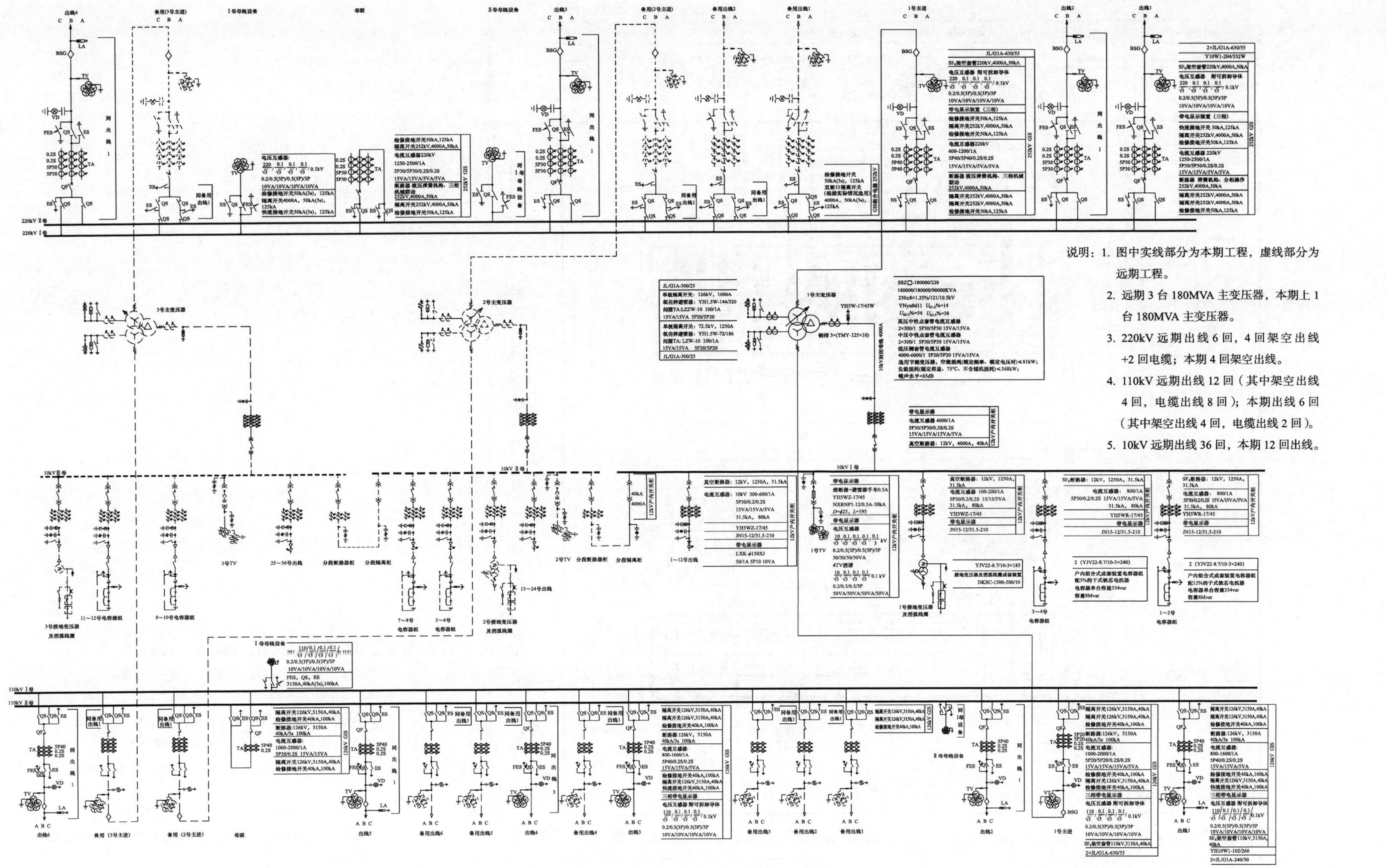

说明：1. 图中实线部分为本期工程，虚线部分为远期工程。

2. 远期 3 台 180MVA 主变压器，本期上 1 台 180MVA 主变压器。

3. 220kV 远期出线 6 回，4 回架空出线 +2 回电缆；本期 4 回架空出线。

4. 110kV 远期出线 12 回（其中架空出线 4 回，电缆出线 8 回）；本期出线 6 回（其中架空出线 4 回，电缆出线 2 回）。

5. 10kV 远期出线 36 回，本期 12 回出线。

**图 8.2.1-01　HA-220-A3-2　电气主接线图**

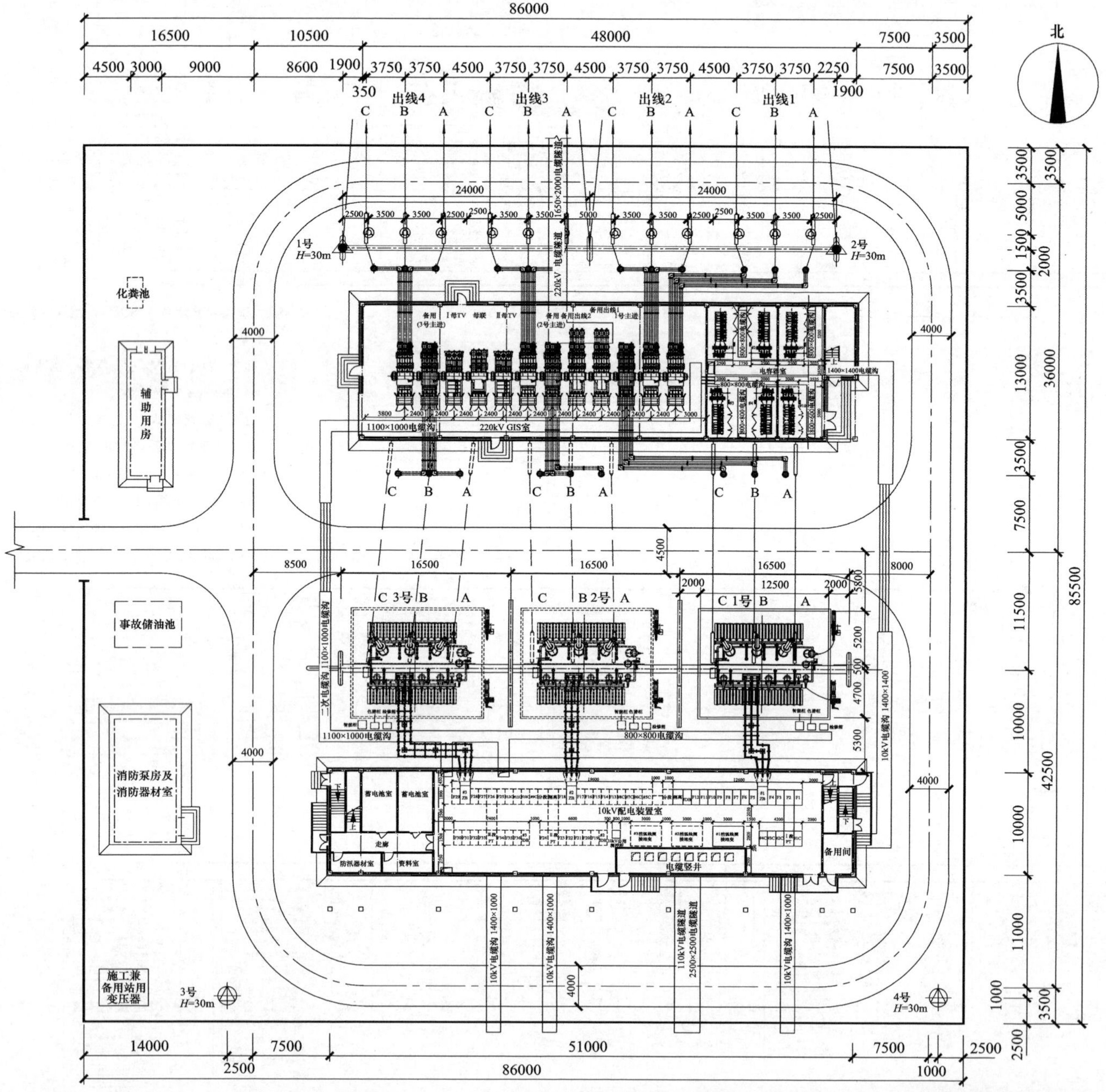


说明：1. 实线部分为本期工程，虚线部分为预留工程。

2. 本期上 1 号主变压器；预留 2、3 号主变压器。

3. 本期 220kV GIS 双母线接线，本期出线 4 回；远期出线 6 回。

4. 10kV 开关柜本期出线 12 回；远期出线 36 回。

5. 10kV 并联电容器本期上 1～4 号，预留 5～12 号。

6. 10kV 接地变压器及消弧线圈共 3 组，本期上 1 号，预留 2、3 号。

7. 当主变压器采用风冷变时，主变压器前电缆沟尺寸可调整为 1100mm × 1000mm，以满足风冷装置电源电缆沿电缆沟双侧敷设的要求。

**图 8.2.1-02　HA-220-A3-2　电气总平面布置图（一层）**

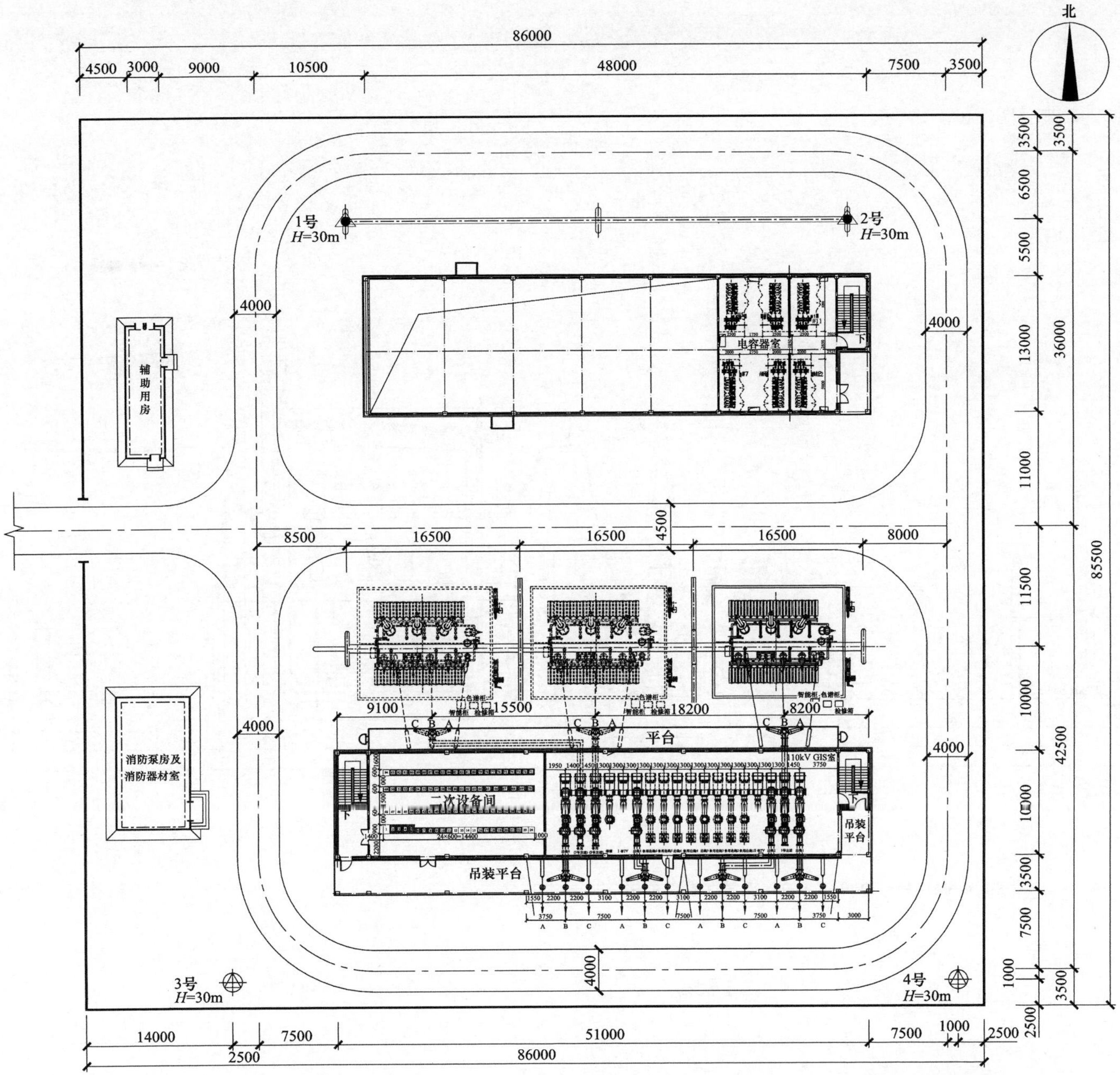


图 8.2.1-03　HA-220-A3-2　电气总平面布置图（二层）

说明：1. 实线部分为本期工程，虚线部分为预留工程。
2. 本期上 1 号主变压器；预留 2、3 号主变压器。
3. 本期 110kV GIS 双母线接线，本期出线 6 回；远期出线 12 回。
4. 10kV 并联电容器本期上 1～4 号，预留 5～12 号。

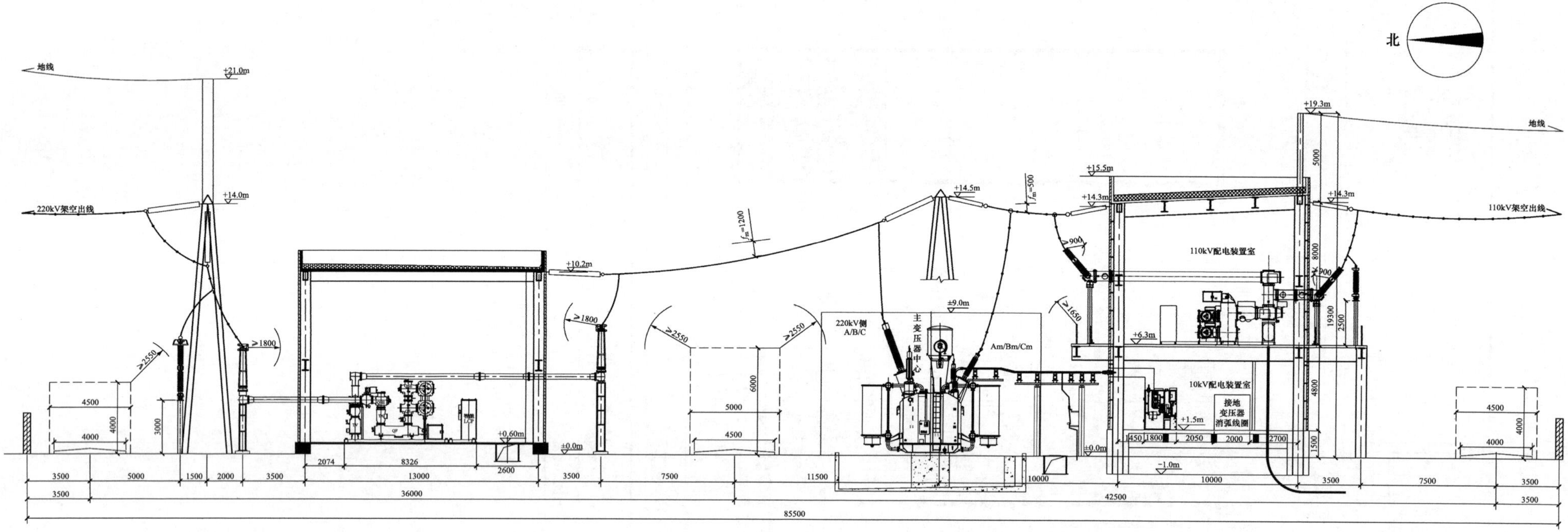


图 8.2.1－04　HA－220－A3－2　电气综合断面图

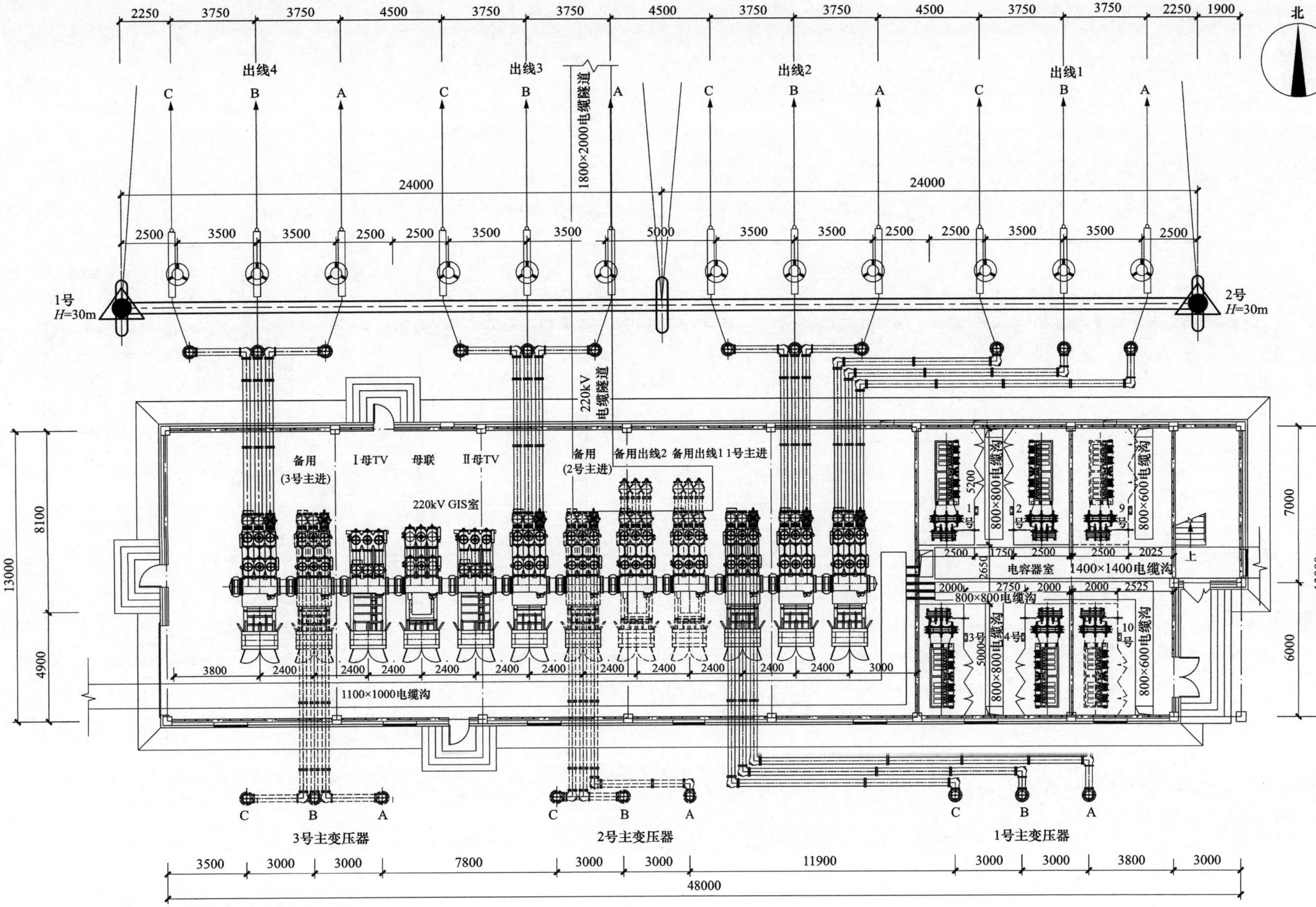


说明：1. 图中实线部分为本期工程，虚线部分为远期工程。

2. 220kV 远期出线 6 回，4 回架空出线 +2 回电缆出线；本期 4 回架空出线。

3. 220kV 最终采用双母线接线，本期采用双母线接线。

4. 10kV 电容器本期新上 1～4 号，预留 5～12 号。

**图 8.2.1−05　HA−220−A3−2　220kV 配电装置楼一层平面布置图**

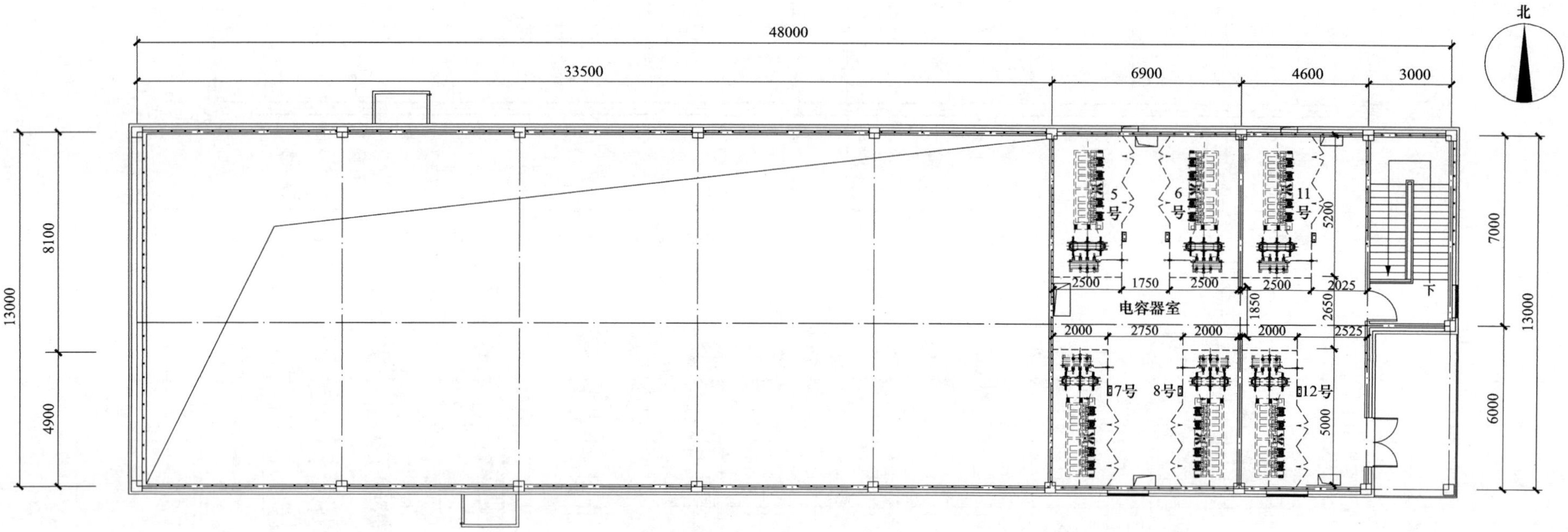


说明：1. 图中实线部分为本期工程，虚线部分为远期工程。

2. 10kV 电容器本期新上 1～4 号，预留 5～12 号。

**图 8.2.1-06　HA-220-A3-2　220kV 配电装置楼二层电气平面布置图**

**设 备 材 料 表**

| 编号 | 名称 | 型号及规范 | 单位 | 数量 | 备注 |
|---|---|---|---|---|---|
| 1 | GIS 组合电器 | 252kV，4000A，50kA（3s），125kA | 间隔 | 1 | |
| 2 | 避雷器 | Y10W−204/532W | 台 | 3 | |
| 3 | 钢芯铝绞线 | 2×JL/G1A−630/55 | m | 84 | 数量已折算成单根总长 |
| 4 | 钢芯铝绞线 | JL/G1A−630/55 | m | 15 | |
| 5 | 双导线间隔棒 | MRJ−6/200 | 套 | 24 | 约 2m 一套 |
| 6 | 30° 双导线铝设备线夹 | SSY−630B/200 | 套 | 3 | |
| 7 | 0° 单导线铝设备线夹 | SY−630/55A | 套 | 3 | |
| 8 | 0° 单导线铝设备线夹 | SY−630/55A（140×100） | 套 | 3 | |
| 9 | 双导线单引下线 T 形线夹 | TLS−630/200（140×100） | 套 | 3 | |
| 10 | 耐张线夹 | NY−630/55 | 套 | 6 | 带 0° 引流线夹 |
| 11 | 双导线悬垂绝缘子串 | 20（XWP2−120） | 串 | 3 | 爬距 450mm |

说明：1. 本图适用于 220kV 架空出线间隔。

2. 材料表中所列为一个间隔内所需数量。

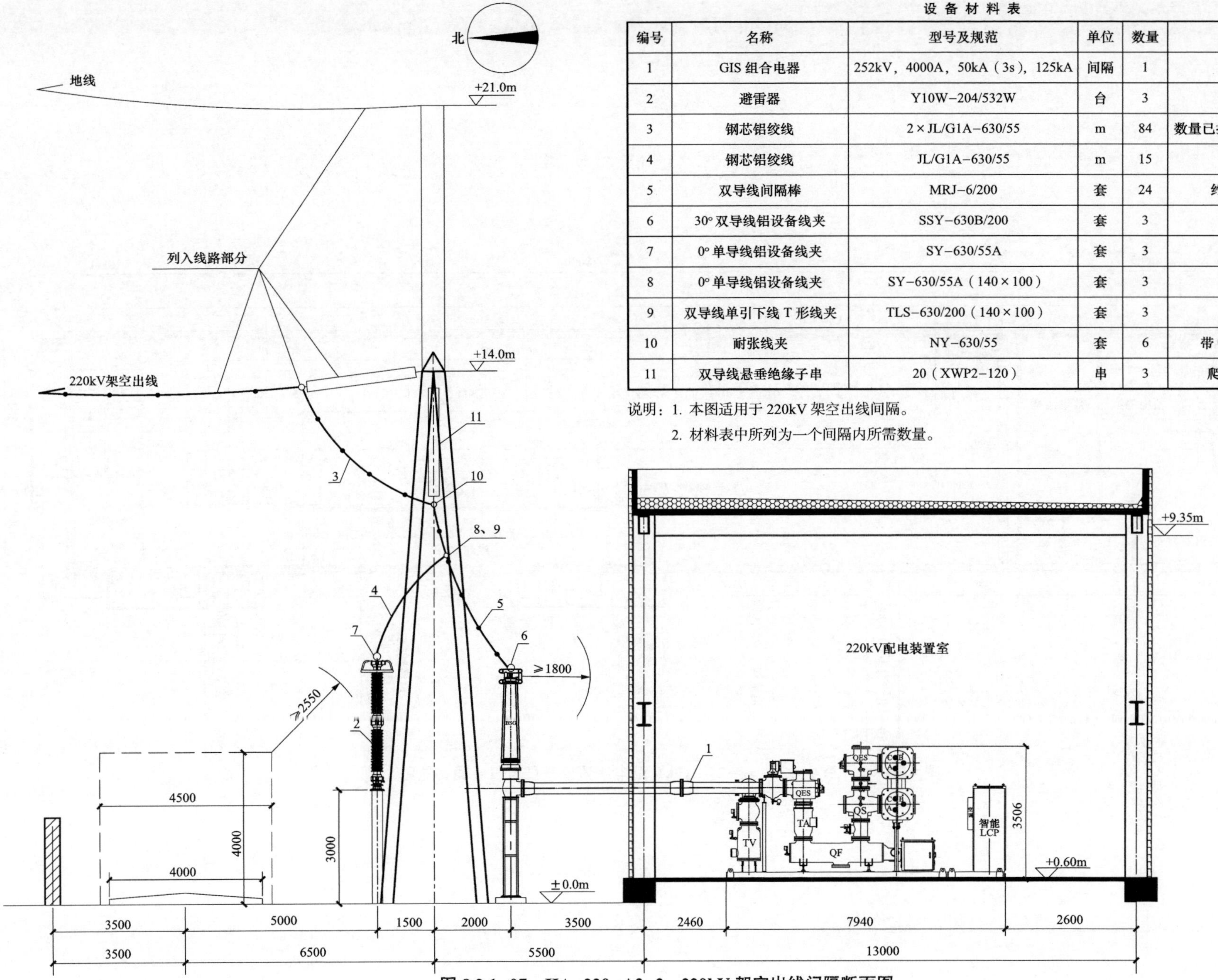


图 8.2.1−07　HA−220−A3−2　220kV 架空出线间隔断面图

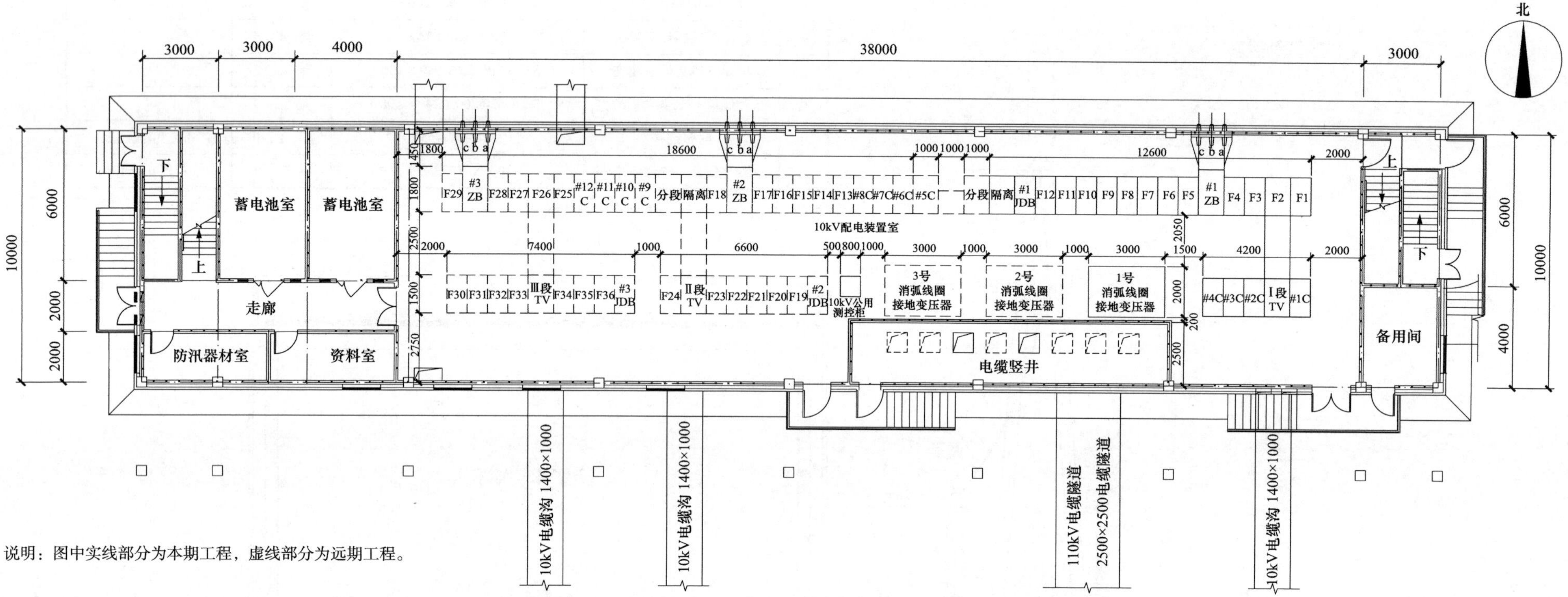

说明：图中实线部分为本期工程，虚线部分为远期工程。

**图 8.2.1-08　HA-220-A3-2　110kV 配电装置楼一层电气平面布置图**

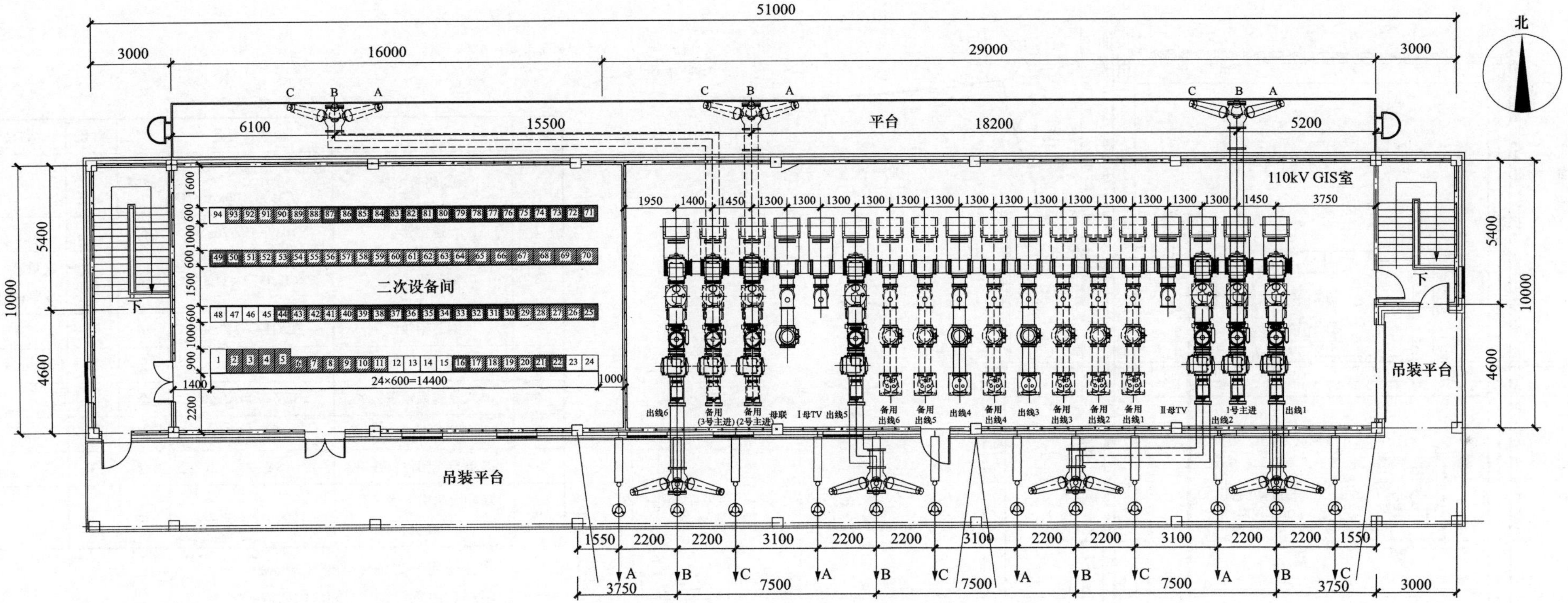


说明：1. 图中实线部分为本期工程，虚线部分为远期工程。

2. 110kV 远期出线 12 回，4 回架空出线 +8 回电缆出线；本期 4 回架空出线 +2 回电缆出线。

3. 110kV 终期采用双母线接线，本期采用双母线接线。

**图 8.2.1-09　HA-220-A3-2　110kV 配电装置楼二层电气平面布置图**

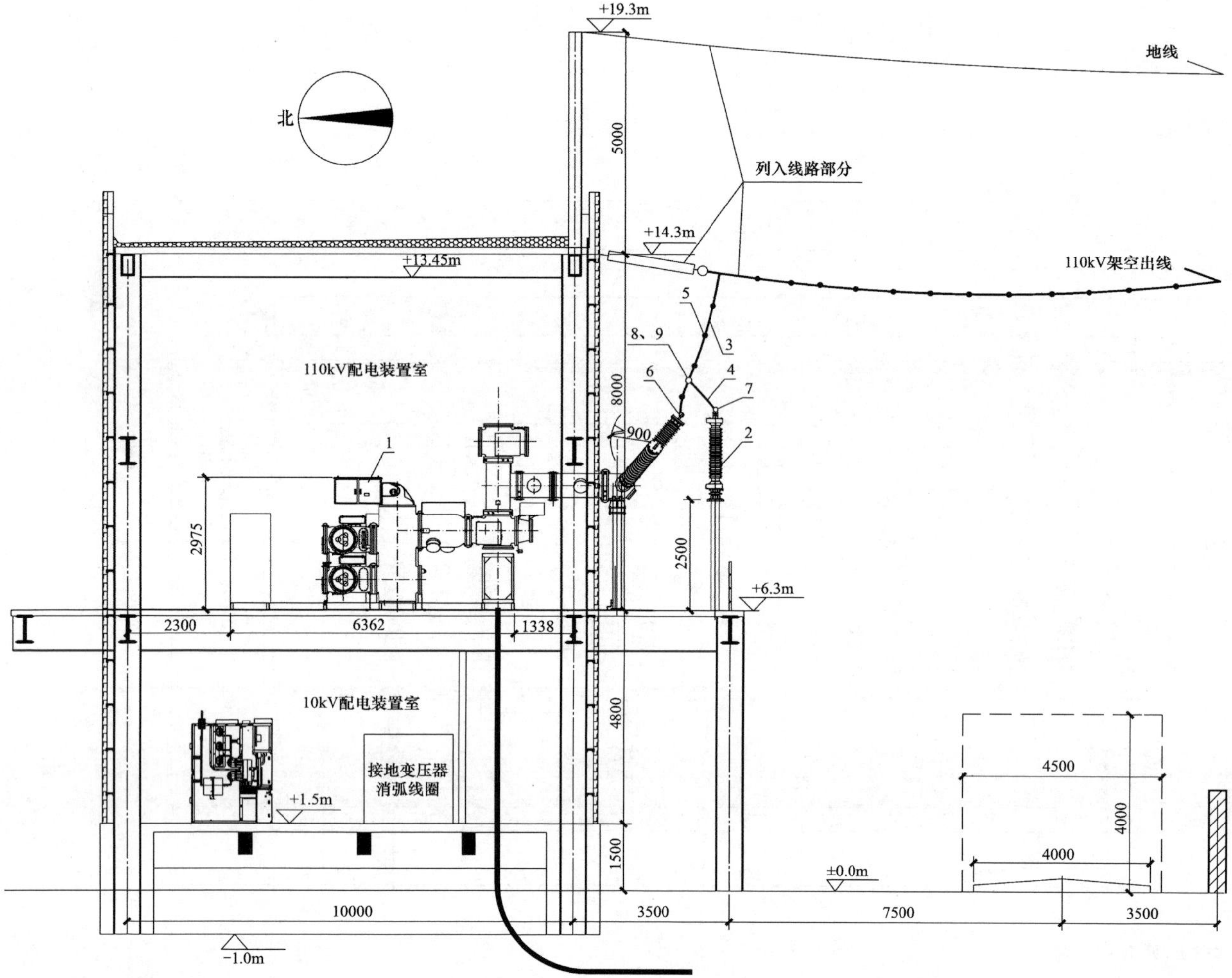


设 备 材 料 表

| 编号 | 名称 | 型号及规范 | 单位 | 数量 | 备注 |
|---|---|---|---|---|---|
| 1 | GIS 组合电器 | 126kV，3150A，40kA（3s），100kA | 间隔 | 1 | |
| 2 | 避雷器 | Y10W−102/266W | 台 | 3 | |
| 3 | 钢芯铝绞线 | 2×JL/G1A−240/30 | m | 30 | 数量已折算成单根总长 |
| 4 | 钢芯铝绞线 | JL/G1A−240/30 | m | 6 | |
| 5 | 双导线间隔棒 | MRJ−4/200 | 套 | 12 | 约 2m 一套 |
| 6 | 0°双导线铝设备线夹 | SSY−240A/200 | 套 | 3 | |
| 7 | 30°单导线铝设备线夹 | SY−240B | 套 | 3 | |
| 8 | 0°单导线铝设备线夹 | SY−240A | 套 | 3 | |
| 9 | 双导线单引下线 T 形线夹 | TLS−2×240/200 | 套 | 3 | |

说明：1. 本图适用于 220kV 架空出线间隔。
2. 材料表中所列为一个间隔内所需数量。

**图 8.2.1−10　HA−220−A3−2　110kV 架空出线间隔断面图**

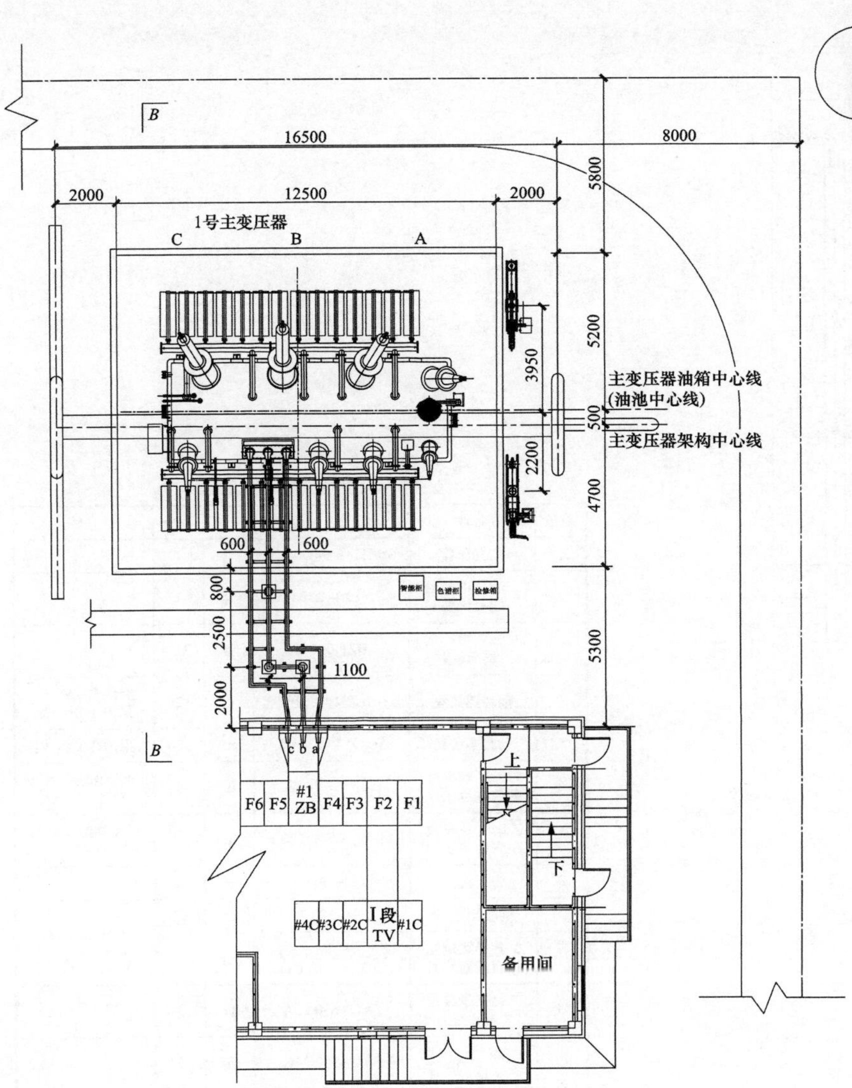


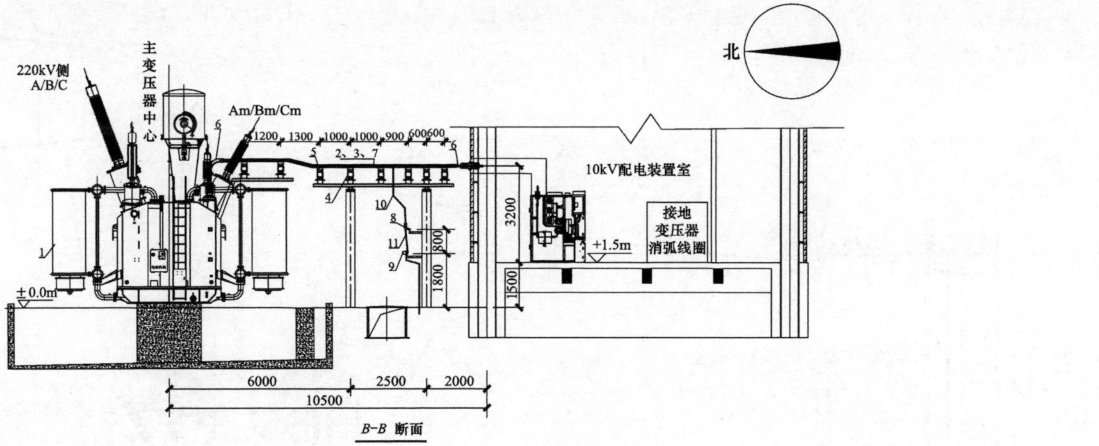


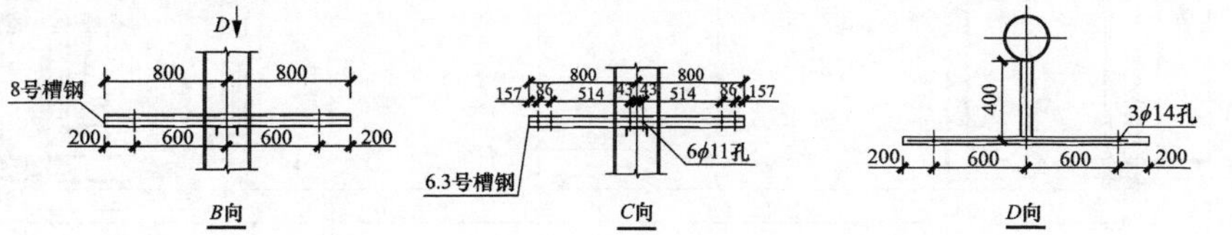


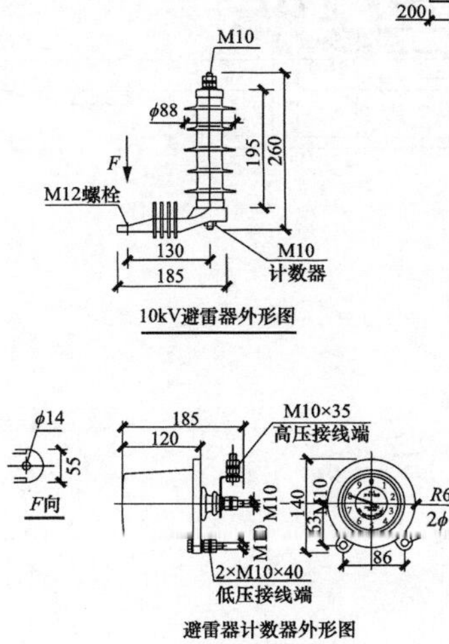


**设 备 材 料 表**

| 编号 | 名称 | 规范 | 单位 | 数量 | 备注 |
|---|---|---|---|---|---|
| 1 | 主变压器 | SSZ11-180000/220 | 台 | 1 | 开列于断面图中 |
| 2 | 铜排 | TMY-3×（125×10） | m | 140 | 按单片计 |
| 3 | 母线热缩护套 | | m | 140 | |
| 4 | 支柱绝缘子 | ZSW-20/16 | 支 | 25 | |
| 5 | 固定金具 | MWP-301 | 套 | 25 | |
| 6 | 母线伸缩节 | MS-125×10 | 套 | 18 | |
| 7 | 矩形母线间隔垫 | MJG-04 | 套 | 200 | 安装间距≤300mm |
| 8 | 10kV 避雷器 | YH5WZ5-17/45 | 套 | 3 | |
| 9 | 避雷器计数器 | JCQ1 | 套 | 3 | |
| 10 | 铜排 | TMY-30×4 | m | 6 | |
| 11 | 铜绞线（带绝缘护套） | 120mm² | m | 6 | |
| 12 | 铜鼻子 | 与 120mm² 铜绞线配套 | 套 | 6 | |
| 13 | 镀锌接地扁钢 | -80×8 | m | / | 开列于防雷接地分册 |

**图 8.2.1-11 HA-220-A3-2 主变压器及 10kV 母线桥平断面布置图**

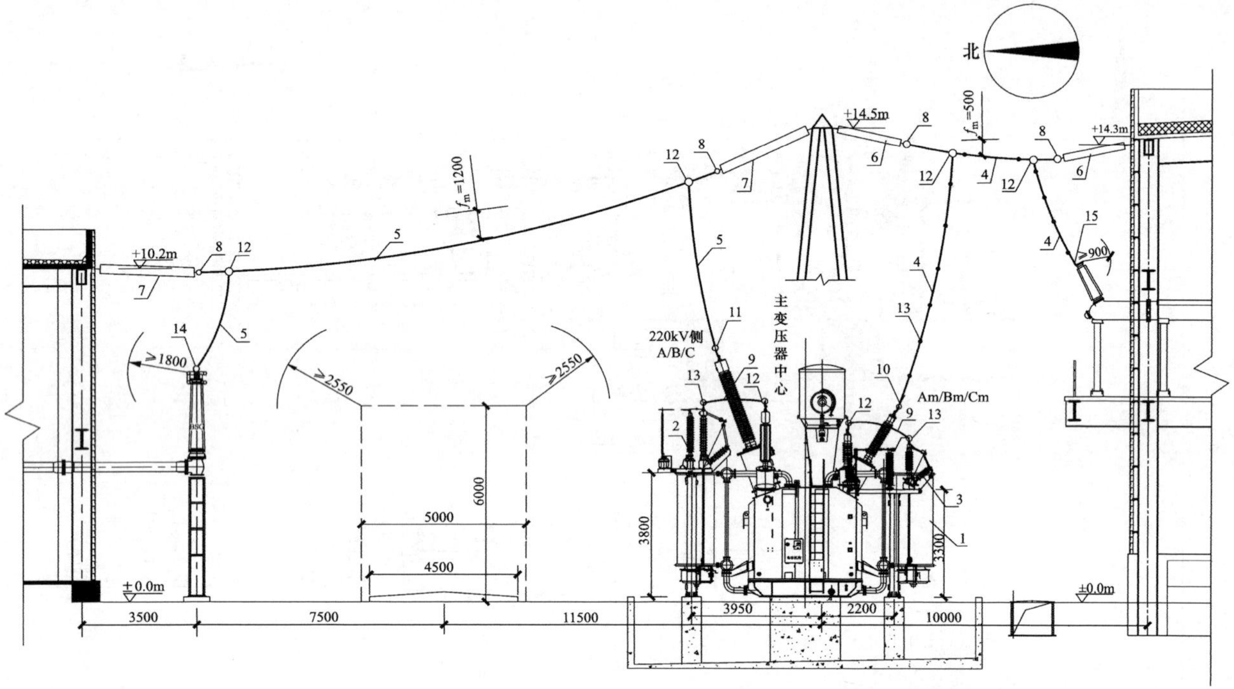


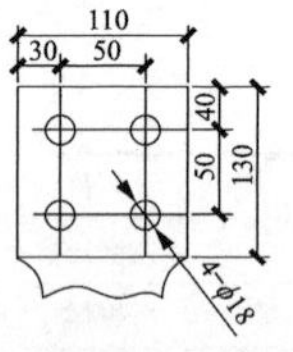


高压套管接线端子尺寸(铜质)

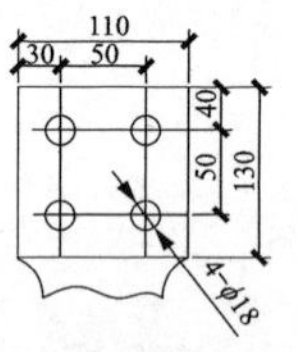


高压零序套管接线端子尺寸(铜质)

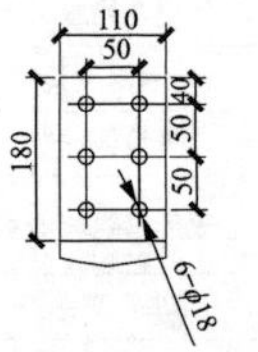


中压套管接线端子尺寸(铜质)

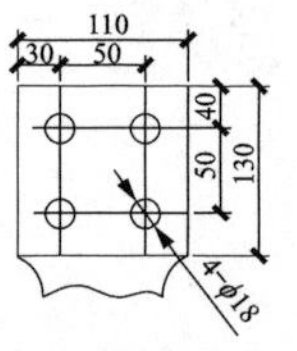


中压零序套管接线端子尺寸(铜质)

**设备材料一览表**

| 编号 | 名称 | 型号及规范 | 单位 | 数量 | 备注 |
|---|---|---|---|---|---|
| 1 | 主变压器 | SSZ11−180000/220 | 台 | 1 | |
| 2 | 220kV 中性点成套设备 | ZJB−252 | 套 | 1 | |
| 3 | 110kV 中性点成套设备 | BZFZ−110 | 套 | 1 | |
| 4 | 钢芯铝绞线 | 2×JL/G1A−630/55 | m | 126 | 折算成单根长，用于 110kV 侧 |
| 5 | 钢芯铝绞线 | JL/G1A−630/55 | m | 100 | 用于 220kV 侧 |
| 6 | 110kV 双导线耐张绝缘子串 | 11（XWP2−120） | 串 | 6 | 单片绝缘子爬电距离 450mm |
| 7 | 220kV 单导线耐张绝缘子串 | 20（XWP2−120） | 串 | 6 | 单片绝缘子爬电距离 450mm |
| 8 | 耐张线夹 | NY−630/55 | 套 | 18 | |
| 9 | 钢芯铝绞线 | LGJ−300/25 | m | 12 | |
| 10 | 0° 双导线铜铝过渡设备线夹 | SSYG−630A/200 | 套 | 3 | |
| 11 | 0° 铜铝过渡设备线夹 | SYG−630/55A | 套 | 3 | |
| 12 | 90° 铜铝过渡设备线夹 | SYG−300/25C | 套 | 2 | |
| 13 | 0° 铝设备线夹 | SY−300/25A | 套 | 2 | |
| 12 | T 形线夹 | TY−630/55 | 套 | 18 | |
| 13 | 双导线间隔棒 | MRJ−6/200 | 套 | 42 | 约 2m 一套 |
| 14 | 0° 铝设备线夹 | SY−630/55A | 套 | 3 | |
| 15 | 0° 双导线铝设备线夹 | SSY−630/200 | 套 | 3 | |

**图 8.2.1−12　HA−220−A3−2　主变压器断面布置图**

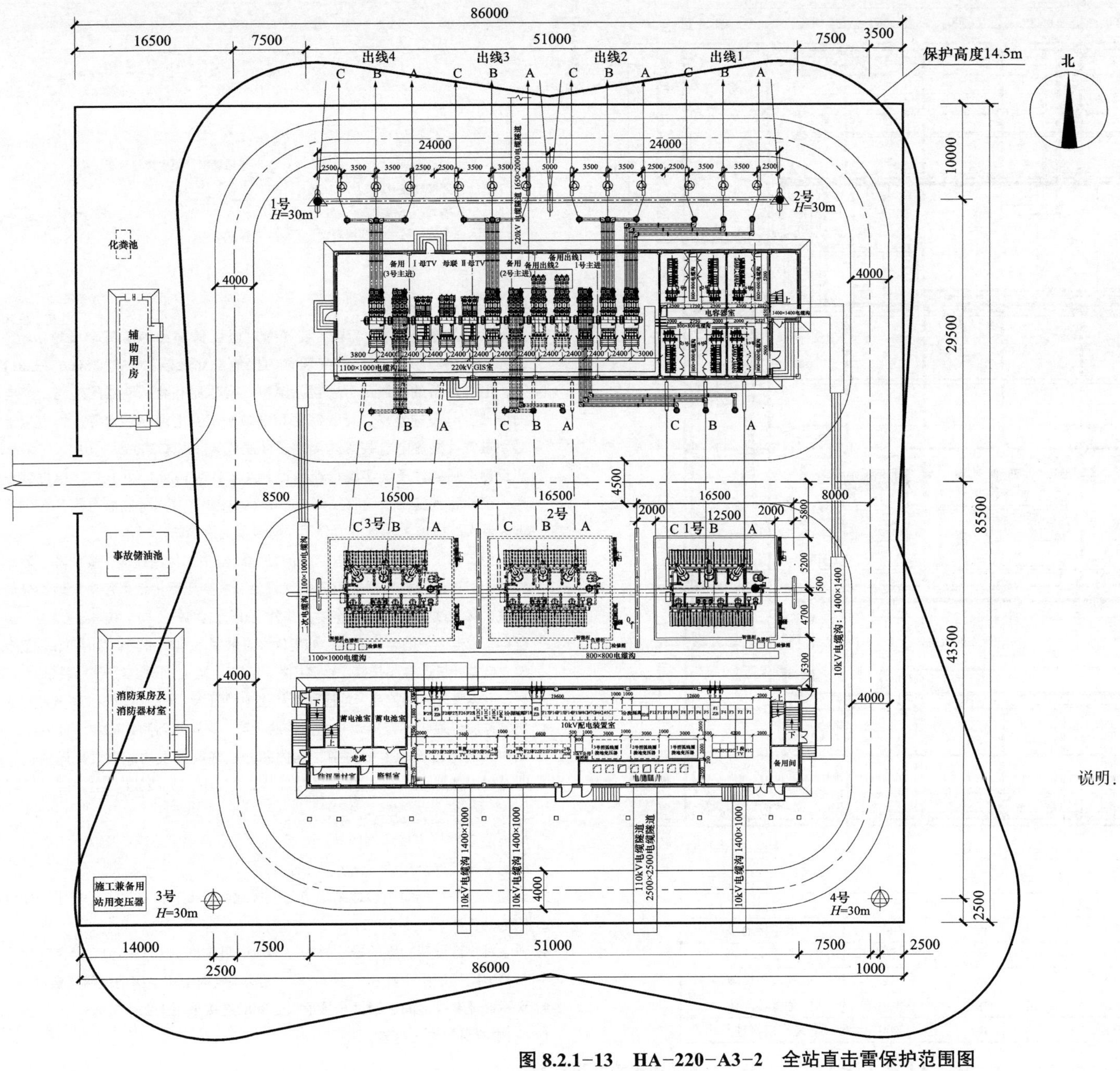

说明. 1. 站内设置独立避雷针2支，针高30m，架构避雷针2支，针高30m。

2. 站内导线挂点最高处为主变压器进线架构导线挂点，高度为14.5m，经校验，均处在避雷针的保护范围之内，如图所示。

3. 根据《建筑物防雷设计规范》(GB 50057—2010)，配电装置室采用滚球法校验。按第三类防雷建筑物，滚球半径60m校验，经校验，110kV配电装置楼、220kV配电装置楼、消防泵房均需设置屋顶避雷带（接闪器）进行防雷保护。

图 8.2.1-13 HA-220-A3-2 全站直击雷保护范围图

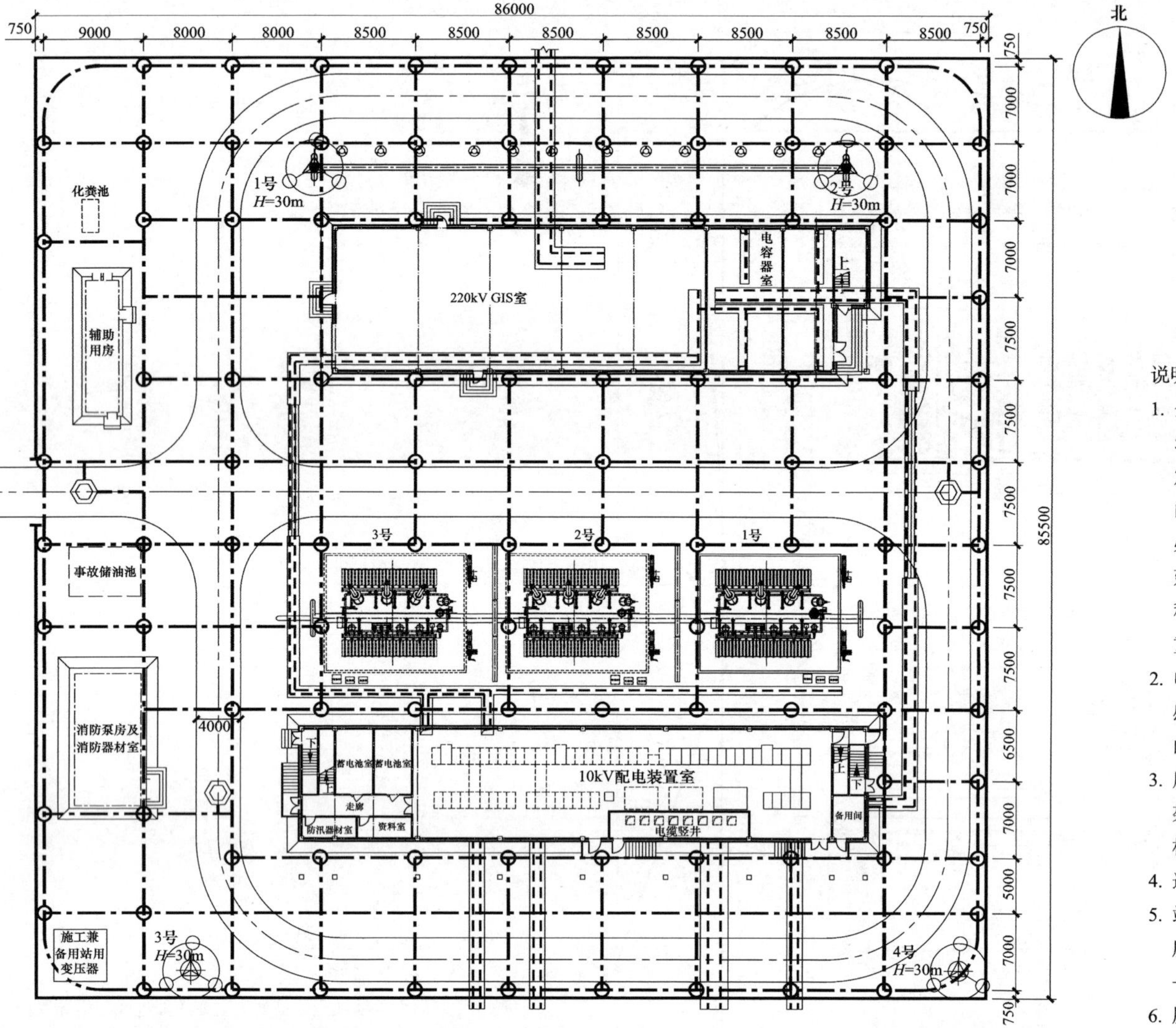


图例：

- 水平接地极
- 垂直接地极 $\phi$17.3，$L$=2.5m
- 帽檐式均压带
- 电缆沟、隧道内接地扁钢
- 架构避雷针集中接地装置
- 架构避雷针
- 独立避雷针

说明：

1. 全站接地应符合《交流电气装置的过电压保护和绝缘配合设计规范》（GB/T 50064—2014）及《交流电气装置的接地设计规范》（GB/T 50065—2011）的规定，电气设备的金属部分，包括电机、变压器和高压电器的外壳，配电控制屏的框架、电缆的外皮、穿线钢管和电缆桥架及电缆终端盒等，均应接地。施工必须遵守《交流电气装置的接地设计规范》（GB/T 50065—2011）、《输变电工程建设标准强制性条文实施管理规程》（Q/GDW 10248—2016）、《电气装置安装工程　接地装置施工及验收规范》（GB 50169—2016）、《国家电网公司十八项电网重大反事故措施》及省电力公司的防质量通病措施。
2. 电气设备每个接地部分应以单独的接地线与主接地网连接，变压器、断路器、互感器、避雷器及电容器等重要电气设备和主变压器中性点每个接地部分应以单独的双根接地线与主接地网连接，并分别接至地网的不同干线。
3. 所有不带电运行的金属物体，如电气设备的底座和外壳、金属构架和钢筋混凝土构架、空调外机、金属扶梯、金属围栏和门框，均应接地。对于金属扶梯、门窗、围栏、空调室外机的接地，均应就近从接地网引接，并做好隐蔽工程验收记录。
4. 避雷器应以最短的接地线与主接地网相连，且避雷器附近应装设集中接地装置。
5. 站内所有电缆沟及电缆隧道，沟内两侧电缆支架上均应敷设接地扁钢，并确保所有电缆支架均可靠连接，且接地扁钢应每隔 15～20m 与主地网干线可靠连接一次。
6. 屋顶避雷带与主接地网的地下连接点至主变压器或 35kV 及以下设备与主接地网的地下连接点沿接地体长度不小于 15m。
7. 架构上避雷针的集中接地装置应与主接地网连接，由连接点至变压器接地点沿接地极的长度不应小于 15m。
8. 独立避雷针设置独立的接地装置，接地电阻应小于 10Ω，独立避雷针的接地装置与接地网的地中距离不应小于 3m，无法满足时应与主接地网错层敷设。
9. 水平接地铜排之间、铜排与接地极之间的连接采用火泥熔接方式。
10. 图中测量单位为毫米。

材　料　表

| 序号 | 名称 | 型号及规范 | 单位 | 数量 | 备注 |
|---|---|---|---|---|---|
| 1 | 接地铜排 | −40×5 | m | 3000 | 水平接地极 |
| 2 | 接地铜排 | −40×5 | m | 1700 | 接地引上线 |
| 3 | 接地铜排 | −40×5 | m | 300 | 电气设备接地用 |
| 4 | 镀铜钢棒 | $\phi$17.3，$L$=2.5m | 根 | 130 | 垂直接地体 |
| 5 | 热镀锌扁钢 | −50×6 | m | 900 | 电缆沟内接地扁钢 |

**图 8.2.1−14　HA−220−A3−2　站区主接地网布置图**

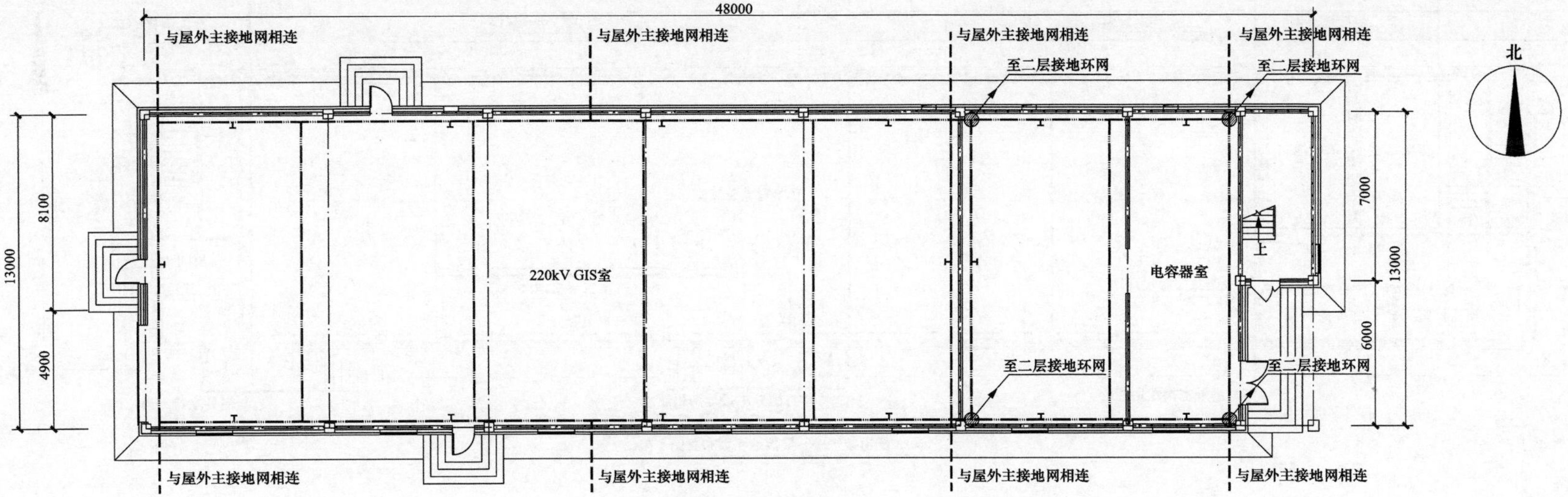


220kV配电装置楼一层接地平面布置图

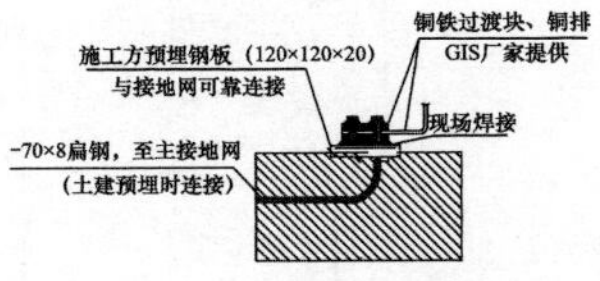


GIS独立接地点示意图

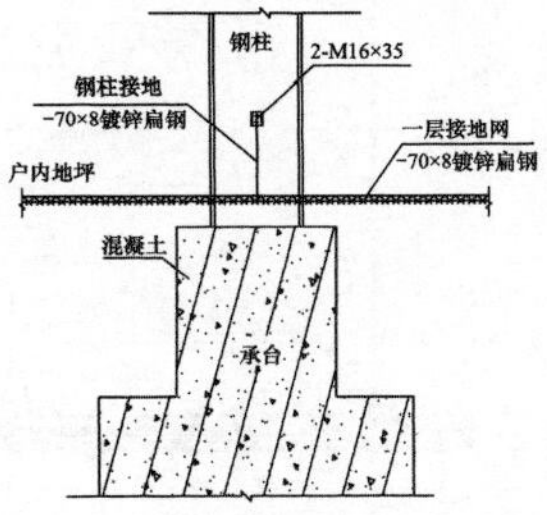


钢柱接地详图

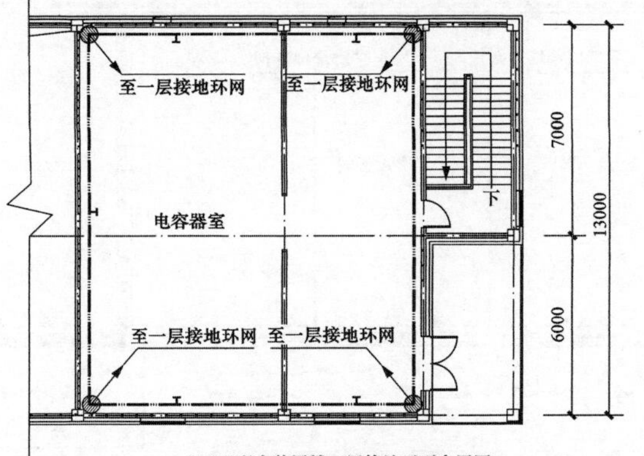


220kV配电装置楼二层接地平面布置图

说明：1. ↗为接地线标志，沿混凝土柱或沿墙引上。

2. 设备基础槽钢和各接地点（按厂家要求）应以最短路径与室内环形接地母线连接。

设 备 材 料 表

| 序号 | 名称 | 规范 | 单位 | 数量 | 图例 | 备注 |
|---|---|---|---|---|---|---|
| 1 | 热镀锌扁钢 | −70×8 | m | 500 | —··— | 水平接地体，靠墙处沿墙粉刷层敷设，且距地 0.2m，过门处埋入抹面层内 |
| 2 | 热镀锌扁钢 | −70×8 | m | 300 | —··— | 预埋件接地、支架接地 |
| 3 | 铜排 | −40×5 | m | 50 | – – – | 连接室外主接地网与室内接地环网、接地引上线，数量计列于主接地网布置图中 |
| 4 | 临时接地端子 |  | 个 | 22 | T |  |
| 5 | 热镀锌扁钢 | −40×4 | m | 200 |  | 用于金属楼梯、栏杆、门、空调支架、室外机等金属部分接地 |

**图 8.2.1−15　HA−220−A3−2　220kV 配电装置楼接地平面布置图**

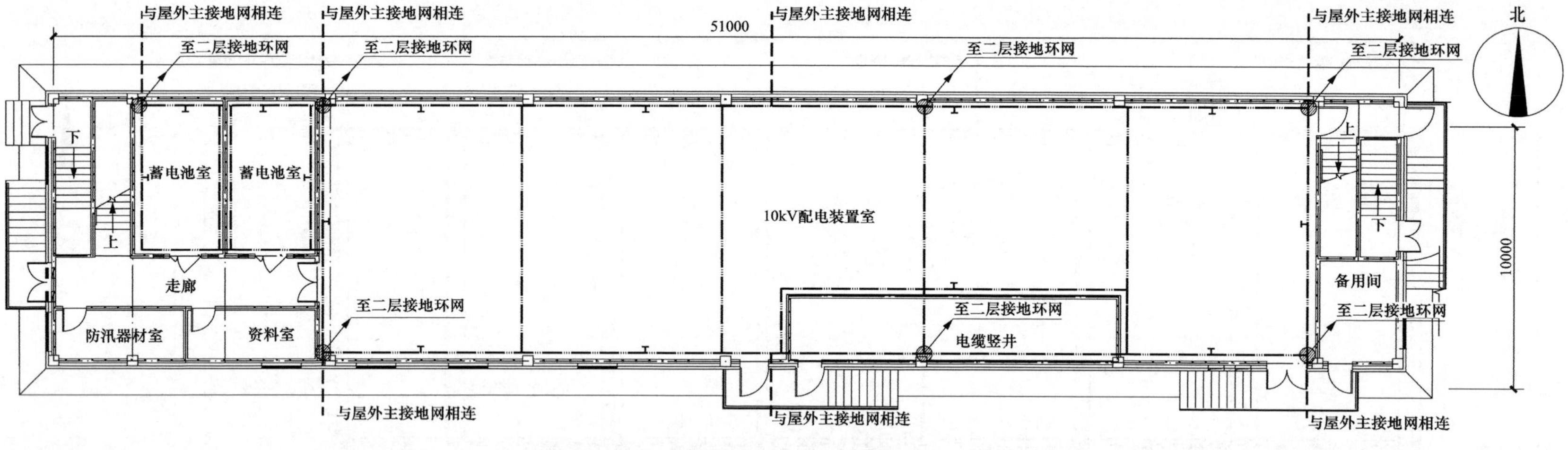


110kV配电装置楼一层接地平面布置图

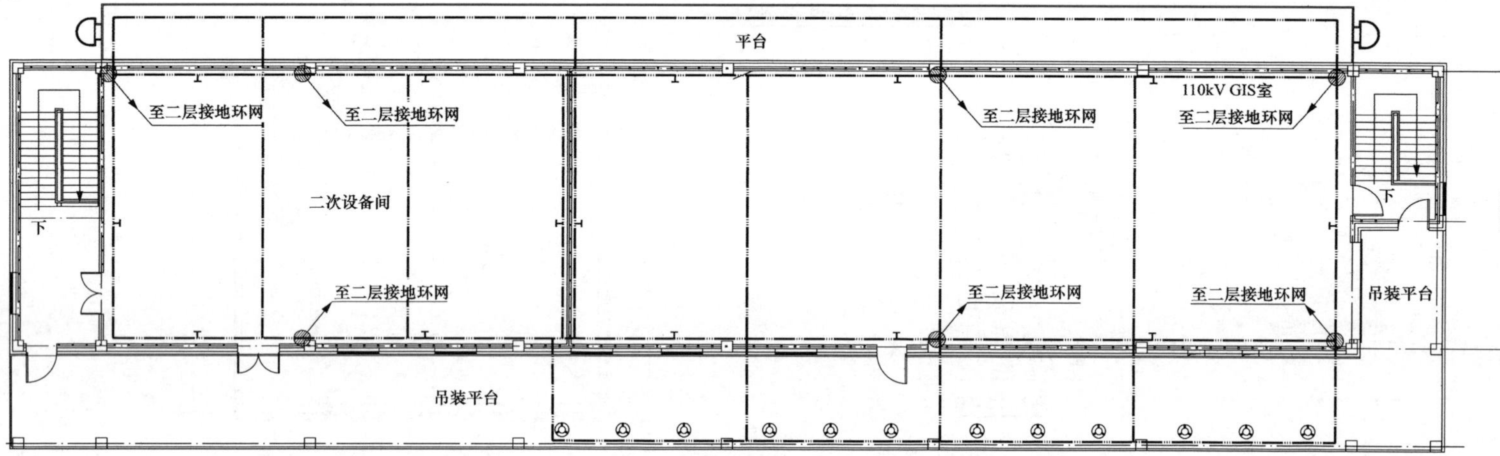


110kV配电装置楼二层接地平面布置图

说明：1. 为接地线标志，沿混凝土柱或沿墙引上。

2. 设备基础槽钢和各接地点（按厂家要求）应以最短路径与室内环形接地母线连接。

设备材料表

| 序号 | 名称 | 规范 | 单位 | 数量 | 图例 | 备注 |
|---|---|---|---|---|---|---|
| 1 | 热镀锌扁钢 | −70×8 | m | 800 | ——— | 水平接地体，靠墙处沿墙粉刷层敷设，且距地 0.2m，过门处理入抹面层内 |
| 2 | 热镀锌扁钢 | −70×8 | m | 400 | ——— | 预埋件接地、支架接地 |
| 3 | 铜排 | −40×5 | m | 50 | - - - | 连接室外主接地网与室内接地环网、接地引上线，数量计列于主接地网布置图中 |
| 4 | 临时接地端子 | | 个 | 28 | T | |
| 5 | 热镀锌扁钢 | −40×4 | m | 200 | | 用于金属楼梯、栏杆、门、空调支架、室外机等金属部分接地 |

**图 8.2.1-16 HA-220-A3-2 110kV 配电装置楼接地平面布置图**

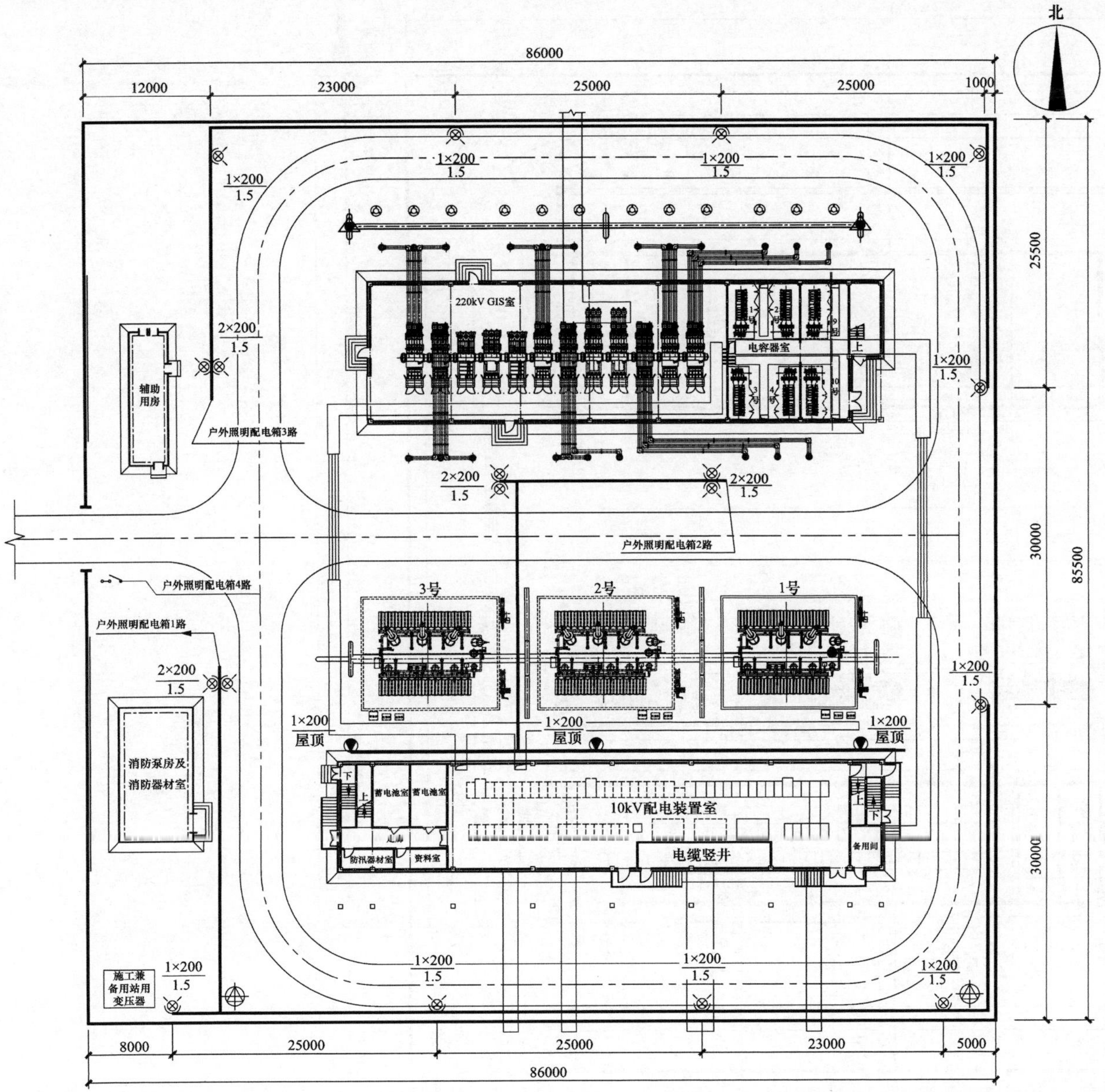


说明：1. 电源来自户外照明配电箱，主干线采用电缆，穿钢管敷设。支线采用 BV 绝缘电线，穿 PVC 管敷设至灯具，管内径不小于导线束直径的 1.5 倍。

2. 穿管电线在室外直埋深度不应小于 0.7m，电线埋至地下及引出地面均应穿管保护。

3. LED 投光灯均带支架和底座，高度为 1.5m。

4. 出线回路平均接至 A、B、C 三相上，以保持负荷平衡。

5. 施工时应与土建密切配合，预埋好各种埋件，安装应符合国家标准及行业标准中的有关规定。

6. 图中灯具位置已考虑附近设施，若仍有碰撞，可适当调整位置。

7. 灯具和电动大门应就近与主接地网连接，保证可靠接地，接地材料开列于防雷接地卷册。

**设备材料表**

| 序号 | 名称 | 规范 | 单位 | 图例 | 数量 | 备注 |
|---|---|---|---|---|---|---|
| 1 | LED 投光灯 | AC 220V 200W | 套 |  | 10 | 灯头可转向，带支架及底座 |
| 2 | LED 投光灯 | AC 220V 2×200W | 套 |  | 4 | 灯头可转向，带支架及底座 |
| 3 | LED 投光壁灯 | AC 220V 200W | 套 |  | 3 |  |
| 4 | 断路器 | C65N-D10A/4P VE 30mA | 个 |  | 1 | 电动大门用 |
| 5 | 电力电缆 | ZR-YJV22-1-5×4 | m |  | 80 | 电动大门电源线 |
| 6 | 电力电缆 | ZR-YJV22-1-3×4 | m |  | 800 | 户外照明主干线 |
| 7 | 塑料绝缘铜线 | BV-750-2×2.5 | m |  | 200 | 接灯线 |
| 8 | 热镀锌钢管 | $\phi40$ | m |  | 80 | 电动大门电源线用 |
| 9 | 热镀锌钢管 | $\phi25$ | m |  | 600 | 照明主干线用 |
| 10 | PVC 管 | $\phi20$ | m |  | 150 | 接灯线用 |
| 11 | 分接线盒 |  | 个 |  | 40 |  |

**图 8.2.1-17　HA-220-A3-2　站区户外照明布置图**

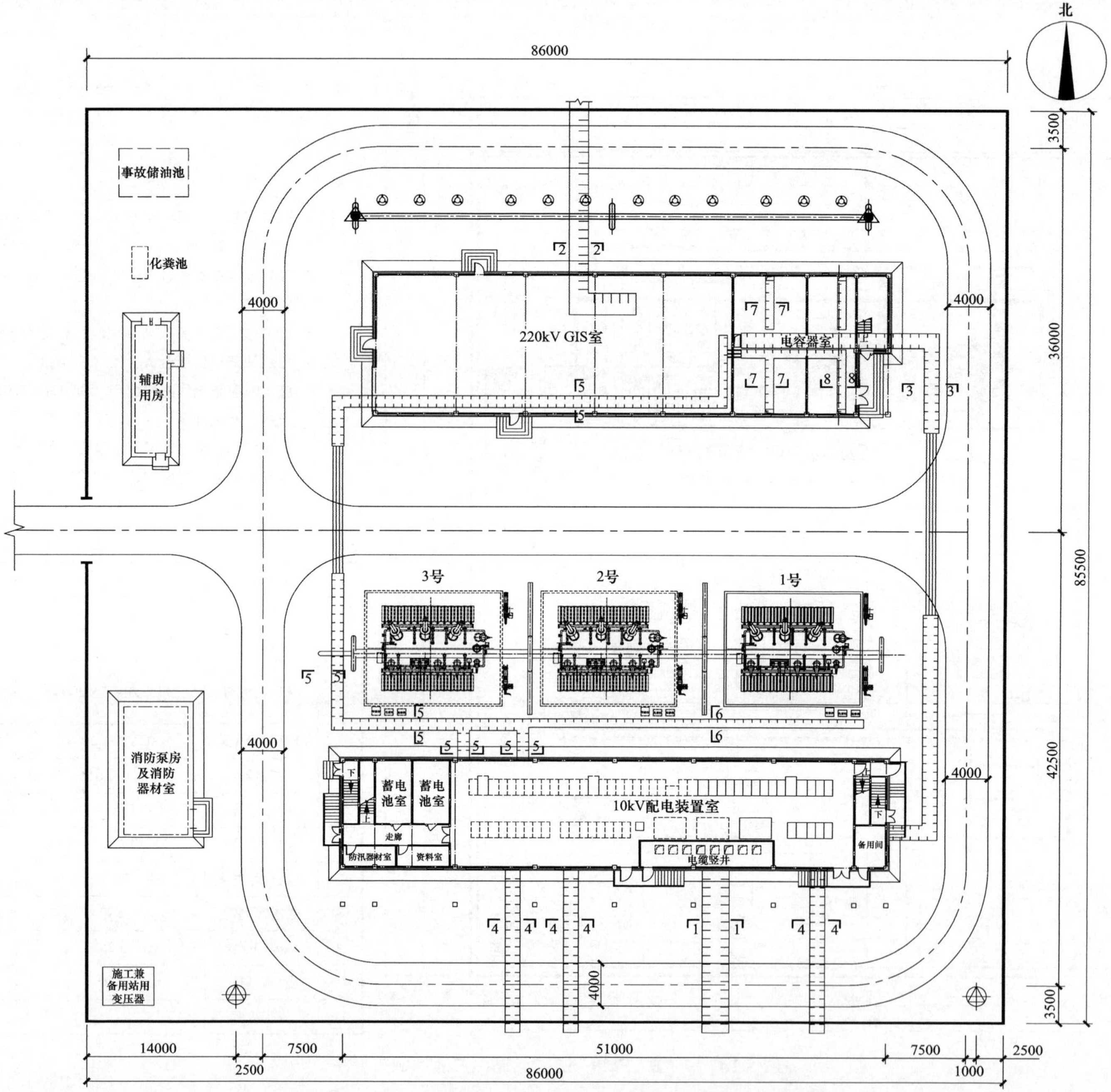


**图 8.2.1-18　HA-220-A3-2　站区电缆敷设设施平面布置图**

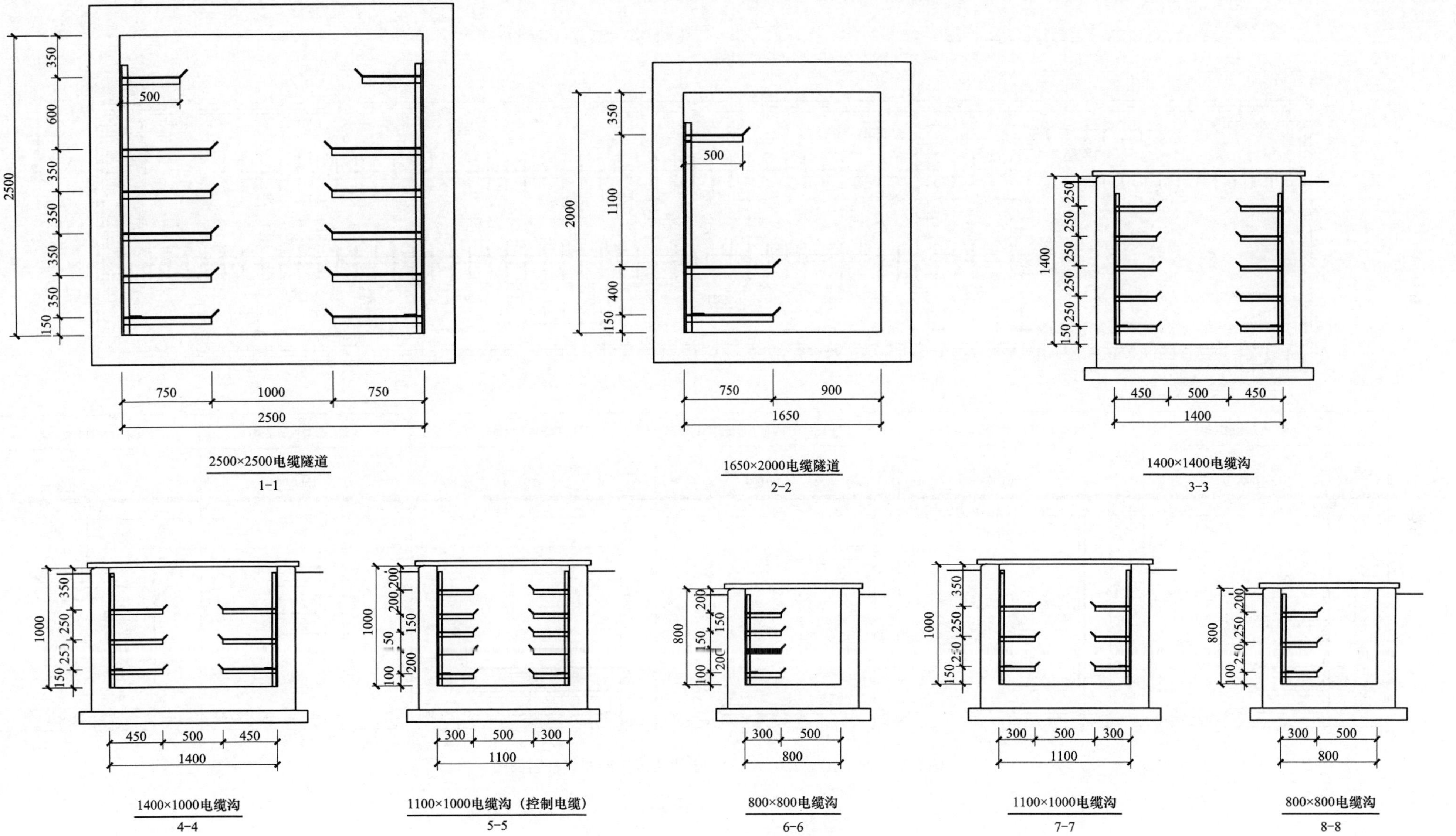


**图 8.2.1-19　HA-220-A3-2　站区电缆敷设设施支架断面图**

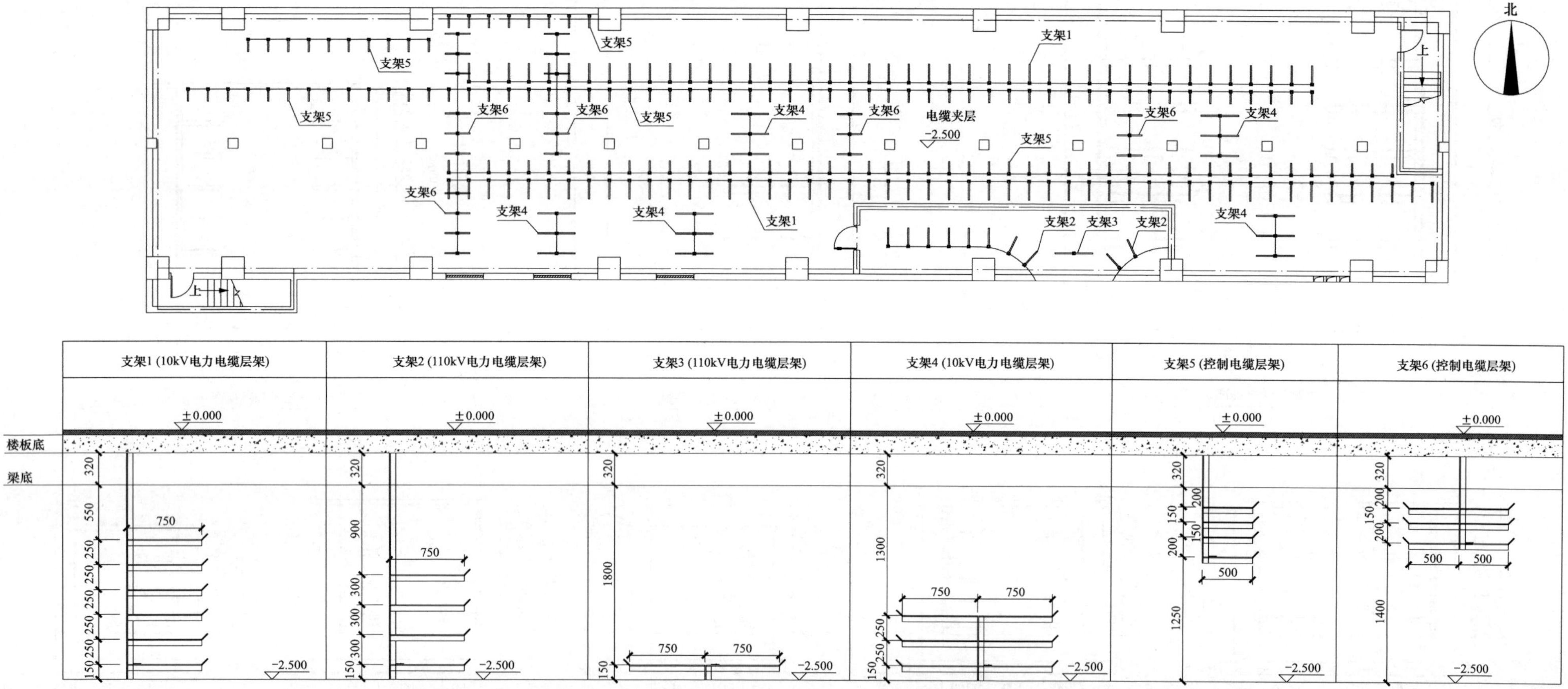


**图 8.2.1−20　HA−220−A3−2　电缆夹层支架布置及断面图**

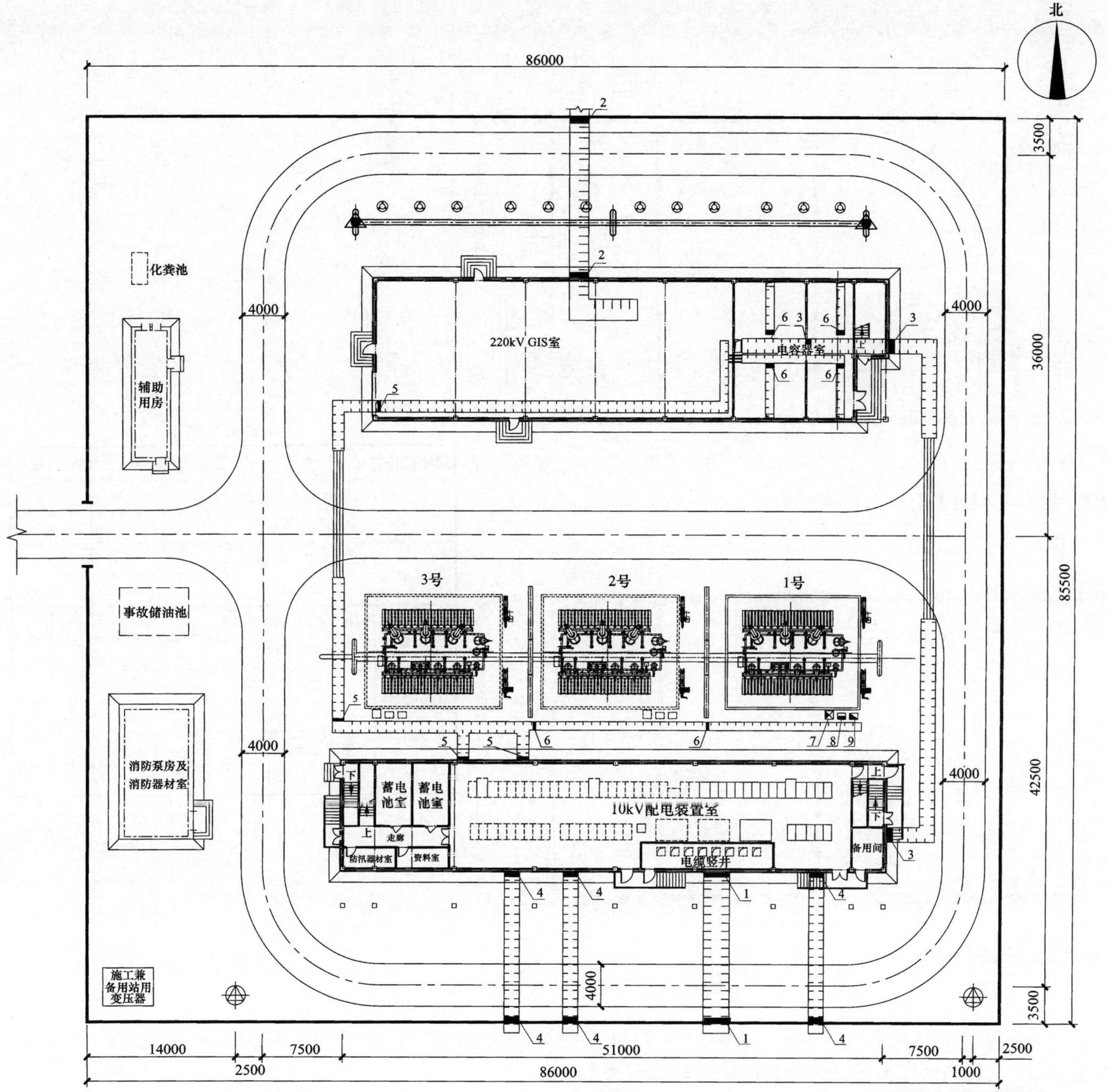


**电缆防火材料表**

| 编号 | 图例 | 名称 | 型号及规范 | 单位 | 数量 |
|---|---|---|---|---|---|
| 1 | ▬ | 2500×2500 电缆隧道堵火墙 | 2500mm×2500mm | 个 | 2 |
| 2 | ▬ | 1650×2000 电缆隧道堵火墙 | 1800mm×2000mm | 个 | 2 |
| 3 | ▬ | 1400×1400 电缆沟堵火墙 | 1400mm×1400mm | 个 | 3 |
| 4 | ▬ | 1400×1000 电缆沟堵火墙 | 1400mm×1000mm | 个 | 6 |
| 5 | ▬ | 1100×1000 电缆沟堵火墙 | 1100mm×1000mm | 个 | 4 |
| 6 | ▬ | 800×800 电缆沟堵火墙 | 800mm×800mm | 个 | 6 |
| 7 | ⊠ | 主变压器智能终端柜 | 600mm×600mm | 个 | 1 |
| 8 | ⬓ | 主变压器油色谱柜 | 400mm×290mm | 个 | 1 |
| 9 | ◪ | 主变压器检修箱 | 400mm×300mm | 个 | 1 |

说明：靠近含油设备的电缆沟，该区段沟盖板应密封。

**图 8.2.1-21　HA-220-A3-2　站区防火封堵布置图**

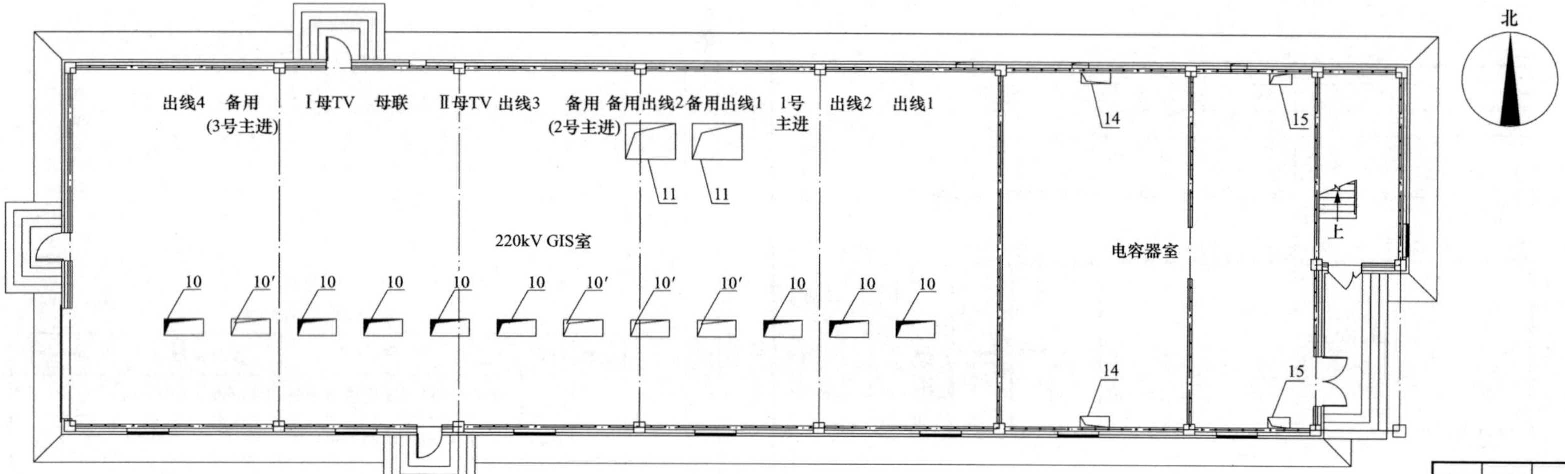


220kV配电装置楼一层防火封堵布置图

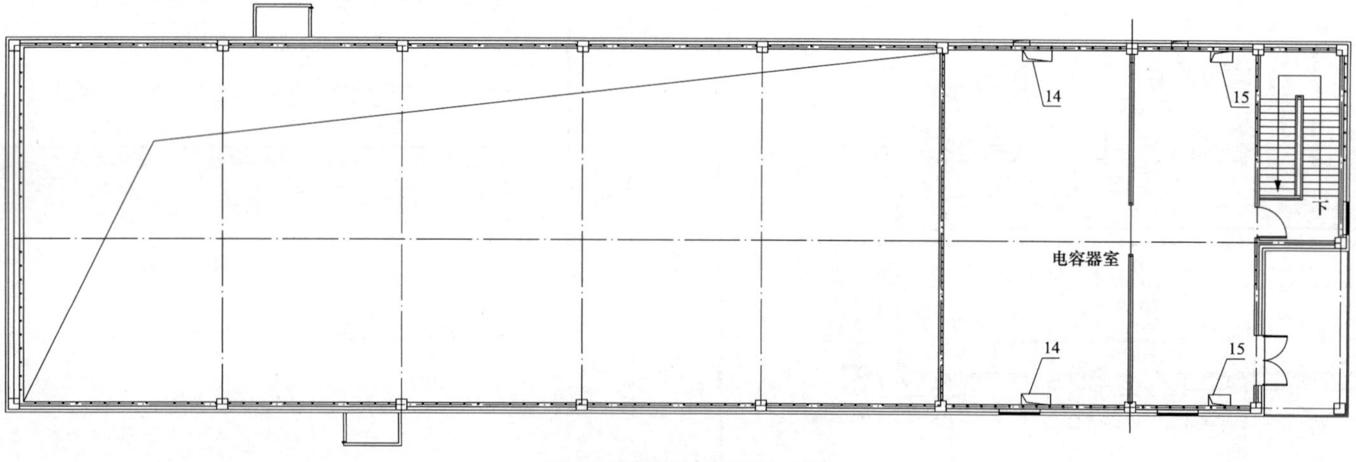


220kV配电装置楼二层防火封堵布置图

**电缆防火材料表**

| 编号 | 图例 | 名称 | 型号及规范 | 单位 | 数量 |
| --- | --- | --- | --- | --- | --- |
| 10 | | 220kV GIS 控制柜孔洞（本期） | 1400mm×600mm | 个 | 8 |
| 10′ | | 220kV GIS 控制柜孔洞（备用） | 1400mm×600mm | 个 | 4 |
| 11 | | 220kV GIS 电缆出线孔洞（备用） | 1800mm×1300mm | 个 | 2 |
| 14 | | 电容器竖井孔洞（一）（备用） | 1100mm×400mm | 个 | 4 |
| 15 | | 电容器竖井孔洞（二）（备用） | 800mm×400mm | 个 | 4 |

**图 8.2.1-22　HA-220-A3-2　220kV 配电装置楼防火封堵布置图**

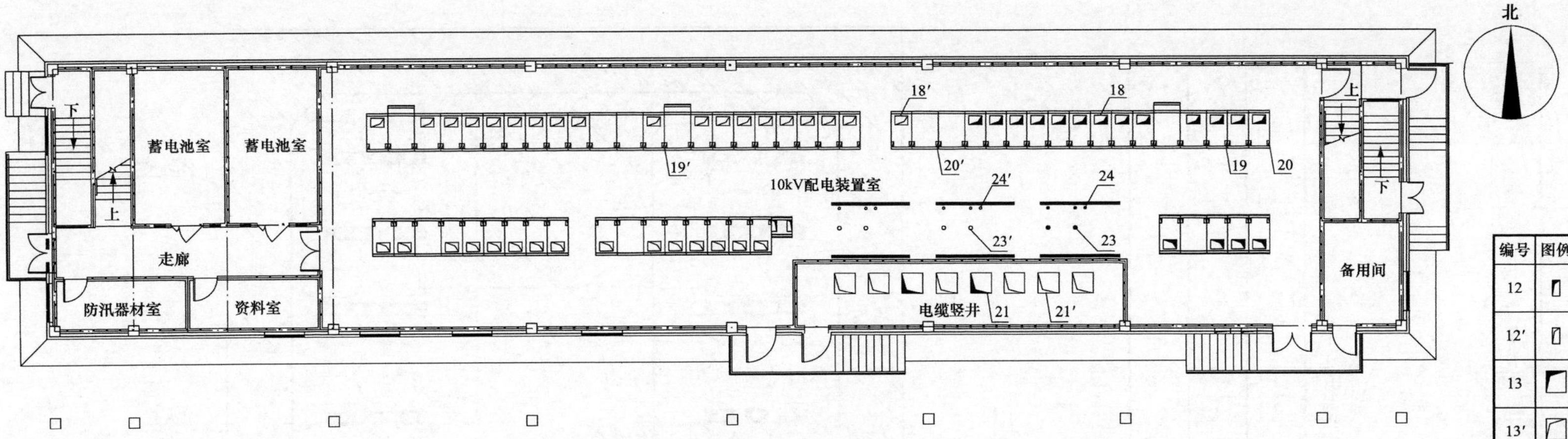


110kV配电装置楼一层防火封堵布置图

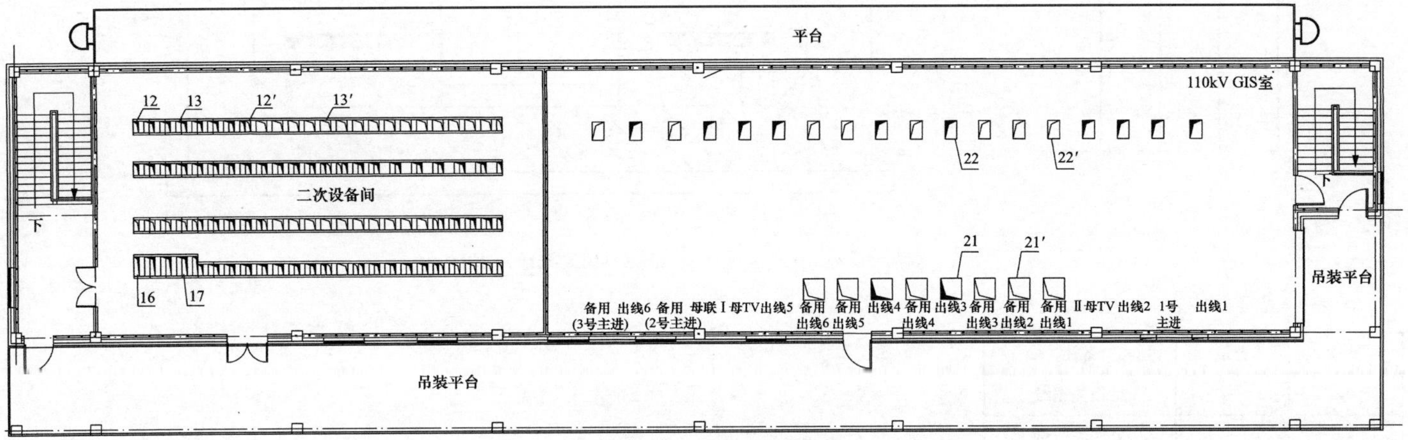


110kV配电装置楼二层防火封堵布置图

**电缆防火材料表**

| 编号 | 图例 | 名称 | 型号及规范 | 单位 | 数量 |
|---|---|---|---|---|---|
| 12 | | 二次设备室屏柜孔洞（一）（本期） | 440mm×200mm | 个 | 14 |
| 12′ | | 二次设备室屏柜孔洞（一）（备用） | 440mm×200mm | 个 | 12 |
| 13 | | 二次设备室屏柜孔洞（二）（本期） | 440mm×400mm | 个 | 41 |
| 13′ | | 二次设备室屏柜孔洞（二）（备用） | 440mm×400mm | 个 | 32 |
| 16 | | 二次设备室屏柜孔洞（三）（本期） | 740mm×200mm | 个 | 2 |
| 17 | | 二次设备室屏柜孔洞（四）（本期） | 740mm×400mm | 个 | 3 |
| 18 | | 开关柜一次洞口（本期） | 500mm×350mm | 个 | 17 |
| 18′ | | 开关柜一次洞口（备用） | 500mm×350mm | 个 | 34 |
| 19 | | 开关柜二次洞口（一）（本期） | 200mm×200mm | 个 | 18 |
| 19′ | | 开关柜二次洞口（一）（备用） | 200mm×200mm | 个 | 38 |
| 20 | | 开关柜二次洞口（二）（本期） | 200mm×100mm | 个 | 4 |
| 20′ | | 开关柜二次洞口（二）（备用） | 200mm×100mm | 个 | 6 |
| 21 | | 110kV GIS 电缆出线孔洞（本期） | 800mm×800mm | 个 | 4 |
| 21′ | | 110kV GIS 电缆出线孔洞（备用） | 800mm×800mm | 个 | 12 |
| 22 | | 110kV GIS 控制柜孔洞（本期） | 450mm×700mm | 个 | 10 |
| 22′ | | 110kV GIS 控制柜孔洞（备用） | 450mm×700mm | 个 | 8 |
| 23 | ● | 接地变压器一次电缆孔（本期） | $\phi75$ | 个 | 2 |
| 23′ | ○ | 接地变压器一次电缆孔（备用） | $\phi75$ | 个 | 4 |
| 24 | ● | 接地变压器二次电缆孔（本期） | $\phi50$ | 个 | 3 |
| 24′ | ○ | 接地变压器二次电缆孔（备用） | $\phi50$ | 个 | 6 |
| 25 | ○ | 配电装置楼内预埋管线孔洞 | — | 个 | 若干 |

**图 8.2.1-23　HA-220-A3-2　110kV 配电装置楼防火封堵布置图**

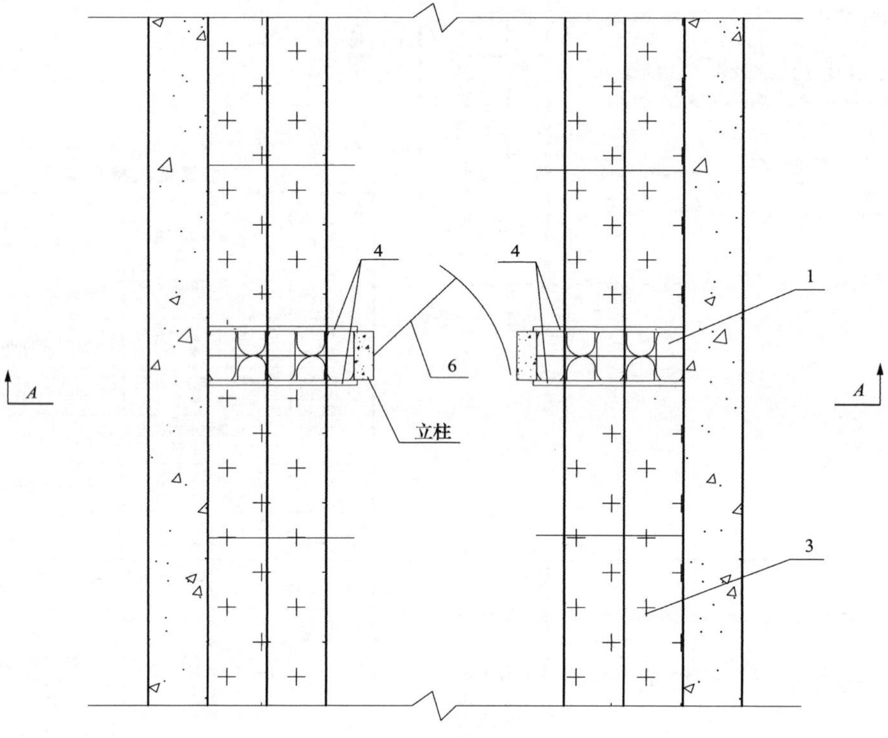


俯视图

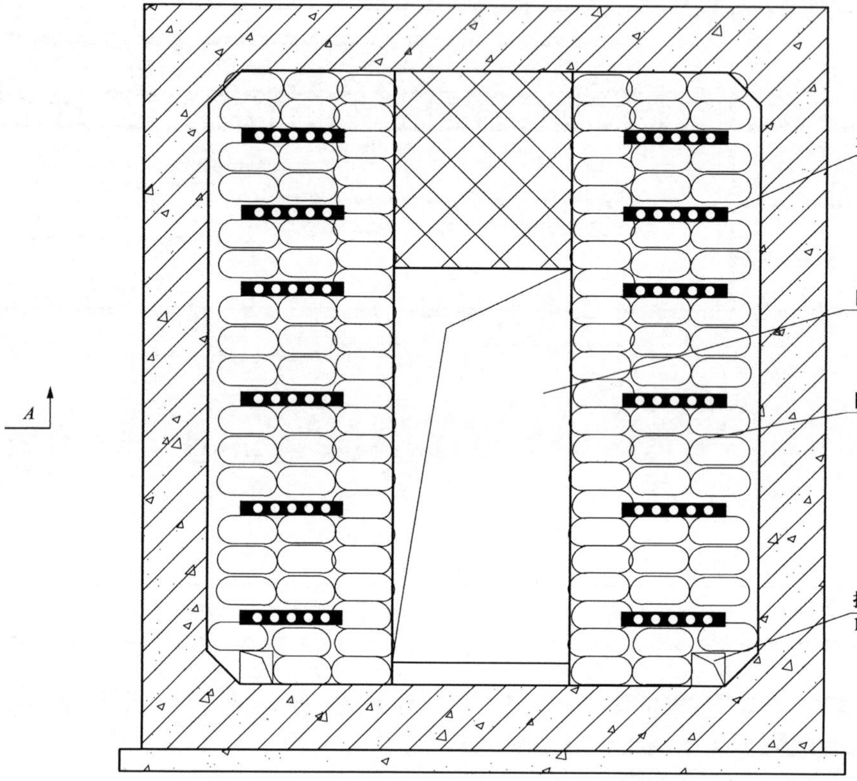


电缆隧道防火封堵

A–A

| 编号 | 名称 | 型号及规范 | 单位 | 数量 | 备注 |
|---|---|---|---|---|---|
| 1 | 阻火包 | | kg | — | 见相关图纸 |
| 2 | 有机防火堵料 | YZFD–Ⅲ | kg | — | 见相关图纸 |
| 3 | 防火涂料 | A60–FP | kg | — | 见相关图纸 |
| 4 | 阻燃无机耐火隔板 | | $m^2$ | — | 见相关图纸 |
| 5 | 膨胀螺栓 | M8 × 80 | 套 | — | 见相关图纸 |
| 6 | 防火门 | | 个 | — | 开列于土建图纸 |
| 7 | 角钢 | 40 × 40 × 4 | m | — | 见相关图纸 |

说明：1. 填入阻火包，阻火包应按顺序依次摆放整齐，阻火包与电缆之间留适当空隙。

2. 在阻火包与电缆、桥架的间隙内填塞柔性有机防火堵料。

3. 阻火隔墙两侧电缆需涂防火涂料，涂层长度应不小于 2m，厚度不小于 1mm。

4. 阻火隔墙厚度为 240mm，耐火时间大于 3h。

**图 8.2.1–24　HA–220–A3–2　电缆隧道防火封堵示意图**

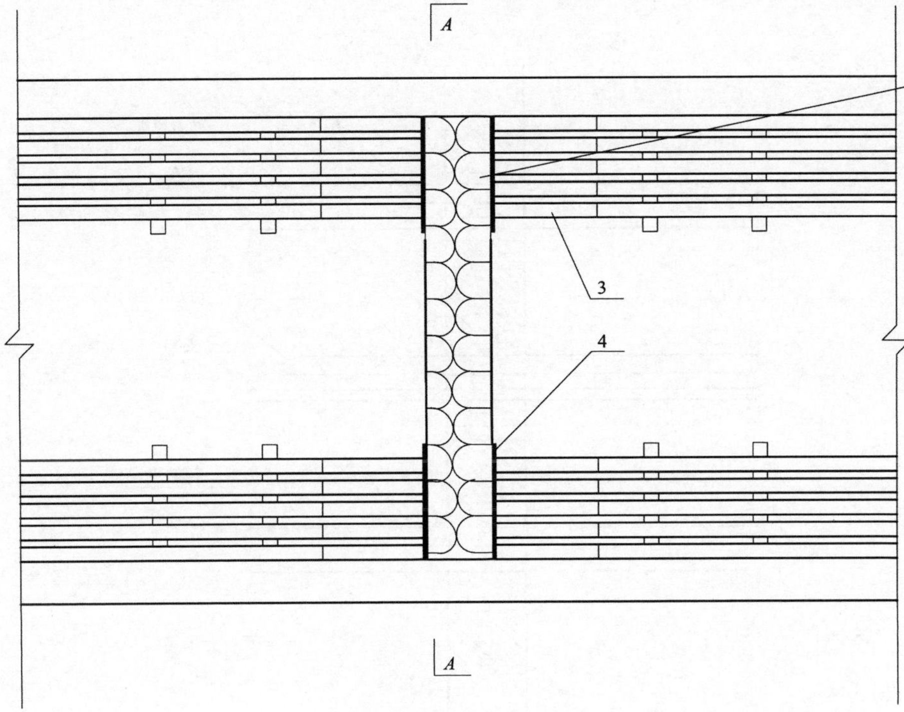


俯视图

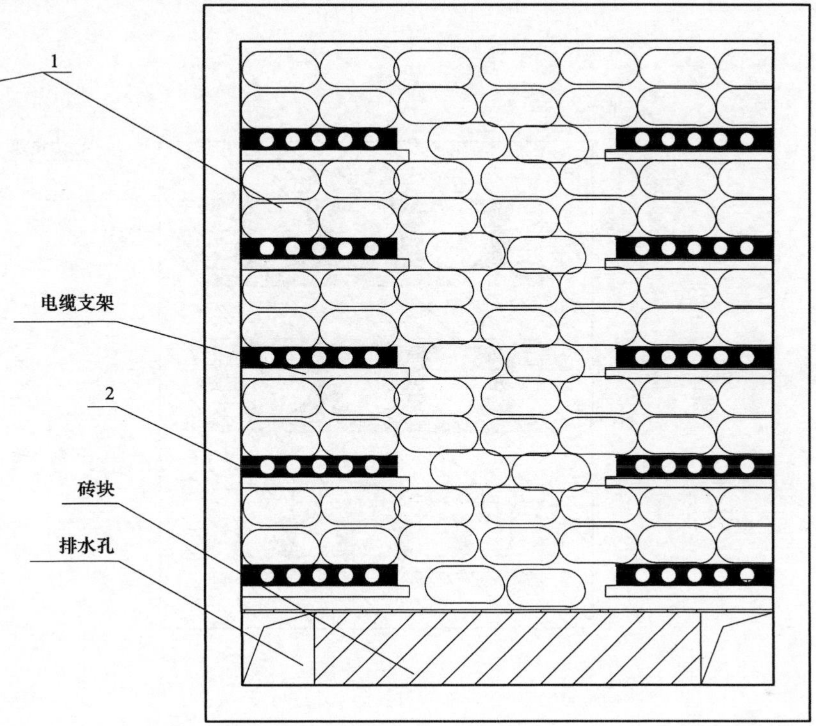


A-A

| 编号 | 名称 | 型号及规范 | 单位 | 数量 | 备注 |
|---|---|---|---|---|---|
| 1 | 阻火包 | — | kg | — | 见相关图纸 |
| 2 | 有机防火堵料 | YZFD-III | kg | — | 见相关图纸 |
| 3 | 防火涂料 | A60-FP | kg | — | 见相关图纸 |
| 4 | 阻燃无机耐火隔板 | WBT  $t$=10mm | $m^2$ | — | 见相关图纸 |
| 5 | 膨胀螺栓 | M8×80 | 套 | — | 见相关图纸 |
| 6 | 角钢 | 40×40×4 | m | — | 见相关图纸 |

说明：1. 填入阻火包，阻火包应按顺序依次摆放整齐，阻火包与电缆之间留适当空隙。
2. 在阻火包与电缆、桥架的间隙内填塞柔性有机防火堵料。
3. 阻火隔墙两侧电缆需涂防火涂料，涂层长度应不小于 2m，厚度不小于 1mm。
4. 阻火隔墙厚度为 240mm，耐火时间大于 3h。

**图 8.2.1-25　HA-220-A3-2　电缆沟防火封堵示意图**

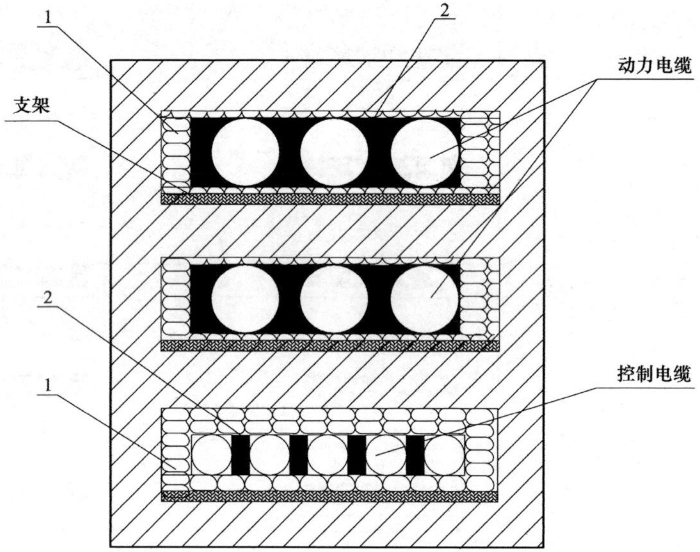


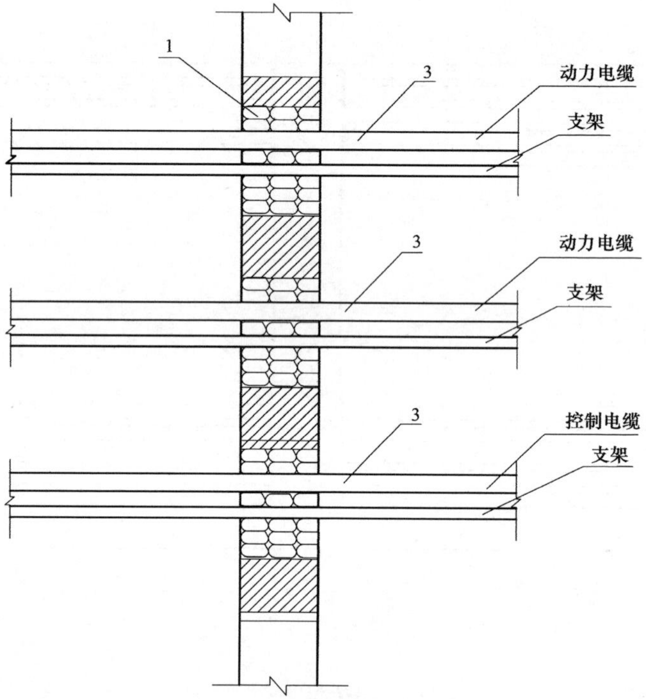


| 编号 | 名称 | 型号及规范 | 单位 | 数量 | 备注 |
|---|---|---|---|---|---|
| 1 | 阻火包 | — | kg | — | 见相关图纸 |
| 2 | 有机防火堵料 | YZFD-Ⅲ | kg | — | 见相关图纸 |
| 3 | 防火涂料 | A60-FP | kg | — | 见相关图纸 |
| 4 | 阻燃无机耐火隔板 | WBT　$t$=10mm | $m^2$ | — | 见相关图纸 |
| 5 | 膨胀螺栓 | M8×80 | 套 | — | 见相关图纸 |
| 6 | 角钢 | 40×40×4 | m | — | 见相关图纸 |

说明：1. 填入阻火包，阻火包应按顺序依次摆放整齐，阻火包与电缆之间留适当空隙。
2. 在阻火包与电缆、桥架的间隙内填塞柔性有机防火堵料。
3. 阻火隔墙两侧电缆需涂防火涂料，涂层长度应不小于 2m，厚度不小于 1mm。
4. 阻火隔墙厚度为 240mm，耐火时间大于 3h。

**图 8.2.1-26　HA-220-A3-2　电缆沟穿墙防火封堵示意图**

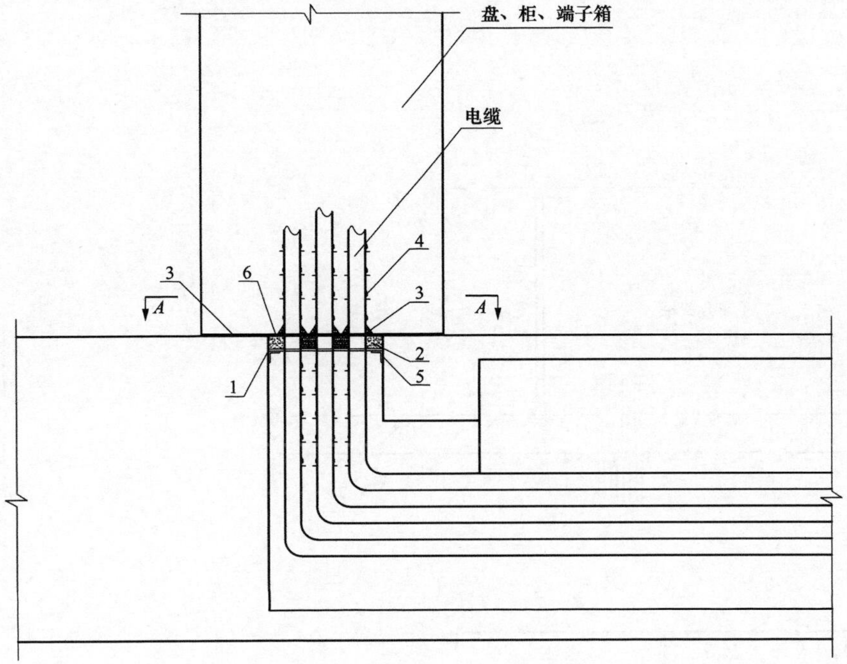


说明：1. 无机耐火隔板安装：柜内侧按照柜底尺寸切割，采用镶嵌平装切割时，楼板下部耐火隔板尺寸比楼板孔洞大 80～100mm，盘柜箱底部耐火隔板尺寸比盘柜箱孔尺寸大 100mm；预留备用电缆通道。缝隙用有机堵料封实，孔洞侧可采用角钢固定，孔洞过大时可增设角钢加固。

2. 隔板之间充填防火堵料，封堵应严实可靠。无机堵料与进线孔洞顶部和侧壁的局部间隙用有机堵料封堵密实。

3. 进入开关柜的两侧电缆应采用防火涂料，涂层长度应不小于 2m，厚度不小于 1mm。

4. 整个孔洞封堵不允许有空隙与透光点。

| 编号 | 名称 | 型号及规范 | 单位 | 数量 | 备注 |
|---|---|---|---|---|---|
| 1 | 阻燃无机耐火隔板 | WBT $t$=10mm | $m^2$ | — | 见相关图纸 |
| 2 | 无机防火堵料 | WHD-I | kg | — | 见相关图纸 |
| 3 | 有机防火堵料 | YZFD-Ⅲ | kg | — | 见相关图纸 |
| 4 | 防火涂料 | A60-FP | $m^2$ | — | 见相关图纸 |
| 5 | 角钢 | 40×40×4 | m | — | 见相关图纸 |
| 6 | 膨胀螺栓 | M8×80 | 套 | — | 见相关图纸 |

**图 8.2.1-27　HA-220-A3-2　电气盘、柜、端子箱封堵示意图**

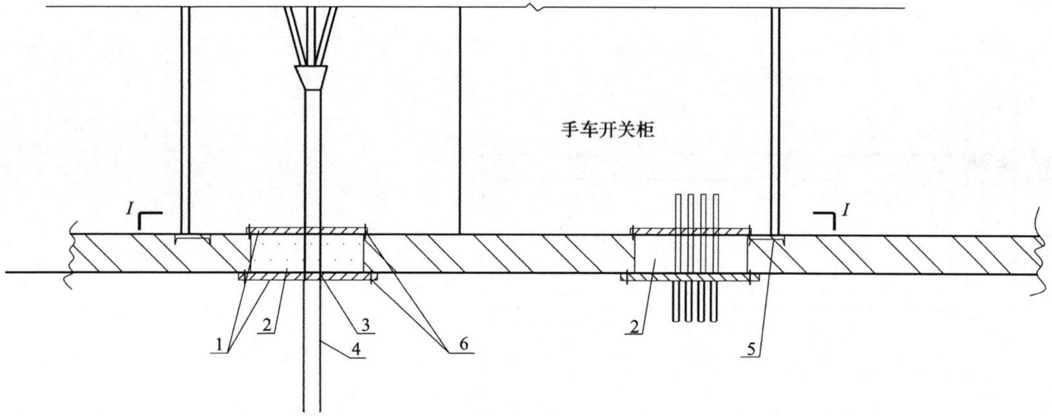


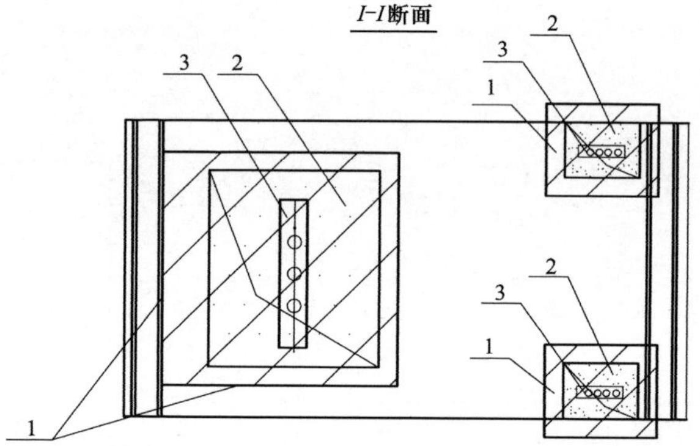


| 编号 | 名称 | 型号及规范 | 单位 | 数量 | 备注 |
|---|---|---|---|---|---|
| 1 | 阻燃无机耐火隔板 | WBT　*t*=10mm | $m^2$ | — | 见相关图纸 |
| 2 | 无机防火堵料 | WHD-Ⅰ | kg | — | 见相关图纸 |
| 3 | 有机防火堵料 | YZFD-Ⅲ | kg | — | 见相关图纸 |
| 4 | 防火涂料 | A60-FP | $m^2$ | — | 见相关图纸 |
| 5 | 角钢 | 40×40×4 | m | — | 见相关图纸 |
| 6 | 膨胀螺栓 | M8×80 | 套 | — | 见相关图纸 |

说明：1. 无机耐火隔板柜内侧可采用镶嵌平装，缝隙用有机堵料封实。
2. 无机耐火隔板地板下侧可采用膨胀螺栓固定。
3. 进入开关柜的两侧电缆应采用防火涂料，涂层长度应不小于2m，厚度不小于1mm。
4. 隔板之间充填防火堵料应实心密实，对侧以不透光为合格。

**图 8.2.1-28　HA-220-A3-2　10kV 高压开关柜封堵示意图**

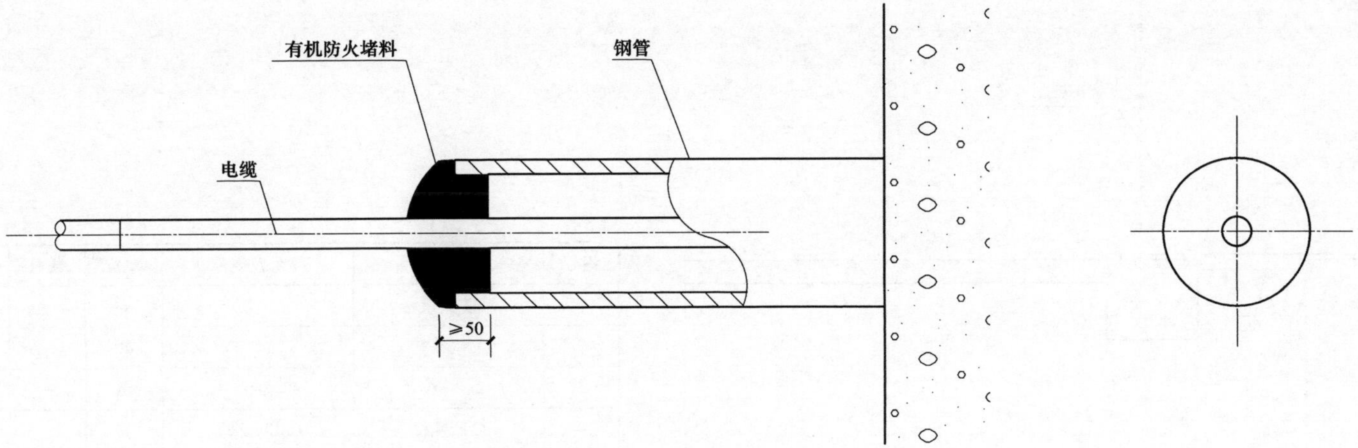


| 序号 | 名称 | 型号及规范 | 单位 | 数量 | 备注 |
|---|---|---|---|---|---|
| 1 | 有机防火堵料 | YZFD–Ⅲ | kg | — | 见相关图纸 |
| 2 | 防火涂料 | A60–FP | kg | — | 见相关图纸 |

说明：1. 管内有机堵料深度不小于 5cm。
2. 管口有机堵料应规则平整。

**图 8.2.1–29　HA–220–A3–2　电缆穿钢管防火封堵示意图**

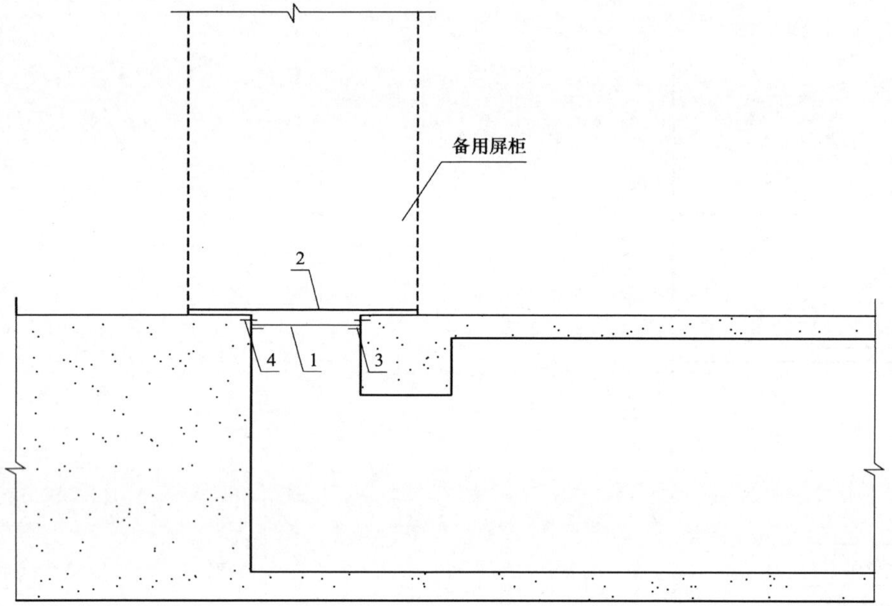


| 编号 | 名称 | 型号及规范 | 单位 | 数量 | 备注 |
|---|---|---|---|---|---|
| 1 | 防火板 | | $m^2$ | — | 见相关图纸 |
| 2 | 钢板 | | $m^2$ | — | 见相关图纸 |
| 3 | 角钢 | 40×40×4 | m | — | 见相关图纸 |
| 4 | 膨胀螺栓 | M8×80 | 套 | — | 见相关图纸 |

说明：1. 室外备用屏柜封堵时，钢板长宽比孔洞大小各大 200mm，室内同屏柜大小。

2. 施工时注意美观，钢板应盖整齐，平稳。

**图 8.2.1-30　HA-220-A3-2　备用屏柜防火封堵示意图**

### 8.2.2 电气二次部分

电气二次部分主要图纸见表 8.2.2-1。

**表 8.2.2-1　　　　电气二次部分主要图纸**

| 图号 | 图名 |
|---|---|
| 图 8.2.2-01 | HA-220-A3-2　系统继电保护配置示意图 |
| 图 8.2.2-02 | HA-220-A3-2　变电站计算机监控系统图 |
| 图 8.2.2-03 | HA-220-A3-2　全站过程层网络结构示意图 |
| 图 8.2.2-04 | HA-220-A3-2　主变压器保护配置图 |
| 图 8.2.2-05 | HA-220-A3-2　220kV 线路过程层 SV 信息逻辑图 |
| 图 8.2.2-06 | HA-220-A3-2　220kV 线路过程层 GOOSE 信息逻辑图 |
| 图 8.2.2-07 | HA-220-A3-2　220kV 母联过程层 SV 信息逻辑图 |
| 图 8.2.2-08 | HA-220-A3-2　220kV 母联过程层 GOOSE 信息逻辑图 |
| 图 8.2.2-09 | HA-220-A3-2　220kV 母线过程层 SV 信息逻辑图 |
| 图 8.2.2-10 | HA-220-A3-2　220kV 母线过程层 GOOSE 信息逻辑图 |
| 图 8.2.2-11-1 | HA-220-A3-2　主变压器过程层 SV 信息逻辑图 1 |
| 图 8.2.2-11-2 | HA-220-A3-2　主变压器过程层 SV 信息逻辑图 2 |
| 图 8.2.2-11-3 | HA-220-A3-2　主变压器过程层 SV 信息逻辑图 3 |
| 图 8.2.2-12-1 | HA-220-A3-2　主变压器过程层 GOOSE 信息逻辑图 1 |
| 图 8.2.2-12-2 | HA-220-A3-2　主变压器过程层 GOOSE 信息逻辑图 2 |
| 图 8.2.2-12-3 | HA-220-A3-2　主变压器过程层 GOOSE 信息逻辑图 3 |
| 图 8.2.2-12-4 | HA-220-A3-2　主变压器过程层 GOOSE 信息逻辑图 4 |

续表

| 图号 | 图名 |
|---|---|
| 图 8.2.2-13 | HA-220-A3-2　110kV 线路过程层 SV 及 GOOSE 信息逻辑图 |
| 图 8.2.2-14 | HA-220-A3-2　110kV 母联过程层 SV 及 GOOSE 信息逻辑图 |
| 图 8.2.2-15 | HA-220-A3-2　110kV 母线过程层 SV 及 GOOSE 采样值信息逻辑图 |
| 图 8.2.2-16 | HA-220-A3-2　辅助设备智能监控系统结构图 |
| 图 8.2.2-17-1 | HA-220-A3-2　辅助设备智能监控系统布置示意及统计图 1 |
| 图 8.2.2-17-2 | HA-220-A3-2　辅助设备智能监控系统布置示意及统计图 2 |
| 图 8.2.2-17-3 | HA-220-A3-2　辅助设备智能监控系统布置示意及统计图 3 |
| 图 8.2.2-17-4 | HA-220-A3-2　辅助设备智能监控系统布置示意及统计图 4 |
| 图 8.2.2-17-5 | HA-220-A3-2　辅助设备智能监控系统布置示意及统计图 5 |
| 图 8.2.2-17-6 | HA-220-A3-2　辅助设备智能监控系统布置示意及统计图 6 |
| 图 8.2.2-18 | HA-220-A3-2　火灾报警系统结构图 |
| 图 8.2.2-19-1 | HA-220-A3-2　火灾报警系统布置示意及统计图 1 |
| 图 8.2.2-19-2 | HA-220-A3-2　火灾报警系统布置示意及统计图 2 |
| 图 8.2.2-19-3 | HA-220-A3-2　火灾报警系统布置示意及统计图 3 |
| 图 8.2.2-20 | HA-220-A3-2　交直流一体化电源系统接线图 |
| 图 8.2.2-21 | HA-220-A3-2　220kV GIS 智能控制柜布置图 |
| 图 8.2.2-22 | HA-220-A3-2　110kV GIS 智能控制柜布置图 |
| 图 8.2.2-23 | HA-220-A3-2　二次设备室屏位布置图 |
| 图 8.2.2-24 | HA-220-A3-2　220kV GIS 室二次设备屏位布置图 |

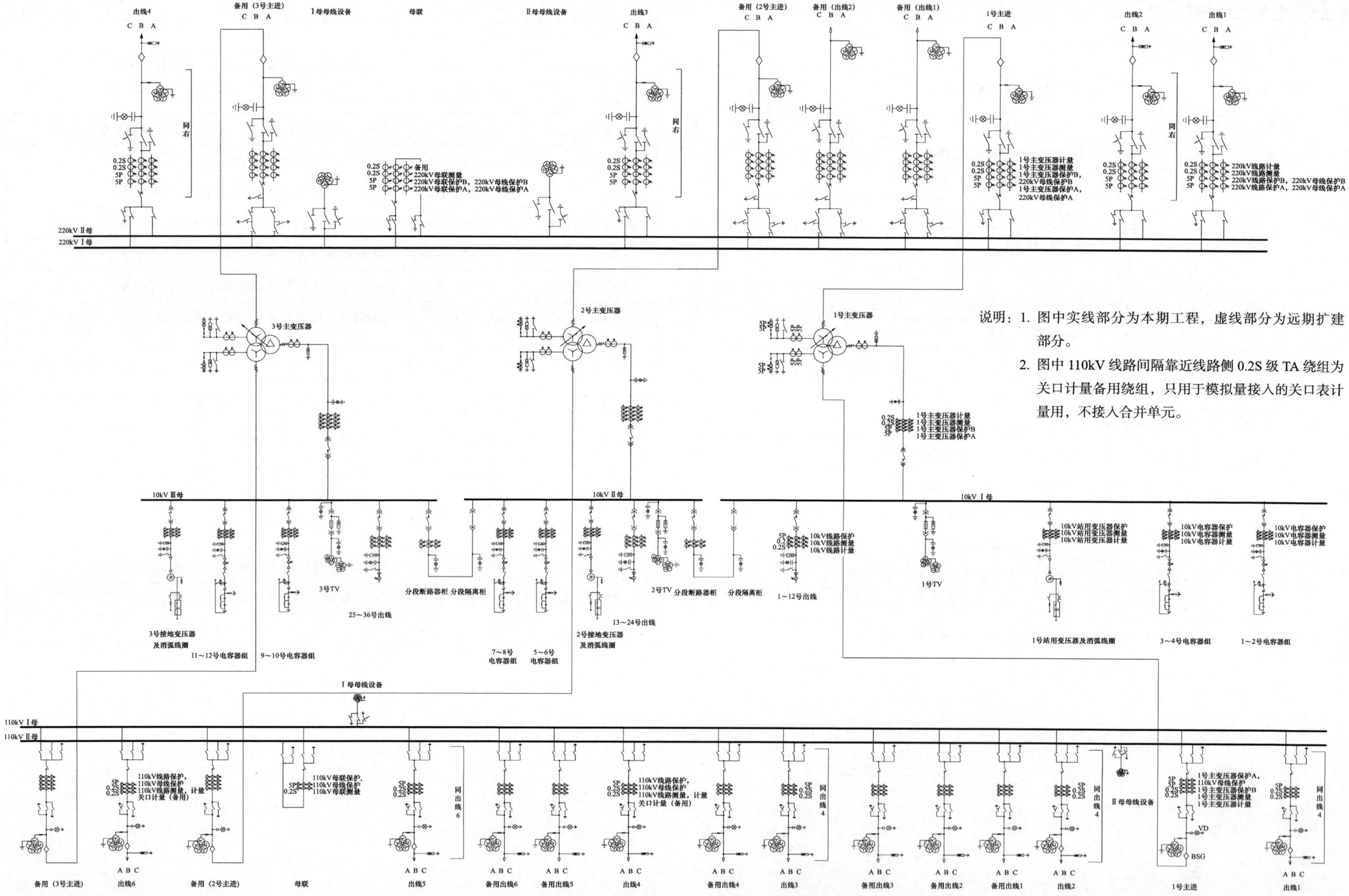


说明：1. 图中实线部分为本期工程，虚线部分为远期扩建部分。

2. 图中110kV线路间隔靠近线路侧0.2S级TA绕组为关口计量备用绕组，只用于模拟量接入的关口表计量用，不接入合并单元。

**图 8.2.2-01　HA-220-A3-2　系统继电保护配置示意图**

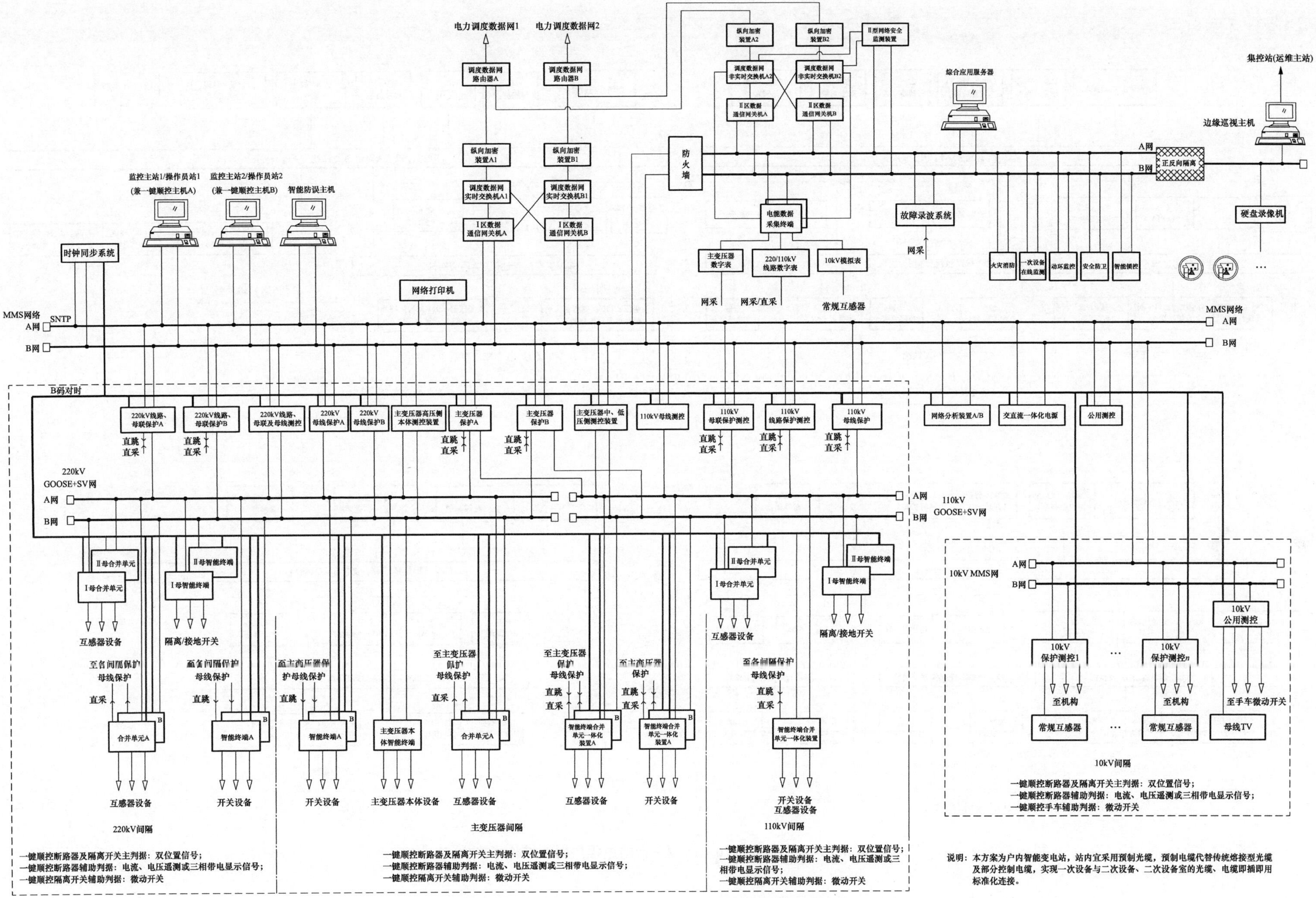


**图 8.2.2-02　HA-220-A3-2　变电站计算机监控系统图**

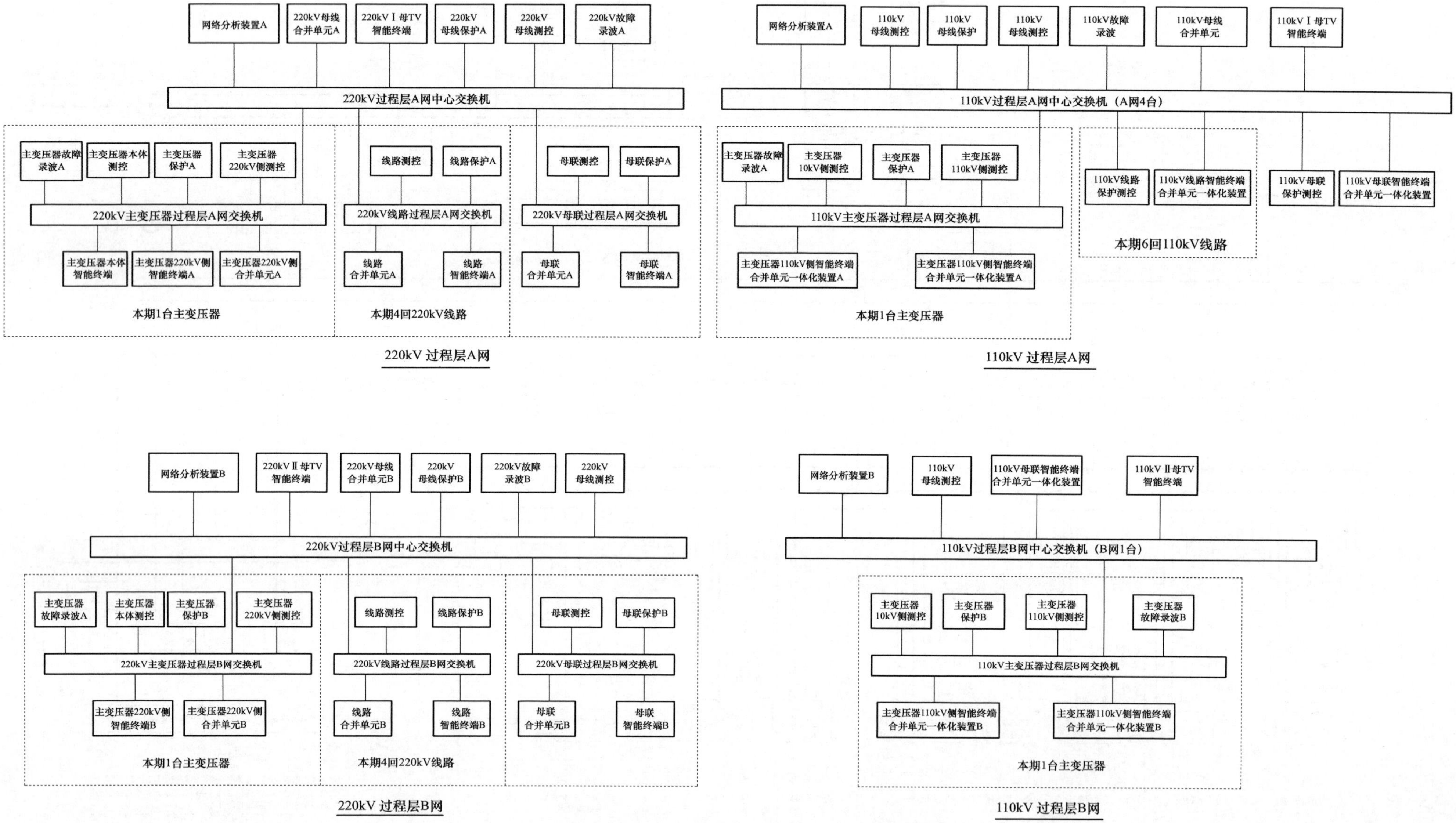


**图 8.2.2-03　HA-220-A3-2　全站过程层网络结构示意图**

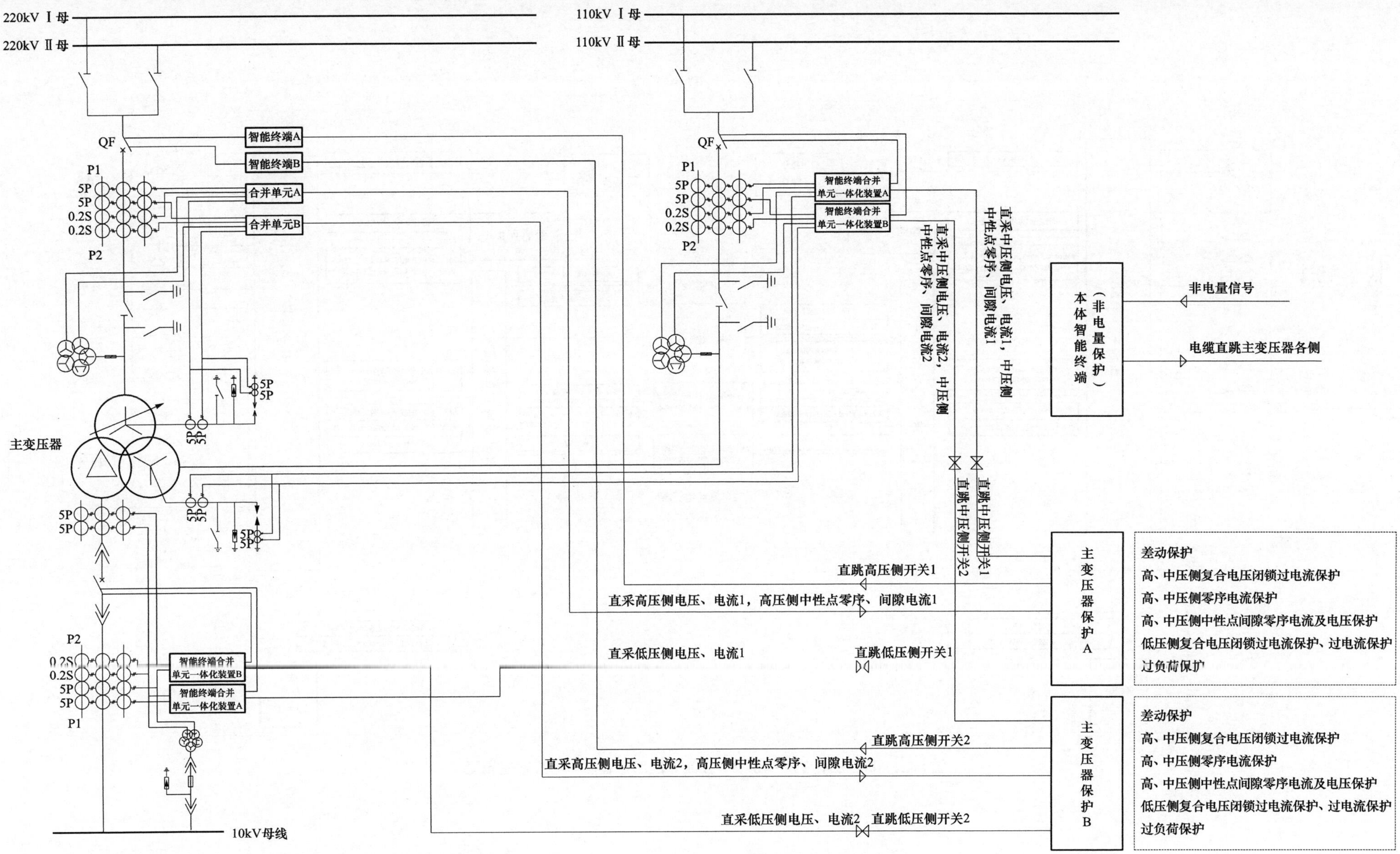


说明：主变压器本体不配置合并单元，中性点零序、间隙电流接入相应侧合并单元。

**图 8.2.2-04　HA-220-A3-2　主变压器保护配置图**

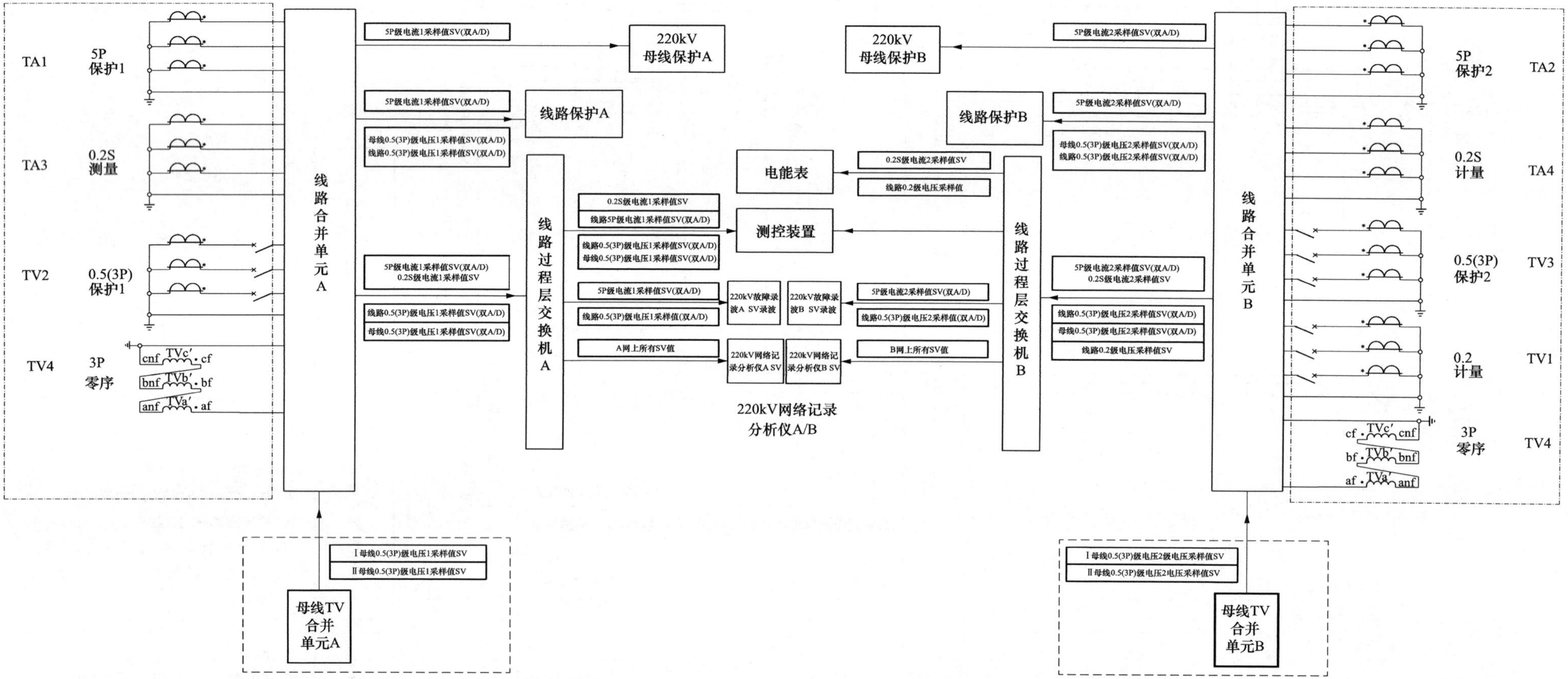


**图 8.2.2-05　HA-220-A3-2　220kV 线路过程层 SV 信息逻辑图**

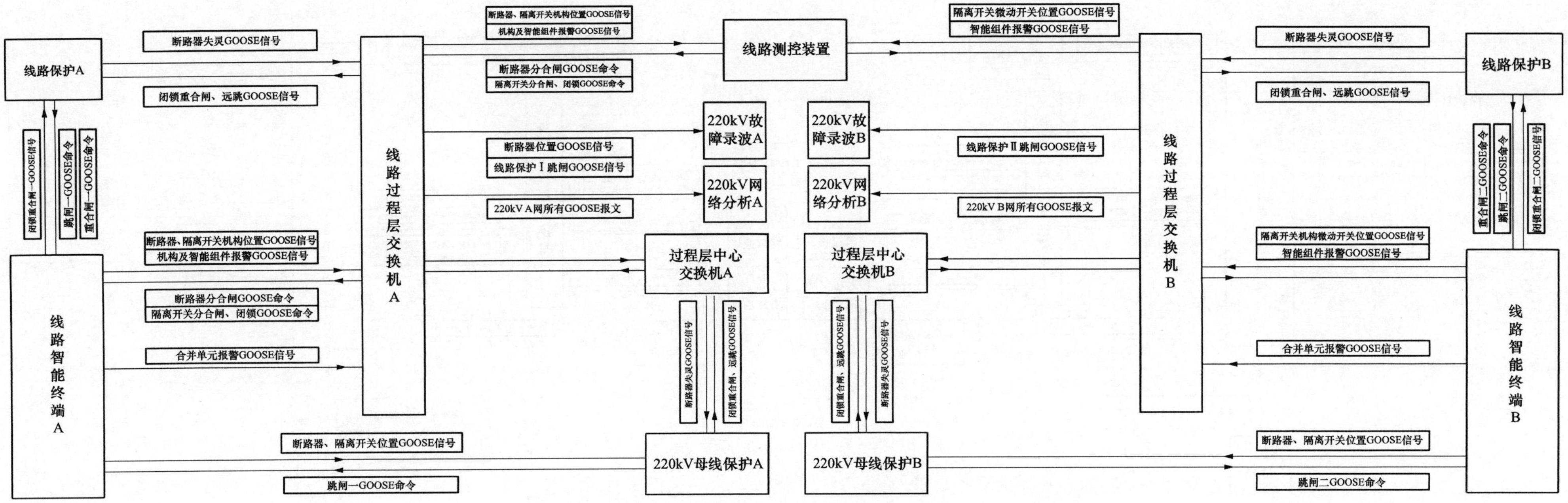


**图 8.2.2-06　HA-220-A3-2　220kV 线路过程层 GOOSE 信息逻辑图**

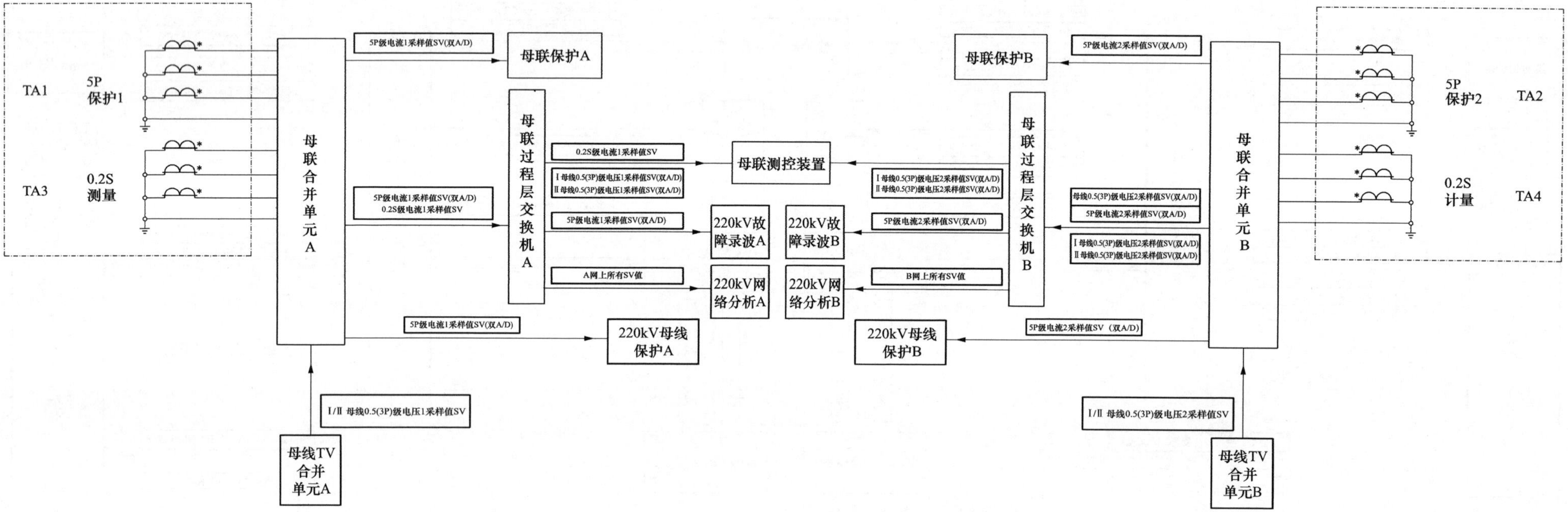


**图 8.2.2-07　HA-220-A3-2　220kV 母联过程层 SV 信息逻辑图**

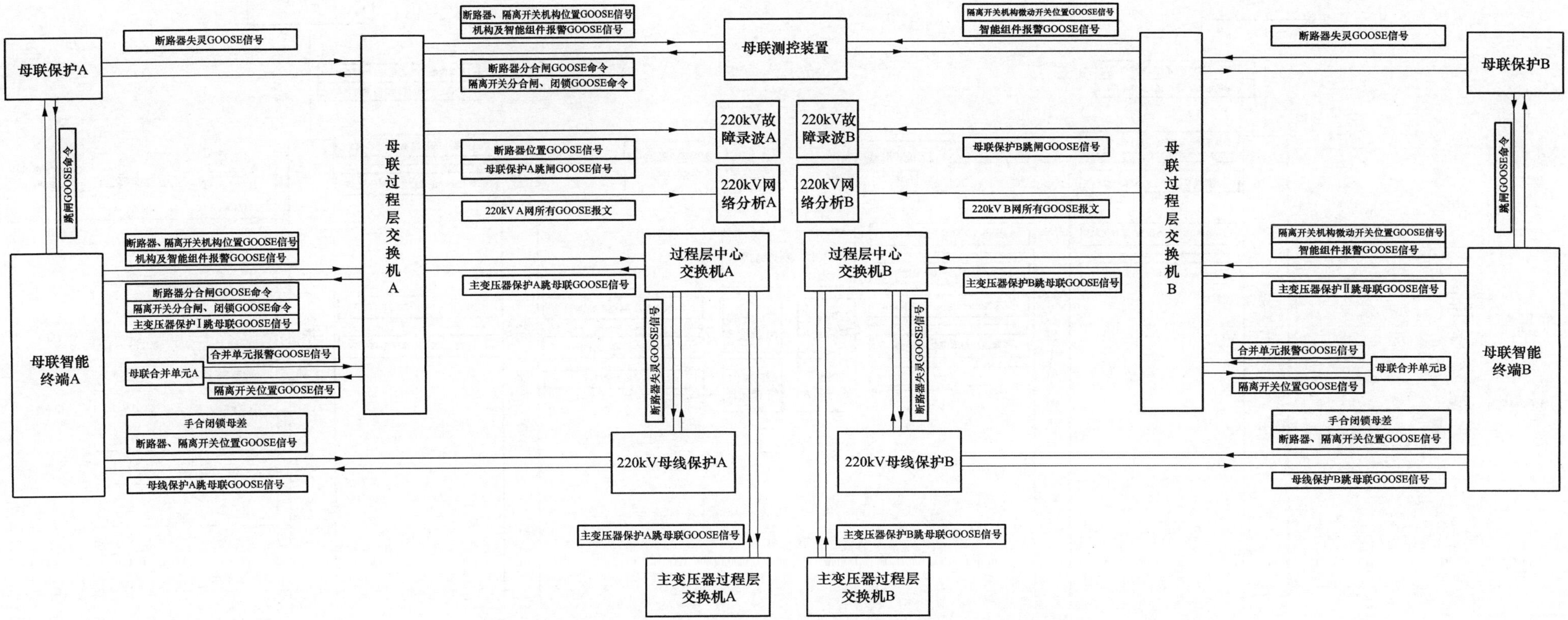


图 8.2.2-08　HA-220-A3-2　220kV 母联过程层 GOOSE 信息逻辑图

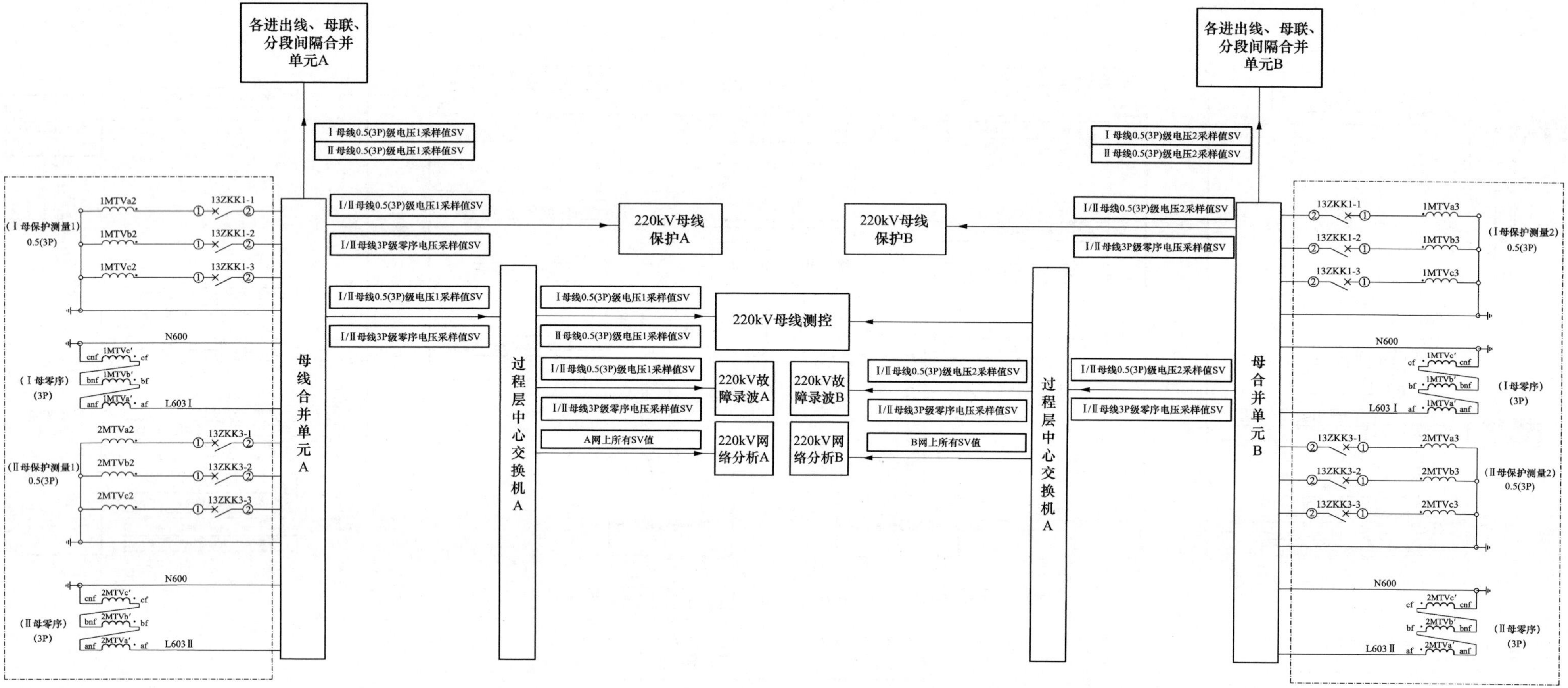


图 8.2.2-09　HA-220-A3-2　220kV 母线过程层 SV 信息逻辑图

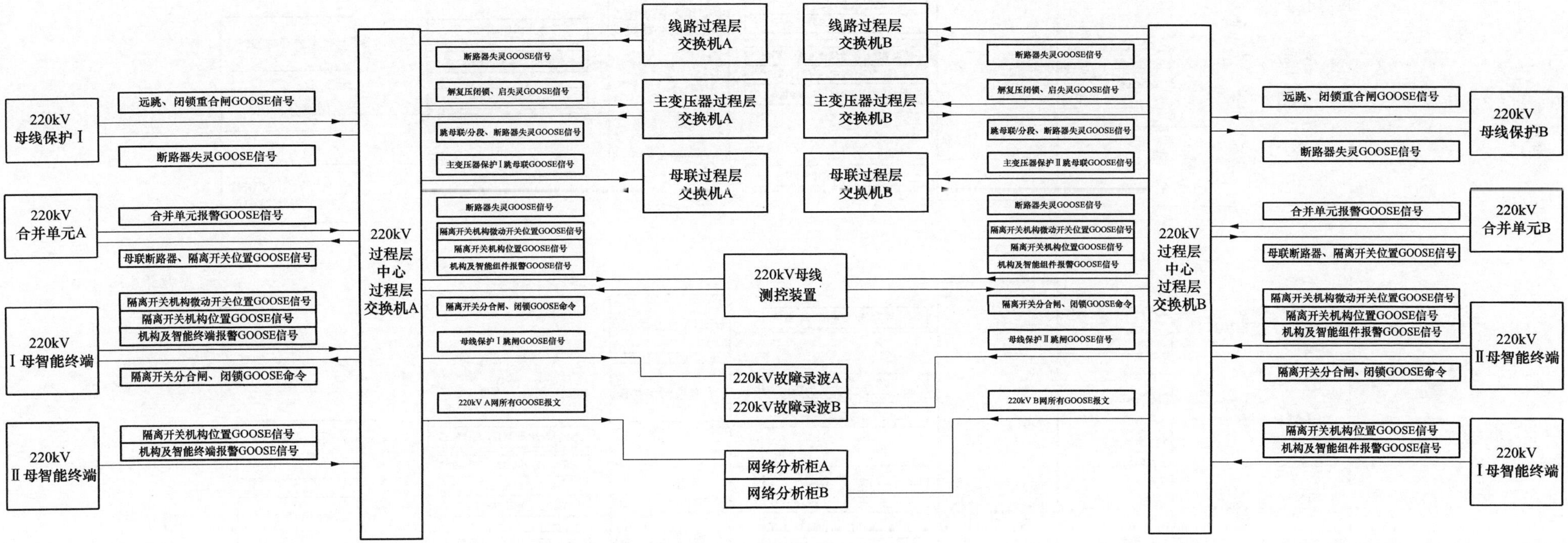


**图 8.2.2-10　HA-220-A3-2　220kV 母线过程层 GOOSE 信息逻辑图**

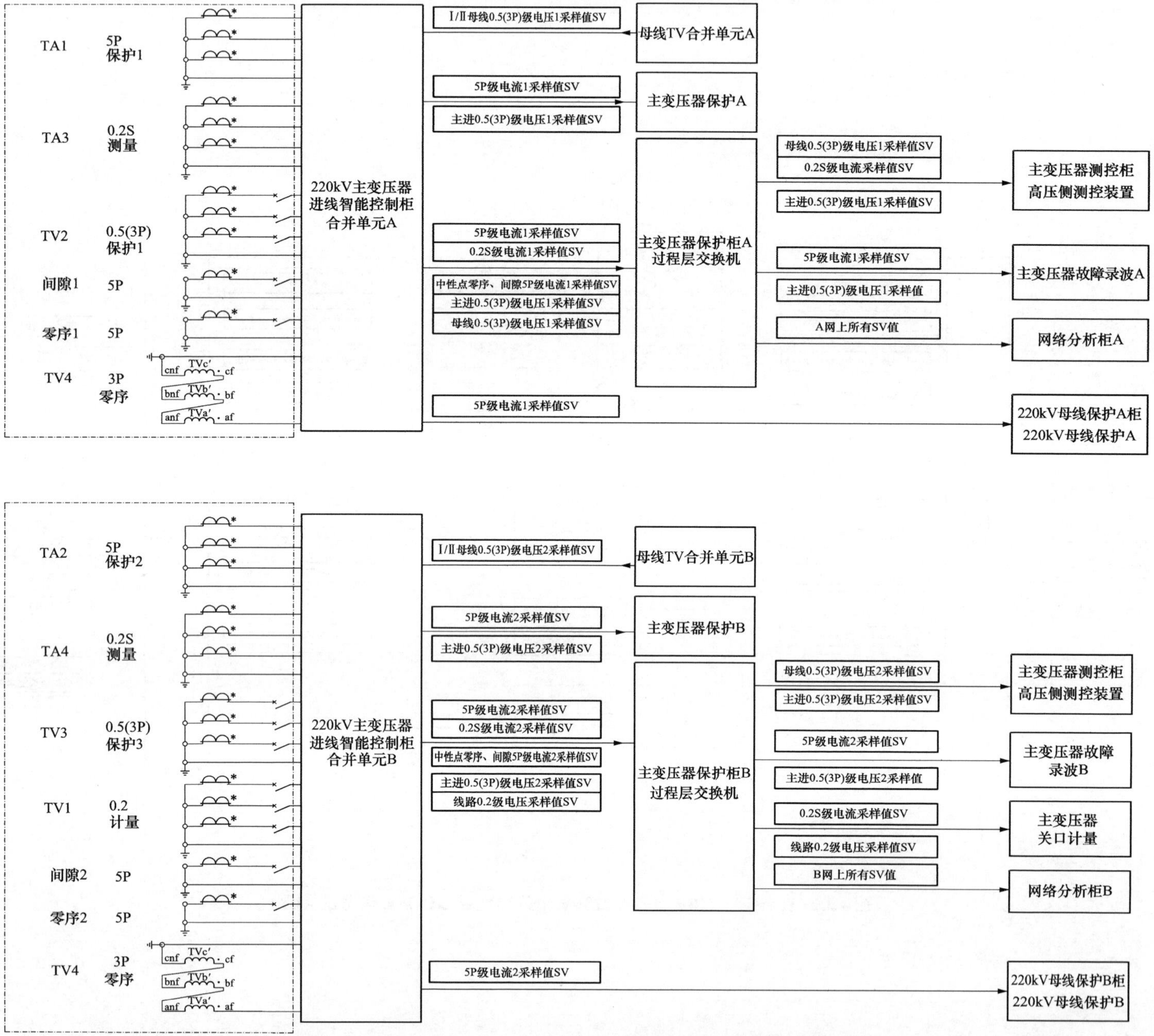


**图 8.2.2-11-1　HA-220-A3-2　主变压器过程层 SV 信息逻辑图 1**

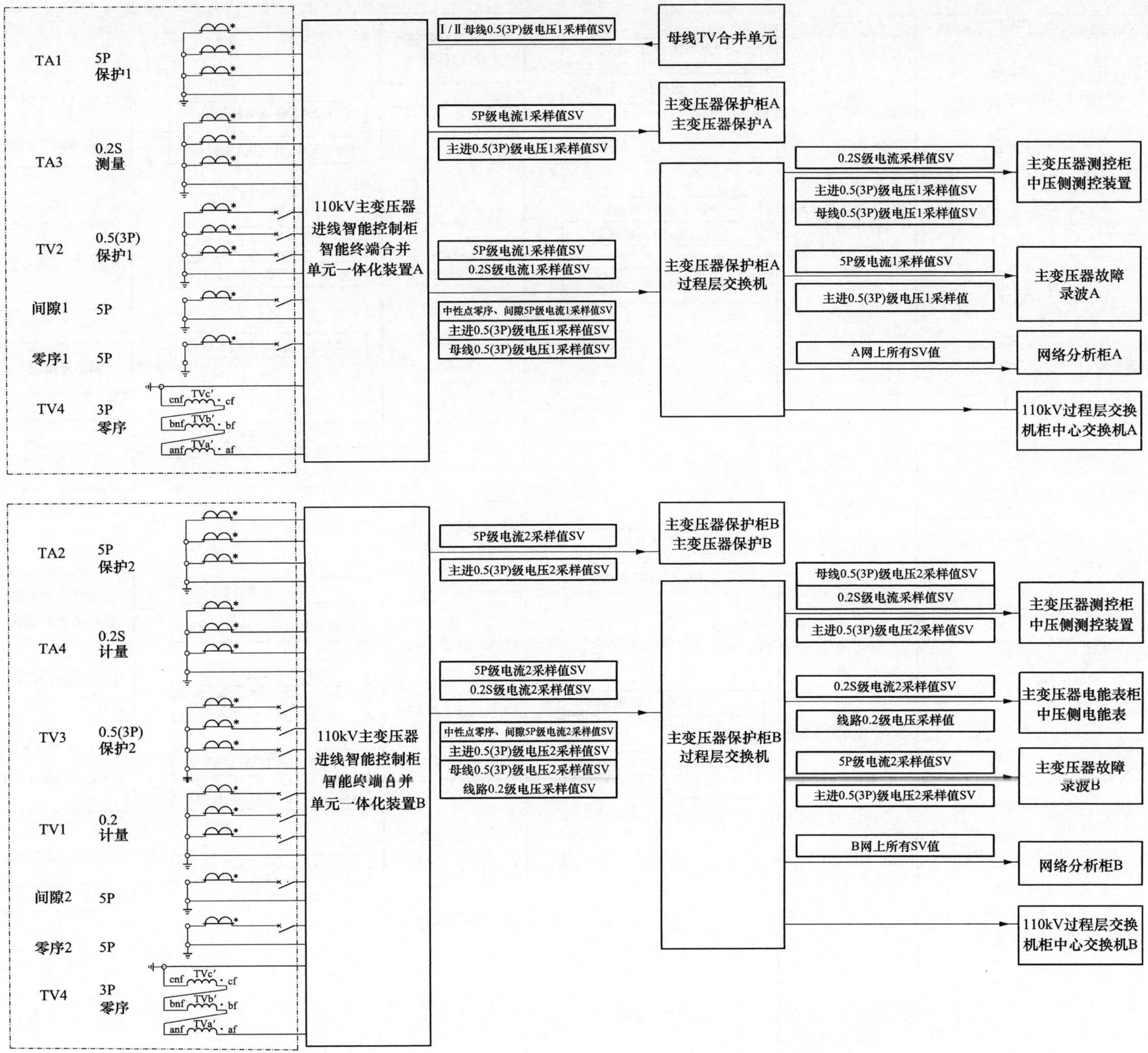


**图 8.2.2−11−2　HA−220−A3−2　主变压器过程层 SV 信息逻辑图 2**

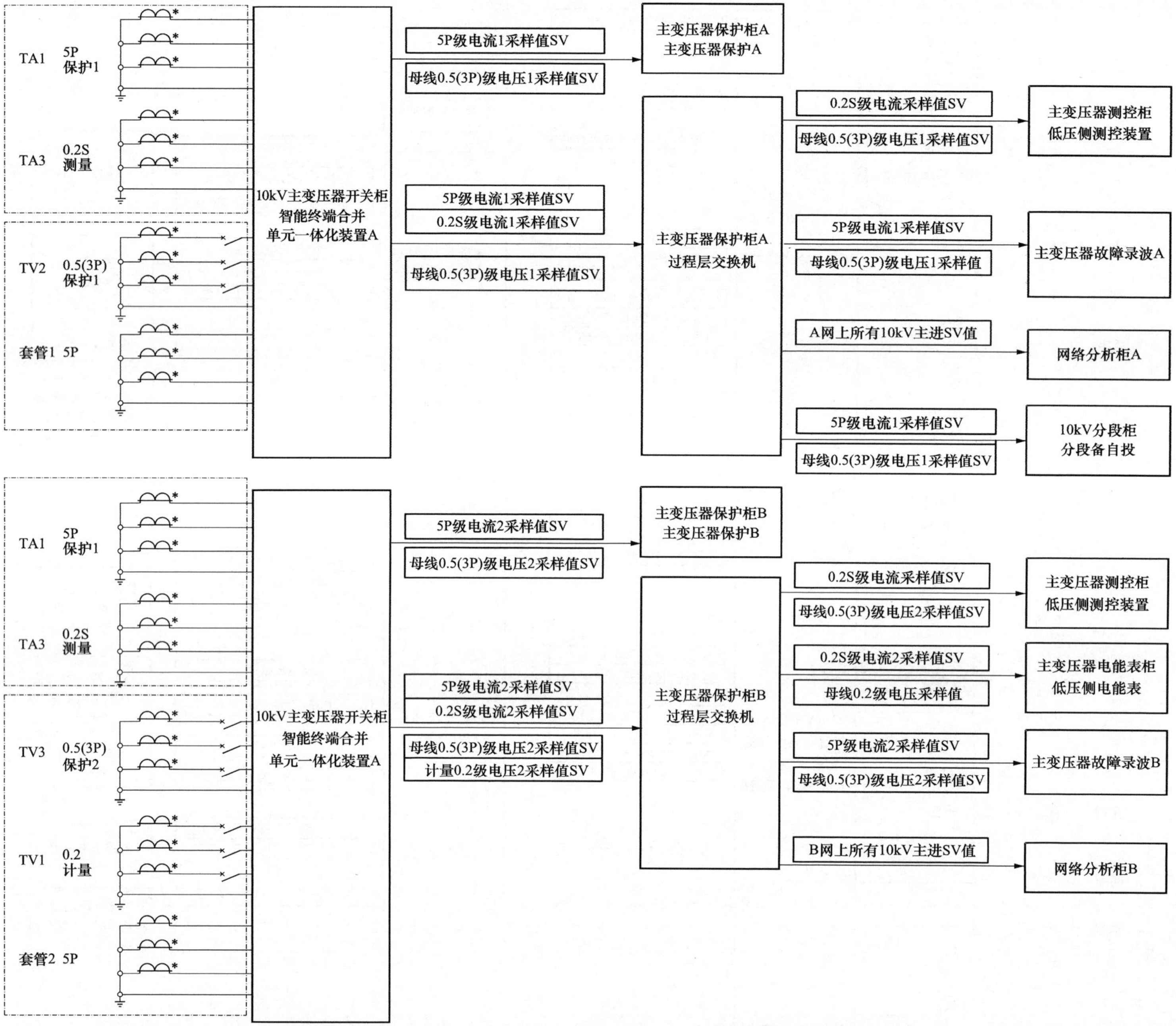


**图 8.2.2-11-3 HA-220-A3-2 主变压器过程层 SV 信息逻辑图 3**

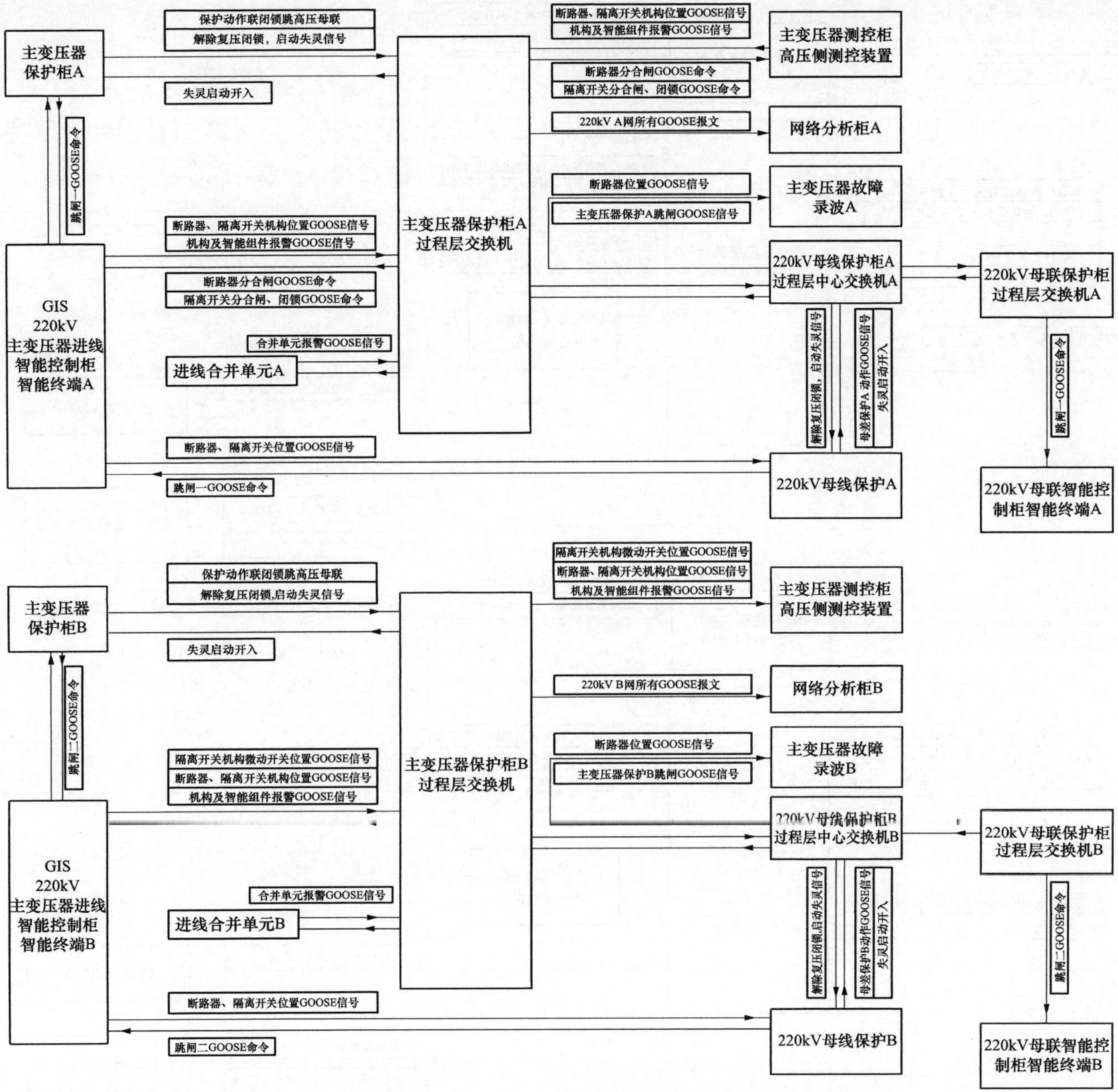


**图 8.2.2-12-1　HA-220-A3-2　主变压器过程层 GOOSE 信息逻辑图 1**

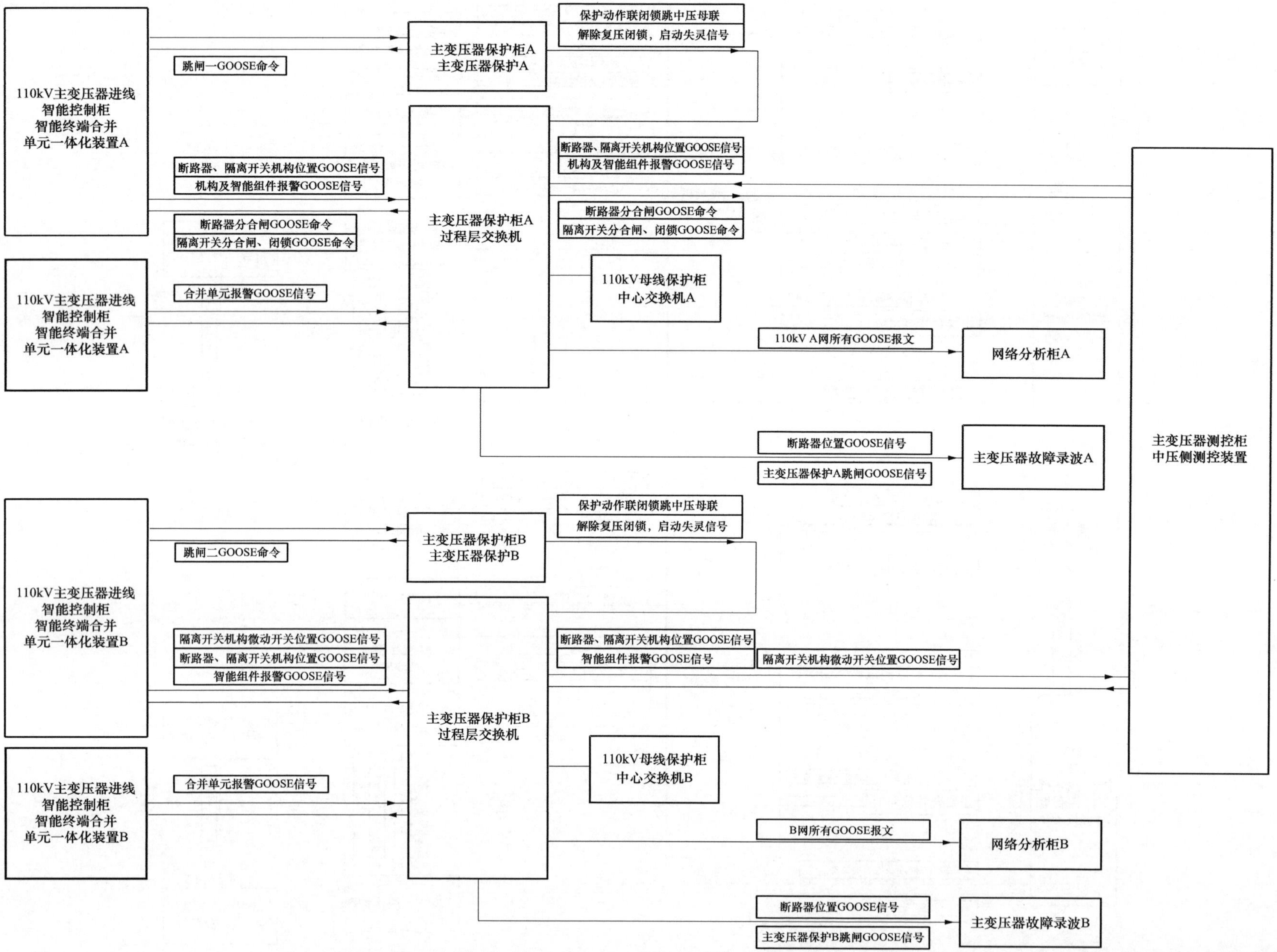


图 8.2.2-12-2 HA-220-A3-2 主变压器过程层 GOOSE 信息逻辑图 2

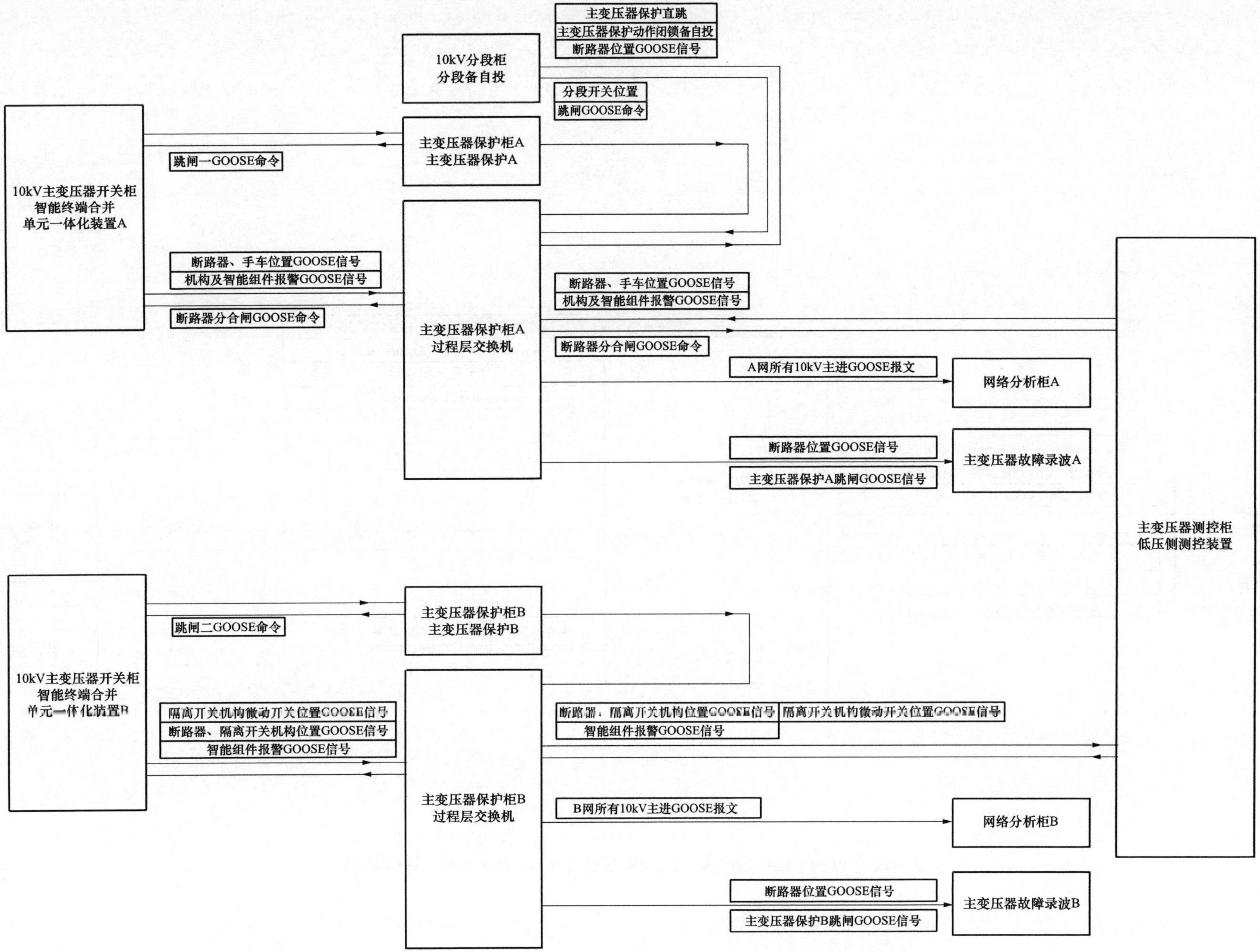


图 8.2.2-12-3　HA-220-A3-2　主变压器过程层 GOOSE 信息逻辑图 3

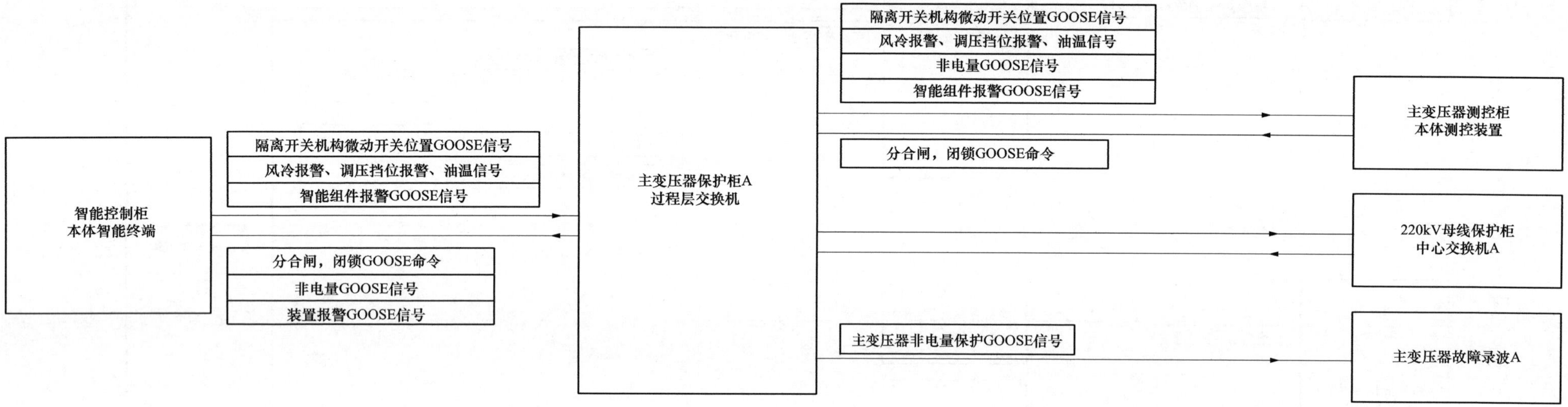


图 8.2.2-12-4　HA-220-A3-2　主变压器过程层 GOOSE 信息逻辑图 4

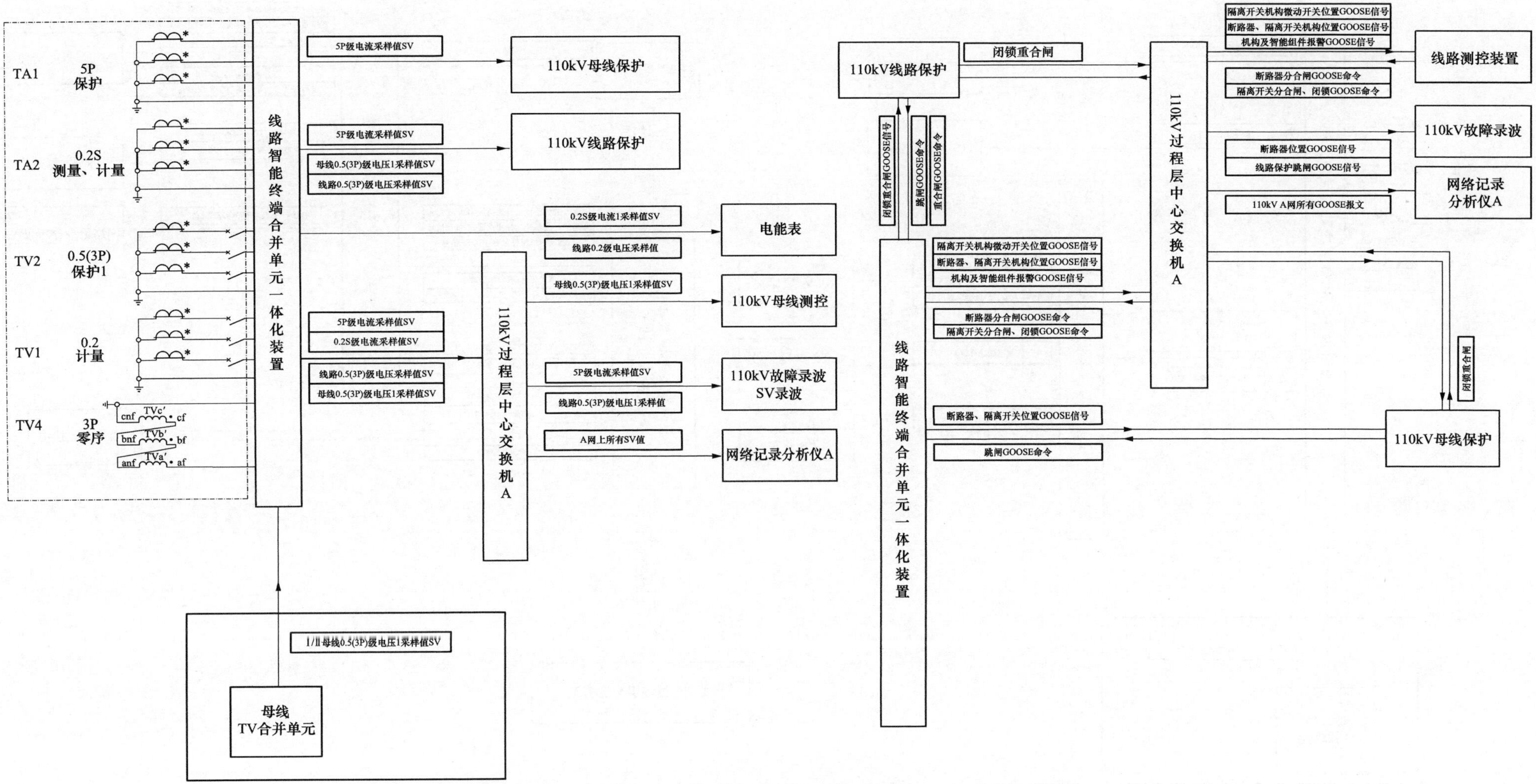


**图 8.2.2-13　HA-220-A3-2　110kV 线路过程层 SV 及 GOOSE 信息逻辑图**

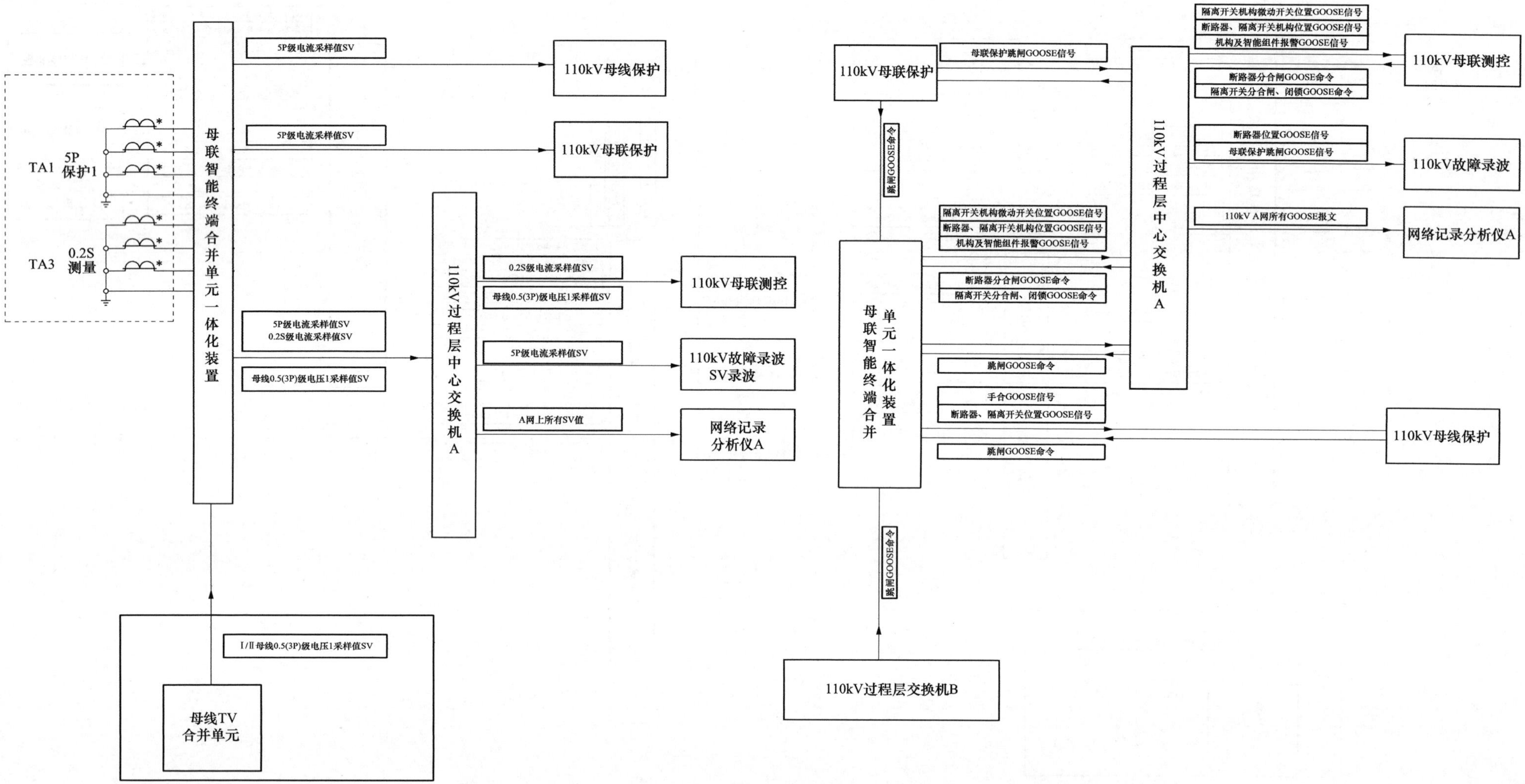


**图 8.2.2-14　HA-220-A3-2　110kV 母联过程层 SV 及 GOOSE 信息逻辑图**

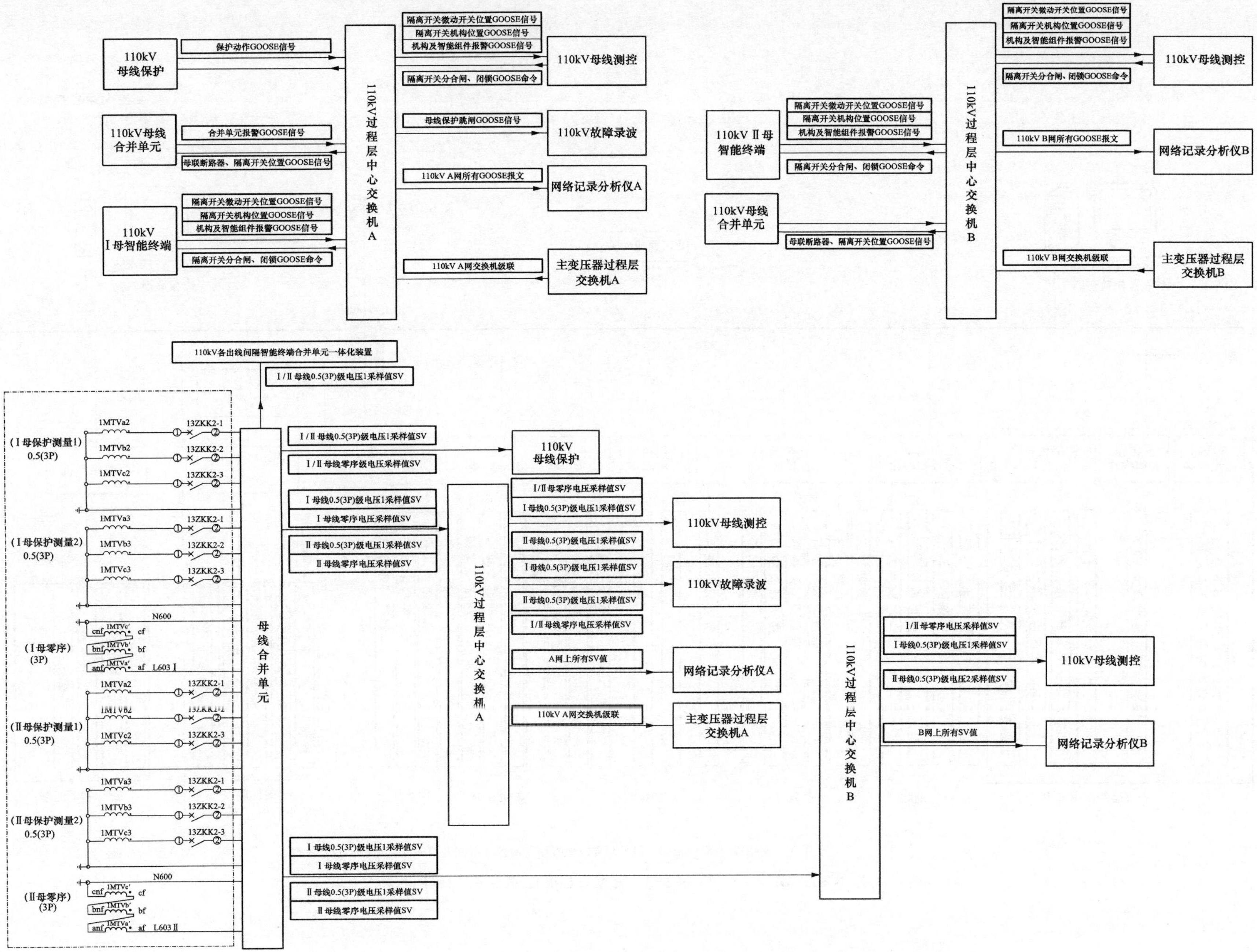


图 8.2.2-15　HA-220-A3-2　110kV 母线过程层 SV 及 GOOSE 采样值信息逻辑图

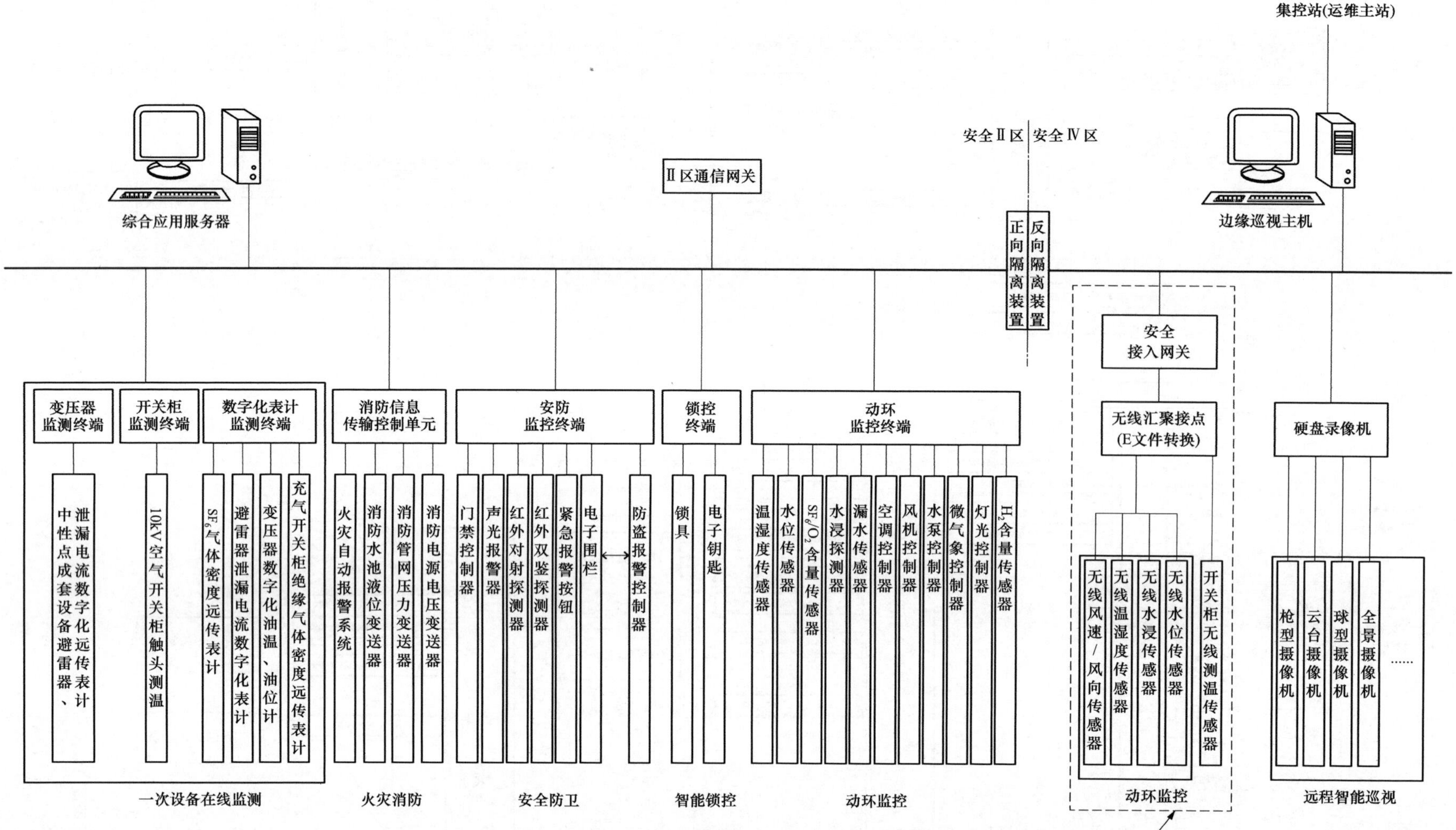


注：应用时本部分根据工程实际需求配置接入网管，本方案按未配置无线传感器编制。

**图 8.2.2-16　HA-220-A3-2　辅助设备智能监控系统结构图**

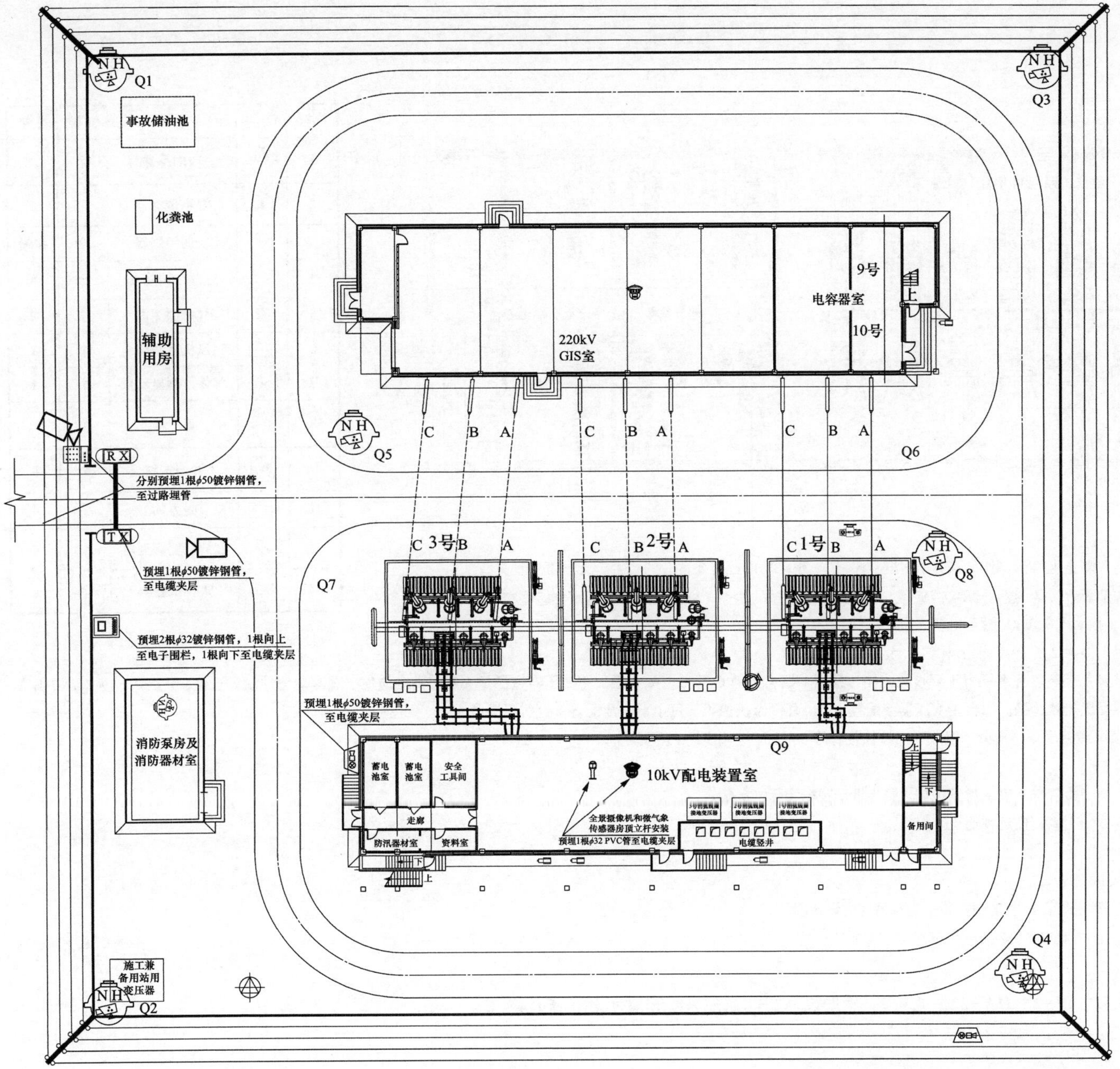


| 序号 | 图例 | 名称 | 单位 | 数量 | 备注 |
|---|---|---|---|---|---|
| 1 |  | 室外网络球机 | 个 | 6 |  |
| 2 |  | 室外网络固定/枪型机 | 个 | 2 |  |
| 3 |  | 主动红外对射 | 对 | 1 |  |
| 4 |  | 水浸探测器 | 个 | 5 |  |
| 5 |  | 电子围栏 | 套 | 1 | 约350m |
| 6 |  | 电子围栏主机 | 个 | 1 | 2个分区 |
| 7 |  | 读卡器（具备可视对讲） | 个 | 1 |  |
| 8 |  | 全景摄像机 | 台 | 1 |  |
| 9 |  | 微气象传感器 | 套 | 1 |  |
| 10 |  | 声光报警器 | 个 | 1 |  |
| 11 |  | 云台摄像机 | 个 | 2 |  |
| 12 |  | 红外热成像摄像机 | 个 | 1 |  |
| 13 |  | 室内网络球机 | 个 | 1 |  |

说明：1. 围墙内角立杆安装高清网络球型摄像机高度为3.5～4m；户内安装高度随建筑高度保护，离屋顶0.5～1m；车牌识别摄像机安装高度为1.3m。

2. 读卡器壁装，高度为1.5m，正对读卡器位置摄像机采用壁装。

3. 电子围栏主机壁装。

4. 跨路均采用镀锌钢管。

5. 以上安装高度宜根据实际调整。

6. 本图仅供参考，实际布点及安装位置根据需求调整。

**图8.2.2-17-1　HA-220-A3-2　辅助设备智能监控系统布置示意及统计图1**

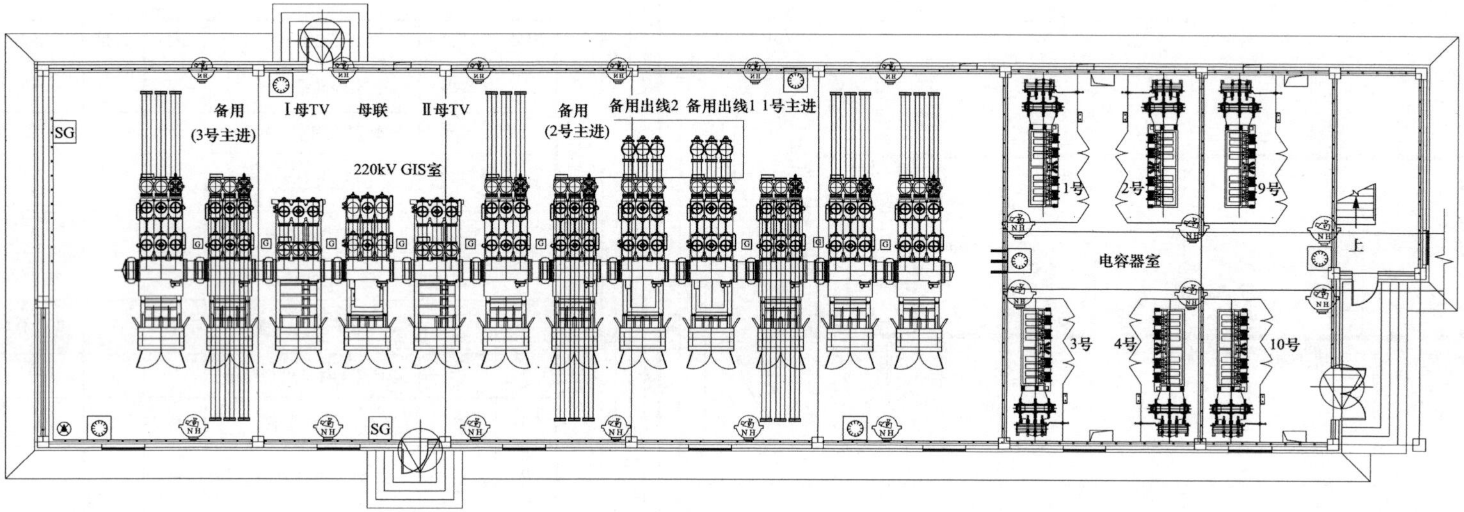


| 序号 | 图例 | 名称 | 单位 | 数量 |
|---|---|---|---|---|
| 1 | | 室内网络球机 | 个 | 18 |
| 2 | | 漏水传感器 | 个 | 1 |
| 3 | KT | 空调控制器 | 个 | 按需 |
| 4 | | 温湿度传感器 | 个 | 4 |
| 5 | G | 气体探测器 | 个 | 9 |
| 6 | | 风机控制箱 | 个 | 1 |
| 7 | | 气体监测显示仪 | 个 | 1 |
| 8 | | 读卡器 | 个 | 11 |
| 9 | | 开门按钮 | 个 | 4 |
| 10 | LOCK | 磁力锁 | 个 | 4 |
| 11 | | 红外双鉴探测器 | 个 | 4 |
| 12 | SG | 声光报警器 | 个 | 2 |

说明：1. 锁具部署在全站屏柜门锁、箱门锁、爬梯门锁、围栏门锁（不含防止电气误操作的锁具），消防小室门、水泵房门等需要常开的场合，无须部署锁具。
2. 电缆层电缆集中区域或夹层低洼处配置水浸传感器，集水井应配置水位传感器。漏水传感器安装于易漏水区域的地面，根据实际调整漏水传感器布置位置。
3. 室内温湿度传感器，为壁装，高度为 1.3～1.5m；由土建预埋 1 根 $\phi$25 的 PVC 管至电缆夹层。
4. 室内红外双鉴传感器，为壁装，高于门上沿 2cm；由土建预埋 1 根 $\phi$32 的 PVC 管至电缆夹层。
5. 室内摄像机，应具有红外夜视功能，为壁装或吸顶安装；壁装及吊装高度注意视野不要被梁遮挡，预埋 1 根 $\phi$32 PVC 管至电缆夹层。主变压器室摄像头安装高度应便于观测套管油温等点位，位置应能观察高中压侧中性点接地开关位置及储油柜。散热器室安装位置和高度应不受散热器遮挡。每台主变压器室配置 1 台红外测温摄像机，每个蓄电池配置 1 台防爆摄像头。
6. 读卡器、开门按钮 1.3～1.5m 壁装，采用 $\phi$32 的 PVC 管敷设至电缆夹层，再从读卡器或开门按钮位置的 86 盒向上至门框处预埋 1 根 $\phi$32 的 PVC 管。
7. 灯光控制器安装在各个房间出入口的附近，壁装高度为 1.3～1.5m。
8. 风机数量及位置根据土建专业需要配置；空调控制器安装于空调旁边，空调安装位置根据建筑专业图现场实际情况确定。
9. 气体探测器位置根据实际情况进行布置调整，应布置在设备下方，不应挡住巡视通道。
10. 空调控制器布点及数量可按照实际空调配置位置及数量进行配置。
11. 风机控制箱及 $SF_6$ 监测仪相邻布置，具体位置可根据实际需要进行调整。
12. 应用时各设备安装位置依实际情况需求进行调整。根据实际工程规模，按照本期安装位置预留各类设备埋管。
13. 安装满足《35～750kV 变电站辅助设备智能监控系统设计方案》的要求，并实现相关联动功能。

**图 8.2.2-17-2　HA-220-A3-2　辅助设备智能监控系统布置示意及统计图 2**

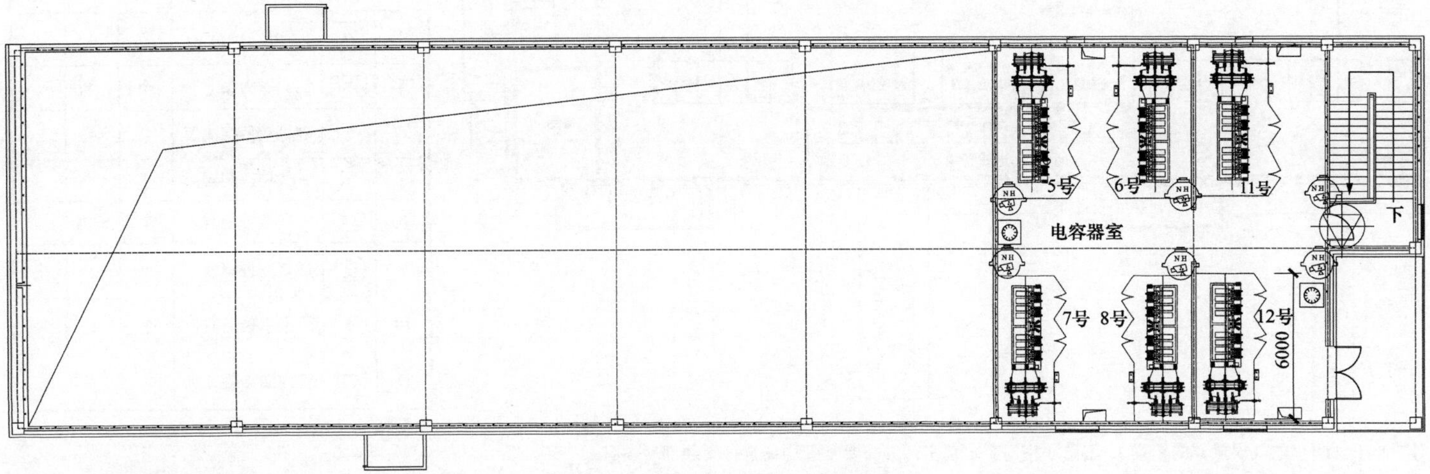


| 序号 | 图例 | 名称 | 单位 | 数量 | 备注 |
|---|---|---|---|---|---|
| 1 | | 室内网络球机 | 个 | 6 | 预留 |
| 2 | | 温湿度传感器 | 个 | 2 | |
| 3 | | 读卡器 | 个 | 1 | |
| 4 | | 开门按钮 | 个 | 1 | |
| 5 | LOCK | 磁力锁 | 个 | 1 | |
| 6 | | 红外双鉴探测器 | 个 | 1 | |

说明：1. 室内温湿度传感器，为壁装，高度为1.3～1.5m；由土建预埋1根$\phi$25的PVC管至电缆夹层。

2. 室内红外双鉴传感器，为壁装，高于门上沿2cm；由土建预埋1根$\phi$32的PVC管至电缆夹层。

3. 室内摄像机，应具有红外夜视功能，为壁装或吸顶安装；壁装及吊装高度注意视野不要被梁遮挡，预埋1根$\phi$32 PVC管至电缆夹层。主变压器室摄像头安装高度应便于观测套管油温等点位。

4. 读卡器、开门按钮1.3～1.5m壁装，采用$\phi$32的PVC管敷设至电缆夹层，再从读卡器或开门按钮位置的86盒向上至门框处预埋1根$\phi$32的PVC管。

5. 预埋需在厂家指导下完成，预埋管内预留拉线钢丝。

6. 应用时各设备安装位置依实际情况需求进行调整。根据实际工程规模，按照本期安装位置预留各类设备埋管。

7. 本图仅供参考，实际布点及安装位置根据需求调整。

**图8.2.2-17-3　HA-220-A3-2　辅助设备智能监控系统布置示意及统计图3**

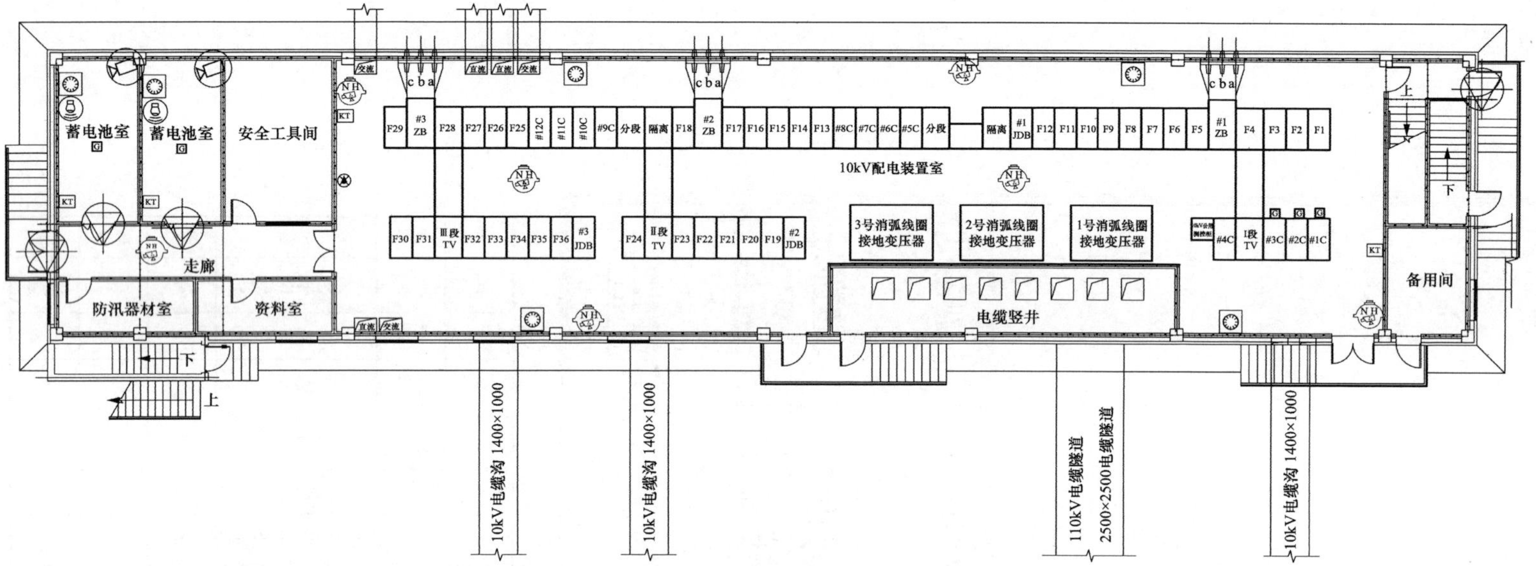


| 序号 | 图例 | 名称 | 单位 | 数量 | 备注 |
|---|---|---|---|---|---|
| 1 | | 室内网络球机 | 个 | 7 | |
| 2 | | 温湿度传感器 | 个 | 6 | |
| 3 | | 读卡器 | 个 | 4 | |
| 4 | | 开门按钮 | 个 | 4 | |
| 5 | LOCK | 磁力锁 | 个 | 4 | |
| 6 | IR/M | 红外双鉴探测器 | 个 | 4 | |
| 7 | G | 气体探测器 | 个 | 2 | |
| 8 | KT | 空调控制器 | 个 | 按需 | |
| 9 | | 灯光控制器 | 个 | 2 | |
| 10 | | 漏水传感器 | 个 | 1 | |
| 11 | | 室内防爆摄像机 | 个 | 2 | |

说明：1. 锁具部署在全站屏柜门锁、箱门锁、爬梯门锁、围栏门锁（不含防止电气误操作的锁具），消防小室门、水泵房门等需要常开的场合，无须部署锁具。

2. 电缆层电缆集中区域或夹层低洼处配置水浸传感器，集水井应配置水位传感器。漏水传感器安装于易漏水区域的地面，根据实际调整漏水传感器布置位置。

3. 室内温湿度传感器，为壁装，高度为 1.3～1.5m；由土建预埋 1 根 $\phi 25$ 的 PVC 管至电缆夹层。

4. 室内红外双鉴传感器，为壁装，高于门上沿 2cm；由土建预埋 1 根 $\phi 32$ 的 PVC 管至电缆夹层。

5. 室内摄像机，应具有红外夜视功能，为壁装或吸顶安装；壁装及吊装高度注意视野不要被梁遮挡，预埋 1 根 $\phi 32$ PVC 管至电缆夹层。主变压器室摄像头安装高度应便于观测套管油温等点位，位置应能观察高中压侧中性点接地开关位置及储油柜。散热器室安装位置和高度应不受散热器遮挡。每台主变压器室配置 1 台红外测温摄像机，每个蓄电池配置 1 台防爆摄像头。

6. 读卡器、开门按钮 1.3～1.5m 壁装，采用 $\phi 32$ 的 PVC 管敷设至电缆夹层，再从读卡器或开门按钮位置的 86 盒向上至门框处预埋 1 根 $\phi 32$ 的 PVC 管。

7. 灯光控制器安装在各个房间出入口的附近，壁装高度 1.3～1.5m。

8. 风机数量及位置根据土建专业需要配置；空调控制器安装于空调旁边，空调安装位置根据建筑专业图现场实际情况确定。

9. 气体探测器位置根据实际情况进行布置调整，应布置在设备下方，不应挡住巡视通道。

10. 空调控制器布点及数量可按照实际空调配置位置及数量进行配置。

11. 风机控制箱及 $SF_6$ 监测仪相邻布置，具体位置可根据实际需要进行调整。

12. 应用时各设备安装位置依实际情况需求进行调整。根据实际工程规模，按照本期安装位置预留各类设备埋管。

13. 本图仅供参考，实际布点及安装位置根据需求调整。

**图 8.2.2-17-4　HA-220-A3-2　辅助设备智能监控系统布置示意及统计图 4**

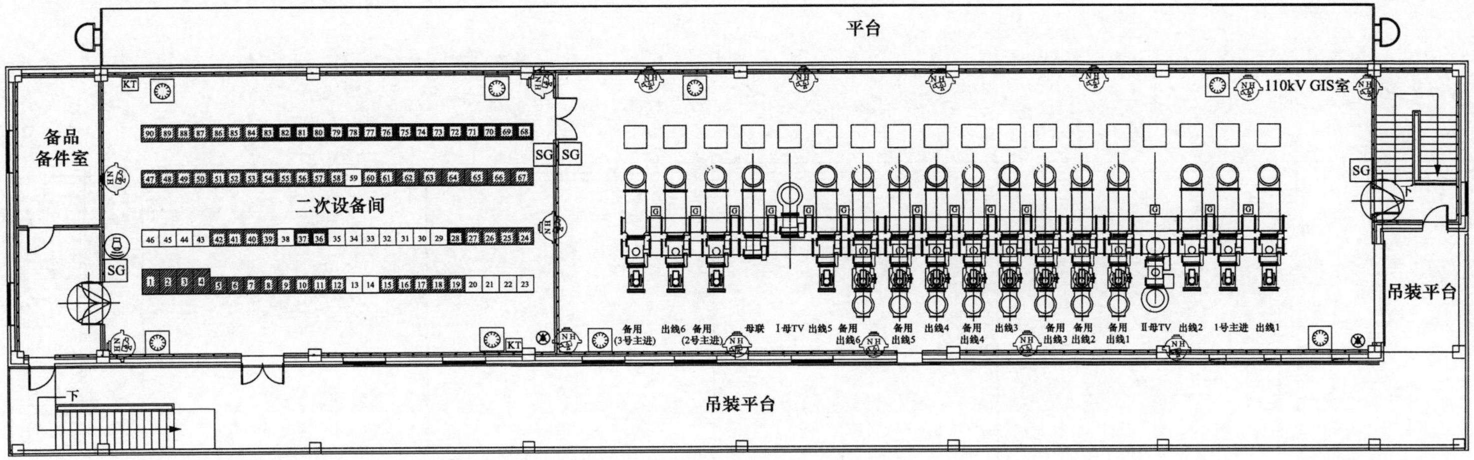


| 序号 | 图例 | 名称 | 单位 | 数量 | 备注 |
|---|---|---|---|---|---|
| 1 | NH | 室内网络球机 | 个 | 15 | |
| 2 | | 温湿度传感器 | 个 | 8 | |
| 3 | | 读卡器 | 个 | 2 | |
| 4 | | 开门按钮 | 个 | 2 | |
| 5 | LOCK | 磁力锁 | 个 | 2 | |
| 6 | | 红外双鉴探测器 | 个 | 2 | |
| 7 | G | 气体探测器 | 个 | 13 | |
| 8 | KT | 空调控制器 | 个 | 按需 | |
| 9 | | 灯光控制器 | 个 | 1 | |
| 10 | | 漏水传感器 | 个 | 2 | |

说明：1. 锁具部署在全站屏柜门锁、箱门锁、爬梯门锁、围栏门锁（不含防止电气误操作的锁具），消防小室门、水泵房门等需要常开的场合，无须部署锁具。

2. 电缆层电缆集中区域或夹层低洼处配置水浸传感器，集水井应配置水位传感器。漏水传感器安装于易漏水区域的地面，根据实际调整漏水传感器布置位置。

3. 室内温湿度传感器，为壁装，高度为 1.3～1.5m；由土建预埋 1 根 $\phi$25 的 PVC 管至电缆夹层。

4. 室内红外双鉴传感器，为壁装，高于门上沿 2cm；由土建预埋 1 根 $\phi$32 的 PVC 管至电缆夹层。

5. 室内摄像机，应具有红外夜视功能，为壁装或吸顶安装；壁装及吊装高度注意视野不要被梁遮挡，预埋 1 根 $\phi$32 PVC 管至电缆夹层。主变压器室摄像头安装高度应便于观测套管油温等点位，位置应能观察高中压侧中性点接地开关位置及储油柜。散热器室安装位置和高度应不受散热器遮挡。每台主变压器室配置 1 台红外测温摄像机，每个蓄电池配置 1 台防爆摄像头。

6. 读卡器、开门按钮 1.3～1.5m 壁装，采用 $\phi$32 的 PVC 管敷设至电缆夹层，再从读卡器或开门按钮位置的 86 盒向上至门框处预埋 1 根 $\phi$32 的 PVC 管。

7. 灯光控制器安装在各个房间出入口的附近，壁装高度 1.3～1.5m。

8. 风机数量及位置根据土建专业需要配置；空调控制器安装于空调旁边，空调安装位置根据建筑专业图现场实际情况确定。

9. 气体探测器位置根据实际情况进行布置调整，应布置在设备下方，不应挡住巡视通道。

10. 空调控制器布点及数量可按照实际空调配置位置及数量进行配置。

11. 风机控制箱及 $SF_6$ 监测仪相邻布置，具体位置可根据实际需要进行调整。

12. 应用时各设备安装位置依实际情况需求进行调整。根据实际工程规模，按照本期安装位置预留各类设备埋管。

13. 本图仅供参考，实际布点及安装位置根据需求调整。

**图 8.2.2-17-5　HA-220-A3-2　辅助设备智能监控系统布置示意及统计图 5**

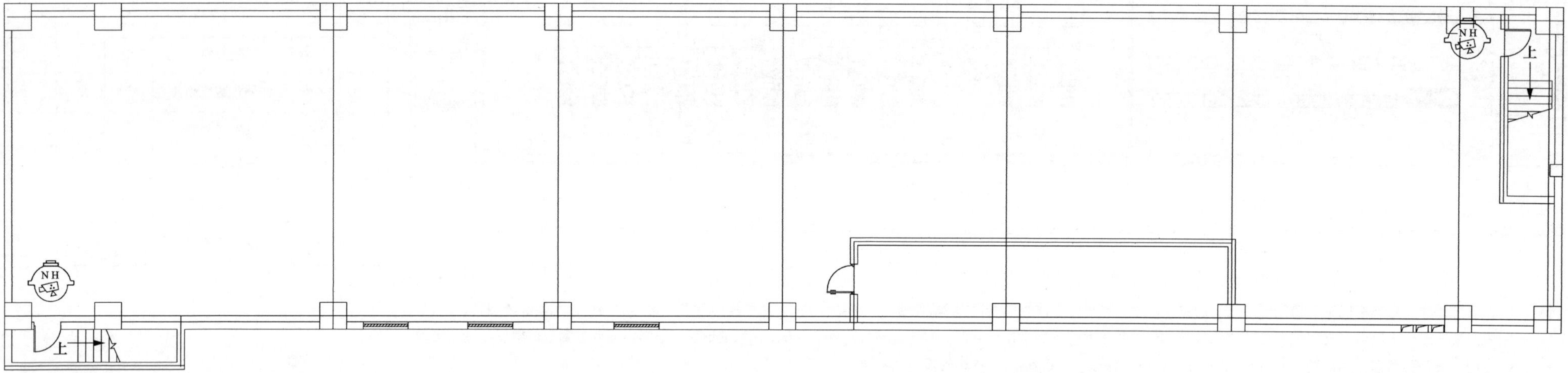


说明：室内网络球机、电缆夹层室采用吸顶安装 / 吊装 / 壁装，安装高度注意视野不要被梁遮挡，预埋 1 根 $\phi$32 PVC 管至就近二次电缆支架。

| 图例 | 名称 | 单位 | 数量 |
|---|---|---|---|
| NH | 室内网络球机 | 个 | 2 |

**图 8.2.2-17-6　HA-220-A3-2　辅助设备智能监控系统布置示意及统计图 6**

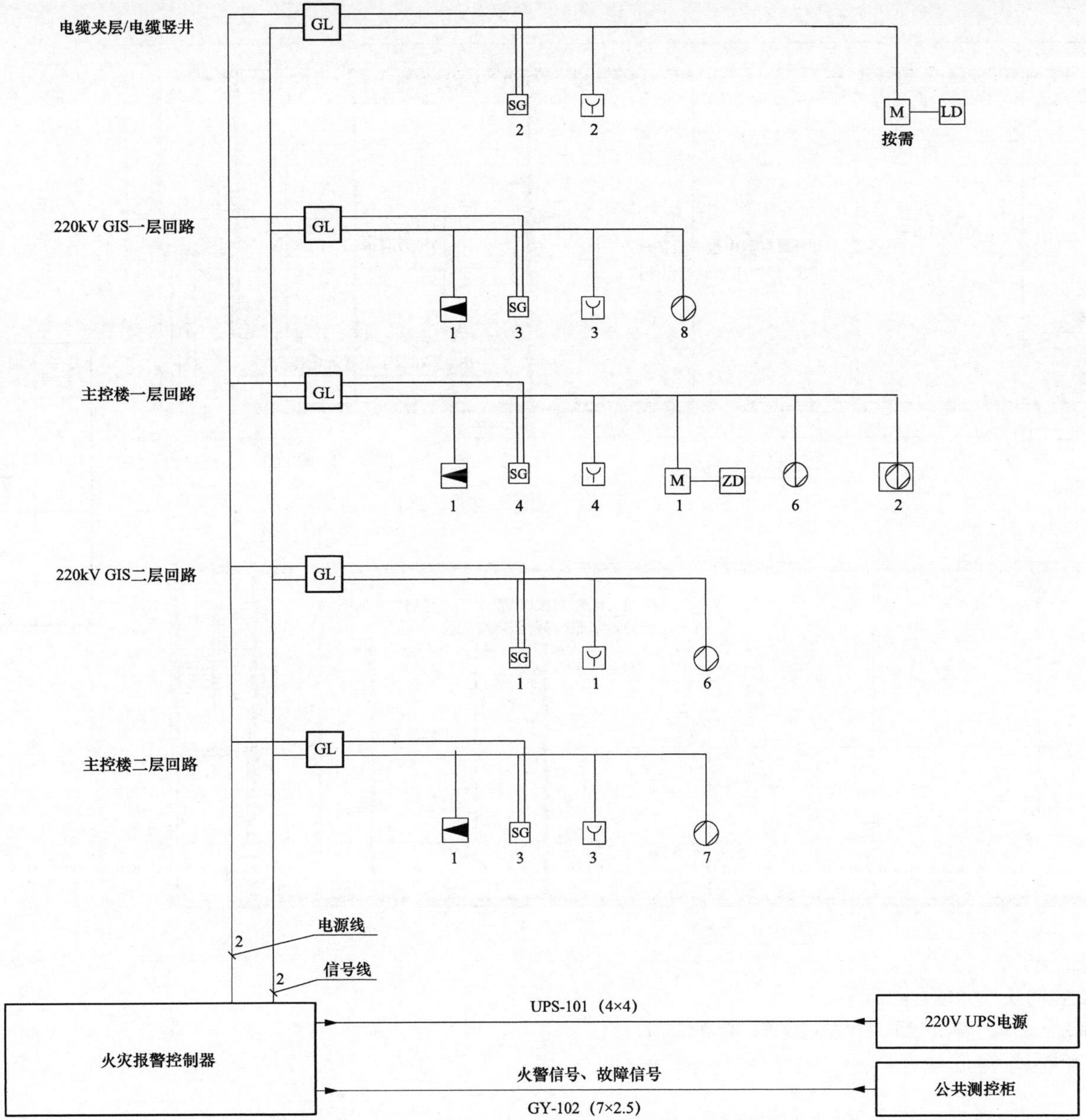


说明：电缆夹层、电缆竖井布置感温电缆，主变压器本体缠绕感温电缆，经输入模块与就近手动声光报警器连接。

**图 8.2.2-18　HA-220-A3-2　火灾报警系统结构图**

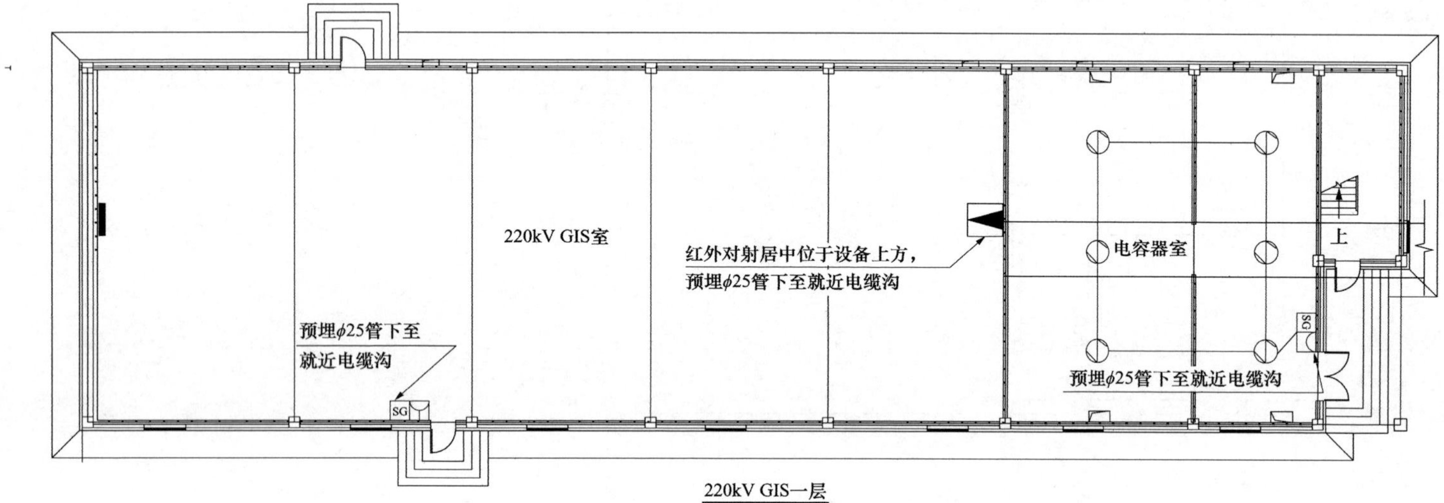


220kV GIS一层

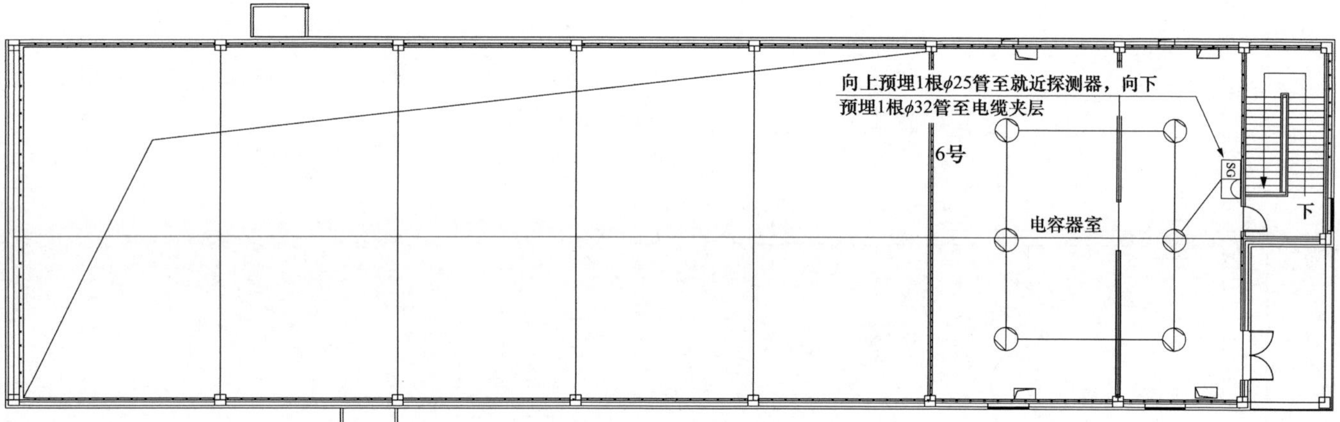


220kV GIS二层

| 序号 | 图例 | 名称 | 单位 | 数量 |
|---|---|---|---|---|
| 1 | SG | 声光报警器 | 个 | 3 |
| 2 | | 手动报警按钮 | 个 | 3 |
| 3 | | 智能线型红外感烟探测器 | 个 | 1 |
| 4 | | 智能线型红外感烟探测器反射器 | 个 | 1 |
| 5 | | 吸气式感烟探测器 | 个 | 12 |

说明：1. 应用时感烟探测器布点设计需结合建筑结构。

2. 所有感烟探测器、报警按钮、声光报警器等处，均应预埋接线盒。

3. 编码手动报警器的安装高度为距地面 1.3～1.5m。编码声光报警器的安装高度为距地面 2.5m。

4. 红外感烟的安装高度为距顶棚的垂直距离宜为 0.3～1.0m。

5. 点式感温探测器室内吸顶安装。

6. 安装满足《35～750kV 变电站辅助设备智能监控系统设计方案》及相关规范要求。

**图 8.2.2–19–1　HA–220–A3–2　火灾报警系统布置示意及统计图 1**

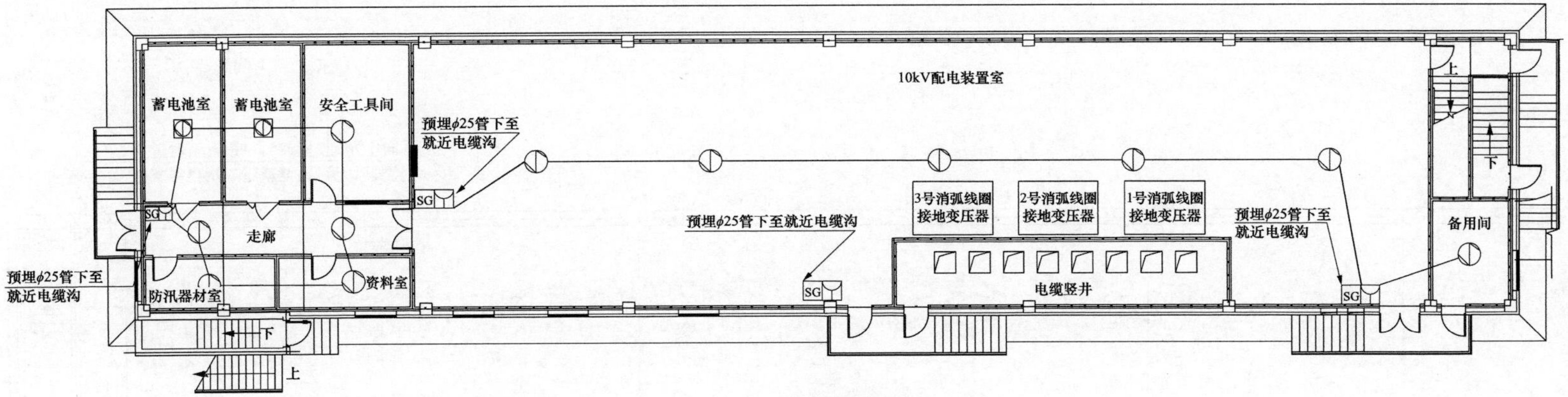


主控楼一层

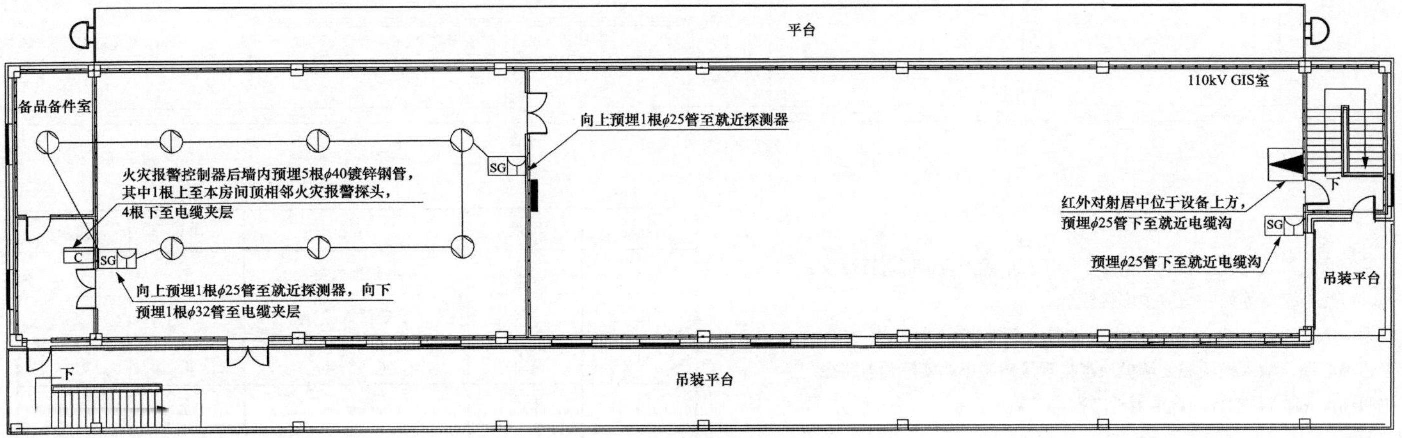


主控楼二层

| 序号 | 图例 | 名称 | 单位 | 数量 |
|---|---|---|---|---|
| 1 | SG | 声光报警器 | 个 | 7 |
| 2 | | 手动报警按钮 | 个 | 7 |
| 3 | | 智能线型红外感烟探测器 | 个 | 1 |
| 4 | | 智能线型红外感烟探测器反射器 | 个 | 1 |
| 5 | | 吸气式感烟探测器 | 个 | 18 |
| 6 | | 防爆型感烟探测器 | 个 | 2 |
| 7 | C | 火灾报警控制箱 | 个 | 1 |
| 8 | M | 输入模块 | 个 | 1 |
| 9 | ZD | 终端模块 | 个 | 1 |
| 10 | | 感温电缆 | m | 按需 |

说明：1. 应用时感烟探测器布点设计需结合建筑结构。

2. 所有感烟探测器、报警按钮、声光报警器等处，均应预埋接线盒。

3. 编码手动报警器的安装高度为距地面 1.3～1.5m。编码声光报警器的安装高度为距地面 2.5m。

4. 安装满足《35～750kV 变电站辅助设备智能监控系统设计方案》及相关规范要求。

5. 主变压器本体缠绕感温电缆，经输入模块与就近手动声光报警器连接。电缆夹层、电缆竖井布置感温电缆。

**图 8.2.2-19-2　HA-220-A3-2　火灾报警系统布置示意及统计图 2**

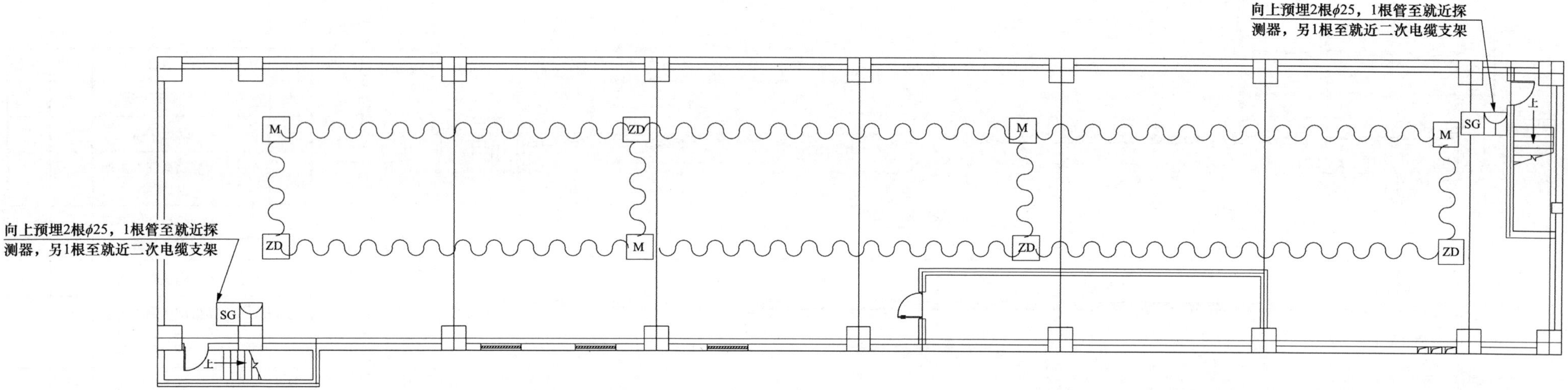


说明：1. 应用时感烟探测器布点设计需结合建筑结构；感温电缆根据本期工程电缆敷设情况进行铺设。

2. 所有感烟探测器、报警按钮、声光报警器等处，均应预埋接线盒。

3. 编码手动报警器的安装高度为距地面 1.3～1.5m。编码声光报警器的安装高度为距地面 2.5m。

4. 在电缆竖井和电缆夹层布置感温电缆，输入模块和终端模块根据现场感温电缆实际辐射路径配置。

5. 出入口声光报警器及手报按钮预埋 $\phi$25 阻燃 PVC 管至就近二次电缆支架。

6. 吸气式感烟探测器根据需求配置。

| 序号 | 图例 | 名称 | 单位 | 数量 |
|---|---|---|---|---|
| 1 | SG | 声光报警器 | 个 | 2 |
| 2 |  | 手动报警按钮 | 个 | 2 |
| 3 | M | 输入模块 | 个 | 按需 |
| 4 | ZD | 终端模块 | 个 | 按需 |
| 5 | ～ | 感温电缆 | m | 按需 |

**图 8.2.2-19-3 HA-220-A3-2 火灾报警系统布置示意及统计图 3**

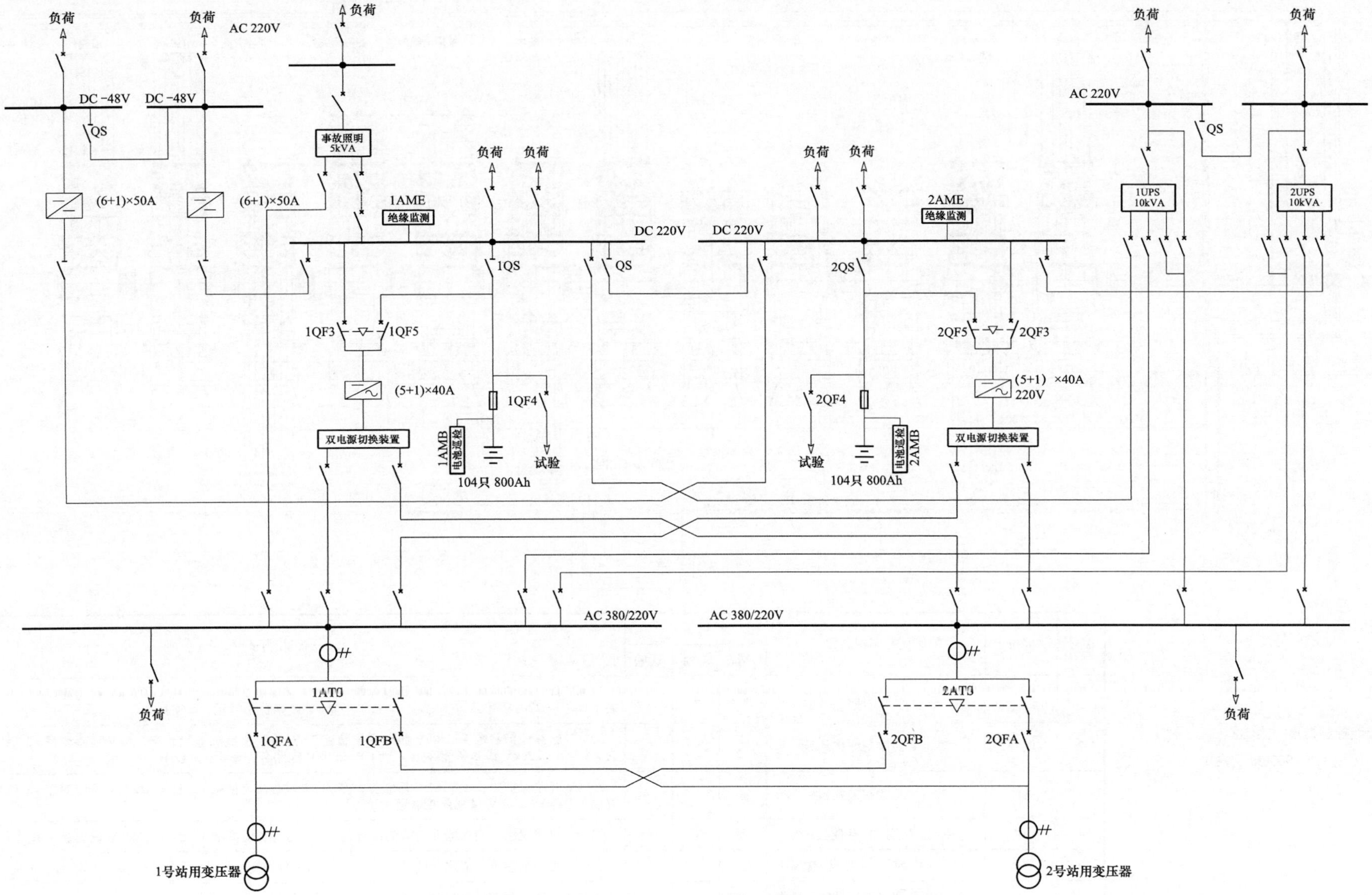


**图 8.2.2-20　HA-220-A3-2　交直流一体化电源系统接线图**

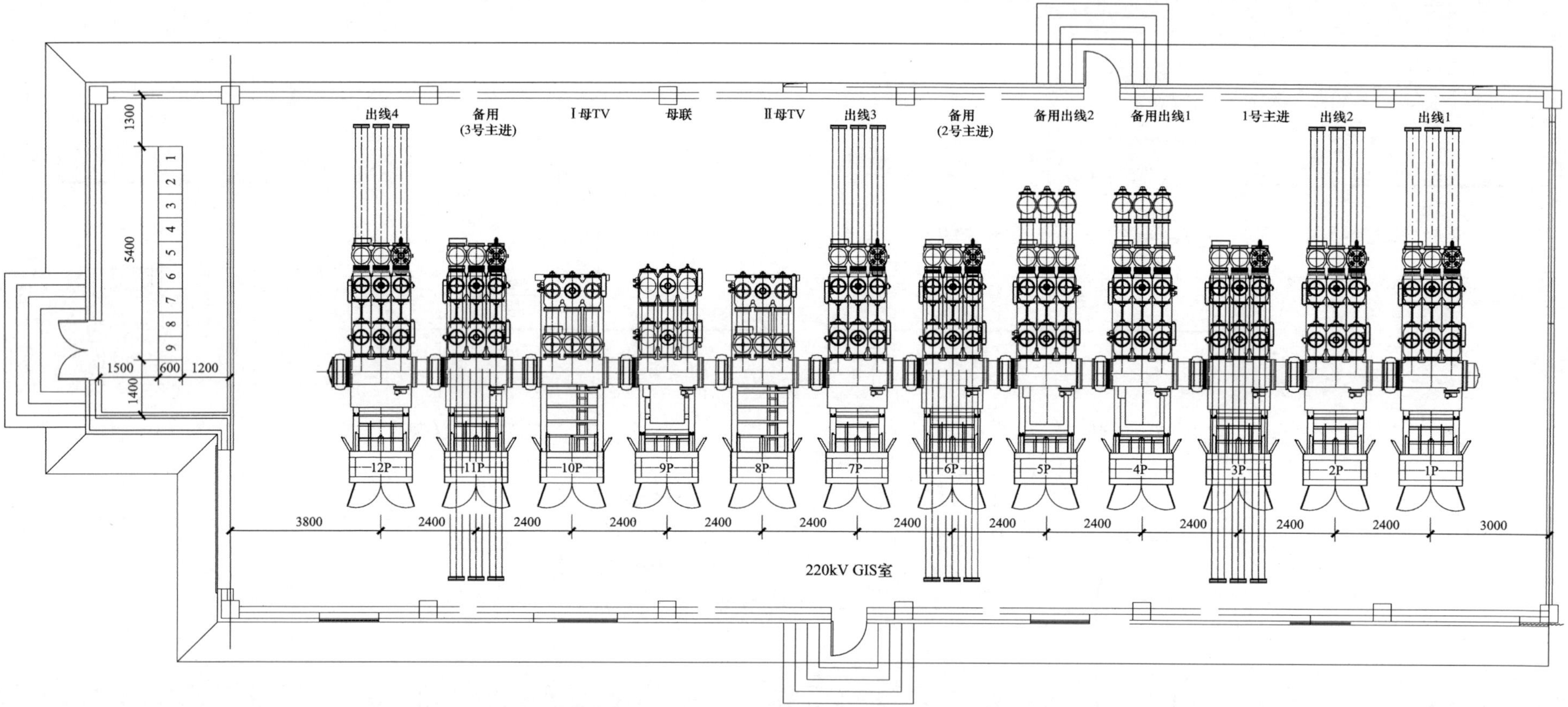


说明：户内智能控制柜尺寸为 2000mm（宽）×800mm（深）×2000mm（高）。

| 序号 | 屏位 | 智能控制柜名称 | 数量 | | | 组柜方式 |
|---|---|---|---|---|---|---|
| | | | 单位 | 本期 | 远期 | |
| 1 | 1P、2P、7P、12P | 220kV 线路智能控制柜 | 面 | 4 | | 220kV 线路保护装置 1+220kV 线路保护装置 2+ 过程层交换机（2 台）+220kV 线路测控 +220kV 线路电能表（1 块）+220kV 线路智能终端（2 台）+220kV 线路合并单元（2 台） |
| 2 | 4P、5P | 220kV 线路智能控制柜 | 面 | | 2 | 220kV 线路保护装置 1+220kV 线路保护装置 2+ 过程层交换机（2 台）+220kV 线路测控 +220kV 线路电能表（1 块）+220kV 线路智能终端（2 台）+220kV 线路合并单元（2 台） |
| 3 | 9P | 220kV 母联智能控制柜 | 面 | 1 | | 220kV 母联保护装置 1+220kV 母联保护装置 2+ 过程层交换机（2 台）+220kV 母联测控 +220kV 母联智能终端（2 台）+220kV 母联合并单元（2 台） |
| 4 | 10P | 220kV Ⅰ母线 TV 智能控制柜 | 面 | 1 | | 220kV 母线测控 + 避雷器在线监测设备 +220kV 母线智能终端（1 台）+220kV 母线合并单元（1 台） |
| 5 | 8P | 220kV Ⅱ母线 TV 智能控制柜 | 面 | 1 | | 220kV 母线测控 + 间隔层交换机（2 台）+220kV 母线智能终端（1 台）+220kV 母线合并单元（1 台） |
| 6 | 3P | 主变压器 220kV 进线智能控制柜 | 面 | 1 | | 主变压器 220kV 进线智能终端（2 台）+ 主变压器 220kV 进线合并单元（2 台） |
| 7 | 6P、11P | 主变压器 220kV 进线智能控制柜 | 面 | | 2 | 主变压器 220kV 进线智能终端（2 台）+ 主变压器 220kV 进线合并单元（2 台） |

**图 8.2.2-21　HA-220-A3-2　220kV GIS 智能控制柜布置图**

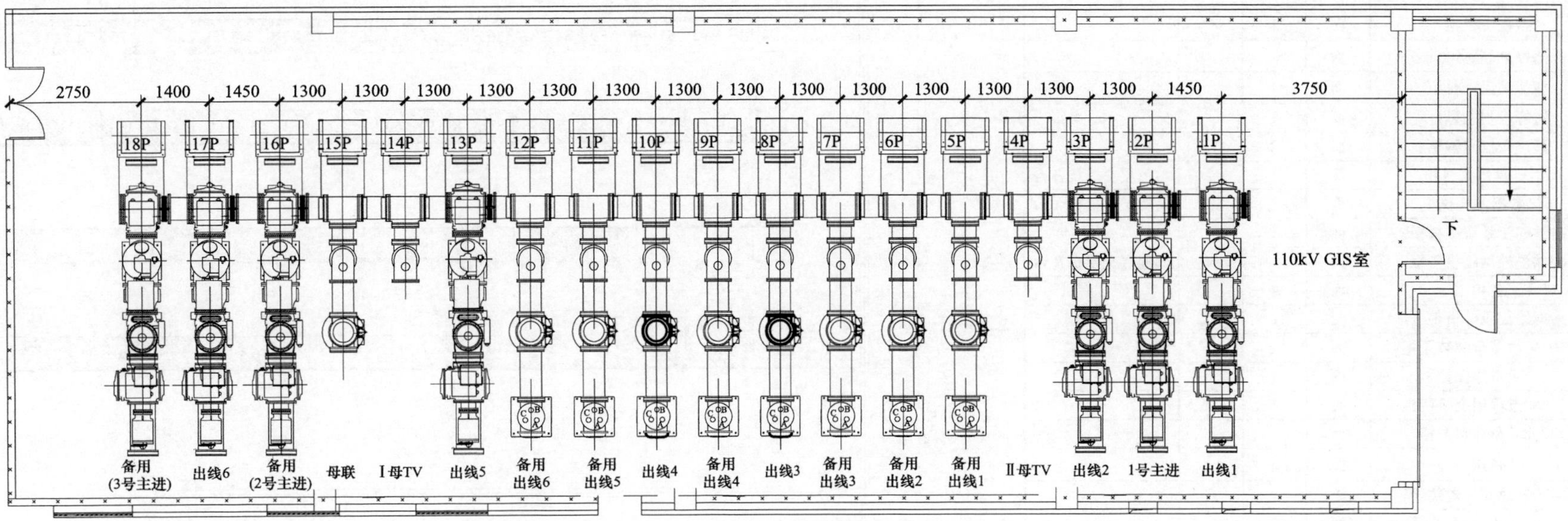


说明：户内智能控制柜尺寸为 800mm（宽）×800mm（深）×2200mm（高）。

| 序号 | 屏位 | 智能控制柜名称 | 数量 | | | 组柜方式 |
|---|---|---|---|---|---|---|
| | | | 单位 | 本期 | 远期 | |
| 1 | 1P、4P、8P、10P、13P、17P | 110kV 线路智能控制柜 | 面 | 6 | | 110kV 线路保护测控集成装置 +110kV 线路电能表（1 块）+110kV 线路合并单元智能终端集成装置（1 台） |
| 2 | 5P、6P、7P、9P、11P、12P | 110kV 线路智能控制柜 | 面 | | 6 | 110kV 线路保护测控集成装置 +110kV 线路电能表（1 块）+110kV 线路合并单元智能终端集成装置（1 台） |
| 3 | 15P | 110kV 母联智能控制柜 | 面 | 1 | | 110kV 母联保护测控集成装置 +110kV 母联合并单元智能终端集成装置（1 台） |
| 4 | 14P | 110kV Ⅰ母线 TV 智能控制柜 | 面 | 1 | | 110kV 母线测控 + 间隔层交换机（2 台）+110kV 母线智能终端（1 台）+110kV 母线合并单元（1 台） |
| 5 | 3P | 110kV Ⅱ母线 TV 智能控制柜 | 面 | 1 | | 110kV 母线测控 +110kV 母线智能终端（1 台） |
| 6 | 2P | 主变压器 110kV 进线智能控制柜 | 面 | 1 | | 主变压器 110kV 进线合并单元智能终端集成装置 A（1 台）+ 主变压器 110kV 进线合并单元智能终端集成装置 B（1 台） |
| 7 | 16P、18P | 主变压器 110kV 进线智能控制柜 | 面 | | 2 | 主变压器 110kV 进线合并单元智能终端集成装置 A（1 台）+ 主变压器 110kV 进线合并单元智能终端集成装置 B（1 台） |

图 8.2.2-22　HA-220-A3-2　110kV GIS 智能控制柜布置图

| 序号 | 名称 | 数量 | | | 备注 |
|---|---|---|---|---|---|
| | | 单位 | 本期 | 远期 | |
| 1P | 备用 | 面 | 1 | | |
| 2P | 监控主机柜 | 面 | 1 | | |
| 3P | 综合应用服务器柜 | 面 | 1 | | |
| 4P | 智能防误主机柜 | 面 | 1 | | |
| 5P | 边缘巡视主机柜 | 面 | 1 | | |
| 6P–7P | 调度数据专网柜 | 面 | 2 | | |
| 8P | I区数据网关机柜 | 面 | 1 | | 站控层交换机 2 台 |
| 9P | II区数据网关机柜 | 面 | 1 | | 站控层交换机 2 台 |
| 10P | 时钟同步系统主机柜 | 面 | 1 | | |
| 11P | 公共测控网络设备柜 | 面 | 1 | | 间隔层交换机 2 台 |
| 12P–15P | 备用 | 面 | 4 | | |
| 16P–17P | 网络记录分析柜 | 面 | 2 | | |
| 18P | 110kV 故障录波装置柜 | 面 | 1 | | |
| 19P | 110kV 母线保护柜 | 面 | 1 | | |
| 20P | 110kV 过程层交换机柜 | 面 | 1 | | |
| 21P–22P | 220kV 母线保护柜 | 面 | 2 | | |
| 23P–24P | 备用 | 面 | 2 | | |
| 25P | 主变压器故障录波装置柜 | 面 | 1 | | |
| 26P–27P | 1 号主变压器保护柜 | 面 | 2 | | |
| 28P | 1 号主变压器测控柜 | 面 | 1 | | |
| 29P | 1 号消弧线圈控制柜 | 面 | 1 | | |
| 30P–31P | 2 号主变压器保护柜 | 面 | | 2 | 预留 |
| 32P | 2 号主变压器测控柜 | 面 | | 1 | 预留 |
| 33P | 2 号消弧线圈控制柜 | 面 | | 1 | 预留 |
| 34P–35P | 3 号主变压器保护柜 | 面 | | 2 | 预留 |
| 36P | 3 号主变压器测控柜 | 面 | | 1 | 预留 |
| 37P | 3 号消弧线圈控制柜 | 面 | | 1 | 预留 |
| 38P–39P | 主变压器消防柜 | 面 | | 2 | 预留 |
| 40P | 1 号主变压器消防柜 | 面 | 1 | | |
| 41P | 220kV 故障录波装置柜 | 面 | 1 | | |
| 42P | 时间同步对时扩展柜 | 面 | 1 | | |
| 43P | 关口电能表柜 | 面 | 1 | | |
| 44P | 电能表柜 | 面 | 1 | | |
| 45P–48P | 备用 | 面 | 5 | | |
| 49P–50P | 保护通道接口装置柜 | 面 | 2 | | |
| 51P–52P | 通信电源柜 | 面 | 2 | | |
| 53P–55P | 1～3 号直流馈线柜 | 面 | 3 | | |
| 56P | 1 号直流充电柜 | 面 | 1 | | |
| 57P | 直流电源联络柜 | 面 | 1 | | |

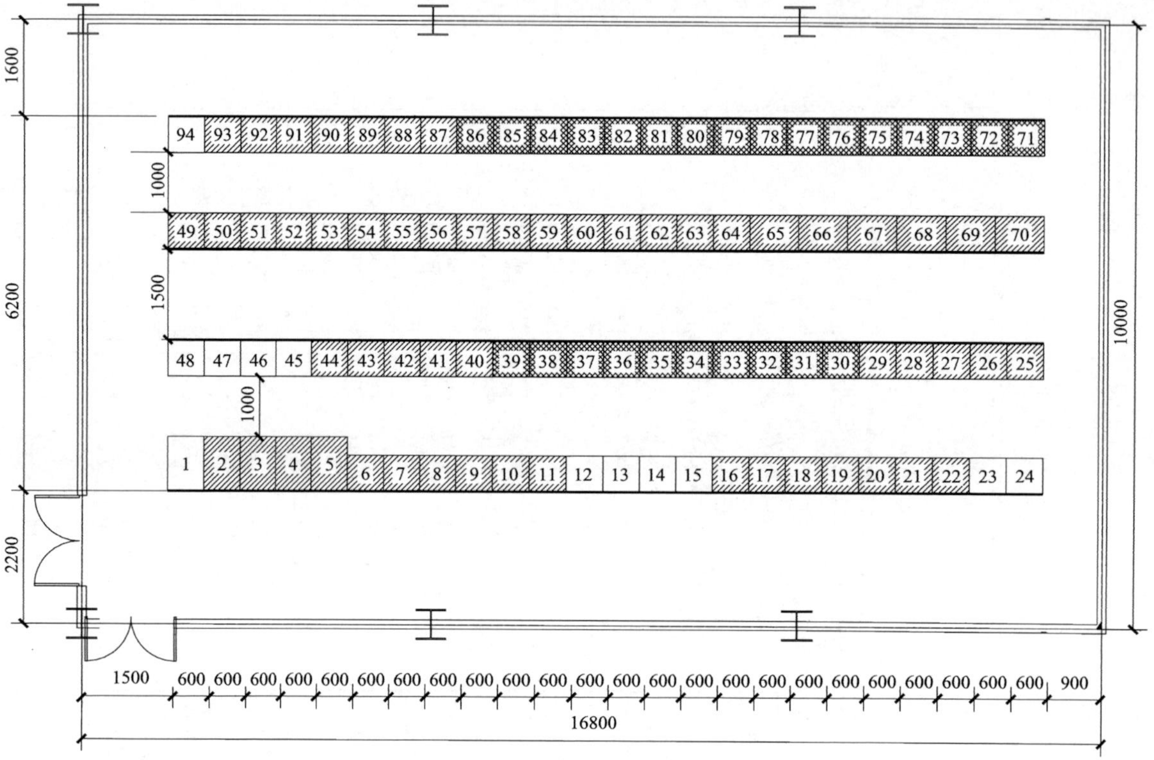


续表

| 序号 | 名称 | 数量 | | | 备注 |
|---|---|---|---|---|---|
| | | 单位 | 本期 | 远期 | |
| 58P | 2 号直流充电柜 | 面 | 1 | | |
| 59P–61P | 4～6 号直流馈线柜 | 面 | 3 | | |
| 62P | 事故照明柜 | 面 | 1 | | |
| 63P–64P | UPS 电源柜 | 面 | 2 | | |
| 65P–70P | 交流电源柜 | 面 | 6 | | |
| 71P–86P | 通信柜 | 面 | | 16 | |
| 87P–93P | 通信柜 | 面 | 7 | | |
| 94P | 备用 | 面 | 1 | | |

图例：

本期屏位

备用屏位

远期屏位

说明：继电器室屏位共 94 面，其中备用屏位 12 面。

**图 8.2.2–23 HA–220–A3–2 二次设备室屏位布置图**

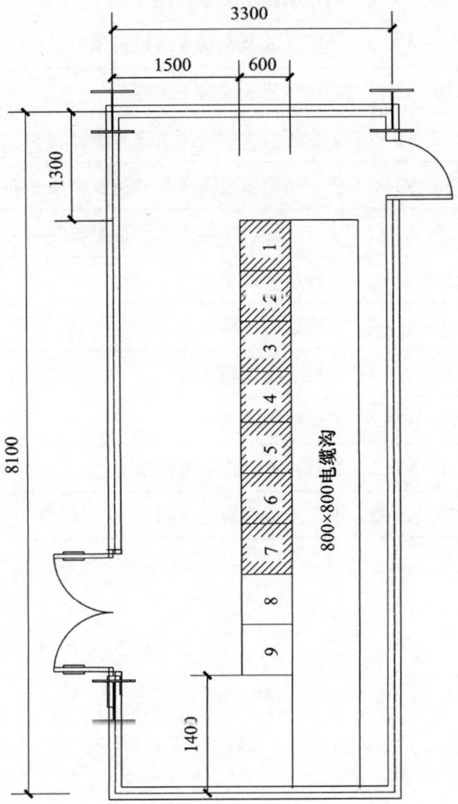


<table>
<tr><th rowspan="2">序号</th><th rowspan="2">名称</th><th colspan="3">数量</th><th rowspan="2">备注</th></tr>
<tr><th>单位</th><th>本期</th><th>远期</th></tr>
<tr><td colspan="6">220kV GIS 二次设备室屏位表</td></tr>
<tr><td>1P、2P</td><td>直流分电柜</td><td>面</td><td>2</td><td></td><td></td></tr>
<tr><td>3P</td><td>时钟同步扩展柜</td><td>面</td><td>1</td><td></td><td></td></tr>
<tr><td>4P</td><td>220kV 公用测控及网络设备柜</td><td>面</td><td>1</td><td></td><td></td></tr>
<tr><td>5P</td><td>220kV 故障录波柜</td><td>面</td><td>1</td><td></td><td></td></tr>
<tr><td>6P、7P</td><td>220kV 母线保护柜</td><td>面</td><td>2</td><td></td><td></td></tr>
<tr><td>8P、9P</td><td>备用</td><td>面</td><td>2</td><td></td><td></td></tr>
</table>

图例：

本期屏位

备用屏位

说明：220kV GIS 室二次设备室屏位共 9 面，其中备用屏位 2 面。

图 8.2.2-24　HA-220-A3-2　220kV GIS 室二次设备屏位布置图

### 8.2.3 土建部分

土建部分主要图纸见表 8.2.3-1。

**表 8.2.3-1　　土建部分主要图纸**

| 图号 | 图名 |
|---|---|
| 图 8.2.3-01 | HA-220-A3-2　总平面布置图 |
| 图 8.2.3-02 | HA-220-A3-2　配电装置楼建筑设计总说明 1 |
| 图 8.2.3-02 | HA-220-A3-2　配电装置楼建筑设计总说明 2 |
| 图 8.2.3-03 | HA-220-A3-2　110kV 配电装置楼夹层平面布置图（含暖通布置） |
| 图 8.2.3-04 | HA-220-A3-2　110kV 配电装置楼一层平面布置图（含暖通布置） |
| 图 8.2.3-05 | HA-220-A3-2　110kV 配电装置楼二层平面布置图（含暖通布置） |
| 图 8.2.3-06 | HA-220-A3-2　110kV 配电装置楼屋顶平面布置图 |
| 图 8.2.3-07 | HA-220-A3-2　110kV 配电装置楼立面图 |
| 图 8.2.3-08 | HA-220-A3-2　110kV 配电装置楼立面图、剖面图 |
| 图 8.2.3-09 | HA-220-A3-2　220kV 配电装置楼一层平面布置图（含暖通布置） |
| 图 8.2.3-10 | HA-220-A3-2　220kV 配电装置楼二层平面布置图（含暖通布置） |
| 图 8.2.3-11 | HA-220-A3-2　220kV 配电装置楼屋顶平面布置图（含暖通布置） |
| 图 8.2.3-12 | HA-220-A3-2　220kV 配电装置楼立面图 |

续表

| 图号 | 图名 |
|---|---|
| 图 8.2.3-13 | HA-220-A3-2　220kV 配电装置楼立面图、剖面图 |
| 图 8.2.3-14 | HA-220-A3-2　建筑物暖通设计说明 1 |
| 图 8.2.3-14 | HA-220-A3-2　建筑物暖通设计说明 2 |
| 图 8.2.3-15 | HA-220-A3-2　站区给排水总平面图 |
| 图 8.2.3-16 | HA-220-A3-2　消防水池及泵房安装设计说明 |
| 图 8.2.3-17 | HA-220-A3-2　消防水池及泵房布置图 |
| 图 8.2.3-18 | HA-220-A3-2　主变压器水喷雾灭火系统设计说明 |
| 图 8.2.3-19 | HA-220-A3-2　主变压器水喷雾灭火管道及喷头平面布置图 |
| 图 8.2.3-20 | HA-220-A3-2　主变压器水喷雾灭火管道系统图 |
| 图 8.2.3-21-1 | HA-220-A3-2　工程结构说明 1 |
| 图 8.2.3-21-2 | HA-220-A3-2　工程结构说明 2 |
| 图 8.2.3-21-3 | HA-220-A3-2　工程结构说明 3 |
| 图 8.2.3-21-4 | HA-220-A3-2　工程结构说明 4 |
| 图 8.2.3-22 | HA-220-A3-2　220kV 出线构架透视图 |
| 图 8.2.3-23 | HA-220-A3-2　主变压器构架透视图 |

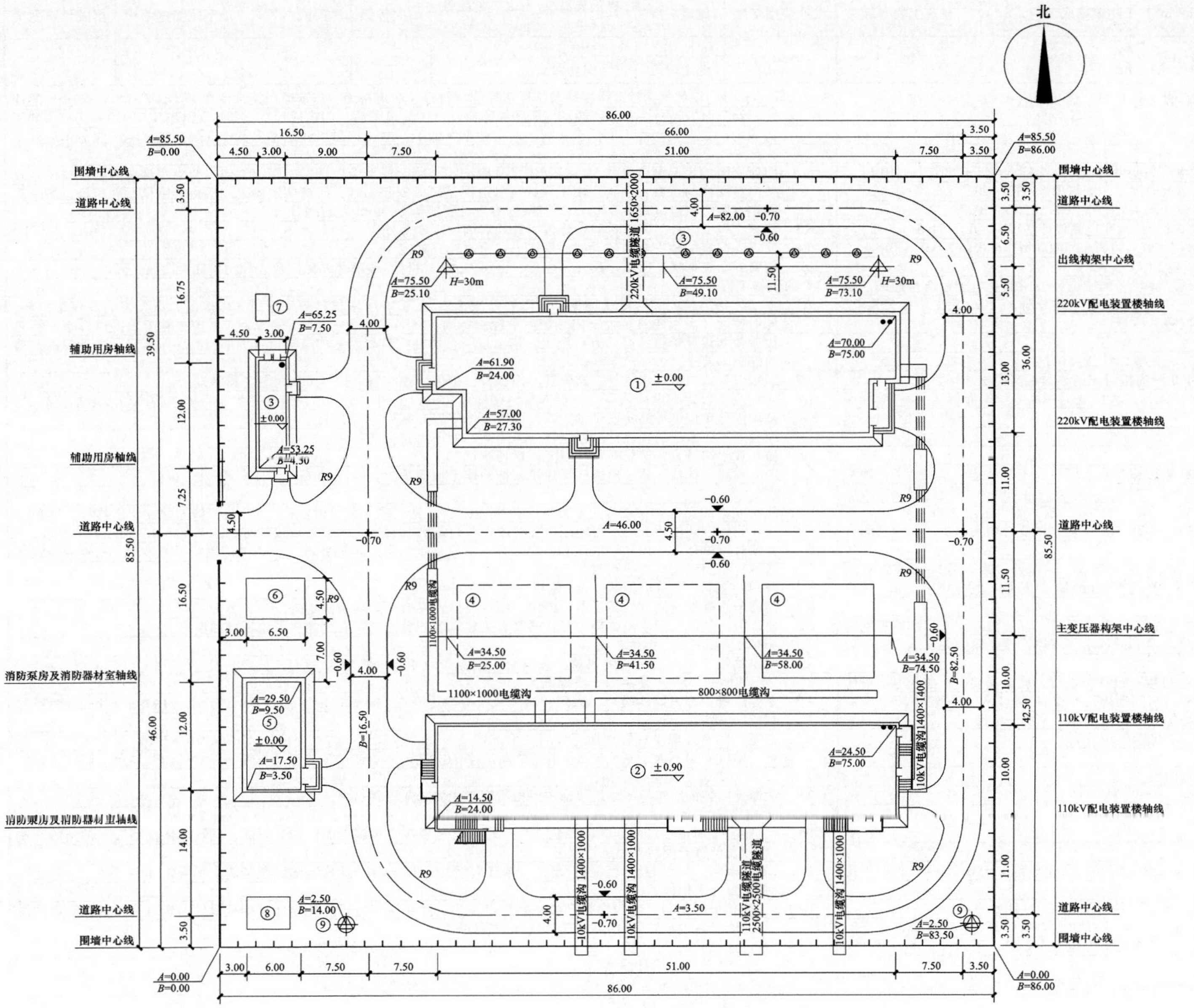


**建（构）筑物一览表**

| 编号 | 名称 | 单位 | 数量 | 备注 |
|---|---|---|---|---|
| ① | 220kV 配电装置楼 | 栋 | 1 | |
| ② | 110kV 配电装置楼 | 栋 | 1 | |
| ③ | 辅助用房 | 栋 | 1 | |
| ④ | 主变压器场地 | $m^2$ | 1085 | 本期实线，远期虚线 |
| ⑤ | 消防泵房及消防水池 | $m^2$ | 78 | 含地下消防水池 |
| ⑥ | 事故储油池 | 座 | 1 | 总容积 $90m^3$ |
| ⑦ | 化粪池 | 座 | 1 | |
| ⑧ | 施工站用变压器 | 座 | 1 | |
| ⑨ | 独立避雷针 | 根 | 2 | 高度 35m |

**主要技术经济指标表**

| 序号 | 项目 | | 单位 | 数量 | 备注 |
|---|---|---|---|---|---|
| 1 | 站址总占地面积 | | $m^2$ | — | — |
| 1.1 | 站区围墙内占地面积 | | $m^2$ | 7353 | 合 11.03 亩 |
| 1.2 | 进站道路用地面积 | | $m^2$ | — | |
| 1.3 | 其他用地面积 | | $m^2$ | — | |
| 2 | 进站道路长度（新建／改造） | | m | — | |
| 3 | 站址土石方量 | 挖方（－） | $m^3$ | — | |
| | | 填方（＋） | $m^3$ | — | |
| 3.1 | 场地平整土石方 | 挖方（－） | $m^3$ | 0 | |
| | | 填方（＋） | $m^3$ | — | |
| 3.2 | 进站道路土石方 | 挖方（－） | $m^3$ | 0 | |
| | | 填方（＋） | $m^3$ | — | |
| 3.3 | 外购土石方工程量 | | $m^3$ | — | |
| 3.4 | 外弃土石方工程量 | | $m^3$ | — | 0.3m 根植土 |
| 3.5 | 基槽余土 | | $m^3$ | — | |
| 4 | 挡土墙体积 | | $m^3$ | — | |
| 5 | 围墙长度 | | m | 343 | 装配式 |
| 6 | 站内道路面积 | | $m^2$ | 2332 | |
| 7 | 电缆沟 | 1.1m×1.0m | m | 49 | 室外 |
| | | 0.8m×0.8m | m | 48 | 室外 |
| | | 1.4m×1.0m | m | 103 | 室外 |
| 8 | 电缆隧道 | 1.65m×2.0m | m | 16.5 | 室外 |
| | | 2.5m×2.5m | m | 15.5 | 室外 |
| 9 | 建筑高度 | | m | 10.20/14.30 | |
| 10 | 站区建筑物占地面积 | | $m^2$ | 1381 | |
| 11 | 总建筑面积 | | $m^2$ | 2787.65 | |

说明：1. 本图标高、尺寸单位均为米。

2. 图中“┴┴”为围墙线。

**图 8.2.3-01　HA-220-A3-2　总平面布置图**

| 本册建筑项目主要特征表 | 建筑名称 | 结构类型 | 建筑面积（$m^2$） | 建筑基底面积（$m^2$） | 建筑工程等级 | 设计使用年限 | 建筑层数 | 建筑总高度（m） | 火灾危险性分类 | 耐火等级 | 屋面防水等级 | 地下室防水等级 | 抗震设防烈度 |
|---|---|---|---|---|---|---|---|---|---|---|---|---|---|
| | 110kV 配电装置楼 | 装配式钢框架结构 | 1797 | 555 | Ⅲ | 50 | 地下一层、地上两层 | 14.55 室外地坪至屋面面层 | 戊 | 二 | Ⅰ | Ⅰ | 7 |

## 建筑专业施工图设计说明

1 主要设计依据

1.1 初步设计、总平面图及各相关专业资料。

1.2 现行的国家有关建筑设计的主要规范及规程：

《建筑设计防火规范》（GB 50016—2014）2018 年版、《火力发电厂与变电站设计防火标准》（GB 50229—2019）、《建筑防火通用规范》（GB 55037—2022）、《建筑与市政工程防水通用规范》（GB 55030—2022）、《建筑玻璃应用技术规程》（JGJ 113—2015）、《建筑内部装修设计防火规范》（GB 50222—2017）、《建筑防烟排烟系统技术标准》（GB 51251—2017）、《220kV～500kV 户内变电站设计规程》（DL/T 5496—2015）、《220kV～750kV 变电站设计技术规程》（DL/T 5218—2012）、《建筑节能与可再生能源利用通用规范》（GB 55015—2021）、《国家电网有限公司输变电工程施工图设计内容深度规定》（Q/GDW 10381）。

1.3 本工程需遵照执行《输变电工程建设标准强制性条文实施管理规程》《国家电网公司输变电工程质量通病防治工作要求及技术措施》和《国家电网公司输变电工程标准工艺——变电工程土建分册》（2022 版）中相关要求。

1.4 其他相关的国家和项目所在省、市的法规、规范、规定、标准等。

2 本单体建筑工程概况

2.1 本单体建筑工程概况见本册建筑项目主要特征表。本变电站为无人值守智能变电站。

2.2 本建筑总平面定位坐标详见总平面图；本建筑室内地坪 ±0.000 标高相对应的绝对标高详见总平面图。

2.3 本建筑图中标高单位为米，其余图纸尺寸单位为毫米，各层标注标高为完成面标高（建筑面标高），屋面标高为结构面标高。

2.4 梁柱的尺寸、定位等详见结构施工图。

3 墙体工程

3.1 （1）外墙板：外墙板由外层板和内层板组成。外层板为一体化铝镁锰复合墙板，为三层结构金属夹芯板，墙板工厂一体化施工，外层采用 0.8mm 厚铝镁锰板，芯层采用岩棉保温，内层采用 0.6mm 厚镀锌钢板。内层板为 9mm 厚纤维水泥饰面板。用于防火墙时，内层板选用 150mm 厚 ALC 板，耐火极限 3.0h。

（2）芯材采用 100mm 厚 A 级防火岩棉，憎水性 99%，密度 136～140kg/$m^3$，有效保证岩棉夹芯板的保温和耐火时间。

（3）内隔墙采用一体化纤维水泥集成墙板，由两侧外层板 + 中间保温层组成。两侧外层板采用 9mm 水泥纤维板。中间保温层为 75mm 厚 A 级防火岩棉。用于防火墙时，选用 150mm 厚 ALC 板，耐火极限 3.0h。细部构造做法参见 13J104。

注：工业化墙板系统材料均为工厂预制完成，现场拼接、固定、安装完成，最终以甲方订货为准。墙上预留埋铁需由装配式墙体厂家考虑设置并满足荷载要求。阴影处墙体为配电箱等设备所在墙体，按照箱体要求适当加厚处理，满足配电箱暗装要求。

3.2 构造要求：建议工业化墙板由专业和具备资质的同一厂家进行排板、设计、供货、施工安装，厂家应考虑墙体上的洞口、门、雨篷安装等要求。设备尺寸大于房间门洞尺寸的房间须待设备安装到位后再安装墙体。

3.3 外墙窗户及墙体预留洞详见建施及设备平面图，洞口处四周增加檩条，由墙体厂家统一考虑。

3.4 墙体上的空调管留洞、排气洞、过水洞等应注意避开水立管和不影响外窗开启。

3.5 墙上管道及工艺开孔需封堵的孔洞请见各专业相应要求。

3.6 墙上配电箱等设备的预留洞（槽）尺寸及位置需结合设备专业图纸。

3.7 散水宽度根据具体工程情况核定，图中为示意。

4 楼地面工程

本工程楼地面做法详见"室内装修做法表"。

5 屋面防水工程

5.1 屋面防水等级Ⅰ级，设计使用年限不低于 20 年。执行《建筑与市政工程防水通用规范》（GB 55030—2022）及地方有关规程、规定。

5.2 屋面检修孔做法参见《平屋面建筑构造》（12J201–H20）；设备基座做法参见 12J201–H20–3。

5.3 设防要求：按倒置式屋面做法（即防水层在下，保温隔热层在上）；所有防水材料的四周卷起泛水高度，均距结构楼面 300mm 高；女儿墙阴阳转角处应附加一层防水材料。雨水管下方设置水簸箕。雨水管及水簸箕做法参见《平屋面建筑构造》（12J201–H6）。

5.4 凡管道穿屋面等屋面留孔位置需检查核实后再做防水材料，避免做防水材料后再凿洞。

6 外门窗工程

6.1 站内建筑物外门窗均采用 65 系列节能型断热桥铝合金型材，钢化夹胶中空玻璃 F5+1.52+G5+9A+G5mm，胶片采用 1.52mm 厚度。蓄电池室窗采用磨砂玻璃。易遭受撞击、冲击而造成人体伤害部位的玻璃均应选用安全玻璃。建筑物外门窗保温性能等级应满足建筑节能设计要求，采用节能门、节能窗。门窗反复启闭性能达到《建筑幕墙、门窗通用技术条件》（GB/T 31433）、《建筑门窗五金件通用要求》（GB/T 32223）等相应产品标准要求的 2 倍；外门窗的气密性、水密性及抗风压性能应符合《建筑幕墙、门窗通用技术条件》（GB/T 31433—2015）的规定。外门窗的气密性、水密性及抗风压性能应符合《建筑幕墙、门窗通用技术条件》（GB/T 31433—2015）的相关规定，其中气密性不应低于 4 级，水密性不应低于 4 级，抗风压性能不应低于 3 级，空气隔声性能不应低于 3 级。

6.2 门窗立面均表示洞口尺寸，门窗加工尺寸应按照装修面厚度予以调整，门窗制作安装应实测核对各洞口尺寸及各门窗编号与个数，以防止由于设计及构造误差造成安装困难，门窗侧边固定连接点的定位原则：每边最端头固定点距门窗边框端头 180mm，其余固定点位置间隔 500mm 左右均分。

6.3 门窗立樘：内外门窗立樘除特殊说明外均居墙中（墙檩处）。

6.4 建筑外窗宜加装安全防盗设施，具体形式由建设方确定。

6.5 门窗的立面形式、数量、尺寸、色彩、开启方式、型材、玻璃等详见门窗表和门窗立面图放大图。

7 内装修工程

7.1 本工程各部位内装修做法详见"室内装修做法表"。装修所用材料应采用对人体健康无毒无害的环保型材料，同时符合《民用建筑工程室内环境污染控制标准》（GB 50325—2020）的规定，并应在施工前提供样板，经建设单位和设计单位认可后方可施工。本工程所有建筑材料和设备均应符合管理部门的环保规定和质量标准及节约能源的要求。

7.2 装修时建筑内部污水立管、透气管、雨水管、空调冷凝水管、排气道的位置不得移动。

7.3 未经技术鉴定和设计认可，不得拆改结构构件和进行加层改造。当建筑装修涉及主体结构改动或增加荷载时，须由设计单位进行结构安全性复核，提出具体实施方案后方可施工。

7.4 所有穿过防水层的预埋件、紧固件应采用高性能密封材料密封。

7.5 楼面找平须待设备管线孔洞预留无误后再行施工。

7.6 所有材料、构造、施工应遵照《建筑装饰装修工程质量验收标准》（GB 50210—2018）执行。

8 外装修工程

8.1 建筑立面的颜色和材质详见立面图，外墙面做法详见"室外装修做法表"。外墙面施工前应作出样板，待建设方和设计方认可后方可进行施工，并应遵照《建筑装饰装修工程质量验收标准》（GB 50210—2018）的要求。

8.2 其余外露铁件做一道防锈底漆和二道面漆。不露面铁件做二道防锈漆，金属件接缝要严密，用于室外的金属件接缝处用树脂涂料二道密封。

8.3 各种外墙洞口边缘应做铝合金 / 铝板一体式收边件。

8.4 窗台节点确保里高外低不泛水。腰线、檐板及窗外窗台面层均坡向墙外。

8.5 建筑装饰装修工程所用材料应符合国家有关建筑装饰装修材料有害物质限量标准的规定。

9 噪声防治及主变压器泄爆措施

9.1 变电站噪声对周围环境的影响必须符合《工业企业厂界噪声标准》（GB 12348—2008）和《声环境质量标准》（GB 3096—2008）规定的 2 类标准。

9.2 主变压器室室内墙体吸声、大门、窗、风机等设施降噪均应选择隔声性能合格的产品，由专业厂家二次设计、制作、安装。

9.3 主变压器室外墙设置轻型泄爆外墙，墙体构造根据《建筑设计防火规范》（GB 50016—2014）（2018 年版）要求，单位质量不大于 0.6kN/m，具备资质厂家二次设计，墙体做法参考《抗爆、泄爆门窗及屋盖、墙体建筑构造》（14J938）相关做法执行。

9.4 泄爆外墙装饰应与整体建筑装饰效果相适应，优先选择同种材料。

10 其他应注意事项

10.1 土建施工时应注意将建筑、结构、水、暖、电气等各专业施工图纸相互对照，确认墙体及楼板各种预留孔洞尺寸及位置无误后方可进行施工。

10.2 若有疑问应提前与设计院沟通解决。施工过程中，如遇各专业施工图纸不符的，不得以其中任何一个专业图纸作为施工依据。

10.3 工业化墙板供货厂家应根据产品实际规格及相关配件规格进行深化设计及排板设计。建筑物装修色彩应先做样，取得建设单位和设计单位的同意后方可施工。

10.4 本设计说明及全部施工图纸未尽之处应按国家各有关施工及验收规范执行。

11 本站选用建筑标准设计图集

《国家电网公司输变电工程标准工艺——变电工程土建分册》（2022 版）；

《特种门窗》国标图集 17J610–1；

《建筑节能门窗（一）》国标图集 06J607–1；

《工程做法》国标图集 23J909；

《抗裂硅质刚性防水系统建筑构造》21CJ86–4 JX。

**图 8.2.3–02　HA–220–A3–2　配电装置楼建筑设计总说明 1**

| 本册建筑项目主要特征表 | 建筑名称 | 结构类型 | 建筑面积（$m^2$） | 建筑基底面积（$m^2$） | 建筑工程等级 | 设计使用年限 | 建筑层数 | 建筑总高度（m） | 火灾危险性分类 | 耐火等级 | 屋面防水等级 | 地下室防水等级 | 抗震设防烈度 |
|---|---|---|---|---|---|---|---|---|---|---|---|---|---|
| | 220kV 配电装置楼 | 装配式钢框架结构 | 862.4 | 669 | Ⅲ | 50 | 地上两层 | 10.45 室外地坪至屋面面层 | 丙 | 二 | Ⅰ | / | 7 |

## 建筑专业施工图设计说明

1 主要设计依据

1.1 初步设计、总平面图及各相关专业资料。

1.2 现行的国家有关建筑设计的主要规范及规程：

《建筑设计防火规范》（GB 50016—2014）2018 年版《火力发电厂与变电站设计防火标准》（GB 50229—2019）

《建筑防火通用规范》（GB 55037—2022）《建筑与市政工程防水通用规范》（GB 55030—2022）

《建筑玻璃应用技术规程》（JGJ 113—2015）《建筑内部装修设计防火规范》（GB 50222—2017）

《建筑防烟排烟系统技术标准》（GB 51251—2017）《220kV～500kV 户内变电站设计规程》（DL/T 5496—2015）

《220kV～750kV 变电站设计技术规程》（DL/T 5218—2012）《建筑节能与可再生能源利用通用规范》（GB 55015—2021）《国家电网有限公司输变电工程施工图设计内容深度规定》（Q/GDW 10381）

1.3 本工程需遵照执行《输变电工程建设标准强制性条文实施管理规程》《国家电网公司输变电工程质量通病防治工作要求及技术措施》和《国家电网公司输变电工程标准工艺——变电工程土建分册》（2022 版）中相关要求。

1.4 其他相关的国家和项目所在省、市的法规、规范、规定、标准等。

2 本单体建筑工程概况

2.1 本单体建筑工程概况见本册建筑项目主要特征表。本变电站为无人值守智能变电站。

2.2 本建筑总平面定位坐标详见总平面图；本建筑室内地坪 ±0.000 标高相对应的绝对标高详见总平面图。

2.3 本建筑图中标高单位为米，其余图纸尺寸单位为毫米，各层标注标高为完成面标高（建筑面标高），屋面标高为结构面标高。

2.4 梁柱的尺寸，定位等详见结构施工图。

3 墙体工程

3.1 （1）外墙板：外墙板由外层板和内层板组成。外层板为一体化铝镁锰复合墙板，为三层结构金属夹芯板，墙板工厂一体化施工，外层采用 0.8mm 厚铝镁锰板，芯层采用岩棉保温，内层采用 0.6mm 厚镀锌钢板。内层板为 9mm 厚纤维水泥饰面板。用于防火墙时，内层板选用 150mm 厚 ALC 板，耐火极限 3.0h。

（2）芯材采用 100mm 厚 A 级防火岩棉，憎水性 99%，密度 136～140kg/$m^3$，有效保证岩棉夹芯板的保温和耐火时间。

（3）内隔墙采用一体化纤维水泥集成墙板，由两侧外层板＋中间保温层组成。两侧外层板采用 9mm 水泥纤维板。中间保温层为 75mm 厚 A 级防火岩棉。用于防火墙时，选用 150mm 厚 ALC 板，耐火极限 3.0h。细部构造做法参见 13J104。

注：工业化墙板系统材料均为工厂预制完成，现场拼接、固定、安装完成，最终以甲方订货为准。墙上预留埋铁需由装配式墙体厂家考虑设置并满足荷载要求。阴影处墙体为配电箱等设备所在墙体，按照箱体要求适当加厚处理，满足配电箱暗装要求。

3.2 构造要求：建议工业化墙板由专业和具备资质的同一厂家进行排板、设计、供货、施工安装，厂家应考虑墙体上的洞口、门、雨篷安装等要求。设备尺寸大于房间门洞尺寸的房间须待设备安装到位后再安装墙体。

3.3 外墙窗户及墙体预留洞详见建施及设备平面图，洞口处四周增加檩条，由墙体厂家统一考虑。

3.4 墙体上的空调管留洞、排气洞、过水洞等应注意避开水立管和不影响外窗开启。

3.5 墙上管道及工艺开孔需封堵的孔洞请见各专业相应要求。

3.6 墙上配电箱等设备的预留洞（槽）尺寸及位置需结合设备专业图纸。

3.7 散水宽度根据具体工程情况核定，图中为示意。

4 楼地面工程

本工程楼地面做法详见“室内装修做法表”。

5 屋面防水工程

5.1 屋面防水等级Ⅰ级，设计使用年限不低于 20 年。执行《建筑与市政工程防水通用规范》（GB 55030—2022）及地方有关规程、规定。

5.2 屋面检修孔做法参见《平屋面建筑构造》12J201—H20；设备基座做法参见 12J201—H20—3。

5.3 设防要求：按倒置式屋面做法（即防水层在下，保温隔热层在上）；所有防水材料的四周卷起泛水高度，均距结构楼面 300mm 高；女儿墙阴阳转角处应附加一层防水材料。雨水管下方设置水簸箕。雨水管及水簸箕做法参见《平屋面建筑构造》（12J201—H6）。

5.4 凡管道穿屋面等屋面留孔位置需检查核实后再做防水材料，避免做防水材料后再凿洞。

6 外门窗工程

6.1 站内建筑物外门窗均采用 65 系列节能型断桥铝合金型材，钢化夹胶中空玻璃 F5+1.52+G5+9A+G5mm，胶片采用 1.52mm 厚度。蓄电池室窗采用磨砂玻璃。易遭受撞击、冲击而造成人体伤害部位的玻璃均应选用安全玻璃。建筑物外门窗保温性能等级应满足建筑节能设计要求，采用节能门、节能窗。门窗反复启闭性能达到《建筑幕墙、门窗通用技术条件》（GB/T 31433）、《建筑门窗五金件通用要求》（GB/T 32223）等相应产品标准要求的 2 倍；外门窗的气密性、水密性及抗风压性能应符合《建筑幕墙、门窗通用技术条件》（GB/T 31433—2015）的规定。外门窗的气密性、水密性及抗风压性能应符合《建筑幕墙、门窗通用技术条件》（GB/T 31433—2015）的相关规定，其中气密性不应低于 4 级，水密性不应低于 4 级，抗风压性能不应低于 3 级，空气隔声性能不应低于 3 级。

6.2 门窗立面均表示洞口尺寸，门窗加工尺寸应按照装修面厚度予以调整，门窗制作安装应实测核对各洞口尺寸及各门窗编号与个数，以防止由于设计及构造误差造成安装困难，门窗侧边固定连接点的定位原则：每边最端头固定点距门窗边框端头 180mm，其余固定点位置间隔 500mm 左右均分。

6.3 门窗立樘：内外门窗立樘除特殊说明外均居墙中（墙檩处）。

6.4 建筑外窗宜加装安全防盗设施，具体形式由建设方确定。

6.5 门窗的立面形式、数量、尺寸、色彩、开启方式、型材、玻璃等详见门窗表和门窗立面图放大图。

7 内装修工程

7.1 本工程各部位内装修做法详见“室内装修做法表”。装修所用材料应采用对人体健康无毒无害的环保型材料，同时符合《民用建筑工程室内环境污染控制标准》（GB 50325—2020）的规定，并应在施工前提供样板，经建设单位和设计单位认可后方可施工。本工程所有建筑材料和设备均应符合管理部门的环保规定和质量标准及节约能源的要求。

7.2 装修时建筑内部污水立管、透气管、雨水管、空调冷凝水管、排气道的位置不得移动。

7.3 未经技术鉴定和设计认可，不得拆改结构构件和进行加层改造。当建筑装修涉及主体结构改动或增加荷载时，须由设计单位进行结构安全性复核，提出具体实施方案后方可施工。

7.4 所有穿过防水层的预埋件、紧固件应采用高性能密封材料密封。

7.5 楼面找平须待设备管线孔洞预留无误后再行施工。

7.6 所有材料、构造、施工应遵照《建筑装饰装修工程质量验收标准》（GB 50210—2018）执行。

8 外装修工程

8.1 建筑立面的颜色和材质详见立面图，外墙面做法详见“室外装修做法表”。外墙面施工前应作出样板，待建设方和设计方认可后方可进行施工，并应遵照《建筑装饰装修工程质量验收标准》（GB 50210—2018）的要求。

8.2 其余外露铁件做一道防锈底漆和二道面漆。不露面铁件做二道防锈漆，金属件接缝要严密，用于室外的金属件接缝处用树脂涂料二道密封。

8.3 各种外墙洞口边缘应做铝合金 / 铝板一体式收边件。

8.4 窗台节点确保里高外低不泛水。腰线、檐板及窗外窗台面层均坡向墙外。

8.5 建筑装饰装修工程所用材料应符合国家有关建筑装饰装修材料有害物质限量标准的规定。

9 噪声防治及主变泄爆措施

9.1 变电站噪声对周围环境的影响必须符合《工业企业厂界噪声标准》（GB 12348—2008）和《声环境质量标准》（GB 3096—2008）的规定的 2 类标准。

9.2 主变压器室室内墙体吸声、大门、窗、风机等设施降噪均应选择隔声性能合格的产品，由专业厂家二次设计、制作、安装。

9.3 主变压器室外墙设置轻型泄爆外墙，墙体构造根据《建筑设计防火规范》（GB 50016—2014（2018 版）要求，单位质量不大于 0.6kN/m，具备资质厂家二次设计，墙体做法参考《抗爆、泄爆门窗及屋盖、墙体建筑构造》（14J938）相关做法执行。

9.4 泄爆外墙装饰应与整体建筑装饰效果相适应，优先选择同种材料。

10 其他应注意事项

10.1 土建施工时应注意将建筑、结构、水、暖、电气等各专业施工图纸相互对照，确认墙体及楼板各种预留孔洞尺寸及位置无误后方可进行施工。

10.2 若有疑问应提前与设计院沟通解决。施工过程中，如遇各专业施工图纸不符的，不得以其中任何一个专业图纸作为施工依据。

10.3 工业化墙板供货厂家应根据产品实际规格及相关配件规格进行深化设计及排板设计。建筑物装修色彩应先做样，取得建设单位和设计单位的同意后方可施工。

10.4 本设计说明及全部施工图纸未尽之处应按国家有关施工及验收规范执行。

11 本站选用建筑标准设计图集

《国家电网公司输变电工程标准工艺——变电工程土建分册》（2022 版）；

《特种门窗》国标图集 17J610—1；

《建筑节能门窗（一）》国标图集 06J607—1；

《工程做法》国标图集 23J909；

《抗裂硅质刚性防水系统建筑构造》21CJ86—4 JX。

**图 8.2.3—02　HA—220—A3—2　配电装置楼建筑设计总说明 2**

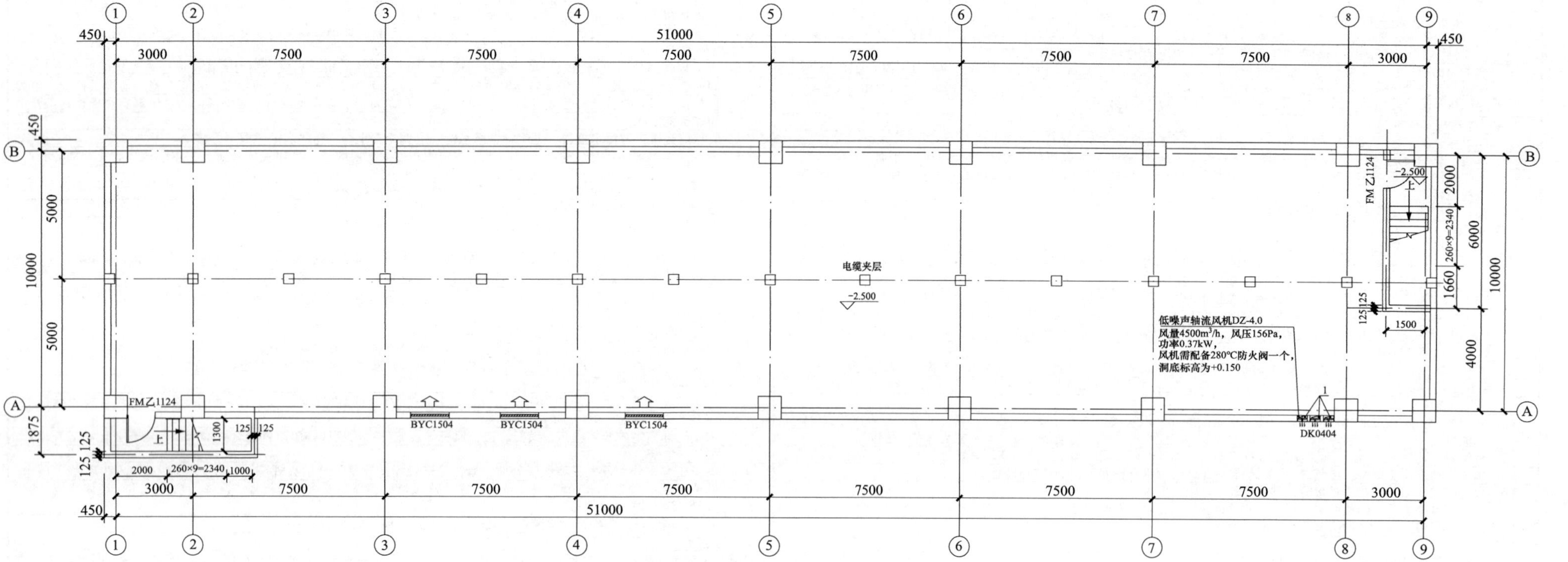


夹层平面布置图 1∶100

图 8.2.3-03　HA-220-A3-2　110kV 配电装置楼夹层平面布置图（含暖通布置）

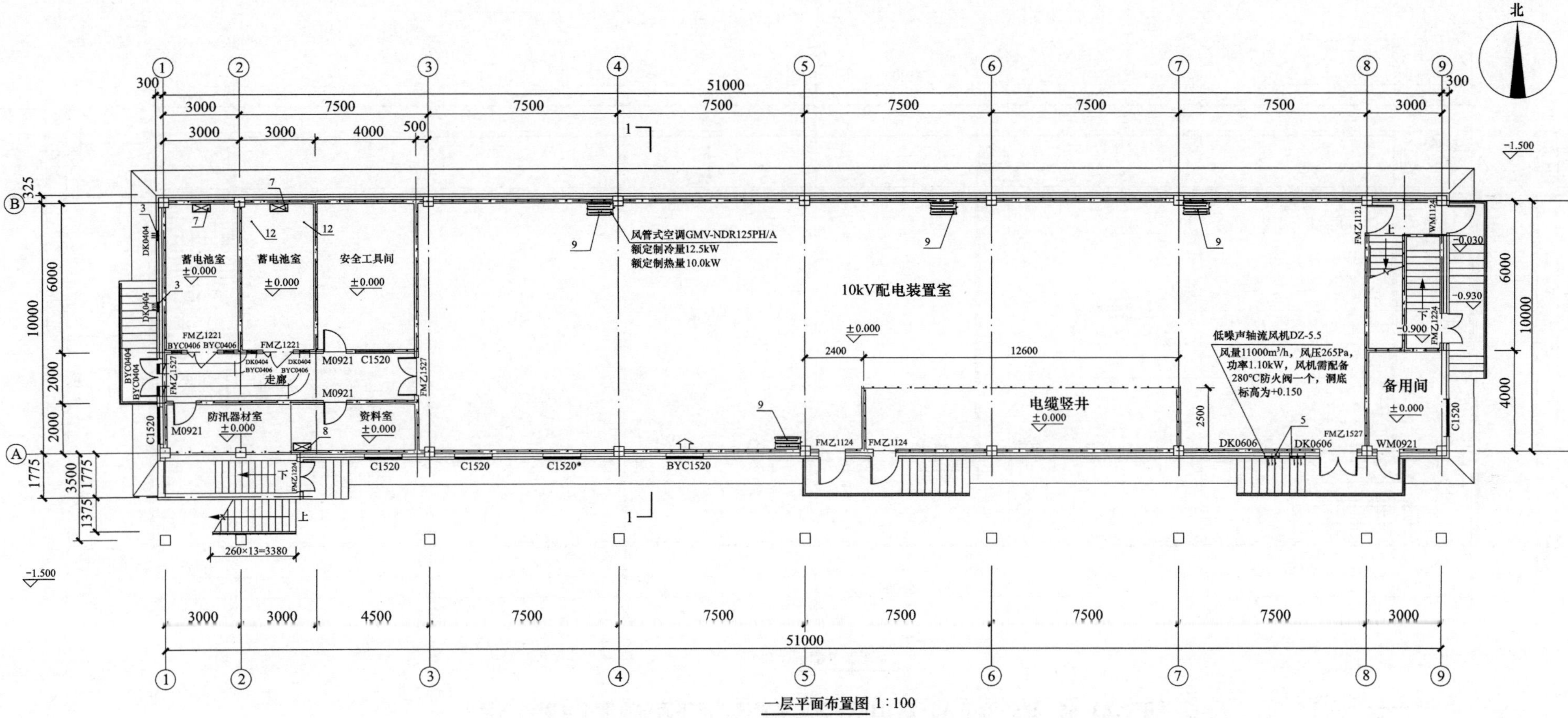


图 8.2.3-04　HA-220-A3-2　110kV 配电装置楼一层平面布置图（含暖通布置）

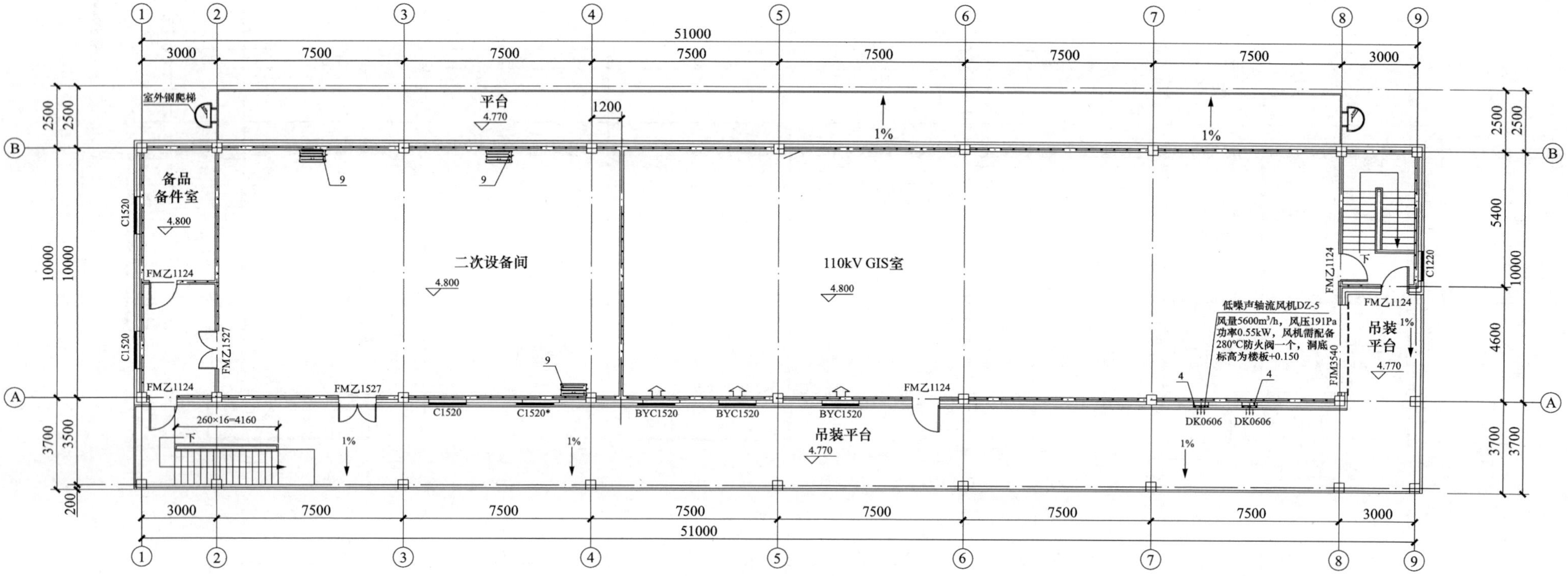


二层平面布置图 1∶100

**图 8.2.3-05　HA-220-A3-2　110kV 配电装置楼二层平面布置图（含暖通布置）**

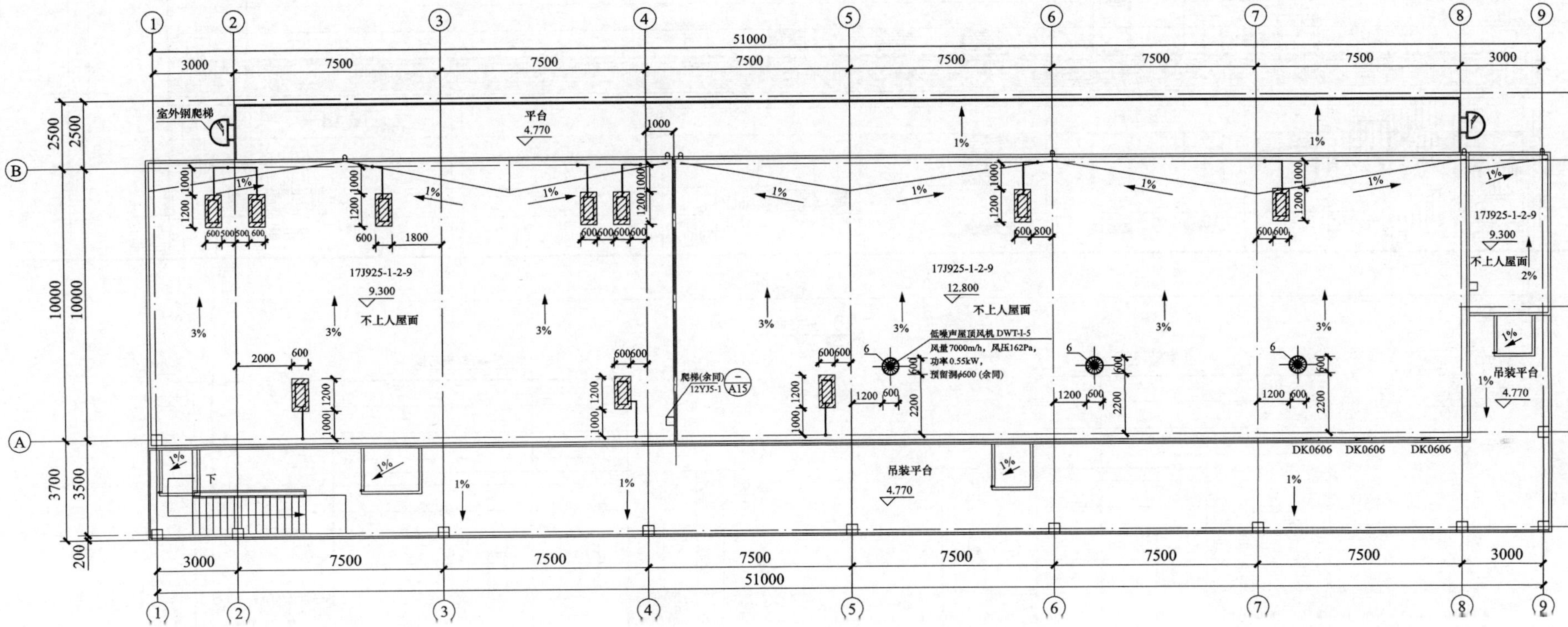


屋顶平面布置图 1∶100

图 8.2.3-06　HA-220-A3-2　110kV 配电装置楼屋顶平面布置图

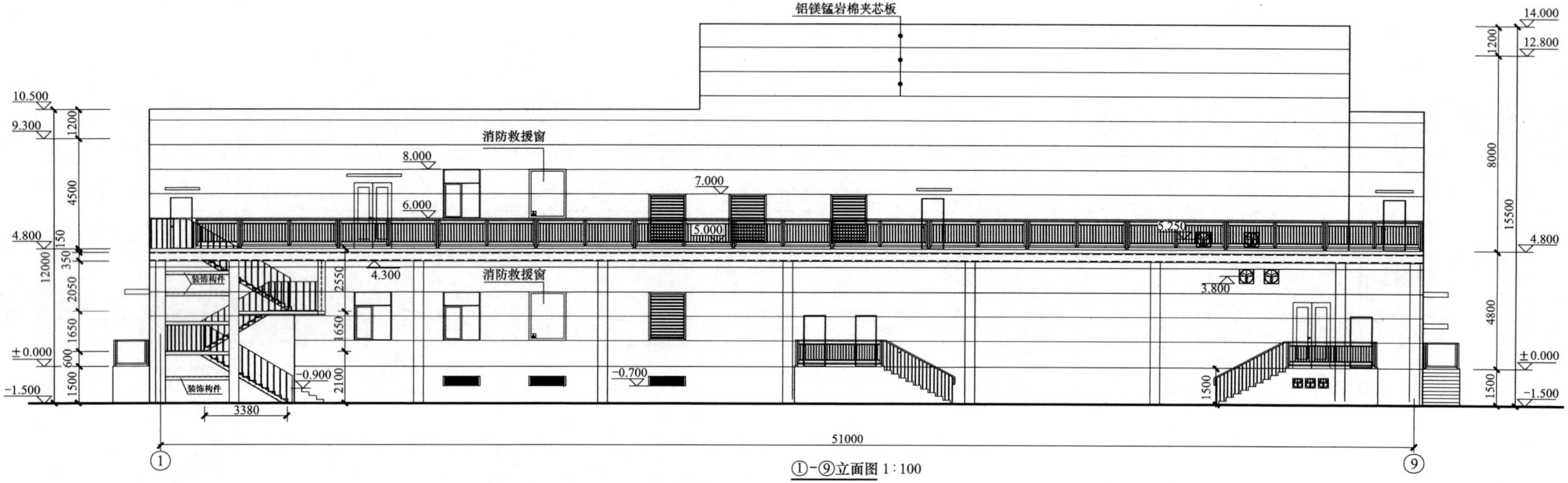


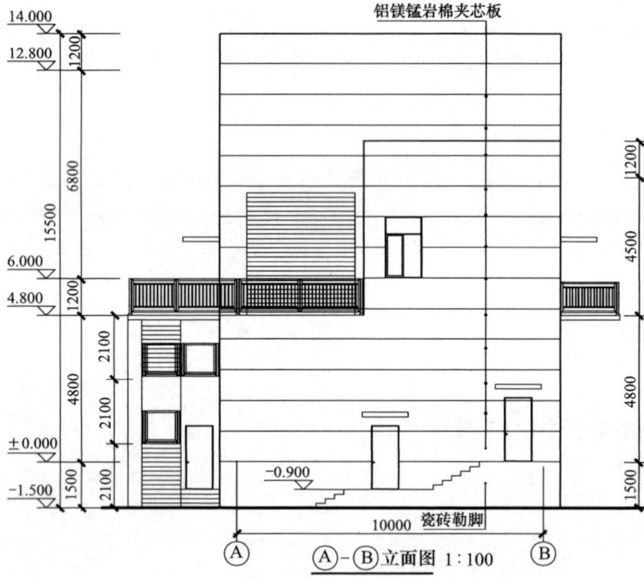


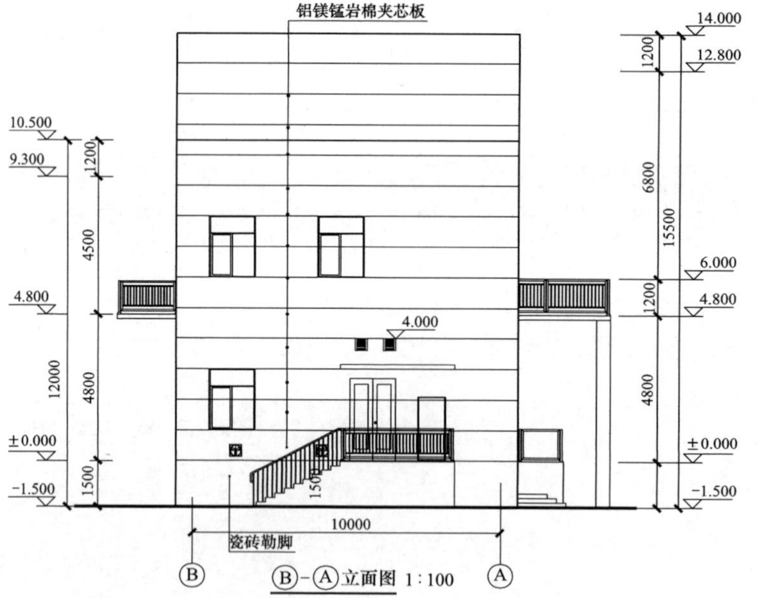


**图 8.2.3-07　HA-220-A3-2　110kV 配电装置楼立面图**

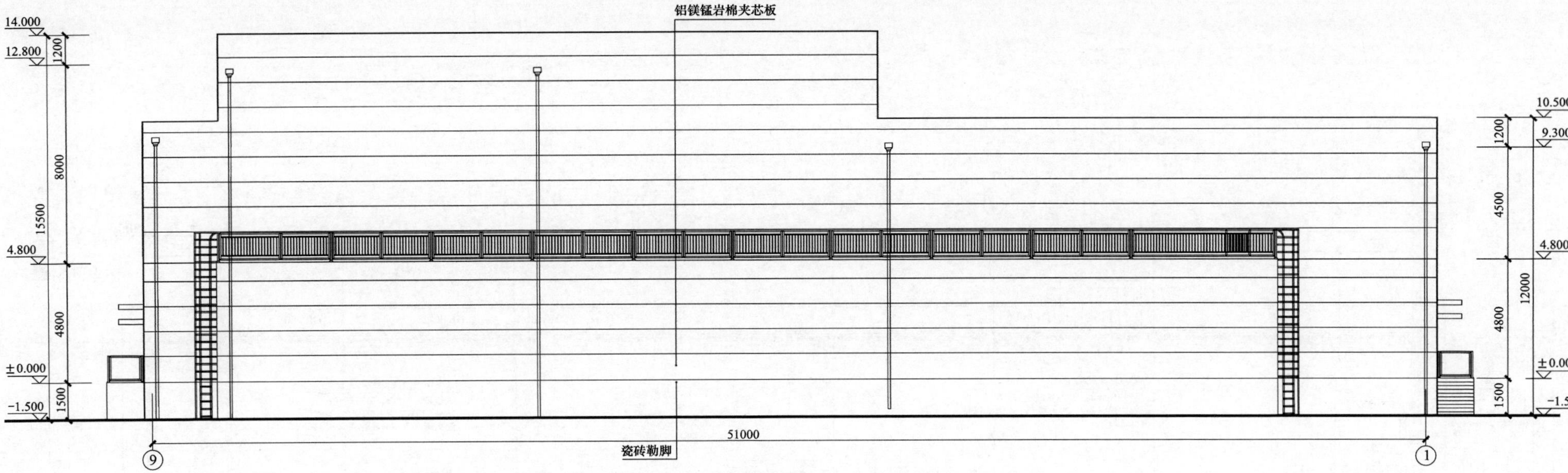


⑨-①立面图 1∶100

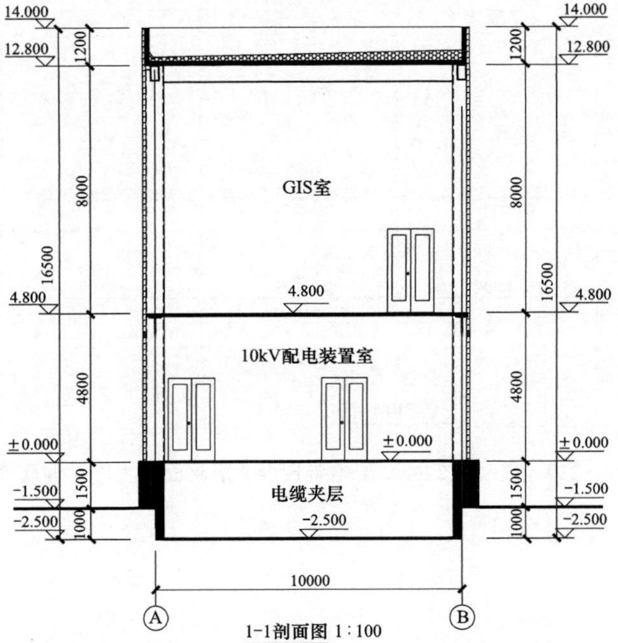


1-1剖面图 1∶100

**图 8.2.3-08　HA-220-A3-2　110kV 配电装置楼立面图、剖面图**

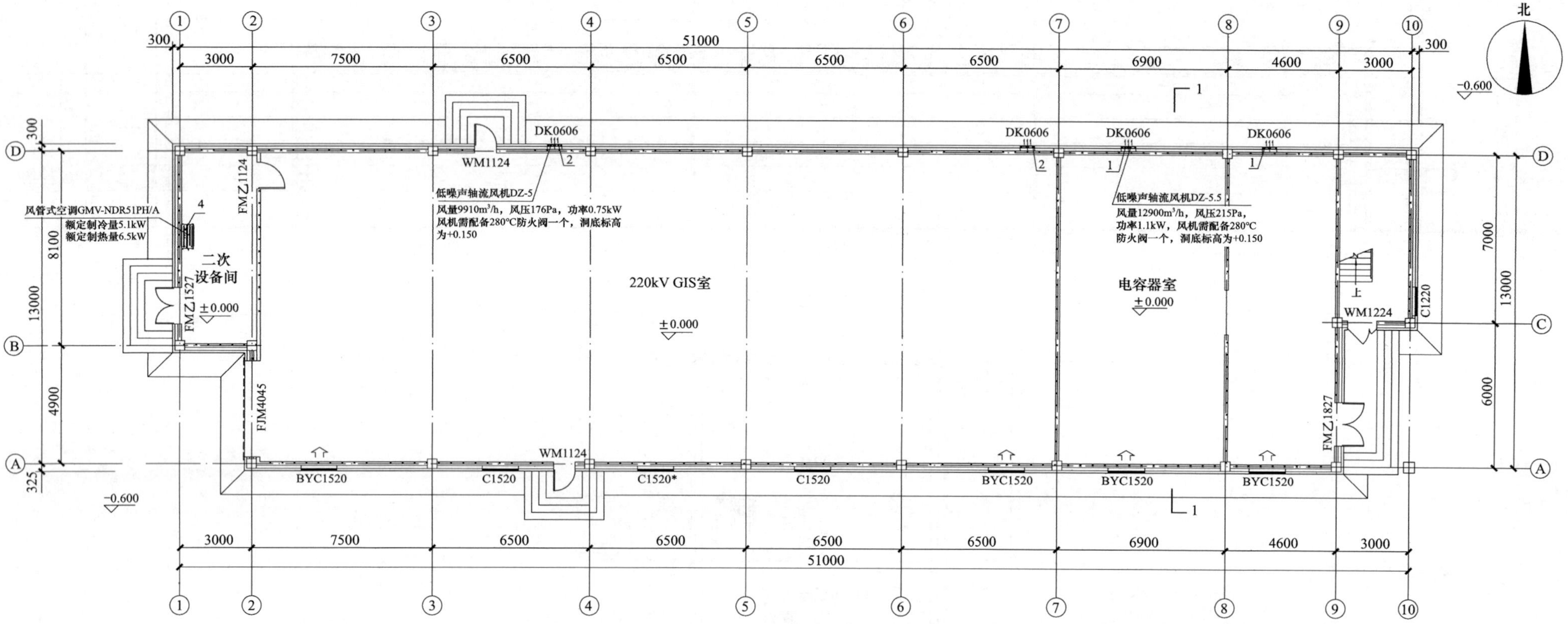


一层平面布置图 1:100

**图 8.2.3-09　HA-220-A3-2　220kV 配电装置楼一层平面布置图（含暖通布置）**

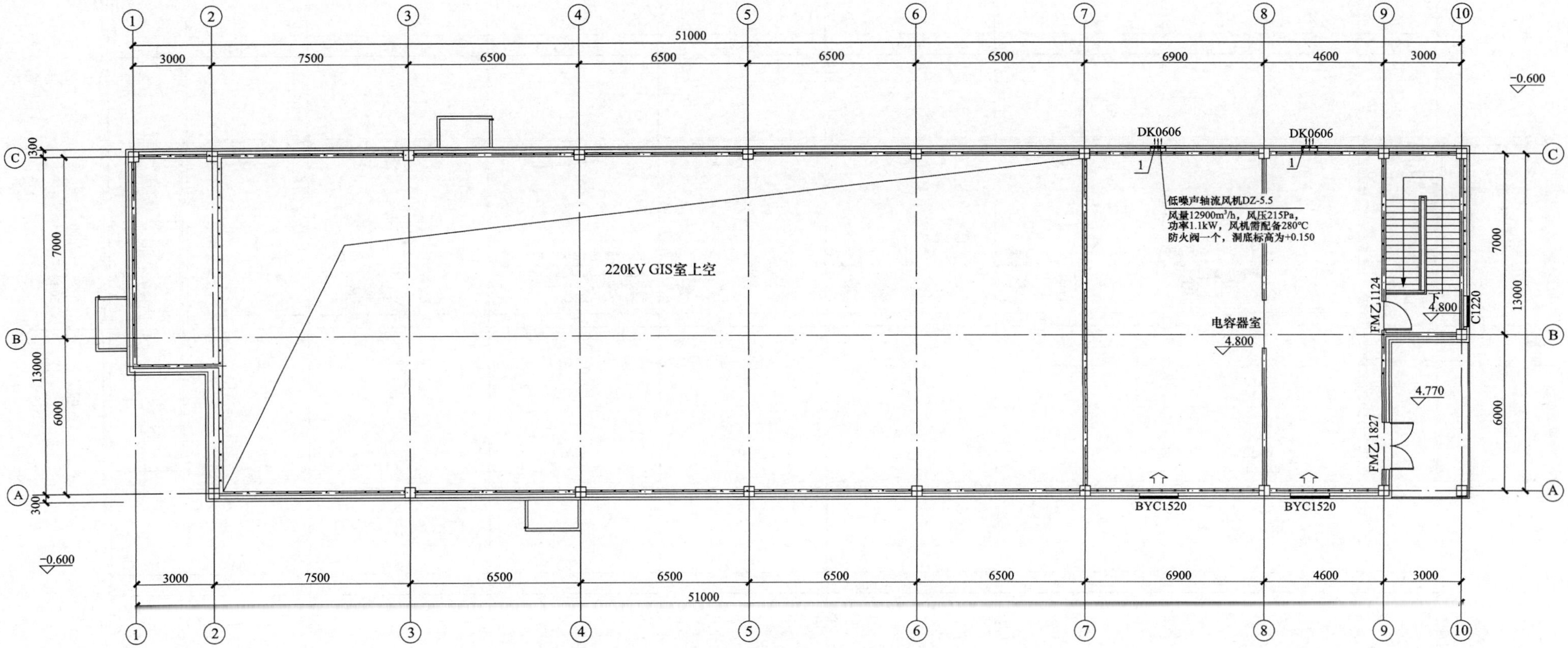


二层平面布置图 1:100

**图 8.2.3-10　HA-220-A3-2　220kV 配电装置楼二层平面布置图（含暖通布置）**

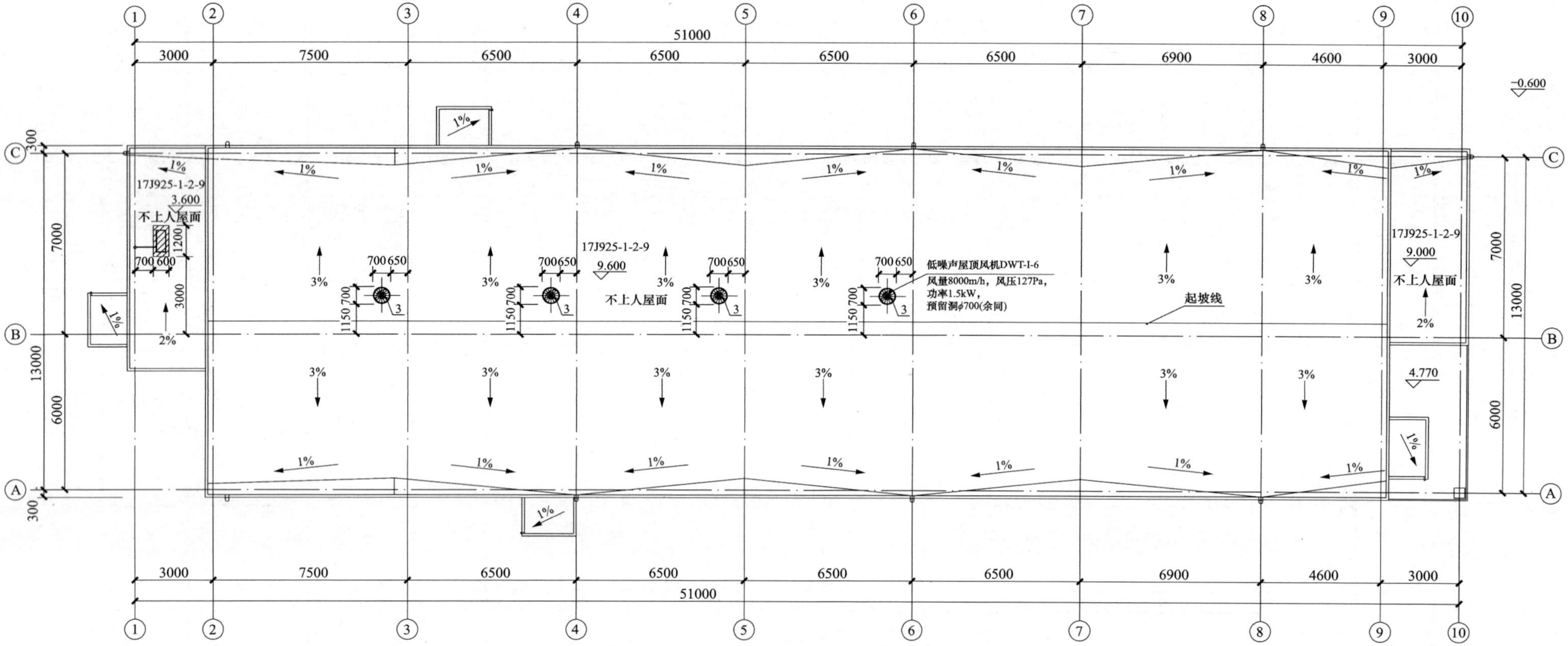


屋顶平面布置图 1∶100

**图 8.2.3-11　HA-220-A3-2　220kV 配电装置楼屋顶平面布置图（含暖通布置）**

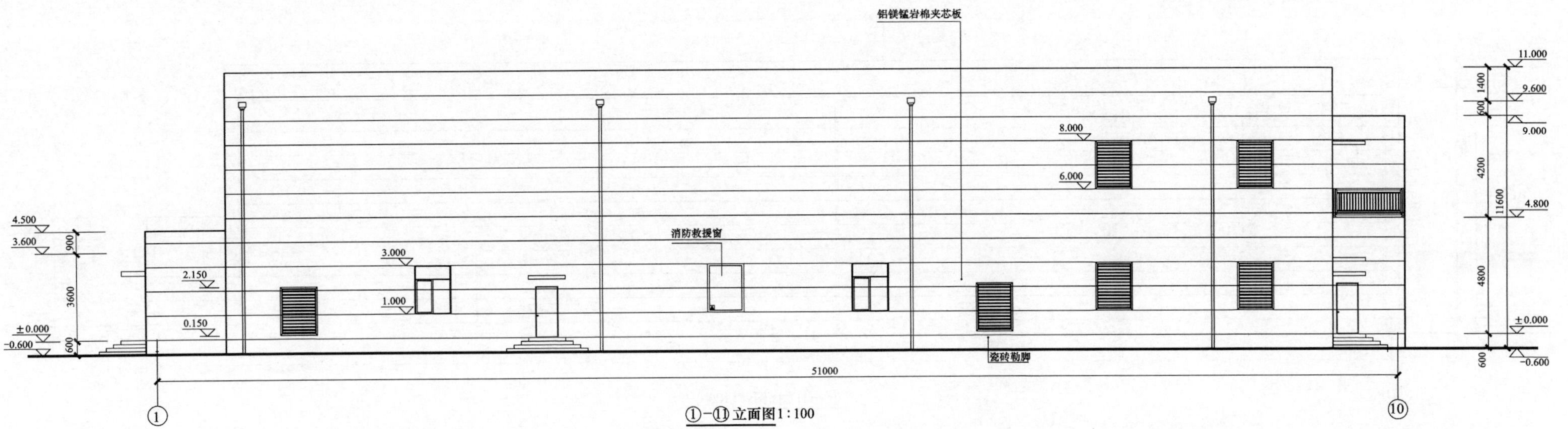


①-⑪立面图1:100

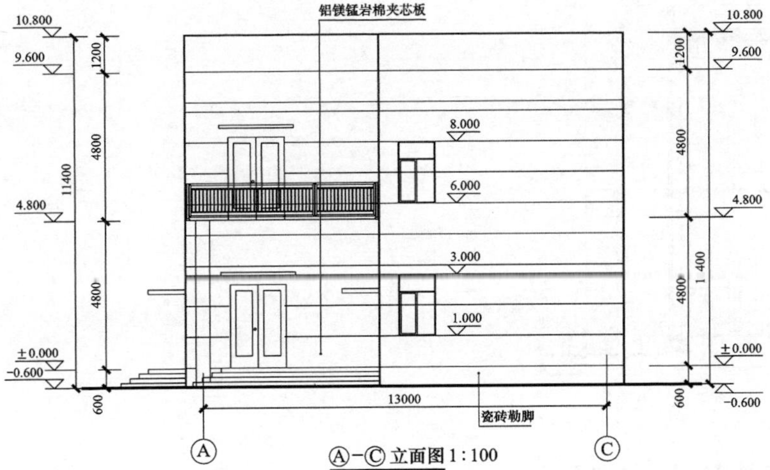


Ⓐ-Ⓒ立面图1:100

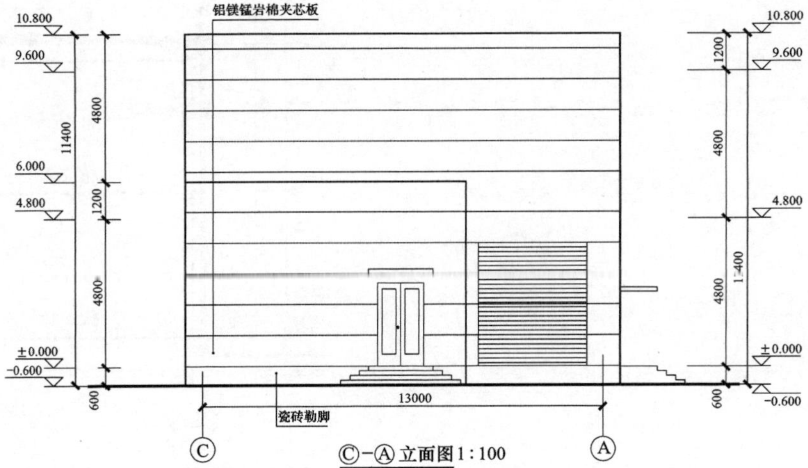


Ⓒ-Ⓐ立面图1:100

**图 8.2.3-12　HA-220-A3-2　220kV 配电装置楼立面图**

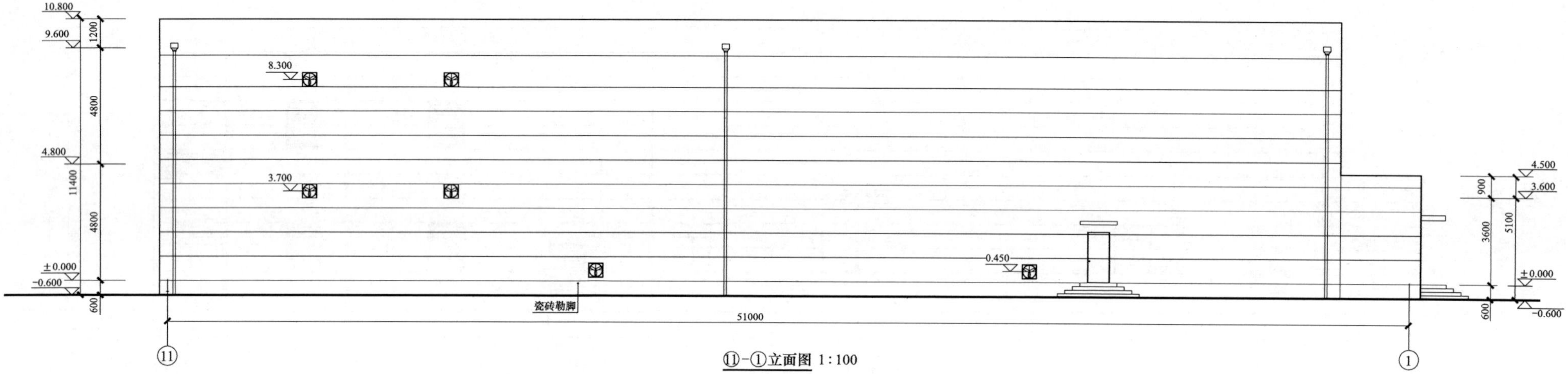


⑪-①立面图 1:100

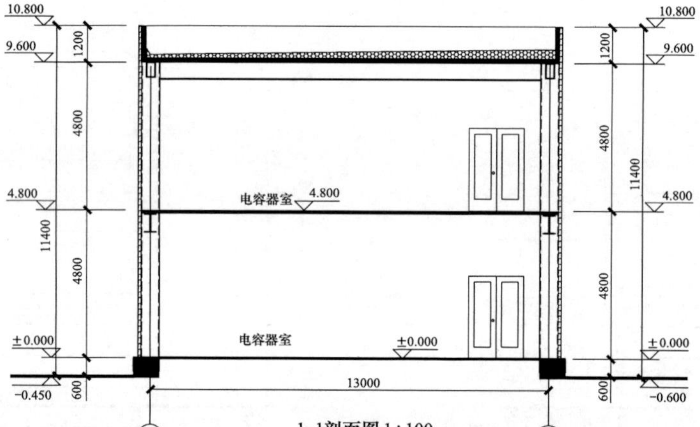


1-1剖面图 1:100

**图 8.2.3-13　HA-220-A3-2　220kV 配电装置楼立面图、剖面图**

## 暖通设计说明

| | | |
|---|---|---|
| 一、 | 工程概况 | |
| | 1.　本方案为国网河南省电力公司标准化 220−A3−2 方案。建筑结构形式为钢框架结构。 | |
| | 2.　本方案为半户内变电站，配电装置楼为地上 2 层，地下一层电缆夹层。地上 1 层为蓄电池室、10kV 配电装置室、安全工具间、资料室、防汛器材室、备用间；地上 2 层布置 110kV GIS 室、二次设备间、备品备件室。 | |
| | 3.　本方案 110kV 配电装置楼建筑面积：1796.92m²。建筑占地面积：573.81m²。 | |
| 二、 | 设计范围 | |
| | 本方案设计范围为 110kV 配电装置楼的通风和空调设计。 | |
| 三、 | 设计依据 | |
| | 1.　标准规范 | |
| | 《220kV～500kV 户内变电站设计规程》（DL/T 5496—2015） | |
| | 《建筑设计防火规范》（GB 50016—2014）（2018 年版） | |
| | 《火力发电厂与变电站设计防火标准》（GB 50229—2019） | |
| | 《建筑防烟排烟系统技术标准》（GB 51251—2017） | |
| | 《工业建筑供暖通风与空气调节设计规范》（GB 50019—2015） | |
| | 《建筑机电工程抗震设计规范》（GB 50981—2014） | |
| | 《通风与空调工程施工质量验收规范》（GB 50243—2016） | |
| | 2.　其他依据 | |
| | 业主提供的图纸、资料；国家强制执行的标准、法规及有关规定。 | |
| 四、 | 工程基本气象参数 | |
| | 冬季采暖室外计算温度 | −3.2℃ |
| | 冬季通风室外计算温度 | 0.7℃ |
| | 冬季空气调节室外计算温度 | −5.5℃ |
| | 冬季空气调节室外计算相对湿度 | 64% |
| | 夏季通风室外计算温度 | 30.9℃ |
| | 夏季通风室外计算相对湿度 | 66% |
| | 夏季空气调节室外计算干球温度 | 35.1℃ |
| | 夏季空气调节室外计算湿球温度 | 27.9℃ |
| | 冬季室外平均风速 | 2.4m/s |
| | 夏季室外平均风速 | 2.2m/s |
| | 历年极端最低温度 | −19.6℃ |
| | 历年极端最高温度 | 41.9℃ |
| 五、 | 建筑物通风和空调 | |
| | 1.　10kV 配电装置室设置空调器用于夏季降温，并设置温控装置，当室内温度达 29℃时，自动开启空调器降温，室内温度降至 25℃时，空调关闭；同时，设置墙内轴流风机为事故后排风，风机带自闭百叶，事故通风换气次数不低于 6 次 /h。 | |
| | 2.　110kV GIS 室应设置六氟化硫气体监测系统，并与通风系统联动，通风系统应满足如下要求： | |
| | （1）空气中六氟化硫的含量超过 6000mg/m³，气体监测装置联动开启通风系统。 | |
| | （2）正常时，通风设备应满足低位排风口换气次数不低于 4 次 /h 的要求；当六氟化硫气体泄漏时，事故通风量不应少于 6 次 /h，由设置上部屋顶轴流风机和下部的墙内轴流风机同时开启。 | |
| | （3）系统排风口不应布置在人员经常停留或经常通过的地点。 | |
| | 3.　蓄电池室设置直流式空调器用于夏季降温、冬季采暖。室内设置温控装置，当室内温度达 25℃时，自动开启空调器降温，室内温度降至 20℃时，空调关闭；冬季当室内温度低于 15℃时，自动开启空调器采暖，室内温度升至 20℃时，空调关闭；同时设置 2 个墙内轴流风机做事故排风（一用一备），事故通风换气次数不低于 6 次 /h；当蓄电池室内设置带报警功能的氢气浓度检测仪时，排风机应与氢气浓度检测仪联锁，当室内空气中氢气体积浓度达到 1% 时，联锁启动屋顶排风机。空调机及排风机应分别在室内及靠近外门的外墙上设置电气开关。 | |
| | 4.　二次设备室采用风冷型分体空调机用于夏季降温和冬季采暖，室内设置温控装置，夏季当室内温度达 25℃时，自动开启空调器降温，室内温度降至 28℃时，空调关闭；冬季当室内温度低于 16℃时，自动开启空调器采暖，室内温度升至 18℃时，空调关闭。 | |
| | 5.　资料室采用风冷型分体空调机用于夏季降温和冬季采暖，室内就地手动启停。 | |
| | 6.　所有的空调系统和通风系统的电源均与消防报警系统联锁。火灾时，所有通风空调设备电源开关应能够自动切断。 | |
| | 7.　消防报警系统动作时，切断相关电源设备停运。当火灾确认被扑灭后，手动打开风机排风。 | |
| | 8.　空调选用高效变频节能空调，能效应达到国家空调能效等级 2 级水平。 | |
| | 9.　进风百叶自带过滤器，防火百叶风口还应有防火阀。风机内侧安装可拆卸防护网，外侧安装防雨百叶窗。 | |
| | 10.　楼梯间为封闭楼梯，通向地下楼梯可自然通风，首层设有直通室外的疏散门；地上楼梯间最高部位设置不小于 1m² 的可开启外窗。 | |
| 六、 | 施工说明 | |
| | 1.　屋顶风机采用铝合金材料；墙内轴流风机玻璃采用钢材料。安装时，必须采用橡胶隔振垫；底座必须与安装处基平面自然接合，不得敲打螺栓强制连接，以防底座变形，安装时应用水平尺校正机座，加垫以保持其水平位置，然后将地脚螺栓旋紧。 | |
| | 2.　所有空调器的室外机外壳要求采用优质钢板表面静电喷涂或不锈钢材料，机组露天放置不易生锈；所有空调机在运行过程中要达到噪声允许标准：≤60dB。 | |
| | 3.　分体式空调器室内机与室外机不大于 5m 为好，最长不得超过 10m。 | |
| | 4.　空调器配室内外机各连接管（包括气液管、电气管和冷凝水管及其保温材料）。 | |
| | 5.　所有外露冷凝水管均应保温，保温材料为阻燃性 B1 橡塑海绵套管，$K\leqslant0.034$W/mK。 | |
| | 6.　设备安装后，用细石混凝土将墙孔的空隙填实、粉光。 | |
| | 7.　所有设备应选用低噪声型产品，降低噪声源。设备到货后进行必要检查，达到产品性能指标后方可施工，设备就位前应对其安装孔洞进行检查，合格后再进行安装。 | |
| | 8.　分体式空调机安装参见《分体式空调器安装》（94K303）。空调室内机落地（壁挂）安装，室外机安装在屋外土建基础上。二次设备室风管式空调机避免风口直吹室内屏柜。 | |
| | 9.　屋顶轴流风机的安装参见《屋顶风机安装》（12K101−2）21 页，侧墙轴流风机的安装参见《轴流通风机安装》（12K101−1）甲型安装图。风机安装位置以土建留孔为准。 | |
| | 10.　空调机尺寸仅为示意，具体尺寸以现场到货为准，空调室内机可根据现场情况适当调整位置，应尽量避开电缆沟入口。 | |
| | 11.　所有空调的室外机均布置在屋顶，根据设备招标后的底座实际尺寸确定基础大小。 | |
| | 12.　风机等设备除参照国标图集安装外，还应符合《标准工艺设计图集》（变电工程部分），详见表 2。 | |
| | 13.　其他未尽事宜及各项施工要求应严格遵守《通风与空调工程施工质量验收规范》（GB 50243—2016）。 | |

**图 8.2.3−14　HA−220−A3−2　建筑物暖通设计说明 1（一）**

表 1　　室内设计参数

| 房间名称 | 设计温度（℃） | | 相对湿度（%） | | 通风 | |
|---|---|---|---|---|---|---|
| | 夏季 | 冬季 | 夏季 | 冬季 | 通风方式 | 换气次数（次/h） |
| 10kV 配电装置室 | 30 | | | | 自然进风，机械排风 | ≥6 |
| GIS 室 | 40 | | | | 自然进风，机械排风 | ≥6 |
| 电容器室 | 40 | | | | 自然进风，机械排风 | ≥12 |
| 蓄电池室 | 30 | 20 | | | 自然进风，机械排风 | ≥6 |
| 二次设备室 | 28 | 18 | 70 | | 自然通风 | |
| 资料室 | 28 | 18 | | | 自然通风 | |

表 2　　通风空调专业标准工艺汇总表

| 序号 | 名称 | 编号 |
|---|---|---|
| 1 | 屋顶风机 | 0101011401 |
| 2 | 墙体轴流风机 | 0101011402 |
| 3 | 通风百叶窗 | 0101011403 |
| 4 | 空调室外机布置 | 0101011502 |

表 3　　主要设备材料表

| 序号 | 设备名称 | 型号及规格 | 单位 | 数量 | 备注 |
|---|---|---|---|---|---|
| 1 | 低噪声轴流风机 | DZ-4 | 台 | 3 | 电缆夹层事故后排烟 |
| | | 风量：4500m³/h；全压：156Pa | | | |
| | | 功率：0.37kW | | | |
| 2 | 接管型换气扇 | X-FJ/A2 号 .8 | 台 | 1 | 安全工器具室安全工器具室换气 |
| | | 风量：1224m³/h；全压：85Pa | | | |
| | | 功率：0.06kW | | | |

续表

| 序号 | 设备名称 | 型号及规格 | 单位 | 数量 | 备注 |
|---|---|---|---|---|---|
| 3 | 防腐防爆型轴流风机 | BT35-F-2.0 | 台 | 2 | 蓄电池室事故风机（一用一备） |
| | | 风量：1280m³/h；全压：66Pa | | | |
| | | 功率：0.12kW | | | |
| 4 | 低噪声轴流风机 | DZ-5 | 台 | 2 | GIS 室事故后排烟兼做平时通风 |
| | | 风量：5600m³/h；全压：191Pa | | | |
| | | 功率：0.55kW | | | |
| 5 | 低噪声轴流风机 | DZ-5.5 | 台 | 2 | 10kV 配电装置室事故后排烟兼做平时通风 |
| | | 风量：11000m³/h；全压：265Pa | | | |
| | | 功率：1.10kW | | | |
| 6 | 低噪声屋顶风机 | DWT-I-5 | 台 | 3 | GIS 室事故后排烟 |
| | | 风量：7000m³/h；全压：162Pa | | | |
| | | 功率：0.55kW | | | |
| 7 | 防爆变频壁挂式空调（防爆壁挂式空调） | KFR-35GW/D | 台 | 2 | 蓄电池室 |
| | | 制冷量：3500W；输入功率：0.85kW/12.5A | | | |
| | | 制热量：5000W；输入功率：1.27kW/12.0A | | | |
| 8 | 壁挂式空调 | KFR-35GW/D | 台 | 1 | 资料室 10 |
| | | 制冷量：3500W；输入功率：0.85kW/12.5A | | | |
| | | 制热量：5000W；输入功率：1.27kW/12.0A | | | |
| 9 | 风管式空调室内机 | GMV-NDR125PH/A | 台 | 7 | 二次设备间 10kV 配电装置室 |
| | | 额定制冷量 12.5kW；额定制热量 10.0kW | | | |
| | | 输入功率 0.56kW、220V、54dB（A） | | | |

续表

| 序号 | 设备名称 | 型号及规格 | 单位 | 数量 | 备注 |
|---|---|---|---|---|---|
| 10 | 风管式空调室外机 | GMV-730W/A1 | 台 | 7 | 二次设备间 10kV 配电装置室 |
| | | 额定制冷量 12.5kW；额定制热量 10.0kW | | | |
| | | 输入功率 4.5kW、380V、54dB（A） | | | |
| 11 | 低噪声柜式防爆离心风机 | HTFC（FB）-B-Ⅲ NO.9 | 台 | 2 | 蓄电池室事故风机（一用一备） |
| | | 风量：2220m³/h；全压：180Pa | | | |
| | | 功率：0.55kW | | | |
| 12 | 钢制风管 | 截面尺寸 400×400mm $\delta$=2mm | m | 20 | 蓄电池室 |

**图 8.2.3-14　HA-220-A3-2　建筑物暖通设计说明 1（二）**

## 暖通设计说明

一、工程概况

1. 本方案为国网河南省电力公司标准化 220-A3-2 方案。建筑结构形式为钢框架结构。
2. 本方案为半户内变电站，配电装置楼为地上 2 层。地上 1 层为电容器室、GIS 室、二次设备间；地上 2 层布置电容器室。
3. 本方案 220kV 配电装置楼建筑面积：862.36m$^2$。建筑占地面积：669.06m$^2$。

二、设计范围

本方案设计范围为 220kV 配电装置楼的通风和空调设计。

三、设计依据

1. 标准规范

《220kV～500kV 户内变电站设计规程》（DL/T 5496—2015）

《建筑设计防火规范》[GB 50016—2014（2018 年版）]

《火力发电厂与变电站设计防火标准》（GB 50229—2019）

《建筑防烟排烟系统技术标准》（GB 51251—2017）

《工业建筑供暖通风与空气调节设计规范》（GB 50019—2015）

《建筑机电工程抗震设计规范》（GB 50981—2014）

《通风与空调工程施工质量验收规范》（GB 50243—2016）

2. 其他依据

业主提供的图纸、资料；国家强制执行的标准、法规及有关规定。

四、工程基本气象参数

| | |
|---|---|
| 冬季采暖室外计算温度 | −3.2℃ |
| 冬季通风室外计算温度 | 0.7℃ |
| 冬季空气调节室外计算温度 | −5.5℃ |
| 冬季空气调节室外计算相对湿度 | 64% |
| 夏季通风室外计算温度 | 30.9℃ |
| 夏季通风室外计算相对湿度 | 66% |
| 夏季空气调节室外计算干球温度 | 35.1℃ |
| 夏季空气调节室外计算湿球温度 | 27.9℃ |
| 冬季室外平均风速 | 2.4m/s |
| 夏季室外平均风速 | 2.2m/s |
| 历年极端最低温度 | −19.6℃ |
| 历年极端最高温度 | 41.9℃ |

五、建筑物通风和空调

1. 电容器室设置屋顶轴流风机用于夏季降温，并设置温控装置，当室内温度达 35℃时，自动开启风机机械排风，室内温度降至 30℃时，风机关闭。风机排风量按排除余热所需的排风量及夏季排风温度不超过 40℃计算，日常通风换气兼事故后排烟，事故通风换气次数不低于 12 次 /h。
2. 220kV GIS 室应设置六氟化硫气体监测系统，并与通风系统联动，通风系统应满足如下要求：
（1）空气中六氟化硫的含量超过 6000mg/m$^3$，气体监测装置联动开启通风系统。
（2）正常时，通风设备应满足低位排风口换气次数不低于 4 次 /h 的要求；当六氟化硫气体泄漏时，事故通风量不应少于 6 次 /h，由设置上部屋顶轴流风机和下部的墙内轴流风机同时开启。
（3）系统排风口不应布置在人员经常停留或经常通过的地点。
3. 二次设备室采用风冷型分体空调机用于夏季降温和冬季采暖，室内设置温控装置，夏季当室内温度达 25℃时，自动开启空调器降温，室内温度降至 28℃时，空调关闭；冬季当室内温度低于 16℃时，自动开启空调器采暖，室内温度升至 18℃时，空调关闭。
4. 资料室采用风冷型分体空调机用于夏季降温和冬季采暖，室内就地手动启停。
5. 所有的空调系统和通风系统的电源均与消防报警系统联锁。火灾时，所有通风空调设备电源开关应能够自动切断。
6. 消防报警系统动作时，切断相关电源设备停运。当火灾确认被扑灭后，手动打开风机排风。
7. 空调选用高效变频节能空调，能效应达到国家空调能效等级 2 级水平。
8. 进风百叶自带过滤器，防火百叶风口还应有防火阀。风机内侧安装可拆卸防护网，外侧安装防雨百叶窗。
9. 楼梯间为封闭楼梯，首层设有直通室外的疏散门；地上楼梯间最高部位设置不小于 1m$^2$ 的可开启外窗。

六、施工说明

1. 屋顶风机采用铝合金材料；墙内轴流风机玻璃采用钢材料。安装时，必须采用橡胶隔振垫。底座必须与安装处基平面自然接合，不得敲打螺栓强制连接，以防底座变形，安装时应用水平尺校正机座，加垫以保持其水平位置，然后将地脚螺栓旋紧。
2. 所有空调器的室外机外壳要求采用优质钢板表面静电喷涂或不锈钢材料，机组露天放置不易生锈；所有空调机在运行过程中要达到噪声允许标准：≤60dB。
3. 分体式空调器室内机与室外机不大于 5m 为好，最长不得超过 10m。
4. 空调器配室内外机各连接管（包括气液管、电气管和冷凝水管及其保温材料）。
5. 所有外露冷凝水管均应保温，保温材料为阻燃性 B1 橡塑海绵套管，$K$≤0.034W/mK。
6. 设备安装后，用细石混凝土将墙孔的空隙填实、粉光。
7. 所有设备应选用低噪声型产品，降低噪声源。设备到货后进行必要检查，达到产品性能指标后方可施工，设备就位前应对其安装孔洞进行检查，合格后再进行安装。
8. 分体式空调机安装参见《分体式空调器安装》（94K303）。空调室内机落地（壁挂）安装，室外机安装在屋外土建基础上。二次设备室风管式空调机避免风口直吹室内屏柜。
9. 屋顶轴流风机的安装参见《屋顶风机安装》（12K101-2）21 页，侧墙轴流风机的安装参见《轴流通风机安装》（12K101-1）甲型安装图。风机安装位置以土建留孔为准。
10. 空调机尺寸仅为示意，具体尺寸以现场到货为准，空调室内机可根据现场情况适当调整位置，应尽量避开电缆沟入口。
11. 所有空调的室外机均布置在屋顶，根据设备招标后的底座实际尺寸确定基础大小。
12. 风机等设备除参照国标图集安装外，还应符合国网《标准工艺设计图集》（变电工程部分），详见表 2。
13. 其他未尽事宜及各项施工要求应严格遵守《通风与空调工程施工质量验收规范》（GB 50243—2016）。

表 1　室内设计参数

| 房间名称 | 设计温度（℃） | | 相对湿度（%） | | 通风 | |
|---|---|---|---|---|---|---|
| | 夏季 | 冬季 | 夏季 | 冬季 | 通风方式 | 换气次数（次 /h） |
| 10kV 配电装置室 | 30 | | | | 自然进风，机械排风 | ≥6 |
| GIS 室 | 40 | | | | 自然进风，机械排风 | ≥6 |
| 电容器室 | 40 | | | | 自然进风，机械排风 | ≥12 |
| 蓄电池室 | 30 | 20 | | | 自然进风，机械排风 | ≥6 |
| 二次设备室 | 28 | 18 | 70 | | 自然通风 | |
| 资料室 | 28 | 18 | | | 自然通风 | |

表 2　通风空调专业标准工艺汇总表

| 序号 | 名称 | 编号 |
|---|---|---|
| 1 | 屋顶风机 | 0101011401 |
| 2 | 墙体轴流风机 | 0101011402 |
| 3 | 通风百叶窗 | 0101011403 |
| 4 | 空调室外机布置 | 0101011502 |

表 3　主要设备材料表

| 序号 | 设备名称 | 型号及规格 | 单位 | 数量 | 备注 |
|---|---|---|---|---|---|
| 1 | 低噪声轴流风机 | DZ-5.5 | 台 | 4 | 电容器室事故后排烟兼做平时通风 |
| | | 风量：12900m$^3$/h；全压：215Pa | | | |
| | | 功率：1.1kW | | | |
| 2 | 低噪声轴流风机 | DZ-5 | 台 | 2 | GIS 室事故后排烟兼做平时通风 |
| | | 风量：9910m$^3$/h；全压：176Pa | | | |
| | | 功率：0.75kW | | | |
| 3 | 低噪声屋顶风机 | DWT-I-6 | 台 | 4 | GIS 室事故后排烟 |
| | | 风量：8000m$^3$/h；全压：127Pa | | | |
| | | 功率：1.5kW | | | |
| 4 | 风管式空调室内机 | GMV-NDR51PH/A | 台 | 1 | 二次设备间 |
| | | 额定制冷量 5.1kW；额定制热量 6.5kW | | | |
| | | 输入功率 1.75kW、220V、54dB（A） | | | |
| 5 | 风管式空调室外机 | GMV-730W/A1 | | 1 | 二次设备间 |
| | | 额定制冷量 5.1kW；额定制热量 6.5kW | | | |
| | | 输入功率 4.5kW、380V、54dB（A） | | | |

图 8.2.3-14　HA-220-A3-2　建筑物暖通设计说明 2

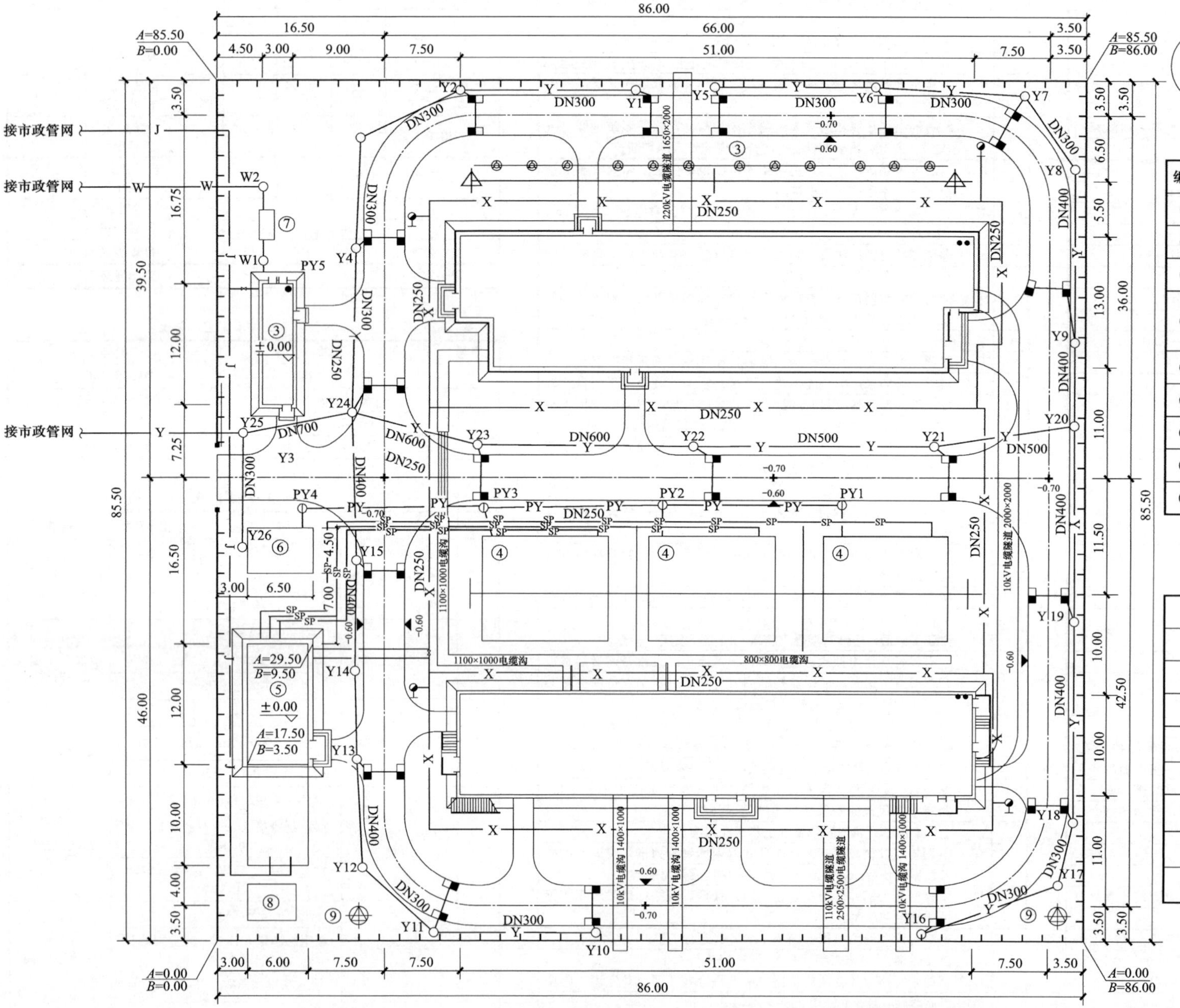


**建（构）筑物一览表**

| 编号 | 名称 | 单位 | 数量 | 备注 |
|---|---|---|---|---|
| ① | 220kV 配电装置楼 | 栋 | 1 | |
| ② | 110kV 配电装置楼 | 栋 | 1 | |
| ③ | 辅助用房 | 栋 | 1 | |
| ④ | 主变压器场地 | $m^2$ | 1085 | 本期实线，远期虚线 |
| ⑤ | 消防泵房及消防水池 | $m^2$ | 85.1 | 含地下消防水池 |
| ⑥ | 事故储油池 | 座 | 1 | 总容积 $90m^3$ |
| ⑦ | 化粪池 | 座 | 1 | |
| ⑧ | 施工站用变压器 | 座 | 1 | |
| ⑨ | 独立避雷针 | 根 | 2 | 高度 35m |

| 图例 | 名称 |
|---|---|
| J | 给水管及阀门井 |
| X | 消防给水管 |
| SP | 主变压器水喷雾管道 |
| XHS1 | 室外消火栓 |
| | 闸阀井 |
| PY PY1 | 排油管及检查井 |
| W W1 | 污水管及检查井 |
| Y Y1 | 污水管及检查井 |

**图 8.2.3–15 HA–220–A3–2 站区给排水总平面图**

## 消防水池及泵房安装设计说明

**一、设计依据**

1.《火力发电厂与变电站设计防火标准》(GB 50229—2019)、《建筑防火通用规范》(GB 55037—2022)

2.《建筑设计防火规范》(GB 50016—2014)(2018 年版)、《消防设施通用规范》(GB 55036—2022)

3.《消防给水及消火栓系统技术规范》(GB 50974—2014)、《变电站和换流站给水排水设计规程》(DL/T 5143—2018)

**二、设计及施工说明**

1. 本方案设地下有效容积 486m³ 消防水池一座和地上消防泵房一座。

2. 消防给水系统

2.1 本站设置一套临时高压消防给水系统，负责为站区室内外消火栓系统及主变压器水喷淋消防提供满足流量与压力要求的消防用水。

2.2 系统由消防水池、消防泵房、2 台消火栓主泵（一用一备）、1 个稳压罐、2 台稳压泵、PLC 控制柜及系统管路等组成。

**设 计 参 数**

| 供水能力 | 供水压力 | 消防水池有效储水容积 |
|---|---|---|
| 45L/s | 0.72MPa | 486m³ |

2.3 系统运行

（1）正常情况下，由稳压泵运行，使消防给水系统处于高压的消防准备状态，当管网因渗漏而压力下降时，通过管网实时监测的压力信号，自动调控稳压泵的启停，及时向管网充水，以稳定管网压力在设定范围之内。稳压泵启动压力为 0.65MPa，停机压力为 0.70MPa，平时消防管网稳压范围为 0.65～0.72MPa。2 台稳压泵两用一备，当其中一台泵故障时，备用泵自动投入运行。

（2）一旦接到消防信号（消防报警信号、水压信号或消防控制中心指令等），消防主泵迅速启动，及时提供达到消防压力的流量。如果消防主泵启动失败，管网压力持续下降，备用泵立即投入工作。消防主泵启动压力为 0.40MPa，电动消防泵启动后，稳压泵自动停机。

（3）火警解除后，消防水泵必须通过手动停止运行，当手动停后，消防系统应及时复位，重新进入消防准备状态。

（4）消防水泵设有低水位保护措施，当生产消防水池内水位降至 −4.30m 时，水泵自动停机。

（5）系统设有过电压保护措施，在消防水池出水总管上设有泄压阀，可将管路中超过阀门安全设定值的压力释放，以维持管中压力于安全定值以下，防止高压或突压损毁管路或设备。泄压阀设定值为 0.85。

2.4 水泵测试

（1）为保证消防水泵能正常运行，须定期对消防水泵进行试运转，以检测水泵性能状态。

（2）在消防水泵出水管路上设有水泵测试回流管，水泵测试出水返回消防水池。

2.5 消火栓给水泵控制

（1）消防水泵应能手动启动和自动启动。

（2）消防水泵控制柜在平时使消防水泵处于自动启泵状态。联动控制方式，由消火栓泵出水管上的低压压力开关作为触发信号，直接启动消防主泵。消火栓按钮的动作信号作为报警信号及启动消防主泵的联动触发信号，由消防联动控制器联动控制消火栓泵的启动。

（3）手动控制方式，应将消防主泵控制箱（柜）的启动、停止按钮用专用线路直接连接至设置在消防控制室内的消防联动控制器的手动控制盘，并应直接手动控制消防主泵的启动、停止。

（4）消防水泵不应设置自动停泵的控制功能，停泵应由具有管理权限的工作人员根据火灾扑救情况确定。

3. 管材

3.1 泵房内消防给水管道采用内外镀锌焊接钢管，管件应符合《钢制对焊无缝钢管件》(GB/T 12459—2005）的规定。钢管及管件的外径均采用标准Ⅰ系列。所有钢管及管件均应进行内外镀锌。

3.2 钢管及管件之间采用焊接，管道、管件与阀门、设备之间采用法兰连接。

4. 消防水池水位控制

4.1 生产消防水池、生活水箱水位均由浮球阀进行控制。当水池（箱）水位上升到最高水位时，浮球阀自动关闭。

4.2 消防水池设有磁耦合液位计，用于就地直接观察水池水位。

4.3 生产消防水池设有超声波液位传感器，水池水位将在消防泵控制柜上就地实时显示并运转，便于运行人员对水池水位进行监视。当水池水位达到溢流水位时，发出报警信号并远传，运行人员应立即检查水池进水阀门是否故障。

4.4 水池内水位和补水管电动蝶阀联锁，当水池水位高于报警水位时，自动关闭电动蝶阀；当水池水位低于常水位时，自动打开电动蝶阀。

**三、注意事项**

1. 本设计图中尺寸标高以米计，其余尺寸均以毫米计。图中所注标高均为相对标高。消防给水管道为管中心标高。

2. 所有设备基础预留孔应待设备到货校核尺寸无误后再行施工，浇捣。

3. 溢流管、泄水管、水泵吸水管穿水池池壁处设置柔性防水套管，其余管道穿墙、板处均设置刚性防水套管。柔性防水套管安装见国标图集 02S404−5，刚防水套管安装见国标图集 02S404−15。

4. 管道托、吊架间距按规范执行，泵房内采用减震吊架和支架，具体详见标准图 03S402。

5. 钢管及管件的外径均采用标准Ⅰ系列，相同管径的管件和管道应保证外径必须相同，便于连接。

6. 消防水池检修和清洗时，可通过潜水泵从检修孔将水池抽空。潜水泵不得采取固定安装，平时不使用。

7. 消防水池溢水管排水就近接入雨水系统，消防泵房内明沟排水汇集至集水井后通排至室外雨水井。

8. 设备的施工安装应详见供货单位说明书或由供货单位协助安装。

9. 根据设备厂家意见，泵房可不设置起重设备。对于设备的安装、维护等问题由供货单位协助。

10. 防腐：埋地钢管应采用加强级防腐。

11. 水池外阀门井参考 05S502−89 施工。

12. 池底排水坡 $i$=0.005，排向吸水槽。

13. 本图纸须经当地消防部门审核通过后方可施工。

14. 本说明未尽事宜，均按现行有关规程规范施工。

**图 8.2.3−16 HA−220−A3−2 消防水池及泵房安装设计说明**

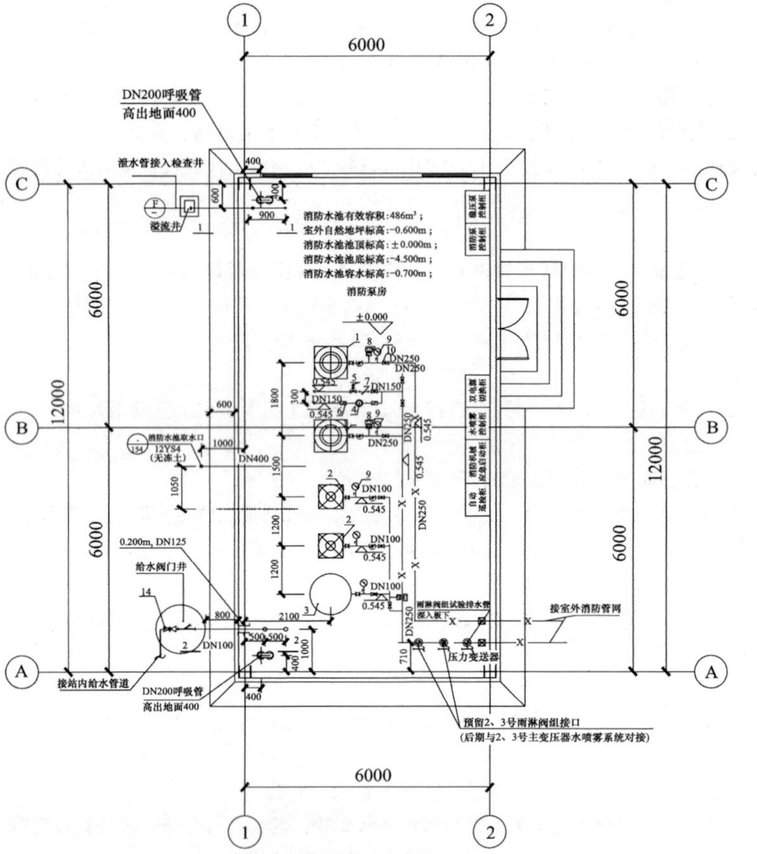


消防泵房平面布置图 1 : 100

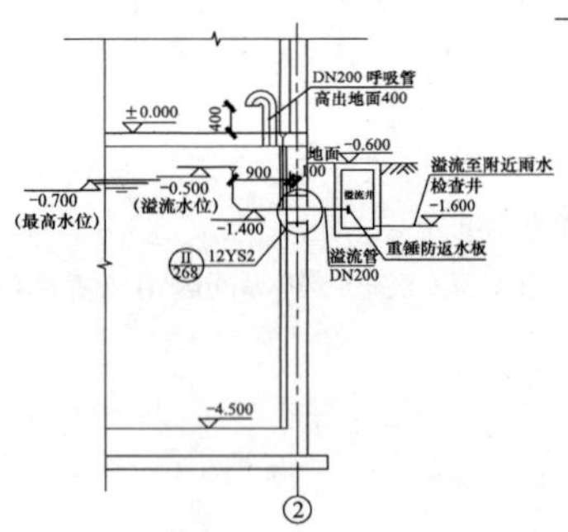


1-1剖面图 1 : 50

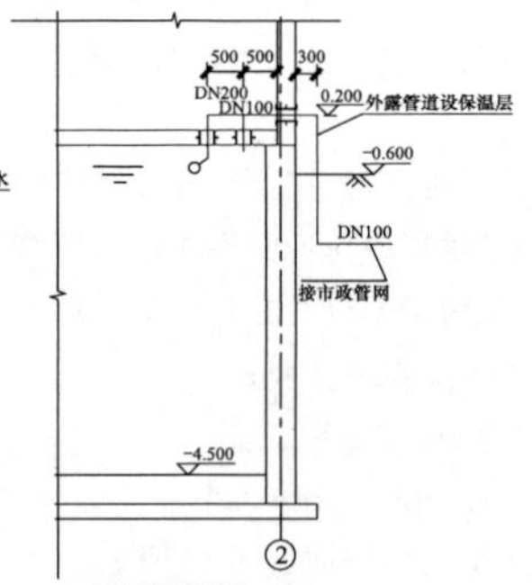


2-2剖面图 1 : 50

说明：1. 消防水泵所配驱动器的功率应满足所选水泵流量扬程性能曲线上任何一点运行所需功率要求；流量扬程性能曲线应为无驼峰、无拐点的光滑曲线，零流量时的压力不应大于设计工作压力的 140%，且宜大于设计工作压力的 120%；当出流量为设计流量的 150% 时，其出口压力不应低于设计工作压力的 65%。

2. 泵轴的密封方式和材料应满足消防水泵在低流量时运转的要求。
3. 消防水泵外壳宜为球墨铸铁，叶轮宜为青铜或不锈钢。稳压泵外壳和叶轮宜为不锈钢。消防水泵、稳压泵及控制柜防护等级为 IP55。
4. 所有水泵进出口均采用与其管径相匹配的可曲挠橡胶接头。
5. 消防水池进水管上阀门、附件的选型、安装详见图集《100X 型浮球式液压水位控制阀安装》（12YS2-P51）。
6. 消防水池进水管的出水口与水池最高报警水位的间距不应小于 0.20m。（带高低水位报警功能，并将讯号传至监控中心）
7. 在消防水池检修孔附近设带不锈钢护套管的液位计及液位信号装置。
8. 与水泵相连的管道安装采用固定支架，加工安装见 12YS10。
9. 管道穿池壁采用防水套管，套管加工安装见 12YS2-P268～269，施工时必须与土建配合。
10. 给水阀门井做法详见图集 12YS2-P33。
11. 水泵基础上应以实际到货的水泵底座尺寸预埋地脚螺栓。
12. 溢流井选用塑料溢流井（成品）。

**主 材 表**

| 序号 | 名称 | 规格 | 图例 | 单位 | 备注 |
|---|---|---|---|---|---|
| 1 | 轴流消防泵 | XBD7.0/70GJ | | 套 | 2 |
| | | $Q$=70L/s；$P$=0.72MPa；$N$=80kW | | | 一用一备 |
| 2 | 轴流稳压泵 | XBD7.4/1WJ | | 套 | 2 |
| | | $Q$=1.5L/s；$P$=0.74MPa；$N$=5.5kW | | | 一用一备 |
| 3 | 立式稳压罐 | SNL1000×0.6，$V_q$=900L；$V_{q1}$=150L；$a_b$=0.85 | | 个 | 1 |
| 4 | 电磁流量计 | 精度 0.4 级，最大量程的 75% 应大于 210L/s，DN150 | | 个 | 1 |
| 5 | 泄压阀 | DN150 | | 个 | 1 |
| 6 | 蝶阀 | DN150 | | 个 | 2 |
| 7 | Y 型过滤器 | DN150 | | 个 | 1 |
| | | DN100 | | 个 | 1 |
| 8 | 热导式压力开关 | DN250 | | 个 | 2 |
| | | DN100 | | 个 | 1 |
| 9 | 安全阀 | DN50，PN1.6MPa | | 个 | 3 |
| 10 | 压力表 | 精度 0.5 级，0～1.6MPa，YB-250 | | 个 | 2 |
| | | 精度 0.5 级，0～1.6MPa，YB-100 | | 个 | 3 |
| 11 | 明杆软密封闸阀 | DN250，PN1.6MPa | | 个 | 4 |
| | | DN150，PN1.6MPa | | 个 | 1 |
| | | DN100，PN1.6MPa | | 个 | 4 |
| 12 | 消声止回阀 | DN250，PN1.6MPa | | 个 | 2 |
| | | DN100，PN1.6MPa | | 个 | 2 |
| 13 | 可曲绕橡胶管接头 | KXT-DN250-1.6MPa | | 个 | 2 |
| | | KXT-DN100-1.6MPa | | 个 | 3 |
| 14 | 球阀 | DN25，PN1.6MPa | | 个 | 1 |
| 15 | 遥控液位控制阀 | DN100，PN1.6MPa | | 个 | 1 |

**图 8.2.3-17　HA-220-A3-2　消防水池及泵房布置图**

## 主变压器水喷雾灭火系统设计说明

一、设计依据：

《建筑设计防火规范》[GB 50016—2014（2018 版）]；

《水喷雾灭火系统设计规范》（GB 50219—2014）；

《电力设备典型消防规程》（DL 5027—2015）；

《水喷雾灭火系统施工及验收规范》（GB 50219—2014）。

二、主变压器本体 / 主变压器储油柜设计喷雾强度：20L/( min · $m^2$ )，油坑设计喷雾强度为 6L/( min · $m^2$ )。水喷雾灭火系统的主变压器保护面积为扣除底面面积以外的主变压器外表面积，以及储油柜、冷却器外表面积的投影面积，持续喷射时间按 0.4h 计。

三、本尺寸均以毫米为单位，标高以米为单位。

四、本工程中水喷雾灭火系统的施工和安装必须符合有关消防技术规范规程的要求。

五、水喷雾灭火系统中的设备样本、安装维护等技术要求，均由供货单位提供，其产品必须经中国消防产品质量监督检测中心检测，并符合有关现行的消防标准。

六、本期采用水喷雾灭火系统。该系统中的雨淋阀应设置在各保护区附近，雨淋阀和水喷雾喷头的调试、试验、维护、保养等详见设备样本和产品使用说明书的有关资料。同时要符合现行的有关消防标准。

七、水喷雾系统应设有自动控制、手动控制和应急操作三种控制方式。雨淋阀组中心安装高度应高出地面 1.20m。

八、为防止管道内水质的脏污而堵塞喷头，在雨淋阀前应设置管道过滤器，并在管网中的最低点设置放空管，水喷雾管网应有 0.004 坡度坡向放空管，放空管网中的积水排入排水系统。

九、过滤器后的管道均应采用镀锌钢管（内外镀锌），镀锌钢管需防腐：室外明露钢管刷橙红色醇酸磁漆二度，管道支架除锈后刷红丹二度，明露部分再刷银粉漆二度。

十、镀锌钢管管径大于等于 80mm 采用沟槽连接，小于 80mm 采用螺纹连接。

十一、水喷雾灭火系统管道应进行电气接地。

十二、在环形供水管上，其支撑方式可由原支架延长或根据现场实际情况确定。管道支架或吊架之间的距离见表 1。

**表 1　　支、吊最大间距表**

| 公称直径（mm） | DN10 | DN15 | DN20 | DN25 | DN32 | DN40 | DN50 | DN80 | DN150 |
|---|---|---|---|---|---|---|---|---|---|
| 最大间距（m） | 1.5 | 1.8 | 2.2 | 2.5 | 2.8 | 2.8 | 3.0 | 5.0 | 7.1 |

十三、施工和安装单位应根据现场实际情况，在对图纸进行核实无误后，方可进行安装。本系统中的喷头均应能使喷射方向有做任意角度的可能进行安装，以便现场做调试时调整喷射角度，使喷头的出水雾完全覆盖保护物。

十四、为确保安全，本系统中所有管道和喷头、支架等金属部件均应离开导电体，并不得带电检修。请在施工安装现场实际测量复核已满足要求。管道和喷头、支架等金属部件与带电体间距如表 2。

**表 2　　距带电体最小间距表**

| 标称线电压（kV） | 10 | 60 | 110 | 220 | 330 | 500 |
|---|---|---|---|---|---|---|
| 最小间距（mm） | 200 | 650 | 1000 | 1800 | 2600 | 3800 |

十五、水喷雾灭火系统中所有设施安装完毕后，必须进行喷雾试验，带电距离内不得有喷头、支架等，发现薄弱点时做必要的调整，使被保护的变压器能上下前后左右都喷到水雾，有效地被全部覆盖。

十六、管道安装及喷雾试验前，应进行管道冲洗，冲洗水流速度不小于 3m/s。其流程为：管道安装完毕后→强度试验（水压：1.5MPa）→冲洗→严密性试验压（水压：1.0MPa）→喷雾试验。

十七、为便于检修，本系统中的管道均设有法兰或沟槽连接，可以拆卸。

十八、本系统应定期进行试验、检修和保养。操作方法和保养周期参照《水喷雾灭火系统技术规范》（GB 50219—2014）有关规定和设备供货单位的要求。

十九、装喷头处的管道螺纹必须按照到货的水喷头实际尺寸进行加工。

二十、施工及验收：参照《水喷雾灭火系统施工及验收规范》（GB 50219—2014）及《工业金属管道工程施工规范》（GB 50235—2010）。

二十一、在雨淋阀本体上应设有紧急机械启动装置，并应采取安全保护措施及标识，由专人负责，以免发生失误操作，造成不必要的损失。

二十二、雨淋阀组的功能应符合下列要求：

（1）接通或关断水喷雾系统的供水；

（2）接收电控信号可电动开启雨淋阀；

（3）具有手动应急操作阀；

（4）传输雨淋阀组启、闭状态信号；

（5）驱动水力警铃；

（6）监测供水压力。

二十三、水喷雾系统的相关消防设备应满足国家和行业现行标准。

二十四、未尽事宜，按照国家相关法律法规执行。

**图 8.2.3-18　HA-220-A3-2　主变压器水喷雾灭火系统设计说明**

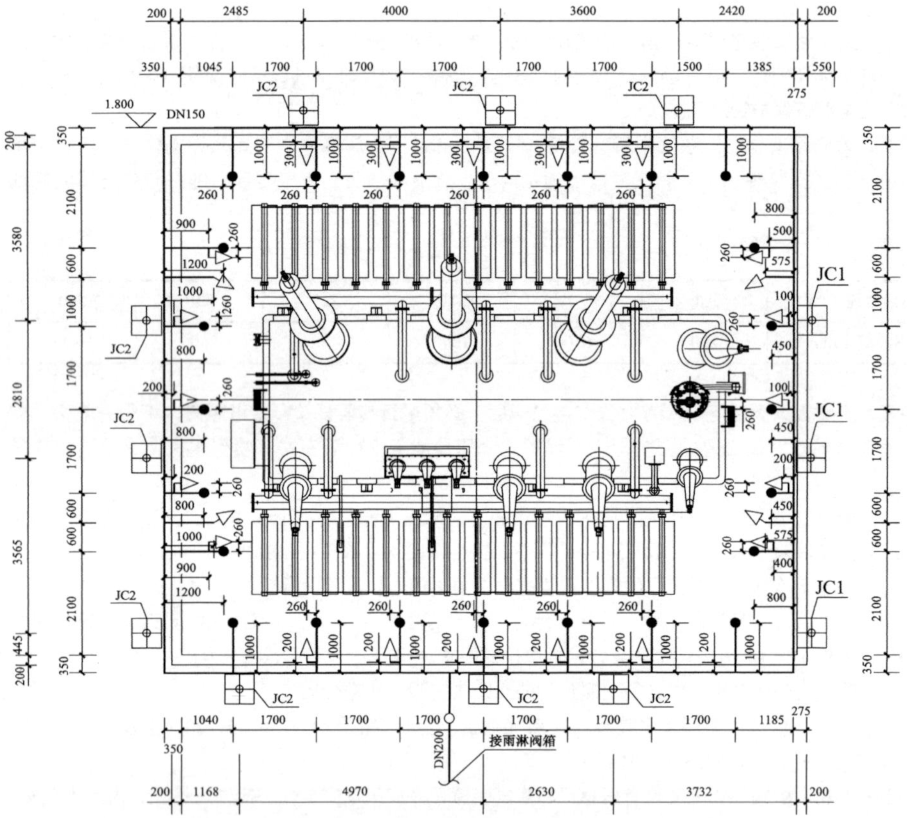


1号主变压器水喷雾灭火系统管道平面图(1.80m)

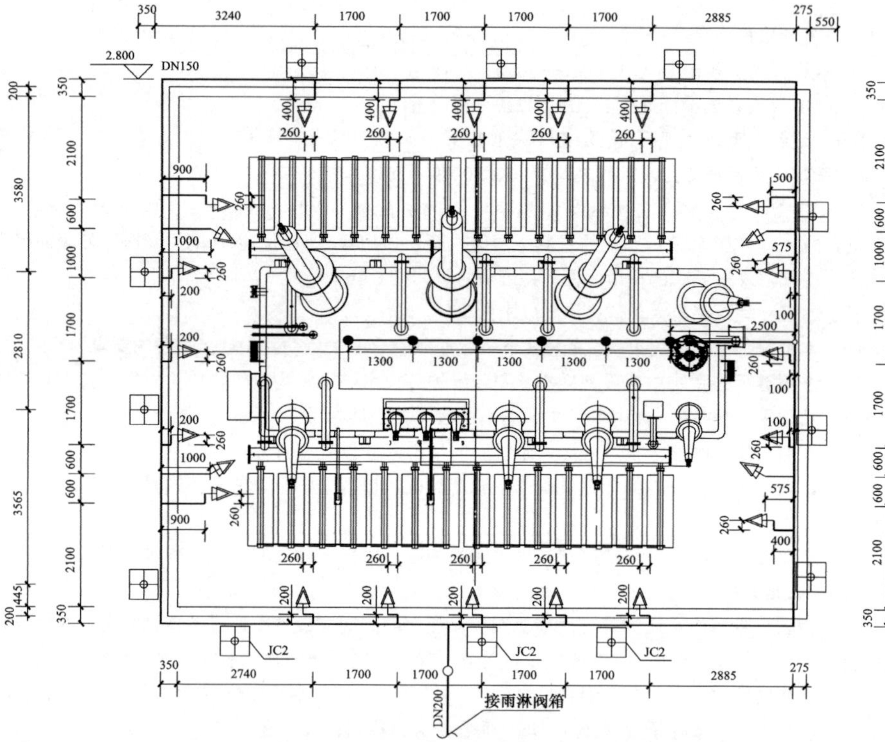


1号主变压器水喷雾灭火系统管道平面图 (2.80m)8.10m

说明：1. 喷头安装角度现场调整，确保完全覆盖变压器和油坑。

2. 水雾喷头与变压器外表面之间的间距保持在 1.3～1.8m。水雾喷头、管道与变压器带电部分的安全净距应满足《高压配电装置设计技术规程》（DL/T 5352—2006）中的规定。

3. 变压器绝缘子升高座孔口设置水雾喷头保护，可根据现场实际情况增加或局部小范围调整水雾喷头位置以满足该要求。

4. 施工时若水喷雾管道影响主变压器周围控制柜开启，应适当调整管道位置以保证控制柜使用。

5. 施工时若部分支管伸出距离较长需加以固定，可采用角钢点焊于支管与母管之间，以保证支管的固定。

**主变压器水喷雾系统参数表**

| 水雾喷头数量 | 保护对象 | 水雾喷头的喷射角（°） | $K$ | 单只喷头流量（L/min） | 水雾喷头流量（L/s） | 水雾喷头保护部位面积（$m^2$） | 水喷雾喷射强度［L/(min·$m^2$)］ |
|---|---|---|---|---|---|---|---|
| 72 | 主变压器本体 | 120 | 34 | $q=34\sqrt{(10\times0.35)}=63.60$ | 72×63.60/60=76.32 | ≈291.375 | 20.88 |
| 24 | 油坑 | 120 | 16 | $q=16\sqrt{(10\times0.35)}=29.90$ | 24×29.90/60=11.96 | ≈52.04 | 12.81 |
| 6 | 储油柜 | 120 | 21 | $q=21\sqrt{(10\times0.35)}=39.287$ | 6×39.287/60=3.928 | ≈10.19 | 23.572 |
| 水喷雾系统的总流量（L/s）=92.208L/s | | | | | | | |

**图 8.2.3-19　HA-220-A3-2　主变压器水喷雾灭火管道及喷头平面布置图**

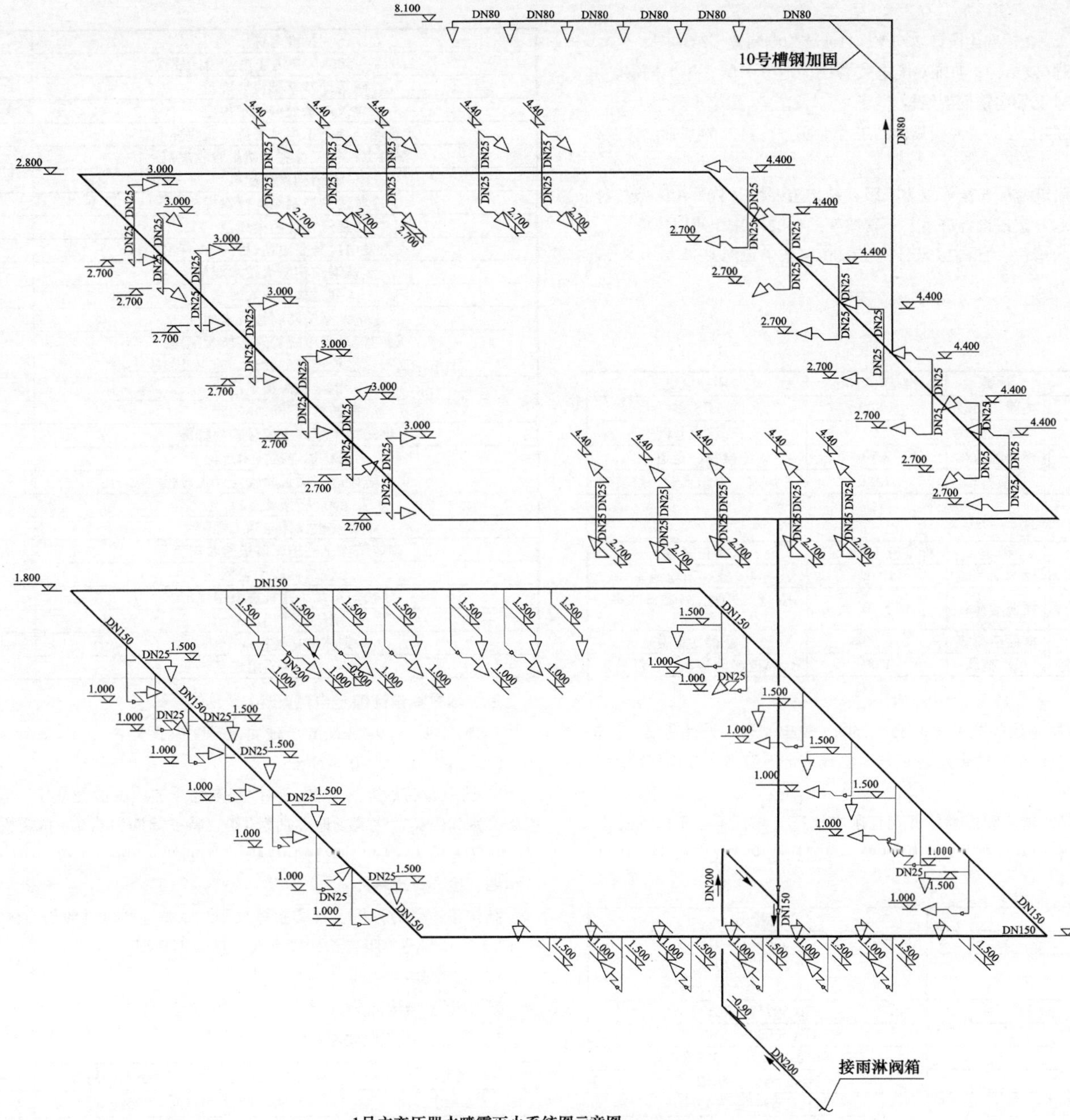


1号主变压器水喷雾灭火系统图示意图

**图 8.2.3-20　HA-220-A3-2　主变压器水喷雾灭火管道系统图**

## 一、工程概况

1. 本方案为国网河南省电力公司 220kV A3-2 标准化设计 220kV、110kV 配电装置楼结构图。

2. 220kV 配电装置楼，采用地上两层钢框架结构；110kV 配电装置楼、地下一层、地上两层，其中地下一层采用钢筋混凝土结构，室内零米以上采用钢框架结构。

3. 本方案未包含基础设计，采用本方案的工程，需根据具体的工程地质进行具体的基础设计及必要的地基处理。

4. 本方案结构设计使用年限为 50 年，建筑结构安全等级为二级，结构重要性系数为 1.0，建筑抗震设防类别为丙类，设计使用年限内未经技术鉴定或设计许可，不得改变结构的用途和使用环境。

5. 本方案工程图纸所注尺寸均以毫米为单位，标高以米计，±0.00 相当于黄海高程 ××× 米，建筑定位详见总平面定位图。

6. 设计活荷载取值。

（1）220kV 配电装置楼：

| 种类 | 标准值（kN/m²） | 所在区域 | 种类 | 标准值（kN/m²） | 所在区域 |
|---|---|---|---|---|---|
| 基本风压 | 0.45 | $n$=50 年 | 楼面活荷载 | 10.00 | GIS 室 |
| 基本雪压 | 0.40 | $n$=50 年 | 楼面活荷载 | 5.00 | 二次设备间 |
| 屋面活荷载 | 0.50 | 不上人屋面 | 楼面活荷载 | 3.50 | 楼梯、走道 |
| 楼面活荷载 | 8.00 | 电容器 | 吊顶荷载 | 1.00 | 含风道、消防水管、灯具等 |

（2）110kV 配电装置楼：

| 种类 | 标准值（kN/m²） | 所在区域 | 种类 | 标准值（kN/m²） | 所在区域 |
|---|---|---|---|---|---|
| 基本风压 | 0.45 | $n$=50 年 | 楼面活荷载 | 10.00 | GIS 室、蓄电池室 |
| 基本雪压 | 0.40 | $n$=50 年 | 楼面活荷载 | 5.00 | 安全工具间、备品备件室、备用间 |
| 屋面活荷载 | 0.50 | 不上人屋面 | 楼面活荷载 | 3.50 | 楼梯、走道 |
| 楼面活荷载 | 7.00 | 10kV 配电装置室 | 吊顶荷载 | 1.00 | 含风道、消防水管、灯具等 |

## 二、设计依据

1. 根据国家电网有限公司部门文件《国网基建部关于发布 35～750kV 变电站通用设计通信、消防部分修订成果的通知》（基建技术〔2019〕51 号）的规定及通用方案，并结合河南省实际而修改后的实施方案，编号为 HA-220-A2-2。

2. 国家有关标准及规范（以下所列规程、规范和标准均按现行版本执行，并且不限于以下规程、规范和标准，凡与其有关的规程、规范和标准均须执行。当所列规程、规范和标准的规定有不一致时，按较高标准执行）：

| 标准名称 | 标准号 |
|---|---|
| 建筑结构可靠度设计统一标准 | GB 50068—2018 |
| 建筑工程抗震设防分类标准 | GB 50223—2008 |
| 建筑抗震设计规范 | GB 50011—2010（2016 年版） |
| 电力设施抗震设计规范 | GB 50260—2013 |
| 建筑结构荷载规范 | GB 50009—2012 |
| 混凝土结构设计规范 | GB 50010—2010（2015 年版） |
| 变电站建筑结构设计技术规程 | DL/T 5457—2012 |
| 220kV～750kV 变电站设计技术规程 | DL/T 5218—2012 |

续表

| 标准名称 | 标准号 |
|---|---|
| 220kV～500kV 户内变电站设计规程 | DL/T 5496—2015 |
| 建筑地基基础设计规范 | GB 50007—2011 |
| 建筑地基处理技术规范 | JGJ 79—2012 |
| 建筑地基基础工程施工质量验收标准 | GB 50202—2018 |
| 混凝土结构工程施工质量验收规范 | GB 50204—2015 |
| 钢结构设计标准 | GB 50017—2017 |
| 冷弯薄壁型钢结构技术规范 | GB 50018—2002 |
| 建筑设计防火规范 | GB 50016—2014（2018 年版） |
| 火力发电厂与变电站设计防火标准 | GB 50229—2019 |
| 建筑钢结构防火技术规范 | GB 51249—2017 |
| 钢结构防火涂料 | GB 14907—2018 |
| 建筑钢结构防腐蚀技术规程 | JGJ/T 251—2011 |
| 钢结构高强度螺栓连接技术规程 | JGJ 82—2011 |
| 钢结构高强度螺栓连接的设计、施工及验收规程 | JGJ 82—2011 |
| 钢结构焊接规范 | GB 50661—2011 |
| 钢筋焊接及验收规程 | JGJ 18—2012 |
| 钢结构工程施工质量验收标准 | GB 50205—2020 |
| 钢筋机械连接技术规程 | JGJ 107—2016 |
| 电力建设施工质量验收及评定规程 | DL/T 5210.1—2018 |
| 钢筋桁架楼承板 | JG/T 368—2012 |
| 组合楼板设计与施工规范 | CECS 273：2010 |
| 砌体结构工程施工质量验收规范 | GB 50203—2011 |
| 工程结构通用规范 | GB 55001—2021 |
| 建筑与市政工程抗震通用规范 | GB 55002—2021 |
| 钢结构通用规范 | GB 55006—2021 |
| 砌体结构通用规范 | GB 55007—2021 |
| 混凝土结构通用规范 | GB 55008—2021 |

## 三、本方案设计假定自然条件：

1. 基本风压：0.45kN/m²，地面粗糙度为 B 类。

2. 基本雪压：$S_0$=0.4kN/m²。

3. 抗震设防烈度为 7 度，设计基本地震加速度值为 0.10$g$，设计地震分组为第二组，建筑物抗震设防类别为丙类，建筑场地类别为Ⅱ类，特征周期为 0.4s，抗震构造措施设防烈度为 7 度，钢筋混凝土结构抗震等级为二级，钢结构抗震等级为四级。

## 四、设计计算程序：

结构整体受力分析及抗震验算采用北京盈建科软件股份有限公司院研制的盈建科建筑结构计算软件（YJK-A）V3.1 版，结构规则性信息为不规则。

## 五、主要结构材料

1. 混凝土结构部分。

1）混凝土耐久性要求：

| 环境类别 | 最大水胶比 | 最小水泥用量 | 最大氯离子含量 | 最大碱含量 |
|---|---|---|---|---|
| 二（b） | 0.50 | 275kg/m³ | 0.15% | 3.0kg/m³ |

**图 8.2.3-21-1　HA-220-A3-2　工程结构说明 1**

2）材料：基础垫层为 C15 混凝土；基础、地梁、女儿墙等混凝土构件为 C30。

3）混凝土保护层厚度：

| 环境类别 | 混凝土板 | 地梁、梁 | 现浇柱 | 基础 |
|---|---|---|---|---|
| 二（b） | 25mm | 35mm | 35mm | 40mm |

4）钢筋：ф为 HPB300 级钢筋，ф为 HRB400 级钢筋；型钢及埋件用钢材为 Q235B、Q355B。

5）钢筋的强度标准值应具有不小于 95% 的保证率。框架中纵向受力钢筋的抗拉强度实测值与屈服强度实测值的比值不应小于 1.25，且屈服强度实测值与强度标准值的比值不应大于 1.30；钢筋最大拉力下的总伸长率实测值不应小于 9%。

2. 钢结构部分。

1）钢材材料选用表：

| 构件 | 材质 | 应符合的标准名称 | 应符合的标准代号 |
|---|---|---|---|
| 框架梁、柱、次梁、连接板 | Q355–B | 低合金高强度结构钢 | GB/T 1591—2018 |
| 柱内的水平加劲隔板、隅撑、梁加劲肋、锚栓 | Q235–B | 碳素结构钢 | GB/T 700—2006 |

2）承重结构所用的钢材应具有屈服强度、抗拉强度、断后伸长率和硫、磷含量的合格保证，对焊接结构尚应具有碳当量的合格保证。焊接承重结构及重要的非焊接承重结构采用的钢材应具有冷弯试验的合格保证。

3）连接材料选用表：

| 连接材料 | | 应符合的标准名称 | 应符合的标准代号 | 备注 |
|---|---|---|---|---|
| 普通螺栓 | | 六角头螺栓　C 级 | GB/T 5780—2016 | 采用 4.6 级 |
| 承压型连接高强度螺栓 | | 钢结构用高强度大六角头螺栓 | GB/T 1228—2006 | 采用 10.9 级 |
| | | 钢结构用高强度大六角螺母 | GB/T 1229—2006 | |
| | | 钢结构用高强度垫圈 | GB/T 1230—2006 | |
| | | 钢结构用高强度大六角头螺栓、大六角螺母、垫圈技术条件 | GB/T 1231—2006 | |
| 钢梁上翼缘栓钉 | | 电弧螺柱焊用圆柱头焊钉 | GB/T 10433—2002 | 采用 B1 型，$d$=19mm |
| 手工焊接焊条 | Q235 与 Q235 焊 | 非合金钢及细晶粒钢焊条 | GB/T 5117—2012 | E43XX |
| | Q235 与 Q355 焊 | | | |
| | Q355 与 Q355 焊 | 热强钢焊条 | GB/T 5118—2012 | E50XX |
| 自动焊或半自动焊用焊丝 | Q235 与 Q235 焊 | 非合金钢及细晶粒钢药芯焊丝 | GB/T 10045—2018 | E43XTX–X |
| | Q235 与 Q355 焊 | | | |
| | Q355 与 Q355 焊 | 热强钢药芯焊丝 | GB/T 17493—2018 | E50XTX–X |
| 埋弧焊用焊丝和焊剂 | Q235 与 Q235 焊 | 埋弧焊用非合金钢及细晶粒钢实心焊丝、药芯焊丝和焊丝–焊剂组合分类要求 | GB/T 5293—2018 | F4XX–H08A |
| | Q235 与 Q355 焊 | | | |
| | Q355 与 Q355 焊 | 埋弧焊用热强钢实心焊丝、药芯焊丝和焊丝–焊剂组合分类要求 | GB/T 12470—2018 | F48XX–H08MnA |

4）屋面钢筋桁架楼承板，应符合《钢筋桁架楼承板》（JG/T 368—2012）的要求。

5）墙檩采用热镀锌带钢压制而成的檩条，镀层标准为 A 级，度锌量为 250～275g/m²。

6）钢材的屈服强度实测值与抗拉强度实测值的比值不应大于 0.85；应有明显的屈服台阶；伸长率应大于 20%；应有良好的可焊性。

7）钢框架梁柱节点、主次梁连接均采用 10.9 级摩擦型高强度螺栓，柱底板与基础连接采用 Q355B 钢锚栓，均应符合《紧固件机械性能　螺栓、螺钉和螺柱》（GB/T 3098.1—2010）的规定。

**六、钢结构制造、安装和构件连接**

1. 钢结构在制作前，应按设计要求编制施工图的深化设计，钢结构的制作和安装须根据加工详图进行。修改设计应取得设计院同意，并编制相应的制作工艺和安装施工组织设计。

2. 加工单位所订购的钢材及连接材料必须符合设计要求，当确有必要代用时应经设计认可。所有材料均应有质量合格证明。

3. 钢结构的材料、放样、号料和切割、矫正、弯曲和边缘加工、制作摩擦面的加工、除锈、编号和发运应遵照《钢结构工程施工质量验收标准》（GB 50205—2020）的有关规定。

4. 钢构件在运输、吊装过程中，应采取可靠措施，防止出现变形、失稳和坠落，防止产生加工精度超规，影响工程质量。钢结构的安装吊装应进行计算，防止在吊装中构件产生永久变形。钢结构安装施工时，应设置可靠的支护体系。

5. 柱、主梁等大型构件安装时应随即进行校正。为了减少安装偏差和焊接应力，平面上应从建筑物中间向四周扩散安装。

6. 加工时，除特殊注明外，跨度大于 8m 的两端铰接钢梁和跨度大于 10m 的刚接钢梁，须在跨中起拱 1/1500。

7. 钢框架梁和框架柱之间的连接采用刚接。次梁与主梁的连接采用铰接。在工地，采用摩擦型高强度螺栓连接。

8. 框架分段连接采用高强度螺栓，接触面不需特殊处理。

9. 钢梁预留孔洞，按照设计图纸所示尺寸、位置，在工厂制孔，并按设计要求进行。

10. 高强度螺栓孔径比杆径大 1.5～2.0mm，普通螺栓孔径比杆径大 1.0～1.5mm。高强度螺栓应能自由穿入组装的板件螺孔内，如不吻合不允许强行打入，而应更换连接板。高强度螺栓孔应采用机钻成孔，不得气割成孔。

11. 在高强度螺栓连接范围内，构件接触面采用喷砂处理，要求抗滑移系数为 0.45。制作单位应进行抗滑移系数试验，安装单位应进行复验。现场处理的构件摩擦面应单独试验。

12. 上下翼缘和腹板的拼接缝应错开，并避免与加劲肋板重合，腹板拼接缝与它平行的加劲板至少相距 200mm，腹板拼缝与上下翼缘至少相距 200mm。对接焊缝应符合《钢结构工程施工质量验收标准》（GB 50205—2020）的要求，且不低于一级。

13. 所有钢梁横向加劲板与上翼缘板连接处，加劲板上端要求刨平顶紧后施焊。

14. 焊缝等级：构件对接焊缝为一级，其他焊缝为二级。板材拼接焊缝为一级坡口全溶透焊缝。

15. 直角角焊缝的焊角尺寸不宜大于较薄焊件厚度的 1.2 倍，长度均为满焊。图中未注明的角焊缝均为 6mm，长度均为满焊。未注明的圆弧半径均为 35mm。

16. 柱脚锚固螺栓安装、紧固均采用双螺母，埋设时须用铁件固定，保证安装准确。

17. 柱脚锚栓埋设位移偏差不大于 2mm。标高控制必须满足螺栓在混凝土内握裹长度及螺杆丝扣

**图 8.2.3–21–2　HA–220–A3–2　工程结构说明 2**

露出的长度。

18. 柱脚处柱翼、腹板和加劲板，梁支座支承板下端要求刨平顶紧后施焊。

19. 柱子安装完毕后，必须将锚栓垫板与柱底板焊牢，锚栓垫板与螺母进行点焊，且不得损伤螺栓母材。

20. 所有工艺专业的设备吊重均应焊接于钢梁底，在钢梁上设备吊点处对称增设加劲肋板（见附图一）。

21. 钢梁柱构件编号（见附图二）。

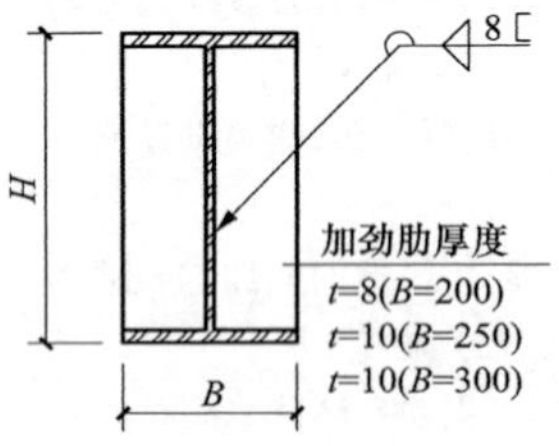


附图一

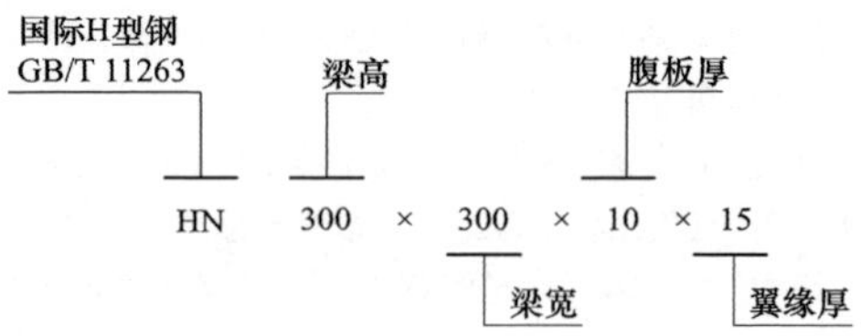


附图二

**七、钢结构构件的涂装要求**

1. 所有构件涂漆前均应严格进行金属表面喷砂防锈处理，除锈等级要求达到《涂覆涂料前钢材表面处理 表面清洁度的目视评定 第1部分：未涂覆过的钢材表面和全面清除原有涂层后的钢材表面的锈蚀等级和处理等级》（GB/T 8923.1—2011）中的Sa21/2等级规定。

2. 钢构件出厂前不需要涂漆部位：与混凝土接贴或埋入混凝土内的钢构件；高强度螺栓连接点的摩擦面；箱型柱内的封闭区；地脚螺栓和底板；工地焊接部位及两侧100mm，且要满足超声波探伤要求的范围。但工地焊接部位及两侧应进行不影响焊接的防锈处理。在除锈后刷涂防护保护漆。

3. 除上述所列范围以外的钢构件表面，钢材经除锈制作完成出厂前，涂环氧富锌底漆二道70μm，环氧云铁中漆二道60μm，聚氨酯面漆二道70μm。焊接区除锈后涂专用坡口焊保护漆两道。

4. 构件安装后需补漆部位：

（1）高强度螺栓未涂刷部位；工地焊接区；经碰撞脱漆的工厂油漆部分，均涂防锈底漆一道。

（2）高强度螺栓终拧完毕并检查合格后，除按要求进行涂装，连接处的缝隙应嵌刮硅酮耐候密封胶。

（3）整个构件涂防锈底漆两道，保证最终达到二底、一中、一面配套防锈层。

5. 涂装后的漆膜外观应均匀、平整、丰满而有光泽，不允许有咬底、裂纹、剥落、针孔等缺陷。涂层厚度用磁厚仪测定，总厚度应达到设计规定的要求。

**八、钢结构构件的防火要求**

（1）房屋梁板柱均为不燃烧体。钢柱耐火极限不低于2.5h，钢梁耐火极限不低于2.0h，屋面承重系统耐火极限不低于1.5h。

（2）防火保护材料应为绝缘性好，具有一定的抗冲击能力，能牢固附在构件上，又不腐蚀钢材，且经当地消防部门认可的薄型、超薄型防火涂料、厚型或不燃性板材。

（3）防火涂料的保护层厚度确定必须以型式检测报告为依据。做法见06SG501-P8、P9的规定。

（4）防火涂料的检验及质量合格判定应遵守《钢结构防火涂料》（GB 14907—2018）的相关规定。

**九、焊缝检查及检测**

1. 所有超声波检查方法遵照《焊缝无损检测 超声波检测 技术、检测等级和评定》（GB/T 11345）及有关规定和要求进行焊接质量检查。

2. 焊缝表面缺陷及焊缝内部缺陷应严格按照《钢结构工程施工质量验收标准》（GB 50205—2020）及相关要求进行。

**十、施工安装要求**

1. 楼层标高采用设计标高控制，由柱拼接焊接引起钢柱的收缩变形或其他压缩变形，需在构件制作时逐节进行考虑确定柱的实际长度。

2. 柱安装时，每一节柱的定位轴线不应使用下根柱子的定位轴线，应将地面控制轴线引到高空，以保证每节柱安装正确无误。

3. 钢结构施工时，宜设置可靠的支护体系以保证结构在各种荷载作用下的稳定性和安全性。

**十一、钢结构使用维护要求**

1. 使用单位应每隔五年对所有钢结构外观进行一次全面检查，发现局部锈蚀应及时进行修补。

2. 使用单位在使用过程中发现严重超出规范的变形、位移、材料损坏等情况，应及时向设计、施工等单位书面反映。

3. 使用及维护应满足相关设备、材料生产技术标准及工艺的相关规定。

**十二、其他**

1. 图中凡未注明单位的尺寸，除标高为米（m）外，其余均为毫米（mm）。

2. 钢梁栓钉均采用M16×100高规格，钢梁翼缘宽度不小于200mm时，设双排栓钉，间距为100mm，纵向间距为200mm；梁翼缘宽度小于200mm时，设单排栓钉，纵向间距为200mm。

3. 预埋件采用镀锌防腐（锚筋不镀锌），预埋件严禁手工切割，机械切割后应将四周打磨光滑，预埋件四周设缝，缝宽2～4mm，缝深同埋件厚度，缝内用硅酮耐候密封胶密封。预埋件排气孔设置要求详见《国家电网公司输变电工程标准工艺》设计图集，标准工艺编号为0101020301。

4. 预埋件采用Q235B钢，锚筋采用HRB400级钢筋。锚筋的焊接要求：直锚筋与锚板应采用T型焊，锚筋直径不大于20mm时，宜采用压力埋弧焊；锚筋直径大于20mm时，宜采用穿孔塞焊。

5. 严禁在钢梁腹板上直接焊接设备吊重，严禁悬挑支撑和承担侧向水平力。

6. 本套图纸为钢结构施工图，施工单位应根据本施工图对钢结构部分进行深化设计。

7. 本设计图纸经有关部门审查并经技术交底和图纸会审后实施施工，图纸若修改，须经设计单位同意。

8. 不允许两台及以上电动葫芦同时工作，同一时间只允许一台电动葫芦处于工作状态。

9. 以下为部分施工中会应用到的图、表。

10. 本说明未详尽处，应遵照现行国家有关规范与规程规定施工。

**单个高强螺栓预拉力值 *P*（kN）**

| 螺栓性能等级 | 螺栓的公称直径（mm） | | | | | |
|---|---|---|---|---|---|---|
| | M16 | M20 | M22 | M24 | M27 | M30 |
| 8.8级 | 80 | 125 | 150 | 175 | 230 | 280 |
| 10.9级 | 100 | 155 | 190 | 225 | 290 | 355 |

**图8.2.3-21-3 HA-220-A3-2 工程结构说明3**

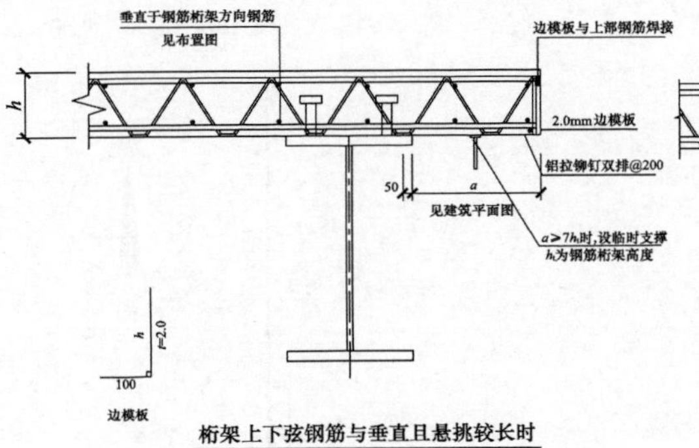


桁架上下弦钢筋与垂直且悬挑较长时

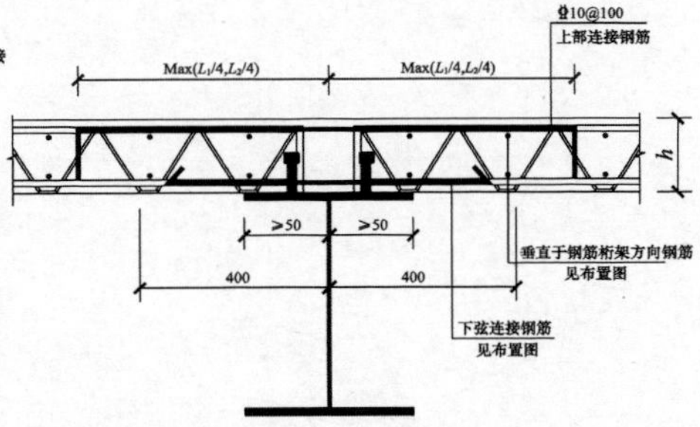


楼层板中间节点二

注：楼承板断开处加设上下弦连接钢筋
$L_1$、$L_2$为左右板短向跨度。

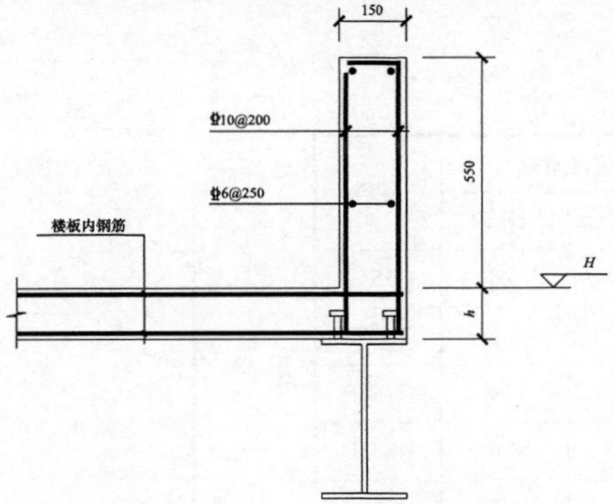


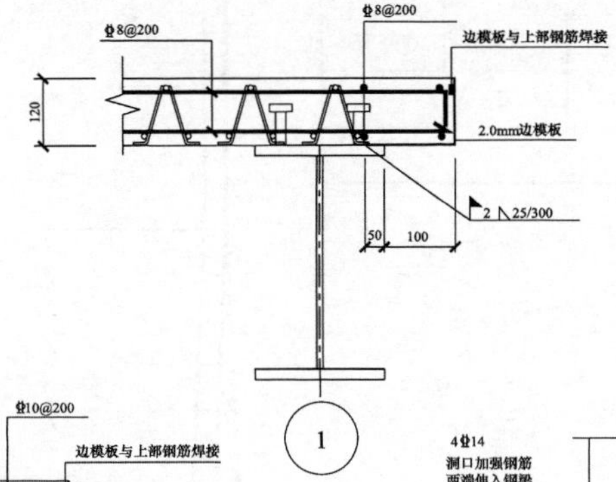


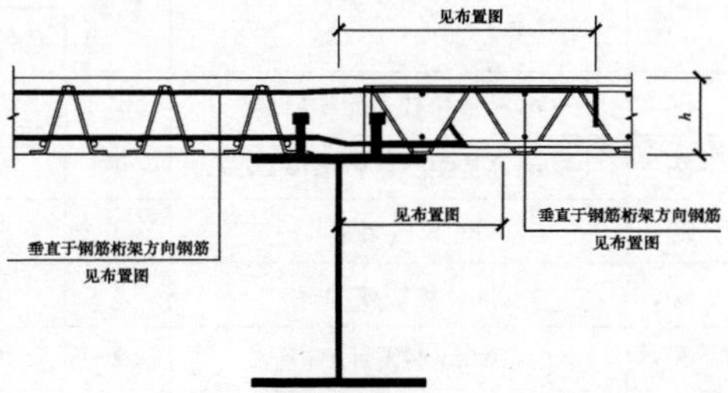


板中节点二

用于楼承板垂直相交处

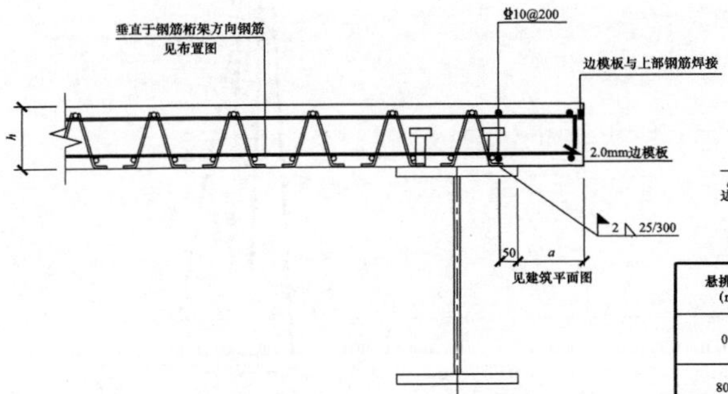


桁架上下弦钢筋与梁平行且悬挑较短时

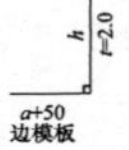


| 悬挑长度a (mm) | 收边板厚t (mm) |
|---|---|
| 0~80 | 1.2 |
| 80~120 | 1.5 |
| 120~180 | 2.0 |
| 180~250 | 2.6 |

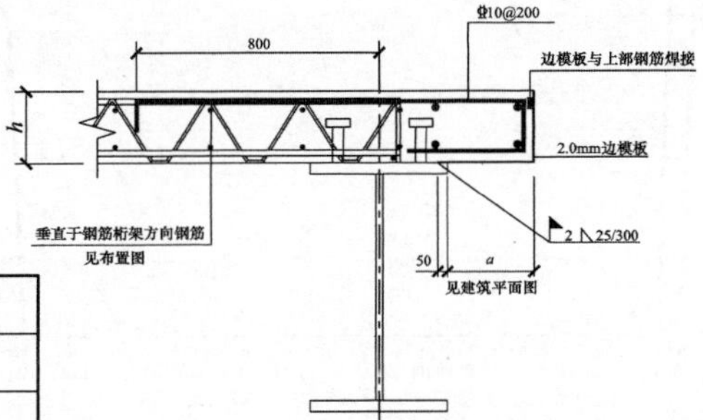


桁架上下弦钢筋与梁垂直且悬挑较短时

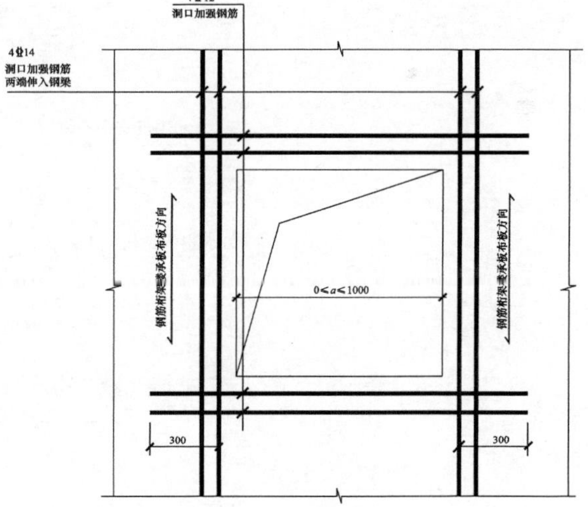


无梁洞口处节点

注：无梁洞口位置，大小根据相关专业确定预留，
在楼板混凝土浇注完毕，达到设计强度后，将
洞口范围内钢筋桁架楼承板割除。

**图 8.2.3-21-4　HA-220-A3-2　工程结构说明 4**

220kV 出线构架材料表

| 编号 | 构件名称 | 数量 | 钢材质量 | | 材料 |
|---|---|---|---|---|---|
| | | | 单件（t） | 小计（t） | |
| ① | 14.0m 高构架柱，无端撑 CZ–1 | 2 | 3.0 | 6.0 | Q355B |
| ② | 14.0m 高构架柱，带端撑 DZ–1 | 1 | 6.5 | 6.5 | Q355B |
| ③ | 24.0m 长构架梁 L–1 | 3 | 4.6 | 13.8 | Q355B |
| ④ | 7.0m 地线柱 D–1 | 1 | 0.6 | 0.6 | Q355B |
| ⑤ | 16.0m 避雷针 B–1 | 2 | 0.6 | 1.2 | Q355B |
| ⑥ | 14.0m 高钢爬梯 PT–1 | 3 | 0.17 | 0.51 | Q355B |
| ⑦ | 7.0m 高钢爬梯 PT–2 | 3 | 0.07 | 0.21 | Q355B |
| 总重 28.82（t） | | | | | |

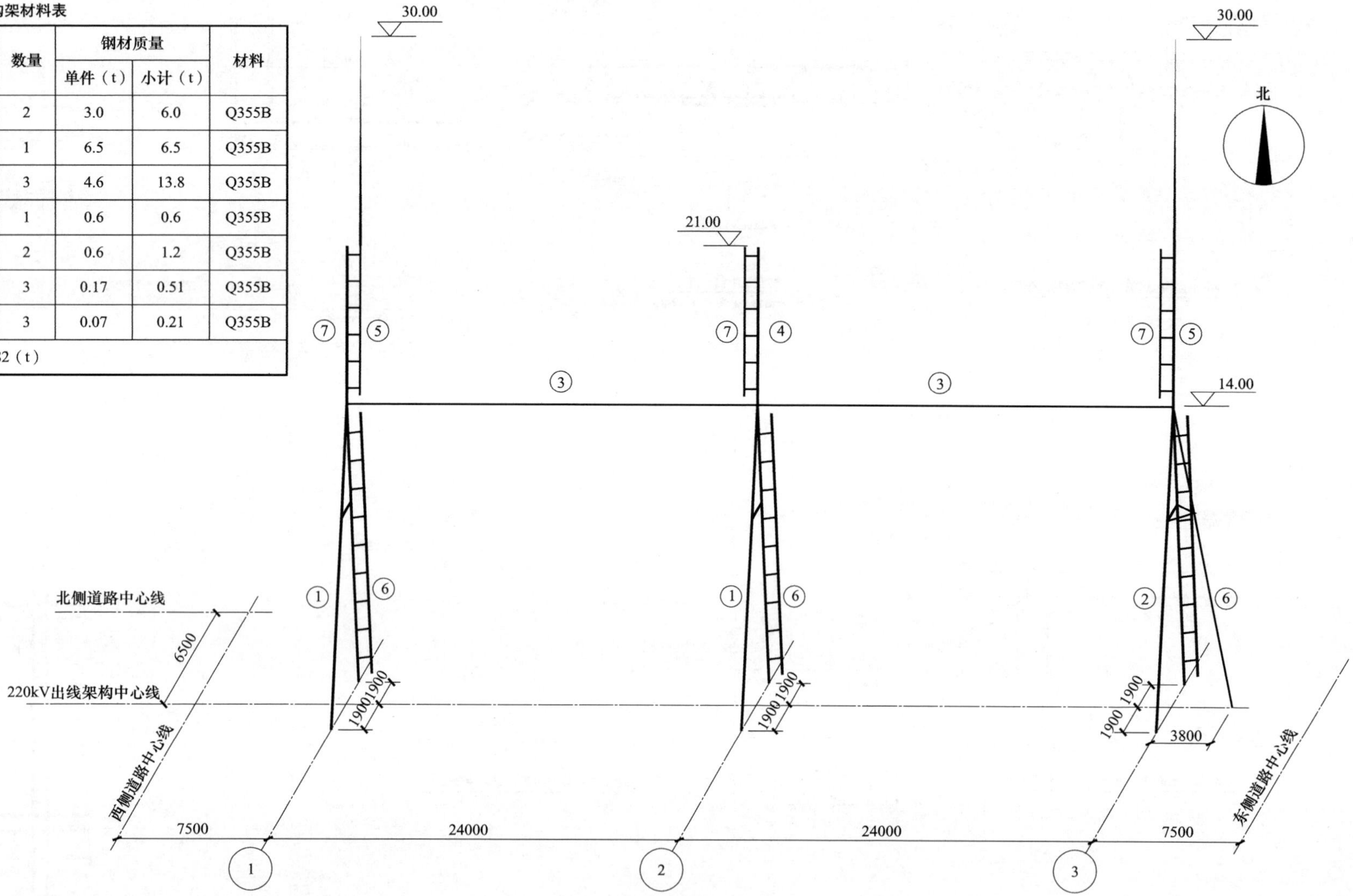


说明：图中尺寸标注以毫米为单位，标高以米为单位。

**图 8.2.3–22　HA–220–A3–2　220kV 出线构架透视图**

**主变压器构架材料表**

| 编号 | 构件名称 | 数量 | 钢材质量 | | 材料 |
|---|---|---|---|---|---|
| | | | 单件（t） | 小计（t） | |
| ① | 14.5m 高构架柱，带端撑 | 1 | 4.1 | 4.1 | Q355B |
| ② | 14.5m 高构架柱，A 字柱 | 1 | 3.1 | 3.1 | Q355B |
| ③ | 14.5m 高构架柱，防火墙上 A 字柱 | 2 | 1.5 | 3.0 | Q355B |
| ④ | 16.5m 长构架梁 L−1 | 3 | 2.7 | 8.1 | Q355B |
| ⑤ | 14.5m 高钢爬梯 PT−1 | 2 | 0.25 | 0.5 | Q355B |
| 总重 18.8（t） | | | | | |

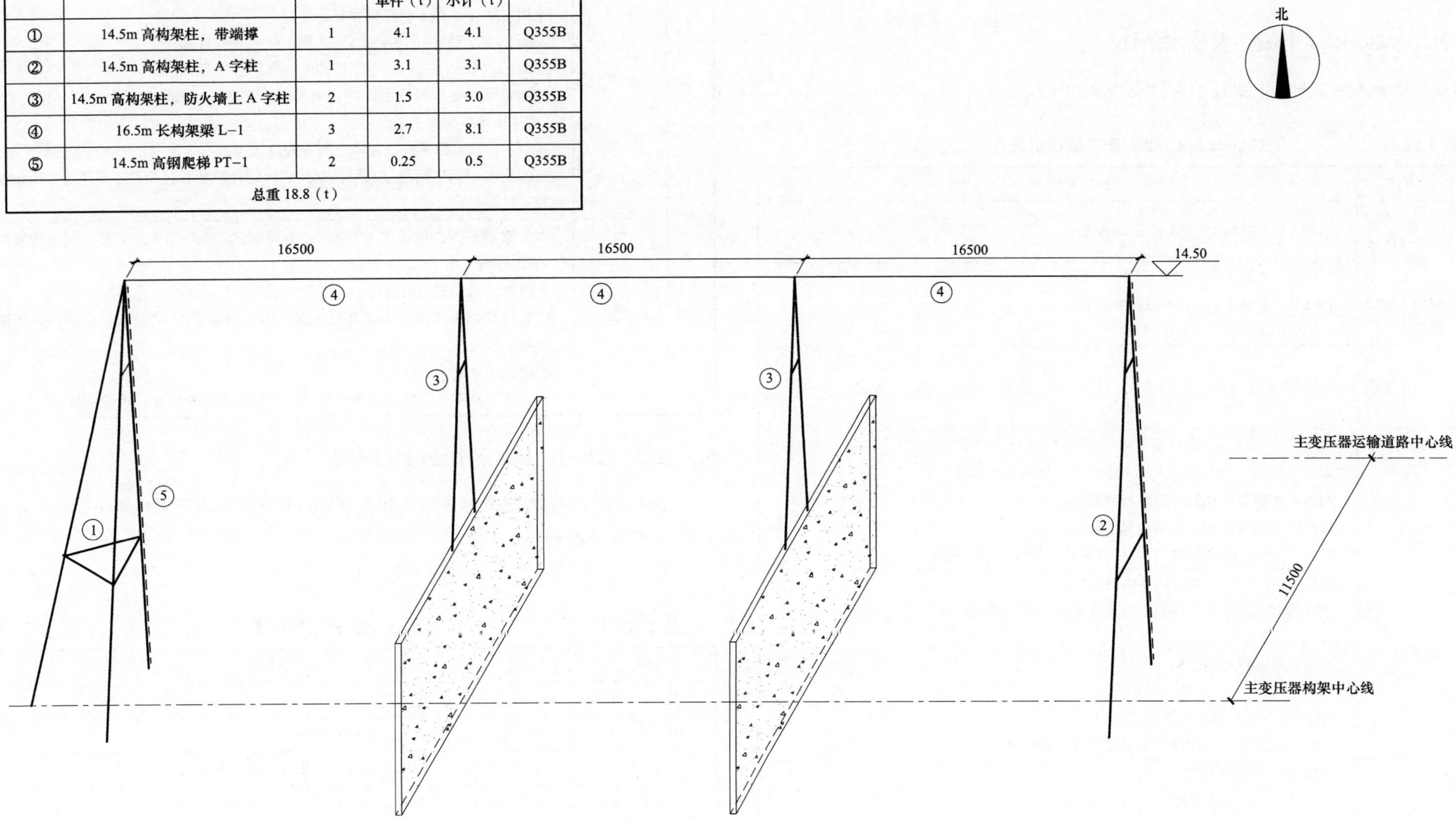


说明：图中尺寸标注以毫米为单位，标高以米为单位。

**图 8.2.3−23　HA−220−A3−2　主变压器构架透视图**

# 第 9 章　HA-220-B-1 方案

## 9.1　HA-220-B-1 方案主要技术条件

HA-220-A3-2 方案主要技术条件见表 9.1.0-1。

**表 9.1.0-1　　HA-220-A3-2 方案主要技术条件**

| 序号 | 项目 | | 本方案技术条件 |
|---|---|---|---|
| 1 | 建设规模 | 主变压器 | 本期 1×180MVA，终期 3×180MVA |
| | | 出线 | 220kV：本期 4 回，终期 6 回；<br>110kV：本期 4 回，终期 12 回；<br>10kV：本期 8 回，终期 24 回 |
| | | 无功补偿装置 | 10kV 并联电容器：本期 1×（4×8）Mvar，终期 3×（4×8）Mvar |
| 2 | 站址基本条件 | | 海拔小于 1000m，设计基本地震加速度 0.15g，设计风速不大于 30m/s，地基承载力特征值 $f_{ak}$=150kPa，无地下水影响，场地同一设计标高 |
| 3 | 电气主接线 | | 220kV 本期及终期均采用双母线接线；<br>110kV 本期及终期均采用双母线接线；<br>10kV 本期采用单母线接线，终期采用单母线三分段接线 |
| 4 | 主要设备选型 | | 220kV、110kV、10kV 短路电流控制水平分别为 50、40、40（31.5）kA；<br>主变压器采用三相三绕组、自冷式有载调压变压器；<br>220kV 采用户外 HGIS；<br>110kV 采用户外 HGIS；<br>10kV 采用中置式成套开关柜；<br>10kV 并联电容器采用框架式；<br>接地变压器及消弧线圈成套装置采用户内箱式 |
| 5 | 电气总平面及配电装置 | | 主变压器：户外布置；<br>220kV：户外悬吊式管母、HGIS 单列布置；<br>110kV：户外悬吊式管母、HGIS 单列布置；<br>10kV：户内开关柜双列布置；<br>低压电容器户外双列布置；<br>接地变压器及消弧线圈成套装置户内布置 |

续表

| 序号 | 项目 | | 本方案技术条件 |
|---|---|---|---|
| 6 | 二次系统 | | 采用预制式智能控制柜及预制光电缆的二次设备模块化设计方案；<br>变电站自动化系统按照一体化监控设计；<br>采用常规互感器＋合并单元；<br>220kV、110kV GOOSE 与 SV 共网，保护直采直跳；<br>220kV、110kV GOOSE 与 SV 共网，保护直采直跳；<br>220kV 及主变压器采用保护、测控独立装置，110kV 采用保护测控集成装置，10kV 采用保护测控集成装置；<br>采用一体化电源系统，通信电源不独立设置；<br>220kV 和 110kV 间隔层采用预制式二次组合设备，公用及主变压器二次设备布置在二次设备室 |
| 7 | 土建部分 | | 本方案围墙内占地面积 12094$m^2$；全站总建筑面积 874$m^2$，其中配电装置楼建筑面积 434$m^2$。<br>建筑物结构形式为钢结构：<br>建筑物外墙采用铝镁锰复合板 +ALC 板，内墙采用 ALC 板，屋面板采用钢筋桁架楼承板；<br>围墙采用大砌块围墙；<br>构、支架基础采用定型钢模浇筑，构支架与基础采用地脚螺栓连接 |

## 9.2　HA-220-B-1 方案主要设计图纸

HA-220-B-1 方案三维效果图如图 9.2.0-1 所示（附于书后）。

### 9.2.1　电气一次部分

电气一次部分主要图纸见表 9.2.1-1。

**表 9.2.1-1　　电气一次部分主要图纸**

| 图号 | 图名 |
|---|---|
| 图 9.2.1-01 | HA-220-B-1　电气主接线图 |
| 图 9.2.1-02 | HA-220-B-1　电气总平面布置图 |
| 图 9.2.1-03 | HA-220-B-1　220kV 电气主接线及气室分割图 |
| 图 9.2.1-04 | HA-220-B-1　220kV 配电装置平面布置图 |
| 图 9.2.1-05 | HA-220-B-1　220kV 屋外配电装置主变进线断面图 |
| 图 9.2.1-06 | HA-220-B-1　220kV 屋外配电装置出线断面图 |
| 图 9.2.1-07 | HA-220-B-1　220kV 屋外配电装置母联、母线设备断面图 |

续表

| 图号 | 图名 |
|---|---|
| 图 9.2.1-08 | HA-220-B-1　220kV 管型母线平断面图 |
| 图 9.2.1-09 | HA-220-B-1　110kV 电气主接线及气室分割图 |
| 图 9.2.1-10 | HA-220-B-1　110kV 屋外配电装置平面布置图 |
| 图 9.2.1-11 | HA-220-B-1　110kV 屋外配电装置主变压器进线断面图 |
| 图 9.2.1-12 | HA-220-B-1　110kV 屋外配电装置出线断面图 |
| 图 9.2.1-13 | HA-220-B-1　110kV 屋外配电装置母联、母线设备断面图 |
| 图 9.2.1-14 | HA-220-B-1　110kV 管型母线平断面图 |
| 图 9.2.1-15 | HA-220-B-1　10kV 配电装置室平断面布置图 |
| 图 9.2.1-16 | HA-220-B-1　主变压器及 10kV 母线桥平面布置图 |
| 图 9.2.1-17 | HA-220-B-1　主变压器断面布置图 |
| 图 9.2.1-18 | HA-220-B-1　10kV 母线桥平断面布置图 |

续表

| 图号 | 图名 |
|---|---|
| 图 9.2.1-19 | HA-220-B-1　全站防雷布置图 |
| 图 9.2.1-20 | HA-220-B-1　站区主接地网布置图 |
| 图 9.2.1-21 | HA-220-B-1　10kV 配电装置室接地布置图 |
| 图 9.2.1-22 | HA-220-B-1　10kV 电容器接地布置图 |
| 图 9.2.1-23 | HA-220-B-1　站区配电装置照明布置图 |
| 图 9.2.1-24 | HA-220-B-1　电缆敷设设施平面布置图 |
| 图 9.2.1-25 | HA-220-B-1　电缆敷设设施支架断面图 |
| 图 9.2.1-26 | HA-220-B-1　站区防火封堵布置图 |
| 图 9.2.1-27 | HA-220-B-1　二次设备室防火封堵布置图 |
| 图 9.2.1-28 | HA-220-B-1　10kV 配电装置室防火封堵布置图 |

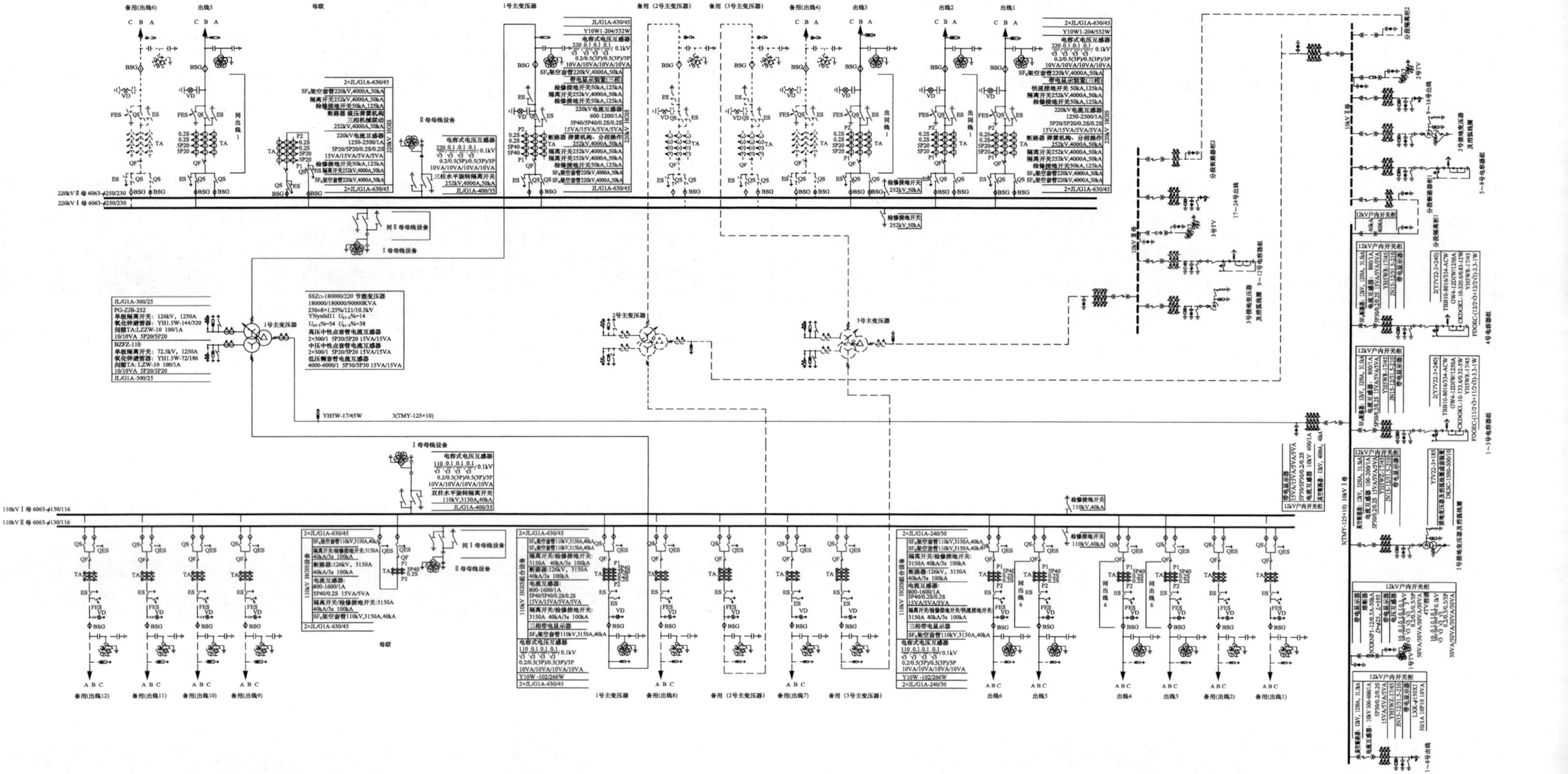


说明：1. 220kV 远期双母线接线，本期双母线接线；最终 6 回出线，本期 4 回出线。

2. 110kV 远期双母线接线，本期双母线接线；最终 12 回出线，本期 4 回出线。

3. 10kV 远期单母线三分段接线，本期单母线接线；最终 24 回出线，本期 8 回出线。

4. 实线部分为本期工程，虚线部分为远期工程。

**图 9.2.1−01　HA−220−B−1　电气主接线图**

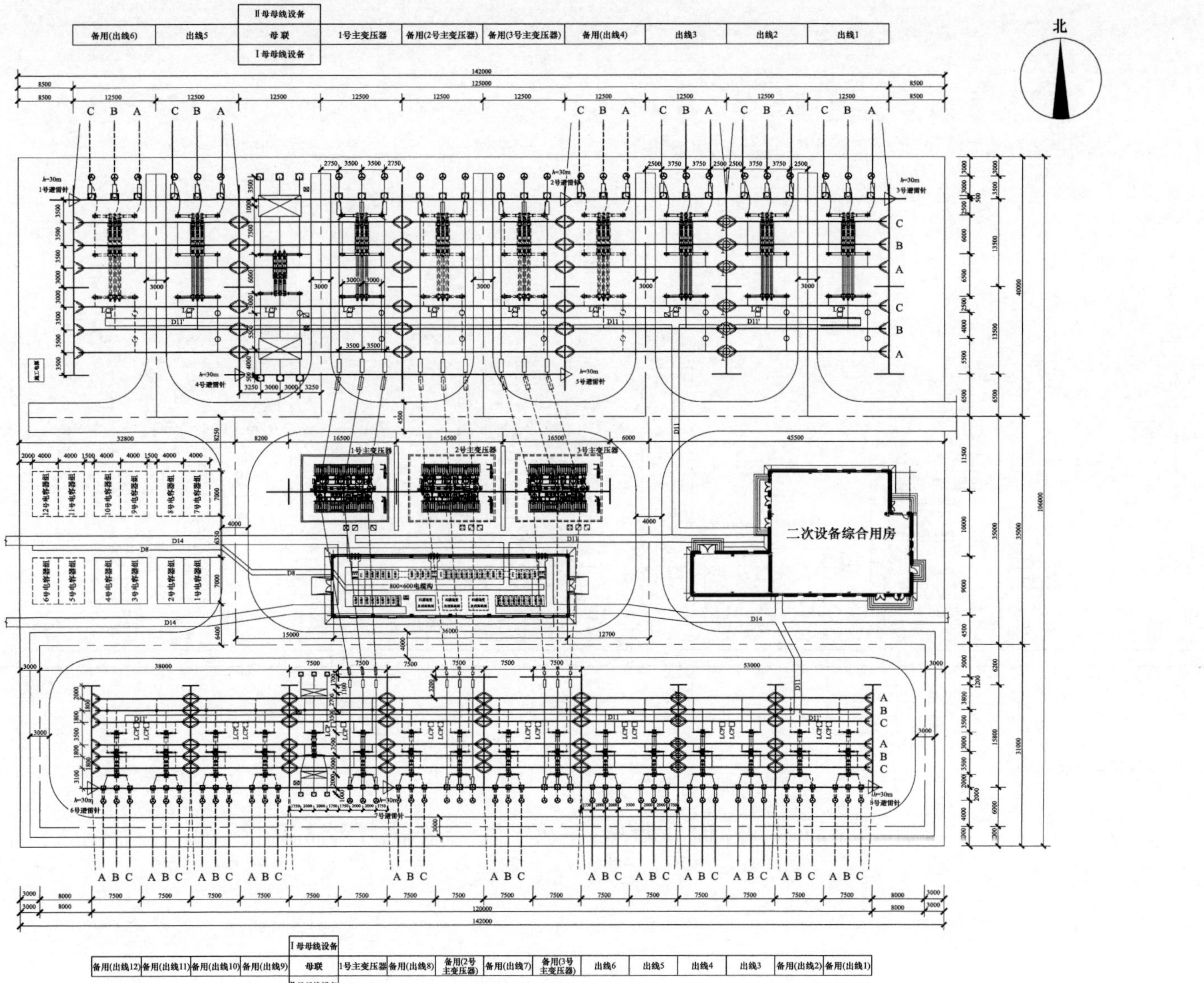


说明：1. 220kV 远期出线 6 回，本期出线 4 回，采用双母线接线方式，采用 HGIS 户外布置。

2. 110kV 远期出线 12 回，本期出线 4 回，采用双母线接线方式，采用 HGIS 户外布置。

3. 10kV 远期出线 24 回，本期出线 8 回，采用单母线三分段接线方式，采用开关柜户内布置。

4. 电缆沟尺寸（宽 × 深）：D8 为 800mm × 600mm 电缆沟，D11′为 1100mm × 800mm，D11 为 1100mm × 1000mm，D14 为 1400mm × 1000mm。

**图 9.2.1−02　HA−220−B−1　电气总平面布置图**

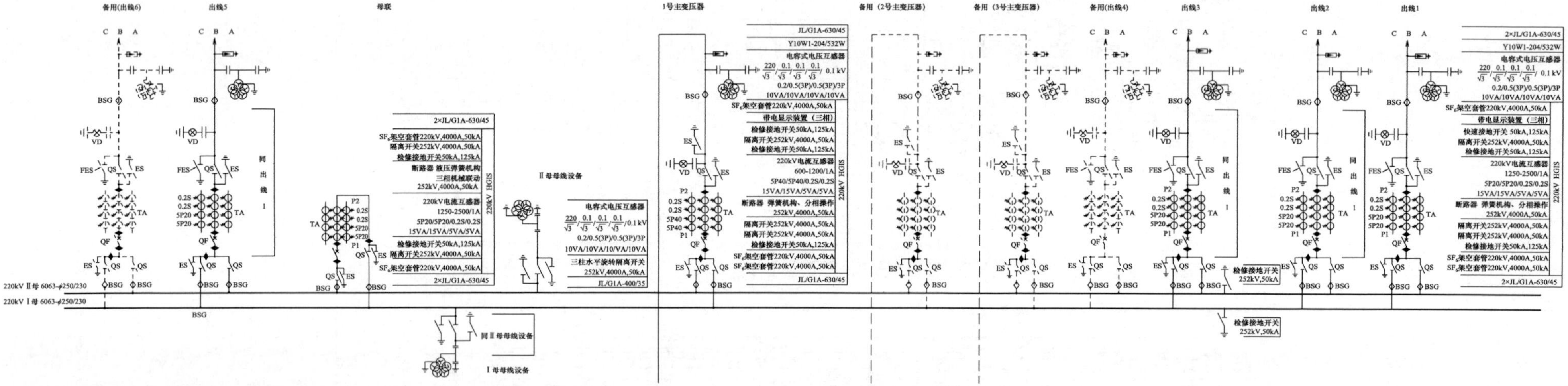


说明：1. 实线部分为本期工程，虚线部分为远期工程。

2. ⧫为气室分隔符号。

**图 9.2.1-03　HA-220-B-1　220kV 电气主接线及气室分割图**

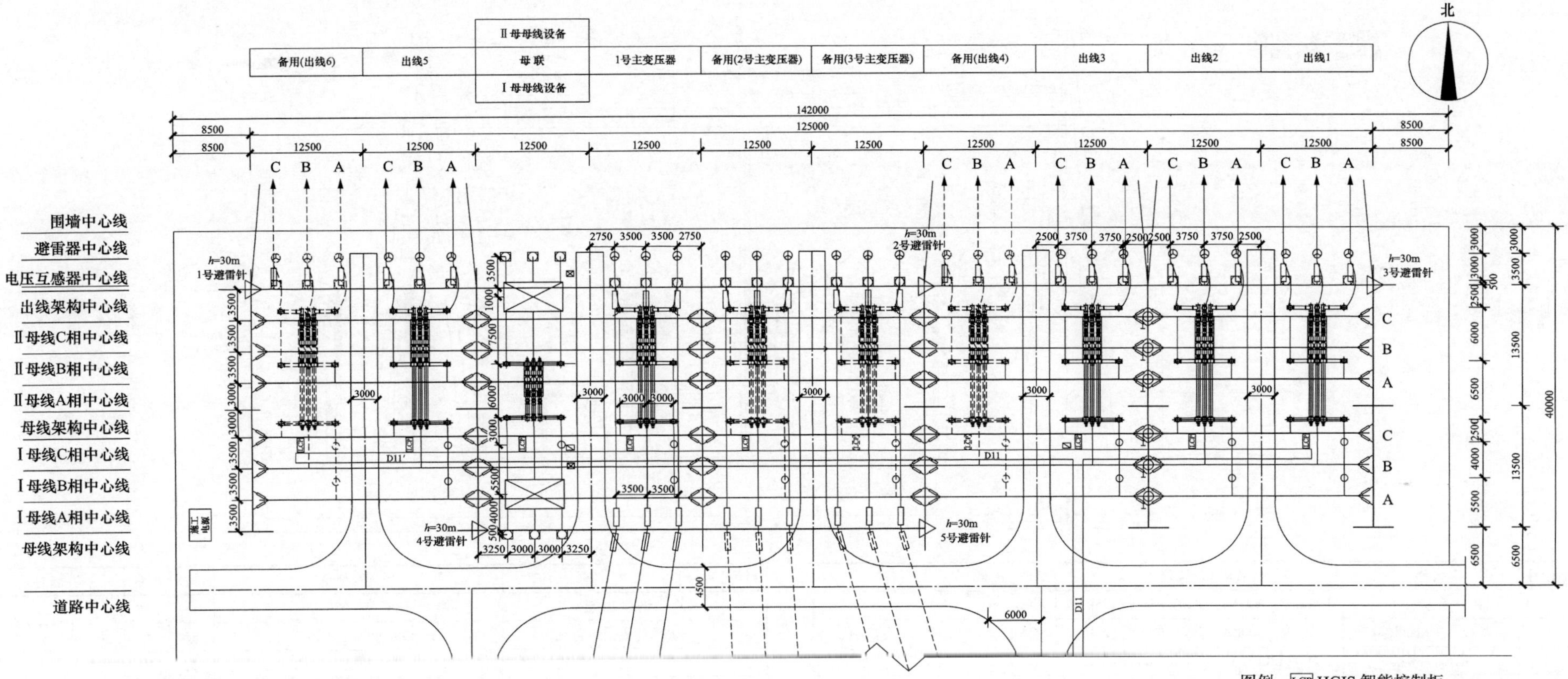


说明：1. 220kV 采用双母线接线方式。

2. 220kV 配电装置采用悬吊式管母分相、中型布置。

3. 实线部分为本期工程，虚线部分为远期工程。

4. 电缆沟尺寸（宽 × 深）：D11′为 1100mm × 800mm，D11 为 1100mm × 1000mm。

图例：LCP HGIS 智能控制柜

电压互感器智能控制柜

动力箱

**图 9.2.1-04　HA-220-B-1　220kV 配电装置平面布置图**

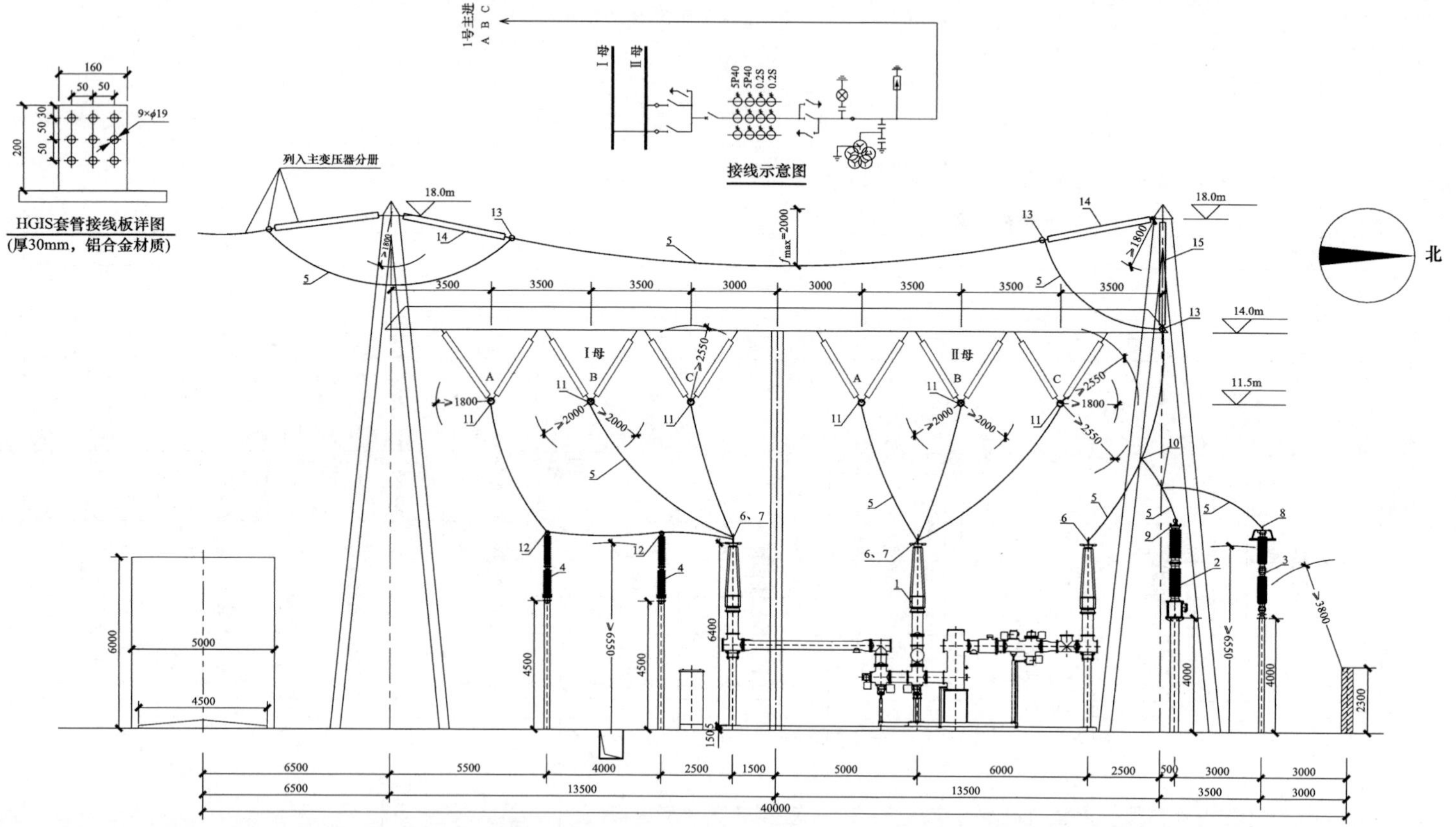


| 编号 | 代号 | 名称 | 型号及规范 | 单位 | 数量 | 备注 |
|---|---|---|---|---|---|---|
| 1 | | HGIS 设备 | 252kV，4000A，50kA（3s），125kA | 套 | 1 | |
| 1.1 | QF | 断路器，三相机械联动 | 252kV，4000A，50kA（3s），125kA | 台 | 1 | HGIS 厂家供货 |
| 1.2 | TA | 电流互感器 | 600–1200/1A，5P40/5P40/0.2S/0.2S | 台 | 3 | HGIS 厂家供货 |
| 1.3 | QS | 隔离开关 | 252kV，4000A，50kA（3s），125kA | 组 | 3 | HGIS 厂家供货 |
| 1.4 | ES | 接地开关 | 252kV，4000A，50kA（3s），125kA | 组 | 3 | HGIS 厂家供货 |
| 1.5 | VD | 带电显示器 | 三相 | 组 | 1 | HGIS 厂家供货 |
| 1.6 | BSG | 套管 | 252kV，4000A，50kA（3s），125kA | 只 | 9 | HGIS 厂家供货 |
| 2 | | 电压互感器 | $\frac{220}{\sqrt{3}}/\frac{0.1}{\sqrt{3}}/\frac{0.1}{\sqrt{3}}/\frac{0.1}{\sqrt{3}}/0.1kV$ 0.2/0.5（3P）/0.5（3P）/3P | 台 | 3 | |
| 3 | | 氧化锌避雷器 | Y10W1–204/532W | 台 | 3 | |
| 4 | | 支柱绝缘子 | C8–1050–Ⅳ | 支 | 2 | |

| 编号 | 代号 | 名称 | 型号及规范 | 单位 | 数量 | 备注 |
|---|---|---|---|---|---|---|
| 5 | | 钢芯铝绞线 | JL/G1A–630/45 | m | 250 | |
| 6 | | 30° 单导线铝设备线夹 | SY–630A/200（160×160） | 套 | 6 | |
| 7 | | 60° 单导线铝设备线夹 | SY–630A/200（160×160） | 套 | 3 | |
| 8 | | 0° 单导线铝设备线夹 | SY–630/45A（180×110） | 套 | 3 | |
| 9 | | 0° 单导线铝设备线夹 | SY–630/45A（140×110） | 套 | 3 | |
| 10 | | T 形线夹 | TY–630/45 | 套 | 6 | |
| 11 | | T 形线夹 | MGTT–250/630/45L | 套 | 6 | |
| 12 | | 软导线固定金具 | MSG–6/200 | 套 | 2 | |
| 13 | | 耐张线夹 | NY–630/45 | 套 | 9 | |
| 14 | | 单导线耐张绝缘子串 | 17（XWP2–120） | 串 | 6 | 爬距 545mm |
| 15 | | 单导线悬垂绝缘子串 | 17（XWP2–120） | 串 | 3 | 爬距 545mm |
| 16 | | 热镀锌扁钢 | –80×8 | m | | 开列于防雷接地分册 |

**图 9.2.1–05　HA–220–B–1　220kV 屋外配电装置主变进线断面图**

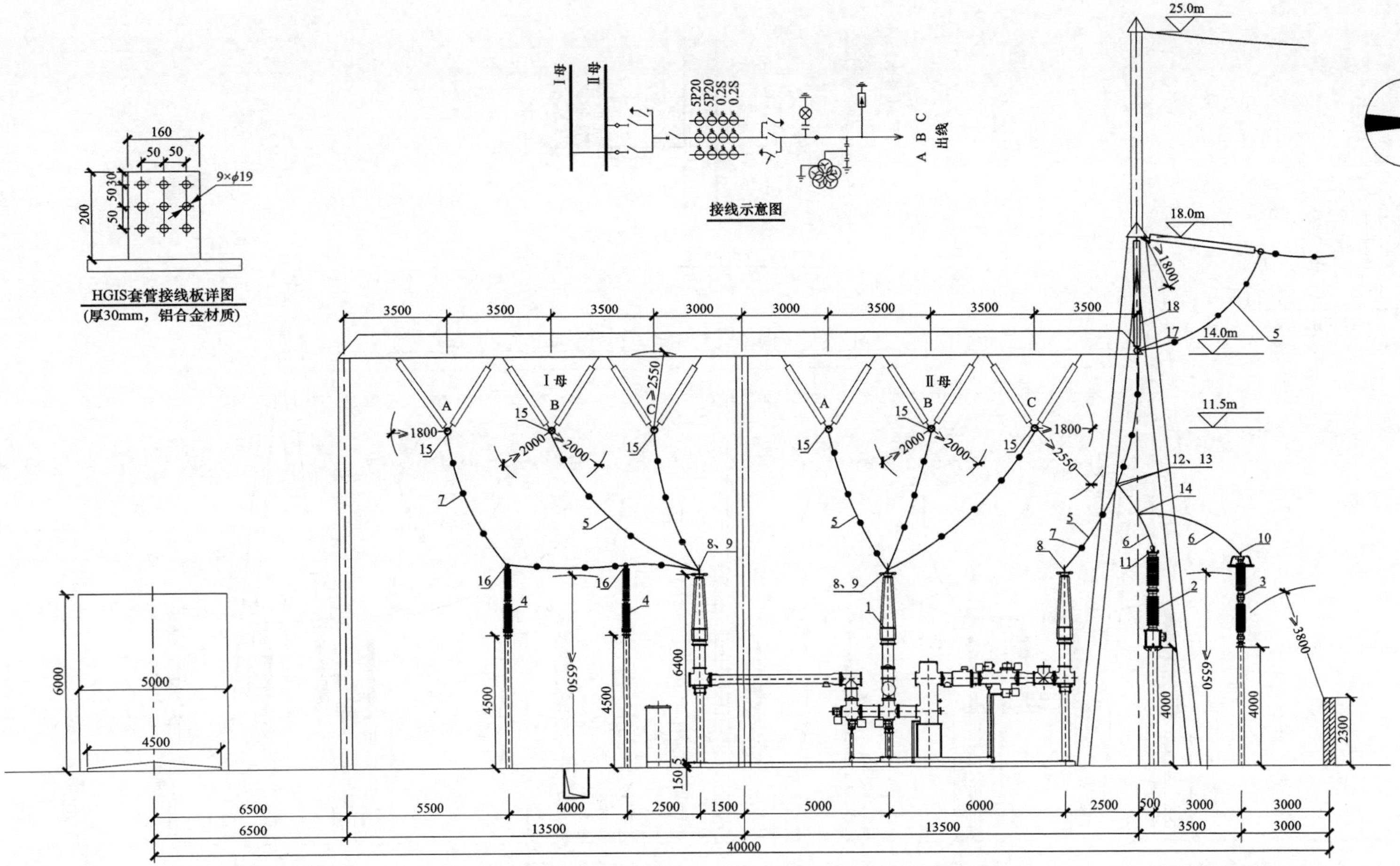


| 编号 | 代号 | 名称 | 型号及规范 | 单位 | 数量 | 备注 |
|---|---|---|---|---|---|---|
| 1 | | HGIS 设备 | 252kV，4000A，50kA（3s），125kA | 套 | 1 | |
| 1.1 | QF | 断路器，分相操作 | 252kV，4000A，50kA（3s），125kA | 台 | 1 | HGIS 厂家供货 |
| 1.2 | TA | 电流互感器 | 1250–2500/1A，5P20/5P20/0.2S/0.2S | 台 | 3 | HGIS 厂家供货 |
| 1.3 | QS | 隔离开关 | 252kV，4000A，50kA（3s），125kA | 组 | 3 | HGIS 厂家供货 |
| 1.4 | ES | 接地开关 | 252kV，4000A，50kA（3s），125kA | 组 | 2 | HGIS 厂家供货 |
| 1.5 | FES | 快速接地开关 | 252kV，4000A，50kA（3s），125kA | 组 | 1 | HGIS 厂家供货 |
| 1.6 | VD | 带电显示器 | 三相 | 组 | 1 | HGIS 厂家供货 |
| 1.7 | BSG | 套管 | 252kV，4000A，50kA（3s），125kA | 只 | 9 | HGIS 厂家供货 |
| 2 | | 电压互感器 | $\frac{220}{\sqrt{3}}/\frac{0.1}{\sqrt{3}}/\frac{0.1}{\sqrt{3}}/\frac{0.1}{\sqrt{3}}/0.1$kV 0.2/0.5（3P）/0.5（3P）/3P | 台 | 3 | |
| 3 | | 氧化锌避雷器 | Y10W1–204/532W | 台 | 3 | |
| 4 | | 支柱绝缘子 | C8–1050–Ⅳ | 支 | 2 | |
| 5 | | 钢芯铝绞线 | 2（JL/G1A–630/45） | m | 200 | 按单根计 |

| 编号 | 代号 | 名称 | 型号及规范 | 单位 | 数量 | 备注 |
|---|---|---|---|---|---|---|
| 6 | | 钢芯铝绞线 | JL/G1A–630/45 | m | 24 | |
| 7 | | 双导线间隔棒 | MPJ–6/200 | 套 | 50 | 约 2m 一套 |
| 8 | | 30° 双导线铝设备线夹 | SSY–630B/200（160×160） | 套 | 6 | |
| 9 | | 60° 双导线铝设备线夹 | SSY–630B1/200（160×160） | 套 | 3 | |
| 10 | | 0° 单导线铝设备线夹 | SY–630/45A（180×110） | 套 | 3 | |
| 11 | | 0° 单导线铝设备线夹 | SY–630/45A（140×110） | 套 | 3 | |
| 12 | | 0° 单导线铝设备线夹 | SY–630/45A（105×100） | 套 | 3 | |
| 13 | | T 形线夹 | TYS–2×630/200 | 套 | 3 | |
| 14 | | T 形线夹 | TY–630/45 | 套 | 3 | |
| 15 | | T 形线夹 | MGTT–250/630/45L | 套 | 6 | |
| 16 | | 软导线固定金具 | MSG–6/200 | 套 | 2 | |
| 17 | | 耐张线夹 | NY–630/45 | 套 | 6 | |
| 18 | | 双导线悬垂绝缘子串 | 17（XWP2–120） | 串 | 3 | 爬距 545mm |
| 19 | | 热镀锌扁钢 | –80×8 | m | | 开列于防雷接地分册 |

**图 9.2.1–06 HA–220–B–1 220kV 屋外配电装置出线断面图**

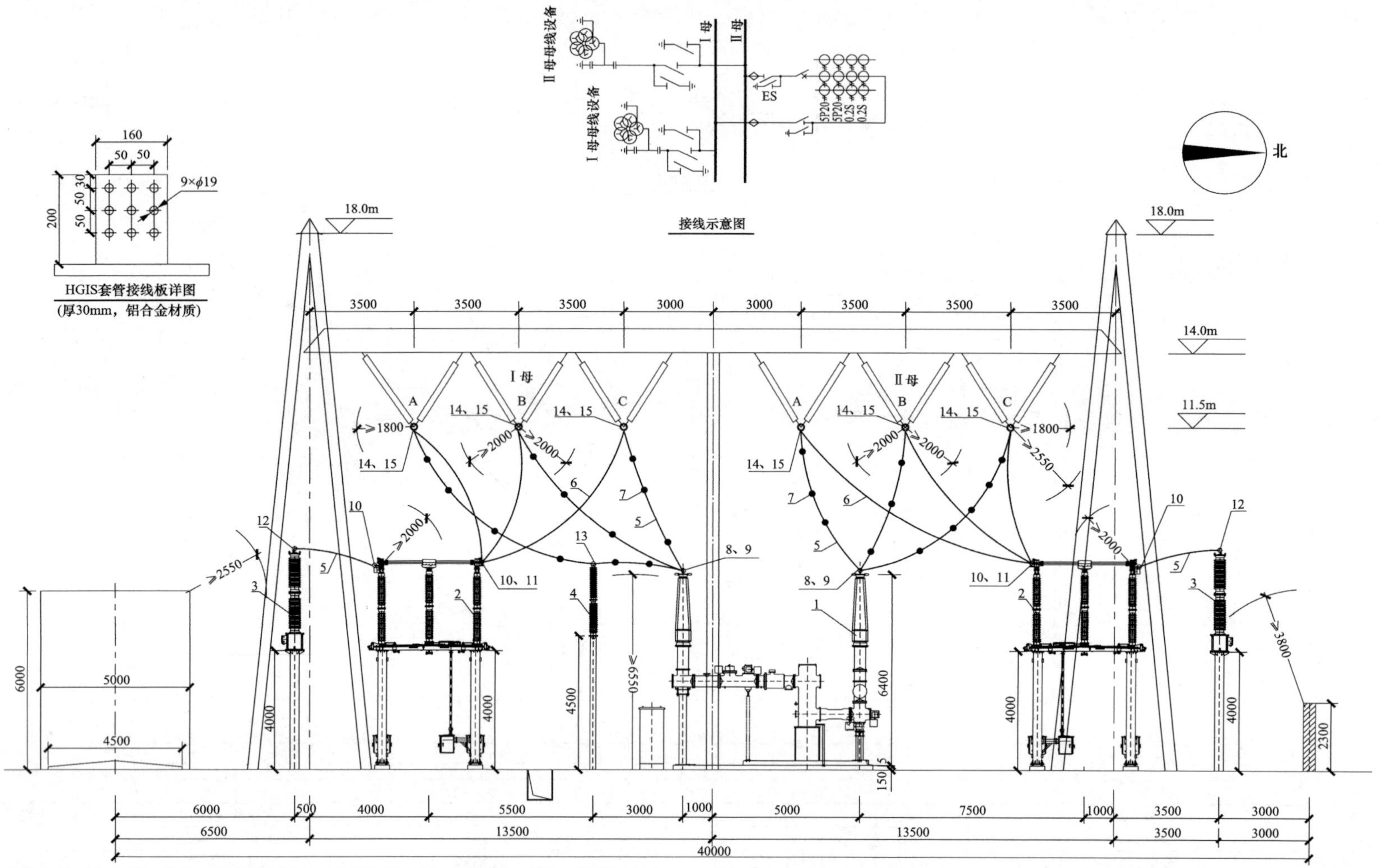


| 编号 | 代号 | 名称 | 型号及规范 | 单位 | 数量 | 备注 |
|---|---|---|---|---|---|---|
| 1 | | HGIS 设备 | 252kV，4000A，50kA（3s），125kA | 套 | 1 | |
| 1.1 | QF | 断路器，三相机械联动 | 252kV，4000A，50kA（3s），125kA | 台 | 1 | HGIS 厂家供货 |
| 1.2 | TA | 电流互感器 | 1250–2500/1A，5P20/5P20/0.2S/0.2S | 台 | 3 | HGIS 厂家供货 |
| 1.3 | QS | 隔离开关 | 252kV，4000A，50kA（3s），125kA | 组 | 3 | HGIS 厂家供货 |
| 1.4 | ES | 接地开关 | 252kV，4000A，50kA（3s），125kA | 组 | 2 | HGIS 厂家供货 |
| 1.5 | BSG | 套管 | 252kV，4000A，50kA（3s），125kA | 只 | 6 | HGIS 厂家供货 |
| 2 | | 双柱水平伸缩隔离开关 | GW7C–252D（W）（单接地） | 组 | 2 | |
| 3 | | 电压互感器 | $\frac{220}{\sqrt{3}}\Big/\frac{0.1}{\sqrt{3}}\Big/\frac{0.1}{\sqrt{3}}\Big/\frac{0.1}{\sqrt{3}}\Big/$0.1kV 0.2/0.5（3P）/0.5（3P）/3P | 台 | 6 | |
| 4 | | 支柱绝缘子 | C8–1050–Ⅳ | 支 | 1 | |

| 编号 | 代号 | 名称 | 型号及规范 | 单位 | 数量 | 备注 |
|---|---|---|---|---|---|---|
| 5 | | 钢芯铝绞线 | 2（JL/G1A–630/45） | m | 120 | 按单根计 |
| 6 | | 钢芯铝绞线 | JL/G1A–400/35 | m | 65 | |
| 7 | | 双导线间隔棒 | MRJ–6/200 | 套 | 30 | 约 2m 一套 |
| 8 | | 30° 双导线铝设备线夹 | SSY–630B/200（160×160） | 套 | 3 | |
| 9 | | 60° 双导线铝设备线夹 | SSY–630B1/200（160×160） | 套 | 3 | |
| 10 | | 30° 单导线铝设备线夹 | SY–400/35B（190×160） | 套 | 10 | |
| 11 | | 90° 单导线铝设备线夹 | SY–400/35C（190×160） | 套 | 2 | |
| 12 | | 90° 单导线铝设备线夹 | SY–400/35C（140×110） | 套 | 3 | |
| 13 | | 软导线固定金具 | MSG–6/200 | 套 | 1 | |
| 14 | | T 形线夹 | MGTT–250/630/45L | 套 | 6 | |
| 15 | | T 形线夹 | MGTT–250/400/35L | 套 | 6 | |

**图 9.2.1–07 HA–220–B–1 220kV 屋外配电装置母联、母线设备断面图**

| | | Ⅱ母母线设备 | | | | | | | |
|---|---|---|---|---|---|---|---|---|---|
| 备用(出线6) | 出线5 | 母联 | 1号主变压器 | 备用(2号主变压器) | 备用(3号主变压器) | 备用(出线4) | 出线3 | 出线2 | 出线1 |
| | | Ⅰ母母线设备 | | | | | | | |

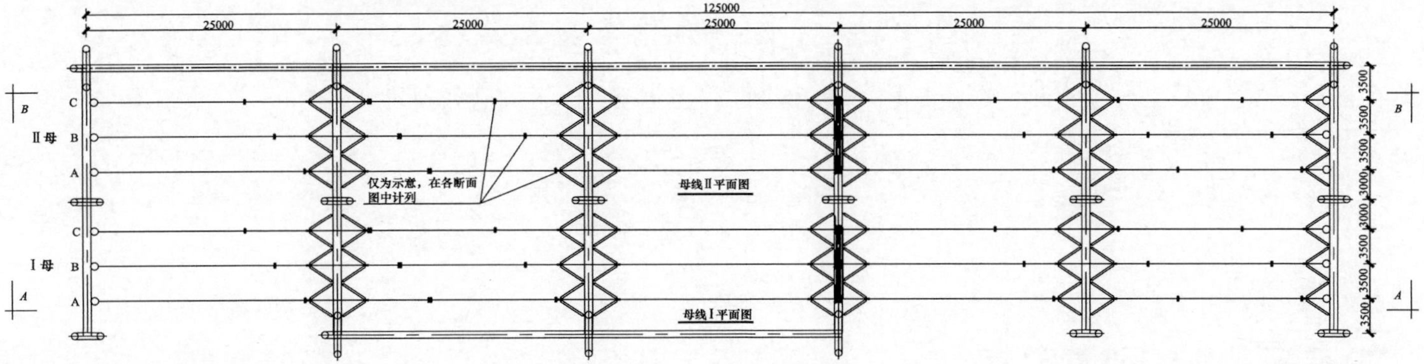


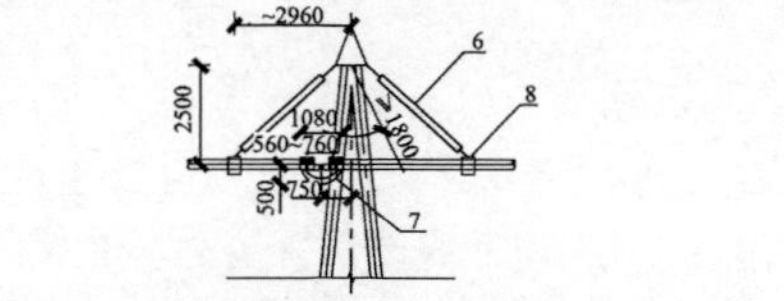

铝管母线悬吊尺寸及跳线安装详图

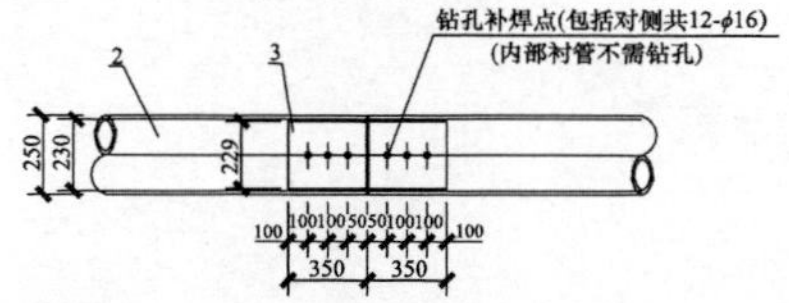

铝管接头补强加工详图

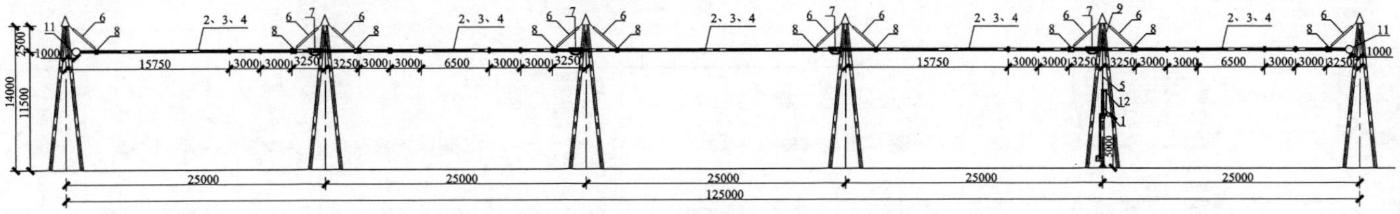

母线Ⅰ断面图

A-A

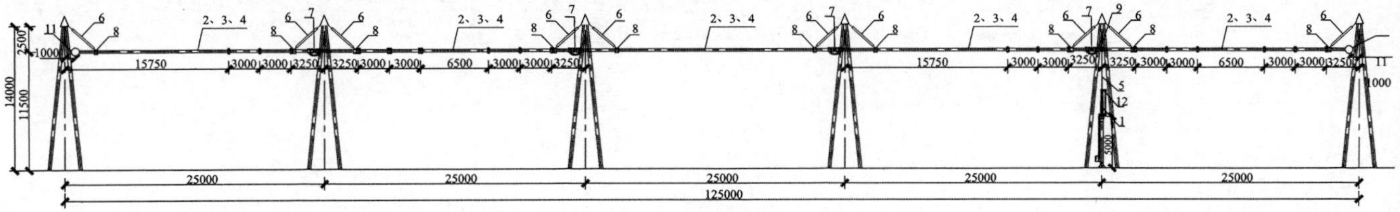

母线Ⅱ断面图

B-B

设备材料表

| 编号 | 名称 | 规范 | 单位 | 数量 | 备注 |
|---|---|---|---|---|---|
| 1 | 母线接地开关 | JW6-252 | 组 | 2 | |
| 2 | 铝镁硅合金管母线 | 6063-ϕ250/230 | m | 750 | |
| 3 | 铝镁硅合金管母线 | 6063-ϕ229/209 | m | 75 | 作衬管用 |
| 4 | 钢芯铝绞线 | JL/G1A-300/25 | m | 750 | 阻尼导线 |
| 5 | 钢芯铝绞线 | JL/G1A-630/45 | m | 30 | 母线接地开关引下线 |
| 6 | V形绝缘子串 | 2×17（XWP2-120） | 串 | 60 | 两组为一串 |
| 7 | 管母线跳线金具 | MGTH-250 | 套 | 24 | 含连接线 |
| 8 | 管母线悬吊线夹 | MGXX1-250 | 套 | 60 | |
| 9 | 管母线引流线夹 | MGTT-250/630/45L | 套 | 6 | |
| 10 | 90°铝设备线夹 | SY-630/45C-250×175 | 套 | 6 | |
| 11 | 封端球 | MGZ-250 | 套 | 12 | |
| 12 | 管母线配重金具 | MGZP-250 | 套 | 12 | |

说明：1. 所列材料为图中220kV Ⅰ、Ⅱ母线数量。

2. 6063铝管的接头应采用钨极弧焊接，焊接数据如下：

| | | 焊接厚度 | 焊接层数 | 钨极直径 | 焊丝直径 | 喷嘴直径 | 氩气流量 | 焊接电流 | 送丝速度 | 焊接速度 |
|---|---|---|---|---|---|---|---|---|---|---|
| | | mm | 层 | mm | mm | mm | L/min | A×10 | m/h | m/h |
| 手工 | | 6～8 | | 4～5 | 3～5 | 10～14 | 10～14 | 14～22 | | |
| | | >8～12 | | 4～5 | 4～5 | 12～16 | 12～16 | 22～28 | | |
| 自动 | | 6～8 | 2～3 | 5～6 | 3～5 | 12～16 | 12～16 | 28～34 | 70～80 | 18～24 |
| | | >8～12 | >2 | 6 | 4～6 | 14～18 | 14～18 | 30～35 | 74～83 | 18～24 |

焊接完后，为不降低焊接处的强度，还需进行衬管补强焊，方法如上图所示。

3. 封端球的漏水孔应朝下安装，安装时应在母线管端打孔，尺寸应与封端球的螺孔相吻合，拧上止动螺栓，螺钉采用圆头镀锌。

4. 施工安装时，应根据图示母线安装高度的要求，按照V形绝缘子串图基本安装尺寸组装V形绝缘子串，并适当调整。通过调整花篮螺栓的长度来达到平衡位置，调整后必须保证管母安装高度与图示尺寸一致，同时保证绝缘子最后一片的顶部至管母线表面的净距大于1800mm。

5. 安装管母线应使其尽量保持在一条水平线上，现场安装时应根据实际情况进行管母线配重。

6. 安装时，不应采用定滑轮，以避免母线梁受力超过设计允许荷载，建议采用电动葫芦或其他安装机械。

7. 管母其他T接金具在各断面图中计列，具体位置可根据现场实际情况进行微调。

**图 9.2.1-08　HA-220-B-1　220kV 管型母线平断面图**

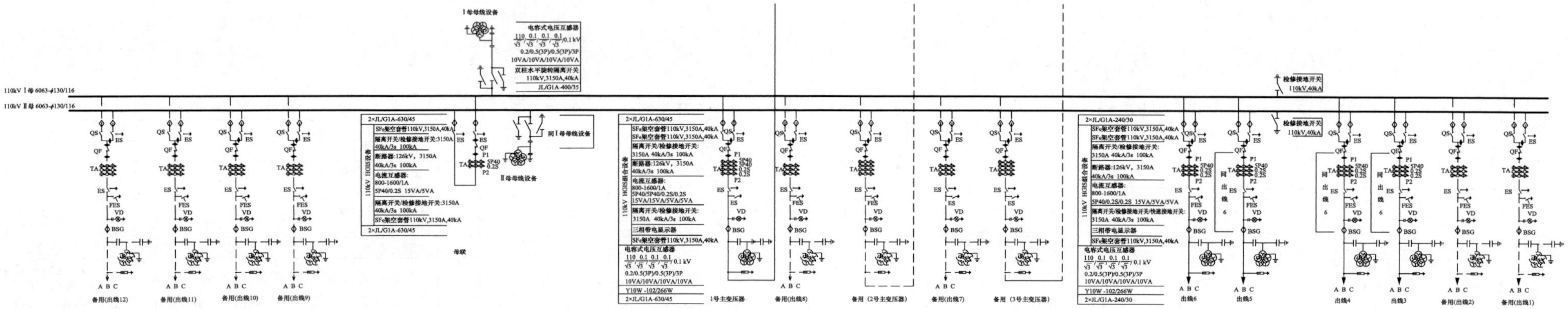

说明：1. 实线部分为本期工程，虚线部分为远期工程。

2. ♦为气室分隔符号。

**图 9.2.1-09　HA-220-B-1　110kV 电气主接线及气室分割图**

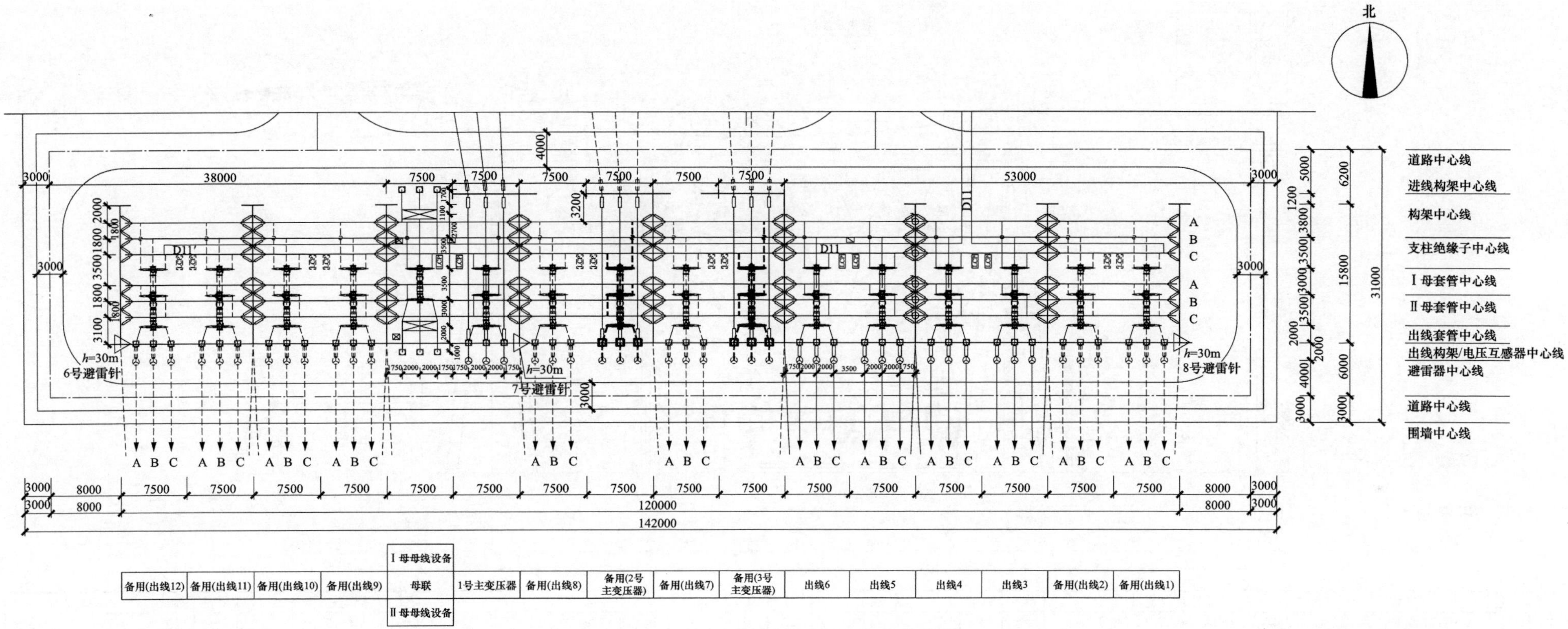


说明：1. 110kV 采用双母线接线方式。

2. 110kV 配电装置采用悬吊式管母分相、中型布置。

3. 实线部分为本期工程，虚线部分为远期工程。

4. 电缆沟尺寸（宽 × 深）：D11′为 1100mm × 800mm，D11 为 1100mm × 1000mm。

图例：LCP HGIS 智能控制柜

⊠ 电压互感器智能控制柜

◺ 动力箱

**图 9.2.1-10　HA-220-B-1　110kV 屋外配电装置平面布置图**

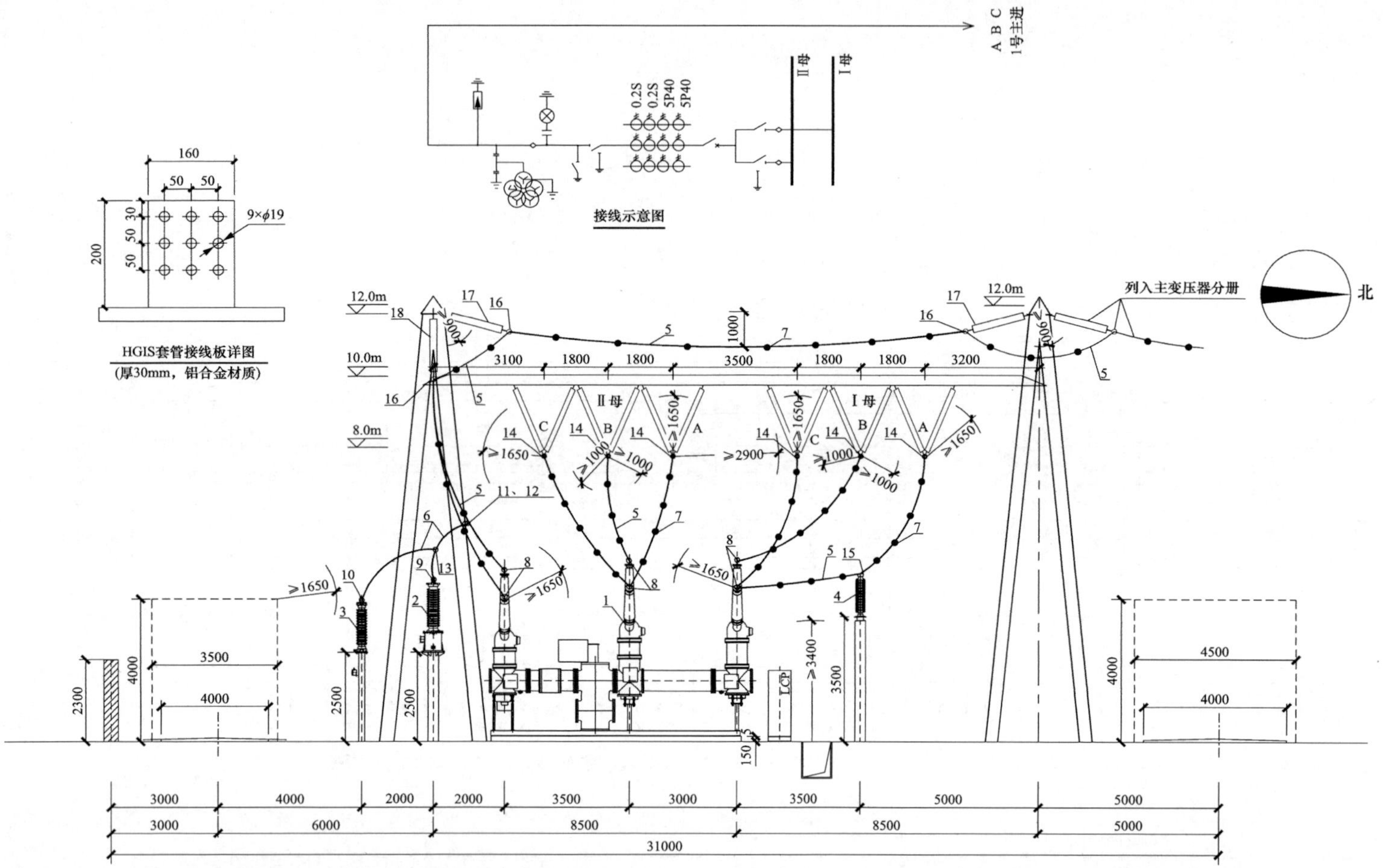


| 编号 | 代号 | 名称 | 型号及规范 | 单位 | 数量 | 备注 |
|---|---|---|---|---|---|---|
| 1 | | HGIS 设备 | 126kV，3150A，40kA（3s），100kA | 套 | 1 | |
| 1.1 | QF | 断路器，三相机械联动 | 126kV，3150A，40kA（3s），100kA | 台 | 1 | HGIS 厂家供货 |
| 1.2 | TA | 电流互感器 | 800–1600/1A，5P40/5P40/0.2S/0.2S | 台 | 3 | HGIS 厂家供货 |
| 1.3 | QS | 隔离开关 | 126kV，3150A，40kA（3s），100kA | 组 | 1 | HGIS 厂家供货 |
| 1.4 | FES | 快速接地开关 | 126kV，3150A，40kA（3s），100kA | 组 | 2 | HGIS 厂家供货 |
| 1.5 | ES | 接地开关 | 126kV，3150A，40kA（3s），100kA | 组 | 1 | HGIS 厂家供货 |
| 1.6 | VD | 带电显示器 | 三相 | 组 | 1 | HGIS 厂家供货 |
| 1.7 | BSG | 套管 | 126kV，3150A，40kA（3s），100kA | 只 | 9 | HGIS 厂家供货 |
| 2 | | 电压互感器 | $\frac{220}{\sqrt{3}}/\frac{0.1}{\sqrt{3}}/\frac{0.1}{\sqrt{3}}/\frac{0.1}{\sqrt{3}}/0.1kV$ 0.2/0.5（3P）/0.5（3P）/3P | 台 | 3 | |
| 3 | | 氧化锌避雷器 | Y10W–102/266W | 台 | 3 | |
| 4 | | 支柱绝缘子 | ZSW–126/8K–4 | 支 | 1 | |
| 5 | | 钢芯铝绞线 | 2（JL/G1A–630/45） | m | 230 | 按单根计 |

| 编号 | 代号 | 名称 | 型号及规范 | 单位 | 数量 | 备注 |
|---|---|---|---|---|---|---|
| 6 | | 钢芯铝绞线 | JL/G1A–630/45 | m | 15 | |
| 7 | | 双导线间隔棒 | MRJ–6/200 | 套 | 57 | 约 2m 一套 |
| 8 | | 30° 双导线铝设备线夹 | SSY–630B/200（160×160） | 套 | 9 | |
| 9 | | 0° 单导线铝设备线夹 | SY–630/45A（140×125） | 套 | 3 | |
| 10 | | 0° 单导线铝设备线夹 | SY–630/45A（140×110） | 套 | 3 | |
| 11 | | 0° 单导线铝设备线夹 | SY–630/45A（105×100） | 套 | 3 | |
| 12 | | T 形线夹 | TYS–2×630/200 | 套 | 3 | |
| 13 | | T 形线夹 | TY–630/45 | 套 | 3 | |
| 14 | | T 形线夹 | MGTT–130/630/45L | 套 | 12 | |
| 15 | | 软导线固定金具 | MSG–6/200 | 套 | 1 | |
| 16 | | 耐张线夹 | NY–630/45 | 套 | 18 | |
| 17 | | 双导线耐张绝缘子串 | 10（XWP2–120） | 串 | 6 | 爬距 545mm |
| 18 | | 双导线悬垂绝缘子串 | 10（XWP2–120） | 串 | 3 | 爬距 545mm |
| 19 | | 热镀锌扁钢 | –80×8 | m | | 开列于防雷接地分册 |

**图 9.2.1–11　HA–220–B–1　110kV 屋外配电装置主变压器进线断面图**

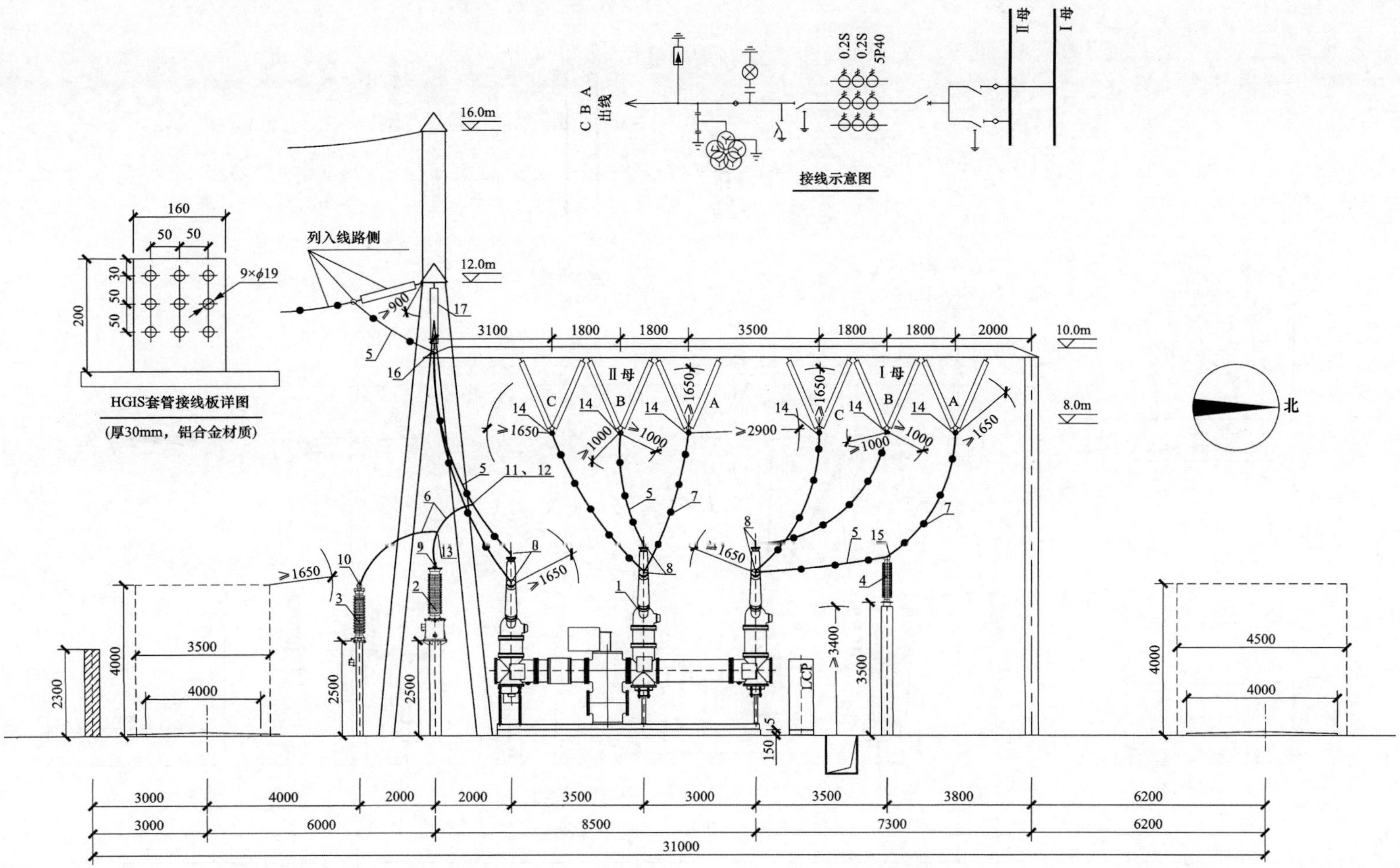


| 编号 | 代号 | 名称 | 型号及规范 | 单位 | 数量 | 备注 |
|---|---|---|---|---|---|---|
| 1 | | HGIS 设备 | 126kV，3150A，40kA（3s），100kA | 套 | 1 | |
| 1.1 | QF | 断路器，三相机械联动 | 126kV，3150A，40kA（3s），100kA | 台 | 1 | HGIS 厂家供货 |
| 1.2 | TA | 电流互感器 | 800−1600/1A，5P40/5P40/0.2S/0.2S | 台 | 3 | HGIS 厂家供货 |
| 1.3 | QS | 隔离开关 | 126kV，3150A，40kA（3s），100kA | 组 | 1 | HGIS 厂家供货 |
| 1.4 | ES | 接地开关 | 126kV，3150A，40kA（3s），100kA | 组 | 2 | HGIS 厂家供货 |
| 1.5 | FES | 快速接地开关 | 126kV，3150A，40kA（3s），100kA | 组 | 1 | HGIS 厂家供货 |
| 1.6 | VD | 带电显示器 | 三相 | 组 | 1 | HGIS 厂家供货 |
| 1.7 | BSG | 套管 | 126kV，3150A，40kA（3s），100kA | 只 | 9 | HGIS 厂家供货 |
| 2 | | 电压互感器 | $\frac{220}{\sqrt{3}}\Big/\frac{0.1}{\sqrt{3}}\Big/\frac{0.1}{\sqrt{3}}\Big/\frac{0.1}{\sqrt{3}}\Big/0.1\text{kV}$ 0.2/0.5（3P）/0.5（3P）/3P | 台 | 3 | |
| 3 | | 氧化锌避雷器 | Y10W−102/266W | 台 | 3 | |
| 4 | | 支柱绝缘子 | ZSW−126/8K−4 | 支 | 1 | |

| 编号 | 代号 | 名称 | 型号及规范 | 单位 | 数量 | 备注 |
|---|---|---|---|---|---|---|
| 5 | | 钢芯铝绞线 | 2（JL/G1A−240/30） | m | 130 | 按单根计 |
| 6 | | 钢芯铝绞线 | JL/G1A−240/30 | m | 15 | |
| 7 | | 双导线间隔棒 | MRJ−4/200 | 套 | 36 | 约 2m 一套 |
| 8 | | 30° 双导线铝设备线夹 | SSY−240B/200（160×160） | 套 | 9 | |
| 9 | | 0° 单导线铝设备线夹 | SY−240/30A（140×125） | 套 | 3 | |
| 10 | | 0° 单导线铝设备线夹 | SY−240/30A（140×110） | 套 | 3 | |
| 11 | | 0° 单导线铝设备线夹 | SY−240/30A（105×100） | 套 | 3 | |
| 12 | | T 形线夹 | TYS−2×240/200 | 套 | 3 | |
| 13 | | T 形线夹 | TY−240/30 | 套 | 3 | |
| 14 | | T 形线夹 | MGTT−130/240/30L | 套 | 12 | |
| 15 | | 软导线固定金具 | MSG−4/200 | 套 | 1 | |
| 16 | | 耐张线夹 | NY−240/30 | 套 | 6 | |
| 17 | | 双导线悬垂绝缘子串 | 10（XWP2−120） | 串 | 3 | 爬距 545mm |
| 18 | | 热镀锌扁钢 | −80×8 | m | | 开列于防雷接地分册 |

**图 9.2.1−12　HA−220−B−1　110kV 屋外配电装置出线断面图**

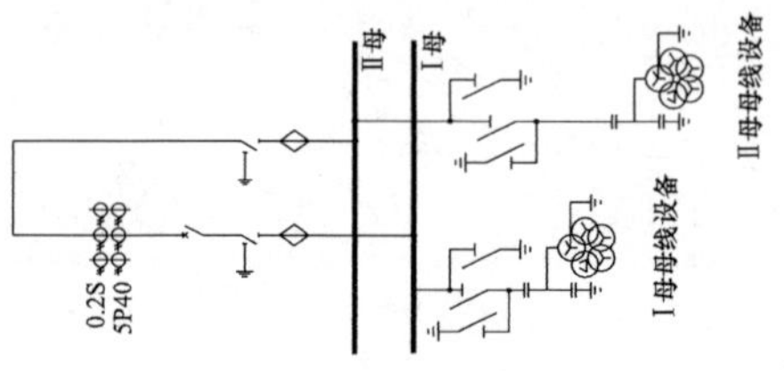


接线示意图

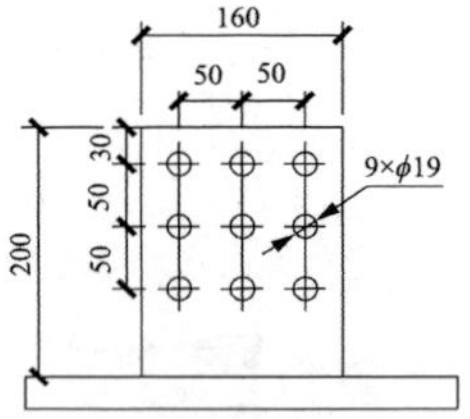


HGIS套管接线板详图
(厚30mm，铝合金材质)

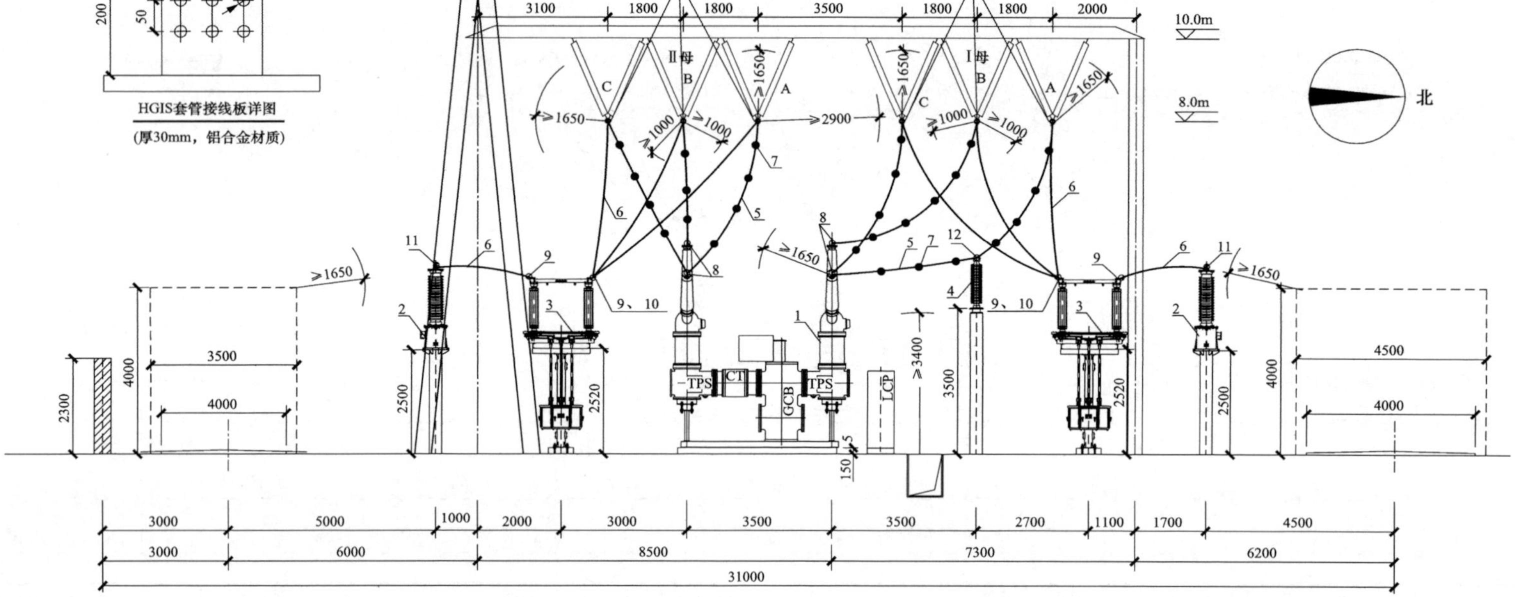


| 编号 | 代号 | 名称 | 型号及规范 | 单位 | 数量 | 备注 |
|---|---|---|---|---|---|---|
| 1 | | HGIS 设备 | 126kV，3150A，40kA（3s），100kA | 套 | 1 | |
| 1.1 | QF | 断路器，三相机械联动 | 126kV，3150A，40kA（3s），100kA | 台 | 1 | HGIS 厂家供货 |
| 1.2 | TA | 电流互感器 | 800−1600/1A，5P40/0.2S | 台 | 3 | HGIS 厂家供货 |
| 1.3 | QES | 隔离开关 / 接地开关 | 126kV，3150A，40kA（3s），100kA | 组 | 2 | HGIS 厂家供货 |
| 1.4 | BSG | 套管 | 126kV，3150A，40kA（3s），100kA | 只 | 6 | HGIS 厂家供货 |
| 2 | | 电压互感器 | $\frac{220}{\sqrt{3}}\Big/\frac{0.1}{\sqrt{3}}\Big/\frac{0.1}{\sqrt{3}}\Big/\frac{0.1}{\sqrt{3}}\Big/0.1\text{kV}$ 0.2/0.5（3P）/0.5（3P）/3P | 台 | 6 | |
| 3 | | 隔离开关 | GW4−126D（W）/3150A | 组 | 2 | |
| 4 | | 支柱绝缘子 | ZSW−126/8K−4 | 支 | 1 | |

| 编号 | 代号 | 名称 | 型号及规范 | 单位 | 数量 | 备注 |
|---|---|---|---|---|---|---|
| 5 | | 钢芯铝绞线 | 2×（JL/G1A−630/45） | m | 70 | 按单根计 |
| 6 | | 钢芯铝绞线 | JL/G1A−400/35 | m | 45 | |
| 7 | | 双导线间隔棒 | MRJ−6/200 | 套 | 18 | 约 2m 一套 |
| 8 | | 30° 双导线铝设备线夹 | SSY−240B/200（160×160） | 套 | 9 | |
| 9 | | 30° 单导线铝设备线夹 | SY−400/35B（125×120） | 套 | 10 | |
| 10 | | 90° 单导线铝设备线夹 | SY−400/35C（125×120） | 套 | 2 | |
| 11 | | 90° 单导线铝设备线夹 | SY−400/35C（140×125） | 套 | 6 | |
| 12 | | 软导线固定金具 | MSG−6/200 | 套 | 1 | |
| 13 | | T 形线夹 | MGTT−130/630/45L | 套 | 12 | |
| 14 | | T 形线夹 | MGTT−130/400/35L | 套 | 6 | |
| 15 | | 热镀锌扁钢 | −80×8 | m | | 开列于防雷接地分册 |

**图 9.2.1−13　HA−220−B−1　110kV 屋外配电装置母联、母线设备断面图**

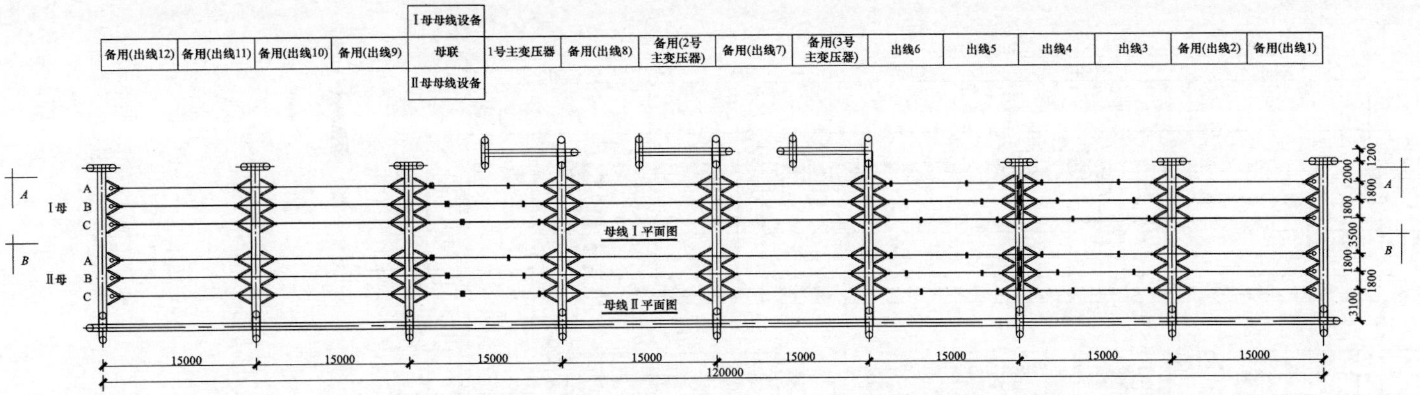


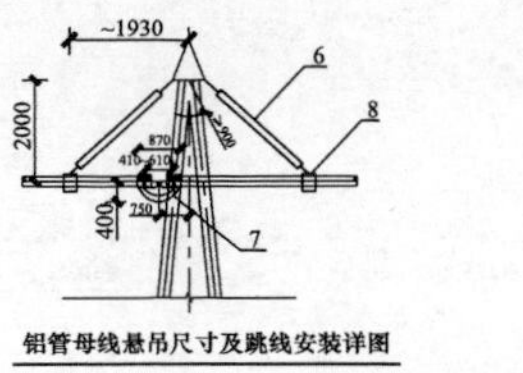


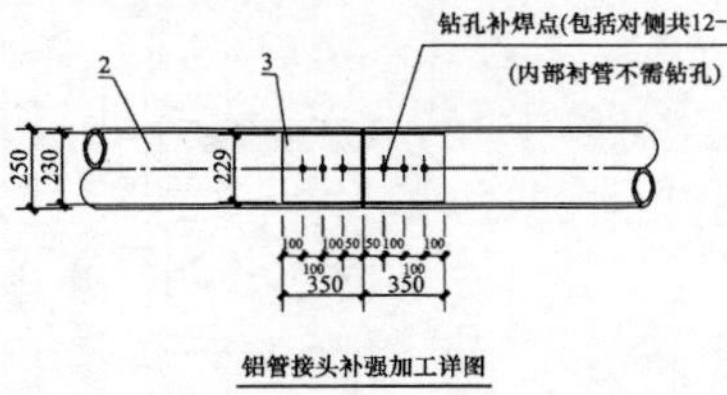


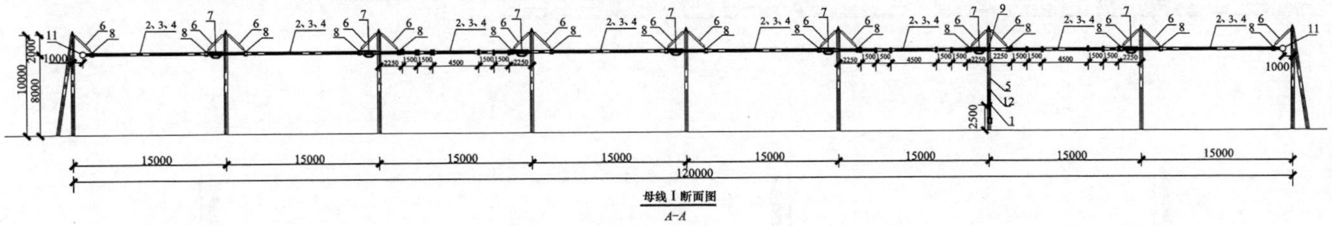


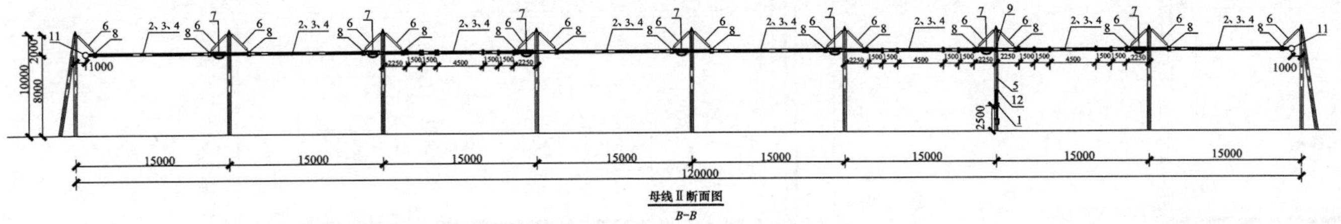


**设备材料表**

| 编号 | 名称 | 规范 | 单位 | 数量 | 备注 |
|---|---|---|---|---|---|
| 1 | 母线接地开关 | JW-126 | 组 | 2 | |
| 2 | 铝镁硅合金管母线 | 6063-$\phi$130/116 | m | 720 | |
| 3 | 铝镁硅合金管母线 | 6063-$\phi$115/101 | m | 72 | 作衬管用 |
| 4 | 钢芯铝绞线 | JL/G1A-300/25 | m | 720 | 阻尼导线 |
| 5 | 钢芯铝绞线 | JL/G1A-400/35 | m | 30 | 母线接地开关引下线 |
| 6 | V 形绝缘子串 | 2×10（XWP2-120） | 串 | 96 | 两组为一串 |
| 7 | 管母线跳线金具 | MGTH-130 | 套 | 42 | 含连接线 |
| 8 | 管母线悬吊线夹 | MGXX1-130 | 套 | 96 | |
| 9 | 管母线引流线夹 | MGTT-130/400/35L | 套 | 6 | |
| 10 | 90° 铝设备线夹 | SY-400/35C-150×150 | 套 | 6 | |
| 11 | 封端球 | MGZ-130 | 套 | 12 | |
| 12 | 管母线配重金具 | MGZP-130 | 套 | 12 | |

说明：1. 所列材料为图中 220kV Ⅰ、Ⅱ母线数量。

2. 6063 铝管的接头应采用钨极弧焊接，焊接数据如下：

| | 焊接厚度 | 焊接层数 | 钨极直径 | 焊丝直径 | 喷嘴直径 | 氩气流量 | 焊接电流 | 送丝速度 | 焊接速度 |
|---|---|---|---|---|---|---|---|---|---|
| | mm | 层 | mm | mm | mm | L/min | A×10 | m/h | m/h |
| 手工 | 6~8 | | 4~5 | 3~5 | 10~14 | 10~14 | 14~22 | | |
| | >8~12 | | 4~5 | 4~5 | 12~16 | 12~16 | 22~28 | | |
| 自动 | 6~8 | 2~3 | 5~6 | 3~5 | 12~16 | 12~16 | 28~34 | 70~80 | 18~24 |
| | >8~12 | >2 | 6 | 4~6 | 14~18 | 14~18 | 30~35 | 74~83 | 18~24 |

焊接完后，为不降低焊接处的强度，还需进行衬管补强焊，方法如上图所示。

3. 封端球的漏水孔应朝下安装，安装时应在母线管端打孔，尺寸应与封端球的螺孔相吻合，拧上止动螺栓，螺钉采用圆头镀锌。

4. 施工安装时，应根据图示母线安装高度的要求，按照 V 形绝缘子串图基本安装尺寸组装 V 形绝缘子串，并适当调整。通过调整花篮螺栓的长度来达到平衡位置，调整后必须保证管母安装高度与图示尺寸一致，同时保证绝缘子最后一片的顶部至管母线表面的净距大于 900mm。

5. 安装管母线应使其尽量保持在一条水平线上，现场安装时应根据实际情况进行管母线配重量。

6. 安装时，不应采用定滑轮，以避免母线梁受力超过设计允许荷载，建议采用电动葫芦或其他安装机械。

7. 管母其他 T 接金具在各断面图中计列，具体位置可根据现场实际情况进行微调。

**图 9.2.1-14　HA-220-B-1　110kV 管型母线平断面图**

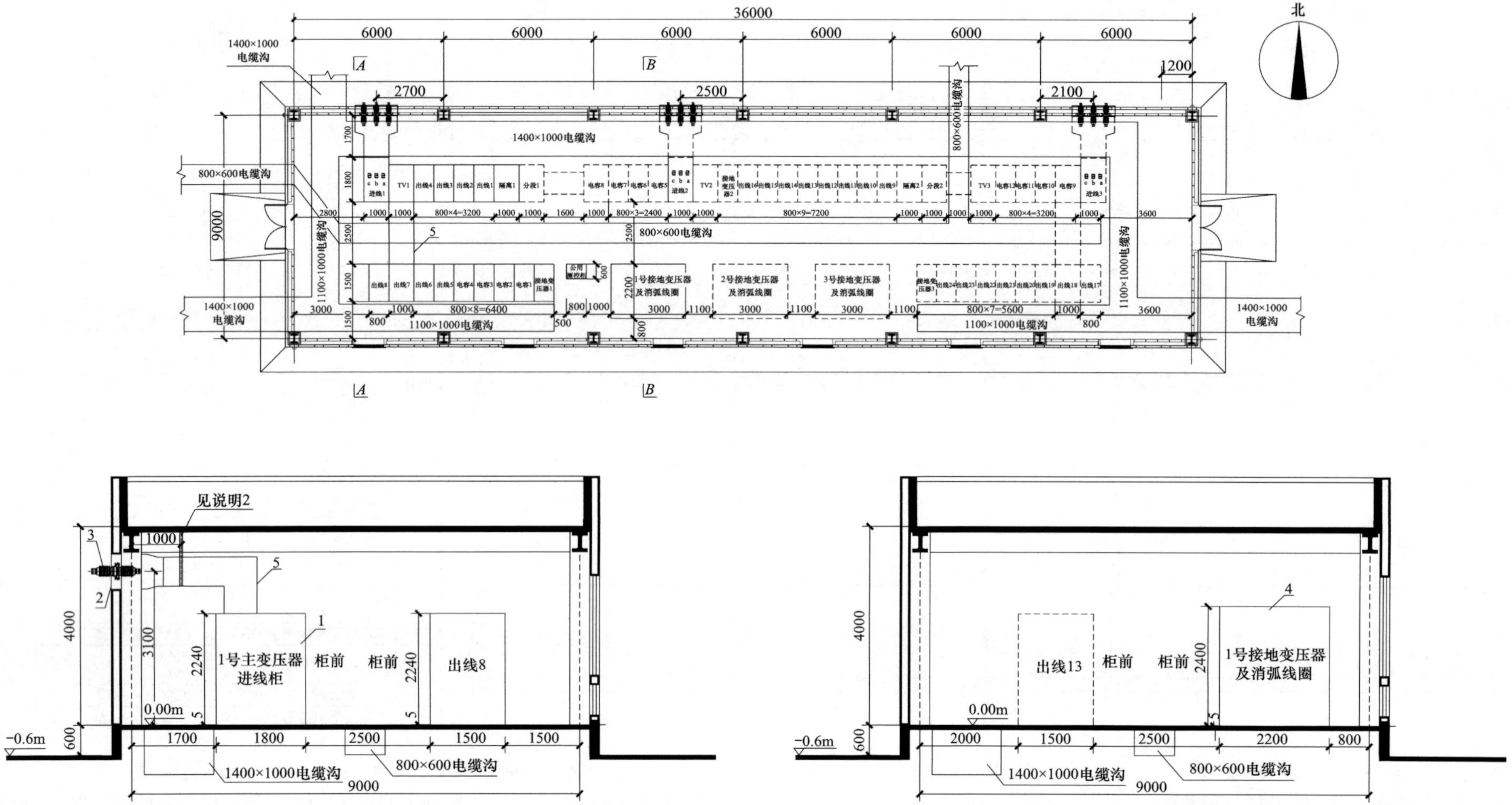


说明：1. 进线封闭母线桥及其吊架由开关柜成套供货，厂家现场实测后再进行加工，开关柜厂家应保证进线封闭母线桥与墙体的密封。

2. 10kV 母线桥吊架顶部现场用膨胀螺栓或焊接（土建提前预埋埋件）固定，吊架间可根据现场情况适当调整，应躲过梁、柱等。

3. 实线部分为本期工程，虚线部分为远期工程。

**主设备材料表**

| 序号 | 名称 | 规范 | 单位 | 数量 | 备注 |
|---|---|---|---|---|---|
| 1 | 10kV 主变压器进线开关柜 | | 面 | | |
| 2 | 铝板 | 1700mm × 700 mm | 块 | 3 | 两个用于备用 |
| 3 | 穿墙套管 | | 只 | 3 | |
| 4 | 1 号接地变压器及消弧线圈 | | 面 | 1 | |
| 5 | 封闭母线桥 | | m | 10 | |

**图 9.2.1−15　HA−220−B−1　10kV 配电装置室平断面布置图**

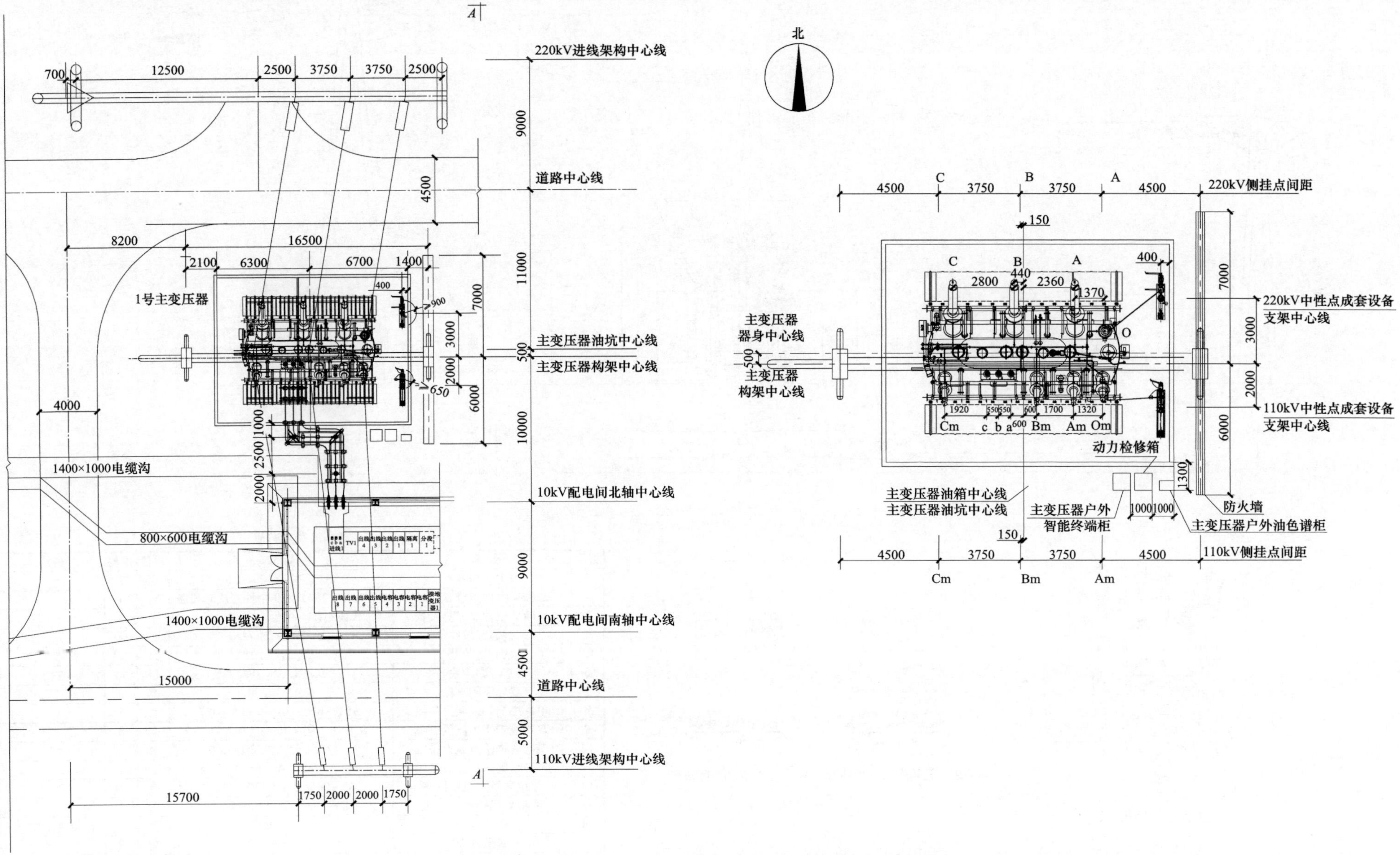


**图 9.2.1-16　HA-220-B-1　主变压器及 10kV 母线桥平面布置图**

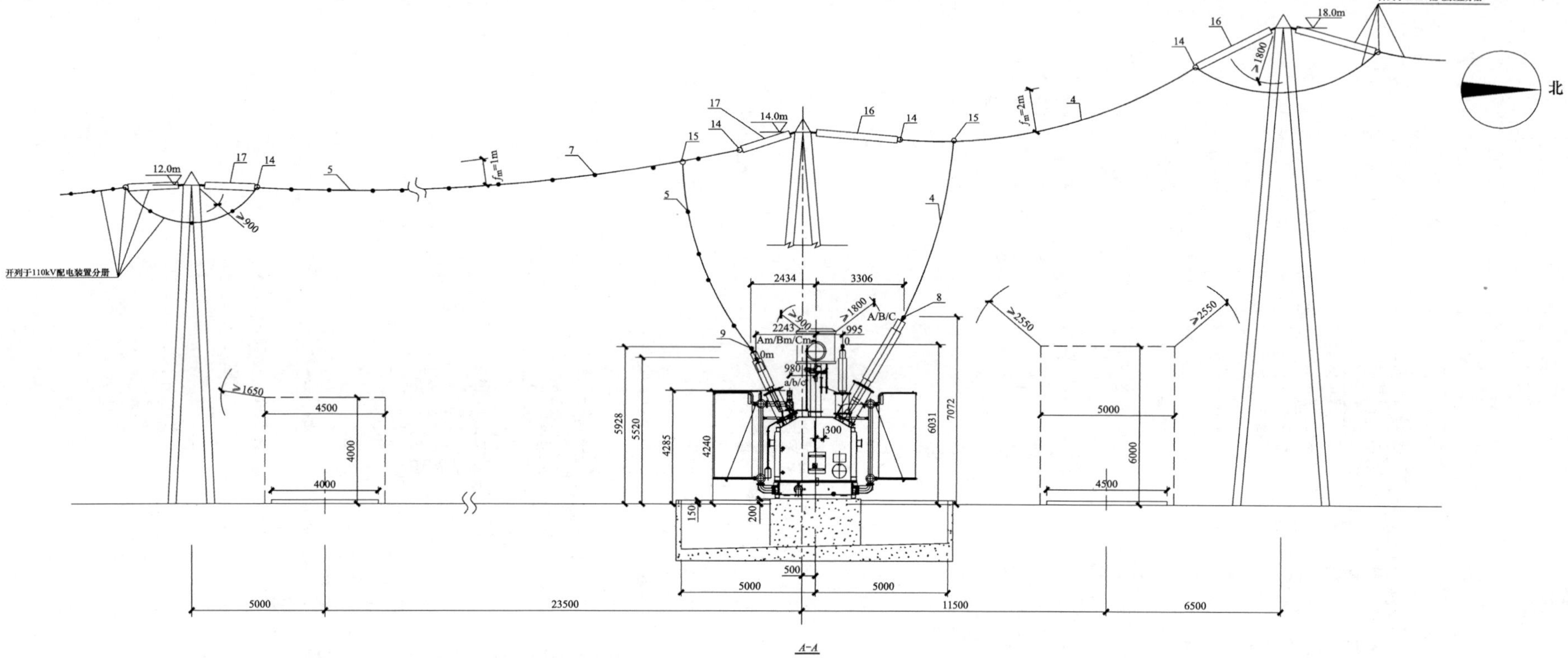


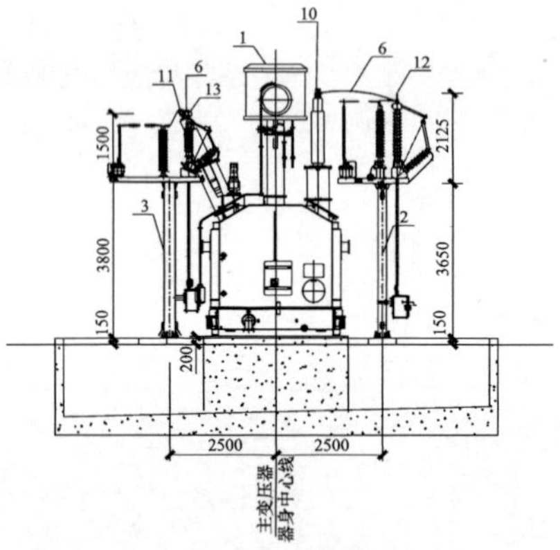


主变压器及中性点断面布置详图

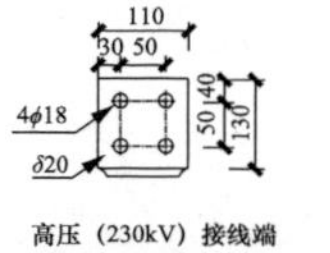

高压（230kV）接线端
高压零相（110kV）接线端
中压（115kV）接线端
中压零相（60kV）接线端

材质：T2铜

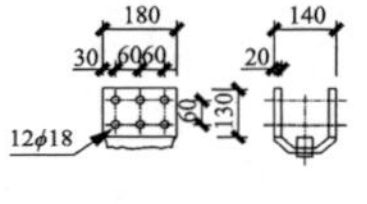

低压（10.5kV）接线端

材质：铜

说明：变压器所有接线端子均可根据现场实际旋转。

设 备 材 料 表

| 编号 | 名称 | 规范 | 单位 | 数量 | 备注 |
|---|---|---|---|---|---|
| 1 | 主变压器 | SSZ □ −180000/220 | 台 | 1 | |
| 2 | 220kV 中性点成套设备 | PG−ZJB−252，220 中性点成套设备 | 台 | 1 | |
| 3 | 110kV 中性点成套设备 | BZFZ−110 中性点成套设备 | 台 | 1 | |
| 4 | 钢芯铝绞线 | JL/G1A−630/45 | m | 60 | |
| 5 | 钢芯铝绞线 | 2（JL/G1A−630/45） | m | 264 | 按单根计 |
| 6 | 钢芯铝绞线 | JL/G1A−300/25 | m | 15 | |
| 7 | 双导线间隔棒 | MRJ−6/200 | 套 | 66 | 约每隔 2m1 套 |
| 8 | 0° 单导线铜铝过渡设备线夹 | SYG−630/45A（130 × 110） | 套 | 3 | |
| 9 | 0° 双导线铜铝过渡设备线夹 | SSYG−630A/200（130 × 110） | 套 | 3 | |
| 10 | 0° 单导线铜铝过渡设备线夹 | SYG−300/25A（130 × 110） | 套 | 1 | |
| 11 | 0° 单导线铜铝过渡设备线夹 | SYG−300/25A（130 × 110） | 套 | 1 | |
| 12 | 0° 单导线铝设备线夹 | SY−300/25A（130 × 110） | 套 | 1 | |
| 13 | 0° 单导线铝设备线夹 | SY−300/25A（80 × 80） | 套 | 1 | |
| 14 | 耐张线夹 | NY−630/45 | 套 | 18 | 附 0° 引流线夹 |
| 15 | T 形线夹 | TY−630/45 | 套 | 9 | |
| 16 | 单导线耐张绝缘子串 | 20（XWP2−100） | 串 | 6 | 单片绝缘子爬电距离 450mm |
| 17 | 双导线耐张绝缘子串 | 11（XWP2−100） | 串 | 6 | 单片绝缘子爬电距离 450mm |

**图 9.2.1−17　HA−220−B−1　主变压器断面布置图**

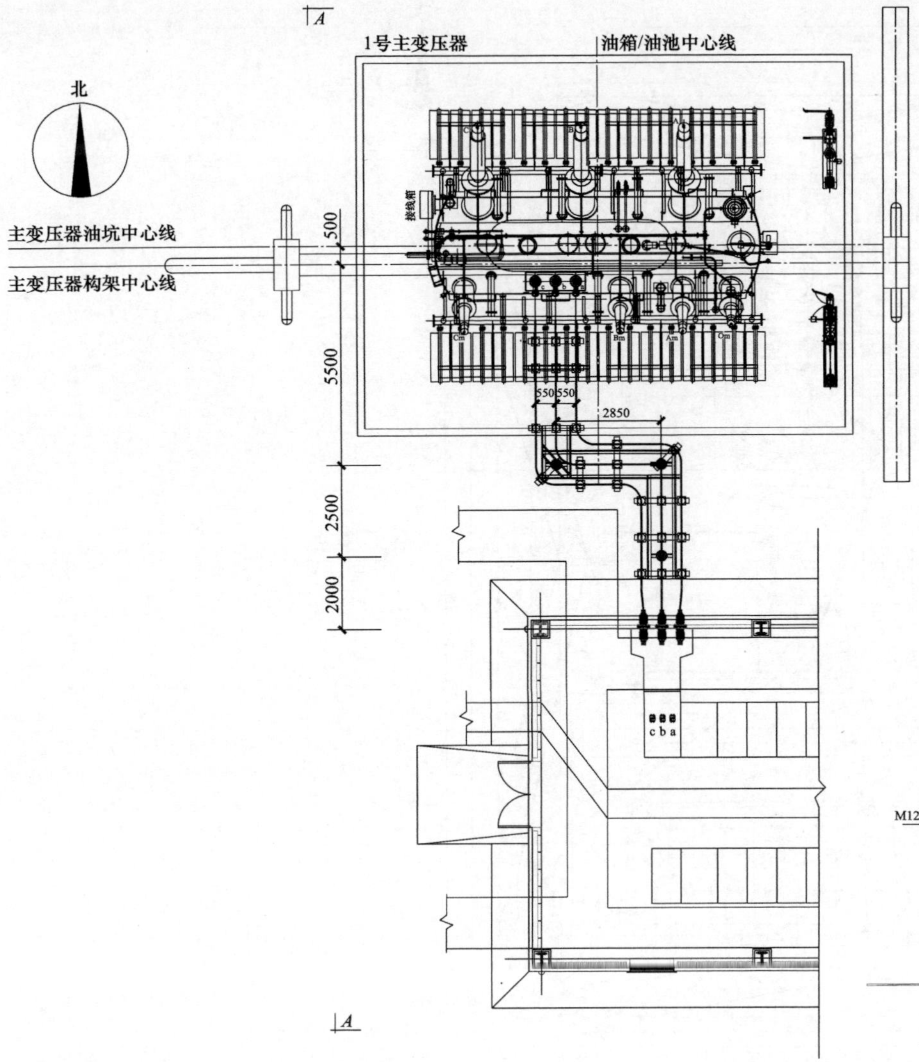


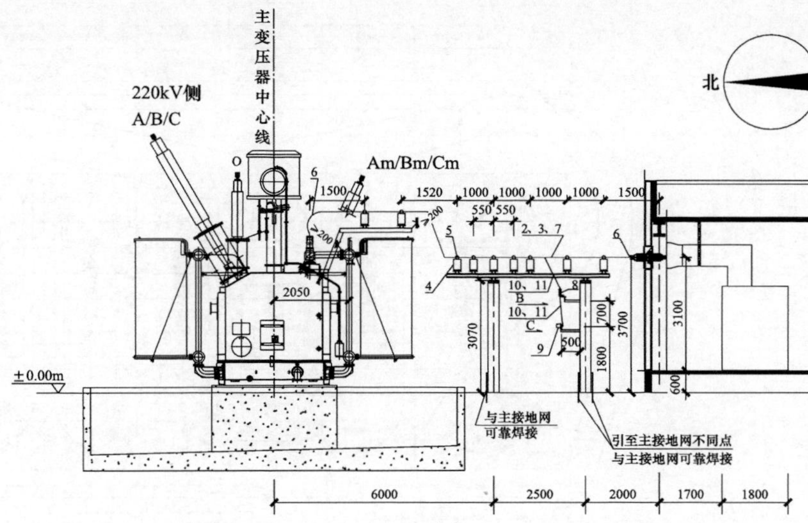


A-A

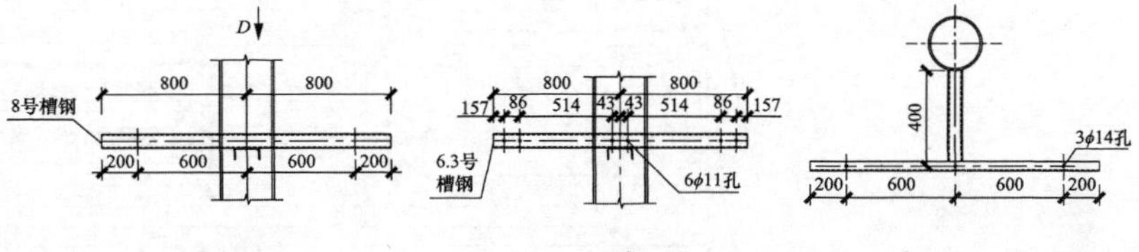


B向 C向 D向

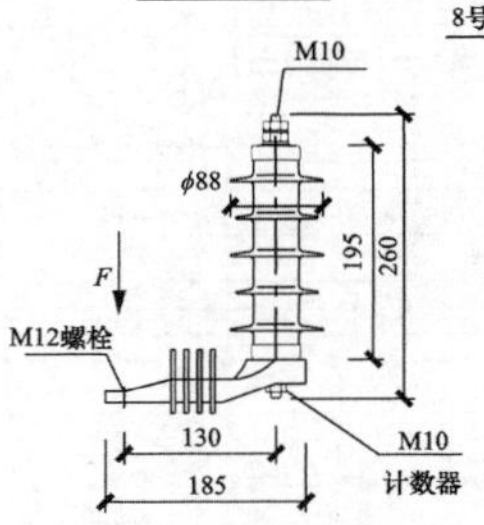


10kV避雷器外形图

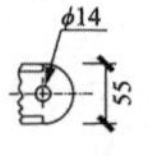


F向

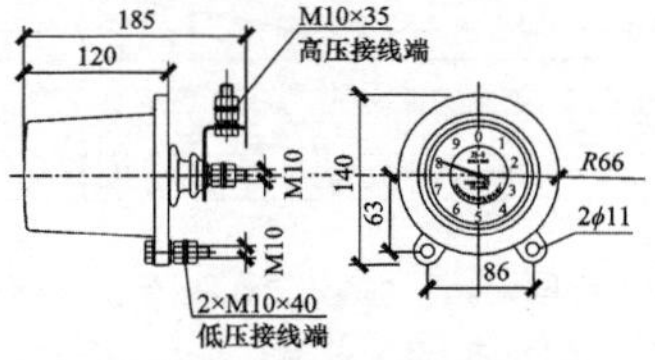


避雷器计数器外形图

**设备材料表**

| 编号 | 名称 | 规范 | 单位 | 数量 | 备注 |
|---|---|---|---|---|---|
| 1 | 主变压器 | SSZ□−180000/220 | 台 | 1 | 开列于断面图中 |
| 2 | 铜排 | TMY−3×（125×10） | m | 150 | 按单片计 |
| 3 | 母线热缩护套 |  | m | 150 |  |
| 4 | 支柱绝缘子 | ZSW−24/12.5 | 支 | 26 |  |
| 5 | 固定金具 | MWP−304 | 套 | 26 |  |
| 6 | 母线伸缩节 | MS−125×12.5 | 套 | 18 |  |
| 7 | 矩形母线间隔垫 | MJG−04 | 套 | 330 | 安装间距不大于300mm |
| 8 | 10kV 避雷器 | YH5WZ5−17/45 | 套 | 3 |  |
| 9 | 避雷器计数器 | JCQ1−10/800 | 套 | 3 |  |
| 10 | 铜绞线（带绝缘护套） | 120mm$^2$ | m | 6 |  |
| 11 | 铜鼻子 | 与 120mm$^2$ 铜绞线配套 | 套 | 12 |  |
| 12 | 镀锌接地扁钢 | −80×8 | m |  | 开列于防雷接地分册 |

**图 9.2.1−18　HA−220−B−1　10kV 母线桥平断面布置图**

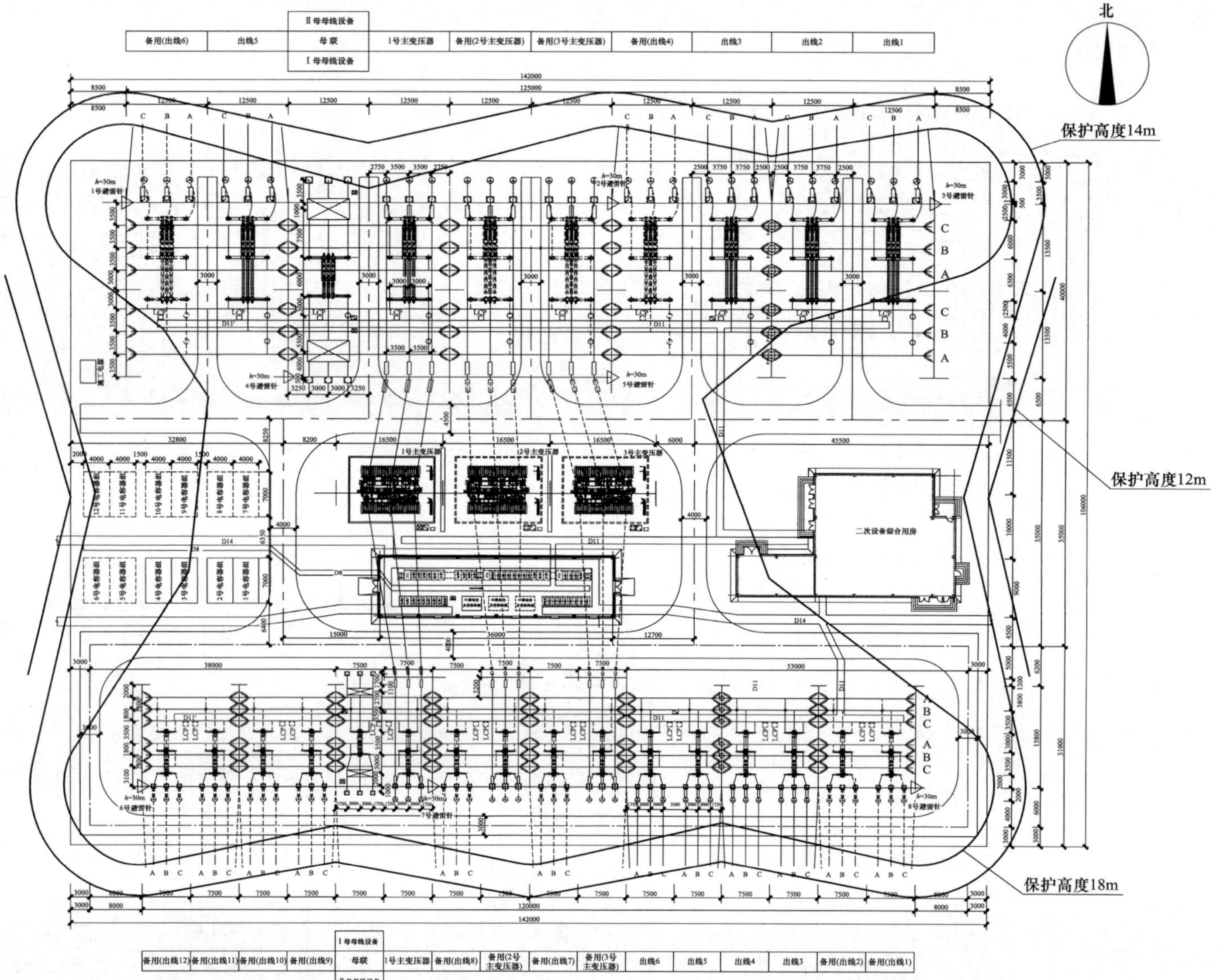


说明：1. 220kV 配电装置及 220kV 主变压器进线跨线保护高度取 18m，主变压器区域保护高度取 14m，110kV 配电装置区域保护高度取 12m。

2. 220kV 配电装置在 18m 保护范围内，主变压器及 110kV 配电装置区域都在 14m 保护范围内。

3. 电容器组保护高度取 8m，在避雷针 12m 保护范围内。

4. 根据《建筑物防雷设计规范》（GB 50057—2010），配电装置室采用滚球法校验。配电装置室均属于第三类防雷建筑物，滚球半径 60m，经校验，二次设备综合用房消防泵房联合建筑需设置屋顶避雷带（接闪器）进行防雷保护。

**图 9.2.1–19　HA–220–B–1　全站防雷布置图**

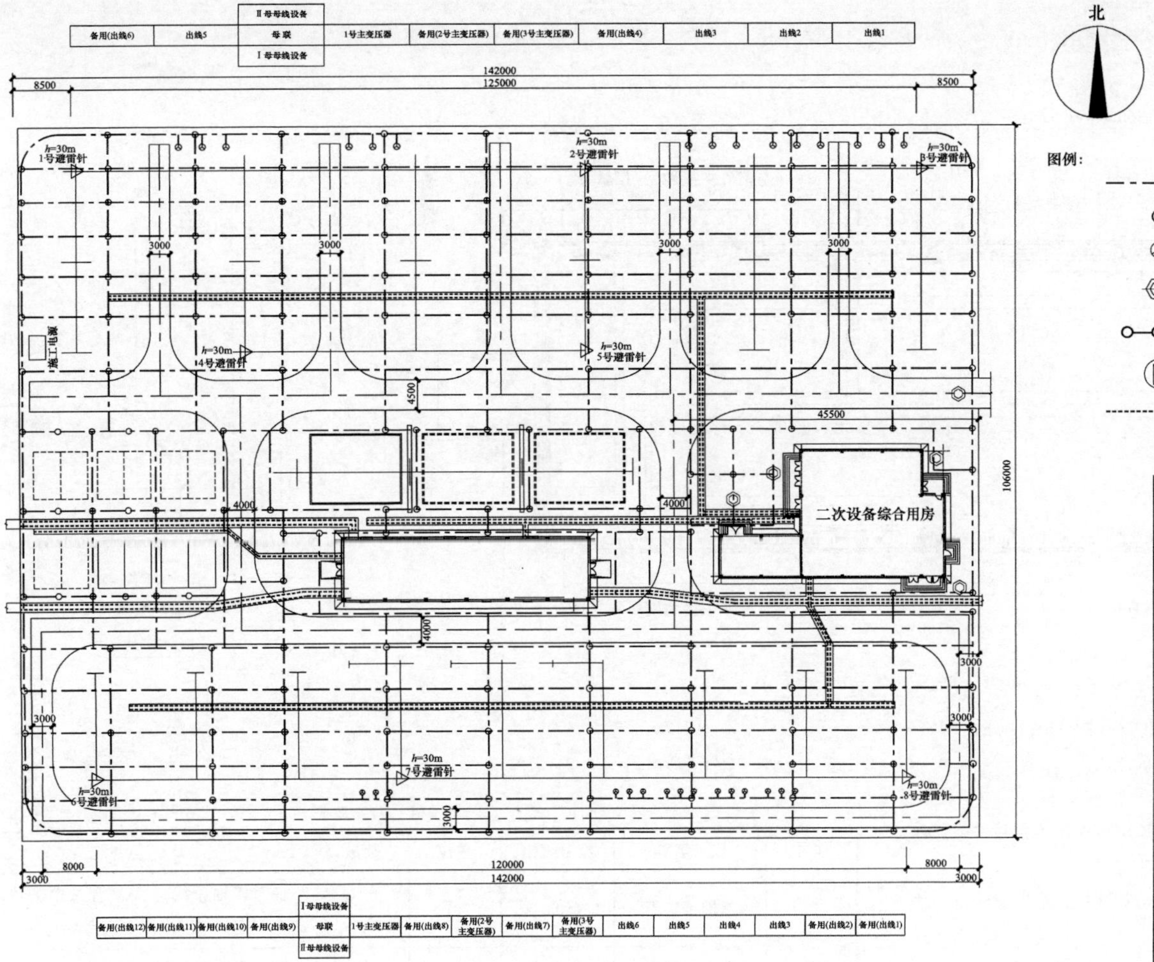


图例：

- 表示水平接地极；
- 表示垂直接地极(2.5m)；
- 表示避雷器；
- 表示“帽檐式”均压带；
- 表示集中接地装置，接地极两两间距5m；
- 表示架构避雷针；
- 表示电缆沟内接地扁钢。

材 料 表

| 序号 | 名称 | 型号及规范 | 单位 | 数量 | 备注 |
|---|---|---|---|---|---|
| 1 | 热镀锌扁钢 | 80×8 | m | 5000 | 水平接地极 |
| 2 | 热镀锌扁钢 | −80×8 | m | 4800 | 设备及支架接地线 |
| 3 | 热镀锌角钢 | ∠50×5<br>$L$=2500 | 根 | 350 | 垂直接地极 |
| 4 | 热镀锌扁钢 | −40×4 | m | 740 | 照明灯具、爬梯、栏杆、金属门等接地线 |
| 5 | 热镀锌扁钢 | −50×6 | m | 1300 | 电缆沟内接地线 |
| 6 | 热镀锌扁钢 | −50×6 | m | 200 | 端子箱检修箱等接地 |
| 7 | 软铜线（带保护外皮） | 35mm² 25mm²<br>16mm² 6mm² | m | 100 | 用于全站设备、电机和支架等软接地线 |
| 8 | 接地扁铜 | −50×4 | m | 370 | 电气设备至支架接地引线 |

说明：1. 全站接地应符合《交流电气装置的过电压保护和绝缘配合设计规范》（GB/T 50064—2014）及《交流电气装置的接地设计规范》（GB/T 50065—2011）的规定，电气设备的金属部分，包括电机、变压器和高压电器的外壳、配电控制屏的框架、电缆的外皮、穿线钢管和电缆桥架及电缆终端盒等，均应接地。施工必须遵守《交流电气装置的接地设计规范》（GB/T 50065—2011）、《输变电工程建设标准强制性条文实施管理规程》（Q/GDW 10248—2016）、《电气装置安装工程接地装置施工及验收规范》（GB 50169—2016）、《国家电网公司十八项电网重大反事故措施》及省电力公司的防质量通病措施。

2. 电气设备每个接地部分应以单独的接地线与接地母线连接，变压器、断路器、隔离开关、互感器、避雷器及电容器等重要电气设备和主变中性点每个接地部分应以单独的双根接地线与接地母线连接，并分别接至接地网的不同点；变压器中性点应有两根与接地网主网格的不同边连接的接地引下线。

3. 架构上避雷针（含悬挂避雷线的架构）的集中接地装置应与主接地网连接，由连接点至变压器接地点沿接地极的长度不应小于15m。

4. 避雷器应以最短的接地线与主接地网相连，且避雷器附近应装设集中接地装置。

5. 计算机和通信设备接地应按相关专业要求形成环网后，与主接地网相连。

6. 全所接地极埋深 −0.8m，与附近建筑物的距离不宜小于 1.5m，垂直接地极间距不宜小于 5m。

7. 电缆沟内预埋接地扁钢应每隔 20～30m 与主接地网干线可靠连接一次。

8. 主接地网外缘应闭合，外缘各角应做成圆弧形（半径不小于 6m）。

**图 9.2.1−20　HA−220−B−1　站区主接地网布置图**

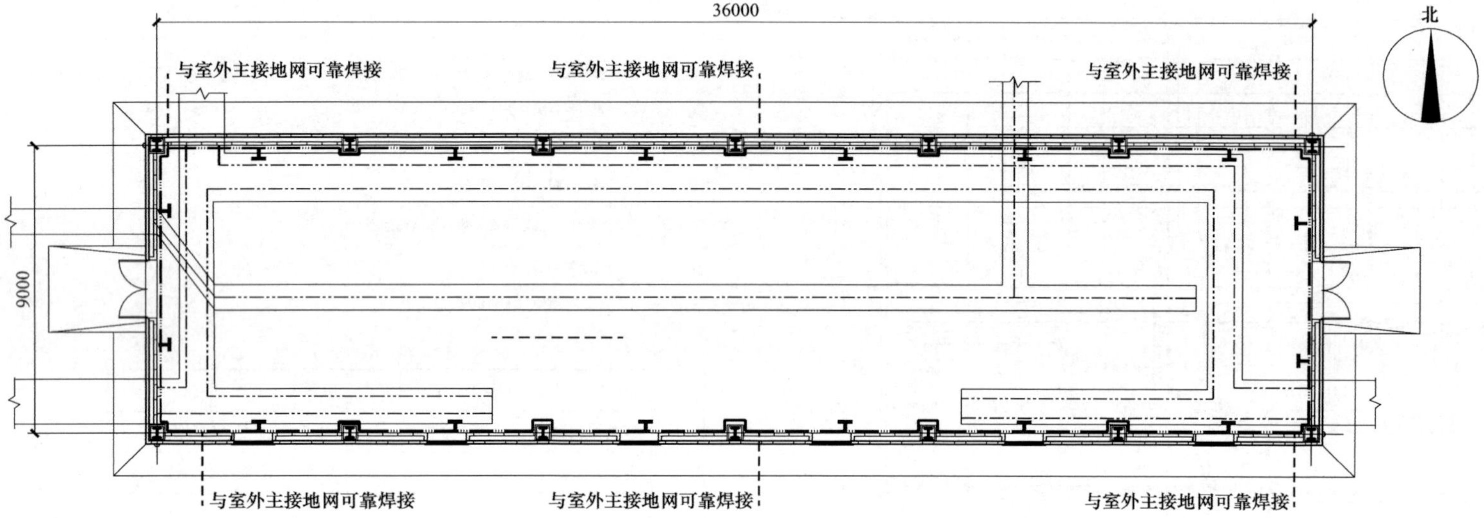


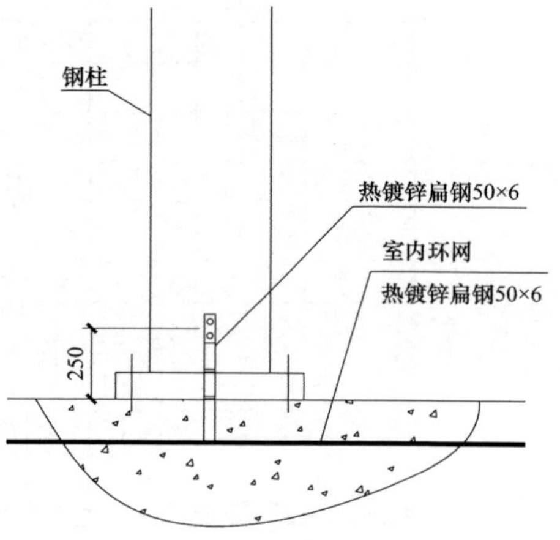


钢柱接地图

图例：

- - - - - - - - 表示 −80 × 8 热镀锌扁钢，连接室外主接地网与室内接地环网，开列于 D0122 分。

—·—·—·— 表示接地线，−50 × 6 热镀锌扁钢暗敷于地面，过门处埋入抹面层内。

—··—··— 表示电缆沟内 −50 × 6 热镀锌扁钢。

电缆沟内于最下层支架铺设通长热镀锌扁钢 −50 × 6，与主接地网可靠连接，并与每个电缆支架均可靠连接。

———— 表示钢柱接地引下线，−50 × 6 热镀锌扁钢，与室内接地干线可靠连接，暗敷于地面，过门处埋入抹面层内。

T 表示临时接地端子。

说明：1. 基础型钢应与主接地网有明显且不少于两点可靠相连。

2. 电缆沟内预埋接地扁钢应每隔 20～30m 与室内接地干线可靠连接一次。

3. 钢结构建筑框架柱与主接地网可靠焊接。

材 料 表

| 序号 | 设备名称 | 型号规格 | 单位 | 数量 | 备注 |
| --- | --- | --- | --- | --- | --- |
| 1 | 热镀锌扁钢 | −50 × 6 | m | 400 | 水平接地干线，10kV 开关柜接地线，钢柱接地引下线，电缆沟内接地线 |
| 2 | 热镀锌扁钢 | −25 × 4 | m | 50 | 用于接地线引出建筑物固定 |
| 3 | 热镀锌扁钢 | −40 × 4 | m | 150 | 用于灯具、门等金属部分接地 |
| 4 | 临时接地端子 | | 个 | 16 | |

**图 9.2.1−21 HA−220−B−1 10kV 配电装置室接地布置图**

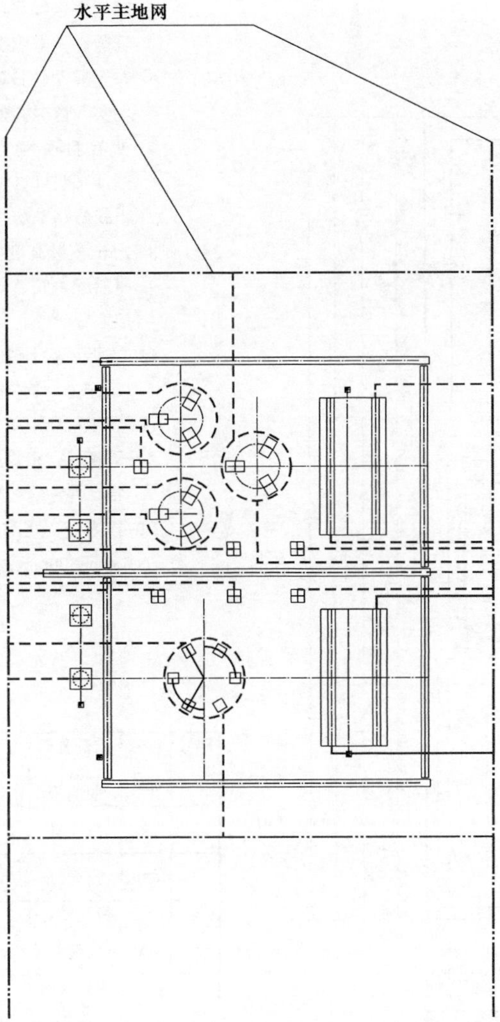


说明：1. 电容器、电抗器及隔离开关外壳应可靠接地。

2. 网门铰接处采用软铜线跨接接地。

图 9.2.1-22　HA-220-B-1　10kV 电容器接地布置图

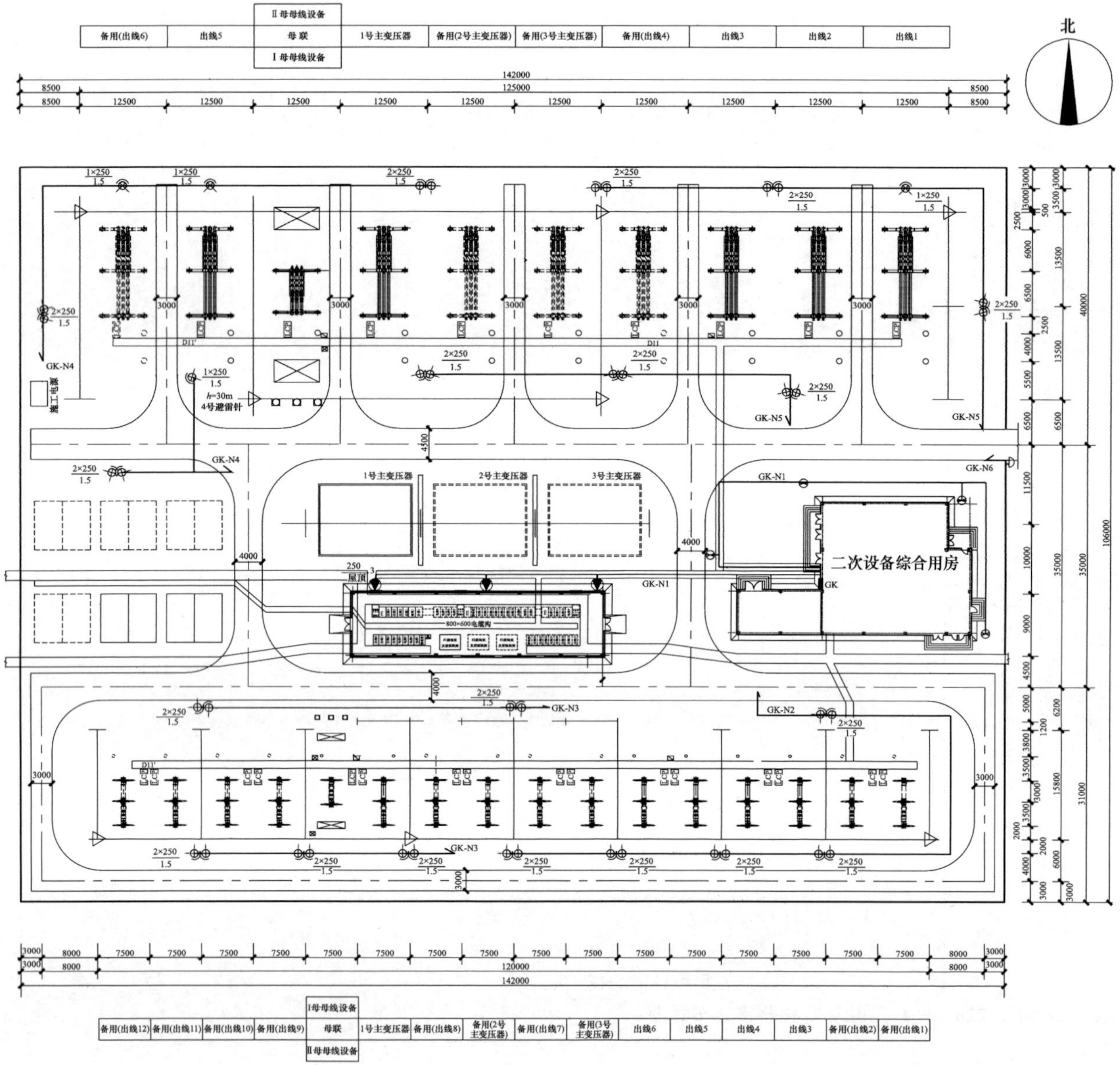


说明：1. 光控照明箱安装在二次设备室内，光敏元件安装在室外无遮挡处，照明箱底安装高度距所在平面为1.5m；照明箱底预埋8根$\phi$40镀锌钢管至电缆沟，弯曲半径不小于10$D$（$D$为钢管直径）。

2. 照明电缆应尽可能利用电缆沟敷设，其他采用穿管暗敷。

3. 照明主干线采用YJV22−3×10电缆，沿电缆沟敷设，出电缆沟穿管敷设，电缆引至灯具底座，支线采用BV电线自底座引至灯具。

4. 布置照明灯杆时，应避开上下水道、管沟等地下设施，可根据现场实际情况调整位置。

5. 投光灯应配全方位活动底座，以便按需要适当调整角度。

6. 屋顶照明灯具及站区其他照明灯具基础由土建提前做好埋管。

7. 出线回路平均接至A、B、C三相上，以保持负荷平衡。

8. 1.5m安装高度投光灯应采取防触电措施及警示标志。

9. 照明配电箱、灯具的金属外壳应可靠接地，接地材料开列于防雷接地分册。

10. 本照明设计中的灯具、开关、插座型号为参考型号，仅供参考，不作为订货依据。

11. 图纸中所绘灯具位置仅供参考，现场应充分考虑电气设备基础等因素后，根据现场实际情况确定，应避让主要电气设备及建构筑物，并注意校验带电距离，确保电气及人员安全。

12. 投光灯、庭院灯灯杆需带专用接地端子，接地端子中心距离灯杆底部300mm，样式如下图所示。

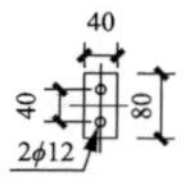


**设备材料表**

| 序号 | 符号 | 设备名称 | 型号规格 | 单位 | 数量 | 备注 |
|---|---|---|---|---|---|---|
| 1 | | 光控照明箱 | NM−XRMG3/GK | 套 | 1 | 放置于二次设备室内 |
| 2 | | 投光灯 | 250W，灯杆1.5m 灯杆带专用接地端子 | 套 | 4 | LED灯 不锈钢灯杆 |
| 3 | | 投光灯 | 2×250W，灯杆1.5m 灯杆带专用接地端子 | 套 | 19 | LED灯 不锈钢灯杆 |
| 4 | | 投光壁灯 | 250W | 套 | 3 | LED灯 |
| 5 | | 庭院灯 | 2×100W，灯杆2.7m 灯杆带专用接地端子 | 套 | 4 | LED灯、一体化灯杆 |
| 6 | | 瓷插式熔断器 | RC1A−5A | 套 | 30 | 用于灯具就地单独短路保护 |
| 7 | | 电铃 | | 个 | 1 | 安装高度1.5m |
| 8 | | 电力电缆 | YJV22−3×10 | m | 1300 | 用于照明干线、门铃 |
| 9 | | 铜芯绝缘导线 | BV−0.75−4 | m | 350 | 用于照明分支回路 |
| 10 | | 镀锌钢管 | $\phi$40 | m | 450 | |
| 11 | | 控制电缆 | KVVP22−4×1.5 | m | 25 | 用于光敏元件 |

**图9.2.1−23 HA−220−B−1 站区配电装置照明布置图**

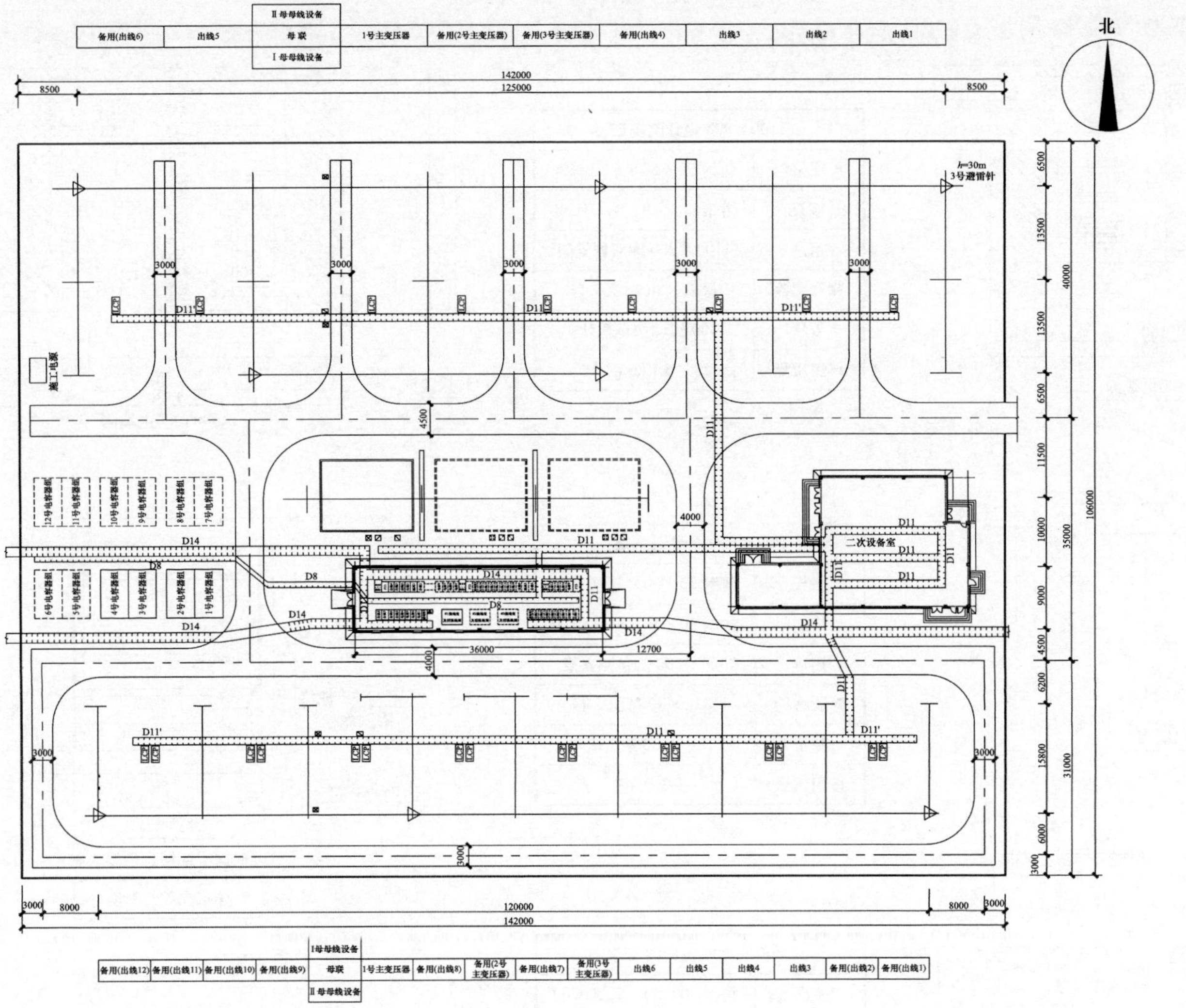


站区电缆沟

| 序号 | 图例 | 名称 | 型号及规范 | 单位 | 数量 | 备注 |
|---|---|---|---|---|---|---|
| 1 | — | 1400×1000 电缆沟支架 | 双侧　按单侧计 | 组 | 460 | |
| 2 | — | 1100×1000 电缆沟支架 | 双侧　按单侧计 | 组 | 900 | |
| 3 | — | 1100×800 电缆沟支架 | 双侧　按单侧计 | 组 | 300 | |
| 4 | — | 800×600 电缆沟支架 | 单侧 | 组 | 100 | |

说明：1. 电缆沟采用E形角钢支架，支架间距0.8m，转弯处间距适当减小。

2. 电缆沟尺寸（宽 × 深）：D8为800mm×600mm电缆沟，D11′为1100mm×800mm电缆沟，D11为1100mm×1000mm电缆沟，D14为1400mm×1000mm电缆沟。

3. 电缆沟内按照电压等级由高至低的电力电缆、控制和信号电缆、光缆以“由上而下”的顺序排列。

**图 9.2.1-24　HA-220-B-1　电缆敷设设施平面布置图**

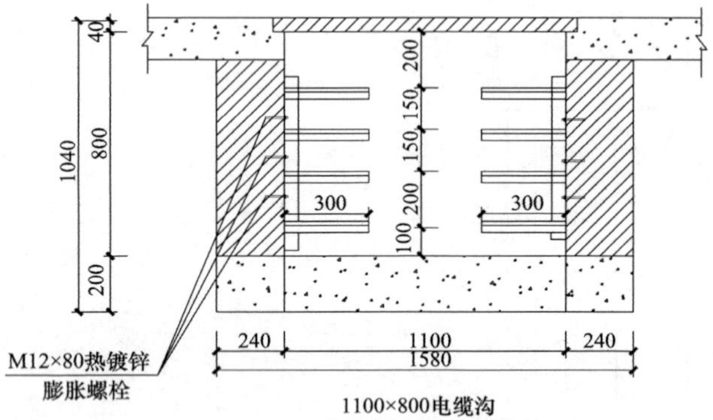


1100×800电缆沟

| 1100 × 800 电缆沟支架 | |
|---|---|
| 主架 | 角钢 50 × 50 × 5，$L$=600 |
| 格架 | 角钢 40 × 40 × 4，$L$=300 |
| 用途 | 1100 × 800 沟双侧支架 |
| 膨胀螺栓 | M12 × 80 每组 3 套 |
| 数量 | 300 组（按单侧计） |
| 单组质量 | 5.172kg |

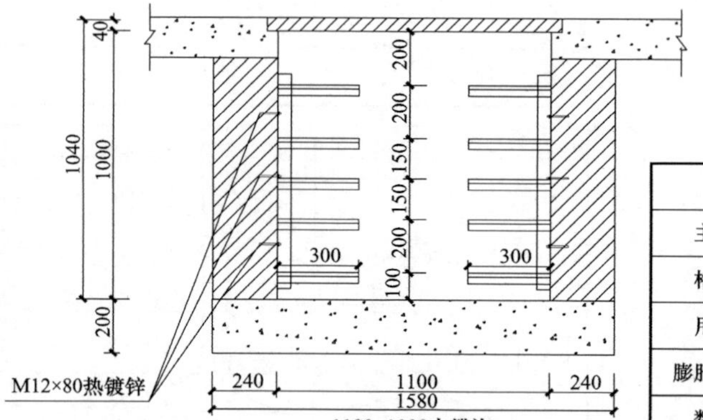


1100×1000电缆沟

| 1100 × 1000 电缆沟支架 | |
|---|---|
| 主架 | 角钢 50 × 50 × 5，$L$=800 |
| 格架 | 角钢 40 × 40 × 4，$L$=300 |
| 用途 | 1100 × 1000 沟双侧支架 |
| 膨胀螺栓 | M12 × 80 每组 3 套 |
| 数量 | 900 组（按单侧计） |
| 单组质量 | 6.657kg |

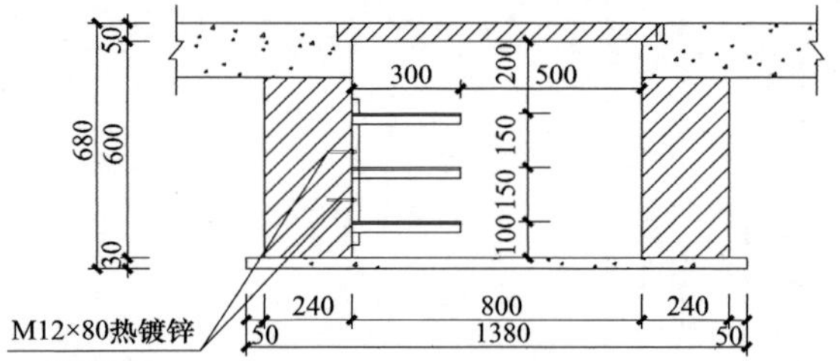


800×600电缆沟

| 800 × 600 电缆沟支架 | |
|---|---|
| 主架 | 角钢 50 × 50 × 5，$L$=400 |
| 格架 | 角钢 40 × 40 × 4，$L$=300 |
| 用途 | 800 × 600 沟单侧支架 |
| 膨胀螺栓 | M12 × 80 每组 2 套 |
| 数量 | 100 组 |
| 单组质量 | 3.69kg |

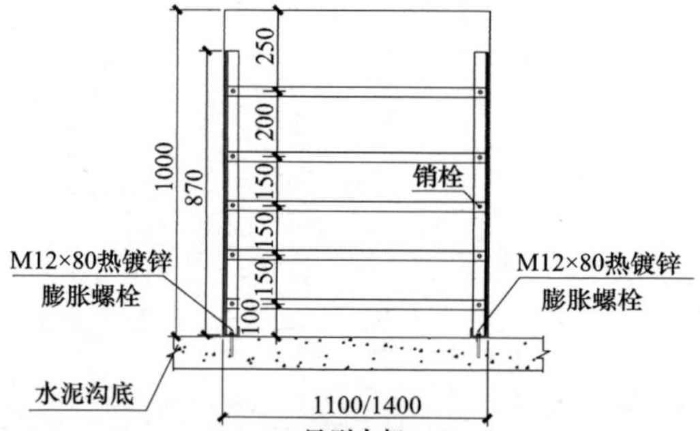


异型支架

(可根据实际情况现场调整)

异形支架：20套

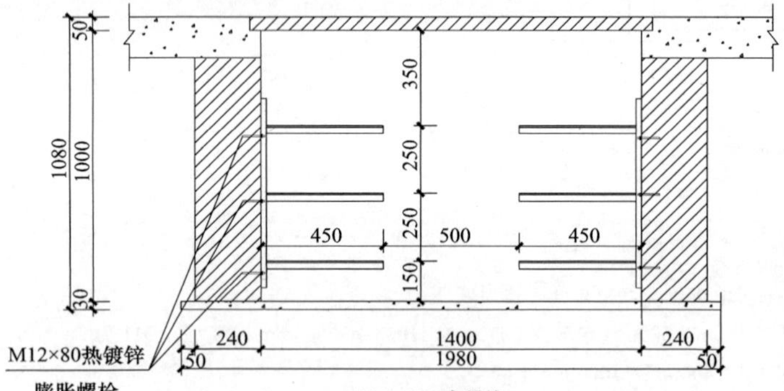


1400×1000电缆沟

| 1400 × 1000 电缆沟支架 | |
|---|---|
| 主架 | 角钢 50 × 50 × 5，$L$=700 |
| 格架 | 角钢 40 × 40 × 4，$L$=450 |
| 用途 | 1400 × 1000 沟双侧支架 |
| 膨胀螺栓 | M12 × 80 每组 3 套 |
| 数量 | 460 组（按单侧计） |
| 单组质量 | 5.916kg |

**图 9.2.1-25　HA-220-B-1　电缆敷设设施支架断面图**

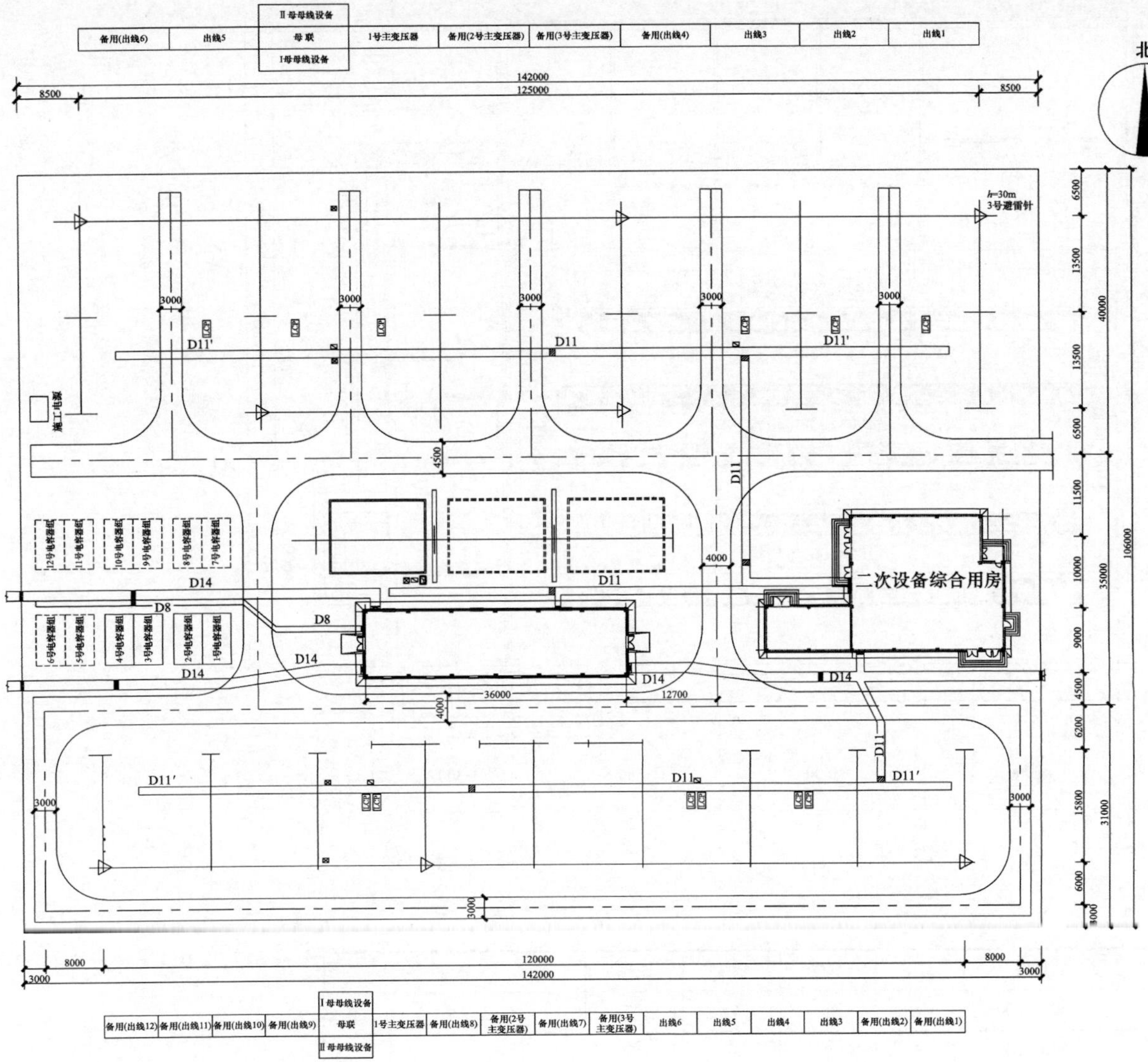


**电缆防火材料表**

| 序号 | 图例 | 名称 | 型号及规范 | 单位 | 数量 | 备注 |
|---|---|---|---|---|---|---|
| 1 | | 800×600 电缆沟堵火墙 | | 个 | 1 | |
| 2 | | 1100×1000 电缆沟堵火墙 | | 个 | 6 | |
| 3 | | 1400×1000 电缆沟堵火墙 | | 个 | 3 | |
| 4 | LCP | 220kV 智能控制箱孔洞封堵 | 800×800 | 个 | 6 | |
| 5 | LCP | 110kV 智能控制箱孔洞封堵 | 800×800 | 个 | 6 | |
| 6 | | 110、220kV 主变压器检修箱孔洞封堵 | 800×800 | 个 | 5 | |
| 7 | | 主变压器智能控制柜封堵 | 800×800 | 个 | 1 | |
| 8 | | 主变压器在线监测柜孔洞封堵 | 800×550 | 个 | 1 | |
| 9 | | 110、220kV、主变压器检修箱孔洞封堵 | 800×800 | 个 | 4 | 母线 TV |
| 10 | | 电缆穿墙防火封堵 | 1400×1000×240 | 个 | 6 | |
| 11 | | 电缆穿墙防火封堵 | 1100×1000×240 | 个 | 3 | |
| 12 | | 电缆穿墙防火封堵 | 800×600×240 | 个 | 2 | |
| 13 | | 800×600 电缆沟层间 L 形防火隔板 | $t$=10mm，$W$=300，翻边高 80mm | 套 | 32 | $L$=1600mm/ 套，含连接金具 |
| 14 | | 1100×800 电缆沟层间 L 形防火隔板 | $t$=10mm，$W$=300，翻边高 50mm | 套 | 150 | $L$=1600mm/ 套，含连接金具 |
| 15 | | 1100×800 电缆沟层间 L 形防火隔板 | $t$=10mm，$W$=300，翻边高 80mm | 套 | 150 | $L$=1600mm/ 套，含连接金具 |
| 16 | | 1100×1000 电缆沟层间 L 形防火隔板 | $t$=10mm，$W$=300，翻边高 50mm | 套 | 470 | $L$=1600mm/ 套，含连接金具 |
| 17 | | 1100×1000 电缆沟层间 L 形防火隔板 | $t$=10mm，$W$=300，翻边高 80mm | 套 | 470 | $L$=1600mm/ 套，含连接金具 |

说明：1. 靠近含油设备的电缆沟，该区段沟盖板应密封。

2. 电缆沟尺寸（宽 × 深）：D8 为 800mm×600mm 电缆沟，D11′为 1100mm×800mm 电缆沟，D11 为 1100mm×1000mm 电缆沟，D14 为 1400mm×1000mm 电缆沟。

3. 电缆沟内敷设的高压电缆、低压电缆、控制电缆、光缆之间采用耐火隔板将其隔开。

4. 图中所列材料为户外电缆沟所需材料量。

**图 9.2.1-26　HA-220-B-1　站区防火封堵布置图**

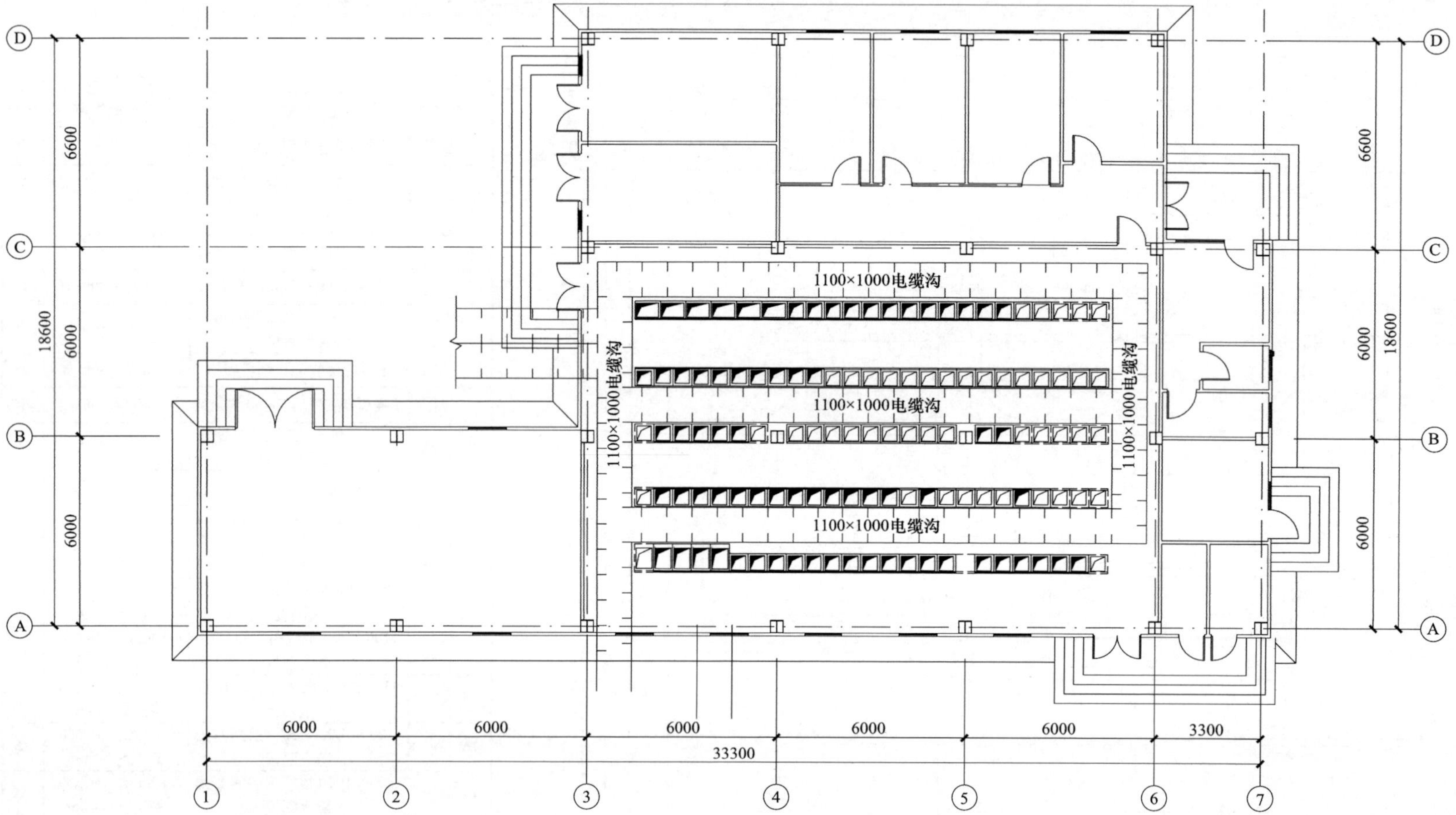


说明：电缆沟穿墙封堵材料已计列于站区防火封堵布置图中。

材 料 表

| 序号 | 名称 | 规格 | 单位 | 数量 | 图例 | 备注 |
|---|---|---|---|---|---|---|
| 1 | 控制保护屏电缆洞封堵 | 600×600 | 个 | 61 |  |  |
| 2 | 控制保护屏电缆洞封堵 | 800×600 | 个 | 6 |  |  |
| 3 | 控制保护屏电缆洞封堵 | 600×900 | 个 | 4 |  |  |
| 4 | 备用控制保护屏电缆洞封堵 | 600×600 | 个 | 45 |  |  |
| 5 | 1100×1000 电缆沟层间 L 形防火隔板 | $t$=10mm，$W$=300　翻边高 50mm | 套 | 140 |  | $L$=1600mm/ 套含连接金具 |
| 6 | 1100×1000 电缆沟层间 L 形防火隔板 | $t$=10mm，$W$=300　翻边高 50mm | 套 | 140 |  | $L$=1600mm/ 套含连接金具 |

**图 9.2.1−27　HA−220−B−1　二次设备室防火封堵布置图**

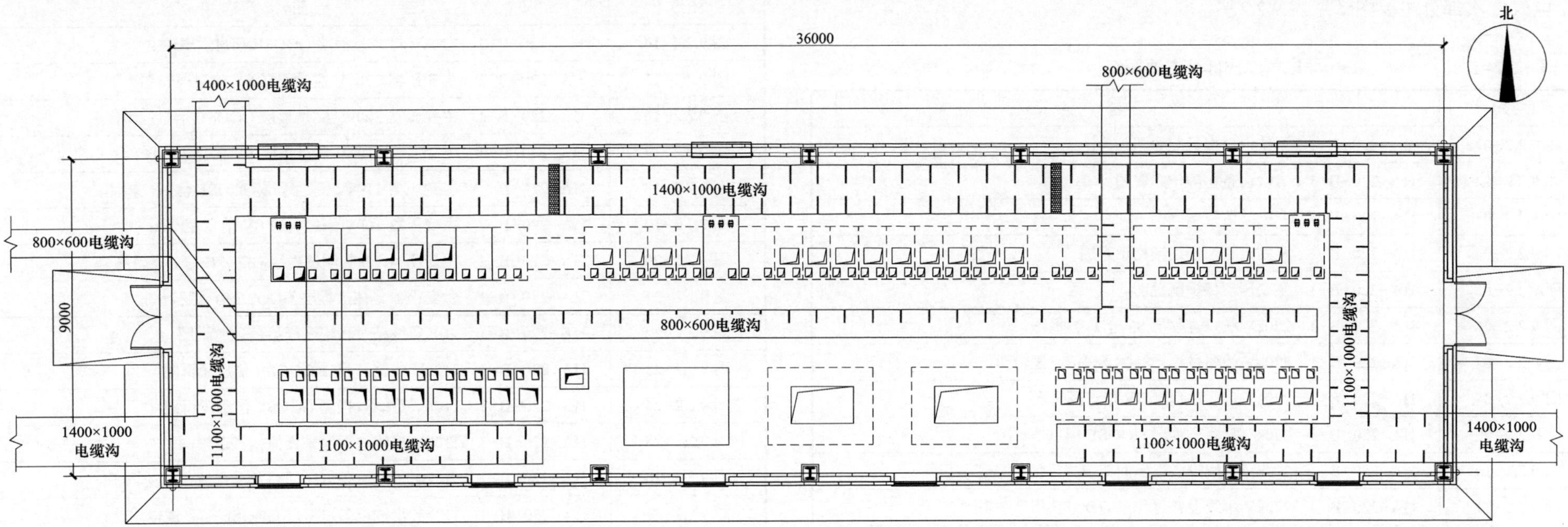


说明：电缆沟穿墙封堵材料已计列于站区防火封堵布置图中。

| 序号 | 图例 | 名称 | 型号及规范 | 单位 | 数量 | 备注 |
|---|---|---|---|---|---|---|
| 1 | | 高压开关柜电缆孔洞封堵 | 800×600 | 个 | 15 | 开关柜底部一次孔 |
| 2 | | 高压开关柜电缆孔洞封堵 | 800×300 | 个 | 30 | 开关柜底部二次孔 |
| 3 | | 高压开关柜电缆孔洞封堵 | 1000×300 | 个 | 2 | 开关柜底部二次孔 |
| 4 | | 公用测控柜电缆孔洞封堵 | 500×300 | 个 | 1 | |
| 5 | | 备用高压开关柜电缆孔洞封堵 | 800×1500 | 个 | 23 | 钢板 |
| 6 | | 备用高压开关柜电缆孔洞封堵 | 1000×1500 | 个 | 7 | 钢板 |
| 7 | | 备用高压开关柜电缆孔洞封堵 | 1000×1800 | 个 | 2 | 钢板 |
| 8 | | 备用接地变压器及消弧线圈装置电缆孔洞封堵 | 3000×2200 | 个 | 2 | 钢板 |
| 9 | | 800×600 电缆沟层间 L 形防火隔板 | $t$=10mm，$W$=300，翻边高 50mm | 套 | 20 | $L$=1600mm/套，含连接金具 |
| 10 | | 1400×1000 电缆沟堵火墙 | 1400×1000×240 | 个 | 2 | |

**图 9.2.1-28　HA-220-B-1　10kV 配电装置室防火封堵布置图**

### 9.2.2 电气二次部分

电气二次部分主要图纸见表 9.2.2-1。

**表 9.2.2-1　　电气二次部分主要图纸**

| 图号 | 图名 |
|---|---|
| 图 9.2.2-01 | HA-220-B-1　系统继电保护配置图 |
| 图 9.2.2-02 | HA-220-B-1　二次设备室屏位布置图 |
| 图 9.2.2-03 | HA-220-B-1　变电站监控系统图 |
| 图 9.2.2-04 | HA-220-B-1　全站过程层网络结构示意图 |
| 图 9.2.2-05 | HA-220-B-1　主变压器保护配置图 |
| 图 9.2.2-06 | HA-220-B-1　220kV 线路过程层 SV 信息逻辑图 |
| 图 9.2.2-07 | HA-220-B-1　220kV 线路过程层 GOOSE 信息逻辑图 |
| 图 9.2.2-08 | HA-220-B-1　220kV 母联过程层 SV 信息逻辑图 |
| 图 9.2.2-09 | HA-220-B-1　220kV 母联过程层 GOOSE 信息逻辑图 |
| 图 9.2.2-10 | HA-220-B-1　220kV 母线设备电压回路及采样值信息逻辑图 |
| 图 9.2.2-11 | HA-220-B-1　220kV 母线设备过程层 GOOSE 信息逻辑图 |
| 图 9.2.2-12 | HA-220-B-1　220kV 母线过程层 SV 信息逻辑图 |
| 图 9.2.2-13 | HA-220-B-1　220kV 母线过程层 GOOSE 信息逻辑图 1 |

续表

| 图号 | 图名 |
|---|---|
| 图 9.2.2-14 | HA-220-B-1　220kV 母线过程层 GOOSE 信息逻辑图 2 |
| 图 9.2.2-15 | HA-220-B-1　主变压器 220kV 侧过程层 SV 信息逻辑图 |
| 图 9.2.2-16 | HA-220-B-1　主变压器 220kV 侧过程层 GOOSE 信息逻辑图 |
| 图 9.2.2-17 | HA-220-B-1　主变压器 110kV 侧过程层 SV 信息逻辑图 |
| 图 9.2.2-18 | HA-220-B-1　主变压器 110kV 侧过程层 GOOSE 信息逻辑图 |
| 图 9.2.2-19 | HA-220-B-1　主变压器 10kV 侧过程层 SV 信息逻辑图 |
| 图 9.2.2-20 | HA-220-B-1　主变压器 10kV 侧过程层 GOOSE 信息逻辑图 |
| 图 9.2.2-21 | HA-220-B-1　主变压器本体过程层 GOOSE 信息逻辑图 |
| 图 9.2.2-22 | HA-220-B-1　110kV 线路过程层采样值信息逻辑图 |
| 图 9.2.2-23 | HA-220-B-1　110kV 线路过程层 GOOSE 信息逻辑图 |
| 图 9.2.2-24 | HA-220-B-1　110kV 母线过程层 GOOSE 信息逻辑图 |
| 图 9.2.2-25 | HA-220-B-1　110kV 母线过程层采样值信息逻辑图 |
| 图 9.2.2-26 | HA-220-B-1　110kV 母线设备电压回路及采样值信息逻辑图 |
| 图 9.2.2-27 | HA-220-B-1　110kV 母线设备过程层 GOOSE 信息逻辑图 |
| 图 9.2.2-28 | HA-220-B-1　110kV 母联过程层采样值信息逻辑图 |
| 图 9.2.2-29 | HA-220-B-1　110kV 母联过程层 GOOSE 信息逻辑图 |

## 继电保护配置说明

一、主变压器保护部分

1. 主保护：双重化差动保护、重瓦斯保护（包括本体和有载调压装置）

2. 后备保护（双套）

（A）220kV 侧配置三侧复合电压闭锁过电流及方向过电流保护；

（B）110kV 侧配置三侧复合电压闭锁过电流及方向过电流保护；

（C）10kV 侧配置本侧复合电压闭锁过电流保护；

（D）220kV 侧配置零序电压闭锁零序过电流（方向）保护和间隙零序电流保护；

（E）110kV 侧配置零序电压闭锁零序过电流（方向）保护和间隙零序电流保护；

（F）主变压器三侧配置过负荷保护；

（G）另配置主变压器轻瓦斯、油位异常报信号，压力释放、风冷全停延时、油温及绕组温度过高报警及跳闸，过负荷闭锁调压及过负荷启动风冷。

二、220kV 部分

1. 220kV 线路保护部分：本期 4 回 220kV 线路，均配置双套光纤分相电流差动保护，保护通道均满足“双通道三路由”要求。

2. 220kV 母线保护部分：220kV 系统采用双母线接线方式，母线配置双套微机型母线差动保护。

3. 220kV 母联保护部分：220kV 母联开关配置双套微机型三相式过电流保护、三段式零序过电流保护及母线充电保护。

三、110kV 保护

本期 4 回 110kV 线路，均配置一套微机型距离零序保护，含三相一次重合闸。110kV 线路采用保护测控一体化装置。110kV 系统采用双母线接线方式，母线配置一套微机型母线差动保护；母联开关配置三相式过电流保护、三段式零序过电流保护及母线充电保护。

四、10kV 部分

1. 10kV 线路配置：微机型速断、过电流、零序保护。

2. 10kV 接地变压器配置：微机型速断、过电流、零序保护及本体非电量保护。

3. 10kV 电容器配置：微机型过电流、限时速断、过电压、失压、零序电压及过负荷保护。

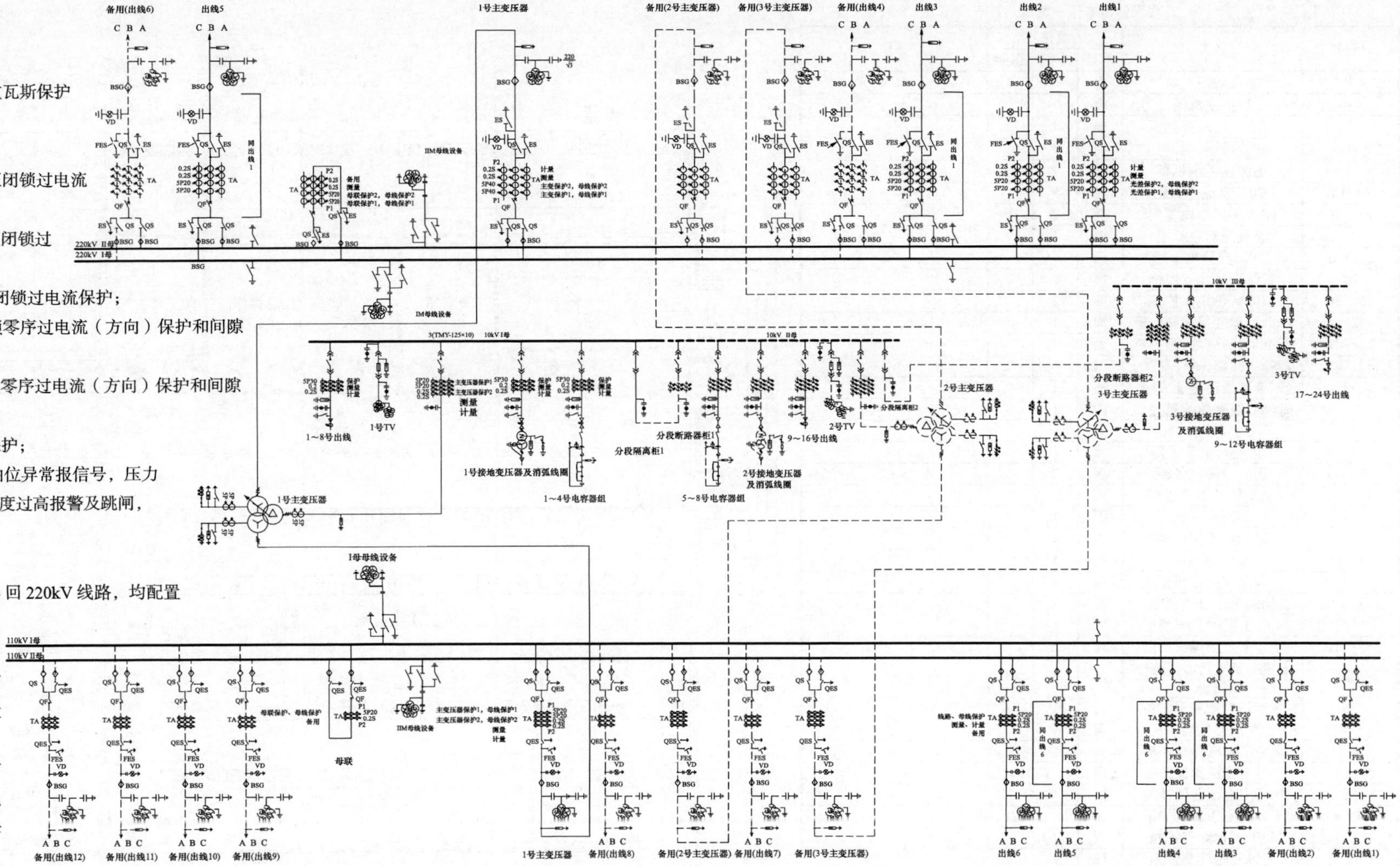


说明：1. 220kV 远期双母线接线，本期双母线接线；终期 6 回出线，本期 4 回出线。

2. 110kV 远期双母线接线，本期双母线接线；终期 12 回出线，本期 4 回出线。

3. 10kV 远期单母线三分段接线，本期单母线接线；终期 24 回出线，本期 8 回出线。

4. 实线部分为本期工程，虚线部分为远期工程。

5. 110kV 出线为计量考核点时，备用线圈专用于计量。

**图 9.2.2-01　HA-220-B-1　系统继电保护配置图**

二次设备室屏位一览表

| 屏号 | 名称 | 数量 | | | 备注 |
|---|---|---|---|---|---|
| | | 单位 | 本期 | 远期 | |
| 1 | 备用 | 面 | | 1 | |
| 2 | 监控主机柜 | 面 | 1 | | |
| 3 | 综合应用服务器柜 | 面 | 1 | | |
| 4 | 智能防误主机柜 | 面 | 1 | | |
| 5 | 边缘巡视主机柜 | 面 | 1 | | |
| 6～14 | 220V 直流电源柜 | 面 | 9 | | |
| 15、16 | UPS 不停电电源柜 | 面 | 2 | | |
| 17 | 事故照明电源柜 | 面 | 1 | | |
| 18～23 | 380V 交流电源柜 | 面 | 6 | | |
| 24 | 220kV 母线测控柜 | 面 | 1 | | |
| 25、26 | 220kV 母线保护柜 | 面 | 2 | | |
| 27 | 220kV 母联保护测控柜 | 面 | 1 | | |
| 28～31 | 220kV 线路保护测控柜 | 面 | 4 | | |
| 32、33 | 220kV 线路保护测控柜 | 面 | | 2 | |
| 34 | 220kV 线路电能表柜 | 面 | 1 | | |
| 35 | 220kV 线路故障录波柜 | 面 | 1 | | |
| 36 | Ⅰ区通信网关机柜 | 面 | 1 | | |
| 37 | Ⅱ区通信网关机柜 | 面 | 1 | | |
| 38、39 | 调度专网设备柜 | 面 | 2 | | |
| 40、41 | 电能量采集终端柜 | 面 | 2 | | |
| 42 | 时间同步主机柜 | 面 | 1 | | |
| 43 | 时间同步扩展柜 | 面 | 1 | | |
| 44、45 | 公用测控柜 | 面 | 1 | | |
| 46 | 间隔层交换机柜 | 面 | 1 | | |
| 47、48 | 网络记录分析仪柜 | 面 | 2 | | |
| 49 | 1 号主变压器测控柜 | 面 | 1 | | |
| 50、51 | 1 号主变压器保护柜 | 面 | 2 | | |
| 52 | 1 号主变压器水消防控制柜 | 面 | 1 | | |
| 53 | 主变压器故障录波柜 | 面 | 1 | | |
| 54 | 主变压器电能表柜 | 面 | 1 | | |
| 55 | 2 号主变压器测控柜 | 面 | | 1 | |
| 56、57 | 2 号主变压器保护柜 | 面 | | 2 | |
| 58 | 3 号主变压器测控柜 | 面 | | 1 | |
| 59、60 | 3 号主变压器保护柜 | 面 | | 2 | |
| 61 | 110kV 母线保护柜 | 面 | 1 | | |
| 62 | 110kV 母线测控柜 | 面 | 1 | | |
| 63 | 110kV 母联保护测控柜 | 面 | 1 | | |
| 64、65 | 110kV 线路保护测控柜 | 面 | 2 | | |
| 66 | 110kV 过程层交换机柜 | 面 | 1 | | 110kV 过程层交换机 5 台 |
| 67、68 | 110kV 线路电能表柜 | 面 | 1 | 1 | |
| 69 | 110kV 线路故障录波柜 | 面 | 1 | | |
| 70、71 | 消弧线圈控制柜 | 面 | 1 | 1 | |
| 72～75 | 110kV 线路保护测控 | 面 | | 4 | |
| 76、77 | 线路保护通信接口柜 | 面 | 2 | | |
| 78、79 | DC/DC 通信电源柜 | 面 | 2 | | |
| 80～86 | 通信屏柜 | 面 | 7 | | |
| 87～104 | 通信预留 | 面 | | 19 | |
| 105～120 | 备用 | 面 | | 16 | |

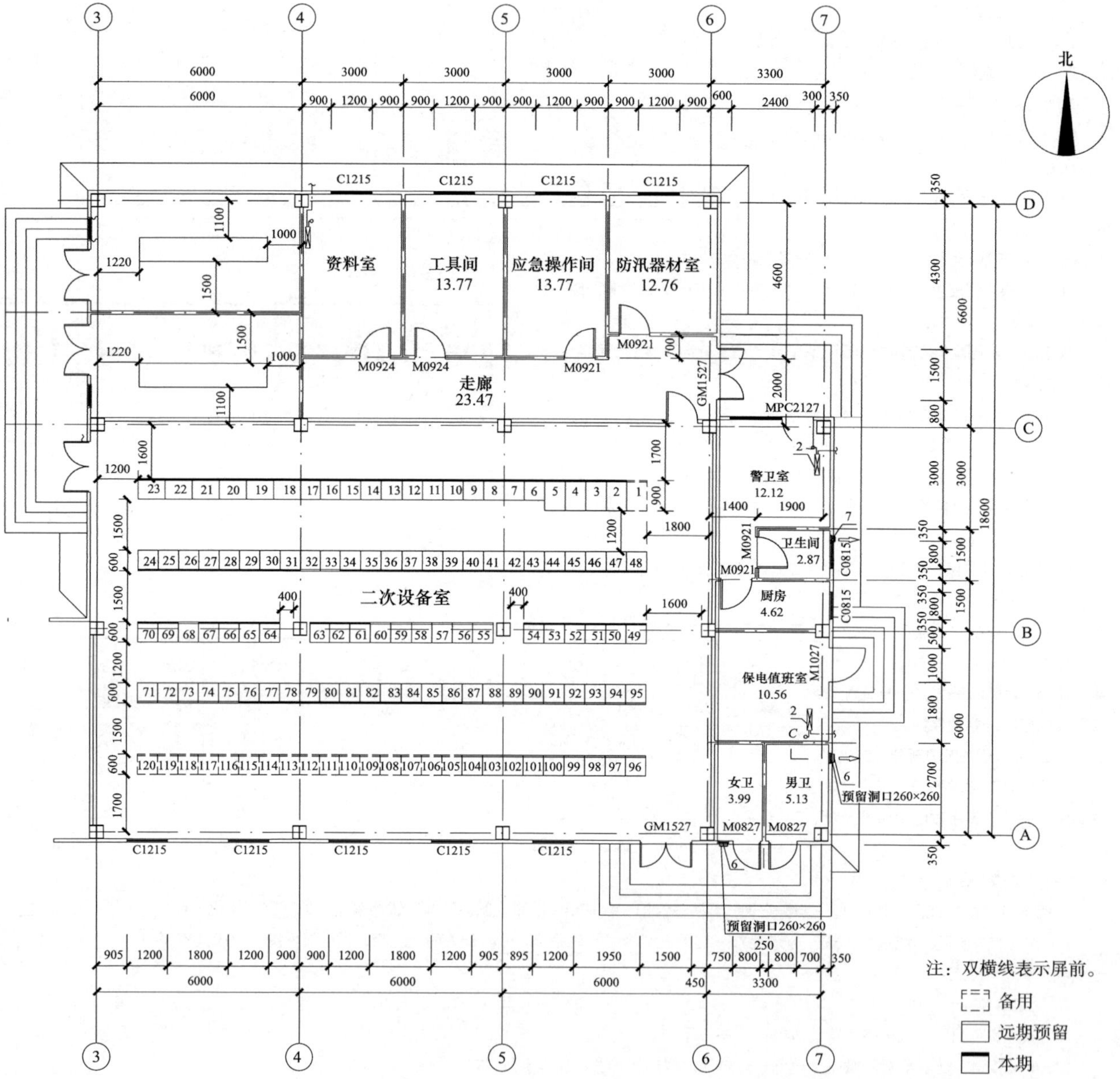


图 9.2.2-02 HA-220-B-1 二次设备室屏位布置图

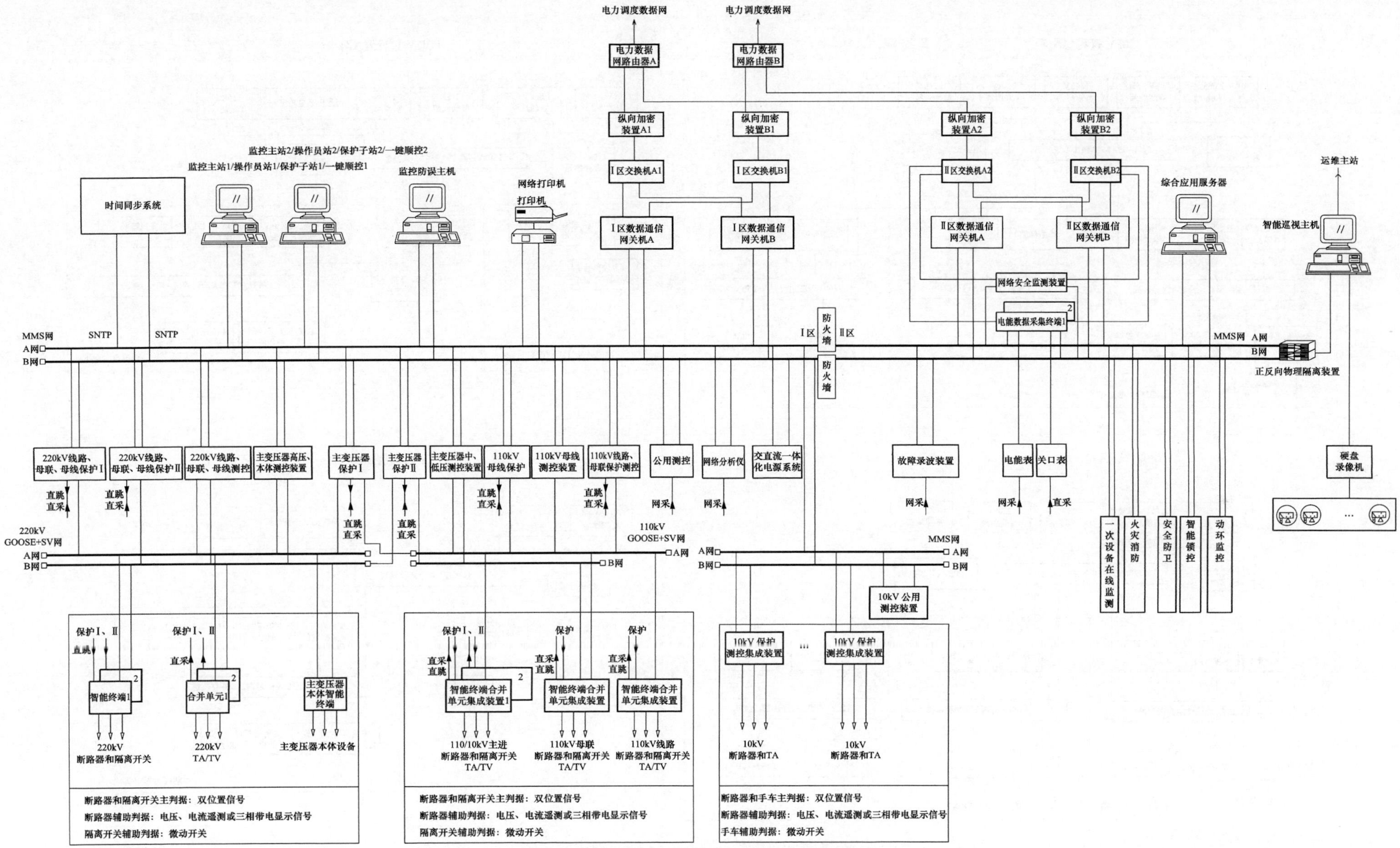


图 9.2.2-03　HA-220-B-1　变电站监控系统图

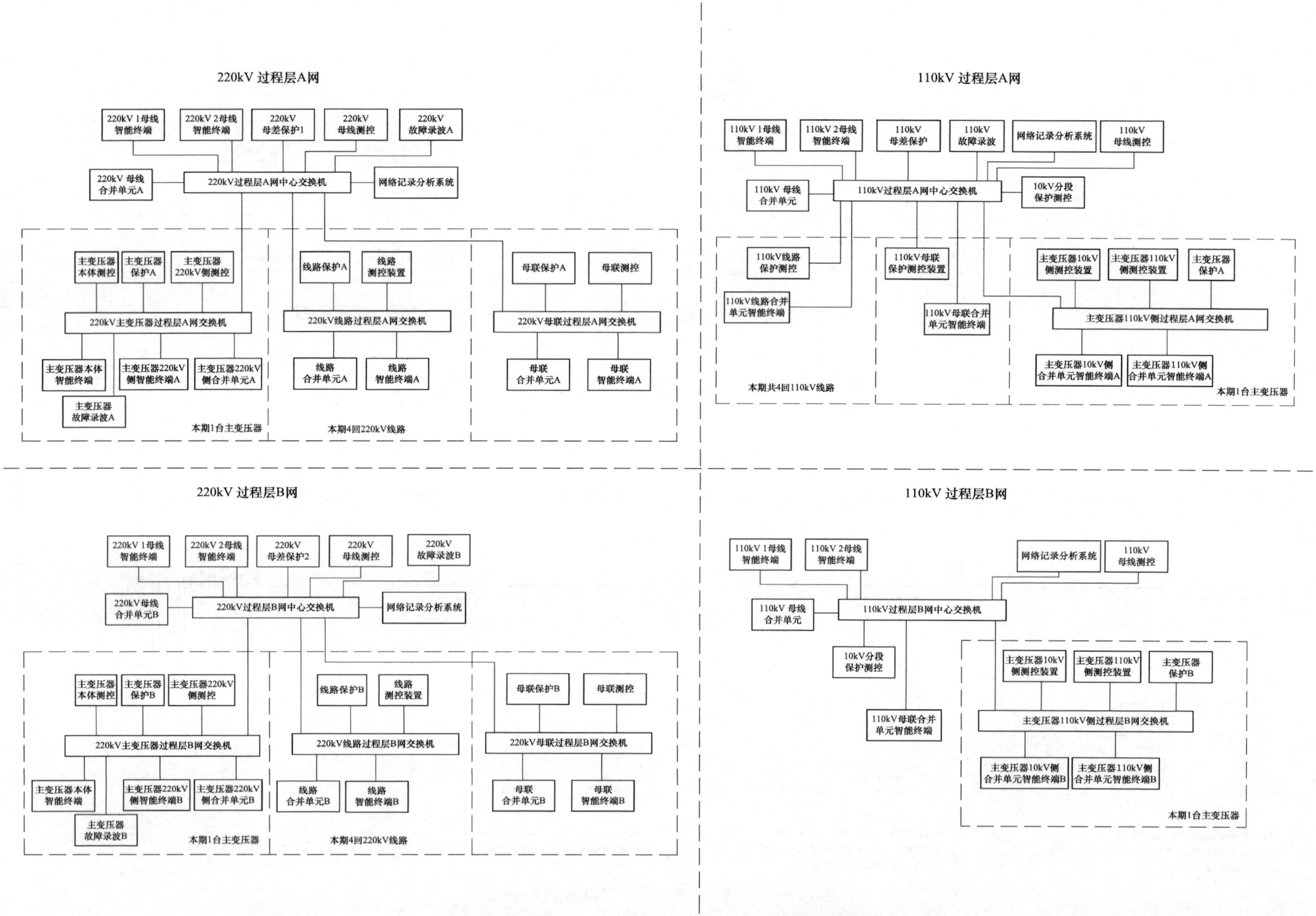


图 9.2.2-04　HA-220-B-1　全站过程层网络结构示意图

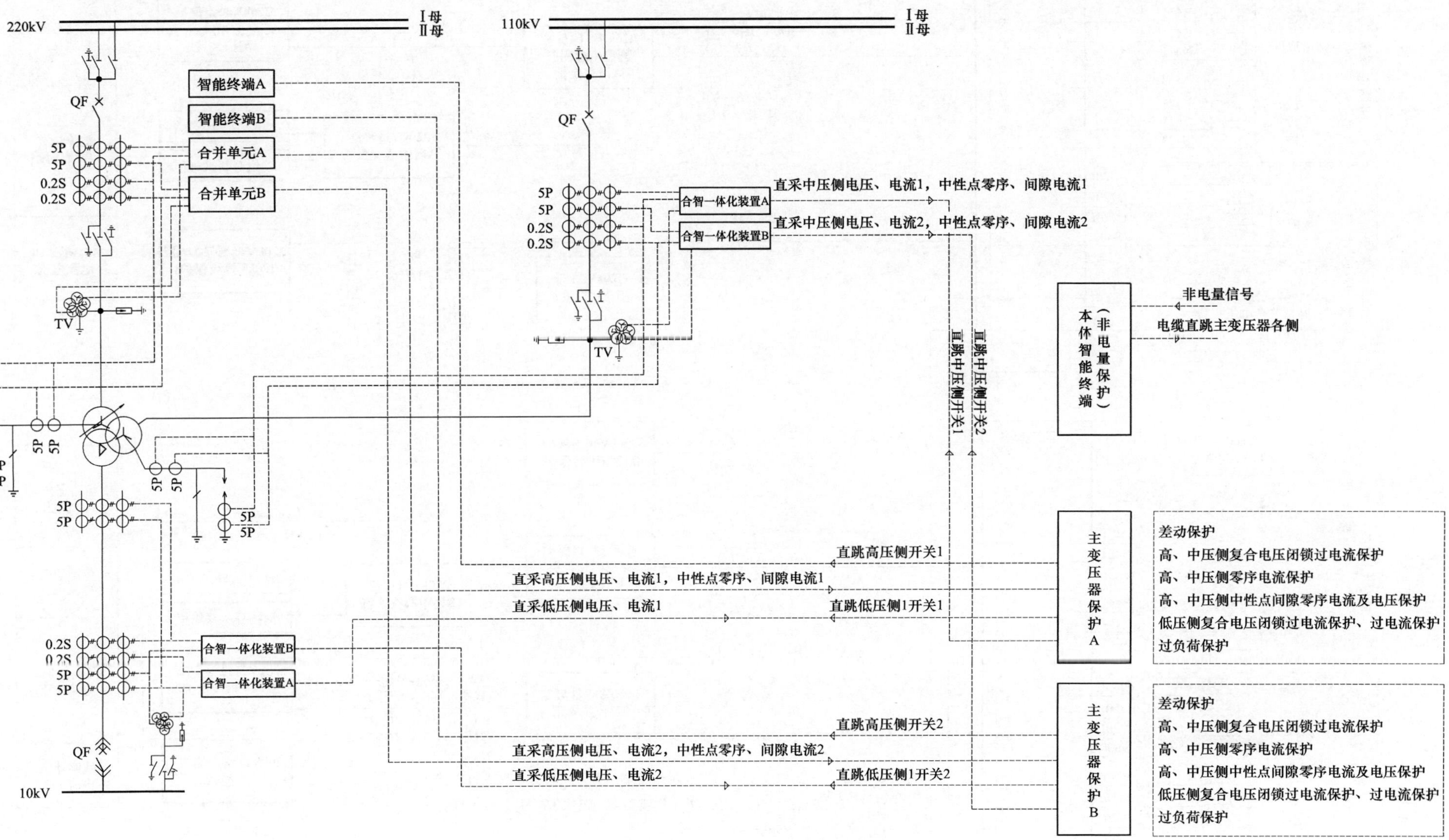


**图 9.2.2-05　HA-220-B-1　主变压器保护配置图**

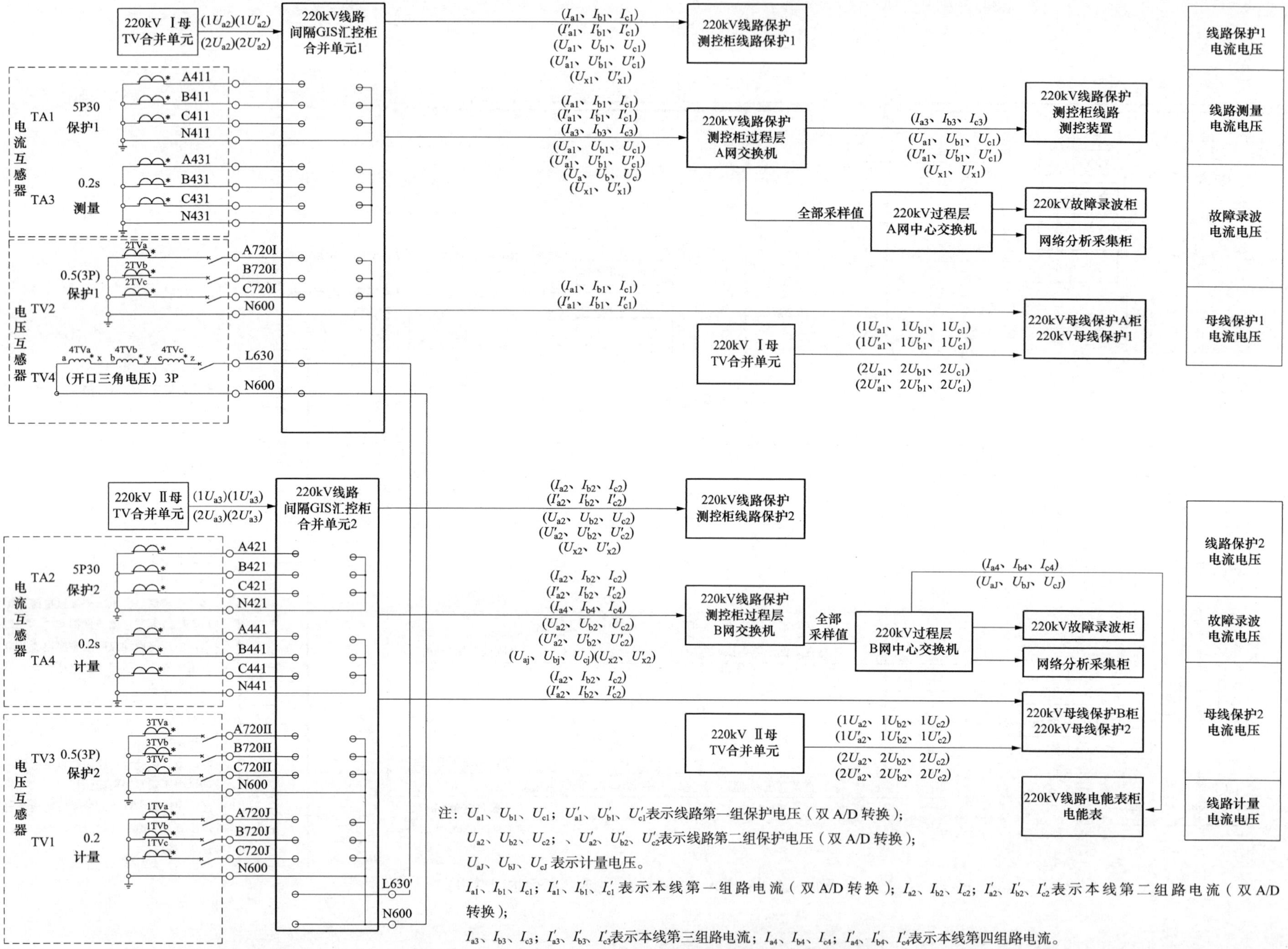


注：$U_{a1}$、$U_{b1}$、$U_{c1}$；$U'_{a1}$、$U'_{b1}$、$U'_{c1}$表示线路第一组保护电压（双 A/D 转换）；

$U_{a2}$、$U_{b2}$、$U_{c2}$；、$U'_{a2}$、$U'_{b2}$、$U'_{c2}$表示线路第二组保护电压（双 A/D 转换）；

$U_{aJ}$、$U_{bJ}$、$U_{cJ}$ 表示计量电压。

$I_{a1}$、$I_{b1}$、$I_{c1}$；$I'_{a1}$、$I'_{b1}$、$I'_{c1}$ 表示本线第一组路电流（双 A/D 转换）；$I_{a2}$、$I_{b2}$、$I_{c2}$；$I'_{a2}$、$I'_{b2}$、$I'_{c2}$表示本线第二组路电流（双 A/D 转换）；

$I_{a3}$、$I_{b3}$、$I_{c3}$；$I'_{a3}$、$I'_{b3}$、$I'_{c3}$表示本线第三组路电流；$I_{a4}$、$I_{b4}$、$I_{c4}$；$I'_{a4}$、$I'_{b4}$、$I'_{c4}$表示本线第四组路电流。

**图 9.2.2-06　HA-220-B-1　220kV 线路过程层 SV 信息逻辑图**

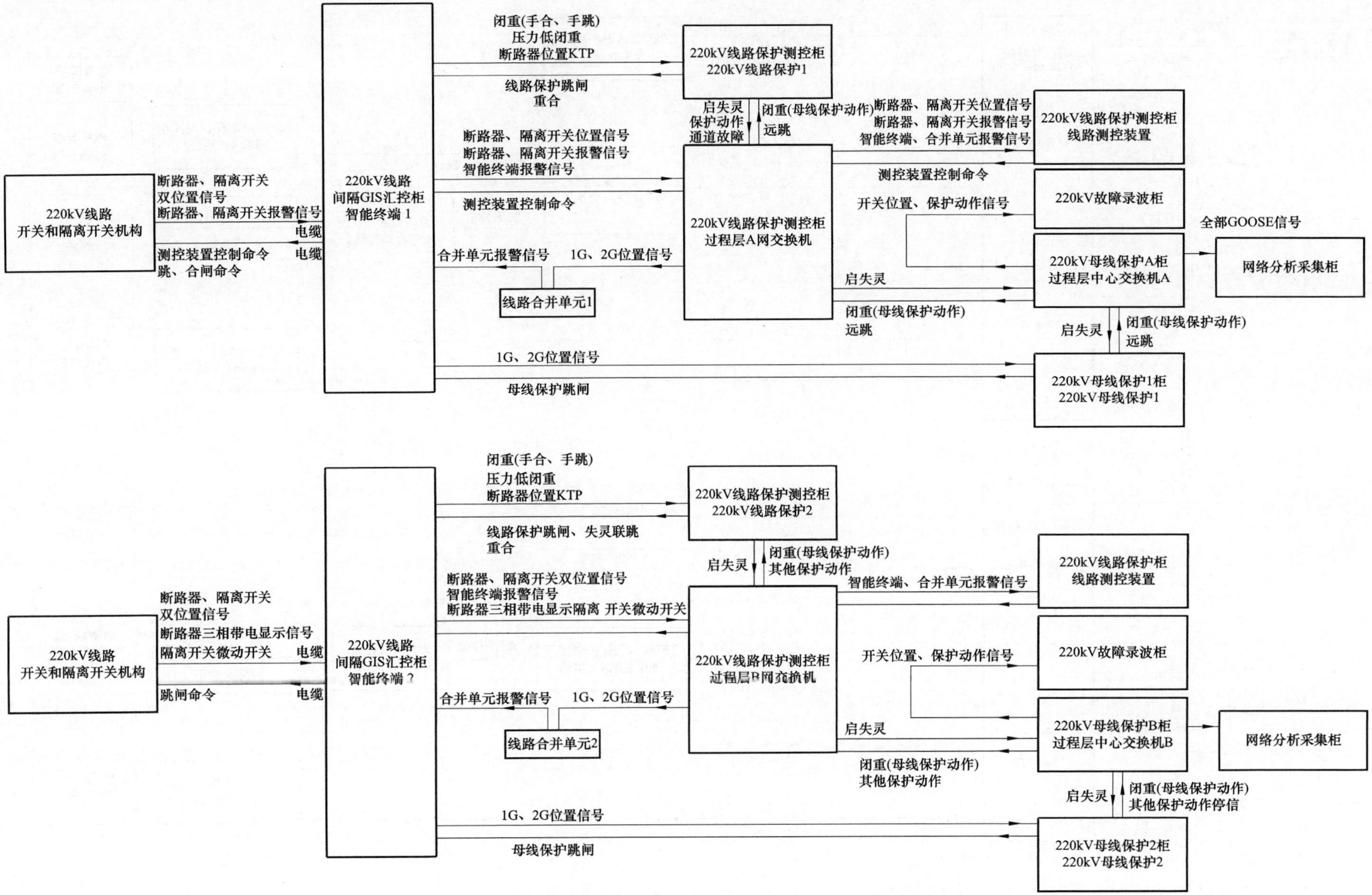


**图 9.2.2-07　HA-220-B-1　220kV 线路过程层 GOOSE 信息逻辑图**

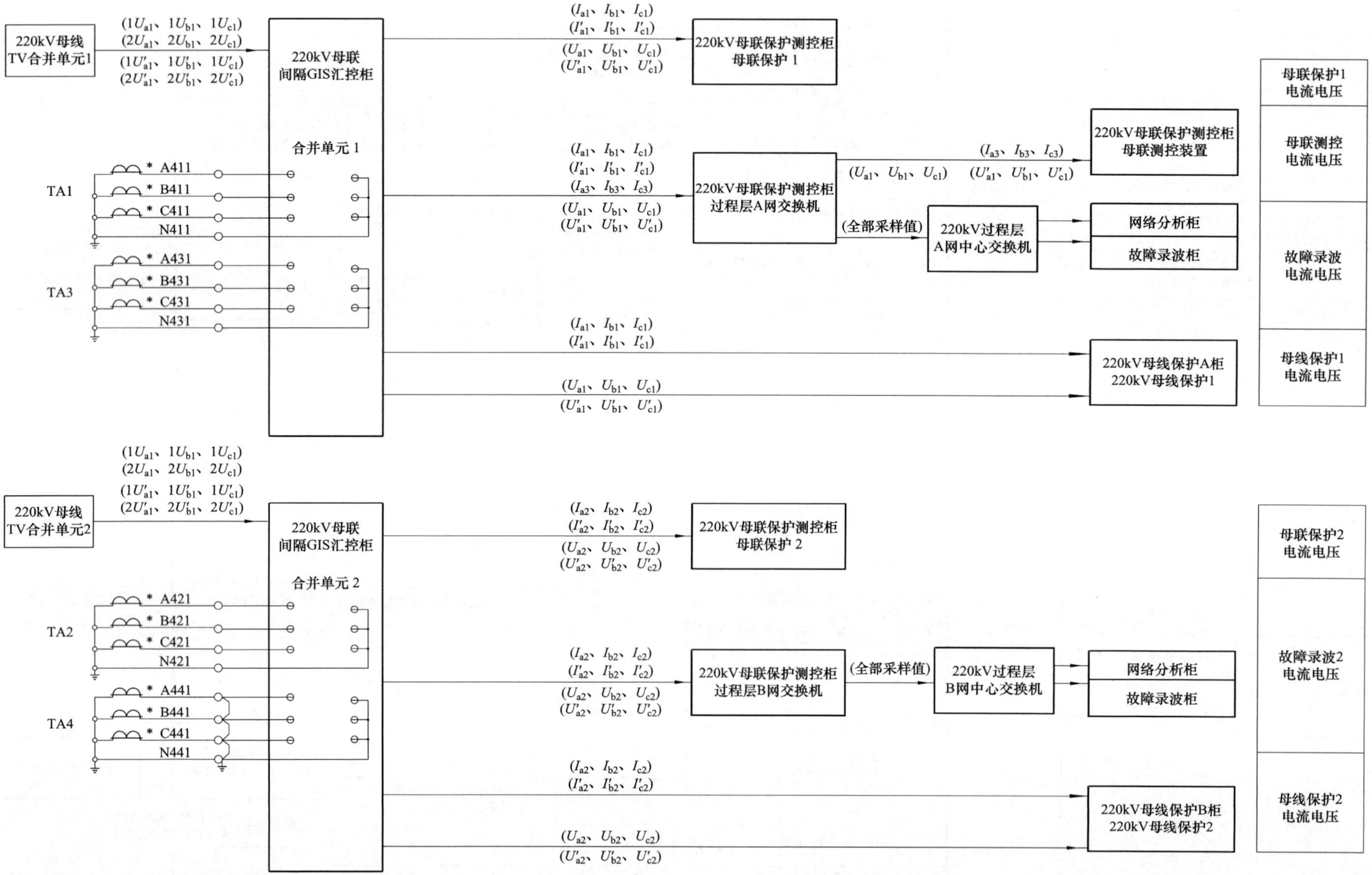


说明：图中（$I_{a1}$、$I_{b1}$、$I_{c1}$）、（$1U_{a1}$、$1U_{b1}$、$1U_{c1}$）等表示 SV 信息，

（$I'_{a1}$、$I'_{b1}$、$I'_{c1}$）、（$1U'_{a1}$、$1U'_{b1}$、$1U'_{c1}$）表示双 AD。

**图 9.2.2-08　HA-220-B-1　220kV 母联过程层 SV 信息逻辑图**

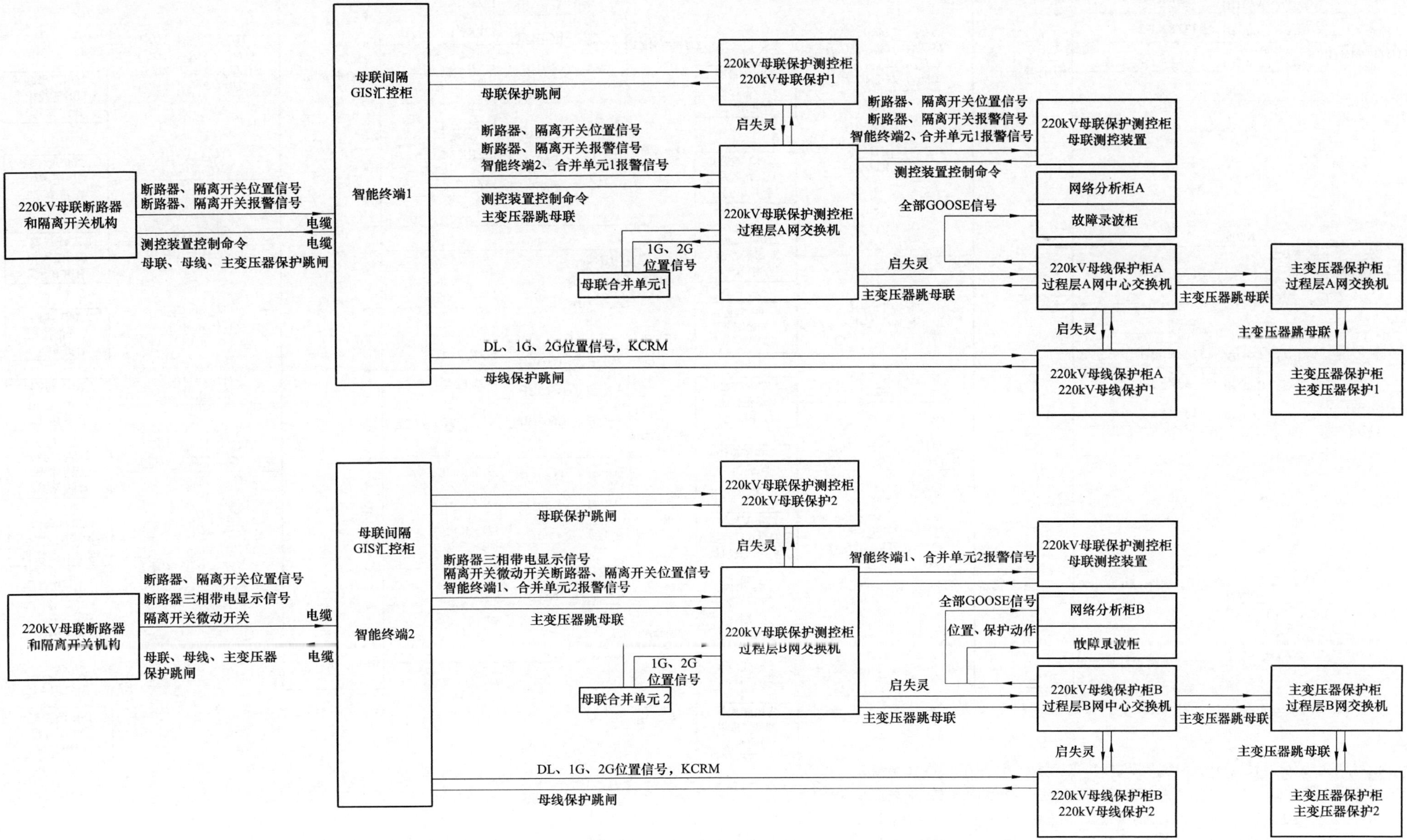


**图 9.2.2-09　HA-220-B-1　220kV 母联过程层 GOOSE 信息逻辑图**

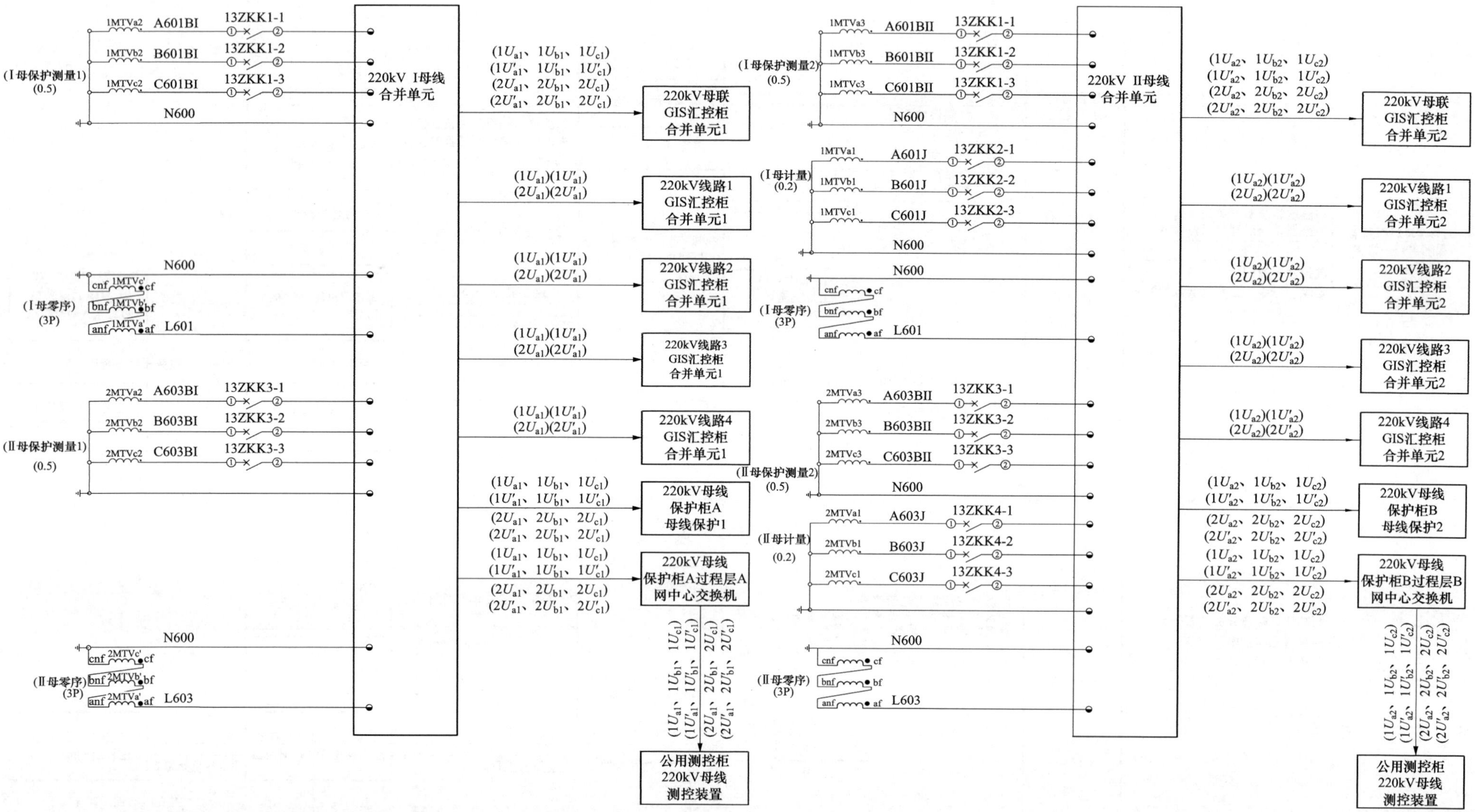


注：$1U_{a1}$、$1U_{b1}$、$1U_{c1}$；$1U'_{a1}$、$1U'_{b1}$、$1U'_{c1}$表示Ⅰ母第一组保护、测量电压（双 A/D 转换）；

$1U_{a2}$、$1U_{b2}$、$1U_{c2}$；$1U'_{a2}$、$1U'_{b2}$、$1U'_{c2}$表示Ⅰ母第二组保护、测量电压（双 A/D 转换）；

$2U_{a1}$、$2U_{b1}$、$2U_{c1}$；$2U'_{a1}$、$2U'_{b1}$、$2U'_{c1}$表示Ⅱ母第一组保护、测量电压（双 A/D 转换）；

$2U_{a2}$、$2U_{b2}$、$2U_{c2}$；$2U'_{a2}$、$2U'_{b2}$、$2U'_{c2}$表示Ⅱ母第二组保护、测量电压（双 A/D 转换）。

**图 9.2.2-10　HA-220-B-1　220kV 母线设备电压回路及采样值信息逻辑图**

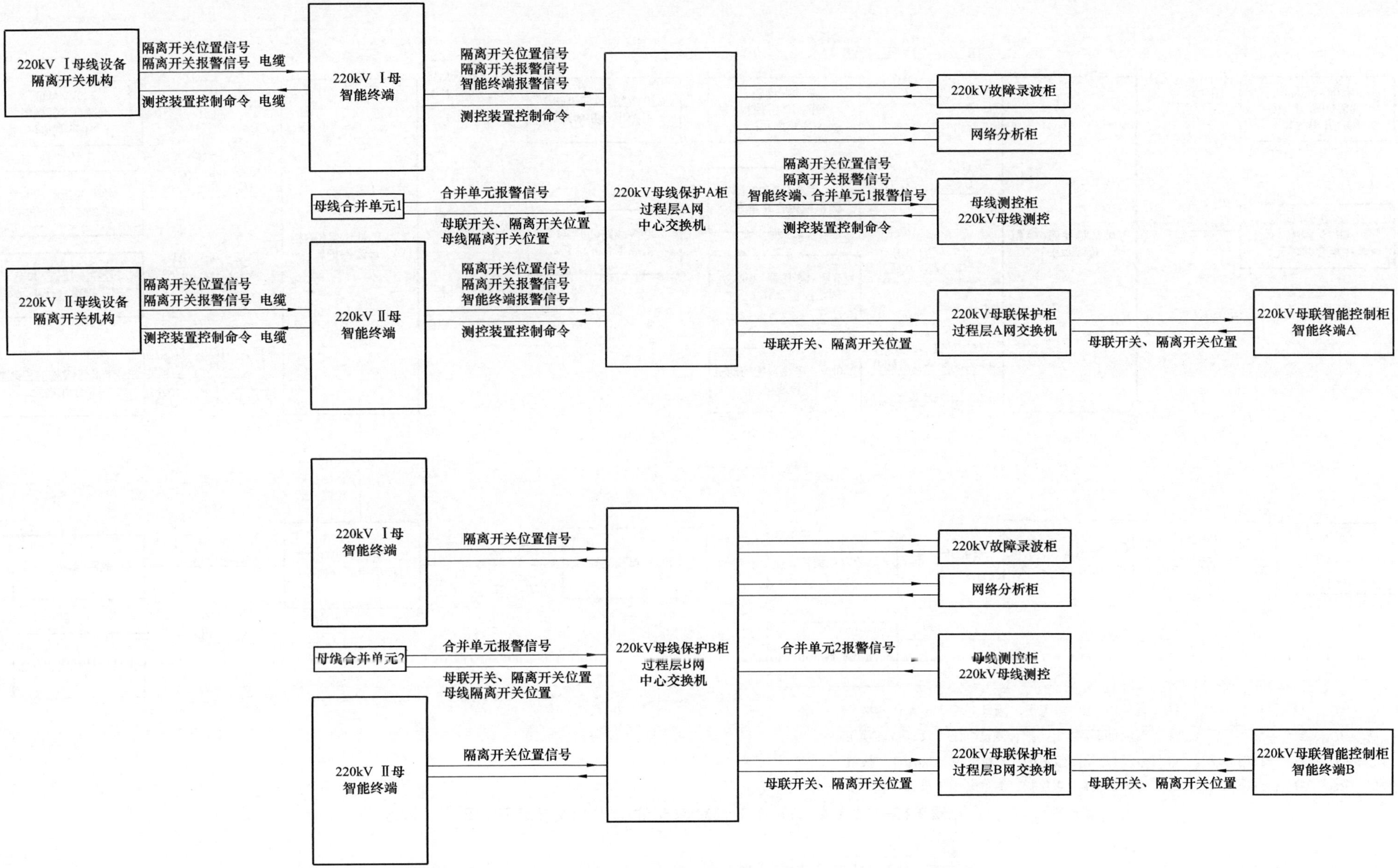


图 9.2.2-11 HA-220-B-1 220kV 母线设备过程层 GOOSE 信息逻辑图

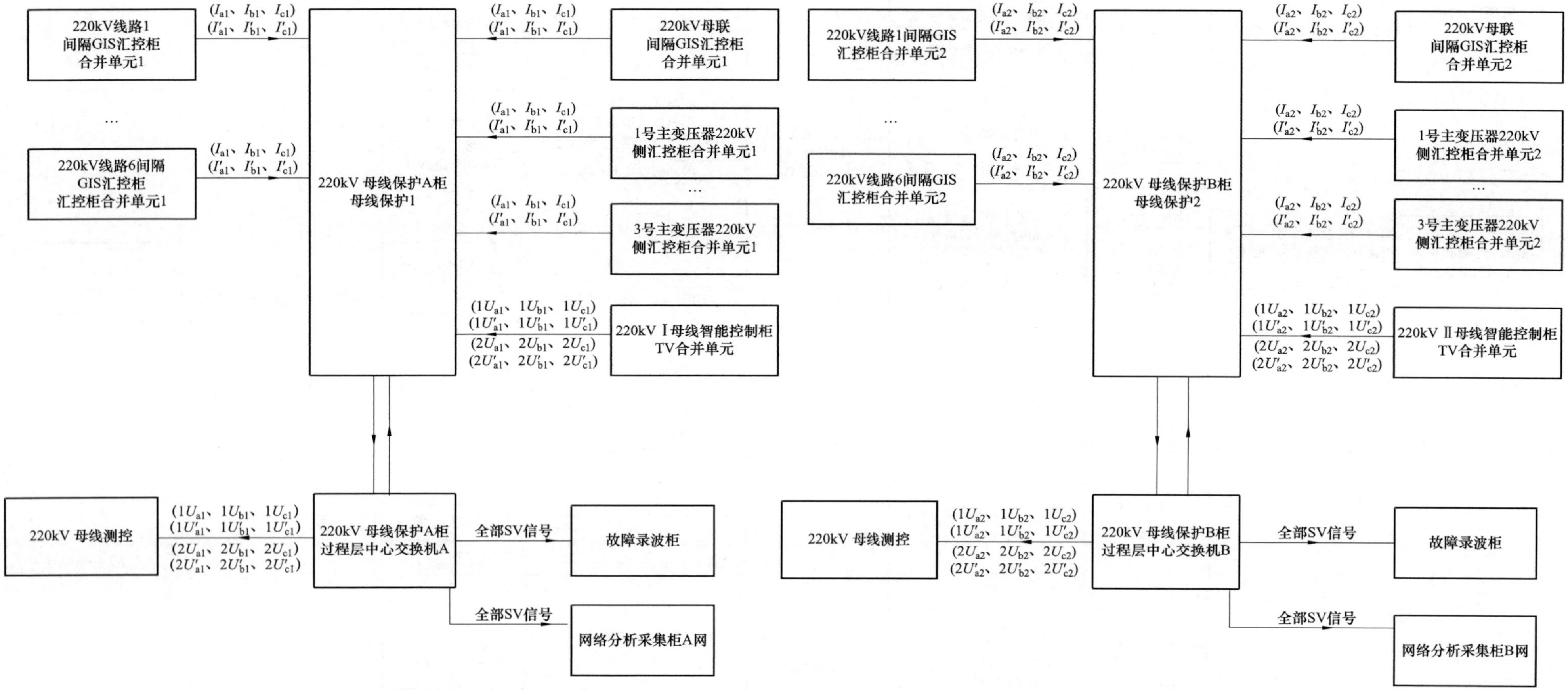


注：$1U_{a1}$、$1U_{b1}$、$1U_{c1}$；$1U'_{a1}$、$1U'_{b1}$、$1U'_{c1}$ 表示Ⅰ母第一组保护、测量电压（双 A/D 转换）；

$2U_{a1}$、$2U_{b1}$、$2U_{c1}$；$2U'_{a1}$、$2U'_{b1}$、$2U'_{c1}$ 表示Ⅱ母第一组保护、测量电压（双 A/D 转换）；

$1U_{a2}$、$1U_{b2}$、$1U_{c2}$；$1U'_{a2}$、$1U'_{b2}$、$1U'_{c2}$ 表示Ⅰ母第二组保护、测量电压（双 A/D 转换）；

$2U_{a2}$、$2U_{b2}$、$2U_{c2}$；$2U'_{a2}$、$2U'_{b2}$、$2U'_{c2}$ 表示Ⅱ母第二组保护、测量电压（双 A/D 转换）。

**图 9.2.2-12　HA-220-B-1　220kV 母线过程层 SV 信息逻辑图**

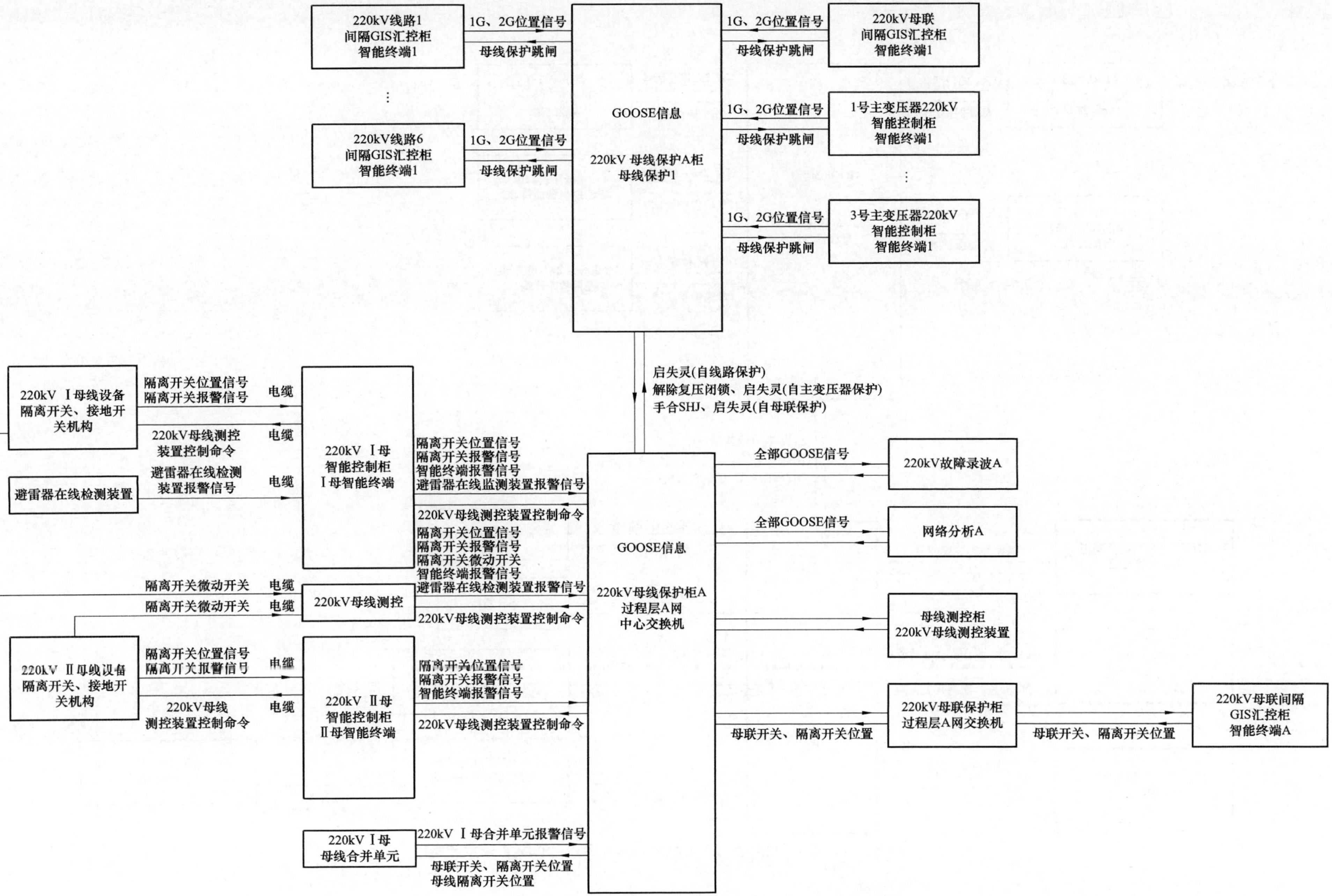


**图 9.2.2-13　HA-220-B-1　220kV 母线过程层 GOOSE 信息逻辑图 1**

**图 9.2.2-14　HA-220-B-1　220kV 母线过程层 GOOSE 信息逻辑图 2**

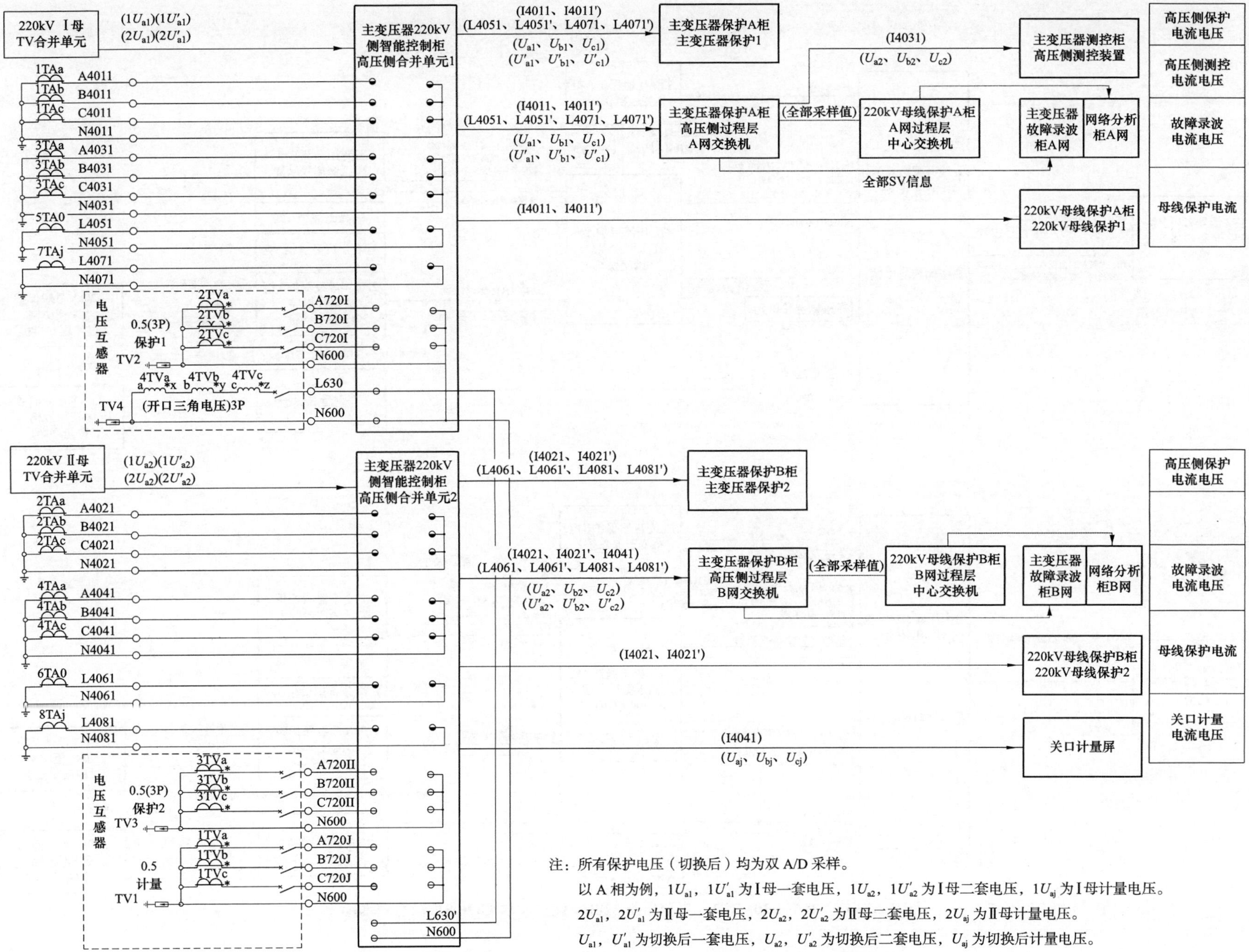


注：所有保护电压（切换后）均为双 A/D 采样。

以 A 相为例，$1U_{a1}$，$1U'_{a1}$ 为Ⅰ母一套电压，$1U_{a2}$，$1U'_{a2}$ 为Ⅰ母二套电压，$1U_{aj}$ 为Ⅰ母计量电压。

$2U_{a1}$，$2U'_{a1}$ 为Ⅱ母一套电压，$2U_{a2}$，$2U'_{a2}$ 为Ⅱ母二套电压，$2U_{aj}$ 为Ⅱ母计量电压。

$U_{a1}$，$U'_{a1}$ 为切换后一套电压，$U_{a2}$，$U'_{a2}$ 为切换后二套电压，$U_{aj}$ 为切换后计量电压。

**图 9.2.2-15　HA-220-B-1　主变压器 220kV 侧过程层 SV 信息逻辑图**

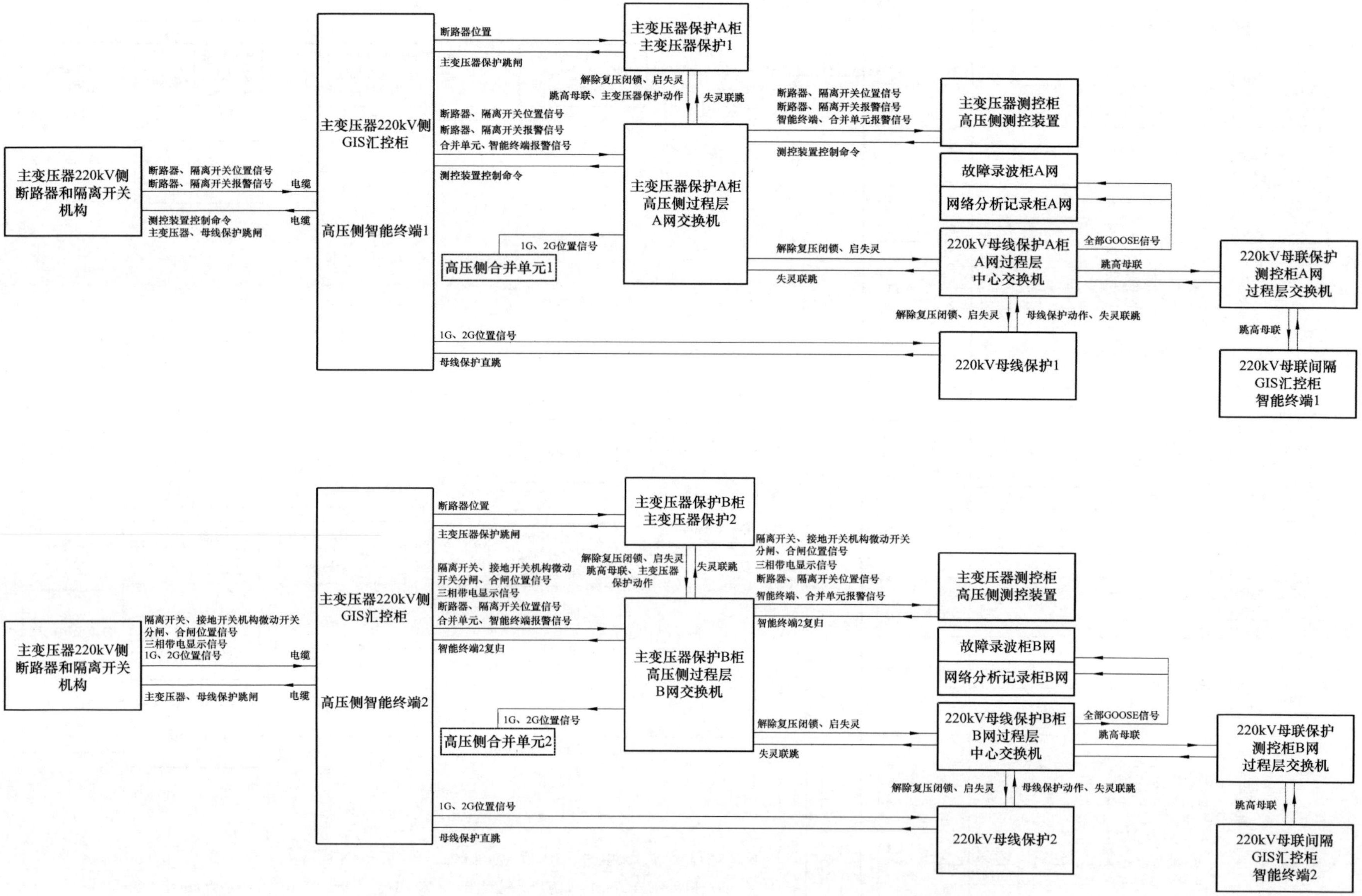


**图 9.2.2-16　HA-220-B-1　主变压器 220kV 侧过程层 GOOSE 信息逻辑图**

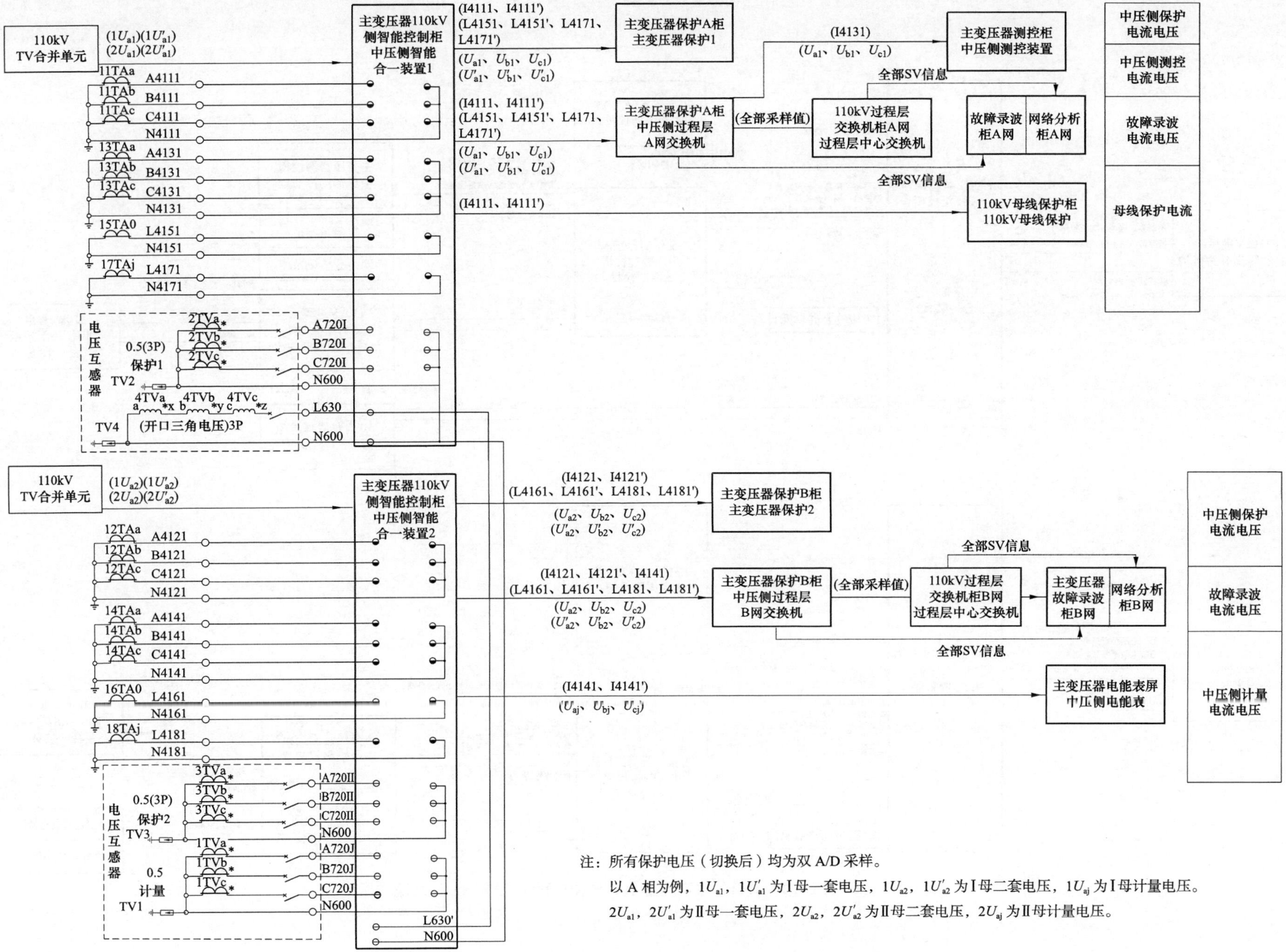


注：所有保护电压（切换后）均为双 A/D 采样。

以 A 相为例，$1U_{a1}$，$1U'_{a1}$ 为Ⅰ母一套电压，$1U_{a2}$，$1U'_{a2}$ 为Ⅰ母二套电压，$1U_{aj}$ 为Ⅰ母计量电压。

$2U_{a1}$，$2U'_{a1}$ 为Ⅱ母一套电压，$2U_{a2}$，$2U'_{a2}$ 为Ⅱ母二套电压，$2U_{aj}$ 为Ⅱ母计量电压。

**图 9.2.2-17　HA-220-B-1　主变压器 110kV 侧过程层 SV 信息逻辑图**

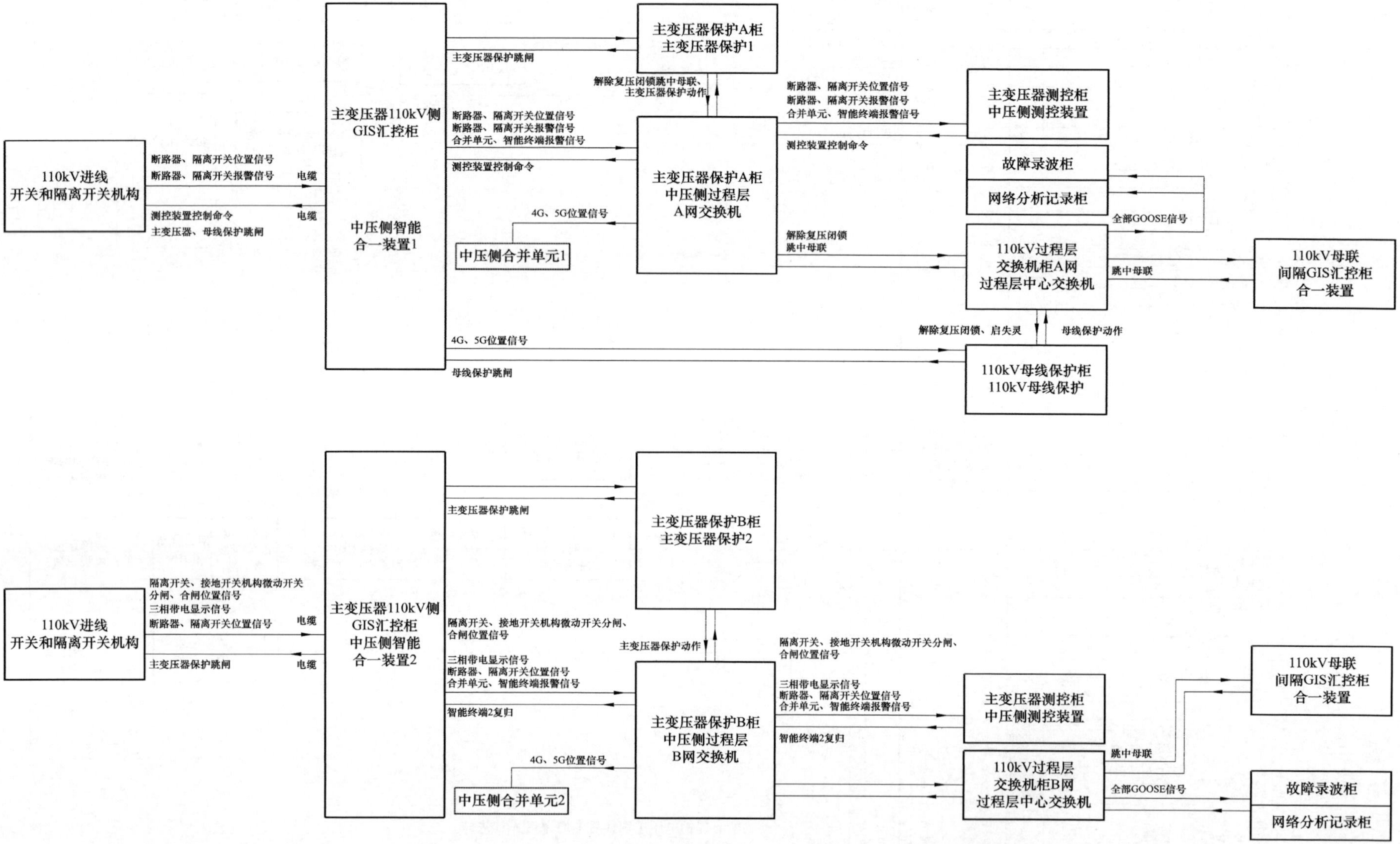


图 9.2.2-18 HA-220-B-1 主变压器 110kV 侧过程层 GOOSE 信息逻辑图

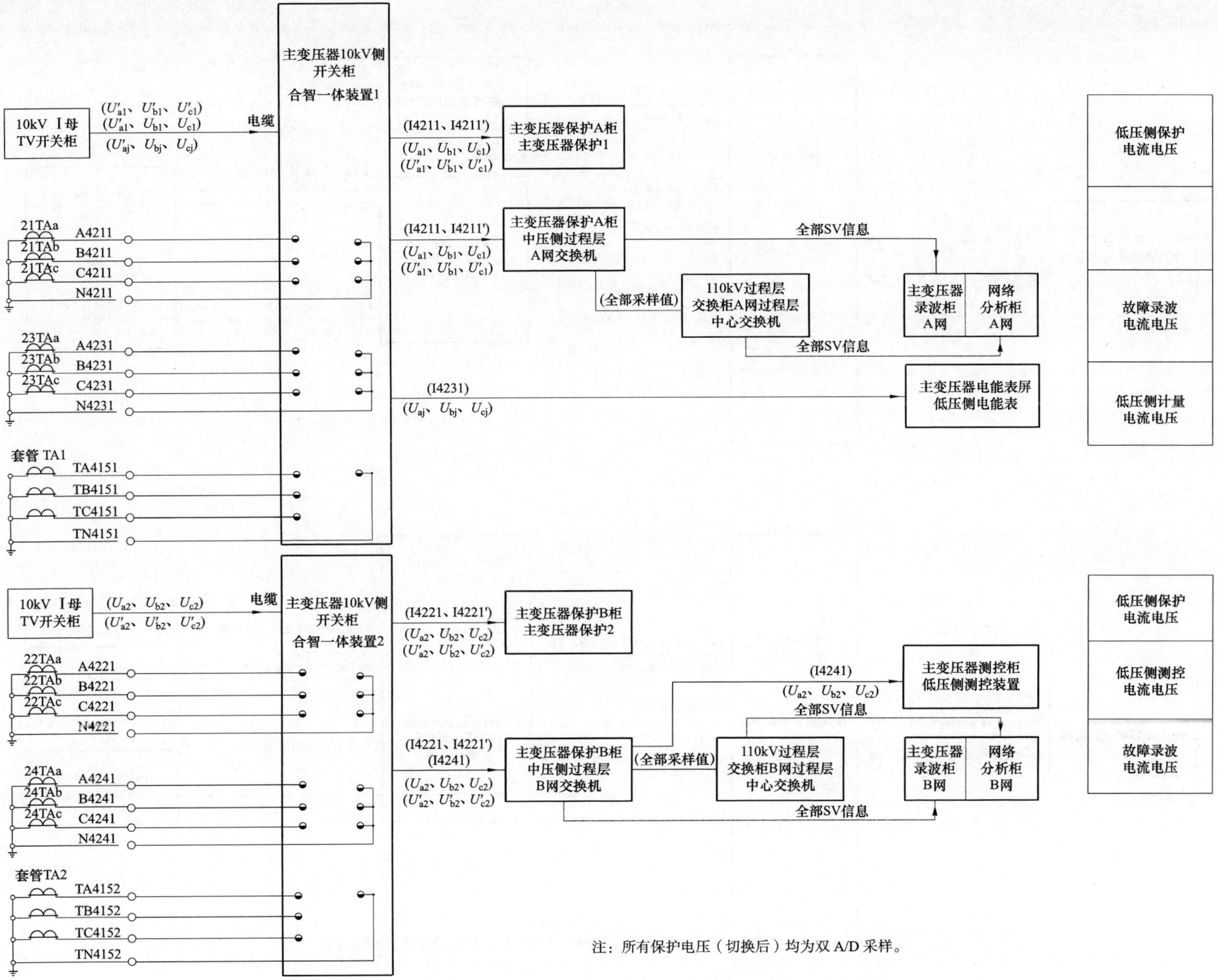


**图 9.2.2-19　HA-220-B-1　主变压器 10kV 侧过程层 SV 信息逻辑图**

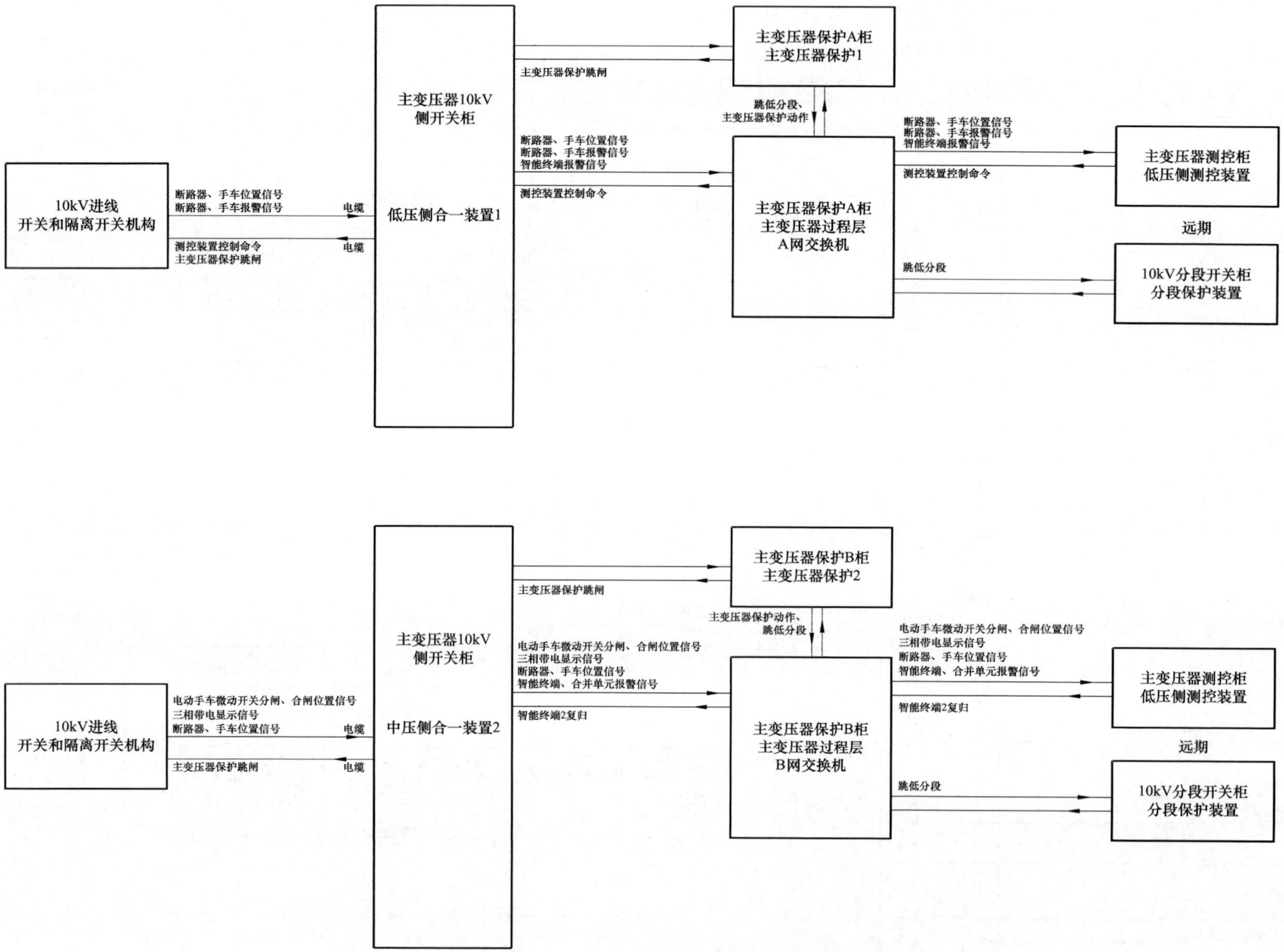


图 9.2.2-20　HA-220-B-1　主变压器 10kV 侧过程层 GOOSE 信息逻辑图

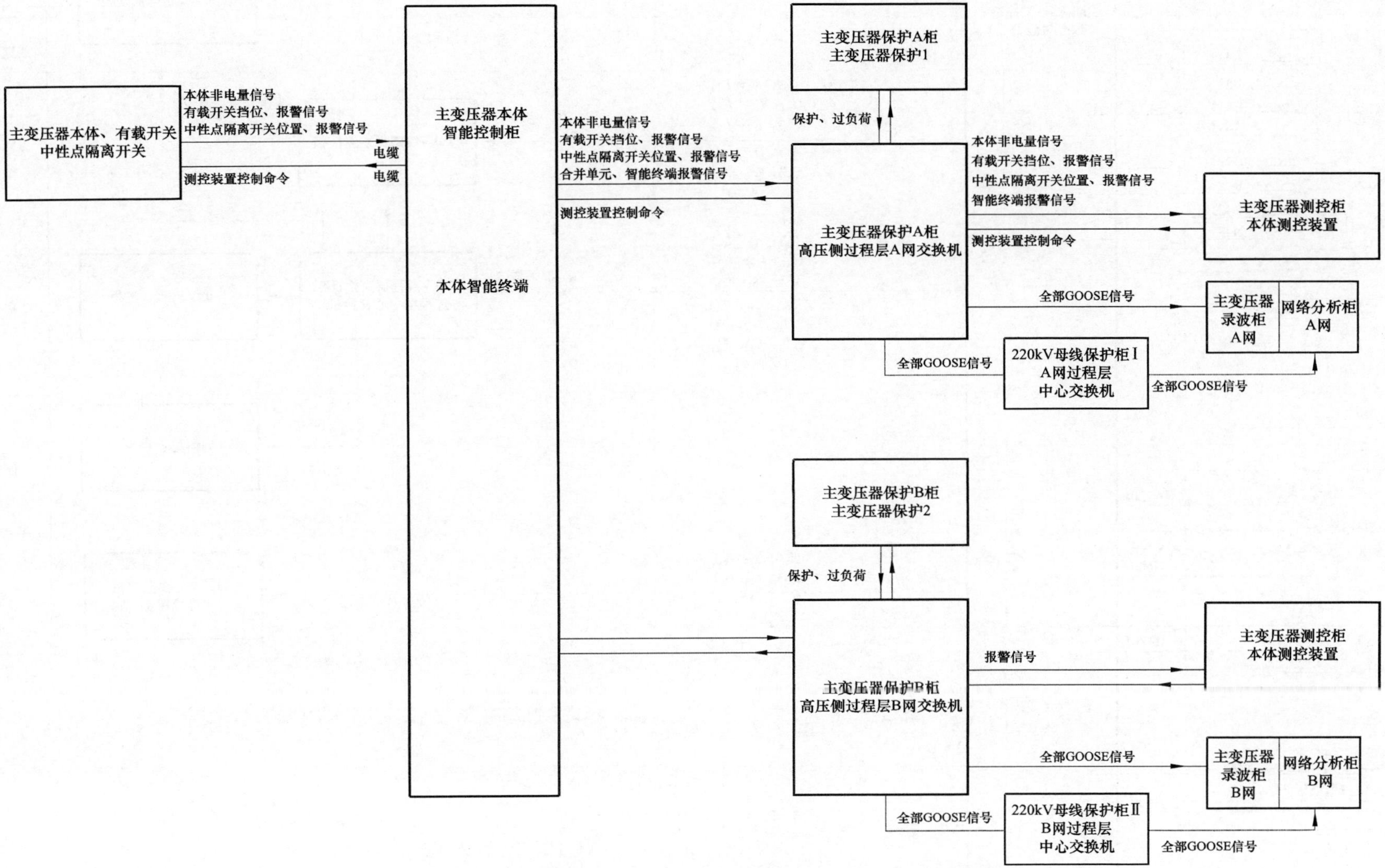


**图 9.2.2-21　HA-220-B-1　主变压器本体过程层 GOOSE 信息逻辑图**

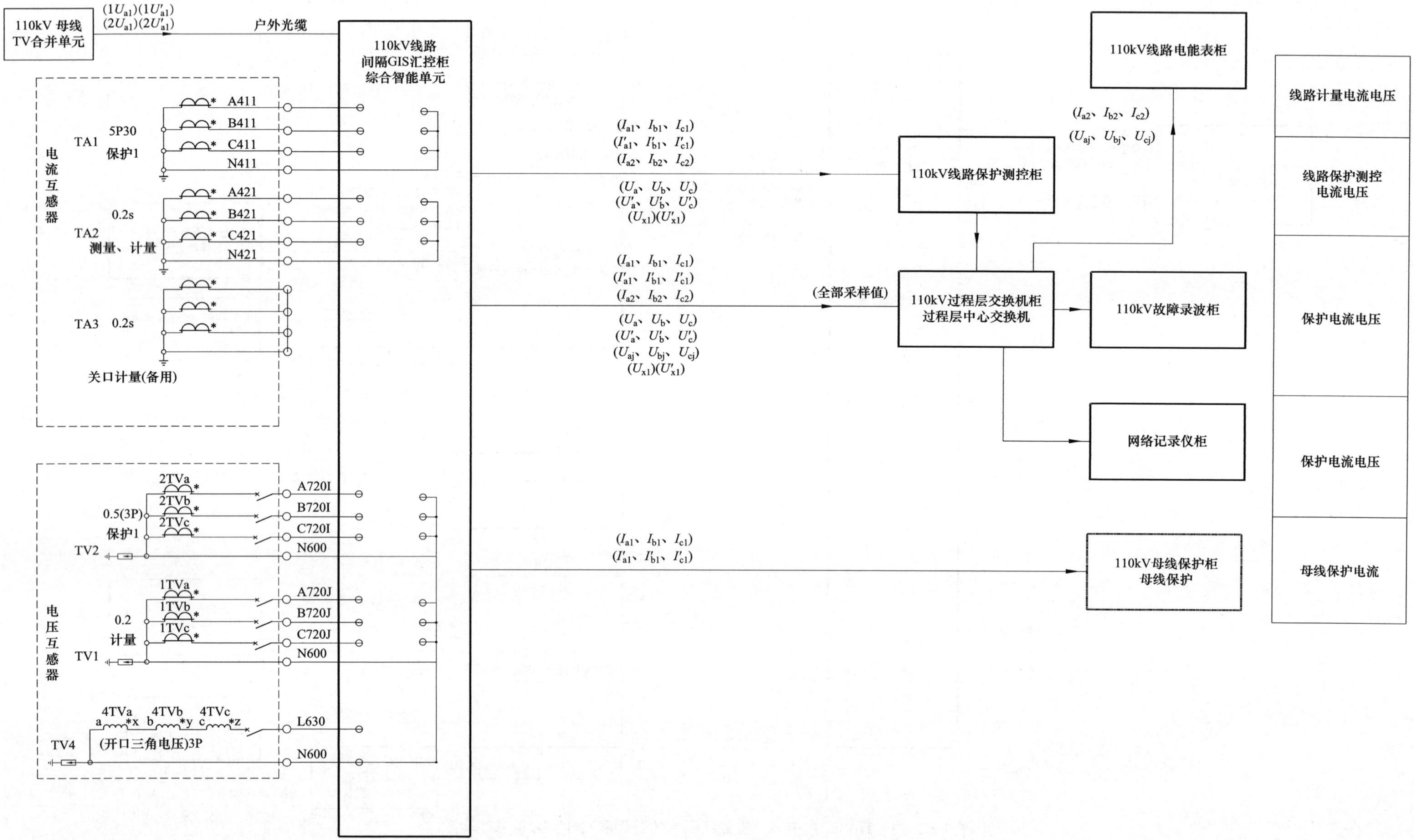


注：所有保护电压（切换后）均为双 A/D 采样，图中以电压（切换后）回路号区分。

**图 9.2.2-22　HA-220-B-1　110kV 线路过程层采样值信息逻辑图**

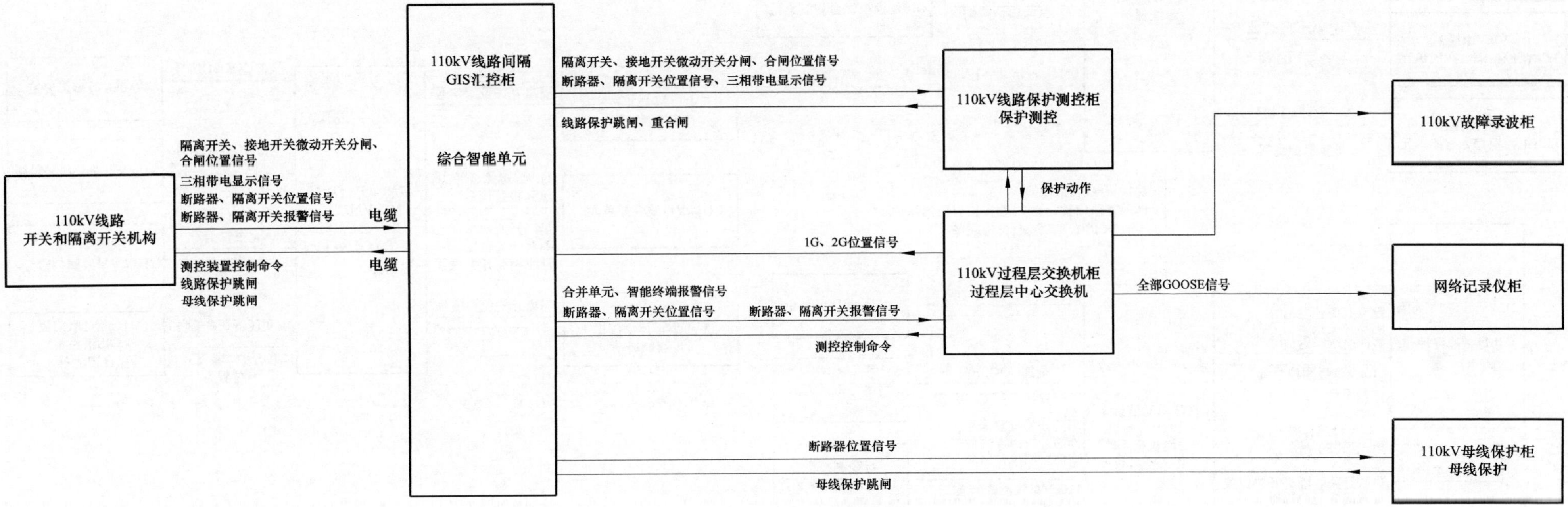


图 9.2.2-23　HA-220-B-1　110kV 线路过程层 GOOSE 信息逻辑图

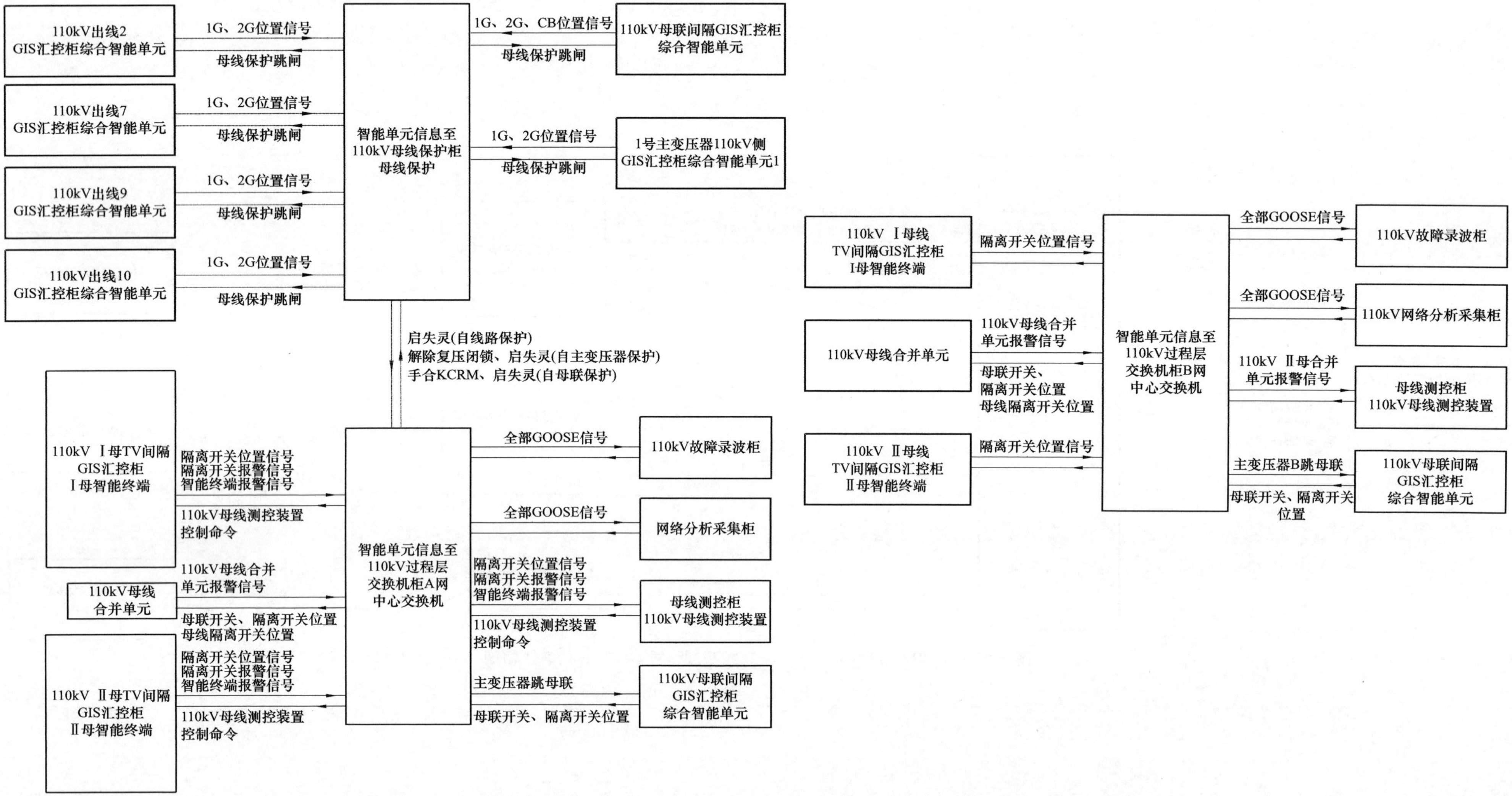


**图 9.2.2-24　HA-220-B-1　110kV 母线过程层 GOOSE 信息逻辑图**

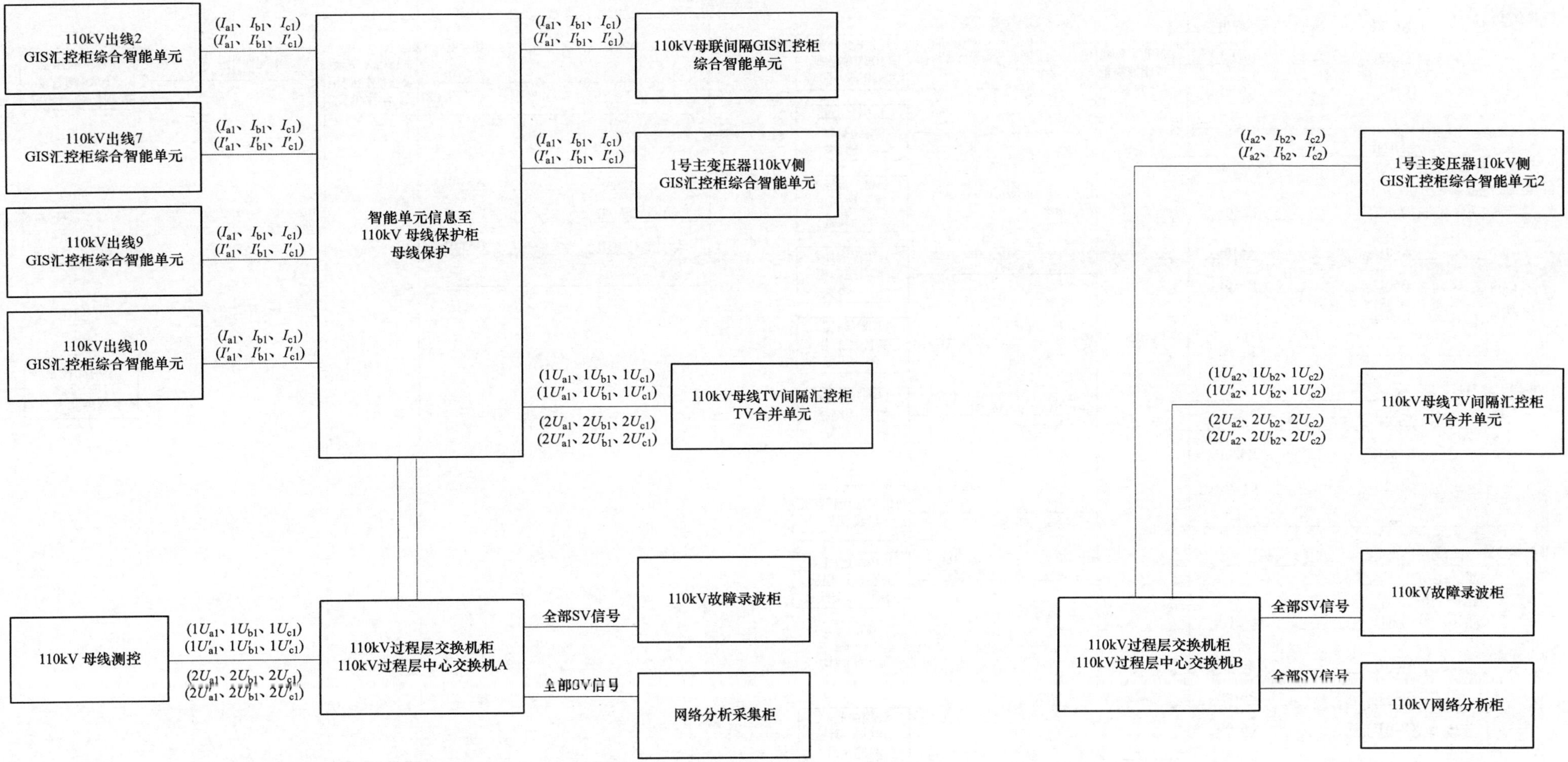


注：$1U_{a1}$、$1U_{b1}$、$1U_{c1}$；$1U'_{a1}$、$1U'_{b1}$、$1U'_{c1}$ 表示Ⅰ母第一组保护、测量电压（双 A/D 转换）；
$2U_{a1}$、$2U_{b1}$、$2U_{c1}$；$2U'_{a1}$、$2U'_{b1}$、$2U'_{c1}$ 表示Ⅱ母第一组保护、测量电压（双 A/D 转换）；
$1U_{a2}$、$1U_{b2}$、$1U_{c2}$；$1U'_{a2}$、$1U'_{b2}$、$1U'_{c2}$ 表示Ⅰ母第二组保护、测量电压（双 A/D 转换）；
$2U_{a2}$、$2U_{b2}$、$2U_{c2}$；$2U'_{a2}$、$2U'_{b2}$、$2U'_{c2}$ 表示Ⅱ母第二组保护、测量电压（双 A/D 转换）。

**图 9.2.2-25　HA-220-B-1　110kV 母线过程层采样值信息逻辑图**

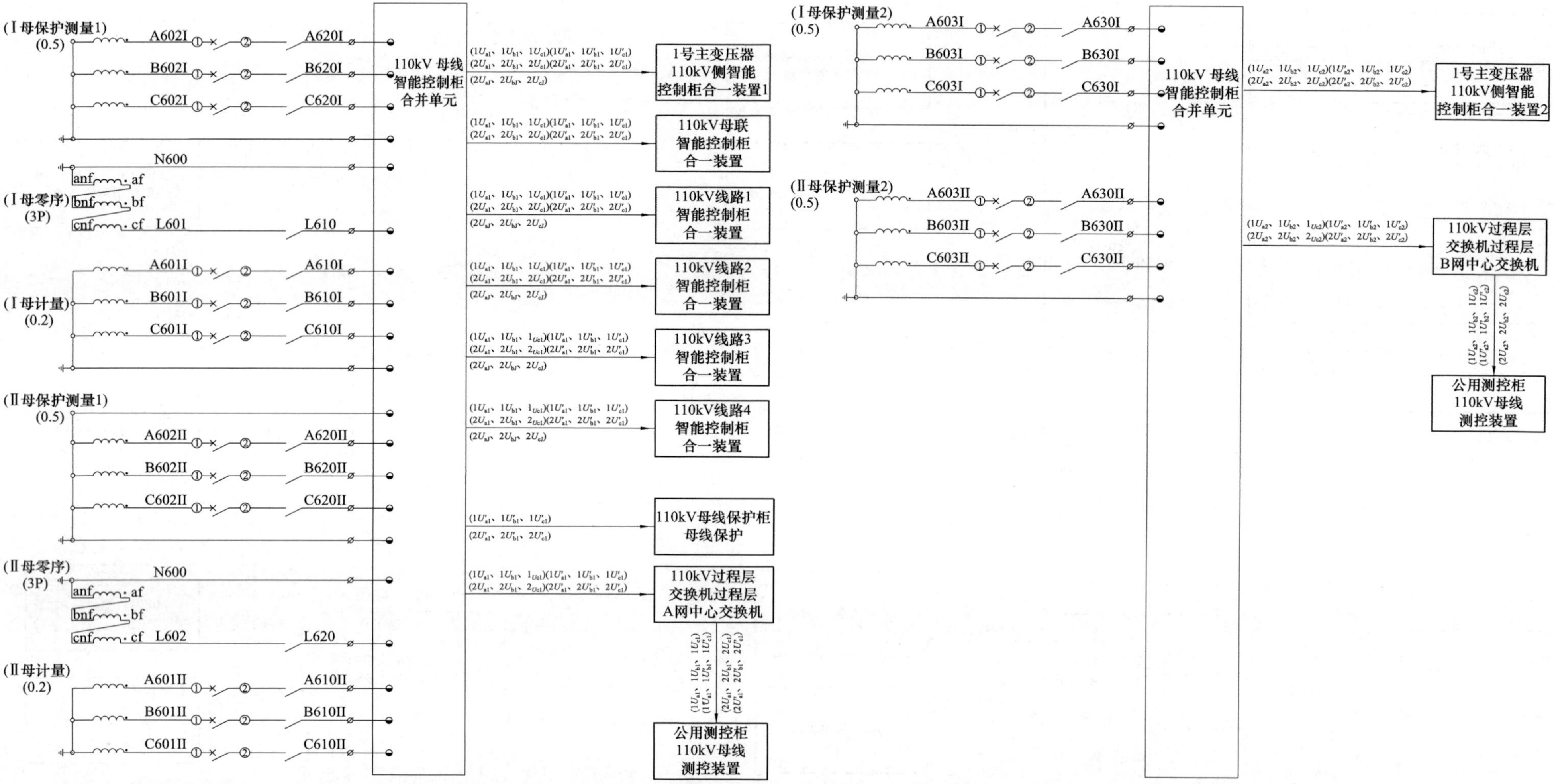


注：$1U_{a1}$、$1U_{b1}$、$1U_{c1}$；$1U'_{a1}$、$1U'_{b1}$、$1U'_{c1}$ 表示Ⅰ母第一组保护、测量电压（双 A/D 转换）；

$1U_{a2}$、$1U_{b2}$、$1U_{c2}$；$1U'_{a2}$、$1U'_{b2}$、$1U'_{c2}$ 表示Ⅰ母第二组保护、测量电压（双 A/D 转换）；

$2U_{a1}$、$2U_{b1}$、$2U_{c1}$；$2U'_{a1}$、$2U'_{b1}$、$2U'_{c}$ 表示Ⅱ母第一组保护、测量电压（双 A/D 转换）；

$2U_{a2}$、$2U_{b2}$、$2U_{c2}$；$2U'_{a2}$、$2U'_{b2}$、$2U'_{c2}$ 表示Ⅱ母第二组保护、测量电压（双 A/D 转换）。

**图 9.2.2-26　HA-220-B-1　110kV 母线设备电压回路及采样值信息逻辑图**

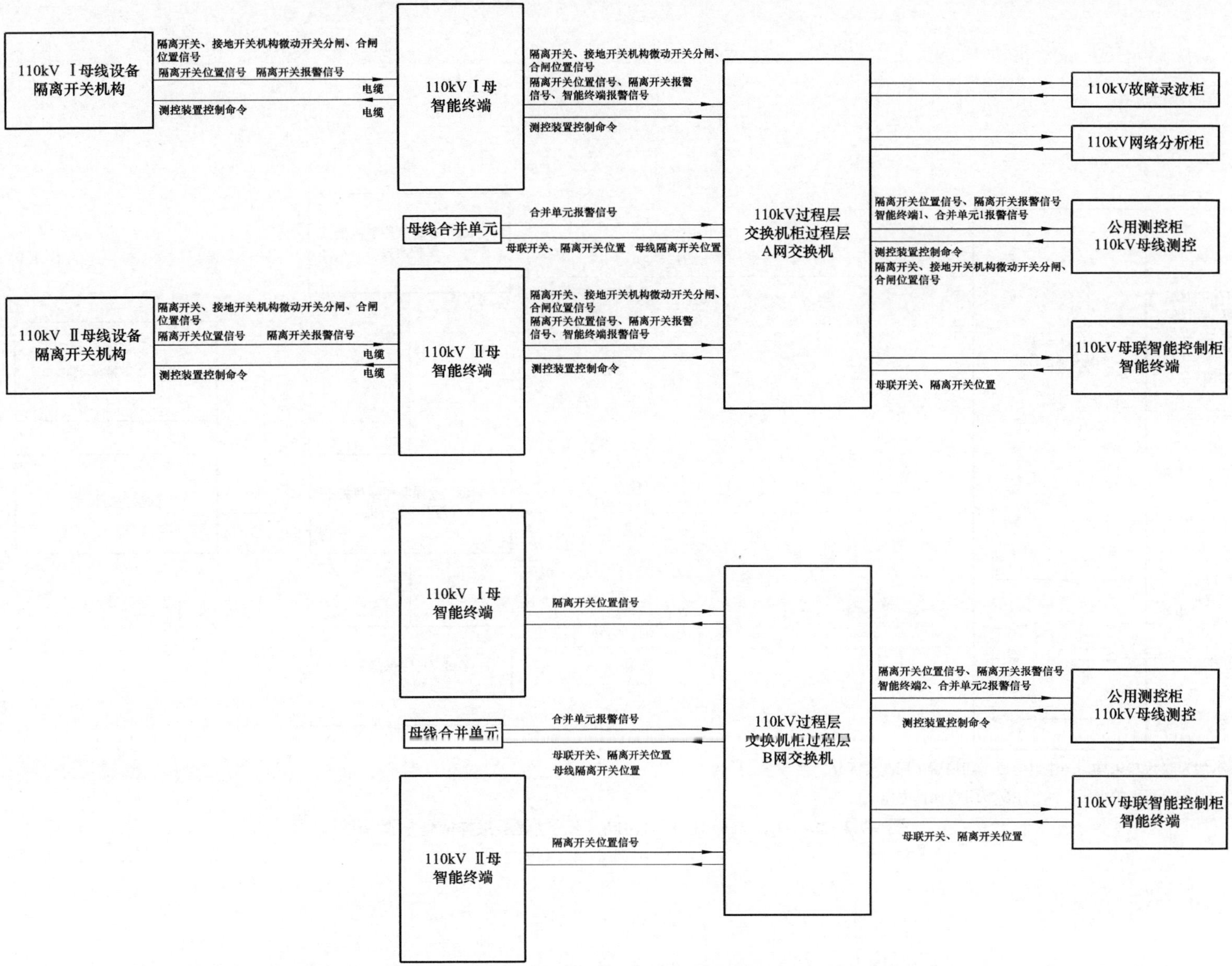


**图 9.2.2-27 HA-220-B-1 110kV 母线设备过程层 GOOSE 信息逻辑图**

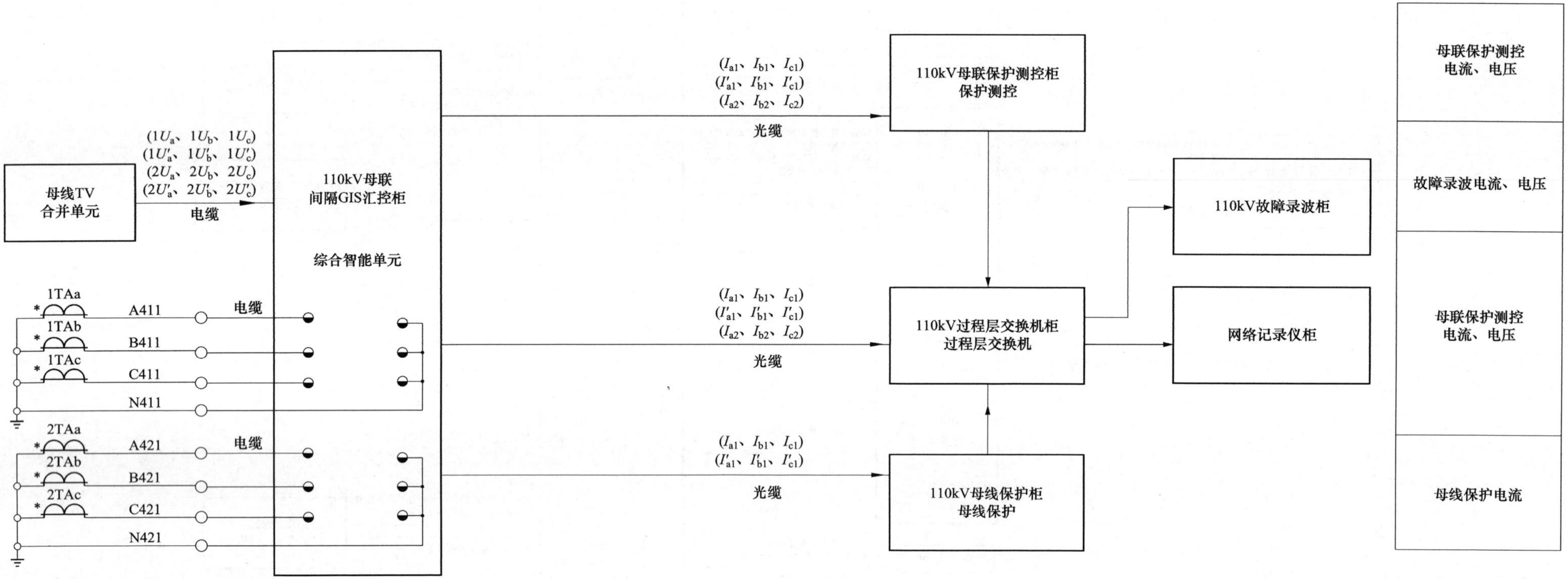


注：所有保护电压（切换后）均为双 A/D 采样，图中以电压（切换后）回路号区分，
以 A 相电压为例，$1U_a$，$1U'_a$ 为Ⅰ母保护电压、$2U_a$，$2U'_a$ 为Ⅱ母保护电压。

**图 9.2.2-28　HA-220-B-1　110kV 母联过程层采样值信息逻辑图**

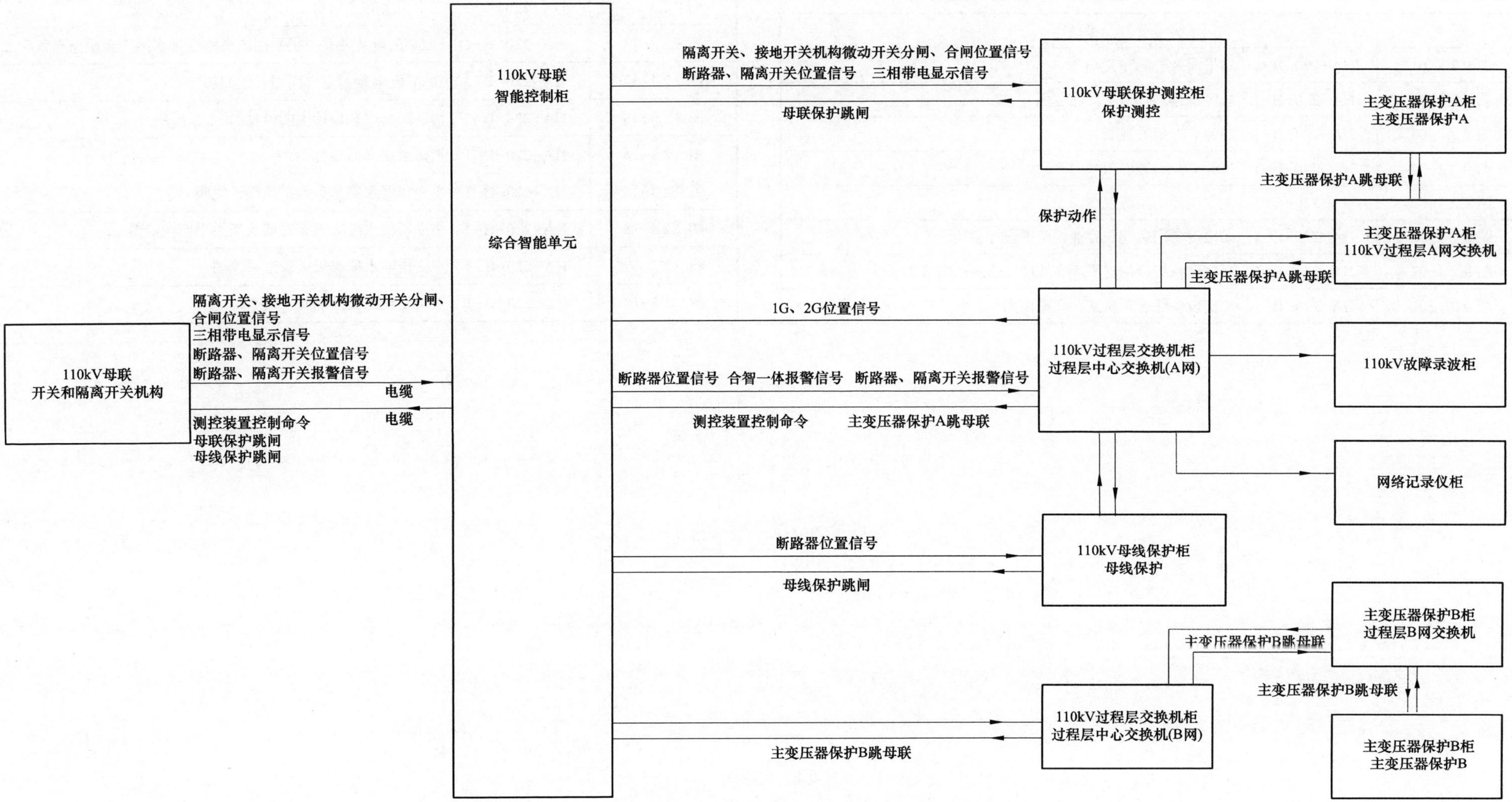


**图 9.2.2-29　HA-220-B-1　110kV 母联过程层 GOOSE 信息逻辑图**

### 9.2.3 土建部分

土建部分主要图纸见表 9.2.3-1。

**表 9.2.3-1　　土 建 部 分 主 要 图 纸**

| 图号 | 图名 |
|---|---|
| 图 9.2.3-01 | HA-220-B-1　总平面及竖向布置图 |
| 图 9.2.3-02 | HA-220-B-1　站区给排水管道平面布置图 |
| 图 9.2.3-03 | HA-220-B-1　220kV 构架透视图 |
| 图 9.2.3-04 | HA-220-B-1　110kV 构架透视图 |
| 图 9.2.3-05 | HA-220-B-1　主变压器构架透视图 |
| 图 9.2.3-06 | HA-220-B-1　二次设备用房建筑专业施工图设计说明 |
| 图 9.2.3-07 | HA-220-B-1　二次设备综合用房平面布置图（含暖通布置） |
| 图 9.2.3-08 | HA-220-B-1　二次设备综合用房南、北立面图 |

续表

| 图号 | 图名 |
|---|---|
| 图 9.2.3-09 | HA-220-B-1　二次设备综合用房东、西立面及剖面图 |
| 图 9.2.3-10 | HA-220-B-1　二次设备综合用房屋面排水图（含暖通布置） |
| 图 9.2.3-11 | HA-220-B-1　10kV 配电装置室一层平面图及屋面排水图（含暖通布置） |
| 图 9.2.3-12 | HA-220-B-1　10kV 配电装置室立面图、剖面图 |
| 图 9.2.3-13 | HA-220-B-1　消防泵房安装设计说明及材料表 |
| 图 9.2.3-14 | HA-220-B-1　消防泵房平面布置图 |
| 图 9.2.3-15 | HA-220-B-1　主变压器水喷雾灭火系统设计说明 |
| 图 9.2.3-16 | HA-220-B-1　主变压器水喷雾灭火管道及喷头平面布置图 |
| 图 9.2.3-17 | HA-220-B-1　主变压器水喷雾灭火管道系统图 |
| 图 9.2.3-18 | HA-220-B-1　建筑物暖通设计说明 |

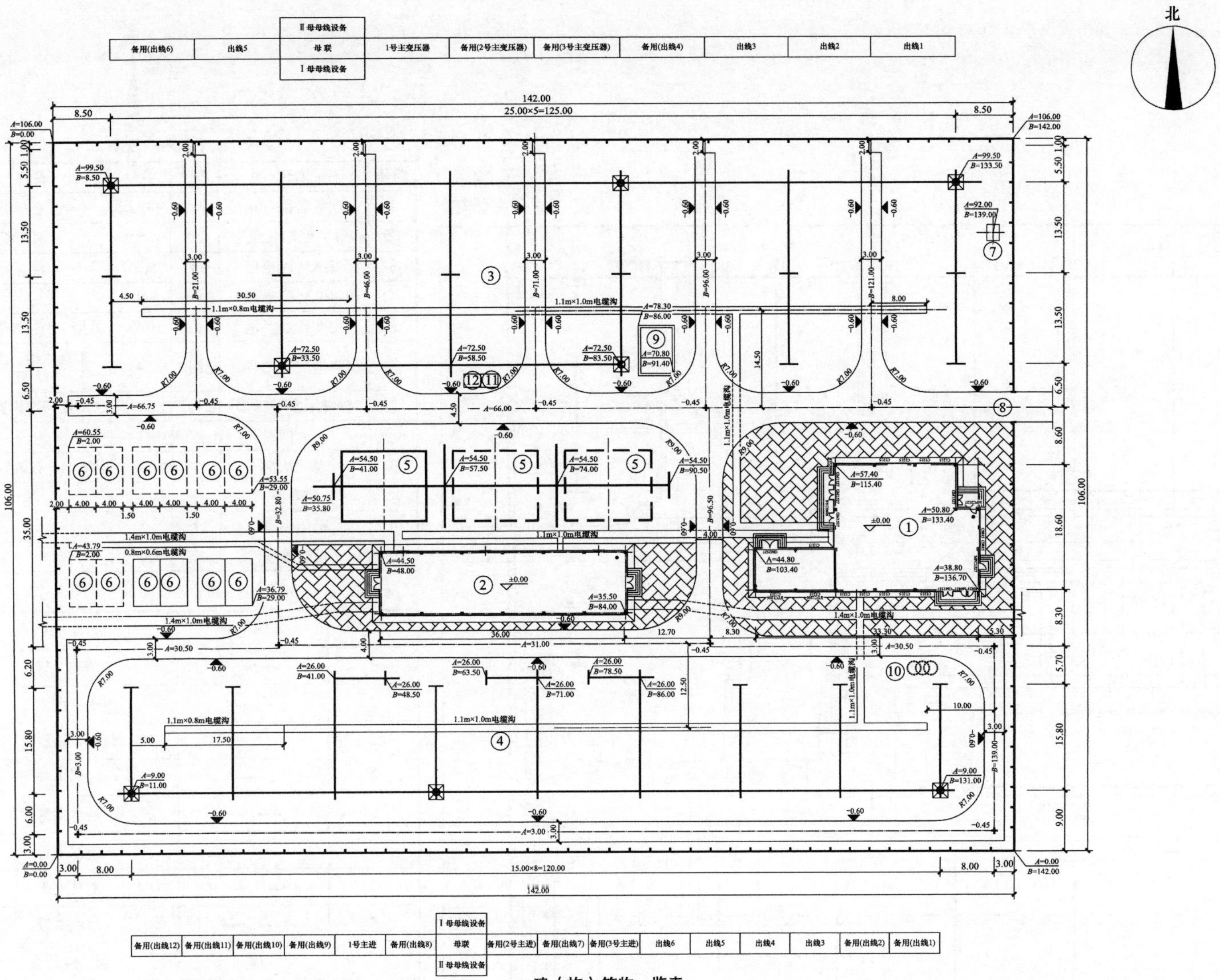


## 主要技术经济指标表

| 序号 | 名称 | | 单位 | 数量 | 备注 |
|---|---|---|---|---|---|
| 1 | 站址总用地面积 | | hm² | | |
| （1） | 站区围墙内用地面积 | | | 1.5052 | 折合 22.578 亩 |
| （2） | 进站道路用地面积 | | | | |
| （3） | 其他用地面积 | | | | |
| 2 | 进站道路长度（新建/改造） | | m | | 路面宽 4.5m |
| 3 | 站外供水管长度 | | m | | |
| 4 | 站外排水管长度 | | m | | |
| 5 | 站内主电缆沟长度 | | m | 544 | 600×600 以上 |
| 6 | 站内外挡土墙工程量 | | m³ | | |
| 7 | 站内外护坡工程量 | | m³ | | |
| 8 | 站址土（石）方量 | 挖方（−） | m³ | | |
| | | 填方（+） | | | |
| （1） | 站区场地平整 | 挖方（−） | | | |
| | | 填方（+） | | | |
| （2） | 进站道路 | 挖方（−） | | | |
| | | 填方（+） | | | |
| （3） | 建（构）筑物基槽余土 | | | | |
| （4） | 站址土方综合平衡 | 挖方（−） | | | |
| | | 填方（+） | | | |
| 9 | 站内道路/广场面积 | | m² | 2684/1043 | |
| 10 | 总建筑面积 | | m² | 839.21 | |
| 11 | 屋外配电装置场地处理面积 | | m² | 9275.29 | |
| 12 | 站区围墙长度 | | m | 490 | |

## 建（构）筑物一览表

| 编号 | 名称 | 单位 | 数量 | 备注 | 编号 | 名称 | 单位 | 数量 | 备注 |
|---|---|---|---|---|---|---|---|---|---|
| ① | 二次设备综合用房 | m² | 483.22 | 占地面积 | ⑦ | 深井泵及增压罐 | 套 | 1 | 视情况设置 |
| ② | 10kV 配电装置室 | m² | 355.99 | 占地面积 | ⑧ | 大门 | 座 | 1 | |
| ③ | 220kV 配电区 | m² | 5680 | | ⑨ | 事故油池 | 个 | 1 | 90m³ |
| ④ | 110kV 配电区 | m² | 4402 | | ⑩ | 化粪池 | 座 | 1 | |
| ⑤ | 主变压器场地 | 台 | 1092 | 本期 1 台最终 3 台 | ⑪ | 消防小室 | 个 | 1 | |
| ⑥ | 密集型户外电容器 | 组 | 4 | 本期 4 组最终 12 组 | ⑫ | 消防沙箱 | 座 | 1 | |

说明：1. 粗虚线为地下构筑物，细虚线为预留构筑物。

2. 图中尺寸以 m 为单位。

**图 9.2.3-01 HA-220-B-1 总平面及竖向布置图**

**建（构）筑物一览表**

| 编号 | 名称 | 单位 | 数量 | 备注 |
|---|---|---|---|---|
| ① | 二次设备综合用房 | $m^2$ | 483.22 | 占地面积 |
| ② | 10kV 配电装置室 | $m^2$ | 355.99 | 占地面积 |
| ③ | 220kV 配电区 | $m^2$ | 5680 | |
| ④ | 110kV 配电区 | $m^2$ | 4402 | |
| ⑤ | 主变压器场地 | 台 | 1092 | 本期 1 台，终期 3 台 |
| ⑥ | 密集型户外电容器 | 组 | 4 | 本期 4 组，终期 12 组 |
| ⑦ | 深井泵及增压罐 | 套 | 1 | 视情况设置 |
| ⑧ | 大门 | 座 | 1 | |
| ⑨ | 事故油池 | 个 | 1 | $75m^3$（有效容积） |
| ⑩ | 化粪池 | 座 | 1 | |
| ⑪ | 消防小室 | 个 | 1 | |
| ⑫ | 消防沙箱 | 座 | 1 | |

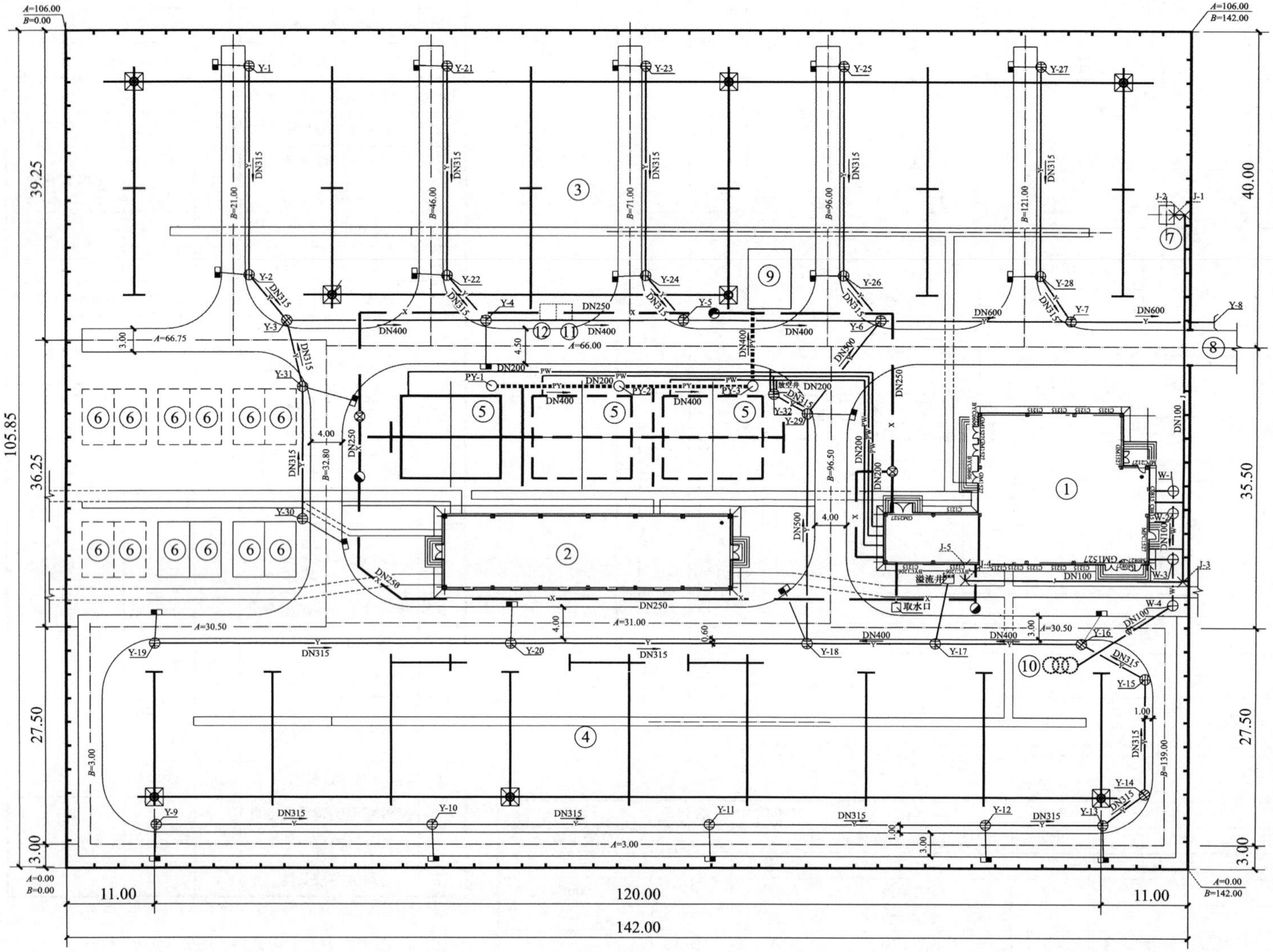


| 序号 | 图例 | 名称 |
|---|---|---|
| 1 | —X— | 消防主管 |
| 2 | —PY— | 污水进出户管 |
| 3 | —Y— | 雨水口连接管 |
| 4 | —W— | 污水主管 |
| 5 | —J— | 给水主管 |
| 6 | —Y— | 雨水主管 |
| 7 | —PW— | 消防支管 |
| 8 | ┈PY┈ | 污水主管 |
| 9 | ◐ | 消火栓给水 |
| 10 | ◻■ | 单箅平篦式雨水口＿雨水 |
| 11 | ⊕ | 检查井＿污水 |
| 12 | ⊕ | 检查井 |

说明：1. 粗虚线为地下构筑物，细虚线为预留构筑物。
2. 图中尺寸以 m 为单位。

**图 9.2.3-02　HA-220-B-1　站区给排水管道平面布置图**

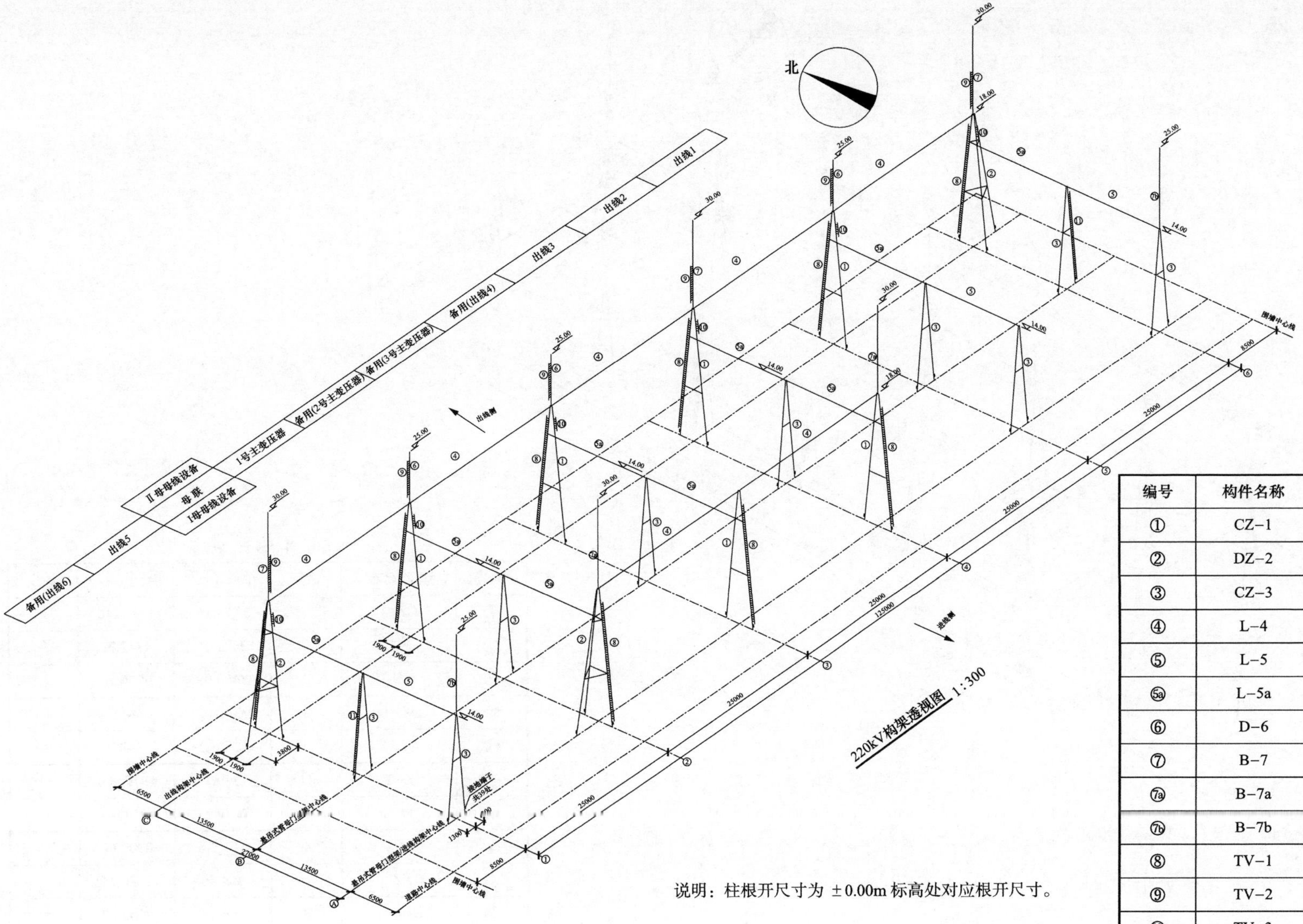


说明：柱根开尺寸为 ±0.00m 标高处对应根开尺寸。

构件统计表

| 编号 | 构件名称 | 数量 | 单重（kg） | 合计（kg） | 备注 |
|---|---|---|---|---|---|
| ① | CZ-1 | 6 | 5864.35 | 35186.12 | |
| ② | DZ-2 | 3 | 8486.33 | 25458.99 | |
| ③ | CZ-3 | 9 | 1887.17 | 16984.53 | |
| ④ | L-4 | 7 | 4923.92 | 34467.43 | |
| ⑤ | L-5 | 3 | 1470.54 | 4411.61 | |
| ⑤a | L-5a | 9 | 1486.11 | 13375.01 | |
| ⑥ | D-6 | 3 | 735.35 | 2206.04 | |
| ⑦ | B-7 | 3 | 865.67 | 2595.81 | |
| ⑦a | B-7a | 2 | 846.66 | 1693.32 | |
| ⑦b | B-7b | 2 | 765.65 | 1531.30 | |
| ⑧ | TV-1 | 9 | 256.21 | 2305.91 | |
| ⑨ | TV-2 | 6 | 91.58 | 549.46 | |
| ⑩ | TV-3 | 6 | 66.94 | 401.61 | |
| ⑪ | TV-4 | 2 | 201.86 | 403.73 | |
| | M42 地脚螺栓 | 252 | 28.90 | 7282.8 | |
| | M30 地脚螺栓 | 216 | 8.46 | 1827.36 | |
| | | | 合计（kg） | 150681.04 | |

**图 9.2.3-03　HA-220-B-1　220kV 构架透视图**

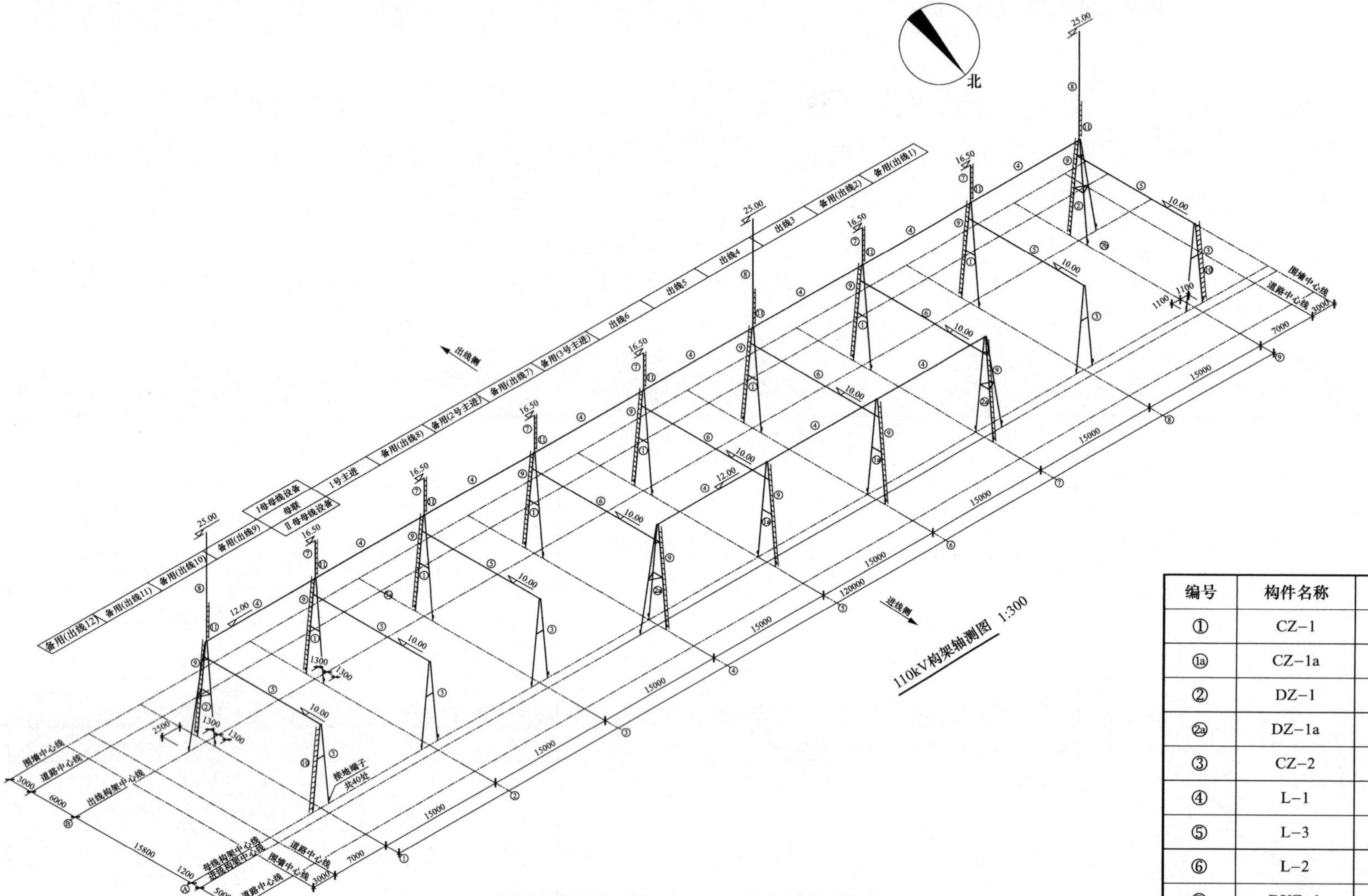


说明：柱根开尺寸为 ±0.00m 标高处对应根开尺寸。

**构 件 统 计 表**

| 编号 | 构件名称 | 数量 | 单重（kg） | 合计（kg） | 备注 |
|---|---|---|---|---|---|
| ① | CZ−1 | 7 | 2479.16 | 17354.15 | |
| ①a | CZ−1a | 2 | 2421.11 | 4842.22 | |
| ② | DZ−1 | 2 | 3400.08 | 6800.15 | |
| ②a | DZ−1a | 2 | 3342.02 | 6684.04 | |
| ③ | CZ−2 | 5 | 1950.21 | 9751.07 | |
| ④ | L−1 | 11 | 1799.38 | 19793.16 | |
| ⑤ | L−3 | 5 | 2079.75 | 10398.77 | |
| ⑥ | L−2 | 4 | 2201.10 | 8804.42 | |
| ⑦ | DXZ−1 | 6 | 364.46 | 2186.74 | |
| ⑧ | BLZ−1 | 3 | 784.49 | 2353.47 | |
| ⑨ | TV−1 | 13 | 166.20 | 2160.60 | |
| ⑩ | TV−2 | 2 | 147.40 | 294.80 | |
| ⑪ | TV−3 | 9 | 66.12 | 595.08 | |
| | M36 地脚螺栓 | 480 | 13.58 | 6519.86 | |
| | | | 合计（kg） | 98538.52 | |

**图 9.2.3−04　HA−220−B−1　110kV 构架透视图**

本期工程量统计表

| 编号 | 构件名称 | 数量 | 单重（kg） | 合计（kg） | 备注 |
|---|---|---|---|---|---|
| ① | 1号主变压器油坑 | 1 | | | |
| ② | 防火墙 | 2 | | | |
| ③ | DZ–1 | 1 | 3811.28 | 3811.28 | |
| ④ | CZ–1 | 2 | 990.50 | 1981.00 | |
| ⑤ | CZ–2 | 1 | 2816.63 | 2816.63 | |
| ⑥ | L–1 | 3 | 1848.36 | 5545.08 | |
| ⑦ | TV–1 | 2 | 198.72 | 397.44 | |
| | 接地端子槽钢 C8 | 9 | 1.29 | 11.61 | |
| | | | 287.64 | 2204.4 | |
| 合计：16767.52kg | | | | | |

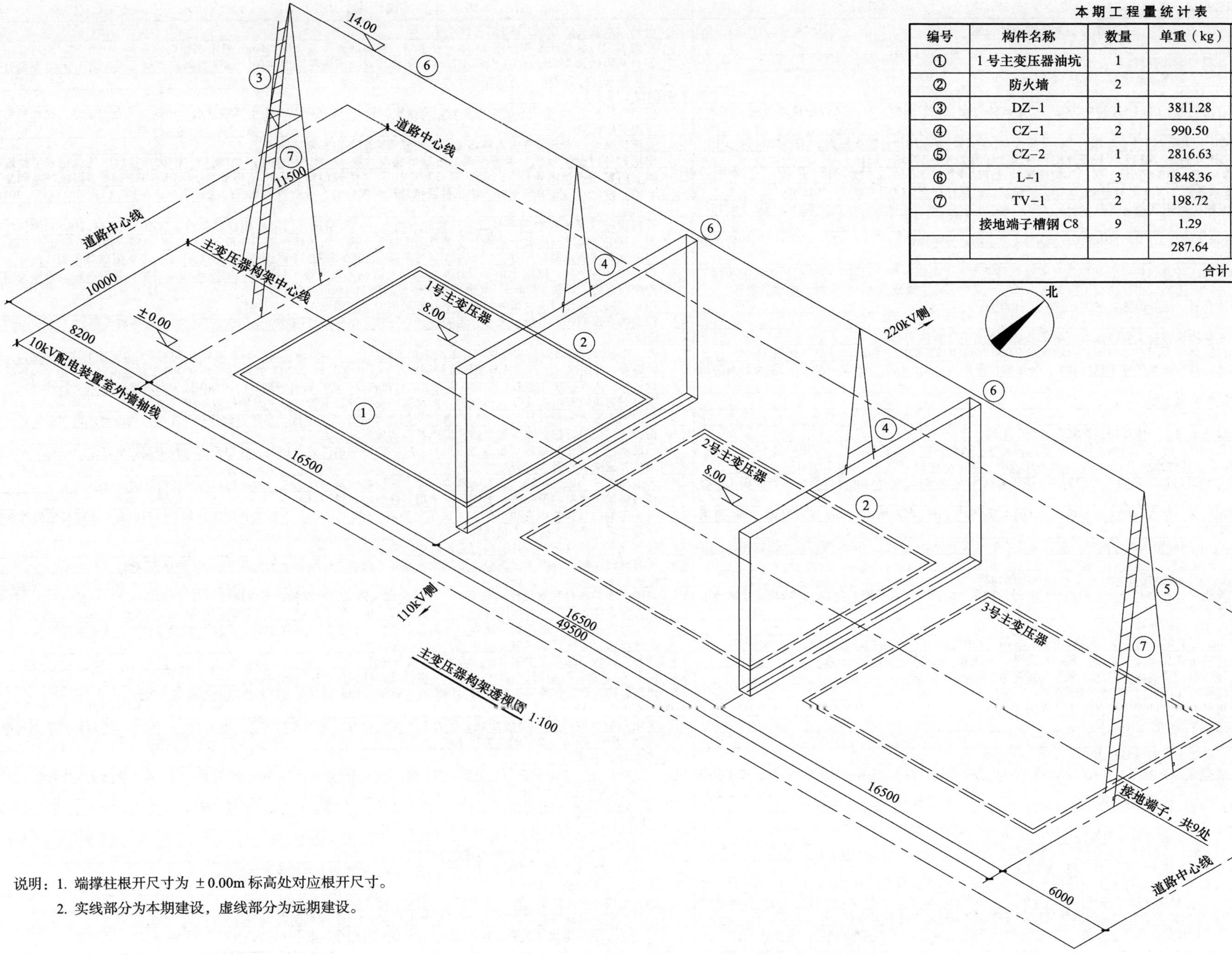


说明：1. 端撑柱根开尺寸为 ±0.00m 标高处对应根开尺寸。
2. 实线部分为本期建设，虚线部分为远期建设。

**图 9.2.3–05　HA–220–B–1　主变压器构架透视图**

| 本册建筑项目主要特征表 | 建筑名称 | 结构类型 | 建筑面积（m²） | 建筑基底面积（m²） | 建筑工程等级 | 设计使用年限 | 建筑层数 | 建筑总高度（m） | 火灾危险性分类 | 耐火等级 | 屋面防水等级 | 地下室防水等级 | 抗震设防烈度 |
|---|---|---|---|---|---|---|---|---|---|---|---|---|---|
| | 二次设备综合用房 | 装配式钢框架结构 | 483.22 | 483.22 | Ⅲ | 50 | 1 | 6.60 | 戊 | 二 | Ⅰ | | 7 |

## 建筑专业施工图设计说明

1 主要设计依据

1.1 初步设计、总平面图及各相关专业资料。

1.2 现行的国家有关建筑设计的主要规范及规程（包括但不限于）：

《民用建筑通用规范》（GB 55031—2022）《建筑防火通用规范》（GB 55037—2022）

《建筑与市政工程防水通用规范》（GB 55030—2022）《建筑外门窗气密、水密、抗风压性能检测方法》（GB/T 7106—2019）

《建筑设计防火规范》[GB 50016—2014（2018 年版）]《火力发电厂与变电站设计防火标准》（GB 50229—2019）

《屋面工程技术规范》（GB 50345—2012）《民用建筑设计统一标准》（GB 50352—2019）

《建筑玻璃应用技术规程》（JGJ 113—2015）《建筑内部装修设计防火规范》（GB 50222—2017）

《建筑幕墙、门窗通用技术条件》（GB/T 31433—2015）《建筑地面设计规范》（GB 50037—2013）

《建筑节能与可再生能源利用通用规范》（GB 55015—2021）《220kV～750kV 变电站设计技术规程》（DL/T 5218—2012）

《国家电网有限公司输变电工程施工图设计内容深度规定》《建筑防火通用规范》（GB 55037—2022）《民用建筑通用规范》（GB 55031—2022）

1.3 本工程需遵照执行《输变电工程建设标准强制性条文实施管理规程》、《国家电网公司输变电工程质量通病防治工作要求及技术措施》和《国家电网公司输变电工程标准工艺——变电工程土建分册》（2022 版）中相关要求。

1.4 其他相关的国家和项目所在省、市的法规、规范、规定、标准等。

2 本单体建筑工程概况

2.1 本单体建筑工程概况见本册建筑项目主要特征表。本变电站为无人值守智能变电站。

2.2 本建筑总平面定位坐标详见总平面图；本建筑室内地坪 ±0.000 标高相对应的绝对标高详见总平面图。

2.3 本建筑图中标高单位为 m，其余图纸尺寸单位为 mm，各层标注标高为完成面标高（建筑面标高），屋面标高为结构面标高。

2.4 梁柱的尺寸、定位等详见结构施工图。

3 墙体工程

3.1 材料与厚度：建筑物外墙均采用“一体化铝镁锰复合墙板”系统。

铝镁锰岩棉夹芯板外板 0.8mm，内板 0.6mm，横向排版表面纯平，表面涂层采用氟碳涂层，使用寿命 50 年以上；内板白灰色，采用 PE 涂层。芯材采用 100mm 厚 A 级不燃岩棉，憎水率达到 99%，密度控制在 136～140kg/m³。

3.1.1 普通外墙：100mm 厚铝镁锰岩棉夹芯板（外墙板）+ 墙檩系统 +75mm 钢龙骨 +9mm 厚纤维水泥饰面板（内墙板）。

3.1.2 防火外墙；100mm 厚铝镁锰岩棉夹芯板（外墙板）+ 墙檩系统 +9mm 纤维水泥板 +100mm 厚岩棉板 +9mm 纤维水泥饰面板，耐火极限 3h。

3.1.3 普通内隔墙（乙供）：6mm 厚纤维水泥饰面板 + 轻钢龙骨（中间填 100mm 岩棉）+6mm 厚纤维水泥饰面板，耐火极限 2h。

3.1.4 零米以上室内钢柱包覆：75mm 钢龙骨 +9mm 厚纤维水泥饰面板。

3.2 构造要求：建议工业化墙板由专业和具备资质的同一厂家进行排板、设计、供货、施工安装，厂家应考虑墙体上的洞口、门、雨篷安装等要求。

设备尺寸大于房间门洞尺寸的房间须待设备安装到位后再安装墙体。

蒸压加气混凝土板材的施工工艺以及各相关构造做法要求参照《蒸压加气混凝土砌块、板材构造》（13J104）。

3.3 外墙窗户及墙体预留洞详见建施及设备平面图，洞口处四周增加檩条，由墙体厂家统一考虑。

3.4 墙体上的空调管留洞、排气洞、过水洞等应注意避开水立管和不影响外窗开启。

3.5 墙上管道及工艺开孔需封堵的孔洞请见各专业相应要求。

3.6 墙上配电箱等设备的预留洞（槽）尺寸及位置需结合设备专业图纸。

3.7 散水宽度根据具体工程情况核定，图中为示意。

4 楼地面工程

4.1 本工程楼地面做法详见“建筑构造用料做法表”。

4.2 卫生间、厨房防水层（聚氨酯防水涂料）沿墙面应上翻 300mm 高（距建筑面），地漏附近 1.0m 范围内的地面均应设不小于 1% 的坡度坡向地漏。

卫生间、厨房楼地面面层标高低于同层楼地面标高 20mm。

5 防水工程

5.1 雨水管等做法参见《12 系列建筑标准设计图集》（12YJ5-1-E2）。

5.2 屋面检修孔做法参见《平屋面》（12YJ5-1-A15-1）；设备基座做法参见 12YJ5-1-B14-3。

5.3 工程防水等级：屋面为一级，外墙为一级，卫生间、厨房为一级。

5.4 屋面工程防水设计工作年限为 20 年。保温层应选用使用年限不低于 20 年的材料。屋面设置（3+3）mm 厚双层 SBS 改性沥青防水卷材 +2mm 厚高聚物改性沥青防水涂膜，上部设 40mm 厚 C20 混凝土保护层。屋面排水坡度为 3%，天沟、雨水管、伸出屋面的管井管道泛水处的防水层应设附加层或进行多重防水。

5.5 本工程外墙采用“一体化铝镁锰复合墙板”系统，均为不渗水材料。门窗洞口节点防水见 8.2～8.4 条说明，雨棚防水做法见 BDTJ 第 267、268 页。

5.6 室内工程防水设计工作年限 25 年。卫生间、厨房地面设置 2 道 1.5mm 厚聚氨酯防水涂料。卫生间、厨房、防汛器材室均设置 250mm 的素混凝土反坎，同楼地面一同浇注。卫生间、厨房四周内墙面设置 1 道 1.5mm 厚聚合物水泥基复合防水砂浆，高度不小于 2.0m。

6 外门窗工程

6.1 外门窗均采用 65 系列节能型断热桥铝合金型材和 5+6A+5+6A+5 中空浮法玻璃，中间层为加胶玻璃。蓄电池室窗采用磨砂玻璃。

易遭受撞击、冲击而造成人体伤害部位的玻璃均应选用安全玻璃。

建筑物外门窗保温性能等级应满足建筑节能设计要求，采用节能门、节能窗。门窗反复启闭性能达到《建筑幕墙、门窗通用技术条件》（GB/T 31433—2015）、《建筑门窗五金件通用要求》（GB/T 32223）等相应产品标准要求的 2 倍；外门窗的气密性、水密性及抗风压性能应符合《建筑幕墙、门窗通用技术条件》（GB/T 31433—2015）的规定。

外门窗的气密性、水密性及抗风压性能应符合《建筑幕墙、门窗通用技术条件》（GB/T 31433-2015）的相关规定，其中气密性不应低于 4 级，水密性不应低于 4 级，抗风压性能不应低于 3 级，空气隔声性能不应低于 3 级。

6.2 门窗立面均表示洞口尺寸，门窗加工尺寸应按照装修面厚度予以调整，门窗制作安装应实测核对各洞口尺寸及各门窗编号与个数，以防止由于设计及构造误差造成安装困难，门窗侧边固定连接点的定位原则：每边最端头固定点距门窗边框端头 180mm，其余固定点位置间隔 500mm 左右均分。

6.3 门窗立樘：内外门窗立樘除特殊说明外均居墙中（墙檩处）。

6.4 门窗的立面形式、数量、尺寸、色彩、开启方式、型材、玻璃等详见门窗表和门窗立面图放大图。

7 内装修工程

7.1 本工程各部位内装修做法详见“建筑构造用料做法表”。装修所用材料应采用对人体健康无毒无害的环保型材料，同时符合《民用建筑工程室内环境污染控制标准》（GB 50325—2020）的规定，并应在施工前提供样板，经建设单位和设计单位认可后方可施工。本工程所有建筑材料和设备均应符合管理部门的环保规定和质量标准及节约能源的要求。

7.2 装修时建筑内部污水立管、透气管、雨水管、空调冷凝水管、排气道的位置不得移动。

7.3 未经技术鉴定和设计认可，不得拆改结构构件和进行加层改造。当建筑装修涉及主体结构改动或增加荷载时，须由设计单位进行结构安全性复核，提出具体实施方案后方可施工。

7.4 地面地漏水封比相应地面标高低 50mm，应在该房间最低处。地漏、管道周围与找平层间应预留 10mm×7mm 凹槽，并应嵌填密封沥青膏。

7.5 凡金属铁件均应先除锈，后涂防锈漆一道，面层再涂调和漆二道。油漆色彩与所在墙面颜色相近。

7.6 所有穿过防水层的预埋件、紧固件应采用密封材料密封。

7.7 有水房间的吊顶均中高边低倾斜（或单向倾斜），坡度 0.5%，并做圆角便于冷凝水排泄。有水房间楼地面找平层中均掺聚氨酯防水涂料（包括踢脚）。

7.8 楼面找平须待设备管线孔洞预留无误后再行施工。

7.9 所有材料、构造、施工应遵照《建筑装饰装修工程质量验收标准》（GB 50210—2018）执行。

8 外装修工程

8.1 建筑立面的颜色和材质详见立面图，外墙面做法详见“建筑构造用料做法表”。外墙面施工前应做出样板，待建设方和设计方认可后方可进行施工，并应遵照《建筑装饰装修工程质量验收标准》（GB 50210—2018）的要求。

8.2 其余外露铁件做一道防锈底漆和二道面漆。不露面铁件做二道防锈漆，金属件接缝要严密，用于室外的金属件接缝处用树脂涂料二道密封。

8.3 各种外墙洞口边缘应做铝合金 / 铝板一体式收边件。

8.4 窗台节点确保里高外低不泛水。腰线、檐板及窗外窗台面层均坡向墙外。

8.5 建筑装饰装修工程所用材料应符合国家有关建筑装饰装修材料有害物质限量标准的规定。

9 噪声防治

变电站噪声对周围环境的影响必须符合《工业企业厂界噪声标准》（GB 12348—2008）和《声环境质量标准》（GB 3096—2008）规定的 2 类标准。

10 其他应注意事项

10.1 土建施工时应注意将建筑、结构、水、暖、电气等各专业施工图纸相互对照，确认墙体及楼板各种预留孔洞尺寸及位置无误后方可进行施工。

10.2 若有疑问应提前与设计院沟通解决。施工过程中，如遇各专业施工图纸不符的，不得以其中任何一个专业图纸作为施工依据。

10.3 工业化墙板供货厂家应根据产品实际规格及相关配件规格进行深化设计及排板设计。建筑物装修色彩应先做样，取得建设单位和设计单位的同意后方可施工。

10.4 本设计说明及全部施工图纸未尽之处应按国家有关施工及验收规范执行。

11 本站选用建筑标准设计图集

《国家电网公司输变电工程标准工艺——变电工程土建分册》（2022 版）；

《特种门窗》国标图集 17J610-1；《建筑节能门窗（一）》国标图集 06J607-1；

《12 系列建筑标准设计图集》12YJ 系列；《抗裂硅质刚性防水系统建筑构造》21CJ86-4 JX。

**图 9.2.3-06 HA-220-B-1 二次设备用房建筑专业施工图设计说明**

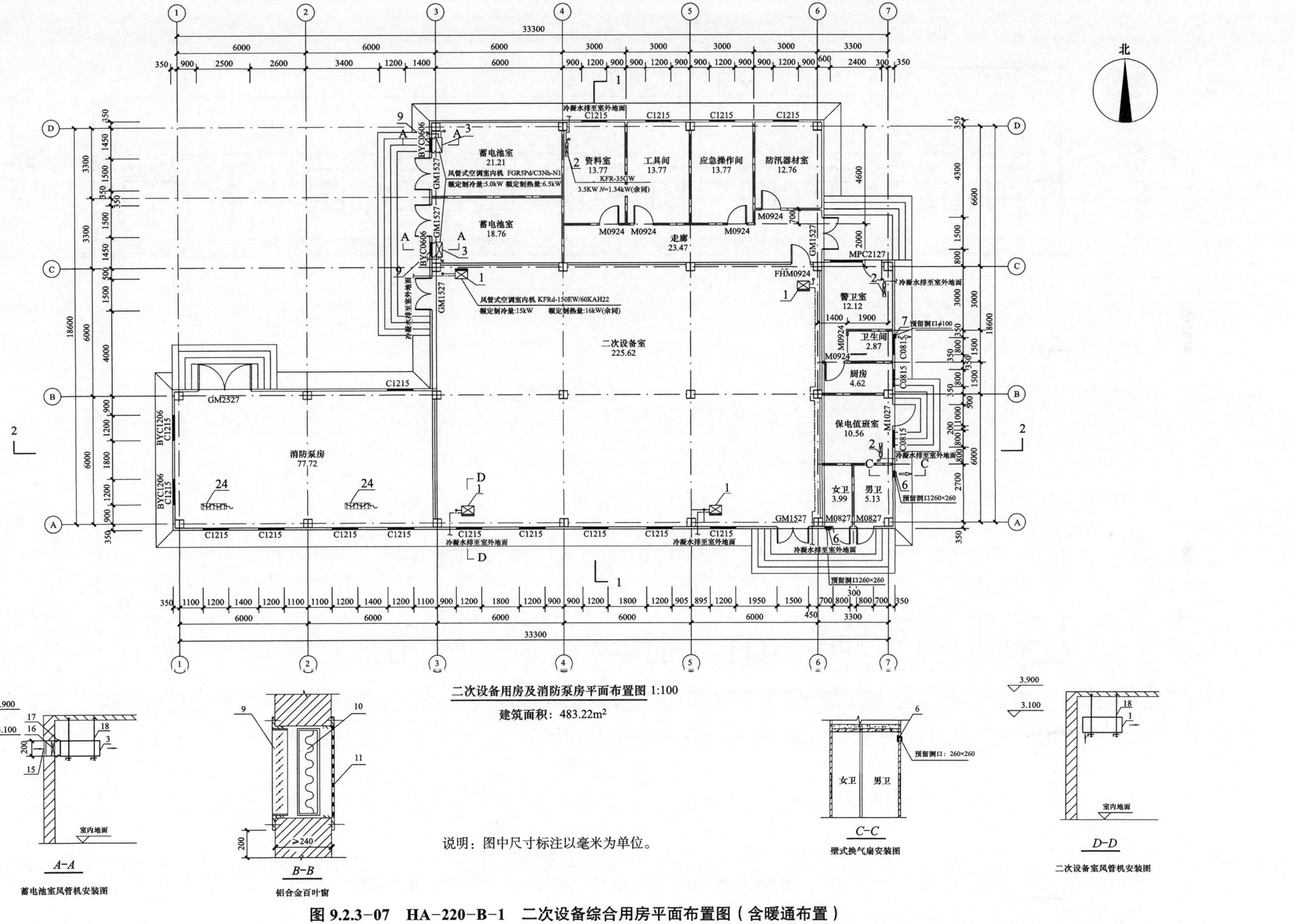


图 9.2.3-07 HA-220-B-1 二次设备综合用房平面布置图（含暖通布置）

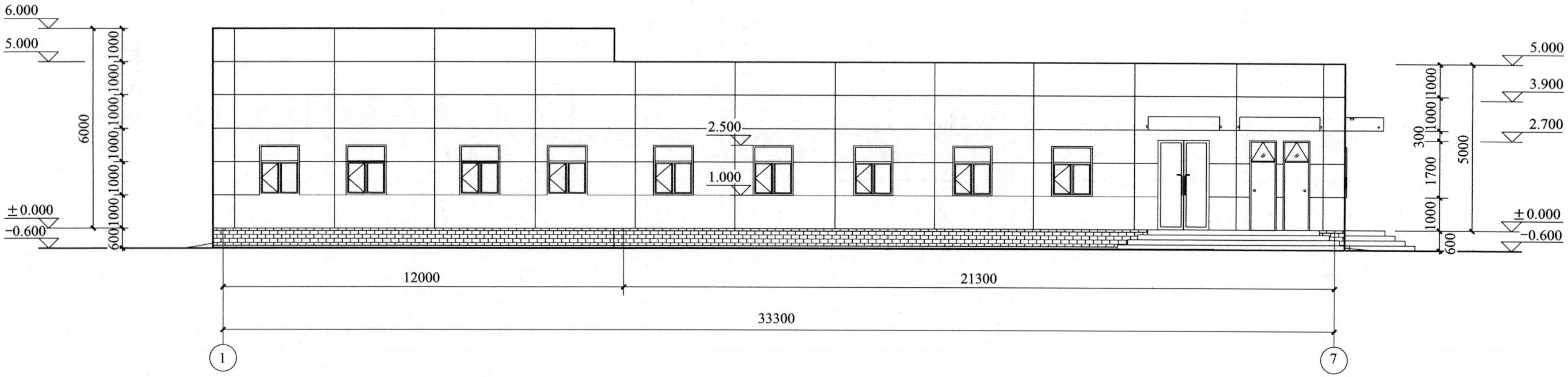


①－⑦轴立面图 1:100

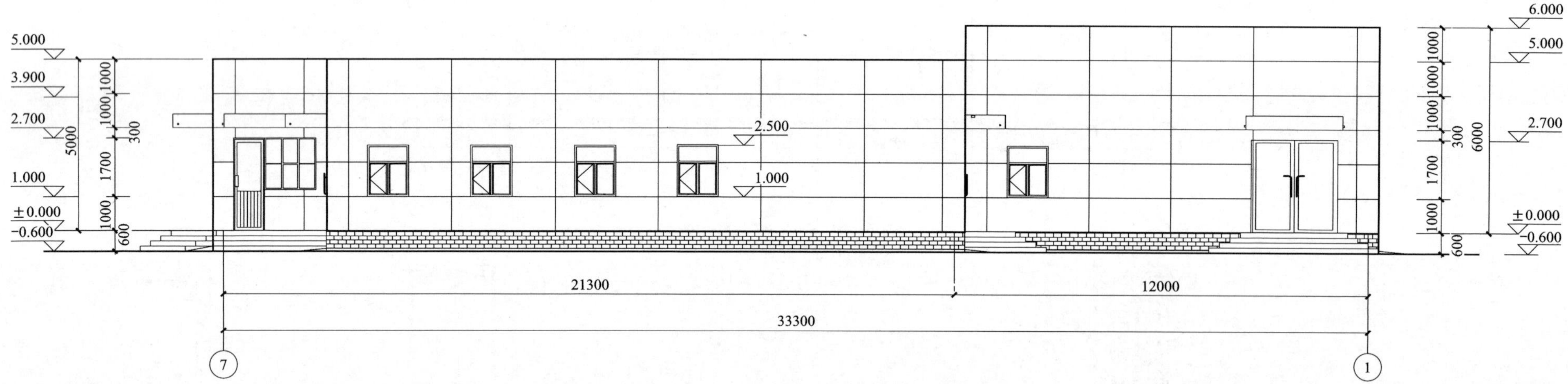


⑦－①轴立面图 1:100

**图 9.2.3-08　HA-220-B-1　二次设备综合用房南、北立面图**

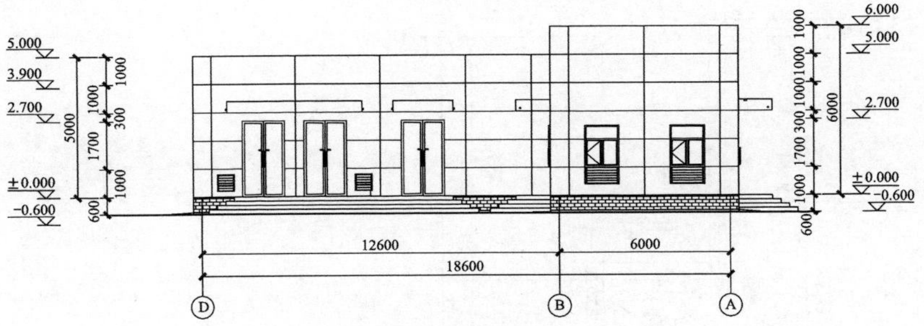


Ⓓ-Ⓐ轴立面图 1:100

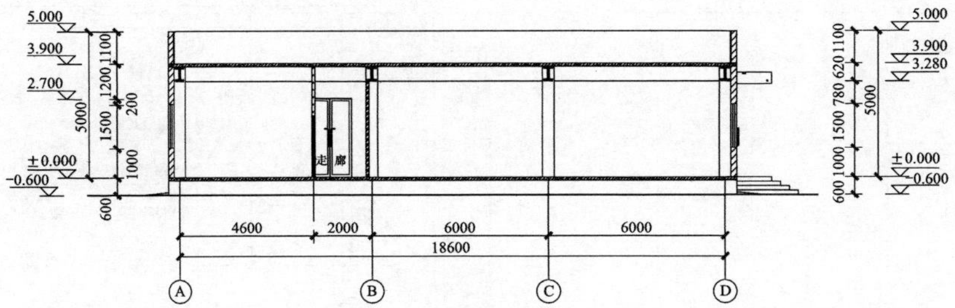


1-1剖面图 1:100

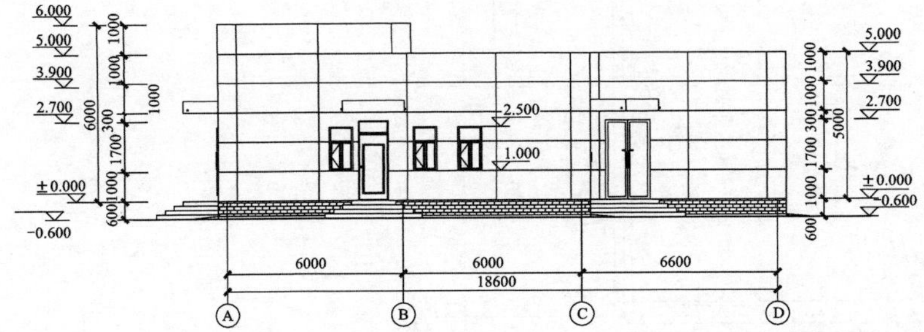


Ⓐ-Ⓓ轴立面图 1:100

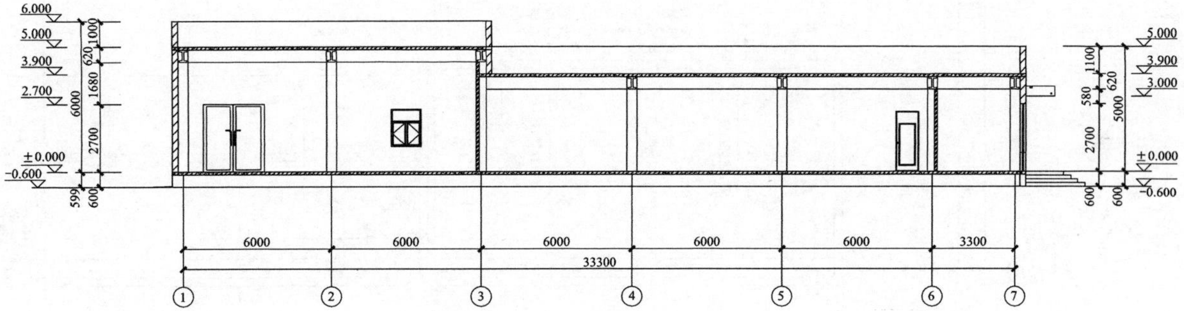


2-2剖面图 1:100

**图 9.2.3-09　HA-220-B-1　二次设备综合用房东、西立面及剖面图**

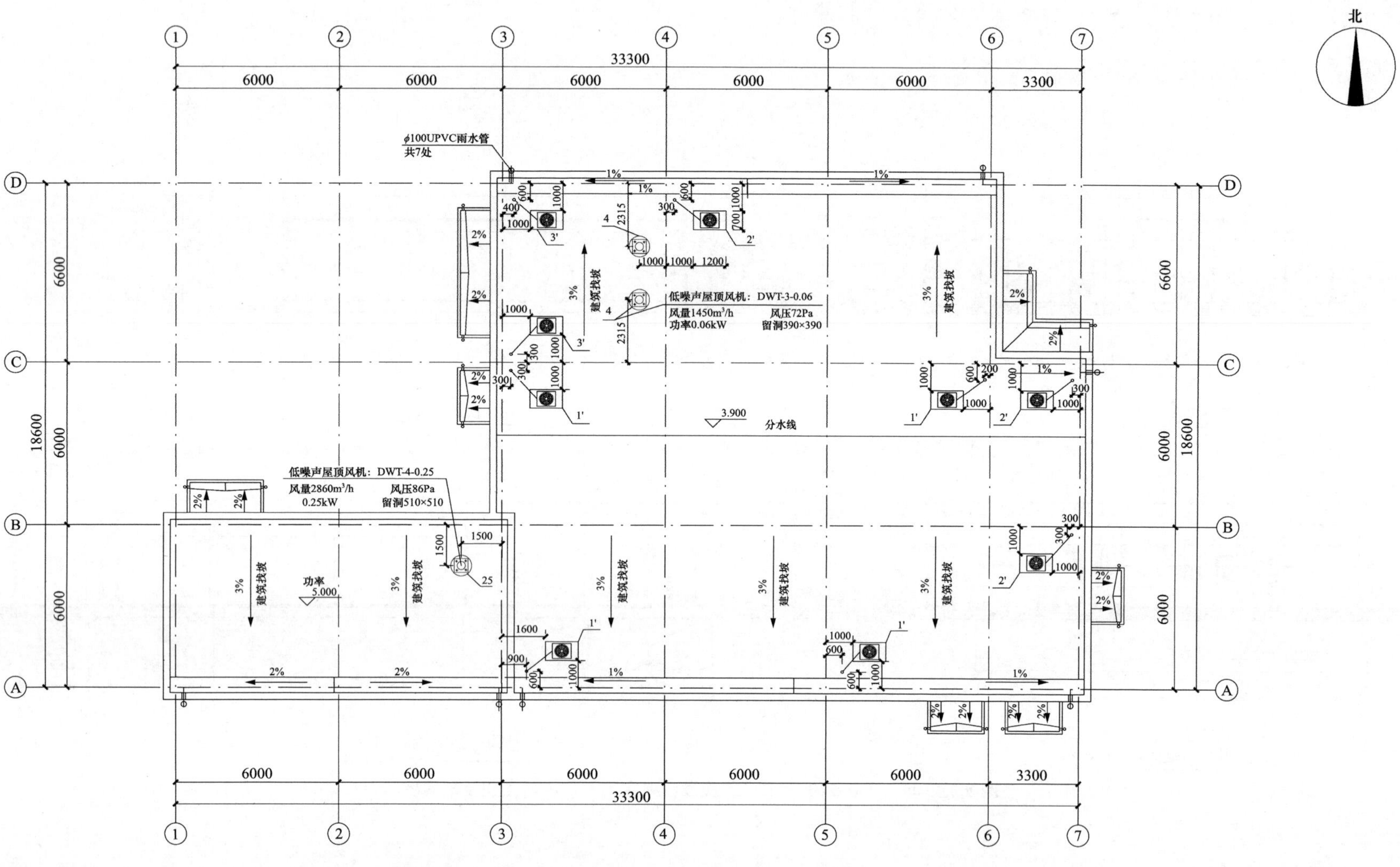


厂家自带控制箱
消防泵房 导除静电

二次设备用房及消防泵房屋面排水图 1∶100

图 9.2.3-10 HA-220-B-1 二次设备综合用房屋面排水图（含暖通布置）

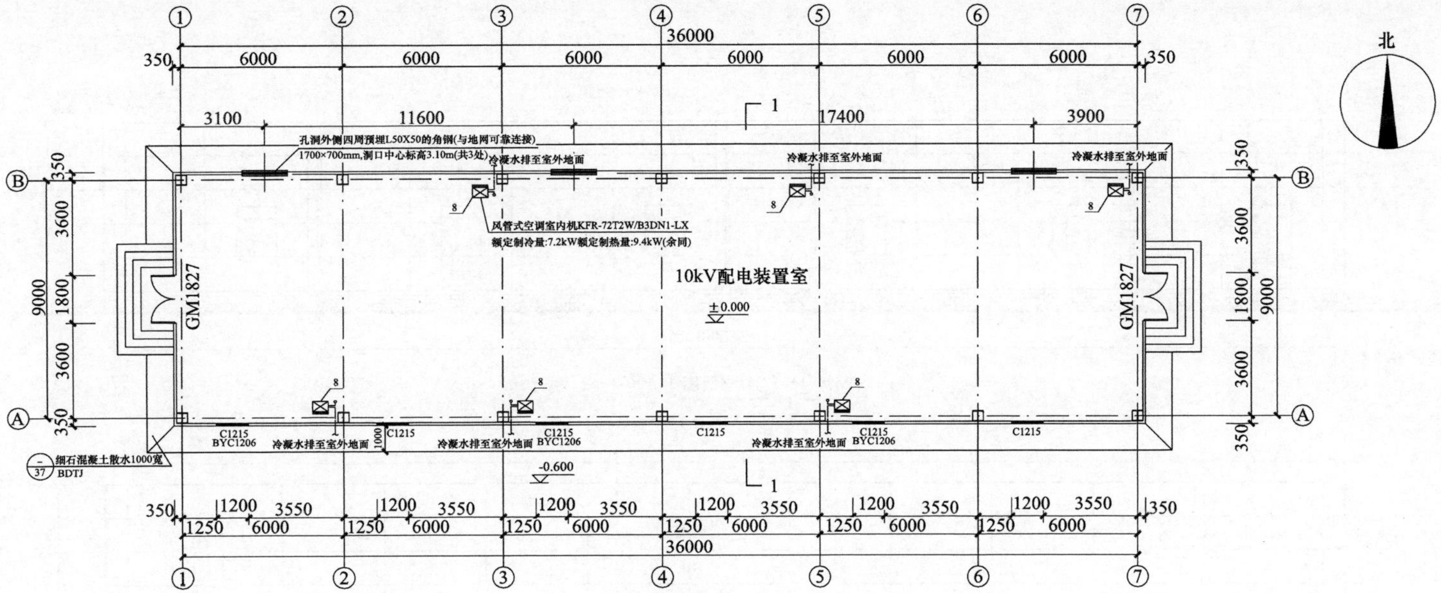


一层平面图 1∶100

建筑面积360m²

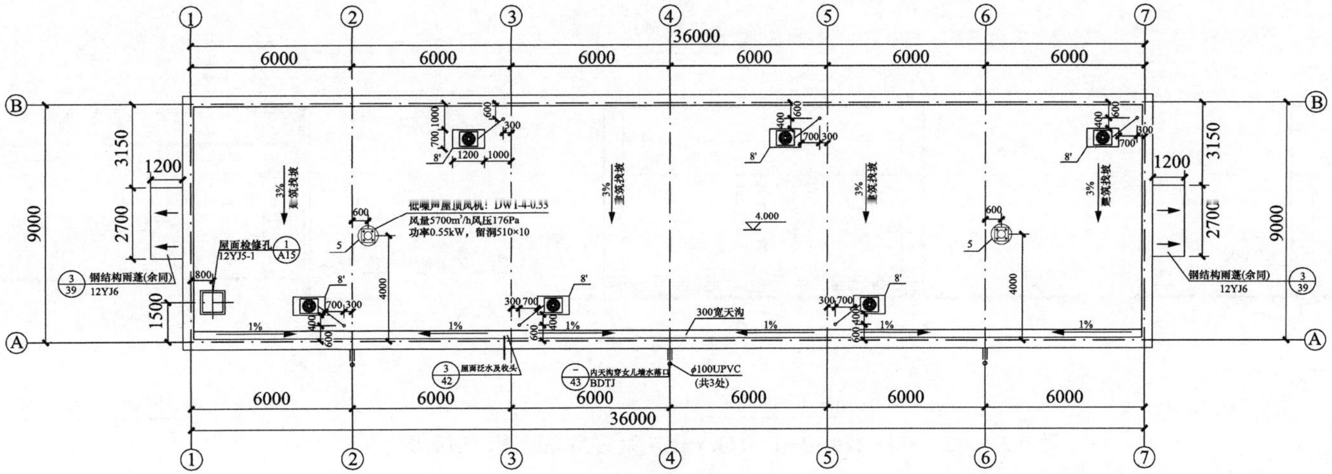


屋面排水图 1∶100

**图 9.2.3-11　HA-220-B-1　10kV 配电装置室一层平面图及屋面排水图（含暖通布置）**

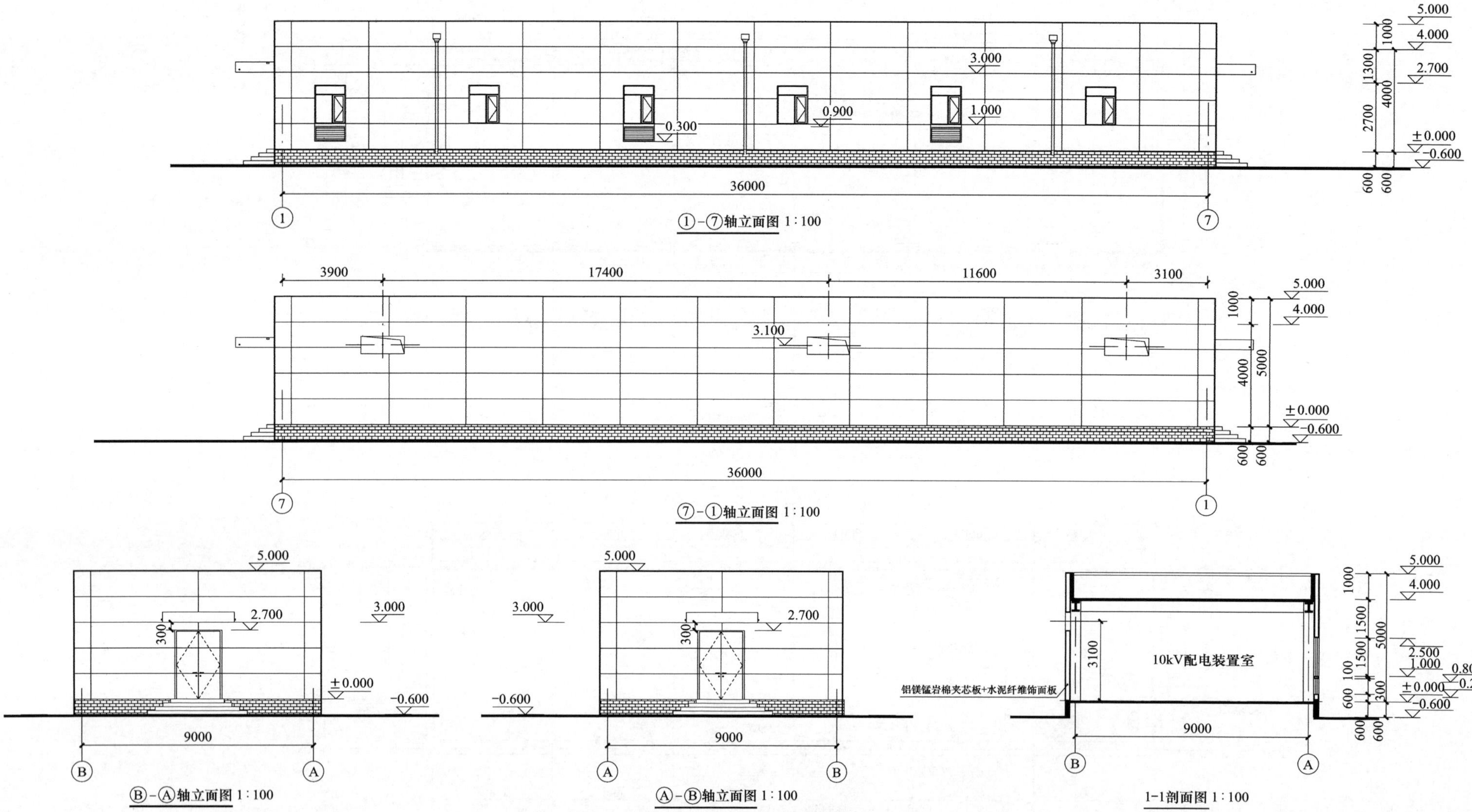


图 9.2.3-12　HA-220-B-1　10kV 配电装置室立面图、剖面图

# 消防泵房设计说明

1. 图中尺寸以毫米计，标高以米计；本图以消防泵房室内地坪为相对零米。

2. 消防管道均采用内外热浸镀锌钢管，溢流管放空管可采用焊接钢管，钢管材质均采用 Q235B。

3. 水平管道支架施工及备料见给水排水标准图集 03S402。

4. 弯管托架施工及备料见给水排水标准图集 03S402。

5. 喇叭口、喇叭口支架、钢制管件等施工及备料见给水排水标准图集 02S403。

6. 侧墙式铸铁地漏施工及备料见给水排水标准图集 GB04S301/pg63，接弯头和短管后排至散水。

7. 消防管道安装完毕后应做水压实验，实验压力为 1.40MPa，具体试验方法见《给水排水管道工程施工及验收规范》（GB 50268）。

8. 泄压检修闸阀为常开，巡检闸阀为常闭。

9. 所有室外外露管道均需做保温，具体保温做法参见标准图集 03S401。

10. 明装镀锌钢管应刷醇酸磁漆二度，明装焊接钢管应刷环氧沥青厚浆型底漆、面漆各一道，并应注明管道名称和水流方向标识箭头。

埋地镀锌和焊接钢管均采用加强级防腐处理；管道支架及埋铁除锈后刷红丹二度，明露部分再刷银粉漆二度。

管道面漆颜色由业主方确定，建议消防管道采用红色面漆。埋地管道采用四油一布（加强级）环氧煤沥青防腐，地面上管道刷一底两面防锈漆防腐。

11. 所有在地下穿越池壁的管道均应预埋柔性钢套管；泵房零米管道开孔在管道安装完毕后应用膨胀水泥填充。

12. 设备日常起吊检修按移动式龙门吊考虑，在主要设备对应上部结构梁底设吊钩作为备用，起吊质量按不超过 3t 考虑。

13. 金属管道管径大于 DN50 时采用法兰或者沟槽连接，管径小于等于 DN50 时采用螺纹连接。

14. 机电设备及管道抗震措施应符合《建筑机电工程抗震设计规范》（GB 50981—2014）。

管道支架需符合《建筑机电工程抗震设计规范》（GB 50981—2014）的相关规定，消防管道管径大于或等于 DN65 的管道要求设置抗震支吊架，当采用刚性连接金属管道时，侧向抗震支吊架最大间距为 12m，纵向最大间距为 24m，当采用柔性连接金属管道或非金属及复合管道时，侧向抗震支吊架最大间距为 6m，纵向最大间距为 12m。

15. 本工程采用稳高压消防给水系统，采用轴流电动消防泵，配置电动消防主泵 3 台（两运一备）和消防稳压装置 1 套。

本工程主变压器采用水喷雾灭火系统，在主变压器周围设置消防环网，在建筑物内部和主变压器附近设置灭火器及相应灭火器材。

站内主要建构物火灾危险类别均为丁戊类，耐火等级为二级。

站内最大消防用量发生在主变压器，主变压器水喷雾消防用水量约 95L/s，火灾延续时间 0.4h，消防用水量不大于 137m$^3$。

主变压器室外消火栓设计流量 15L/s，火灾延续时间 2h，消火栓消防用水量不大于 108m$^3$。

本工程消防水池有效容积不低于 245m$^3$，满足一次火灾消防需要。

16. 电控柜及电气仪表的设计由电气专业确定，本图仅为示意。

17. 消防泵房具体电控系统要求：

1）电动消防泵 3 台，两用一备，$N$=110kW，$U$=380V，一级负荷，电控系统由电气设计。

2）消防稳压泵 2 台，一用一备，单台 $N$=7.5kW，$U$=380V，电控系统由电气设计。

3）消防出水母管上应带有压力联锁装置，设置压力开关 2 套分别连锁启动 2 台消防主泵，压力传感器 1 套联锁启停消防稳压泵。

4）消防稳压泵、消防泵应能就地和消防控制室直接启动。

5）消防泵组出水管上应设置一套流量检测装置（量程：0～420L/s），计量精度为 0.4 级。

6）消防泵组应具备机械应急启动功能，应具有就地、远方、接受报警信号启动方式。

7）消防水池应设置超声波液位计（量程：0～6m），液位信号应能就地显示且可以上传到消防控制室。设有高、低及超低液位报警（具体详见给排水专业消防泵房图），当水池到达超低液位报警时，稳压泵应自动停止运行。

8）消防泵组控制逻辑：正常情况下，消防管网压力由消防稳压装置维持在 0.72MPa，并由气压罐供消防压力水。当消防管道压力低于 0.68MPa 时，消防稳压泵 A 能自行启动稳压，当一台泵启动失败时自动启动备用稳压泵 B。当消防管道压力达到 0.72MPa 时，消防稳压泵自动停止。当消防管网用水量大时，管网压力下降迅速，当管网压力低至 0.5MPa 时，则应自动启动电动消防主泵 A、B；当电动消防主泵起泵失败时，应能自动启动备用消防泵 C。消防主泵启动后，稳压泵应自动停止运行。

9）消防泵电控柜防护等级：设置消防水泵控制室时，电控柜防护等级不低于 IP30。如果与消防泵在同一空间布置，电控柜防护等级不低于 IP55。

10）泵房内设采暖通风照明设施。

11）屋面生活水箱实时液位和高低液位报警信号应可以远传至控制室。

**图　例**

| 图例 | 名称 | 图例 | 名称 |
|---|---|---|---|
| —J— | 生活给水管 | | 橡胶软接头 |
| —XH— | 消火栓给水管 | | 柔性防水套管 |
| | 止回阀 | | 消防水泵 |
| | 水垂消除止回阀 | | 电磁流量计 |
| | 闸阀 | P | 压力变送器 |
| | 泄压阀 | | 蝶阀 |
| | 压力表 | | 手提式干粉灭火器 |

**图 9.2.3-13　HA-220-B-1　消防泵房安装设计说明及材料表（一）**

主 要 材 料 表

| 序号 | 名称 | 规格 | 单位 | 数量 | 备注 |
|---|---|---|---|---|---|
| 1 | 电动消防泵 | XBD7.5/120GJ–RJC | 台 | 2 | *Q*=120L/s *H*=75m *N*=132kW 配套电机及控制柜（水泵厂家供货），含配套螺栓、垫片、进口滤网和支架等 |
| 2 | 消防稳压泵 | XBD7.2/5GJ–HRJC | 台 | 2 | *Q*=5L/s *H*=72m *N*=7.5kW 配套电机及控制柜（水泵厂家供货），含配套螺栓、垫片、进口滤网和支架等 |
| 3 | 消防稳压罐 | $\phi$1000 | 台 | 1 | 隔膜式气压罐，DN1000–1.0 |
| 4 | 压力表及配套仪表阀门 | | 个 | 2 | 计量精度 0.5 级，安装于电动消防泵 DN250 出水管上，最大量程不低于 1.5MPa（水泵厂家供货） |
| 5 | 压力表及配套仪表阀门 | | 个 | 1 | 计量精度 0.5 级，安装于消防稳压泵 DN100 出水管上，最大量程不低于 1.5MPa（水泵厂家供货） |
| 6 | 蝶阀 | DN250 D371X–1.6 | 个 | 3 | 含配套法兰片、螺栓、螺母及垫片等 |
| 7 | 闸阀 | DN100 Z41H–16 | 个 | 3 | 水泵厂家供货 |
| 8 | 闸阀 | DN100 Z41H–10 | 个 | 1 | 位于消防水池补水管上 |
| 9 | 闸阀 | DN150 Z41H–16 | 个 | 2 | 含配套法兰片、螺栓、螺母及垫片等 |
| 10 | 闸阀 | DN250 Z41H–16 | 个 | 3 | 含配套法兰片、螺栓、螺母及垫片等（水泵厂家供货） |
| 11 | 泄压安全阀 | DN150 500X（H）PN16 | 个 | 1 | 含配套法兰片、螺栓、螺母及垫片等 |
| 12 | 微阻缓闭止回阀 | DN250 HH44Z–1.6 | 个 | 3 | 水泵厂家供货 |
| 13 | 微阻缓闭止回阀 | DN100 HH44Z–1.6 | 个 | 2 | 水泵厂家供货 |
| 14 | 液位浮球阀 | DN100 | 个 | 1 | |
| 15 | 钢制伸缩节 | DN250，PN16 | 个 | 3 | 水泵厂家供货 |
| 16 | 钢制伸缩节 | DN100，PN16 | 个 | 2 | 水泵厂家供货 |
| 17 | 钢制伸缩节 | DN100，PN10 | 个 | 1 | 位于消防水池补水母管上 |
| 18 | 90°钢制弯管 | DN400，PN16 | 个 | 1 | |
| 19 | 90°钢制弯管 | DN250，PN16 | 个 | 4 | |
| 20 | 90°钢制弯管 | DN200，PN16 | 个 | 15 | |
| 21 | 90°钢制弯管 | DN150，PN16 | 个 | 3 | |
| 22 | 90°钢制弯管 | DN100/DN65，PN16 | 个 | 3/3 | |
| 23 | 钢制等径三通 | DN250×250，PN16 | 个 | 4 | |

续表

| 序号 | 名称 | 规格 | 单位 | 数量 | 备注 |
|---|---|---|---|---|---|
| 24 | 钢制等径三通 | DN100×100，PN16 | 个 | 2 | |
| 25 | 钢制异径三通 | DN250×200，PN16 | 个 | 3 | |
| 26 | 钢制异径三通 | DN250×150，PN16 | 个 | 2 | |
| 27 | 钢制异径三通 | DN250×100，PN16 | 个 | 1 | |
| 28 | 钢制异径三通 | DN250×65，PN16 | 个 | 3 | |
| 29 | 异径管 | DN200×250，PN16 | 个 | 3 | |
| 30 | 异径管 | DN50×100，PN16 | 个 | 2 | |
| 31 | 溢流喇叭口 | DN150，PN10 | 个 | 1 | |
| 32 | 无缝钢管 | $\phi$273×7/$\phi$219×6 | m | 35/7 | |
| 33 | 无缝钢管 | $\phi$168×5/$\phi$114×4 | m | 4/10 | |
| 34 | 无缝钢管 | $\phi$73×5/$\phi$60×3 | m | 3/1 | |
| 35 | 水平管支座 | | 套 | 20 | |
| 36 | 焊接钢管 | $\phi$159×5 | m | 26 | DN250 水平管支座管柱，水池溢流管 |
| 37 | 焊接钢管 | $\phi$76×4 | m | 2 | DN150、DN100 水平管支座管柱 |
| 38 | Y 型过滤器 | $\phi$159×5 | 个 | 1 | |
| 39 | Y 型过滤器 | $\phi$273×7 | 个 | 2 | |
| 40 | 侧墙式铸铁地漏 | DN100 | 套 | 3 | 详见 GB04S301/pg63–Ⅱ型，每套配套内外涂塑钢管 DN100 弯头 1 个，0.5m 支管 |
| 41 | 手提式干粉灭火器 | 4kg 装 | 具 | 4 | 磷酸铵盐 |
| 42 | 消防水池超声波液位计 | 量程 5m | 台 | 1 | 输出 1 路 4～20mA 模拟量，4 路液位报警开关量（水泵厂家供货并指导安装） |
| 43 | 消防水电磁流量计 | 最大量程不低于 420L/s，精度 0.4 级 | 台 | 1 | 安装于消防泵出水总管上（水泵厂家供货并指导安装） |
| 44 | 压力变送器 | 4～20mA 输出 | 台 | 2 | 用于测量消防泵出口母管压力（水泵厂家供货并指导安装） |
| 45 | 雨淋阀组 | DN200 | 套 | 3 | 含配套反法兰、螺栓、螺母及垫片等全套，含电磁阀、压力开关等全套 |
| 46 | 就地控制盘 | | 台 | 3 | |
| 47 | 信号蝶阀 | DN200 PN=1.6MPa | 只 | 6 | 含配套反法兰、螺栓、螺母及垫片等全套 |
| 48 | 镀锌钢管 | $\phi$406×9.5 | m | 8 | 用于消防车吸水管 |
| 49 | 砖砌圆形检查井 | $\phi$700 | 座 | 1 | 消防车吸水井，施工参见 GB02S515/pg10 |

**图 9.2.3–13 HA–220–B–1 消防泵房安装设计说明及材料表（二）**

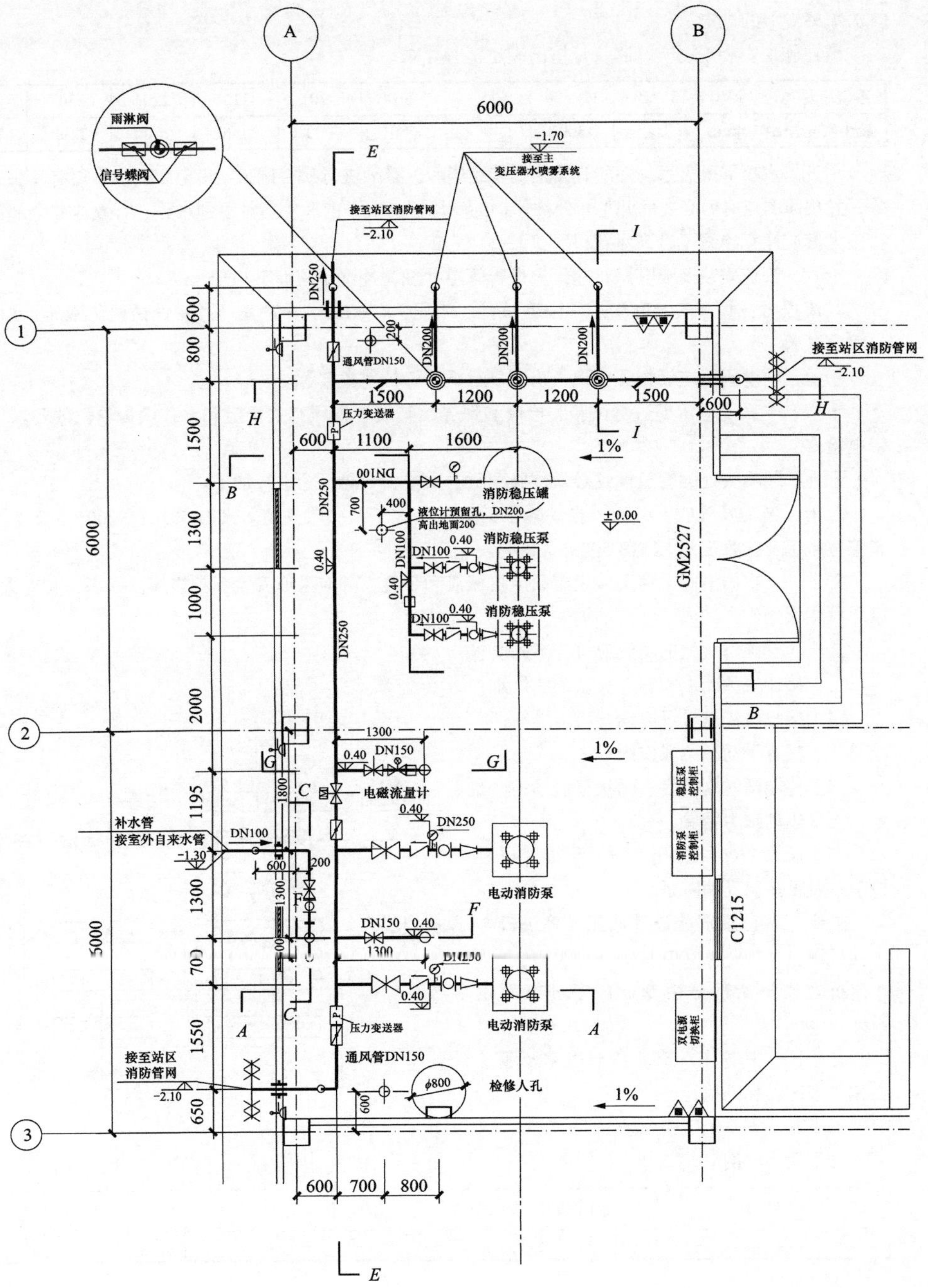


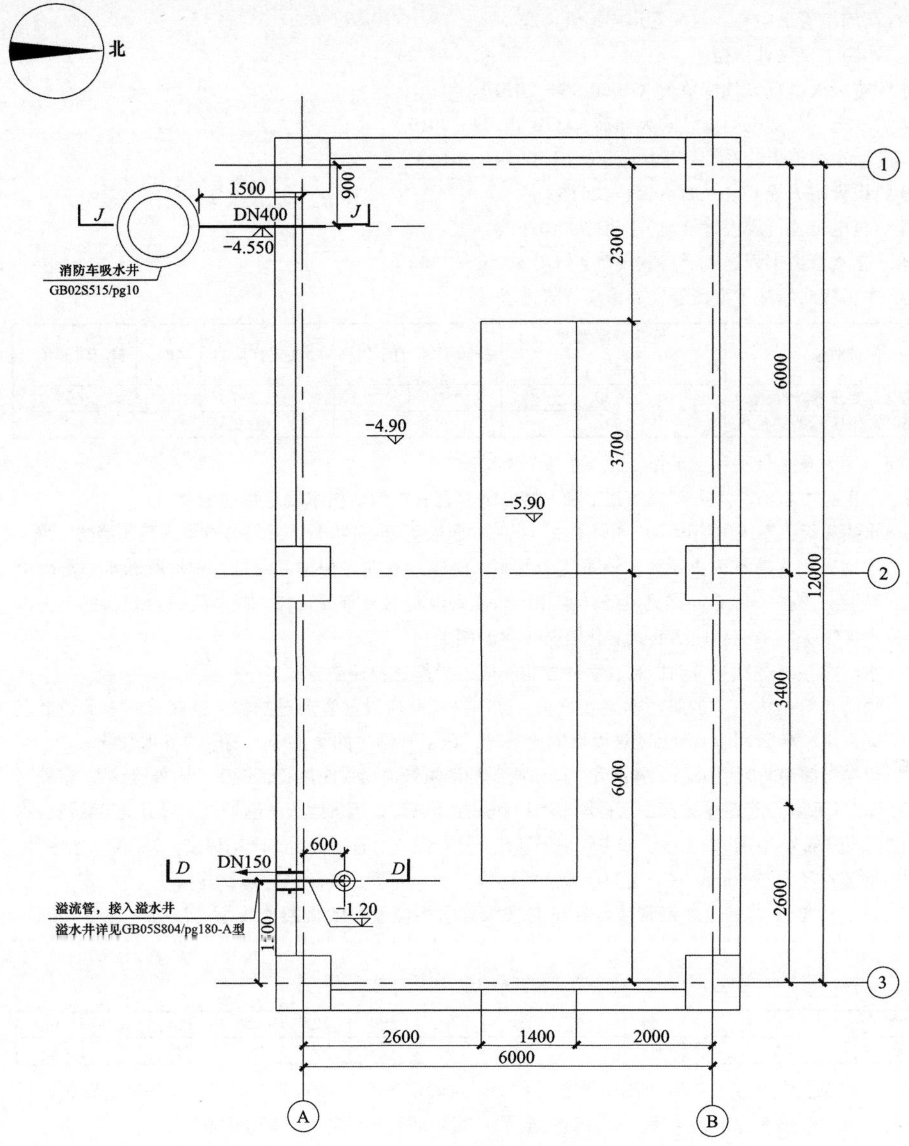


消防水池平面布置图

**图 9.2.3-14 HA-220-B-1 消防泵房平面布置图**

# 水喷雾灭火系统设计说明

一、本图尺寸均以毫米为单位，标高以米为单位。除特殊注明外，本图 0.00 为设计地坪标高。压力管道标高均指管道中心。自流管道均指管内底。

二、本图主要设计依据：

《水喷雾灭火系统设计规范》(GB 50219—2014)

《火力发电厂与变电站设计防火标准》(GB 50229—2019)

《消防给水及消火栓系统技术规范》(GB 50974—2014)

《建筑设计防火规范》(GB 50016—2014)

《建筑机电工程抗震设计规范》(GB 50981—2014)

《给水排水管道工程施工及验收规范》(GB 50268—2008)

三、本工程对新建主变压器安装水喷雾管道。

| 保护对象 | 设计喷雾强度 [L/(min·m²)] | 持续喷雾时间（h） | 喷头工作压力（MPa） | 响应时间（s） |
|---|---|---|---|---|
| 油浸式电力变压器及储油柜 | ≥20 | 0.4 | ≥0.35 | 60 |
| 油浸式电力变压器的集油坑 | ≥6 | 0.4 | ≥0.35 | 60 |

水喷雾灭火系统最不利点工作压力不小于 0.35MPa。

四、本工程中水喷雾灭火系统的施工和安装必须符合有关消防技术规范规程的要求。

五、水喷雾灭火系统中的设备应通过 CCC 认证并提供相关认证报告，并符合有关现行的消防标准。

六、本期采用水喷雾灭火系统。该系统中的雨淋阀应设置在各保护区附近，雨淋阀和水喷雾喷头的调试、试验、维护、保养等详见设备样本和产品使用说明书的有关资料。同时要符合现行的有关消防标准，水雾喷头均采用高速离心式雾化喷头（含滤网）。

七、水喷雾系统应设有自动控制、手动控制和应急操作三种控制方式。

八、为防止管道内水质的脏污而堵塞喷头，在雨淋阀前应设置管道过滤器，并在管网中的最低点设置放空管，水喷雾管网应有 0.004 坡度坡向放空管，放空管网中的给水排入相应的排水系统。

九、雨淋阀前消防管道采用无缝钢管，雨淋阀后的消防管道均采用热镀锌钢管（内外镀锌）。室外明露部分镀锌钢管刷橙红色醇酸磁漆二度；埋地镀锌和焊接钢管均采用加强级防腐处理；管道支架除锈后刷红丹二度，明露部分再刷银粉二度。如主管现场开孔，孔径按支管管径确定，现场焊接，补镀锌加涂料。

十、钢管管径大于 50mm 宜采用沟槽或法兰连接，小于等于 50mm 采用螺纹连接。

十一、DN100 及以上埋地钢管转弯处正对来水方向均应设 C15 混凝土支墩（$L \times B \times H$=0.2mm × 0.4mm × 0.4m）。

十二、在环形供水管上，管道支架或吊架之间的最小距离见下表。

| 公称直径（mm） | 25 | 32 | 40 | 50 | 70 | 80 | 100 | 125 | 150 | 200 | 250 | 300 |
|---|---|---|---|---|---|---|---|---|---|---|---|---|
| 距离（m） | 3.5 | 4 | 4.5 | 5 | 6 | 6 | 6.5 | 7 | 8 | 9.5 | 11 | 12 |

十三、本系统中的喷头均应能使喷射方向有做任意调整角度的可能进行安装，以便现场做调试时调整喷射角度，使喷头完全覆盖保护。但喷头至保护对象的距离不应大于有效射程。

十四、为确保安全，本系统中所有管道和喷头、支架等金属部件均应离开带电体并与站区接地环网可靠连接，管道连接部位用导线跨接。接地电阻不应大于 4Ω，所有管道支柱上应悬挂“带电危险，禁止攀爬”标志牌。

管道和喷头、支架等金属部件与带电体间距应符合现行行业标准《高压配电装置设计技术规程》(DL/T 5352) 的规定。

请在施工安装现场实际测量复核已满足下表要求。

| 系统标称电压（kV） | 3～10 | 12～20 | 35 | 66 | 110J | 110 | 220J | 330J | 500J |
|---|---|---|---|---|---|---|---|---|---|
| 最小安全净距（mm） | 200 | 300 | 400 | 650 | 900 | 1000 | 1800 | 2500 | 3800 |

十五、水喷雾灭火系统中所有设施安装完毕后，必须进行喷雾试验，带电距离内不得有喷头、支架等，发现薄弱点时做必要的调整，使被保护的变压器能上下前后左右都喷到水雾，有效地被全部覆盖。

尤其应注意绝缘子升高座孔口。

十六、管道安装及喷雾试验前，应进行管道冲洗，冲洗水流速不小于 3m/s。

其流程为：管道安装完毕后→强度试验（水压：1.5MPa）→冲洗→严密性试验（水压：1.0MPa）→喷雾试验。

十七、雨淋阀组应设相关标识，明确显示具体保护对象名称。

十八、本系统应定期进行试验、检修和保养，其周期参照有关规定和设备供货单位的要求。严禁带电检修。

十九、装喷头处的管道螺纹必须按照到货的水喷头实际尺寸进行加工。

二十、施工及验收：参照《自动喷水灭火系统施工及验收规范》(GB 50261—2005) 及《工业金属管道施工及验收规范》(GB 50235) 进行。

二十一、在雨淋阀本体上应设有紧急机械启动装置，并应采取安全保护措施及标识，有专人负责，以免发生误操作，造成不必要的损失。

二十二、雨淋阀组的功能应符合下列要求：

(1) 接通或关断水喷雾灭火系统的供水；

(2) 接收电控信号可电动开启雨淋阀；

(3) 具有手动应急操作阀；

(4) 传输雨淋阀组启、闭状态信号；

(5) 驱动水力警铃；

(6) 反馈两路压力开关信号至火灾报警控制盘及直接启动消防泵。

二十三、抗震部分设计按照《建筑机电工程抗震设计规范》(GB 50981—2014)。

抗震支吊架部分由专业厂家进行深化设计。

二十四、其他未尽事宜按照国家及业主方相关规范和标准执行。

二十五、本系统工作原理如下：

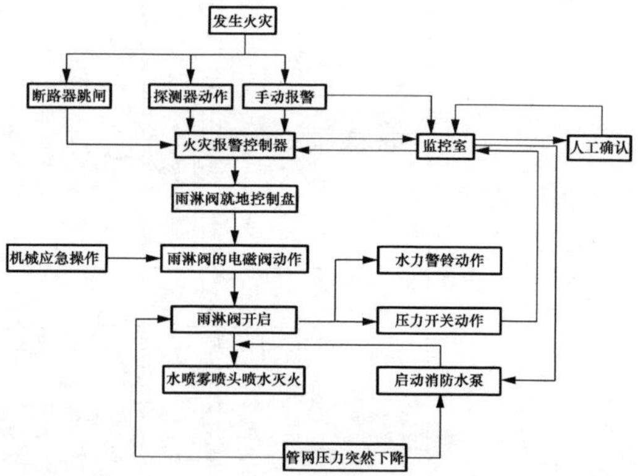


二十六、图例

| | | | |
|---|---|---|---|
|  × | 固定支柱 支吊架 |  ○ | 高速水雾喷头 |
| 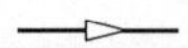 | 大小头 | | |

图 9.2.3-15　HA-220-B-1　主变压器水喷雾灭火系统设计说明

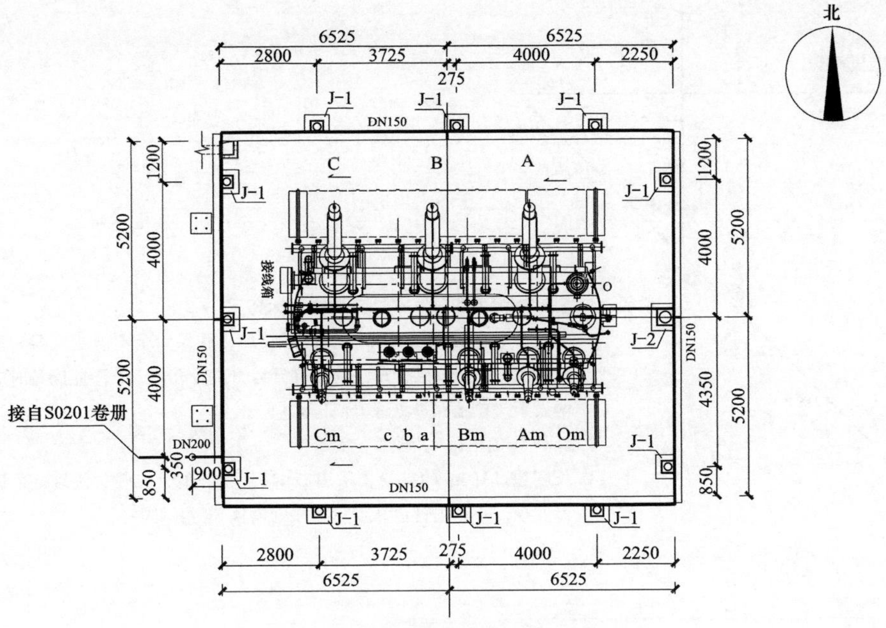

主变压器消防喷雾管道基础平面布置图

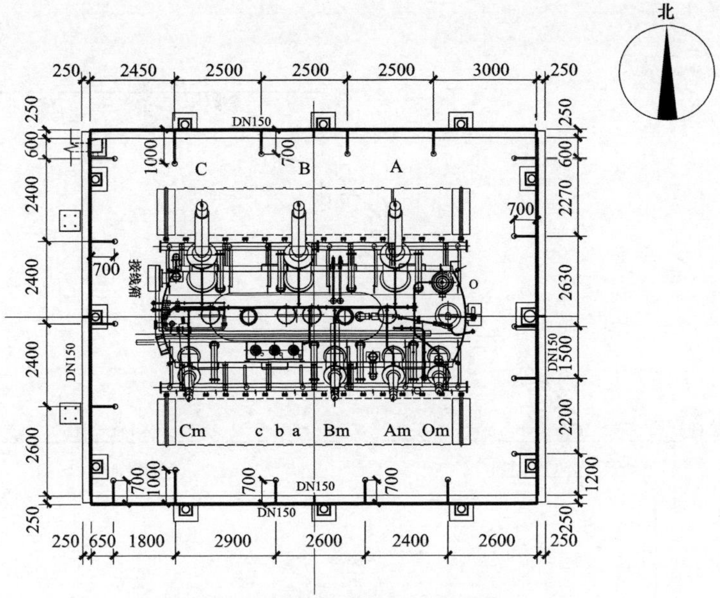

1.7m层主变压器消防喷雾管道平面布置图

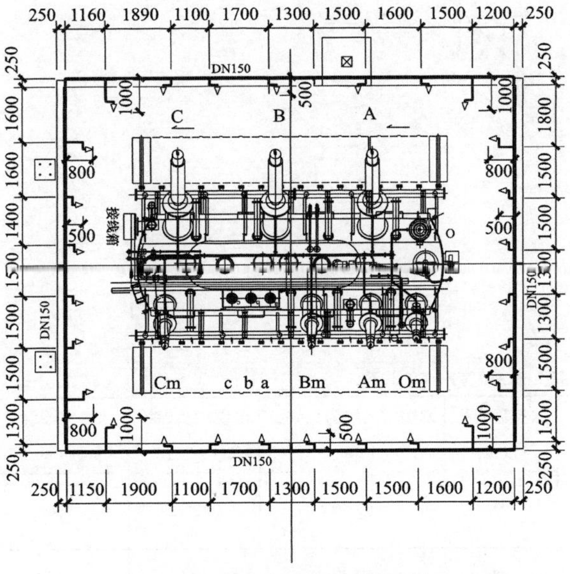

1.7m及2.7m层主变压器消防喷雾管道平面布置图

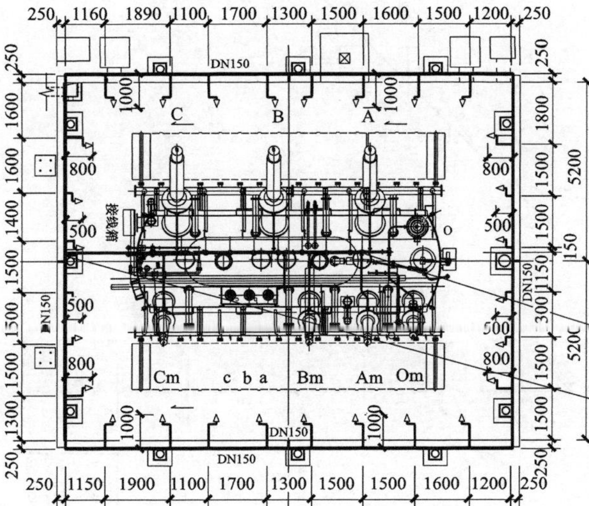

4.6m层主变压器消防喷雾管道平面布置图

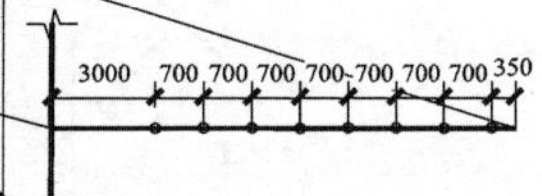

储油柜上方消防管道平面布置图

**图 9.2.3-16　HA-220-B-1　主变压器水喷雾灭火管道及喷头平面布置图**

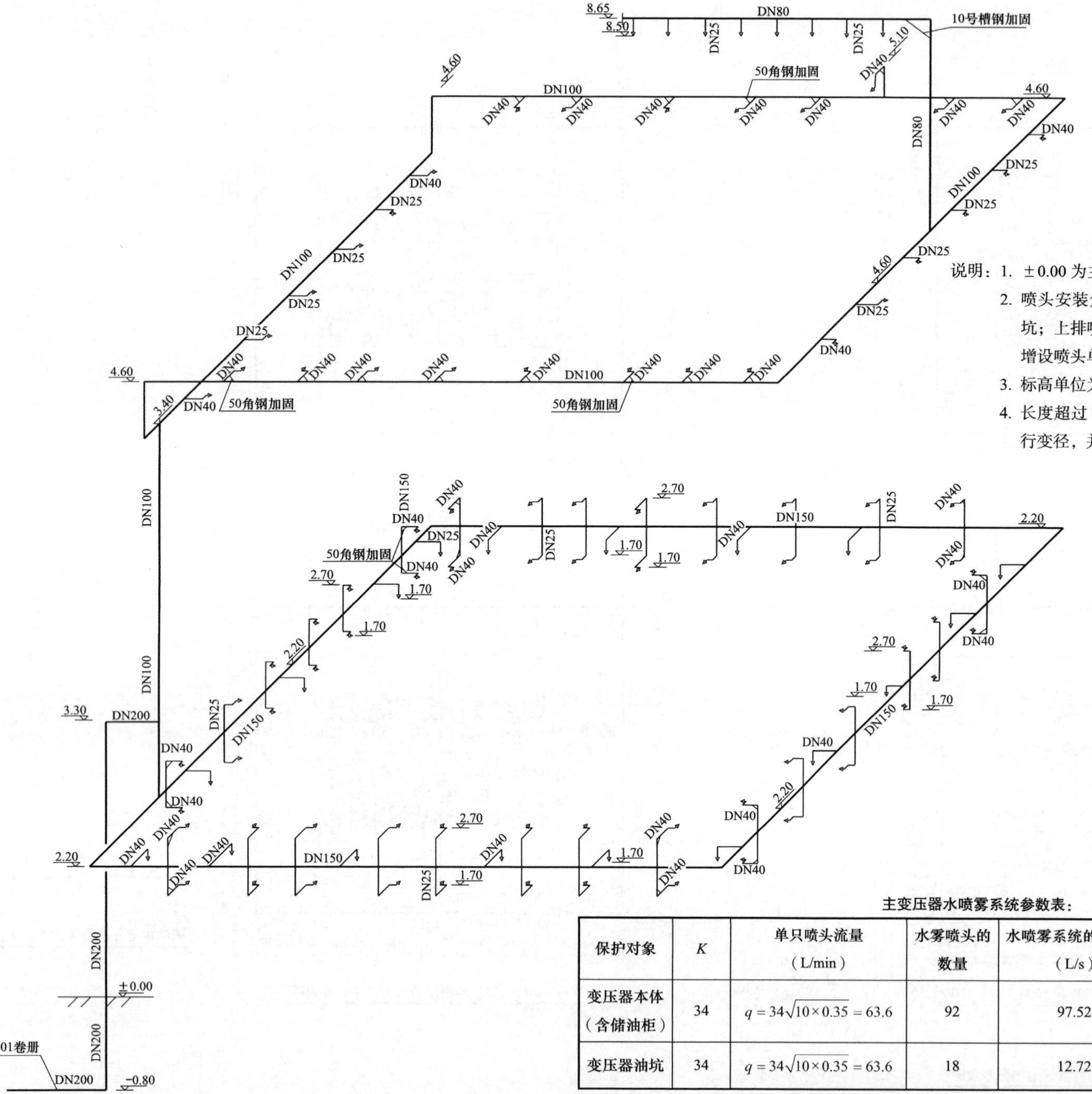


说明：1. ±0.00 为主变压器室外自然地面标高。

2. 喷头安装角度现场调整，斜向下喷射；确保完全覆盖变压器和油坑；上排喷头安装角度还应指向绝缘升高座孔口，若不能满足时应增设喷头单独保护绝缘升高座孔口。

3. 标高单位为米，其他单位为毫米。

4. 长度超过 0.5m 的支管，采用 DN40 喷淋支管，在喷头终端处再进行变径，并在主管道和支管连接处设置 50 角钢固定。

主变压器水喷雾系统参数表：

| 保护对象 | $K$ | 单只喷头流量（L/min） | 水雾喷头的数量 | 水喷雾系统的总流量（L/s） | 水雾喷头保护表面积（$m^2$） | 水喷雾喷射强度 [L/(min · $m^2$)] |
|---|---|---|---|---|---|---|
| 变压器本体（含储油柜） | 34 | $q=34\sqrt{10\times0.35}=63.6$ | 92 | 97.52 | 242.72 | 24.1 |
| 变压器油坑 | 34 | $q=34\sqrt{10\times0.35}=63.6$ | 18 | 12.72 | 130 | 8.81 |

**图 9.2.3-17　HA-220-B-1　主变压器水喷雾灭火管道系统图**

# 建筑物暖通设计说明

**一、工程概况**

本方案为国网河南省电力公司 220-B-1 方案暖通设计，假定工程地点位于郑州。

二次设备室层高 3.9m，10kV 配电装置室层高 4.0m。

10kV 配电间为丁类公共建筑，二次设备室为戊类公共建筑，耐火等级为二级。

**二、设计内容**

本方案设计内容为空调、通风系统的设计。

**三、设计依据**

1.《民用建筑供暖通风与空气调节设计规范》（GB 50736—2012）

2.《发电厂供暖通风与空气调节设计规范》（DL/T 5035—2016）

3.《建筑设计防火规范》（GB 50016—2014）（2018 年版）

4.《火力发电厂与变电站设计防火标准》（GB 50229—2019）

5.《35kV～110kV 变电站设计规范》（GB 50059—2011）

6.《公共建筑节能设计标准》（GB 50189—2015）

7.《河南省公共建筑节能设计标准》（DB J41/T 075—2016）

8.《建筑与市政工程抗震通用规范》（GB 55002—2021）

9.《建筑机电工程抗震设计规范》（GB 50981—2014）

10.《全国民用建筑工程设计技术措施　暖通空调·动力》（2009 年版）

11.《工程建设强制性条文房屋建筑部分》2013 年版

12. 业主对本工程的使用要求及业主与设计院的有关协商纪要

13.《建筑环境通用规范》（GB 55016—2021）

14.《户内变电站设计规范》（QGDW 11276—2022）

15.《建筑防火通用规范》（GB 55037—2022）

**四、空调系统**

1. 设计条件

1）室外气象资料（郑州市）:

空调：夏季 空调计算日平均温度 30.2℃；通风。夏季 温度 30.9℃、平均风速 2.2m/s；

冬季 空调计算温度 -6℃，通风。冬季 温度 0.1℃、平均风速 2.7m/s。

大气压力：夏季 99.230kPa；冬季 101.33kPa。

2）围护结构传热系数 [ W/( $m^2$ · K)]:

外墙：0.59；内墙：0.85；外窗：2.05；屋面：0.43；外门：4.52；内门：2.77。

3）室内设计参数：

| 房间名称 | 设计温度（℃） | | 相对湿度（%） | | 通风 | |
|---|---|---|---|---|---|---|
| | 夏季 | 冬季 | 夏季 | 冬季 | 通风方式 | 换气次数（次 /h） |
| 10kV 配电装置室 | 30 | | | | 自然进风，机械排风 | ≥6 |
| 蓄电池室 | 26 | 20 | | | 自然进风，机械排风 | ≥3 |
| 二次设备室 | 24 | 18 | 60 | | 自然通风 | |
| 资料室、警卫室 | 24 | 18 | | | 自然通风 | |

2. 冷热源及负荷

空调冷热源由设置在屋顶区域的分体空调室外机提供，采用冷媒 R32、R410A。

建筑面积冷指标为 90～256W/$m^2$；

建筑面积热指标为 31～91W/$m^2$。

3. 空调风系统

本方案新风采用自然进风方式，空调室内机采用壁挂式空调或风管机。

冷凝水通过冷凝管就近排至室外。

**五、通风系统**

1. 本方案通风系统的设计主要用于平时通风和事故后排风，采用自然进风、机械排风的形式。

蓄电池室需要安装氢气浓度检测仪。

2. 蓄电池室：采用自然进风、机械排风方式，维持蓄电池室内负压。设屋顶低噪声风机，供事故排风，换气次数为 3 次 /h，事故排风机与氢气浓度监测仪联锁，当空气中氢气体积浓度达到 0.4% 时，事故排风机自动投入运行。排风系统的吸风口上缘至顶棚平面 / 屋顶的距离不应大于 0.1m。

3. 二次设备室：采用自然通风。

4. 10kV 配电装置室：采用自然进风、机械排风方式，换气次数不小于 6 次 /h。温控器控制屋顶排风机 35℃开启，30℃停。通风系统与消防报警联锁，若发生火灾，则自动切断电源停止运行。配电装置室发生火灾时，在消防系统喷放灭火气体前，电动风阀及百叶窗应能自动关闭。

5. 卫生间：采用自然进风、机械排风方式，在外墙上设壁式换气扇，出风口带自垂百叶。供平时排风。换气次数为 12 次 /h。

6. 自然进风百叶均为双层防尘防雨手动百叶窗（详见建筑图），百叶窗有效面积系数为 0.58，防尘网采用铝合金材质，可更换易清洗型；网孔不小于 0.5cm × 0.5cm。

**六、设备降噪、减振**

1. 所有设备均应是节能、高效、低噪声的产品，应满足国家有关标准对噪声限值的要求，降低噪声源对周围环境的影响。

2. 风机配备弹性减振基座，吊装的机组设置弹性减振吊架。

**七、节能说明**

1. 保证围护结构热工性能参数符合《河南省公共建筑节能设计标准》（DBJ41/T 075—2016）的要求。

2. 围护结构传热系数 [ W/( $m^2$ · K)]：外墙：0.59　外窗：2.05　屋面：0.43。

3. 冷指标为 90～256W/$m^2$；热指标为 31～91W/$m^2$。

4. 空调冷热源由设置在屋面区域的室外机提供，采用冷媒 R32。

**图 9.2.3-18　HA-220-B-1　建筑物暖通设计说明（一）**

分体冷暖空调全年性能系数（APF）不低于《建筑节能与可再生能源利用通用规范》（GB 55015—2021）表 3.2.14 中的数值。

5. 冷媒管应采用不燃 A1 级橡塑保温材料保温，其导热系数在平均温度为 0℃时不大于 0.035W/($m^2$·K)，湿阻因子不小于2000。外缠塑料包扎带。保温厚度为：$d \leqslant \phi 12.7$，$\delta$=20mm；$d \geqslant \phi 15.88$，$\delta$=25mm。空调冷凝水管，采用不燃 A1 级橡塑保温材料保温（导热系数、湿阻因子同上），保温厚度为 13mm。

6. 通风系统的风机单位风量耗功率 $W_S$=0.097W/($m^3$/h)＜0.27W/($m^3$/h)；风机效率均不低于现行国家标准《通风机能效限定值及其能效等级》（GB 19761）规定的通风机能效等级的 2 级。

7. 所有冷媒管、新风管、穿越不采暖空调区域和设在管井里的管道均设保温以减少能耗。

八、施工说明

1. 空调的安装详见厂家说明书。
2. 空调室外机布置在屋面的，管道穿越屋面后应做好防水处理。
3. 空调冷凝水管用 PVC 管材，有活动地板的房间凝结水管布置在地板下，冷凝水管厂家自带。
4. 有管道穿越的靠墙角处采用装饰板包裹冷媒管及冷凝水管，装饰板外颜色与室内墙面颜色一致。
5. 有关设备智能控制部分见电二图纸。
6. 通风空调安装与验收，参考《通风与空调工程施工规范》（GB 50738—2011）。
7. 本图仅为暖通设备布置图，基础、埋管、开洞详见土建图纸；电负荷，控制详见电气图纸。
8. 蓄电池室的风机为事故风机，电气专业在室内、室外便于操作处，均设置电气开关。
9. 蓄电池室的风管机选用回风口后置型，安装时回风口置于墙外，设防雨百叶，避免室内空气再循环。
10. 屋顶轴流风机的安装参见国标《屋顶风机安装》（12K101-2）21 页。
11. 分体式空调机安装参见国标《分体式空调器安装》（94K303）。空调室内机落地（壁挂）安装，室外机安装在屋外土建基础上。二次设备室风管式空调机避免风口直吹室内屏柜。
12. 所有空调器的室外机外壳要求采用优质钢板表面静电喷涂或不锈钢材料，机组露天放置不易生锈；所有空调机在运行过程中要达到噪声允许标准：≤60dB。
13. 分体式空调器室内机与室外机不大于 5m 为好，最长不得超过 10m。
14. 空调器配室内外机各连接管（包括气液管、电气管和冷凝水管及其保温材料）。

图　例

| 图示 | 名称 | 图示 | 名称 |
|---|---|---|---|
| ------ | 空调冷凝水管 | 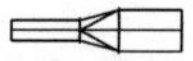 | 天圆地方 |
| ——— | 冷媒管 |  | 分体柜式空调机 |
|  | 屋顶风机 |  | 分体壁挂式空调机 |
|  | 防火柔性连接管 |  | 壁式换气扇 |
|  | 分体空调室外机 | 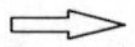 | 气流方向 |

设 备 材 料 表

| 序号 | 名称 | 规格 | 单位 | 数量 | 备注 |
|---|---|---|---|---|---|
| 1 | 风管室内机 | KFRd-150EW/60KAH22 制冷量 15kW，制热量 16kW，二级能效 | 台 | 4 | 二次设备室 空调厂家自带单台冷媒管不少于 8m |
| | 室外机 | 电源 380V，功率 3.9kW | | | |
| 2 | 分体挂式空调器 | KFR-35GW 制冷量 3.5kW，制热量 5.0kW，二级能效 | 台 | 3 | 保电值班室、警卫室、资料室 |
| | 配室外机 | $N$=1.25kW，220V | | | |
| 3 | 风管机 | FGR5Pd/C3Nh-N1 制冷量 5.0kW，制热量 6kW，一级能效 | 台 | 1 | 蓄电池室、自带导除静电的接地装置，单台冷媒管不少于 8m |
| | 配室外机 | $N$=2.25kW 220V | | | |
| 4 | 屋顶轴流风机 | DWT-3-0.06，$L$=1450$m^3$/h，$H$=72Pa | 台 | 2 | 蓄电池室、导除静电 |
| | 配电机 | $N$=0.06kW，380V，转速 $n$=1450r/min | | | |
| 5 | 屋顶轴流风机 | DWT-4-0.55，$L$=5700$m^3$/h，$H$=176Pa | 台 | 2 | 10kV 配电间 |
| | 配电机 | $N$=0.55kW，380V，转速 $n$=1450r/min | | | |
| 6 | 壁式换气扇 | JVF-AP-20，$L$=500$m^3$/h，$H$=50Pa | 台 | 1 | 男卫、女卫 |
| | 配电机 | $N$=40W，220V | | | |
| 7 | 壁式换气扇 | JVF-AP-10，$L$=150$m^3$/h，$H$=40Pa | 台 | 1 | 警卫室卫生间 |
| | 配电机 | $N$=25W，220V | | | |
| 8 | 风管室内机 | KFR-72T2W/B3DN1-LX 制冷量 7.2kW，制热量 9.4kW，一级能效 | 台 | 6 | 10kV 配电间 |
| | 配室外机 | $N$=3.3kW，220V | | | |
| 9 | 消声百叶窗 | 600×600（$W$×$H$）降噪 10～15dB（A） | 个 | 1 | 蓄电池室 |
| 10 | 过滤器 | 600×600（$W$×$H$）过滤器效率：G3 材质：无纺布 厚度：8mm | | | |
| 11 | 铝板网 | 600×600（$W$×$H$）目数：5×5 | | | |
| 12 | 消声百叶窗 | 1200×600（$W$×$H$）降噪 10～15dB（A） | 个 | 3 | 10kV 配电间 |
| 13 | 过滤器 | 1200×600（$W$×$H$）过滤器效率：G3 材质：无纺布 厚度：8mm | | | |
| 14 | 铝板网 | 1200×600（$W$×$H$）目数：5×5 | | | |
| 15 | 防雨百叶风口 | 1000×200（$B$×$H$） | 件 | 2 | 蓄电池室 实际尺寸以实际空调订货接口尺寸为准 |
| 16 | 过滤器 | 1000×200（$B$×$H$）过滤等级 G3 无纺布 8mm 厚 | 件 | 2 | |
| 17 | 软接头 | 防火帆布 | 件 | 2 | |
| 18 | 吊杆 | 圆钢：$\phi$16 | m | 30 | |
| 19 | 角钢 | L50×5 | m | 30 | |
| 20 | 装饰面板 | | $m^2$ | 10 | |
| 21 | 电暖气 | 功率，2000W；电压 220V | 台 | 2 | 消防泵房 |
| 22 | 屋顶轴流风机 | DWT-4-0.25 $L$=2860$m^3$/h $H$=86Pa 噪声 60dB（A） | 台 | 1 | 消防泵房 |
| | 配电机 | $N$=0.25kW 380V $n$=960r/min | | | |

**图 9.2.3-18　HA-220-B-1　建筑物暖通设计说明（二）**

# 第 10 章　HA-110-A2-3 方案

## 10.1　HA-110-A2-3 方案主要技术条件

HA-110-A2-3 方案主要技术条件见表 10.1.0-1。

**表 10.1.0-1　　HA-110-A2-3 方案主要技术条件**

| 序号 | 项目 | | 本方案技术条件 |
|---|---|---|---|
| 1 | 建设规模 | 主变压器 | 本期 1 组 63MVA，终期 3 组 63MVA |
| | | 出线 | 110kV：本期 2 回，终期 4 回<br>10kV：本期 14 回，终期 42 回（方案一）；本期 12 回，终期 36 回（方案二） |
| | | 无功补偿装置 | 10kV 并联电容器：本期 1×（4800+4800）kvar，终期 3×（4800+4800）kvar |
| 2 | 站址基本条件 | | 海拔小于1000m，设计基本地震加速度 0.15$g$，设计风速不大于 30m/s，地基承载力特征值 $f_{ak}$=150kPa，无地下水影响，场地同一设计标高 |
| 3 | 电气主接线 | | 110kV 本期采用单母线分段接线，终期为单母线分段接线；<br>10kV 本期采用单母线接线，终期为单母线四分段接线 |
| 4 | 主要设备选型 | | 主变压器用三相双绕组油浸自冷式有载调压变压器；110kV 采用户内 GIS 设备；10kV 高压开关柜选用金属封闭铠装移开式封闭开关柜；10kV 并联电容器组选用户内框架式 |
| 5 | 电气总平面及配电装置 | | 全户内一幢楼布置；<br>主变压器：户内布置；<br>110kV：户内 GIS；<br>10kV：户内高压开关柜双列布置；<br>无功补偿：户内成套装置 |
| 6 | 二次系统 | | 全站采用模块化二次设备、预制式智能控制柜及预制光缆的二次设备模块化设计方案；<br>变电站自动化系统按照一体化监控设计；<br>采用常规互感器+合并单元；<br>110kV GOOSE 与 SV 共网，保护直采直跳；<br>主变压器用保护、测控独立装置，110kV 采用保护测控集成装置，10kV 采用保护测控集成装置；<br>采用一体化电源系统，通信电源不独立设置（方案一）；<br>采用并联型直流电源系统，通信电源不独立设置（方案二）；<br>间隔层设备下放布置，公用及主变压器二次设备布置在二次设备室 |
| 7 | 土建部分 | | 本方案围墙内占地面积 3400m²；全站总建筑面积 1993m²，其中配电装置楼建筑面积 1873m²；<br>建筑物结构形式为钢结构；<br>建筑物外墙采用铝镁锰复合板+纤维水泥板，内墙采用纤维水泥板，楼面板采用压型钢板为底模的现浇钢筋混凝土板，屋面板采用钢筋桁架楼承板；<br>围墙采用装配式围墙；<br>支架基础用定型钢模浇注，支架与基础采用地脚螺栓连接 |

## 10.2　HA-110-A2-3 方案主要设计图纸

HA-110-A2-3 方案三维效果图如图 10.2.0-1 所示。

### 10.2.1　电气一次部分

电气一次部分主要图纸见表 10.2.1-1。

**表 10.2.1-1　　电气一次部分主要图纸**

| 图号 | 图名 |
|---|---|
| 图 10.2.1-01 | HA-110-A2-3　电气主接线图（方案一） |
| 图 10.2.1-02 | HA-110-A2-3　电气主接线图（方案二） |
| 图 10.2.1-03 | HA-110-A2-3　电气总平面布置图 |
| 图 10.2.1-04 | HA-110-A2-3　一层电气平面布置图（方案一） |
| 图 10.2.1-05 | HA-110-A2-3　一层电气平面布置图（方案二） |
| 图 10.2.1-06 | HA-110-A2-3　二层电气平面布置图 |
| 图 10.2.1-07 | HA-110-A2-3　110kV GIS 平面布置图 |
| 图 10.2.1-08 | HA-110-A2-3　110kV GIS 断面图 |
| 图 10.2.1-09 | HA-110-A2-3　110kV GIS 气室分隔示意图 |
| 图 10.2.1-10 | HA-110-A2-3　10kV 配电装置平面布置图（方案一） |
| 图 10.2.1-11 | HA-110-A2-3　10kV 配电装置平面布置图（方案二） |

续表

| 图号 | 图名 |
|---|---|
| 图 10.2.1-12 | HA-110-A2-3　主变压器断面布置图 |
| 图 10.2.1-13 | HA-110-A2-3　主变压器及 10kV 母线桥断面图 |
| 图 10.2.1-14 | HA-110-A2-3　全站主接地网敷设图 |
| 图 10.2.1-15 | HA-110-A2-3　一层接地网敷设图 |

续表

| 图号 | 图名 |
|---|---|
| 图 10.2.1-16 | HA-110-A2-3　全站户外照明平面布置图 |
| 图 10.2.1-17 | HA-110-A2-3　电缆夹层布置图 |
| 图 10.2.1-18 | HA-110-A2-3　电缆敷设设备支架断面图 |
| 图 10.2.1-19 | HA-110-A2-3　一层电缆防火布置图 |

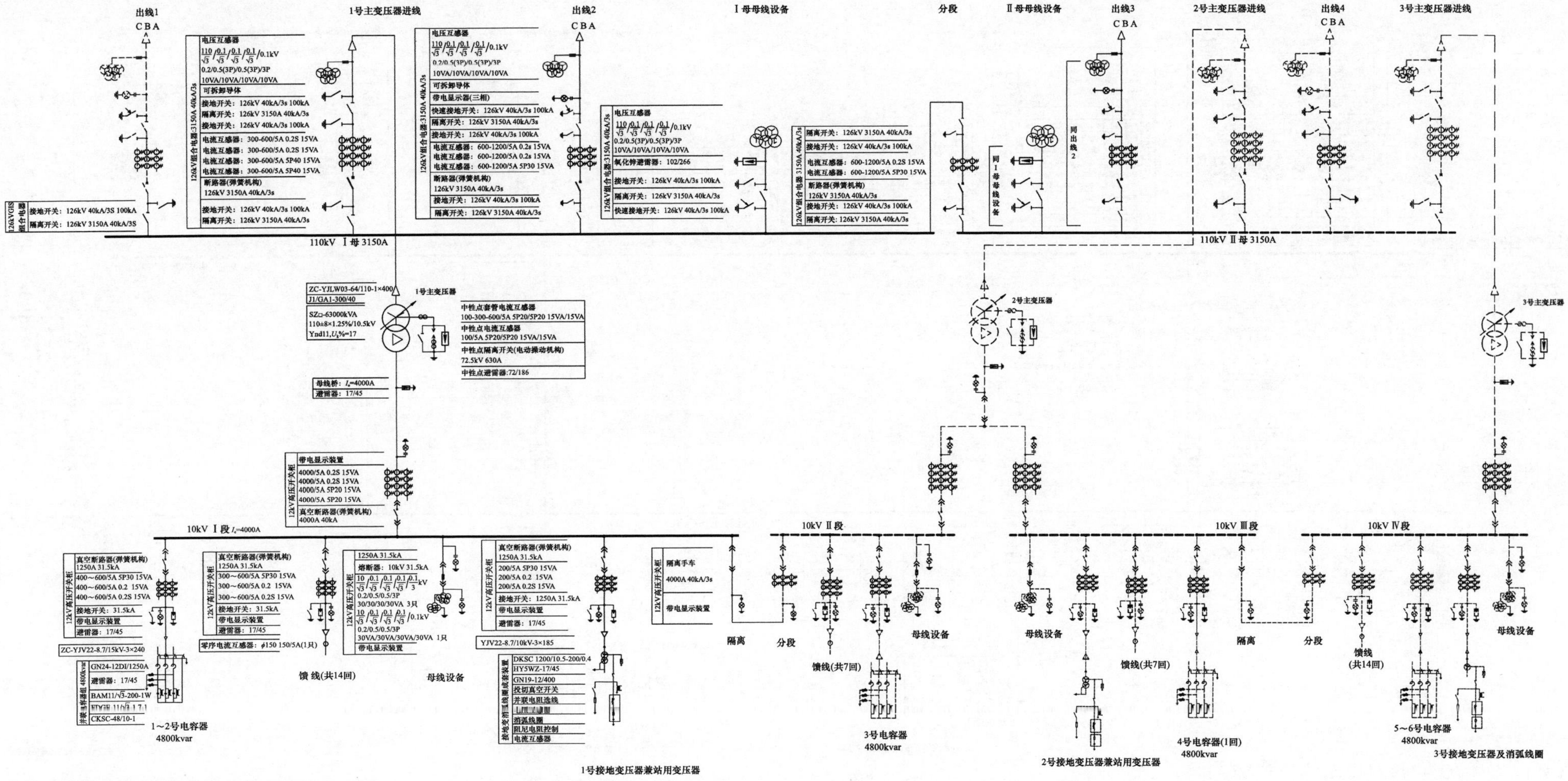


说明：1. 实线部分为本期工程，虚线部分为预留工程。

2. 主变压器终期 3 台。本期上 1 号主变压器。

3. 110kV 远期出线 4 回，本期 2 回；10kV 远期出线 42 回，本期 14 回。

4. 110kV 终期为单母线分段接线，本期为单母线分段接线。

5. 10kV 终期为单母线四分段接线，本期为单母线接线。

**图 10.2.1-01　HA-110-A2-3　电气主接线图（方案一）**

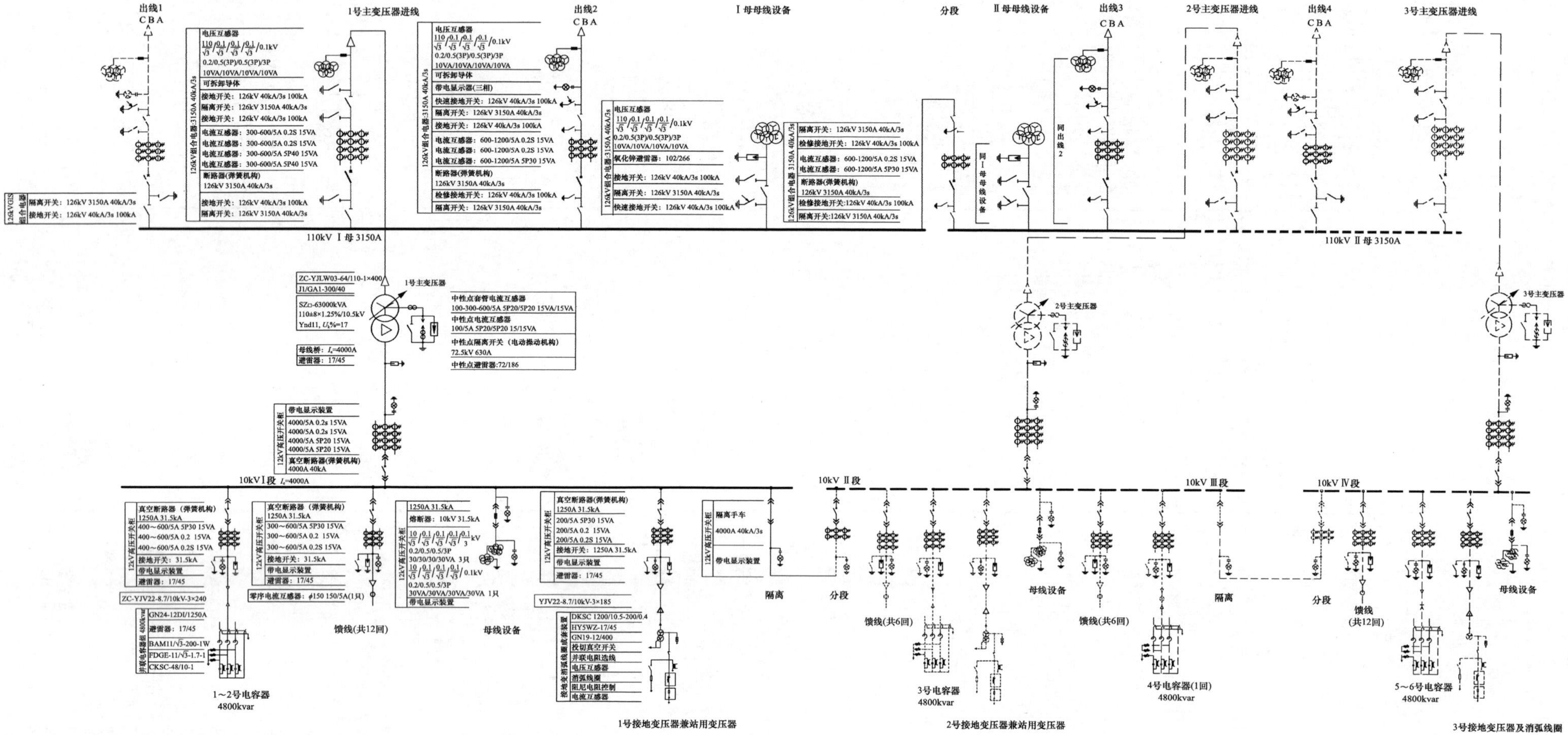

说明：1. 实线部分为本期工程，虚线部分为预留工程。

2. 主变压器终期 3 台。本期上 1 号主变压器。

3. 110kV 远期出线 4 回，本期 2 回；10kV 远期出线 36 回，本期 12 回。

4. 110kV 终期为单母线分段接线，本期为单母线分段接线。

5. 10kV 终期为单母线三分段接线，本期为单母线接线。

**图 10.2.1-02　HA-110-A2-3　电气主接线图（方案二）**

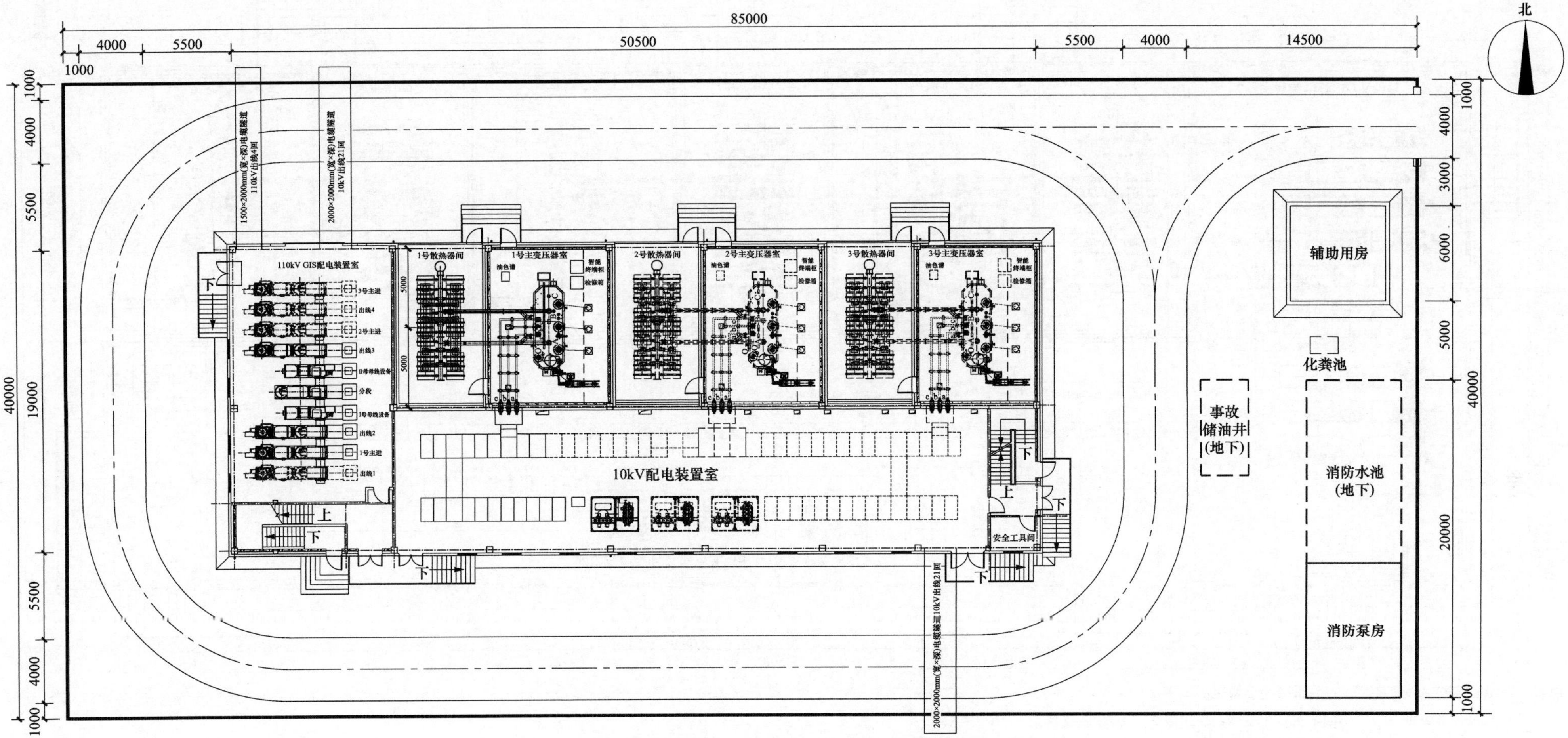


图 10.2.1-03　HA-110-A2-3　电气总平面布置图

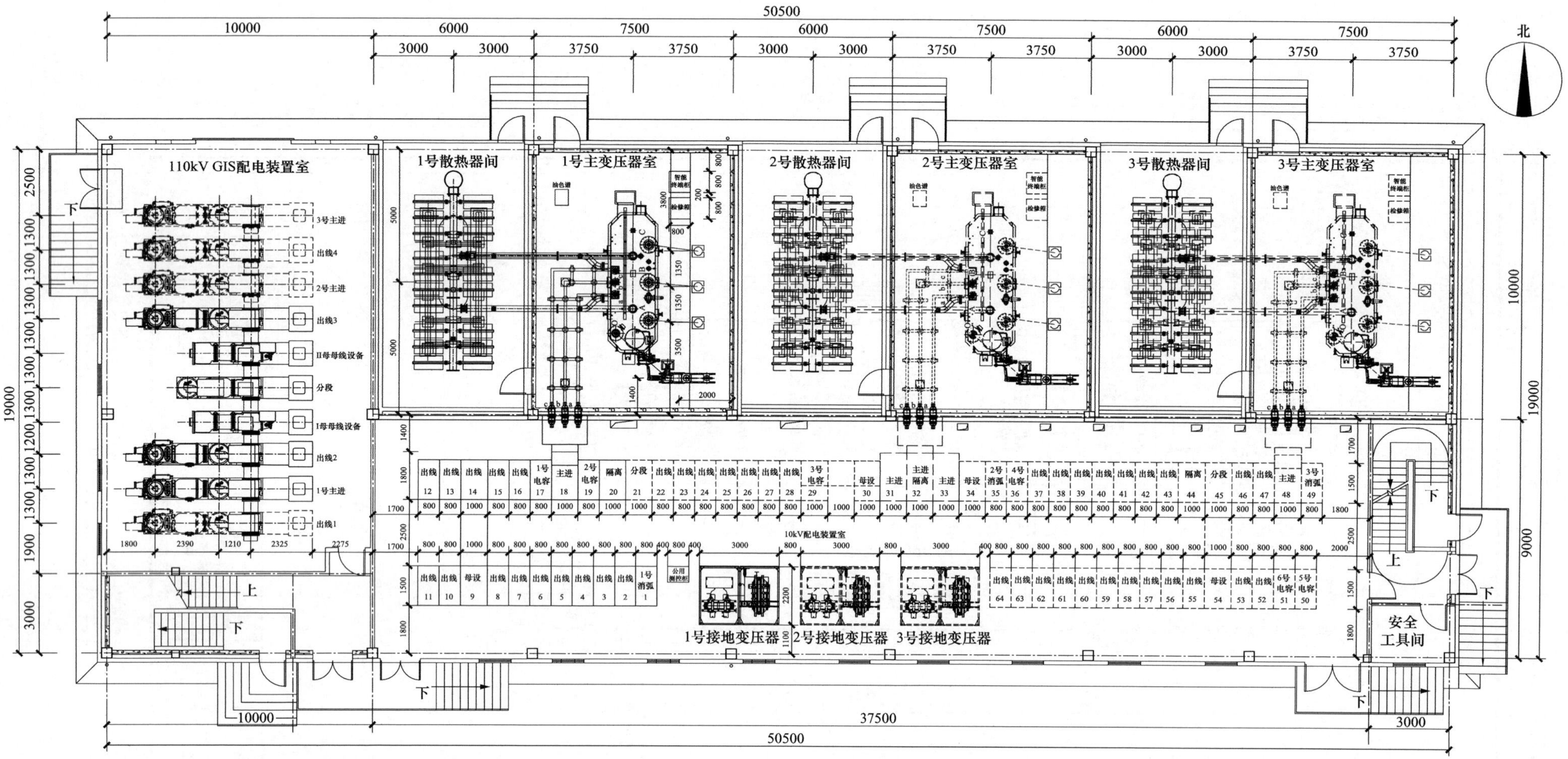


说明：1. 实线部分为本期工程，虚线部分为预留工程。

2. 主变压器终期 3 台。本期上 1 号主变压器，预留 2、3 号主变压器。

3. 110kV GIS 远期采用单母线分段接线，本期采用单母线分段接线。

4. 10kV 远期采用单母线四分段接线，本期采用单母线接线。

5. 10kV 消弧线圈共 3 组，本期上 1 号，预留 2、3 号。

**图 10.2.1-04　HA-110-A2-3　一层电气平面布置图（方案一）**

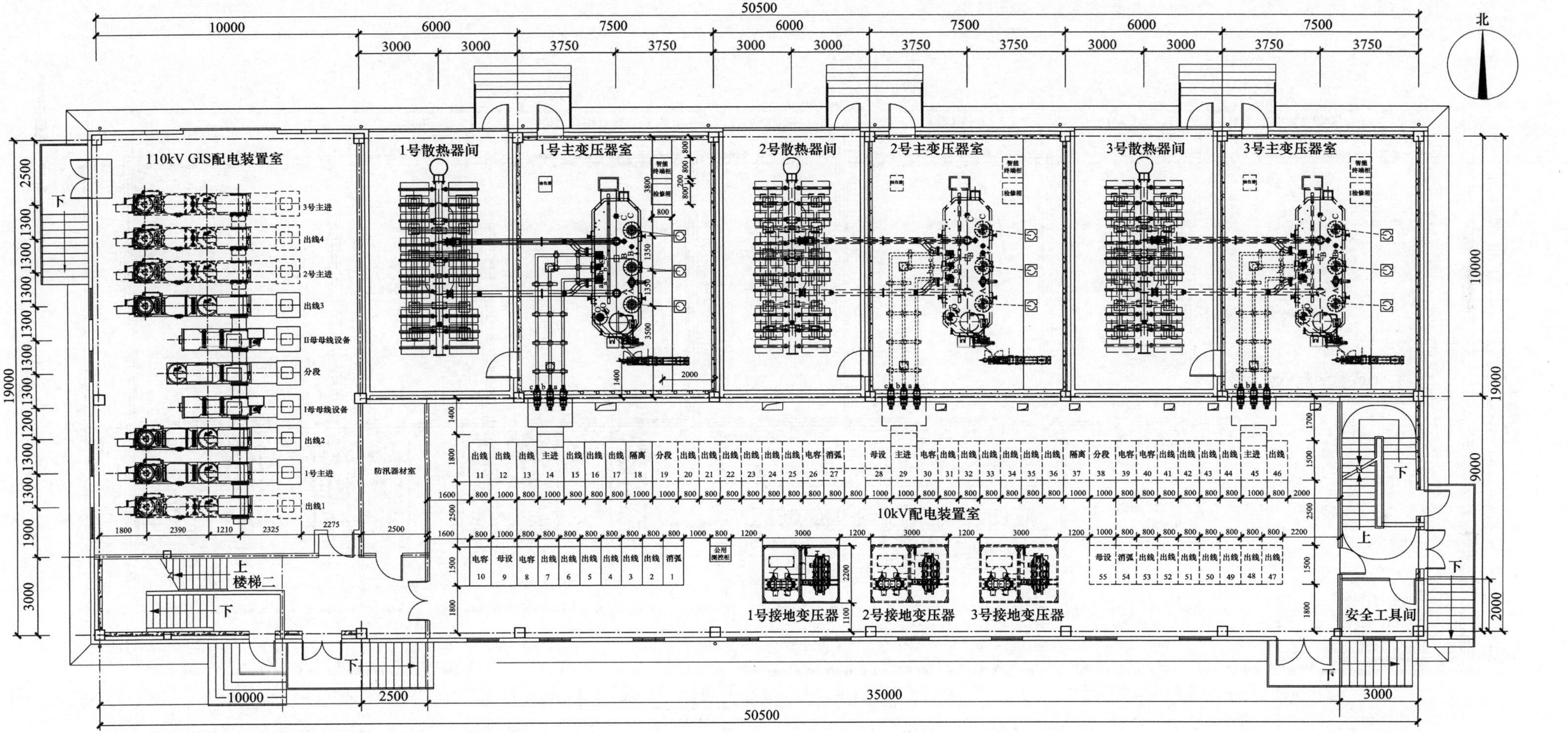


说明：1. 实线部分为本期工程，虚线部分为预留工程。

2. 主变压器终期 3 台。本期上 1 号主变压器，预留 2、3 号主变压器。

3. 110kV GIS 远期采用单母线分段接线，本期采用单母线分段接线。

4. 10kV 远期采用单母线三分段接线，本期采用单母线接线。

5. 10kV 消弧线圈共 3 组，本期上 1 号，预留 2、3 号。

**图 10.2.1-05　HA-110-A2-3　一层电气平面布置图（方案二）**

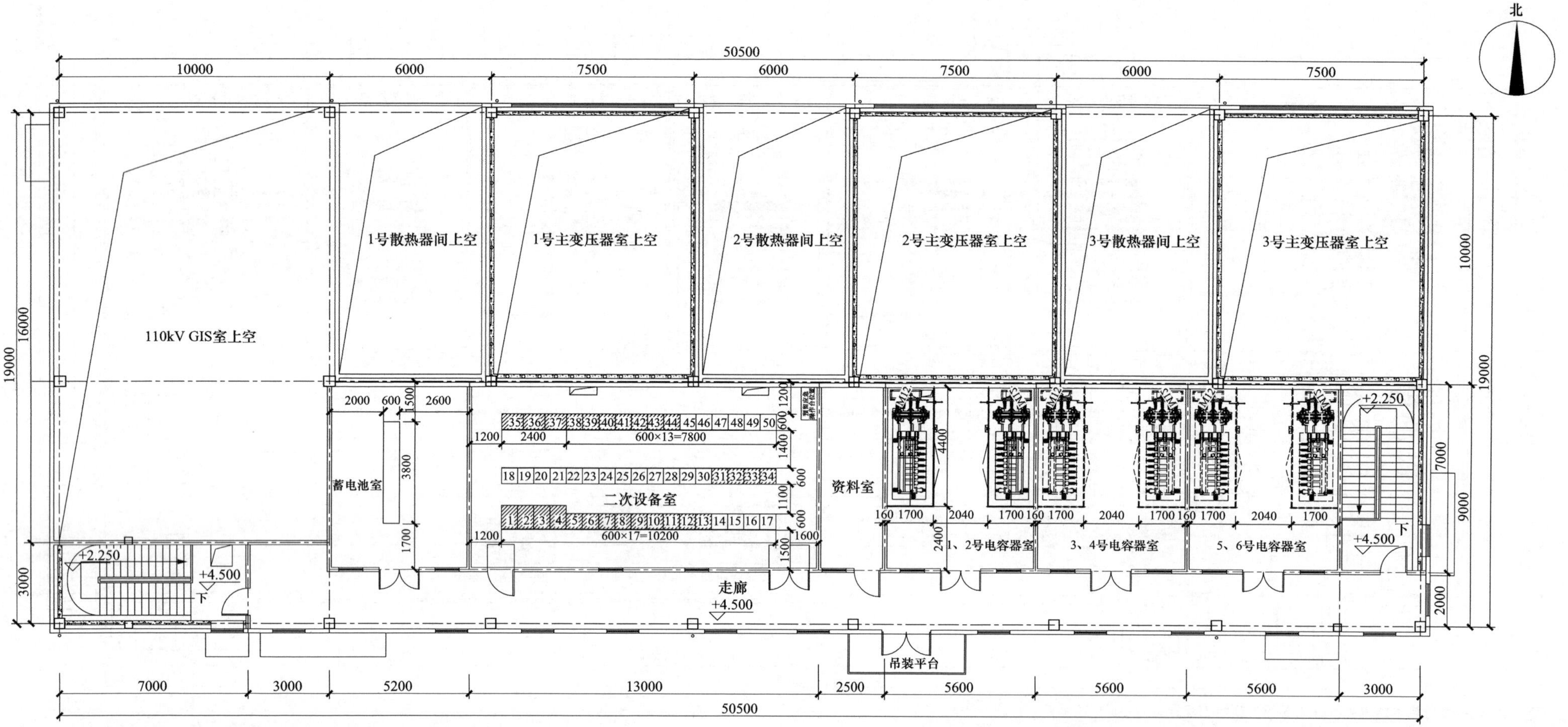


说明：1. 实线部分为本期工程，虚线部分为预留工程。

2. 10kV 电容器组共 6 组，本期上 1、2 号，预留 3～6 号。

**图 10.2.1-06　HA-110-A2-3　二层电气平面布置图**

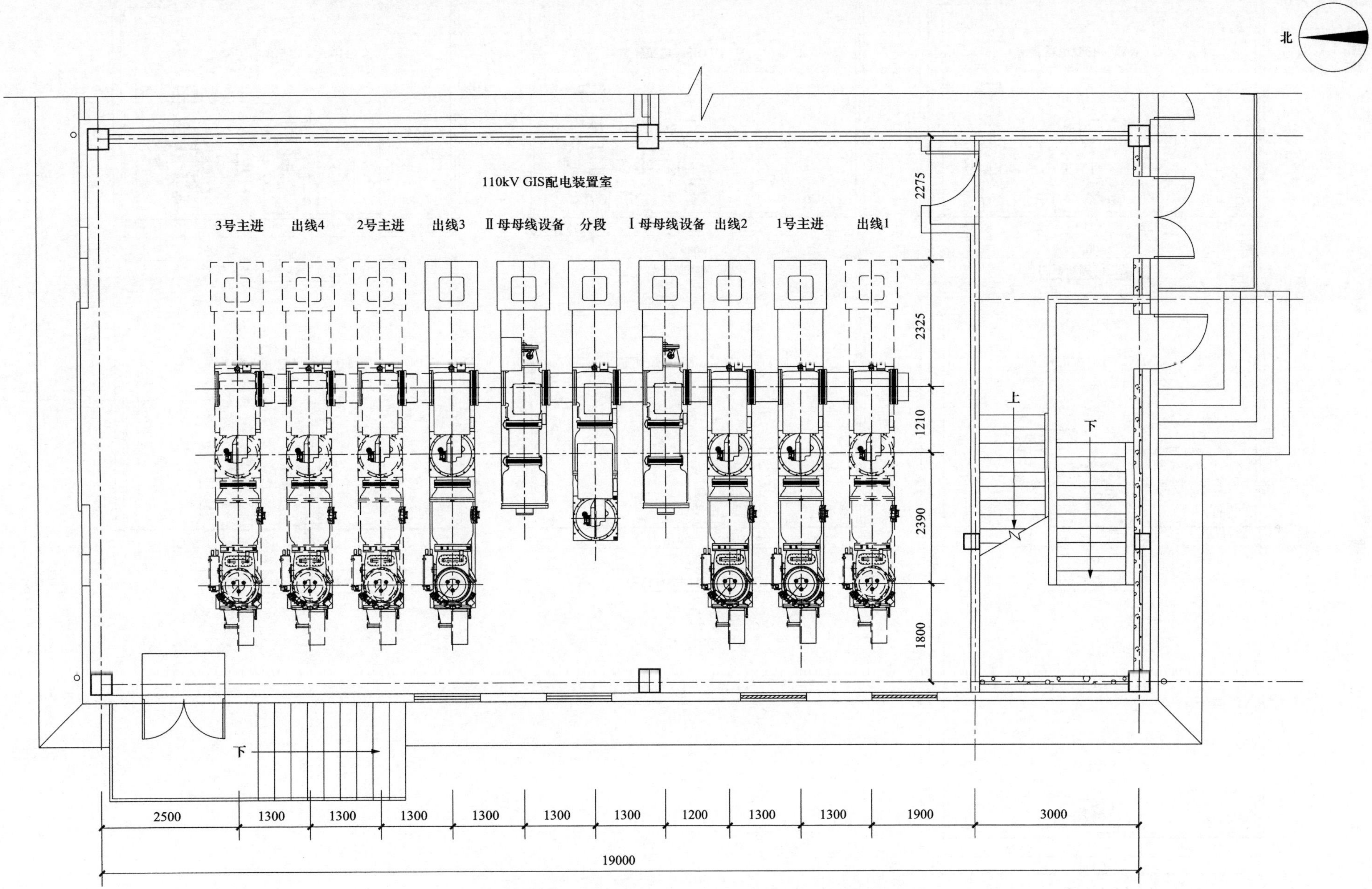


**图 10.2.1-07　HA-110-A2-3　110kV GIS 平面布置图**

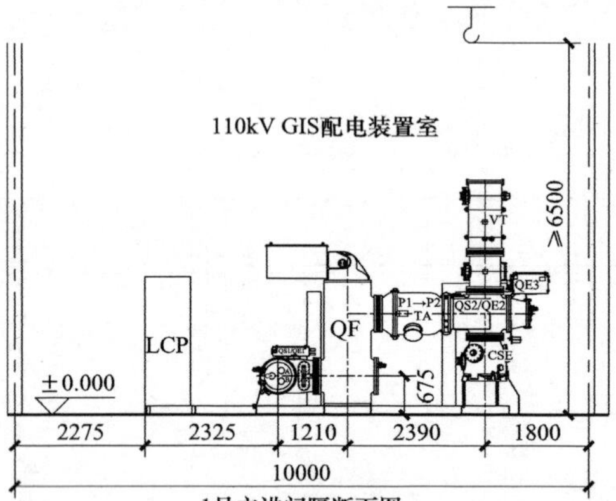

1号主进间隔断面图

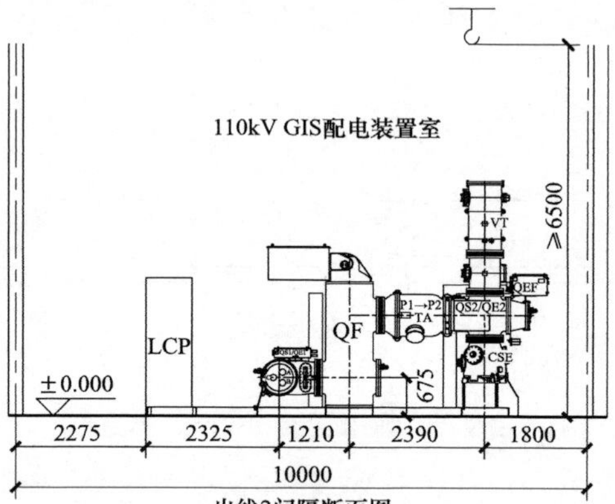

出线2间隔断面图

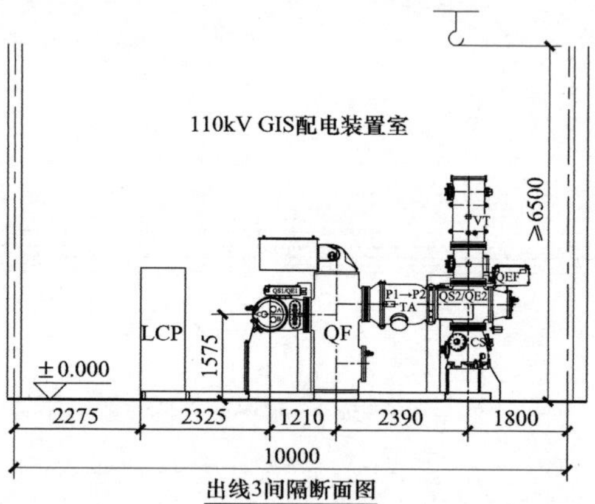

出线3间隔断面图

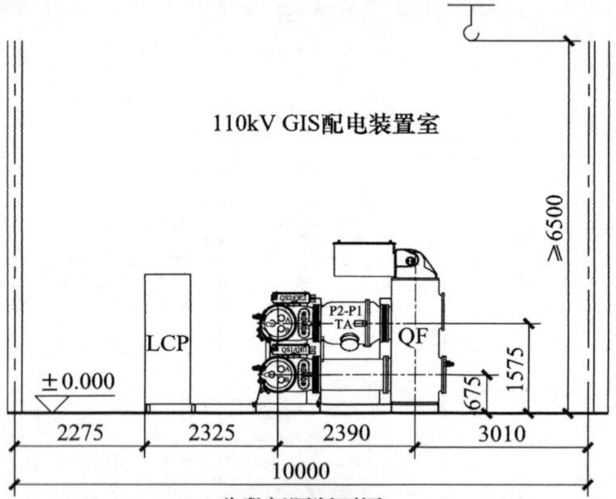

分段间隔断面图

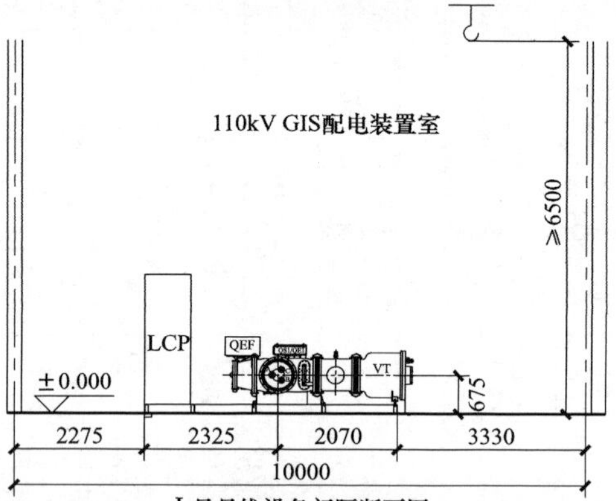

Ⅰ母母线设备间隔断面图

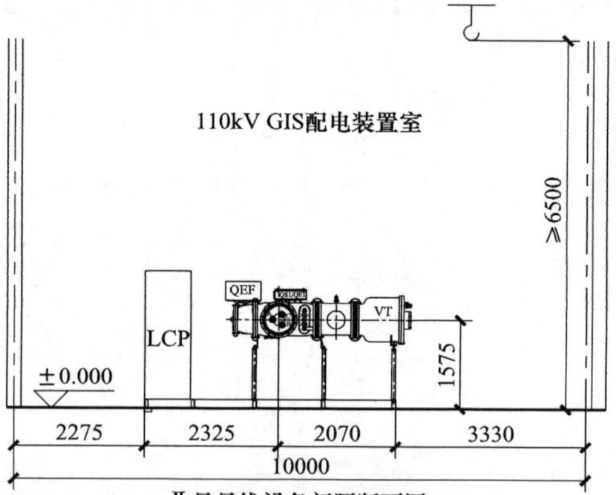

Ⅱ母母线设备间隔断面图

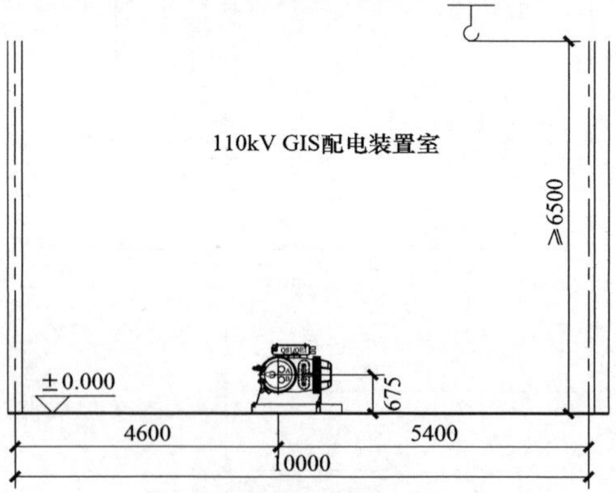

备用出线1间隔断面图

**图 10.2.1-08　HA-110-A2-3　110kV GIS 断面图**

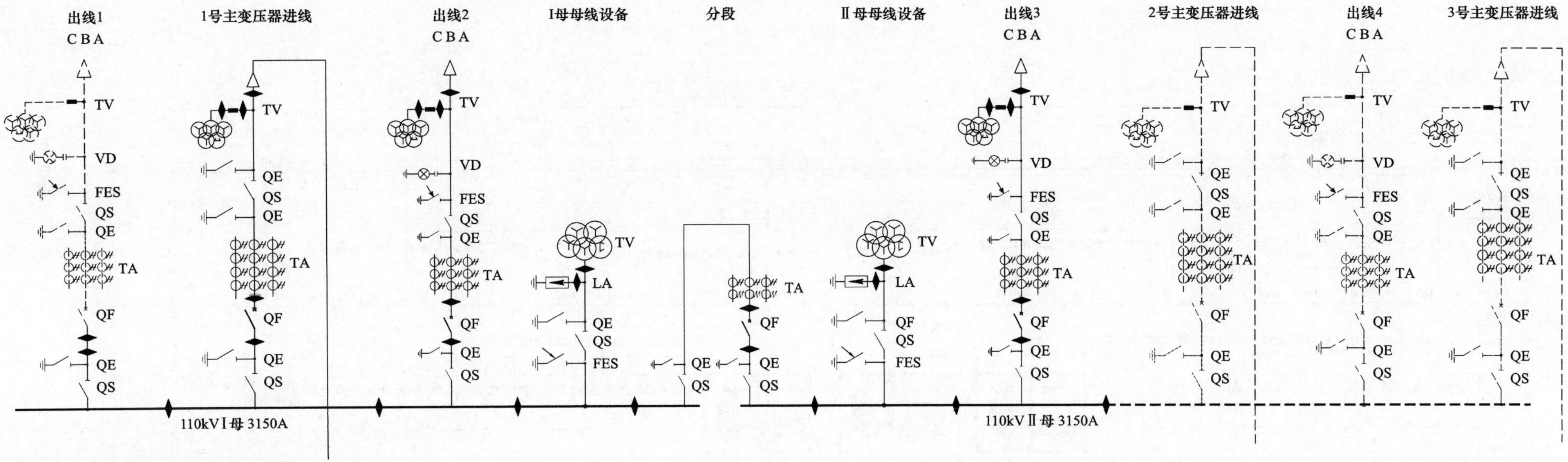


说明：1. 实线部分为本期工程，虚线部分为远期扩建部分。

2. 110kV 远期出线 4 回，本期出线 2 回。

3. 110kV 终期为单母线分段接线，本期为单母线分段接线。

4. 110kV 采用户内 GIS 配电装置。

5. 图中符号含义：

QF—断路器； TV—电压互感器；

QS—隔离开关； LA—避雷器；

QE—检修接地开关； VD—高压带电显示装置；

FES—快速接地开关； CSE—电缆终端；

TA—电流互感器； ◆—气体分隔绝缘子。

6. 建议备用间隔根据实际情况增加过渡气室，以满足扩建时不停电要求。

**图 10.2.1-09 HA-110-A2-3 110kV GIS 气室分隔示意图**

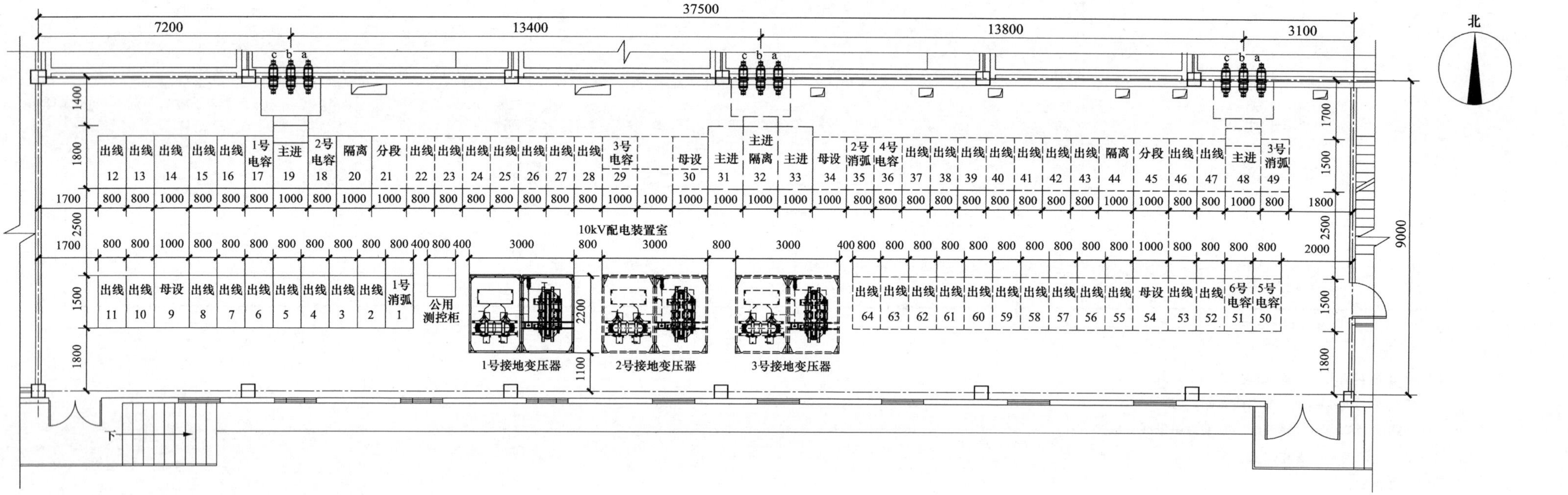


说明：1. 实线部分为本期工程，虚线部分为预留工程。

2. 10kV 远期采用单母线四分段接线，本期采用单母线接线。

3. 10kV 消弧线圈共 3 组，本期上 1 号，预留 2、3 号。

**图 10.2.1-10　HA-110-A2-3　10kV 配电装置平面布置图（方案一）**

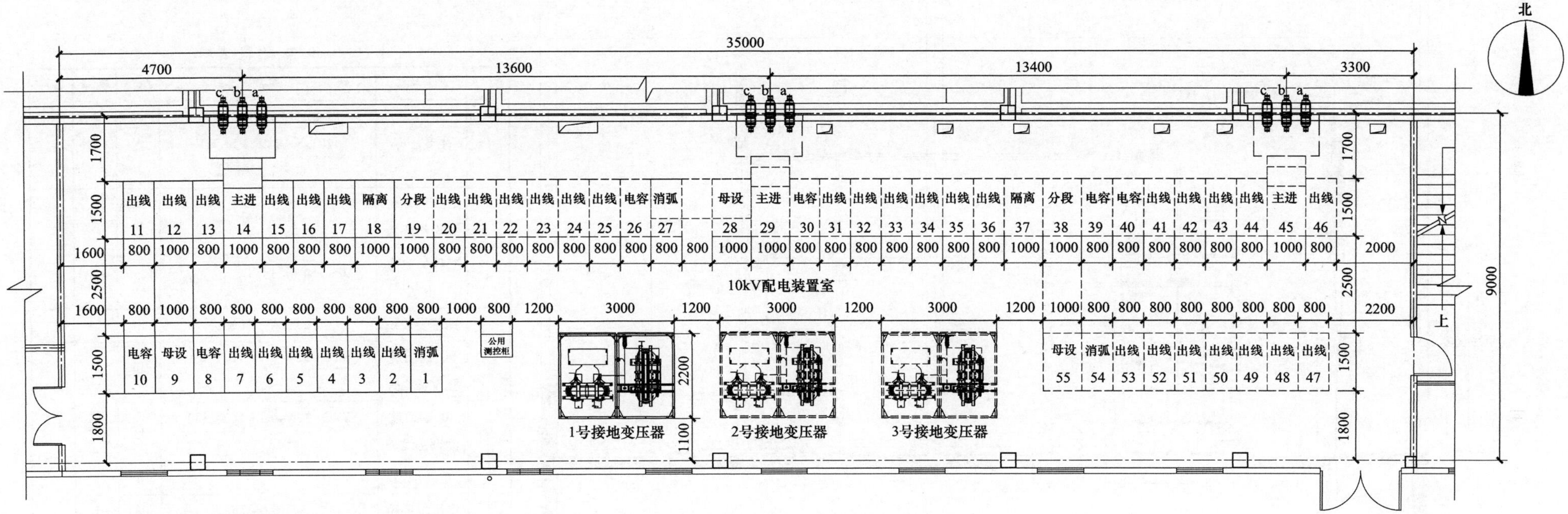


说明：1. 实线部分为本期工程，虚线部分为预留工程。

2. 10kV 远期采用单母线三分段接线，本期采用单母线接线。

3. 10kV 消弧线圈共 3 组，本期上 1 号，预留 2、3 号。

**图 10.2.1-11　HA-110-A2-3　10kV 配电装置平面布置图（方案二）**

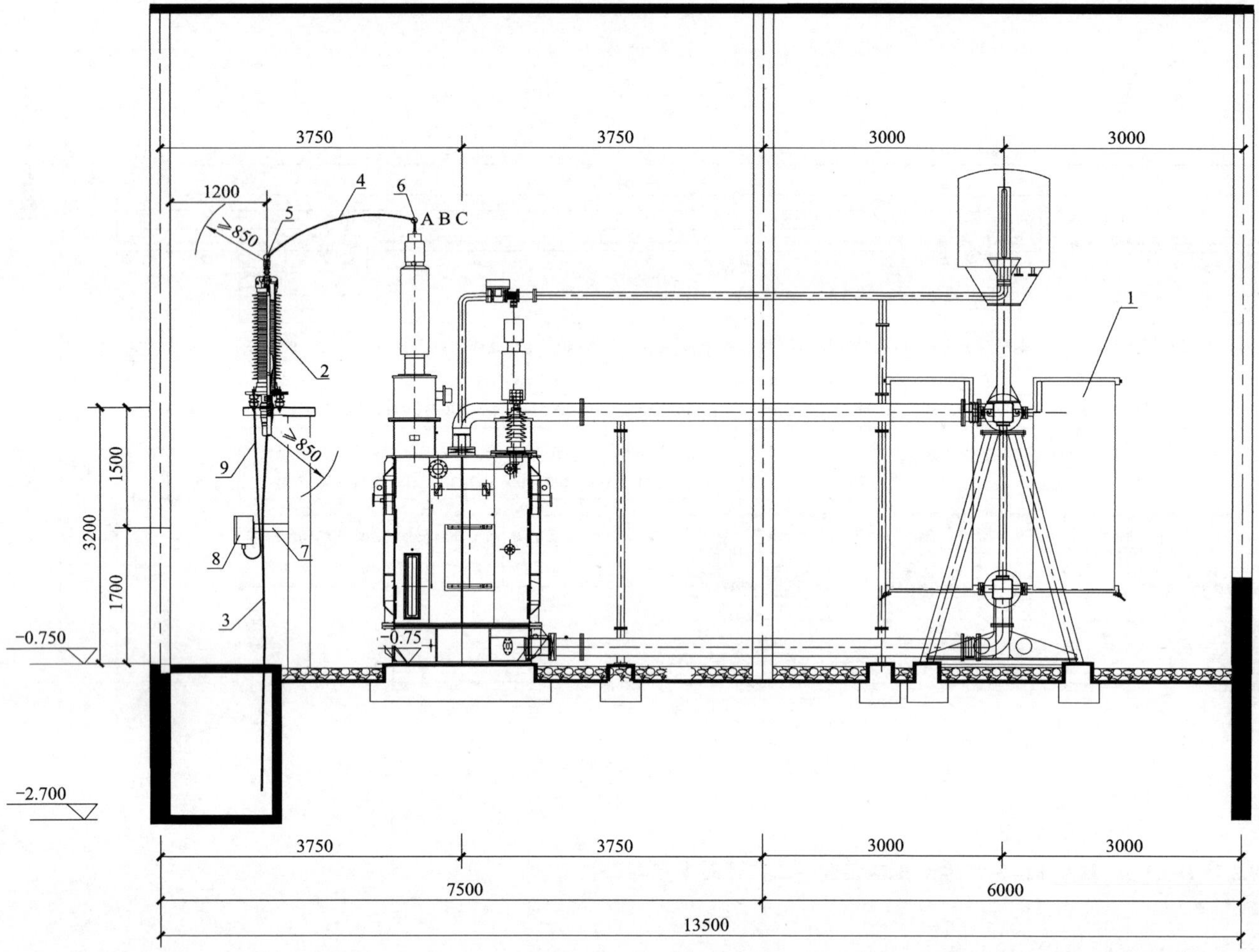


设 备 材 料 表

| 编号 | 名称 | 规范 | 单位 | 数量 | 备注 |
|---|---|---|---|---|---|
| 1 | 主变压器 | SZ11−63000/110<br>110±8×1.25%/10.5kV<br>$U_k$%=17　Ynd11 | 台 | 1 | |
| 2 | 110kV 复合式电缆终端 | 1×400，户外，铜 | 只 | 3 | |
| 3 | 110kV 电力电缆 | ZC−YJLW03−110−1×400 | m | 160 | |
| 4 | 钢芯铝绞线 | JL/G1A−300/40 | m | 15 | |
| 5 | 90°铜铝过渡设备线夹 | SYG−300/40C（110×130<br>4−$\phi$14） | 套 | 3 | |
| 6 | 90°铜铝过渡设备线夹 | SYG−300/40C（110×130<br>4−$\phi$18） | 套 | 3 | |
| 7 | 电缆抱箍 | | 套 | 3 | |
| 8 | 电缆接地箱 | 三线直接接地 | 只 | 1 | |
| 9 | 接地电缆 | AC10kV，YJOV，240 | m | 30 | |

图 10.2.1−12　HA−110−A2−3　主变压器断面布置图

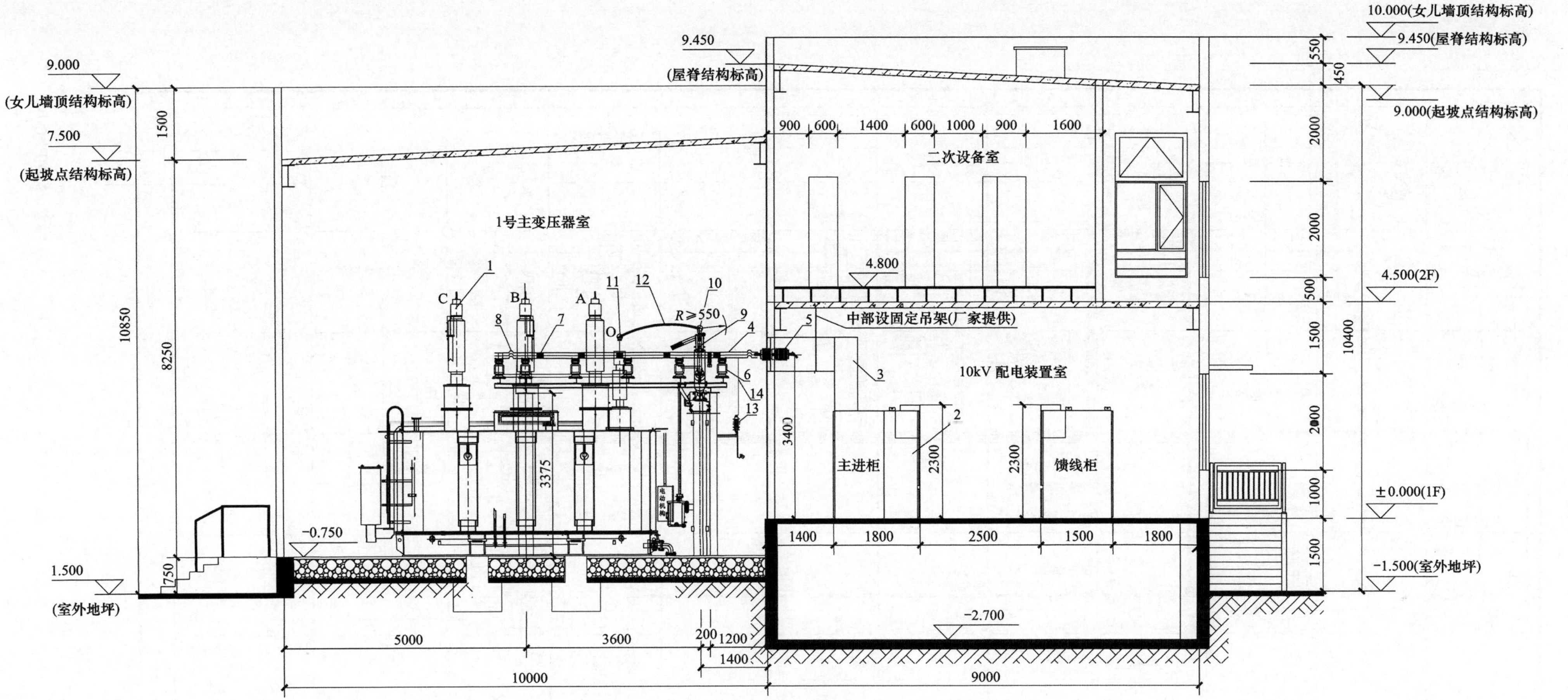


设 备 材 料 表

| 编号 | 名称 | 规范 | 单位 | 数量 | 备注 | 编号 | 名称 | 规范 | 单位 | 数量 | 备注 |
|---|---|---|---|---|---|---|---|---|---|---|---|
| 1 | 主变压器 | SZ□−63000/110 110±8×1.25%/10.5kV，$U_k$%=17，Ynd11 | 台 | 1 | | 8 | 母线伸缩节 | MST−125×10 | 套 | 18 | |
| 2 | 10kV 开关柜 | | 面 | 20 | | 9 | 中性点成套装置 | | 套 | 1 | |
| 3 | 10kV 主变压器进线封闭母线桥 | 4000A | m | 3 | 具体长度根据现场实际情况确定 | 10 | 30° 铝设备线夹 | SY−300/40B（90×80 4−$\phi$14） | 套 | 1 | |
| 4 | 铜排 | TMY−3×（125×10） | m | 24 | 加绝缘热缩保护套 | 11 | 30° 铜铝过渡设备线夹 | SYG−300/40B（110×130 4−$\phi$18） | 套 | 1 | |
| 5 | 穿墙套管 | CWC−20/4000A | 只 | 3 | | 12 | 钢芯铝绞线 | JL/G1A−300/40 | m | 5 | |
| 6 | 支柱绝缘子 | ZSW−20/16 | 只 | 18 | | 13 | 10kV 金属氧化物避雷器 | HY5WZ−17/45（附放电计数器） | 只 | 3 | |
| 7 | 母线间隔垫 | MJG−04 | 个 | 30 | | 14 | 铜排 | TMY−30×4 | m | 3 | |

图 10.2.1−13　HA−110−A2−3　主变压器及 10kV 母线桥断面图

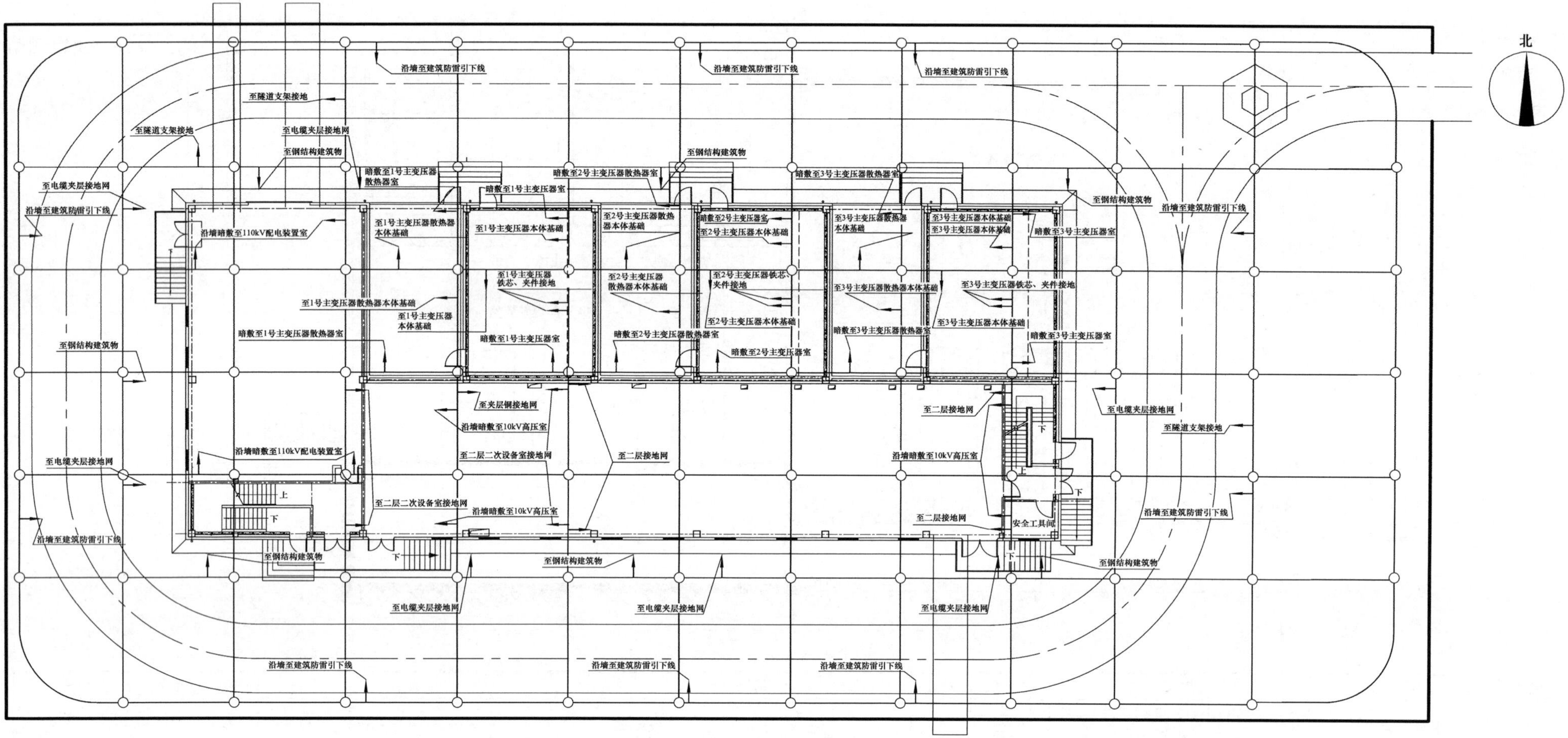


图例：

—水平接地极；

○ 垂直接地极；

⬡帽檐式均压带。

设 备 材 料 表

| 序号 | 名称 | 规范 | 单位 | 数量 | 图例 | 备注 |
|---|---|---|---|---|---|---|
| 1 | 垂直接地体 | $\phi$17.3　$L$=2.5m | 根 | 94 | ○ | 镀铜钢棒 |
| 2 | 水平接地体 | −40×4 | m | 1300 | — | 铜排 |
| 3 | 接地引出线 | −40×4 | m | 700 | — | 铜排 |

**图 10.2.1-14　HA-110-A2-3　全站主接地网敷设图**

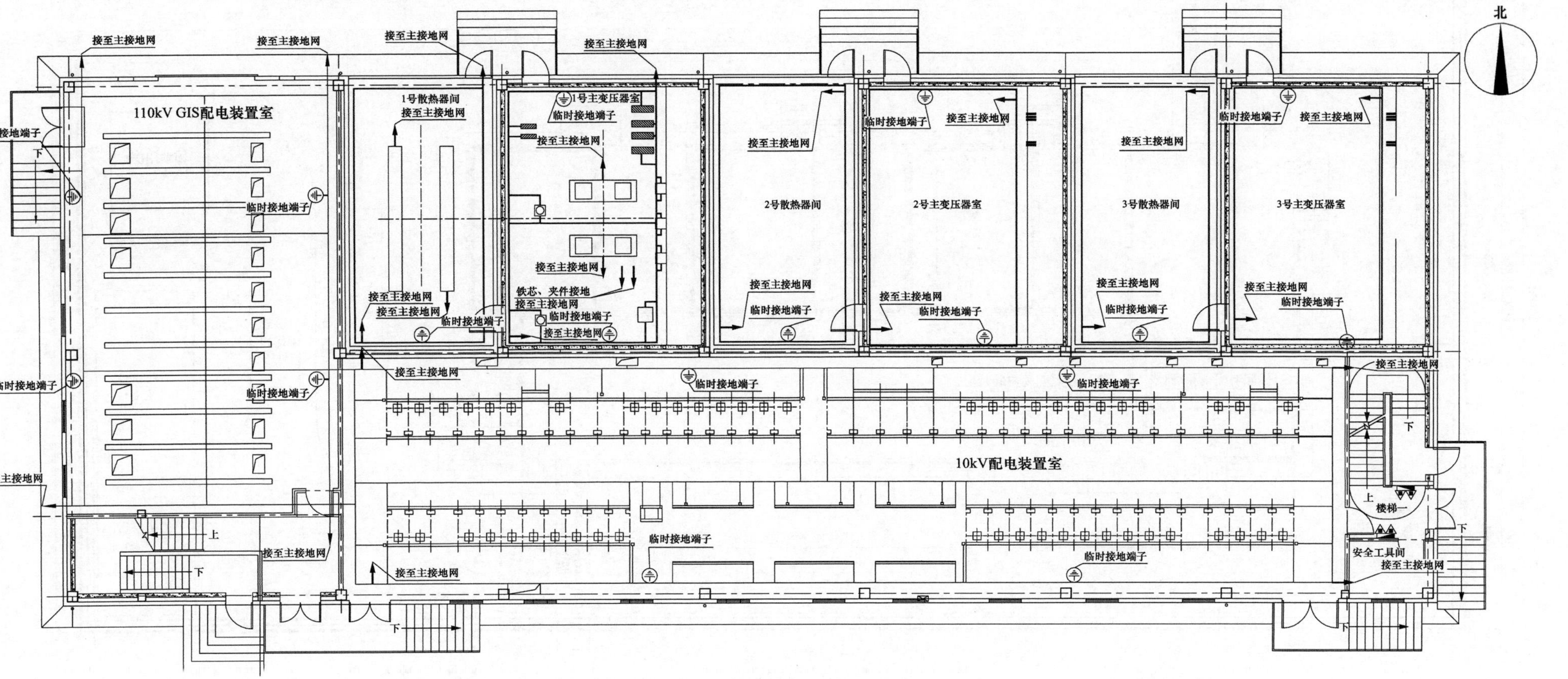


设 备 材 料 表

| 序号 | 名称 | 规范 | 单位 | 数量 | 图例 | 备注 |
|---|---|---|---|---|---|---|
| 1 | 水平接地体 | −60×6 | m | 350 | ___ | 热镀锌扁钢 |
| 2 | 设备接地引下线 | −60×6 | m | 150 | ___ | 热镀锌扁钢 |
| 3 | 检修接地端子 | | 个 | 17 | ⏚ | |

**图 10.2.1−15　HA−110−A2−3　一层接地网敷设图**

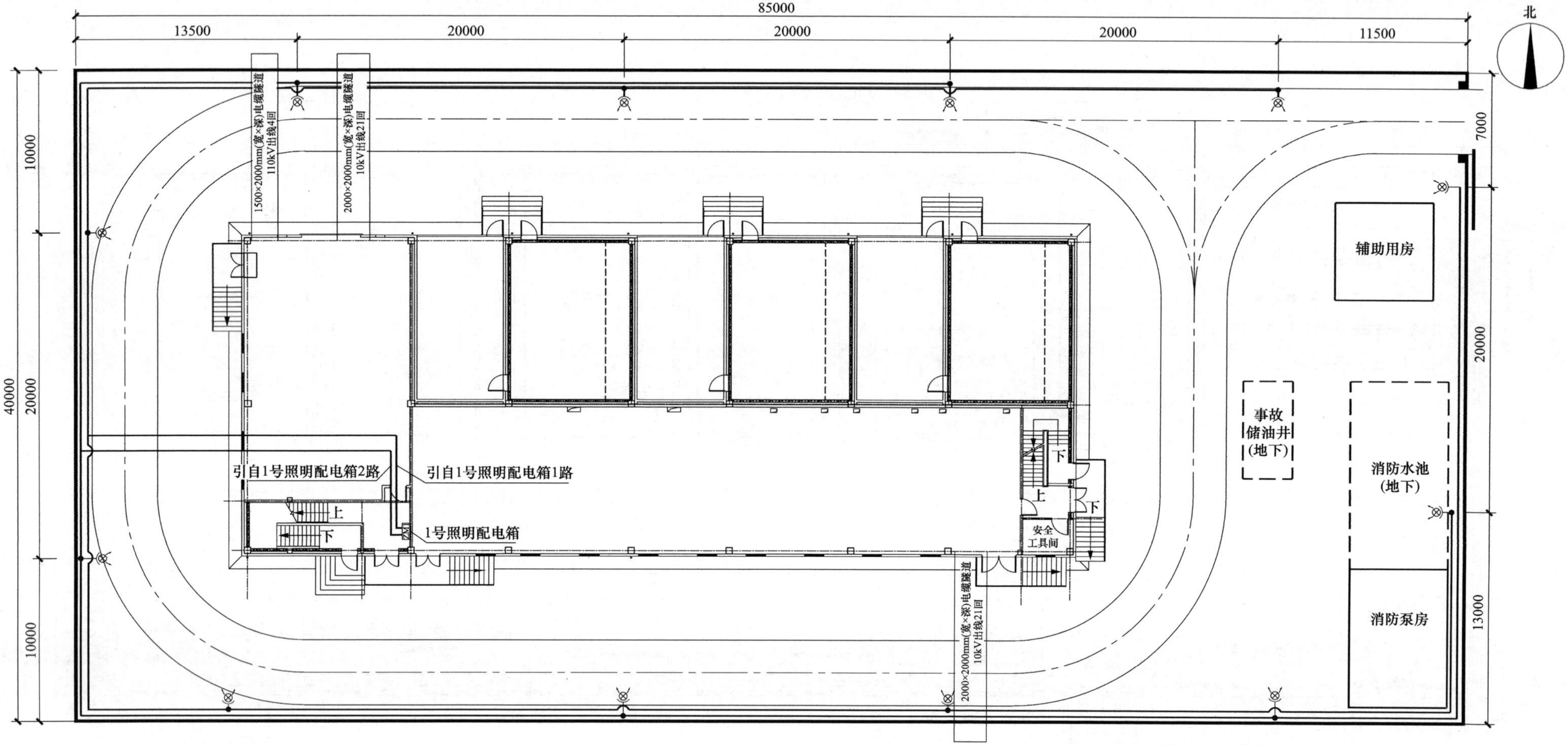


说明：1. 户外照明电源线应穿管直埋，管内径不小于导线束直径的 1.5 倍。

2. 穿管电缆在室外直埋深度不应小于 0.7m，电缆引出地面至地下 0.2m 外应穿管保护。

3. 户外照明电源引自 1 号照明配电箱。

4. 户外照明灯安放位置距围墙 0.5m。可根据现场实际情况适当调整。

5. 根据《国家电网公司输变电工程标准工艺施工图集》要求进行施工。

**设 备 材 料 表**

| 序号 | 名称 | 规范 | 单位 | 图例 | 数量 | 备注 |
|---|---|---|---|---|---|---|
| 1 | LED 投光灯 | AC220V 200W | 套 | ⊗ | 12 | 灯头可转向，带支架及底座 |
| 2 | 电力电缆 | ZR-YJV22-1-5×4 | m | | 100 | 电动大门电源线用 |
| 3 | 电力电缆 | ZR-VV22-1-3×4 | m | | 500 | 户外照明 1、2 路主干线用 |
| 4 | 塑料绝缘铜线 | BV-0.5-4 | m | | 150 | 接灯线用 |
| 5 | 热镀锌钢管 | $\phi$40 | m | | 100 | 电动大门电源线用 |
| 6 | 热镀锌钢管 | $\phi$40 | m | | 450 | 照明主干线用 |
| 7 | PVC 管 | $\phi$25 | m | | 50 | 接灯线用 |
| 8 | 分接线盒 | | 个 | | 15 | |

**图 10.2.1-16　HA-110-A2-3　全站户外照明平面布置图**

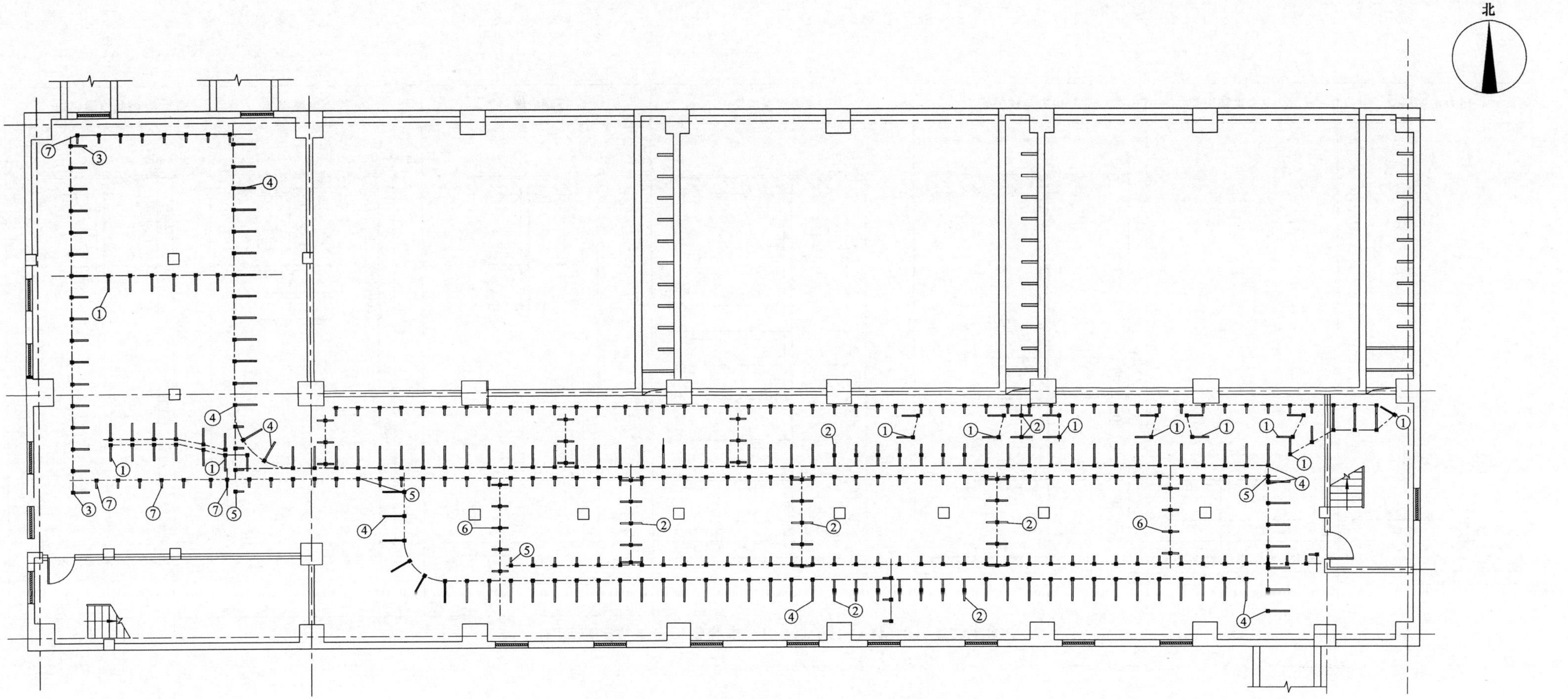


图 10.2.1-17　HA-110-A2-3　电缆夹层布置图

1. 电力电缆层架

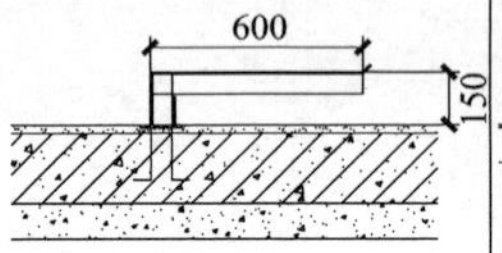


2. 电力电缆层架

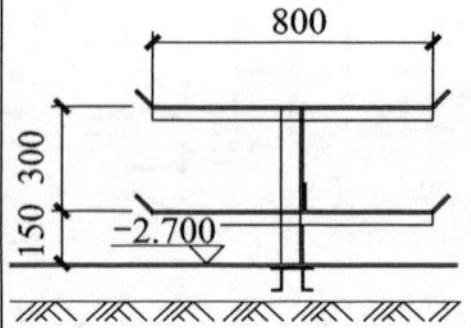


3. 电力电缆层架

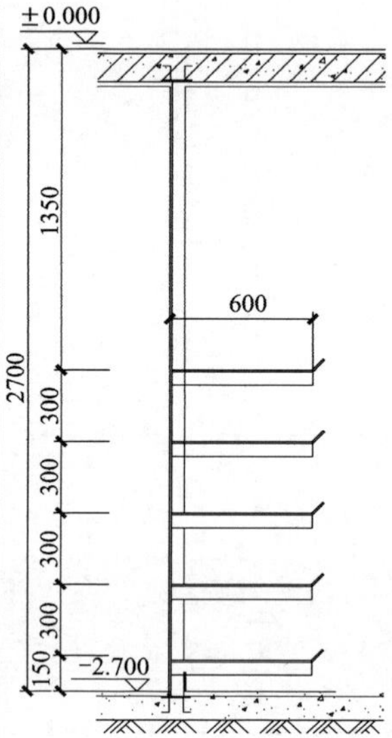


4. 电力电缆层架

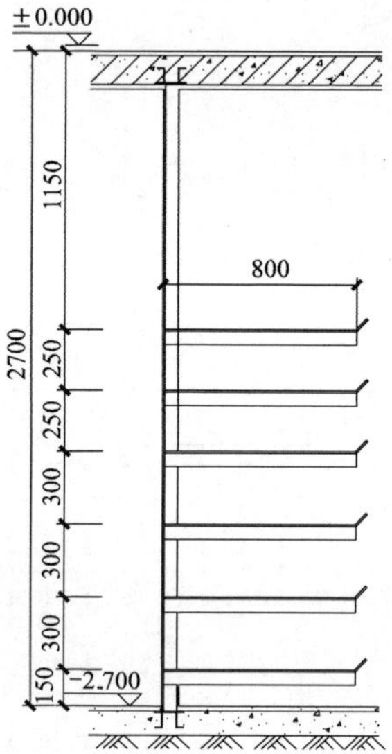


5. 控制电缆层架

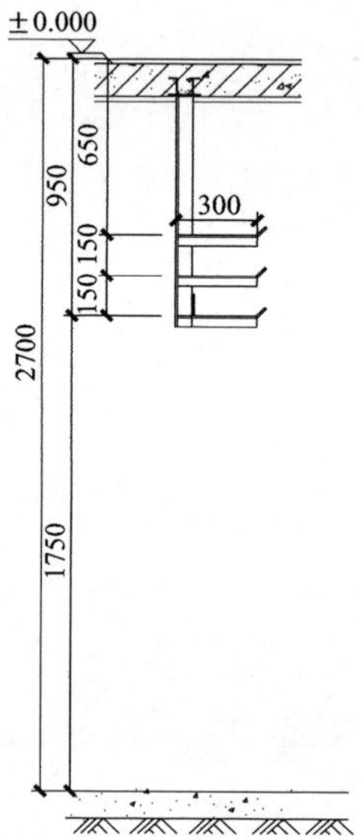


6. 控制电缆层架

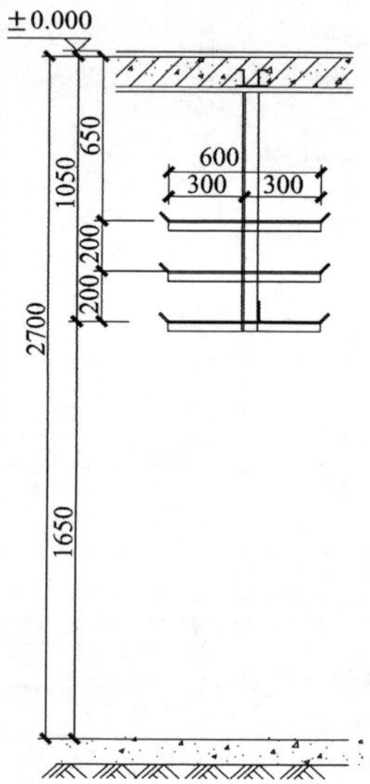


7. 控制电缆层架

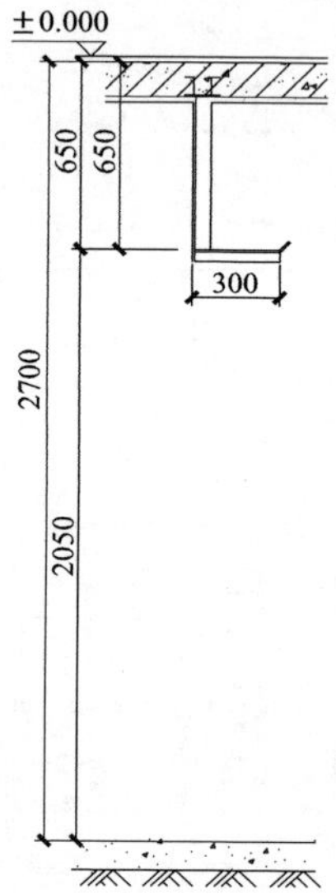


**图 10.2.1−18　HA−110−A2−3　电缆敷设设备支架断面图**

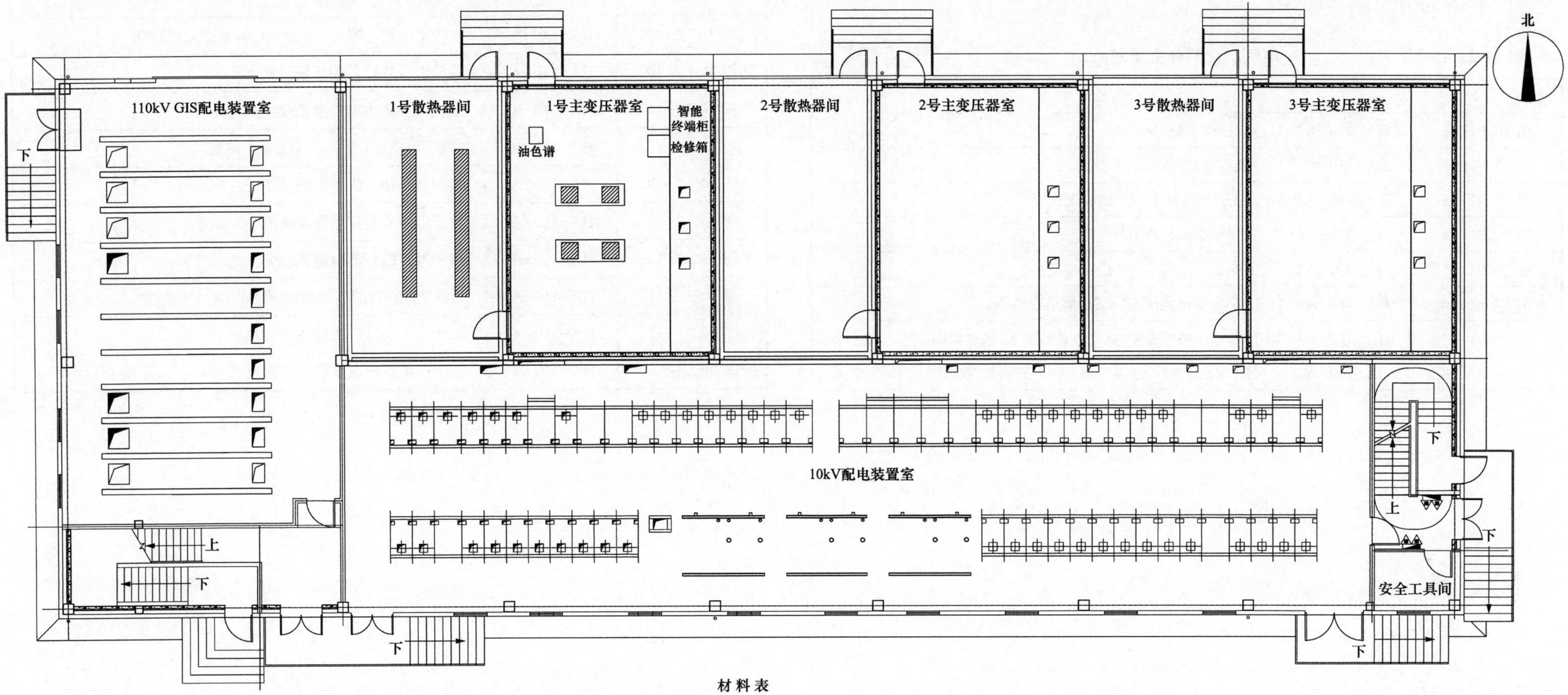


材料表

| 序号 | 图例 | 名称 | 型号及规范 | 单位 | 数量 |
|---|---|---|---|---|---|
| 1 | | 110kV GIS电缆孔洞 | 750×750 | 个 | 3 |
| 2 | | 110kV GIS电缆孔洞 | 700×450 | 个 | 6 |
| 3 | | 110kV GIS备用电缆孔洞 | 750×750 | 个 | 4 |
| 4 | | 110kV GIS备用电缆孔洞 | 700×450 | 个 | 4 |
| 5 | | 10kV开关柜电缆孔洞 | 300×300 | 个 | 17 |
| 6 | | 10kV开关柜电缆孔洞 | 300×150 | 个 | 18 |

| 序号 | 图例 | 名称 | 型号及规范 | 单位 | 数量 |
|---|---|---|---|---|---|
| 7 | | 10kV开关柜备用屏位 | 1000×1800 | 个 | 4 |
| 8 | | 10kV开关柜备用屏位 | 1000×1500 | 个 | 7 |
| 9 | | 10kV开关柜备用屏位 | 800×1500<br>1000×1500 | 个 | 34 |

| 序号 | 图例 | 名称 | 型号及规范 | 单位 | 数量 |
|---|---|---|---|---|---|
| 10 | | 10kV开关柜电缆孔洞 | 150×150 | 个 | 4 |
| 11 | | 公用测控柜电缆孔洞 | 500×400 | 个 | 1 |
| 12 | ○ | 10kV接地变压器一次电缆孔洞 | $\phi$150 | 个 | 2 |
| 13 | ○ | 10kV接地变压器二次电缆孔洞 | $\phi$100 | 个 | 3 |
| 14 | ○ | 10kV接地变压器备用一次电缆孔洞 | $\phi$150 | 个 | 4 |
| 15 | ○ | 10kV接地变压器备用二次电缆孔洞 | $\phi$100 | 个 | 6 |

| 序号 | 图例 | 名称 | 型号及规范 | 单位 | 数量 |
|---|---|---|---|---|---|
| 16 | | 电缆竖井孔洞 | 1000×400 | 个 | 2 |
| 17 | | 电缆竖井孔洞 | 400×250 | 个 | 2 |
| 18 | | 电缆竖井备用孔洞 | 400×250 | 个 | 4 |
| 19 | | 主变压器电力电缆孔洞 | 400×400 | 个 | 3 |
| 20 | | 主变压器备用电力电缆孔洞 | 400×400 | 个 | 6 |
| 21 | | 检修箱、智能终端柜、<br>油色谱柜电缆孔洞 | 400×300 | 个 | 3 |

**图 10.2.1-19　HA-110-A2-3　一层电缆防火布置图**

### 10.2.2　电气二次部分

电气二次部分主要图纸见表 10.2.2−1。

**表 10.2.2−1　　　　　　　　电气二次部分主要图纸**

| 图号 | 图名 |
|---|---|
| 图 10.2.2−01 | HA−110−A2−3　系统继电保护配置图 |
| 图 10.2.2−02 | HA−110−A2−3　变电站计算机监控系统图 |
| 图 10.2.2−03 | HA−110−A2−3　全站过程层网络结构示意图 |
| 图 10.2.2−04 | HA−110−A2−3　主变压器保护配置图 |
| 图 10.2.2−05 | HA−110−A2−3　主变压器过程层 SV 信息逻辑图 |
| 图 10.2.2−06 | HA−110−A2−3　主变压器过程层 GOOSE 信息逻辑图 |
| 图 10.2.2−07 | HA−110−A2−3　110kV 线路过程层 SV 及 GOOSE 信息逻辑图 |
| 图 10.2.2−08 | HA−110−A2−3　110kV 分段过程层 SV 及 GOOSE 信息逻辑图 |

续表

| 图号 | 图名 |
|---|---|
| 图 10.2.2−09 | HA−110−A2−3　110kV 母线过程层 SV 及 GOOSE 信息逻辑图 |
| 图 10.2.2−10 | HA−110−A2−3　辅助设备智能监控系统结构图 |
| 图 10.2.2−11 | HA−110−A2−3　交直流一体化电源系统接线图（方案一） |
| 图 10.2.2−12 | HA−110−A2−3　并联型直流电源系统接线图（方案二） |
| 图 10.2.2−13 | HA−110−A2−3　第一组并联直流电源系统图（方案二） |
| 图 10.2.2−14 | HA−110−A2−3　第二组并联直流电源系统图（方案二） |
| 图 10.2.2−15 | HA−110−A2−3　第三组并联直流电源系统图（方案二） |
| 图 10.2.2−16 | HA−110−A2−3　110kV GIS 智能控制柜布置图 |
| 图 10.2.2−17 | HA−110−A2−3　二次设备室屏位布置图（方案一） |
| 图 10.2.2−18 | HA−110−A2−3　二次设备室屏位布置图（方案二） |

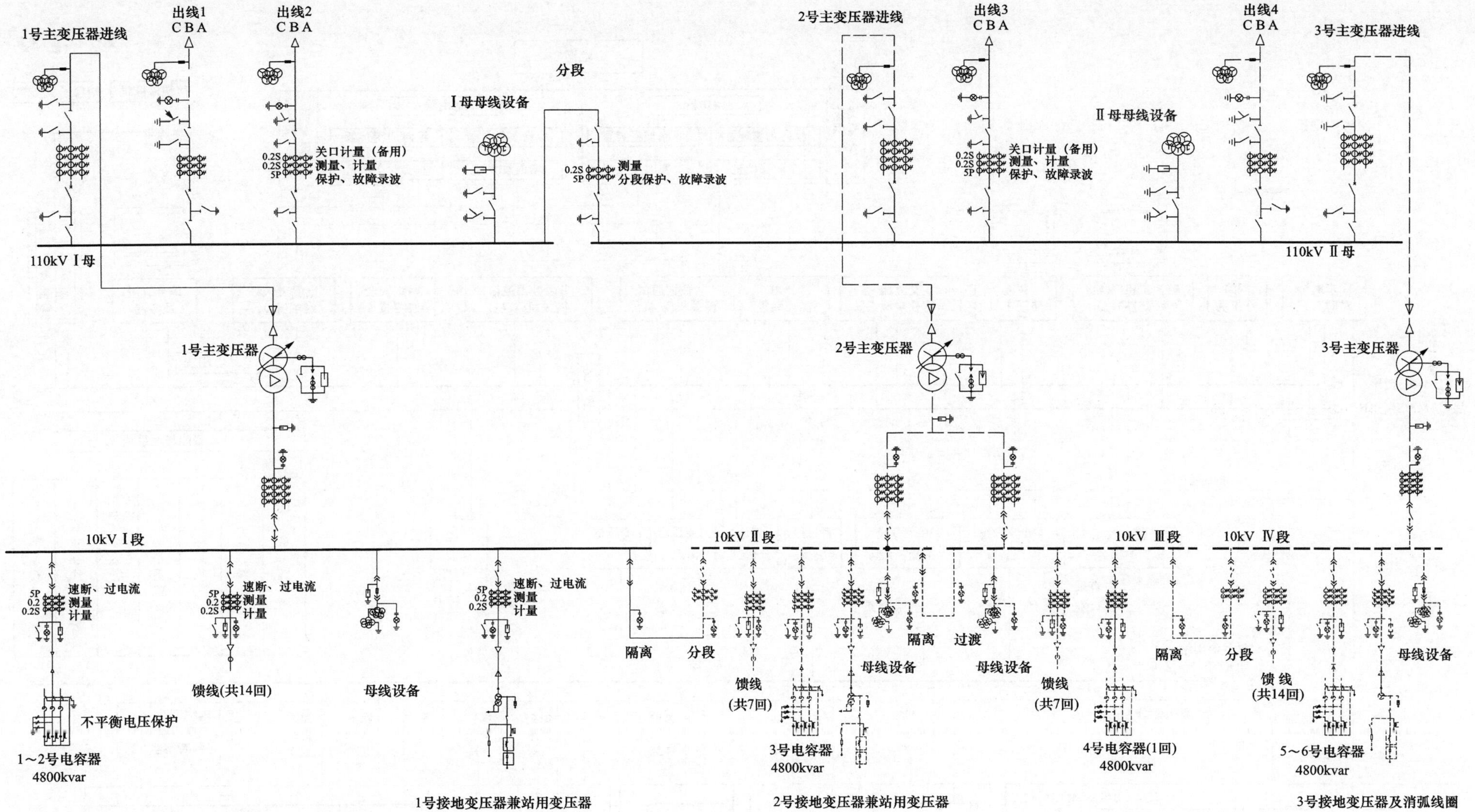


说明：1. 实线部分为本期工程，虚线部分为预留工程。

2. 主变压器终期 3 台。本期上 1 号主变压器。

3. 110kV 远期出线 4 回，本期 2 回；10kV 远期出线 42 回，本期 14 回。

4. 110kV 终期为单母线分段接线，本期为单母线分段接线。

5. 10kV 终期为单母四分段接线，本期采用单母线接线。

6. 图中 110kV 线路间隔靠近线路侧 0.2S 级 TA 绕组为关口计量备用绕组，只用于模拟量接入的关口表计量用，不接入合并单元。

**图 10.2.2-01　HA-110-A2-3　系统继电保护配置图**

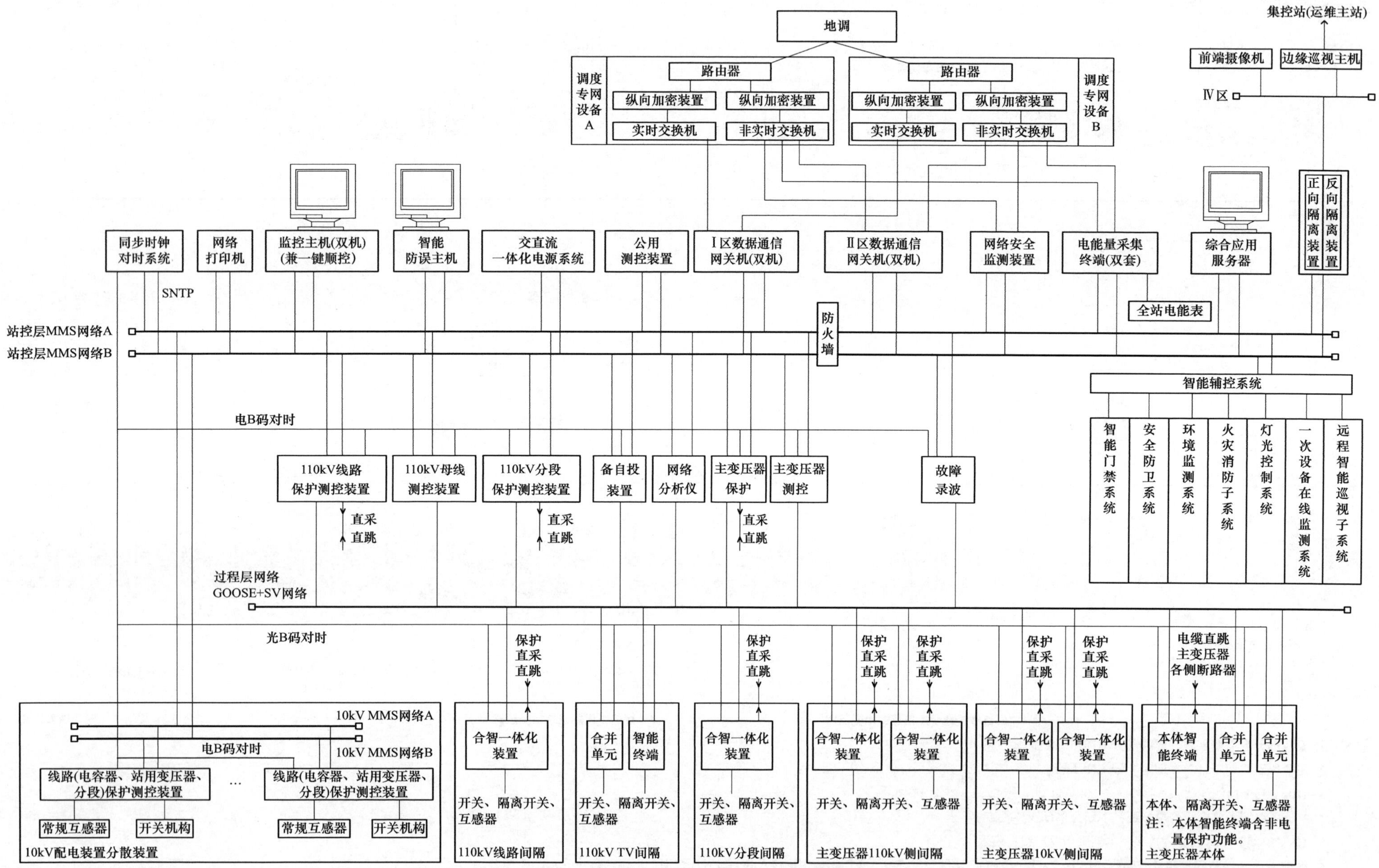


图 10.2.2-02　HA-110-A2-3　变电站计算机监控系统图

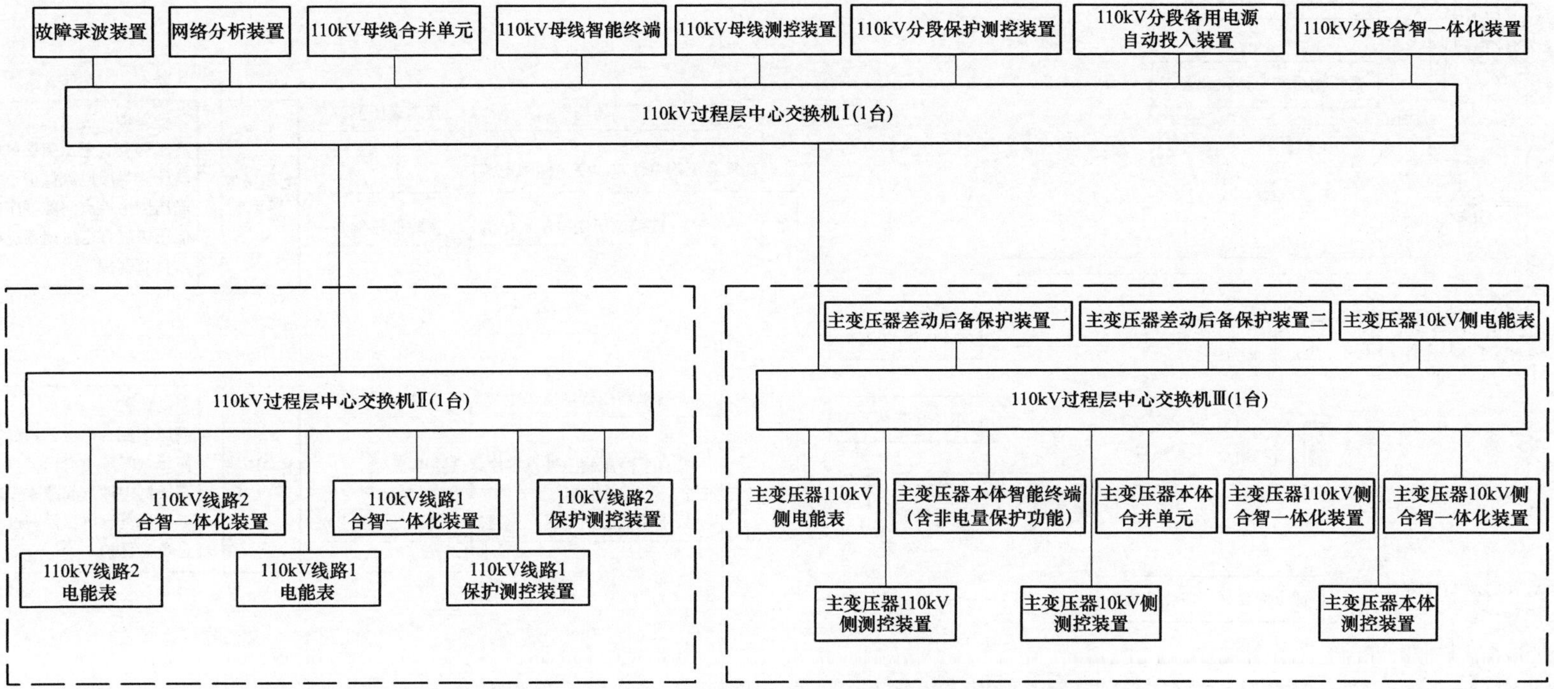


**图 10.2.2-03　HA-110-A2-3　全站过程层网络结构示意图**

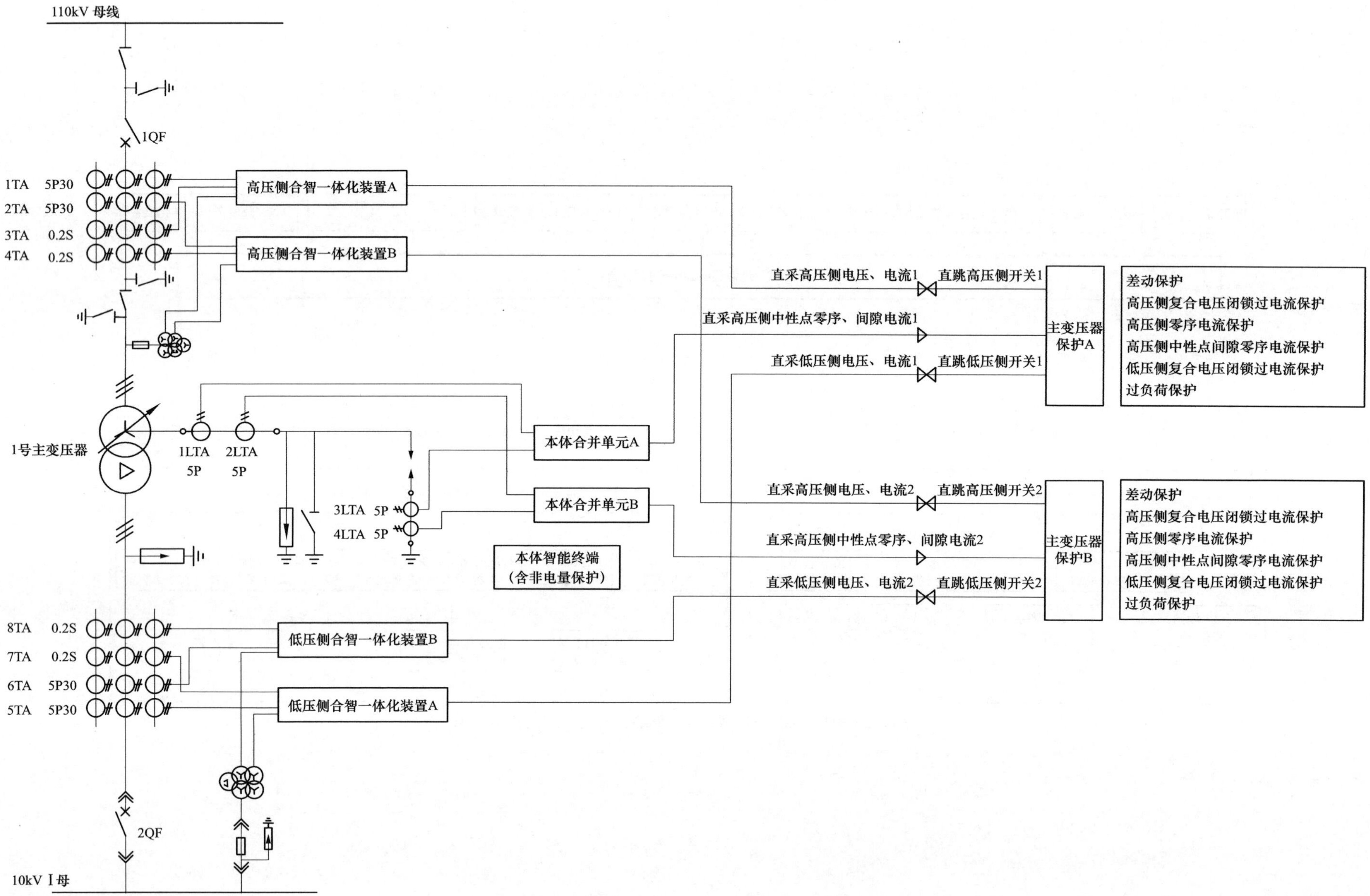


图 10.2.2-04　HA-110-A2-3　主变压器保护配置图

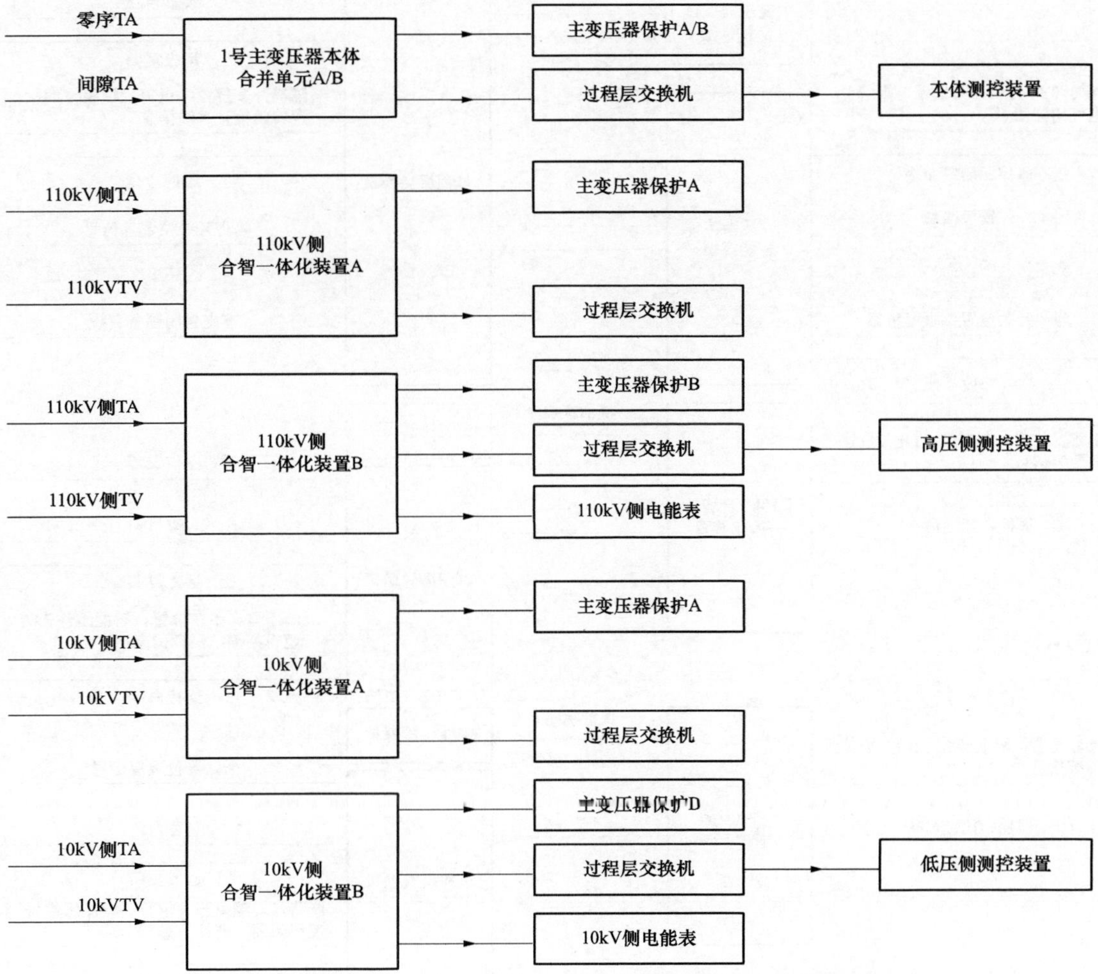


**图 10.2.2-05　HA-110-A2-3　主变压器过程层 SV 信息逻辑图**

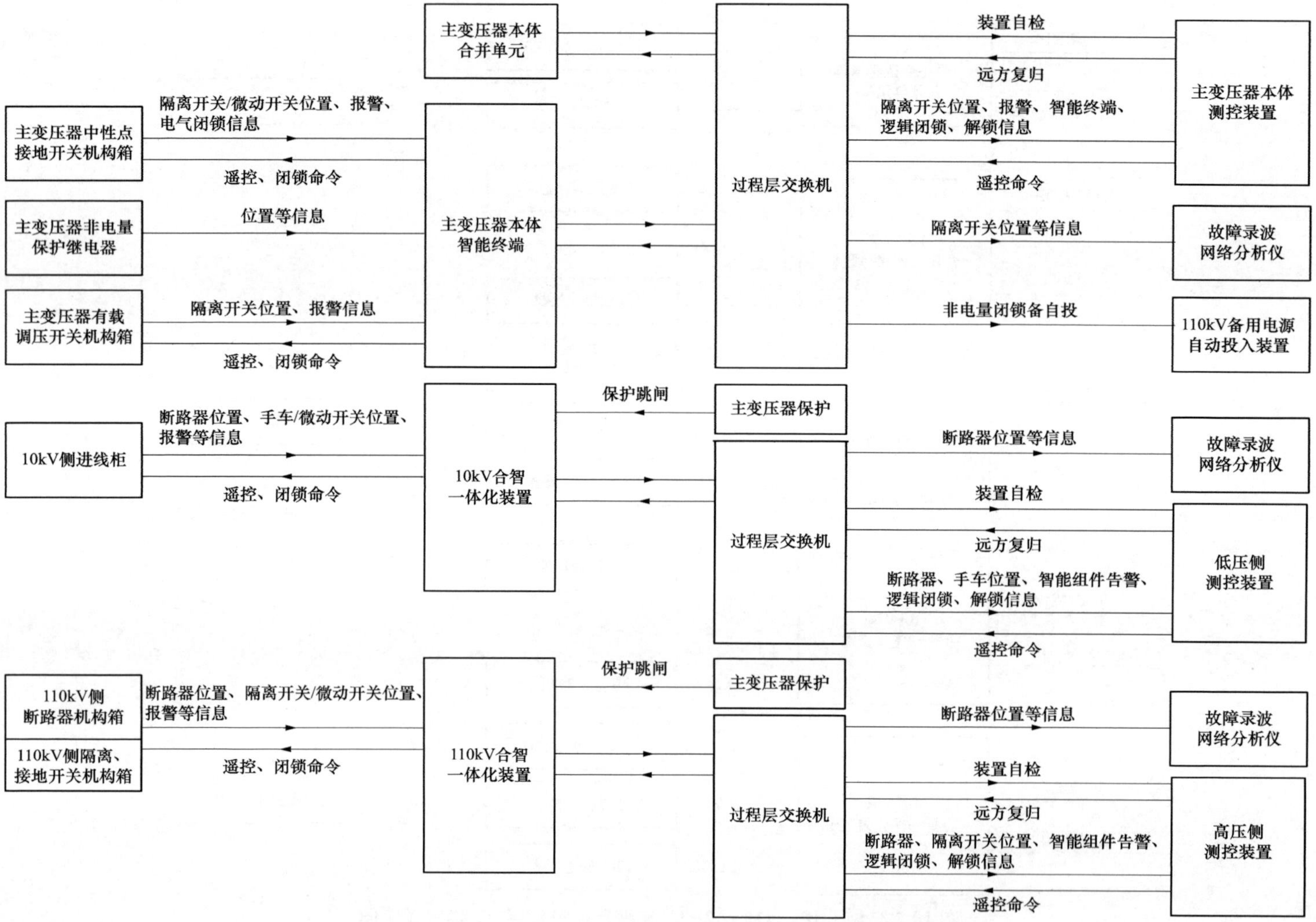


**图 10.2.2-06　HA-110-A2-3　主变压器过程层 GOOSE 信息逻辑图**

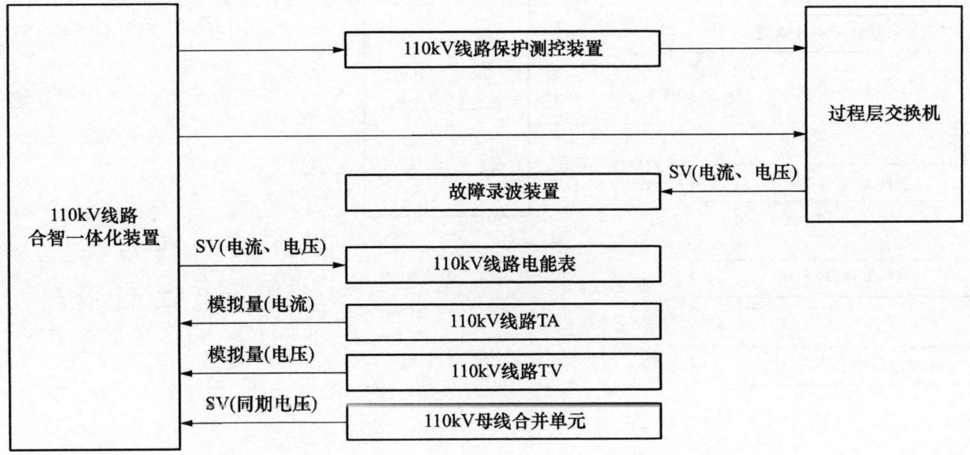


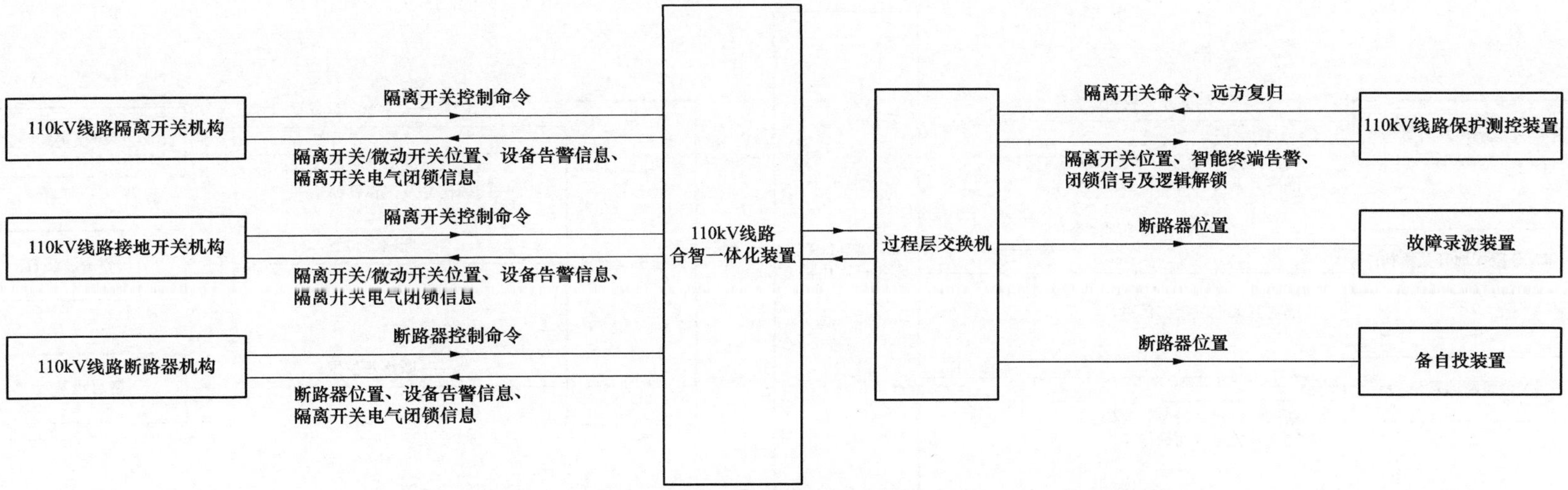


图 10.2.2-07　HA-110-A2-3　110kV 线路过程层 SV 及 GOOSE 信息逻辑图

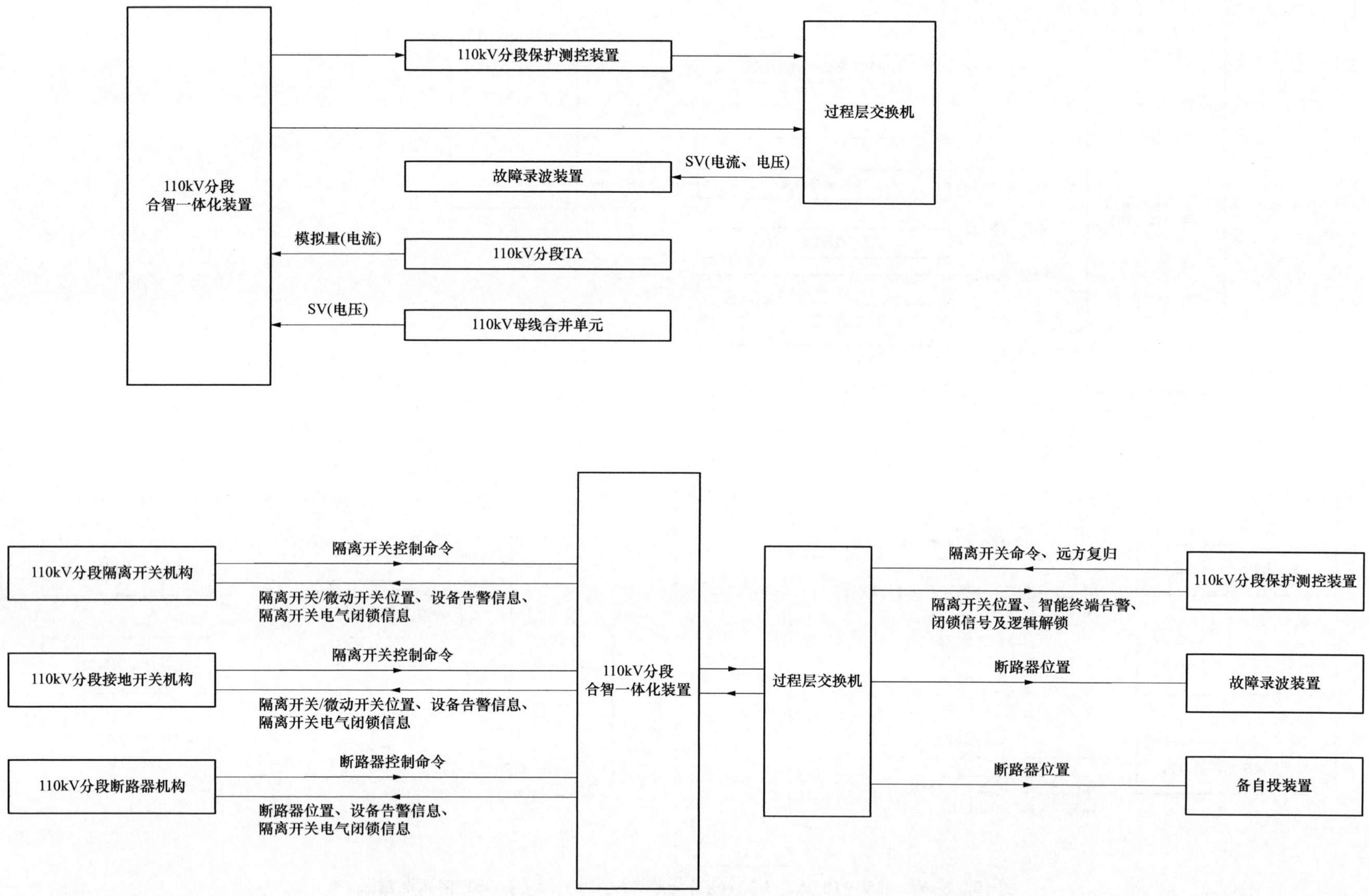


图 10.2.2-08　HA-110-A2-3　110kV 分段过程层 SV 及 GOOSE 信息逻辑图

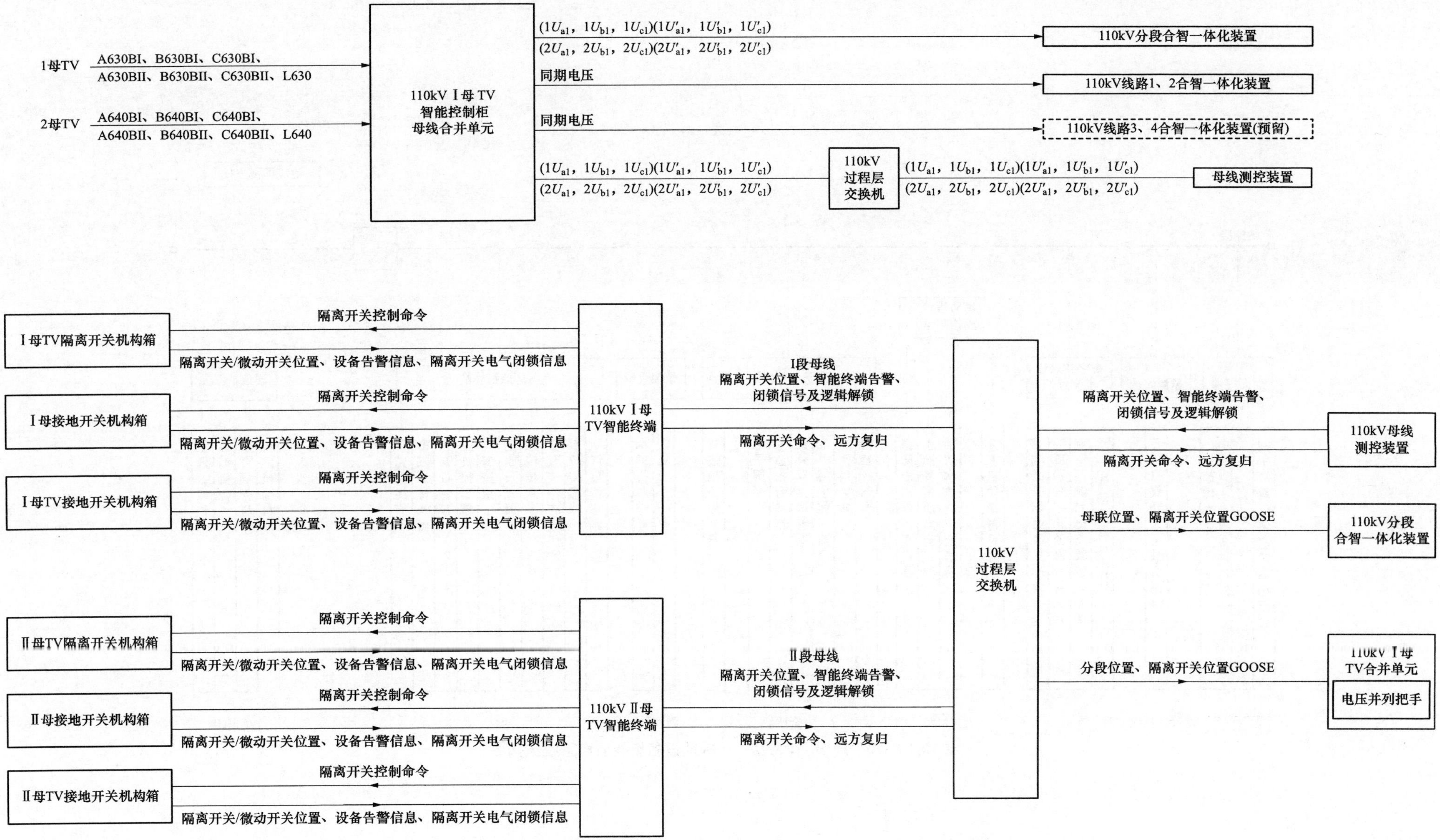


**图 10.2.2-09　HA-110-A2-3　110kV 母线过程层 SV 及 GOOSE 信息逻辑图**

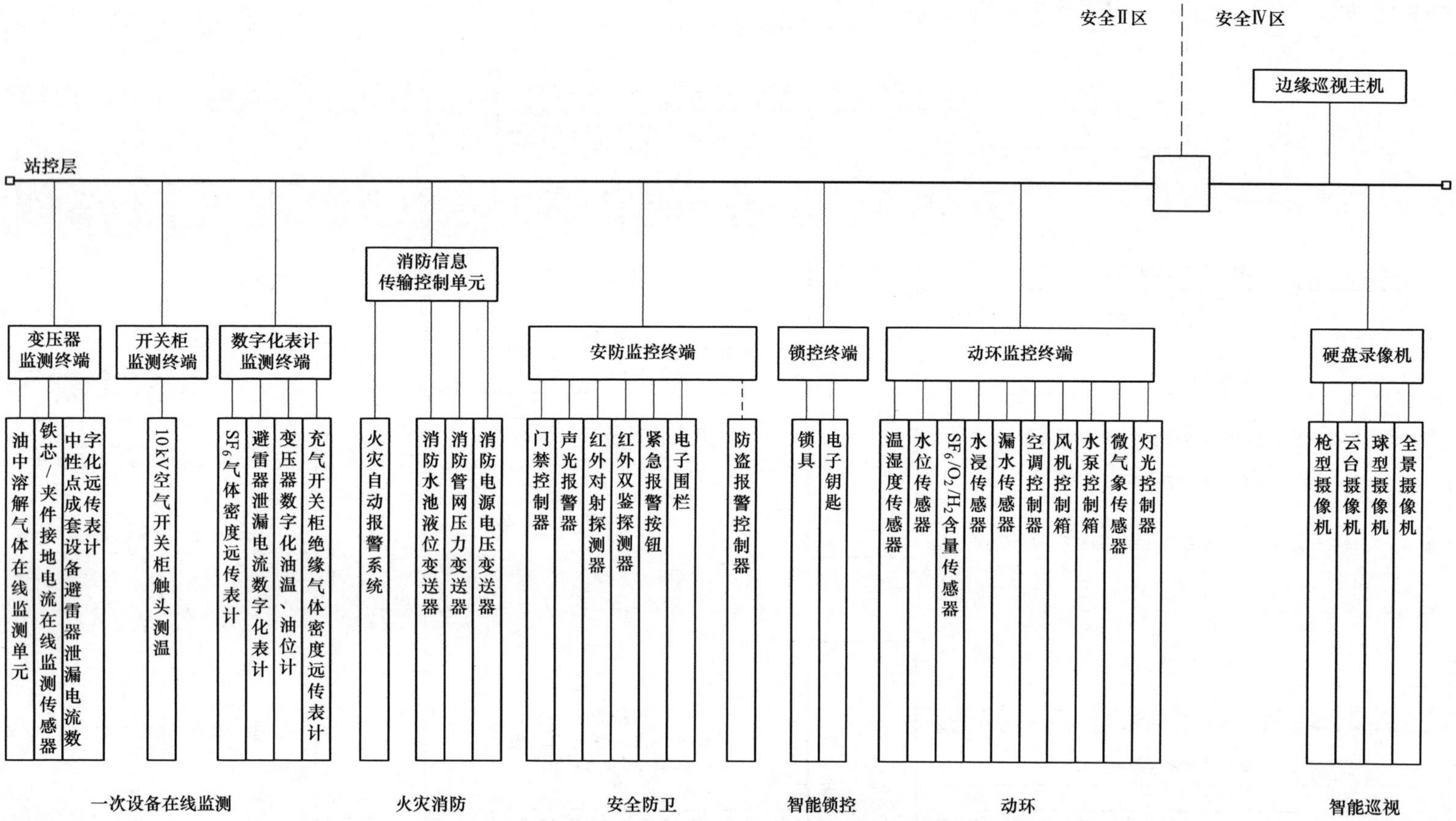


图 10.2.2-10　HA-110-A2-3　辅助设备智能监控系统结构图

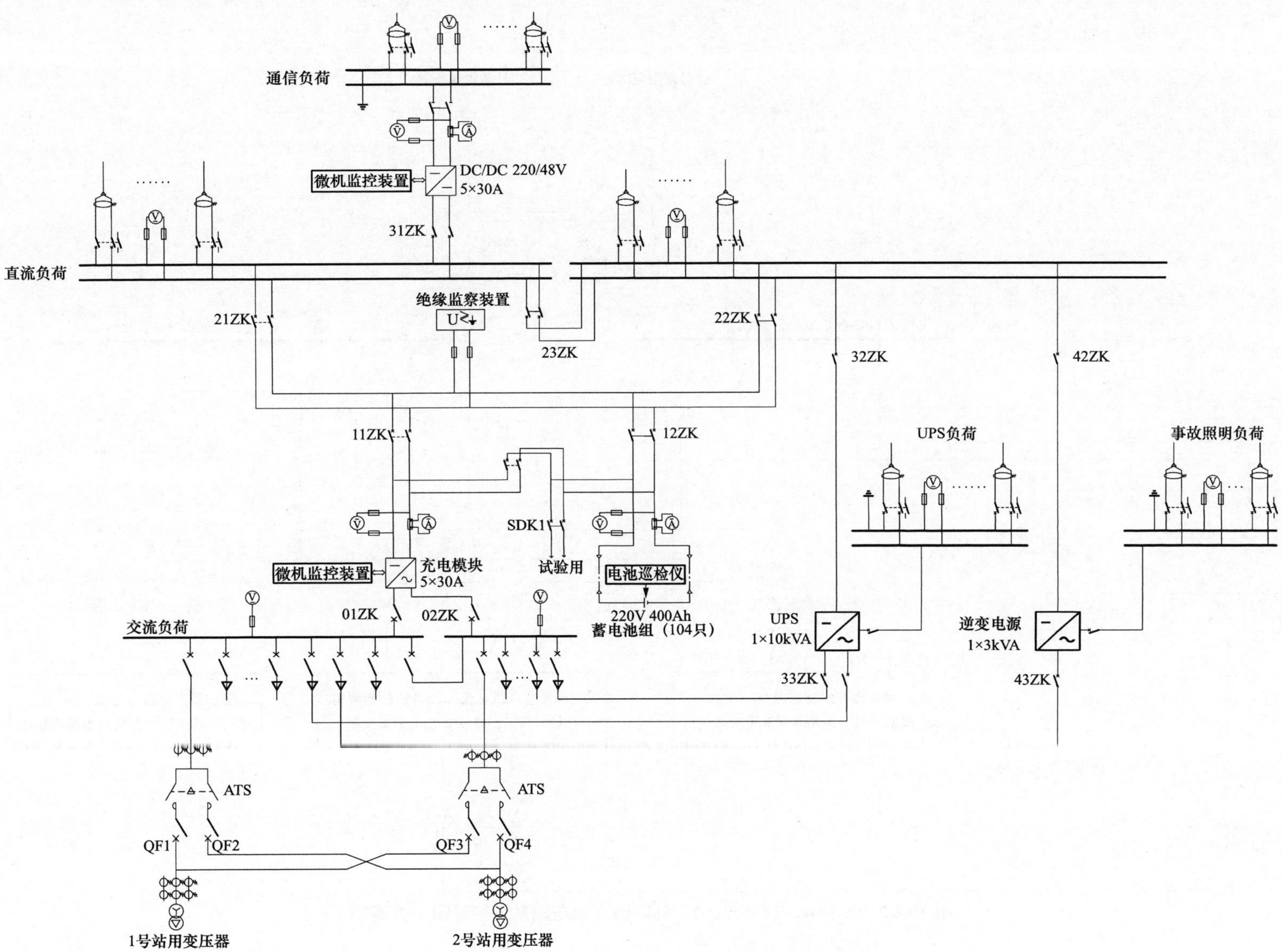


**图 10.2.2-11　HA-110-A2-3　交直流一体化电源系统接线图（方案一）**

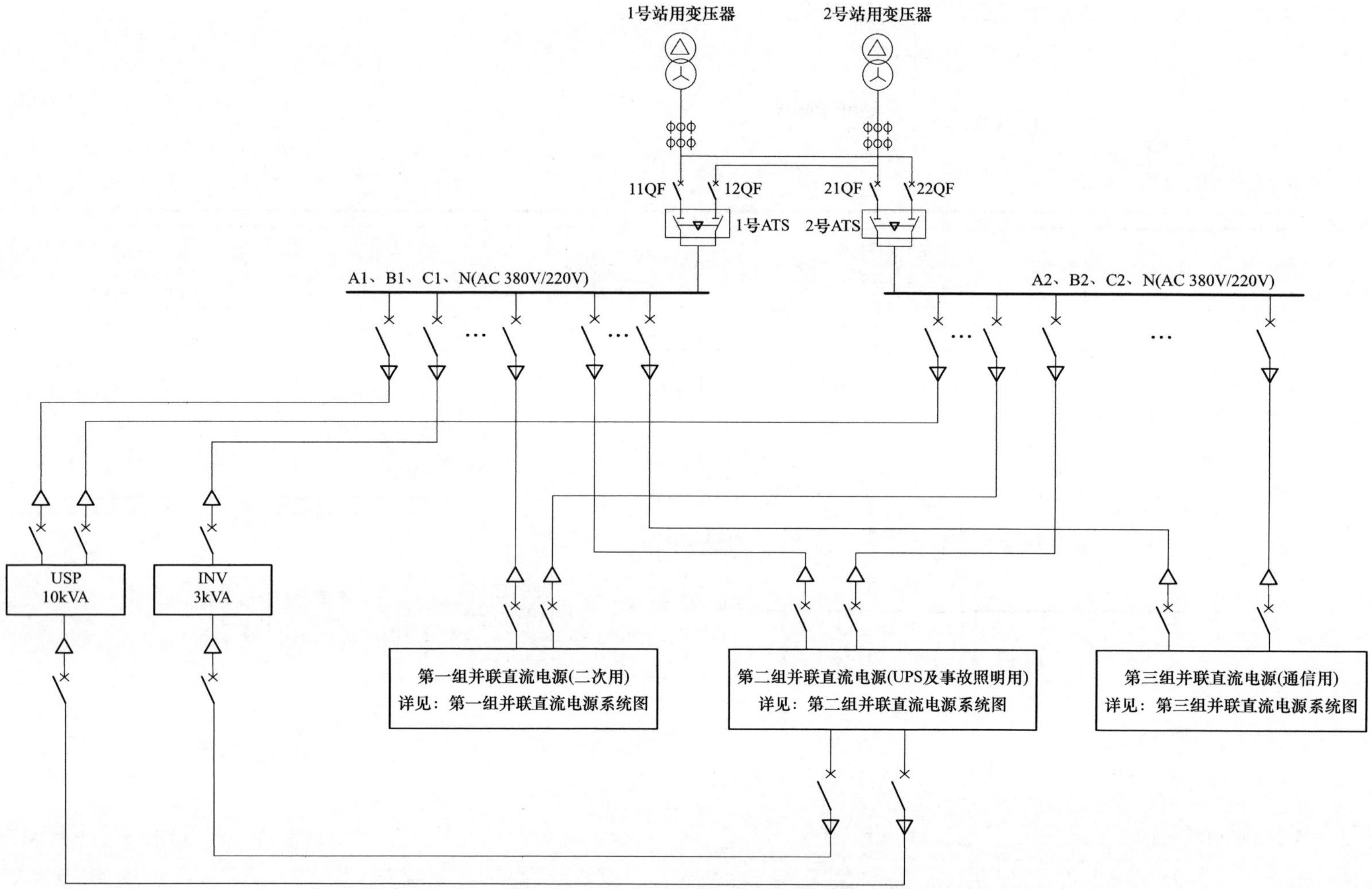


图 10.2.2-12　HA-110-A2-3　并联型直流电源系统接线图（方案二）

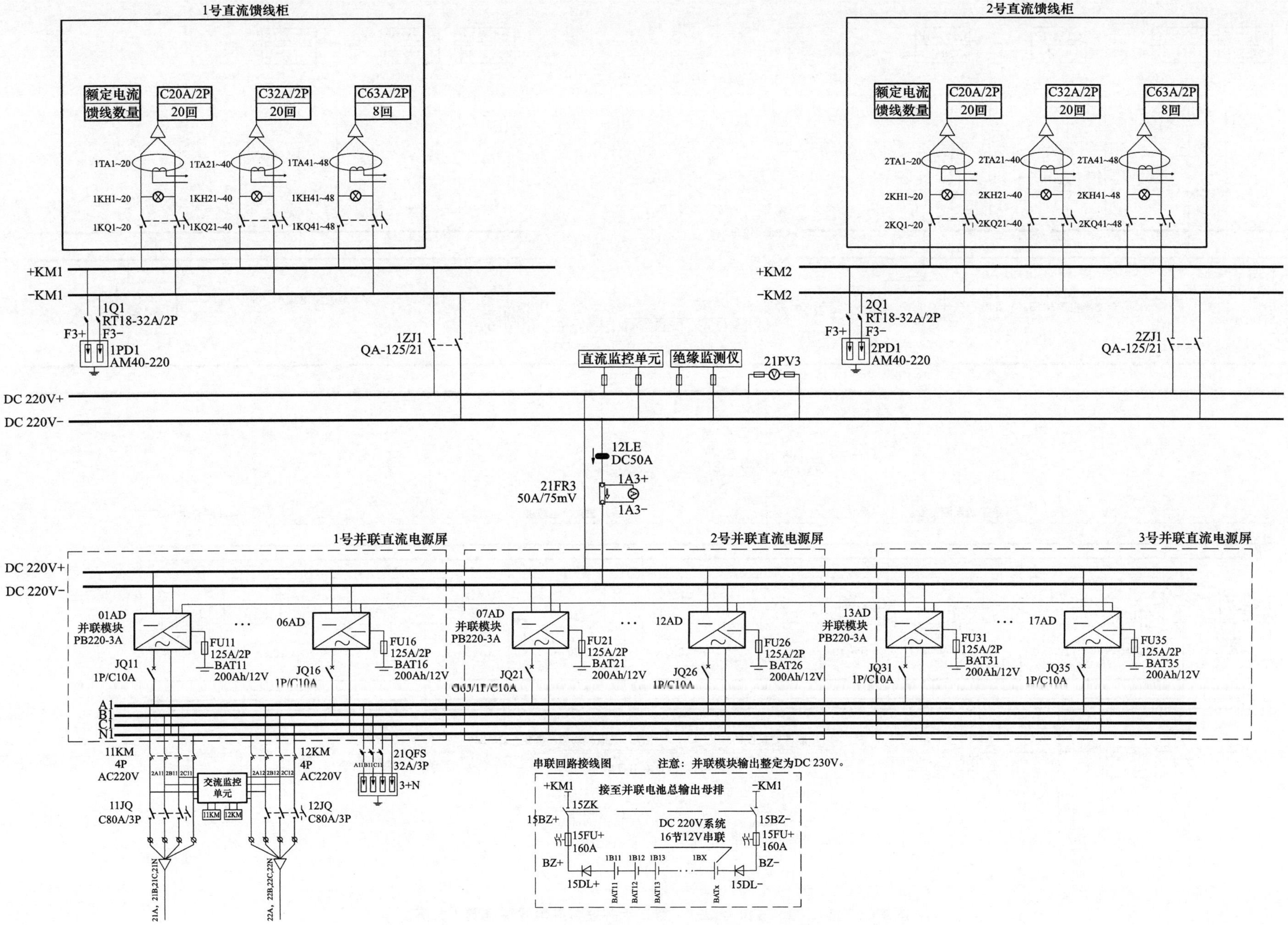


**图 10.2.2-13　HA-110-A2-3　第一组并联直流电源系统图（方案二）**

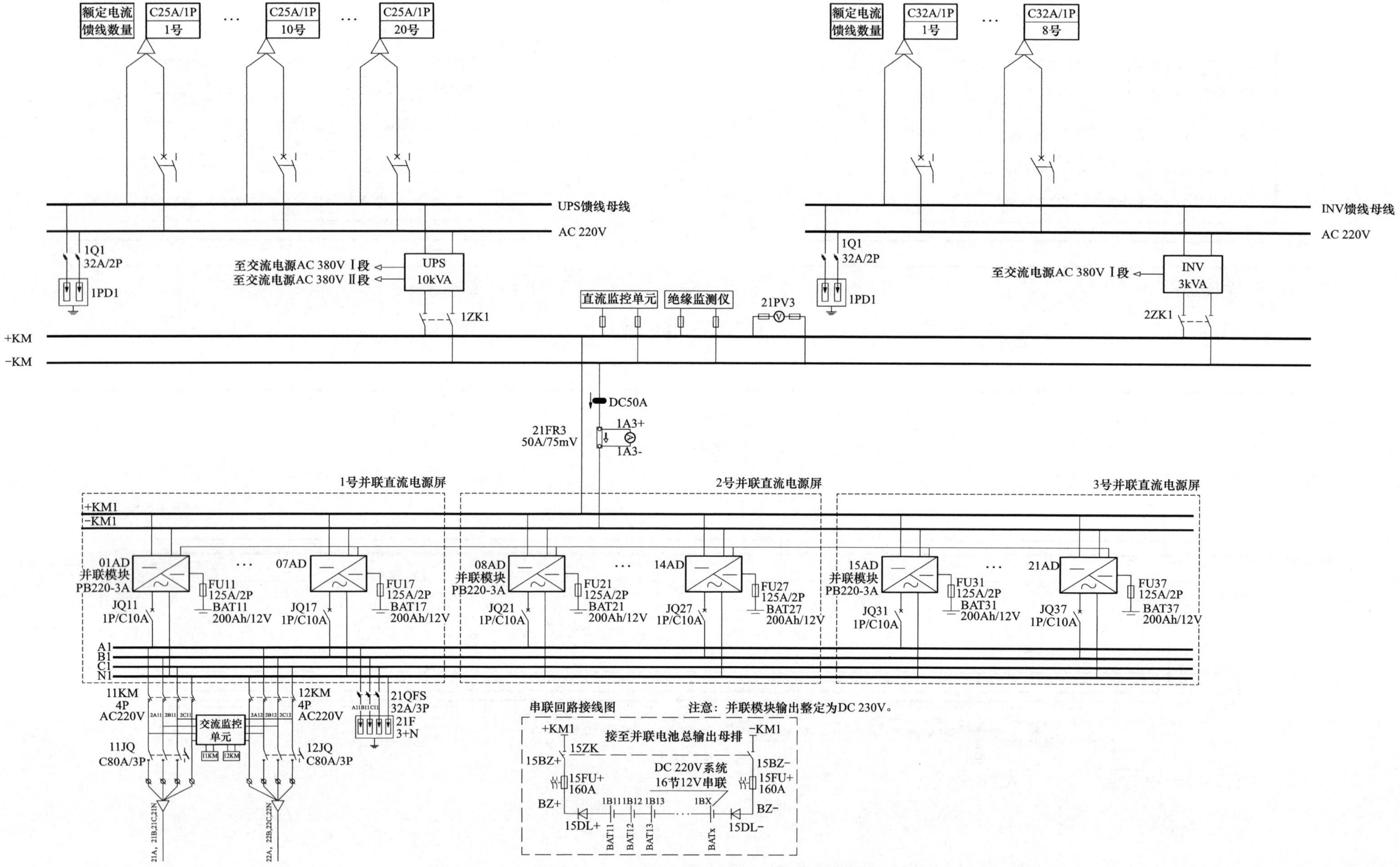

图 10.2.2-14　HA-110-A2-3　第二组并联直流电源系统图（方案二）

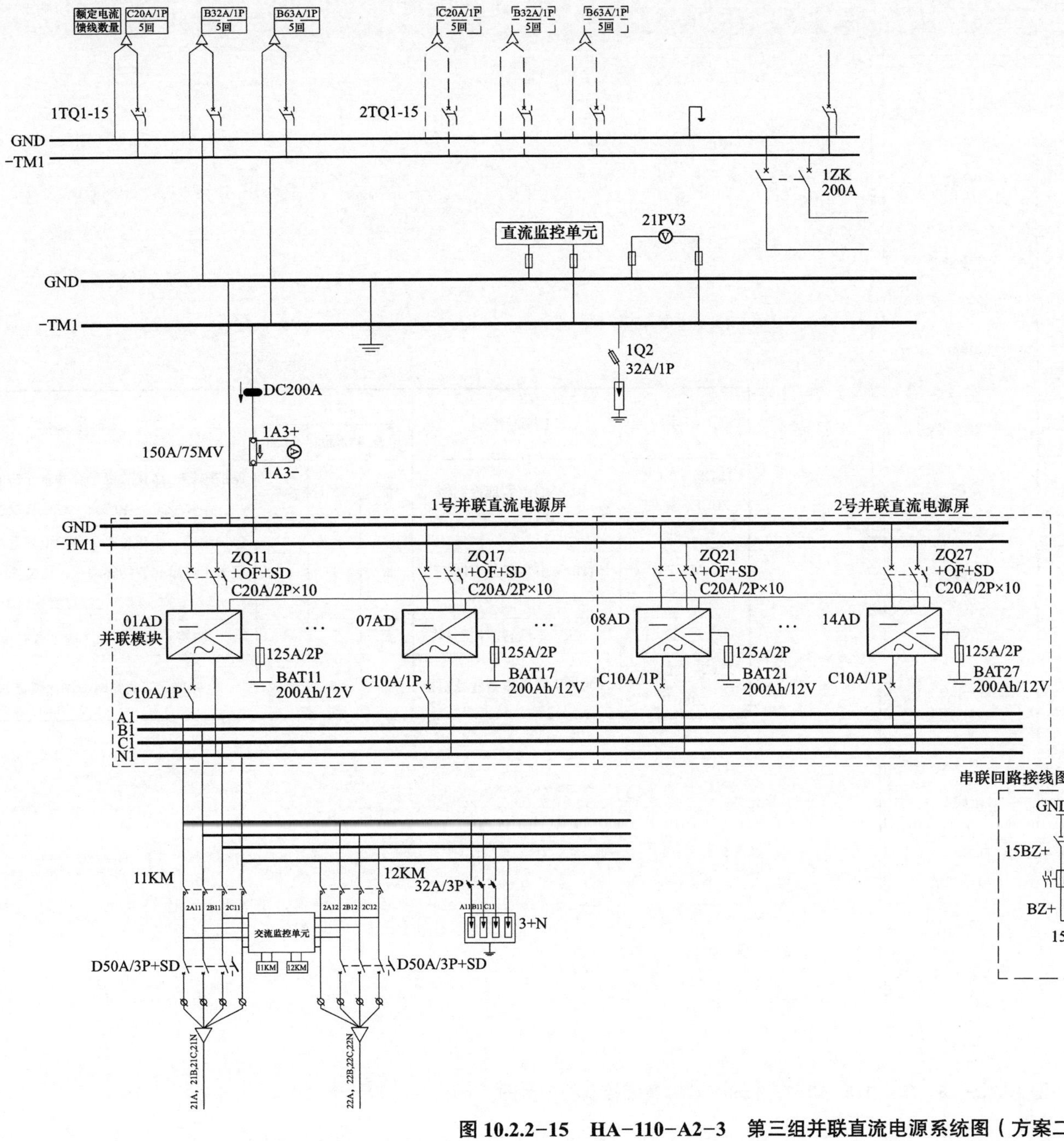


说明：2 号并联直流电源屏及相关馈线为远期预留。

串联回路接线图　注意：48V系统整定为DC 53.5V，模块均充电压整定为14.1V。

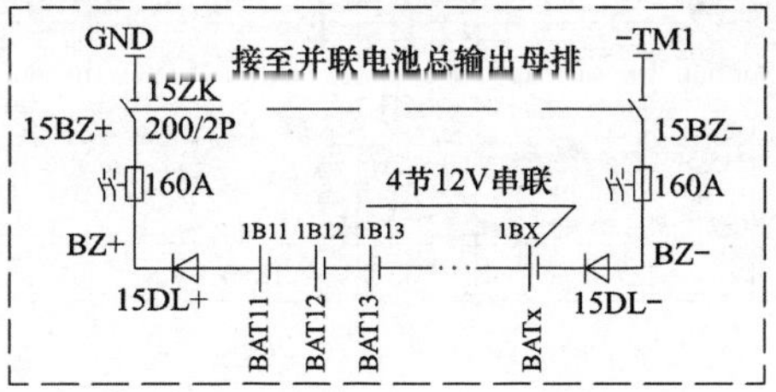


**图 10.2.2-15　HA-110-A2-3　第三组并联直流电源系统图（方案二）**

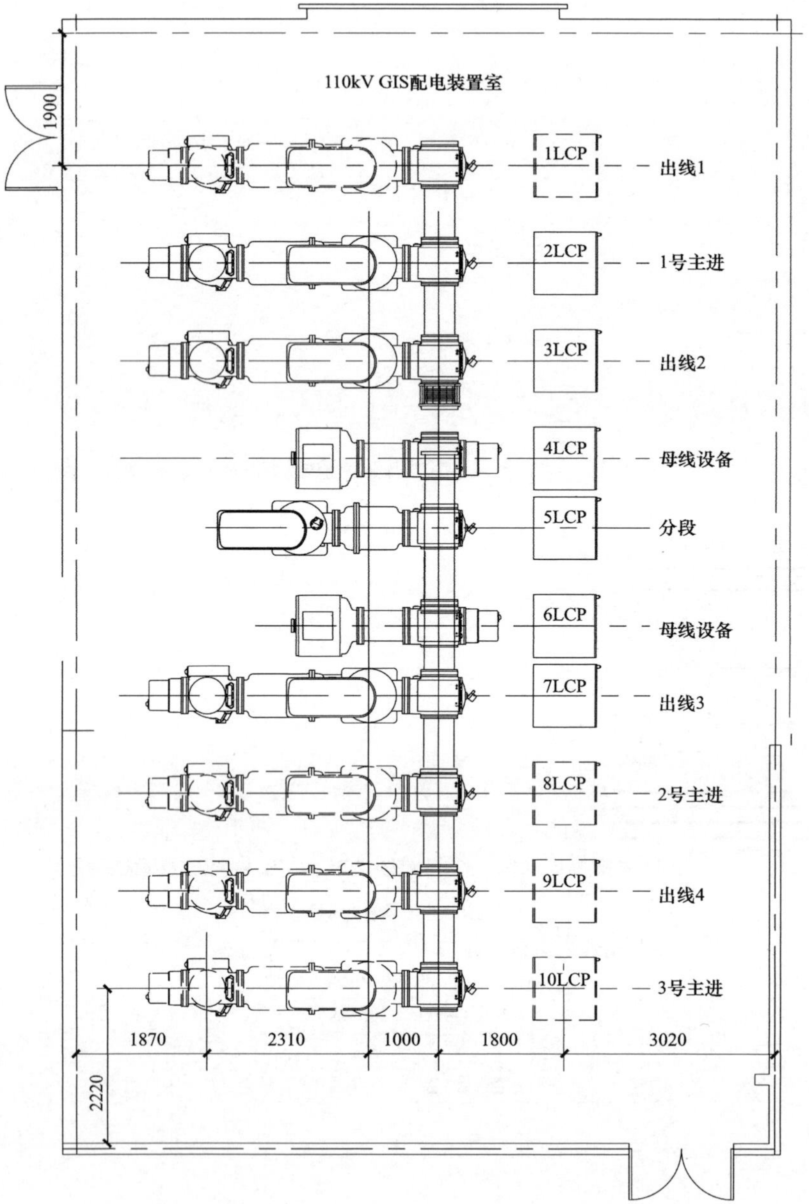


| 柜号 | 汇控柜名称 | 数量 | | | 备注 |
|---|---|---|---|---|---|
| | | 单位 | 本期 | 远期 | |
| 1LCP、3LCP、7LCP、9LCP | 110kV 线路智能控制柜 | 面 | 2 | 4 | 保护测控一体化装置＋合并单元智能终端一体化装置＋电能表＋过程层交换机 |
| 5LCP | 110kV 分段智能控制柜 | 面 | 1 | 1 | 保护测控一体化装置＋备用电源自动投入装置＋合并单元智能终端一体化装置＋间隔层交换机＋过程层交换机 |
| 4LCP、6LCP | 110kV 母线智能控制柜 | 面 | 2 | 2 | 测控装置＋智能终端＋合并单元 |
| 2LCP、8LCP、10LCP | 110kV 主变压器智能控制柜 | 面 | 1 | 3 | 合并单元智能终端一体化装置 A、B |

**图 10.2.2-16　HA-110-A2-3　110kV GIS 智能控制柜布置图**

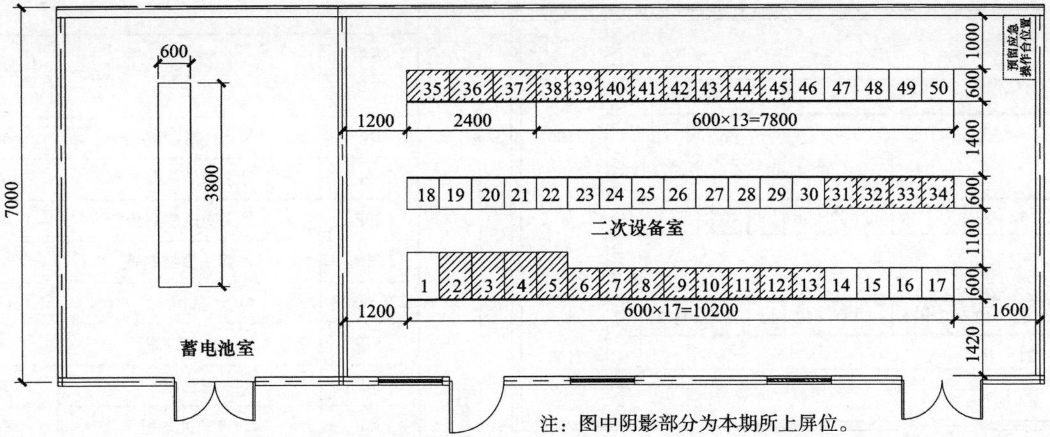


注：图中阴影部分为本期所上屏位。

**设 备 表**

| 屏号 | 名称 | 型式 | 数量 | 备注 |
|---|---|---|---|---|
| 二次设备间 | | | | |
| 1P | 备用 | 600×900×2260（$W×D×H$） | 1 | |
| 2P | 监控主机柜 | 600×900×2260（$W×D×H$） | 1 | |
| 3P | 综合应用服务器柜 | 600×900×2260（$W×D×H$） | 1 | |
| 4P | 智能防误主机柜 | 600×900×2260（$W×D×H$） | 1 | |
| 5P | 边缘巡视主机柜 | 600×900×2260（$W×D×H$） | 1 | |
| 6P | Ⅰ区数据通信网关机柜 | 600×600×2260（$W×D×H$） | 1 | |
| 7P | Ⅱ区数据通信网关机柜 | 600×600×2260（$W×D×H$） | 1 | |
| 8P～9P | 公用设备柜 | 600×600×2260（$W×D×H$） | 2 | |
| 10P | 调度数据网络设备柜 | 600×600×2260（$W×D×H$） | 1 | |
| 11P | 时间同步系统柜 | 600×600×2260（$W×D×H$） | 1 | |
| 12P | 1号主变压器保护柜 | 600×600×2260（$W×D×H$） | 1 | |
| 13P | 1号主变压器测控柜 | 600×600×2260（$W×D×H$） | 1 | |
| 14P | 2号主变压器保护柜 | 600×600×2260（$W×D×H$） | 1 | 预留 |
| 15P | 2号主变压器测控柜 | 600×600×2260（$W×D×H$） | 1 | 预留 |
| 16P | 3号主变压器保护柜 | 600×600×2260（$W×D×H$） | 1 | 预留 |
| 17P | 3号主变压器测控柜 | 600×600×2260（$W×D×H$） | 1 | 预留 |
| 18P～24P | 备用 | 600×600×2260（$W×D×H$） | 7 | |
| 25P | 配自 OLT 柜 | 600×600×2260（$W×D×H$） | 1 | 预留 |
| 26P | 通信柜 | 600×600×2260（$W×D×H$） | 1 | 预留 |
| 27P | OTN 设备柜 | 600×600×2260（$W×D×H$） | 1 | 预留 |

续表

| 屏号 | 名称 | 型式 | 数量 | 备注 |
|---|---|---|---|---|
| 二次设备间 | | | | |
| 28P | OTN 设备柜 | 600×600×2260（$W×D×H$） | 1 | 预留 |
| 29P | 光配扩容柜 | 600×600×2260（$W×D×H$） | 1 | 预留 |
| 30P | 数配扩容柜 | 600×600×2260（$W×D×H$） | 1 | 预留 |
| 31P | SDH 设备和 DDF 柜 | 600×600×2260（$W×D×H$） | 1 | |
| 32P | PTN 设备柜 | 600×600×2260（$W×D×H$） | 1 | |
| 33P | IAD 柜 | 600×600×2260（$W×D×H$） | 1 | |
| 34P | ODF 柜 | 600×600×2260（$W×D×H$） | 1 | |
| 35P | 2号交流进线柜 | 800×600×2260（$W×D×H$） | 1 | |
| 36P | 交流馈电柜 | 800×600×2260（$W×D×H$） | 1 | |
| 37P | 1号交流进线柜 | 800×600×2260（$W×D×H$） | 1 | |
| 38P | UPS 电源屏 | 600×600×2260（$W×D×H$） | 1 | |
| 39P | 1号直流馈电柜 | 600×600×2260（$W×D×H$） | 1 | |
| 40P | 直流充电柜 | 600×600×2260（$W×D×H$） | 1 | |
| 41P | 2号直流馈电柜 | 600×600×2260（$W×D×H$） | 1 | |
| 42P | 通信电源柜 | 600×600×2260（$W×D×H$） | 1 | |
| 43P | 电能表及电量采集柜 | 600×600×2260（$W×D×H$） | 1 | |
| 44P | 故障录波及网络记录分析柜 | 600×600×2260（$W×D×H$） | | |
| 45P | 消弧线圈控制柜 | 600×600×2260（$W×D×H$） | 1 | |
| 46P | 消弧线圈控制柜 | 600×600×2260（$W×D×H$） | 1 | 预留 |
| 47P～50P | 备用 | 600×600×2260（$W×D×H$） | 4 | |

**图 10.2.2-17　HA-110-A2-3　二次设备室屏位布置图（方案一）**

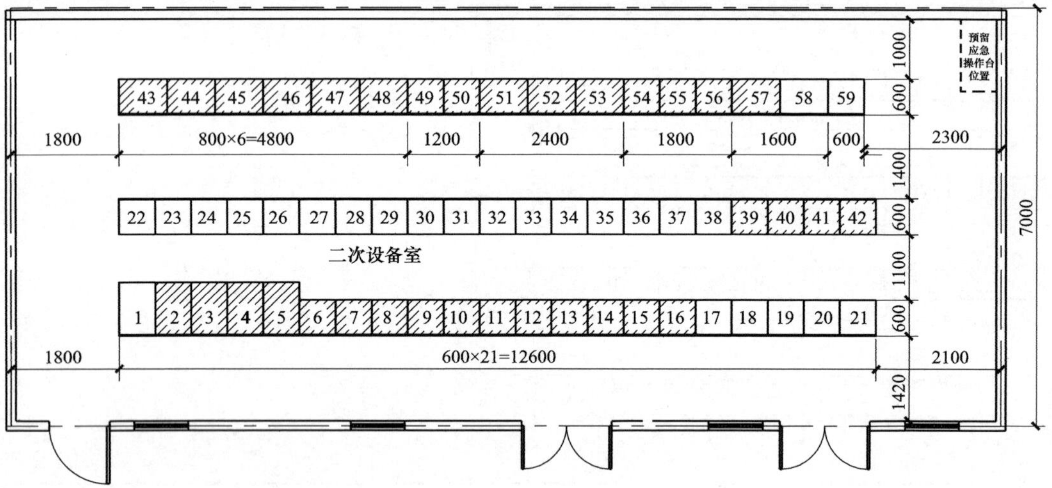


注：图中阴影部分为本期所上屏位。

设 备 表

| 屏号 | 名称 | 型式 | 数量 | 备注 |
|---|---|---|---|---|
| 二次设备间 | | | | |
| 1P | 备用 | 600×900×2260（$W×D×H$） | 1 | |
| 2P | 监控主机及数据服务器柜 | 600×900×2260（$W×D×H$） | 1 | |
| 3P | 综合应用服务器柜 | 600×900×2260（$W×D×H$） | 1 | |
| 4P | 智能防误主机柜 | 600×900×2260（$W×D×H$） | 1 | |
| 5P | 边缘巡视主机柜 | 600×900×2260（$W×D×H$） | 1 | |
| 6P | Ⅰ区数据通信网关机柜 | 600×600×2260（$W×D×H$） | 1 | |
| 7P | Ⅱ区数据通信网关机柜 | 600×600×2260（$W×D×H$） | 1 | |
| 8P | 公用设备柜 | 600×600×2260（$W×D×H$） | 1 | |
| 9P～10P | 调度数据网络设备柜 | 600×600×2260（$W×D×H$） | 2 | |
| 11P | 时间同步系统柜 | 600×600×2260（$W×D×H$） | 1 | |
| 12P | 故障录波及网络记录分析柜 | 600×600×2260（$W×D×H$） | 1 | |
| 13P | 消弧线圈控制柜 | 600×600×2260（$W×D×H$） | 1 | |
| 14P | 电能表及电量采集柜 | 600×600×2260（$W×D×H$） | 1 | |
| 15P | 1号主变压器保护柜 | 600×600×2260（$W×D×H$） | 1 | |
| 16P | 1号主变压器测控柜 | 600×600×2260（$W×D×H$） | 1 | |
| 17P | 2号主变压器保护柜 | 600×600×2260（$W×D×H$） | 1 | 预留 |

续表

| 屏号 | 名称 | 型式 | 数量 | 备注 |
|---|---|---|---|---|
| 二次设备间 | | | | |
| 18P | 2号主变压器测控柜 | 600×600×2260（$W×D×H$） | 1 | 预留 |
| 19P | 3号主变压器保护柜 | 600×600×2260（$W×D×H$） | 1 | 预留 |
| 20P | 3号主变压器测控柜 | 600×600×2260（$W×D×H$） | 1 | 预留 |
| 21P | 消弧线圈控制柜 | 600×600×2260（$W×D×H$） | 1 | 预留 |
| 22P～32P | 备用 | 600×600×2260（$W×D×H$） | 11 | |
| 33P | 配自OLT柜 | 600×600×2260（$W×D×H$） | 1 | 预留 |
| 34P | 通信柜 | 600×600×2260（$W×D×H$） | 1 | 预留 |
| 35P | OTN设备柜 | 600×600×2260（$W×D×H$） | 1 | 预留 |
| 36P | OTN设备柜 | 600×600×2260（$W×D×H$） | 1 | 预留 |
| 37P | 光配扩容柜 | 600×600×2260（$W×D×H$） | 1 | 预留 |
| 38P | 数配扩容柜 | 600×600×2260（$W×D×H$） | 1 | 预留 |
| 39P | SDH设备和DDF柜 | 600×600×2260（$W×D×H$） | 1 | |
| 40P | PTN设备柜 | 600×600×2260（$W×D×H$） | 1 | |
| 41P | IAD柜 | 600×600×2260（$W×D×H$） | 1 | |
| 42P | ODF柜 | 600×600×2260（$W×D×H$） | 1 | |
| 43P | 2号交流进线柜 | 800×600×2260（$W×D×H$） | 1 | |
| 44P | 交流馈电柜 | 800×600×2260（$W×D×H$） | 1 | |
| 45P | 1号交流进线柜 | 800×600×2260（$W×D×H$） | 1 | |
| 46P～48P | 第一组并联直流电源柜 | 800×600×2260（$W×D×H$） | 3 | |
| 49P | 1号直流馈电柜 | 600×600×2260（$W×D×H$） | 1 | |
| 50P | 2号直流馈电柜 | 600×600×2260（$W×D×H$） | 1 | |
| 51P～53P | 第二组并联直流电源柜 | 800×600×2260（$W×D×H$） | 3 | |
| 54P | UPS电源屏 | 600×600×2260（$W×D×H$） | 1 | |
| 55P | 事故照明电源屏 | 600×600×2260（$W×D×H$） | 1 | |
| 56P | 通信馈电柜 | 600×600×2260（$W×D×H$） | 1 | |
| 57P | 第三组并联直流电源柜 | 800×600×2260（$W×D×H$） | 1 | |
| 58P | 第三组并联直流电源柜 | 800×600×2260（$W×D×H$） | 1 | 预留 |
| 59P | 备用 | 600×600×2260（$W×D×H$） | 1 | |

**图 10.2.2-18　HA-110-A2-3　二次设备室屏位布置图（方案二）**

### 10.2.3 土建部分

土建部分主要图纸见表 10.2.3-1。

**表 10.2.3-1　　土建部分主要图纸**

| 图号 | 图名 |
|---|---|
| 图 10.2.3-01 | HA-110-A2-3　总平面及竖向布置图 |
| 图 10.2.3-02 | HA-110-A2-3　建筑设计说明 |
| 图 10.2.3-03 | HA-110-A2-3　电缆夹层平面图 |
| 图 10.2.3-04 | HA-110-A2-3　一层平面图 |
| 图 10.2.3-05 | HA-110-A2-3　二层平面图 |
| 图 10.2.3-06 | HA-110-A2-3　屋顶平面图 |
| 图 10.2.3-07 | HA-110-A2-3　立面图 |
| 图 10.2.3-08 | HA-110-A2-3　立面图、剖面图 |
| 图 10.2.3-09 | HA-110-A2-3　结构设计总说明一 |
| 图 10.2.3-10 | HA-110-A2-3　结构设计总说明二 |
| 图 10.2.3-11 | HA-110-A2-3　梁柱等强连接节点详图一 |
| 图 10.2.3-12 | HA-110-A2-3　梁柱等强连接节点详图二 |
| 图 10.2.3-13 | HA-110-A2-3　暖通设计说明与主要设备材料表 |
| 图 10.2.3-14 | HA-110-A2-3　电缆夹层暖通平面图 |
| 图 10.2.3-15 | HA-110-A2-3　一层暖通平面图 |
| 图 10.2.3-16 | HA-110-A2-3　二层暖通平面图 |
| 图 10.2.3-17 | HA-110-A2-3　屋顶暖通平面图 |
| 图 10.2.3-18 | HA-110-A2-3　给排水及消防总平面布置图 |

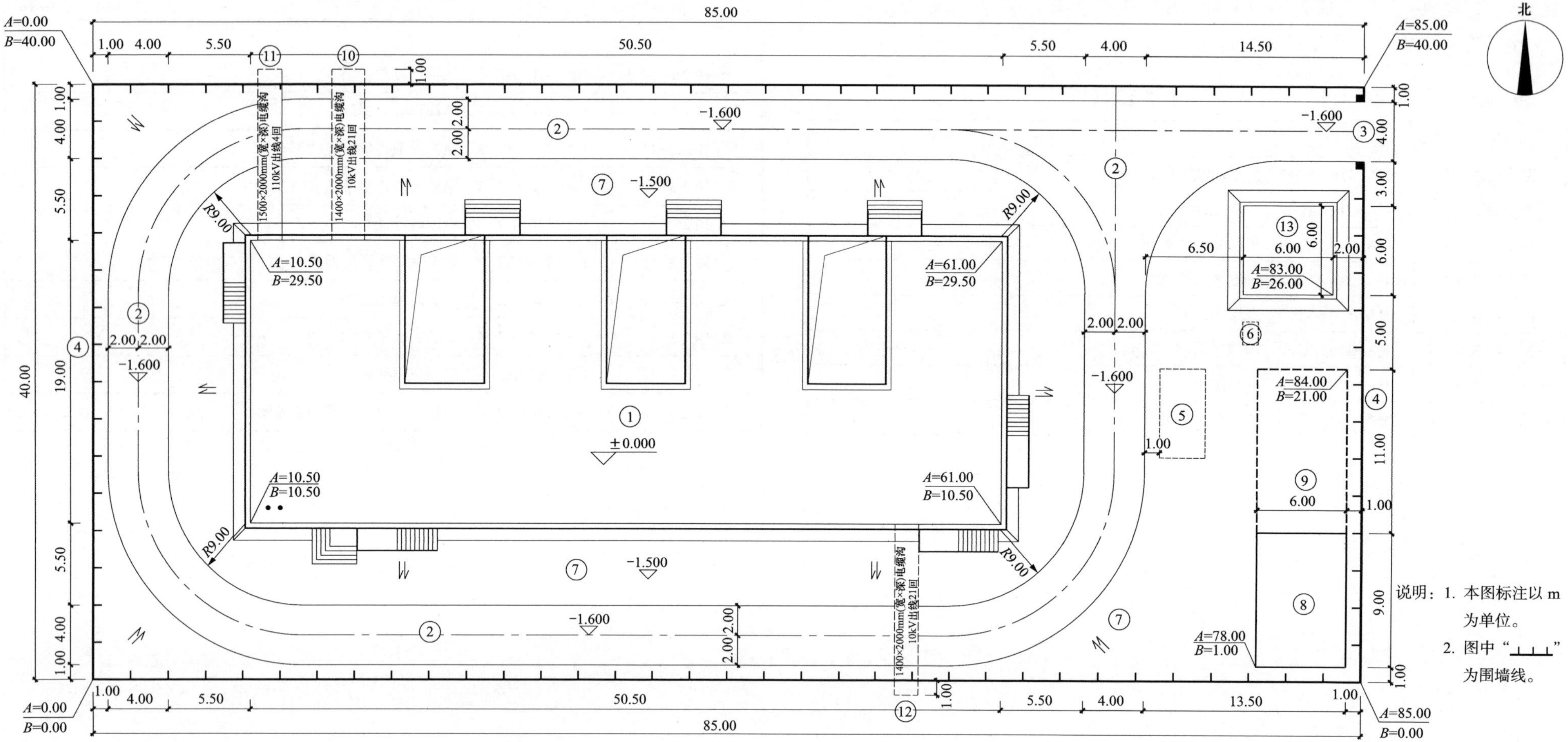


说明：1. 本图标注以 m 为单位。

2. 图中“⊥⊥⊥”为围墙线。

**建（构）筑物一览表**

| 编号 | 名称 | 单位 | 数量 | 备注 | 编号 | 名称 | 单位 | 数量 | 备注 |
|---|---|---|---|---|---|---|---|---|---|
| ① | 配电装置楼 | 栋 | 1 | | 8 | 消防泵房 | 座 | 1 | 63.36m$^2$ |
| ② | 站内道路 | m$^2$ | 809 | | 9 | 消防水池（地下） | 座 | 1 | 488.5m$^3$ |
| ③ | 大门 | 樘 | 1 | 电动平开门 | 10 | 1.4×2.0 电缆沟 | m | 11.5 | |
| ④ | 围墙 | m | 250 | 铁艺围墙 | 11 | 1.5×2.0 电缆沟 | m | 11.5 | |
| ⑤ | 事故储油井（地下） | 座 | 1 | 30.00m$^3$ | 12 | 1.4×2.0 电缆沟 | m | 11.5 | |
| ⑥ | 化粪池 | 座 | 1 | 2.00m$^3$ | 13 | 辅助用房 | 栋 | 1 | 52.48m$^2$ |
| ⑦ | 硬化地面 | m$^2$ | 1359 | | | | | | |

**主要技术经济指标表**

| 序号 | 项目 | 单位 | 数量 | 备注 |
|---|---|---|---|---|
| 1 | 站址用占地面积 | m$^2$ | 3400 | 合 5.100 亩 |
| 2 | 围墙内占地面积 | m$^2$ | 3400 | 合 5.100 亩 |
| 3 | 站区建筑物占地面积 | m$^2$ | 850 | |
| 4 | 总建筑面积 | m$^2$ | 1988.86 | |
| 5 | 配电装置楼建筑面积 | m$^2$ | 1873.02 | |

**图 10.2.3-01　HA-110-A2-3　总平面及竖向布置图**

| 本册建筑项目主要特征表 | 建筑名称 | 结构类型 | 建筑面积（$m^2$） | 建筑基底面积（$m^2$） | 建筑工程等级 | 设计工作年限 | 建筑层数 | 建筑总高度（m） | 火灾危险性分类 | 耐火等级 | 屋面防水等级 | 地下室防水等级 | 抗震设防烈度 |
|---|---|---|---|---|---|---|---|---|---|---|---|---|---|
| | 配电装置楼 | 装配式钢框架结构 | 1873.02 | 850 | 2 级 | 50 | 地上二层<br>地下一层 | 11.50 | 丙 | 一 | Ⅰ | Ⅰ | 七 |

## 建筑专业施工图设计说明

**1 主要设计依据**

1.1 初步设计、总平面图及各相关专业资料。

1.2 现行的国家有关建筑设计的主要规范及规程（包括但不限于）：

《建筑设计防火规范》（GB 50016—2014）（2018 年版）、《火力发电厂与变电站设计防火标准》（GB 50229—2019）、《屋面工程技术规范》（GB 50345—2012）、《民用建筑设计统一标准》（GB 50352—2019）、《建筑玻璃应用技术规程》（JGJ 113—2015）、《建筑内部装修设计防火规范》（GB 50222—2017）、《建筑防烟排烟系统技术标准》（GB 51251—2017）、《地下工程防水技术规范》（GB 50108—2008）、《户内变电站设计规范》（Q/GDW 11276—2022）、《建筑地面设计规范》（GB 50037—2013）、《35kV～110kV 户内变电站设计规程》（DL/T 5496—2015）、《建筑防火通用规范》（GB 55037—2022）、《110kV～220kV 智能变电站设计规范》（GB/T 51072—2014）、《消防设施通用规范》（GB 55036—2022）、《国家电网有限公司输变电工程施工图设计内容深度规定》、《民用建筑通用规范》（GB 55031—2022）。

1.3 本方案需遵照执行《输变电工程建设标准强制性条文实施管理规程》《国家电网公司输变电工程质量通病防治工作要求及技术措施》和《国家电网公司输变电工程标准工艺（六）标准工艺设计图集》（2014 版）中相关规定。

工艺施工标准按照国家电网有限公司输变电工程标准工艺（变电工程土建分册）2022 年版中相关要求。

1.4 其他相关的国家和项目所在省、市的法规、规范、规定、标准等。

**2 本单体建筑工程概况**

2.1 本单体建筑工程概况见本册建筑项目主要特征表。本变电站为无人值守智能变电站。

2.2 本建筑总平面定位坐标详见总平面图；本建筑室内地坪 ±0.000 标高相对应的绝对标高详见总平面图。

2.3 本建筑图中标高单位为米，其余图纸尺寸单位为毫米，各层标注标高为完成面标高（建筑面标高），屋面标高为结构面标高。

2.4 梁柱的尺寸、定位等详见结构施工图。

**3 墙体工程**

3.1 材料与厚度：±0.000 以下采用 MU20 灰砂砖 +M10 水泥砂浆砌筑；±0.000 以上采用建筑外墙，除特殊说明外，采用四面企口一体化铝镁锰岩棉夹芯板 + 纤维水泥板。

钢柱采用 50mm 厚防火板包覆；铝镁锰岩棉夹芯板为 0.8mm 铝镁锰板（外）+100mm A 级防火岩棉（中）+0.6mm 镀锌钢板（内）。

铝镁锰岩棉夹芯板要求：① 铝镁锰夹芯板外板采用 0.8mm 铝镁锰板，横向排板表面呈纯平效果，镀层以滚轮涂覆，并经三涂三烤；外板面漆涂膜正面 20μm 聚偏氟乙烯，背面 5μm 环氧树脂；内板采用 0.6mm 镀锌钢板，面漆涂膜正面、背面要求同外板。使用寿命在 50 年以上。② 芯材采用 100mm 厚 A 级防火岩棉，憎水性 99%，密度为 136～140kg/$m^3$，导热系数不大于 0.043W/（m·K），有效保证岩棉夹芯板的保温和耐火时间。③ 外墙板内侧采用 9mm 纤维水泥饰面板。除特殊标注外，内隔墙采用 9mm 纤维水泥饰面板 +9mm 纤维增强硅酸钙板 + 轻钢龙骨（中间填 50～100mm 岩棉，容重为 120kg/$m^3$）+9mm 纤维增强硅酸钙板 +9mm 纤维水泥饰面板，耐火极限为 3.0h。

注：工业化墙板系统材料均为工厂预制完成，现场拼接、固定、安装完成，最终以甲方订货为准；墙上预留埋铁需由装配式墙体厂家考虑设置并满足荷载要求。

阴影处墙体为配电箱等设备所在墙体，按照箱体要求适当加厚处理，满足配电箱暗装要求。

3.2 构造要求：建议工业化墙板由专业和具备资质的同一厂家进行排板、设计、供货、施工安装，厂家应考虑墙体上的洞口、门、雨篷安装等要求。设备尺寸大于房间门洞尺寸的房间须待设备安装到位后再安装墙体。

蒸压加气混凝土板材的施工工艺以及各相关构造做法要求参照《蒸压加气混凝土砌块、板材构造》（13J104）A62- 内墙 3. B55-2。

3.3 外墙窗户及墙体预留洞详见建筑施工及设备平面图，洞口处四周增加檩条，由墙体厂家统一考虑。

3.4 墙体上的空调管留洞、排气洞、过水洞等应注意避开水立管和不影响外窗开启。

3.5 墙上管道及工艺开孔需封堵的孔洞请见各专业相应要求。

3.6 墙上配电箱等设备的预留洞（槽）尺寸及位置需结合设备专业图纸。

3.7 散水宽度根据具体工程情况核定，图中为示意。

**4 楼地面工程**

本工程楼地面做法详见“建筑构造用料做法表”。

**5 屋面防水工程**

5.1 雨水管等做法参见《12 系列建筑标准设计图集》（12YJ5-1：E2）。

5.2 屋面上人口做法参见《平屋面建筑构造》（12YJ5-1：A15 页 1），屋面设备基座做法参见《平屋面建筑构造》（12YJ5-1：B14 页 3）。

**6 外门窗工程**

6.1 外门窗均采用 65 系列节能型断桥铝合金型材和钢化夹胶中空玻璃 F5+1.52+G5+9A+G5mm，胶片采用 1.52mm 厚度。蓄电池室窗采用磨砂玻璃。

易遭受撞击、冲击而造成人体伤害部位的玻璃均应选用安全玻璃。

**图 10.2.3-02　HA-110-A2-3　建筑设计说明（一）**

外门窗的气密性、水密性及抗风压性能等指标应符合《建筑幕墙、门窗通用技术条件》(GB/T 31433—2015)的要求；其中建筑外窗、外门的气密性分别不应低于6级和4级，水密性能均不低于3级，抗风压均不低于4级，建筑门窗的空气隔声性能不应低于6级，建筑外窗的保温性能为6级。

6.2 门窗立面均表示洞口尺寸，门窗加工尺寸应按照装修面厚度予以调整，门窗制作安装应实测核对各洞口尺寸及各门窗编号与个数，以防止由于设计及构造误差造成安装困难，门窗侧边固定连接点的定位原则：每边最端头固定点距门窗边框端头180mm，其余固定点位置间隔500mm左右均分。

6.3 门窗立樘：内外门窗立樘除特殊说明外均居墙中（墙檩处）。

6.4 门窗的立面形式、数量、尺寸、色彩、开启方式、型材、玻璃等详见门窗表和门窗立面图放大图。

**7 内装修工程**

7.1 本工程各部位内装修做法详见“建筑构造用料做法表”。装修所用材料应采用对人体健康无毒无害的环保型材料，同时符合《民用建筑工程室内环境污染控制标准》(GB 50325—2020)的规定，并应在施工前提供样板，经建设单位和设计单位认可后方可施工。

本工程所有建筑材料和设备均应符合管理部门的环保规定和质量标准及节约能源的要求。

7.2 装修时建筑内部污水立管、透气管、雨水管、空调冷凝水管、排气道的位置不得移动。

7.3 未经技术鉴定和设计认可，不得拆改结构构件和进行加层改造。当建筑装修涉及主体结构改动或增加荷载时，须由设计单位进行结构安全性复核，提出具体实施方案后方可施工。

7.4 地面地漏水封比相应地面标高低50mm，应在该房间最低处。地漏、管道周围与找平层间应预留10mm×7mm凹槽，并应嵌填密封沥青膏。

7.5 凡金属铁件均应先除锈，后涂防锈漆一道，面层再涂调和漆二道。油漆色彩与所在墙面颜色相近。

7.6 所有穿过防水层的预埋件、紧固件应采用高性能密封材料密封。

7.7 楼面找平须待设备管线孔洞预留无误后再行施工。

7.8 所有材料、构造、施工应遵照《建筑装饰装修工程质量验收标准》(GB 50210—2018)执行。

**8 外装修工程**

8.1 建筑立面的颜色和材质详见立面图，外墙面做法详见“建筑构造用料做法表”。外墙面施工前应做出样板，待建设方和设计方认可后方可进行施工，并应遵照《建筑装饰装修工程质量验收标准》(GB 50210—2018)的要求。

8.2 其余外露铁件做一道防锈底漆和二道面漆。不露面铁件做二道防锈漆，金属件接缝要严密，用于室外的金属件接缝处用树脂涂料二道密封。

8.3 各种外墙洞口边缘应做铝合金/铝板一体式收边件。

8.4 窗台节点确保里高外低不泛水，室内抹灰成活面高于室外成活面且高差不小于20mm。收边件、檐板及窗外窗台面层均坡向墙外。

8.5 建筑装饰装修工程所用材料应符合国家有关建筑装饰装修材料有害物质限量标准的规定。

**9 噪声防治及主变压器泄爆措施**

9.1 变电站噪声对周围环境的影响必须符合《工业企业厂界噪声标准》(GB 12348—2008)和《声环境质量标准》(GB 3096—2008)规定的2类标准。

9.2 主变压器室室内墙体吸声、大门、窗、风机等设施降噪均应选择隔声性能合格的产品，由专业厂家二次设计、制作、安装。

9.3 主变压器室外墙设置轻型泄爆外墙，墙体构造根据《建筑设计防火规范》(GB 50016—2014)(2018年版)要求，单位质量不大于0.6kN/m，具备资质厂家二次设计，墙体做法参考《抗爆、泄爆门窗及屋盖、墙体建筑构造》(14J938)相关做法执行。

9.4 泄爆外墙装饰应与整体建筑装饰效果相适应，优先选择同种材料。

**10 其他应注意事项**

10.1 土建施工时应注意将建筑、结构、水、暖、电气等各专业施工图纸相互对照，确认墙体及楼板各种预留孔洞尺寸及位置无误后方可进行施工。

10.2 若有疑问应提前与设计院沟通解决。施工过程中，如遇各专业施工图纸不符的，不得以其中任何一个专业图纸作为施工依据。

10.3 工业化墙板供货厂家应根据产品实际规格及相关配件规格进行深化设计及排板设计。建筑物装修色彩应先做样，取得建设单位和设计单位的同意后方可施工。

10.4 本设计说明及全部施工图纸未尽之处应按国家各有关施工及验收规范执行。

**11 本站选用建筑标准设计图集**

《国家电网有限公司输变电工程标准工艺——变电工程土建分册》(2022版)；《12系列建筑标准设计图集》12YJ系列；《特种门窗》(国标图集17J610-1)；《建筑节能门窗(一)》(国标图集06J607-1)。

**图10.2.3-02 HA-110-A2-3 建筑设计说明（二）**

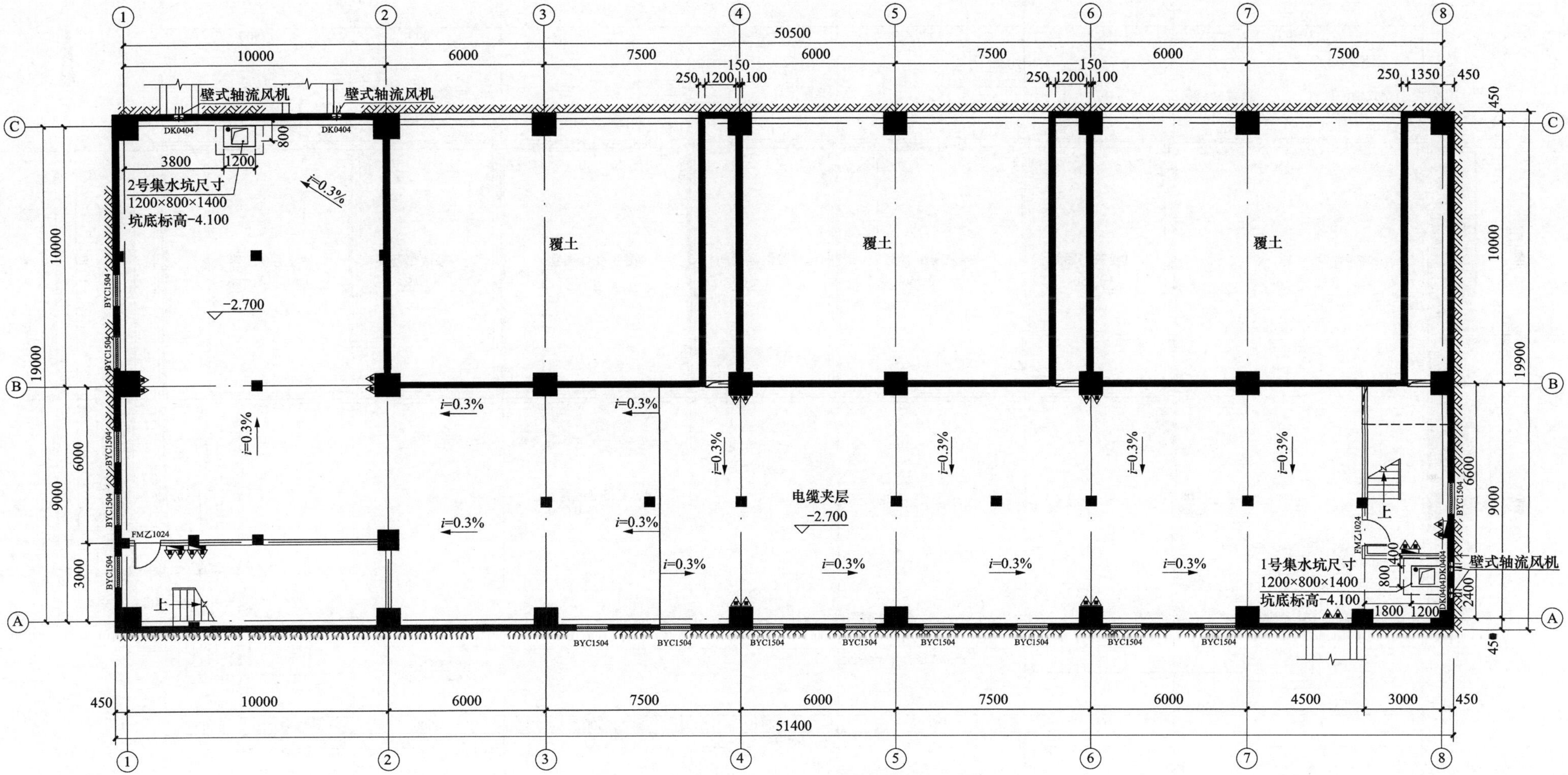


图 10.2.3-03　HA-110-A2-3　电缆夹层平面图

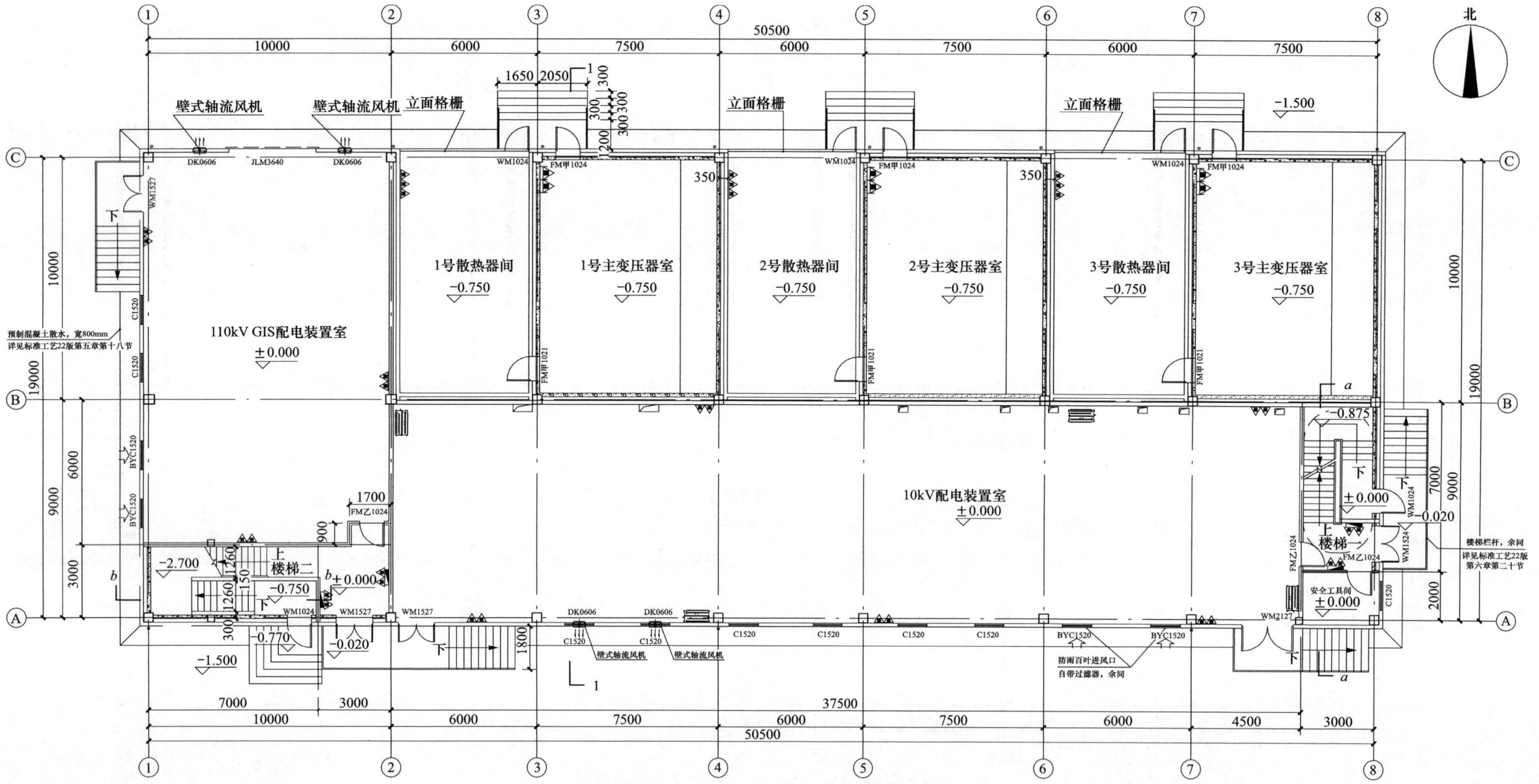


图 10.2.3-04　HA-110-A2-3　一层平面图

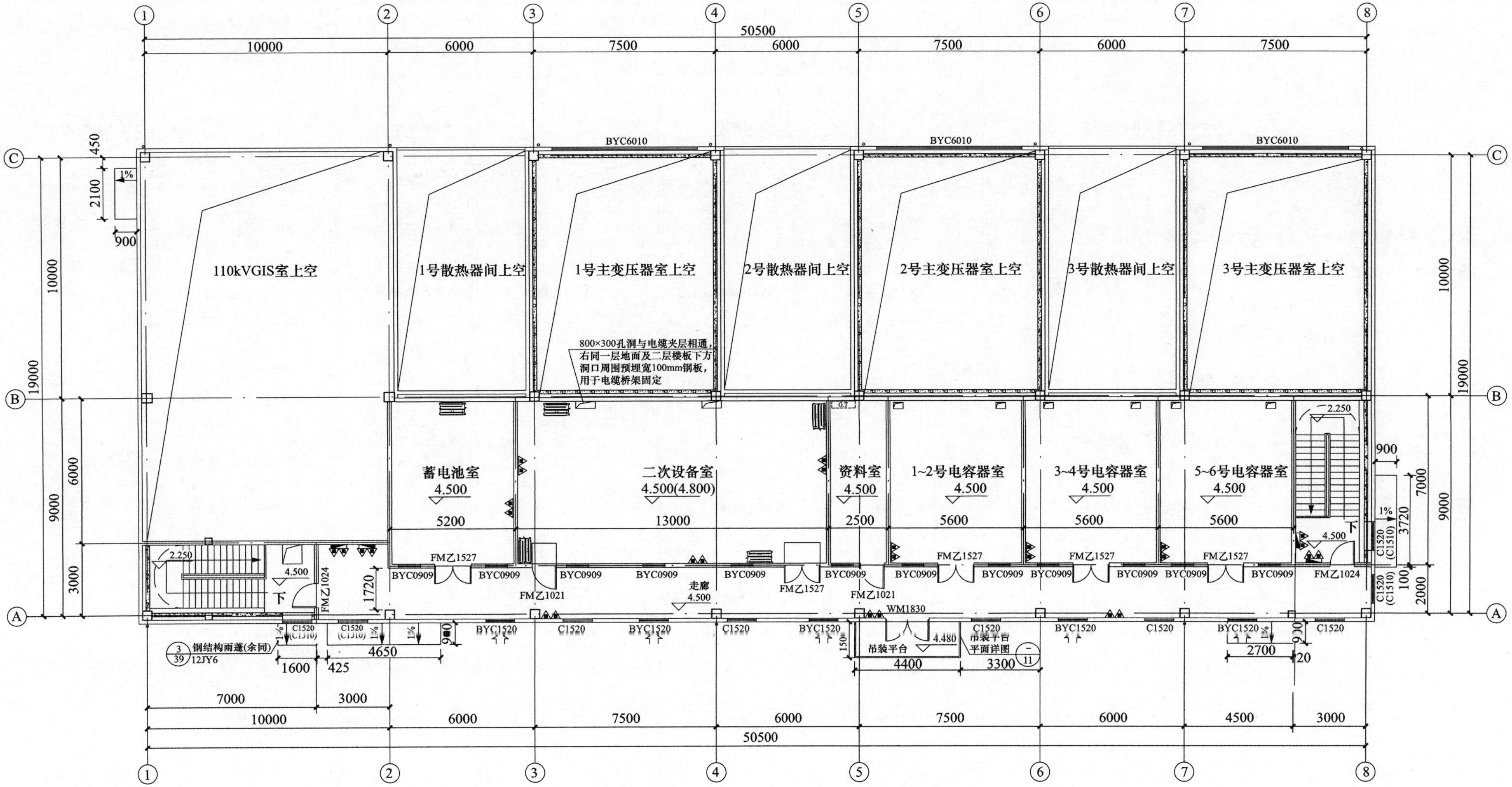


图 10.2.3-05　HA-110-A2-3　二层平面图

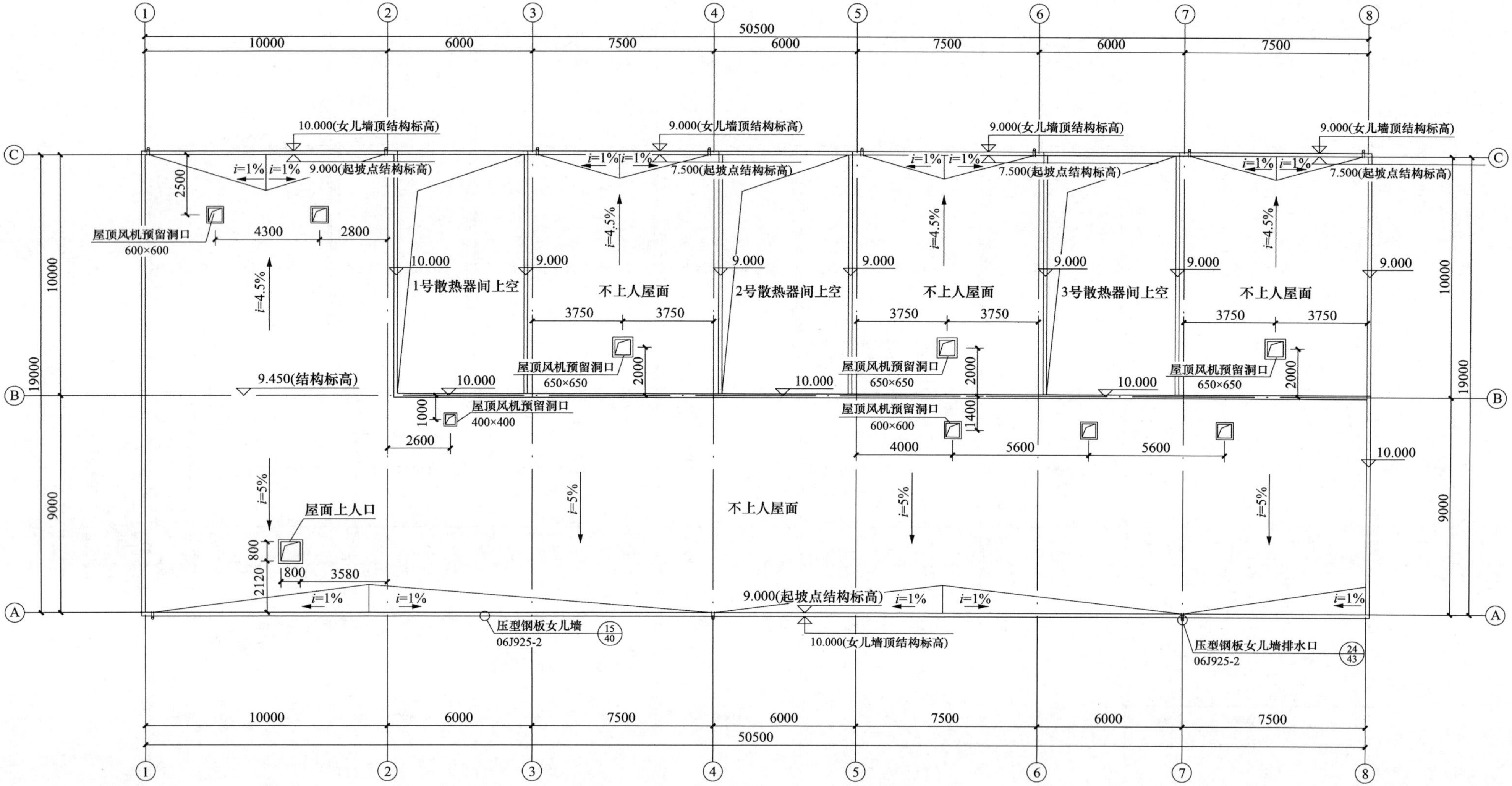


图 10.2.3-06 HA-110-A2-3 屋顶平面图

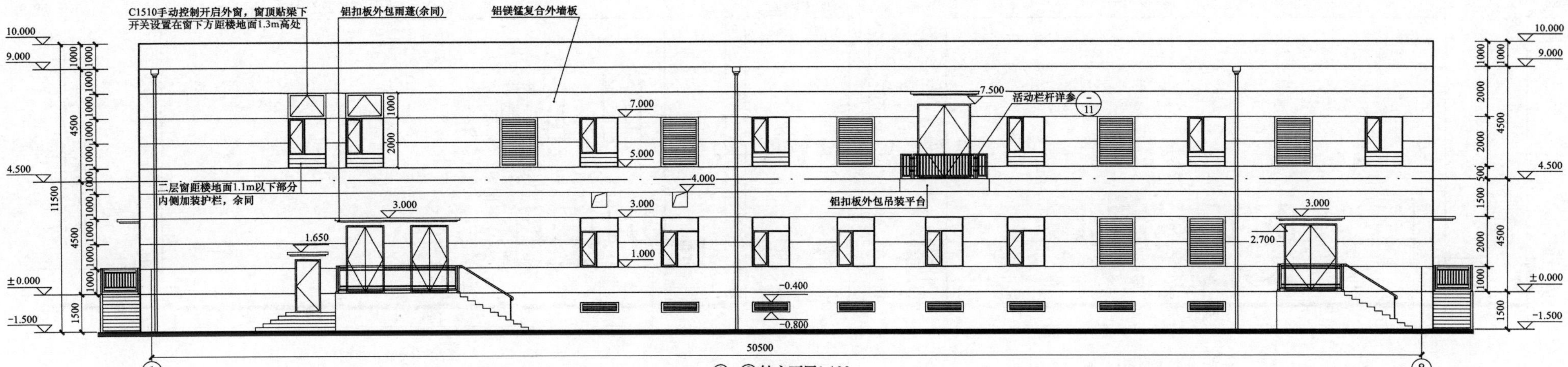


①-⑧轴立面图1:100

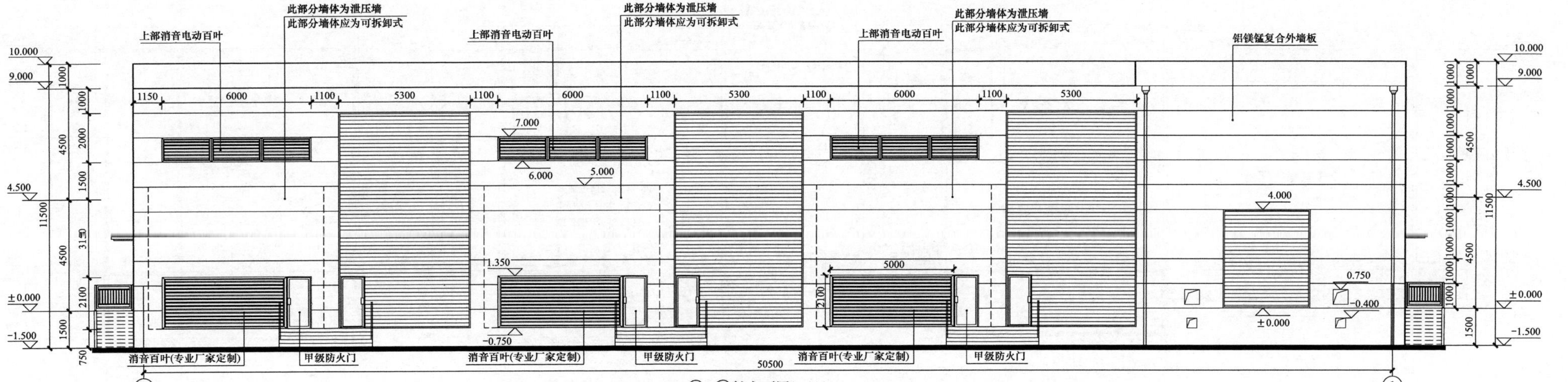


⑧-①轴立面图1:100

图 10.2.3-07　HA-110-A2-3　立面图

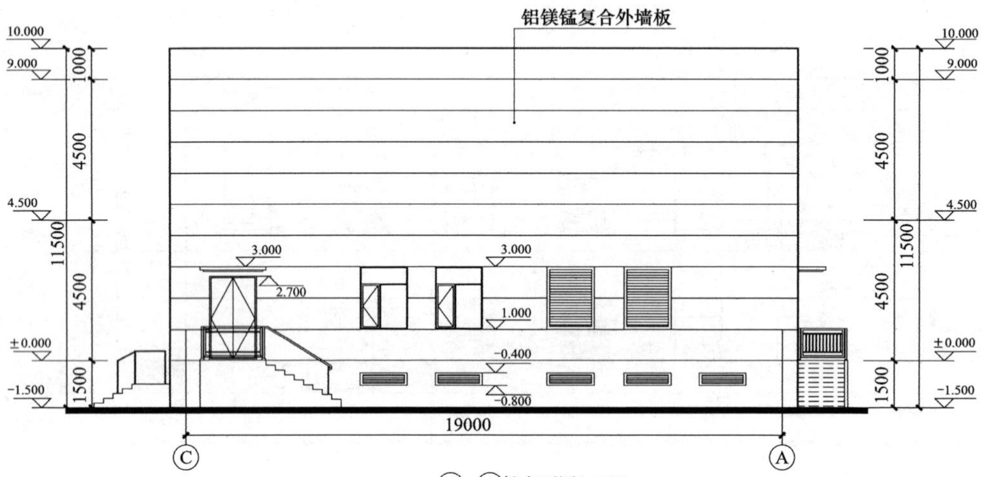


Ⓒ-Ⓐ轴立面图1:100

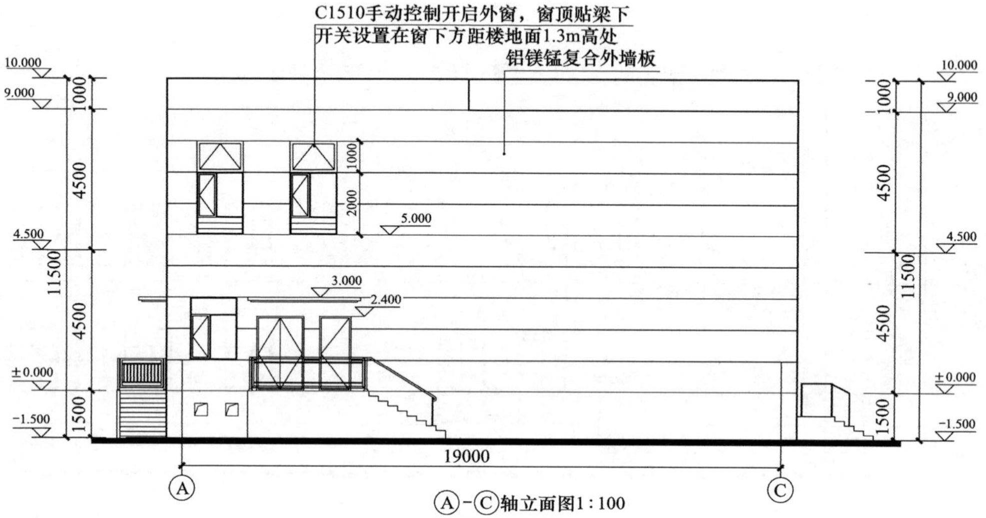


Ⓐ-Ⓒ轴立面图1:100

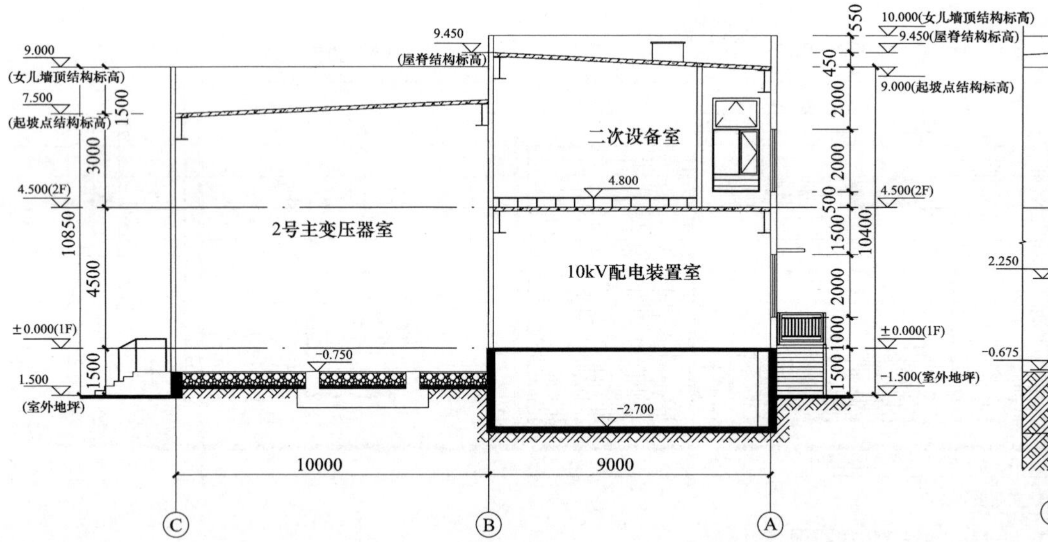


1-1剖面图1:100

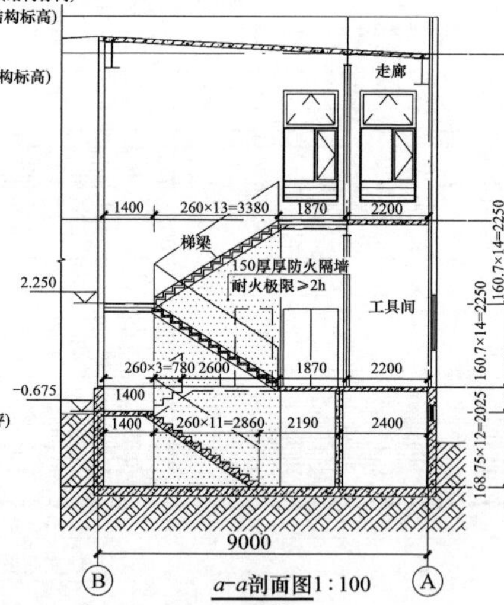


a-a剖面图1:100
楼梯一

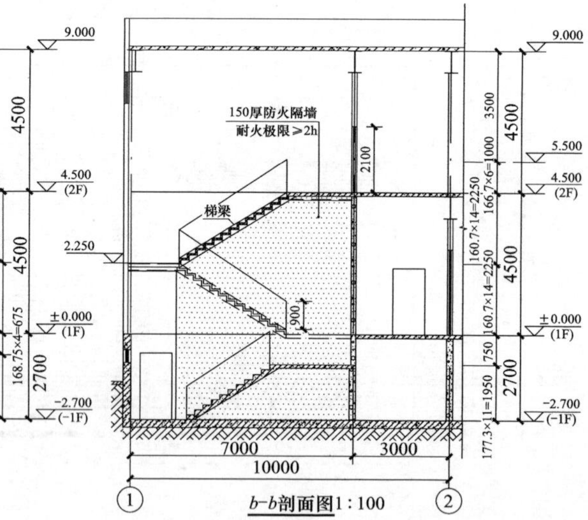


b-b剖面图1:100
楼梯二

**图 10.2.3-08 HA-110-A2-3 立面图、剖面图**

## 一、工程概况

1. 本方案为国网河南电力公司 110kV A2-3 标准化设计配电装置楼结构图。

2. 配电装置楼，地下一层，地上两层，其中地下一层采用钢筋混凝土结构，零米以上采用钢框架结构。

3. 本方案未包含基础设计，采用本方案的工程，需根据具体的工程地质进行具体的基础设计及必要的地基处理。

4. 本方案结构设计使用年限为 50 年，建筑结构安全等级为二级，结构重要性系数为 1.0，建筑抗震设防类别为丙类，设计使用年限内未经技术鉴定或设计许可，不得改变结构的用途和使用环境。

5. 本工程图纸所注尺寸均以毫米为单位，标高以米计，±0.00 相当于黄海高程 ×××m，建筑定位详见总平面定位图。

6. 设计活荷载取值：

| 种类 | 标准值（kN/m²） | 所在区域 | 种类 | 标准值（kN/m²） | 所在区域 |
|---|---|---|---|---|---|
| 基本风压 | 0.45 | $n$=50 年 | 楼面活荷载 | 3.50 | 楼梯、走道 |
| 基本雪压 | 0.40 | $n$=50 年 | 楼面活荷载 | 4.00 | 二次设备间 |
| 屋面活荷载 | 0.50 | 不上人屋面 | 楼面活荷载 | 8.00 | 电容器、消弧线圈室 |
| 楼面活荷载 | 7.00 | 10kV 配电装置室 | 楼面活荷载 | 10.00 | GIS 室 |
| 楼面活荷载 | 5.00 | 资料室 | 吊顶荷载 | 1.00 | 含风道、消防水管、灯具等 |

## 二、设计依据

1. 根据国家电网有限公司部门文件《国网基建部关于发布 35~750kV》变电站通用设计通信、消防部分修订成果的通知》（基建技术〔2019〕51 号）的规定及通用方案，并结合河南省实际而修改后的实施方案，编号为 HA-110-A2-3。

2. 国家有关标准及规范（以下所列规程、规范和标准均按现行版本执行，并且不限于以下规程、规范和标准，凡与其有关的规程、规范和标准均须执行。当所列规程、规范和标准的规定有不一致时，按较高标准执行。）

| 标准名称 | 标准号 |
|---|---|
| 工程结构通用规范 | GB 55001—2021 |
| 建筑与市政工程抗震通用规范 | GB 55002—2021 |
| 建筑与市政地基基础通用规范 | GB 55003—2021 |
| 钢结构通用规范 | GB 55006—2021 |
| 砌体结构通用规范 | GB 55007—2021 |
| 混凝土结构通用规范 | GB 55008—2021 |
| 建筑结构可靠度设计统一标准 | GB 50068—2018 |
| 建筑工程抗震设防分类标准 | GB 50223—2008 |
| 建筑抗震设计规范 | GB 50011—2010（2016 年版） |
| 电力设施抗震设计规范 | GB 50260—2013 |
| 建筑结构荷载规范 | GB 50009—2012 |
| 混凝土结构设计规范 | GB 50010—2010（2015 年版） |
| 变电站建筑结构设计技术规程 | DL/T 5457—2012 |
| 110kV～220kV 智能变电站设计规范 | GB/T 51072—2014 |
| 35kV～110kV 户内变电站设计规程 | DL/T 5496—2015 |
| 建筑地基基础设计规范 | GB 50007—2011 |
| 建筑地基处理技术规范 | JGJ 79—2012 |
| 建筑地基基础工程施工质量验收标准 | GB 50202—2018 |
| 混凝土结构工程施工质量验收规范 | GB 50204—2015 |
| 钢结构设计标准 | GB 50017—2017 |
| 冷弯薄壁型钢结构技术规范 | GB 50018—2002 |
| 建筑设计防火规范 | GB 50016—2014（2018 年版） |

续表

| 标准名称 | 标准号 |
|---|---|
| 火力发电厂与变电站设计防火标准 | GB 50229—2019 |
| 建筑钢结构防火技术规范 | GB 51249—2017 |
| 钢结构防火涂料 | GB 14907—2018 |
| 建筑钢结构防腐蚀技术规程 | JGJ/T 251—2011 |
| 钢结构高强度螺栓连接技术规程 | JGJ 82—2011 |
| 钢结构焊接规范 | GB 50661—2011 |
| 钢筋焊接及验收规程 | JGJ 18—2012 |
| 钢结构工程施工质量验收标准 | GB 50205—2020 |
| 钢筋机械连接技术规程 | JGJ 107—2016 |
| 电力建设施工质量验收及评定规程（土建工程） | DL/T 5210.1—2012 |
| 钢筋桁架楼承板 | JG/T 368—2012 |
| 组合楼板设计与施工规范 | CECS 273：2010 |
| 砌体结构工程施工质量验收规范 | GB 50203—2011 |

## 三、本方案设计假定自然条件

1. 基本风压：0.45kN/m²，地面粗糙度为 B 类。

2. 基本雪压：$S_0$=0.4kN/m²。

3. 抗震设防烈度为 7 度，设计基本地震加速度值为 0.15$g$，设计地震分组为第二组，建筑物抗震设防类别为丙类，建筑场地类别为Ⅱ类，特征周期为 0.4s，抗震构造措施设防烈度为 7 度，钢筋混凝土结构抗震等级为三级，钢结构抗震等级为四级。

## 四、设计计算程序

结构整体受力分析及抗震验算采用中国建筑科学研究院研制的 PKPM4.3 系列软件及静力计算手册进行计算，结构规则性信息为不规则。

## 五、主要结构材料

1. 混凝土结构部分：

（1）地下部分构件为二（b）类环境。混凝土耐久性要求：寒冷地区的露天环境。

| 环境类别 | 最大水胶比 | 最小水泥用量 | 最大氯离子含量 | 最大碱含量 |
|---|---|---|---|---|
| 二（b） | 0.50 | 275kg/m³ | 0.15% | 3.0kg/m³ |

（2）材料：基础垫层为 C15 混凝土；基础、地梁、电缆沟等混凝土构件为 C30。

（3）混凝土保护层厚度：

| 环境类别 | 混凝土板 | 地梁、梁 | 现浇柱 | 基础 |
|---|---|---|---|---|
| 二（b） | 25mm | 35mm | 35mm | 40mm |

（4）钢筋：ф为 HPB300 级钢筋，ф为 HRB400 级钢筋；型钢及埋件用钢材为 Q235B、Q355B。

（5）钢筋的强度标准值应具有不小于 95% 的保证率。框架中纵向受力钢筋的抗拉强度实测值与屈服强度实测值的比值不应小于 1.25，且屈服强度实测值与强度标准值的比值不应大于 1.30；钢筋最大拉力下的总伸长率实测值不应小于 9%。

2. 钢结构部分：

（1）钢材材料选用表：

| 构件 | 材质 | 应符合的标准名称 | 应符合的标准代号 |
|---|---|---|---|
| 框架梁、柱、次梁、连接板 | Q355-B | 低合金高强度结构钢 | GB/T 1591—2018 |
| 柱内的水平加劲隔板、隅撑、梁加劲肋、锚栓 | Q235-B | 碳素结构钢 | GB/T 700—2006 |

（2）承重结构所用的钢材应具有屈服强度、抗拉强度、断后伸长率和硫、磷含量的合格保证，对

**图 10.2.3-09　HA-110-A2-3　结构设计总说明一**

焊接结构尚应具有碳当量的合格保证。焊接承重结构及重要的非焊接承重结构采用的钢材应具有冷弯试验的合格保证。

（3）连接材料选用表：

| 连接材料 | | 应符合的标准名称 | 应符合的标准代号 | 备注 |
|---|---|---|---|---|
| 普通螺栓 | | 六角头螺栓 C 级 | GB/T 5780—2016 | 采用 4.6 级 |
| 承压型连接高强度螺栓 | | 钢结构用高强度大六角头螺栓 | GB/T 1228—2006 | 采用 10.9 级 |
| | | 钢结构用高强度大六角螺母 | GB/T 1229—2006 | |
| | | 钢结构用高强度垫圈 | GB/T 1230—2006 | |
| | | 钢结构用高强度大六角头螺栓、大六角螺母、垫圈技术条件 | GB/T 1231—2006 | |
| 钢梁上翼缘栓钉 | | 电弧螺柱焊用圆柱头焊钉 | GB/T 10433—2002 | 采用 B1 型，$d$=19mm |
| 手工焊接焊条 | Q235 与 Q235 焊 | 非合金钢及细晶粒钢焊条 | GB/T 5117—2012 | E43XX |
| | Q235 与 Q355 焊 | | | |
| | Q355 与 Q355 焊 | 热强钢焊条 | GB/T 5118—2012 | E50XX |
| 自动焊或半自动焊用焊丝 | Q235 与 Q235 焊 | 非合金钢及细晶粒钢药芯焊丝 | GB/T 10045—2018 | E43XTX-X |
| | Q235 与 Q355 焊 | | | |
| | Q355 与 Q355 焊 | 热强钢药芯焊丝 | GB/T 17493—2018 | E50XTX-X |
| 埋弧焊用焊丝和焊剂 | Q235 与 Q235 焊 | 埋弧焊用非合金钢及细晶粒钢实心焊丝、药芯焊丝和焊丝-焊剂组合分类要求 | GB/T 5293—2018 | F4XX-H08A |
| | Q235 与 Q355 焊 | | | |
| | Q355 与 Q355 焊 | 埋弧焊用热强钢实心焊丝、药芯焊丝和焊丝-焊剂组合分类要求 | GB/T 12470—2018 | F48XX-H08MnA |

（4）屋面钢筋桁架楼承板，应符合《钢筋桁架楼承板》（JG/T 368—2012）的规定。钢筋桁架楼承板选用 HB2-100，楼板厚度取 130mm。底模采用“M”型直立缝双折边钢板，厚度不应小于 0.5mm，宜采用咬口式搭缝构造。

（5）墙檩采用热镀锌带钢压制而成的檩条，镀层标准为 A 级，镀锌量为 250～275g/m$^2$。

（6）钢材的屈服强度实测值与抗拉强度实测值的比值不应大于 0.85；应有明显的屈服台阶；伸长率应大于 20%；应有良好的可焊性。

（7）钢框架梁柱节点均采用 10.9 级承压型高强度螺栓，表示为 H.T.B。次梁、支撑及型材连接均采用 4.6 级普通螺栓。柱底板与基础连接采用 Q355 钢锚栓，均应符合《紧固件机械性能　螺栓、螺钉和螺柱》（GB/T 3098.1—2010）规定。

**六、钢结构制造、安装和构件连接**

1. 钢结构在制作前，应按设计要求编制施工图的深化设计，钢结构的制作和安装须根据加工详图进行。修改设计应取得相关单位同意，并编制相应的制作工艺和安装施工组织设计。

2. 加工单位所订购的钢材及连接材料必须符合设计要求，当确有必要代用时应经设计认可。所有材料均应有质量合格证明。

3. 钢结构的材料、放样、号料和切割、矫正、弯曲和边缘加工、制作摩擦面的加工、除锈、编号和发运应遵照《钢结构工程施工质量验收标准》（GB 50205—2020）的有关规定。

4. 钢构件在运输、吊装过程中，应采取可靠措施，防止出现变形、失稳和坠落，防止产生加工精度超规，影响工程质量。钢结构的安装吊装应进行计算，防止在吊装中构件产生永久变形。钢结构安装施工时，应设置可靠的支护体系。

5. 柱、主梁等大型构件安装时应随即进行校正。为了减少安装偏差和焊接应力，平面上应从建筑物中间向四周扩散安装。

6. 加工时，除特殊注明外，跨度大于 8m 的两端铰接钢梁和跨度大于 10m 的刚接钢梁，须在跨中起拱 1/1500。

7. 钢框架梁和框架柱之间的连接采用刚接。次梁与主梁的连接采用铰接。在工地，采用摩擦型高强度螺栓连接。

8. 框架分段连接采用高强度螺栓，接触面不需特殊处理。

9. 钢梁预留孔洞，按照设计图纸所示尺寸、位置，在工厂制孔，并按设计要求进行。

10. 高强度螺栓孔径比杆径大 1.5～2.0mm，普通螺栓孔径比杆径大 1.0～1.5mm。高强度螺栓应能自由穿入组装的板件螺孔内，如不吻合不允许强行打入，而应更换连接板。高强度螺栓孔应采用机钻成孔，不得气割成孔。

11. 在高强度螺栓连接范围内，构件接触面采用喷砂处理，要求抗滑移系数为 0.45。制作单位应进行抗滑移系数试验，安装单位应进行复验。现场处理的构件摩擦面应单独试验。

12. 上下翼缘和腹板的拼接缝应错开，并避免与加劲肋板重合，腹板拼接缝与它平行的加劲板至少相距 200mm，腹板拼接缝与上下翼缘至少相距 200mm。对接焊缝应符合《钢结构工程施工质量验收标准》（GB 50205—2020）的要求，且不低于一级。

13. 所有钢梁横向加劲板与上翼缘板连接处，加劲板上端要求刨平顶紧后施焊。

14. 焊缝等级：构件对接焊缝为一级，其他焊缝为二级。板材拼接焊缝为一级坡口全熔透焊缝。

15. 直角角焊缝的焊角尺寸不宜大于较薄焊件厚度的 1.2 倍，长度均为满焊。图中未注明的角焊缝均为 6mm，长度均为满焊。未注明的圆弧半径均为 35mm。

16. 柱脚锚固螺栓安装、紧固均采用双螺母，埋设时须用铁件固定，保证安装准确。

17. 柱脚锚栓埋设位移偏差不大于 2mm。标高控制必须满足螺栓在混凝土内握裹长度及螺杆丝扣露出的长度。

18. 柱脚处柱翼、腹板和加劲板，梁支座支承板下端要求刨平顶紧后施焊。

19. 柱子安装完毕后，必须将锚栓垫板与柱底板焊牢，锚栓垫板与螺母进行点焊，且不得损伤螺栓母材。

20. 所有工艺专业的设备吊重均应焊接于钢梁底，在钢梁上设备吊点处对称增设加劲肋板（见附图一）。

21. 钢梁柱构件编号（见附图二）。

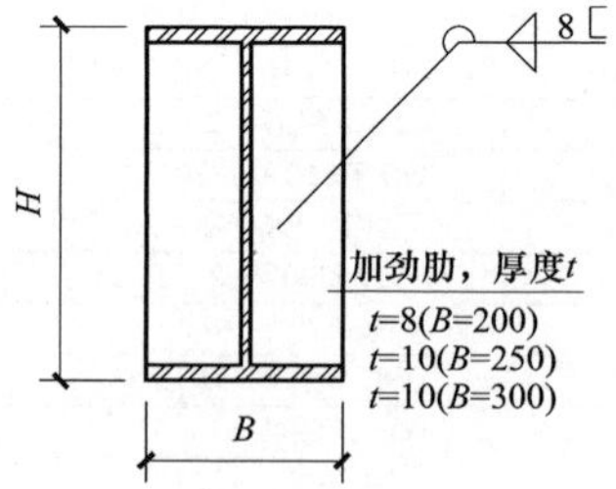


附图一

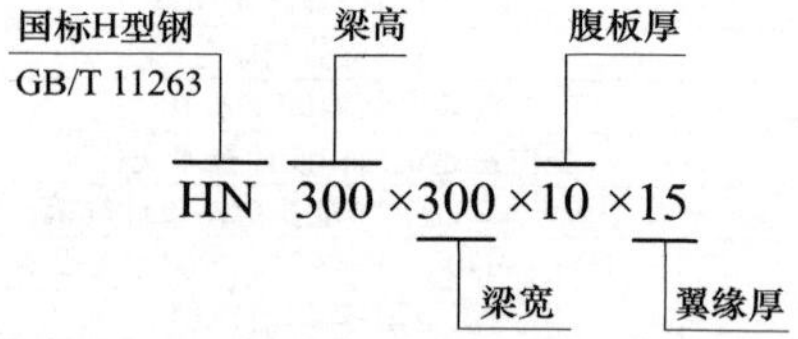


附图二

**图 10.2.3-10　HN-110-A2-3　结构设计总说明二（一）**

**七、钢结构构件的涂装要求**

1. 所有构件涂漆前均应严格进行金属表面喷砂防锈处理，除锈等级要求达到《涂覆涂料前钢材表面处理　表面清洁度的目视评定　第 1 部分：未涂覆过的钢材表面和全面清除原有涂层后的钢材表面的锈蚀等级和处理等级》（GB/T 8923.1—2011）中的 Sa21/2 等级规定。

2. 钢构件出厂前不需要涂漆部位：与混凝土接贴或埋入混凝土内的钢构件；高强度螺栓连接点的摩擦面；箱型柱内的封闭区；地脚螺栓和底板；工地焊接部位及两侧 100mm，且要满足超声波探伤要求的范围。但工地焊接部位及两侧应进行不影响焊接的防锈处理。在除锈后刷涂防护保护漆。

3. 除上述所列范围以外的钢构件表面，钢材经除锈制作完成出厂前，涂环氧富锌底漆二道 70μm，环氧云铁中漆二道 60μm，聚氨酯面漆二道 70μm。焊接区除锈后涂专用坡口焊保护漆两道。

4. 构件安装后需补漆部位：

1）高强度螺栓未涂刷部位；工地焊接区；经碰撞脱漆的工厂油漆部分，均涂防锈底漆一道。

2）高强度螺栓终拧完毕并检查合格后，除按要求进行涂装，连接处的缝隙应嵌刮硅酮耐候密封胶。

3）整个构件涂防锈底漆两道，保证最终达到二底、一中、一面配套防锈层。

5. 挂线门架等室外构支架经喷砂除锈后，基体表面应尽快进行热浸锌。浸锌工艺应符合《金属覆盖层　钢铁制作热浸锌层　技术要求及试验方法》（GB/T 13912—2020）的规定。热浸锌涂层的最小局部厚度不小于 86μm。镀膜均匀值和附着力应满足《输电线路铁塔制造技术条件》（GB/T 2694—2018）的要求。安装完毕后由安装单位再涂 919-3 涂料一遍。

6. 涂装后的漆膜外观应均匀、平整、丰满而有光泽。不允许有咬底、裂纹、剥落、针孔等缺陷。涂层厚度用磁厚仪测定，总厚度应达到设计规定的要求。

**八、钢结构构件的防火要求**

1. 房屋梁板柱均为不燃烧体。钢柱耐火极限不低于 3.0h，钢梁耐火极限不低于 2.0h，屋面承重系统耐火极限不低于 1.5h。

2. 防火保护材料应为绝缘性好，具有一定的抗冲击能力，能牢固附在构件上，又不腐蚀钢材，且经当地消防部门认可的薄型、超薄型防火涂料、厚型或不燃性板材。具体厚度：屋面压型钢板采用室内薄型防火涂料；钢梁柱采用室内厚型防火涂料。

3. 防火涂料的保护层厚度确定必须以型式检测报告为依据。做法见 06SG501-P8、P9 的规定。

4. 防火涂料的检验及质量合格判定应遵守《钢结构防火涂料》（GB 14907—2018）的相关规定。

**九、焊缝检查及检测**

1. 所有超声波检查方法遵照《焊缝无损检测　超声波检测　技术检测等级和评定》（GB 11345）及有关规定和要求进行焊接质量检查。

2. 焊缝表面缺陷及焊缝内部缺陷应严格按照《钢结构工程施工质量验收标准》（GB 50205—2020）及相关要求进行。

**十、施工安装要求**

1. 楼层标高采用设计标高控制，由柱拼接焊接引起钢柱的收缩变形或其他压缩变形，需在构件制作时逐节进行考虑确定柱的实际长度。

2. 柱安装时，每一节柱的定位轴线不应使用下根柱子的定位轴线，应将地面控制轴线引到高空，以保证每节柱安装正确无误。

3. 钢结构施工时，宜设置可靠的支护体系以保证结构在各种荷载作用下的稳定性和安全性。

**十一、钢结构使用维护要求**

1. 使用单位应每隔五年对所有钢结构外观进行一次全面检查，发现局部锈蚀应及时进行修补。

2. 使用单位在使用过程中发现严重超出规范的变形、位移、材料损坏等情况，应及时向设计、施工等单位书面反映。

3. 使用及维护应满足相关设备、材料生产技术标准及工艺的相关规定。

**十二、其他**

1. 图中凡未注明单位的尺寸，除标高为米（m）外，其余均为毫米（mm）。

2. 栓钉均采用 M16×100 高规格，钢梁翼缘宽度不小于 200mm 时，设双排栓钉，间距为 100mm，纵向间距为 200mm；钢梁翼缘宽度小于 200mm 时，设单排栓钉，纵向间距为 200mm。

3. 预埋件采用镀锌防腐（锚筋不镀锌），预埋件严禁手工切割，机械切割后应将四周打磨光滑，预埋件四周设缝，缝宽 2～4mm，缝深同埋件厚度，缝内用硅酮耐候密封胶密封。预埋件排气孔设置要求详见《国家电网公司输变电工程标准工艺》设计图集，标准工艺编号为 0101020301。

4. 预埋件采用 Q235B 钢，锚筋采用 HRB400 级钢筋。锚筋的焊接要求：直锚筋与锚板应采用 T 型焊，锚筋直径不大于 20mm 时，宜采用压力埋弧焊；锚筋直径大于 20mm 时，宜采用穿孔塞焊。

5. 严禁在钢梁腹板上直接焊接设备吊重，严禁悬挑支撑和承担侧向水平力。

6. 本套图纸为钢结构施工图，施工单位应根据本施工图对钢结构部分进行深化设计。

7. 本设计图纸经有关部门审查并经技术交底和图纸会审后实施施工，图纸若修改，须经设计单位同意。

8. 不允许两台及以上电动葫芦同时工作，同一时间只允许一台电动葫芦处于工作状态。

9. 本说明未详尽处，应遵照现行国家有关规范与规程规定施工。

10. 以下为部分施工中会应用到的图、表。

**单个高强螺栓预拉力值 $P$（kN）**

| 螺栓性能等级 | 螺栓的公称直径（mm） | | | | | |
|---|---|---|---|---|---|---|
| | M16 | M20 | M22 | M24 | M27 | M30 |
| 8.8 级 | 80 | 125 | 150 | 175 | 230 | 280 |
| 10.9 级 | 100 | 155 | 190 | 225 | 290 | 355 |

**图 10.2.3-10　HN-110-A2-3　结构设计总说明二（二）**

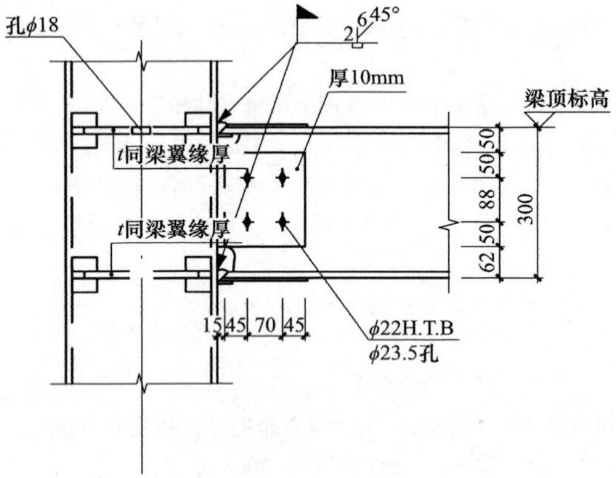


H300梁与柱刚接节点详图一 1 : 10

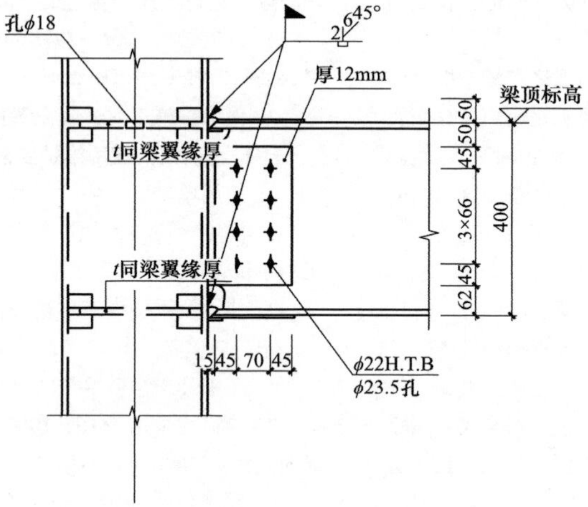


H400梁与柱刚接节点详图一 1 : 10

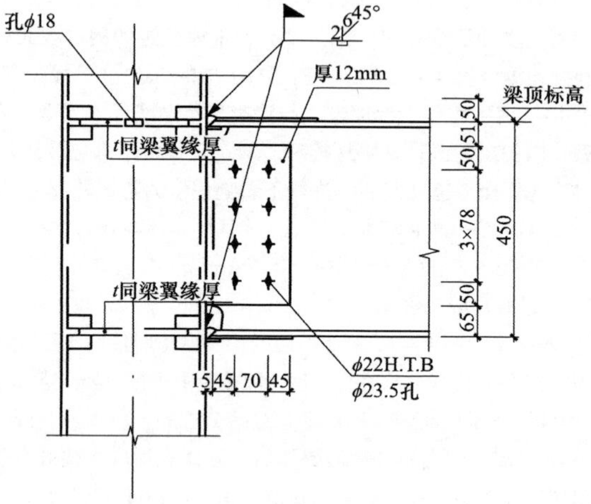


H450梁与柱刚接节点详图一 1 : 10

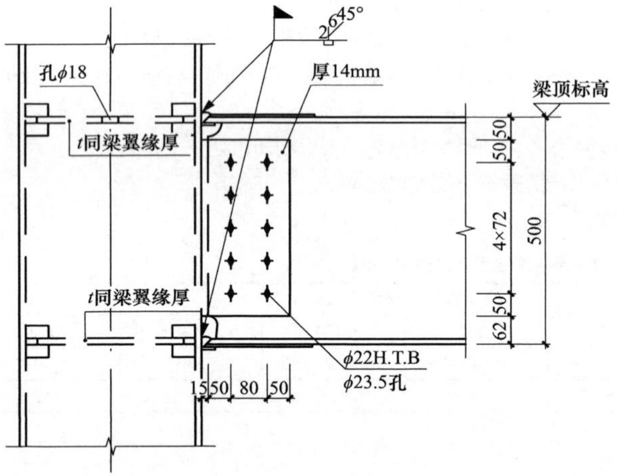


H500梁与柱刚接节点详图一 1 : 10

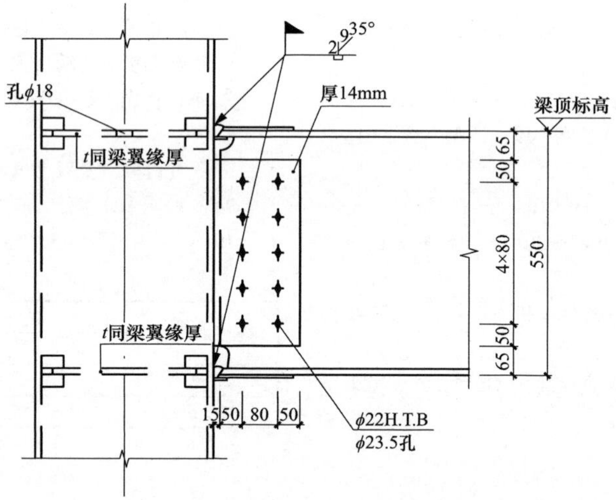


H550梁与柱刚接节点详图一 1 : 10

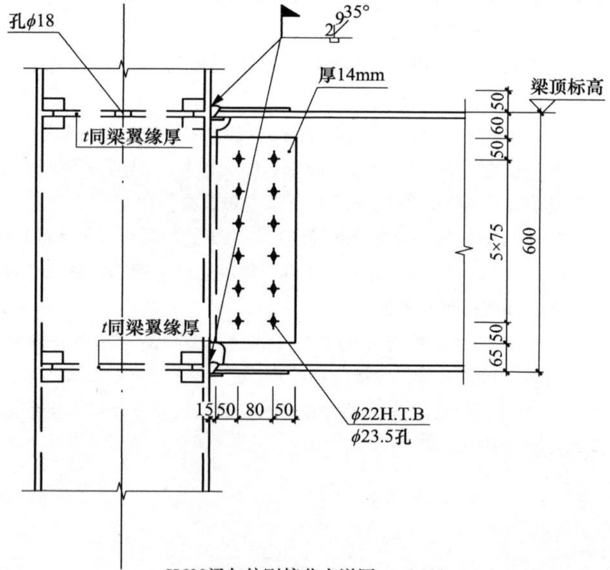


H600梁与柱刚接节点详图一 1 : 10

**图 10.2.3-11 HA-110-A2-3 梁柱等强连接节点详图一**

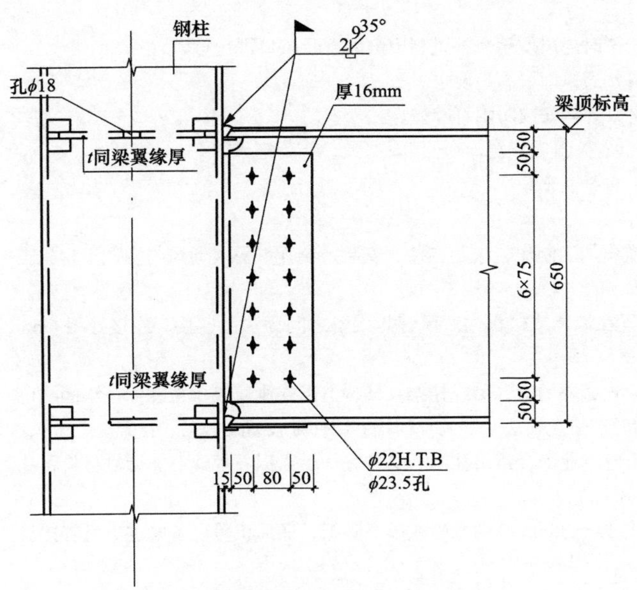


H650梁与柱刚接节点详图一 1∶10

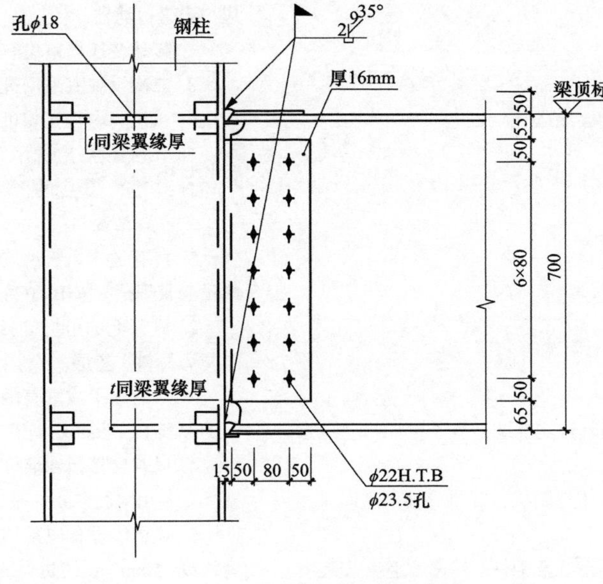


H700梁与柱刚接节点详图一 1∶10

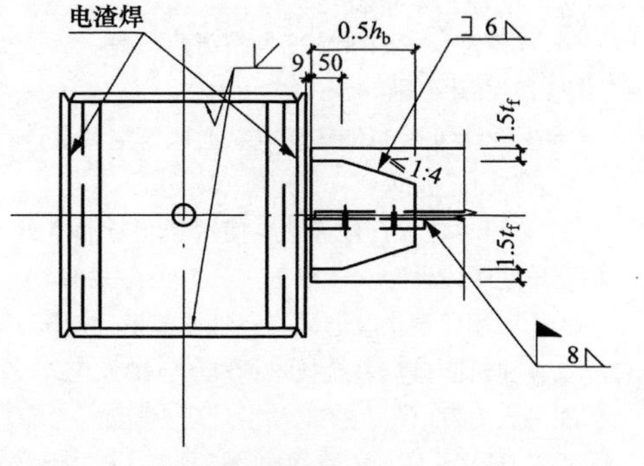


上翼缘楔形盖板

说明：$t_f$为梁翼缘厚度；$h_b$为梁截面高度楔形盖板厚度为$t_{cp}$=8mm。

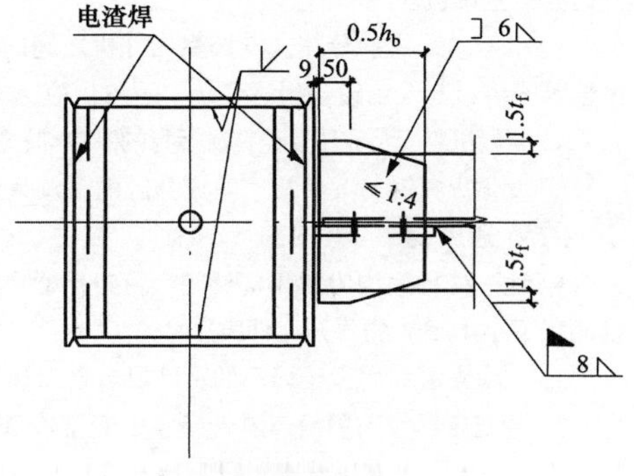


下翼缘楔形盖板

说明：$t_f$为梁翼缘厚度；$h_b$为梁截面高度楔形盖板厚度为$t_{cp}$=8mm。

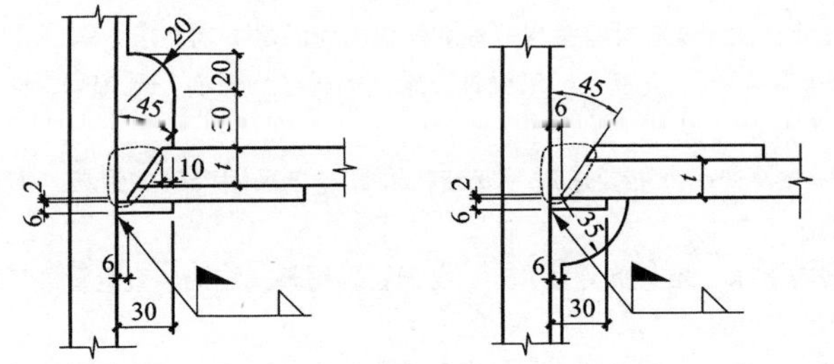

剖口焊焊缝详图($t$≤12) 1∶10

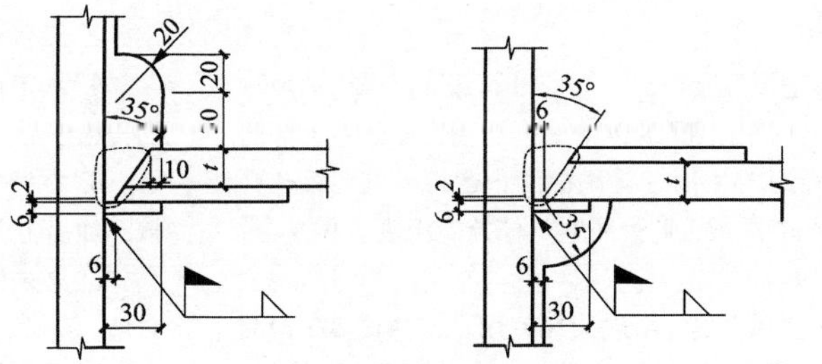

剖口焊焊缝详图($t$≥13) 1∶10

**图 10.2.3-12 HA-110-A2-3 梁柱等强连接节点详图二**

## 暖通设计与施工说明

**一、设计说明**

（一）工程概况

本方案为 ××110kV 变电站新建工程。

（二）设计范围

本次设计包括 110kV 变电站通风与空调设计；配电详见电气专业施工图。

（三）设计依据

1. 建设单位设计任务书、使用功能要求等。

2.《建筑设计防火规范》（GB 50016—2014）（2018 年版）

3.《民用建筑供暖通风与空气调节设计规范》（GB 50736—2012）

4.《建筑防排烟系统技术标准》（GB 52125—2017）

5.《火力发电厂与变电站设计防火标准》（GB 50229—2019）

6.《35kV～110kV 变电站设计规范》（GB 50059—2011）

（四）空调设计

1. 二次设备室设风管式空调，冬夏季使用；10kV 配电装置室设风管式空调，夏季使用。空调选用高效变频节能空调，能效应达到国家空调能效等级 2 级水平。

2. 本建筑二次设备室等设备房间均采用带来电自动启动功能的分体空调机，资料等辅助房间采用普通分体空调机。

3. 本建筑采用的分体式空调室内外机之间的制冷剂连接管、控制系统及配件、冷凝水管及安装支吊架等安装材料等由设备供货商统一配置供应，本图册不予单独开列。

4. 空调机组安装完毕后，首次运行的制冷剂、润滑油由供货方充注，且由供货方进行检查和试运转。

5. 发生火灾时，关闭相应防火分区的空调系统。

（五）通风设计

1. 地下楼梯间均为封闭楼梯间，可自然通风，首层设有直通室外的疏散门。地上楼梯间最高部位设面积不小于 1m$^2$ 的可开启外窗。

2. 电缆夹层利用设于墙面的百叶风口自然通风。

3. 主变压器室采用消声隔音门，主变压器室内四周墙壁设置吸声板；主变压器室进风采用消声百叶窗自然进风。主变压器室平时利用侧墙百叶自然通风。当室内温度达到 45℃时，主变压器室上部的电动百叶关闭，同时启动排风机机械排风；当室内温度降到 35℃时，排风机停止运行，电动百叶开启，恢复自然通风。（注：自控装置控制系统由设备厂家配套提供，此处所述具体控制温度仅供参考，可根据实际情况做相应调整。）

4. 110kV GIS 室设有机械排风、自然进风系统，平时通风和 $SF_6$ 事故通风使用。室内设 $SF_6$ 探测系统（详见电气专业图纸）与事故排风机联动。排风采用四台轴流风机，两台上排风，两台下排风。风机分别在室内外便于操作的地方设开关。补风利用侧墙防雨百叶风口进行补风，风口自带过滤器。

5. 10kV 配电装置室设有机械排风、自然补风系统，平时通风使用。排风采用边墙轴流风机，平时通风时使用，风机分别在室内外便于操作的地方设开关。补风利用侧墙防雨百叶窗进行补风，风口自带过滤器。

6. 电容器室设有边墙及屋顶风机，平时通风使用，补风利用设在房间侧墙的百叶风口进行补风，风口自带过滤器。

7. 接地变压器室设有边墙风机，平时通风使用，补风利用侧墙百叶风口进行补风。

8. 二次设备室采用进风百叶窗自然通风即可满足要求。

9. 风机均内侧安装可拆卸防护网，外侧安装防雨百叶窗。

10. 所有设备应选用低噪声型产品，降低噪声源。

11. 门厅、走廊的百叶窗均配置 70° 防火阀。

**二、施工说明**

1. 所有送排风管道均采用镀锌铁皮加工制作，法兰连接，安装及制作详见《通风与空调工程施工质量验收规范》（GB 50243—2016）。

2. 风管上的可拆卸接口不得设置在墙体或楼板内。风管与设备之间为法兰连接，连接处用 6mm 厚防火材料作垫层。

3. 所有水平或垂直的风管必须设置必要的支、吊或托架，其构造形式由安装单位在保证牢固、可靠的原则下，根据现场情况确定。同时应避免在法兰、调节阀等零部件处设置支、吊、托架。

4. 风管穿楼板和墙体时，需与土建专业配合留出孔洞。安装完毕后需以石棉绳等非燃烧材料将孔塞严，并用水泥砂浆抹平，做到绝对不漏风。

5. 风机等设备应采用减震吊架或 20～50mm 厚的橡胶减震垫隔振，通风机等设备的进出风管接头处均设 150mm 长的防火软接头。

6. 在外窗、室内吊顶安装换气扇的位置及高度根据二次装修施工安装，在外墙安装的换气扇紧贴梁底安装，平面位置详见施工图，圆形风管采用 150mm 金属铝箔软管。矩形风管采用镀锌钢板制作，钢板厚度不小于 1.0mm。

7. 土建施工时，预埋套管，配合预留孔洞，矩形孔洞的大小为穿墙处风管尺寸加 100mm，圆形孔洞的大小为穿墙处风管直径加 100mm。

8. 所有风机基础及留洞须待设备到货并核实设备的具体尺寸后方可施工。

9. 设备安装除按设计图纸、设计说明及有关规范标准外，尚应满足下列要求：

a. 本工程中安装的设备产品必须首先满足图纸设计要求，另外还应具有产品牌号、注册商标、产品合格证书、产品鉴定书、安装运行说明书或手册等。

b. 空调机严格按相关标准及产品性能要求进行安装，铜管连接采用套管式焊接，不允许采用对接，加强防止冷媒泄漏的措施。

c. 必须保持空调冷媒管内干净、无杂质、无水分。盘铜管采用整捆购买，直铜管进场后检查有无封堵，对无封堵或抽验内壁不洁净的铜管采用拉布除尘去污。

d. 冷煤管及冷凝水管按要求做好保温处理，不得出现结露漏水情况。空调冷凝水管排水必须保证不小于 1% 的坡度，接头处无渗漏，并注意排气。

e. 连接内外机的管线所经过的墙洞，洞口做到内高外低。空调安装完毕后采用油泥、发泡剂、水泥等材料进行堵洞。堵墙洞要求松紧适度、无缝隙，外观应呈小半圆，不可过紧，否则会将水管压瘪，造成内机漏水。

**图 10.2.3-13　HA-110-A2-3　暖通设计说明与主要设备材料表（一）**

f. 设备安装稳定，支、吊架设置合理，空调的室内、外机运转时的垂直振动不超过 15μm。

g. 排烟风机及防火阀的安装参见《防排烟系统设备及附件选用与安装》(07K103-2)；分体空调安装参见《分体式空调器安装图》(94K303)。

10. 通风与空调系统安装时应与土建、电气、消防等各施工单位密切配合，进行预留孔洞及设备基础的核对和检查，合理确定设备及管道支、吊架的位置，安装时应避免与土建梁、柱、屋架、电气设备、桥架及电缆、消防设备及管道、供水及排水设施等的相互碰撞。

11. 设备安装工作完毕后，必须进行调试、试运转及试压工作，确认各系统及其设备均满足设计要求。

12. 在正式交付建设单位使用前，应对风管、风口、设备表面进行清洁。系统调试前，应进行各设备单机运行，合格后再进行综合调试，让系统连续运行 24h 以上，并对系统进行全面检查调整，考核各项指标并做书面记录。

13. 本方案施工执行《国家电网公司输变电工程标准工艺（三）工艺标准库（2016 年版）》中的施工要求。

14. 其他未尽事宜及各项施工要求应严格遵守《通风与空调工程施工质量验收规范》(GB 50243—2016)。

主要暖通设备材料表

| 序号 | 名称 | 型号及主要参数 | 单位 | 数量 | 备注 |
|---|---|---|---|---|---|
| 1 | 低噪声轴流风机 | WT-I-3 轴流式屋顶风机 NO.3.0 $L$=2500m³/h，$N$=0.25kW，380V，$P$=128Pa，噪声小于 60dB | 台 | 2 | 蓄电池室 |
| 2 | 低噪声轴流风机 | DZ-NO.3.0 自配室外防雨百叶 3500m³/h，121Pa 0.25kW，噪声小于 65dB | 台 | 4 | 电缆夹层 |
| 3 | 低噪声轴流风机 | DZ-NO.4.5 自配室外防雨百叶 6000m³/h，121Pa 0.25kW，噪声小于 65dB | 台 | 4 | 10kV 配电装置室、110kV GIS 室 |
| 4 | 低噪声屋顶风机 | DWT-I-4 轴流式屋顶风机 NO.4.0 $L$=5700m³/h，$N$=0.55kW，380V，$P$=176Pa，噪声小于 65dBD | 台 | 5 | 110kV GIS 室、电容器室 |

续表

| 序号 | 名称 | 型号及主要参数 | 单位 | 数量 | 备注 |
|---|---|---|---|---|---|
| 5 | 低噪声屋顶风机 | DWT-I-6 离心式屋顶风机 NO.6.0 $L$=20000m³/h，$N$=1.5kW，380V，$P$=128Pa，噪声小于 65dB | 台 | 1 | 1 号主变压器室排风，2、3 号预留洞口，本期不上，钢板遮挡预留洞口 |
| 6 | 风管式空调室外机 | GMV-730W/A1 额定制冷量 12.5kW 制冷输入功率 5.0kW 额定电压 380V 额定制热量 10.0kW 制热输入功率 4.5kW 63dB（A） IPLV=7.2 | 台 | 9 | 二次设备室、10kV 配电装置室<br>蓄电池室 |
| 7 | 风管式空调室内机 | GMV-NDR125PH/A 额定制冷量 12.5kW 额定制热量 10.0kW 输入功率 0.56kW 220V 54dB（A） | 台 | 9 | |
| 8 | 空调器壁挂机 | KFR-36GW-DY-T6 制冷量：3600W 输入功率：1.27kW 制热量：4300+750 输入功率：1.27+0.75kW | 台 | 1 | 资料室 |

图　例

| 图例 | 名称 | 图例 | 名称 |
|---|---|---|---|
|  | 壁式轴流风机 | 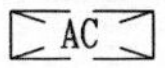 | 空调室外机 |
|  | 屋顶轴流风机 |  | 空调挂机 |
|  | 天花板用管道式换气扇 | 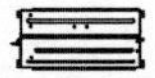 | 风管式空调室内机 |
|  | 风管 |  | 防火阀 |

图 10.2.3-13　HA-110-A2-3　暖通设计说明与主要设备材料表（二）

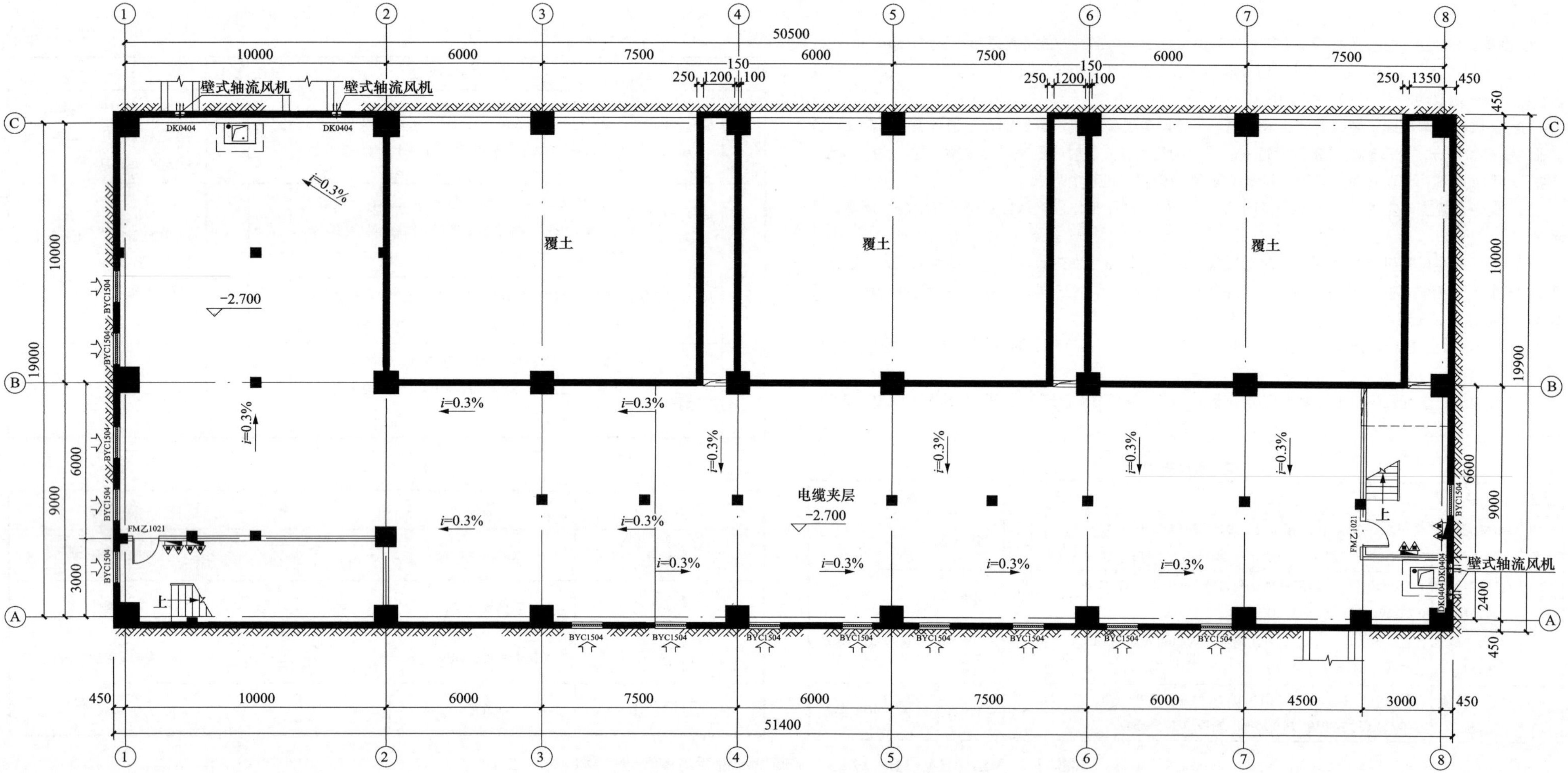


**图 10.2.3-14　HA-110-A2-3　电缆夹层暖通平面图**

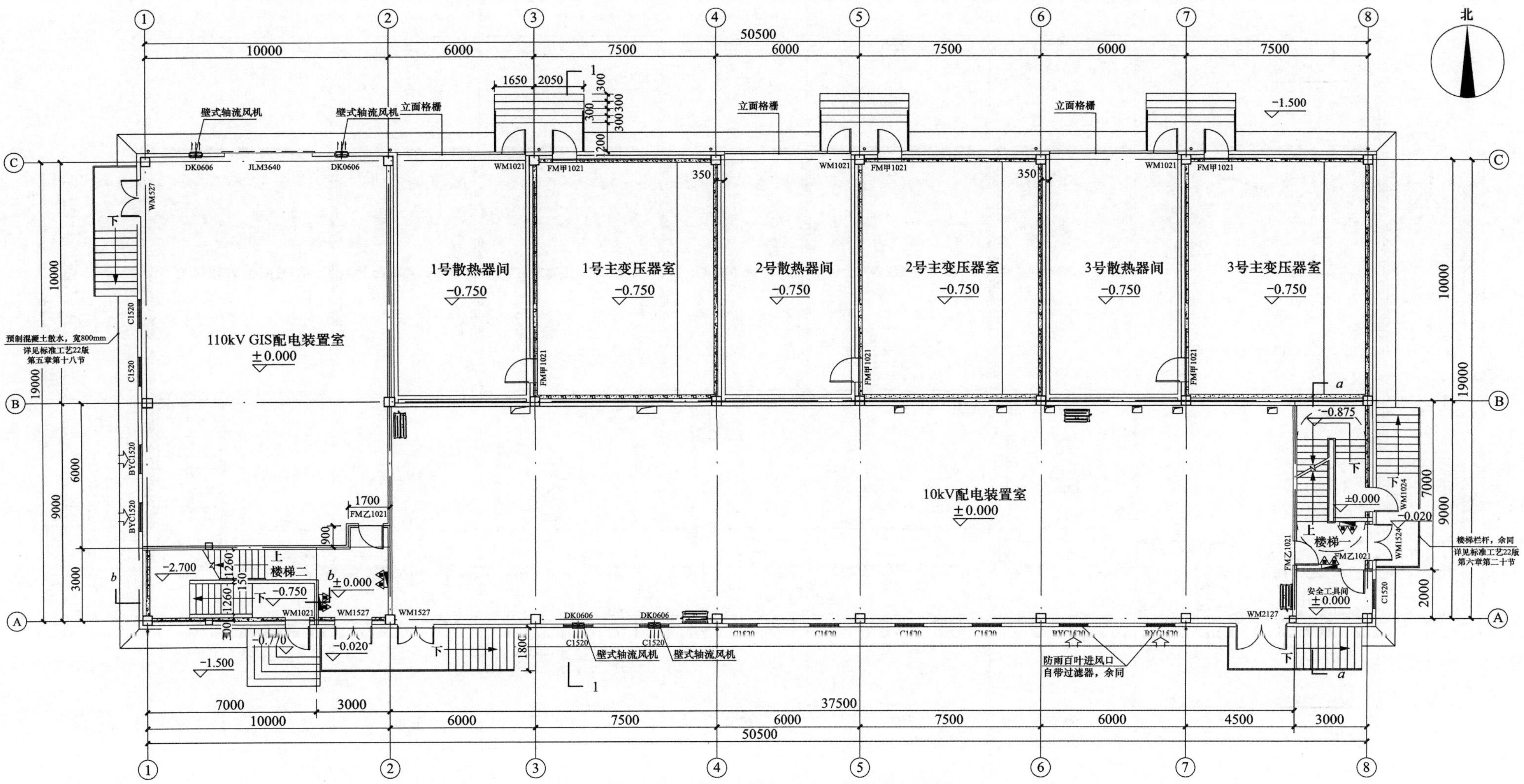


图 10.2.3-15　HA-110-A2-3　一层暖通平面图

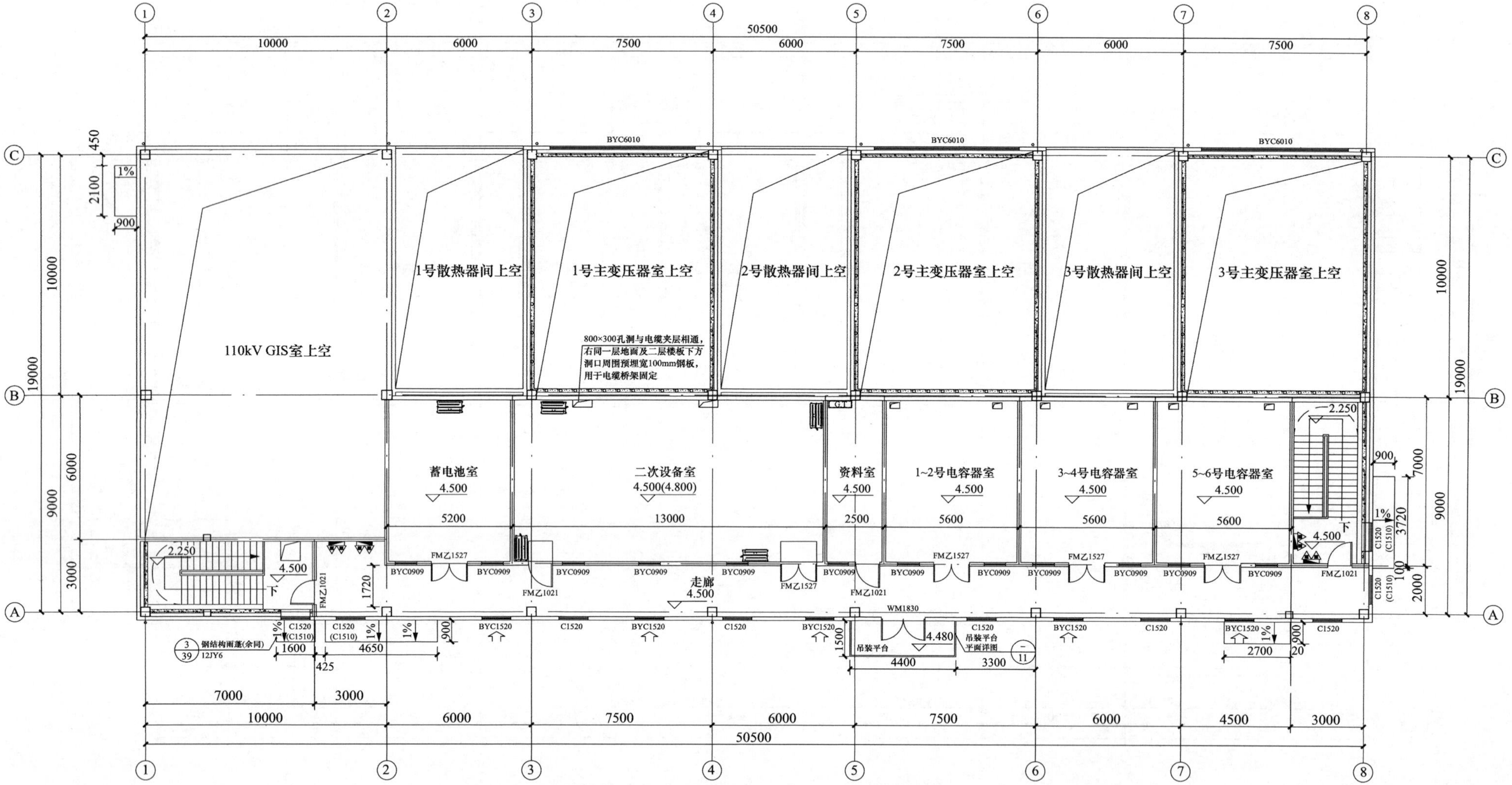


图 10.2.3-16　HA-110-A2-3　二层暖通平面图

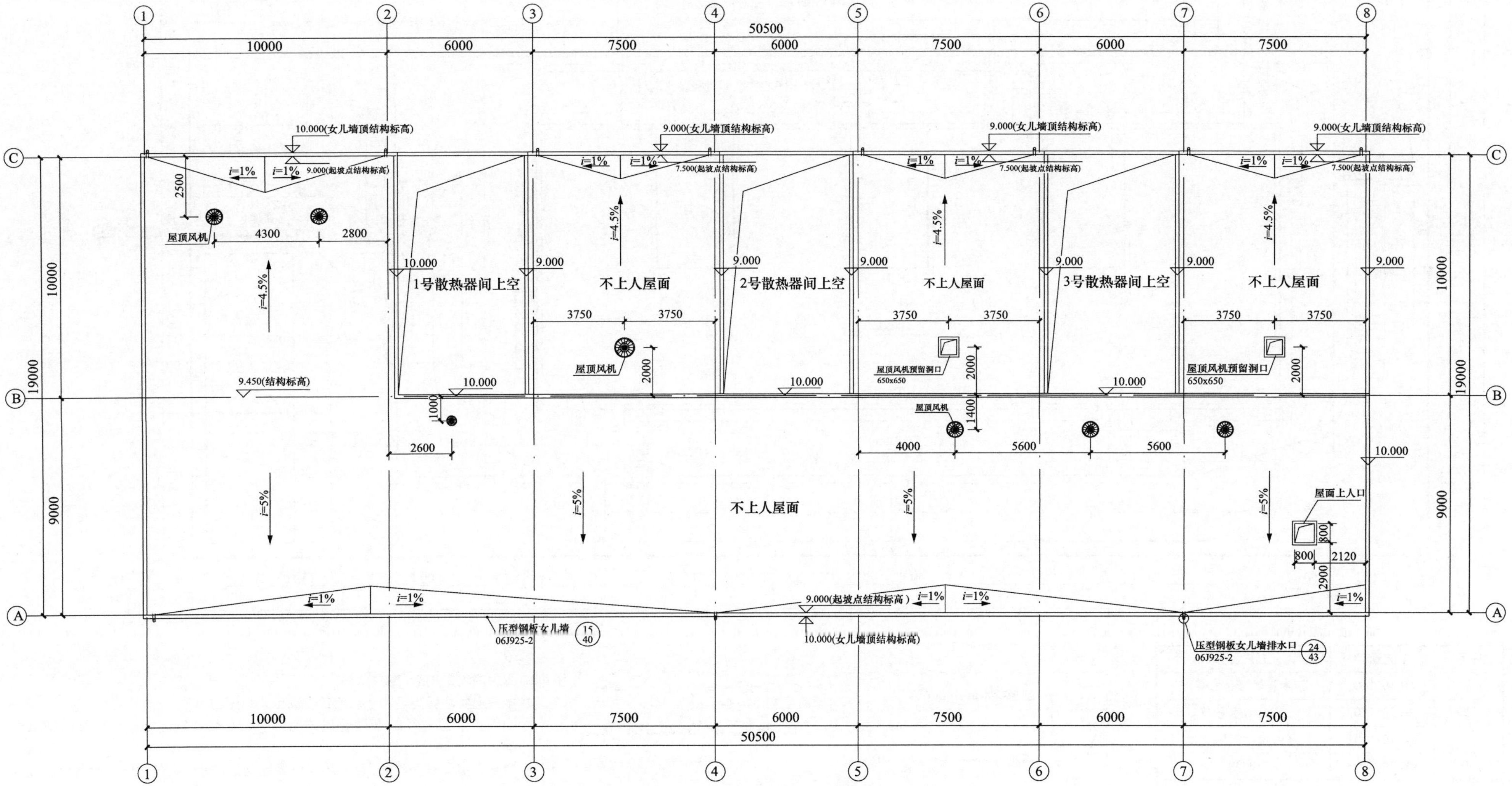


图 10.2.3-17　HA-110-A2-3　屋顶暖通平面图

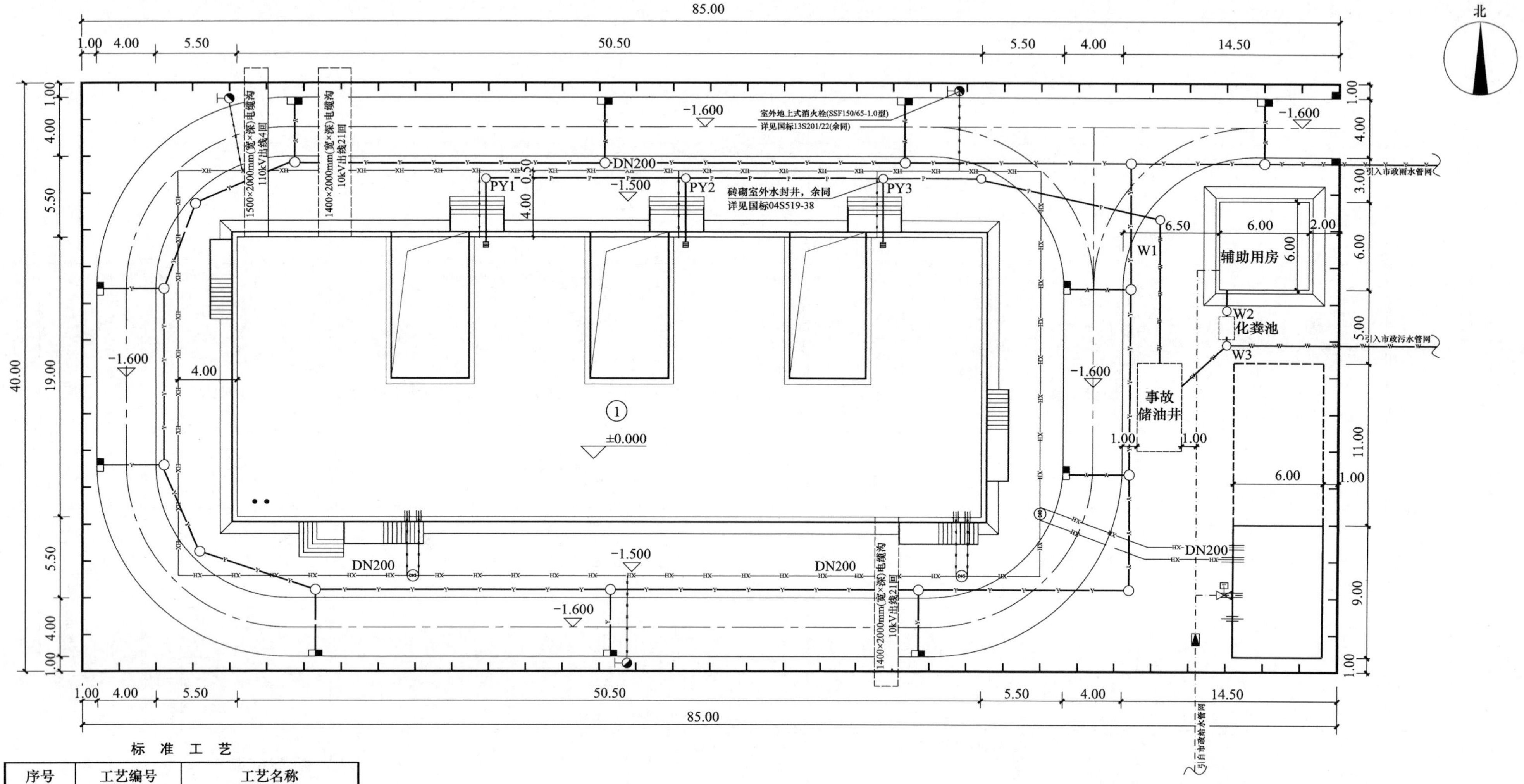


**标 准 工 艺**

| 序号 | 工艺编号 | 工艺名称 |
|---|---|---|
| 1 | 0101011601 | 给水管道预留和预埋 |
| 2 | 0101011602 | 室内给水管道 |
| 3 | 0101011701 | 室内排水管道布置 |
| 4 | 0101011703 | 地漏 |
| 5 | 0101011704 | 卫生器具 |
| 6 | 0101030701 | 雨水井 |
| 7 | 0101030702 | 检查井 |
| 8 | 0101040101 | 消防给水 |

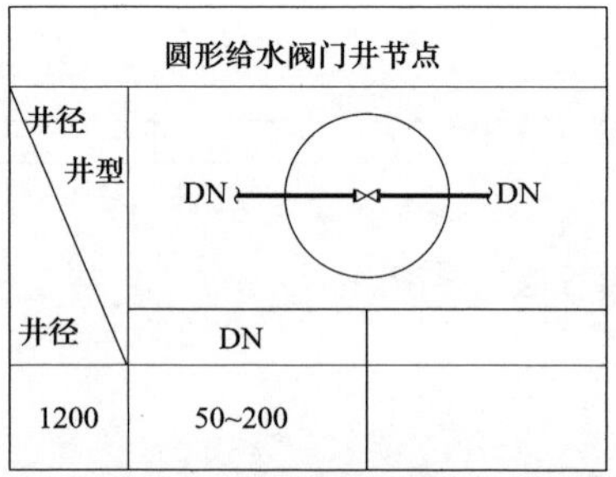


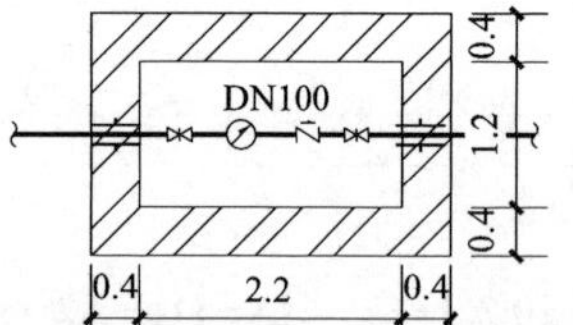


水表井安装图

做法详见国标图集12SS508-99

具体定位由自来水公司确定

说明：1. 图中高程采用85高程。

2. 本图上所注标高、尺寸、建筑物高度均以米为单位。
3. 本图上所注通往综合楼管道均为示意，具体位置应结合综合楼给排水图确定。
4. 污水管道均排至红线以外2.0m位置预留检查井，在具体施工时请再次确认市政污水井及雨水井具体位置及标高，若有出入请提供给设计院进行修改。
5. 本图纸需经市政部门审批后方能施工。
6. 除注明外所有管材均为HDPE双壁波纹管。
7. 在施工前应对城市接管点的雨、污水检查井的标高和管径进行实测复测。如与施工图标高不一致，应通知设计院进行管道高程调整后，方可施工。

**图 10.2.3-18 HA-110-A2-3 给排水及消防总平面布置图**

# 第 11 章　HA-110-A3-3 方案

## 11.1　HA-110-A3-3 方案主要技术条件

HA-110-A3-3 方案主要技术条件见表 11.1.0-1。

**表 11.1.0-1　　HA-110-A3-3 方案主要技术条件**

| 序号 | 项目 | | 本方案技术条件 |
|---|---|---|---|
| 1 | 建设规模 | 主变压器 | 本期 1 组 50MVA，终期 3 组 50MVA |
| | | 出线 | 110kV：本期 2 回，终期 4 回；<br>10kV：本期 10 回，终期 30 回 |
| | | 无功补偿装置 | 10kV 并联电容器：本期 1×（3600+4800）kvar，终期 3×（3600+4800）kvar |
| 2 | 站址基本条件 | | 海拔小于 1000m，设计基本地震加速度 0.15*g*，设计风速不大于 30m/s，地基承载力特征值 $f_{ak}$=150kPa，无地下水影响，场地同一设计标高 |
| 3 | 电气主接线 | | 110kV 本期采用单母线分段接线，终期为单母线分段接线；<br>10kV 本期采用单母线接线，终期为单母线三分段接线 |
| 4 | 主要设备选型 | | 主变压器用三相双绕组油浸自冷式有载调压变压器；110kV 采用户内 GIS 设备；10kV 高压开关柜选用金属封闭铠装移开式封闭开关柜；10kV 并联电容器组选用户内框架式 |
| 5 | 电气总平面及配电装置 | | 半户内一幢楼布置；<br>主变压器：户外布置；<br>110kV：户内 GIS；<br>10kV：户内高压开关柜双列布置；<br>无功补偿：户内成套装置 |
| 6 | 二次系统 | | 全站采用模块化二次设备、预制式智能控制柜及预制光缆的二次设备模块化设计方案；<br>变电站自动化系统按照一体化监控设计；<br>采用常规互感器+合并单元；<br>110kV GOOSE 与 SV 共网，保护直采直跳；<br>主变压器用保护、测控独立装置，110kV 采用保护测控集成装置，10kV 采用保护测控集成装置；<br>采用一体化电源系统，通信电源不独立设置；<br>间隔层设备下放布置，公用及主变压器二次设备布置在二次设备室 |
| 7 | 土建部分 | | 本方案围墙内占地面积 3690m²；全站总建筑面积 901m²，其中配电装置楼建筑面积 797.3m²。<br>建筑物结构型式为钢结构；<br>建筑物外墙采用铝镁锰复合板+ALC 板，内墙采用 ALC 板或轻质复合内墙板，屋面板采用钢筋桁架楼承板；<br>围墙采用装配式围墙；<br>支架基础采用定型钢模浇筑，支架与基础采用地脚螺栓连接 |

## 11.2　HA-110-A3-3 方案主要设计图纸

HA-110-A3-3 方案三维效果图如图 11.2.0-1 所示。

### 11.2.1　电气一次部分

电气一次部分主要图纸见表 11.2.1-1。

**表 11.2.1-1　　电气一次部分主要图纸**

| 图号 | 图名 |
|---|---|
| 图 11.2.1-01 | HA-110-A3-3　电气主接线图 |
| 图 11.2.1-02 | HA-110-A3-3　电气平面布置图 |
| 图 11.2.1-03 | HA-110-A3-3　配电装置室平面布置图 |
| 图 11.2.1-04 | HA-110-A3-3　110kV GIS 平面布置图 |
| 图 11.2.1-05 | HA-110-A3-3　110kV GIS 断面图 |
| 图 11.2.1-06 | HA-110-A3-3　110kV 出线间隔断面图 |
| 图 11.2.1-07 | HA-110-A3-3　110kV GIS 气室分割示意图 |
| 图 11.2.1-08 | HA-110-A3-3　10kV 配电装置平面布置图 |
| 图 11.2.1-09 | HA-110-A3-3　主变压器 110kV 进线及 10kV 母线桥断面图 |
| 图 11.2.1-10 | HA-110-A3-3　10kV 配电装置室断面图 |
| 图 11.2.1-11 | HA-110-A3-3　全站防雷布置图 |
| 图 11.2.1-12 | HA-110-A3-3　全站主接地网敷设图 |
| 图 11.2.1-13 | HA-110-A3-3　全站户外照明平面布置图 |
| 图 11.2.1-14 | HA-110-A3-3　站区电缆防火布置图 |

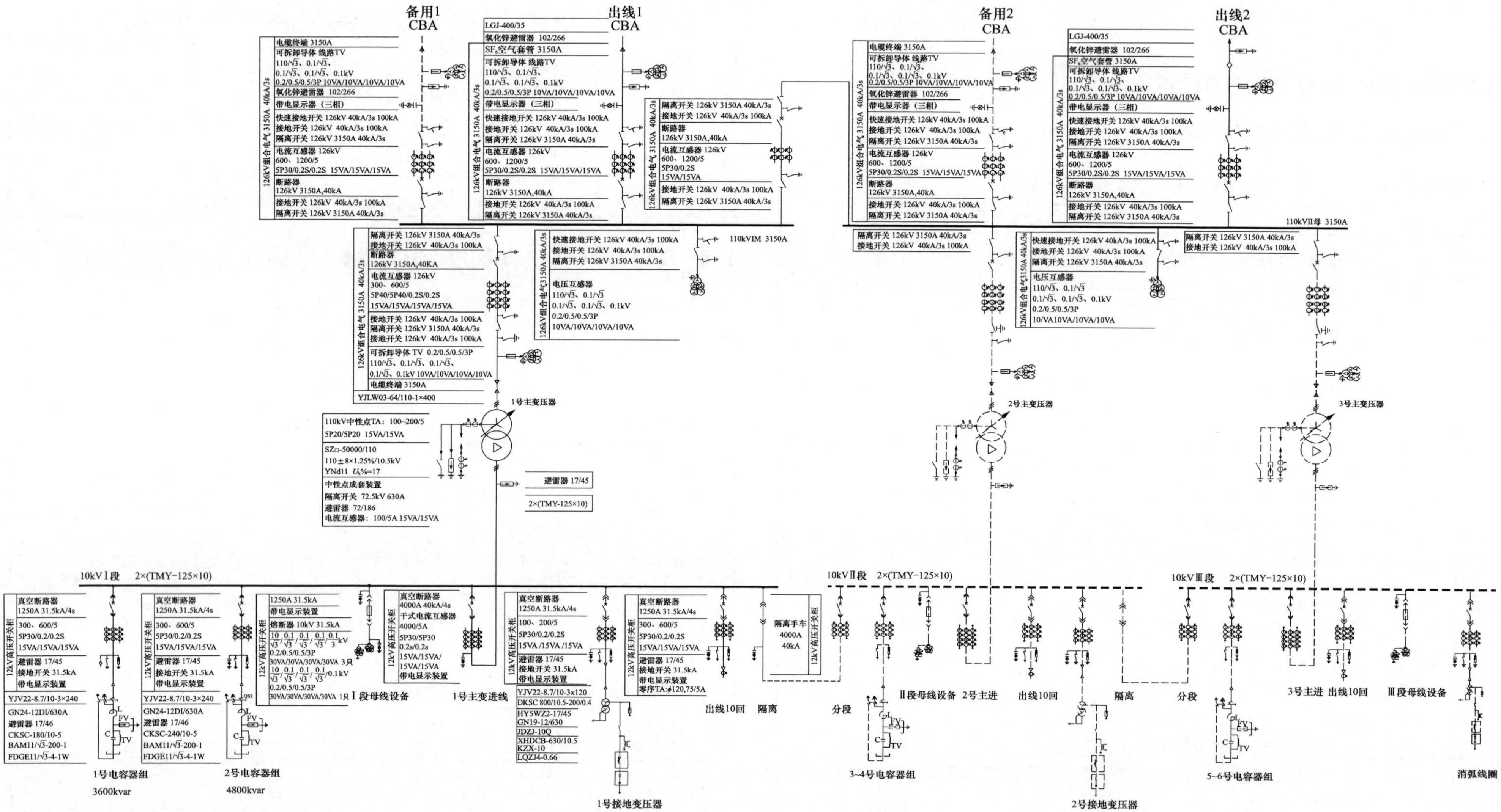


说明：实线部分为本期工程，虚线部分为远期工程。

**图 11.2.1-01　HA-110-A3-3　电气主接线图**

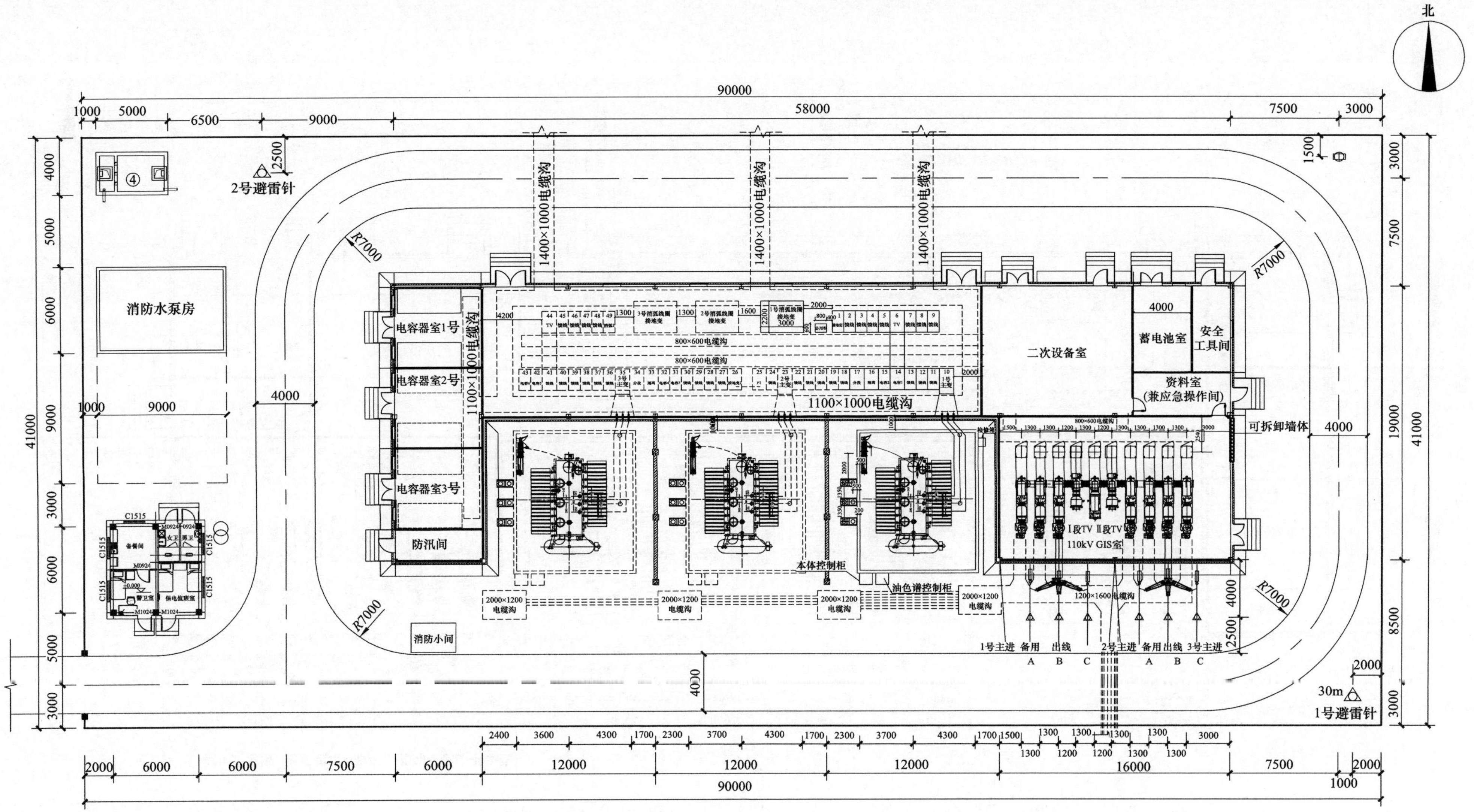


说明：1. 实线部分为本期工程，虚线部分为远期工程。

2. 1 号主变压器本体控制柜、油色谱柜及检修箱电缆采用埋管直接进 GIS 电缆沟。

3. 2 号主变压器、3 号主变压器、泵房及辅助用房电缆采用槽盒平铺到配电装置室外地坪上。

**图 11.2.1-02　HA-110-A3-3　电气平面布置图**

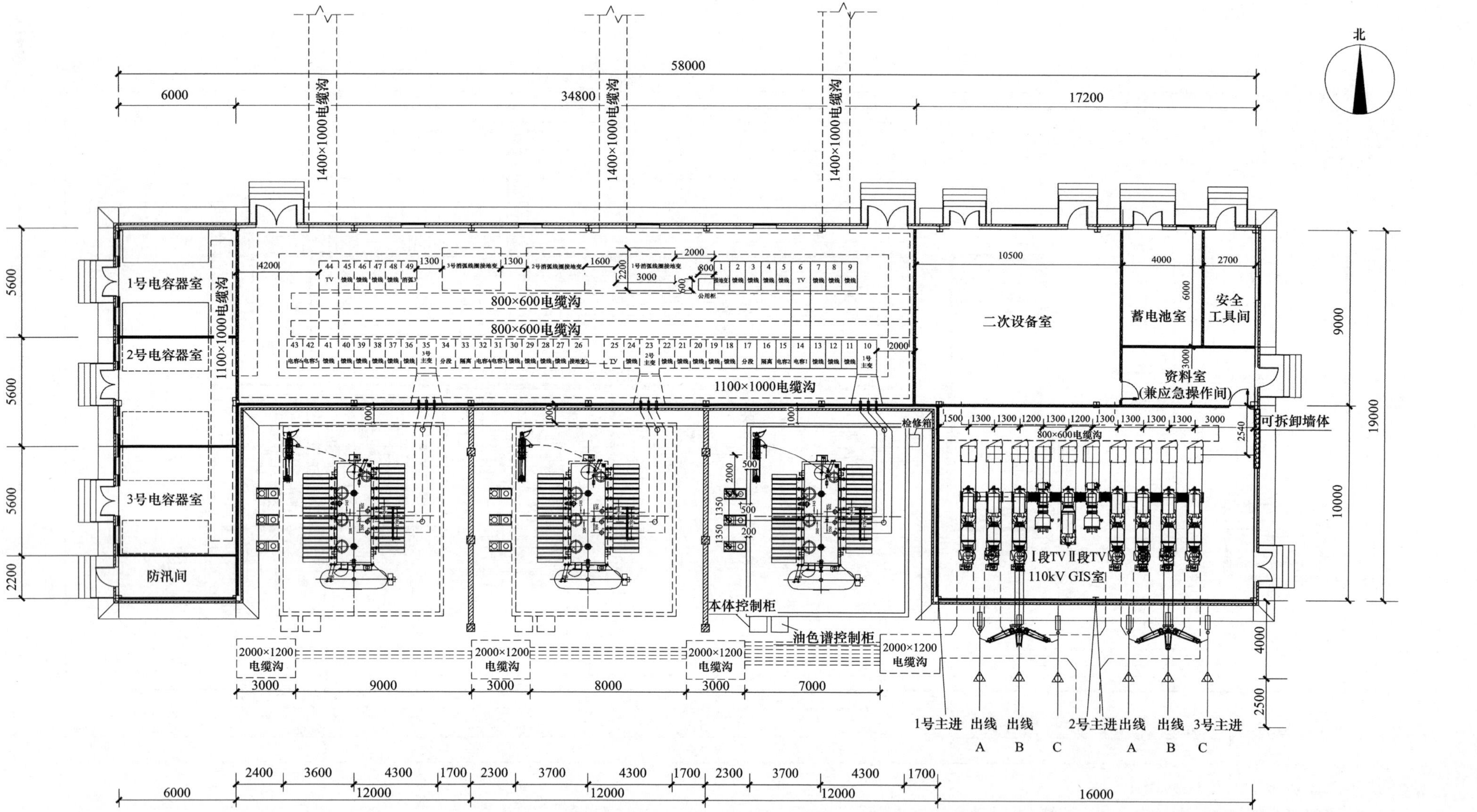


图 11.2.1-03 HA-110-A3-3 配电装置室平面布置图

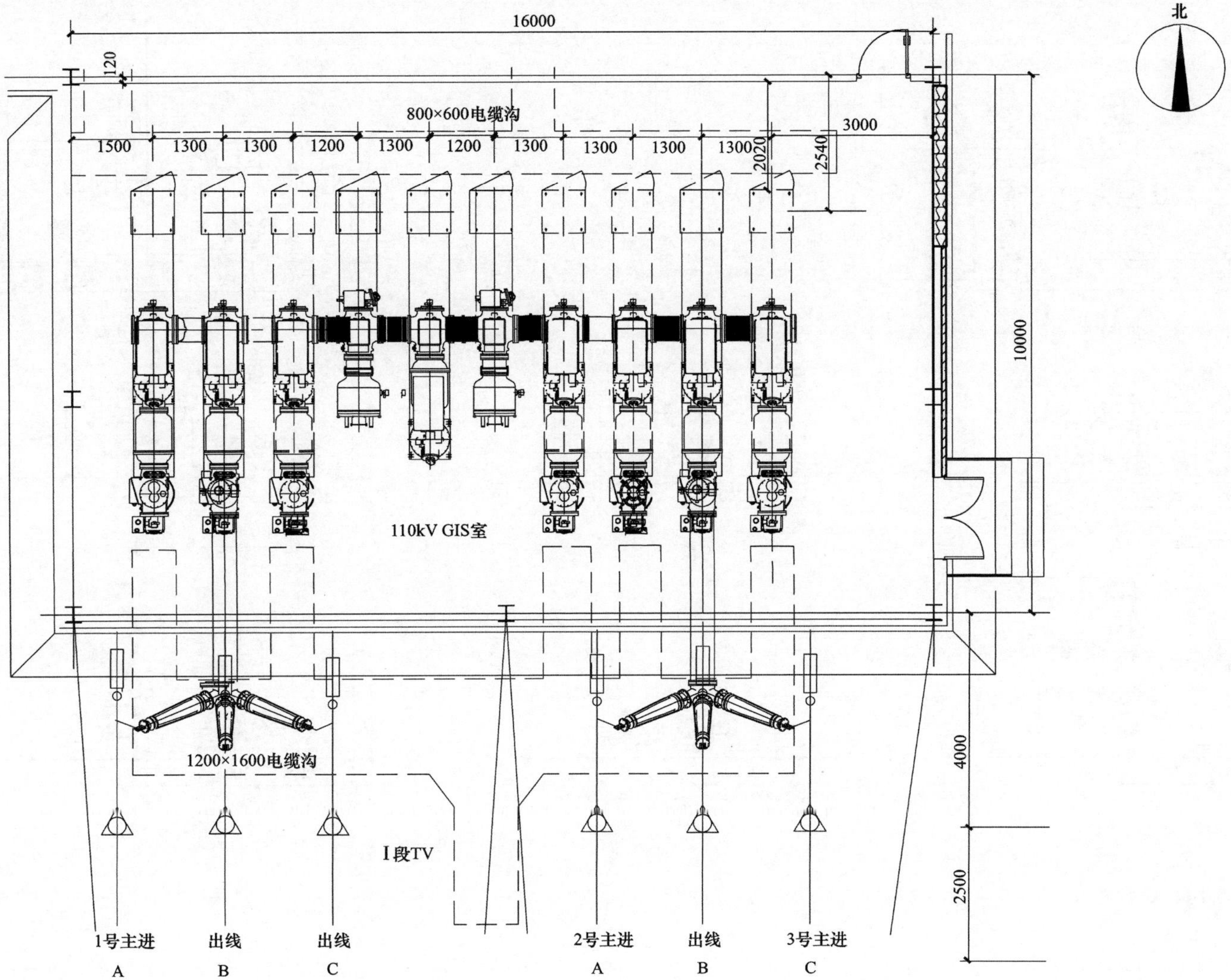


说明：实线部分为本期工程，虚线部分为远期工程。

**图 11.2.1-04　HA-110-A3-3　110kV GIS 平面布置图**

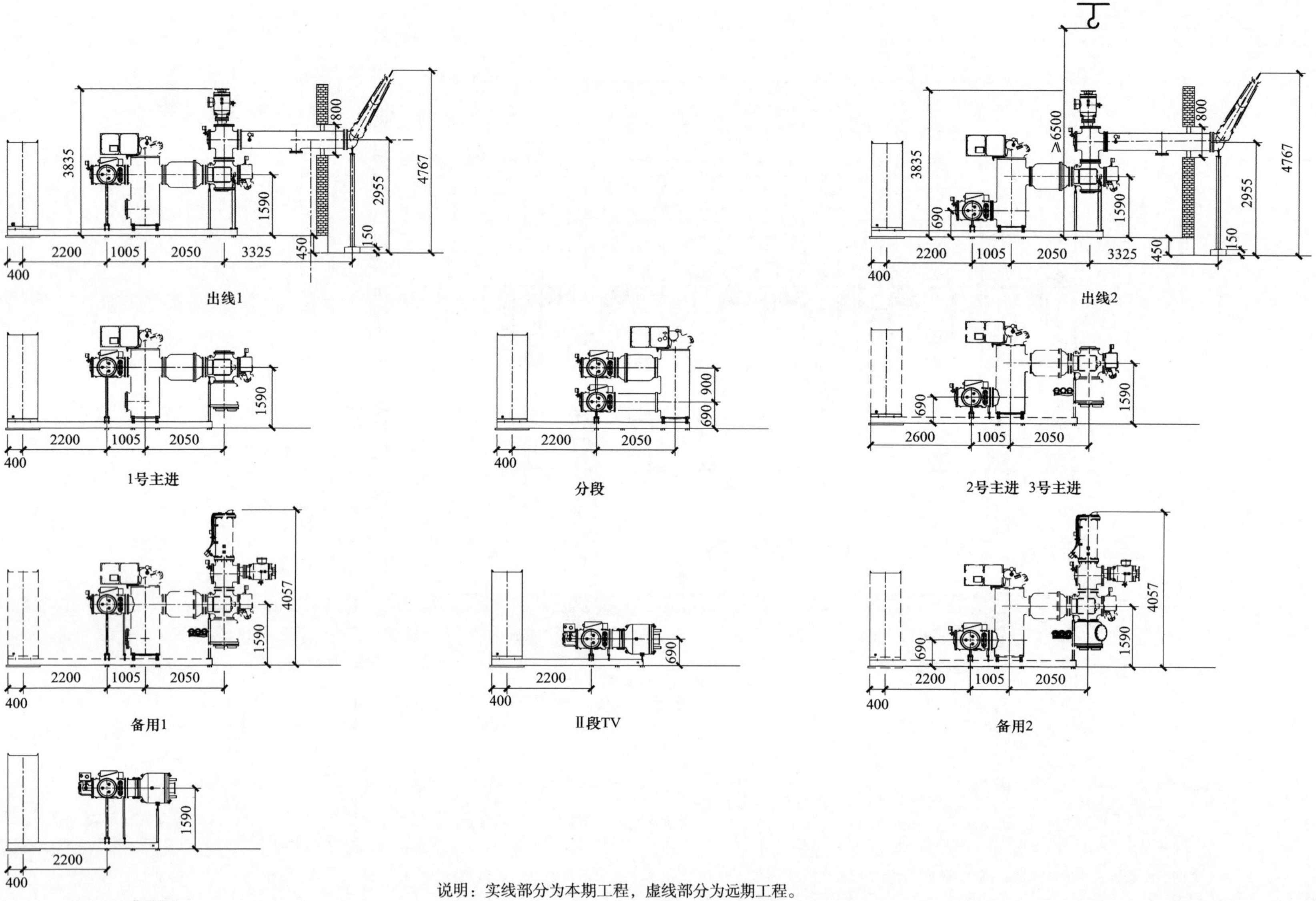


说明：实线部分为本期工程，虚线部分为远期工程。

**图 11.2.1-05　HA-110-A3-3　110kV GIS 断面图**

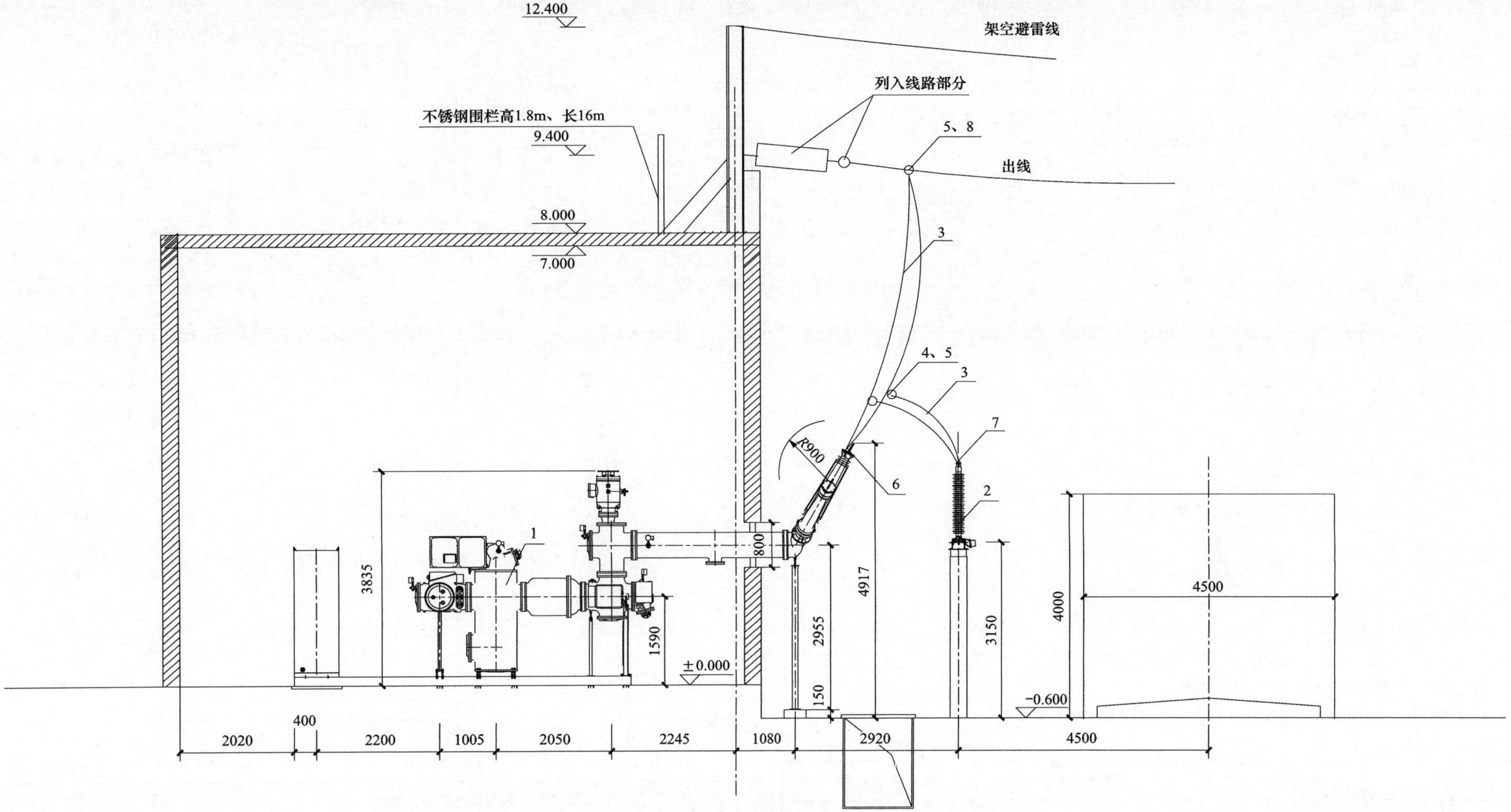


设 备 材 料 表

| 编号 | 名称 | 型号及规格 | 单位 | 数量 | 备注 | 编号 | 名称 | 型号及规格 | 单位 | 数量 | 备注 |
|---|---|---|---|---|---|---|---|---|---|---|---|
| 1 | 110kV GIS | ZF43−126 | 间隔 | 1 | 架空出线间隔 | 5 | 0°铝设备线夹 | SY−630/55A | 套 | 6 | |
| 2 | 避雷器 | YH10W1−102/266 | 只 | 3 | 附监测器 | 6 | 0°铝设备线夹 | SY−630/55A−180×110 | 套 | 3 | |
| 3 | 钢芯铝绞线 | LGJ−630/55 | m | 27 | | 7 | 30°铝设备线夹 | SY−630/55B−130×110 | 套 | 3 | |
| 4 | T 形线夹 | TY−630/55 | 套 | 3 | | 8 | T 形线夹 | TYS−2×240/400 | 套 | 3 | 双母线单引下 |

**图 11.2.1−06　HA−110−A3−3　110kV 出线间隔断面图**

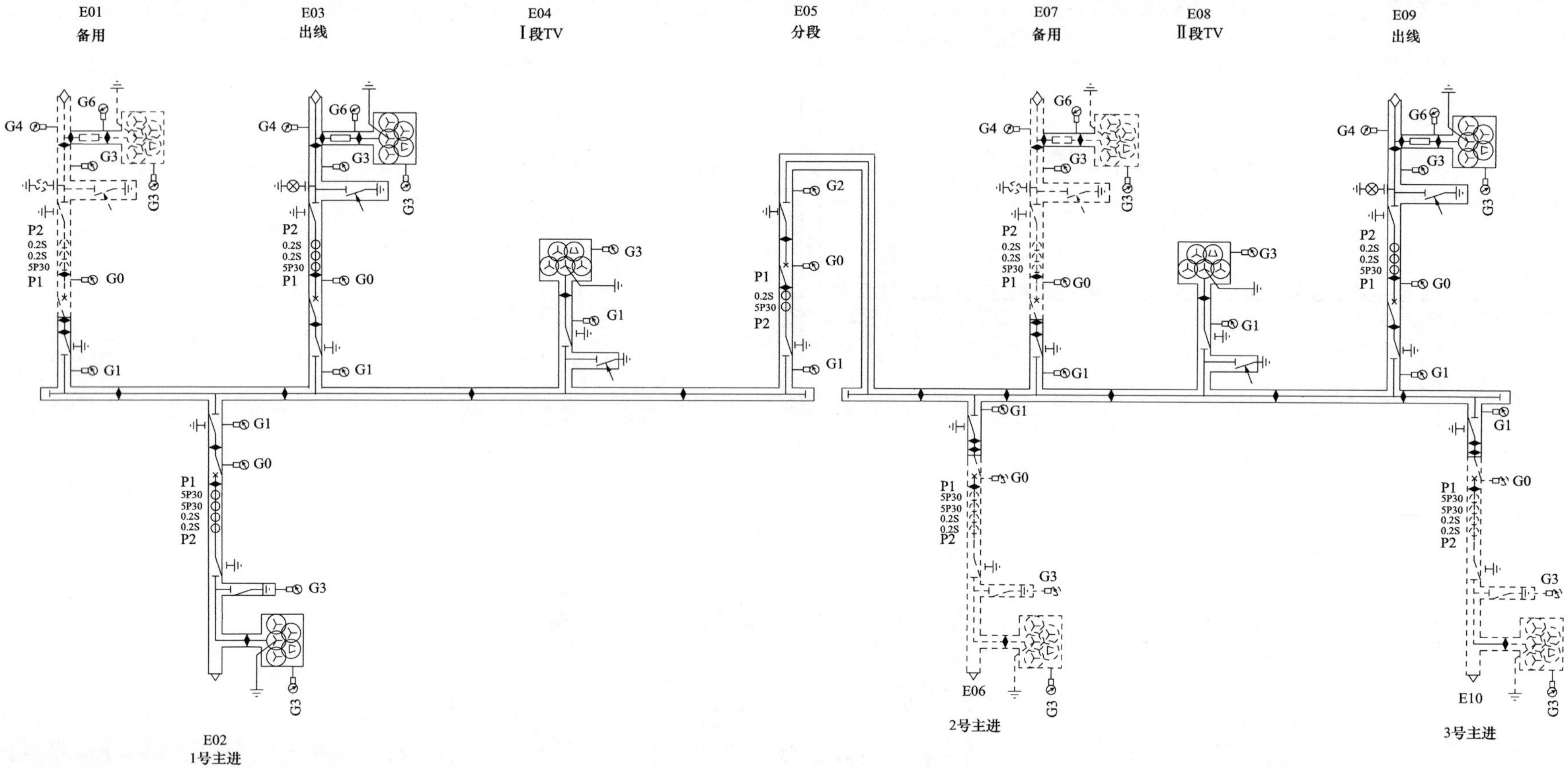


说明：1. 实线部分为本期工程，虚线部分为远期工程。

2. 建议备用间隔根据实际情况增加过渡气室，以满足扩建时不停电要求。

| 气室编号 | 额定压力（20℃） | 报警压力（20℃） | 闭锁压力（20℃） |
|---|---|---|---|
| CB | 0.58MPa | 0.53MPa | 0.5MPa |
| 其余气室 | 0.45MPa | 0.4MPa | — |

| 图例 | 名称 | 图例 | 名称 |
|---|---|---|---|
| | 断路器，QF | | 避雷器，LA |
| | 隔离接地开关，DES | | 套管，BSG |
| | 快速接地开关，QES | | 电缆终端，CSE |
| | 接地开关，QE | | 母线，BUS |
| | 电流互感器，TA | | 主母线，MBUS |
| | 电压互感器，TV | | 分隔绝缘子 |
| | 带电显示器，VD | | 不分隔绝缘子 |
| | | | 密度继电器 |

**图 11.2.1－07　HA－110－A3－3　110kV GIS 气室分割示意图**

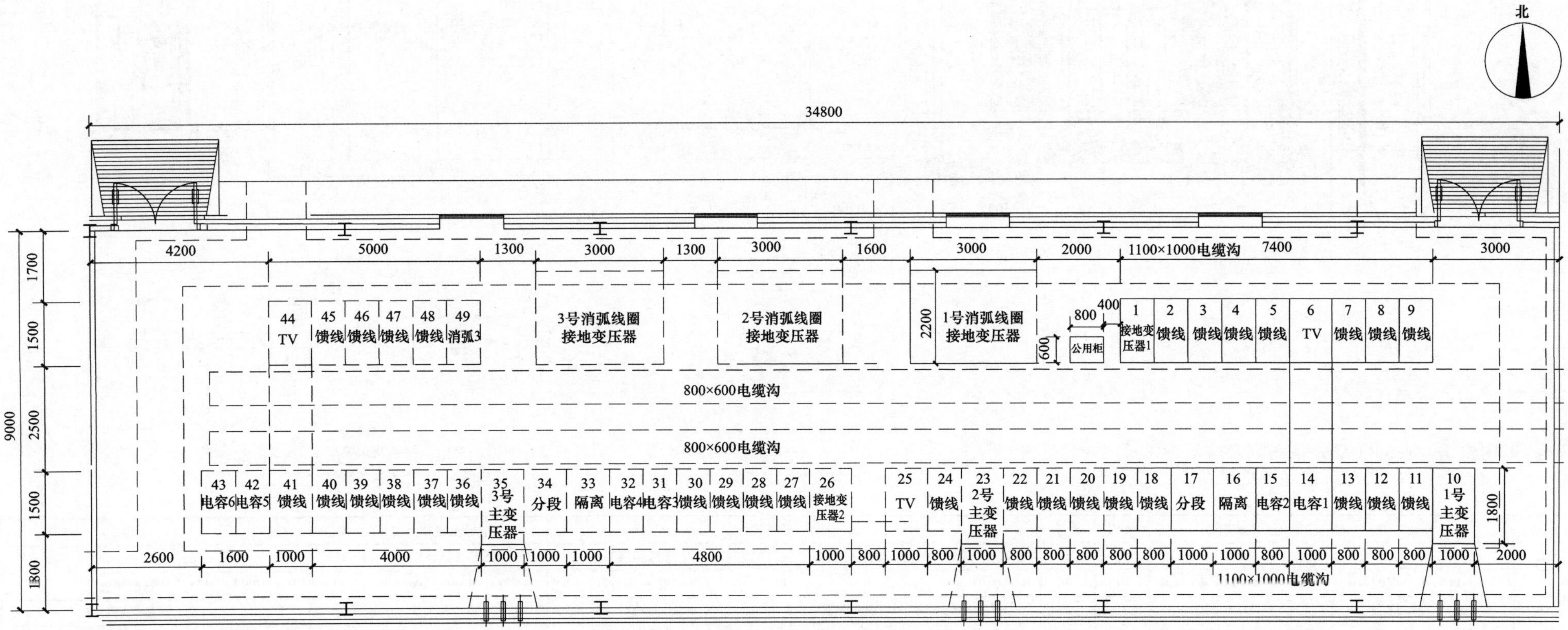


说明：实线部分为本期工程，虚线部分为远期工程。

**图 11.2.1-08 HA-110-A3-3 10kV 配电装置平面布置图**

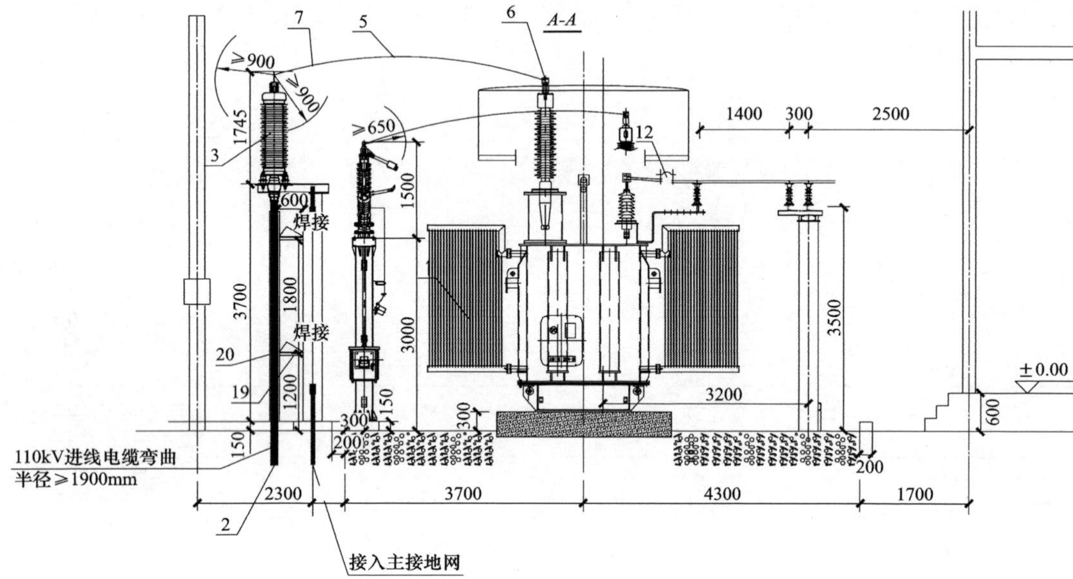


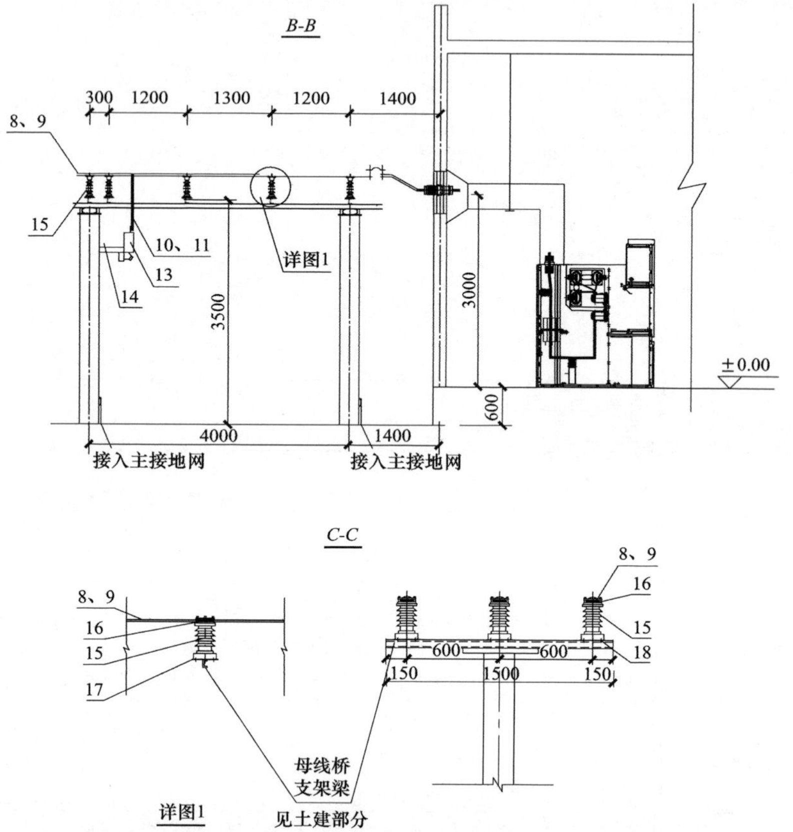


说明：带电计数器安装时，依据现场实际情况需朝向便于巡视的方向。

设 备 材 料 表

| 编号 | 名称 | 型号及规格 | 单位 | 数量 | 备注 | 编号 | 名称 | 型号及规格 | 单位 | 数量 | 备注 |
|---|---|---|---|---|---|---|---|---|---|---|---|
| 1 | 主变压器 | SZ20-50000/110 | 台 | 1 | 沈阳福林特种交压器有限公司 | 12 | 母线伸缩节 | MST-125×10 | 个 | 12 | |
| 2 | 110kV 电力电缆 | YJLW03-64/110-1×400 | m | 130 | | 13 | 氧化锌避雷器 | YH5W-17/45W | 只 | 3 | 附监测器 |
| 3 | 110kV 电缆终端 | YJZWC4-110 | 只 | 3 | MYJLW03-110-1×400 配套 | 14 | 角钢 | ∠50×50×5 | m | 5 | 支架现场制作 |
| 4 | 110kV 电缆终端 | YJZGG4-64/110 470 型 | 只 | 3 | MYJLW03-110-1×400 配套（GISM） | 15 | 实心棒式支柱绝缘子 | ZSW-20/16 | 只 | 16 | |
| 5 | 钢芯铝绞线 | JL/GIA-400/35 | m | 15 | | 16 | 矩形母线固定金具 | MWP-204 | 套 | 16 | |
| 6 | 90° 铜铝过渡设备线夹 | SYG-400/35C-80×80 | 套 | 3 | | 17 | 镀锌钢板 | -8×200×200 | 块 | 16 | 绝缘子到货后核对钢板尺寸、开孔尺寸，再加工 |
| 7 | 0° 铜铝过渡设备线夹 | SYG-400/35A-65×63 | 套 | 3 | | 18 | 瓷瓶固定螺栓 | M16×50 | 套 | 64 | |
| 8 | 矩形钢母线 | TMY-2×（125×10） | m | 66 | 按单片计 | 19 | 槽钢 | [10，$L$=500 | 根 | | 列入 D103-06 |
| 9 | 母排绝缘热缩保护套管 | MPG$\phi$125/50 | m | 66 | 分相色配置 | 20 | 电缆保护管 | $\phi$200 钢管 | m | | 列入 D103-06 |
| 10 | 钢母线 | -40×4 | m | 5 | | 21 | 接地引下线 | | | | 列入核地部分 |
| 11 | 母排绝缘热缩保护套管 | MPG$\phi$45/25 | m | 5 | 分相色配置 | 22 | | | | | |

**图 11.2.1-09 HA-110-A3-3 主变压器 110kV 进线及 10kV 母线桥断面图**

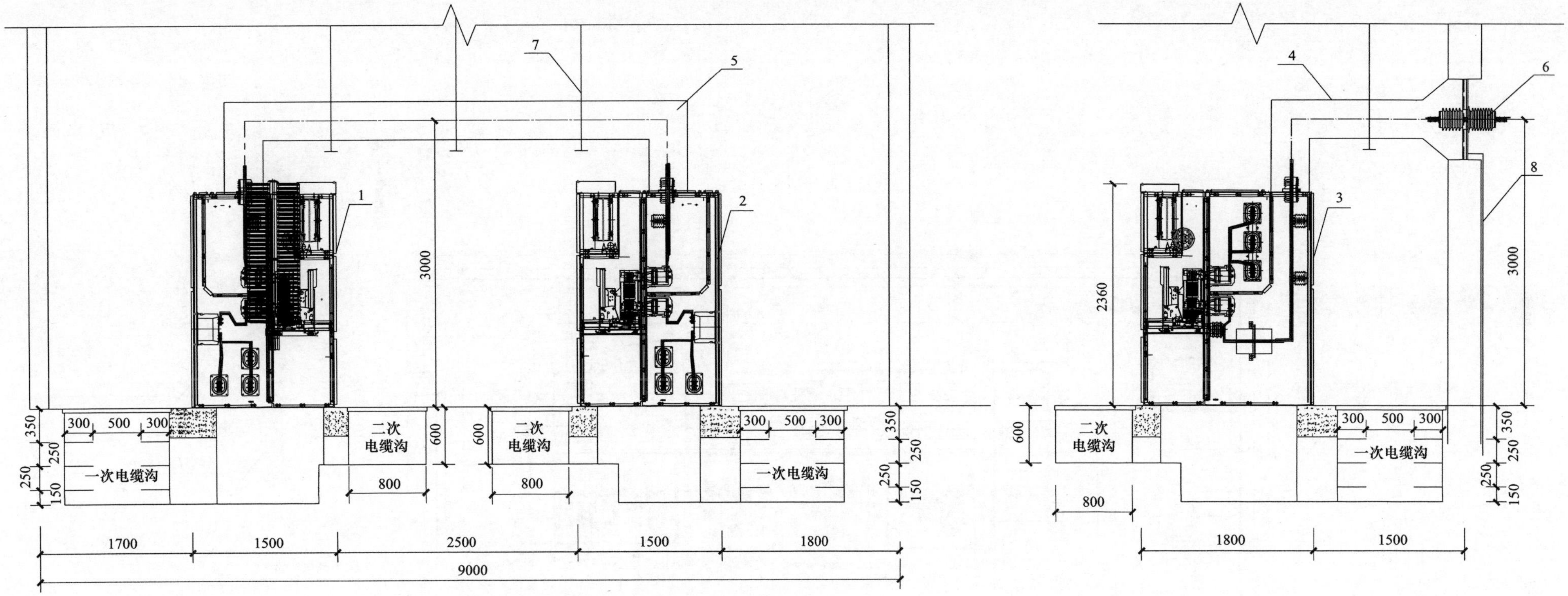


**设备材料表**

| 编号 | 名称 | 型号及规格 | 单位 | 数量 | 备注 |
|---|---|---|---|---|---|
| 1 | 开关柜 | KYN28A-12 | 面 | 1 | TV 柜 |
| 2 | 开关柜 | KYN28A-12 | 面 | 1 | 电容器出线柜 |
| 3 | 开关柜 | KYN28A-12 | 面 | 1 | 1 号主变压器进线柜 |
| 4 | 封闭母线桥 | 内含母线、金具 | m | ≈3 | 每相母线 2（TMY-125×10） |
| 5 | 封闭母线桥 | 内含母线、金具 | m | ≈8 | 每相母线 2（TMY-125×10） |
| 6 | 穿墙套管 | CWC-20/4000 | 只 | 3 | |
| 7 | 吊杆 | | 套 | 4 | 与母线桥配套 |
| 8 | 接地扁钢 | -60×6 | m | | 列入接地部分 |

**图 11.2.1-10　HA-110-A3-3　10kV 配电装置室断面图**

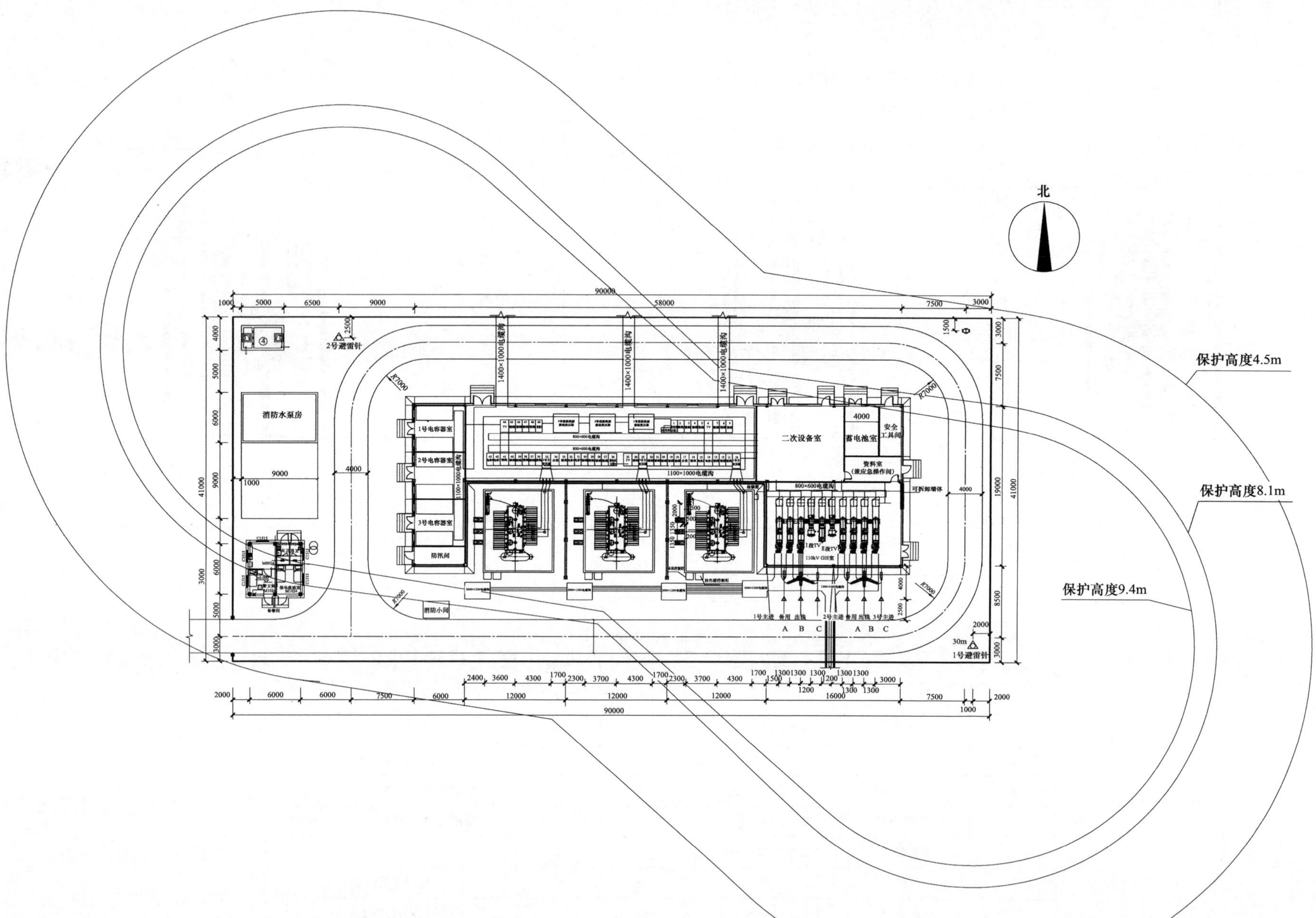


说明：经用滚球法校验，配电装置楼保护不全，需要屋顶加装避雷带。

**图 11.2.1-11　HA-110-A3-3　全站防雷布置图**

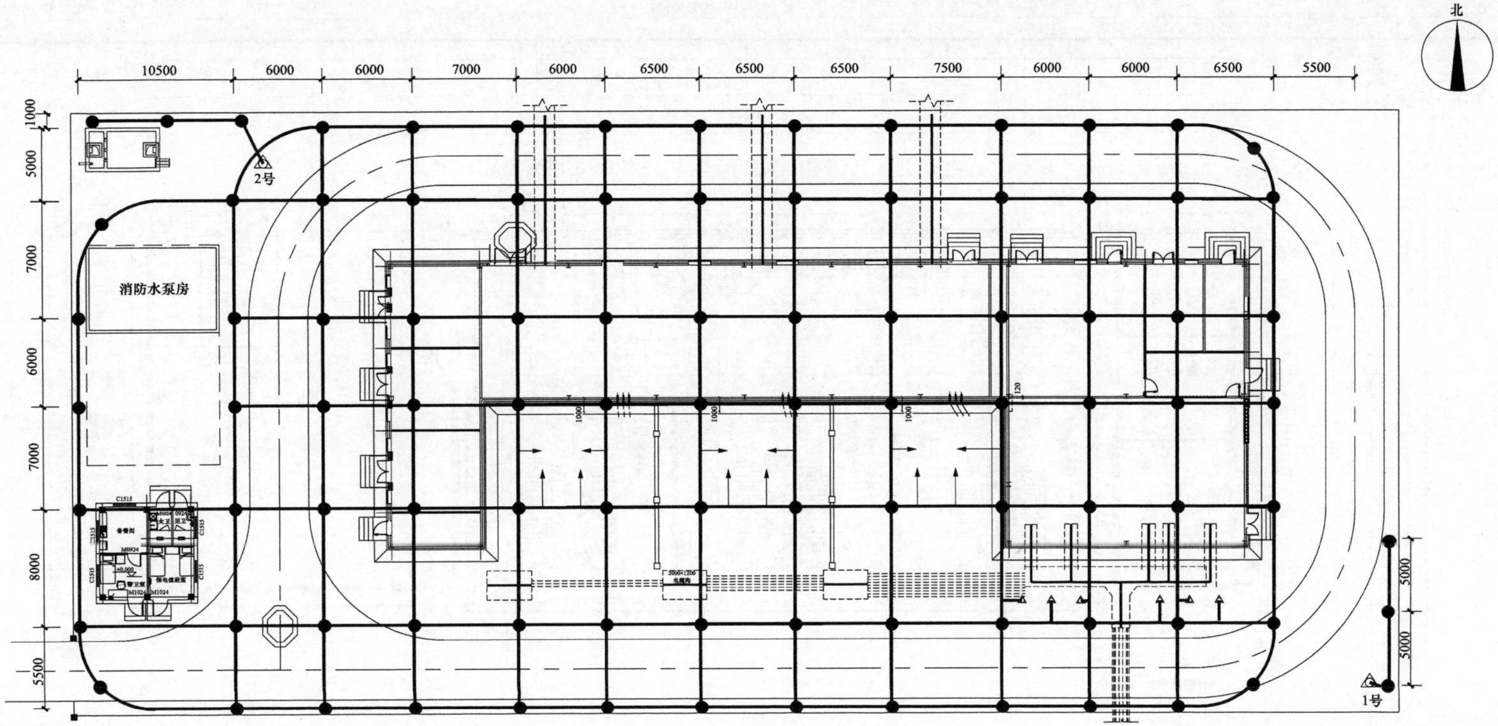


说明：1. 站区主接地网接地电阻应小于 0.5Ω；现场进行实测，如不满足要求，可采取增大接地面积和增加接地极等措施，在站内经常维护的通道、大门附近铺设碎石、砾石并做帽檐式均压带。

2. 变电站接地主网采用以水平接地体为主、垂直接地极为辅的混合接地网，外缘各角应做成圆弧形，圆弧半径不宜小于 5m。

3. 混合接地网的敷设应与土建基础施工同步进行，应充分利用桩基内的主配筋，以及综合楼框架主内钢筋，与接地网可靠连接。变电站内接地网的接地体埋设深度不小于 0.8m，在建（构）筑物范围内，需要在其基础垫层下面埋深不小于 0.2m。

4. 接地网的施工可参看《接地装置施工图例及说明》，所有电气设备的外壳、构架、穿线管、电缆支架、钢围栏等均应与接地网作可靠连接，每台主变压器充油设备应有两点接地，并接至地网不同点。根据《防止电力生产重大事故的二十五项重点要求》，中性点设备应为双接地。

5. 所有电气设备及金属构件等，均应按《交流电气装置的接地设计规范》（GB 50065—2011）要求接地，其施工应与土建基础开挖配合进行，并应严格按照《电气装置安装工程　接地装置施工及验收规范》（GB 50169—2016）组织施工。

6. 所有连接点均应焊接，并作防腐处理。不同材料接地线间的焊接应采用火泥熔焊工艺。

7. 接地主网干线与电缆沟或电缆隧道交叉时，应在交叉处将干线引出头与沟道内明敷地线焊接，沟道内地线应与电缆支架逐点焊接。

8. 由室外地下环网引出后穿墙引入室内的接地引出线的做法：与接地网干线焊牢后出地面沿外墙引至 +0.25m 标高时，再经接地穿管引入建筑内（穿管应做防水封堵），室外裸露部分接地线表面应涂 15～100mm、宽度相同的黄绿相间的条纹漆，并设明显标识。

9. 根据国家电网公司反措要求，保护屏下预埋的铜接地带应连接成闭合环路，由一点与主网连通。

10. 独立避雷针接地体埋深不小于 1.1m，其接地电阻应小于 10Ω，距接地网地中距离应大于 3m。

11. 户外接地线与避雷带引下线不能相交，上下错开。屋顶避雷带与主接地网地下连接点至主变压器接地线与主接地网的地下连接点沿接地体的长度不得小于 15m。

12. 为防止雷击时产生的高电位对低压电缆产生反应，电缆沟内的预埋扁钢在远离避雷针和避雷器的集中接地装置处与主接地网相连。

13. 接地网敷设时，如施工不便，可现场适当调整。主接地网拐弯时，如施工不便，可采用单芯 120mm 裸铜线连接。

设 备 材 料 表

| 序号 | 名称 | 规范 | 单位 | 数量 | 图例 | 备注 |
|---|---|---|---|---|---|---|
| 1 | 镀铜钢棒 | $\phi$17.3　$L$=2500 | 根 | 95 | ● | 垂直接地体 |
| 2 | 铜排 | −40×4 | m | 1700 | | 水平接地体 |
| 3 | 热镀锌扁钢 | −60×6 | m | 200 | | 接地引下线 |
| 4 | 热镀锌扁钢 | −60×6 | m | 200 | | 明敷于电缆沟道，并与电缆支架逐点焊接 |
| 5 | 焊药 | | 盒 | 250 | | |

**图 11.2.1-12　HA-110-A3-3　全站主接地网敷设图**

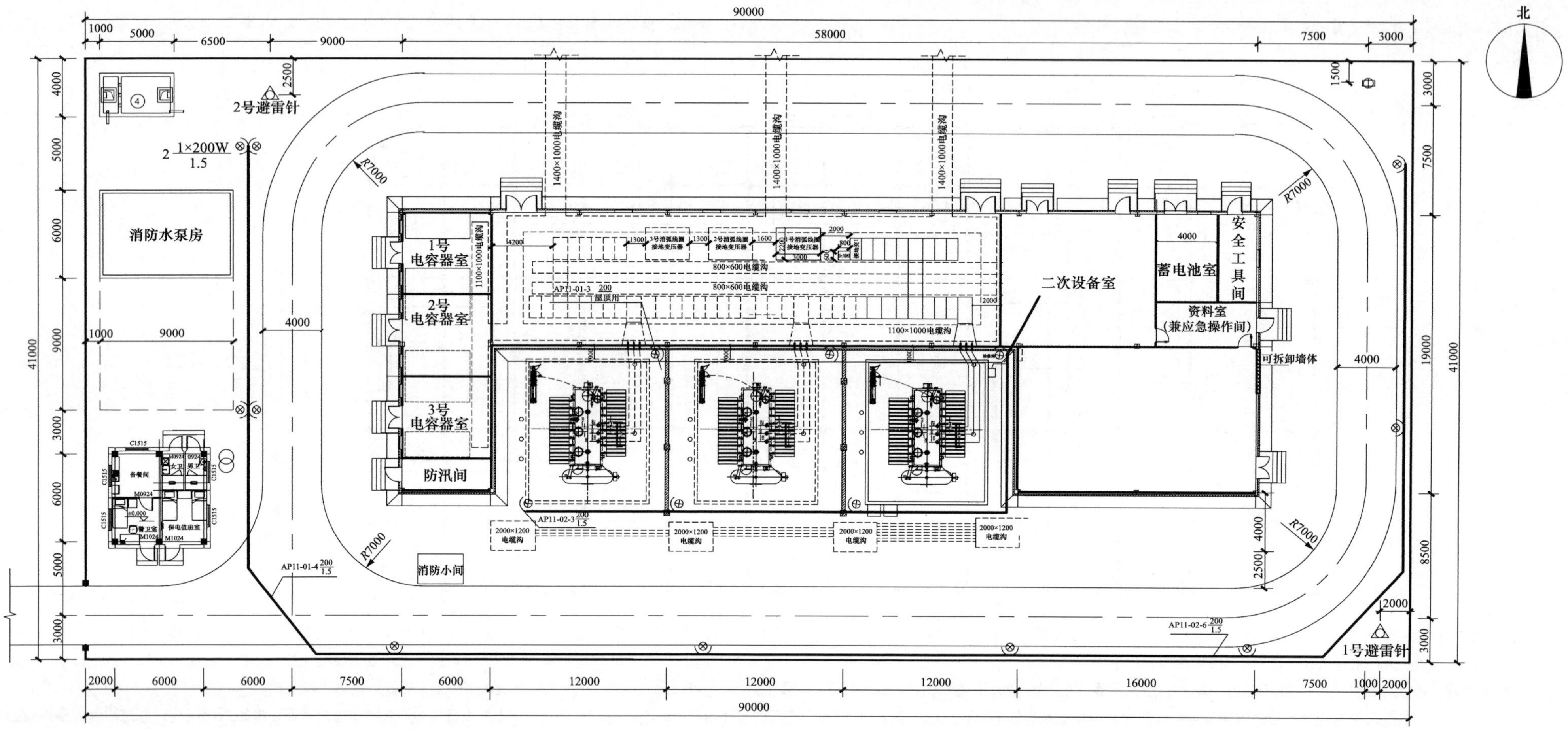


**设备材料表**

| 序号 | 名称 | 规范 | 单位 | 数量 | 图例 | 备注 |
|---|---|---|---|---|---|---|
| 1 | LED 投光灯 | 220V 2XN200W | 组 | 2 | ⊗⊗ | 附灯泡镇流器、不锈钢灯杆 |
| 2 | LED 投光灯 | 220V 200W | 组 | 3 | ⊗ | 屋顶用 |
| 3 | LED 投光灯 | 220V 200W | 组 | 9 | ⊗ | 灯头可转向，附灯泡镇流器、不锈钢灯杆 |
| 4 | 电力电缆 | W22−1−3×4 | m | 500 | | 照明用 |
| 5 | 塑料绝缘铜线 | BV−750−2.5 | m | 60 | | 接灯线用 |
| 6 | JDG 钢管 | $\phi$40 | m | 300 | | 照明主干线用 |
| 7 | PVC 管 | $\phi$25 | m | 60 | | 接灯线用 |
| 8 | 路灯接地镀锌扁铁 | −40×4 | m | 50 | | |

说明：1. 户外照明电源线应穿管直埋，管内经不小于导线束直径的 1.5 倍。
2. 户外投光灯电源由电缆引入二次设备室内照明配电箱。
3. 穿管电缆在室外直埋深度不应小于 0.7m，电缆引出地面至地下 0.2m 外应穿管保护。
4. 投光灯安放位置距围墙 0.5m，安装高度距地面 1.5m，可根据现场实际情况进行调整，要求应配全方位活动底座，以便按需要适当调整角度。灯具定货后由灯具生产厂家提供灯杆基础土建资料，现场再进行施工。
5. 可触及的金属灯管均需采用保护接地，其金属部分应可靠接入站内接地网，采用 −40×4 镀锌扁铁，就近与接地主网连接。

**图 11.2.1−13　HA−110−A3−3　全站户外照明平面布置图**

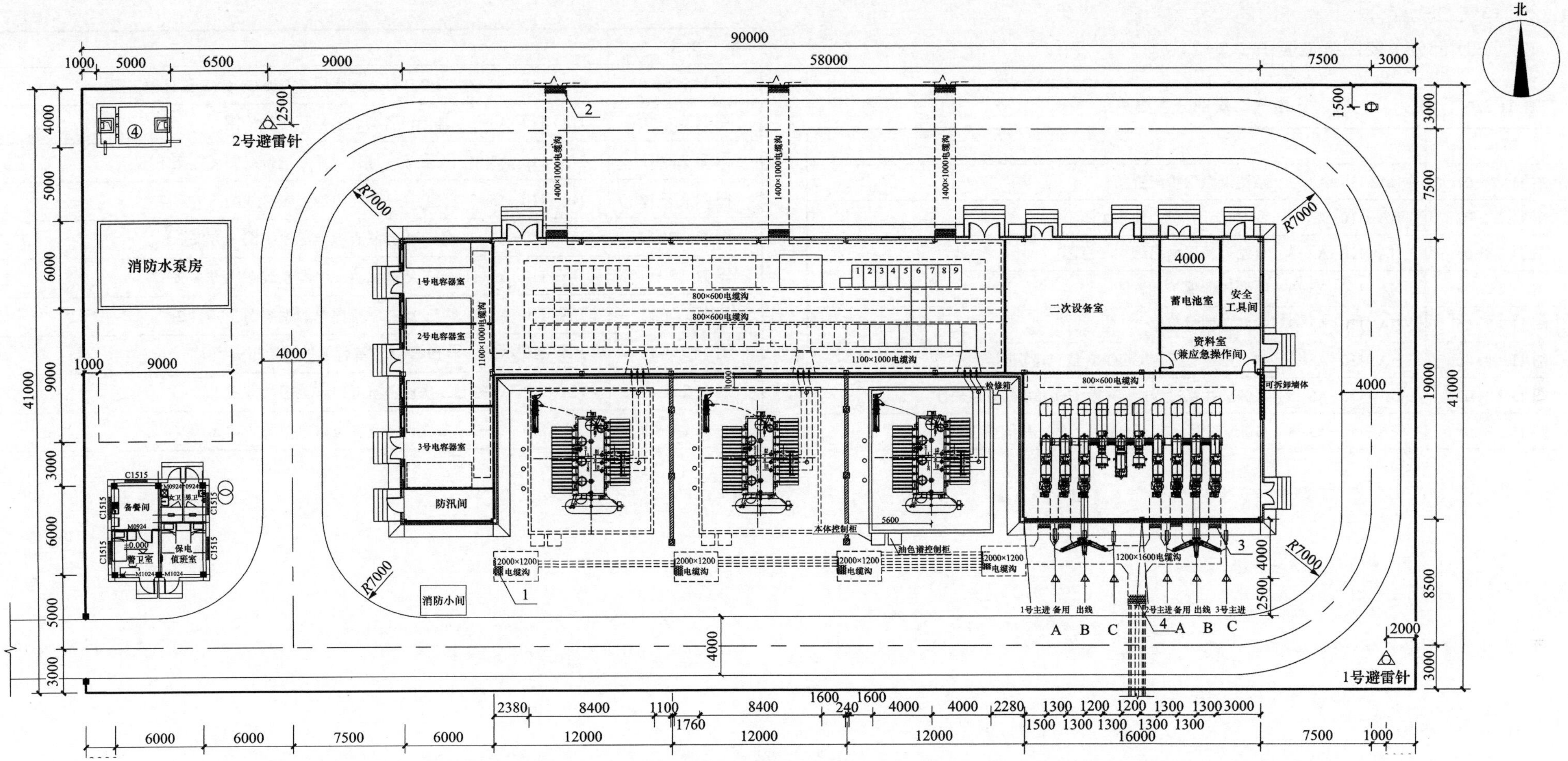


**电缆防火材料表**

| 序号 | 图例 | 名称 | 规格 | 单位 | 数量 | 备注 |
| --- | --- | --- | --- | --- | --- | --- |
| 1 | | 电缆沟阻火墙 | 2000×1200 | 个 | 4 | 见电缆防火单元图 TD-DL04-3001-05 |
| 2 | | 电缆沟阻火墙 | 1400×1000 | 个 | 6 | 见电缆防火单元图 TD-DL04-3001-05 |
| 3 | | 电缆沟阻火墙 | 800×1600 | 个 | 5 | 见电缆防火单元图 TD-DL04-3001-05 |
| 4 | | 电缆沟夹层间防火 | 800 宽电缆沟 | m | 108 | 见电缆防火单元图 TD-DL04-3001-03 |
| 5 | | 电缆沟夹层间防火 | 1200 宽电缆沟 | m | 20 | 见电缆防火单元图 TD-DL04-3001-03 |
| 6 | | 电缆沟夹层间防火 | 1100 宽电缆沟 | m | 105 | 见电缆防火单元图 TD-DL04-3001-03 |
| 7 | | 电缆沟夹层间防火 | 1400 宽电缆沟 | m | 30 | 见电缆防火单元图 TD-DL04-3001-03 |
| 8 | | 电缆沟夹层间防火 | 2000 宽电缆沟 | m | 30 | 见电缆防火单元图 TD-DL04-3001-03 |

**图 11.2.1-14　HA-110-A3-3　站区电缆防火布置图**

### 11.2.2 电气二次部分

电气二次部分主要图纸见表 11.2.2-1。

**表 11.2.2-1　　电气二次部分主要图纸**

| 图号 | 图名 |
|---|---|
| 图 11.2.2-01 | HA-110-A3-3　系统继电保护配置图 |
| 图 11.2.2-02 | HA-110-A3-3　变电站计算机监控系统图 |
| 图 11.2.2-03 | HA-110-A3-3　全站过程层网络结构示意图 |
| 图 11.2.2-04 | HA-110-A3-3　主变压器保护配置图 |
| 图 11.2.2-05 | HA-110-A3-3　主变压器过程层 SV 信息逻辑图 |
| 图 11.2.2-06 | HA-110-A3-3　主变压器过程层 GOOSE 信息逻辑图 |
| 图 11.2.2-07 | HA-110-A3-3　110kV 线路过程层 SV 及 GOOSE 信息逻辑图 |
| 图 11.2.2-08 | HA-110-A3-3　110kV 分段过程层 SV 及 GOOSE 信息逻辑图 |

续表

| 图号 | 图名 |
|---|---|
| 图 11.2.2-09 | HA-110-A3-3　110kV 母线过程层 SV 及 GOOSE 信息逻辑图 |
| 图 11.2.2-10 | HA-110-A3-3　辅助设备智能监控系统结构图 |
| 图 11.2.2-11 | HA-110-A3-3　交直流一体化电源系统接线图（方案 1） |
| 图 11.2.2-12 | HA-110-A3-3　交直流一体化电源系统接线图（方案 2） |
| 图 11.2.2-13 | HA-110-A3-3　第一组并联直流电源系统图（方案 2） |
| 图 11.2.2-14 | HA-110-A3-3　第二组并联直流电源系统图（方案 2） |
| 图 11.2.2-15 | HA-110-A3-3　第三组并联直流电源系统图（方案 2） |
| 图 11.2.2-16 | HA-110-A3-3　110kV GIS 室智能控制柜布置图 |
| 图 11.2.2-17 | HA-110-A3-3　二次设备室屏位布置图（方案 1） |
| 图 11.2.2-18 | HA-110-A3-3　二次设备室屏位布置图（方案 2） |

说明：实线部分为本期工程，虚线部分为远期工程。主变压器保护部分：主后合一双重化配置。

1. 主保护：配置差动保护和重瓦斯保护。
2. 后备保护：
   （1）110kV 侧配置两侧复合电压闭锁三相式过电流及方向过电流保护。
   （2）10kV 侧配置本侧复合电压闭锁三相式过电流保护。
   （3）110kV 侧配置零序电压闭锁零序电流（方向）保护和间隙零序电流保护。
   （4）主变压器；两侧配置过负荷保护。
3. 其他保护：主变压器轻瓦斯、油位异常、超温报警信号，压力释放报警及跳闸，过负荷闭锁调压。

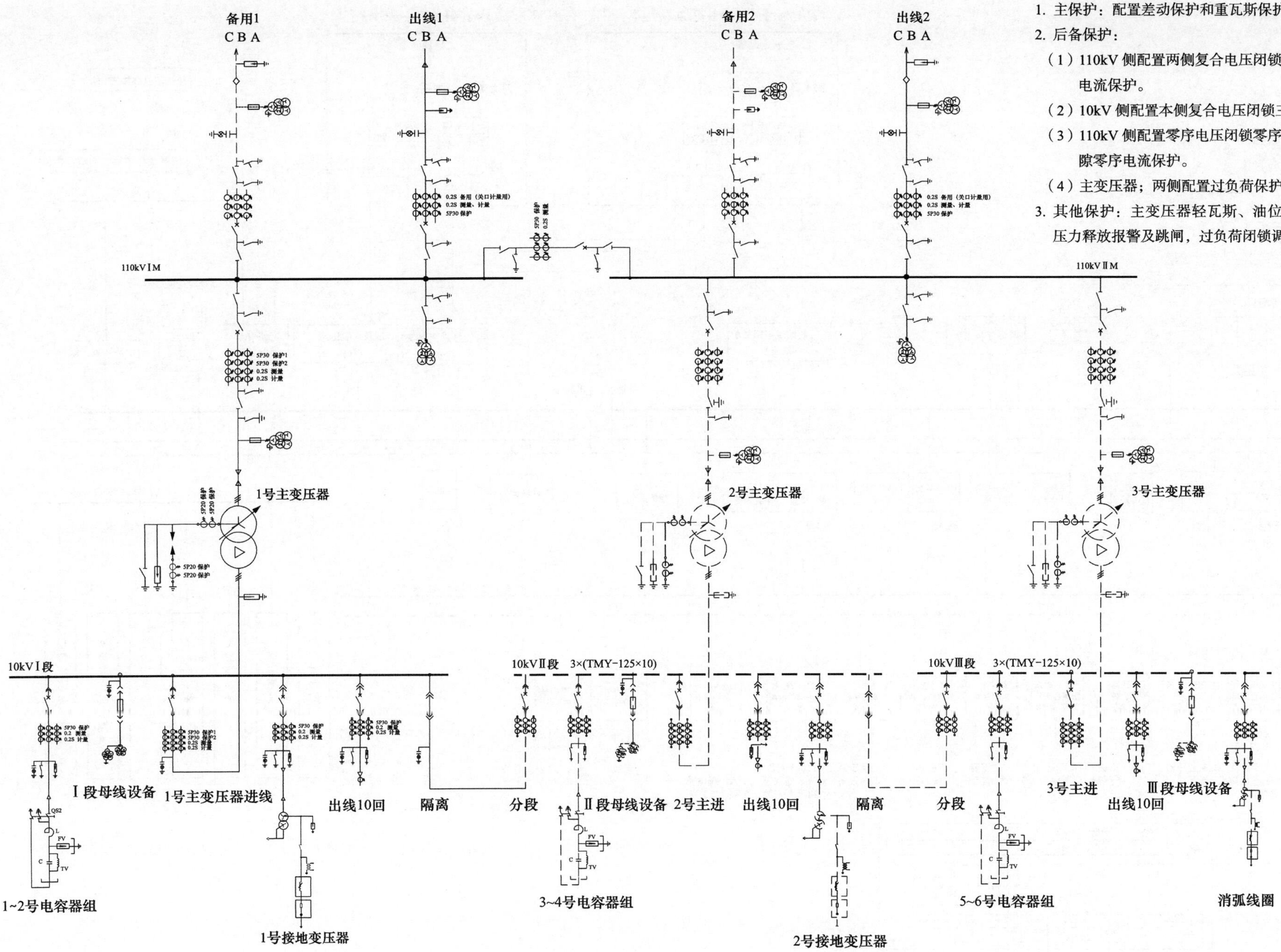


**图 11.2.2-01 HA-110-A3-3 系统继电保护配置图**

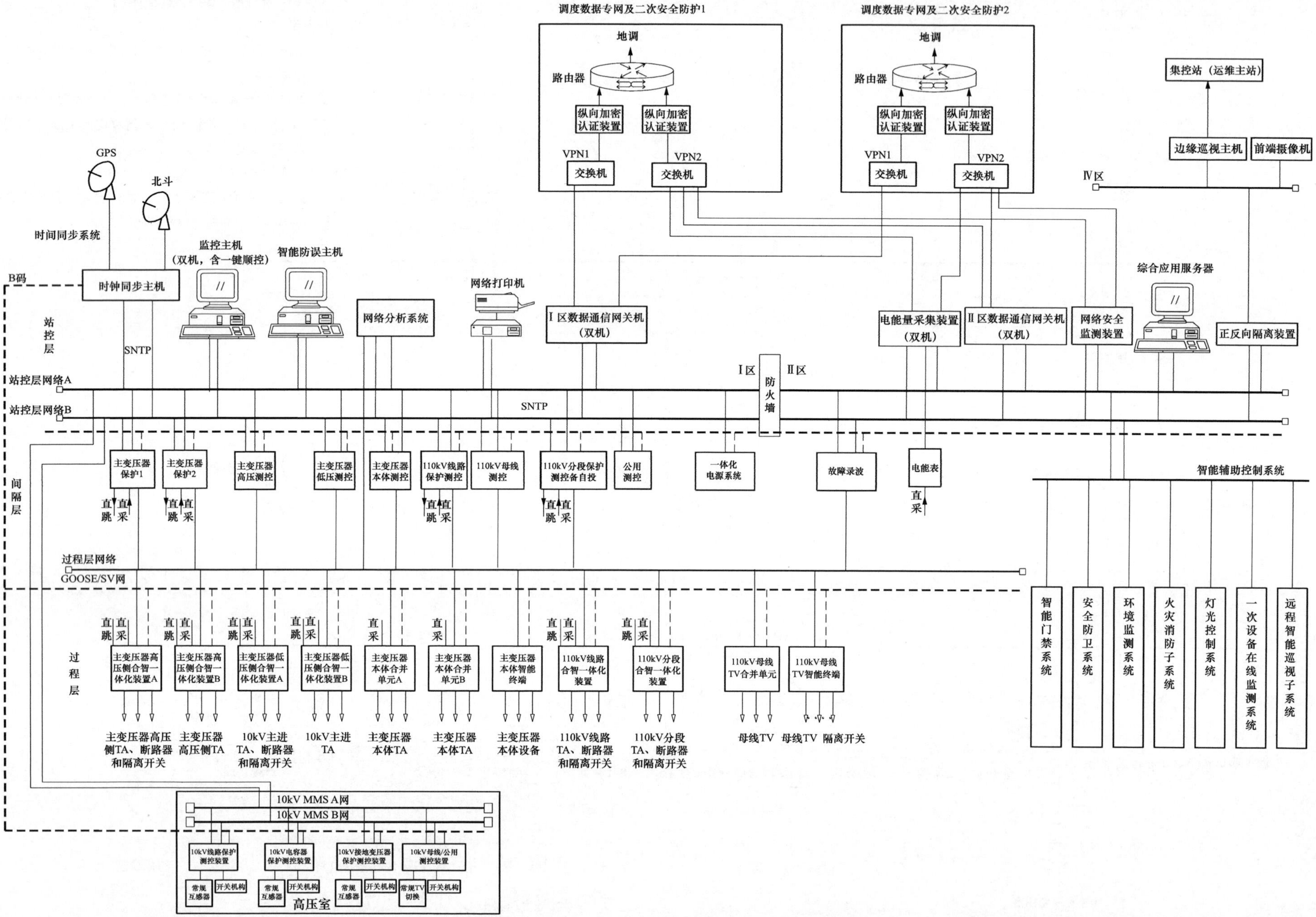


**图 11.2.2-02　HA-110-A3-3　变电站计算机监控系统图**

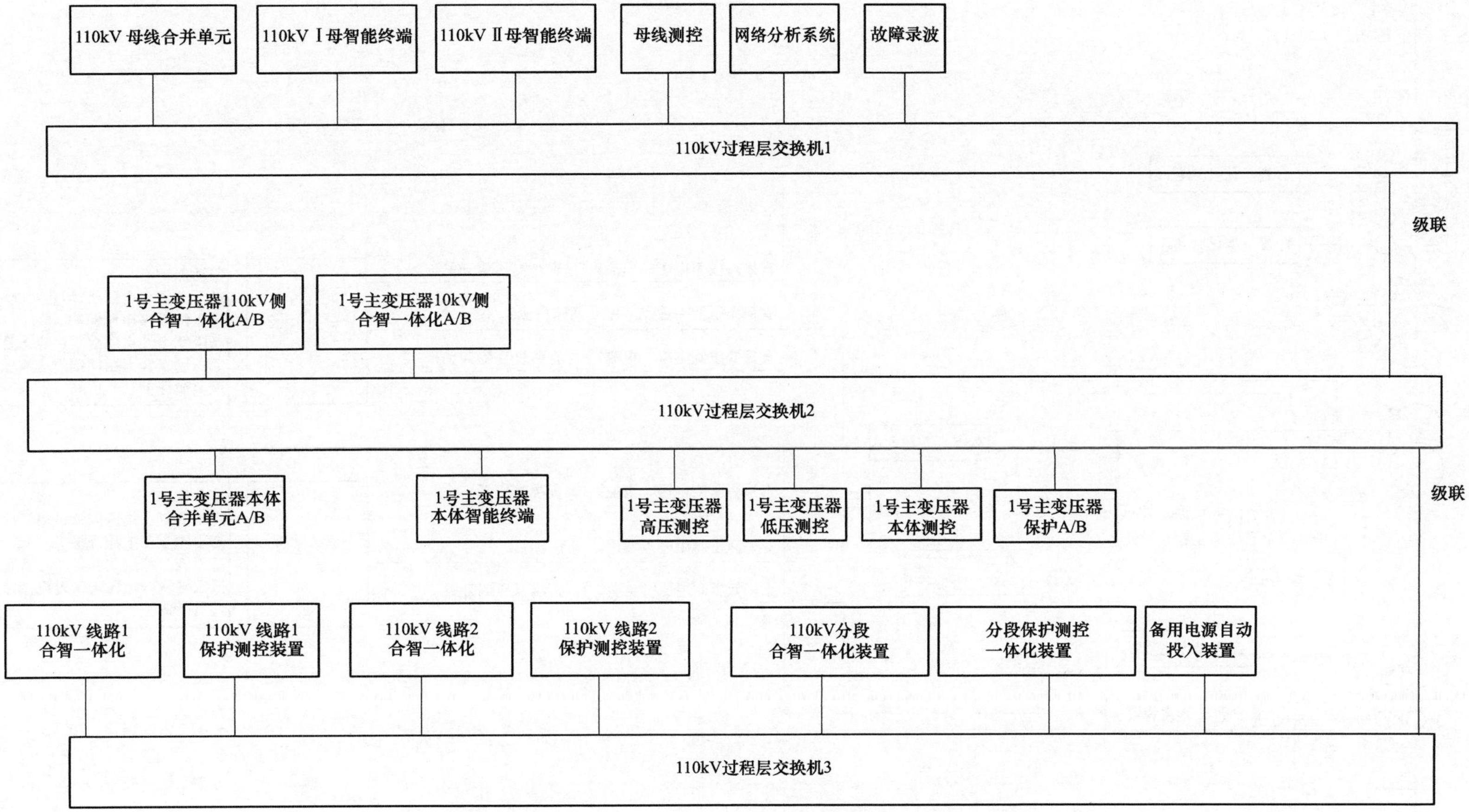


**图 11.2.2-03　HA-110-A3-3　全站过程层网络结构示意图**

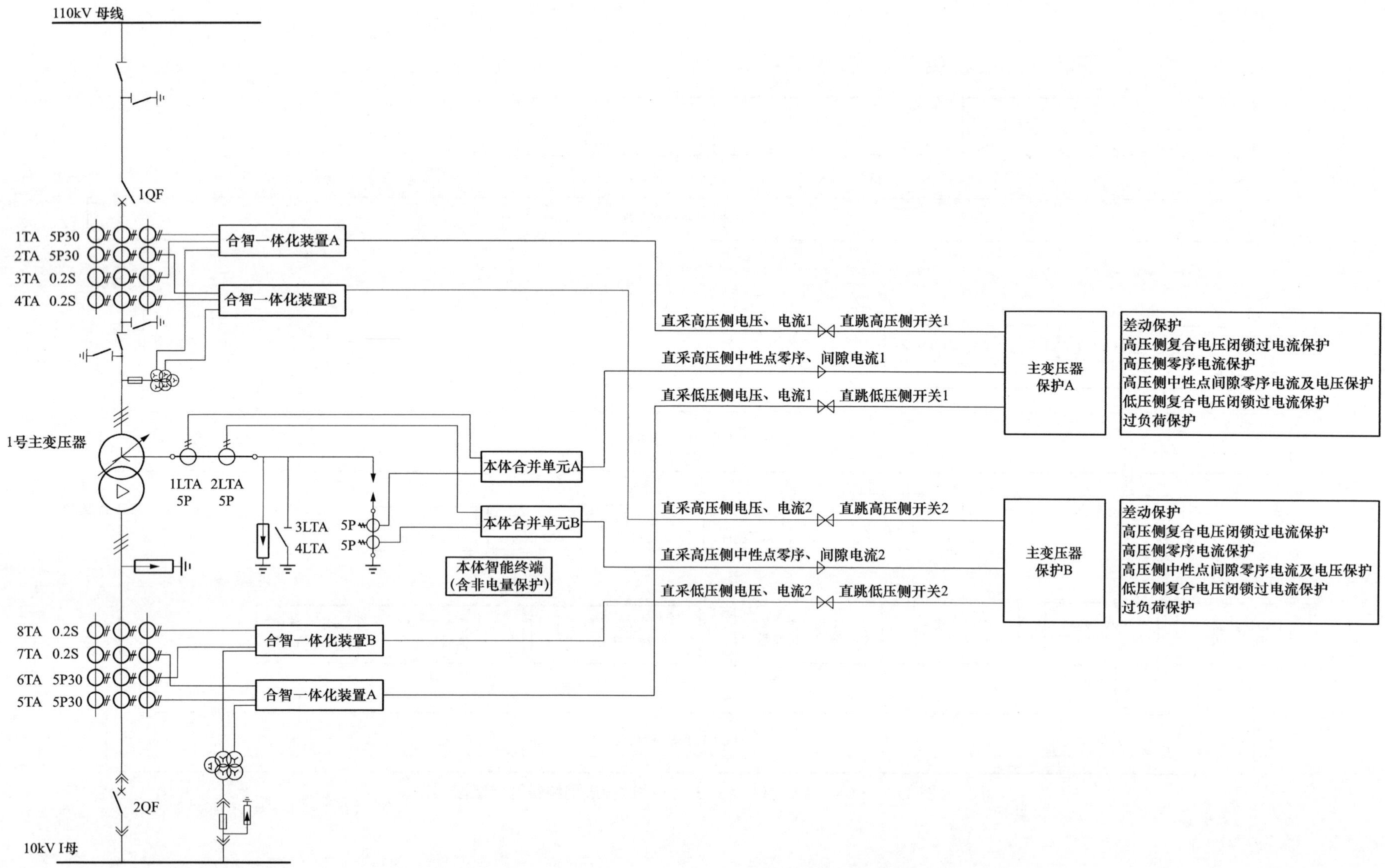


**图 11.2.2-04　HA-110-A3-3　主变压器保护配置图**

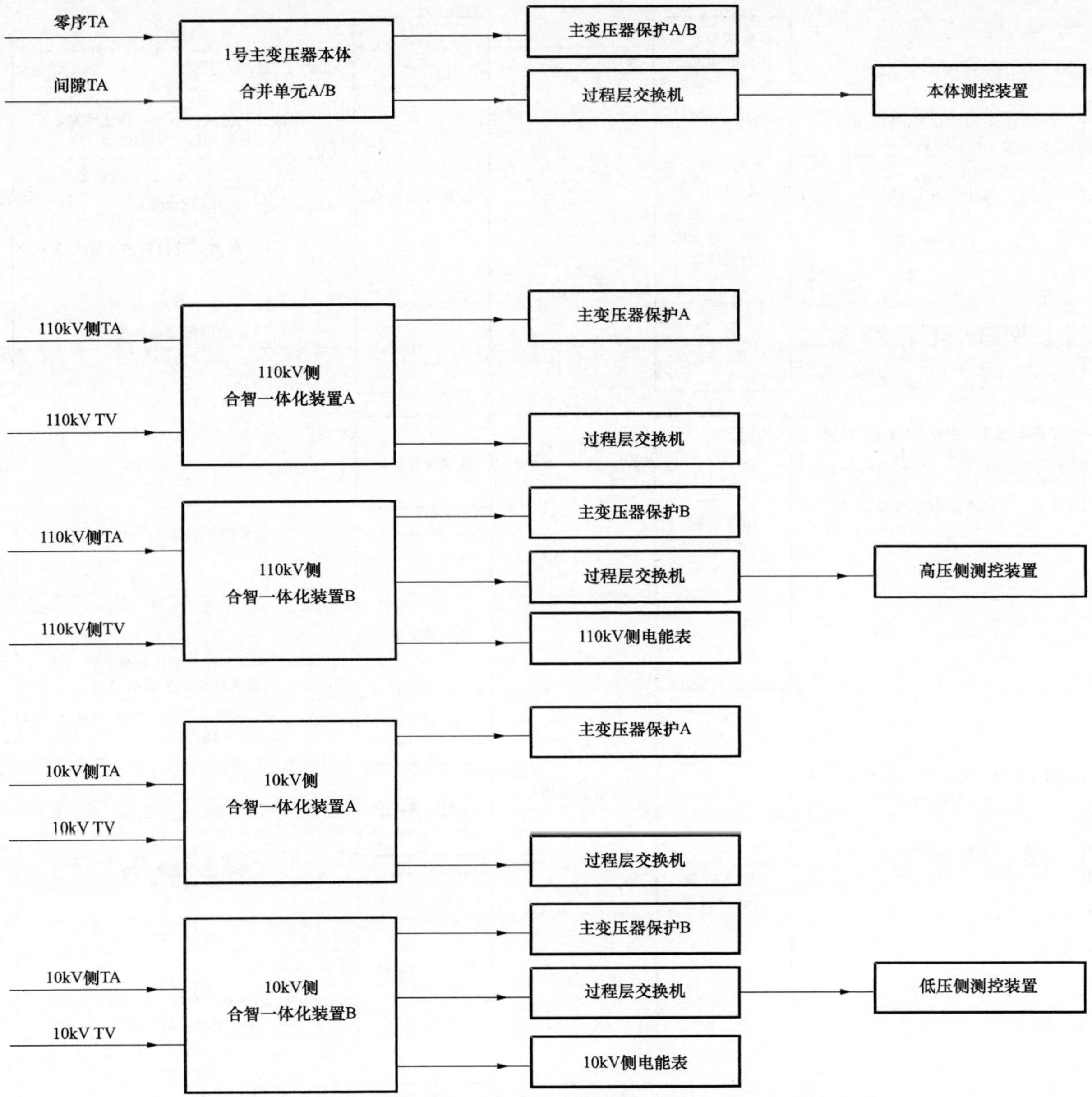


**图 11.2.2-05　HA-110-A3-3　主变压器过程层 SV 信息逻辑图**

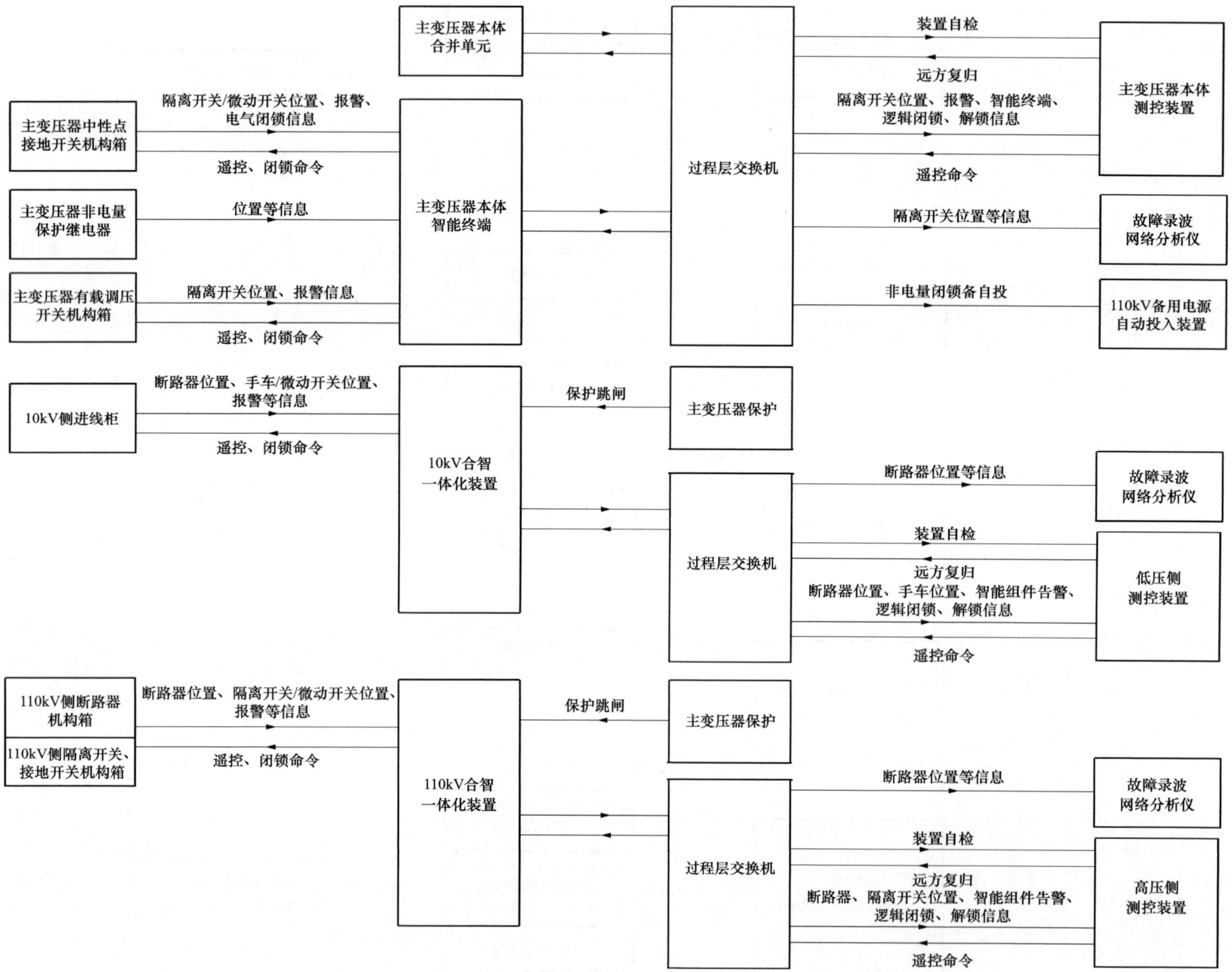


图 11.2.2-06　HA-110-A3-3　主变压器过程层 GOOSE 信息逻辑图

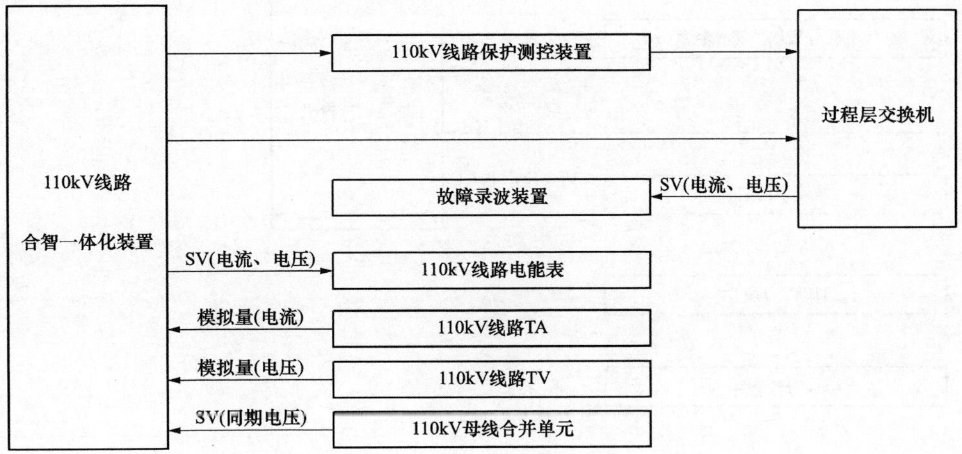


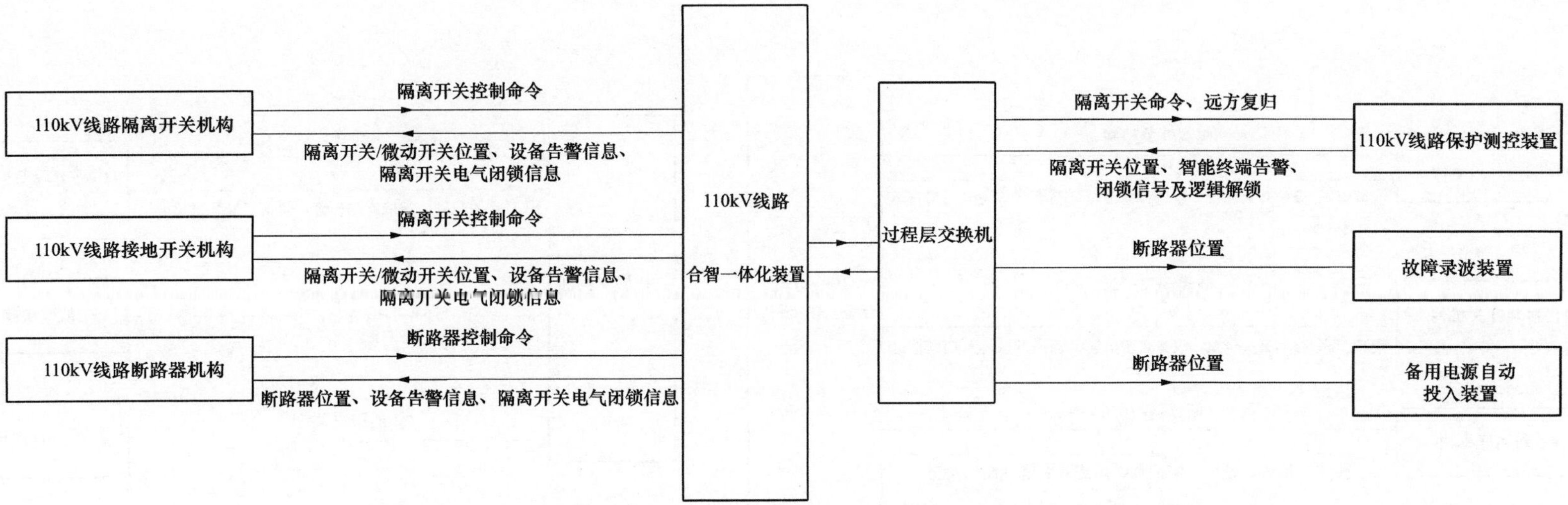


**图 11.2.2-07　HA-110-A3-3　110kV 线路过程层 SV 及 GOOSE 信息逻辑图**

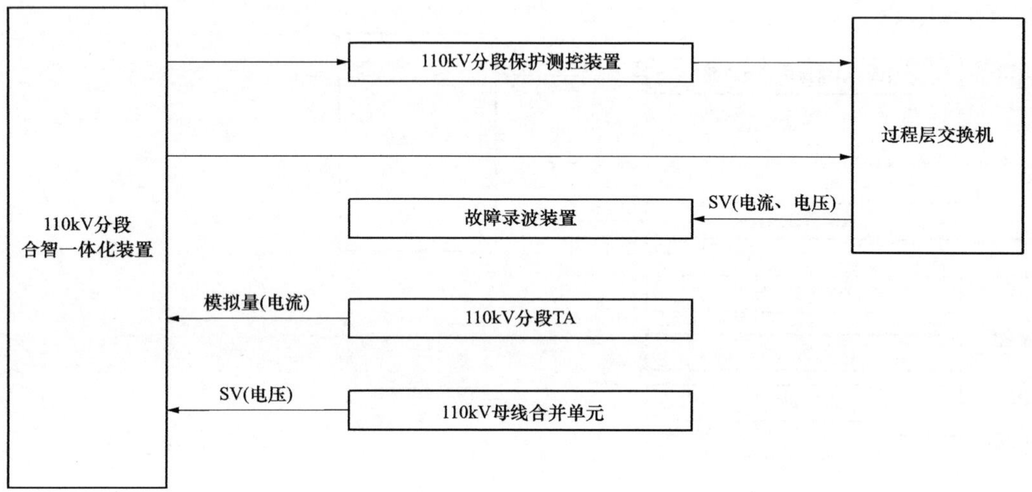


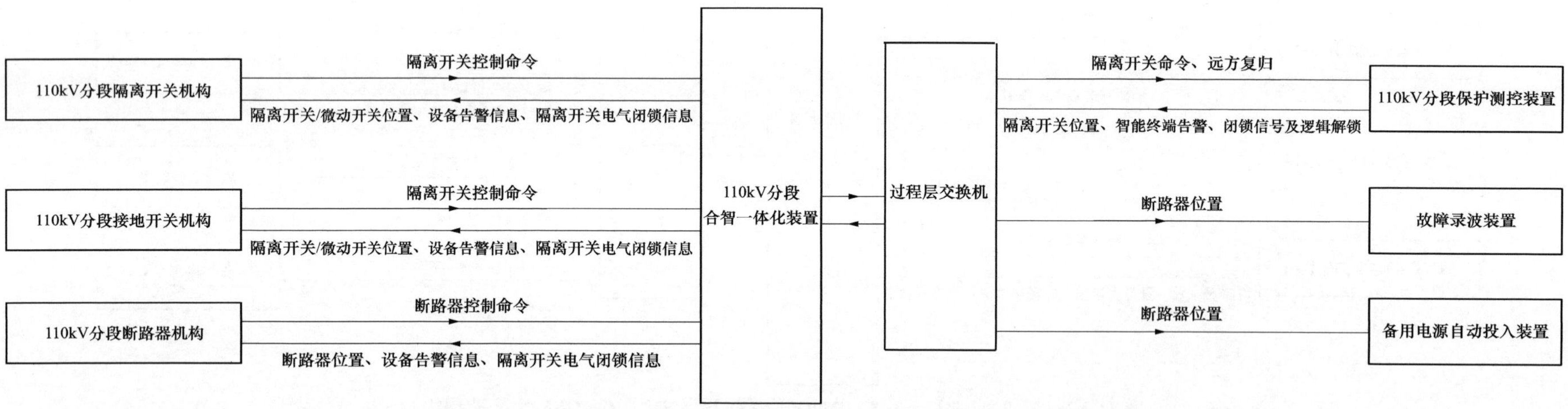


**图 11.2.2-08　HA-110-A3-3　110kV 分段过程层 SV 及 GOOSE 信息逻辑图**

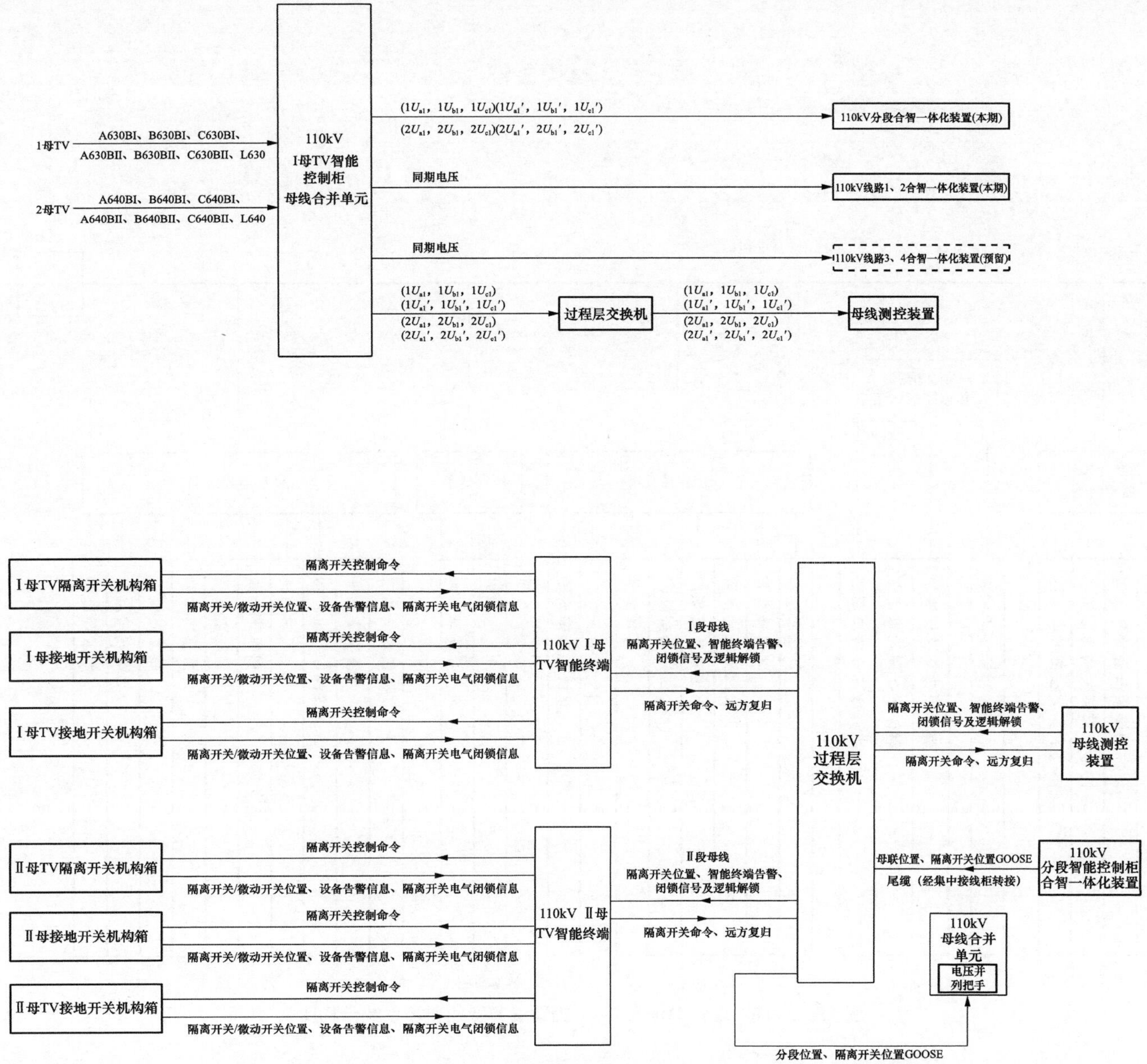


图 11.2.2-09　HA-110-A3-3　110kV 母线过程层 SV 及 GOOSE 信息逻辑图

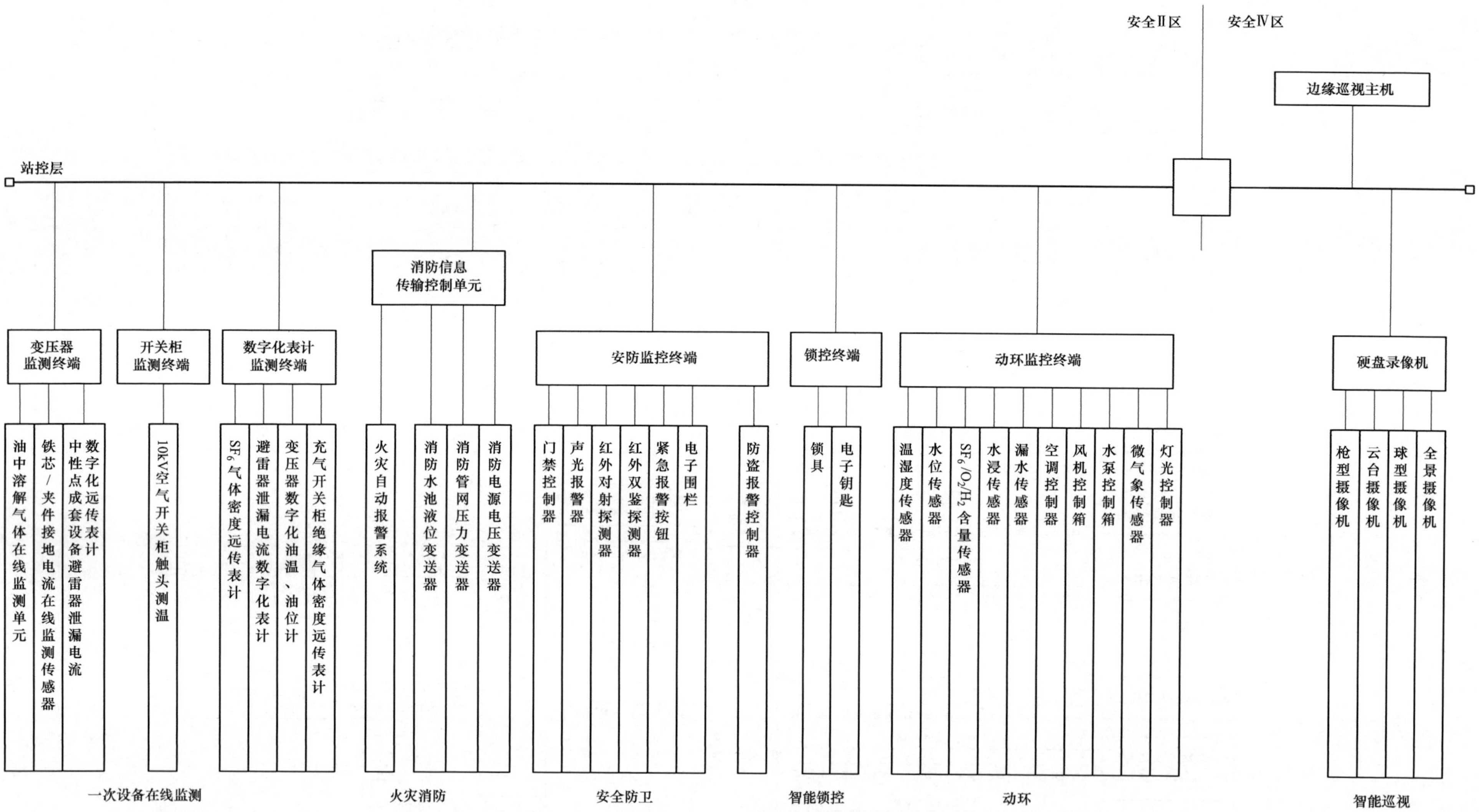


**图 11.2.2-10　HA-110-A3-3　辅助设备智能监控系统结构图**

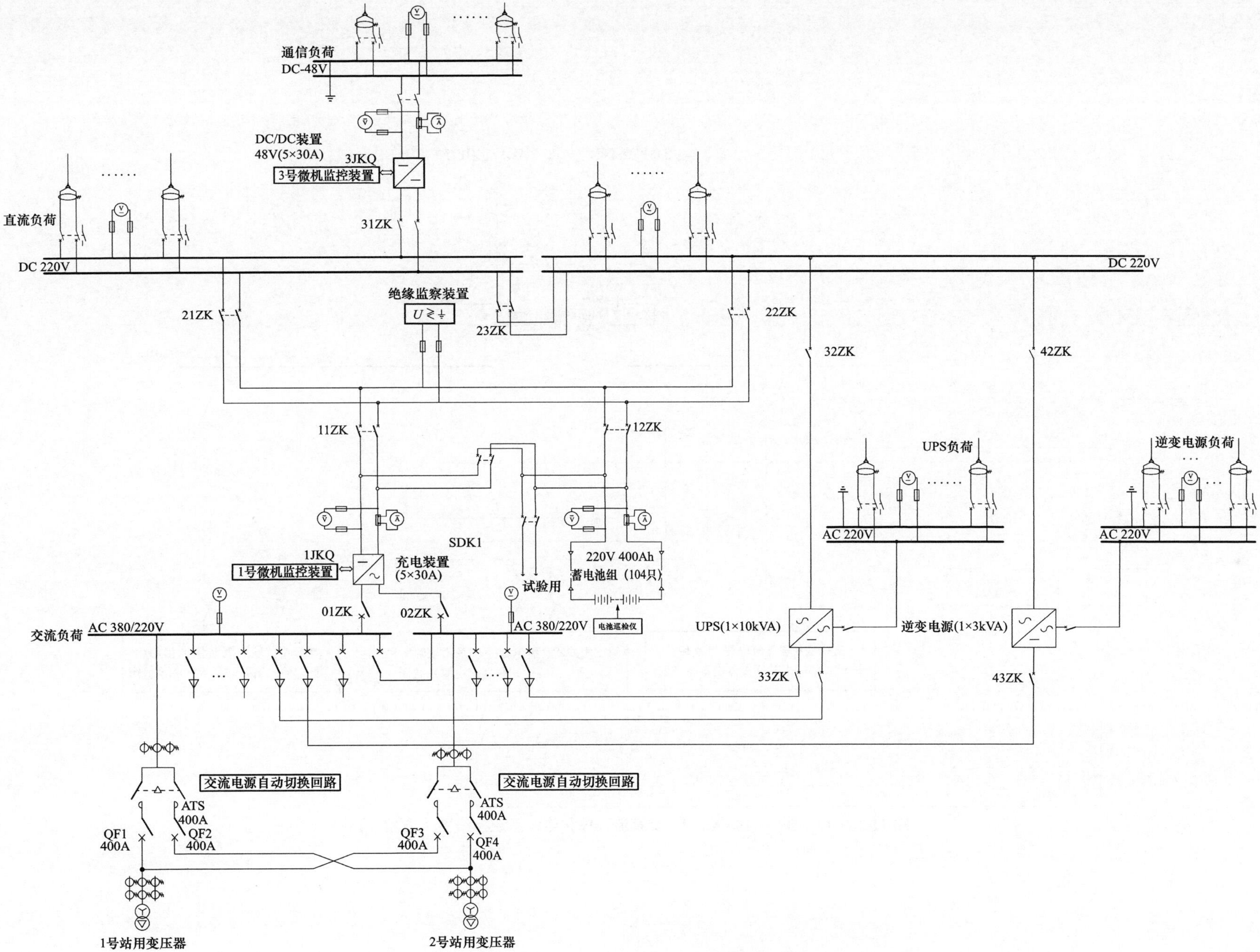


**图 11.2.2-11　HA-110-A3-3　交直流一体化电源系统接线图（方案 1）**

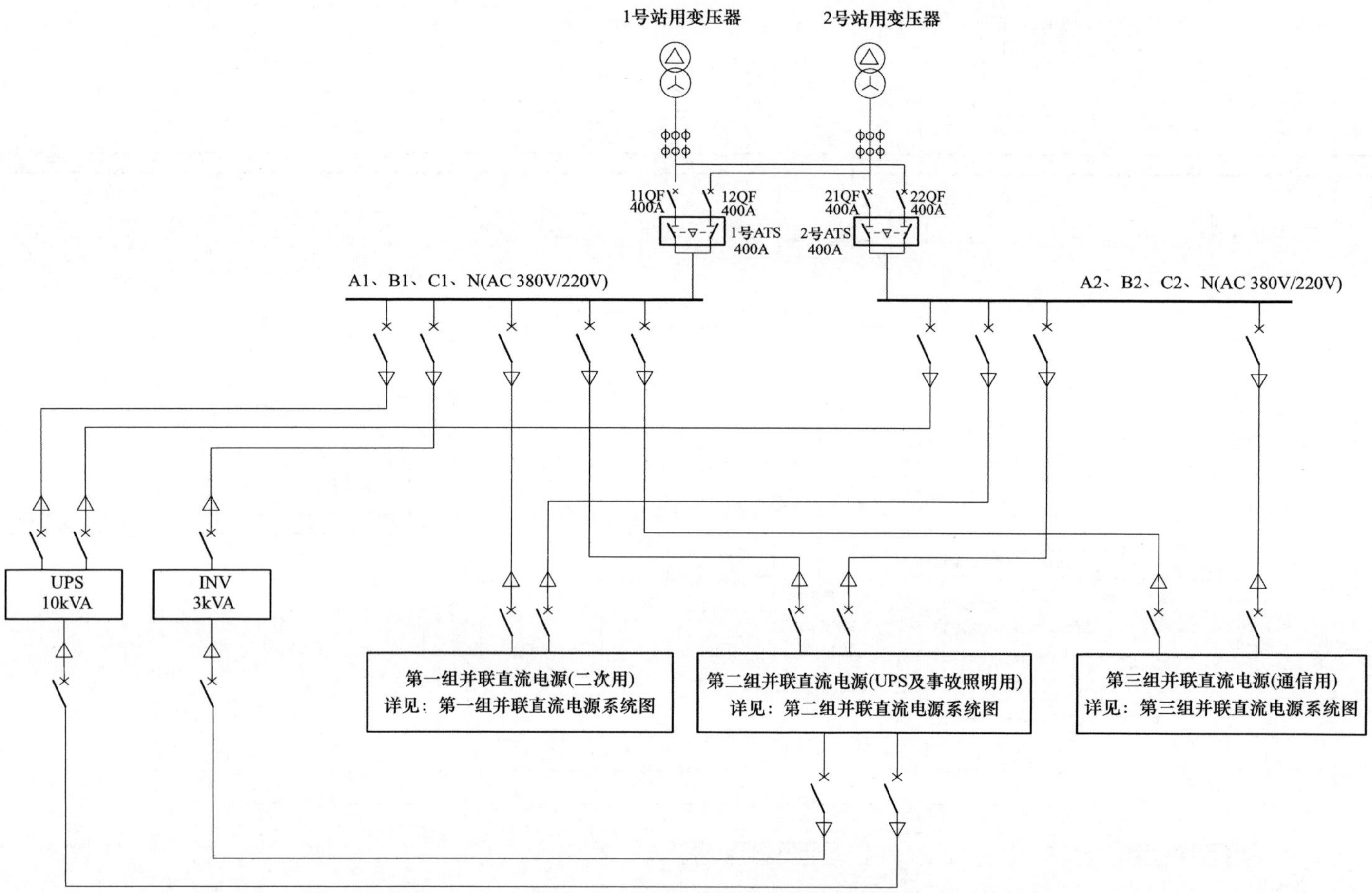


**图 11.2.2-12　HA-110-A3-3　交直流一体化电源系统接线图（方案 2）**

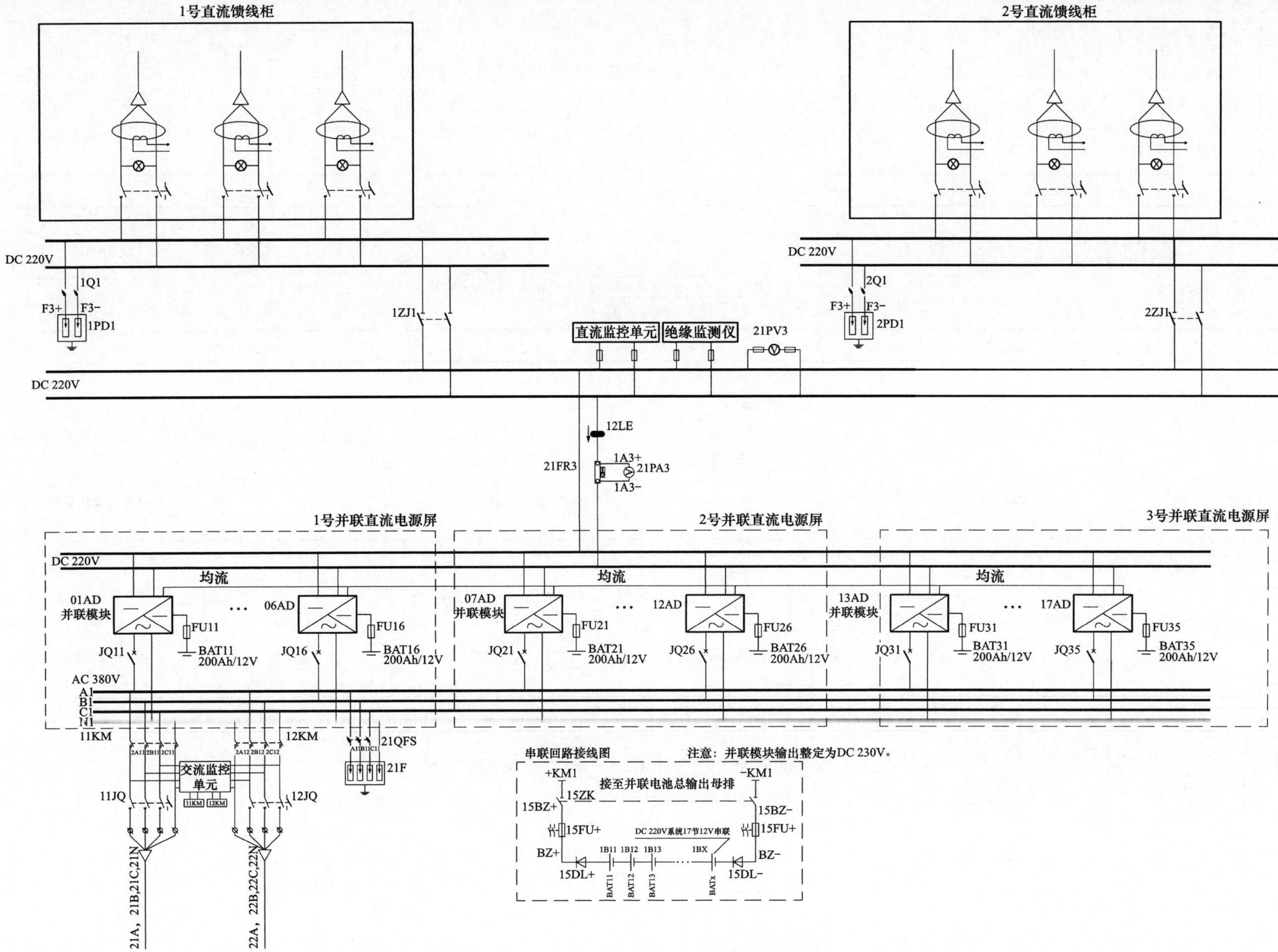


**图 11.2.2-13　HA-110-A3-3　第一组并联直流电源系统图（方案 2）**

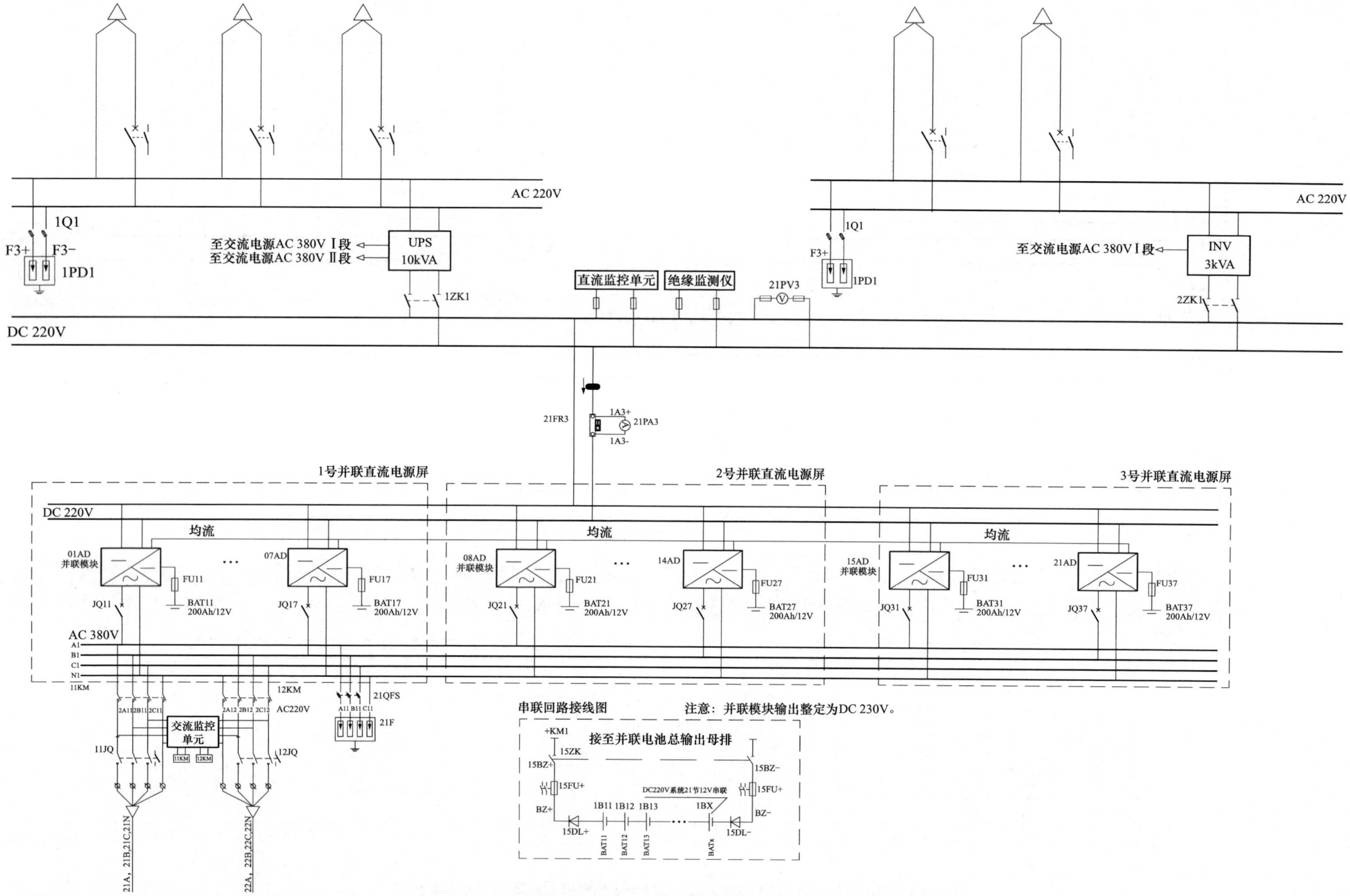


**图 11.2.2-14　HA-110-A3-3　第二组并联直流电源系统图（方案 2）**

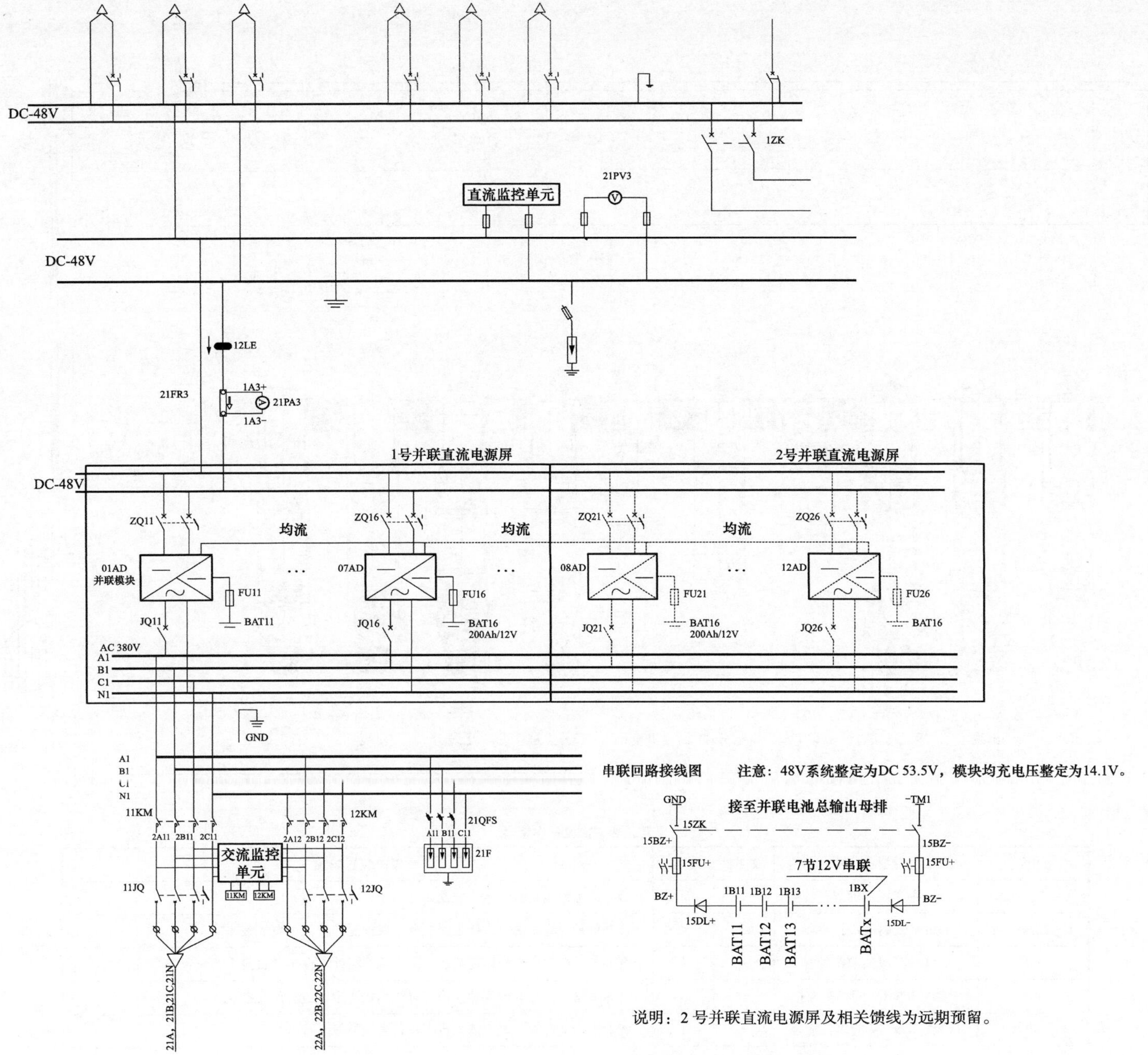


**图 11.2.2-15　HA-110-A3-3　第三组并联直流电源系统图（方案 2）**

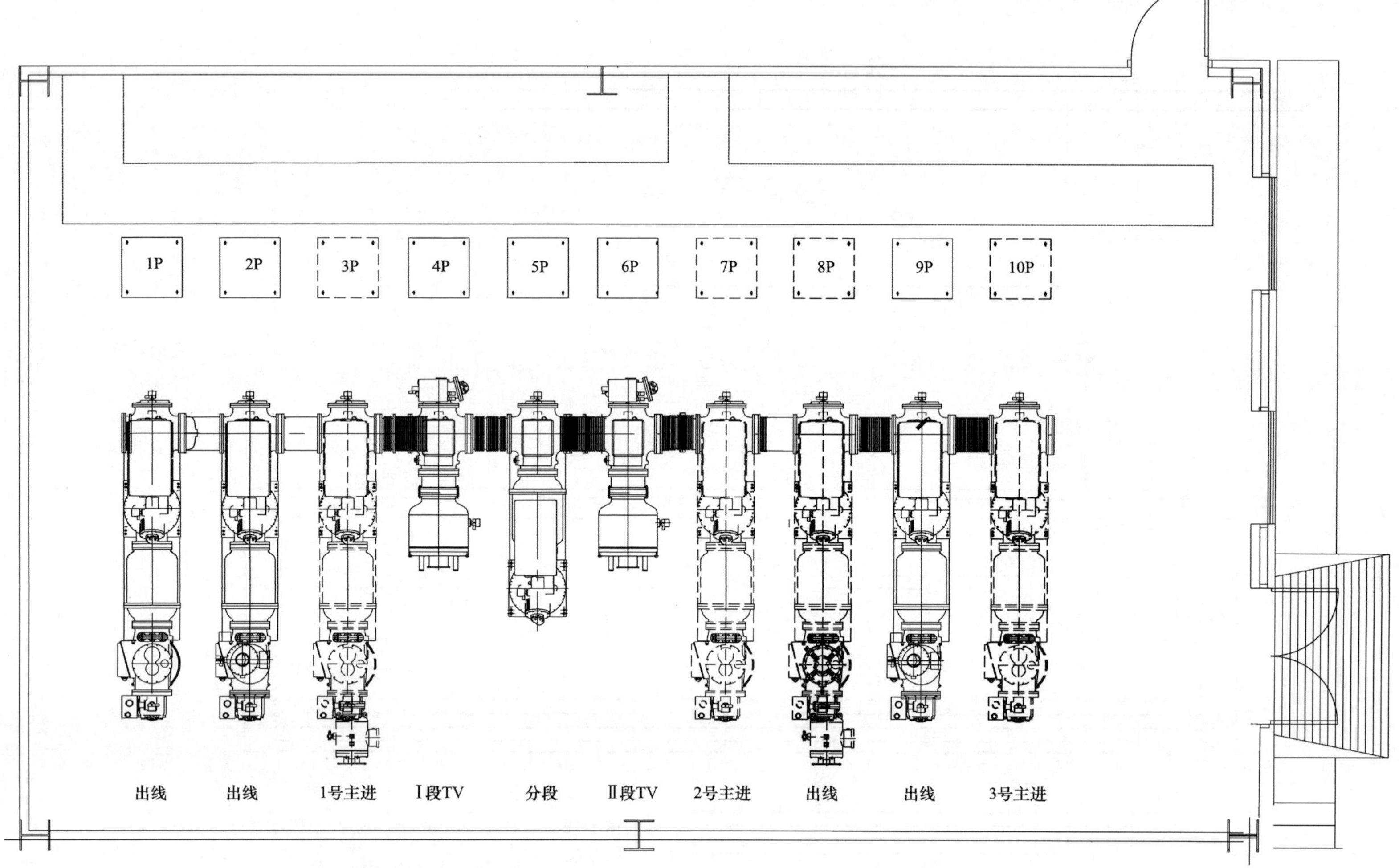


汇控柜二次设备布置表

| 屏号 | 汇控柜名称 | 本期 | 远期 | 柜内装置配置 |
|---|---|---|---|---|
| 3、7、10P | 110kV 主变压器间隔汇控柜 | 1 | 3 | 合并单元智能终端一体化装置 2 台 |
| 1、2、8、9P | 110kV 线路间隔汇控柜 | 2 | 4 | 合并单元智能终端一体化装置 1 台 + 保护测控 1 台 + 电能表 1 块 |
| 5P | 110kV 分段间隔汇控柜 | 1 | 1 | 合并单元智能终端一体化装置 1 台 + 保护测控 1 台 + 备自投 1 台 + 间隔层交换机 2 台 |
| 4P | 110kV Ⅰ母 TV 间隔汇控柜 | 1 | 1 | 合并单元 1 台 + 智能终端 1 台 + 母线测控 1 台 + 过程层交换机 1 台 |
| 6P | 110kV Ⅱ母 TV 间隔汇控柜 | 1 | 1 | 智能终端 1 台 + 母线测控 1 台 + 过程层交换机 1 台 |

**图 11.2.2-16　HA-110-A3-3　110kV GIS 室智能控制柜布置图**

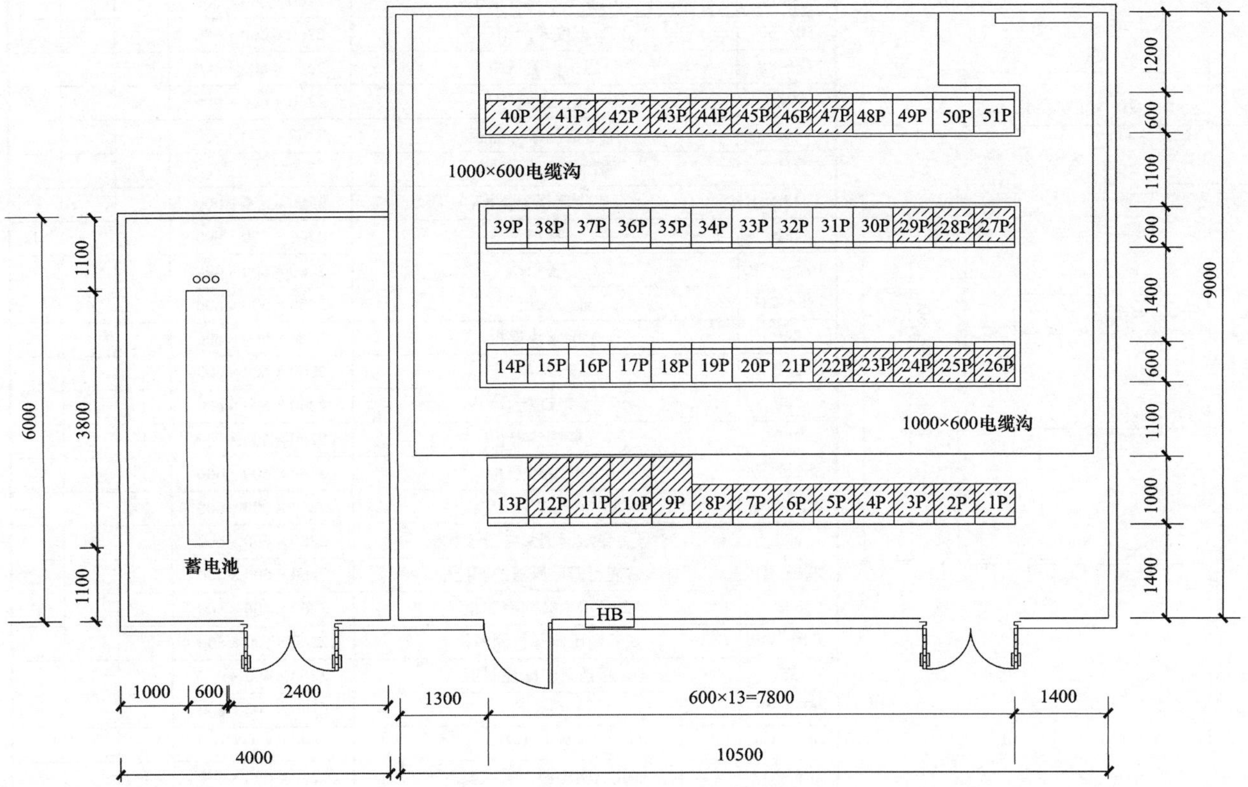


说明：阴影部分为本期工程。

设 备 表

| 屏号 | 名称 | 型式 | 数量 | | |
|---|---|---|---|---|---|
| | | | 本期 | 预留 | 备用 |
| 1P | 故障录波网络记录分析仪柜 | 2260×600×600 | 1 | | |
| 2P | 时间同步柜 | 2260×600×600 | 1 | | |
| 3P | 公用测控柜 | 2260×600×600 | 1 | | |
| 4P | 电能量采集终端柜 | 2260×600×600 | 1 | | |
| 5P～6P | 调度专网柜 | 2260×600×600 | 2 | | |
| 7P～8P | 通信网关机柜 | 2260×600×600 | 2 | | |
| 9P | 监控主机柜 | 2260×600×900 | 1 | | |
| 10P | 综合应用服务器柜 | 2260×600×900 | 1 | | |
| 11P | 智能防误主机柜 | 2260×600×900 | 1 | | |
| 12P | 边缘巡视主机柜 | 2260×600×900 | 1 | | |
| 13P | 备用 | 2260×600×900 | | | 1 |
| 14P～17P | 备用 | 2260×600×600 | | | 4 |
| 18P～21P | 通信预留柜 | 2260×600×600 | | 4 | |
| 22P | 数字配线架柜 | 2260×600×600 | 1 | | |
| 23P | PTN 柜 | 2260×600×600 | 1 | | |
| 24P | IAD 柜 | 2260×600×600 | 1 | | |
| 25P | 光纤配线架柜 | 2260×600×600 | 1 | | |
| 26P | SDH 光端机柜 | 2260×600×600 | 1 | | |
| 27P～28P | 1 号变压器保护测控柜 | 2260×600×600 | 2 | | |
| 29P | 1 号主变压器消弧线圈控制柜 | 2260×600×600 | 1 | | |
| 30P～31P | 2 号变压器保护测控柜 | 2260×600×600 | | 2 | |
| 32P | 2 号消弧线圈控制柜 | 2260×600×600 | | 1 | |
| 33P～34P | 3 号变压器保护测控柜 | 2260×600×600 | | 2 | |
| 35 | 3 号消弧线圈控制柜 | 2260×600×600 | | 1 | |
| 36P～39P | 备用 | 2260×600×600 | | | 4 |
| 40P～42P | 交流电源柜 | 2260×800×600 | 3 | | |
| 43P | 直流充电柜 | 2260×600×600 | 1 | | |
| 44P～45P | 直流馈线柜 | 2260×600×600 | 2 | | |
| 46P | 通信电源柜 | 2260×600×600 | 1 | | |
| 47P | UPS 及事故照明电源柜 | 2260×600×600 | 1 | | |
| 48P～51P | 备用 | 2260×600×600 | | | 4 |
| HB | 火灾报警控制器 | 壁挂式 | | | |

**图 11.2.2-17　HA-110-A3-3　二次设备室屏位布置图（方案 1）**

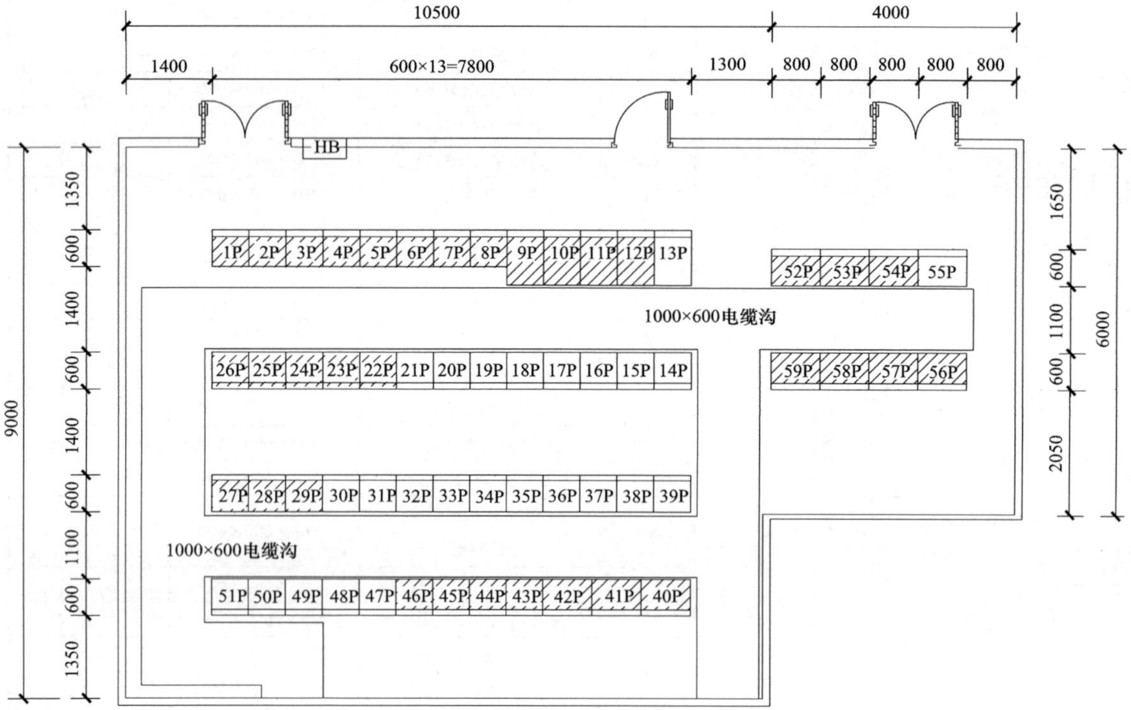


说明：阴影部分为本期工程。

**设 备 表**

| 屏号 | 名称 | 型式 | 数量 | | |
|---|---|---|---|---|---|
| | | | 本期 | 预留 | 备用 |
| 1P | 故障录波网络记录分析仪柜 | 2260×600×600 | 1 | | |
| 2P | 时间同步柜 | 2260×600×600 | 1 | | |
| 3P | 公用测控柜 | 2260×600×600 | 1 | | |
| 4P | 电能量采集终端柜 | 2260×600×600 | 1 | | |
| 5P～6P | 调度专网柜 | 2260×600×600 | 2 | | |
| 7P～8P | 通信网关机柜 | 2260×600×600 | 2 | | |
| 9P | 监控主机柜 | 2260×600×900 | 1 | | |
| 10P | 综合应用服务器柜 | 2260×600×900 | 1 | | |
| 11P | 智能防误主机柜 | 2260×600×900 | 1 | | |
| 12P | 边缘巡视主机柜 | 2260×600×900 | 1 | | |
| 13P | 备用 | 2260×600×900 | | | 1 |
| 14P～17P | 备用 | 2260×600×600 | | | 4 |
| 18P～21P | 通信预留柜 | 2260×600×600 | | 4 | |
| 22P | 数字配线架柜 | 2260×600×600 | 1 | | |
| 23P | PTN 柜 | 2260×600×600 | 1 | | |
| 24P | IAD 柜 | 2260×600×600 | 1 | | |
| 25P | 光纤配线架柜 | 2260×600×600 | 1 | | |
| 26P | SDH 光端机柜 | 2260×600×600 | 1 | | |
| 27P～28P | 1 号变保护测控柜 | 2260×600×600 | 2 | | |
| 29P | 1 号主变压器消弧线圈控制柜 | 2260×600×600 | 1 | | |
| 30P～31P | 2 号变压器保压器护测控柜 | 2260×600×600 | | 2 | |
| 32P | 2 号消弧线圈控制柜 | 2260×600×600 | | 1 | |
| 33P～34P | 3 号变压器保护测控柜 | 2260×600×600 | | 2 | |
| 35 | 3 号消弧线圈控制柜 | 2260×600×600 | | 1 | |
| 36P～39P | 备用 | 2260×600×600 | | | 4 |
| 40P～42P | 交流电源柜 | 2260×800×600 | 3 | | |
| 43P | UPS 及事故照明电源柜二次直流馈线柜 | 2260×600×600 | 1 | | |
| 44P～45P | 二次直流馈线柜 | 2260×600×600 | 2 | | |
| 46P | 通信电源柜 | 2260×600×600 | 1 | | |
| 47P～51P | 备用 | 2260×600×600 | | | 5 |
| 52P～54P | 第一组并联直流电源柜（二次用） | 2260×800×600 | 3 | | |
| 55P | 第三组并联直流电源柜 2（通信用） | 2260×800×600 | | 1 | |
| 56P | 第三组并联直流电源柜 1（通信用） | 2260×800×600 | 1 | | |
| 57P～59P | 第二组并联直流电源柜（UPS 及事故照明用） | 2260×800×600 | 3 | | |
| HB | 火灾报警控制器 | 壁挂式 | | | |

**图 11.2.2-18　HA-110-A3-3　二次设备室屏位布置图（方案 2）**

### 11.2.3 土建部分

土建部分主要图纸见表 11.2.3-1。

表 11.2.3-1 土建部分主要图纸

| 图号 | 图名 |
|---|---|
| 图 11.2.3-01 | HA-110-A3-3 总平面及竖向布置图 |
| 图 11.2.3-02 | HA-110-A3-3 建筑专业施工图设计说明 |
| 图 11.2.3-03 | HA-110-A3-3 暖通专业施工图设计说明 |
| 图 11.2.3-04 | HA-110-A3-3 配电装置楼平面布置及暖通图 |
| 图 11.2.3-05 | HA-110-A3-3 配电装置楼通风及屋顶平面排水图 |
| 图 11.2.3-06 | HA-110-A3-3 配电装置室立面图 |
| 图 11.2.3-07 | HA-110-A3-3 配电装置室立、剖面图 |
| 图 11.2.3-08 | HA-110-A3-3 站区给水及消防管道平面布置图 |

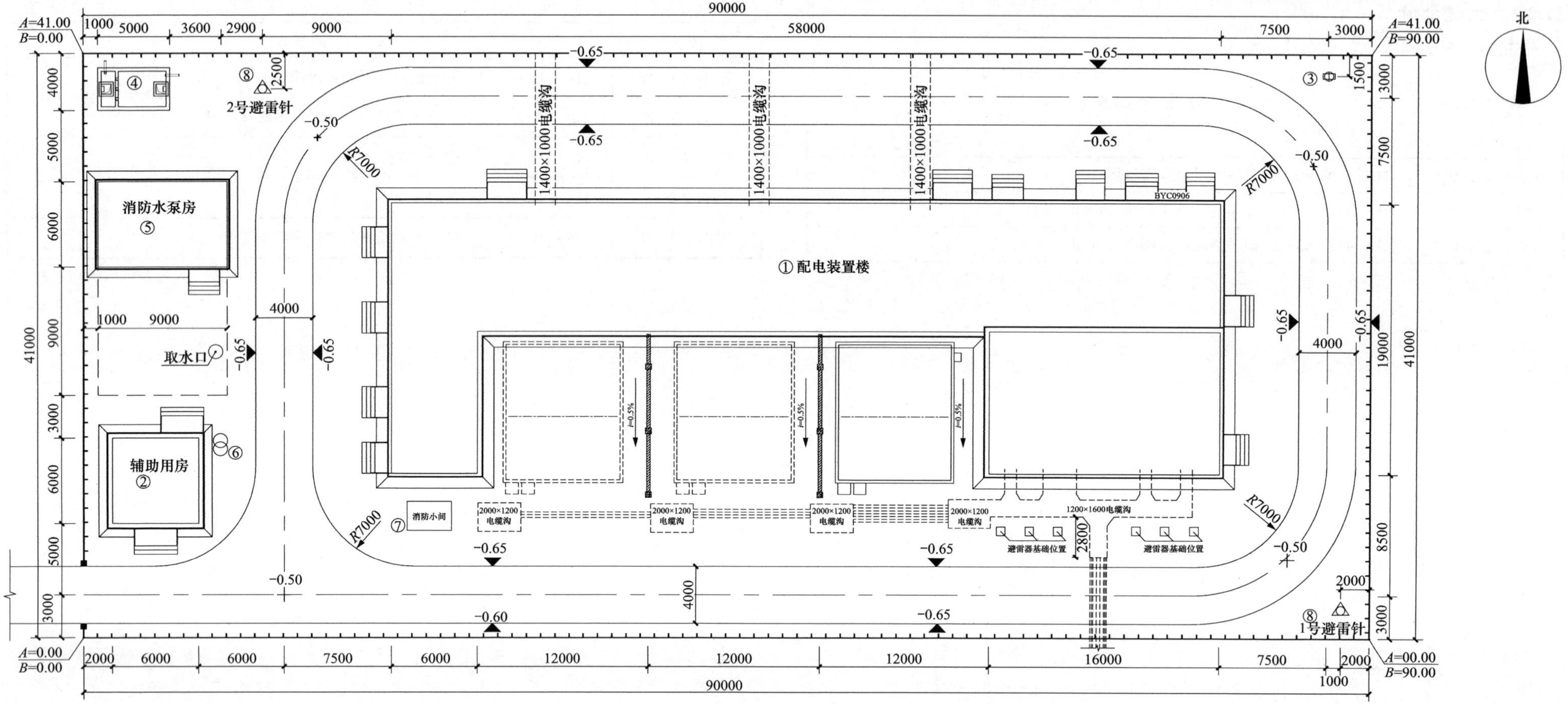


总平面及竖向布置图 1∶150

### 技术经济指标一览表

| 序号 | 指标名称 | 单位 | 数量 | 备注 |
|---|---|---|---|---|
| 1 | 变电站总用地面积 | $hm^2$ | | |
| 2 | 围墙内占地面积 | $hm^2$ | 0.3690 | |
| 3 | 围墙长度 | m | 258 | |
| 4 | 站内道路面积 | $m^2$ | 885 | |
| 5 | 站区总建筑面积 | $m^2$ | 906.6 | |

| 序号 | 指标名称 | 单位 | 数量 | 备注 |
|---|---|---|---|---|
| 5.1 | 配电装置楼 | $m^2$ | 803.4 | 钢框架结构 |
| 5.2 | 辅助用房 | $m^2$ | 44.9 | 集成房屋 |
| 5.3 | 消防泵房 | $m^2$ | 58.3 | 钢框架结构 |
| 5.4 | 消防小间 | $m^2$ | 5.3 | 集成房屋 |

### 站内建（构）筑物一览表

| 序号 | 项目名称 | 单位 | 数量 | 备注 | 序号 | 项目名称 | 单位 | 数量 | 备注 |
|---|---|---|---|---|---|---|---|---|---|
| 1 | 配电装置楼 | 栋 | 1 | | 5 | 消防水泵房 | 座 | 1 | |
| 2 | 辅助用房 | 栋 | 1 | | 6 | 化粪池 | 座 | 1 | |
| 3 | 深井泵 | 座 | 1 | | 7 | 消防小间 | 座 | 1 | |
| 4 | 事故油池 | 座 | 1 | | 8 | 独立避雷针 | 座 | 2 | 30m高 |

**图 11.2.3-01　HA-110-A3-3　总平面及竖向布置图**

| 本册建筑项目主要特征表 | 建筑名称 | 结构类型 | 建筑面积（$m^2$） | 建筑基底面积（$m^2$） | 建筑工程等级 | 设计使用年限 | 建筑层数 | 建筑总高度（m） | 火灾危险性分类 | 耐火等级 | 屋面防水等级 | 地下室防水等级 | 抗震设防烈度 |
|---|---|---|---|---|---|---|---|---|---|---|---|---|---|
| | 配电装置楼 | 装配式钢框架结构 | 803.4 | 803.4 | 三级 | 50 | 地上一层 | 9.60 | 丙 | 一 | I | | 七 |

# 建筑专业施工图设计说明

**1　主要设计依据**

1.1　初步设计、总平面图及各相关专业资料。

1.2　现行的国家有关建筑设计的主要规范及规程（包括但不限于）：

《建筑设计防火规范》（GB 50016—2014）（2018 年版）、《火力发电厂与变电站设计防火标准》（GB 50229—2019）、《屋面工程技术规范》（GB 50345—2012）、《建筑玻璃应用技术规程》（JGJ 113—2015）、《建筑内部装修设计防火规范》（GB 50222—2017）、《建筑防烟排烟系统技术标准》（GB 51251—2017）、《建筑地面设计规范》（GB 50037—2013）、《建筑与市政工程防水通用规范》（GB 55030—2022）、《35kV～110kV 户内变电站设计规程》（DL/T 5496—2015）、《消防设施通用规范》（GB 55036—2022）、《110kV～220kV 智能变电站设计规范》（GB/T 51072—2014）、《建筑防火通用规范》（GB 55037—2022）、《国家电网有限公司输变电工程施工图设计内容深度规定》（Q/GDW 10381）。

1.3　本工程需遵照执行《输变电工程建设标准强制性条文实施管理规程》《国家电网公司输变电工程质量通病防治工作要求及技术措施》和《国家电网有限公司输变电工程标准工艺（变电工程土建分册）》（2022 版）中相关规定。

1.4　其他相关的国家和项目所在省、市的法规、规范、规定、标准等。

**2　本单体建筑工程概况**

2.1　本单体建筑工程概况见本册建筑项目主要特征表。本变电站为无人值守智能变电站。

2.2　本建筑总平面定位坐标详见总平面图；本建筑室内地坪 ±0.000 标高相对应的绝对标高详见总平面图。

2.3　本建筑图中标高单位为米，其余图纸尺寸单位为毫米，各层标注标高为完成面标高（建筑面标高），屋面标高为结构面标高。

2.4　梁柱的尺寸，定位等详见结构施工图。

**3　墙体工程**

3.1　材料与厚度：±0.000 以下采用 MU20 蒸压灰砂砖 M10 水泥砂浆砌筑；±0.000 以上建筑外墙：主变压器侧及电容器室采用四面企口铝镁锰岩棉夹芯板 + 墙檩系统 +2×9mm 纤维增强硅酸钙板 + 100mm 钢龙骨（中间填 100mm 岩棉，容重 120kg/$m^3$）+2×9mm 纤维增强硅酸钙板（室内侧做 6mm 纤维水泥饰面板），耐火极限为 3.0h，其余房间外墙采用铝镁锰岩棉夹芯版 +9mm 厚纤维水泥饰面板。电容器室内隔墙参考主变压器侧墙体，采用双层硅酸钙一体化集成墙板，外表面 +9mm 厚纤维水泥饰面板，耐火极限为 3.0h；其余内隔墙采用 6mm 纤维水泥饰面板 +9mm 纤维增强硅酸钙板 + 轻钢龙骨（中间填 100mm 岩棉，容重 120kg/$m^3$）+9mm 纤维增强硅酸板 +6mm 纤维水泥饰面板，耐火极限为 2.0h。

钢柱采用厚涂型防火涂料（厚度根据具体厂家而定，满足 3h 防火要求）外包覆 9mm 厚纤维水泥饰面板；铝镁锰岩棉夹芯板为 0.8mm 铝镁锰板 +100mm A 级防火岩棉 +0.6mm 铝镁锰板。铝镁锰岩棉夹芯板要求：① 铝镁锰夹芯板外板采用 0.8mm 铝镁锰板，横向排板表面呈纯平效果，镀层以滚轮涂覆，并经三涂三烤；外板面漆涂膜正面 20μm 聚偏氟乙烯，背面 5μm 环氧树脂；内板采用 0.6mm 镀锌钢板，面漆涂膜正面、背面要求同外板。使用寿命在 50 年以上。② 芯材采用 100mm 厚 A 级防火岩棉，憎水性 99%，密度为 136～140kg/$m^3$，有效保证岩棉夹芯板的保温和耐火时间。

注：工业化墙板系统材料均为工厂预制完成，现场拼接、固定、安装完成，最终以甲方订货为准；墙上预留埋铁需由装配式墙体厂家考虑设置并满足荷载要求。

阴影处墙体为配电箱等设备所在墙体，按照箱体要求适当加厚处理，满足配电箱暗装要求。

3.2　构造要求：建议工业化墙板由专业和具备资质的同一厂家进行排板、设计、供货、施工安装，厂家应考虑墙体上的洞口、门、雨篷安装等要求。设备尺寸大于房间门洞尺寸的房间须待设备安装到位后再安装墙体。

板材的施工工艺以及各相关构造做法要求参照《防火建筑构造（一）》（07J905-1）。

3.3　外墙窗户及墙体预留洞详见建筑施工及设备平面图，洞口处四周增加檩条，由墙体厂家统一考虑。

3.4　墙体上的空调管留洞、排气洞、过水洞等应注意避开水立管和不影响外窗开启。

3.5　墙上管道及工艺开孔需封堵的孔洞请见各专业相应要求。

3.6　墙上配电箱等设备的预留洞（槽）尺寸及位置需结合设备专业图纸。

3.7　散水宽度根据具体工程情况核定，图中为示意。

**4　楼地面工程**

本工程楼地面做法详见“建筑构造用料做法表”。

**5　屋面防水工程**

5.1　雨水管等做法参见《12 系列建筑标准设计图集》（12YJ5-1：E2）。

5.2　屋面检修孔做法参见《平屋面建筑构造》（12YJ5-1：A15 页 1），屋面设备基座做法参见《平屋面建筑构造》（12YJ5-1：B14 页 3）。

**6　外门窗工程**

6.1　外门窗均采用 90 系列节能型断热桥铝合金型材和 5+6A+5+6A+5mm 中空浮法玻璃，中间层为夹胶玻璃。

易遭受撞击、冲击而造成人体伤害部位的玻璃均应选用安全玻璃。

外门窗的气密性、水密性及抗风压性能应符合《建筑外门窗气密、水密、抗风压性能分级及检测办法》（GB/T 7106—2008）的相关规定，其中气密性不应低于 4 级，水密性不应低于 4 级，抗风压性能不

**图 11.2.3-02　HA-110-A3-3　建筑专业施工图设计说明（一）**

应低于3级，空气隔声性能不应低于3级。

6.2 门窗立面均表示洞口尺寸，门窗加工尺寸应按照装修面厚度予以调整，门窗制作安装应实测核对各洞口尺寸及各门窗编号与个数，以防止由于设计及构造误差造成安装困难，门窗侧边固定连接点的定位原则：每边最端头固定点距门窗边框端头180mm，其余固定点位置间隔500mm左右均分。

6.3 门窗立樘：内外门窗立樘除特殊说明外均居墙中（墙檩处）。

6.4 门窗的立面形式、数量、尺寸、色彩、开启方式、型材、玻璃等详见门窗表和门窗立面图放大图。

**7 内装修工程**

7.1 本工程各部位内装修做法详见“建筑构造用料做法表”。装修所用材料应采用对人体健康无毒无害的环保型材料，同时符合《民用建筑工程室内环境污染控制标准》（GB 50325—2020）的规定，并应在施工前提供样板，经建设单位和设计单位认可后方可施工。

本工程所有建筑材料和设备均应符合管理部门的环保规定和质量标准及节约能源的要求。

7.2 装修时建筑内部污水立管、透气管、雨水管、空调冷凝水管、排气道的位置不得移动。

7.3 未经技术鉴定和设计认可，不得拆改结构构件和进行加层改造。当建筑装修涉及主体结构改动或增加荷载时，须由设计单位进行结构安全性复核，提出具体实施方案后方可施工。

7.4 地面地漏水封比相应地面标高低50mm，应在该房间最低处。地漏、管道周围与找平层间应预留10mm×7mm凹槽，并应嵌填密封沥青膏。

7.5 凡金属铁件均应先除锈，后涂防锈漆一道，面层再涂调和漆二道。油漆色彩与所在墙面颜色相近。

7.6 所有穿过防水层的预埋件、紧固件应采用高性能密封材料密封。

7.7 楼面找平须待设备管线孔洞预留无误后再行施工。

7.8 所有材料、构造、施工应遵照《建筑装饰装修工程质量验收标准》（GB 50210—2018）执行。

**8 外装修工程**

8.1 建筑立面的颜色和材质详见立面图，外墙面做法详见“建筑构造用料做法表”。外墙面施工前应做出样板，待建设方和设计方认可后方可进行施工，并应遵照《建筑装饰装修工程质量验收标准》（GB 50210—2018）的要求。

8.2 其余外露铁件做一道防锈底漆和二道面漆。不露面铁件做二道防锈漆，金属件接缝要严密，用于室外的金属件接缝处用树脂涂料二道密封。

8.3 各种外墙洞口边缘应做铝合金/铝板一体式收边件。

8.4 窗台节点确保里高外低不泛水，室内抹灰成活面高于室外成活面且高差不小于20mm。收边件、檐板以及窗外窗台面层均坡向墙外。

8.5 建筑装饰装修工程所用材料应符合国家有关建筑装饰装修材料有害物质限量标准的规定。

**9 其他应注意事项**

9.1 土建施工时应注意将建筑、结构、水、暖、电气等各专业施工图纸相互对照，确认墙体及楼板各种预留孔洞尺寸及位置无误后方可进行施工。

9.2 若有疑问应提前与设计院沟通解决。施工过程中，如遇各专业施工图纸不符的，不得以其中任何一个专业图纸作为施工依据。

9.3 工业化墙板供货厂家应根据产品实际规格及相关配件规格进行深化设计及排板设计。建筑物装修色彩应先做样，取得建设单位和设计单位的同意后方可施工。

9.4 本设计说明及全部施工图纸未尽之处应按国家各有关施工及验收规范执行。

**10 本站选用建筑标准设计图集**

《国家电网有限公司输变电工程标准工艺（变电工程土建分册）》（2022版）；《12系列建筑标准设计图集》12YJ系列；《特种门窗》（国标图集17J610−1）；《建筑节能门窗（一）》（国标图集06J607−1）。

**图11.2.3−02 HA−110−A3−3 建筑专业施工图设计说明（二）**

## 暖通设计与施工说明

**一、设计说明**

（一）工程概况

本方案为 × × 110kV 变电站新建工程。

（二）设计范围

本次设计包括 110kV 变电站通风与空调设计；配电详见电气专业施工图。

（三）设计依据

1. 建设单位设计任务书、使用功能要求等。

2.《建筑设计防火规范》（GB 50016—2014）（2018 年版）

3.《民用建筑供暖通风与空气调节设计规范》（GB 50736—2012）

4.《建筑防排烟系统技术标准》（GB 52125—2017）

5.《火力发电厂与变电站设计防火标准》（GB 50229—2019）

6.《35kV～110kV 变电站设计规范》（GB 50059—2011）

（四）空调设计

1. 二次设备室设风管式空调，冬夏季使用；10kV 配电装置室设风管式空调，夏季使用。空调选用高效变频节能空调，能效应达到国家空调能效等级 2 级水平。

2. 本建筑二次设备室等设备房间均采用带来电自动启动功能的分体空调机，资料等辅助房间采用普通分体空调机。

3. 本建筑采用的分体式空调室内外机之间的制冷剂连接管、控制系统及配件、冷凝水管及安装支吊架等安装材料等由设备供货商统一配置供应，本图册不予单独开列。

4. 空调机组安装完毕后，首次运行的制冷剂、润滑油应由供货方充注，且由供货方进行检查和试运转。

5. 发生火灾时，关闭相应防火分区的空调系统。

（五）通风设计

1. 110kV GIS 室设有机械排风、自然进风系统，平时通风和 $SF_6$ 事故通风使用。室内设 $SF_6$ 探测系统（详见电气专业图纸）与事故排风机联动。排风采用两台轴流风机，一台上排风，一台下排风。风机分别在室内外便于操作的地方设开关。补风利用侧墙防雨百叶风口进行补风，风口自带过滤器。

2. 10kV 配电装置室设有机械排风、自然补风系统，平时通风使用。排风采用边墙轴流风机，平时通风时使用，风机分别在室内外便于操作的地方设开关。补风利用侧墙防雨百叶窗进行补风，风口自带过滤器。

3. 电容器室设有屋顶风机，平时通风使用，补风利用设在房间侧墙的百叶风口进行，风口自带过滤器。

4. 二次设备室采用进风百叶窗自然通风即可满足要求。

5. 风机均内侧安装可拆卸防护网，外侧安装防雨百叶窗。

6. 所有设备应选用低噪声型产品，降低噪声源。

7. 百叶窗均配置 70° 防火阀。

**二、施工说明**

1. 所有送排风管道均采用镀锌铁皮加工制作，法兰连接，安装及制作详见《通风与空调工程施工质量验收规范》（GB 50243—2016）。

2. 风管上的可拆卸接口不得设置在墙体或楼板内。风管与设备之间为法兰连接，连接处用 6mm 厚防火材料作垫层。

3. 所有水平或垂直的风管必须设置必要的支、吊或托架，其构造形式由安装单位在保证牢固、可靠的原则下，根据现场情况确定。同时应避免在法兰、调节阀等零部件处设置支、吊、托架。

4. 风管穿楼板和墙体时，需与土建专业配合留出孔洞。安装完毕后需以石棉绳等非燃烧材料将孔塞严，并用水泥砂浆抹平，做到绝对不漏风。

5. 风机等设备应采用减震吊架或 20～50mm 厚的橡胶减震垫隔振，通风机等设备的进出风管接头处均设 150mm 长的防火软接头。

6. 在外窗、室内吊顶安装换气扇的位置及高度根据二次装修施工安装，在外墙安装的换气扇紧贴梁底安装，平面位置详见施工图，圆形风管采用 150mm 金属铝箔软管。矩形风管采用镀锌钢板制作，钢板厚度不小于 1.0mm。

7. 土建施工时，预埋套管，配合预留孔洞，矩形孔洞的大小为穿墙处风管尺寸加 100mm，圆形孔洞的大小为穿墙处风管直径加 100mm。

8. 所有风机基础及留洞须待设备到货并核实设备的具体尺寸后方可施工。

9. 设备安装除按设计图纸、设计说明及有关规范标准外，尚应满足下列要求：

a. 本工程中安装的设备产品必须首先满足图纸设计要求，另外还应具有产品牌号、注册商标、产品合格证书、产品鉴定书、安装运行说明书或手册等。

b. 空调机严格按相关标准及产品性能要求进行安装，铜管连接采用套管式焊接，不允许采用对接，加强防止冷媒泄漏的措施。

c. 必须保持空调冷媒管内干净、无杂质、无水分。盘铜管采用整捆购买，直铜管进场后检查有无封堵，对无封堵或抽验内壁不洁净的铜管采用拉布除尘去污。

d. 冷媒管及冷凝水管按要求做好保温处理，不得出现结露漏水情况。空调冷凝水管排水必须保证不小于 1% 的坡度，接头处无渗漏，并注意排气。

e. 连接内外机的管线所经过的墙洞，洞口做到内高外低。空调安装完毕后采用油泥、发泡剂、水泥等材料进行堵洞。堵墙洞要求松紧适度、无缝隙，外观应呈小半圆，不可过紧，否则会将水管压瘪，造成内机漏水。

f. 设备安装稳定，支、吊架设置合理，空调的室内、外机运转时的垂直振动不超过 15μm。

g. 排烟风机及防火阀的安装参见《防排烟系统设备及附件选用与安装》（07K103-2）；分体空调安装参见《分体式空调器安装图》（94K303）。

10. 通风与空调系统安装时应与土建、电气、消防等各施工单位密切配合，进行预留孔洞及设备基础的核对和检查，合理确定设备及管道支、吊架的位置，安装时应避免与土建梁、柱、屋架、电气设备、桥架及电缆、消防设备及管道、供水及排水设施等的相互碰撞。

**图 11.2.3-03　HA-110-A3-3　暖通专业施工图设计说明（一）**

11. 设备安装工作完毕后，必须进行调试、试运转及试压工作，确认各系统及其设备均满足设计要求。

12. 在正式交付建设单位使用前，应对风管、风口、设备表面进行清洁。系统调试前，应进行各设备单机运行，合格后再进行综合调试，让系统连续运行24h以上，并对系统进行全面检查调整，考核各项指标并做书面记录。

13. 本方案施工执行《国家电网有限公司输变电工程标准工艺（变电工程土建分册）》（2022年版）中的施工要求。

14. 其他未尽事宜及各项施工要求应严格遵守《通风与空调工程施工质量验收规范》（GB 50243—2016）。

| 图例 | 名称 | 图例 | 名称 |
|---|---|---|---|
|  | 壁式轴流风机 | 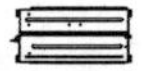 | 风管式空调室内机 |
| | | G.T | 空调挂机 |

**空调主要设备表**

| 序号 | 房间名称 | 房间面积（$m^2$） | 空调名称 | 空调型号及数量 |
|---|---|---|---|---|
| 1 | 10kV配电装置室 | 313 | 风管式 | $Q_L$=12.3kW $Q_R$=14.0kW（5P）<br>$N$=6.0kW，380V，50Hz<br>4台 |
| 2 | 二次设备室 | 94.5 | 风管式 | $Q_L$=12.3kW $Q_R$=14.0kW（5P）<br>$N$=6.0kW，380V，50Hz<br>2台 |
| 3 | 蓄电池室 | 24 | 挂壁式（防爆） | KFR-35GW/BP（1.5P） 1台 |
| 4 | 资料室 | 20.1 | 挂壁式 | KFR-23GW/BP（1.0P） 1台 |

**通风主要设备表**

| 序号 | 房间名称 | 设备名称 | 型号 | 数量（台） |
|---|---|---|---|---|
| 1 | 10kV配电装置室 | 轴流风机<br>（事故后排烟） | DWT-I-3，风量：5300$m^3$/h 全压：142Pa，转速：1450r/min 功率：0.75kW，噪声小于66dB | 2 |
| 2 | 110kV GIS室 | 轴流风机<br>（事故排风） | DWT-I-3，风量：3000$m^3$/h 全压：109Pa，转速：1450r/min 功率：0.37kW 噪声小于66dB | 1 |
| | | 壁式轴流风机<br>（事故排风兼做平时通风） | XBDZ-B-3.6，风量：2480$m^3$/h 全压：76Pa，转速：1450r/min 功率：0.09kW，噪声小于63dB | 1 |
| 3 | 蓄电池室 | 轴流风机 | DWT-I-3 风量：1500$m^3$/h 全压：72Pa，转速：1450r/min 功率：0.06kW 噪声小于52dB | 1 |
| 4 | 电容器室 | 轴流风机<br>（事故后排烟兼做平时通风） | XBDZ-B-2.8 风量：$3000^3$/h 全压：41Pa，转速：1450r/min 功率：0.04kW 噪声小于55dB | 3 |

**室内设计参数**

| 房间名称 | 设计温度（℃） | | 相对湿度（%） | | 通风 | |
|---|---|---|---|---|---|---|
| | 夏季 | 冬季 | 夏季 | 冬季 | 通风方式 | 换气次数（次/h） |
| 10kV配电装置室 | 40 | | | | 自然进风，机械排风 | ≥6 |
| 110kV GIS室 | 40 | | | | 自然进风，机械排风 | ≥4 |
| 电容器室 | 40 | | | | 自然进风，机械排风 | ≥6 |
| 蓄电池室 | 30 | 15 | | | 自然进风，机械排风 | ≥3 |
| 二次设备室 | 26～28 | 18～20 | 70 | | 自然通风 | |
| 资料室、应急操作室 | 28 | 18 | | | 自然通风 | |

**图11.2.3-03 HA-110-A3-3 暖通专业施工图设计说明（二）**

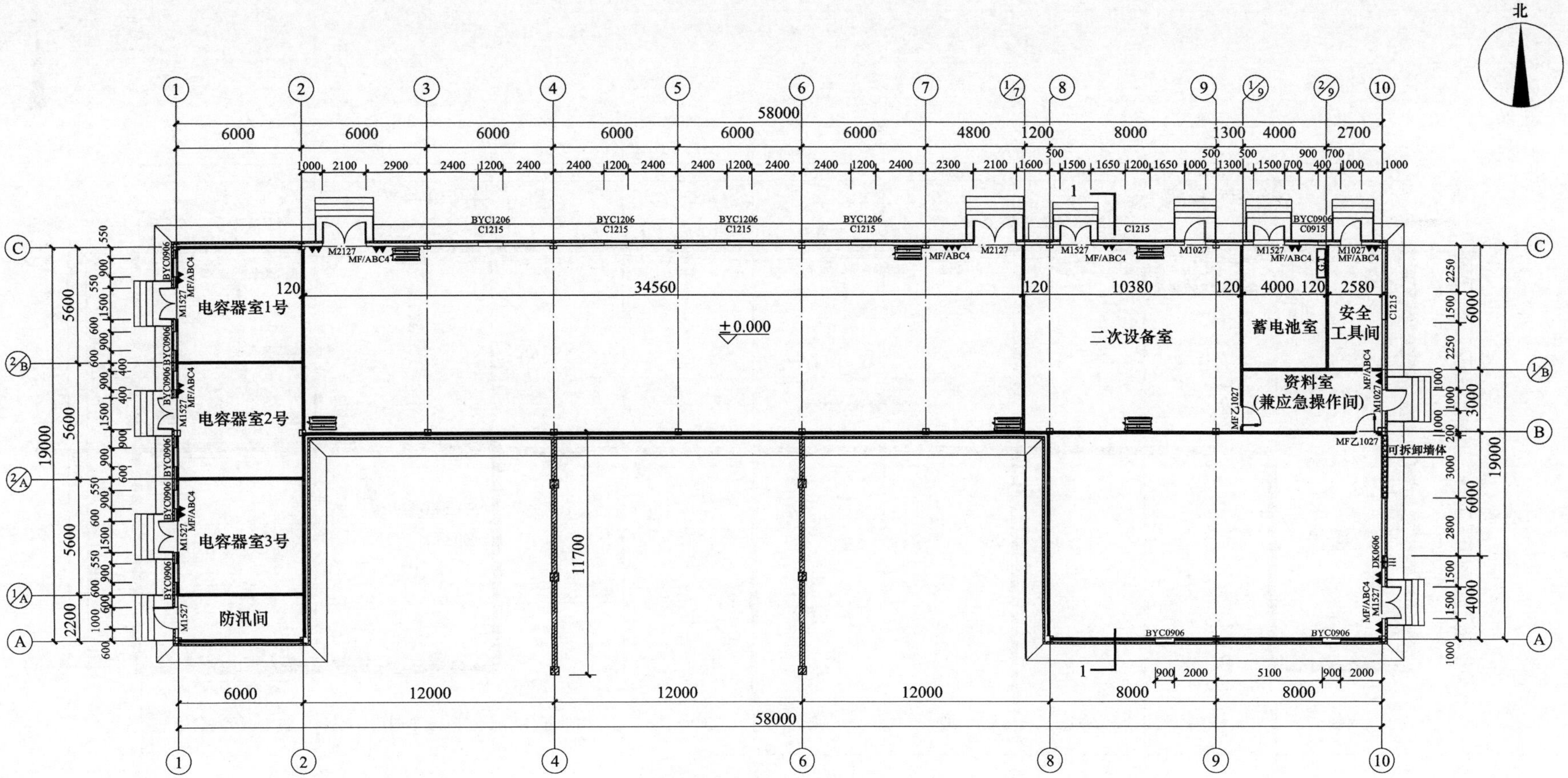


配电装置楼平面布置及暖通图 1∶150

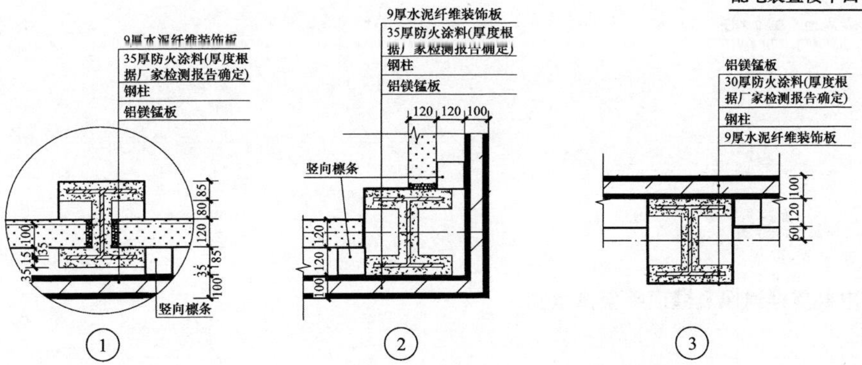


| 图例 | 名称 | 图例 | 名称 |
|---|---|---|---|
| | 壁式轴流风机 | | 风管式空调室内机 |
| ▲ | 手提式灭火器 | G.T | 空调挂机 |

**图 11.2.3-04　HA-110-A3-3　配电装置楼平面布置及暖通图**

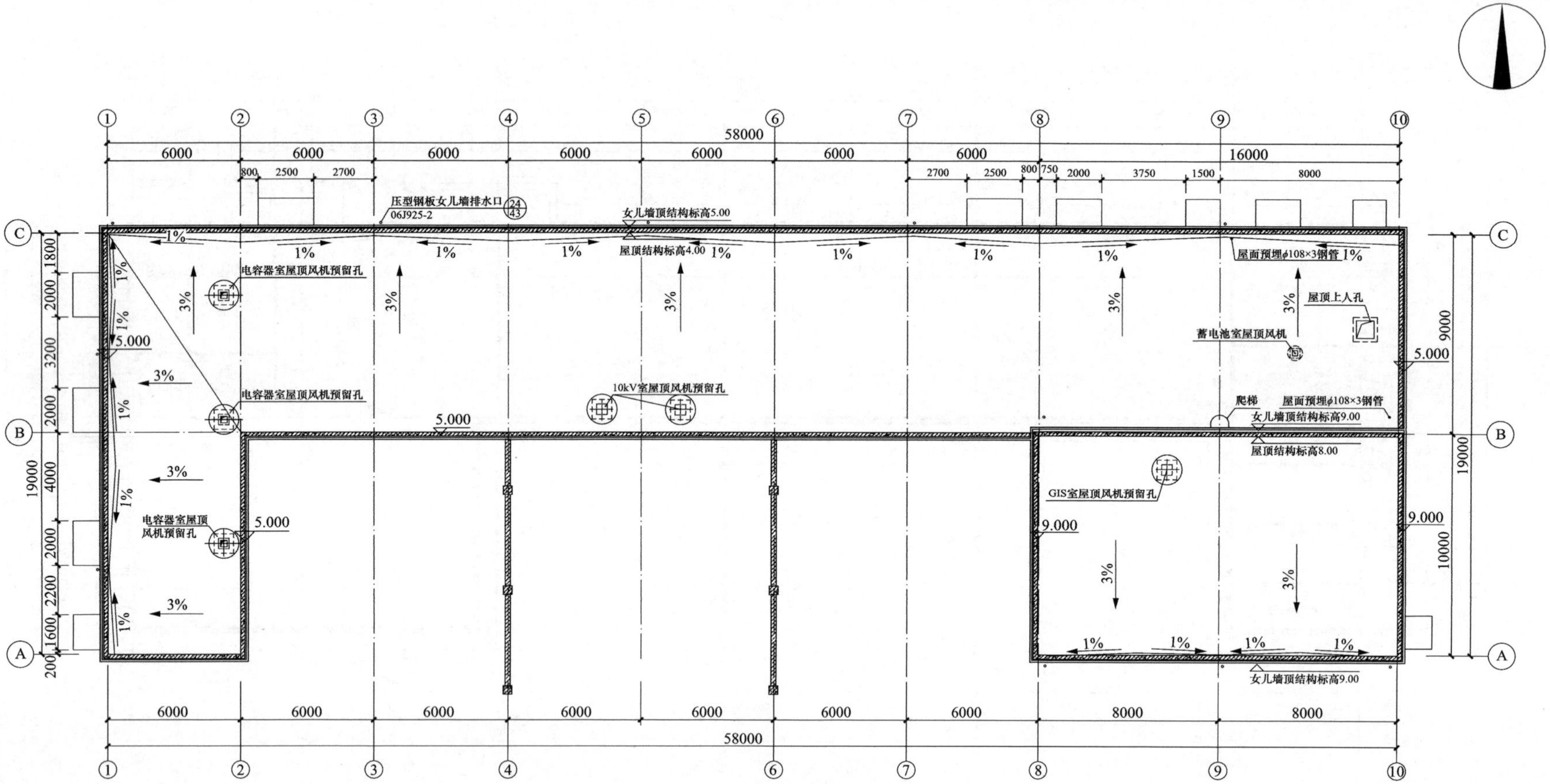


配电装置楼通风及屋顶平面排水图 1∶150

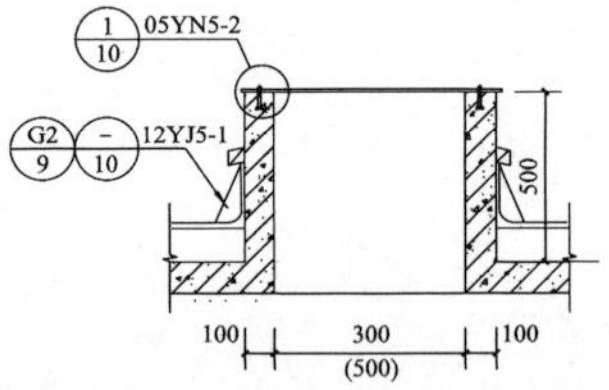


1

屋顶风机孔

说明：1. 屋面预埋 DN108 镀锌钢管 500mm，并焊止水环便于空调管穿入室内。

2. 空调管用石膏板封包。

图 11.2.3-05　HA-110-A3-3　配电装置楼通风及屋顶平面排水图

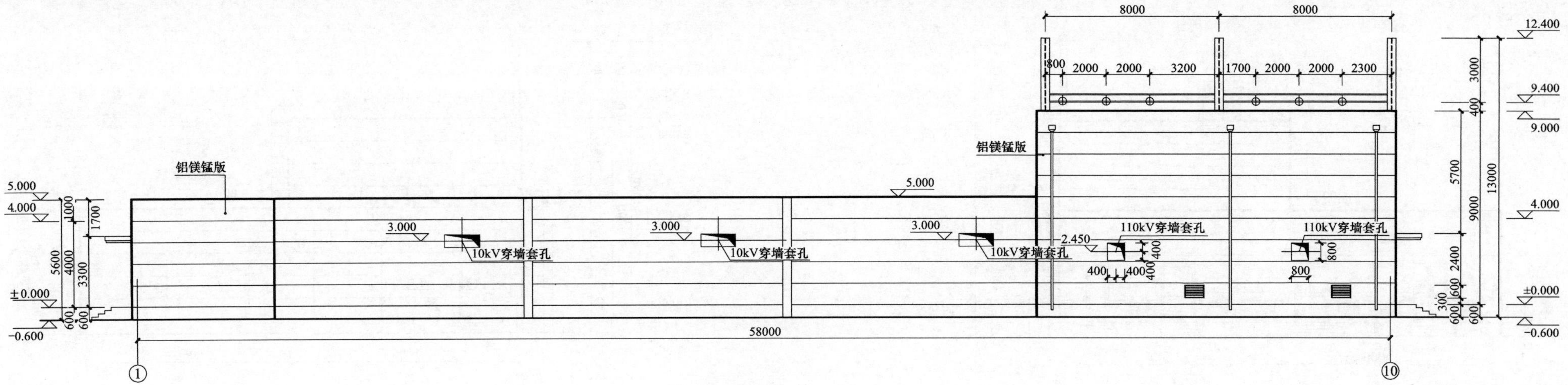


①-⑩轴立面图

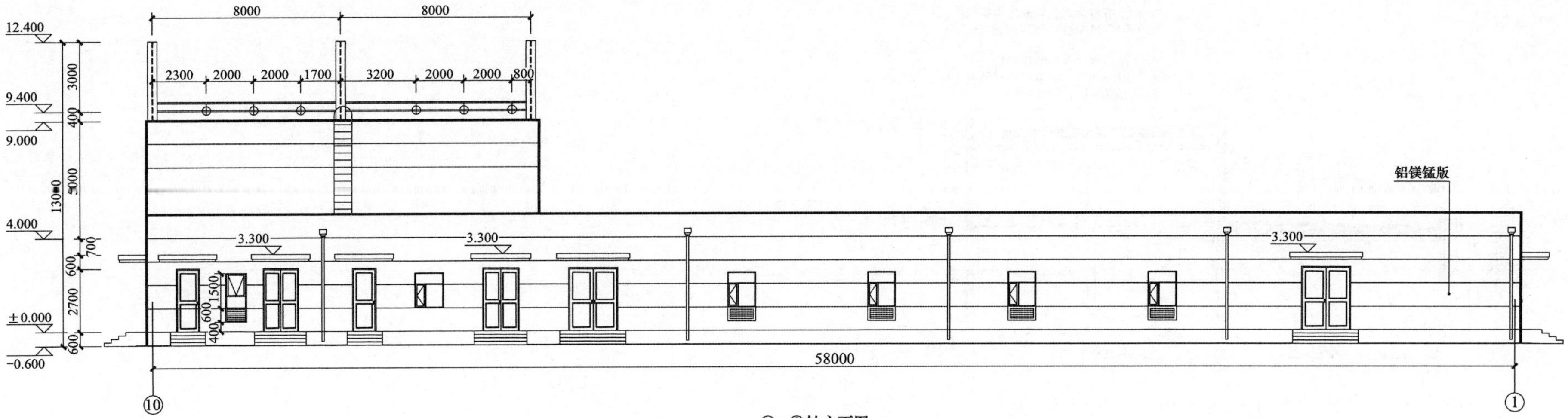


⑩-①轴立面图

**图 11.2.3-06　HA-110-A3-3　配电装置室立面图**

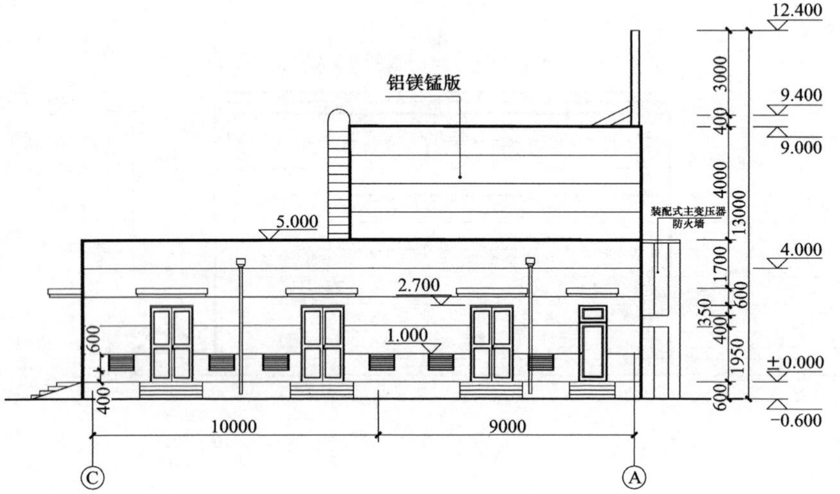


Ⓒ-Ⓐ轴立面图

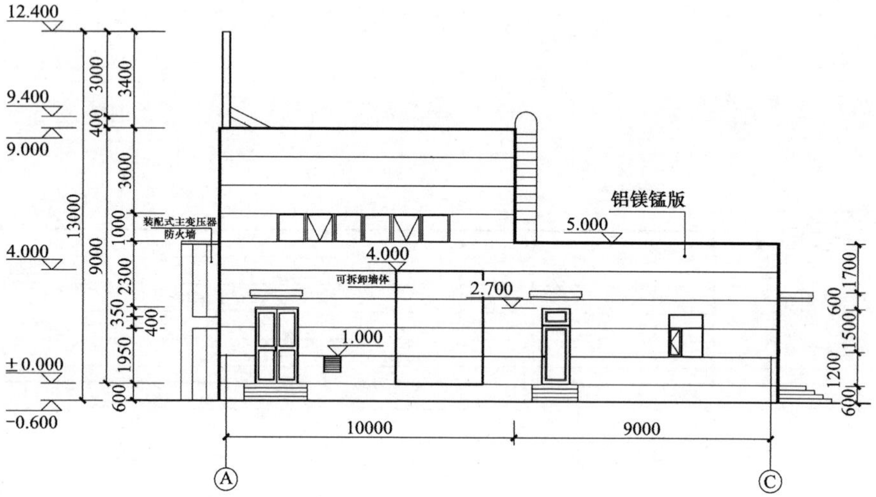


Ⓐ-Ⓒ轴立面图

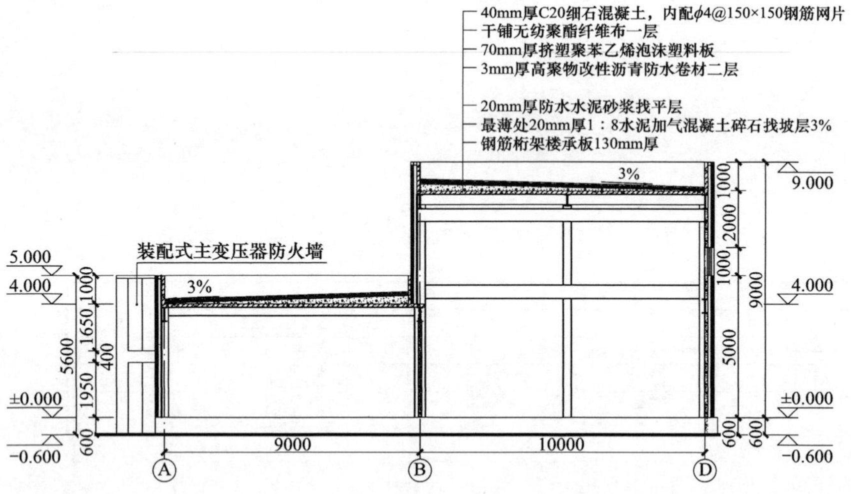


1-1剖面图 1∶150

**图 11.2.3-07　HA-110-A3-3　配电装置室立、剖面图**

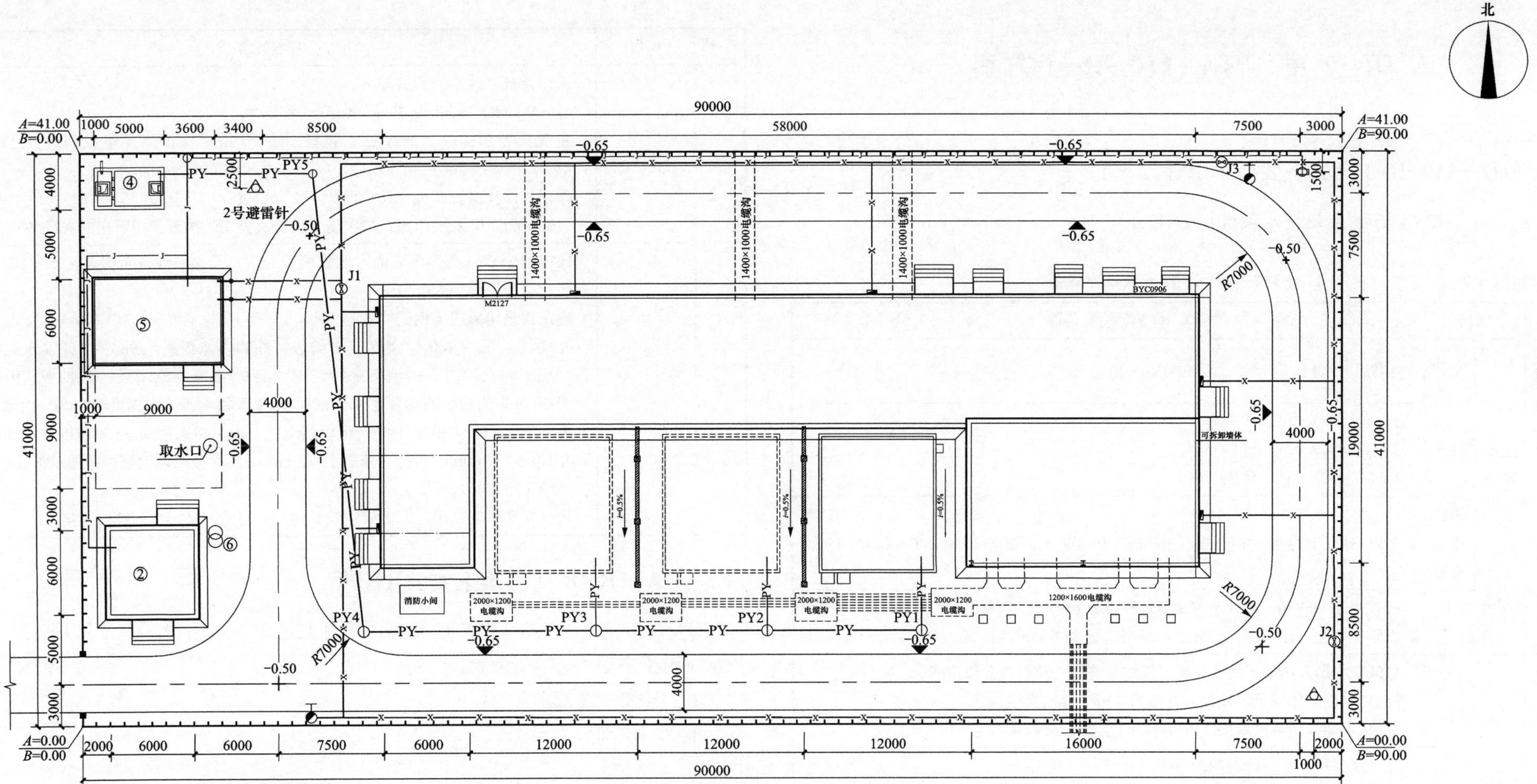


泵房内设备选型

| 名称 | 规格 | 单位 | 备注 |
|---|---|---|---|
| 轴流消防泵 | XBD4.5/30GJ<br>$Q$=30L/s；$P$=0.45MPa；$N$=22kW | 套 | 2一用一备 |
| 轴流稳压泵 | XBD4.5/1.0WJ<br>$Q$=1.0 L/s；$P$=0.45MPa；$N$=2.2kW | 套 | 2一用一备 |
| 立式稳压罐 | SNL800 | 套 | 1 |
| 泄压阀 | DN150 | 个 | 1 |
| 流量测试装置 | DN150 | 个 | 1 |
| Y型过滤器 | DN150 | 个 | 1 |
| 压力开关 | DN250 | 个 | 2 |
| 压力表 | YB-250 | 个 | 2 |

站区给水消防管道平面布置图 1:150

说明：1. 室外给水管采用PPR管，热熔连接。

2. 消防管采用热镀锌钢管，沟槽式连接件（卡箍）丝扣或法兰连接。

3. 阀门：DN≤50mm时采用铜截止阀，DN＞50mm时，给水管和消防水管采用闸阀或双向式蝶阀，连接消火栓的支管管径均为DN100。

4. 室外消火栓选用地上式，SS100/65型。消火栓距路边不应超过2m，距房屋外墙不宜小于5m。

图例：
- 阀门井
- 检查井
- 室外消防栓
- 消火栓箱
- —PY— 排油管
- —J— 给水管
- —X— 消防水管

**图 11.2.3-08　HA-110-A3-3　站区给水及消防管道平面布置图**

# 第 12 章　HA-110-B-1 方案

## 12.1　HA-110-B-1 方案主要技术条件

HA-110-B-1 方案主要技术条件见表 12.1.0-1。

表 12.1.0-1　　HA-110-B-1 方案主要技术条件

| 序号 | 项目 | | 本方案技术条件 |
|---|---|---|---|
| 1 | 建设规模 | 主变压器 | 本期 1×50MVA，终期 3×50MVA |
| | | 出线 | 110kV：本期 2 回，终期 4 回；<br>35kV：本期 3 回，终期 6 回；<br>10kV：本期 8 回，终期 26 回 |
| | | 无功补偿装置 | 10kV 并联电容器：本期 1×（3600+4800）kvar；终期 3×（3600+4800）kvar |
| 2 | 站址基本条件 | | 海拔小于 1000m，设计基本地震加速度 0.15$g$，设计风速不大于 30m/s，地基承载力特征值 $f_{ak}$=150kPa，无地下水影响，场地同一设计标高 |
| 3 | 电气主接线 | | 110kV 本期采用单母线（分段）接线，终期为单母线分段接线；<br>35kV 本期采用单母线接线，终期为单母线分段接线；<br>10kV 本期采用单母线接线，终期为单母线三分段接线 |
| 4 | 主要设备选型 | | 主变压器用三相三绕组油浸自冷式有载调压变压器；<br>110kV 采用户外 HGIS 设备；<br>35、10kV 高压开关柜选用金属封闭铠装移开式封闭开关柜；<br>10kV 并联电容器组选用户外框架式 |
| 5 | 电气总平面及配电装置 | | 主变压器：户外布置；<br>110kV：户外 HGIS；<br>35、10kV：户内高压开关柜双列布置；<br>无功补偿：户外成套装置 |
| 6 | 二次系统 | | 全站采用预制式二次组合设备、模块化二次设备、预制式智能控制柜及预制光/电缆的二次设备模块化设计方案；<br>变电站自动化系统按照一体化监控设计；<br>采用常规互感器+合并单元；<br>110kV GOOSE 与 SV 共网，保护直采直跳；<br>主变压器用保护、测控独立装置，110kV 采用保护测控集成装置，35kV 及 10kV 采用保护测控集成装置；<br>采用一体化电源系统，通信电源不独立设置；<br>110kV 间隔层采用预制式二次组合设备，公用二次设备布置在二次设备室 |
| 7 | 土建部分 | | HA-110-B-1 方案围墙内占地面积 4521m²；全站总建筑面积 626.95m²，其中配电装置室建筑面积 588.51m²。<br>建筑物结构形式为钢结构；<br>外墙板采用一体化铝镁锰复合墙板，外墙内墙板采用 9mm 厚纤维水泥饰面板，用于防火墙时，内墙板采用两侧双层 9mm 厚纤维增强硅酸钙板，内部填充 100mm 厚岩棉，室内侧贴 9mm 厚纤维水泥饰面板，耐火极限 3.0h。内墙：建筑内隔墙由两侧内墙板+中间保温层组成。内墙板采用 9mm 厚纤维水泥饰面板（中间填 50～100mm 岩棉，容重 120kg/m³）。屋面板采用钢筋桁架楼承板；<br>围墙采用装配式围墙；<br>构、支架基础采用定型钢模浇筑，构支架与基础采用地脚螺栓连接 |

## 12.2　HA-110-B-1 方案主要设计图纸

HA-110-B-1 方案三维效果图如图 12.2.0-1、图 12.2.0-2 和图 12.2.0-3 所示（附于书后）。

### 12.2.1　电气一次部分

电气一次部分主要图纸见表 12.2.1-1。

表 12.2.1-1　　电气一次部分主要图纸

| 图号 | 图名 |
|---|---|
| 图 12.2.1-01 | HA-110-B-1　电气主接线图 |
| 图 12.2.1-02 | HA-110-B-1　电气总平面图 |
| 图 12.2.1-03 | HA-110-B-1　110kV 屋外配电装置平面布置图 |
| 图 12.2.1-04 | HA-110-B-1　110kV 主变压器进线间隔断面图 |
| 图 12.2.1-05 | HA-110-B-1　110kV 出线间隔断面图 |
| 图 12.2.1-06 | HA-110-B-1　110kV 分段间隔断面图 |

续表

| 图号 | 图名 |
| --- | --- |
| 图 12.2.1-07 | HA-110-B-1　110kV 母线设备间隔断面图 |
| 图 12.2.1-08 | HA-110-B-1　$SF_6$ 气室分隔图 |
| 图 12.2.1-09 | HA-110-B-1　配电装置室平、断面图 |
| 图 12.2.1-10 | HA-110-B-1　35kV 母线桥平、断面图 |
| 图 12.2.1-11 | HA-110-B-1　10kV 母线桥平、断面图 |
| 图 12.2.1-12 | HA-110-B-1　防直击雷保护图 |
| 图 12.2.1-13 | HA-110-B-1　室外接地网布置图 |

续表

| 图号 | 图名 |
| --- | --- |
| 图 12.2.1-14 | HA-110-B-1　室内接地网布置图 |
| 图 12.2.1-15 | HA-110-B-1　10kV 电容器接地布置图 |
| 图 12.2.1-16 | HA-110-B-1　户外照明布置图 |
| 图 12.2.1-17 | HA-110-B-1　电缆敷设设施平面布置图 |
| 图 12.2.1-18 | HA-110-B-1　站区防火封堵布置图 |
| 图 12.2.1-19 | HA-110-B-1　二次设备室预制舱防火封堵图 |
| 图 12.2.1-20 | HA-110-B-1　35 、10kV 配电室防火封堵图 |

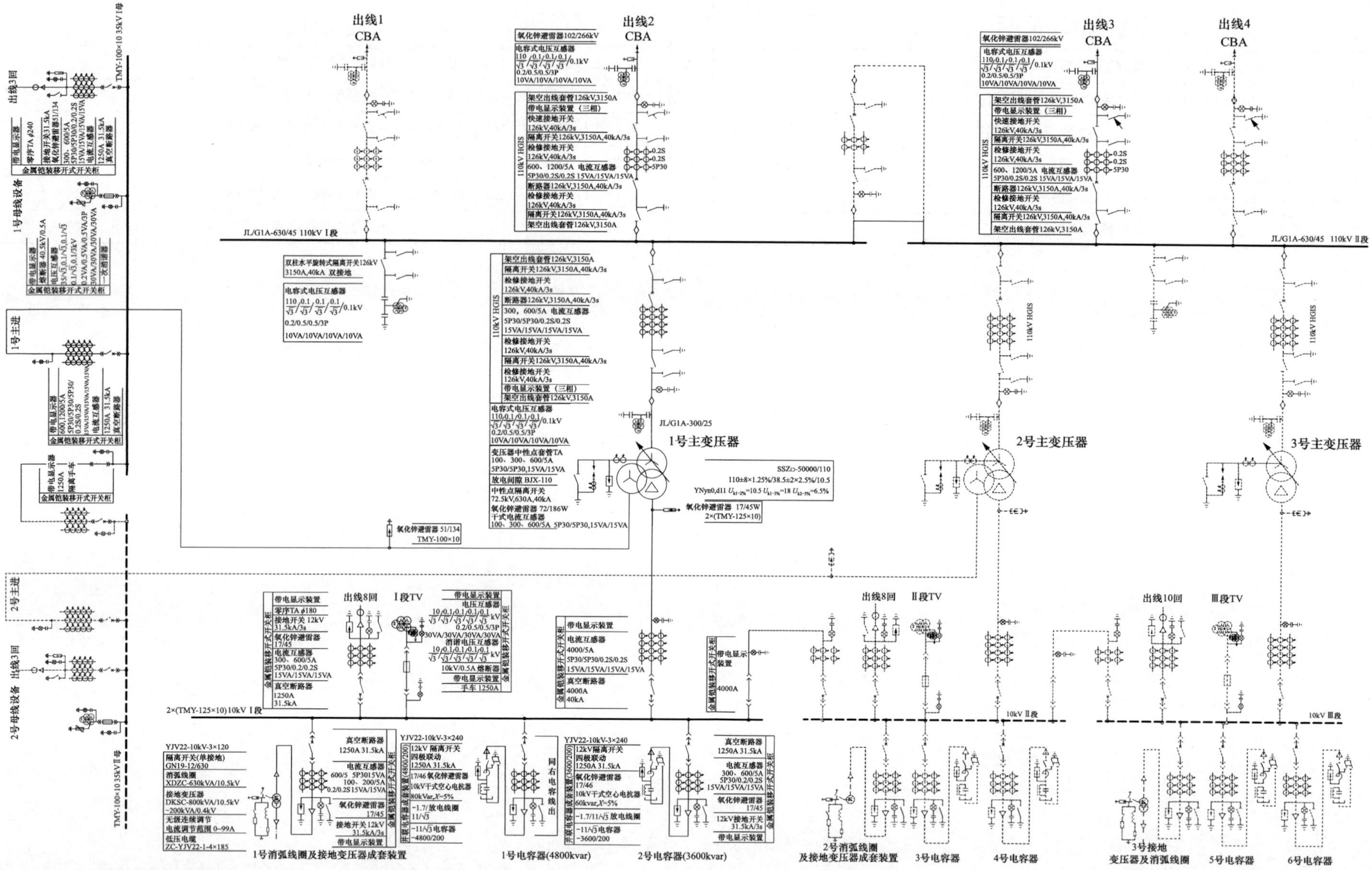


说明：110kV 主接线按单母线接线（扩建停电困难的地区，可建设为单母线分段接线）。

**图 12.2.1-01　HA-110-B-1　电气主接线图**

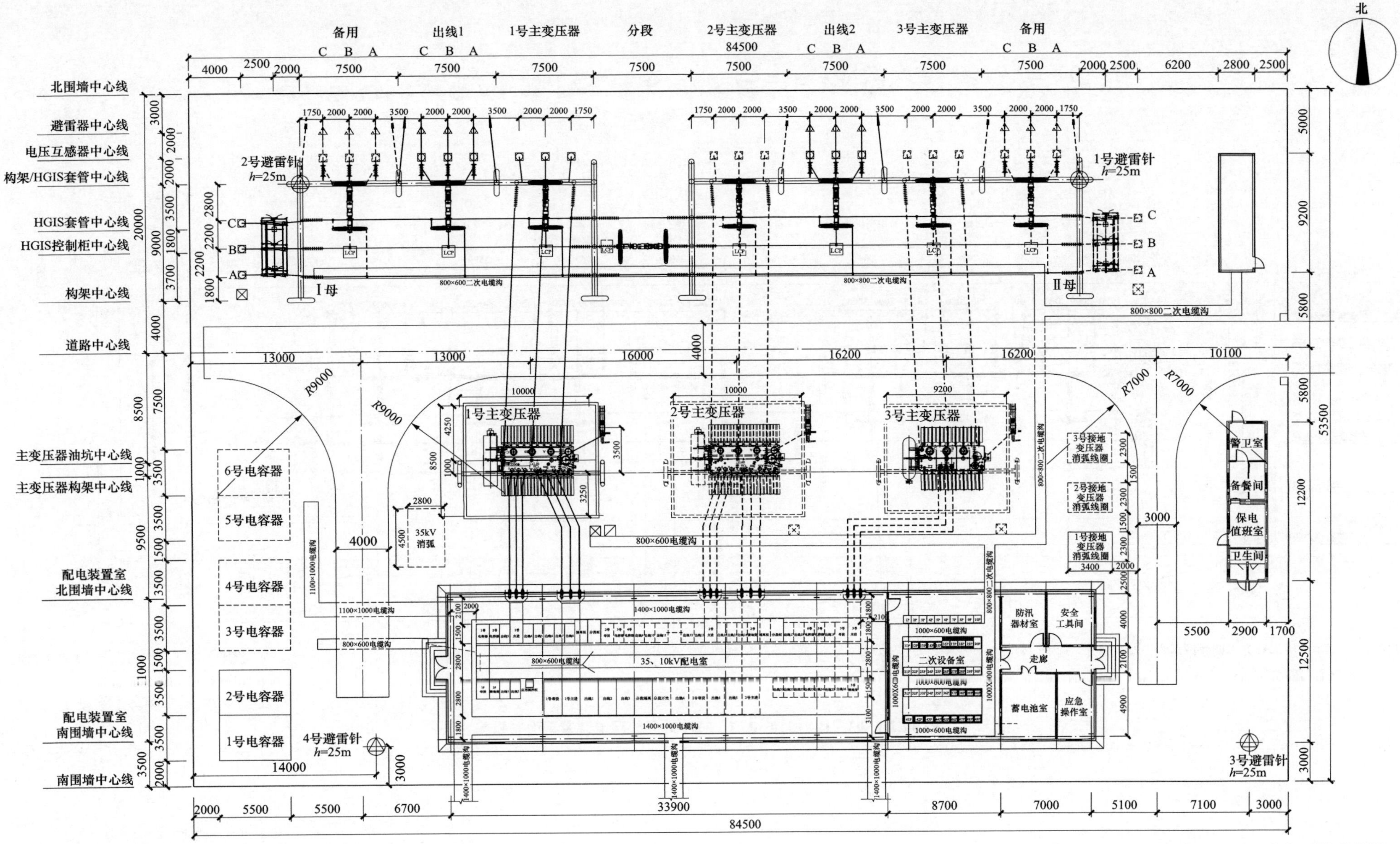


说明：1. 图中实线部分为本期建设内容，虚线部分为远期内容。

2. 电压等级为 110/35/10kV。

图例：⊠ TV、主变压器智能控制柜

□ HGIS 汇控柜

◪ 户外检修箱

**图 12.2.1-02　HA-110-B-1　电气总平面图**

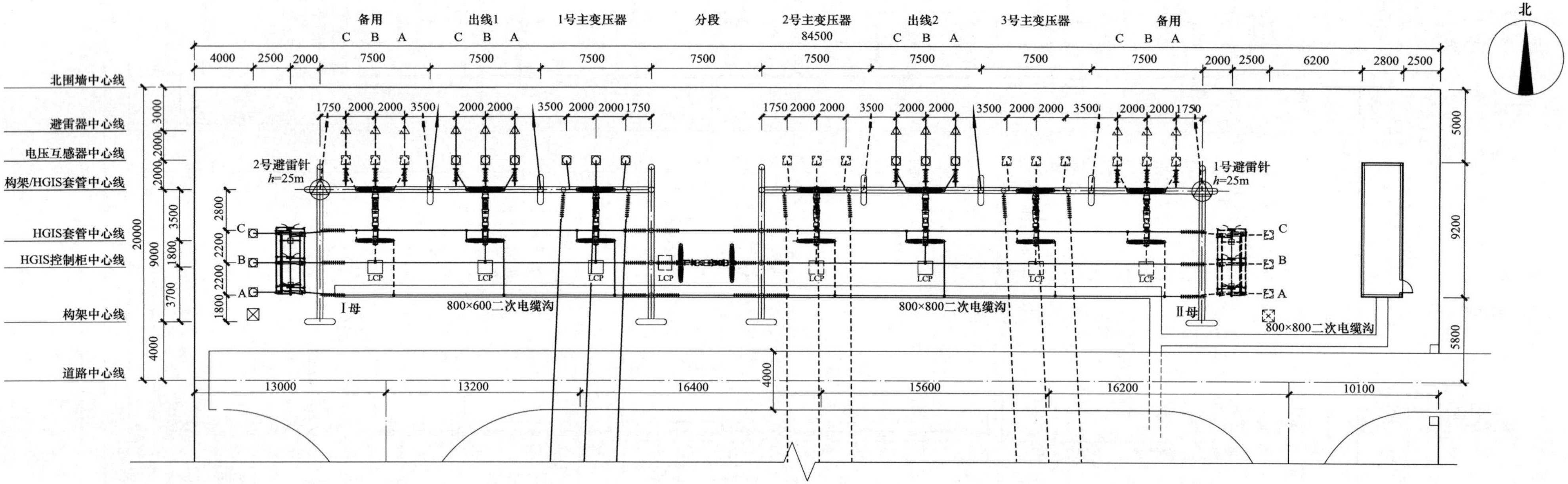


说明：1. 图中实线部分为本期建设内容，虚线部分为远期内容。

2. 电压等级为 110/35/10kV。

图例：☒ TV、主变压器智能控制柜

□ HGIS 汇控柜

◪ 户外检修箱

**图 12.2.1−03　HA−110−B−1　110kV 屋外配电装置平面布置图**

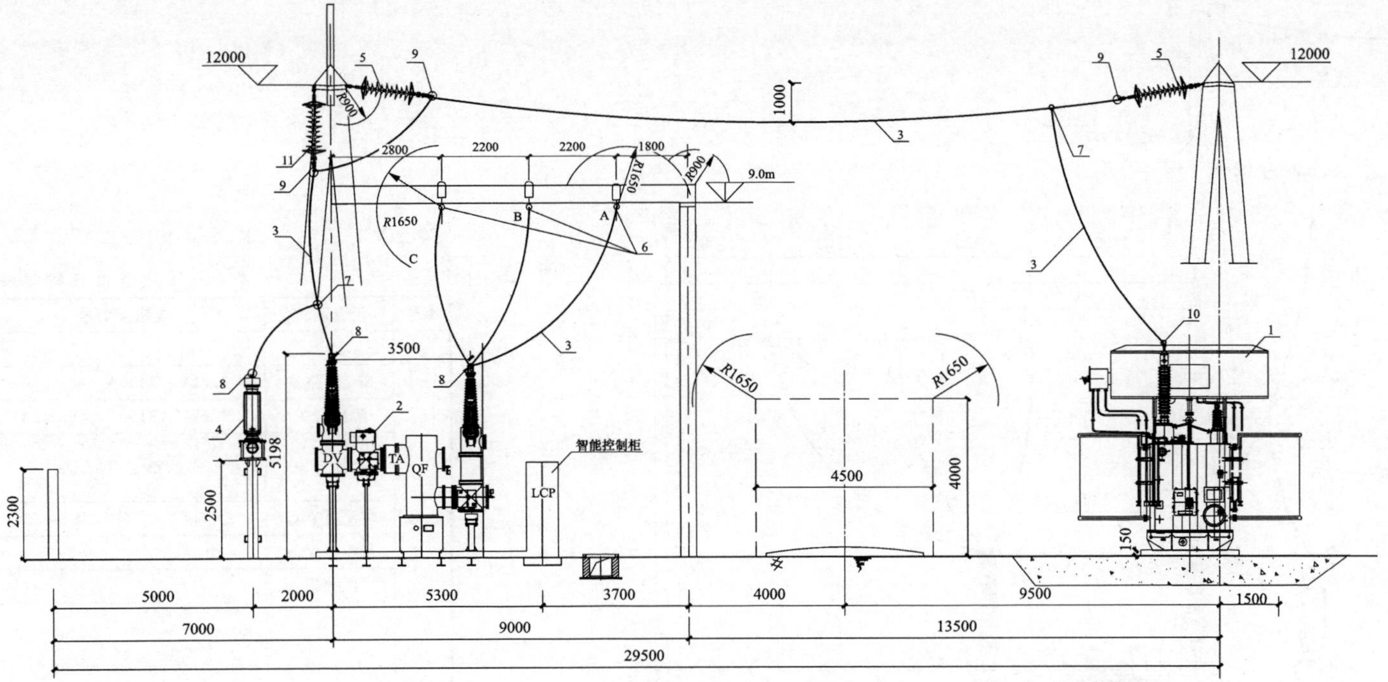


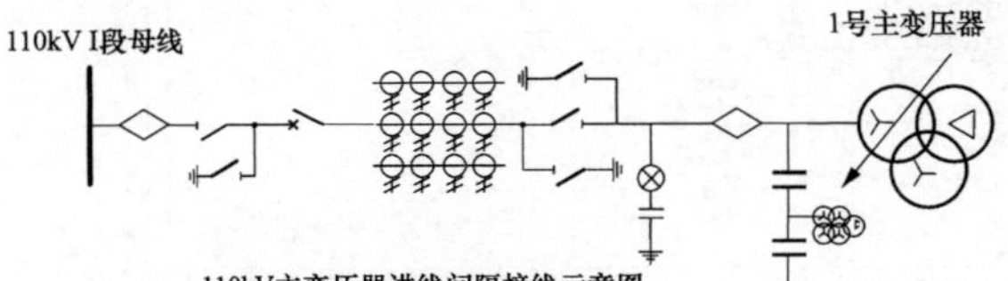


110kV主变压器进线间隔接线示意图

**主要设备材料表**

| 编号 | 设备名称 | 规格及型号 | 单位 | 数量 | 备注 | 编号 | 设备名称 | 规格及型号 | 单位 | 数量 | 备注 |
|---|---|---|---|---|---|---|---|---|---|---|---|
| 1 | 有载调压变压器 | SSZ□-50000/110<br>110±8×1.25%/38.5±8×2.5%/10.5 | 台 | 1 | | 4 | 电压互感器 | $\frac{110}{\sqrt{3}}/\frac{0.1}{\sqrt{3}}/\frac{0.1}{\sqrt{3}}/\frac{0.1}{\sqrt{3}}/0.1$ | 台 | 3 | |
| 2 | HGIS | | 个 | 1 | 包含以下设备 | 5 | 耐张绝缘子串 | U120BP/146D，盘径 280，爬距 450mm | 串 | 6 | 每串 11 片 |
| | $SF_6$ 断路器 | 126kV，3150A，40kA/3s | 台 | 1 | | 6 | T 形线夹 | TY-630/45 | 个 | 3 | 含引流板 |
| | 隔离开关 | 126kV，3150A，40kA/3s | 组 | 1 | | 7 | T 形线夹 | TY-300/25 | 个 | 6 | 含引流板 |
| | 接地开关 | 126kV，40kA/3s | 组 | 3 | | 8 | 设备线夹 | SY-300/25 | 个 | 9 | |
| | 电流互感器 | 2×300/5A<br>5P30/5P30/0.2S/0.2S | 台 | 3 | 15VA/15VA/15VA/15VA | 9 | 耐张线夹 | NY-300/25 | 个 | 9 | 含引流板 |
| | 带电显示器 | | 组 | 1 | | 10 | 铜铝过渡设备线夹 | SYG-300/25 | 个 | 3 | |
| | 智能控制柜 | | 台 | 1 | | 11 | 悬垂绝缘子串 | U120BP/146D，盘径 280mm，爬距 450mm | 串 | 3 | 每串 11 片 |
| 3 | 钢芯铝绞线 | JL/G1A-300/25 | m | 150 | | | | | | | |

**图 12.2.1-04　HA-110-B-1　110kV 主变压器进线间隔断面图**

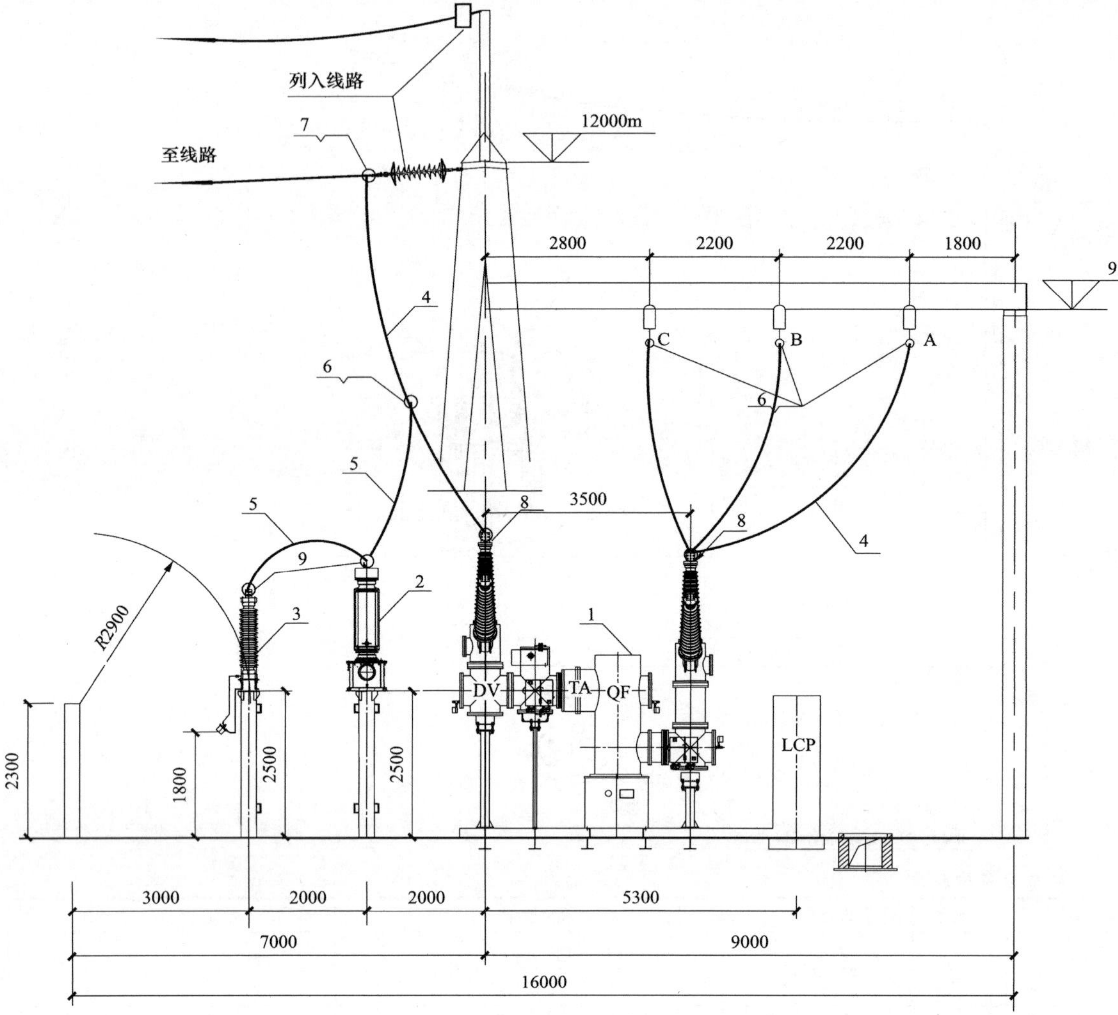


**主要设备材料表**

| 编号 | 设备名称 | 规格及型号 | 单位 | 数量 | 备注 |
|---|---|---|---|---|---|
| 1 | HGIS | | 个 | 1 | 包含以下设备 |
| | $SF_6$ 断路器 | 126kV，3150A，40kA/3s | 台 | 1 | |
| | 隔离开关 | 126kV，3150A，40kA/3s | 组 | 2 | |
| | 接地开关 | 126kV，40kA/3s | 组 | 3 | 含 1 组快速接地开关 |
| | 电流互感器 | 2×600/5A，5P30/0.2S/0.2s | 台 | 3 | 15VA/15VA/15VA |
| | 带电显示器 | | 组 | 1 | |
| | 汇控柜 | | 台 | 1 | |
| 2 | 电压互感器 | $\frac{110}{\sqrt{3}}/\frac{0.1}{\sqrt{3}}/\frac{0.1}{\sqrt{3}}$kV $/\frac{0.1}{\sqrt{3}}/0.1$kV 0.2/0.5/0.5/3P 10VA/10VA/10VA/10VA | 台 | 3 | |
| 3 | 氧化锌避雷器 | 102/266kV | 台 | 3 | |
| 4 | 钢芯铝绞线 | JL/G1A-630/45 | m | 60 | |
| 5 | 钢芯铝绞线 | JL/G1A-240/30 | m | 35 | |
| 6 | T 形线夹 | TY-630/45 | 个 | 6 | |
| 7 | T 形线夹 | 与线路配套 | 个 | 3 | |
| 8 | 设备线夹 | SY-630/45 | 个 | 6 | |
| 9 | 设备线夹 | SY-240/30 | 个 | 6 | |

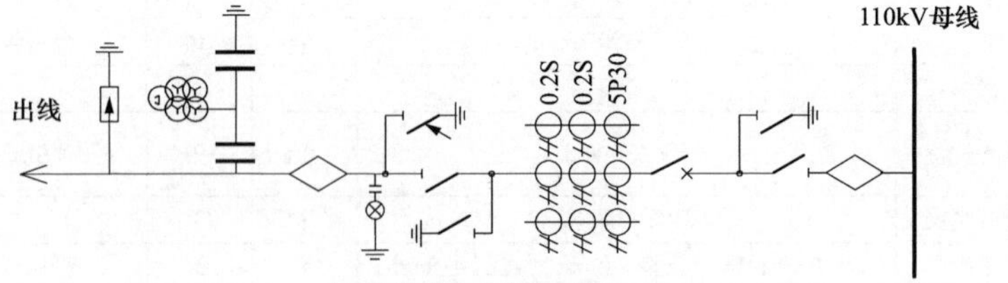


110 kV出线间隔接线示意图

说明：T 型线夹端子板尺寸应与引下线设备线夹端子板尺寸保持一致。

**图 12.2.1-05　HA-110-B-1　110kV 出线间隔断面图**

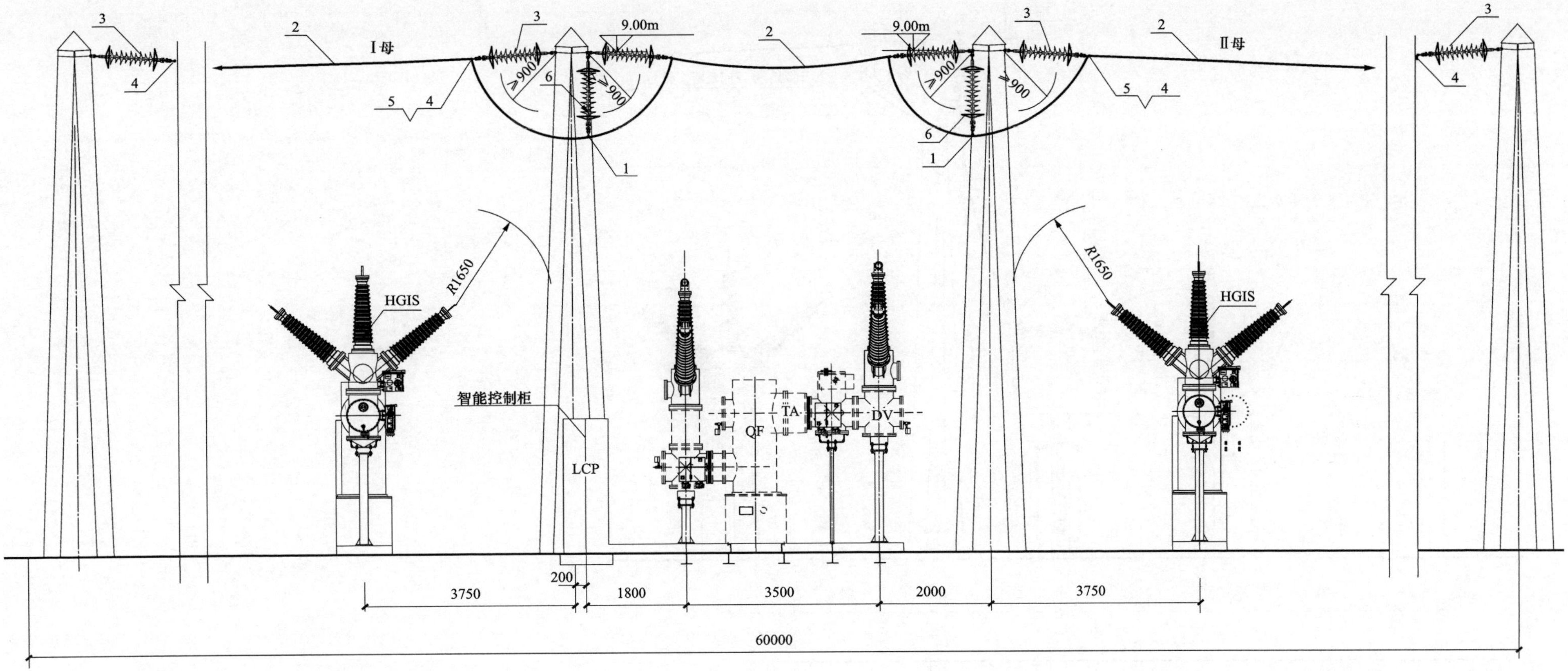


主要设备材料表

| 编号 | 设备名称 | 规格及型号 | 单位 | 数量 | 备注 |
|---|---|---|---|---|---|
| 1 | 悬垂线夹 | CGU-6B | 个 | 6 | |
| 2 | 钢芯铝铰线 | JL/G1A-630/45 | m | 270 | |
| 3 | 耐张绝缘子串 | U120BP/146D，盘径 280，爬距 450mm | 串 | 18 | 每串 11 片 |
| 4 | 耐张线夹 | NY-630/45 | 个 | 18 | 含引流板 |
| 5 | 设备线夹 | SY-630/45 | 个 | 12 | |
| 6 | 悬垂绝缘子串 | U120BP/146D，盘径 280mm，爬距 450mm | 串 | 6 | 每串 11 片 |

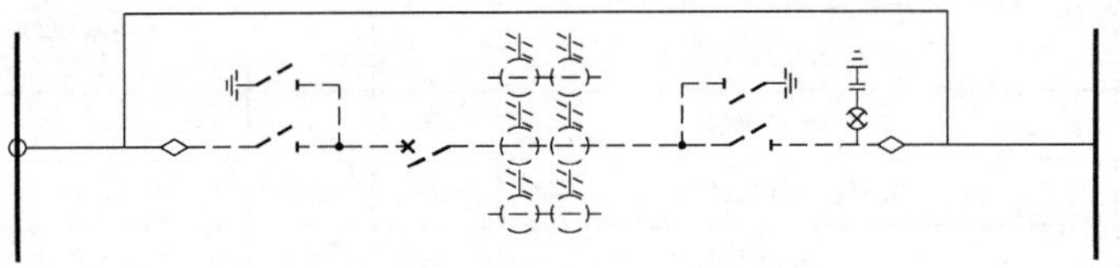


110 kV 母线分段间隔接线示意图

说明：一期按单母线接线考虑，停电困难地区可按单母线分段接线考虑。

**图 12.2.1-06　HA-110-B-1　110kV 分段间隔断面图**

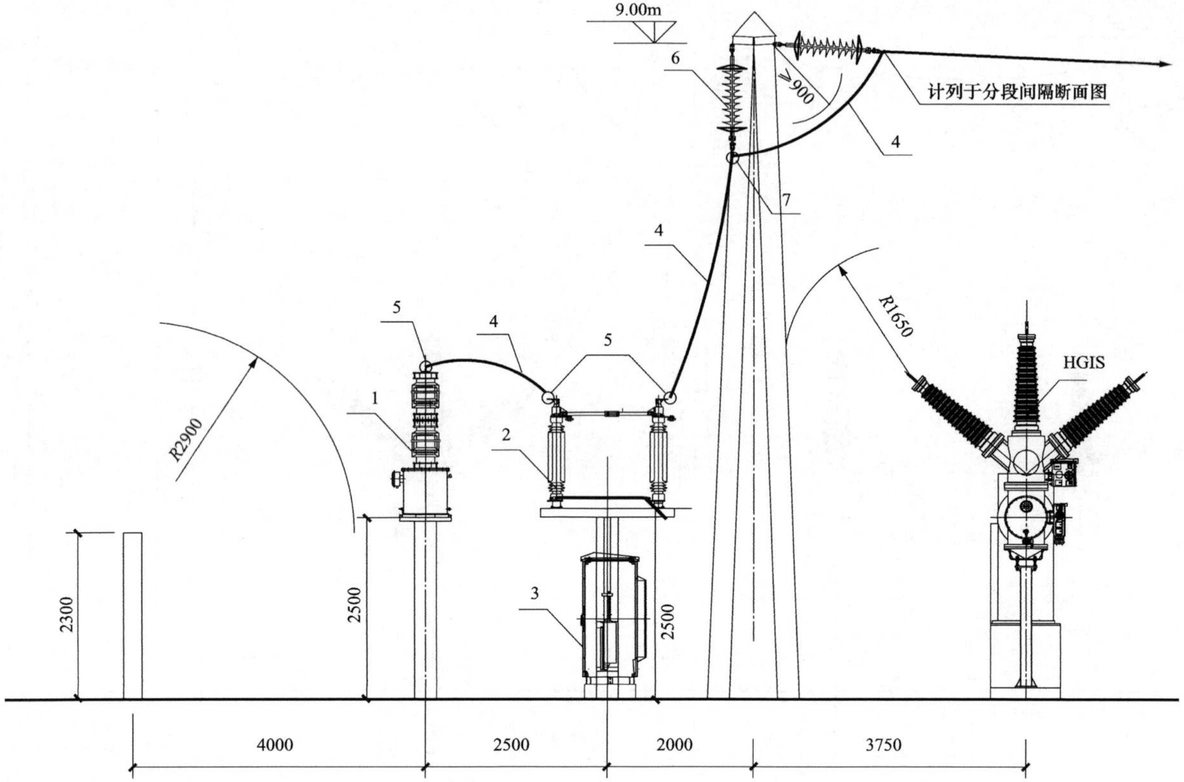


**主要设备材料表**

| 编号 | 设备名称 | 规格及型号 | 单位 | 数量 | 备注 |
|---|---|---|---|---|---|
| 1 | 电压互感器 | TYD110/$\sqrt{3}$-0.02μF<br>$\frac{110}{\sqrt{3}}\Big/\frac{0.1}{\sqrt{3}}\Big/\frac{0.1}{\sqrt{3}}\Big/\frac{0.1}{\sqrt{3}}\Big/0.1\text{kV}$<br>0.2/0.5/0.5/3P | 台 | 3 | 三相<br>10VA/10VA/10VA/10VA |
| 2 | 隔离开关 | 双接地 126kV，3150A，40kA/3s<br>双柱水平旋转 | 组 | 1 | 电动机构 |
| 3 | 智能控制柜 | TV 智能控制柜 | 个 | 1 | |
| 4 | 钢芯铝绞线 | JL/G1A−300/25 | m | 50 | |
| 5 | 设备线夹 | SY−300/25 | 个 | 9 | |
| 6 | 悬垂绝缘子串 | U120BP/146D，盘径 280mm，爬距 450mm | 串 | 3 | 每串 11 片 |
| 7 | 耐张线夹 | NY−300/25 | 个 | 3 | 含引流板 |

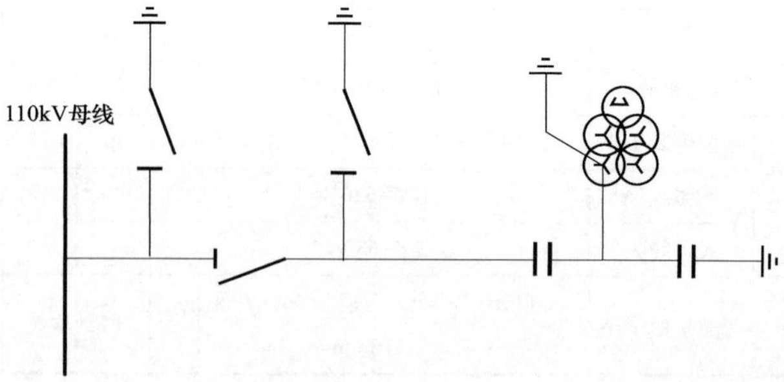


110kV母线设备间隔接线示意图

**图 12.2.1−07　HA−110−B−1　110kV 母线设备间隔断面图**

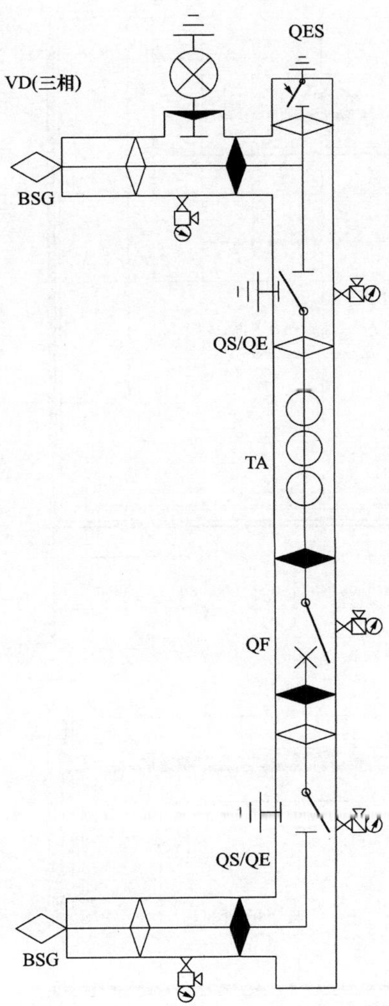


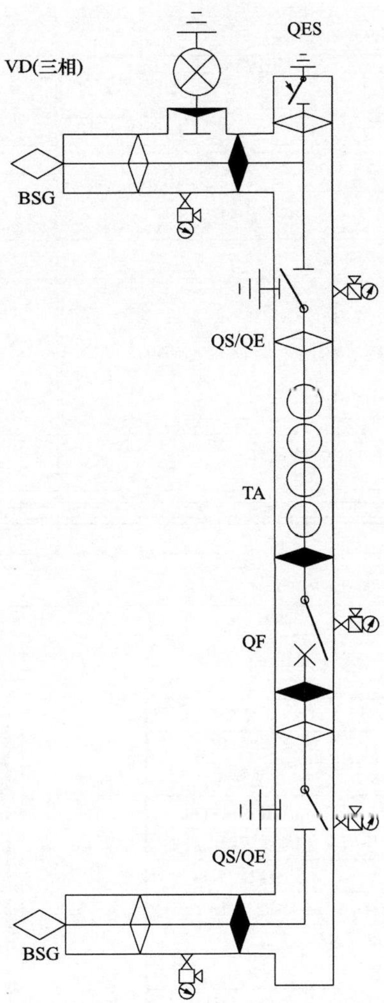


技术要求：

1. $SF_6$气体额定压力：

断路器气室　0.6MPa（20℃）；

其他气室　　0.5MPa（20℃）。

2. 密度继电器压力整定值见下表：

| 组别 \ 内容 | | 压力整定值（MPa） | |
|---|---|---|---|
| | | 触点合 | 触点分 |
| 断路器 | 报警 | 0.55 | ≤0.58 |
| | 闭锁 | 0.5 | ≤0.53 |
| 其他气室 | 报警 | 0.45 | ≤0.48 |

3. 图例说明：

| 图例 | 名称 |
|---|---|
|  | $SF_6$气体监测装置 |
|  | 盆式绝缘子（通气盆） |
|  | 盆式绝缘子（不通气盆） |
| 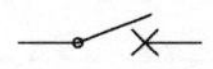 | 断路器（QF） |
| 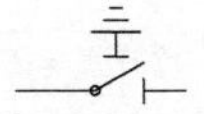 | 三工位开关（QS/QE） |
| 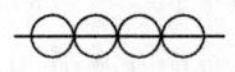 | 电流互感器（TA） |
| 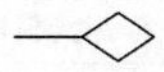 | 套管（BSG） |
| 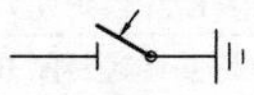 | 快速接地开关（QES） |
| 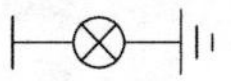 | 验电器（VD） |

**图 12.2.1-08　HA-110-B-1　$SF_6$气室分隔图**

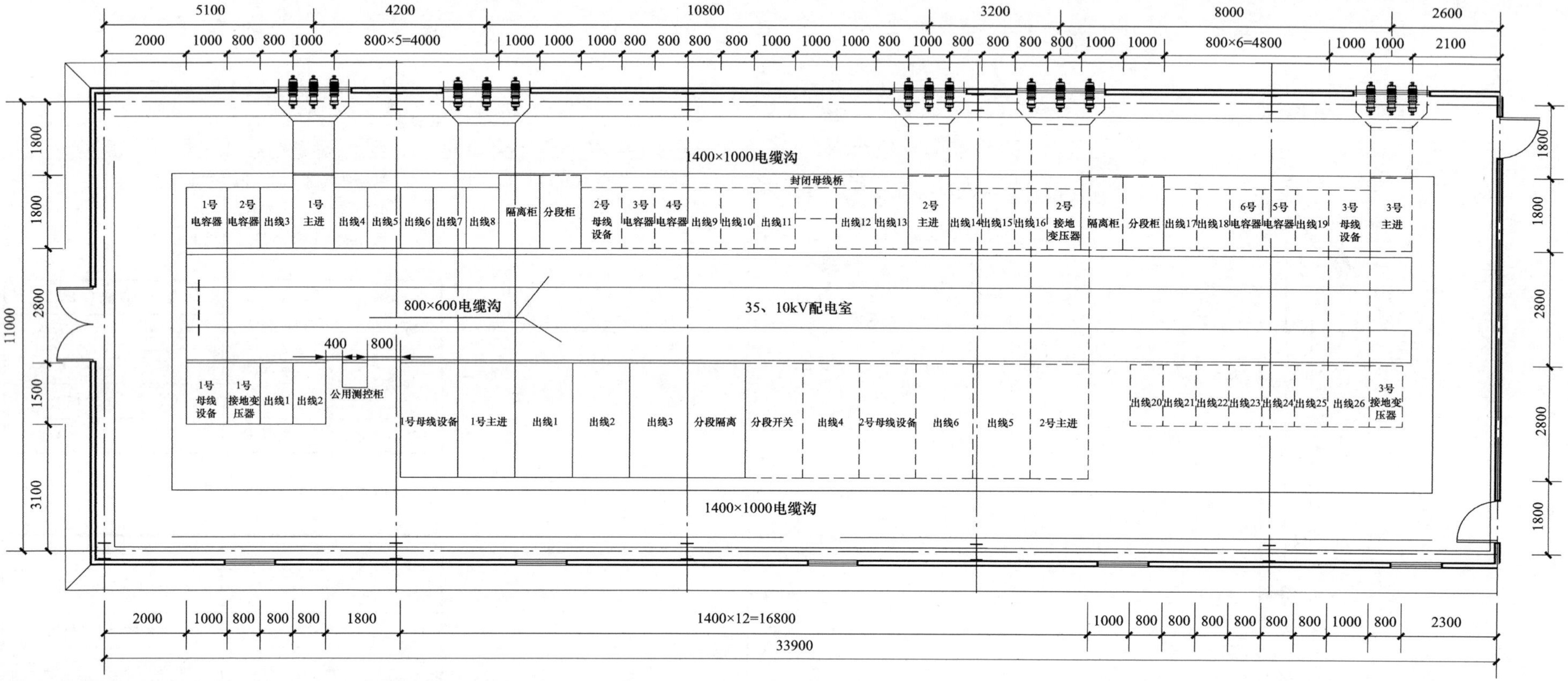


设 备 材 料 表

| 序号 | 名称 | 规范 | 单位 | 数量 | 备注 |
|---|---|---|---|---|---|
| 1 | 10kV 高压开关柜 | 金属铠装移开式封闭开关柜（1000×1800×2300） | 面 | 1 | 主进柜 |
| 2 | 10kV 高压开关柜 | 金属铠装移开式封闭开关柜（800×1500×2300） | 面 | 8 | 出线柜 |
| 3 | 10kV 高压开关柜 | 金属铠装移开式封闭开关柜（800×1500×2300） | 面 | 2 | 电容器出线柜 |
| 4 | 10kV 高压开关柜 | 金属铠装移开式封闭开关柜（800×1500×2300） | 面 | 1 | 接地变压器出线柜 |
| 5 | 10kV 高压开关柜 | 金属铠装移开式封闭开关柜（1000×1500×2300） | 面 | 1 | 分段隔离柜 |
| 6 | 110kV 高压开关柜 | 金属铠装移开式封闭开关柜（1000×1500×2300） | 面 | 1 | TV 柜 |
| 7 | 10kV 封闭母线桥 | 额定电流 4000A | m | 12 | |
| 8 | 35kV 封闭母线桥 | 额定电流 1250A | m | 11 | |
| 9 | 开关柜检修小车 | 800mm/1000mm | 只 | | 各 1 只，共计 2 只 |
| 10 | 35kV 高压开关柜 | 金属铠装移开式封闭开关柜（1400×2800×2600） | 面 | 1 | 主进柜 |
| 11 | 35kV 高压开关柜 | 金属铠装移开式封闭开关柜（1400×2800×2600） | 面 | 1 | TV 柜 |
| 12 | 35kV 高压开关柜 | 金属铠装移开式封闭开关柜（1400×2800×2600） | 面 | 3 | 出线柜 |
| 13 | 35kV 高压开关柜 | 金属铠装移开式封闭开关柜（1400×2800×2600） | 面 | 1 | 分段隔离柜 |

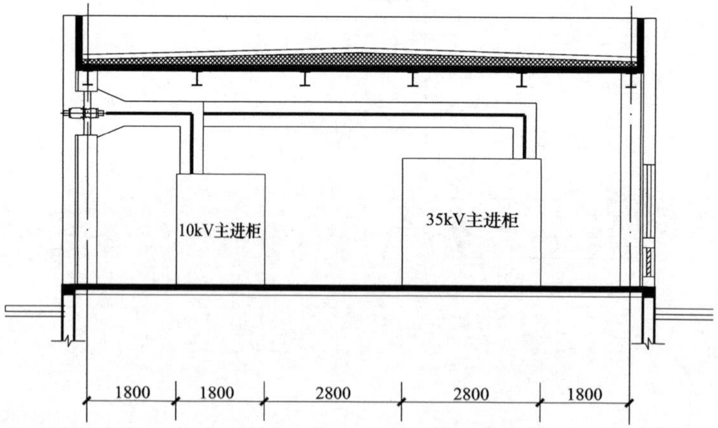


**图 12.2.1-09　HA-110-B-1　配电装置室平、断面图**

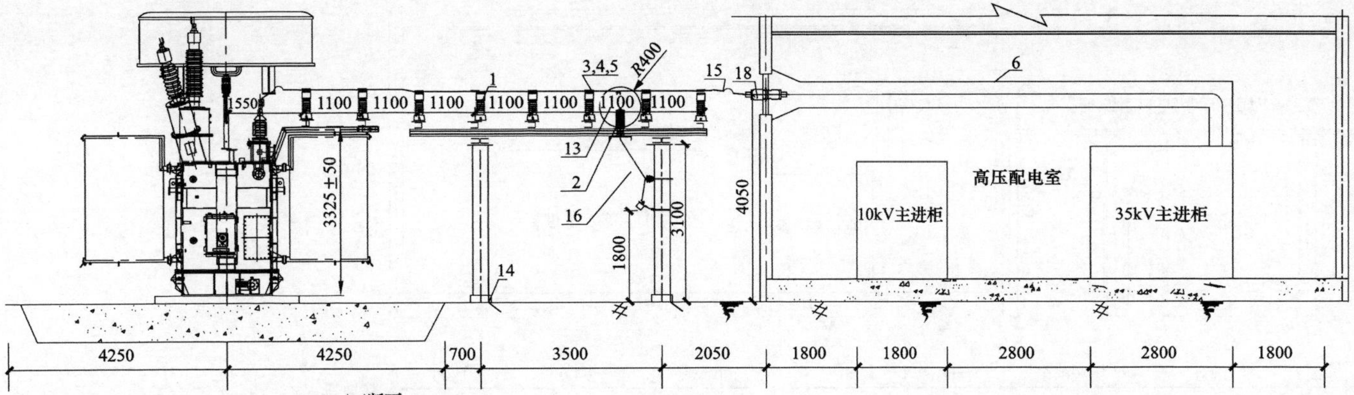


*A-A*断面

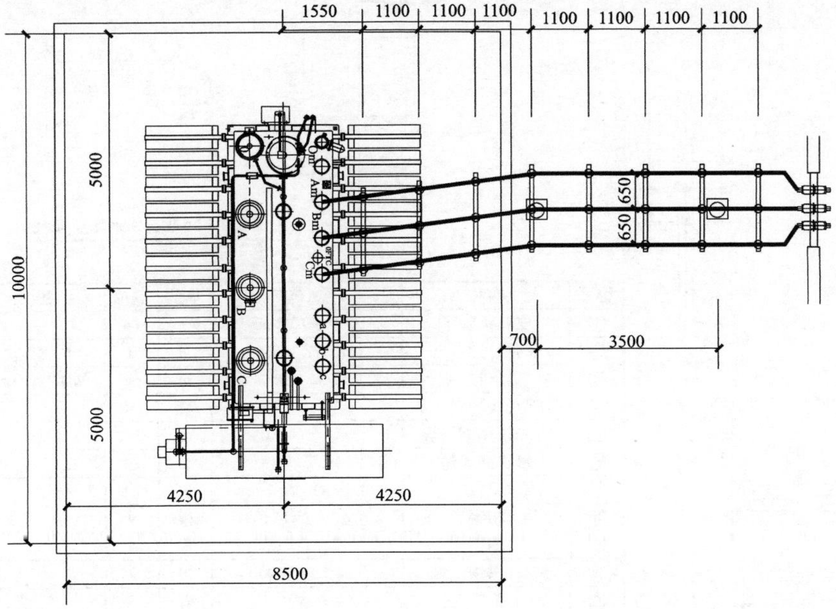


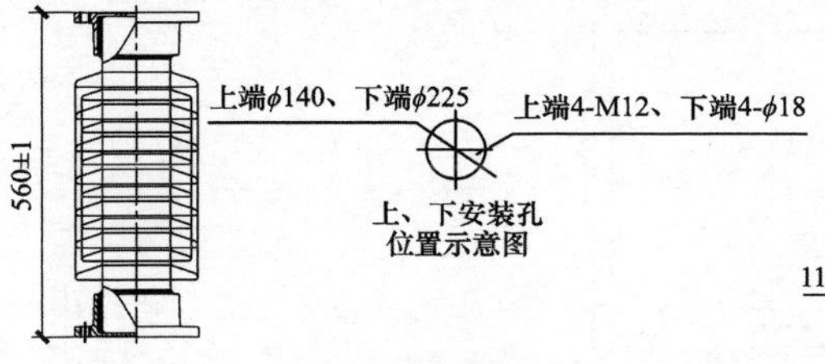


ZSW-40.5/12.5型支柱绝缘子安装图

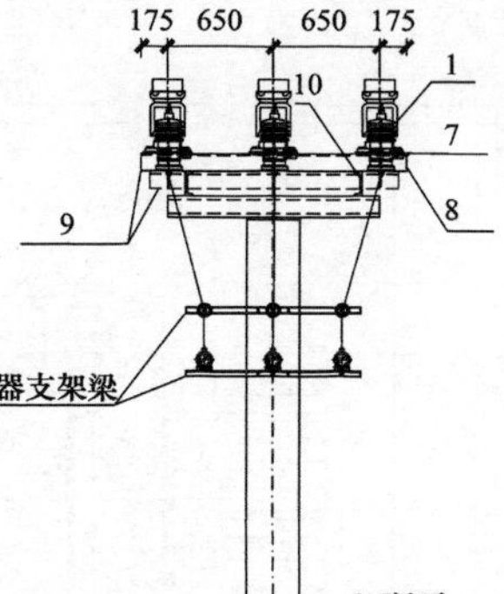


*I-I*断面

材 料 表

| 编号 | 名称 | 规范 | 单位 | 数量 | 备注 |
|---|---|---|---|---|---|
| ① | 支柱绝缘子 | ZSW-40.5/12.5 | 个 | 24 | |
| ② | 氧化锌避雷器 | YH5WZ-51/145 | 只 | 3 | 附在线监测仪 |
| ③ | 铜母排 | TMY-100×10 | m | 33 | |
| ④ | 矩形母线固定金具 | MWP-103 | 套 | 24 | |
| ⑤ | 母线桥热缩护套 | | m | 33 | |
| ⑥ | 封闭母线桥 | 1250A | m | 11 | 计列于配电装置室平、断面图 |
| ⑦ | 钢板 | 300×300 *S*=10mm | 块 | 24 | |
| ⑧ | 槽钢 | [12，*L*=1650 | 根 | 9 | |
| ⑨ | 槽钢 | [12，*L*=1050 | 根 | 4 | |
| ⑩ | 槽钢 | [14 | m | 22 | 现场加工焊接 |
| ⑪ | 抱箍 | ϕ280 | 套 | 2 | |
| ⑫ | 角钢 | ∠50×50×5 | m | 4 | |
| ⑬ | 铜母线 | TMY-30×4 | m | 4 | |
| ⑭ | 接地扁钢 | 60×6 | m | 15 | 材料计列入接地防雷分册 |
| ⑮ | 母线铜伸缩节 | MST-125×10 | 套 | 6 | |
| ⑯ | 单芯铜缆 | VV-16 | m | 3 | |
| ⑰ | 低压支柱绝缘子 | WX-01 | 只 | 3 | |
| ⑱ | 穿墙套管 | CWW-40.5/1250 | 只 | 3 | |

**图 12.2.1-10 HA-110-B-1 35kV 母线桥平、断面图**

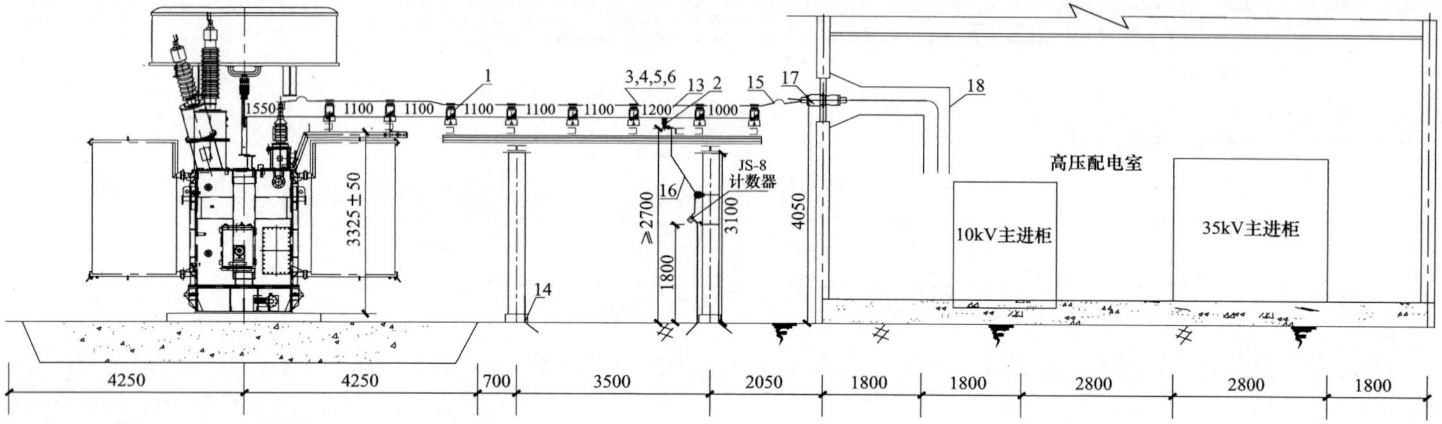


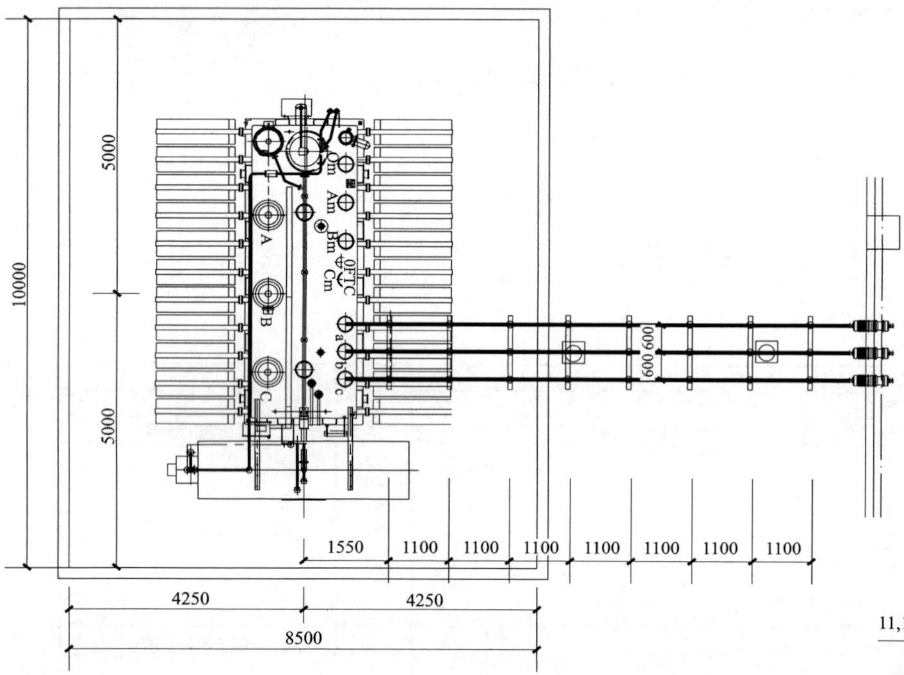


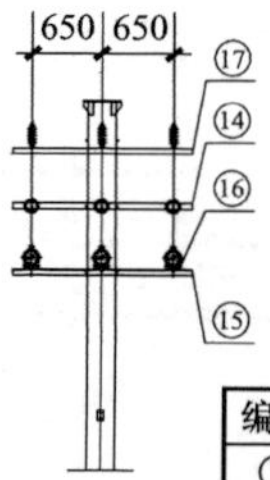


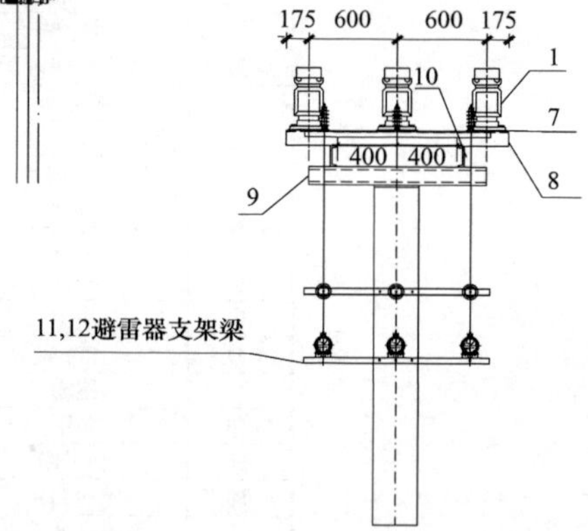


I-I断面

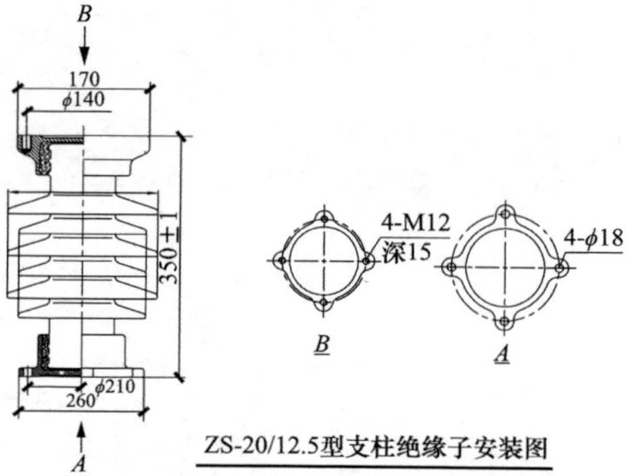


ZS-20/12.5型支柱绝缘子安装图

材　料　表

| 编号 | 名称 | 规范 | 单位 | 数量 | 备注 |
|---|---|---|---|---|---|
| ① | 支柱绝缘子 | ZSW−20/12.5 | 个 | 24 | |
| ② | 氧化锌避雷器 | YH5WZ−17/45 | 只 | 3 | 附在线监测仪 |
| ③ | 铜母排 | 2X（TMY−125×10） | m | 66 | 单片共计 66m |
| ④ | 矩形母线固定金具 | MWP−204 | 套 | 24 | |
| ⑤ | 母线桥热缩护套 | | m | 66 | |
| ⑥ | 母线间隔垫 | MJG−04 | 个 | 24 | |
| ⑦ | 钢板 | 300×300，*S*=10mm | 块 | 24 | |
| ⑧ | 槽钢 | [12，*L*=1550 | 根 | 9 | |
| ⑨ | 槽钢 | [12，*L*=1000 | 根 | 4 | |
| ⑩ | 槽钢 | [14，*L*=10000 | 根 | 2 | |
| ⑪ | 抱箍 | ϕ280 | 套 | 3 | |
| ⑫ | 角钢 | ∟10 | m | 6 | |
| ⑬ | 铜母线 | TMY−30×4 | m | 1.5 | |
| ⑭ | 接地扁钢 | 60×6 | m | 10 | 材料计列入接地防雷分册 |
| ⑮ | 母线铜伸缩节 | MST−125×12.5 | 套 | 12 | |
| ⑯ | 单芯铜缆 | VV−16 | m | 6 | |
| ⑰ | 穿墙套管 | CWC2−20/4000 | 只 | 3 | |
| ⑱ | 封闭母线桥 | 4000A | m | 4 | 计列于配电装置室平、断面图 |

图 12.2.1−11　HA−110−B−1　10kV 母线桥平、断面图

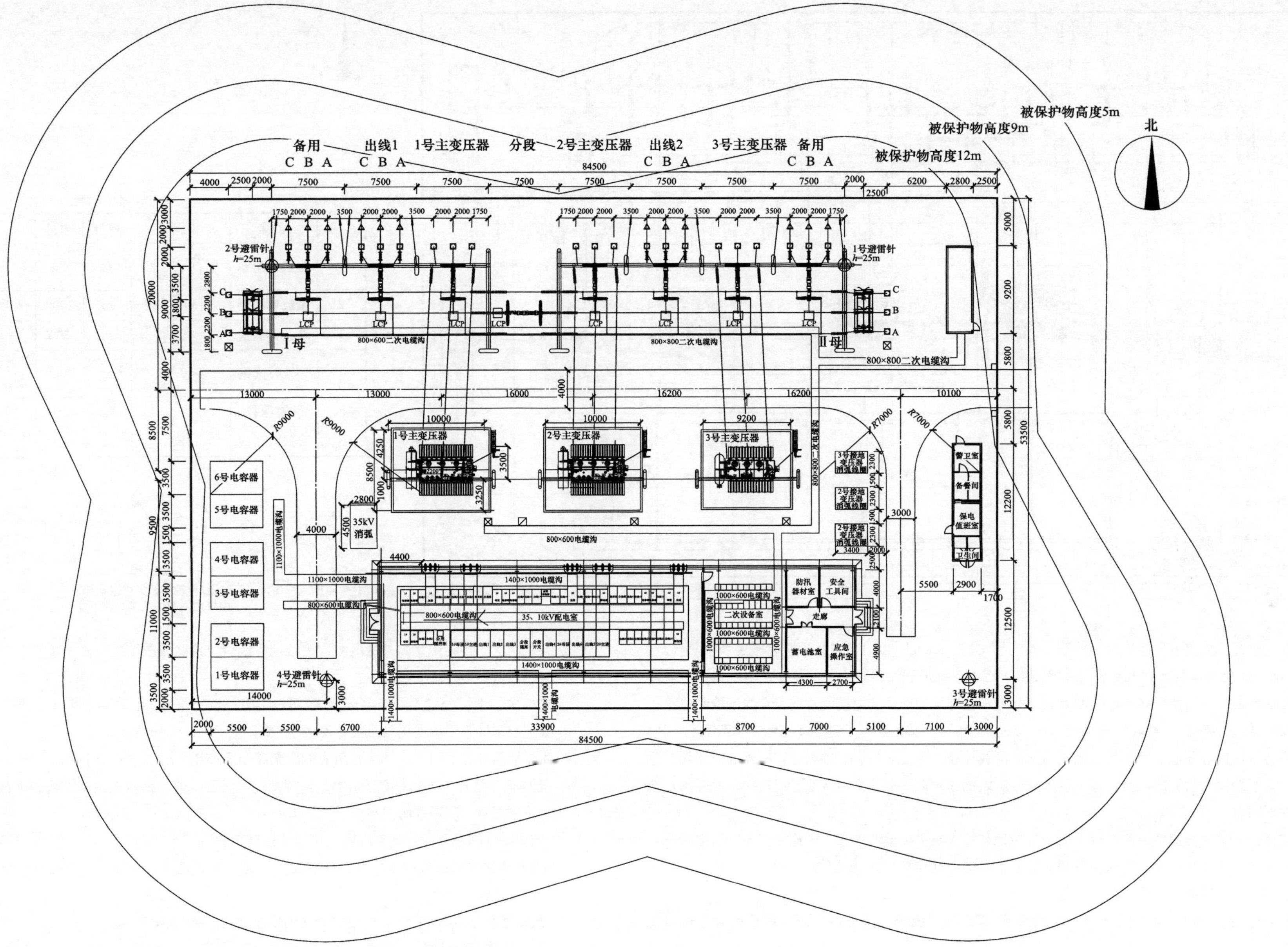


说明：1. 站区防雷采用折线法校核。

2. 根据《建筑物防雷设计规范》（GB 50057—2010），变电站 35、10kV 高压室为第三类防雷建筑物，应采用滚球法校核防雷保护范围。防雷采用折线法校核。滚球半径为 60m，经校核，35、10kV 高压室处于避雷针保护高度 6.2m 保护范围内。

**图 12.2.1-12　HA-110-B-1　防直击雷保护图**

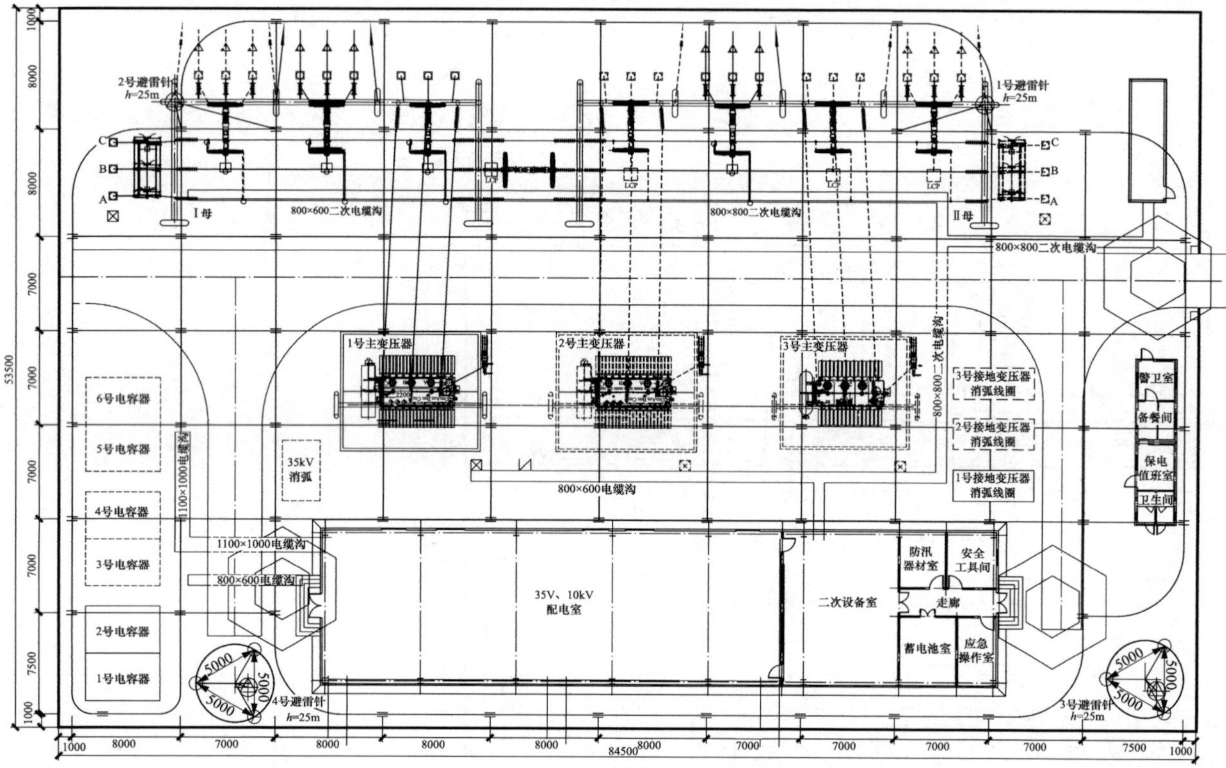


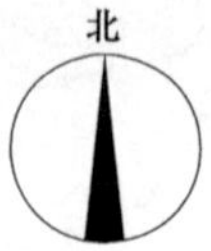


设备材料表

| 序号 | 名称 | 规范 | 单位 | 数量 | 备注 |
|---|---|---|---|---|---|
| 1 | 热镀锌角钢 | ∠50×50×5 $L$=2500 | 根 | 85 | 垂直接地体（备用2根） |
| 2 | 热镀锌扁钢 | −60×6 | m | 2000 | 水平接地体 |
| 3 | 热镀锌扁钢 | −60×6 | m | 500 | 设备接地线 |
| 4 | 热镀锌扁钢 | −60×6 | m | 700 | 室外电缆沟内接地支线、架构接地线等 |
| 5 | 防腐涂料 |  | kg | 250 |  |
| 6 | 镀锌钢管 | $\phi$80 | m | 80 | 钢管护套 |

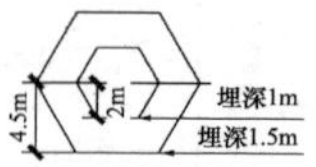


图例1：帽檐式均压带

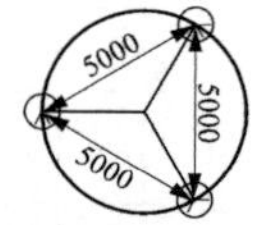


图例2：避雷针集中接地极（距接地网地中距离大于3m）

1. 全站接地应符合《交流电气装置的接地设计规范》（GB/T 50065—2011）、《接地装置施工及验收规范》（GB 50169—2016）以及国家电网公司《输变电工程建设标准强制性条文》的规定，电气设备的金属部分，包括电机、变压器和高压电器的外壳，配电、控制屏的框架，电缆的外皮，穿线钢管和电缆桥架及电缆终端盒、爬梯、金属门、栏杆等均应接地。GIS专用接地模块的施工连接见土建图纸。
2. 电气设备每个接地部分应以单独的接地线与接地母线连接，主变压器、断路器、互感器、避雷器等重要电气设备及装设避雷针的架构，每个接地部分应以单独的双根接地线与接地母线连接，并分别接至接地网的不同点。
3. 架构上避雷针（含悬挂避雷线的架构）的集中接地装置应与主接地网连接，由连接点至变压器接地点沿接地极的长度不应小于15m；法兰两侧应保证良好的电气连接。独立避雷针的集中接地极不应与主接地网连接，与主接地网错层敷设。
4. 接地网所有连接点均应采用电焊连接，焊接口要符合规程要求，并焊接牢固，焊接后应进行防腐处理。
5. 控制室、高压室的设备接地，由外部接地网至少引入两根接地扁钢，并与接地部分可靠连接。
6. 接地网应尽量利用室内外的电缆沟内接地支线做接地网的连接线，要求这些支线每隔30～40m与主接地网做可靠连接。
7. 接地体的埋设深度不小于0.8m，在其建（构）筑物范围内，需要在其基础垫层下埋深不小于0.2m。独立避雷针集中接地极与主接地网的地中距大于3m，可分层敷设。
8. 主接地网外缘应闭合，外缘各角应做成圆弧形（半径不小于均压带半径的一半）。
9. 根据本工程土壤电阻率测量结果，计算接地电阻要求值。跨步电位差、接触电位差应低于允许值，若达不到要求，应采取降阻措施。
10. 敷设接地网遇到设备基础障碍，可以绕过基础敷设。
11. 接地网的边缘经常有人出入的地方设置“帽檐”式均压带。均压带宽度应超出路宽，并与主接地网可靠连接。
12. 接地网与建筑物及构筑物的钢结构和钢筋混凝土基础可靠链接。
13. 接地体在穿越墙壁、楼板处应加装钢管护套。
14. 回填土要求选用土壤电阻率较低的素土，并夯实，禁用建筑垃圾、灰土回填。

**图 12.2.1-13　HA-110-B-1　室外接地网布置图**

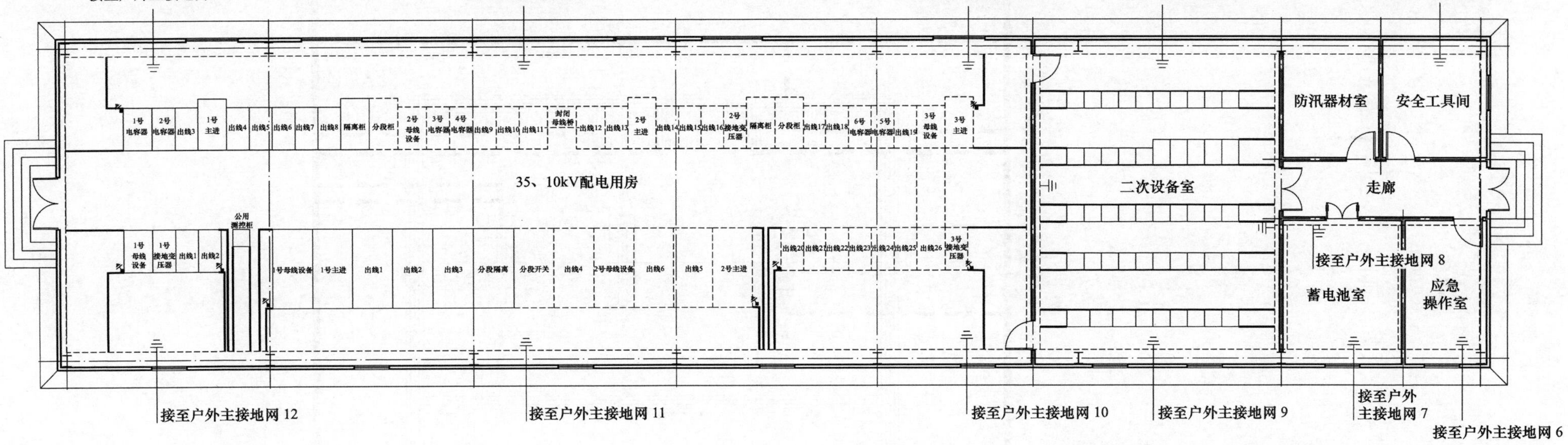


预埋接地件详图

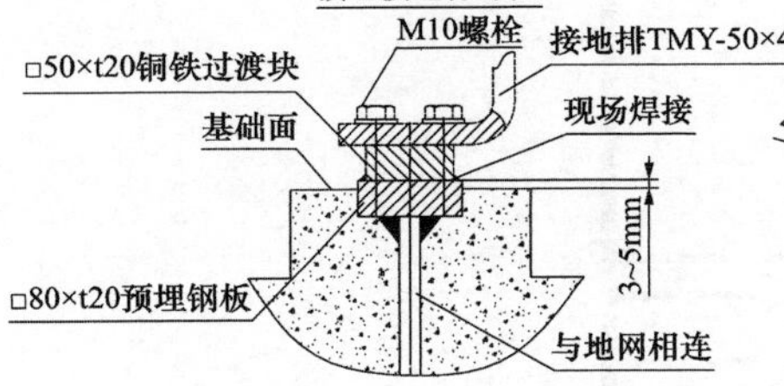


预埋接地件俯视图

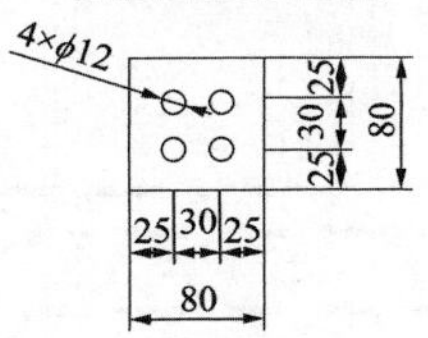


设 备 材 料 表

| 序号 | 名称 | 规范 | 单位 | 数量 | 图例 | 备注 |
|---|---|---|---|---|---|---|
| 1 | 室内水平接地扁钢 | −60×6 | m | 340 | ----- | 计列于户外接地网布置图 |
| 2 | 室内电缆沟接地扁钢 | −60×6 | m | 220 | | 计列于户外接地网布置图 |
| 3 | 防腐涂料 | | kg | | | 计列于户外接地网布置图 |
| 4 | 镀锌钢管 | ϕ80 | m | | | 列于户外接地网布置图 |
| 5 | 临时接地端子 | | 个 | 14 | | |
| 6 | 预埋接地件 | | 套 | 8 | | 柜内接地排引接用 |
| 7 | 接地铜排 | TMY−50×4 | m | 12 | | 柜内接地排引接用 |

说明：1. 暗敷在建筑物抹灰层内的引下线应由卡钉分段固定。

2. 室内接地的不同干线应和主接地网的不同干线进行有效连接，连接点不少于 2 点，在接地线引向建筑物入口处及检修用临时接地点处，均应刷白色底漆并标以黑色标识，其代号为“⏚”，接地体标识应相同、清楚，接地点应方便检修使用。二次设备室、蓄电池室、高压室应设置不少于两个与主接地网相连的检修接地端子。

3. 室内所有电气设备及基础预埋铁件均应可靠接地。开关柜的金属底座和外壳，封闭母线的外壳、穿墙孔板应采用专门敷设的接地线接地。穿墙孔板接地线明敷时距墙 10～15mm。

4. 电气设备每个接地部分应以单独的接地线与接地母线相连接，严禁在一个接地线中串接几个需要接地的部分。

5. 电缆沟内支架最终与主接地网相连接，连接点要求不少于 2 点。

6. 室内接地体敷设应满足《标准工艺变电工程电气分册》(2022 版）中的相关要求。

7. 材料表中 5～7 项计列于本图，其他材料计列于户外接地网布置图。

**图 12.2.1−14　HA−110−B−1　室内接地网布置图**

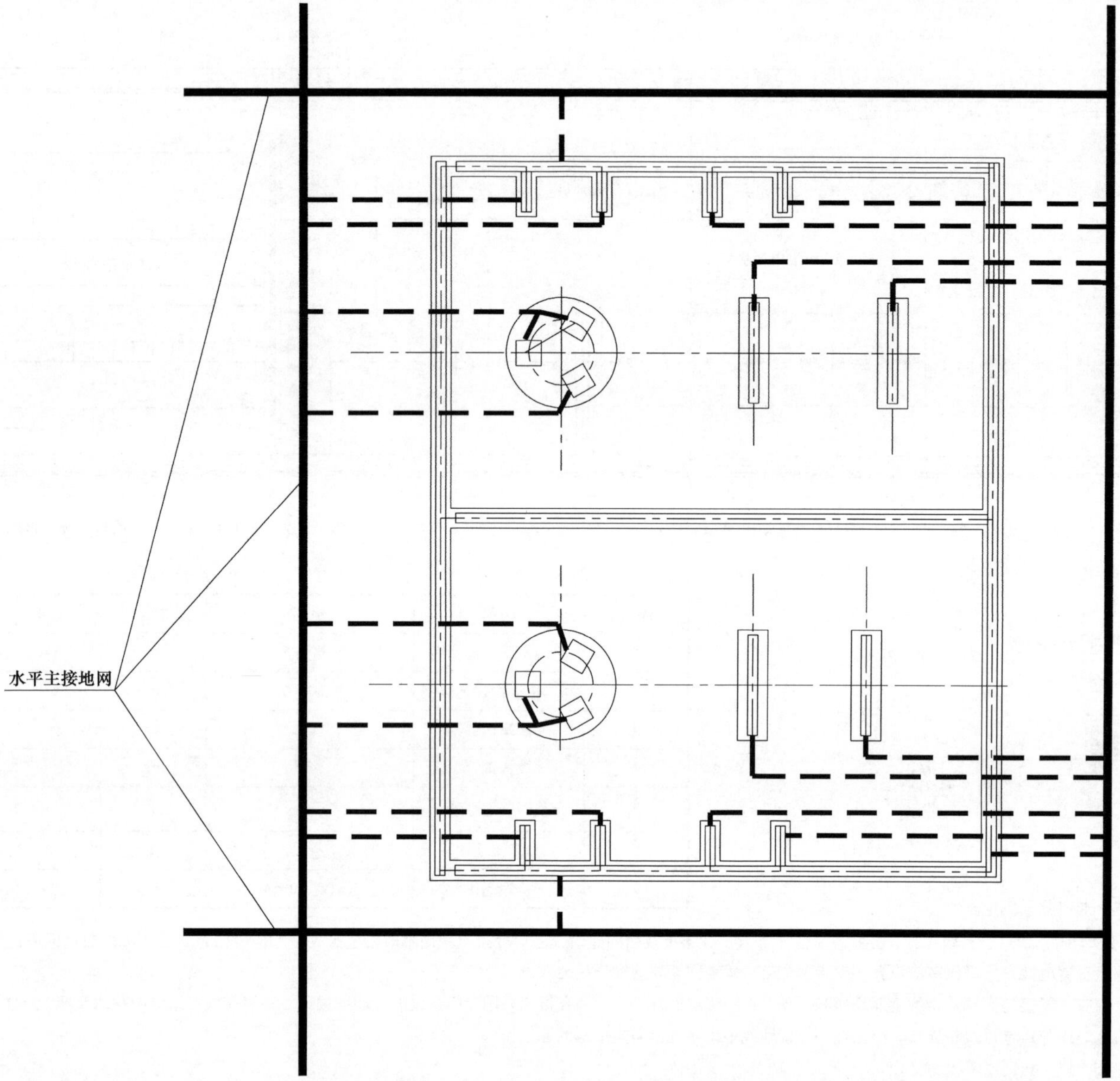


说明：电抗器底座的接地线不应形成闭合回路。

图 12.2.1−15　HA−110−B−1　10kV 电容器接地布置图

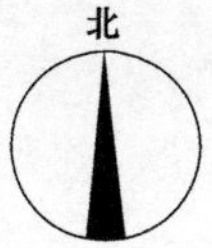


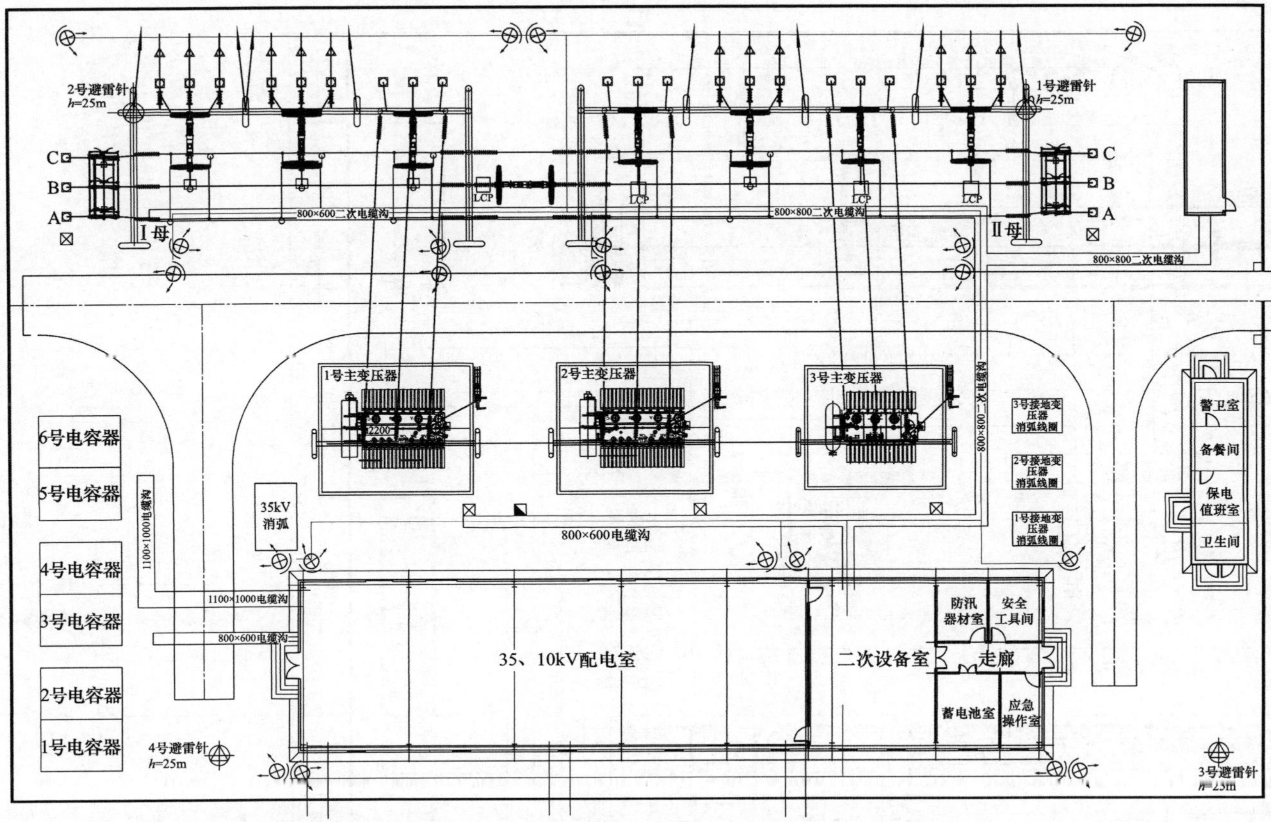


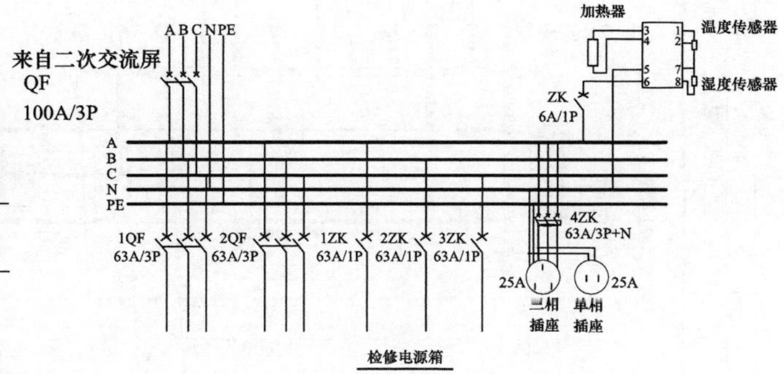


说明：1. 户外正常照明电源来自照明配电箱，照明配电箱暗装，本图所示位置仅为示意，施工时与土建密切配合，预埋好穿线管路，可结合实际情况，遵循安全、使用方便的原则进行适当调整。

2. 户外照明主干线采用电缆沿沟敷设，出沟穿管，支线采用单芯塑料绝缘铜线穿管至灯具。

3. 泛光灯灯具高度皆为 1.2m，距离路边 0.8m，泛光灯灯头要求可以转向。

4. 水泵电源接至二次设备室交流屏。

5. 照明安装应符合《建筑电气工程施工质量验收规范》（GB 50303—2015）中的有关规定，并应满足《标准工艺变电工程土建分册》（2022 版）中的相关要求。

设备材料表

| 序号 | 名称 | 规范 | 单位 | 图例 | 数量 | 备注 |
|---|---|---|---|---|---|---|
| 1 | 检修电源箱 | | 个 | | 1 | |
| 2 | 照明配电箱 | | 个 | | 1 | 计列于户内照明图 |
| 3 | 新型 LED 灯 | 220V 1×150W | 套 | | 5 | 带 1.2m 支架和底座 |
| 4 | 新型 LED 灯 | 220V 2×150W | 套 | | 8 | 带 1.2m 支架和底座 |
| 5 | 电力电缆 | VV22−1−3×4 | m | | 460 | 用于户外照明主干线、大门 |
| 6 | 单芯塑料绝缘铜线 | BV−0.5−2.5mm² | m | | 140 | 用于户外照明支线 |
| 7 | 电力电缆 | VV22−1−4×35 | m | | 90 | 用于水泵电源线 |
| 8 | 电力电缆 | VV22−1−4×50+1×25 | m | | 55 | 用于户外检修箱进线 |
| 9 | 热镀锌穿线钢管 | $\phi70$ | m | | 6 | 用于户外检修箱进线电源 |
| 10 | 热镀锌穿线钢管 | $\phi32$ | m | | 300 | 用于照明线，水泵线穿管 |

**图 12.2.1−16　HA−110−B−1　户外照明布置图**

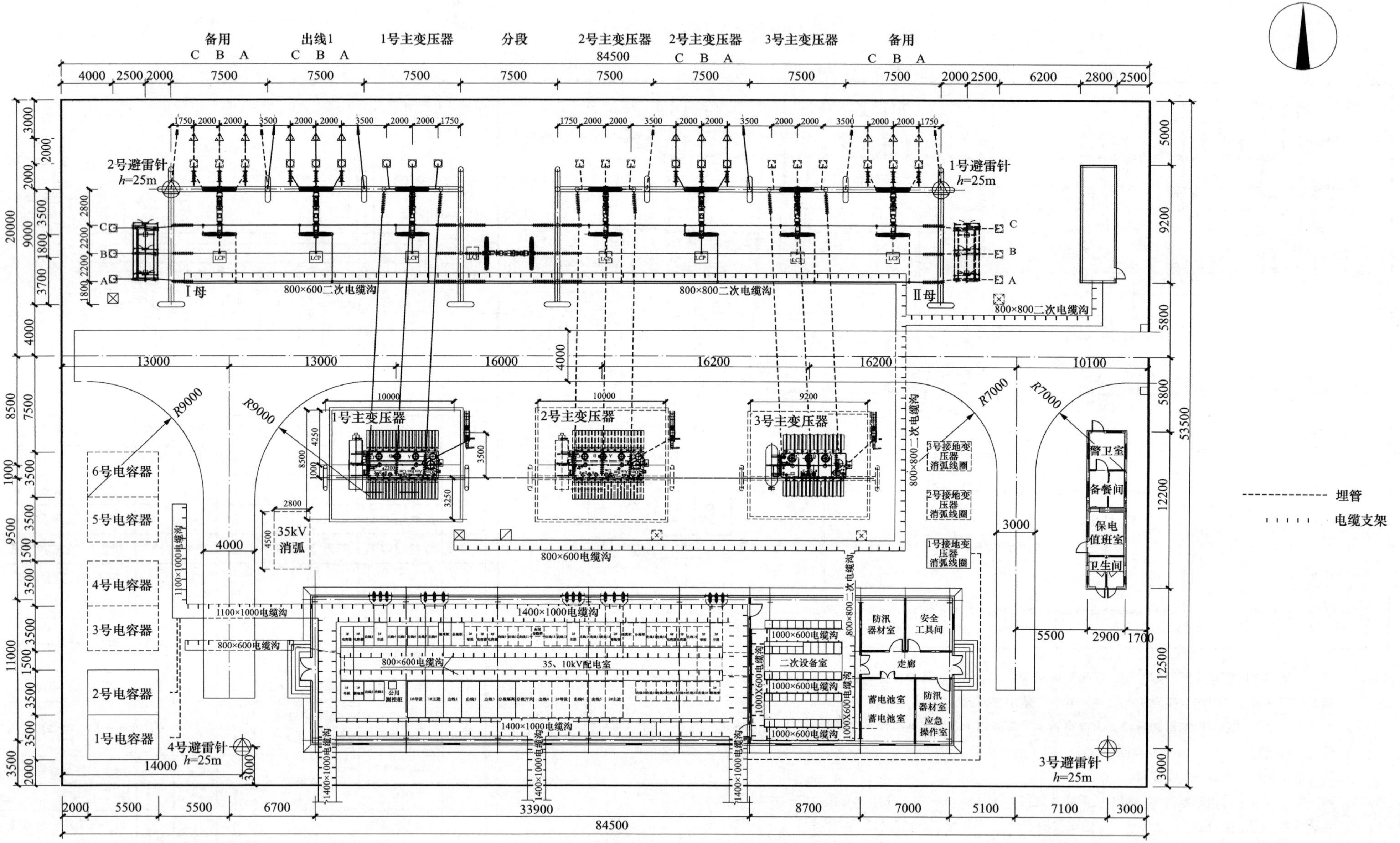


**图 12.2.1-17　HA-110-B-1　电缆敷设设施平面布置图**

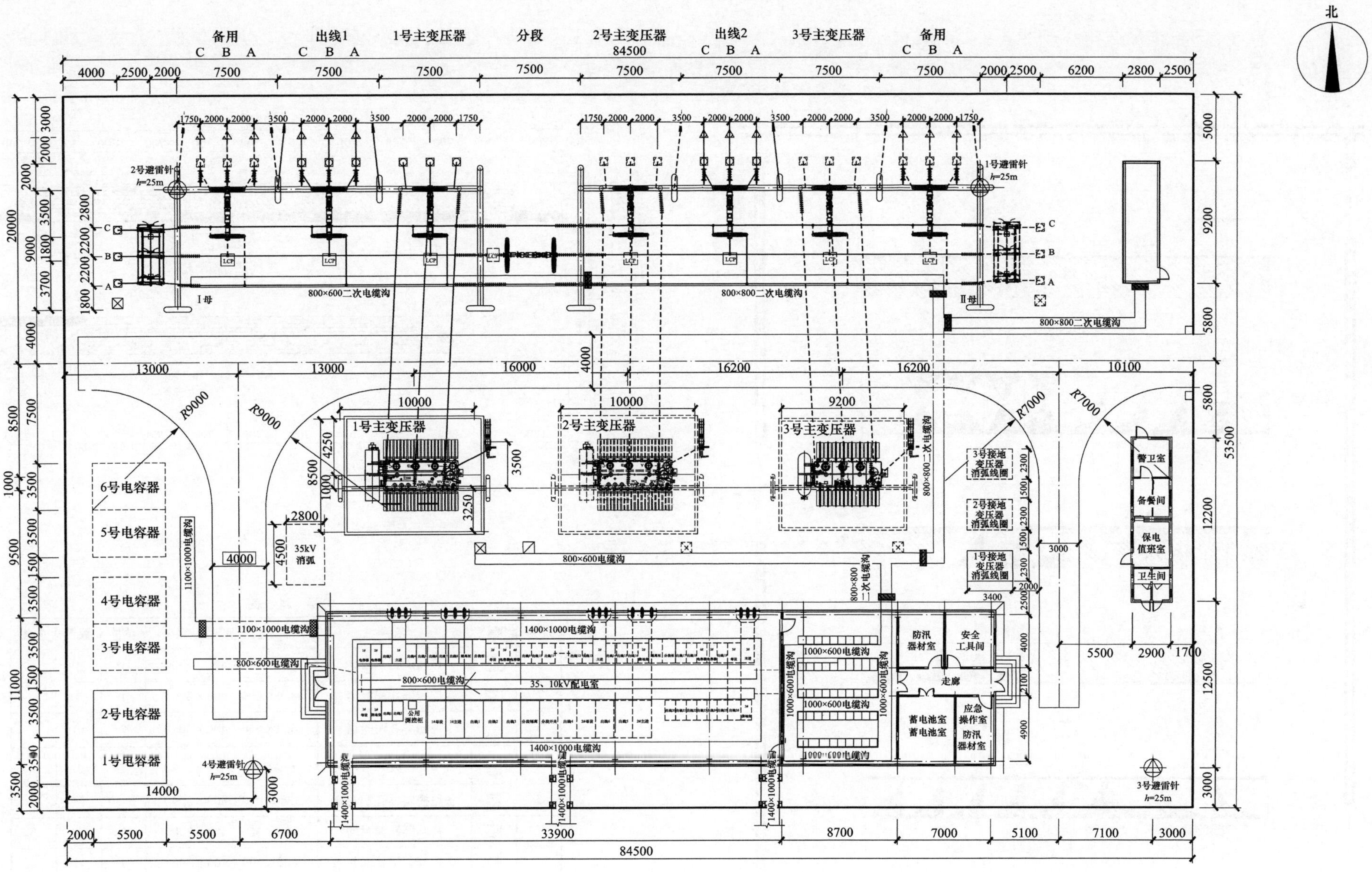


**材 料 表**

| 序号 | 图例 | 名称 | 型号及规范 | 单位 | 数量 |
|---|---|---|---|---|---|
| 1 | | 电缆沟阻火墙 | 1400×1000 | 个 | 6 |
| 2 | | 电缆沟阻火墙 | 1100×1000 | 个 | 2 |
| 3 | | 电缆沟阻火墙 | 800×800 | 个 | 6 |

图 12.2.1-18 HA-110-B-1 站区防火封堵布置图

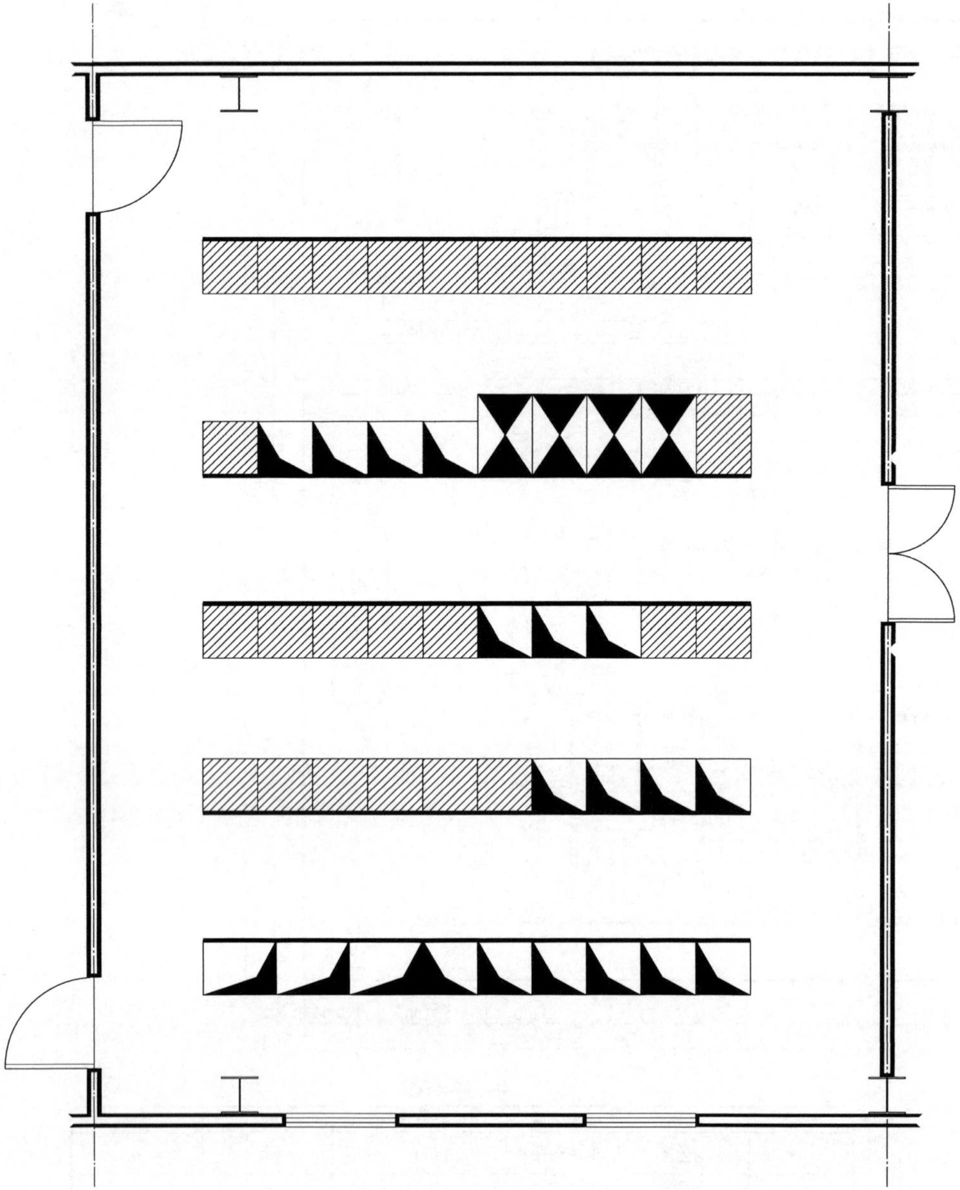

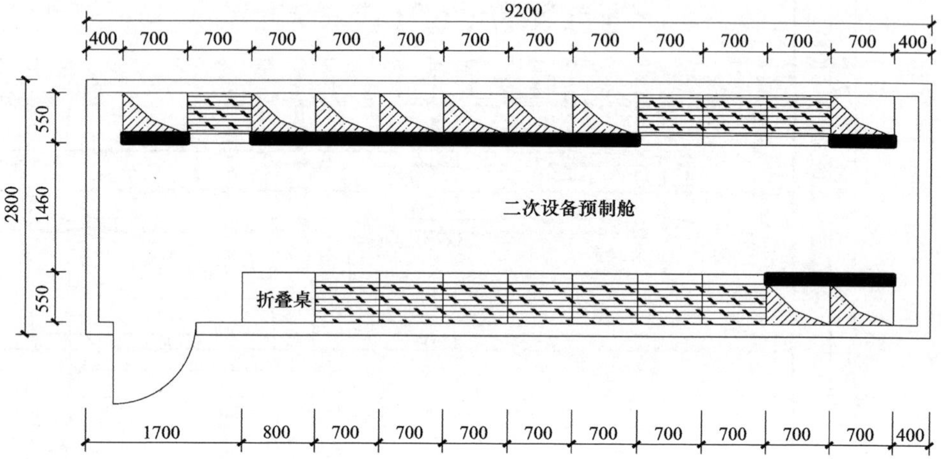


材　料　表

| 序号 | 图例 | 名称 | 型号及规范 | 单位 | 数量 | 备注 |
|---|---|---|---|---|---|---|
| 1 | | 控制屏孔洞封堵 | 900×600（400×300） | 个 | 4 | |
| 2 | | 控制屏孔洞封堵 | 800×600（400×300） | 个 | 3 | |
| 3 | | 控制屏孔洞封堵 | 600×600（400×300） | 个 | 17 | |
| 4 | | 备用控制屏孔洞封堵 | 900×600（400×300） | 个 | 1 | |
| 5 | | 备用控制屏孔洞封堵 | 600×600（400×300） | 个 | 24 | |
| 6 | | 控制屏孔洞封堵 | 700×550（400×300） | 个 | 10 | |
| 7 | | 备用控制屏孔洞封堵 | 600×600（400×300） | 个 | 11 | |

**图 12.2.1-19　HA-110-B-1　二次设备室预制舱防火封堵图**

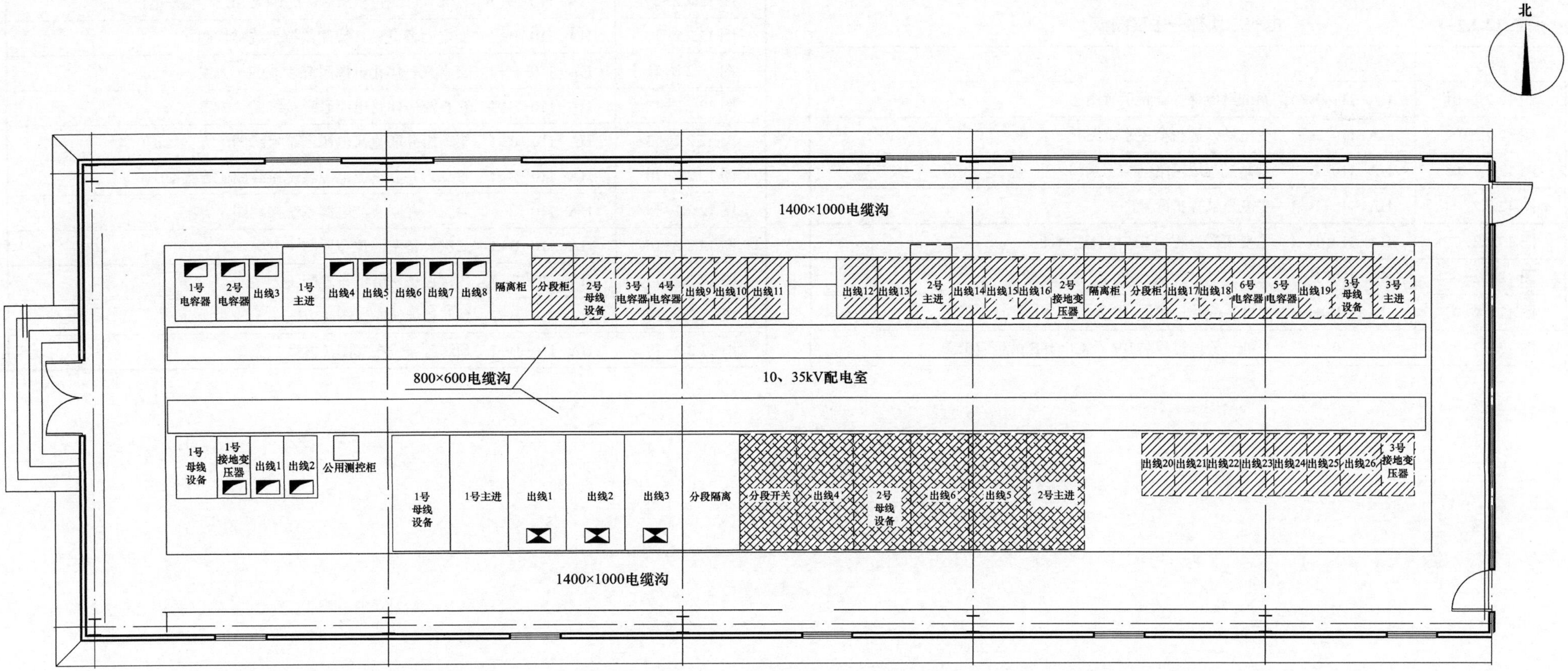


材 料 表

| 序号 | 图例 | 名称 | 型号及规范 | 单位 | 数量 |
|---|---|---|---|---|---|
| 1 | ◩ | 本期高压开关柜孔洞封堵 | 580×350 | 个 | 11 |
| 2 | ⧓ | 本期高压开关柜孔洞封堵 | 850×850 | 个 | 3 |
| 3 | ▨ | 预留高压开关柜孔洞封堵 | 580×350 | 个 | 31 |
| 4 | ▩ | 预留高压开关柜孔洞封堵 | 850×850 | 个 | 6 |

**图 12.2.1-20　HA-110-B-1　35、10kV 配电室防火封堵图**

## 12.2.2 电气二次部分

电气二次部分主要图纸见表 12.2.2-1。

**表 12.2.2-1　　电气二次部分主要图纸**

| 图号 | 图名 |
|---|---|
| 图 12.2.2-01 | HA-110-B-1　系统继电保护配置示意图 |
| 图 12.2.2-02 | HA-110-B-1　变电站计算机监控系统图 |
| 图 12.2.2-03 | HA-110-B-1　全站过程层网络结构示意图 |
| 图 12.2.2-04 | HA-110-B-1　主变压器保护配置图 |
| 图 12.2.2-05 | HA-110-B-1　主变压器过程层 SV 信息逻辑图 |
| 图 12.2.2-06 | HA-110-B-1　主变压器过程层 GOOSE 信息逻辑图 |
| 图 12.2.2-07 | HA-110-B-1　110kV 线路过程层 SV 及 GOOSE 信息逻辑图 |
| 图 12.2.2-08 | HA-110-B-1　110kV 分段过程层 SV 及 GOOSE 信息逻辑图 |
| 图 12.2.2-09 | HA-110-B-1　110kV 母线过程层 SV 及 GOOSE 信息逻辑图 |
| 图 12.2.2-10 | HA-110-B-1　变电站辅助设备智能监控系统结构图 |
| 图 12.2.2-11 | HA-110-B-1　交直流一体化电源系统接线图（方案一） |
| 图 12.2.2-12 | HA-110-B-1　交直流一体化电源系统接线图（方案二） |
| 图 12.2.2-13 | HA-110-B-1　第一组并联直流电源系统接线图（方案二） |
| 图 12.2.2-14 | HA-110-B-1　第二组并联直流电源系统接线图（方案二） |
| 图 12.2.2-15 | HA-110-B-1　第三组并联直流电源系统接线图（方案二） |
| 图 12.2.2-16 | HA-110-B-1　二次设备室屏位布置图（方案一） |
| 图 12.2.2-17 | HA-110-B-1　二次设备室屏位布置图（方案二） |
| 图 12.2.2-18 | HA-110-B-1　预制舱屏位布置图（方案一） |
| 图 12.2.2-19 | HA-110-B-1　预制舱屏位布置图（方案二） |

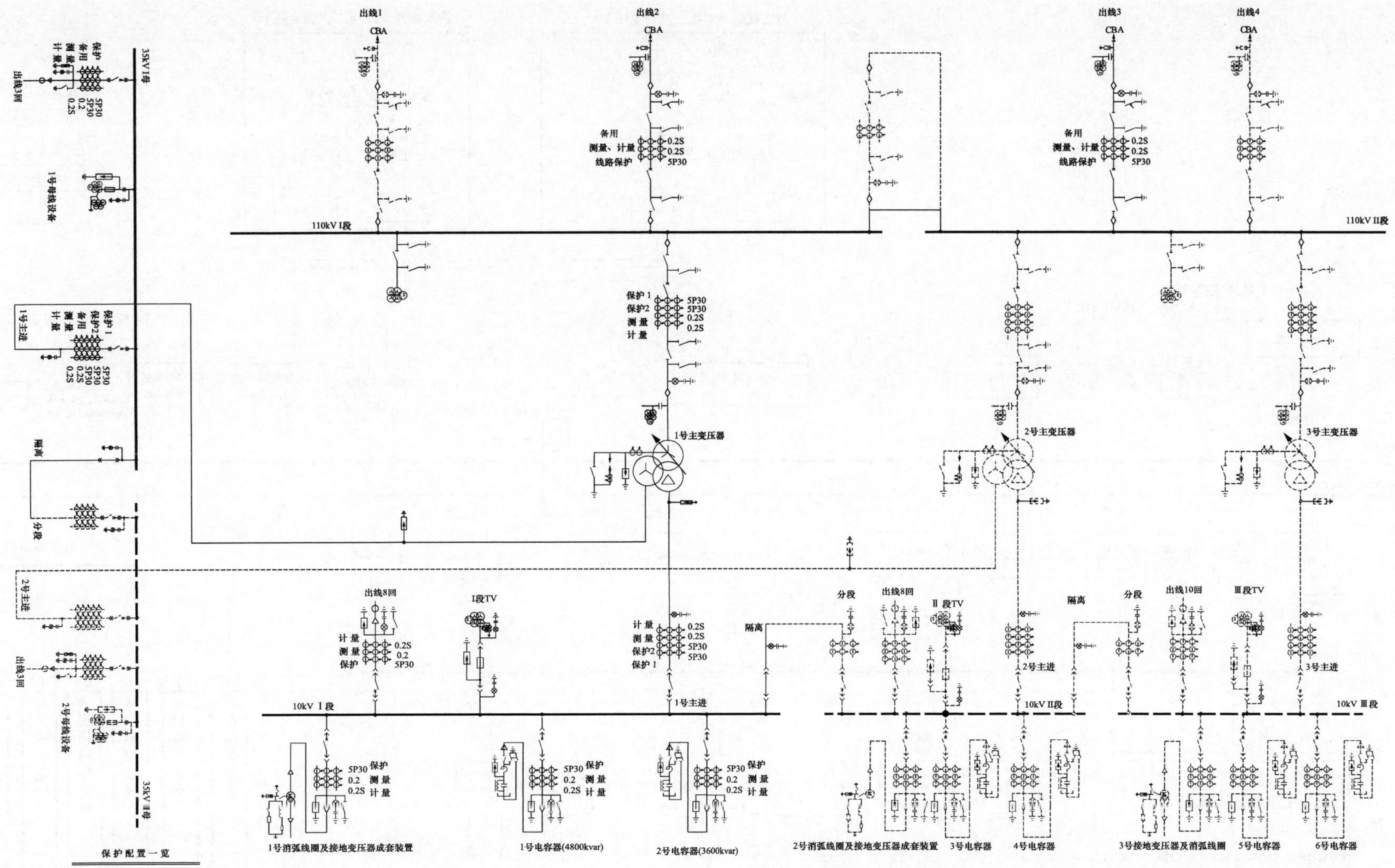


说明：

一、110kV 线路配置距离零序（或光差）保护、过负荷保护及三相一次重合闸（可投退）。

二、主变压器微机保护部分：

1. 主保护：配置二次谐波制动的差动保护和重瓦斯保护；跳三侧断路器。

2. 后备保护：110kV 侧配置两侧复合电压闭锁三相式过电流及方向过电流保护；110kV 侧配置零序电压闭锁零序（方向）过电流保护和间隙零序电流保护；35kV/10kV 侧配置本侧复合电压闭锁三相式过电流保护；主变压器高低压侧配过负荷保护；主变压器轻瓦斯、油位异常、超温报警信号、压力释放报警及跳闸，过载闭锁调压及过负荷启动。

三、35kV 部分：35kV 出线配置微机型速断、过电流保护及三相一次重合闸（可投退）和低频减载。

四、10kV 部分：10kV 出线配置微机型速断、过电流保护及三相一次重合闸（可投退）和低频减载；10kV 电容器配置微机型限时过电流、过电压、失压和零序电压保护；10kV 接地变压器配置微机型限时速断、过电流保护及零序电压零序电流保护和温高报警等。

五、电流电压互感器、线路保护、主变压器保护等的参数配置均由设计单位依据工程实际情况自行商定，本图中相关参数配置仅供参考，不针对具体工程。

六、110kV 出线间隔靠近线路侧的 0.2S 级 TA 绕组为关口计量备用绕组，只用于模拟量接入的关口表计量用，不接入合并单元。

**图 12.2.2-01　HA-110-B-1　系统继电保护配置示意图**

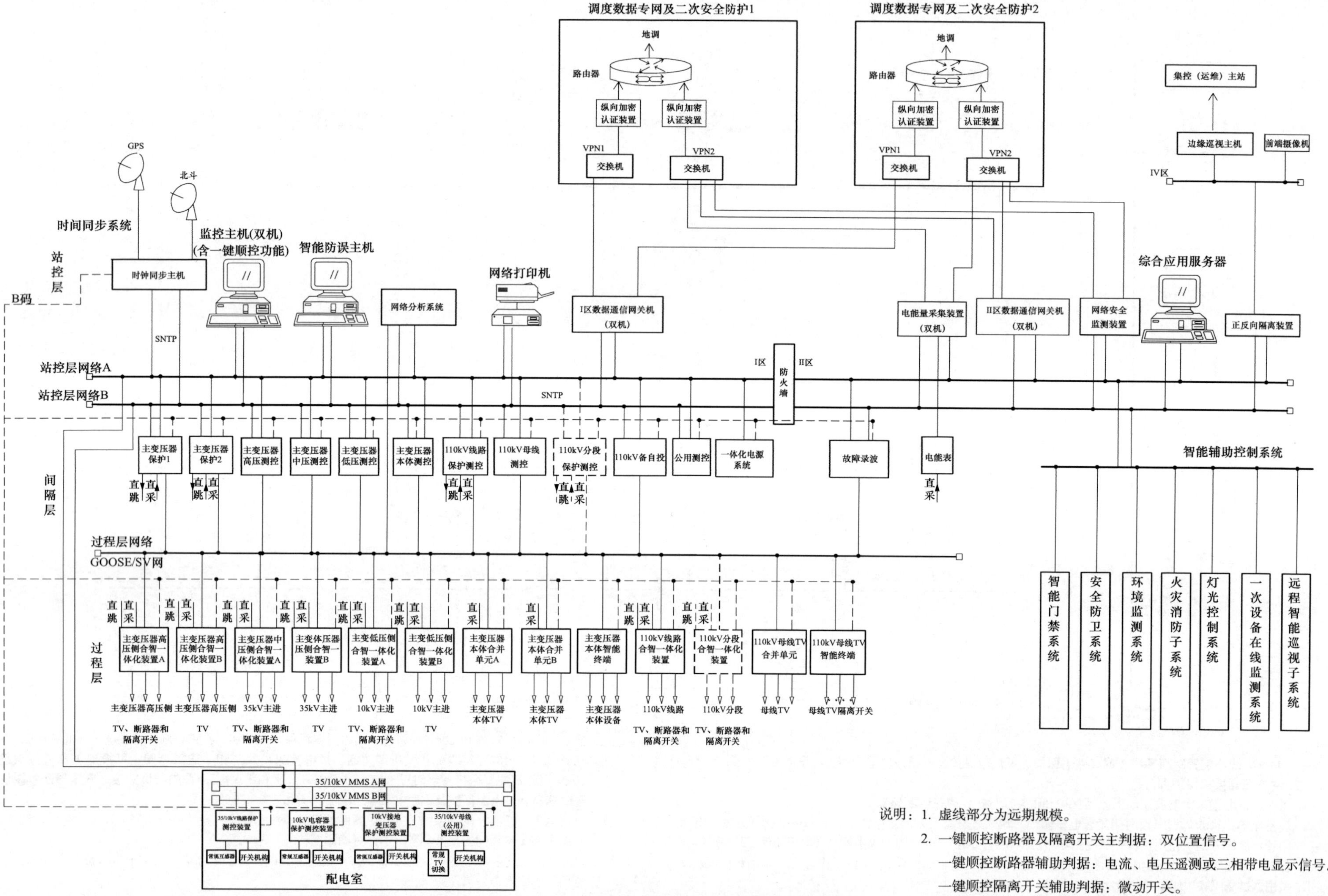


说明：1. 虚线部分为远期规模。

2. 一键顺控断路器及隔离开关主判据：双位置信号。

一键顺控断路器辅助判据：电流、电压遥测或三相带电显示信号。

一键顺控隔离开关辅助判据：微动开关。

**图 12.2.2-02　HA-110-B-1　变电站计算机监控系统图**

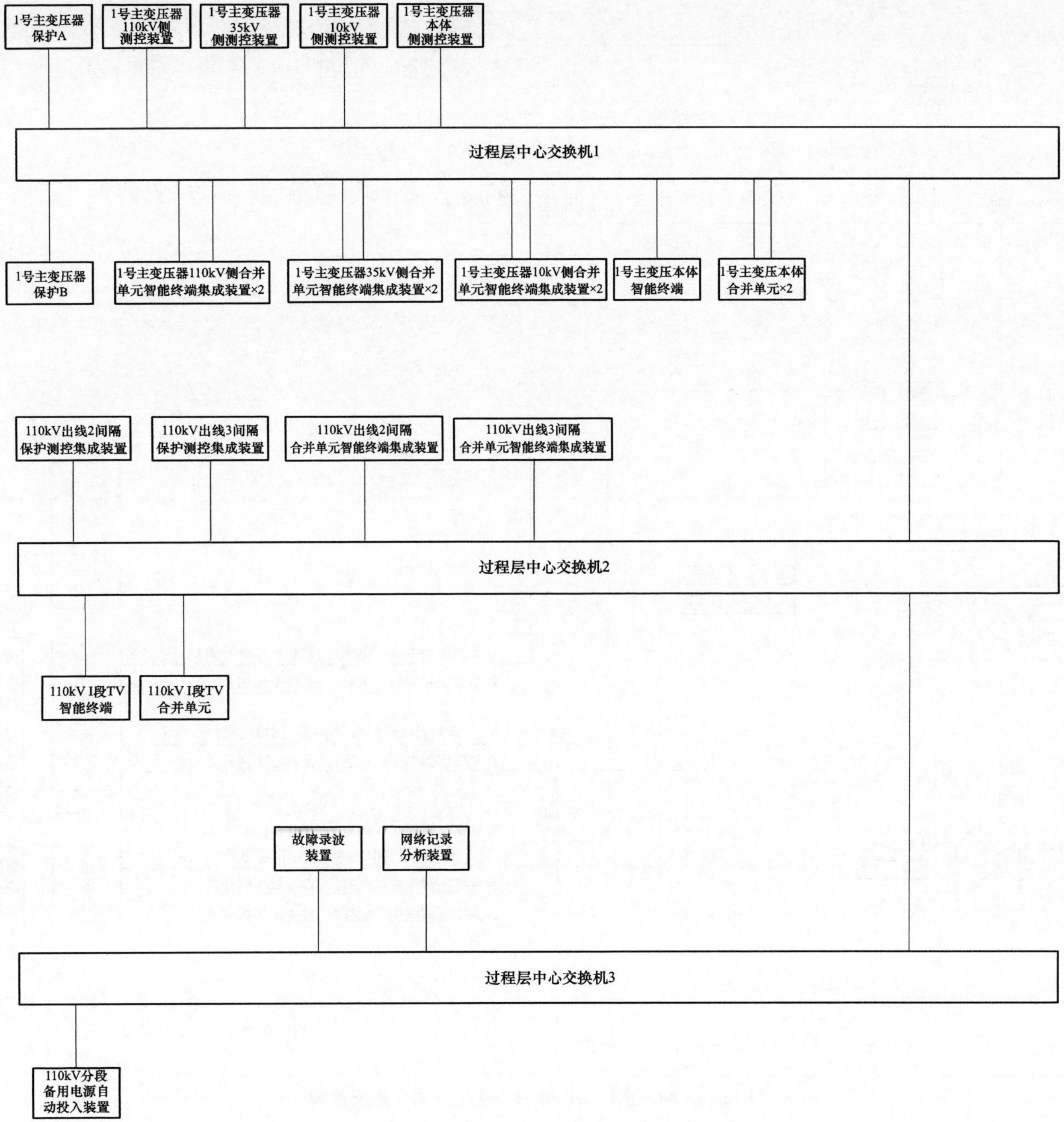


**图 12.2.2-03　HA-110-B-1　全站过程层网络结构示意图**

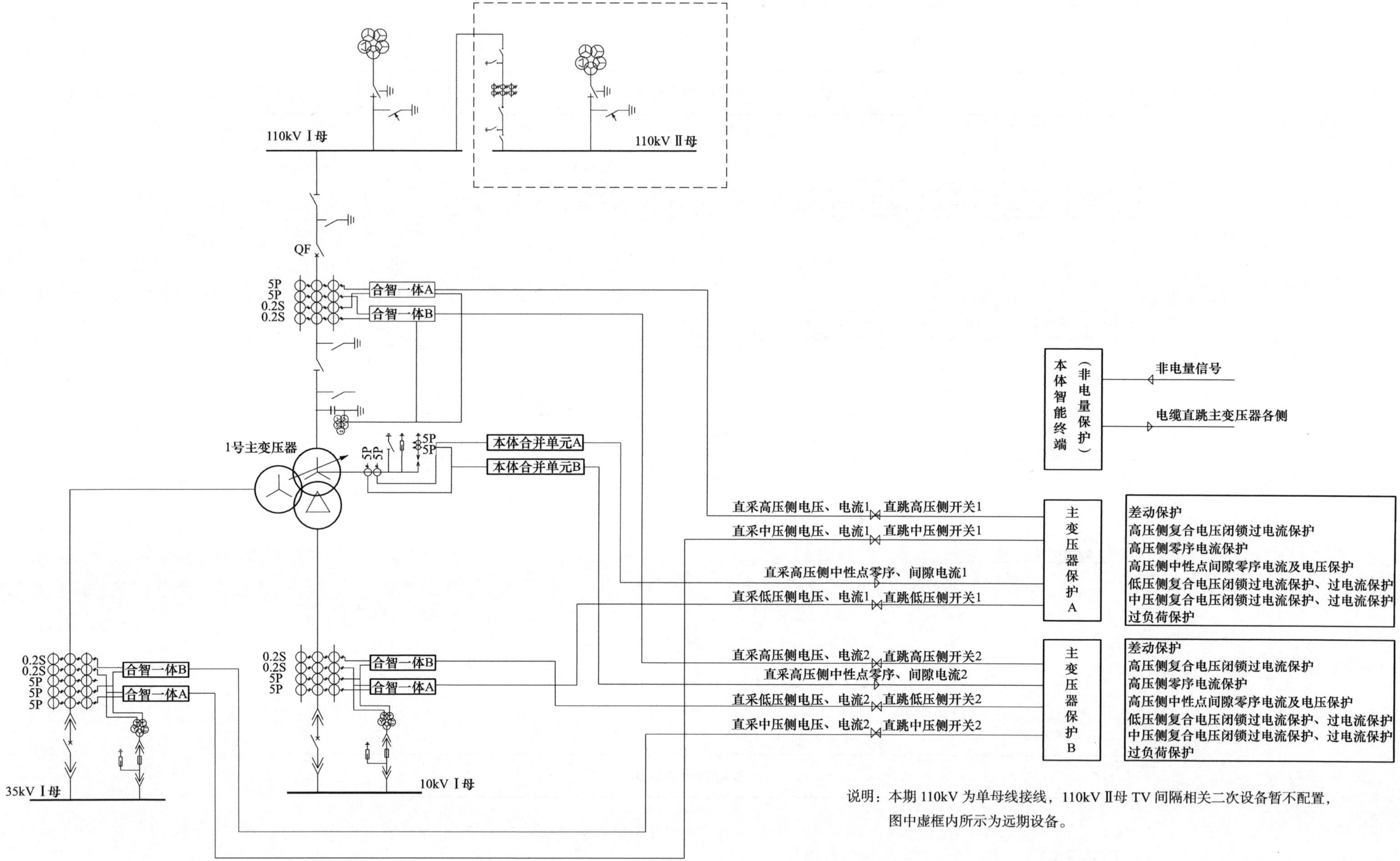


说明：本期 110kV 为单母线接线，110kV Ⅱ母 TV 间隔相关二次设备暂不配置，
图中虚框内所示为远期设备。

**图 12.2.2-04　HA-110-B-1　主变压器保护配置图**

**图 12.2.2-05　HA-110-B-1　主变压器过程层 SV 信息逻辑图**

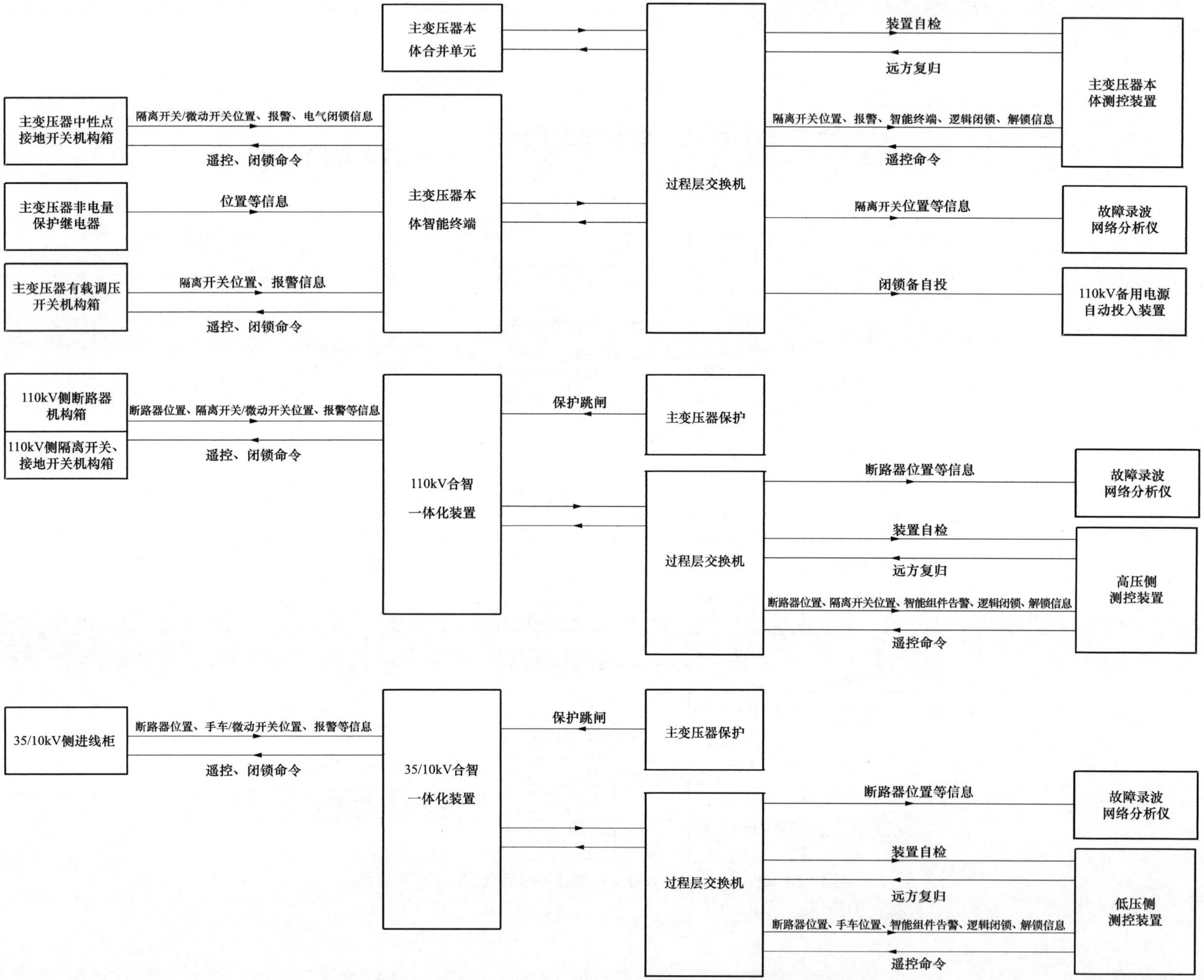


图 12.2.2-06　HA-110-B-1　主变压器过程层 GOOSE 信息逻辑图

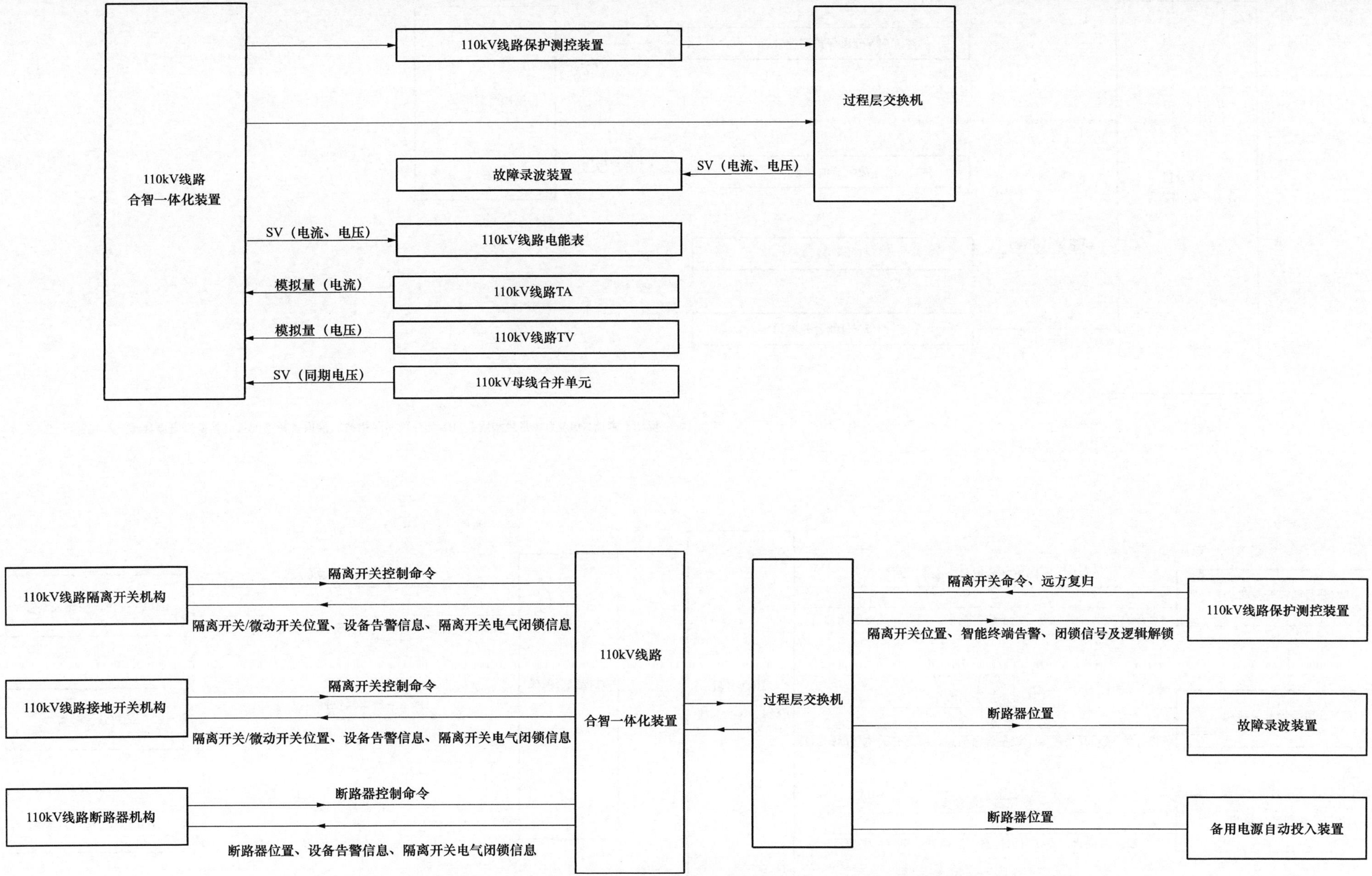


图 12.2.2-07　HA-110-B-1　110kV 线路过程层 SV 及 GOOSE 信息逻辑图

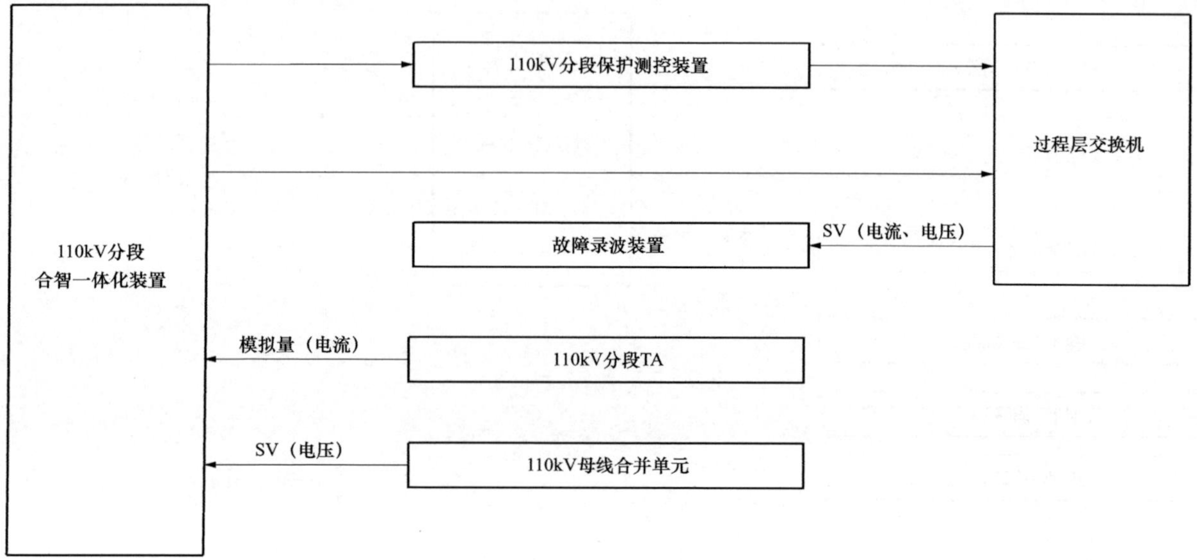


说明：本期110kV为单母线接线，110kV 分段间隔相关二次设备暂不配置（除备用电源自动投入装置、交换机外）。

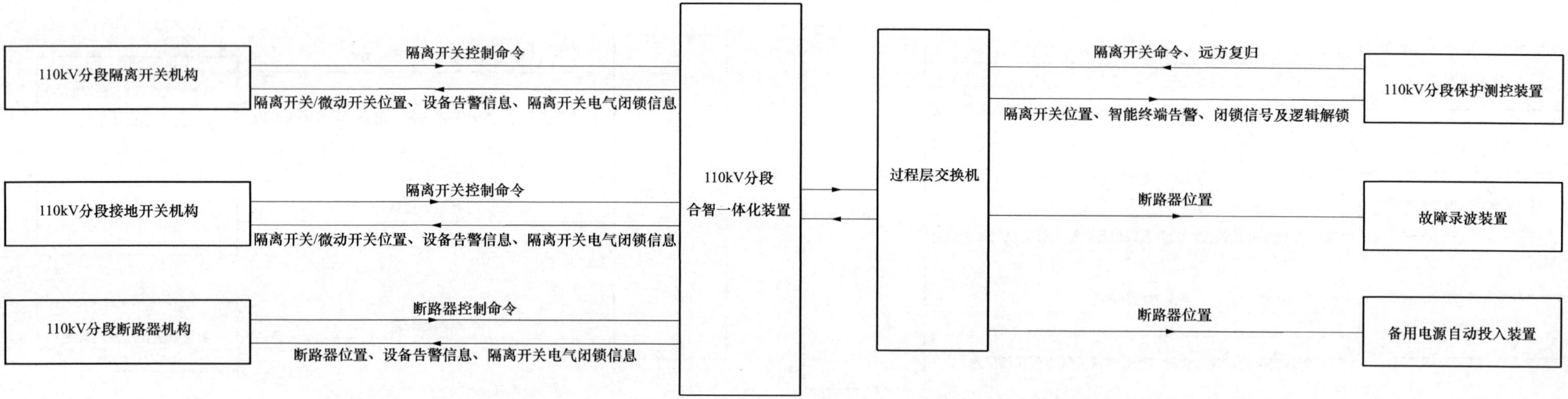


**图 12.2.2-08　HA-110-B-1　110kV 分段过程层 SV 及 GOOSE 信息逻辑图**

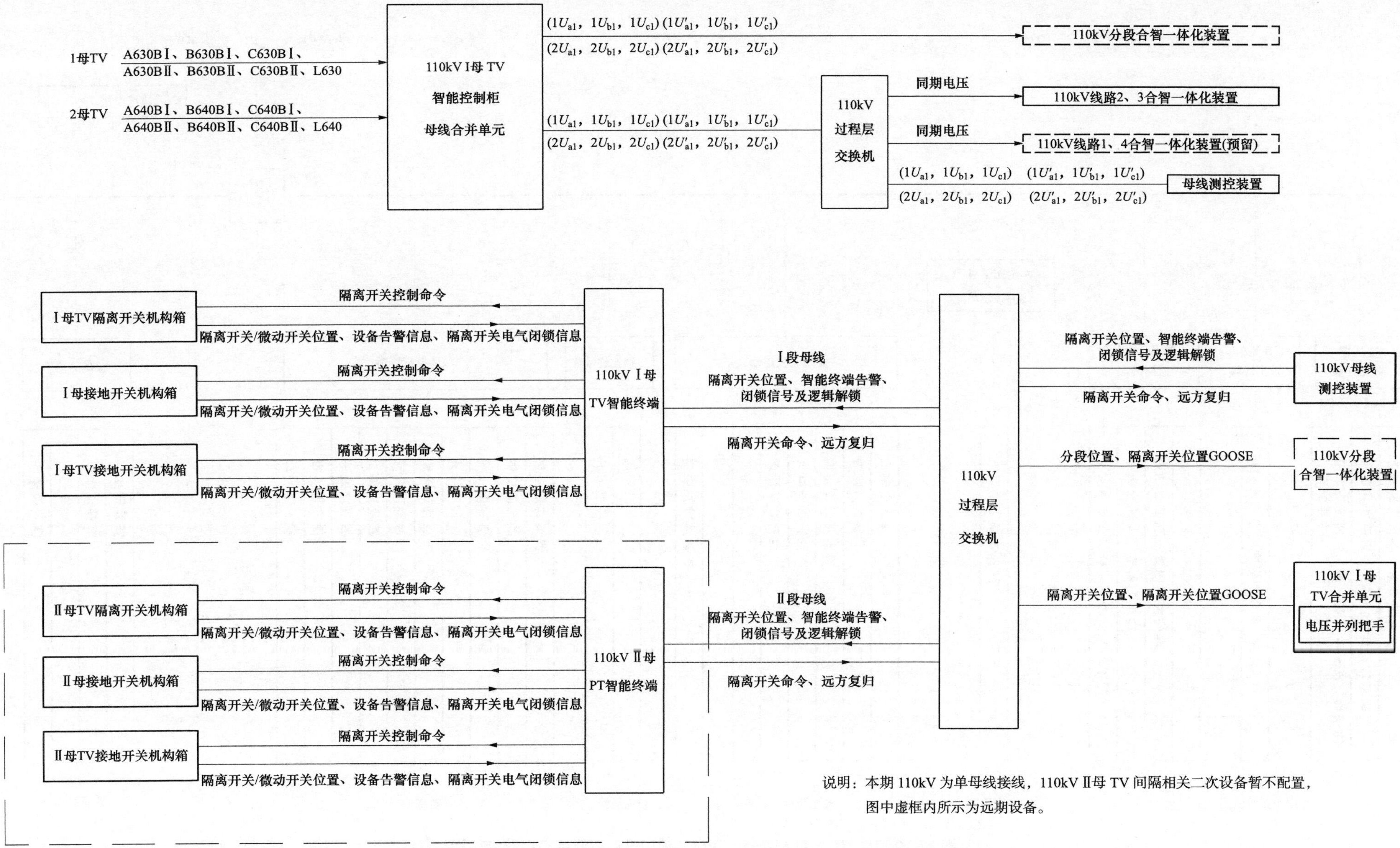


说明：本期 110kV 为单母线接线，110kV Ⅱ母 TV 间隔相关二次设备暂不配置，
图中虚框内所示为远期设备。

**图 12.2.2-09　HA-110-B-1　110kV 母线过程层 SV 及 GOOSE 信息逻辑图**

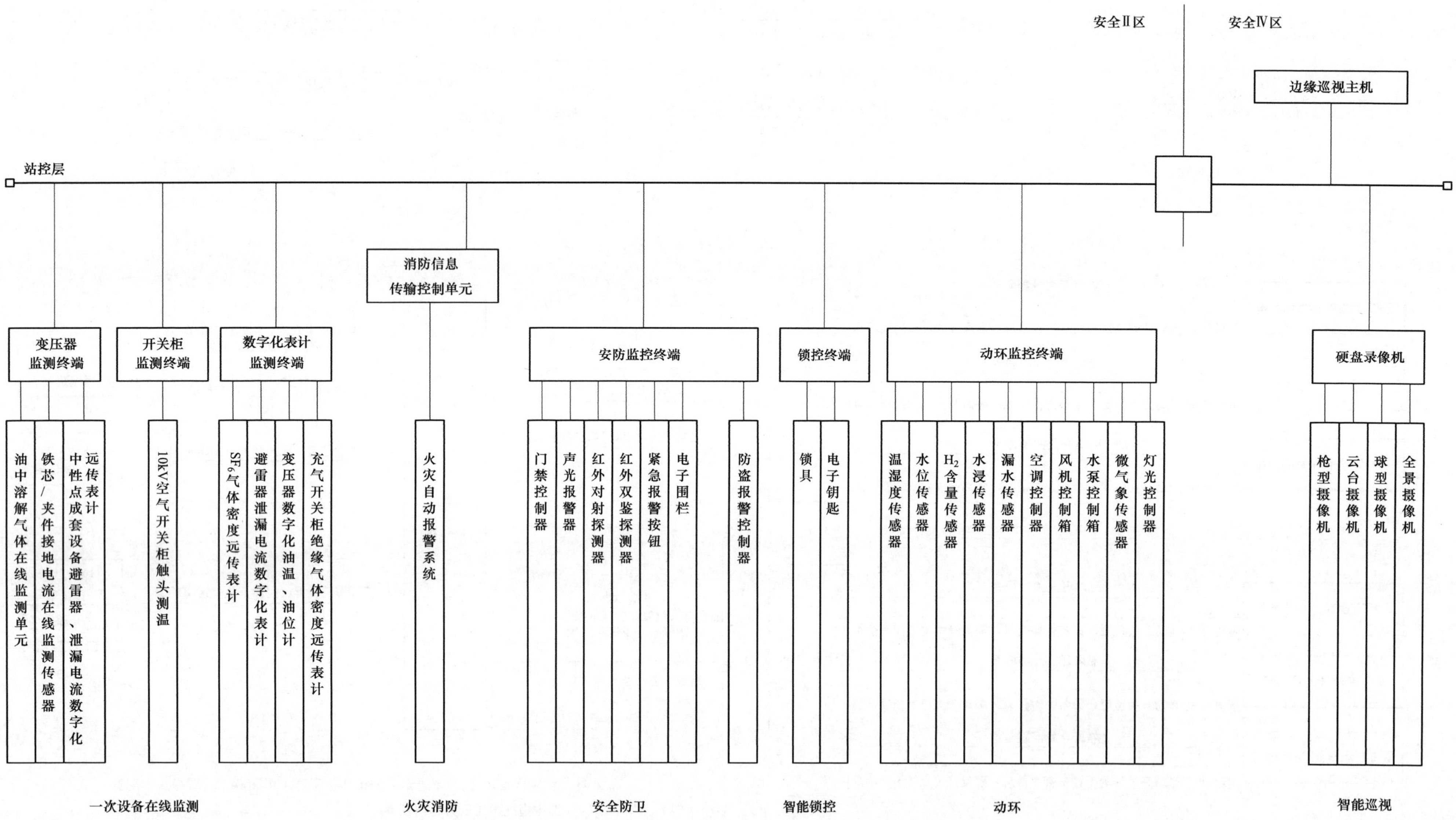


**图 12.2.2-10 HA-110-B-1 变电站辅助设备智能监控系统结构图**

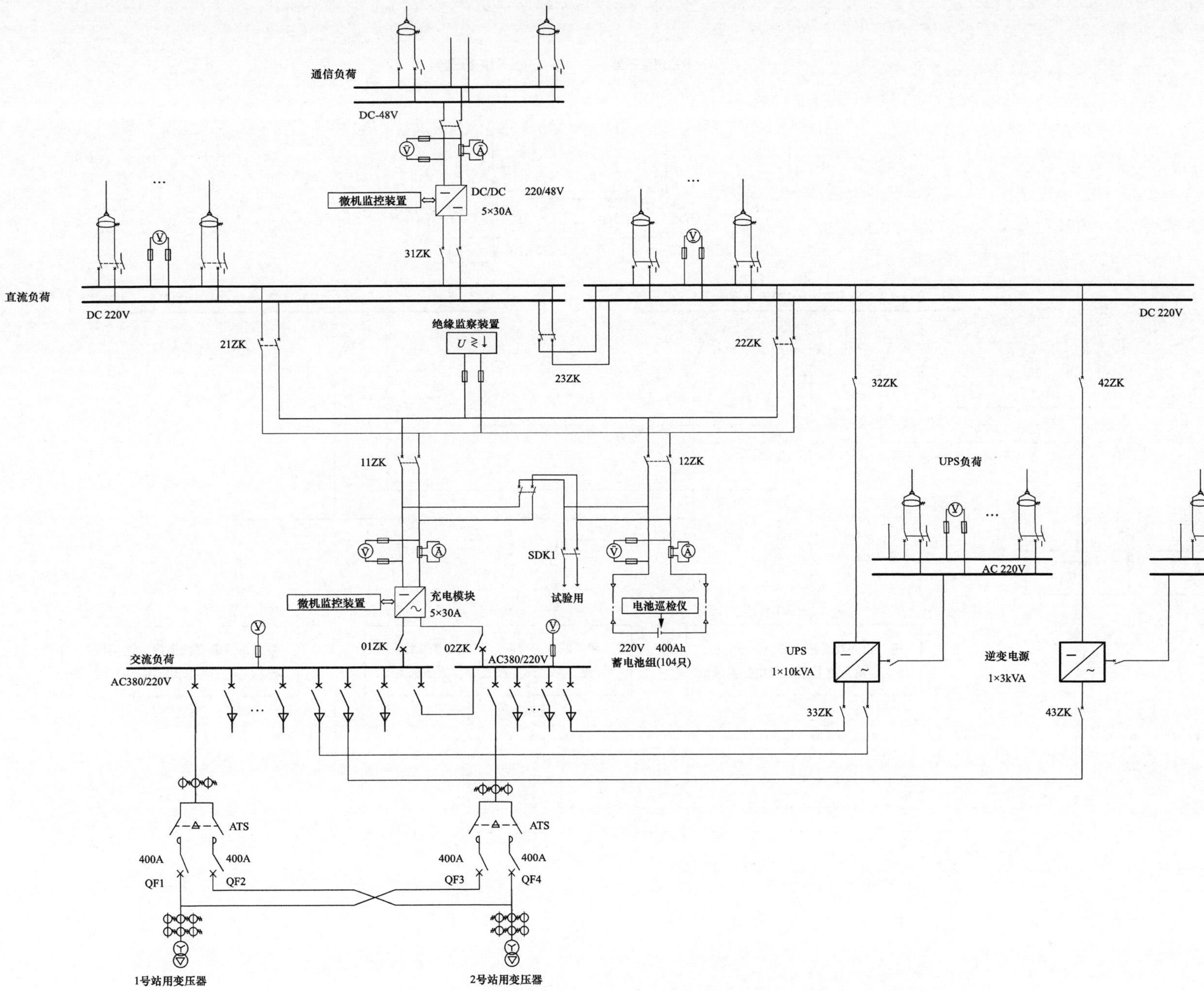


图 12.2.2-11 HA-110-B-1 交直流一体化电源系统接线图（方案一）

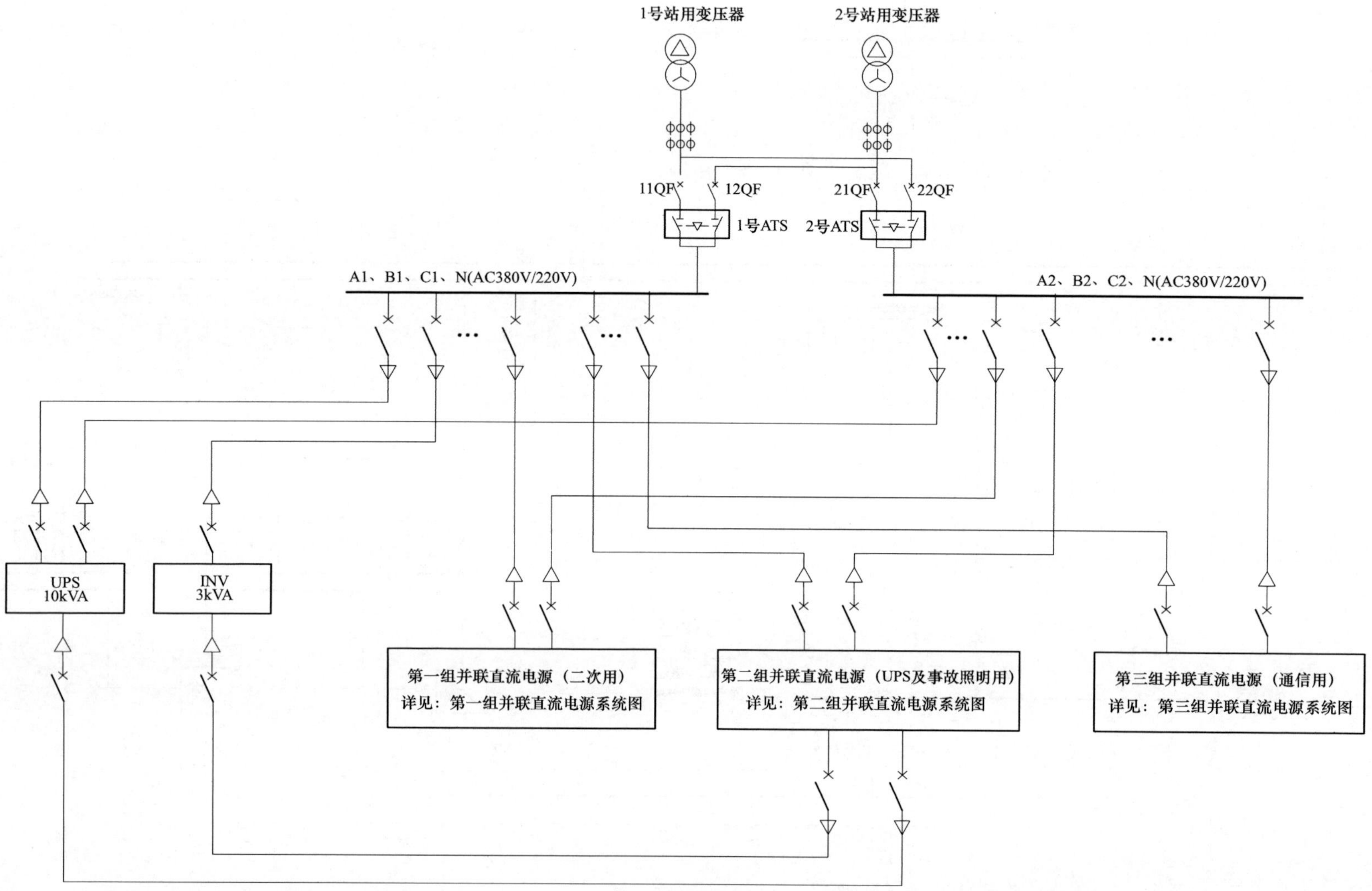


**图 12.2.2-12　HA-110-B-1　交直流一体化电源系统接线图（方案二）**

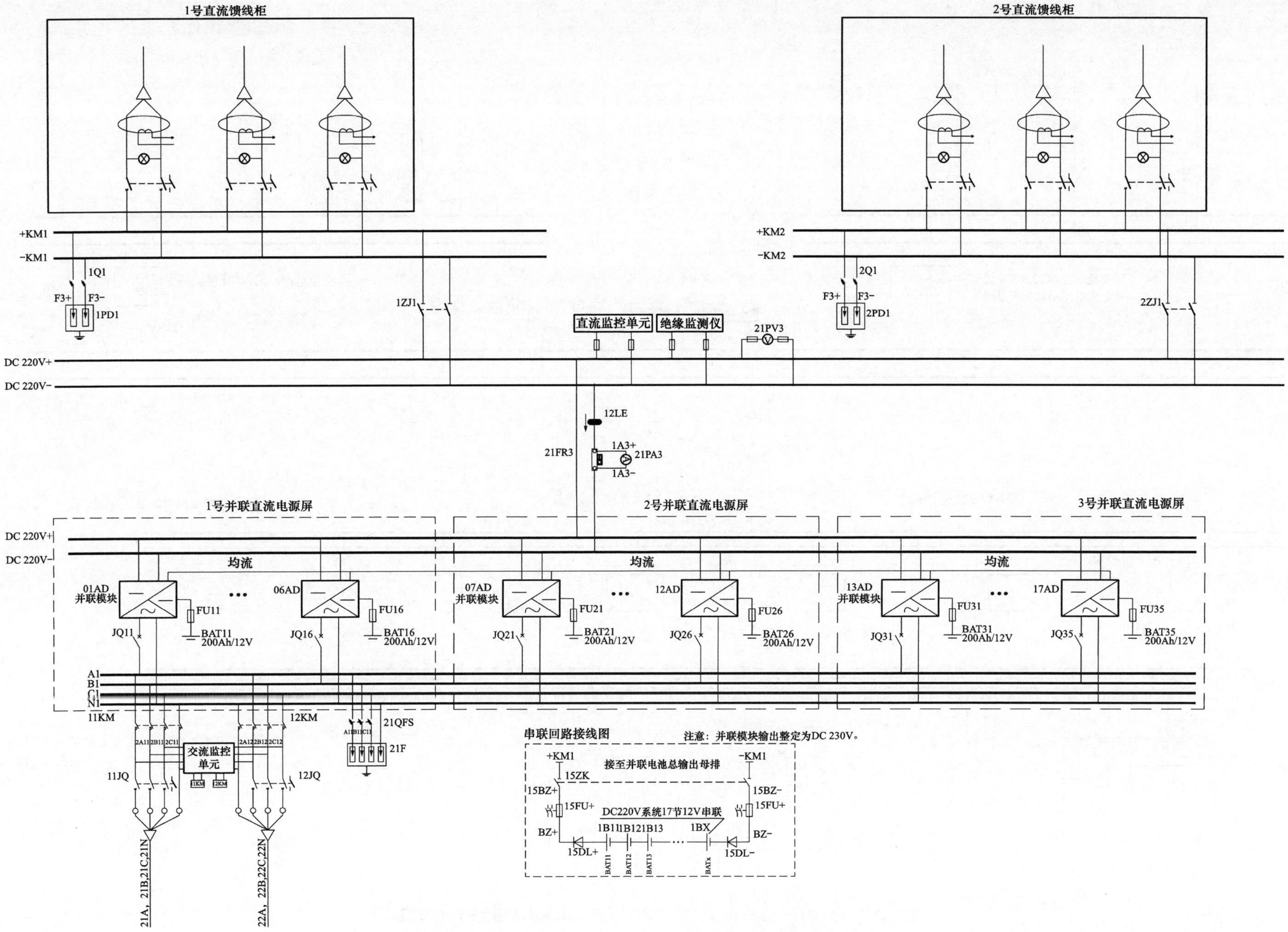


图 12.2.2-13　HA-110-B-1　第一组并联直流电源系统接线图（方案二）

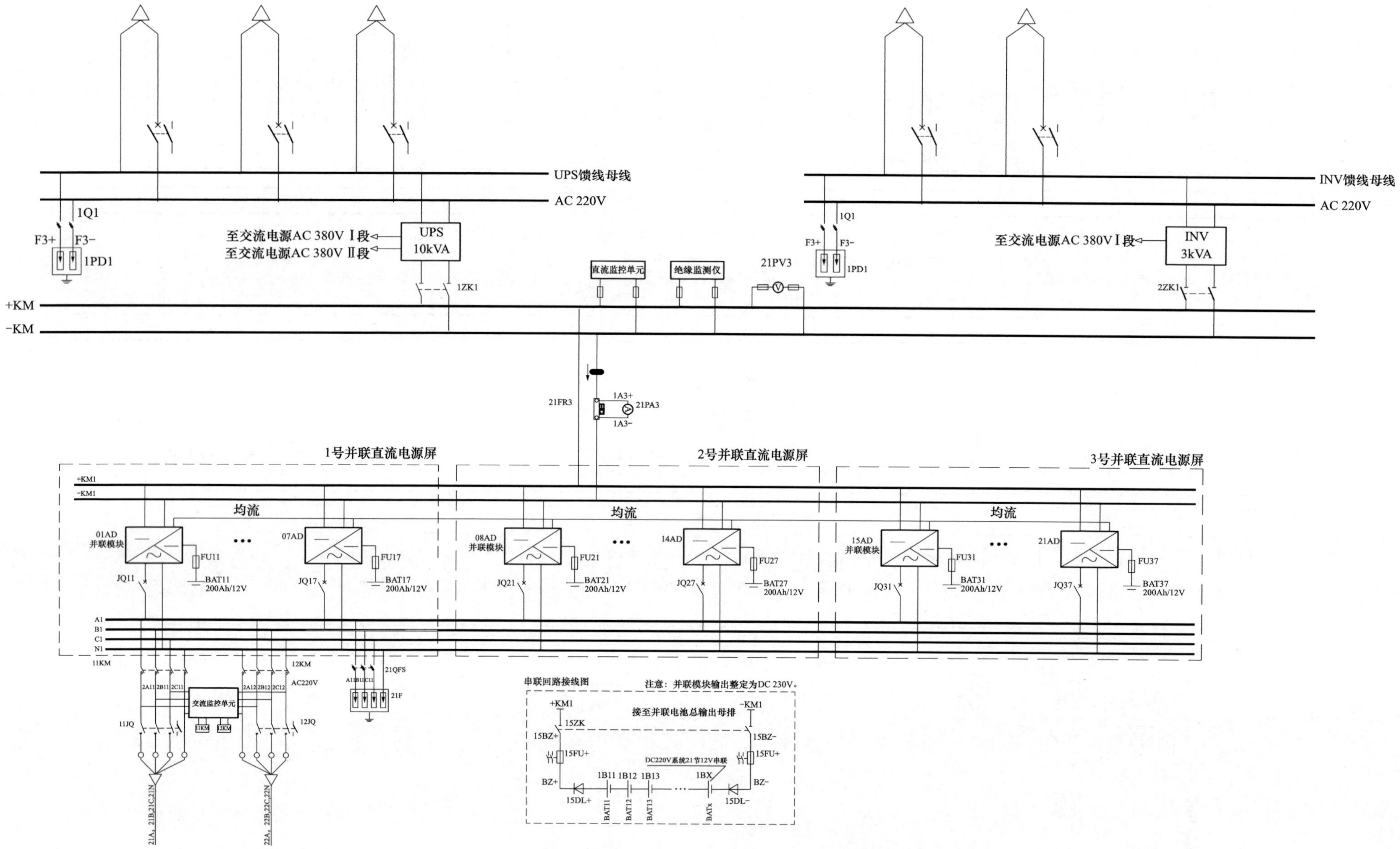


**图 12.2.2-14　HA-110-B-1　第二组并联直流电源系统接线图（方案二）**

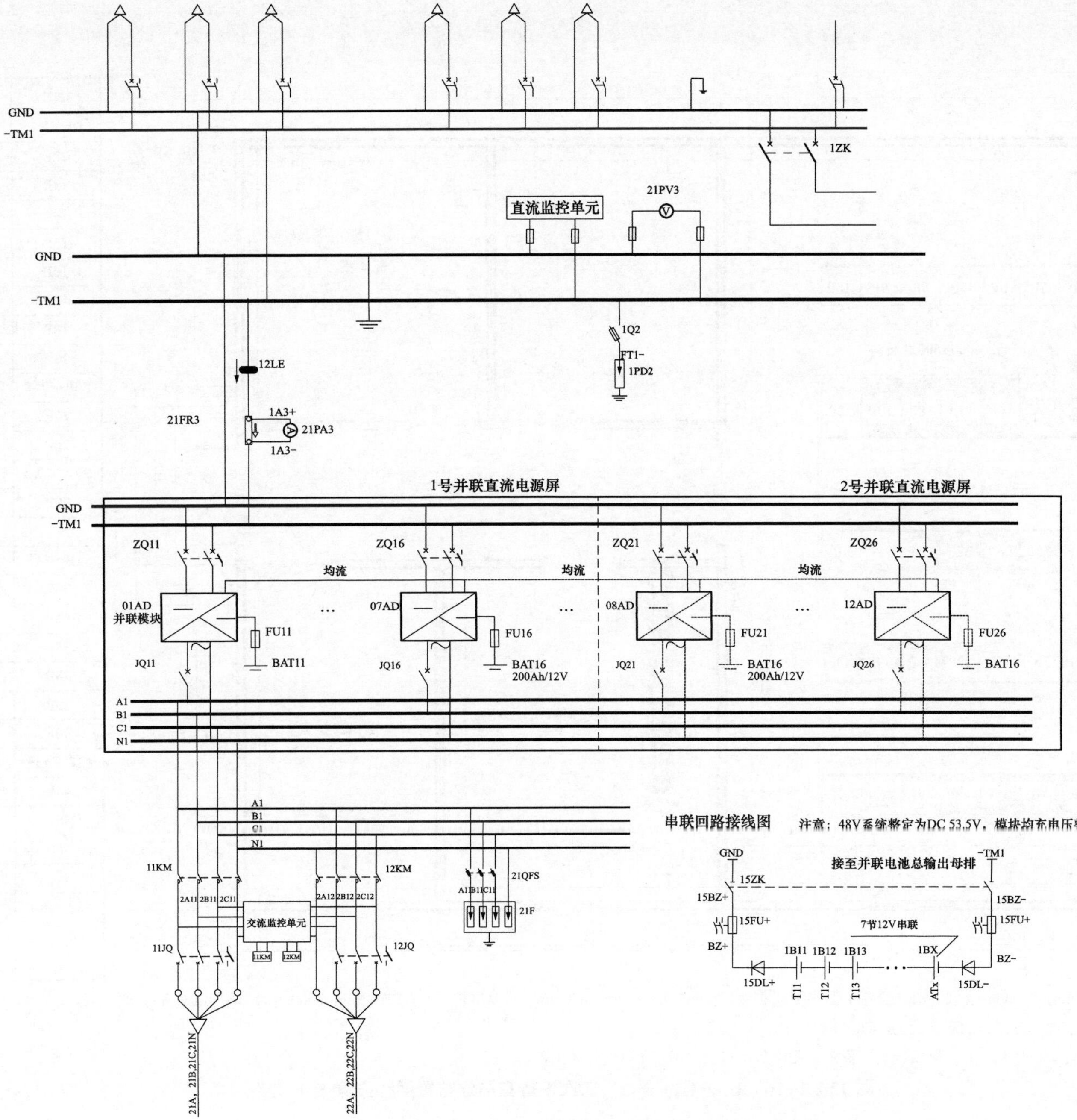


图 12.2.2-15 HA-110-B-1 第三组并联直流电源系统接线图（方案二）

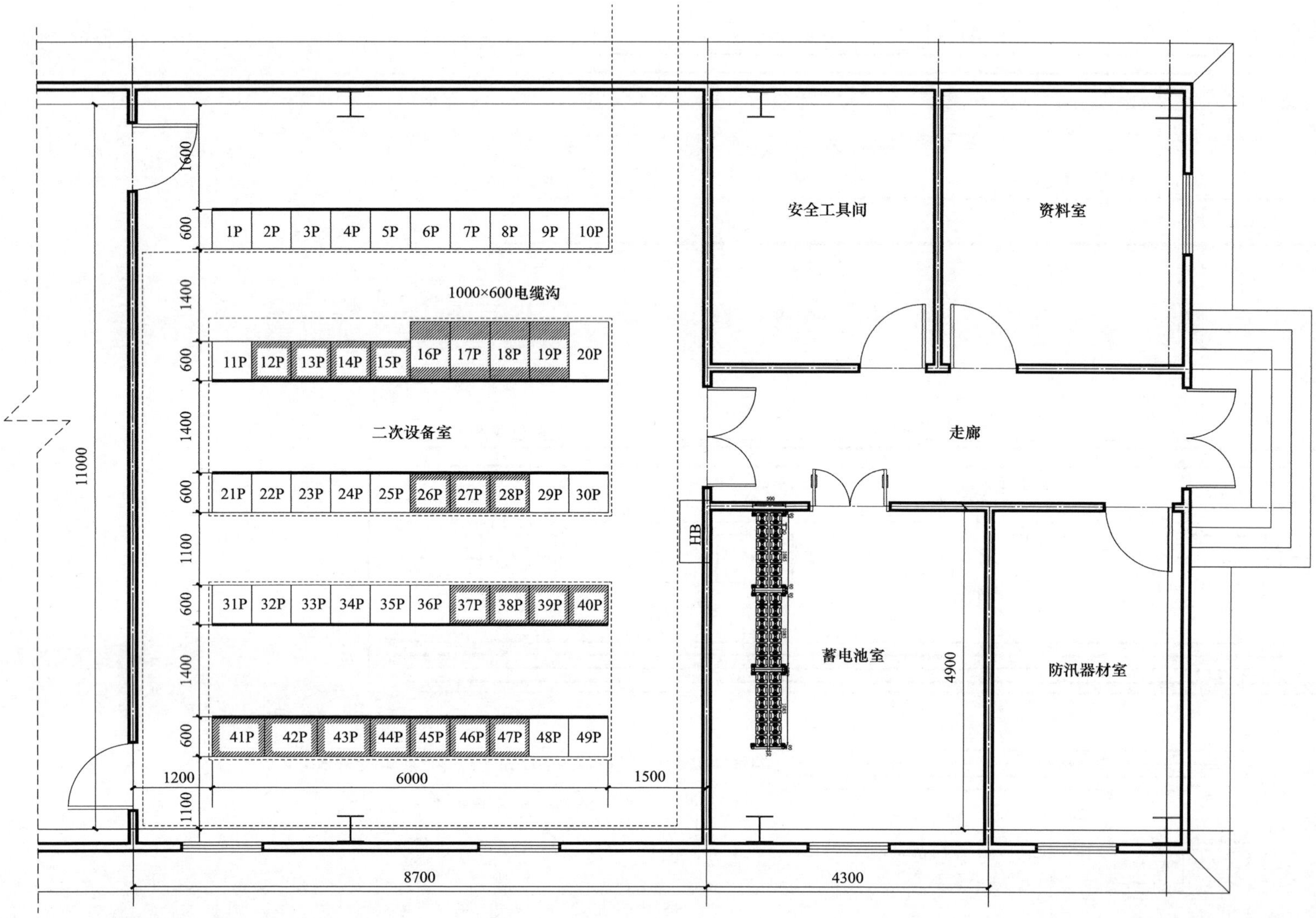


二次设备室屏柜用途一览表

| 柜号 | 名称 | 数量 | 备注 |
|---|---|---|---|
| 1P～11P | 备用柜 | 11 | |
| 12P | Ⅱ区数据通信网关机柜 | 1 | |
| 13P | Ⅰ区数据通信网关机柜 | 1 | |
| 14P | 时间同步系统主机柜 | 1 | |
| 15P | 公用测控柜 | 1 | |
| 16P | 监控系统主机柜 | 1 | |
| 17P | 综合应用服务器柜 | 1 | |
| 18P | 智能防误主机柜 | 1 | |
| 19P | 边缘巡视主机柜 | 1 | |
| 20P～24P | 备用柜 | 5 | |
| 25P | 消弧线圈控制柜 2 | 1 | 预留 |
| 26P | 消弧线圈控制柜 1 | 1 | |
| 27P～28P | 调度数据网络设备柜 | 2 | |
| 29P | 保护通道接口柜 | 1 | 预留 |
| 30P | 备用柜 | 1 | |
| 31P～34P | 通信备用柜 | 4 | |
| 35P | OLT 柜 | 1 | 预留 |
| 36P | OTN 柜 | 1 | 预留 |
| 37P | 综合配线架柜 | 1 | |
| 38P | 光纤配线架柜 | 1 | |
| 39P | PTN 柜 | 1 | |
| 40P | SDH 光端机柜 | 1 | |
| 41P～43P | 交流电源柜 | 3 | |
| 44P | UPS 及事故照明电源柜 | 1 | |
| 45P | 直流充电柜 | 1 | |
| 46P | 直流馈线柜 | 1 | |
| 47P | 通信电源柜 | 1 | |
| 48P～49P | 备用柜 | 2 | |
| HB | 火灾报警控制器 | | 壁挂式 |

说明：1. 二次设备室内服务器屏柜尺寸为 2260mm × 600mm × 900mm，交流电源屏柜尺寸为 2260mm × 800mm × 600mm，其余屏柜尺寸为 2260mm × 600mm × 600mm（高 × 宽 × 深）。

2. 二次设备室内二次设备采用后接线、前显示方式；阴影部分为本期屏柜。

3. 本图中相关屏柜的名称、布置等由设计单位依据工程实际情况自行商定，图中所示仅供参考，不针对具体工程。

**图 12.2.2-16　HA-110-B-1　二次设备室屏位布置图（方案一）**

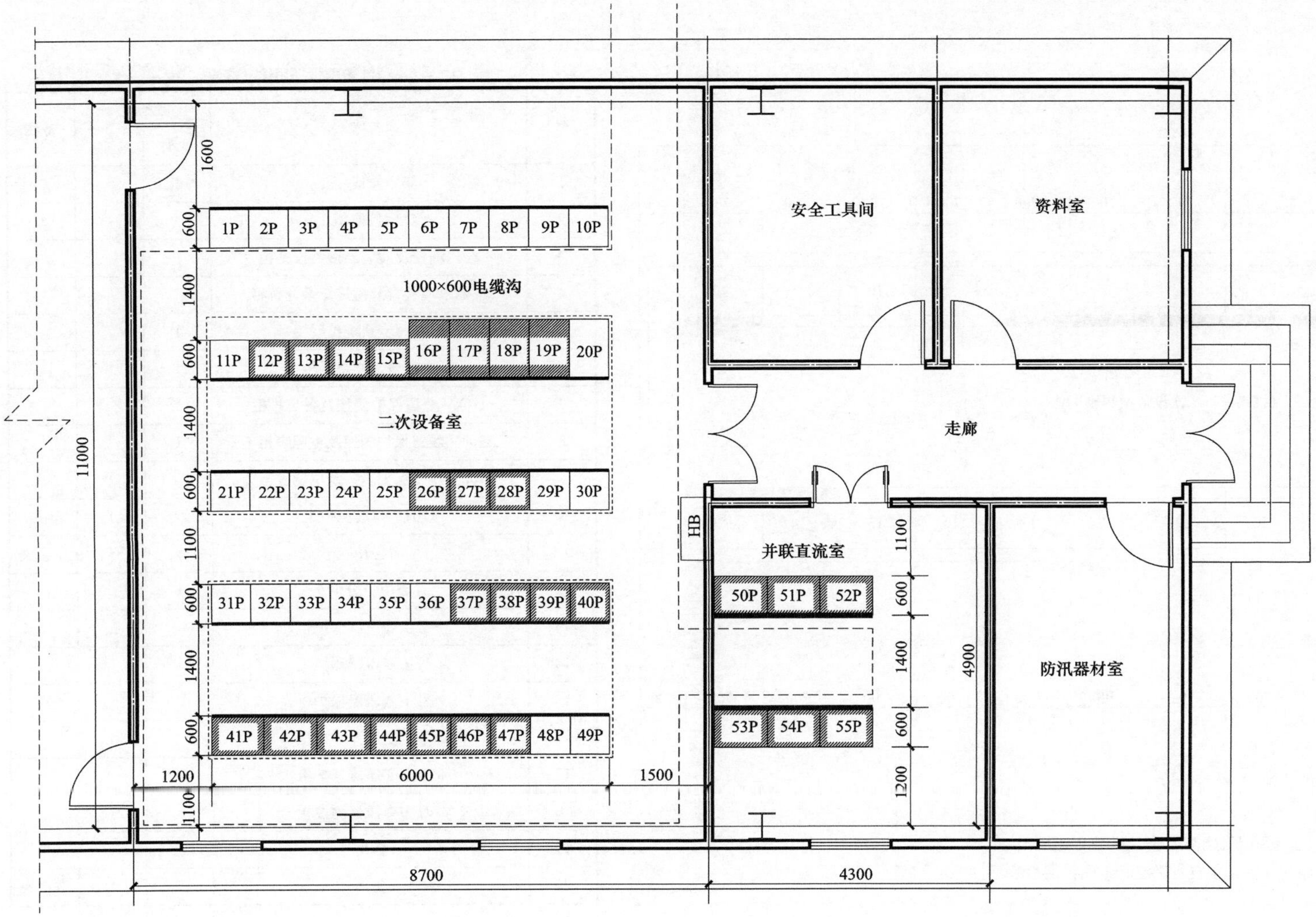


二次设备室屏柜用途一览表

| 柜号 | 名称 | 数量 | 备注 |
|---|---|---|---|
| 1P～11P | 备用柜 | 11 | |
| 12P | Ⅱ区数据通信网关机柜 | 1 | |
| 13P | Ⅰ区数据通信网关机柜 | 1 | |
| 14P | 时间同步系统主机柜 | 1 | |
| 15P | 公用测控柜 | 1 | |
| 16P | 监控系统主机柜 | 1 | |
| 17P | 综合应用服务器柜 | 1 | |
| 18P | 智能防误主机柜 | 1 | |
| 19P | 边缘巡视主机柜 | 1 | |
| 20P～24P | 备用柜 | 5 | |
| 25P | 消弧线圈控制柜 2 | 1 | 预留 |
| 26P | 消弧线圈控制柜 1 | 1 | |
| 27P～28P | 调度数据网络设备柜 | 2 | |
| 29P | 保护通道接口柜 | 1 | 预留 |
| 30P | 备用柜 | 1 | |
| 31P～34P | 通信备用柜 | 4 | |
| 35P | OLT 柜 | 1 | 预留 |
| 36P | OTN 柜 | 1 | 预留 |
| 37P | 综合配线架柜 | 1 | |
| 38P | 光纤配线架柜 | 1 | |
| 39P | PTN 柜 | 1 | |
| 40P | SDH 光端机柜 | 1 | |
| 41P～43P | 交流电源柜 | 3 | |
| 44P | UPS 及事故照明电源柜 | 1 | |
| 45P | 第二组并联直流馈线柜 1 | 1 | |
| 46P | 第二组并联直流馈线柜 2 | 1 | |
| 47P | 第三组并联直流馈线柜 | 1 | |
| 48P～49P | 备用柜 | 2 | |
| 50P～53P | 第二组并联直流电源柜 | 4 | |
| 54P～55P | 第三组并联直流电源柜 | 2 | |
| HB | 火灾报警控制器 | | 壁挂式 |

说明：1. 二次设备室内服务器屏柜尺寸为 2260mm × 600mm × 900mm，交流电源屏柜尺寸为 2260mm × 800mm × 600mm，其余屏柜尺寸为 2260mm × 600mm × 600mm（高 × 宽 × 深）。

2. 二次设备室内二次设备采用后接线、前显示方式；阴影部分为本期屏柜。

3. 本图中相关屏柜的名称、布置等由设计单位依据工程实际情况自行商定，图中所示仅供参考，不针对具体工程。

**图 12.2.2-17　HA-110-B-1　二次设备室屏位布置图（方案二）**

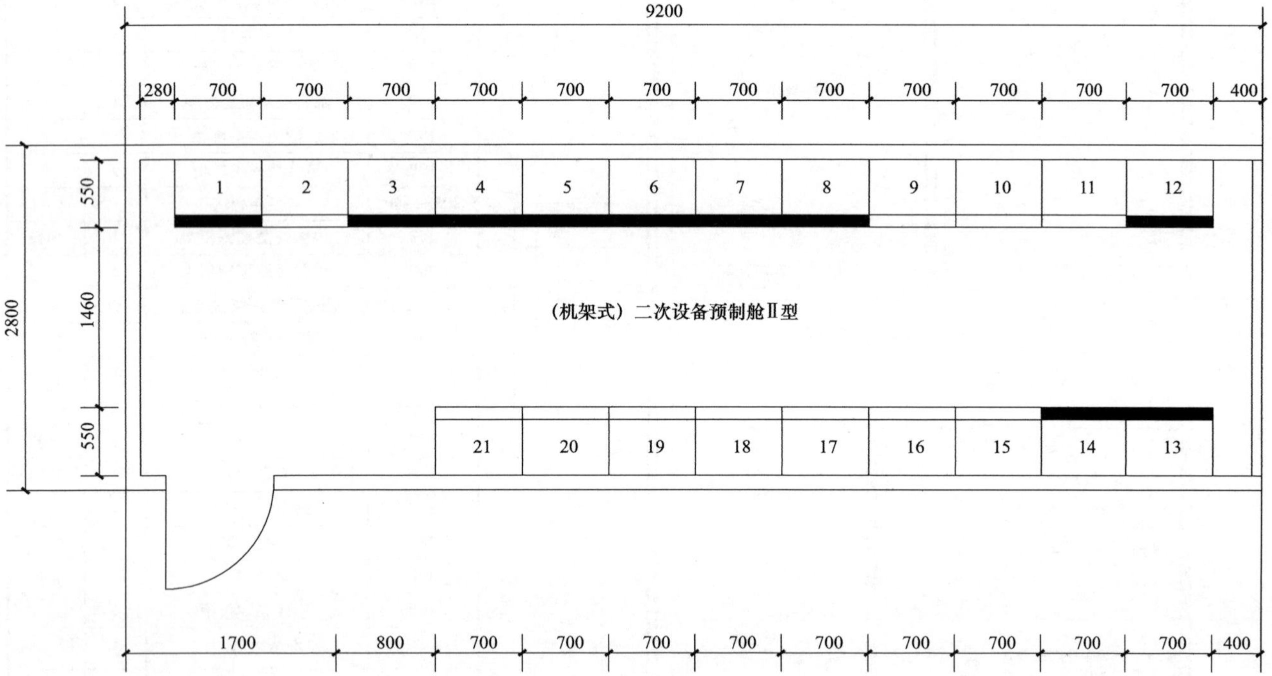


预制舱内机柜用途一览表

| 屏号 | 名称 | 数量 | | 备注 |
|---|---|---|---|---|
| | | 本期 | 远期 | |
| 1 | 集中接线柜 1 | 1 | | |
| 2 | 集中接线柜 2 | | 1 | |
| 3 | 公用测控及间隔层网络设备柜 | 1 | | |
| 4 | 故障录波装置及网络记录分析柜 | 1 | | |
| 5 | 时钟同步系统扩展柜 | 1 | | |
| 6 | 电能量远方终端柜 | 1 | | |
| 7 | 110kV 分段保护测控及备自投柜 | 1 | | |
| 8 | 110kV 线路保护测控及电能表柜 1 | 1 | | |
| 9 | 110kV 线路保护测控及电能表柜 2 | | 1 | |
| 10 | 110kV 母线保护柜 | | 1 | 预留 |
| 11 | 备用 | | 1 | 空机架 |
| 12 | 直流电源分电柜 | 1 | | |
| 13 | 1 号主变压器保护柜 | 1 | | |
| 14 | 1 号主变压器测控柜 | 1 | | |
| 15 | 2 号主变压器保护柜 | | 1 | |
| 16 | 2 号主变压器测控柜 | | 1 | |
| 17 | 3 号主变压器保护柜 | | 1 | |
| 18 | 3 号主变压器测控柜 | | 1 | |
| 19 | 备用 | | 1 | 空机架 |
| 20 | 备用 | | 1 | 空机架 |
| 21 | 备用 | | 1 | 空机架 |

说明：1. 预制舱内机柜尺寸均为 2260mm × 700mm × 550mm（高 × 宽 × 深）。

2. 预制舱内二次设备采用前接线、前显示方式。

3. ▬表示本期设备机架，▭表示远期 / 备用机架，远期预留机架需配线，备用仅空机架。

4. 预制舱内二次设备机柜名称及布置可参考各地市情况（要求）自行确定，本图仅供参考。

**图 12.2.2-18　HA-110-B-1　预制舱屏位布置图（方案一）**

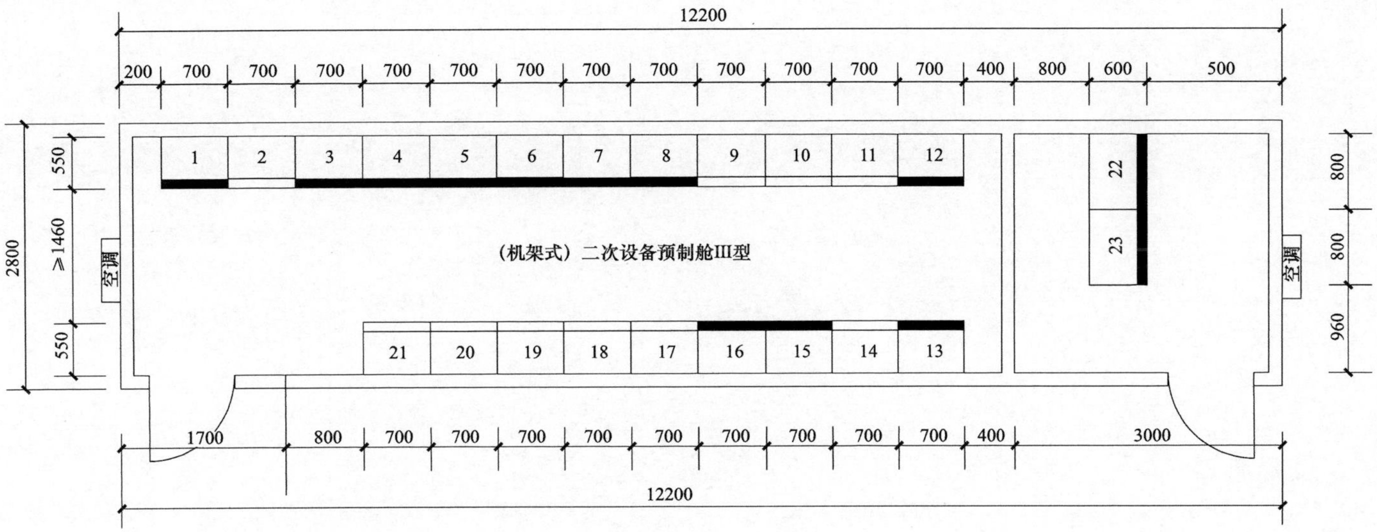


说明：1. 预制舱内并联直流电源机柜尺寸为2260mm×800mm×600mm（高 × 宽 × 深），其余机柜尺寸均为2260mm×700mm×550mm（高 × 宽 × 深）。

2. 预制舱内二次设备采用前接线、前显示方式。

3. ▭表示本期设备机架，▭表示远期/备用机架，远期预留机架需配线，备用仅空机架。

4. 预制舱内二次设备机柜名称及布置可参考各地市情况（要求）自行确定，本图仅供参考。

预制舱内机柜用途一览表

| 屏号 | 名称 | 数量 | | 备注 |
|---|---|---|---|---|
| | | 本期 | 远期 | |
| 1 | 集中接线柜 1 | 1 | | |
| 2 | 集中接线柜 2 | | 1 | |
| 3 | 公用测控及间隔层网络设备柜 | 1 | | |
| 4 | 故障录波装置及网络记录分析柜 | 1 | | |
| 5 | 时钟同步系统扩展柜 | 1 | | |
| 6 | 电能量远方终端柜 | 1 | | |
| 7 | 110kV 分段保护测控及备自投柜 | 1 | | |
| 8 | 110kV 线路保护测控及电能表柜 1 | 1 | | |
| 9 | 110kV 线路保护测控及电能表柜 2 | | 1 | |
| 10 | 110kV 母线保护柜 | | 1 | 预留 |
| 11 | 备用 | | 1 | 空机架 |
| 12 | 第一组并联直流电源馈线柜 1 | 1 | | |
| 13 | 第一组并联直流电源馈线柜 2 | 1 | | |
| 14 | 备用 | | 1 | 空机架 |
| 15 | 1 号主变压器保护柜 | 1 | | |
| 16 | 1 号主变压器测控柜 | 1 | | |
| 17 | 2 号主变压器保护柜 | | 1 | |
| 18 | 2 号主变压器测控柜 | | 1 | |
| 19 | 3 号主变压器保护柜 | | 1 | |
| 20 | 3 号主变压器测控柜 | | 1 | |
| 21 | 备用 | | 1 | 空机架 |
| 22 | 第一组并联直流电源柜 1 | 1 | | |
| 23 | 第一组并联直流电源柜 2 | 1 | | |

**图 12.2.2-19　HA-110-B-1　预制舱屏位布置图（方案二）**

### 12.2.3 土建部分

土建部分主要图纸见表 12.2.3-1。

**表 12.2.3-1　　土建部分主要图纸**

| 图号 | 图名 |
|---|---|
| 图 12.2.3-01 | HA-110-B-1　总平面及竖向布置图 |
| 图 12.2.3-02 | HA-110-B-1　110kV 及主变压器构架透视图 |
| 图 12.2.3-03 | HA-110-B-1　配电装置用房底层平面布置图、屋顶平面图 |
| 图 12.2.3-04 | HA-110-B-1　配电装置用房立面图、*A*-*A* 剖面图 |

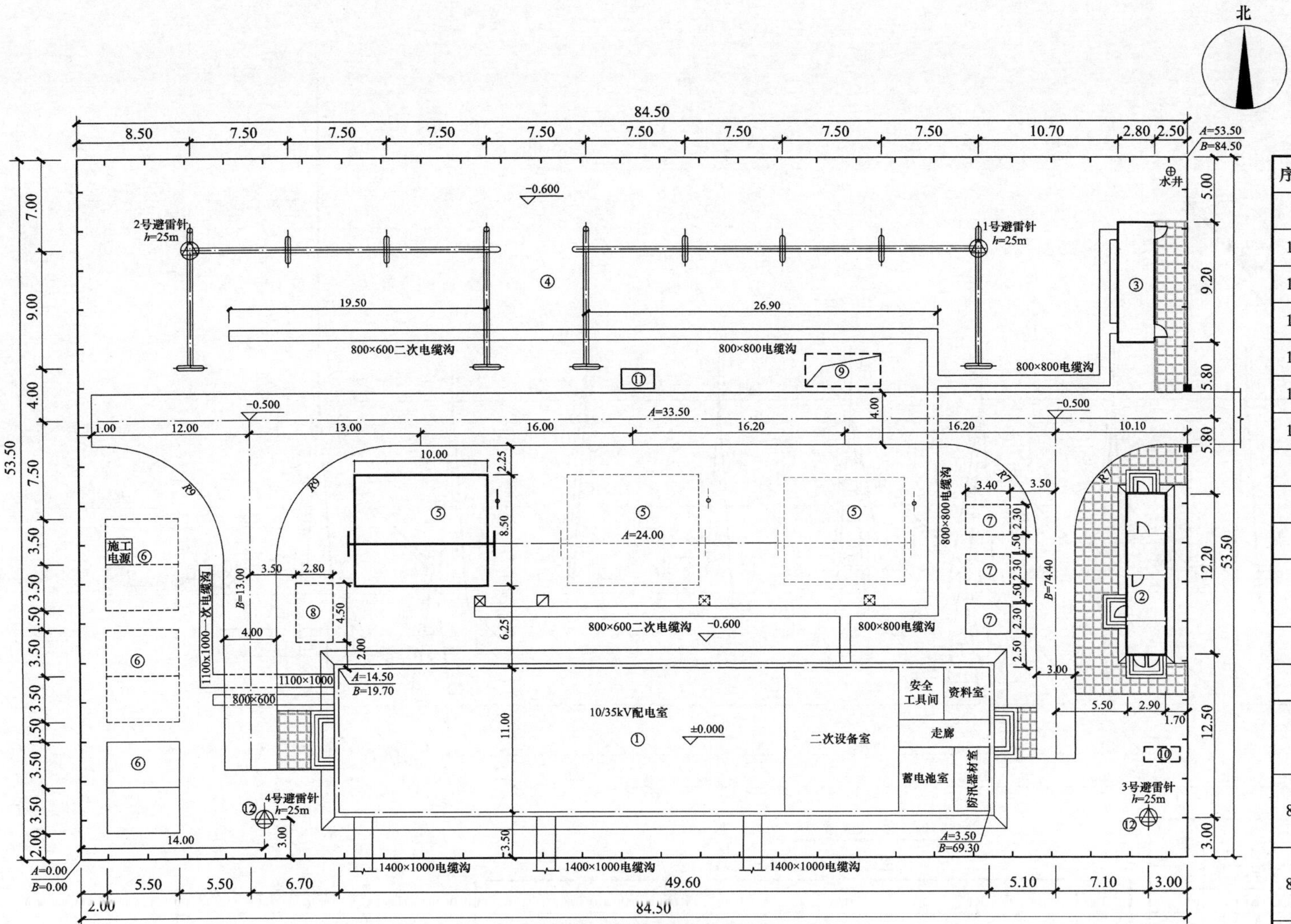


**总平面及竖向布置图** 1:200

**站区主要经济技术指标表**

| 序号 | 指标名称 | | 单位 | 数量 | 备注 |
|---|---|---|---|---|---|
| 1 | 站址总用地面积 | | $hm^2$ | | |
| 1.1 | 站区围墙内占地面积 | | $hm^2$ | 0.4521 | |
| 1.2 | 进站道路占地面积 | | $hm^2$ | | |
| 1.3 | 站外供水设施占地面积 | | $hm^2$ | | |
| 1.4 | 站排洪水设施占地面积 | | $hm^2$ | | |
| 1.5 | 站外防（排）洪水设施占地面积 | | $hm^2$ | | |
| 1.6 | 其他占地面积 | | $hm^2$ | | |
| 2 | 进站道路长度（新建 / 改造） | | m | | |
| 3 | 站外供水管长度 | | m | | |
| 4 | 站外排水管长度 | | m | | |
| 5 | 站内主电缆沟长度（0.6m×0.6m 以上） | | m | 182 | |
| 6 | 站内外挡土墙体积 | | $m^3$ | | |
| 7 | 站内外护坡面积 | | $m^2$ | | |
| 8 | 站址土（石）方量 | 挖方（−） | $m^3$ | | |
| | | 填方（+） | $m^3$ | | |
| 8.1 | 站区场地平整 | 挖方（−） | $m^3$ | | |
| | | 填方（+） | $m^3$ | | |
| 8.2 | 进站道路 | 挖方（−） | $m^3$ | | |
| | | 填方（+） | $m^3$ | | |
| 8.3 | 建（构）筑物基槽余土 | | $m^3$ | | |
| 8.4 | 站址土方综合平衡 | 弃土 | $m^3$ | | |
| | | 取土 | $m^3$ | | |
| 9 | 站内道路面积 | | $m^2$ | 565 | |
| 10 | 屋外配电装置场地面积 | | $m^2$ | 2721 | |
| 11 | 总建筑面积 | | $m^2$ | 627 | |
| 12 | 站区围墙长度 | | m | 271 | |

**建（构）筑物一览表**

| 编号 | 名称 | 单位 | 数量 | 备注 | 编号 | 名称 | 单位 | 数量 | 备注 |
|---|---|---|---|---|---|---|---|---|---|
| ① | 配电装置室 | $m^2$ | 588.51 | | ⑦ | 接地变及消弧线圈场地 | 座 | 3 | |
| ② | 辅助用房 | $m^2$ | 38.44 | 集成房屋 | ⑧ | 35kV 消弧 | 座 | 1 | |
| ③ | 二次设备预制舱 | 座 | 1 | | ⑨ | 事故油池 | 座 | 1 | |
| ④ | 110kV 配电装置区 | $m^2$ | 1521 | | ⑩ | 化粪池 | 座 | 1 | |
| ⑤ | 主变压器场地 | $m^2$ | 870 | | ⑪ | 消防小间 | 座 | 1 | 集成房屋 |
| ⑥ | 电容器场地 | $m^2$ | 330 | | ⑫ | 独立避雷针 | 座 | 2 | 25m 高 |

注：具体建（构）筑物根据工程具体情况调整。

**图 12.2.3-01　HA-110-B-1　总平面及竖向布置图**

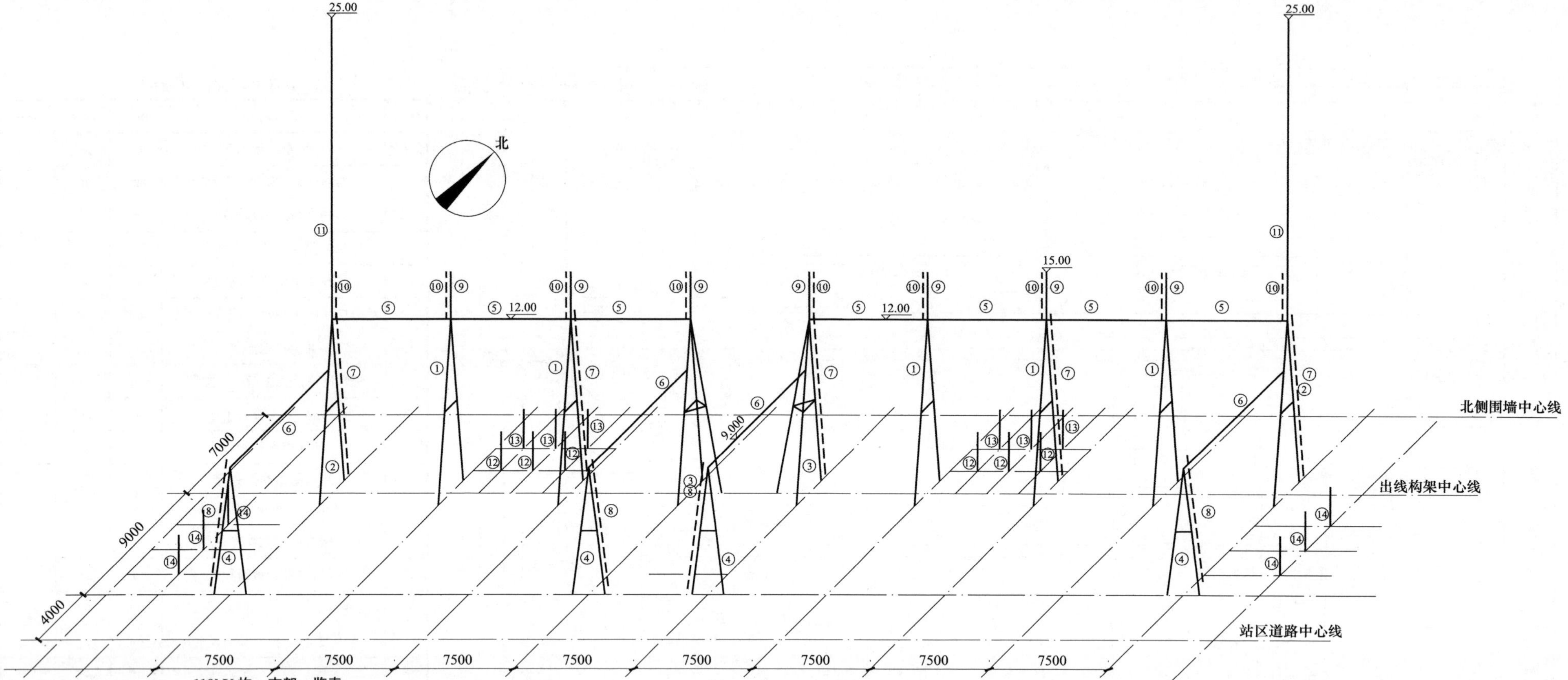


110kV构、支架透视图

110kV 构、支架一览表

| 编号 | 构件名称 | 数量 | 重量 | | 备注 |
|---|---|---|---|---|---|
| | | | 单重（kg） | 小计（t） | |
| ① | 12.0m 高 A 型钢柱 GZ–1 | 5 组 | 1570.8 | 7.85 | |
| ② | 12.0m 高 A 型钢柱 GZ–1a | 2 组 | 1662.6 | 3.33 | |
| ③ | 12.0m 高 A 型钢柱带端撑 DCZ–1 | 2 组 | 2357.7 | 4.72 | |
| ④ | 9.0m 高 A 型钢柱 GZ–3 | 4 组 | 1275.0 | 5.10 | |
| ⑤ | 7.5m 跨进出线钢梁 GL–1 | 7 跨 | 687.9 | 4.82 | |
| ⑥ | 9.0m 跨母线架构钢梁 GL–2 | 4 跨 | 770.9 | 3.08 | |
| ⑦ | 12.0m 高构架爬梯 PT1 | 5 组 | 124.3 | 0.62 | |
| ⑧ | 9.0m 高爬梯 PT3 | 4 个 | 102.5 | 0.41 | |
| ⑨ | 3.0m 高地线柱 | 7 个 | 225.0 | 1.58 | |
| ⑩ | 3.0m 高爬梯 PT2 | 9 个 | 39.7 | 0.36 | |
| ⑪ | 25.0m 高架构避雷针 BLZ–1 | 2 个 | 590.6 | 1.18 | |
| ⑫ | 线路 TV 支架 | 2 组 | 538.8 | 1.08 | |
| ⑬ | 避雷器支架 | 2 组 | 408.2 | 0.82 | |
| ⑭ | 母线 TV 支架 | 2 组 | 538.8 | 1.08 | |
| 合计：36.03t | | | | | |

主变压器构、支架一览表

| 编号 | 构件名称 | 数量 | 重量 | | 备注 |
|---|---|---|---|---|---|
| | | | 单重（kg） | 小计（t） | |
| ① | 12.0m 高 A 型钢柱 GZ–1 | 2 组 | 1525.9 | 3.05 | |
| ② | 11.0m 跨主变压器架构钢梁 GL–3 | 1 个 | 1116.8 | 1.12 | |
| ③ | 12.0m 高构架爬梯 TV1 | 1 组 | 124.3 | 0.12 | |
| ④ | 3.0m 高母线桥支架 | 6 个 | 166.2 | 0.98 | |
| 合计：5.27t | | | | | |
| | 电容器隔离开关支架 | 2 组 | 260.6 | 0.52 | 定位详见总图 |
| | 25.0m 高独立避雷针 | 2 个 | 1544.7 | 3.09 | 定位详见总图 |
| 合计：3.61t | | | | | |

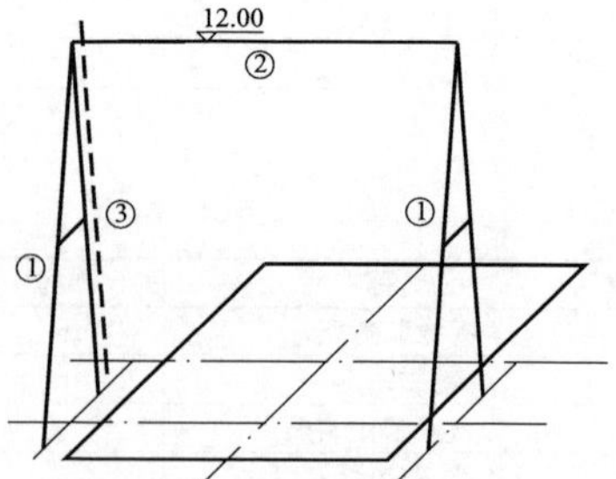


主变压器构、支架透视图

**图 12.2.3–02　HA–110–B–1　110kV 及主变压器构架透视图**

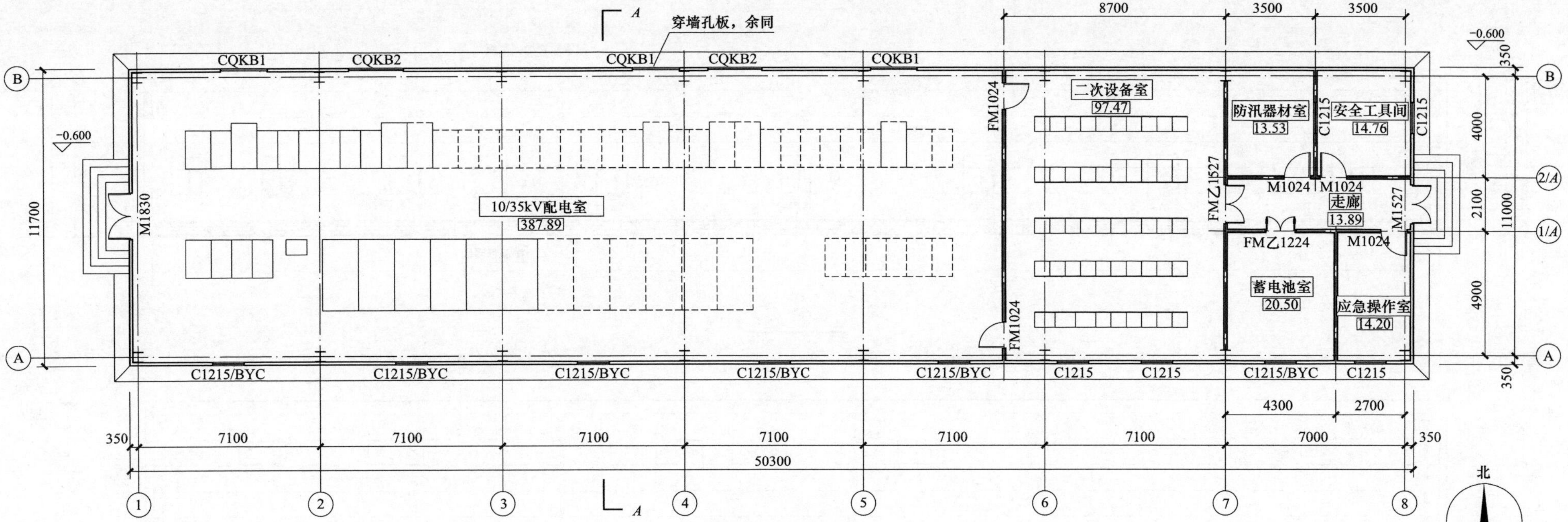


配电装置用房平面图 1∶100

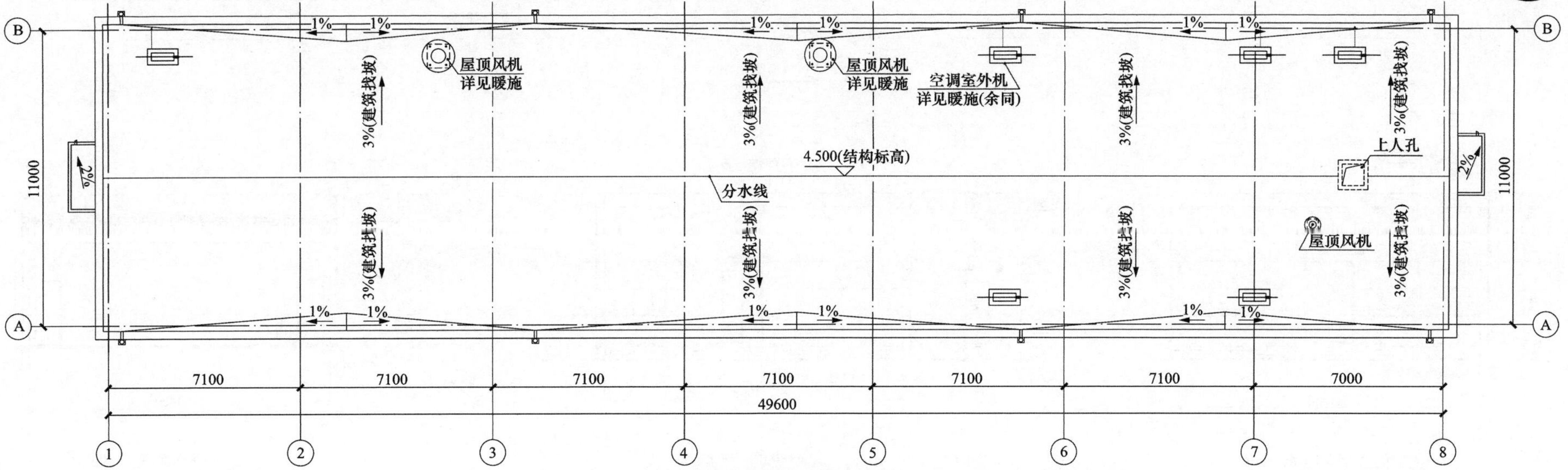


配电装置用房屋顶平面图 1∶100

**图 12.2.3-03 HA-110-B-1 配电装置用房底层平面布置图、屋顶平面图**

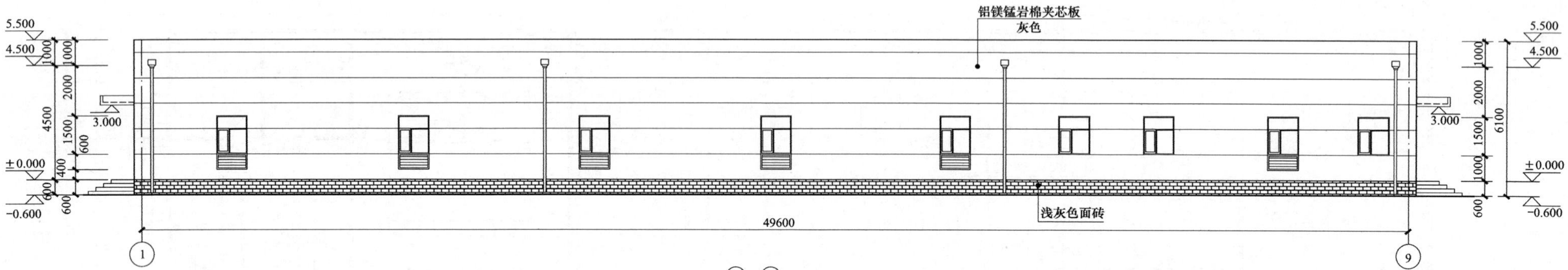


①—⑨ 立面图 1∶100

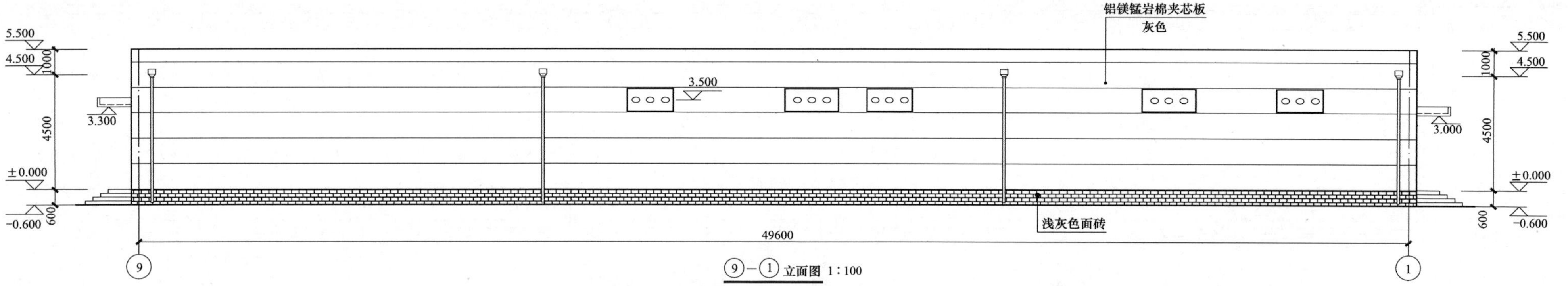


⑨—① 立面图 1∶100

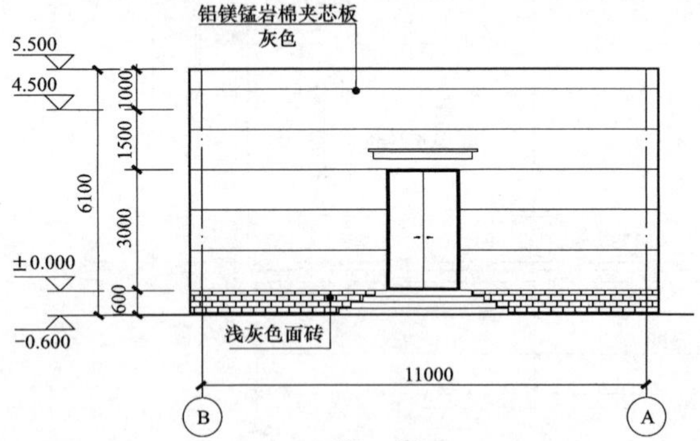


Ⓑ—Ⓐ 立面图 1∶100

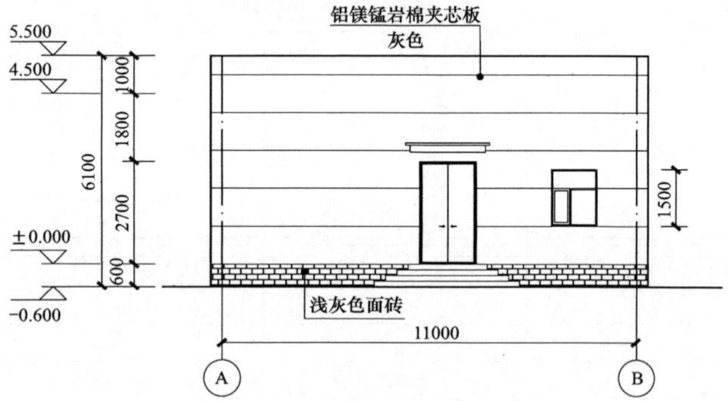


Ⓐ—Ⓑ 立面图 1∶100

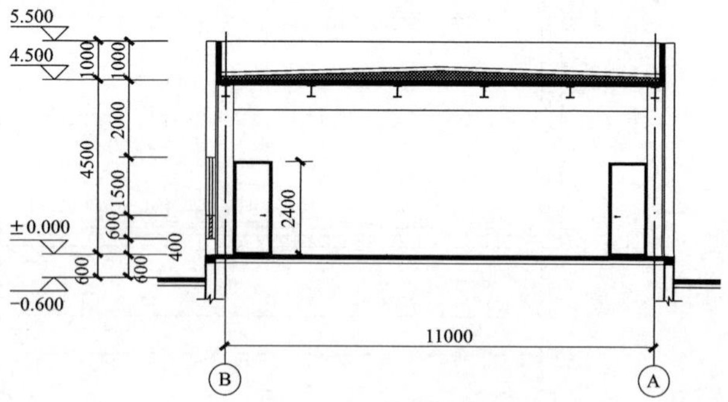


*A-A* 剖面图 1∶100

**图 12.2.3-04　HA-110-B-1　配电装置用房立面图　*A-A* 剖面图**

# 第 13 章　HA-110-B-3 方案

## 13.1　HA-110-B-3 方案主要技术条件

HA-110-B-3 方案主要技术条件见表 13.1.0-1。

表 13.1.0-1　　HA-110-B-3 方案主要技术条件

| 序号 | 项目 | | 本方案技术条件 |
|---|---|---|---|
| 1 | 建设规模 | 主变压器 | 本期 1 组 50MVA，终期 3 组 50MVA |
| | | 出线 | 110kV：本期 2 回，终期 4 回；<br>10kV：本期 10 回，终期 30 回 |
| | | 无功补偿装置 | 10kV 并联电容器：本期 1×（3600+4800）kvar；终期 3×（3600+4800）kvar |
| 2 | 站址基本条件 | | 海拔小于<1000m，设计基本地震加速度 0.15g，设计风速不大于 30m/s，地基承载力特征值 $f_{ak}$=150kPa，无地下水影响，场地同一设计标高 |
| 3 | 电气主接线 | | 110kV 本期采用单母线（分段）接线，终期为单母线分段接线；<br>10kV 本期采用单母线接线，终期为单母线三分段接线 |
| 4 | 主要设备选型 | | 主变压器用三相双绕组油浸自冷式有载调压变压器；<br>110kV 采用户外 HGIS 设备；<br>10kV 高压开关柜选用金属封闭铠装移开式封闭开关柜；<br>10kV 并联电容器组选用户外框架式 |
| 5 | 电气总平面及配电装置 | | 主变压器：户外布置；<br>110kV：户外 HGIS；<br>10kV：户内高压开关柜双列布置；<br>无功补偿：户外成套装置 |
| 6 | 二次系统 | | 全站采用预制式二次组合设备，模块化二次设备、预制式智能控制柜及预制光/电缆的二次设备模块化设计方案；<br>变电站自动化系统按照一体化监控设计；<br>采用常规互感器＋合并单元；<br>110kV GOOSE 与 SV 共网，保护直采直跳；<br>主变压器用保护、测控独立装置，110kV 采用保护测控集成装置，35kV 及 10kV 采用保护测控集成装置；<br>采用一体化电源系统，通信电源不独立设置；<br>110kV 间隔层采用预制式二次组合设备，公用二次设备布置在二次设备室 |
| 7 | 土建部分 | | HA-110-B-1 方案围墙内占地面积 4131m²；全站总建筑面积 476m²，其中配电装置室建筑面积 437.47m²。<br>建筑物结构型式为钢结构：<br>外墙板采用一体化铝镁锰岩棉夹芯板，内墙板采用 9mm 厚纤维水泥饰面板。用于防火墙时，内墙板采用纤维水泥复合板，两侧为 12mm 厚纤维水泥板（室内侧为纤维水泥饰面板），中间为 100mm 厚岩棉。内隔墙采用纤维水泥复合板，两侧为 9mm 厚纤维水泥饰面板，内部填充 50～100mm 厚岩棉。屋面板采用钢筋桁架楼承板；<br>围墙采用装配式围墙；<br>构、支架基础采用定型钢模浇筑，构支架与基础采用地脚螺栓连接 |

## 13.2　HA-110-B-3 方案主要设计图纸

### 13.2.1　电气一次部分

电气一次部分主要图纸见表 13.2.1-1。

表 13.2.1-1　　电气一次部分主要图纸

| 图号 | 图名 |
|---|---|
| 图 13.2.1-01 | HA-110-B-3　电气主接线图 |
| 图 13.2.1-02 | HA-110-B-3　电气总平面布置图 |
| 图 13.2.1-03 | HA-110-B-3　110kV 屋外配电装置平面布置图 |
| 图 13.2.1-04 | HA-110-B-3　110kV 主变压器进线间隔断面图 |
| 图 13.2.1-05 | HA-110-B-3　110kV 出线间隔断面图 |
| 图 13.2.1-06 | HA-110-B-3　110kV 分段及母线设备间隔断面图 |
| 图 13.2.1-07 | HA-110-B-3　配电装置室平、断面图 |
| 图 13.2.1-08 | HA-110-B-3　10kV 母线桥断面图 |
| 图 13.2.1-09 | HA-110-B-3　防直击雷保护图 |

续表

| 图号 | 图名 |
|---|---|
| 图 13.2.1-10 | HA-110-B-3　室外接地网布置图 |
| 图 13.2.1-11 | HA-110-B-3　室内接地网布置图 |
| 图 13.2.1-12 | HA-110-B-3　10kV 电容器接地布置图 |

续表

| 图号 | 图名 |
|---|---|
| 图 13.2.1-13 | HA-110-B-3　户外照明布置图 |
| 图 13.2.1-14 | HA-110-B-3　站区防火封堵布置图 |
| 图 13.2.1-15 | HA-110-B-3　配电装置室防火封堵布置图 |

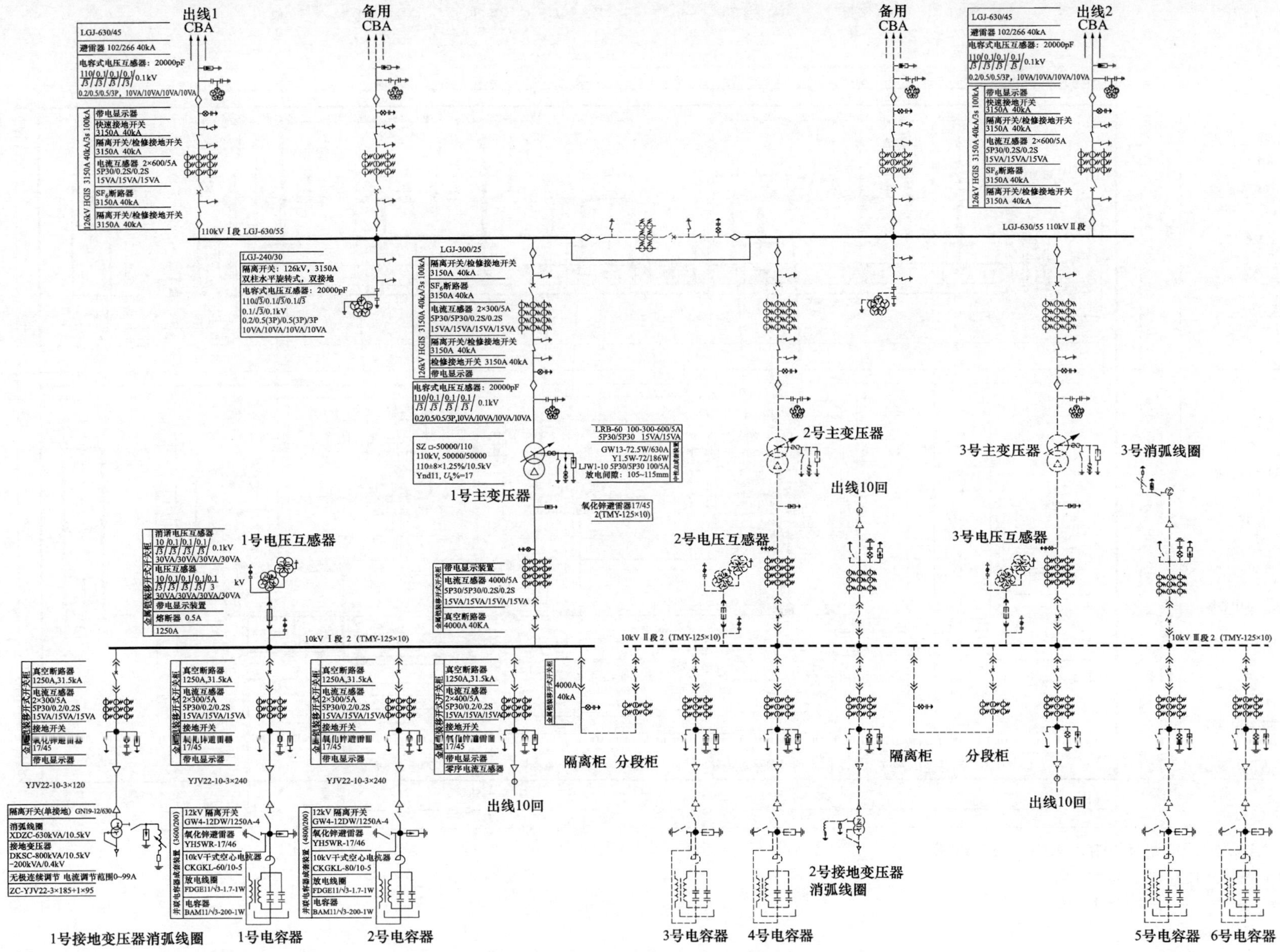


说明：110kV 电气主接线本期为单母线接线，不建设分段间隔，依据具体工程停电情况可调整为单母线分段接线。

**图 13.2.1-01 HA-110-B-3 电气主接线图**

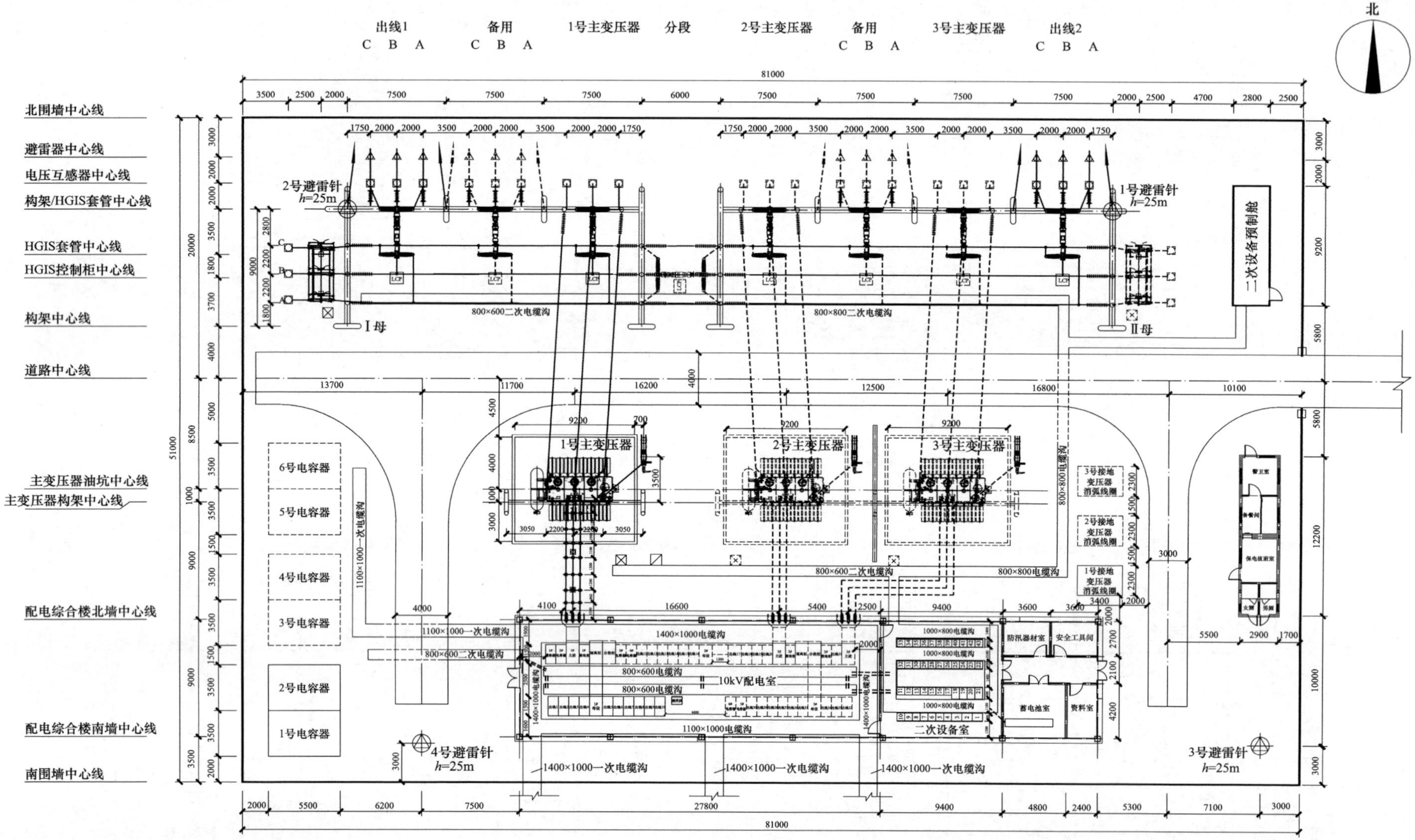


说明：1. 图中实线部分为本期建设内容，虚线部分为远期内容。

2. 电压等级为110/10kV。

图例：⊠ TV、主变压器智能控制柜

☐ HGIS 汇控柜

◩ 户外检修箱

3. 110kV 电气主接线本期为单母线接线，不建设分段间隔，依据具体工程停电情况可调整为单母线分段接线。

**图 13.2.1−02　HA−110−B−3　电气总平面布置图**

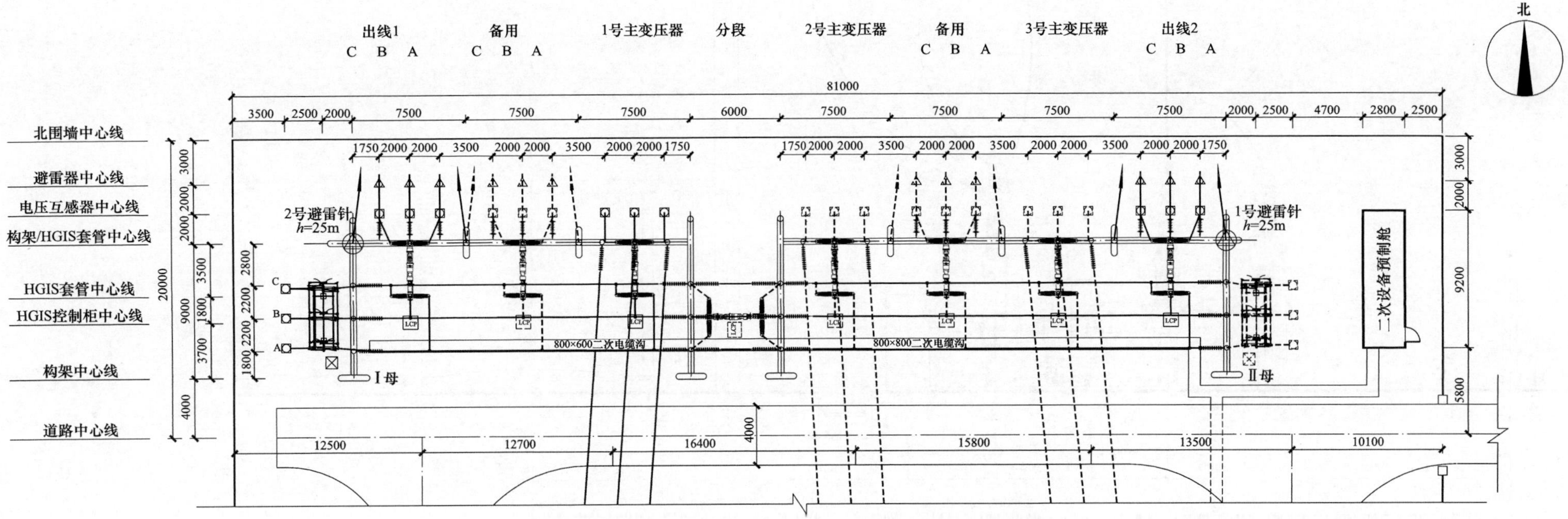


图 13.2.1-03 HA-110-B-3 110kV 屋外配电装置平面布置图

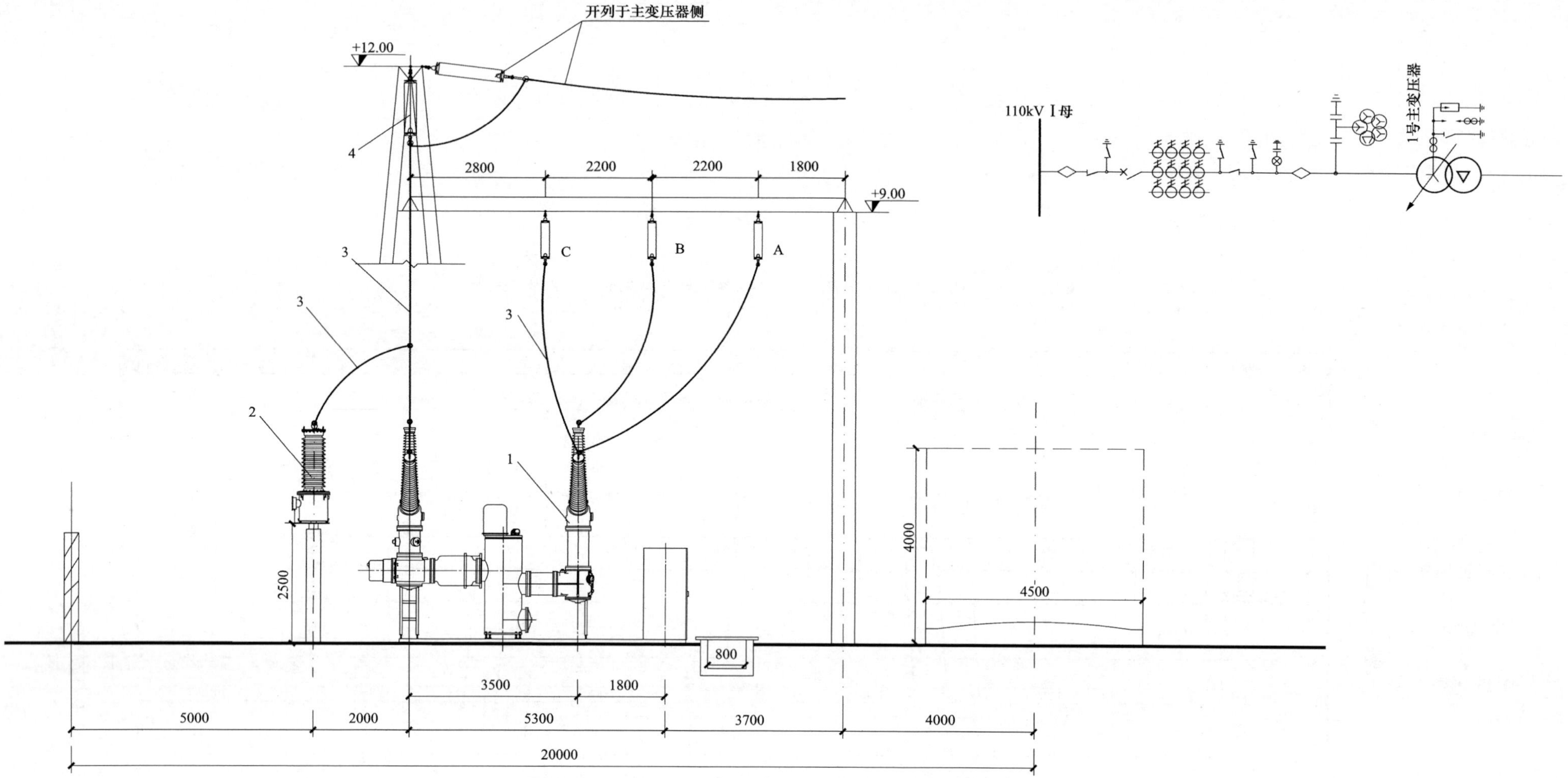


设 备 材 料 表

| 编号 | 名称 | 型号及规范 | 单位 | 数量 | 备注 |
|---|---|---|---|---|---|
| 1 | HGIS 组合电器 | 110kV，3150A，40kA | 组 | 1 | 含微动开关 |
| 2 | 电压互感器 | 20000pF $\frac{110}{\sqrt{3}}/\frac{0.1}{\sqrt{3}}/\frac{0.1}{\sqrt{3}}/\frac{0.1}{\sqrt{3}}/0.1$kV 0.2/0.5/0.5/3P，10VA/10VA/10VA/10VA | 只 | 3 | |
| 3 | 钢芯铝绞线 | JL/G1A−300/25 | m | 69 | |
| 4 | 悬垂绝缘子串 | 11（XWP2−120） | 串 | 3 | |

**图 13.2.1−04　HA−110−B−3　110kV 主变压器进线间隔断面图**

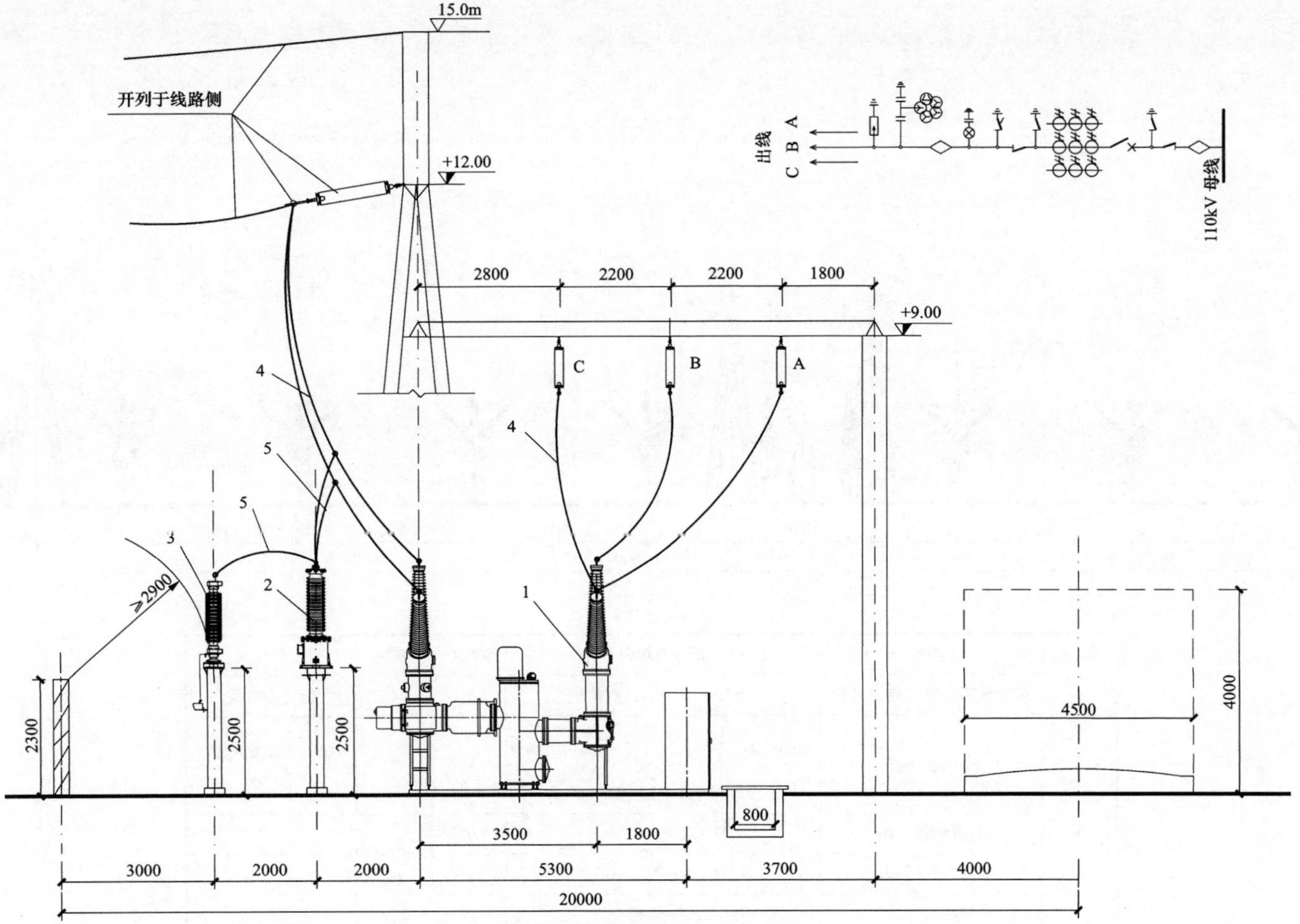


设备材料表

| 编号 | 名称 | 型号及规范 | 单位 | 数量 | 备注 |
| --- | --- | --- | --- | --- | --- |
| 1 | HGIS 组合电器 | 110kV，3150A，40kA | 组 | 1 | 含微动开关 |
| 2 | 氧化锌避雷器 | 氧化锌避雷器：102/266W | 只 | 3 | 附在线监测仪、远传功能 |
| 3 | 电压互感器 | 20000pF $\frac{110}{\sqrt{3}}\Big/\frac{0.1}{\sqrt{3}}\Big/\frac{0.1}{\sqrt{3}}\Big/\frac{0.1}{\sqrt{3}}\Big/0.1\text{kV}$ 0.2/0.5/0.5/3P，10VA/10VA/10VA/10VA | 只 | 3 | |
| 4 | 钢芯铝绞线 | JL/G1A–630/45 | m | 60 | |
| 5 | 钢芯铝绞线 | JL/G1A–240/30 | m | 35 | |

**图 13.2.1–05　HA–110–B–3　110kV 出线间隔断面图**

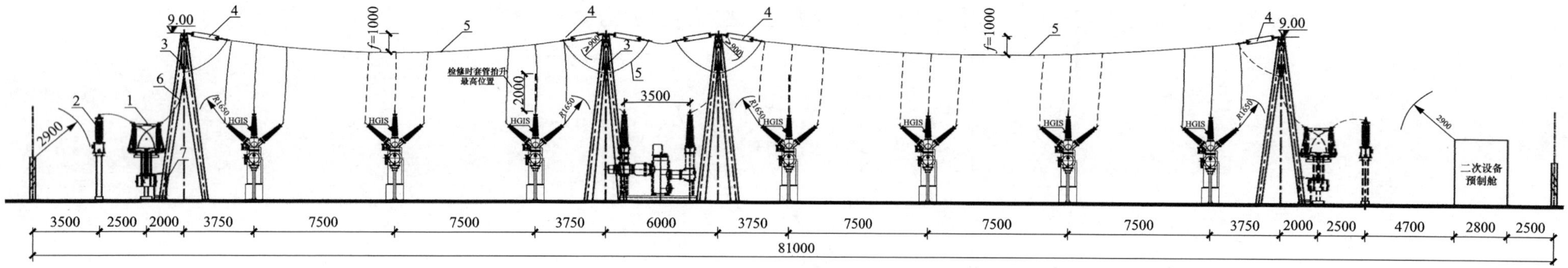


**设 备 材 料 表**

| 编号 | 名称 | 型号及规范 | 单位 | 数量 | 备注 |
|---|---|---|---|---|---|
| 1 | 双柱水平旋转式隔离开关 | 126kV，3150A，双接地 | 组 | 1 | 含微动开关 |
| 2 | 电压互感器 | 20000pF $\frac{110}{\sqrt{3}}\Big/\frac{0.1}{\sqrt{3}}\Big/\frac{0.1}{\sqrt{3}}\Big/\frac{0.1}{\sqrt{3}}\Big/0.1\text{kV}$ 0.2/0.5(3P)/0.5(3P)/3P | 只 | 3 | 10VA/10VA/10VA/10VA |
| 3 | 悬垂绝缘子串 | 11（XWP2−100） | 串 | 9 | |
| 4 | 耐张绝缘子串 | 11（XWP2−100） | 串 | 18 | |
| 5 | 钢芯铝绞线 | LGJ−630/55 | m | 250 | |
| 6 | 钢芯铝绞线 | JL/G1A−240/30 | m | 50 | |
| 7 | 智能控制柜 | | 台 | | 计列于二次 |

**图 13.2.1−06　HA−110−B−3　110kV 分段及母线设备间隔断面图**

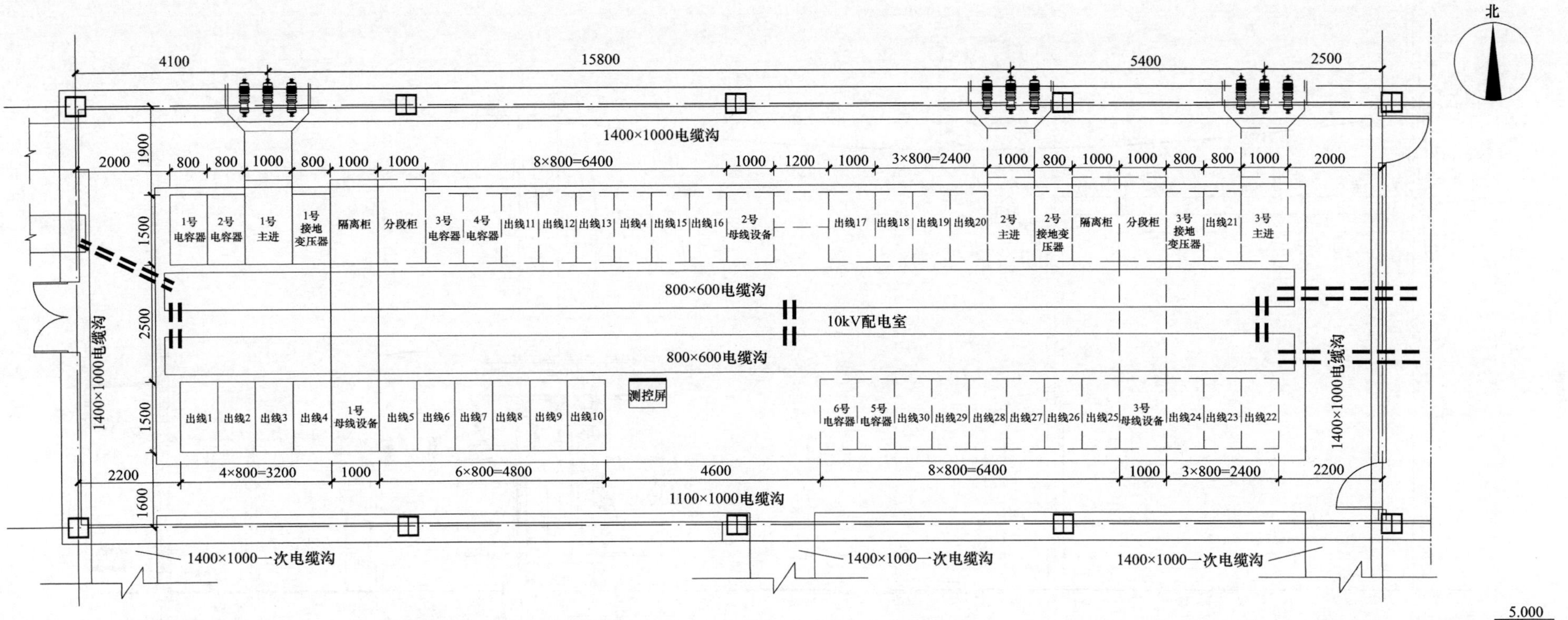

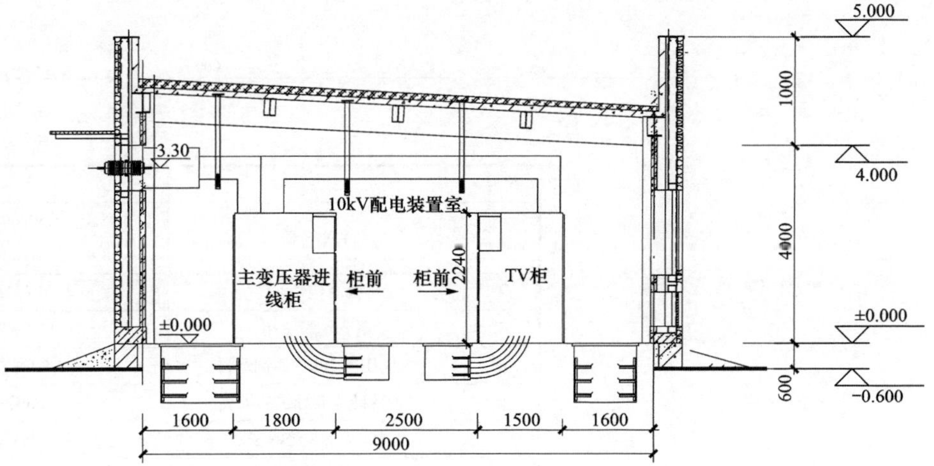

设备材料表

| 序号 | 设备名称 | 型号及规范 | 单位 | 数量 | 备注 |
|---|---|---|---|---|---|
| 1 | 10kV 主变压器进线开关柜 | 金属铠装移开式 4000A 40kA | 面 | 1 | |
| 2 | 10kV 隔离柜 | 金属铠装移开式 4000A | 面 | 1 | |
| 3 | 10kV 电压互感器柜 | 金属铠装移开式 1250A | 面 | 1 | |
| 4 | 10kV 接地变压器出线柜 | 金属铠装移开式 1250A 31.5kA | 面 | 1 | |
| 5 | 10kV 电缆出线柜 | 金属铠装移开式 1250A 31.5kA | 面 | 10 | |
| 6 | 10kV 电容器出线柜 | 金属铠装移开式 1250A 31.5kA | 面 | 2 | |
| 7 | 10kV 进线封闭母线桥 | 桥内母线 4000A，$L$=3500mm | 套 | 1 | 含母线及金具 |
| 8 | 10kV 联络封闭母线桥 | 桥内母线 4000A，$L$=7500mm | 套 | 1 | 含母线及金具 |
| 9 | 铝合金封墙板 | 1700mm × 700mm 厚 10mm | 块 | 3 | 2 块暂不开孔 |
| 10 | 穿墙套管 | CWW-24/4000-4 | 只 | | |

说明：图中实线部分为本期工程，虚线部分为远期预留。

**图 13.2.1-07　HA-110-B-3　配电装置室平、断面图**

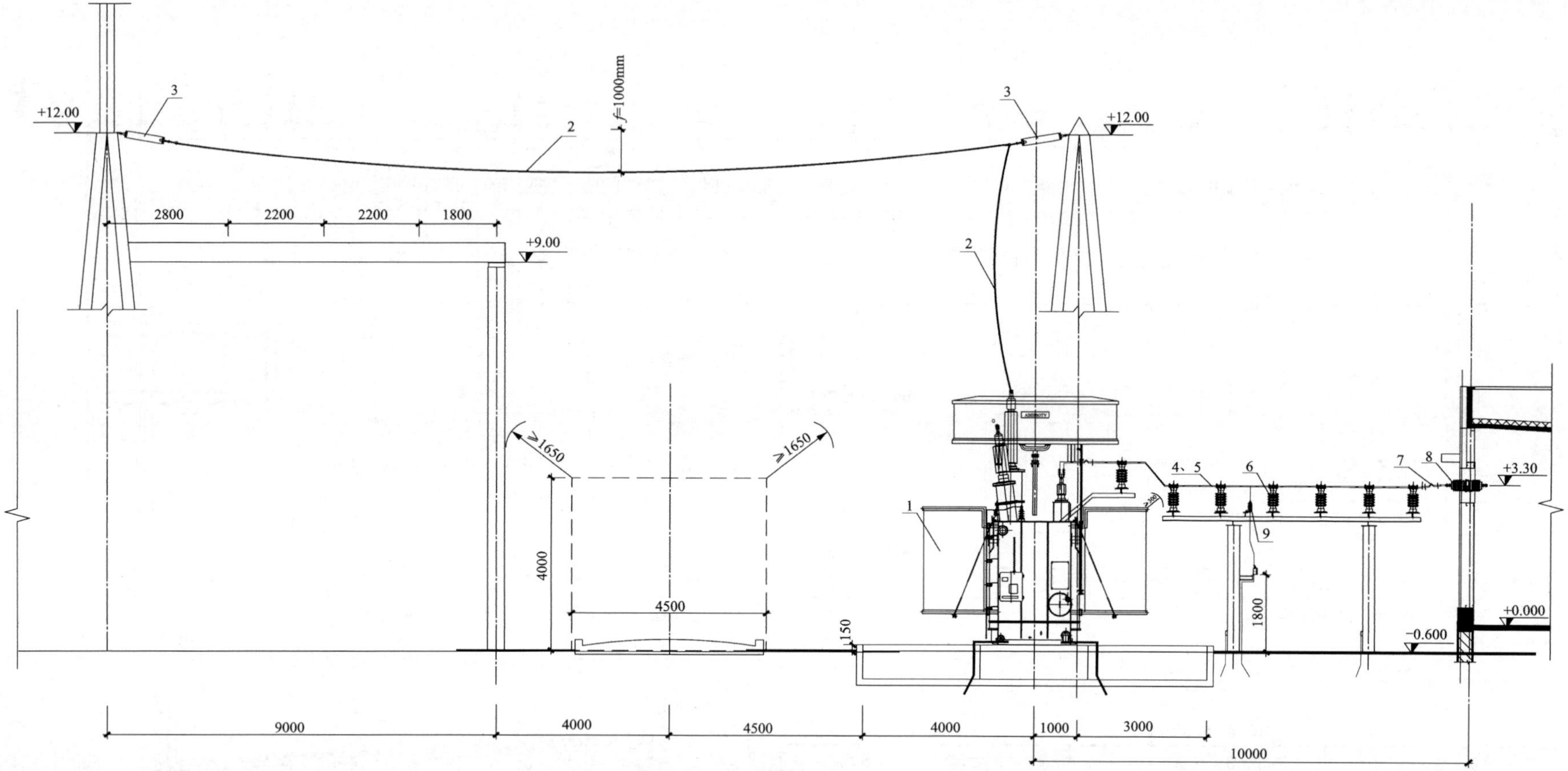


设备材料表

| 编号 | 名称 | 型号及规范 | 单位 | 数量 | 备注 |
|---|---|---|---|---|---|
| 1 | 主变压器 | SZ□-50000/110；50/50MVA<br>110±8×1.25%/10.5kV，YNd11，$U_d$%=17 | 台 | 1 | |
| 2 | 钢芯铝绞线 | JL/G1A-300/25 | m | 105 | |
| 3 | 耐张绝缘子串 | 11（XWP2-120） | 串 | 6 | |
| 4 | 主变压器 10kV 侧铜母排 | 2（TMY-125×10） | m | 66 | 单片总长（每相双片安装） |
| 5 | 10kV 硅橡胶母线热缩套 | MPG-125×10 | m | 66 | 单片总长 |
| 6 | 10kV 支柱绝缘子 | ZSW-35/8kN | 只 | 21 | |
| 7 | 铜母线伸缩节 | MST-125×10 | 套 | 12 | |
| 8 | 10kV 穿墙套管 | CWW-24/4000A | 只 | 3 | |
| 9 | 10kV 避雷器 | 氧化锌避雷器 17/45 | 只 | 3 | |

**图 13.2.1-08　HA-110-B-3　10kV 母线桥断面图**

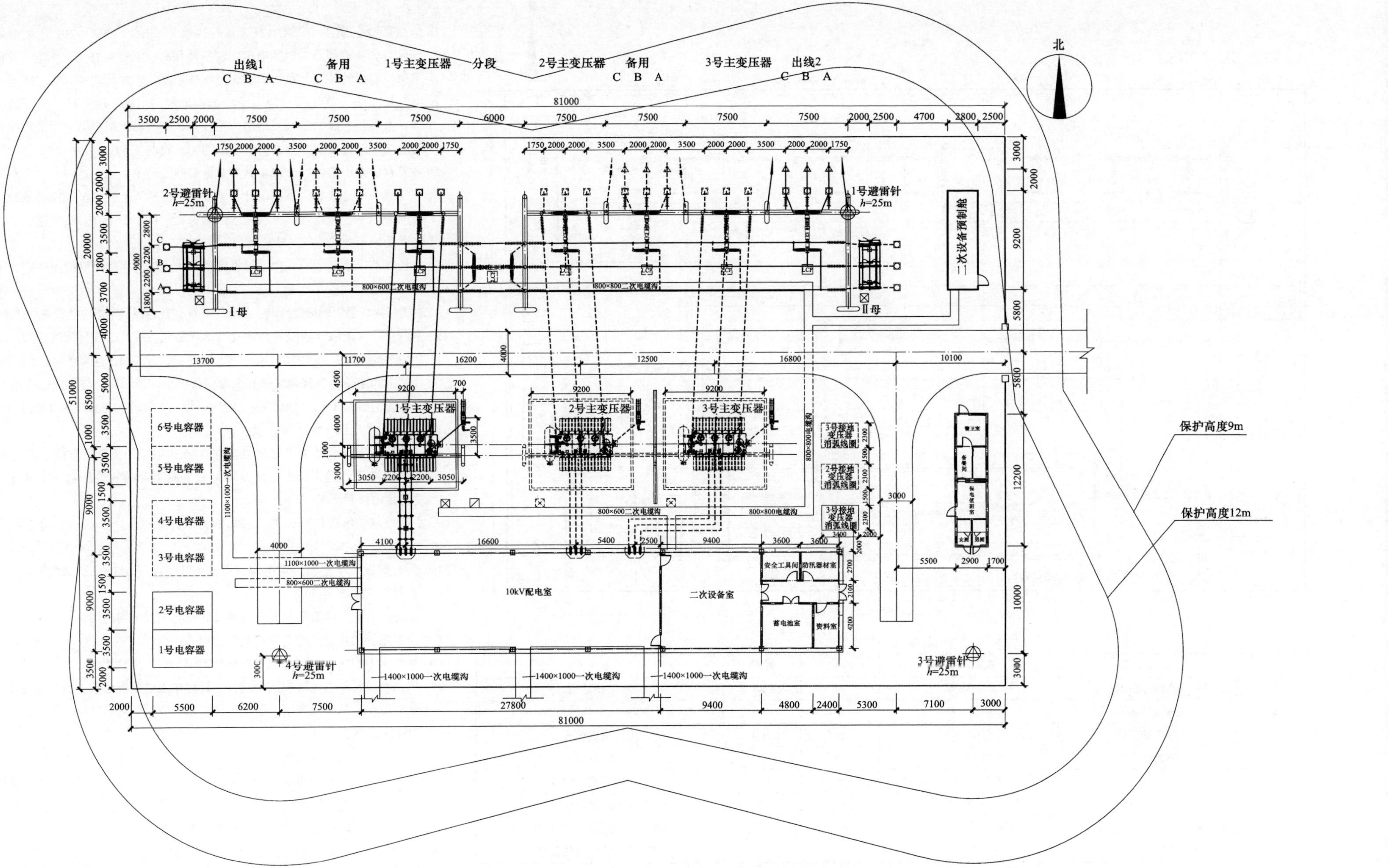


说明：根据《建筑物防雷设计规范》(GB 50057—2010)，配电装置室采用滚球法校验。配电装置室均属于第三类防雷建筑物，滚球半径为60m，经校验，均在保护范围内。

**图 13.2.1-09　HA-110-B-3　防直击雷保护图**

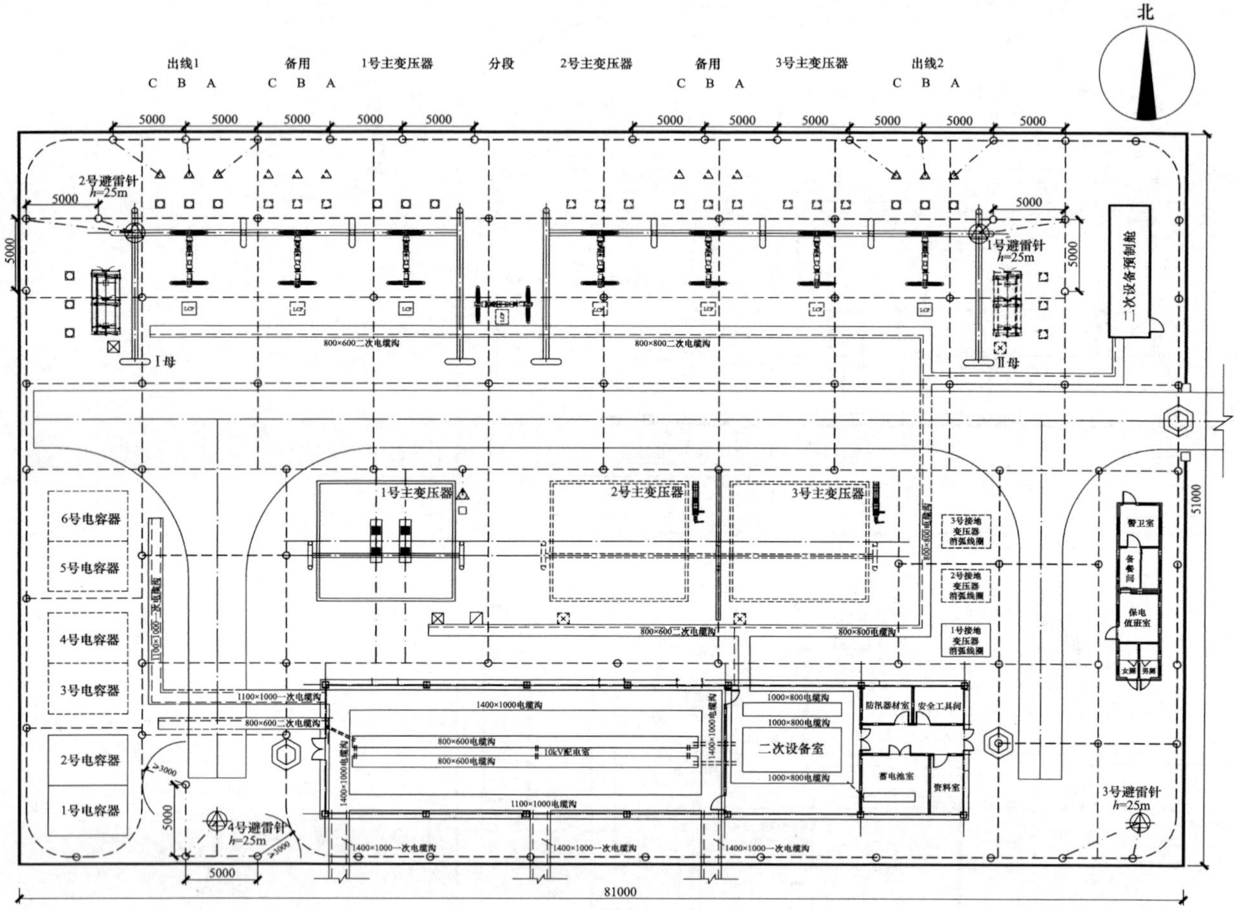


**设 备 材 料 表**

| 序号 | 设备名称 | 型号规格 | 单位 | 数量 | 备注 |
|---|---|---|---|---|---|
| 1 | 热镀锌扁钢 | −60×6 | m | 1500 | 水平接地线 |
| 2 | 热镀锌扁钢 | −60×6 | m | 700 | 设备接地、构架接地 |
| 3 | 热镀锌扁钢 | −60×6 | m | 300 | 电缆沟内敷设 |
| 4 | 热镀锌角钢 | ∠50×5　$l$=2500 | 根 | 85 | 垂直接地极 |
| 5 | 铜缆 | W−0.6/1kV−2×50mm² | m | 160 | 二次电缆沟内敷设 |
| 6 | 接地铜排 | −40×5 | m | 50 | 设备底座接地引线 |
| 7 | 软铜线（带保护外皮） | 25、16、6mm² | m | 50 | 用于全站设备、电机和支架等软接地线 |
| 8 | 热镀锌扁钢 | −60×6 | m | 100 | 钢结构建筑框架柱接地 |

说明：

1. 全站接地应符合《交流电气装置的接地》（GB/T 50065—2011）的规定，电气设备的金属部分，包括电机、变压器和高压电器的外壳，配电、控制屏的框架，电缆的外皮，穿线钢管和电缆桥架及电缆终端盒等，均应接地。
2. 电气设备每个接地部分应以单独的接地线与主接地网连接，变压器、避雷器、电压互感器、电流互感器、中性点、断路器支架应以单独的双根接地线与主接地网连接，并分别接至接地网的不同点。
3. 本工程的架构避雷针应以单独的双根接地线与主接地网连接，并应在其附近装设集中接地装置，该避雷针与主接地网的地下连接点至变压器地线与主接地网的地下连接点之间，沿接地体的长度不得小于15m。独立避雷针与主接地网的地下连接点至35kV及以下设备与主接地网的地下连接点，沿接地体的长度不得小于15m。独立避雷针集中接地极与主接地网的地中距大于3m，可分层敷设。
4. 避雷器应以最短的接地线与主接地网相连，且避雷器附近应装设集中接地装置。
5. 室内水平接地线全部暗敷，垂直接地线明敷，并需刷黄绿相间的漆，相应设置临时接地端子。室内水平接地线全部做成闭合环网，且与屋外主接地网相连。
6. 计算机和通信设备接地应按相关专业要求形成环网后，与主接地网相连。
7. 沿电缆沟敷设1～2根可靠接地的均压带（不能作为主接地网干线），并每隔8m与主接地网干线可靠连接一次。
8. 一般情况下，全站水平接地极埋深0.8m；当位于基础下方或与其他基础冲突时，局部可适当加深。水平接地极与附近建筑物的距离不宜小于1.5m，垂直接地极间距不宜小于5m。
9. 主接地网外缘应闭合，外缘各角应做成圆弧形（半径不小于均压带间距的一半）。
10. 所有敷设二次电缆的沟道应敷设截面积不小于100mm²的铜缆与二次设备室等电位接地网连接。
11. 主变压器本体的铁芯及夹件均要接地，与主接地网连接。
12. 预制舱预留接地点应与主接地网可靠连接。
13. 建筑物型钢应与主接地网有明显且不少于两点可靠相连。
14. 根据本工程土壤电阻率测量结果，计算接地电阻要求值。跨步电位差、接触电位差应低于允许值，若达不到要求，应采取降阻措施。

图例：

- 设备接地线
- 水平接地极
- 垂直接地极
- 集中接地装置（垂直接地极间距5m）
- 架构避雷针
- 避雷器
- “帽檐式”均压带
- 电缆沟内接地扁钢

**图 13.2.1−10　HA−110−B−3　室外接地网布置图**

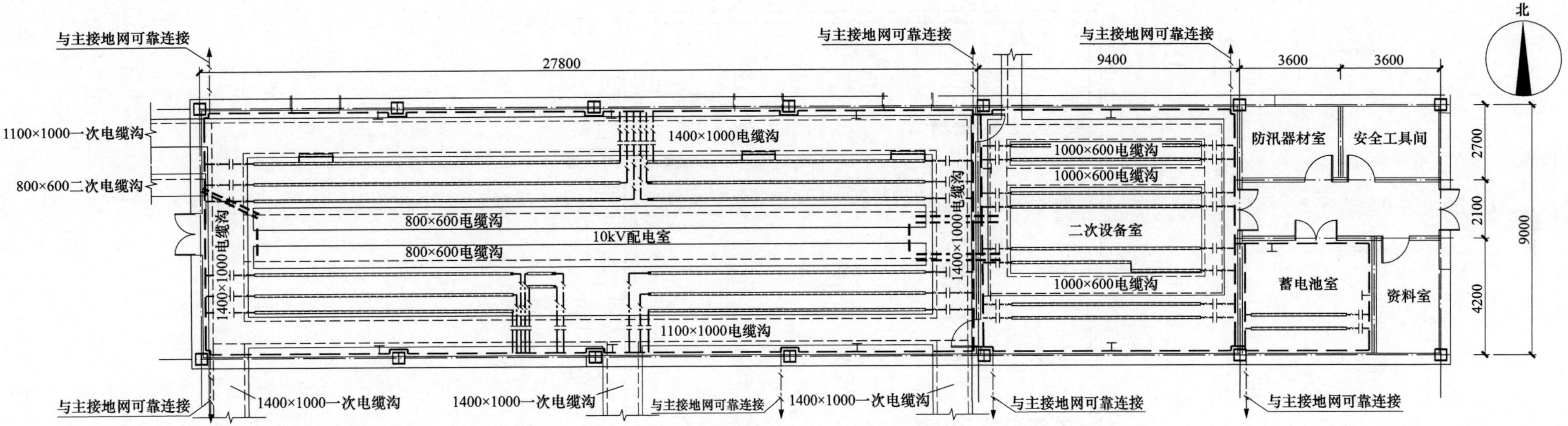


说明：1. 室内所有电气设备及基础预埋铁件均应可靠接地。开关柜的金属底座和外壳，封闭母线的外壳、穿墙孔板应采用专门敷设的接地线接地。

2. 建筑物接地应和主接地网进行有效连接。暗敷在建筑物抹灰层内的引下线应由卡钉分段固定，主控室、高压室、蓄电池室应设置不少于 2 个与主接地网相连的检修接地端子。

3. 接地端子离地面高度为 0.3m，接地螺栓应与接地线可靠焊接。

4. 接地干线沿墙壁水平暗敷，离室内地面高度为 0.3m；并引入地下与室外主接地网相连。

5. 屋内接地主干线在沿墙敷设时如遇门应将该部分接地干线可靠地敷设于地表面下。

6. 电气设备每个接地部分应以单独的接地线与接地母线相连接，严禁在一个接地线中串接几个需要接地的部分。

7. 接地线间的电气连接均采用焊接。

8. 室内接地体敷设应满足《国家电网有限公司输变电工程标准工艺　变电工程电气分册》"标准工艺设计图集" 0102060206 室内接地的要求。

9. 图中符号：

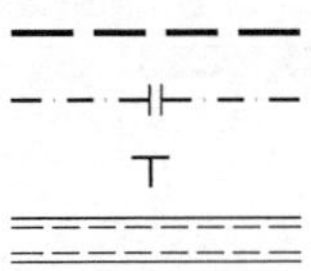


设备材料表

| 序号 | 设备名称 | 型号及规范 | 单位 | 数量 | 备注 |
|---|---|---|---|---|---|
| 1 | 热镀锌扁钢 | −60×6 | m | 230 | 设备接地扁钢 |
| 2 | 热镀锌扁钢 | −60×6 | m | 150 | 做室内接地主干线用，热镀锌 |
| 3 | 热镀锌扁钢 | −60×6 | m | 250 | 电缆沟内敷设 |
| 4 | 临时接地端子 | 蝶形螺栓 | 套 | 12 | 附螺母及垫片，热镀锌 |

图 13.2.1−11　HA−110−B−3　室内接地网布置图

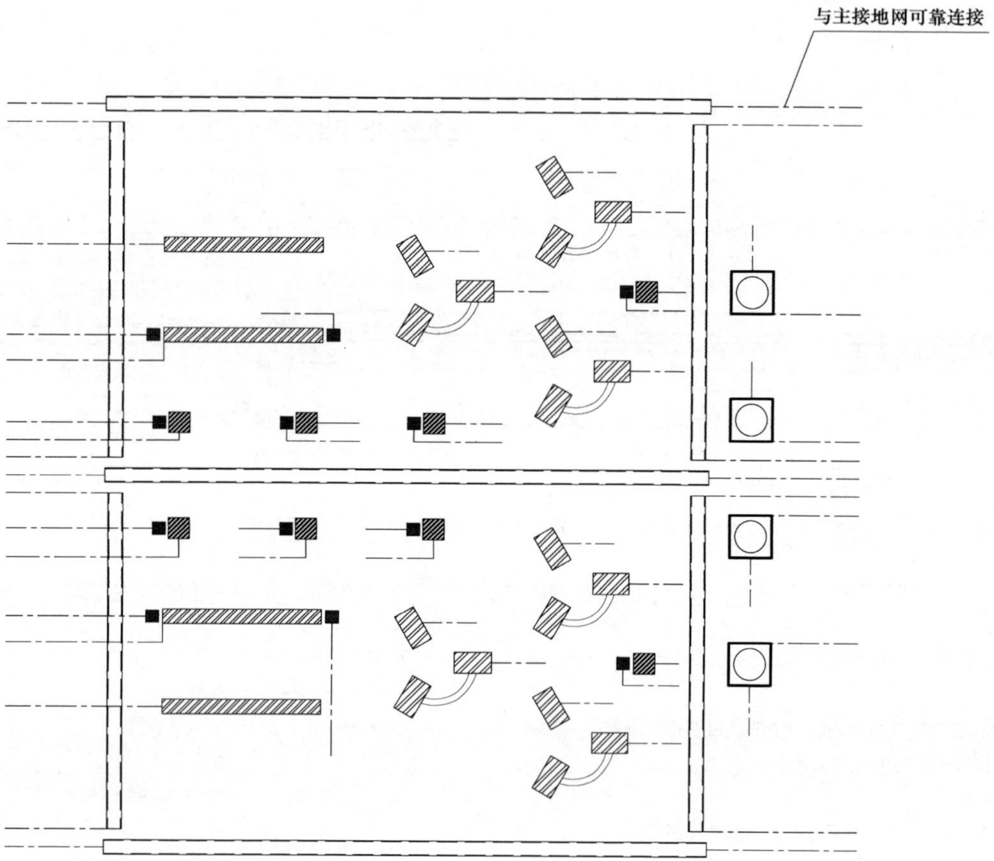


1、2号 电容器组接地详图

图例：———— -60×6 设备接地线（与主接地网可靠连接）

说明：1. 电抗器基础埋铁应用 -60×6 扁钢相连，而不形成闭合回路，应有明显的断开点，引出与主接地网可靠连接。
2. 隔离开关支架基础应从两侧接地端子引出接地线，分别与主接地网的不同网格可靠连接。

**图 13.2.1-12 HA-110-B-3 10kV 电容器接地布置图**

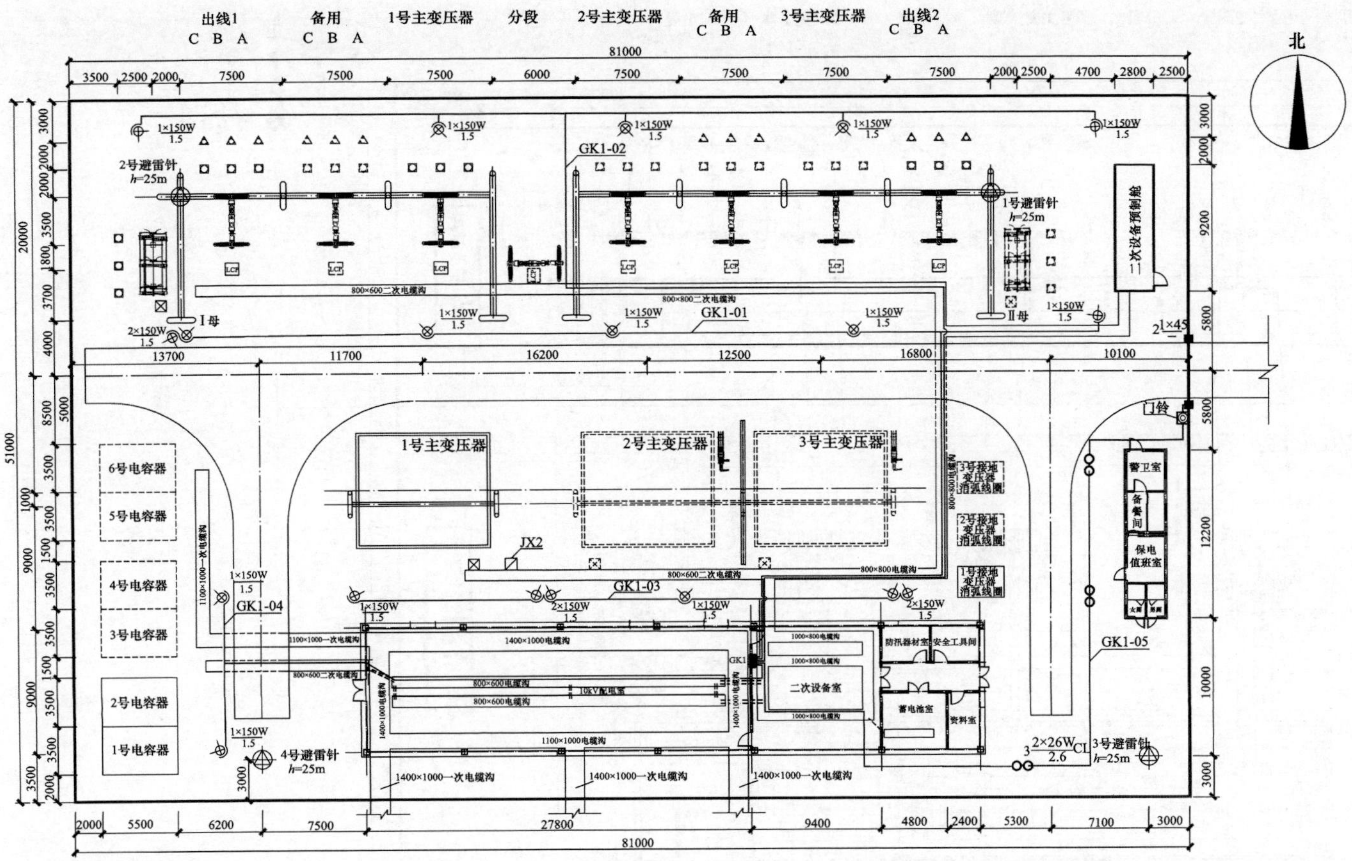


说明：1. 户外照明电源引自二次设备室控制箱 GK1，照明主干线采用 ZC-$W_{22}$-0.6/1kV-3×6，可沿电缆沟或穿镀锌钢管敷设，支线采用 BV 电线引至灯具。
2. 照明灯具订货后由灯具生产厂家提供灯杆基础土建资料，现场再进行施工。
3. 配电装置区域投光灯应配全方位活动底座，以便按需要适当调整角度，投光灯具的安装高度为灯杆支架距地面 1.5m。

正常照明线路：——

投光灯具安装方式示意图如下：

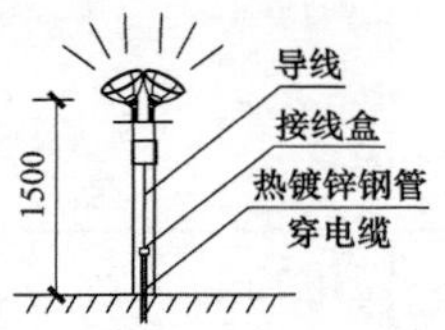


| 序号 | 设备名称 | 规格 | 单位 | 数量 | 符号 | 备注 |
|---|---|---|---|---|---|---|
| 1 | 户外照明配电箱（GK1） | | 只 | 1 | | 宽 × 高 × 深：450mm × 550mm × 190mm |
| 2 | 投光灯 | 220V 1 × 150W，LED | 套 | 13 | | 灯头上下可旋转 180°，左右可旋转 360°，由厂家提供配套灯具，灯杆 H=1500mm |
| | | 220V 2 × 150W，LED | 套 | 3 | | 灯头上下可旋转 180°，左右可旋转 360°，由厂家提供配套灯具，灯杆 H=1500mm |
| 3 | 门垛灯 | 220V 45W，LED | 套 | 2 | ● | |
| 4 | 庭院灯 | 220V 2 × 36W，LED | 套 | 3 | ○○ | 由厂家提供配套灯具，灯杆 H=2600mm |
| 5 | 门铃 | | 个 | 1 | | |
| 6 | 低压电缆 | ZC-$W_{22}$-0.6/1kV-3 × 6 | m | 550 | | 屋外照明主回路 |
| 7 | 铜芯塑料电线 | ZR-BV-450/750V-2.5 | m | 250 | | 屋外照明分支回路 |
| 8 | 镀锌钢管 | DN40 | m | 300 | | 屋外照明主回路穿管，电缆沟外敷设 |
| 9 | 镀锌钢管 | DN25 | m | 200 | | 屋外照明分支回路穿管 |
| 10 | 户外检修箱（JX2） | | 只 | 1 | | |
| 11 | 电力电缆 | ZC-$W_{22}$-0.6/1kV-4 × 16 | m | 20 | | 连接 GK1 到交流馈线屏 |
| 12 | 电力电缆 | ZC-$YJV_{22}$-0.6/1kV-3 × 35+1 × 16 | m | 40 | | 连接 JX2 到交流馈线屏 |
| 13 | 电力电缆 | ZC-$W_{22}$-0.6/1kV-5 × 4 | m | 70 | | 连接电动大门 |

**图 13.2.1-13　HA-110-B-3　户外照明布置图**

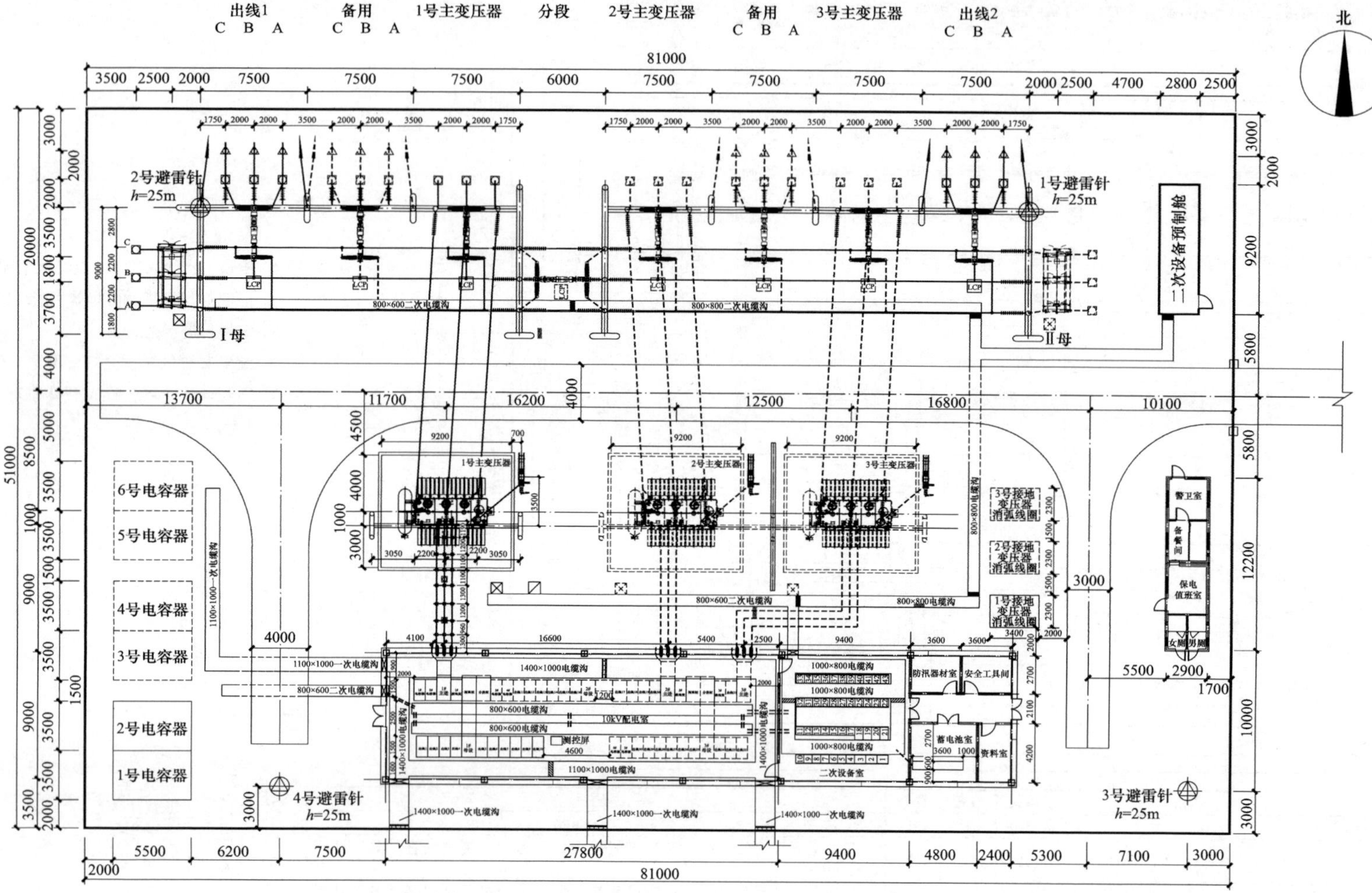


材 料 表

| 序号 | 图例 | 名称 | 型号及规格 | 单位 | 数量 | 备注 |
|---|---|---|---|---|---|---|
| 1 | | 电缆沟阻火墙 | 1400×1000 | 个 | 4 | |
| 2 | | 电缆沟阻火墙 | 1100×10001000×600 | 个 | 3 | |
| 3 | | 电缆沟阻火墙 | 800×800 | 个 | 5 | |
| 4 | | 电缆穿墙孔板封堵 | 800×600 | 个 | 1 | |
| 5 | | 电缆穿墙孔板封堵 | 800×800 | 个 | 1 | |
| 6 | | 电缆穿墙孔板封堵 | 1400×1000 | 个 | 3 | |
| 7 | | 电缆穿墙孔板封堵 | 1100×1000 | 个 | 1 | |

**图 13.2.1-14 HA-110-B-3 站区防火封堵布置图**

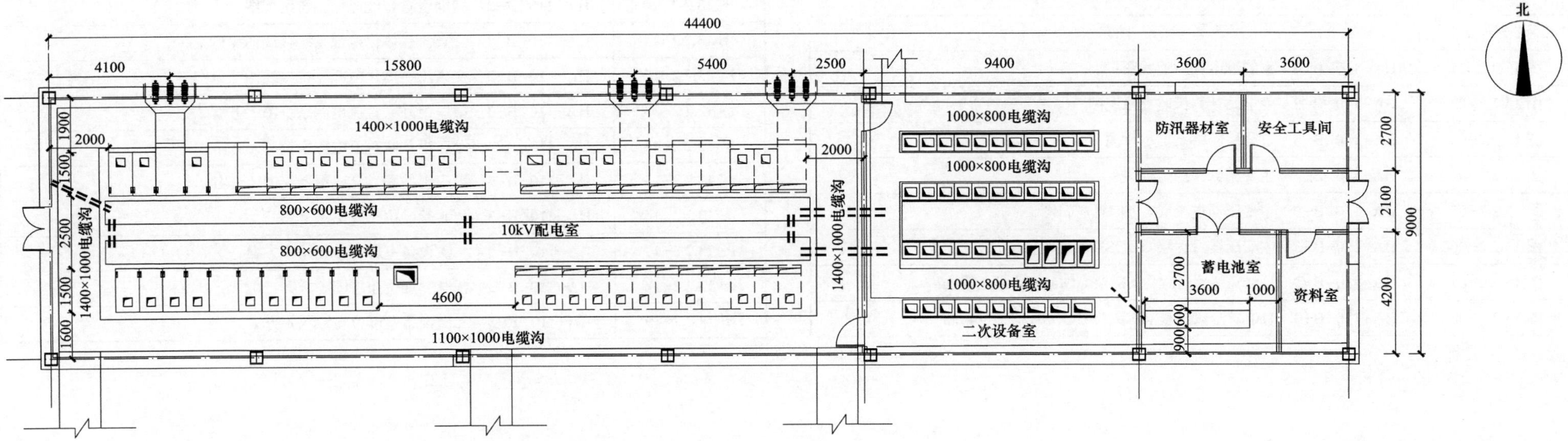


材 料 表

| 序号 | 图例 | 名称 | 型号及规格 | 单位 | 数量 | 备注 |
|---|---|---|---|---|---|---|
| 1 | ■ | 10kV 开关柜（本期）一次电缆孔洞封堵 | 孔洞 300×300 | 个 | 13 | |
| 2 | ▮ | 10kV 开关柜（本期）二次电缆孔洞封堵 | 孔洞 50×200 | 个 | 32 | |
| 3 | ◻ | 10kV 开关柜（备用）一次电缆孔洞封堵 | 花纹钢板 $\delta$=5mm 500×500 | 块 | 25 | |
| 4 | ▭ | 10kV 开关柜（备用）二次电缆孔洞封堵 | 花纹钢板 $\delta$=5mm 800×300 | 块 | 25 | |
| 5 | ◻ | 10kV 开关柜（备用）一次电缆孔洞封堵 | 花纹钢板 $\delta$=5mm 700×500 | 块 | 1 | |
| 6 | ▭ | 10kV 开关柜（备用）二次电缆孔洞封堵 | 花纹钢板 $\delta$=5mm 1000×300 | 块 | 8 | |
| 7 | ◻ | 控制屏、保护屏电缆孔洞封堵 | 孔洞 400×300 | 个 | 36 | |
| 8 | ◻ | 控制屏、保护屏电缆孔洞封堵 | 孔洞 500×300 | 个 | 3 | |
| 9 | ◻ | 控制屏、保护屏电缆孔洞封堵 | 孔洞 400×600 | 个 | 5 | |

图 13.2.1-15 HA-110-B-3 配电装置室防火封堵布置图

### 13.2.2 电气二次部分

电气二次部分主要图纸见表 13.2.2-1。

表 13.2.2-1　　电气二次部分主要图纸

| 图号 | 图名 |
|---|---|
| 图 13.2.2-01 | HA-110-B-3　系统继电保护配置图 |
| 图 13.2.2-02 | HA-110-B-3　变电站计算机监控系统图 |
| 图 13.2.2-03 | HA-110-B-3　过程层网络结构示意图 |
| 图 13.2.2-04 | HA-110-B-3　主变压器保护配置图 |
| 图 13.2.2-05 | HA-110-B-3　主变压器过程层 SV 信息逻辑图 |
| 图 13.2.2-06 | HA-110-B-3　主变压器过程层 GOOSE 信息逻辑图 |
| 图 13.2.2-07 | HA-110-B-3　110kV 线路过程层 SV 及 GOOSE 信息逻辑图 |
| 图 13.2.2-08 | HA-110-B-3　110kV 分段过程层 SV 及 GOOSE 信息逻辑图 |
| 图 13.2.2-09 | HA-110-B-3　110kV 母线过程层 SV 及 GOOSE 信息逻辑图 |
| 图 13.2.2-10 | HA-110-B-3　辅助设备智能监控系统结构图 |
| 图 13.2.2-11 | HA-110-B-3　交直流一体化电源系统接线图（方案一） |
| 图 13.2.2-12 | HA-110-B-3　交直流一体化电源系统接线图（方案二） |
| 图 13.2.2-13 | HA-110-B-3　第一组并联直流电源系统图（方案二） |
| 图 13.2.2-14 | HA-110-B-3　第二组并联直流电源系统图（方案二） |
| 图 13.2.2-15 | HA-110-B-3　第三组并联直流电源系统图（方案二） |
| 图 13.2.2-16 | HA-110-B-3　预制舱屏位布置图（方案一） |
| 图 13.2.2-17 | HA-110-B-3　二次设备室屏位布置图（方案一） |
| 图 13.2.2-18 | HA-110-B-3　预制舱屏位布置图（方案二） |
| 图 13.2.2-19 | HA-110-B-3　二次设备室屏位布置图（方案二） |

说明：实线部分为本期工程，虚线部分为远期工程。

主变压器保护部分：主后合一双重化配置。

1. 主保护：配置差动保护和重瓦斯保护。
2. 后备保护：
   （1）110kV 侧配置两侧复合电压闭锁三相式过电流及方向过电流保护。
   （2）10kV 侧配置本侧复合电压闭锁三相式过电流保护。
   （3）110kV 侧配置零序电压闭锁零序电流（方向）保护和间隙零序电流保护。
   （4）主变压器；两侧配置过负荷保护。
3. 其他保护：主变压器轻瓦斯、油位异常、超温报警信号，压力释放报警及跳闸，过负荷闭锁调压。

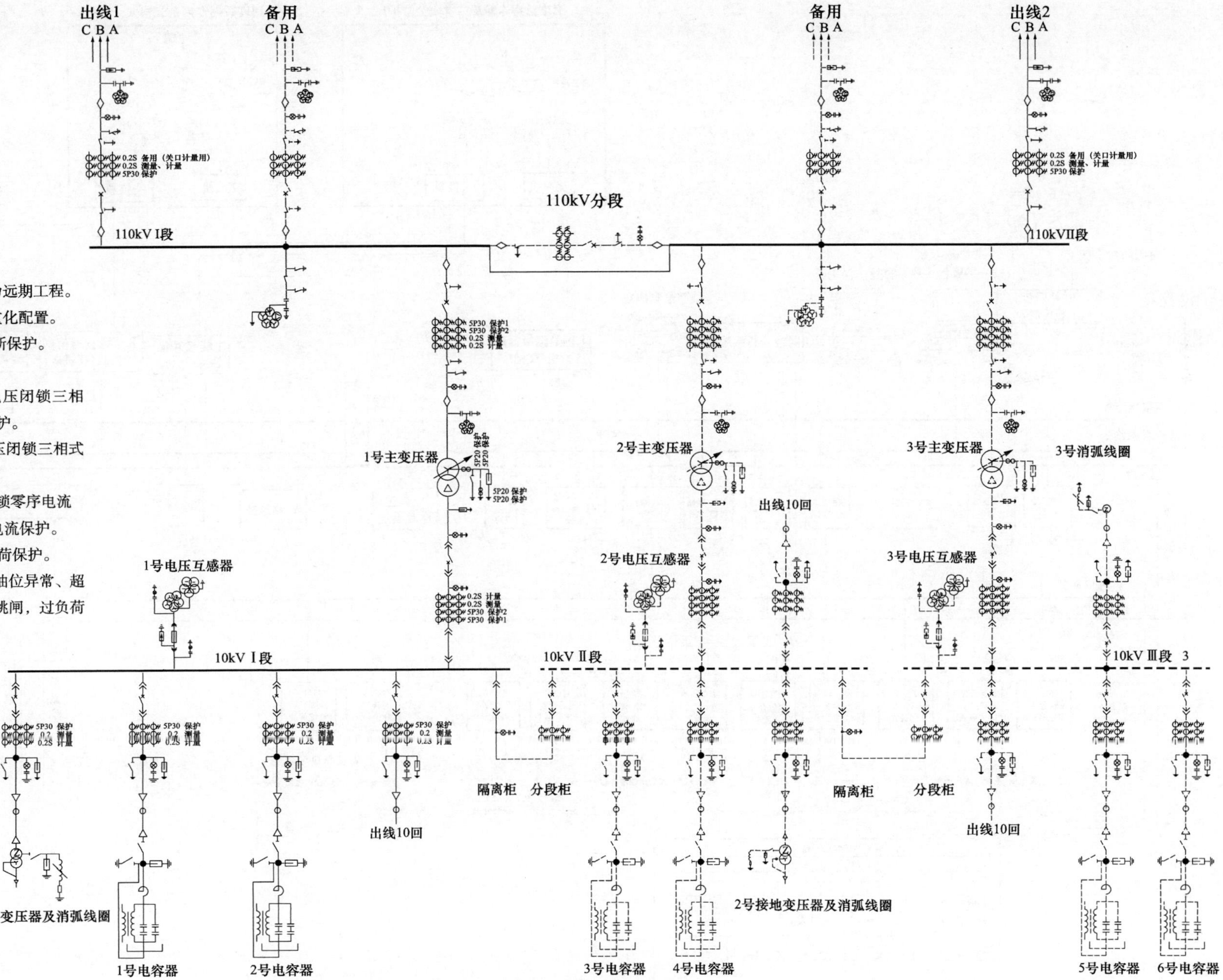


图 13.2.2-01　HA-110-B-3　系统继电保护配置图

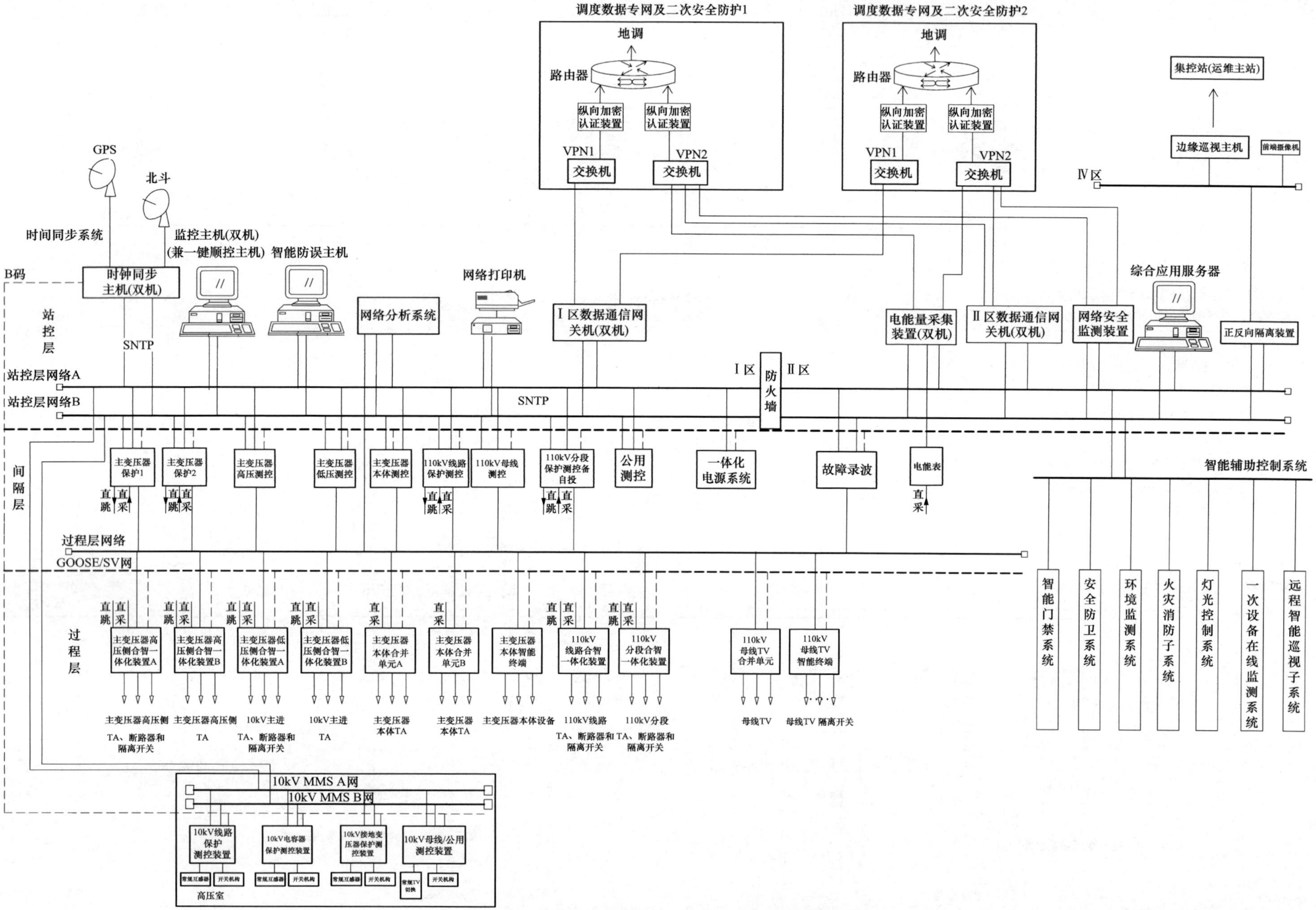


图 13.2.2-02　HA-110-B-3　变电站计算机监控系统图

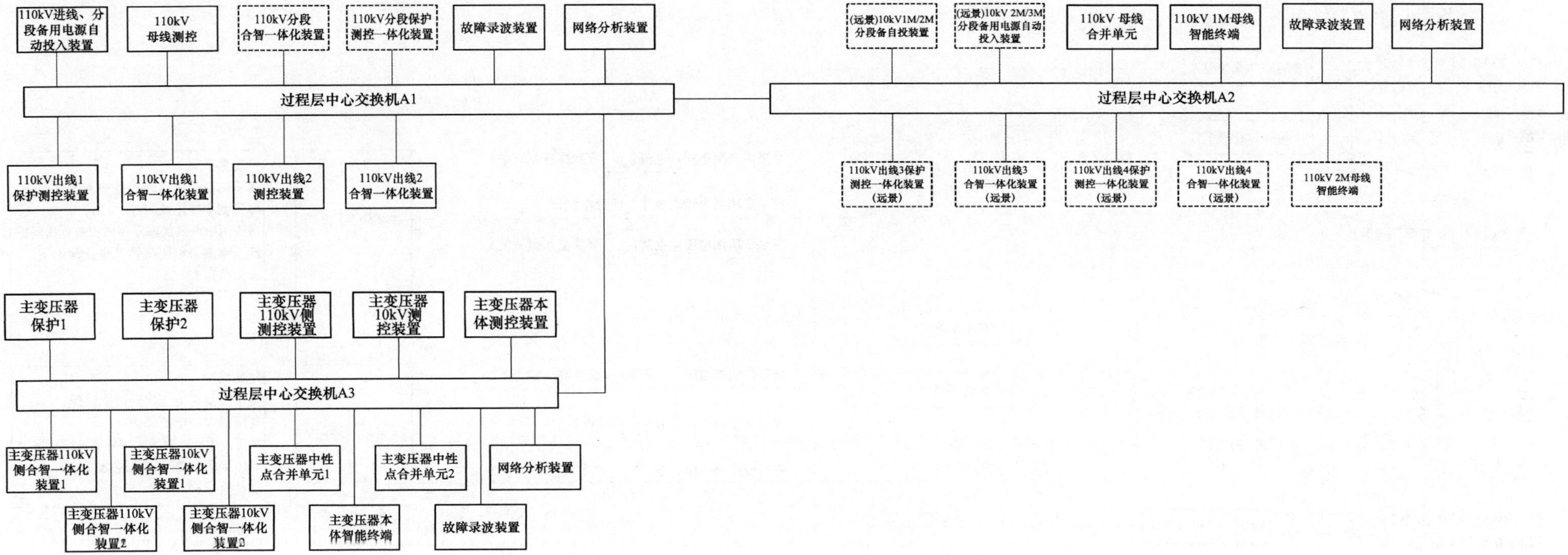


注：本期建设 1 台主变压器。

**图 13.2.2-03 HA-110-B-3 过程层网络结构示意图**

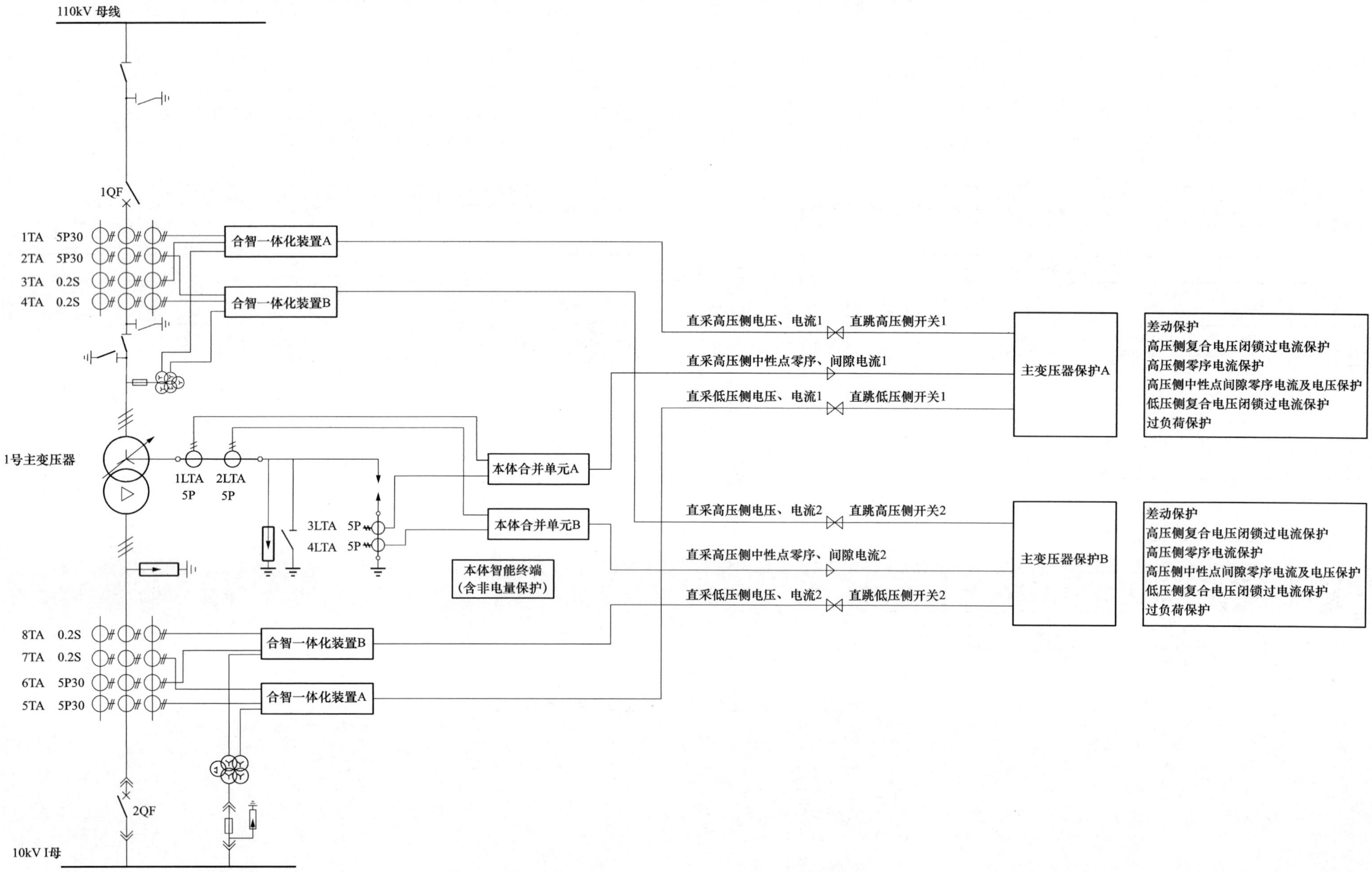


**图 13.2.2-04 HA-110-B-3 主变压器保护配置图**

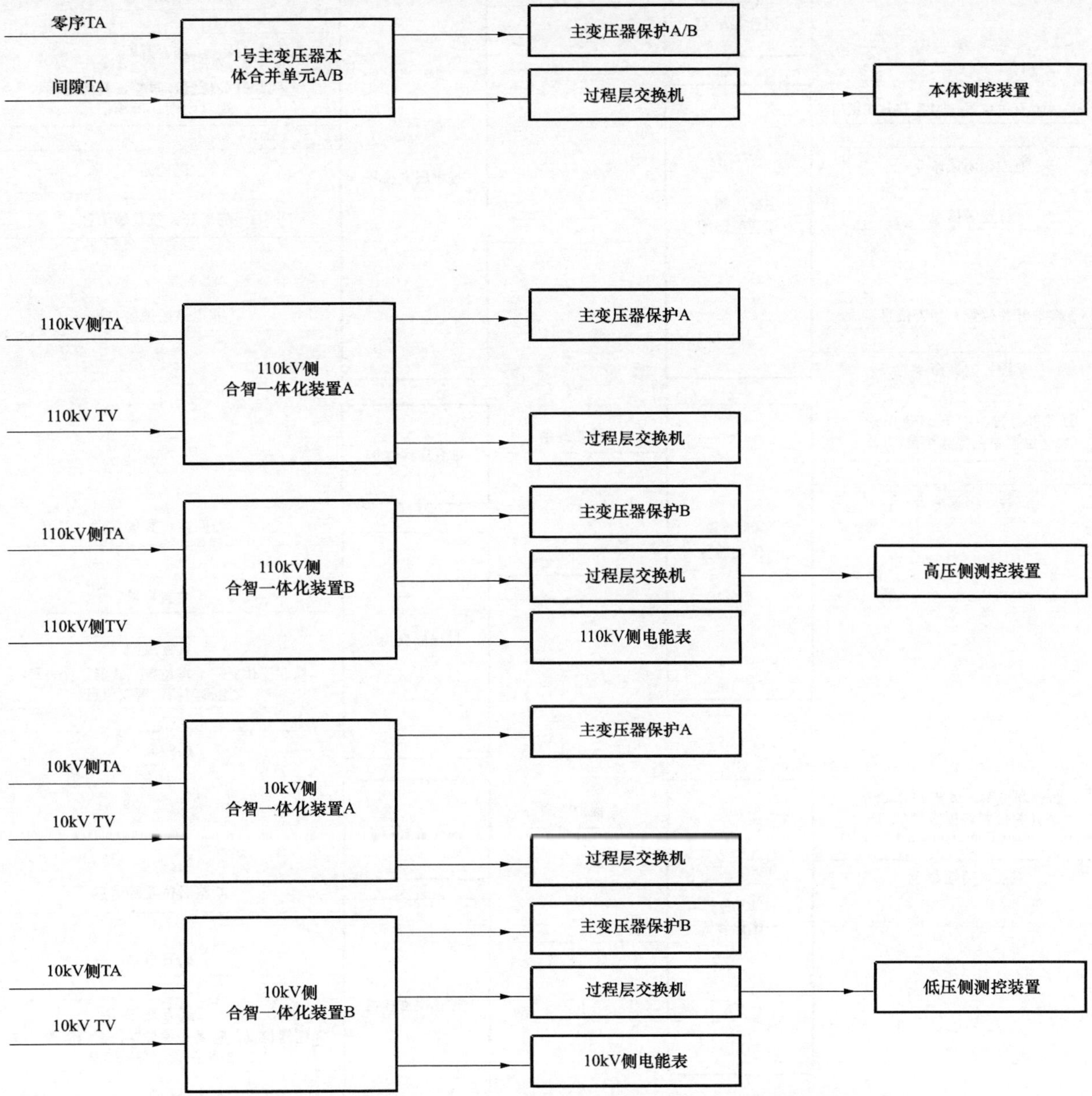


**图 13.2.2-05　HA-110-B-3　主变压器过程层 SV 信息逻辑图**

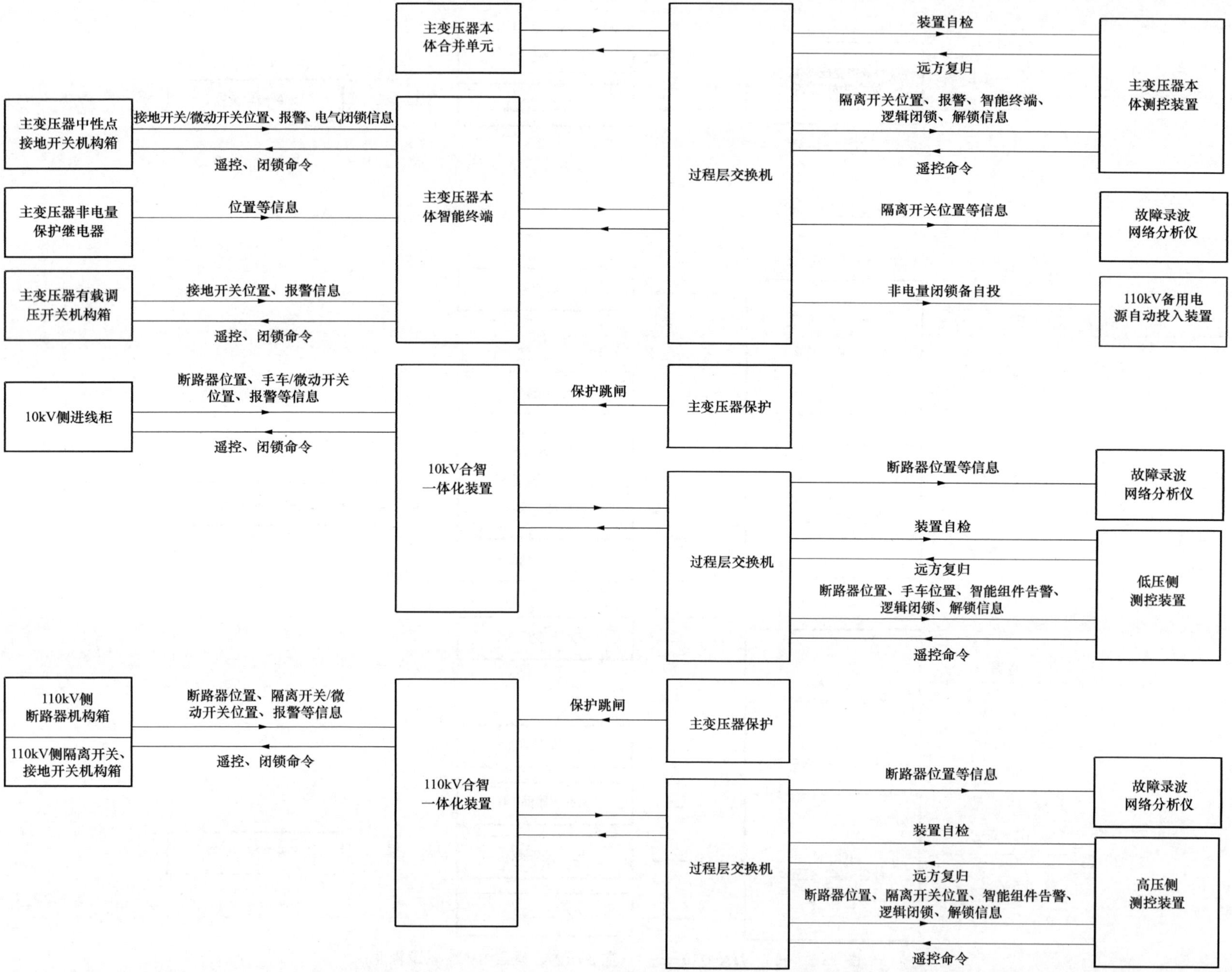


**图 13.2.2-06　HA-110-B-3　主变压器过程层 GOOSE 信息逻辑图**

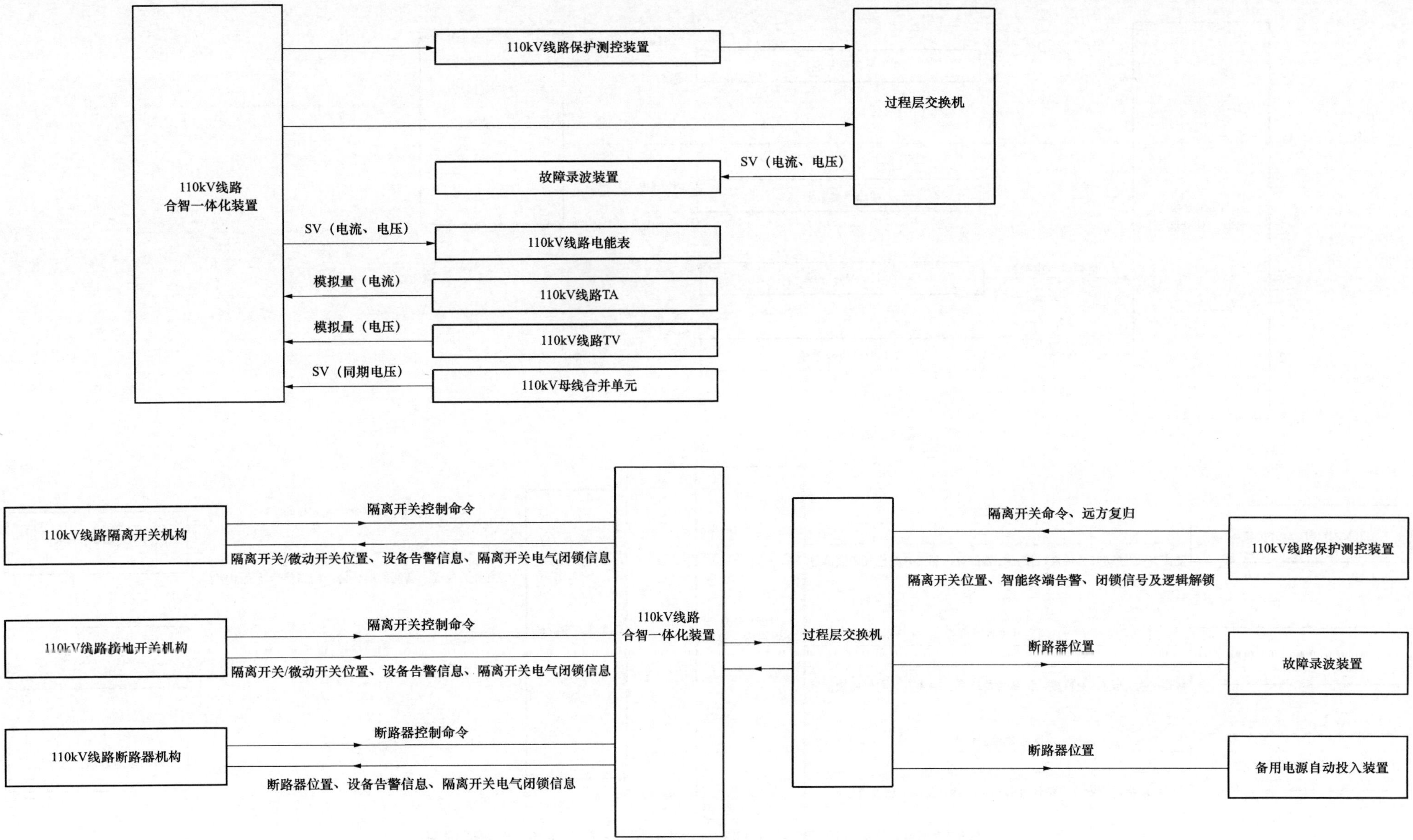


**图 13.2.2-07　HA-110-B-3　110kV 线路过程层 SV 及 GOOSE 信息逻辑图**

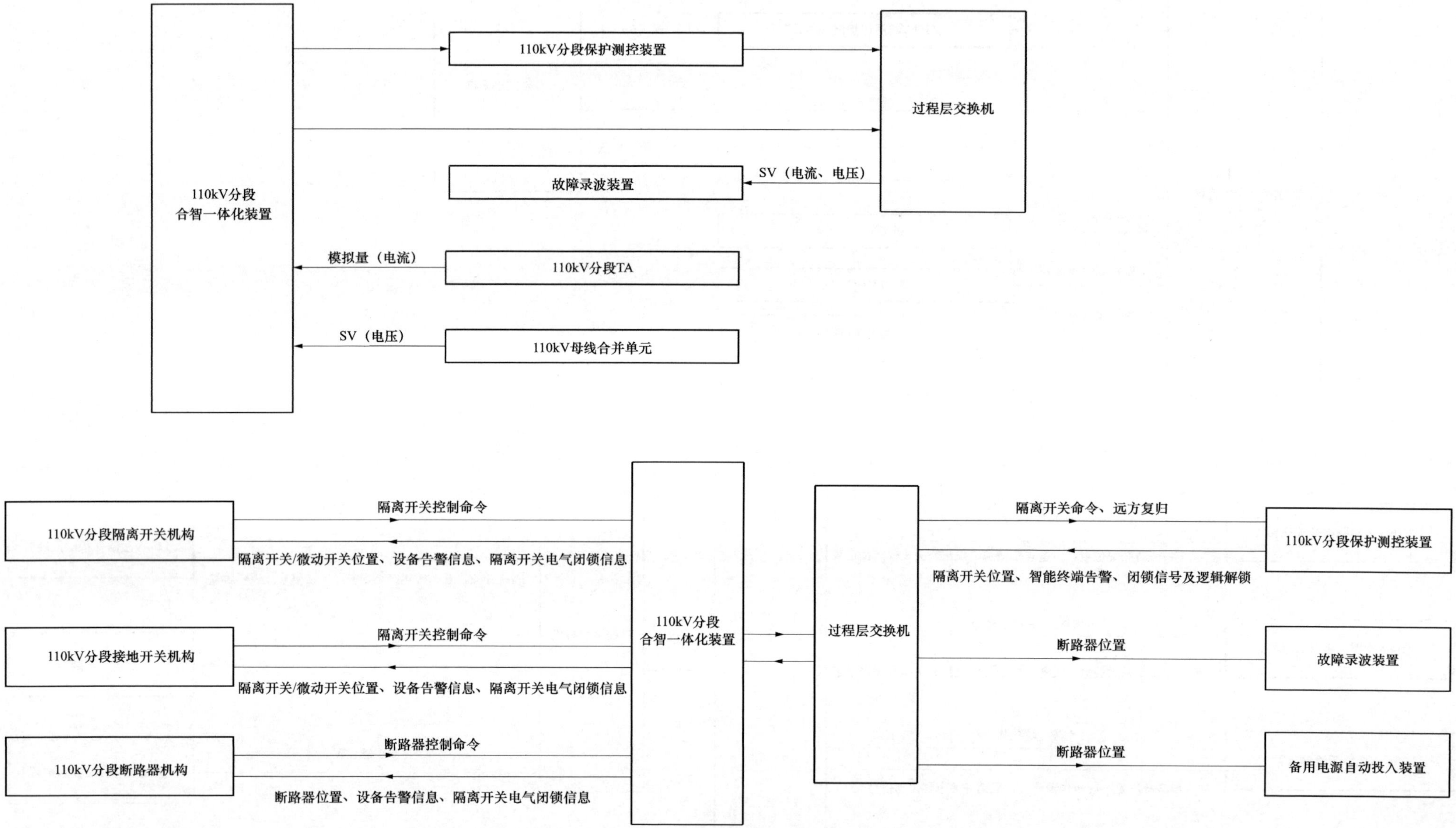


图 13.2.2-08　HA-110-B-3　110kV 分段过程层 SV 及 GOOSE 信息逻辑图

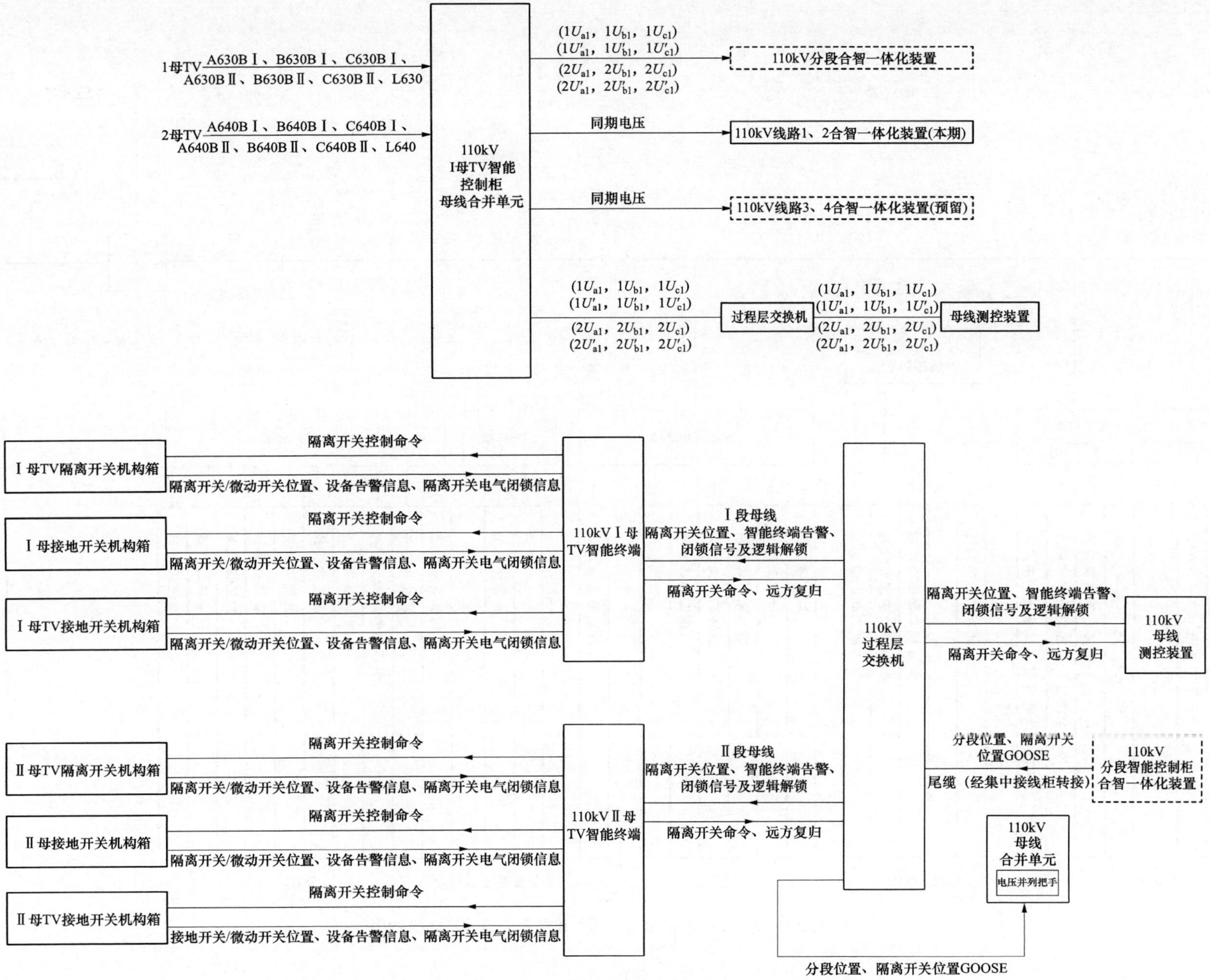


图 13.2.2-09　HA-110-B-3　110kV 母线过程层 SV 及 GOOSE 信息逻辑图

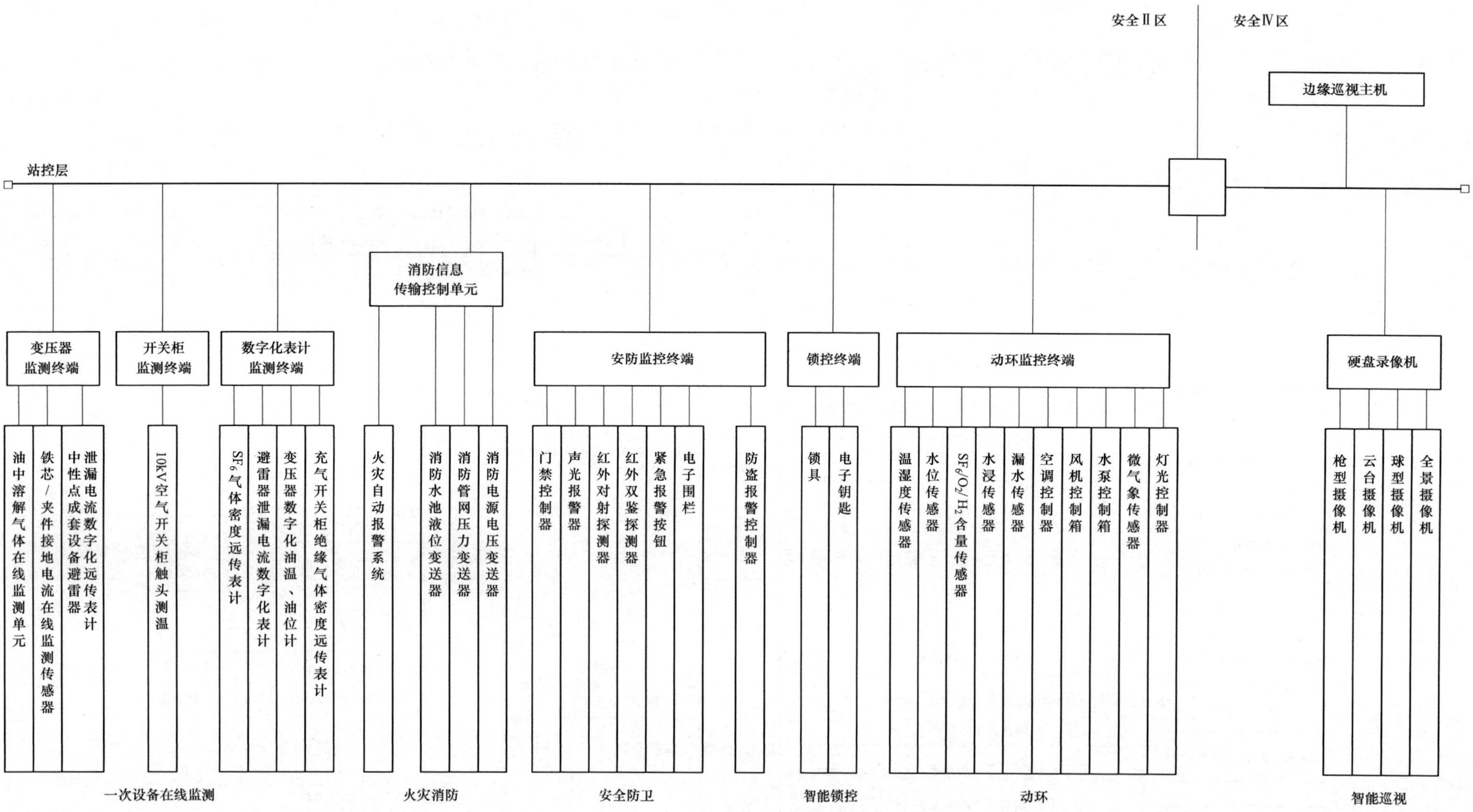


**图 13.2.2-10 HA-110-B-3 辅助设备智能监控系统结构图**

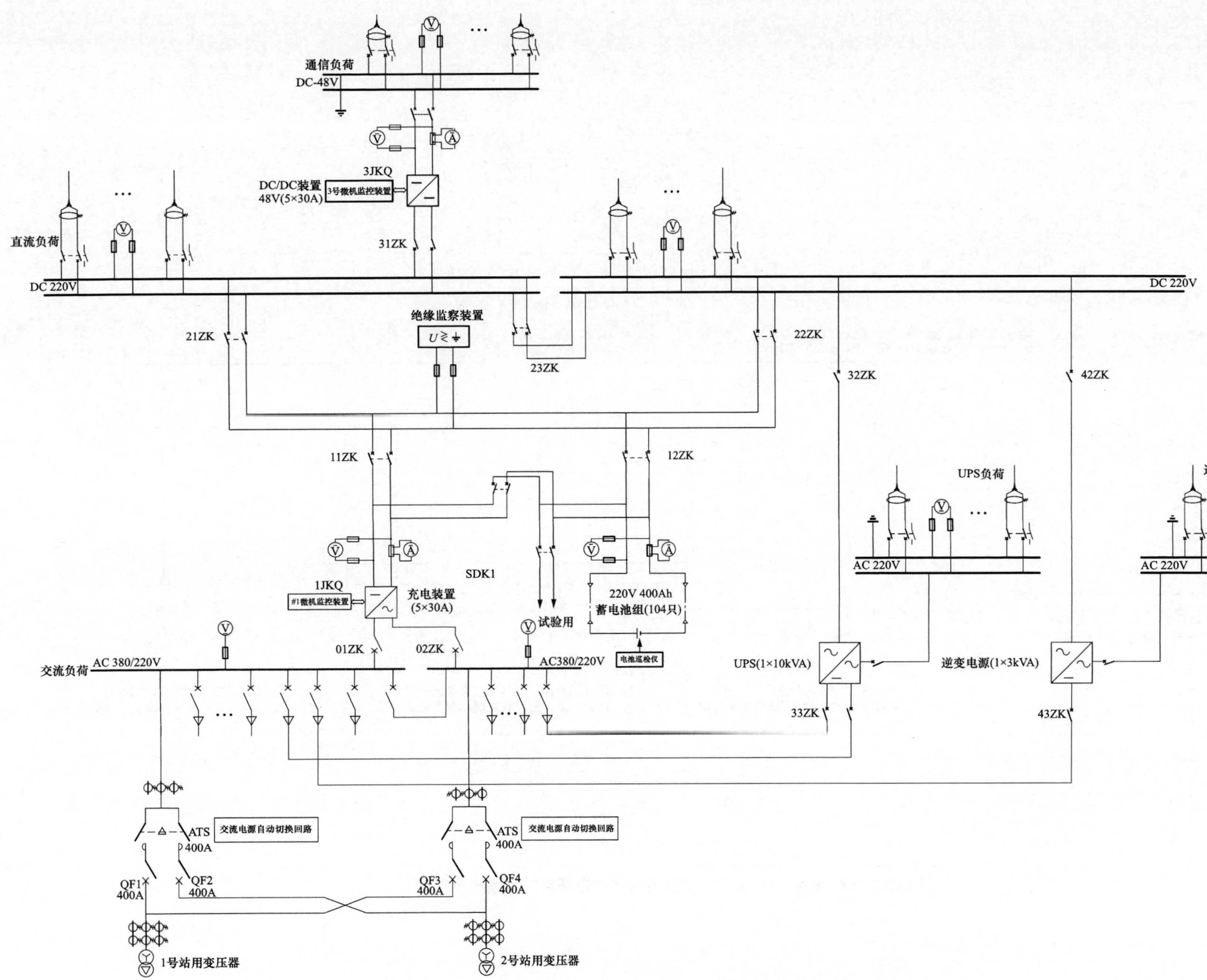


图 13.2.2-11　HA-110-B-3　交直流一体化电源系统接线图（方案一）

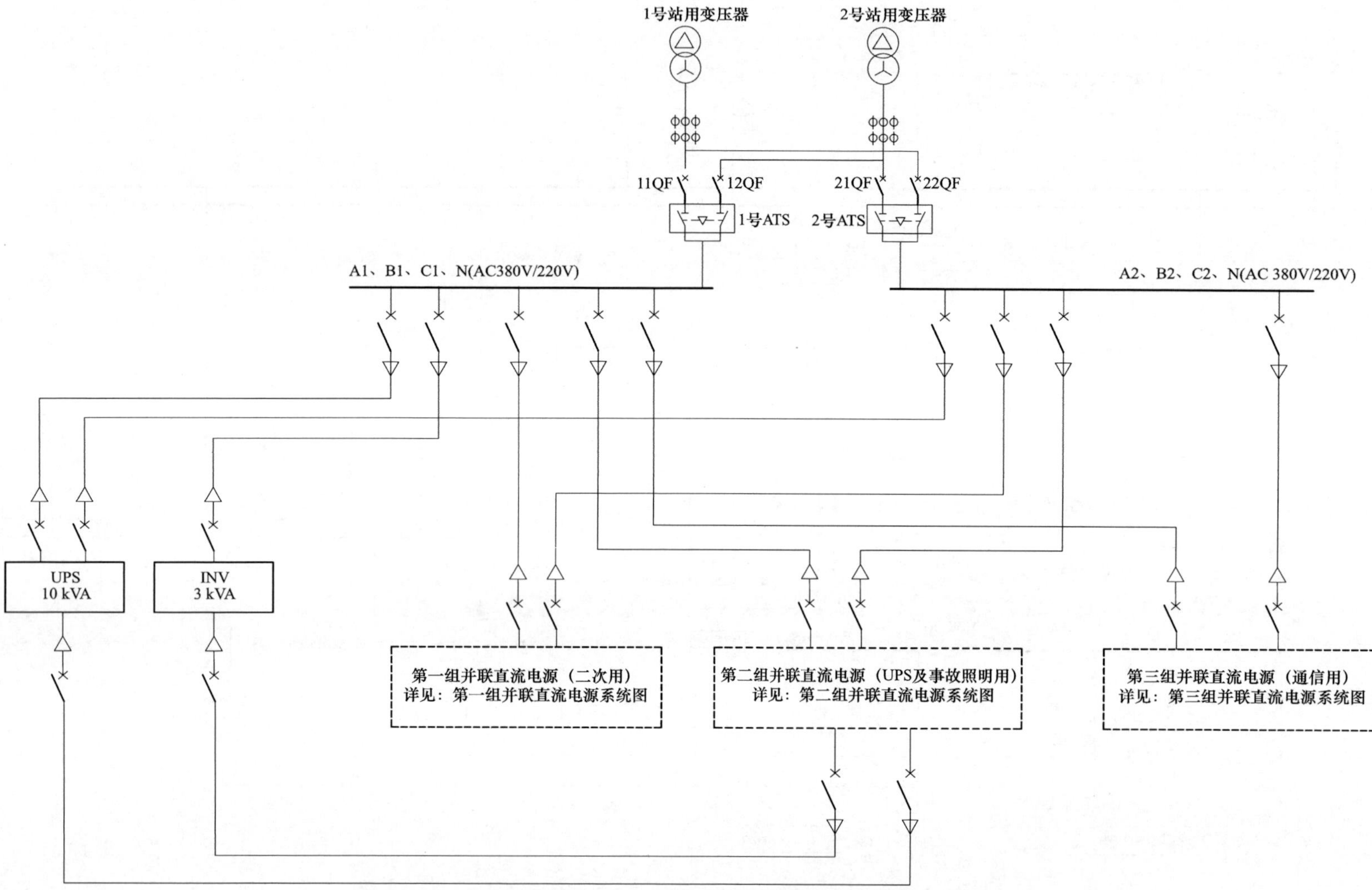


图 13.2.2-12　HA-110-B-3　交直流一体化电源系统接线图（方案二）

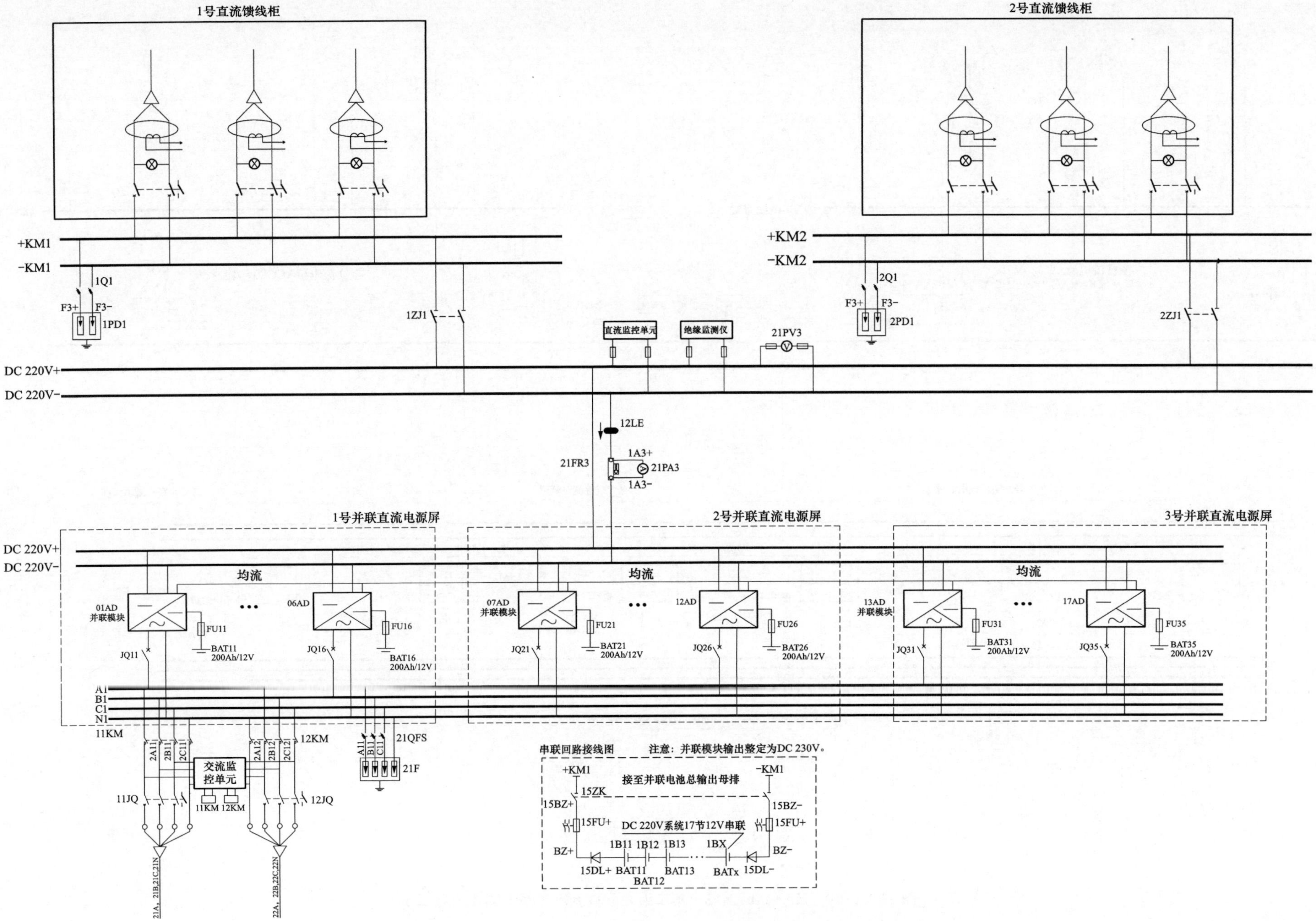


图 13.2.2-13　HA-110-B-3　第一组并联直流电源系统图（方案二）

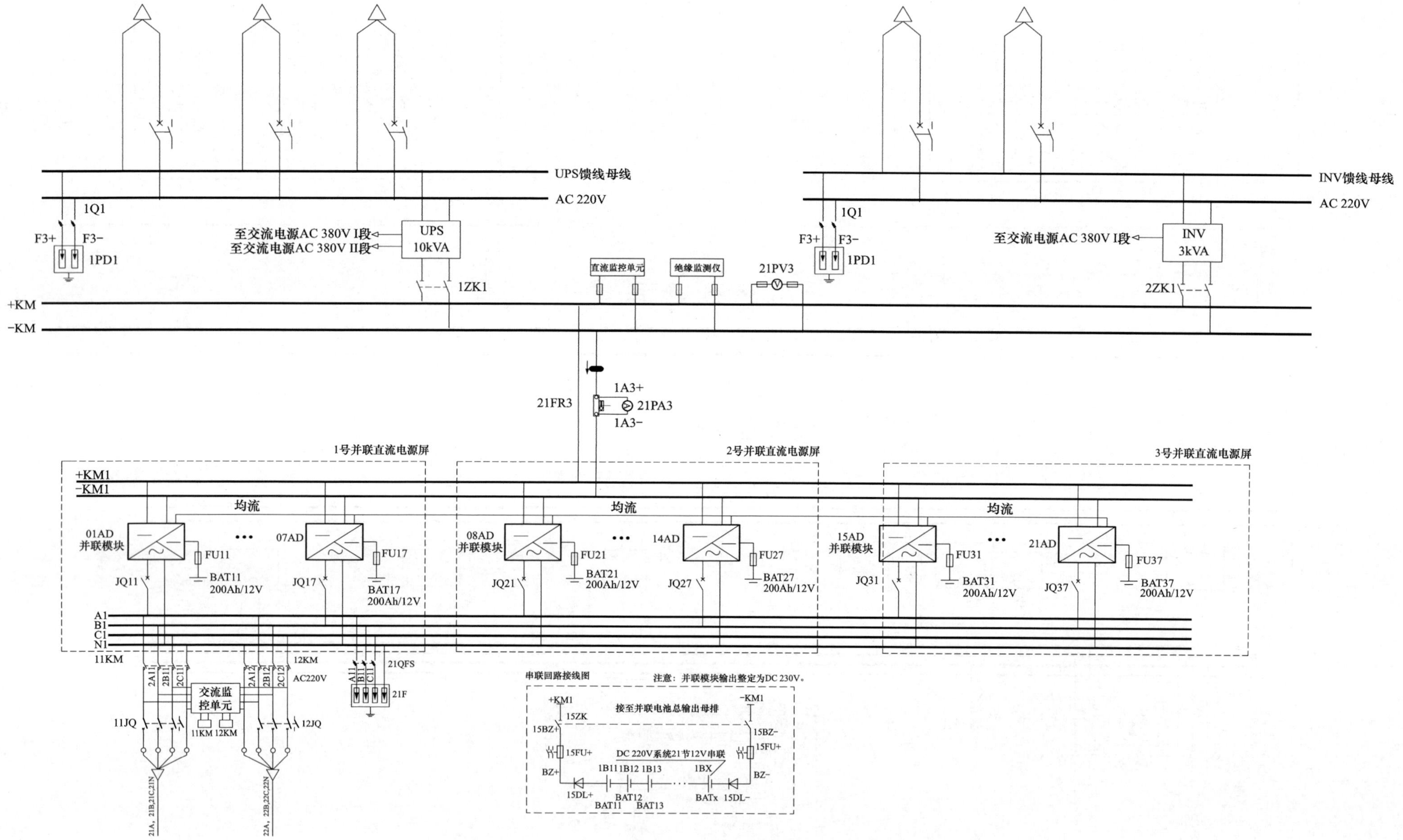


图 13.2.2-14　HA-110-B-3　第二组并联直流电源系统图（方案二）

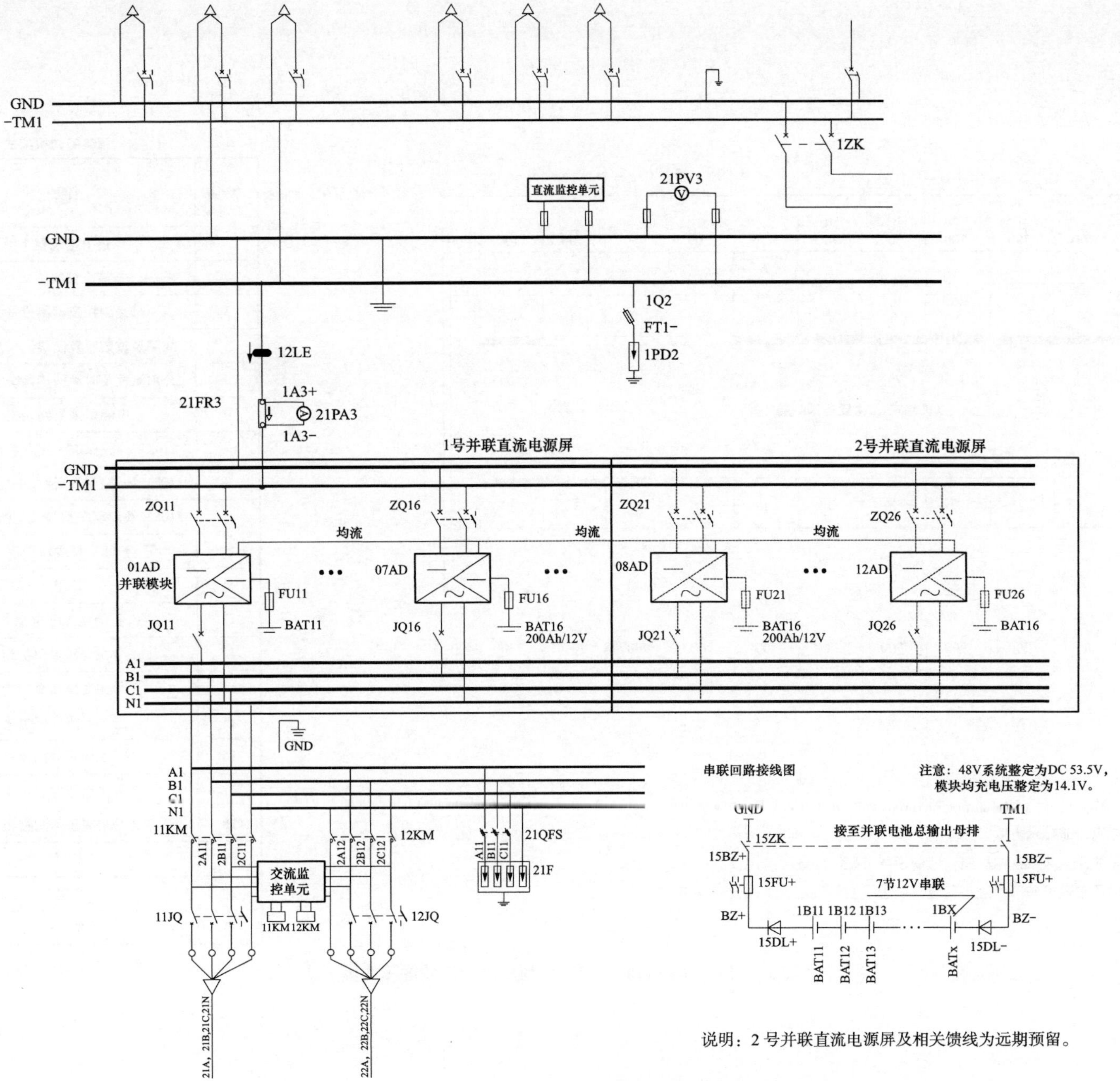


图 13.2.2-15　HA-110-B-3　第三组并联直流电源系统图（方案二）

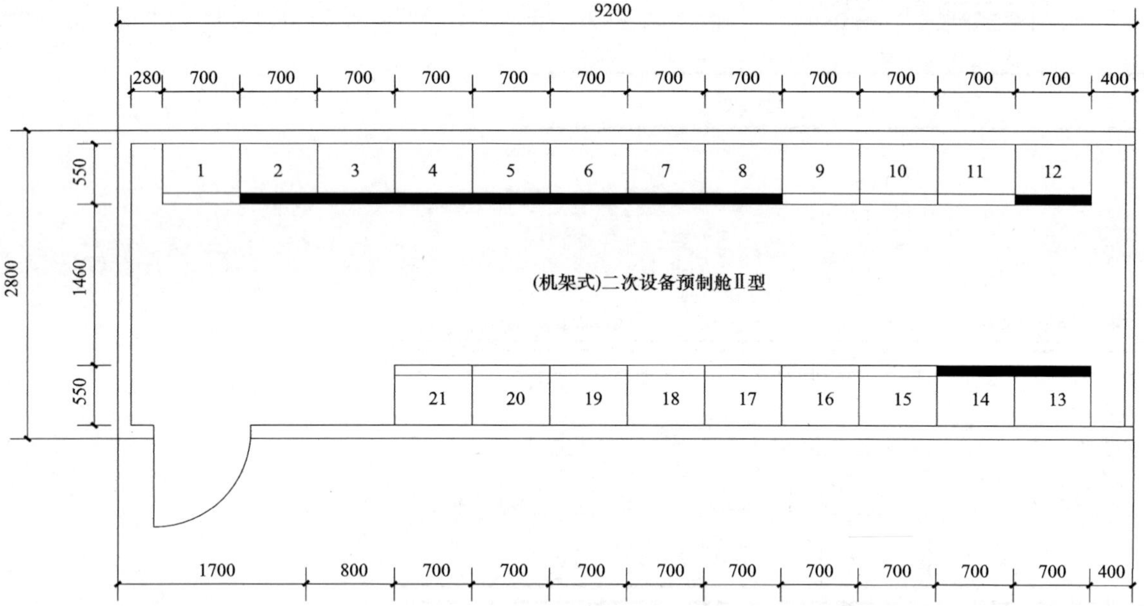


预制舱内机架式设备用途一览表

| 屏号 | 名称 | 数量 | | 备注 |
|---|---|---|---|---|
| | | 本期 | 远期 | |
| 1 | 集中接线柜 1 | | 1 | |
| 2 | 集中接线柜 2 | 1 | | |
| 3 | 母线测控及网络设备柜 | 1 | | |
| 4 | 故障录波装置及网络记录分析柜 | 1 | | |
| 5 | 公用测控及时钟同步系统扩展柜 | 1 | | |
| 6 | 电能量采集终端柜 | 1 | | |
| 7 | 110kV 分段保护测控及备自投柜 | 1 | | |
| 8 | 110kV 线路保护测控及电能表柜 1 | 1 | | |
| 9 | 110kV 线路保护测控及电能表柜 2 | | 1 | |
| 10 | 110kV 母线保护柜 | | 1 | 预留 |
| 11 | 备用 | | 1 | 空机架 |
| 12 | 直流电源分电柜 | 1 | | |
| 13 | 1 号主变压器保护柜 | 1 | | |
| 14 | 1 号主变压器测控柜 | 1 | | |
| 15 | 2 号主变压器保护柜 | | 1 | |
| 16 | 2 号主变压器测控柜 | | 1 | |
| 17 | 3 号主变压器保护柜 | | 1 | |
| 18 | 3 号主变压器测控柜 | | 1 | |
| 19 | 备用 | | 1 | 空机架 |
| 20 | 备用 | | 1 | 空机架 |
| 21 | 备用 | | 1 | 空机架 |

说明：1. 预制舱内屏柜采用机架式安装，尺寸为 2260mm × 700mm × 550mm（高 × 宽 × 深）。
2. 预制舱内二次设备采用前接线、前显示方式。
3. ▭ 表示本期设备机架，▭ 表示远期 / 备用机架，远期预留机架需配线，备用仅空机架。
4. 预制舱内二次设备屏柜名称及布置可参考各地市情况（要求）自行确定，本图仅供参考。

**图 13.2.2-16　HA-110-B-3　预制舱屏位布置图（方案一）**

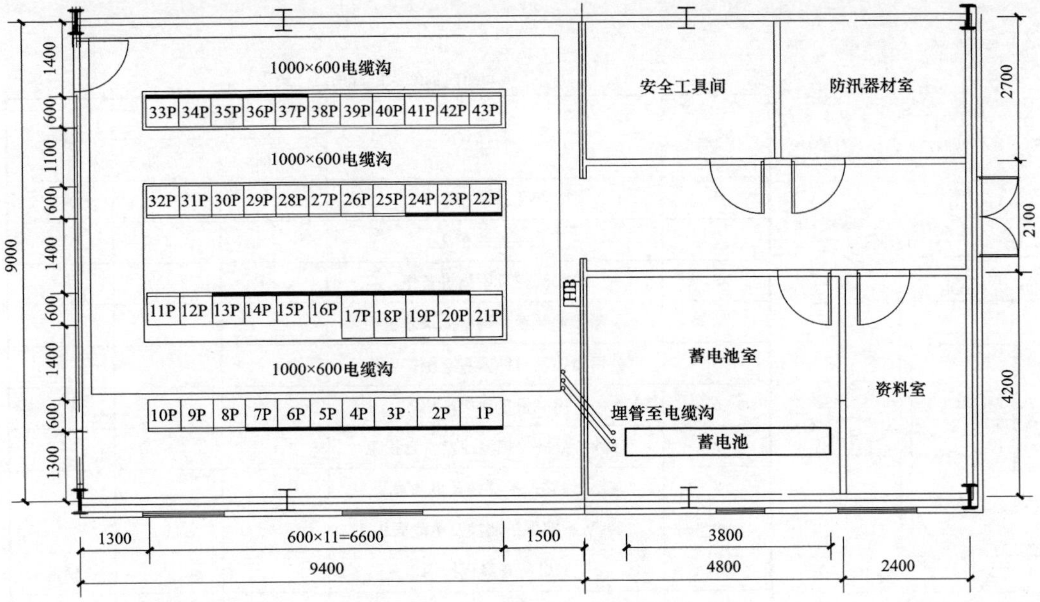


说明：1. 二次设备室内服务器屏柜尺寸为 2260mm × 600mm × 900mm，交流电源屏柜尺寸为 2260mm × 800mm × 600mm，其余屏柜尺寸为 2260mm × 600mm × 600mm（高 × 宽 × 深）。

2. 二次设备室内二次设备采用后接线、前显示方式。

3. □ 表示本期屏柜，□ 表示远期 / 备用屏柜。

二次设备室屏位布置表

| 柜号 | 名称 | 型式 | 数量 | 备注 |
|---|---|---|---|---|
| 1P | 交流馈线柜 | 2260 × 800 × 600 | 1 | |
| 2P | 交流进线柜Ⅱ | 2260 × 800 × 600 | 1 | |
| 3P | 交流进线柜Ⅰ | 2260 × 800 × 600 | 1 | |
| 4P | 直流充电柜 | 2260 × 600 × 600 | 1 | |
| 5P | 直流馈电柜 | 2260 × 600 × 600 | 1 | |
| 6P | UPS 电源及事故照明电源柜 | 2260 × 600 × 600 | 1 | |
| 7P | 通信电源柜 | 2260 × 600 × 600 | 1 | |
| 8P | 二次备用 | 2260 × 600 × 600 | 1 | |
| 9P | 二次备用 | 2260 × 600 × 600 | 1 | |

续表

| 柜号 | 名称 | 型式 | 数量 | 备注 |
|---|---|---|---|---|
| 10P | 二次备用 | 2260 × 600 × 600 | 1 | |
| 11P | 二次备用 | 2260 × 600 × 600 | 1 | |
| 12P | 二次备用 | 2260 × 600 × 600 | 1 | |
| 13P | 时间同步系统主机柜 | 2260 × 600 × 600 | 1 | |
| 14P | 公用测控柜 | 2260 × 600 × 600 | 1 | |
| 15P | 数据通信网关机柜Ⅱ | 2260 × 600 × 600 | 1 | |
| 16P | 数据通信网关机柜Ⅰ | 2260 × 600 × 600 | 1 | |
| 17P | 边缘巡视主机柜 | 2260 × 600 × 900 | 1 | |
| 18P | 智能防误主机柜 | 2260 × 600 × 900 | 1 | |
| 19P | 综合应用服务器柜 | 2260 × 600 × 900 | 1 | |
| 20P | 监控系统主机柜 | 2260 × 600 × 900 | 1 | |
| 21P | 二次备用 | 2260 × 600 × 900 | 1 | |
| 22P | 调度数据网络设备柜 1 | 2260 × 600 × 600 | 1 | |
| 23P | 调度数据网络设备柜 2 | 2260 × 600 × 600 | 1 | |
| 24P | 消弧线圈控制柜 1 | 2260 × 600 × 600 | 1 | |
| 25P | （预留）消弧线圈控制柜 2 | 2260 × 600 × 600 | 1 | |
| 26P | （预留）消弧线圈控制柜 3 | 2260 × 600 × 600 | 1 | |
| 27P | 二次备用 | 2260 × 600 × 600 | 1 | |
| 28P | 二次备用 | 2260 × 600 × 600 | 1 | |
| 29P | 二次备用 | 2260 × 600 × 600 | 1 | |
| 30P | 二次备用 | 2260 × 600 × 600 | 1 | |
| 31P | 二次备用 | 2260 × 600 × 600 | 1 | |
| 32P | 二次备用 | 2260 × 600 × 600 | 1 | |
| 33P | SDH 光端机柜 | 2260 × 600 × 600 | 1 | |
| 34P | PTN 柜 | 2260 × 600 × 600 | 1 | |
| 35P | IAD 柜 | 2260 × 600 × 600 | 1 | |
| 36P | 综合配线架柜 | 2260 × 600 × 600 | 1 | |
| 37P | 光纤配线架柜 | 2260 × 600 × 600 | 1 | |
| 38–43P | 通信备用 | 2260 × 600 × 600 | 6 | |

**图 13.2.2–17　HA–110–B–3　二次设备室屏位布置图（方案一）**

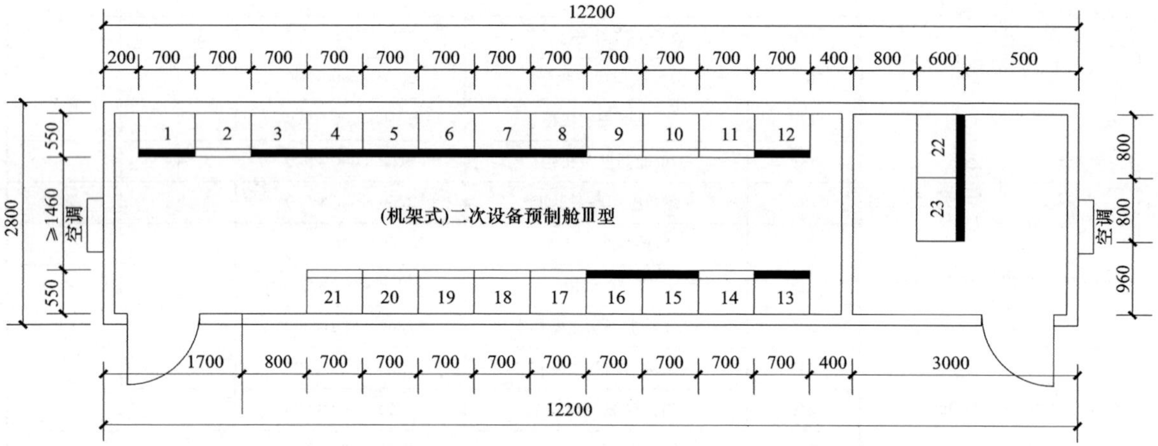


预制舱内机架式设备用途一览表

| 屏号 | 名称 | 数量 | | 备注 |
|---|---|---|---|---|
| | | 本期 | 远期 | |
| 1 | 集中接线柜 1 | 1 | | |
| 2 | 集中接线柜 2 | | 1 | |
| 3 | 母线测控及网络设备柜 | 1 | | |
| 4 | 故障录波装置及网络记录分析柜 | 1 | | |
| 5 | 公用测控及时钟同步系统扩展柜 | 1 | | |
| 6 | 电能量采集终端柜 | 1 | | |
| 7 | 110kV 分段保护测控及备自投柜 | 1 | | |
| 8 | 110kV 线路保护测控及电能表柜 1 | 1 | | |
| 9 | 110kV 线路保护测控及电能表柜 2 | | 1 | |
| 10 | 110kV 母线保护柜 | | 1 | 预留 |
| 11 | 备用 | | 1 | 空机架 |
| 12 | 第一组并联直流电源柜馈线 1 | 1 | | |
| 13 | 第一组并联直流电源柜馈线 2 | 1 | | |
| 14 | 备用 | | 1 | 空机架 |
| 15 | 1 号主变压器保护柜 | 1 | | |
| 16 | 1 号主变压器测控柜 | 1 | | |
| 17 | 2 号主变压器保护柜 | | 1 | |
| 18 | 2 号主变压器测控柜 | | 1 | |
| 19 | 3 号主变压器保护柜 | | 1 | |
| 20 | 3 号主变压器测控柜 | | 1 | |
| 21 | 备用 | | 1 | 空机架 |
| 22 | 第一组并联直流电源柜 1 | 1 | | |
| 23 | 第一组并联直流电源柜 2 | 1 | | |

说明：1. 预制舱内屏柜采用机架式安装，并联直流电源柜尺寸为 2260mm × 800mm × 600mm（高 × 宽 × 深），其余尺寸均为 2260mm × 700mm × 550mm（高 × 宽 × 深）。

2. 预制舱内二次设备采用前接线、前显示方式。

3. □ 表示本期设备机架，□ 表示远期 / 备用机架，远期预留机架需配线，备用仅空机架。

4. 预制舱内二次设备屏柜名称及布置可参考各地市情况（要求）自行确定，本图仅供参考。

图 13.2.2–18　HA–110–B–3　预制舱屏位布置图（方案二）

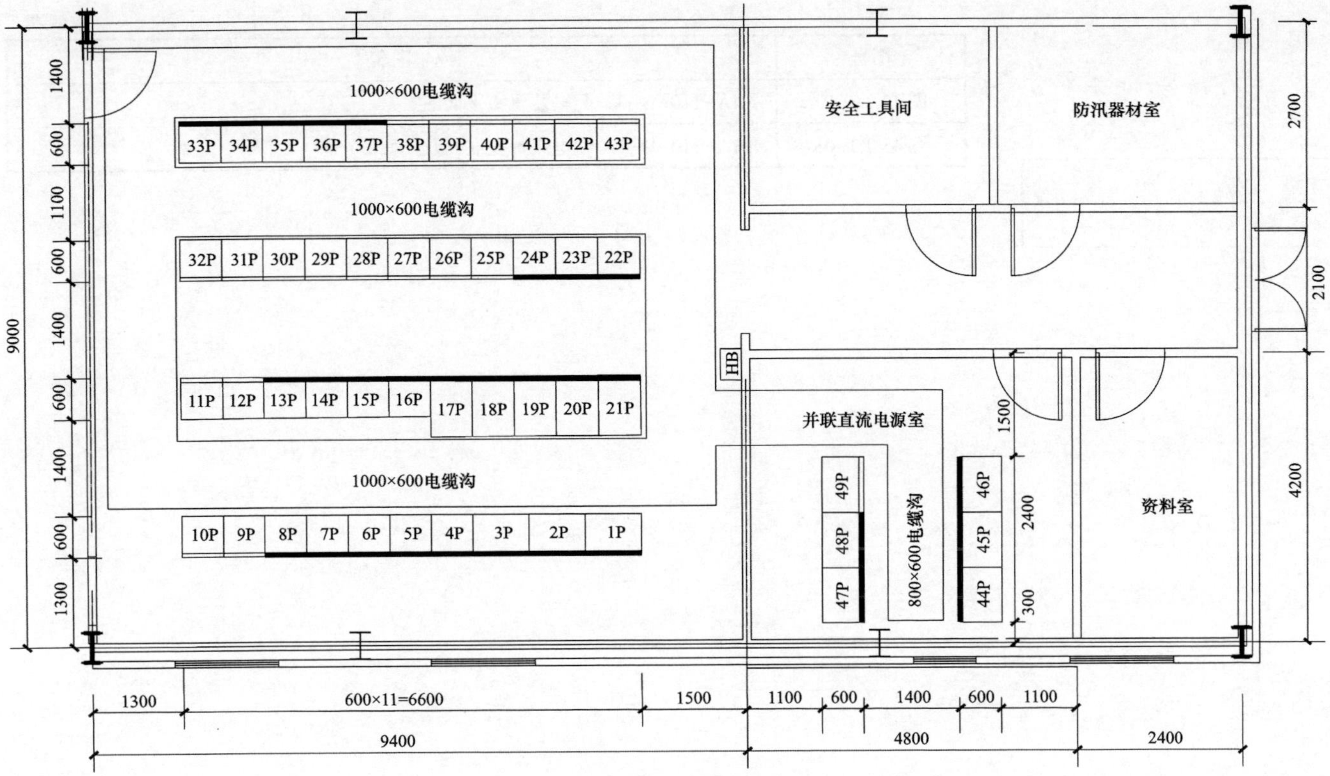


### 并联直流电源室屏位布置表

| 柜号 | 名称 | 型式 | 数量 | 备注 |
|---|---|---|---|---|
| 44P～47P | 第二组并联直流电源屏 | 2260×800×600 | 4 | |
| 48P | 并联通信电源屏 1 | 2260×800×600 | 1 | |
| 49P | 并联通信电源屏 2 | 2260×800×600 | 1 | 预留 |

说明：1. 二次设备室内服务器屏柜尺寸为 2260mm×600mm×900mm，交流电源屏柜尺寸为 2260mm×800mm×600mm，其余屏柜尺寸为 2260mm×600mm×600mm（高 × 宽 × 深）。

2. 二次设备室内二次设备采用后接线、前显示方式。

3. ▭ 表示本期屏柜，▭ 表示远期 / 备用屏柜。

### 二次设备室屏位布置表

| 柜号 | 名称 | 型式 | 数量 | 备注 |
|---|---|---|---|---|
| 1P | 交流馈线柜 | 2260×800×600 | 1 | |
| 2P | 交流进线柜Ⅱ | 2260×800×600 | 1 | |
| 3P | 交流进线柜Ⅰ | 2260×800×600 | 1 | |
| 4P | UPS 电源柜 | 2260×600×600 | 1 | |
| 5P | 事故照明电源柜 | 2260×600×600 | 1 | |
| 6P | 第二组并联直流馈线柜 1 | 2260×600×600 | 1 | |
| 7P | 第二组并联直流馈线柜 2 | 2260×600×600 | 1 | |
| 8P | 通信直流馈线柜 1 | 2260×600×600 | 1 | |
| 9P | 通信直流馈线柜 2 | 2260×600×600 | 1 | 预留 |
| 10P | 二次备用 | 2260×600×600 | 1 | |
| 11P | 二次备用 | 2260×600×600 | 1 | |
| 12P | 二次备用 | 2260×600×600 | 1 | |
| 13P | 时同步系统主机柜 | 2260×600×600 | 1 | |
| 14P | 公用测控柜 | 2260×600×600 | 1 | |
| 15P | 数据通信网关机柜Ⅱ | 2260×600×600 | 1 | |
| 16P | 数据通信网关机柜Ⅰ | 2260×600×600 | 1 | |
| 17P | 边缘巡视主机柜 | 2260×600×900 | 1 | |
| 18P | 智能防误主机柜 | 2260×600×900 | 1 | |
| 19P | 综合应用服务器柜 | 2260×600×900 | 1 | |
| 20P | 监控系统主机柜 | 2260×600×900 | 1 | |
| 21P | 二次备用 | 2260×600×900 | 1 | |
| 22P | 调度数据网络设备柜 1 | 2260×600×600 | 1 | |
| 23P | 调度数据网络设备柜 2 | 2260×600×600 | 1 | |
| 24P | 消弧线圈控制柜 1 | 2260×600×600 | 1 | |
| 25P | （预留）消弧线圈控制柜 2 | 2260×600×600 | 1 | |
| 26P | （预留）消弧线圈控制柜 3 | 2260×600×600 | 1 | |
| 27P | 二次备用 | 2260×600×600 | 1 | |
| 28P | 二次备用 | 2260×600×600 | 1 | |
| 29P | 二次备用 | 2260×600×600 | 1 | |
| 30P | 二次备用 | 2260×600×600 | 1 | |
| 31P | 二次备用 | 2260×600×600 | 1 | |
| 32P | 二次备用 | 2260×600×600 | 1 | |
| 33P | SDH 光端机柜 | 2260×600×600 | 1 | |
| 34P | PTN 柜 | 2260×600×600 | 1 | |
| 35P | IAD 柜 | 2260×600×600 | 1 | |
| 36P | 综合配线架柜 | 2260×600×600 | 1 | |
| 37P | 光纤配线架柜 | 2260×600×600 | 1 | |
| 38-43P | 通信备用 | 2260×600×600 | 6 | |

**图 13.2.2-19　HA-110-B-3　二次设备室屏位布置图（方案二）**

### 13.2.3 土建部分

土建部分主要图纸见表 13.2.3−1。

**表 13.2.3−1　　土建部分主要图纸**

| 图号 | 图名 |
|---|---|
| 图 13.2.3−01 | HA−110−B−3　总平面布置图 |

续表

| 图号 | 图名 |
|---|---|
| 图 13.2.3−02 | HA−110−B−3　配电装置室平面图 |
| 图 13.2.3−03 | HA−110−B−3　配电装置室立面及剖面图 |

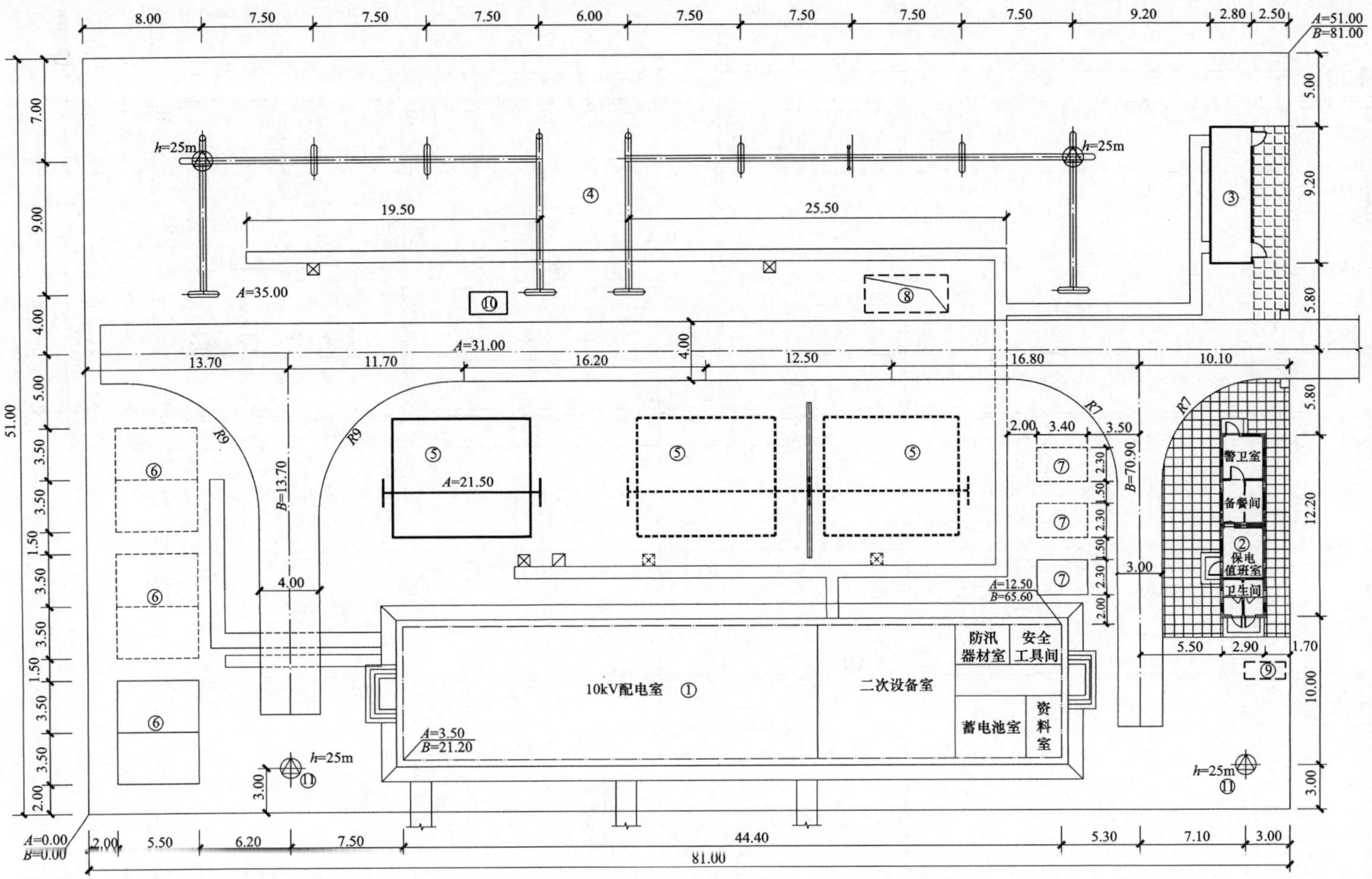


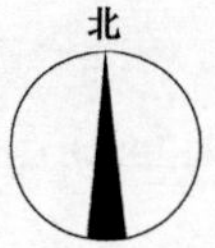


**站区主要经济技术指标表**

| 序号 | 指标名称 | | 单位 | 数量 | 备注 |
|---|---|---|---|---|---|
| 1 | 站址总用地面积 | | $hm^2$ | | |
| 1.1 | 站区围墙内占地面积 | | $hm^2$ | 0.4131 | |
| 1.2 | 进站道路占地面积 | | $hm^2$ | | |
| 1.3 | 站外供水设施占地面积 | | $hm^2$ | | |
| 1.4 | 站排洪水设施占地面积 | | $hm^2$ | | |
| 1.5 | 站外防（排）洪水设施占地面积 | | $hm^2$ | | |
| 1.6 | 其他占地面积 | | $hm^2$ | | |
| 2 | 进站道路长度（新建 / 改造） | | m | | |
| 3 | 站外供水管长度 | | m | | |
| 4 | 站外排水管长度 | | m | | |
| 5 | 站内主电缆沟长度（0.6m × 0.6m 以上） | | m | 178 | |
| 6 | 站内外挡土墙体积 | | $m^3$ | | |
| 7 | 站内外护坡面积 | | $m^2$ | | |
| 8 | 站址土（石）方量 | 挖方（−） | $m^3$ | | |
| | | 填方（+） | $m^3$ | | |
| 8.1 | 站区场地平整 | 挖方（−） | $m^3$ | | |
| | | 填方（+） | $m^3$ | | |
| 8.2 | 进站道路 | 挖方（−） | $m^3$ | | |
| | | 填方（+） | $m^3$ | | |
| 8.3 | 建（构）筑物基槽余土 | | $m^3$ | | |
| 8.4 | 站址土方综合平衡 | 弃土 | $m^3$ | | |
| | | 取土 | $m^3$ | | |
| 9 | 站内道路面积 | | $m^2$ | 535 | |
| 10 | 屋外配电装置场地面积 | | $m^2$ | 2560 | |
| 11 | 总建筑面积 | | $m^2$ | 476 | |
| 12 | 站区围墙长度 | | m | 260 | |

**建（构）筑物一览表**

| 编号 | 名称 | 单位 | 数量 | 备注 | 编号 | 名称 | 单位 | 数量 | 备注 |
|---|---|---|---|---|---|---|---|---|---|
| ① | 配电装置室 | $m^2$ | 437.47 | | ⑦ | 接地变压器及消弧线圈场地 | 座 | 3 | |
| ② | 辅助用房 | $m^2$ | 38.44 | 集成房屋 | ⑧ | 事故油池 | 座 | 1 | |
| ③ | 二次设备预制舱 | 座 | 1 | | ⑨ | 化粪池 | 座 | 1 | |
| ④ | 110kV 配电装置区 | $m^2$ | 1458 | | ⑩ | 消防小间 | 座 | 1 | 集成房屋 |
| ⑤ | 主变压器场地 | $m^2$ | 780 | | ⑪ | 独立避雷针 | 座 | 2 | 25m 高 |
| ⑥ | 电容器场地 | $m^2$ | 322 | | | | | | |

注：具体建（构）筑物根据工程具体情况调整。

**图 13.2.3−01　HA−110−B−3　总平面布置图**

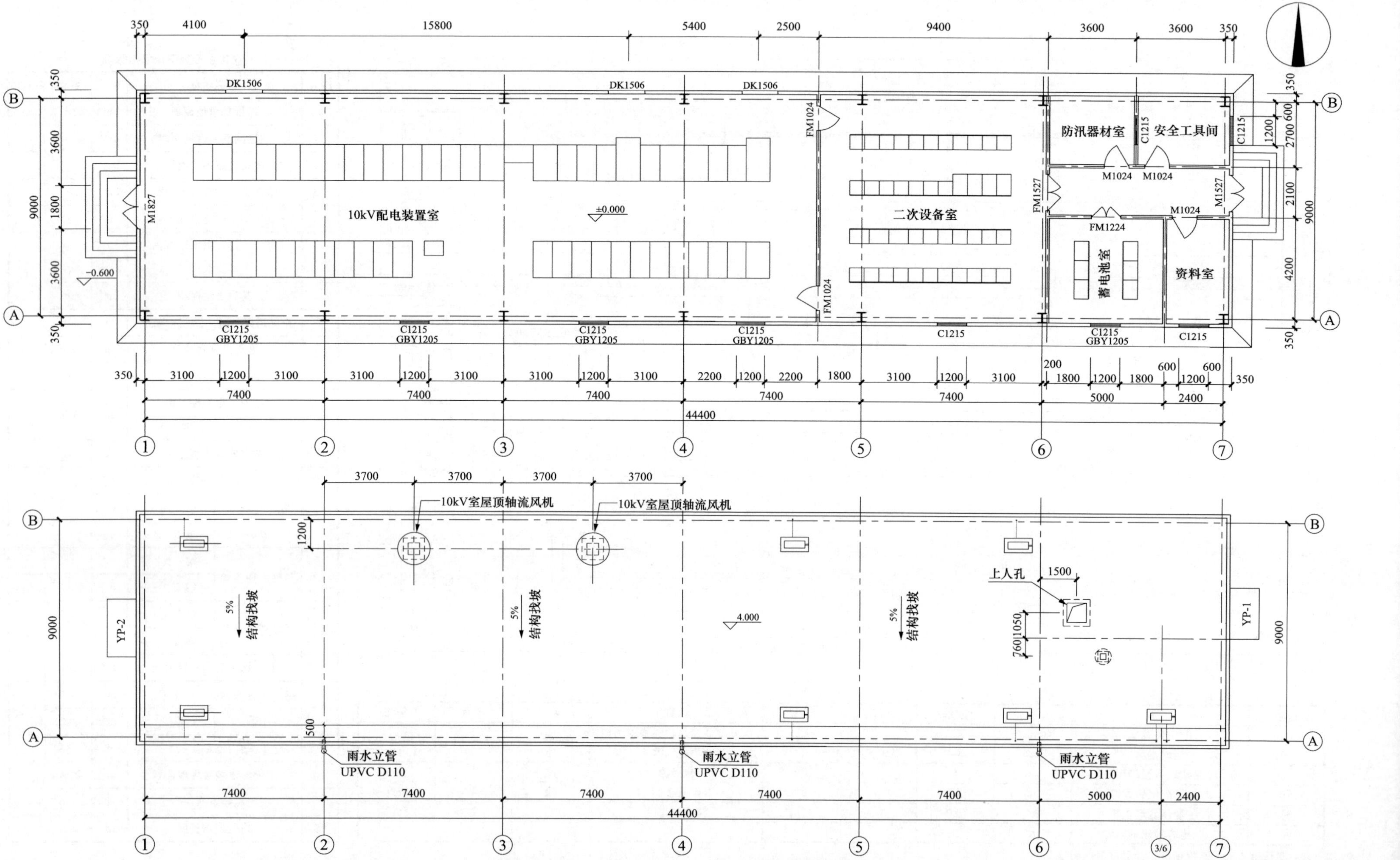


图 13.2.3-02 HA-110-B-3 配电装置室平面图

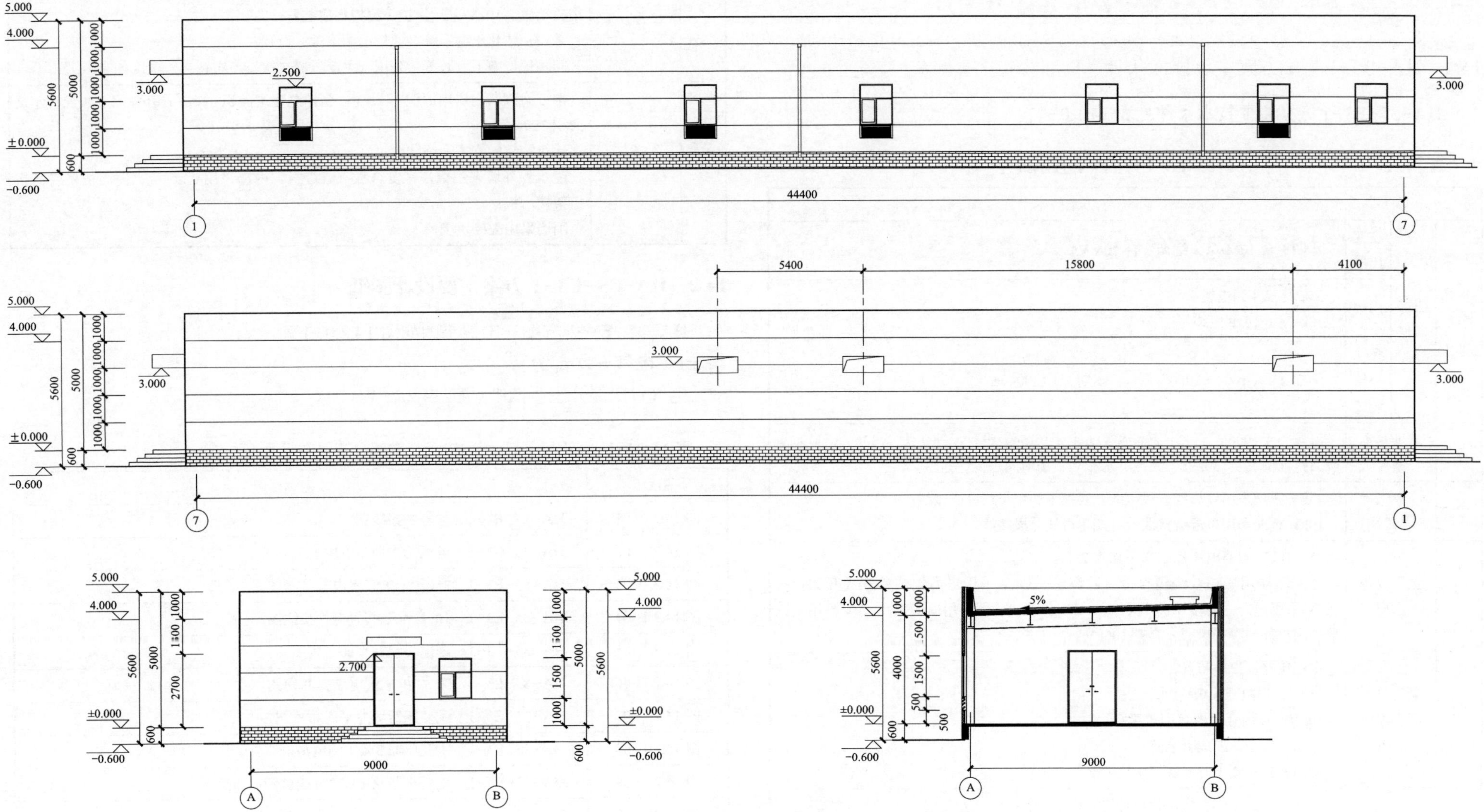


图 13.2.3-03　HA-110-B-3　配电装置室立面及剖面图

# 第 14 章　HA-35-E3-1 方案

## 14.1　HA-35-E3-1 方案主要技术条件

HA-35-E3-1 方案主要技术条件见表 14.1.0-1。

表 14.1.0-1　　HA-35-E3-1 方案主要技术条件

| 序号 | 项目 | | 本方案技术条件 |
|---|---|---|---|
| 1 | 建设规模 | 主变压器 | 本期 1 台 10MVA，终期 2 台 20MVA |
| | | 出线 | 35kV：2/4 回电缆<br>10kV：6/16 回电缆 |
| | | 无功补偿装置 | 终期 2×（1000+2000）kvar，本期 2×1000kvar |
| 2 | 站址基本条件 | | 海拔小于1000m，设计基本地震加速度 0.15g，设计风速不大于 30m/s，地基承载力特征值 $f_{ak}$=150kPa，无地下水影响，场地同一设计标高 |
| 3 | 电气主接线 | | 35kV 本期采用单母线分段接线，终期采用单母线分段接线；<br>10kV 本期采用单母线接线，终期单母线分段接线 |
| 4 | 主要设备选型 | | 35、10kV 短路电流控制水平均为 25kA；<br>主变压器用三相双绕组自冷有载调压；35kV 采用户内铠装移开式开关柜；10kV 采用户内铠装移开式开关柜；10kV 并联电容器采用框架式；10kV 站用变压器采用户外油浸变压器，容量 100kVA |
| 5 | 电气总平面及配电装置 | | 主变压器：户外布置；<br>35kV：户内开关柜单列布置；<br>10kV：户内开关柜双列布置；<br>无功补偿：户外成套装置；<br>站用变：布置于配电装置用房北侧 |
| 6 | 二次系统 | | 全站采用二次设备模块化设计方案；<br>变电站自动化系统按照一体化监控设计；<br>采用常规互感器；<br>35kV 不设过程层网络，保护电缆直采直跳； |

续表

| 序号 | 项目 | 本方案技术条件 |
|---|---|---|
| 6 | 二次系统 | 主变压器采用主后分置形式，后备保护集成测控功能；35kV 采用保护、测控集成装置，10kV 采用保护、测控集成装置；<br>采用一体化电源系统，通信电源不独立设置；<br>间隔层设备下放布置，公用及主变压器二次设备布置在二次设备室 |
| 7 | 土建部分 | 本方案围墙内占地面积 2418m²；全站总建筑面积 416m²，其中配电装置室建筑面积 399m²。<br>建筑物结构型式为钢结构；<br>建筑物外墙采用铝镁锰复合板+ALC 板，内墙采用 ALC 板，屋面板采用钢筋桁架楼承板；<br>围墙采用大砌块围墙 |

## 14.2　HA-35-E3-1 方案主要设计图纸

HA-35-E3-1 方案三维效果图如图 14.2.0-1 所示。

### 14.2.1　电气一次部分

电气一次部分主要图纸见表 14.2.1-1。

表 14.2.1-1　　电气一次部分主要图纸

| 图号 | 图名 |
|---|---|
| 图 14.2.1-01 | HA-35-E3-1　电气主接线图 |
| 图 14.2.1-02 | HA-35-E3-1　电气总平面布置图 |
| 图 14.2.1-03 | HA-35-E3-1　35kV 配电装置电气接线图 |
| 图 14.2.1-04 | HA-35-E3-1　10kV 配电装置电气接线图 |
| 图 14.2.1-05 | HA-35-E3-1　配电装置室平面布置图 |
| 图 14.2.1-06 | HA-35-E3-1　35、10kV 配电装置断面图 |
| 图 14.2.1-07 | HA-35-E3-1　主变压器场地平面布置图 |
| 图 14.2.1-08 | HA-35-E3-1　主变压器 35kV 侧电缆进线安装图 |
| 图 14.2.1-09 | HA-35-E3-1　主变压器及 10kV 母线桥断面布置图 |
| 图 14.2.1-10 | HA-35-E3-1　1Mvar 电容器平、断面图 |
| 图 14.2.1-11 | HA-35-E3-1　防直击雷保护图 |
| 图 14.2.1-12 | HA-35-E3-1　室外接地网布置图 |

续表

| 图号 | 图名 |
|---|---|
| 图 14.2.1-13 | HA-35-E3-1　室内接地网布置图 |
| 图 14.2.1-14 | HA-35-E3-1　二次等电网接地网布置图 |
| 图 14.2.1-15 | HA-35-E3-1　户外照明布置图 |

续表

| 图号 | 图名 |
|---|---|
| 图 14.2.1-16 | HA-35-E3-1　电缆敷设设施平面布置图 |
| 图 14.2.1-17 | HA-35-E3-1　站区防火封堵布置图 |
| 图 14.2.1-18 | HA-35-E3-1　配电室防火封堵图 |

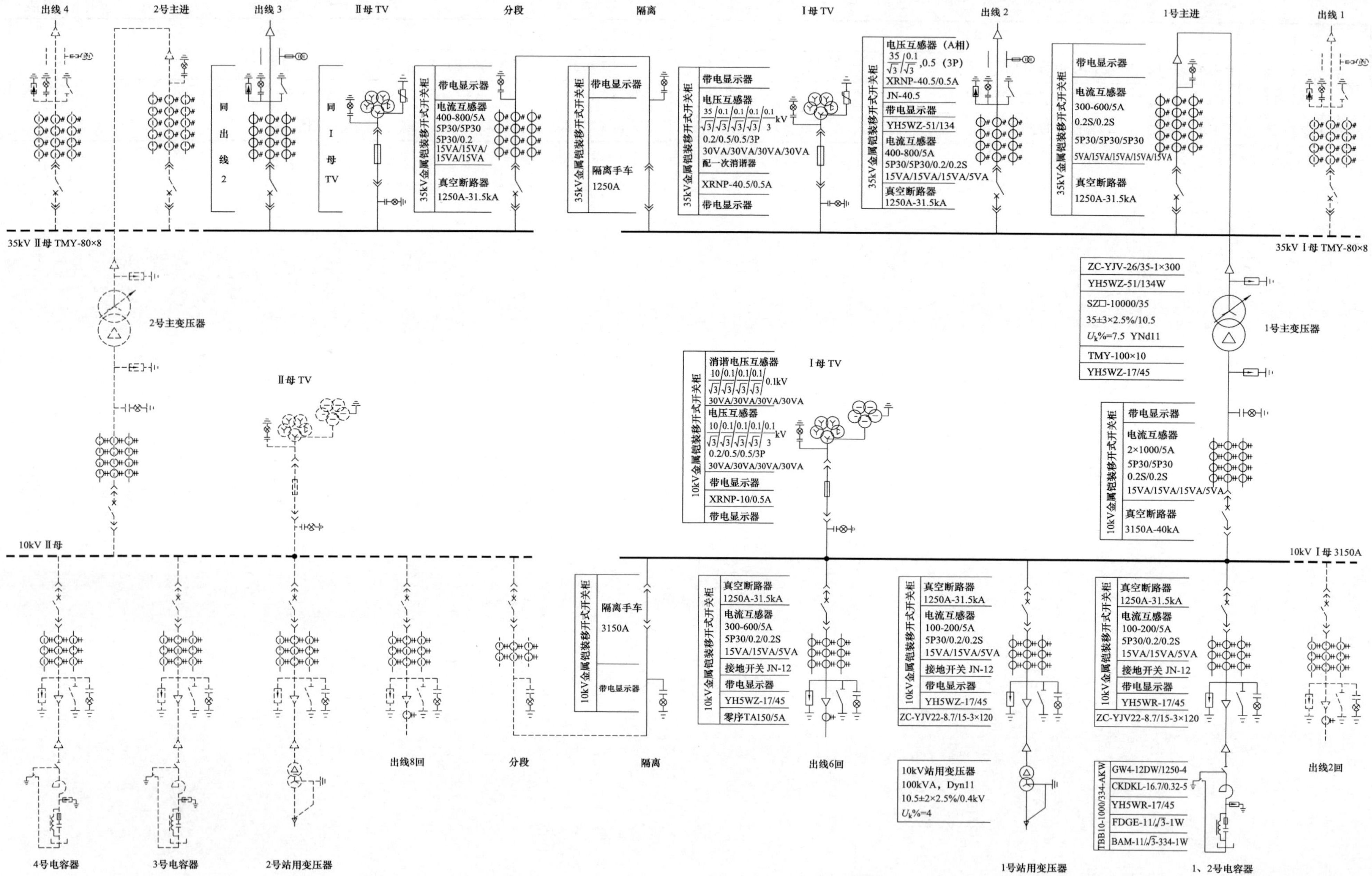


说明：实线部分为本期工程，虚线部分为远期工程。

**图 14.2.1-01　HA-35-E3-1　电气主接线图**

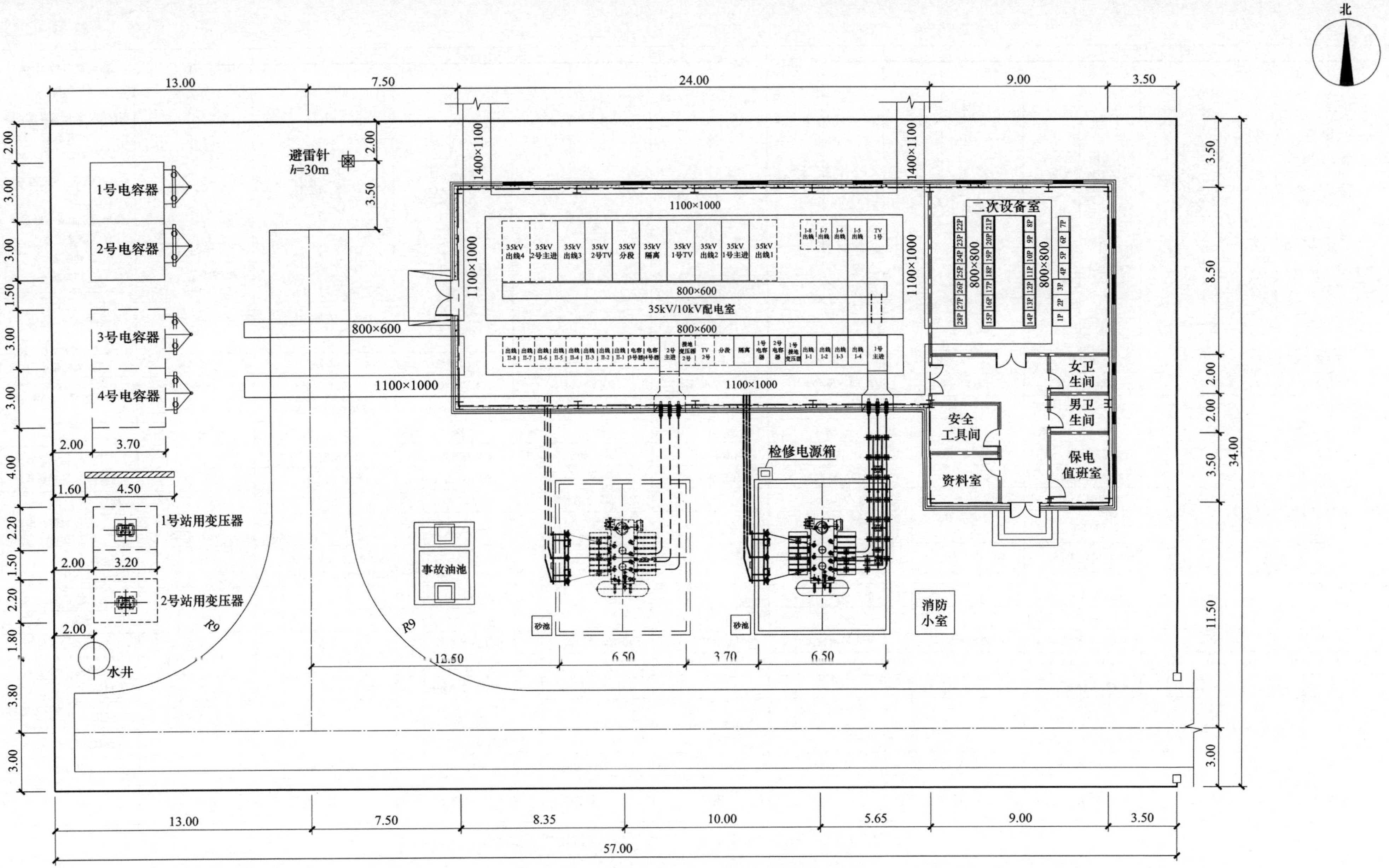


图 14.2.1-02　HA-35-E3-1　电气总平面布置图

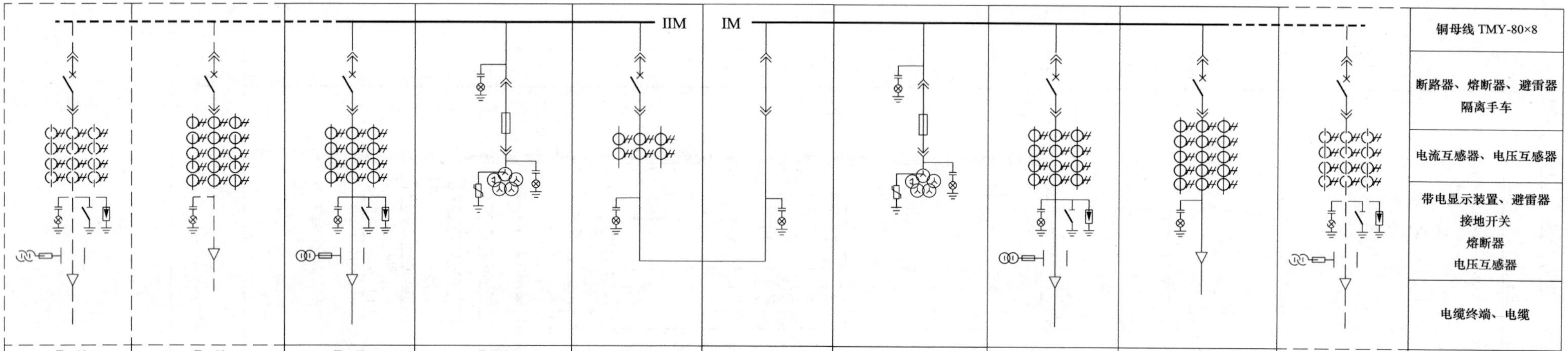


| 项目 | Ⅱ-5号 | | Ⅱ-4号 | | Ⅱ-3号 | | Ⅱ-2号 | | Ⅱ-1号 | |
|---|---|---|---|---|---|---|---|---|---|---|
| 开关柜编号 | Ⅱ-5号 | | Ⅱ-4号 | | Ⅱ-3号 | | Ⅱ-2号 | | Ⅱ-1号 | |
| 开关柜型号(宽×深×高) | KYN-40.5 | | KYN-40.5 | | KYN-40.5 | | KYN-40.5 | | KYN-40.5 | |
| | 1400×3100×2600 | | 1400×3100×2600 | | 1400×3100×2600 | | 1400×3100×2600 | | 1400×3100×2600 | |
| | 规 格 | 数量 | 规 格 | 数量 | 规 格 | 数量 | 规 格 | 数量 | 规 格 | 数量 |
| 真空断路器(熔断器) 型号 | | | | | 真空断路器 | 1 | XRNP-40.5 | 3 | 真空断路器 | 1 |
| 真空断路器(熔断器) 技术特性 | | | | | 1250A-31.5kA | | 0.5A | | 1250A-31.5kA | |
| 电流互感器(电压互感器) 型号 | | | | | LZZBJ-35 | 3 | JDZX-35,含消谐器 | 3 | LZZBJ-35 | 3 |
| 电流互感器(电压互感器) 变比 | | | | | 2×300/5A | | $\frac{35}{\sqrt{3}}/\frac{0.1}{\sqrt{3}}/\frac{0.1}{\sqrt{3}}/\frac{0.1}{\sqrt{3}}/\frac{0.1}{3}$ kV | | 2×400/5A | |
| 电流互感器(电压互感器) 准确级次容量 | | | | | 5P30/5P30/0.2/0.2S 15VA/15VA/15VA/5VA | | 0.2/0.5/0.5/3P 50VA/50VA/50VA/50VA | | 5P30/5P30/5P30/0.2 15VA/15VA/15VA/15VA | |
| 避雷器 | | | | | YH5WZ-51/134 | 3 | | | | |
| 接地开关 | | | | | JN15-40.5 | 1 | | | | |
| 带电显示装置 | | | | | 带电显示装置 | 1 | 带电显示装置 | 2 | 带电显示装置 | 1 |
| 熔断器（A相） | | | | | XRNP-40.5/0.5 | 1 | | | | |
| 电压互感器(A相) 型号 | | | | | JDZX-35(A相) | 1 | | | | |
| 电压互感器(A相) 变比 | | | | | $\frac{35}{\sqrt{3}}/\frac{0.1}{\sqrt{3}}$ | | | | | |
| 电压互感器(A相) 准确级容量 | | | | | 0.5(3P),30VA | | | | | |
| 分支母线 | | | | | TMY-80×8 | | TMY-80×8 | | TMY-80×8 | |
| 回路名称 | 出线 4 | | 2号主进 | | 出线 3 | | Ⅱ段TV | | 分段 | |

| 项目 | Ⅰ-5号 | | Ⅰ-4号 | | Ⅰ-3号 | | Ⅰ-2号 | | Ⅰ-1号 | |
|---|---|---|---|---|---|---|---|---|---|---|
| 开关柜编号 | Ⅰ-5号 | | Ⅰ-4号 | | Ⅰ-3号 | | Ⅰ-2号 | | Ⅰ-1号 | |
| 开关柜型号(宽×深×高) | KYN-40.5 | | KYN-40.5 | | KYN-40.5 | | KYN-40.5 | | KYN-40.5 | |
| | 1400×3100×2600 | | 1400×3100×2600 | | 1400×3100×2600 | | 1400×3100×2600 | | 1400×3100×2600 | |
| | 规 格 | 数量 | 规 格 | 数量 | 规 格 | 数量 | 规 格 | 数量 | 规 格 | 数量 |
| 真空断路器(熔断器) 型号 | 隔离手车 | 1 | XRNP-40.5 | 3 | 真空断路器 | 1 | 真空断路器 | 1 | | |
| 真空断路器(熔断器) 技术特性 | 1250A | | 0.5A | | 1250A-31.5kA | | 1250A-31.5kA | | | |
| 电流互感器(电压互感器) 型号 | | | JDZX-35,含消谐器 | 3 | LZZBJ-35 | 3 | LZZBJ-35 | 3 | | |
| 电流互感器(电压互感器) 变比 | | | $\frac{35}{\sqrt{3}}/\frac{0.1}{\sqrt{3}}/\frac{0.1}{\sqrt{3}}/\frac{0.1}{\sqrt{3}}/\frac{0.1}{3}$ kV | | 2×400/5A | | 2×300/5A | | | |
| 电流互感器(电压互感器) 准确级次容量 | | | 0.2/0.5/0.5/3P 30VA/30VA/30VA/30VA | | 5P30/5P30/0.2/0.2S 15VA/15VA/15VA/5VA | | 5P30/5P30/5P30/0.2S/0.2S 5VA/15VA/15VA/15VA/5VA | | | |
| 避雷器 | | | | | YH5WZ-51/134 | 3 | | | | |
| 接地开关 | | | | | JN15-40.5 | 1 | | | | |
| 带电显示装置 | 带电显示装置 | 1 | 带电显示装置 | 2 | 带电显示装置 | 1 | 带电显示装置 | 1 | | |
| 熔断器（A相） | | | | | XRNP-40.5/0.5 | 1 | | | | |
| 电压互感器(A相) 型号 | | | | | JDZX-35(A相) | 1 | | | | |
| 电压互感器(A相) 变比 | | | | | $\frac{35}{\sqrt{3}}/\frac{0.1}{\sqrt{3}}$ | | | | | |
| 电压互感器(A相) 准确级容量 | | | | | 0.5(3P),30VA | | | | | |
| 分支母线 | TMY-80×8 | | TMY-80×8 | | TMY-80×8 | | TMY-80×8 | | | |
| 回路名称 | 隔离 | | Ⅰ段TV | | 出线 2 | | 1号主进 | | 出线 1 | |

**图 14.2.1-03　HA-35-E3-1　35kV 配电装置电气接线图**

说明：10kV 开关柜每台手车配 2 只微动开关。

| 出线08 | | 出线07 | | 出线06 | | 出线05 | | 1号 TV | | | 回路名称 | |
|---|---|---|---|---|---|---|---|---|---|---|---|---|
| | | | | TMY-60×10 | | TMY-60×10 | | TMY-60×10 | | | 分支母线 | |
| | | | | 1 | LJK-φ200 150/5 | 1 | LJK-φ200 150/5 | | | | 零序电流互感器 | |
| | | | | 1 | 带电显示装置 | 1 | 带电显示装置 | 2 | 带电显示装置 | | 带电显示装置 | |
| | | | | 1 | JN15-10 | 1 | JN15-10 | | | | 接地开关 | |
| | | | | 3 | YH5WZ-17/45 | 3 | YH5WZ-17/45 | | | | 避雷器 | |
| | | | | | 15VA/15VA/5VA | | 15VA/15VA/5VA | | 30VA/30VA/30VA/30VA | 30VA/30VA/30VA/30VA | 容量 | (电压互感器)电流互感器 |
| | | | | | 5P30/0.2/0.2S | | 5P30/0.2/0.2S | | $\frac{10}{\sqrt{3}}/\frac{0.1}{\sqrt{3}}/\frac{0.1}{\sqrt{3}}/\frac{0.1}{\sqrt{3}}/0.1$kV | $\frac{10}{\sqrt{3}}/\frac{0.1}{\sqrt{3}}/\frac{0.1}{\sqrt{3}}/\frac{0.1}{\sqrt{3}}/\frac{0.1}{3}$kV | 准确级次 | |
| | | | | | 2×300/5A | | 2×300/5A | | | 0.2/0.5/0.5/3P | 变比 | |
| | | | | 3 | LZZBJ-10 | 3 | LZZBJ-10 | 3 | 消谐PT | JDZ-10 | 型号 | |
| | | | | | 1250A-31.5kA | | 1250A-31.5kA | | 0.5A | | 技术特性 | (隔离手车)真空断路器 |
| | | | | 1 | 固封真空断路器 | 1 | 固封真空断路器 | 1 | 熔断器XRNP-10 | | 型号 | |
| 数量 | 规 格 | 数量 | 规 格 | 数量 | 规 格 | 数量 | 规 格 | 数量 | 规 格 | | | |
| 800×1500×2300 | | 800×1500×2300 | | 800×1500×2300 | | 800×1500×2300 | | 1000×1500×2300 | | | 宽×深×高 | |
| KYN-12 | | KYN-12 | | KYN-12 | | KYN-12 | | KYN-12 | | | 开关柜型号 | |
| I-14号 | | I-13号 | | I-12号 | | I-11号 | | I-10号 | | | 开关柜编号 | |

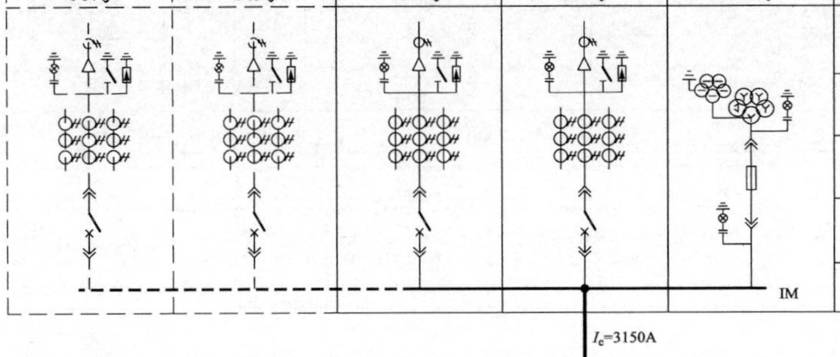


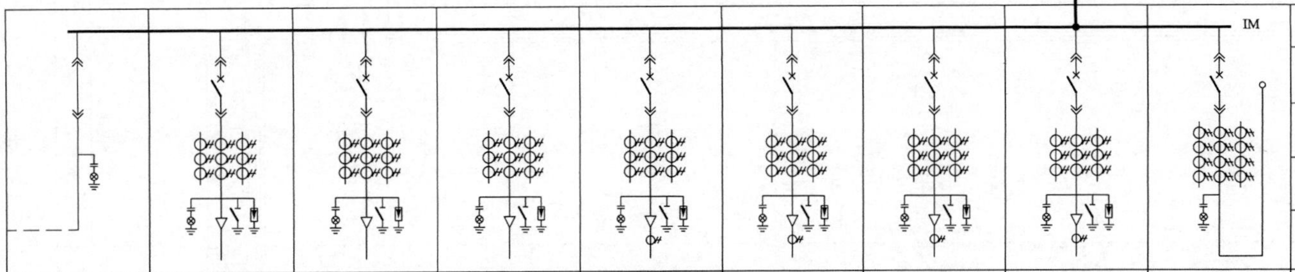


| I-1号 | | I-2号 | | I-3号 | | I-4号 | | I-5号 | | I-6号 | | I-7号 | | I-8号 | | I-9号 | | 开关柜编号 | |
|---|---|---|---|---|---|---|---|---|---|---|---|---|---|---|---|---|---|---|---|
| KYN-12 | | KYN-12 | | KYN-12 | | KYN-12 | | KYN-12 | | KYN-12 | | KYN-12 | | KYN-12 | | KYN-12 | | 开关柜型号 | |
| 1000×1500×2300 | | 800×1500×2300 | | 800×1500×2300 | | 800×1500×2300 | | 800×1500×2300 | | 800×1500×2300 | | 800×1500×2300 | | 800×1500×2300 | | 1000×1800×2300 | | 宽×深×高 | |
| 数量 | 规 格 | 数量 | 规 格 | 数量 | 规 格 | 数量 | 规 格 | 数量 | 规 格 | 数量 | 规 格 | 数量 | 规 格 | 数量 | 规 格 | 数量 | 规 格 | | |
| 1 | 隔离手车 | 1 | 固封真空断路器 | 1 | 固封真空断路器 | 1 | 固封真空断路器 | 1 | 固封真空断路器 | 1 | 固封真空断路器 | 1 | 固封真空断路器 | 1 | 固封真空断路器 | | 固封真空断路器 | 型号 | 真空断路器 |
| | 3150A | | 1250A-31.5kA | | 1250A-31.5kA | | 1250A-31.5kA | | 1250A-31.5kA | | 1250A-31.5kA | | 1250A-31.5kA | | 1250A-31.5kA | | 3150A-40kA | 技术特性 | (隔离手车) |
| | | 3 | LZZBJ-10 | 3 | LZZBJ-10 | 3 | LZZBJ-10 | 3 | LZZBJ-10 | 3 | LZZBJ-10 | 3 | LZZBJ-10 | 3 | LZZBJ-10 | 3 | LZZBJ-10 | 型号 | |
| | | | 2×100/5A | | 2×100/5A | | 2×100/5A | | 2×300/5A | | 2×300/5A | | 2×300/5A | | 2×300/5A | | 2×1000/5A | 变比 | 电流互感器 |
| | | | 5P30/0.2/0.2S | | 5P30/0.2/0.2S | | 5P30/0.2/0.2S | | 5P30/0.2/0.2S | | 5P30/0.2/0.2S | | 5P30/0.2/0.2S | | 5P30/0.2/0.2S | | 5P30/5P30 0.2S/0.2S 15VA/15VA/ 15VA/5VA | 准确级次 | (电压互感器) |
| | | | 15VA/15VA/5VA | | 15VA/15VA/5VA | | 15VA/15VA/5VA | | 15VA/15VA/5VA | | 15VA/15VA/5VA | | 15VA/15VA/5VA | | 15VA/15VA/5VA | | | 容量 | |
| | | 3 | YH5WR-17/45 | 3 | YH5WR-17/45 | 3 | YH5WZ-17/45 | 3 | YH5WZ-17/45 | 3 | YH5WZ-17/45 | 3 | YH5WZ-17/45 | 3 | YH5WZ-17/45 | | | 氧化锌避雷器 | |
| | | 1 | JN15-10 | 1 | JN15-10 | 1 | JN15-10 | 1 | JN-12 | 1 | JN-12 | 1 | JN-12 | 1 | JN-12 | | | 接地开关 | |
| 1 | 带电显示装置 | 1 | 带电显示装置 | 1 | 带电显示装置 | 1 | 带电显示装置 | 1 | 带电显示装置 | 1 | 带电显示装置 | 1 | 带电显示装置 | 1 | 带电显示装置 | | 带电显示装置 | 带电显示装置 | |
| | | | | | | | | 1 | LJK-φ200 150/5 | 1 | LJK-φ200 150/5 | 1 | LJK-φ200 150/5 | 1 | LJK-φ200 150/5 | | | 零序电流互感器 | |
| 2×(TMY-125×10) | | TMY-60×10 | | TMY-60×10 | | TMY-60×10 | | TMY-60×10 | | TMY-60×10 | | TMY-60×10 | | TMY-60×10 | | $I_e$=3150A | | 分支母线 | |
| 隔 离 | | 1号电容 | | 2号电容 | | 1号接地变压器 | | 出线01 | | 出线02 | | 出线03 | | 出线04 | | 1号主进 | | 回路名称 | |

**图 14.2.1-04　HA-35-E3-1　10kV 配电装置电气接线图**

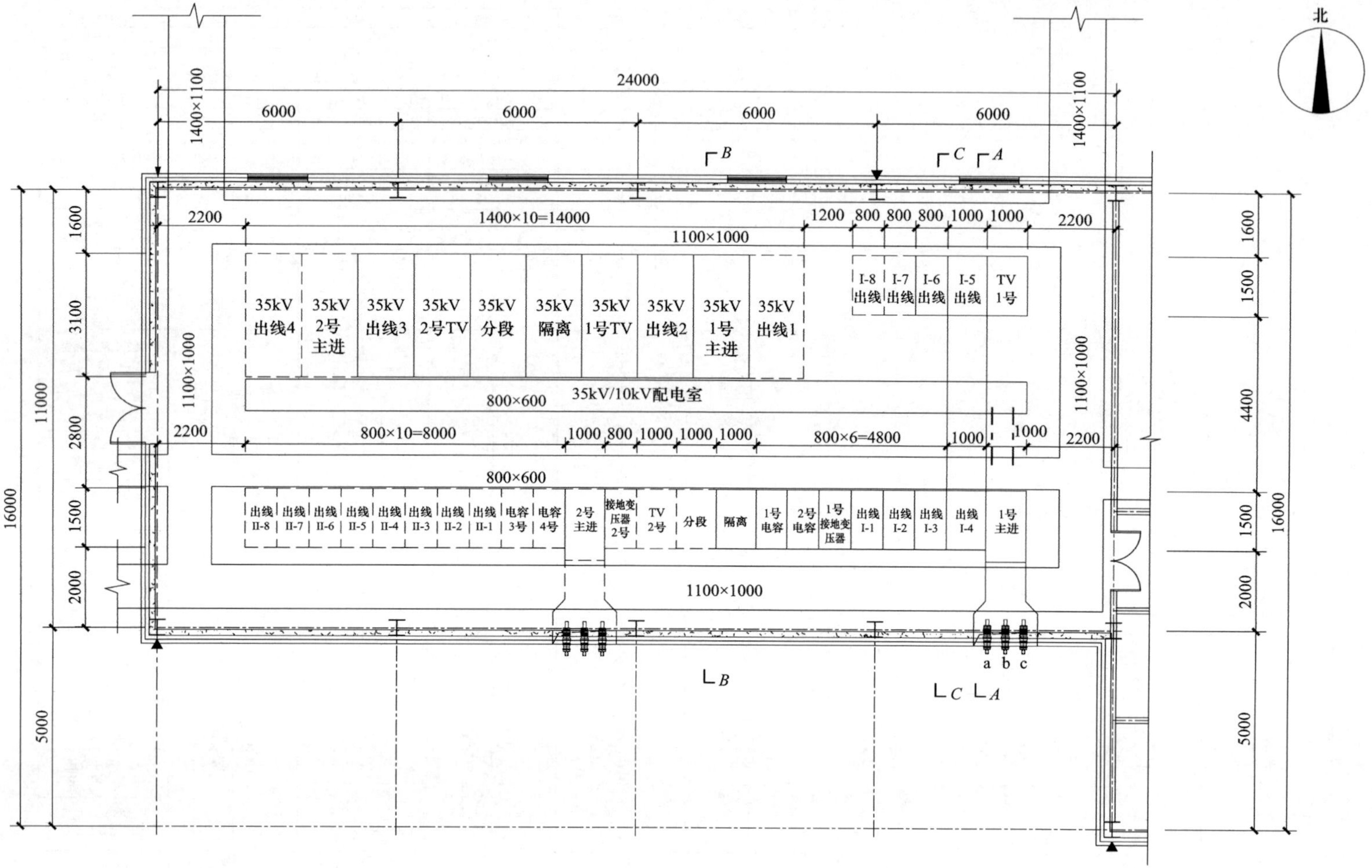


**主要设备材料表**

| 序号 | 名称 | 型号及规格 | 单位 | 数量 | 备注 | 序号 | 名称 | 型号及规格 | 单位 | 数量 | 备注 |
|---|---|---|---|---|---|---|---|---|---|---|---|
| 1 | 35kV 开关柜 | KYN−40.5，1250A，31.5kA | 台 | 1 | 主变压器进线柜 | 8 | 10kV 开关柜 | KYN−12，1250A，31.5kA | 台 | 6 | 馈线柜 |
| 2 | 35kV 开关柜 | KYN−40.5，1250A，31.5kA | 台 | 1 | 分段断路器柜 | 9 | 10kV 开关柜 | KYN−12，1250A，31.5kA | 台 | 2 | 电容器出线柜 |
| 3 | 35kV 开关柜 | KYN−40.5，1250A | 台 | 1 | 隔离柜 | 10 | 10kV 开关柜 | KYN−12，1250A，31.5kA | 台 | 1 | 接地变压器出线柜 |
| 4 | 35kV 开关柜 | KYN−40.5，1250A | 台 | 2 | 母线设备柜 | 11 | 10kV 开关柜 | KYN−12，1250A | 台 | 1 | 母线设备柜 |
| 5 | 35kV 开关柜 | KYN−40.5，1250A，31.5kA | 台 | 2 | 馈线柜 | 12 | 10kV 封闭母线桥 | 10kV 3150A | m | 3.5 | 进线母线桥 |
| 6 | 10kV 开关柜 | KYN−12，3150A，40kA | 台 | 1 | 主变压器进线柜 | 13 | 10kV 封闭母线桥 | 10kV 3150A | m | 9.5 | 联络母线桥 |
| 7 | 10kV 开关柜 | KYN−12，3150A | 台 | 1 | 隔离柜 | 14 | 穿墙套管 | CWW−24/2500 | 支 | 3 | |

**图 14.2.1−05 HA−35−E3−1 配电装置室平面布置图**

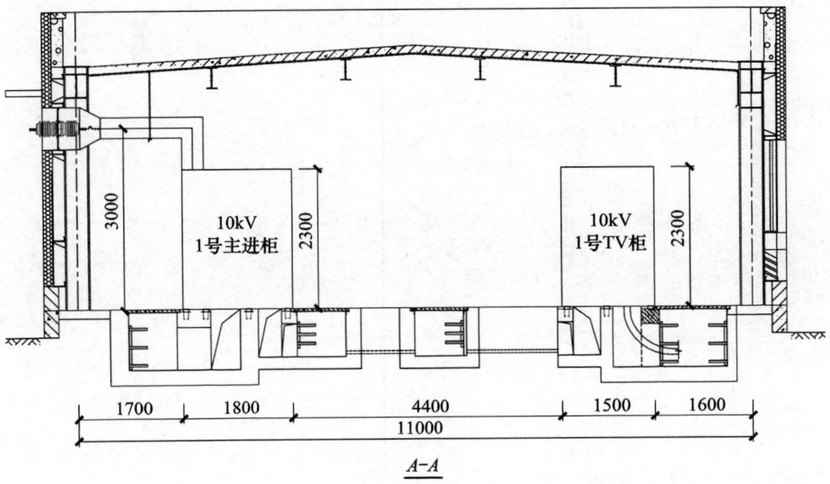


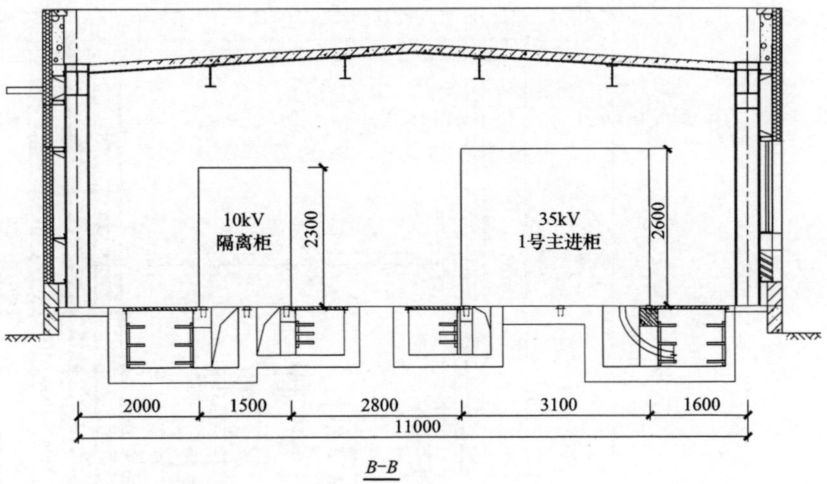


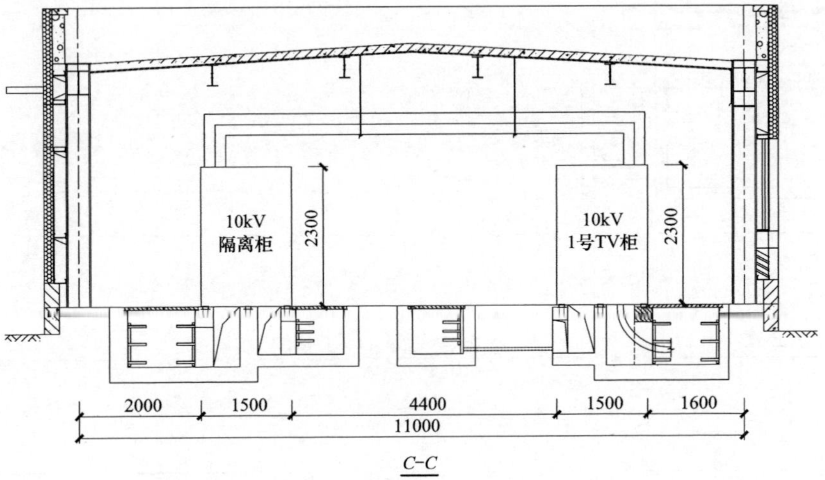


**图 14.2.1-06　HA-35-E3-1　35、10kV 配电装置断面图**

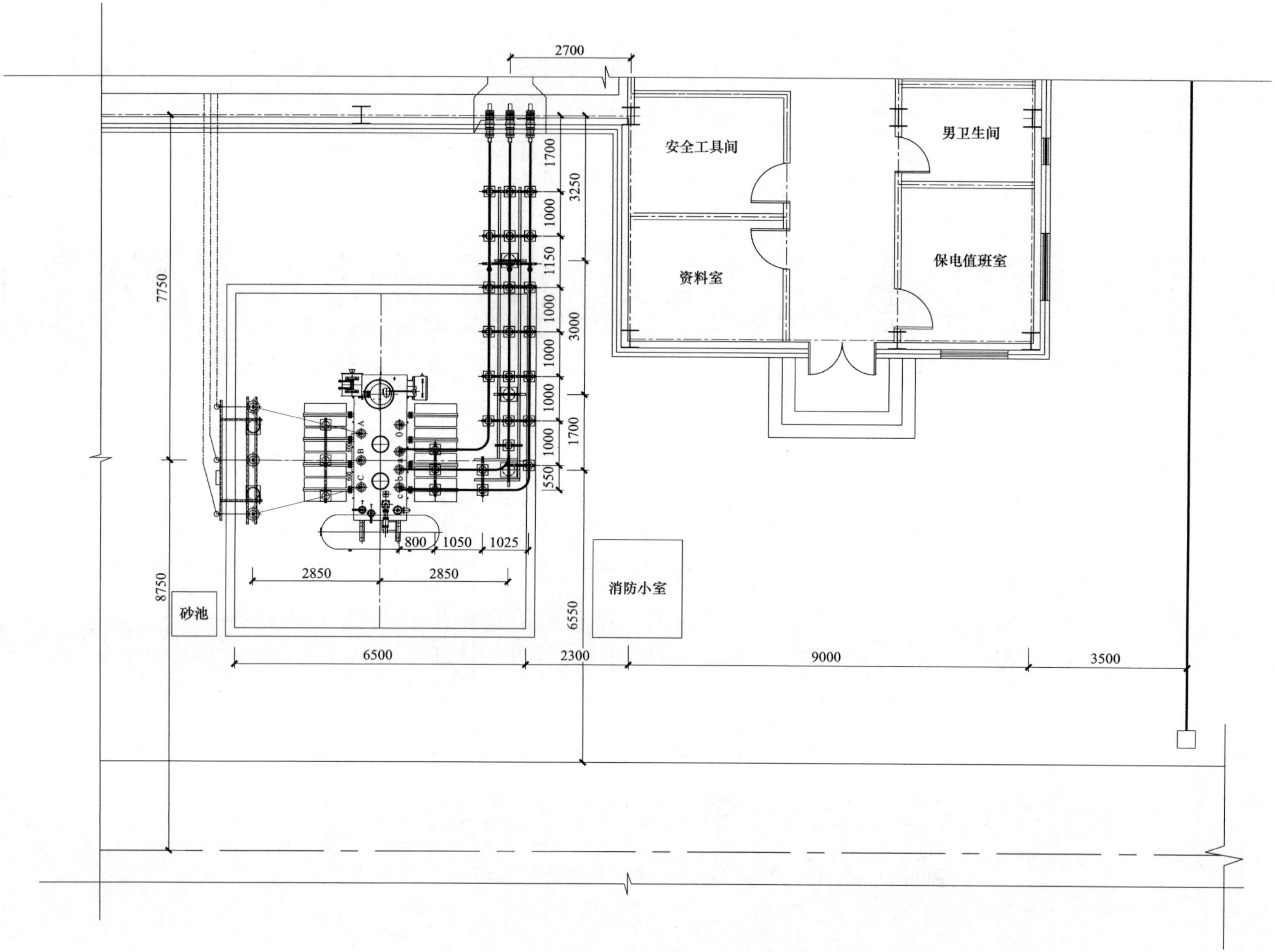


图 14.2.1-07 HA-35-E3-1 主变压器场地平面布置图

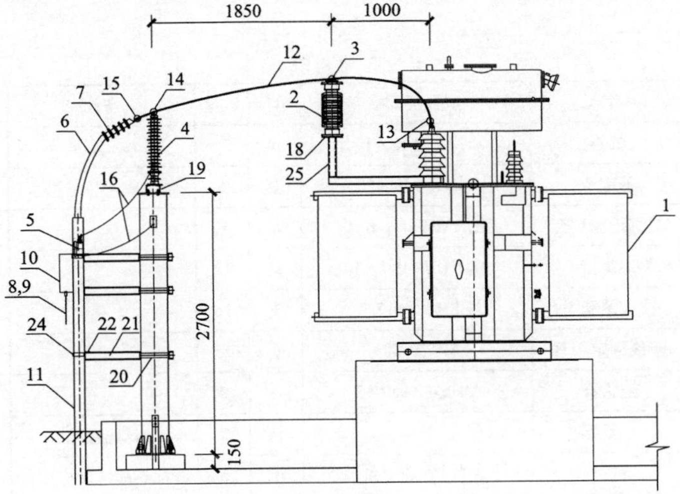

断面图

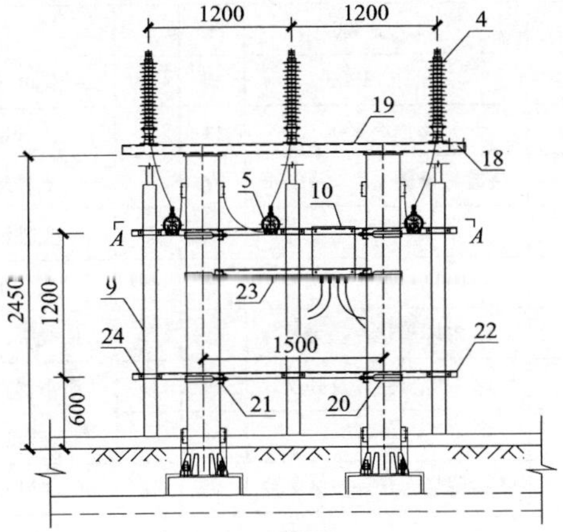

正视图

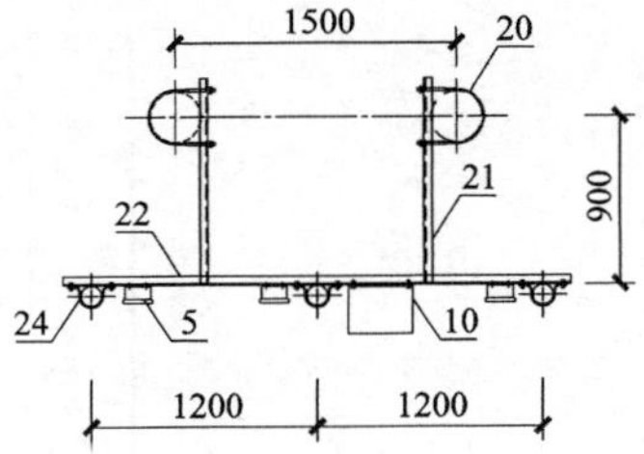

A-A

主要设备材料表

| 编号 | 名称 | 型号及规格 | 单位 | 数量 | 备注 |
|---|---|---|---|---|---|
| 1 | 主变压器 | SZ □ -10000/35 | 台 | 1 | |
| 2 | 支柱绝缘子 | ZSW-40.5/12.5 | 支 | 3 | |
| 3 | 母线固定金具 | MDG-5 | 套 | 3 | |
| 4 | 避雷器 | YH5WZ-51/134 | 台 | 3 | |
| 5 | 监测器 | | 台 | 3 | 避雷器配供 |
| 6 | 电力电缆 | YJV-26/35-1×300 | km | 0.18 | |
| 7 | 电缆终端 | 户外冷缩，铜，1×300 | 套 | 3 | |
| | | 户内冷缩，铜，1×300 | 套 | 3 | |
| 8 | 接地电缆 | YJV-8.7/10-1×150 | km | 0.012 | |
| 9 | 接线端子 | DT-150 | 个 | 8 | |
| 10 | 电缆接地保护箱 | | 台 | 1 | |
| 11 | 电缆保护管 | CPVC $\phi$100 | m | — | 列入电缆敷设卷册 |
| 12 | 钢芯铝绞线 | JL/G1A-300/25 | m | 12 | 配热缩绝缘护套 |
| 13 | 铜铝过渡设备线夹 | SYG-300/25 | 套 | 3 | 主变压器高压侧 |
| 14 | T 形线夹 | TY-300/25 | 套 | 3 | 避雷器用 |
| 15 | 铜铝过渡设备线夹 | SYG-300/25 | 套 | 3 | 35kV 电缆终端处 |
| 16 | 接地线 | BVR-50 | m | 12 | |
| 17 | 接线端子 | DT-50 | 个 | 12 | |
| 18 | 热镀锌钢板 | -10×250×250 | 块 | 3 | |
| 19 | 热镀锌槽钢 | [ 8，L=2850 | 根 | 2 | |
| 20 | 抱箍 | 热镀锌 | 个 | 6 | |
| 21 | 热镀锌槽钢 | [ 8，L=900 | 根 | 6 | |
| 22 | 热镀锌角钢 | ∠50×5，L=2700 | 根 | 2 | |
| 23 | 热镀锌角钢 | ∠50×5，L=1300 | 根 | 1 | |
| 24 | 铝排卡子 | -40×4，L=400 | 个 | 6 | |
| 25 | 方钢安装架 | 热镀锌 | 付 | 1 | 质量 20kg |
| 26 | 热镀锌螺栓 | M16 附螺母垫片及弹簧片 | 套 | 12 | 支柱绝缘子 |
| 27 | 热镀锌螺栓 | M10 附螺母垫片及弹簧片 | 套 | 9 | 避雷器 |
| 28 | 热镀锌螺栓 | M10 附螺母垫片及弹簧片 | 套 | 22 | 监测器、铝排卡子、接地箱 |
| 29 | 热镀锌螺栓 | M12 附螺母垫片及弹簧片 | 套 | 18 | 设备线夹 |
| 30 | 热镀锌扁钢 | -60×6 | m | — | 列入防雷接地卷册 |
| 31 | 热镀锌螺栓 | M12 附螺母垫片及弹簧片 | 套 | 4 | 接地端子 |

**图 14.2.1-08　HA-35-E3-1　主变压器 35kV 侧电缆进线安装图**

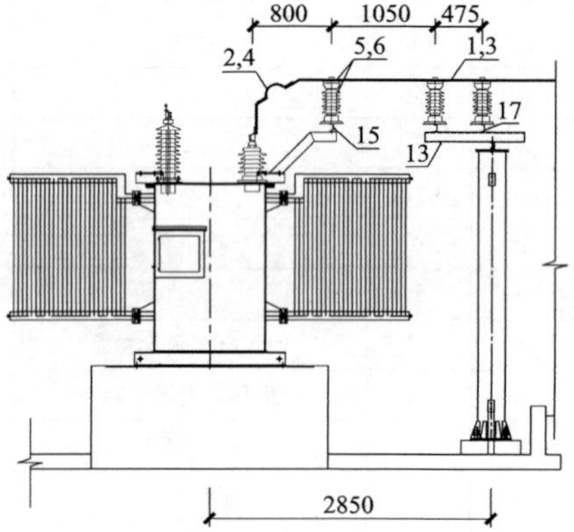


10kV母线桥断面图（一）

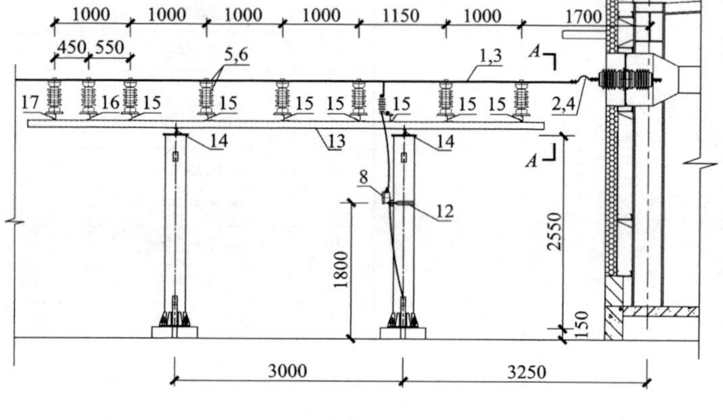


10kV母线桥断面图（二）

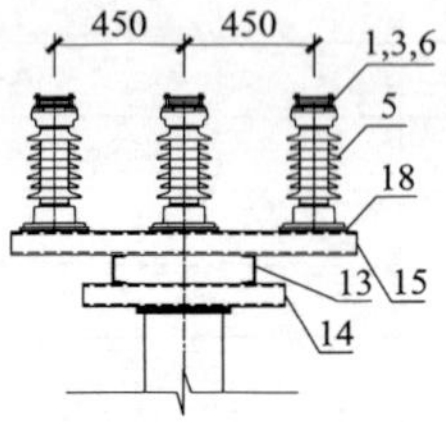


A–A

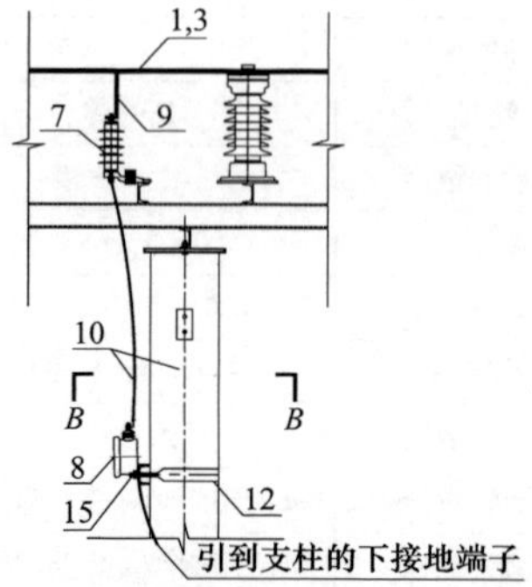


避雷器安装

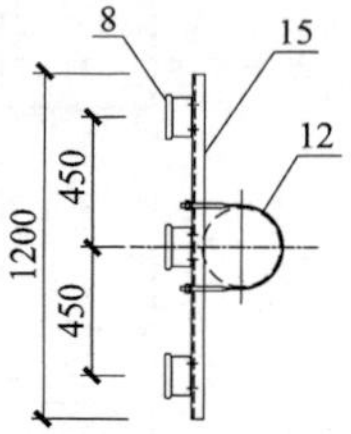


B–B

主要设备材料表

| 编号 | 名称 | 型号及规格 | 单位 | 数量 | 备注 |
|---|---|---|---|---|---|
| 1 | 铜排 | TMY−100×10 | m | 36 | |
| 2 | 伸缩节 | MST−100×10 | 套 | 6 | |
| 3 | 热缩绝缘护套 | 配 TMY−100×10 | m | 36 | |
| 4 | 热缩绝缘接头盒 | 配 TMY−100×10 | 只 | 12 | |
| 5 | 支柱绝缘子 | ZSW−24/12.5 | 支 | 25 | |
| 6 | 母线固定金具 | MWP−103 | 套 | 25 | |
| 7 | 避雷器 | YH5WZ−17/45 | 台 | 3 | |
| 8 | 计数器 | | 台 | 3 | 避雷器配供 |
| 9 | 铜排 | TMY−30×4 | m | 3 | 配热缩绝缘护套 |
| 10 | 接地线 | BVR−50 | m | 12 | |
| 11 | 接线端子 | DT−50 | 个 | 12 | |
| 12 | 抱箍 | 热镀锌 | 个 | 1 | |
| 13 | 桥架主梁 | 热镀锌槽钢［10 | m | 18 | 桥架 |
| 14 | 热镀锌槽钢 | ［8，*L*=700 | 根 | 3 | |
| 15 | 热镀锌槽钢 | ［8，*L*=1200 | 根 | 8 | 支柱绝缘子、避雷器 |
| 16 | 热镀锌槽钢 | ［8，*L*=600 | 根 | 2 | 支柱绝缘子 |
| 17 | 槽钢支架 | 热镀锌槽钢［8，*L*=1600 | 套 | 1 | 支柱绝缘子 |
| 18 | 热镀锌钢板 | −10×240×240 | 块 | 25 | 支柱绝缘子 |
| 19 | 热镀锌螺栓 | M16 附螺母垫片及弹簧片 | 套 | 100 | 支柱绝缘子 |
| 20 | 热镀锌螺栓 | M12 附螺母垫片及弹簧片 | 套 | 72 | 接线板、伸缩节 |
| 21 | 热镀锌螺栓 | M12 附螺母垫片及弹簧片 | 套 | 15 | 避雷器、计数器 |
| 22 | 热镀锌扁钢 | −60×6 | m | − | 列入防雷接地卷册 |
| 23 | 热镀锌螺栓 | M12 附螺母垫片及弹簧片 | 套 | 12 | 接地端子 |

**图 14.2.1−09　HA−35−E3−1　主变压器及 10kV 母线桥断面布置图**

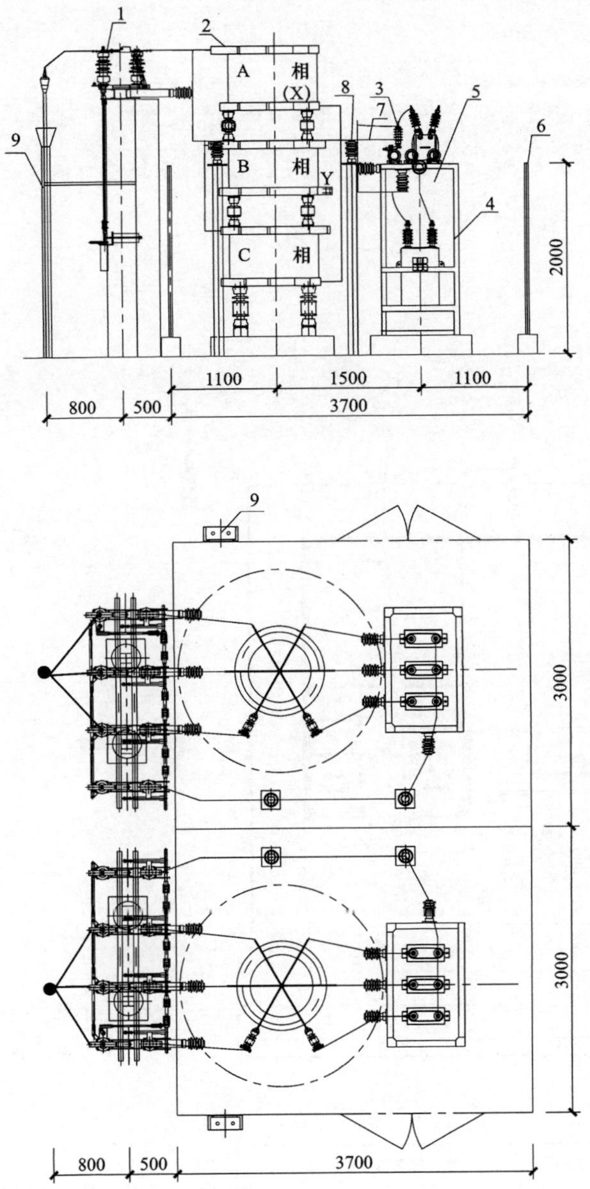


图 14.2.1−10　HA−35−E3−1　1Mvar 电容器平、断面图

主要设备材料表

| 编号 | 名称 | 型号及规格 | 单位 | 数量 | 备注 |
|---|---|---|---|---|---|
| 1 | 单接地隔离开关 | GW4−12D/1250−4 | 台 | 2 | 配套供货 |
| 2 | 串联电抗器 | CKDK−16.7/10−5 | 台 | 6 | 配套供货 |
| 3 | 氧化锌避雷器 | YH5WR−17/46 | 台 | 6 | 附监测仪 |
| 4 | 并联电容器 | BAM11/$\sqrt{3}$−334−1W | 台 | 6 | 配套供货 |
| 5 | 放电线圈 | FDGE11/$\sqrt{3}$−4−1W | 台 | 6 | 配套供货 |
| 6 | 不锈钢围网 | 高 1.8m 及 2.5m | 套 | 2 | 配套供货 |
| 7 | 铜母线 | TMY−50×5（配热缩套） | 套 | 2 | 配套供货 |
| 8 | 绝缘子 | ZSW−20/8 | 套 | 2 | 配套供货 |
| 9 | 端子箱 |  | 套 | 2 | 配套供货 |

说明：1. 厂家配套供货的零部件不再列入总设备材料表。

2. 电气应密切配合土建施工。

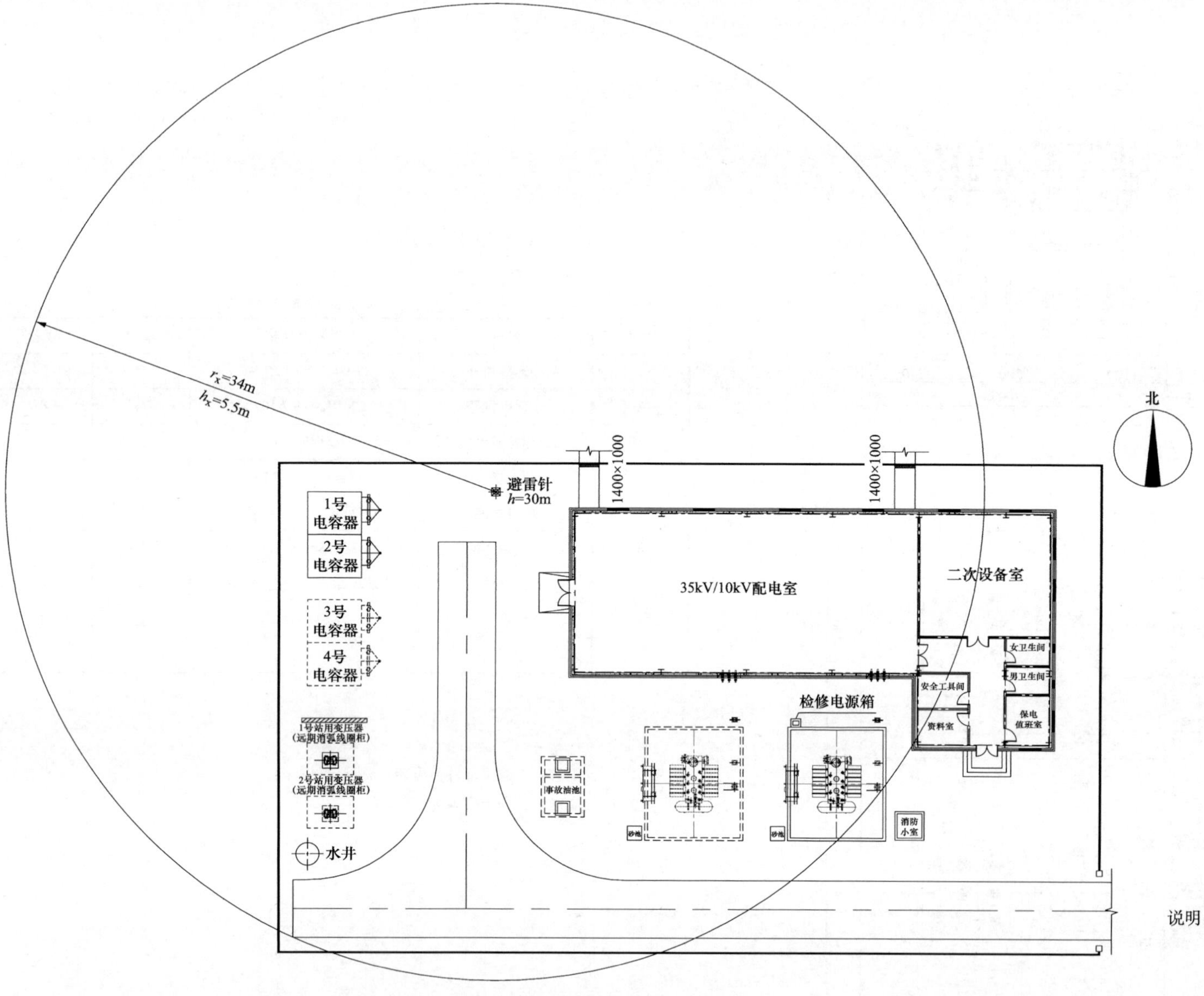


说明：经校验，综合楼建筑需设置屋顶避雷带进行防雷保护。

避雷针保护范围计算结果

| 避雷针编号 | 避雷针高度（m） | 被保护物高度 $h_x$（m） | 避雷针有效高度 $h_a$（m） | 单针保护半径 $r_x$（m） |
|---|---|---|---|---|
| 1号 | 30 | 5.5 | 24.5 | 34 |

图 14.2.1-11　HA-35-E3-1　防直击雷保护图

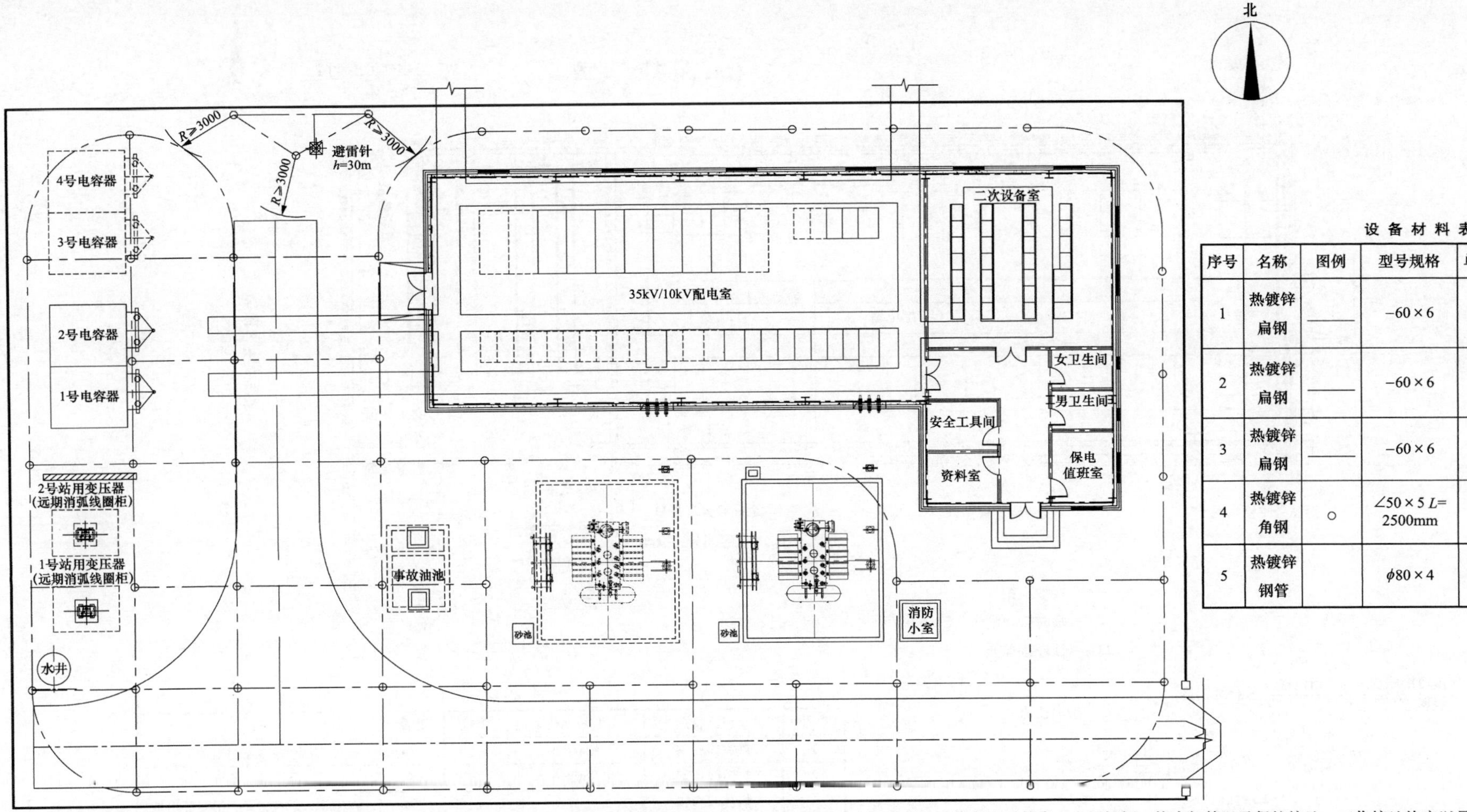


**设备材料表**

| 序号 | 名称 | 图例 | 型号规格 | 单位 | 数量 | 备注 |
|---|---|---|---|---|---|---|
| 1 | 热镀锌扁钢 | —— | −60×6 | m | 800 | 主接地网、帽檐均压带、避雷针接地 |
| 2 | 热镀锌扁钢 | —— | −60×6 | m | 100 | 户外设备、支架等接地引线 |
| 3 | 热镀锌扁钢 | —— | −60×6 | m | 120 | 户外电缆沟接地 |
| 4 | 热镀锌角钢 | ○ | ∠50×5 $L$=2500mm | 根 | 70 | 垂直接地极 |
| 5 | 热镀锌钢管 | | $\phi$80×4 | m | 10 | |

说明：1. 本图仅表示全站主接地网、水平接地极及垂直接地极的平面布置。图中所有屋外电气设备、电缆支架、设备基础槽钢、设备金属外壳、金属门框、构支架等以及保护接地、工作接地均应以最短距离与主接地网可靠连接在一起。

2. 主接地网敷设完毕后，应实测接地网接地电阻，若大于 0.5Ω，则应加装接地极或采取其他措施，直到满足为止。

3. 独立避雷针设单独的集中接地装置，与主接地网的地中距离不小于 3m；独立避雷针的集中接地装置接地电阻应满足不大于 10Ω 的要求，若不满足要求，采取换土或其他降阻措施，直到满足要求为止。

4. 本期主要电气设备（主变压器、站用变压器、避雷器、电容器）均应有两处采用接地线与主接地网不同干线连接，引下线设置如下：主变压器用双引下线；π 型设备支架每柱采用单引下线；10kV 母线桥支架采用单引下线。

5. 电缆沟内设通长扁钢与电缆支架焊接，每隔 20m 引出与主接地网可靠连接。

6. 屋顶做屋顶避雷带，引下线共 8 处，屋顶避雷带沿墙体暗敷的引下线施工时注意避开门窗、雨水管及其他预留洞口等，距地面 1.5m 处设置断接卡。

**图 14.2.1−12　HA−35−E3−1　室外接地网布置图**

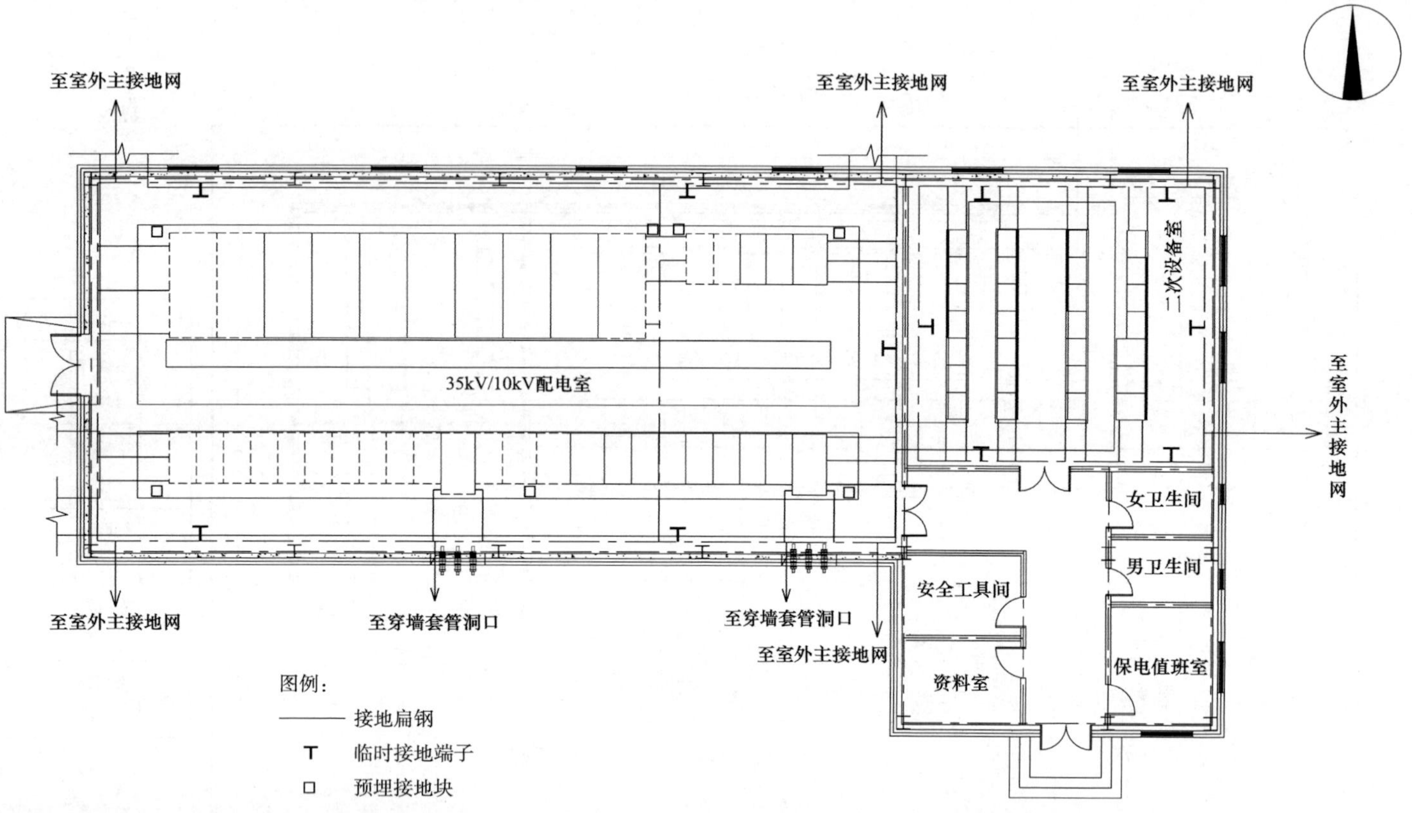


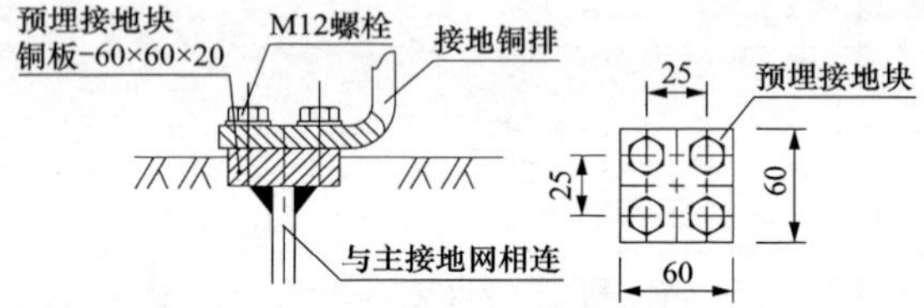


接地块安装示意图

说明：1. 配电装置用房室内接地干线沿地面暗敷，采用膨胀螺栓固定，在接地线跨越建筑物伸缩缝时，应加装补偿器，补偿器采用接地线本身弯成弧状代替。

2. 临时接地端子采用埋设于墙体内的接地端子盒形式。盒体底部距离室内地面高度统一为 0.3m。

3. 轴流风机、穿墙套管、钢制桥架、所有低压配电箱、各种预埋件及照明设备等需接地的设备均需暗敷 −60×6 接地扁钢与室内接地环网可靠连接。

设 备 材 料 表

| 序号 | 设备名称 | 型号规格 | 单位 | 数量 | 备注 |
|---|---|---|---|---|---|
| 1 | 热镀锌扁钢 | −60×6 | m | 170 | 接地环网及引出线 |
| 2 | 热镀锌扁钢 | −60×6 | m | 150 | 设备基础接地 |
| 3 | 热镀锌扁钢 | −60×6 | m | 70 | 配电箱、穿墙套管、吊架等接地 |
| 4 | 热镀锌扁钢 | −60×6 | m | 170 | 户内电缆沟接地 |
| 5 | 临时接地端子 | 带保护盒 | 个 | 11 | 参照标准工艺 0101011306−T1 |
| 6 | 膨胀螺栓 | M8×60 不锈钢 | 个 | 180 | |
| 7 | 热镀锌钢管 | $\phi$80×4 | m | 10 | |
| 8 | 绝缘铜线 | BVR−50 | m | 10 | 框架柱接地 |
| 9 | 铜线鼻 | 配 BVR−50 | 个 | 32 | |
| 10 | 预埋接地块 | 铜板 −60×60×20 | 个 | 7 | 开关柜接地 |
| 11 | 接地铜排 | TMY−50×5 | m | 5 | 开关柜接地 |
| 12 | 热镀锌螺栓 | M12 附螺母垫片 | 套 | 28 | |

图 14.2.1−13　HA−35−E3−1　室内接地网布置图

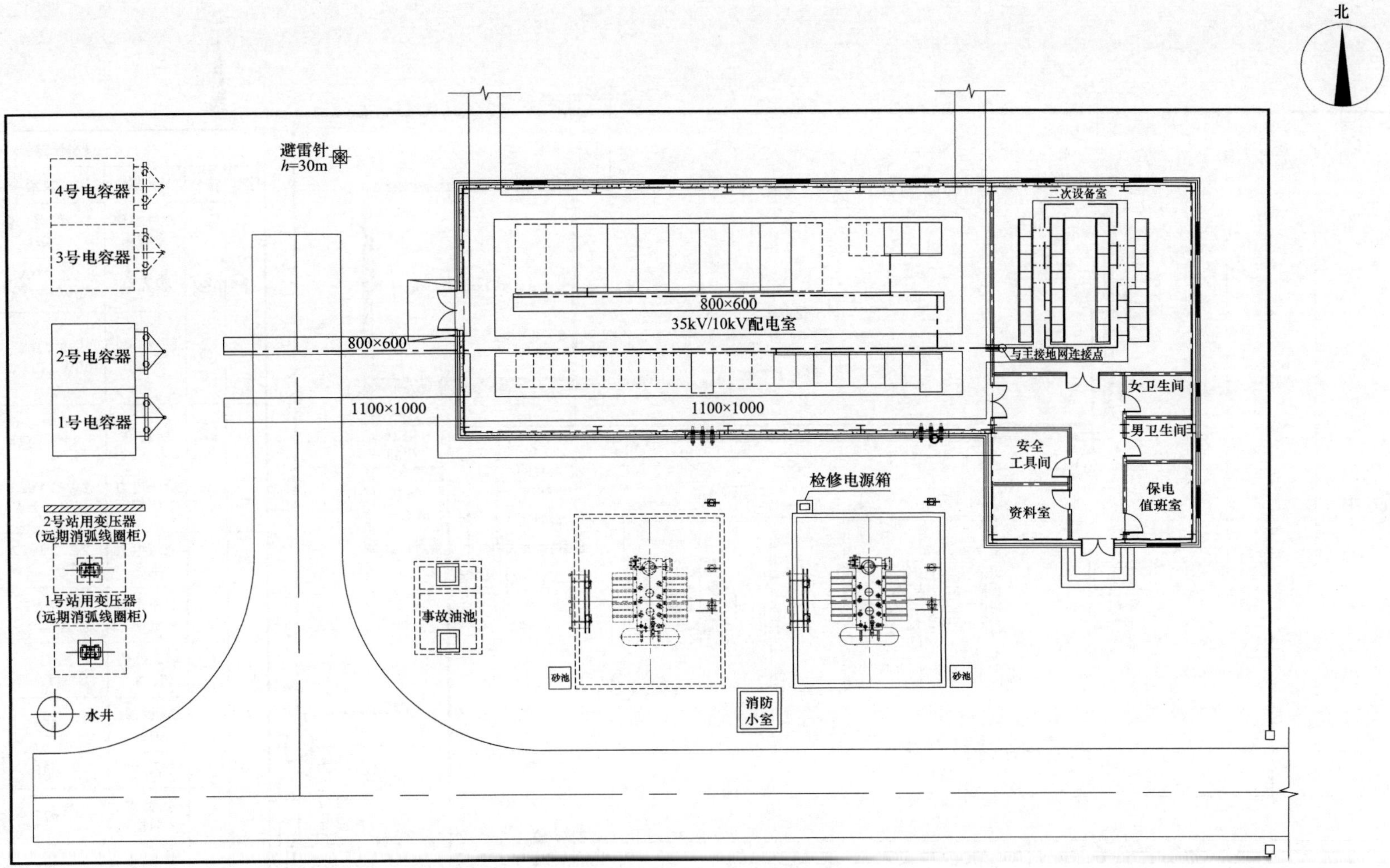


说明：二次等电位敷设严格执行河南省《国家电网公司十八项电网重大反事故措施》等相关规定。在二次设备室、敷设二次电缆的沟道、开关场的就地控制柜处，使用截面积不小于 $100mm^2$ 的铜排（或铜缆）敷设成等电位接地网并与主接地网紧密连接。

1. 在二次设备室的电缆沟内，按屏柜布置方向敷设首尾相连的 4×25 接地铜排，形成二次设备室内的等电位接地网。该接地网与主接地网只能存在唯一的连接点，用至少四根以上、截面积不小于 $50mm^2$ 的接地铜缆共点连接。
2. 二次屏柜下部设有截面积不少于 $100mm^2$ 的接地铜排，屏柜上装置的接地端子使用截面积不小于 $4mm^2$ 的多股铜线与接地铜排相连。接地铜排采用截面积不小于 $50mm^2$ 的接地铜缆与二次设备室的等电位接地网相连。
3. 高压开关柜下部设有截面积不少于 $100mm^2$ 的接地铜排，柜上装置的接地端子使用截面积不小于 $4mm^2$ 的多股铜线与接地铜排相连。接地铜排采用截面积不小于 $100mm^2$ 的接地铜缆与二次设备室的等电位接地网相连，同时采用截面积不小于 $100mm^2$ 的接地铜缆与主接地网相连。

设 备 材 料 表

| 序号 | 名称 | 图例 | 型号规格 | 单位 | 数量 | 备注 |
|---|---|---|---|---|---|---|
| 1 | 接地铜缆 | —— | VV−1×50 | m | 20 | |
| 2 | 接地铜缆 | —·— | VV−1×120 | m | 65 | |
| 3 | 接地铜排 | — — | TMY−25×4 | m | 60 | |
| 4 | 低压支柱绝缘子 | | | 个 | 75 | |

图 14.2.1−14 HA−35−E3−1 二次等电网接地网布置图

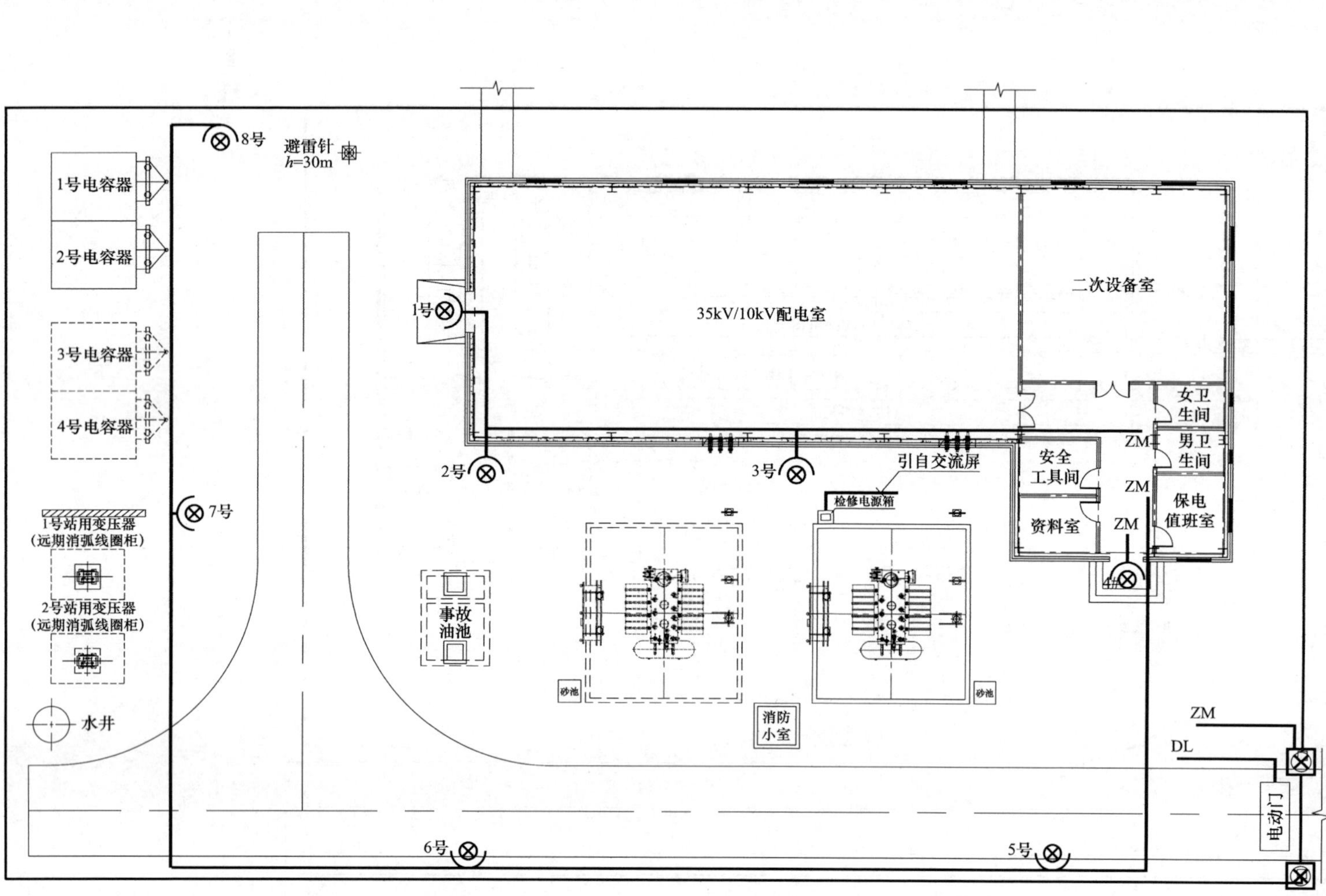


| 设备材料表 | | | | | | |
|---|---|---|---|---|---|---|
| 序号 | 符号 | 名称 | 规范 | 单位 | 数量 | 备注 |
| 1 | ▣ | 户外检修电源箱 | 12 回路，落地式 | 台 | 1 | |
| 2 | ⊗ | 投光灯 | AC 220V，150W LED 灯具 | 套 | 4 | 女儿墙布置 |
| 3 | ⊗ | 投光灯 | AC 220V，150W LED 灯具 | 套 | 4 | 配 1.5m 不锈钢灯杆 |
| 4 | ⊠ | 门柱灯 | AC 220V，60W LED 灯具 | 套 | 2 | |
| 5 | | 低压电力电缆 | ZC−YJV22−1.0−4×35 | m | 30 | 户外检修电源箱 |
| 6 | | 低压电力电缆 | ZC−YJV22−1.0−5×6 | m | 70 | 水泵 |
| 7 | | 低压电力电缆 | ZC−VV22−1.0−2×4 | m | 260 | 户外照明干线 |
| 8 | | 铜芯绝缘电线 | ZC−BV−1.0−2.5 | m | 100 | 户外照明支线 |
| 9 | | 热镀锌钢管 | $\phi$50 | m | 10 | |
| 10 | | PVC 管 | $\phi$25 | m | 300 | |
| 11 | | 热镀锌钢管 | $\phi$25 | m | 20 | |
| 12 | | PVC 管 | $\phi$32 | m | 50 | |
| 13 | | 热镀锌钢管 | $\phi$32 | m | 20 | |
| 14 | | 分线盒 | | 个 | | 足量配置 |
| 设备材料表（消防相关部分） | | | | | | |
| 1 | | 铜芯绝缘电线 | WDZN−BYJ−1.0−4 | m | 200 | 电动大门 |
| 2 | | 热镀锌钢管 | $\phi$25 | m | 40 | |

说明：1. 室外照明主干线及电动大门电源线沿电缆沟道并结合穿管敷设。
2. 35kV 配电区投光灯安装在 1.5m 高钢制灯柱上，灯头方向可自由调整。
3. 屋顶投光灯布置于女儿墙墙顶，灯头方向可自由调整。
4. 照明灯具灯杆均应可靠接地。
5. 投光灯位置可根据现场实际情况适当调整。

**图 14.2.1−15　HA−35−E3−1　户外照明布置图**

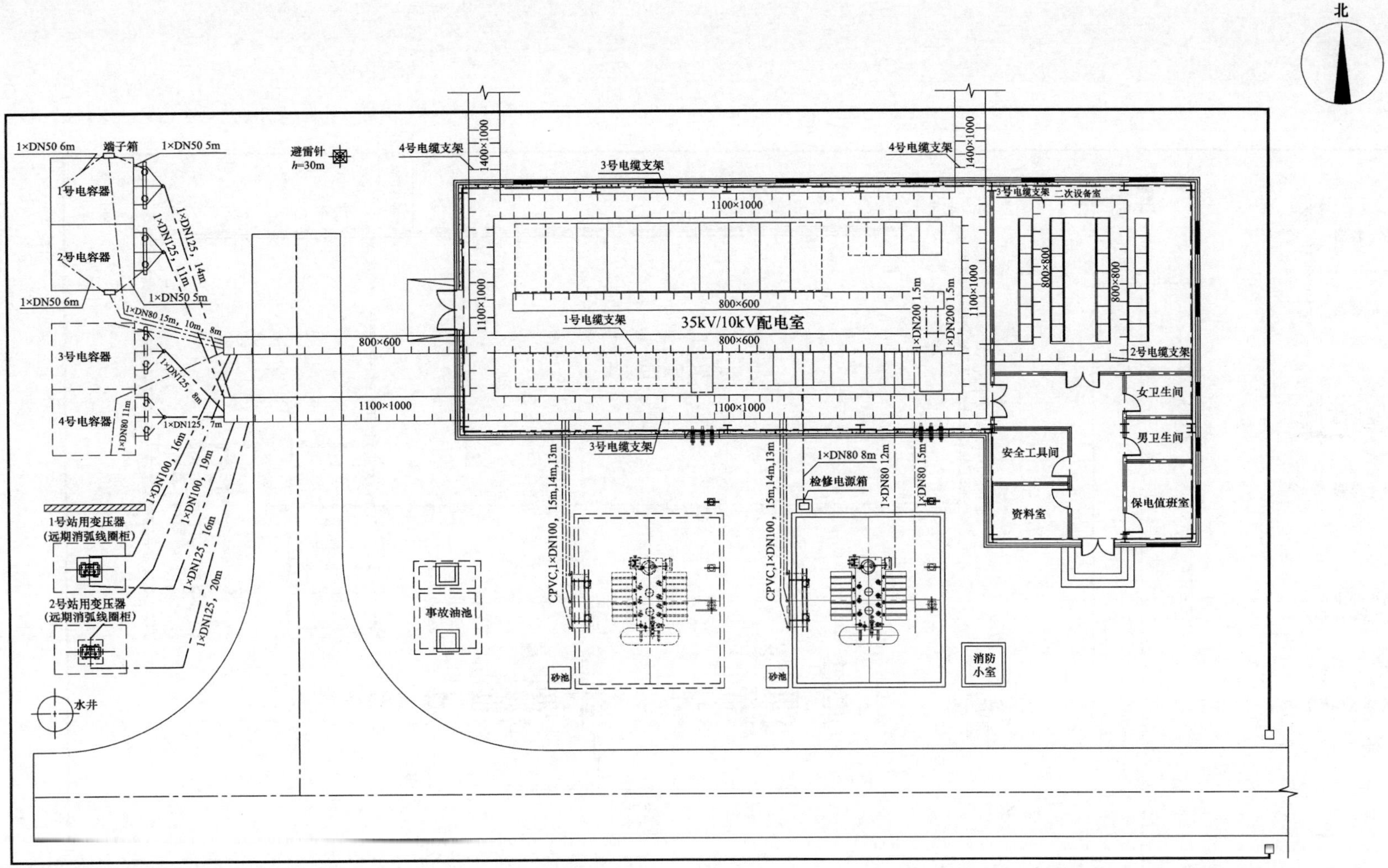


## 电缆支架清册

| 序号 | 名称 | 规格型号 | 单位 | 数量 | 备注 |
|---|---|---|---|---|---|
| 1 | 1 号电缆支架 | ZJ-3×300 | 副 | 70 | 户内 800×600 电缆沟 |
| 2 | 2 号电缆支架 | ZJ-4×300 | 副 | 30 | 户内 800×800 电缆沟 |
| 3 | 3 号电缆支架 | ZJ-3×300 | 副 | 160 | 户内 1100×1000 电缆沟 |
| 4 | 4 号电缆支架 | ZJ-3×450 | 副 | 20 | 户外 1400×1000 电缆沟 |

## 电缆埋管统计表

| 序号 | 名称 | 规格型号 | 单位 | 数量 | 备注 |
|---|---|---|---|---|---|
| 1 | CPVC 管 | DN100 | m | 84 | 35kV 电力电缆 |
| 2 | 热镀锌钢管 | DN125 | m | 76 | 10kV 电力电缆 |
| 3 | 热镀锌钢管 | DN100 | m | 25 | 站用变压器低压电缆 |
| 4 | 热镀锌钢管 | DN80 | m | 80 | |
| 5 | 热镀锌钢管 | DN50 | m | 22 | |
| 6 | 热镀锌钢管 | DN200 | m | 3 | |

**图 14.2.1-16　HA-35-E3-1　电缆敷设设施平面布置图**

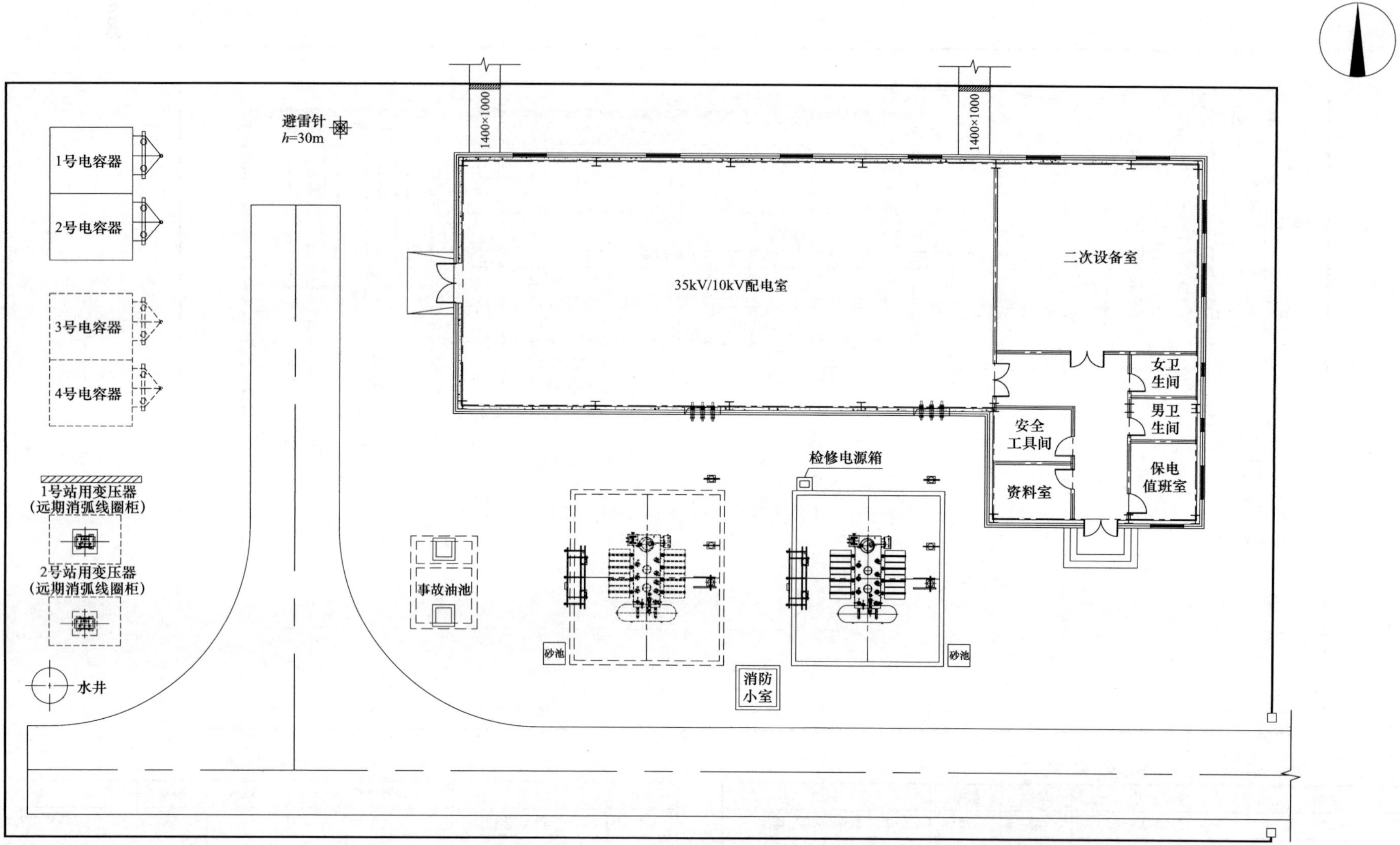


电缆沟封堵及层间防火隔板统计表

| 序号 | 名称 | 图例 | 规格型号 | 单位 | 数量 | 备注 |
|---|---|---|---|---|---|---|
| 1 | 电缆沟阻火墙 | ▨ | 1400×1000 | 个 | 2 | |

图 14.2.1-17 HA-35-E3-1 站区防火封堵布置图

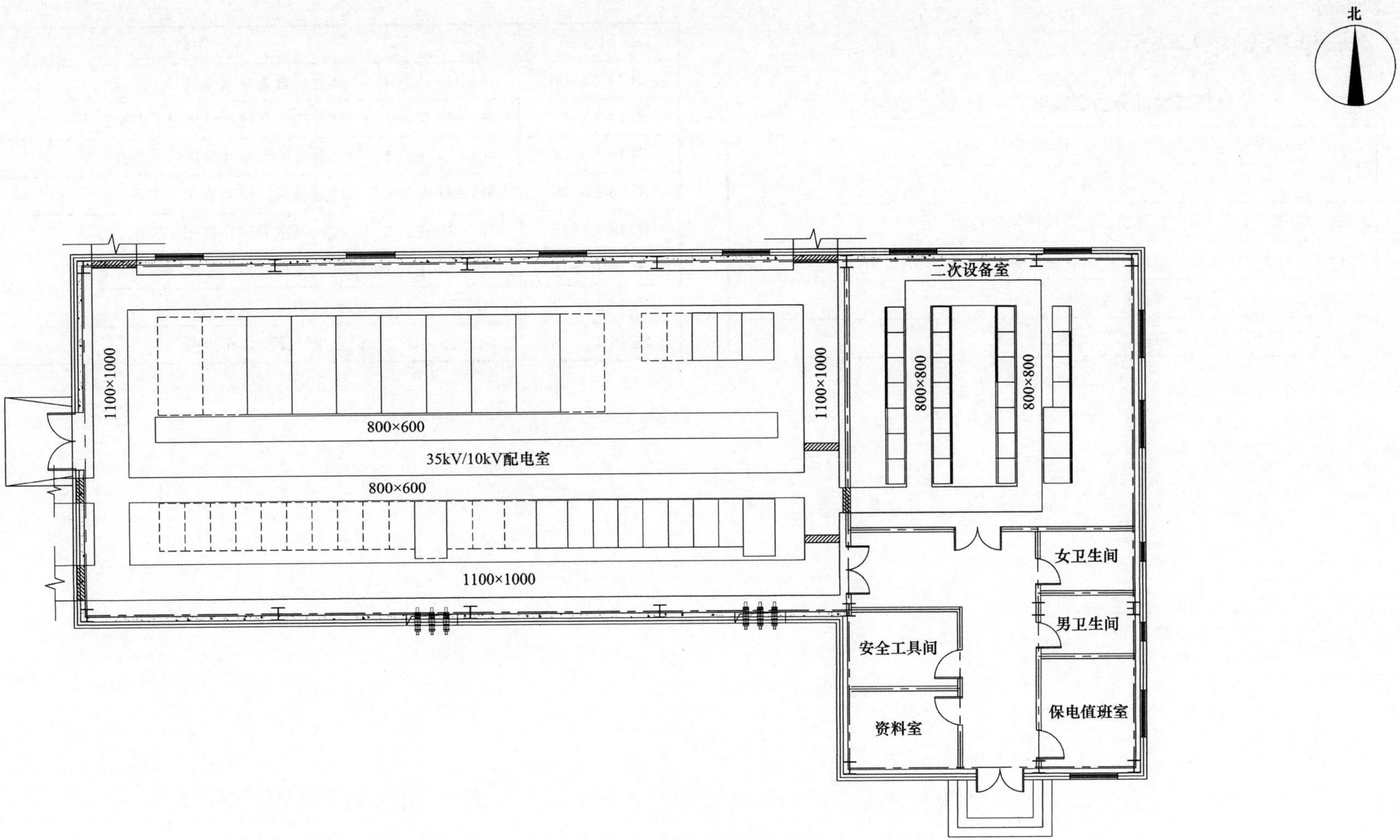


电缆沟封堵及层间防火隔板统计表

| 序号 | 名称 | 图例 | 规格型号 | 单位 | 数量 | 备注 |
|---|---|---|---|---|---|---|
| 1 | 电缆沟阻火墙 | ▨ | 800×600 | 个 | 1 | |
| 2 | 电缆沟阻火墙 | ▨ | 800×800 | 个 | 1 | |
| 3 | 电缆沟阻火墙 | ▨ | 1100×1000 | 个 | 3 | |
| 4 | 电缆沟阻火墙 | ▨ | 1400×1000 | 个 | 2 | |
| 5 | 层间防火隔板 | | 1600×300×100，翻边 80mm | m | 50 | 室内二次电缆沟 |
| 6 | 层间防火隔板 | | 1600×300×100，翻边 50mm | m | 50 | 室内二次电缆沟 |

**图 14.2.1-18　HA-35-E3-1　配电室防火封堵图**

### 14.2.2　电气二次部分

电气二次部分主要图纸见表 14.2.2-1。

**表 14.2.2-1　　　　电气二次部分主要图纸**

| 图号 | 图名 |
|---|---|
| 图 14.2.2-01 | HA-35-E3-1　继电保护配置示意图 |
| 图 14.2.2-02 | HA-35-E3-1　变电站计算机监控系统网络结构图 |
| 图 14.2.2-03 | HA-35-E3-1　变电站站控层 / 间隔层网络交换机联系示意图 |
| 图 14.2.2-04 | HA-35-E3-1　主变压器保护配置图 |
| 图 14.2.2-05 | HA-35-E3-1　一体化电源系统接线图（方案一） |
| 图 14.2.2-06 | HA-35-E3-1　一体化电源系统接线图 1（方案二） |
| 图 14.2.2-07 | HA-35-E3-1　一体化电源系统接线图 2（方案二） |
| 图 14.2.2-08 | HA-35-E3-1　一体化电源系统接线图 3（方案二） |
| 图 14.2.2-09 | HA-35-E3-1　二次设备室屏位布置图（方案一） |
| 图 14.2.2-10 | HA-35-E3-1　二次设备室屏位布置图（方案二） |
| 图 14.2.2-11 | HA-35-E3-1　辅助设备智能监控系统结构示意图 |
| 图 14.2.2-12 | HA-35-E3-1　火灾自动报警系统配置图 |
| 图 14.2.2-13 | HA-35-E3-1　火灾报警探测器布点图 |

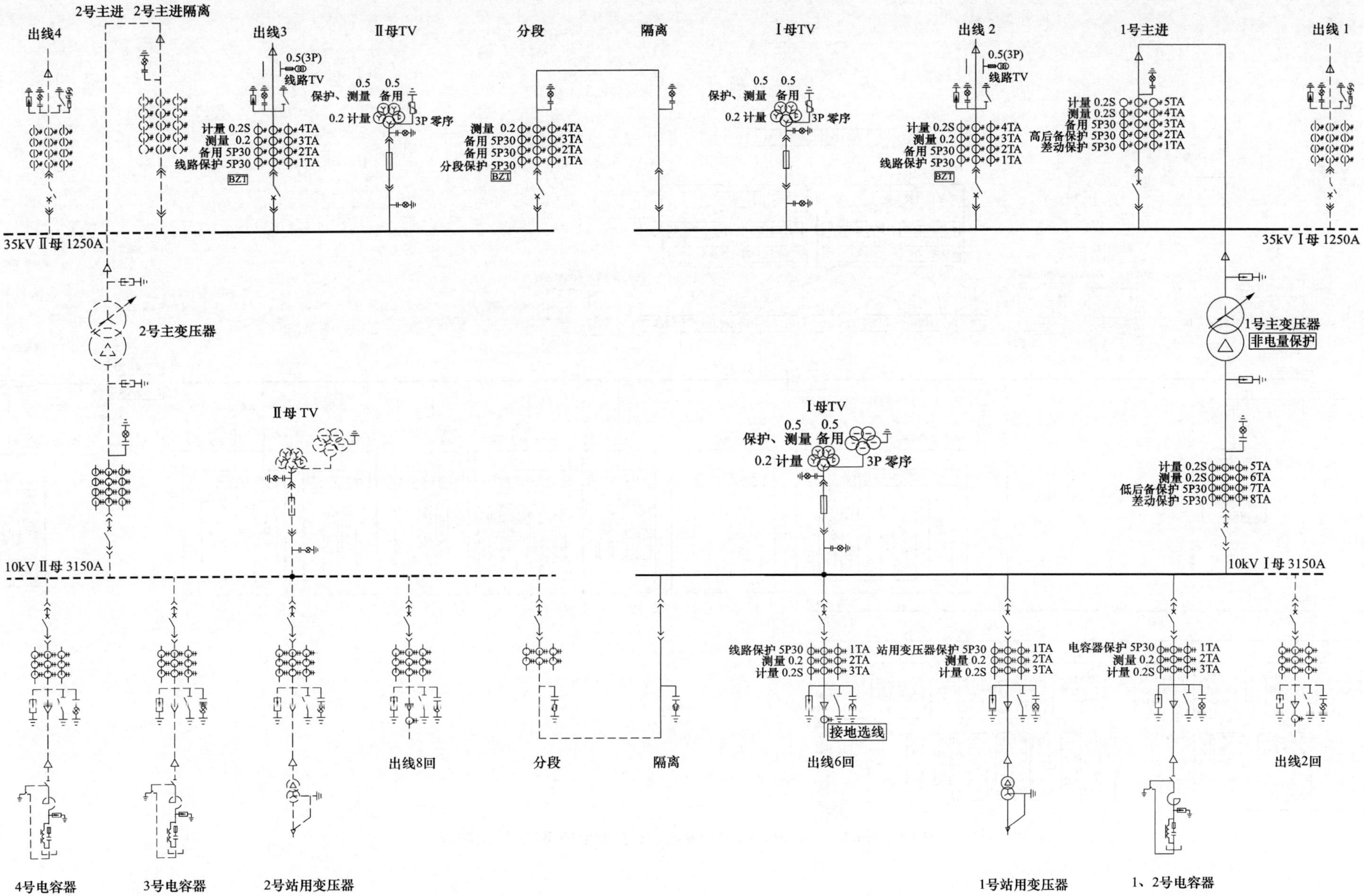


说明：1. 实线部分为本期工程，虚线部分为远期工程。

2. 接地选线功能本期由微机保护装置及监控系统实现，远期由消弧线圈成套控制设备自带接地选线功能实现。

**图 14.2.2-01　HA-35-E3-1　继电保护配置示意图**

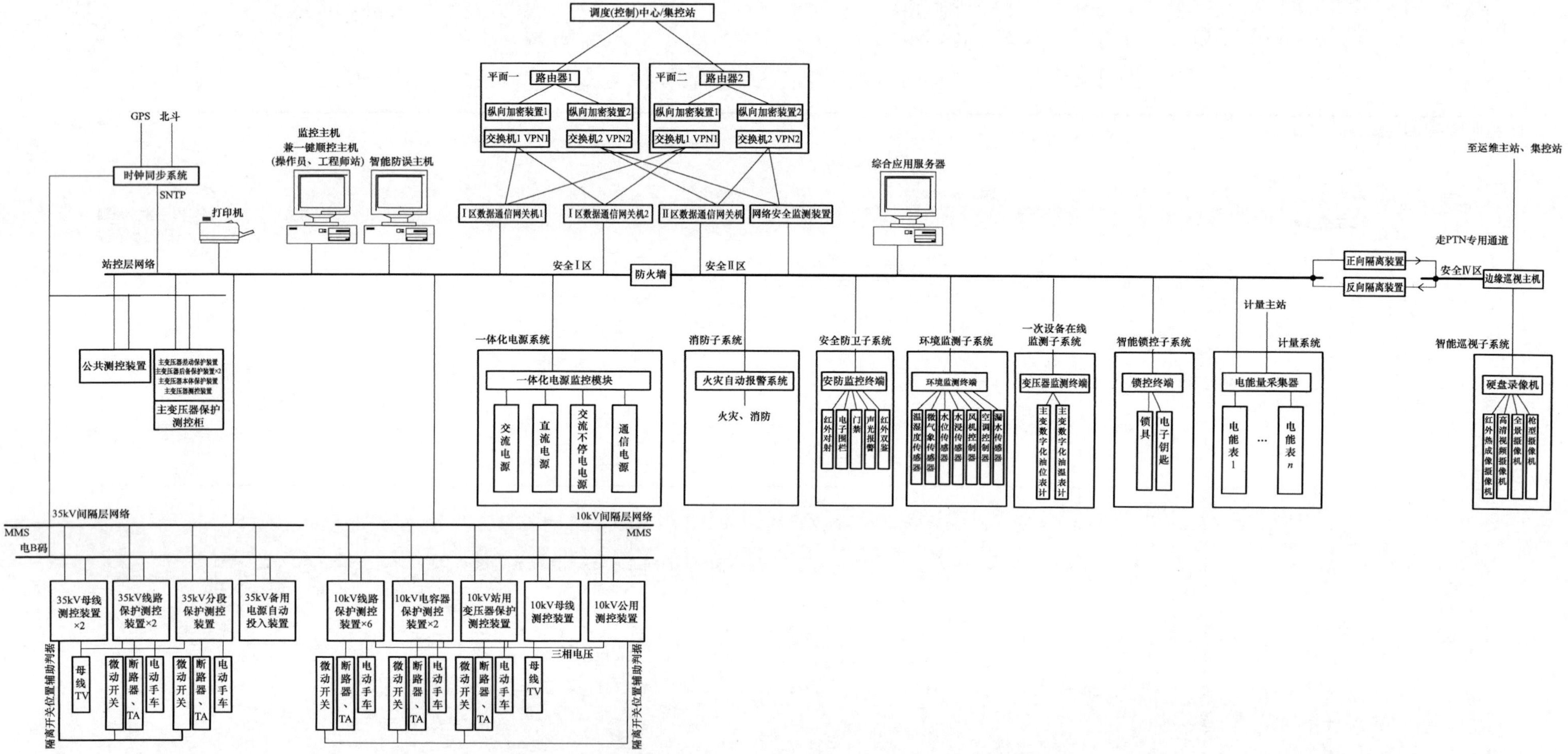


**图 14.2.2-02　HA-35-E3-1　变电站计算机监控系统网络结构图**

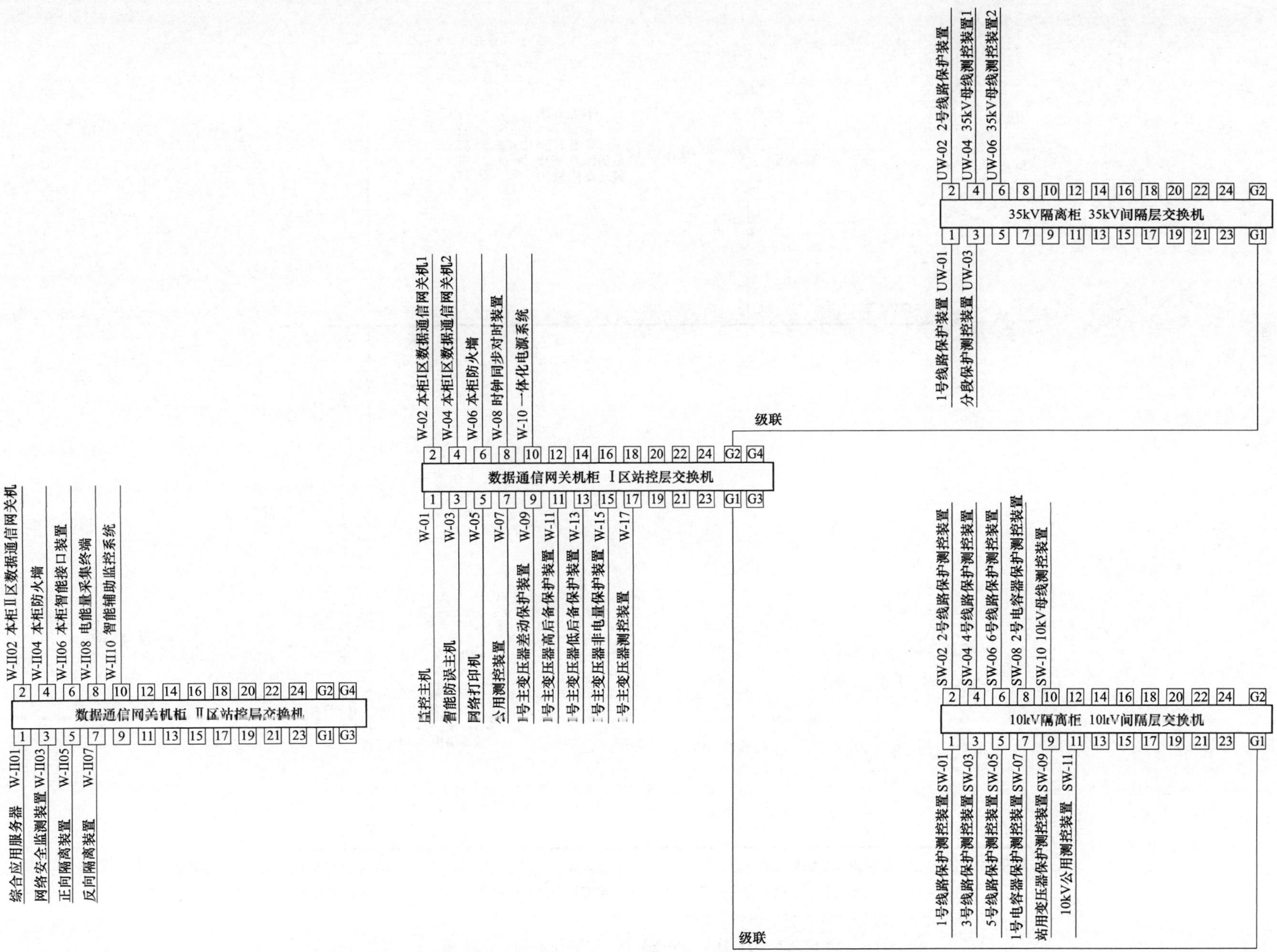


**图 14.2.2-03 HA-35-E3-1 变电站站控层 / 间隔层网络交换机联系示意图**

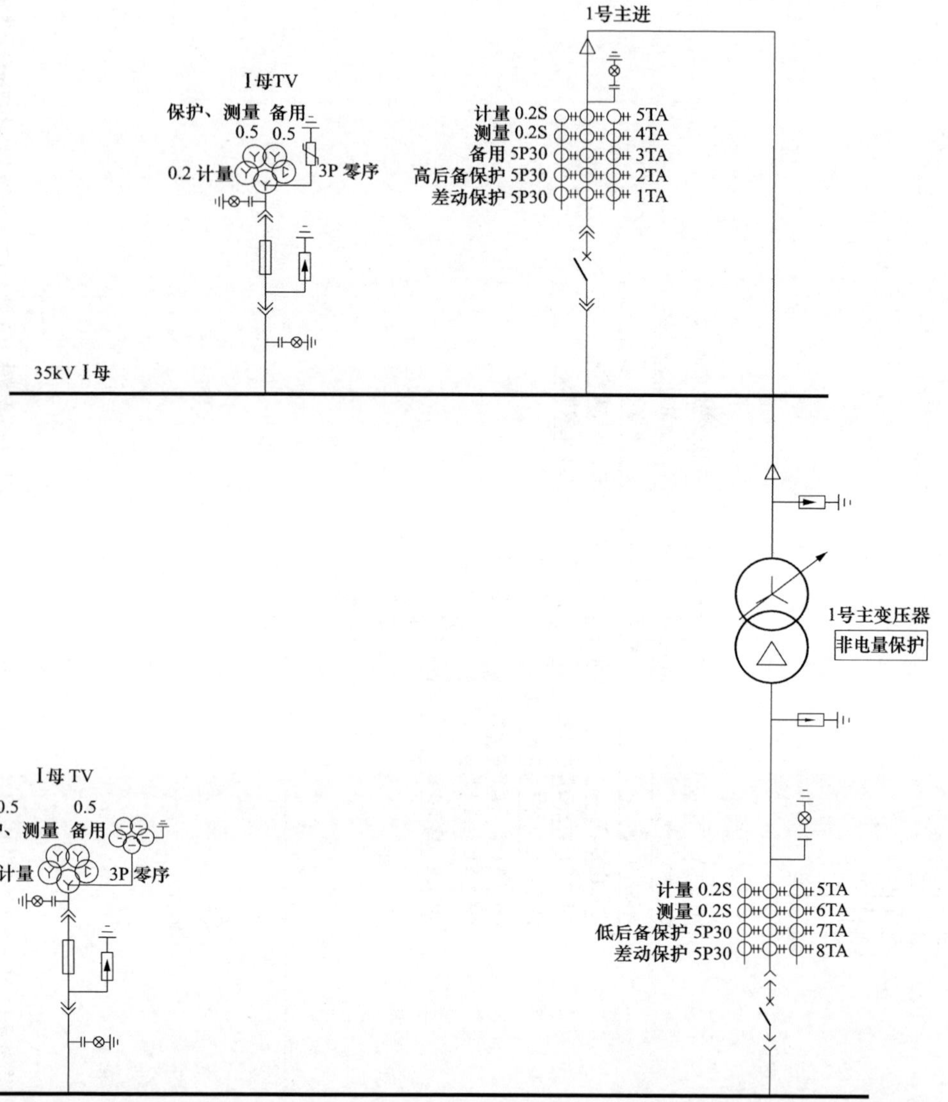


说明：1. 主变压器保护配置电量保护及非电量保护，采用主后独立装置，每套主变压器高低压侧采用保护测控集成装置，单套配置，本体配置1套测控装置。本期主变压器保护配置如下：主变压器差动保护装置1套；主变压器后备保护测控装置2套。

2. 主变压器非电量保护装置1套；主变压器测控装置1套。

**图 14.2.2-04　HA-35-E3-1　主变压器保护配置图**

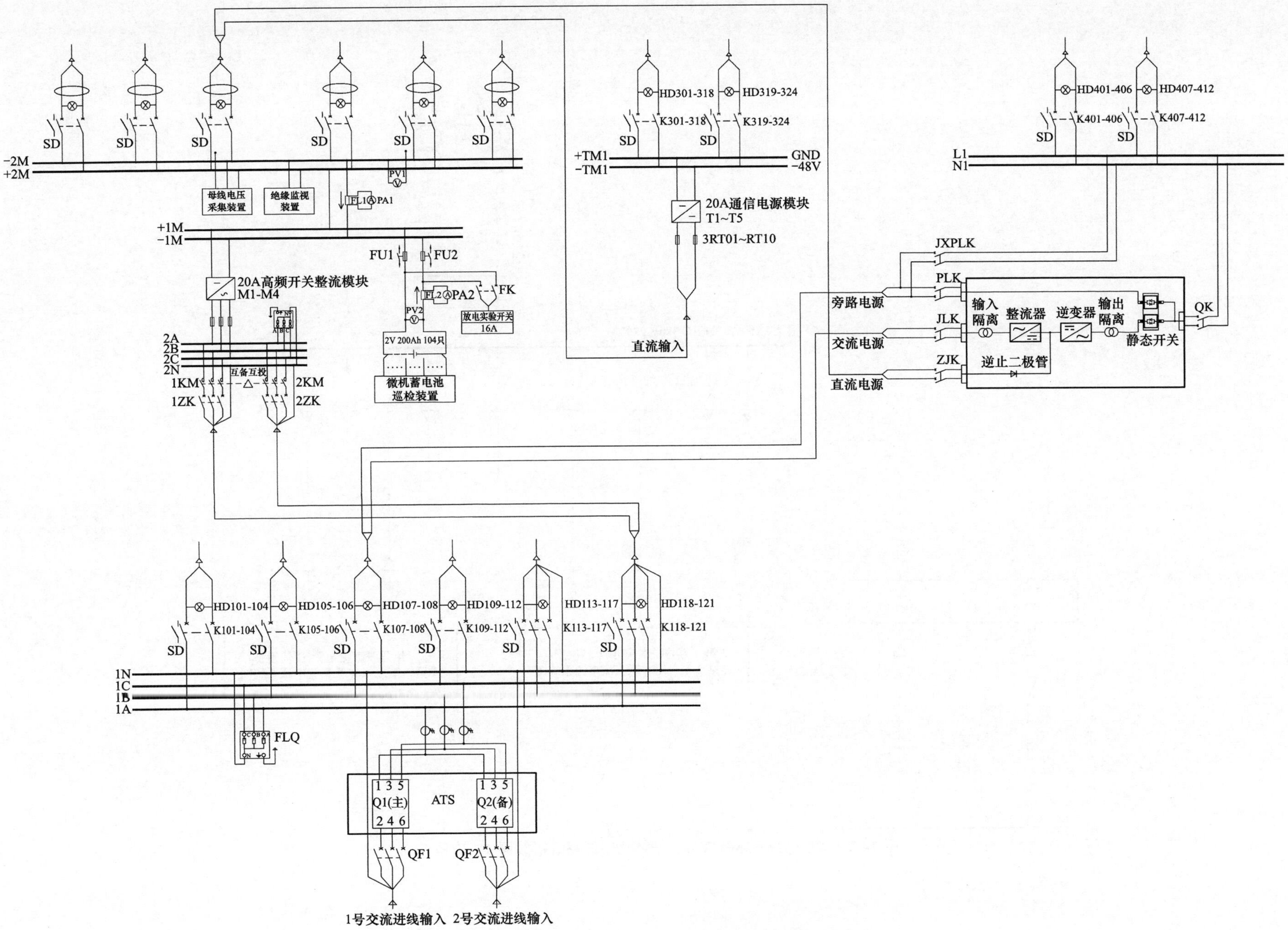


**图 14.2.2−05　HA−35−E3−1　一体化电源系统接线图（方案一）**

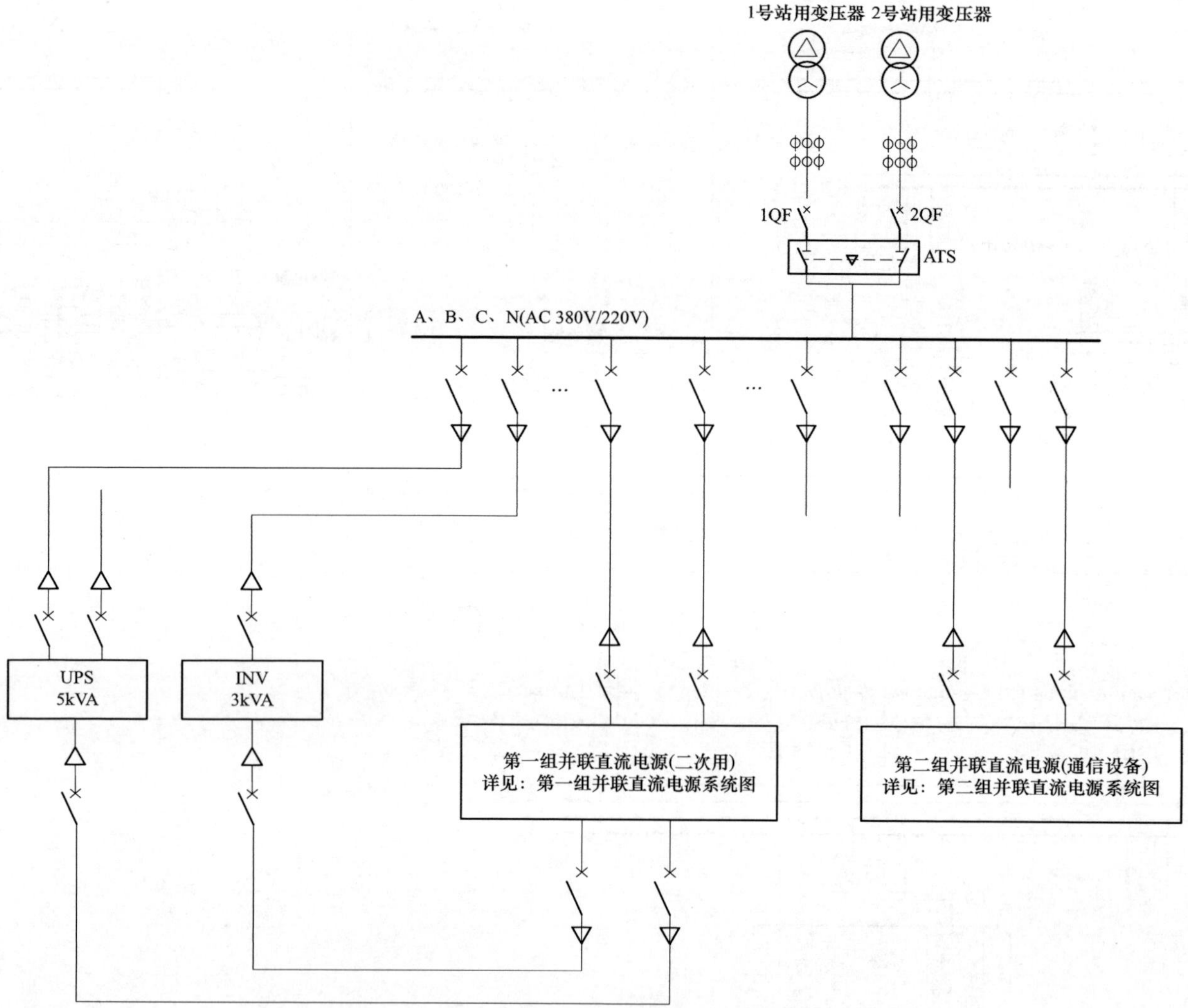


图 14.2.2-06　HA-35-E3-1　一体化电源系统接线图 1（方案二）

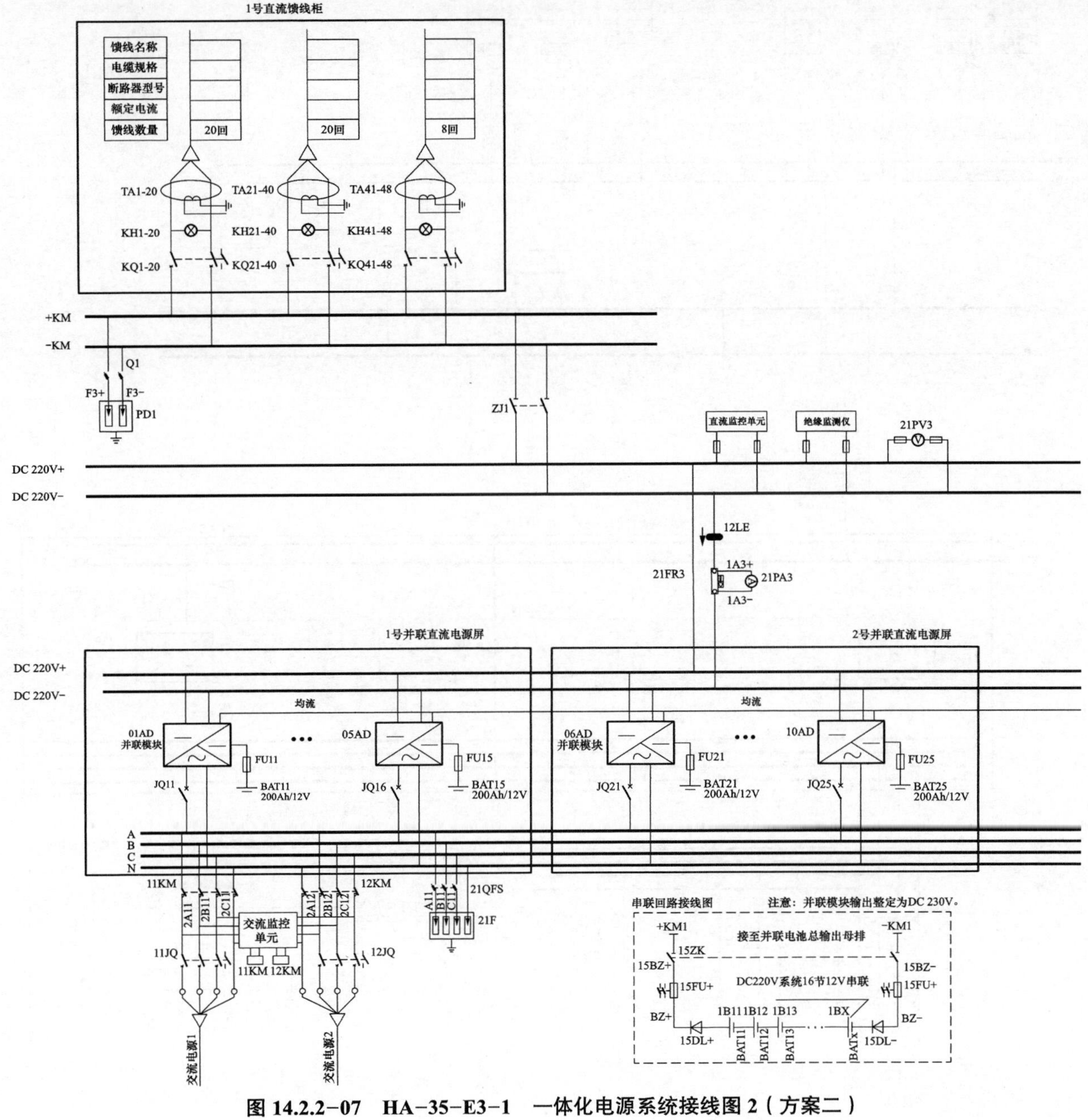


**图 14.2.2-07　HA-35-E3-1　一体化电源系统接线图 2（方案二）**

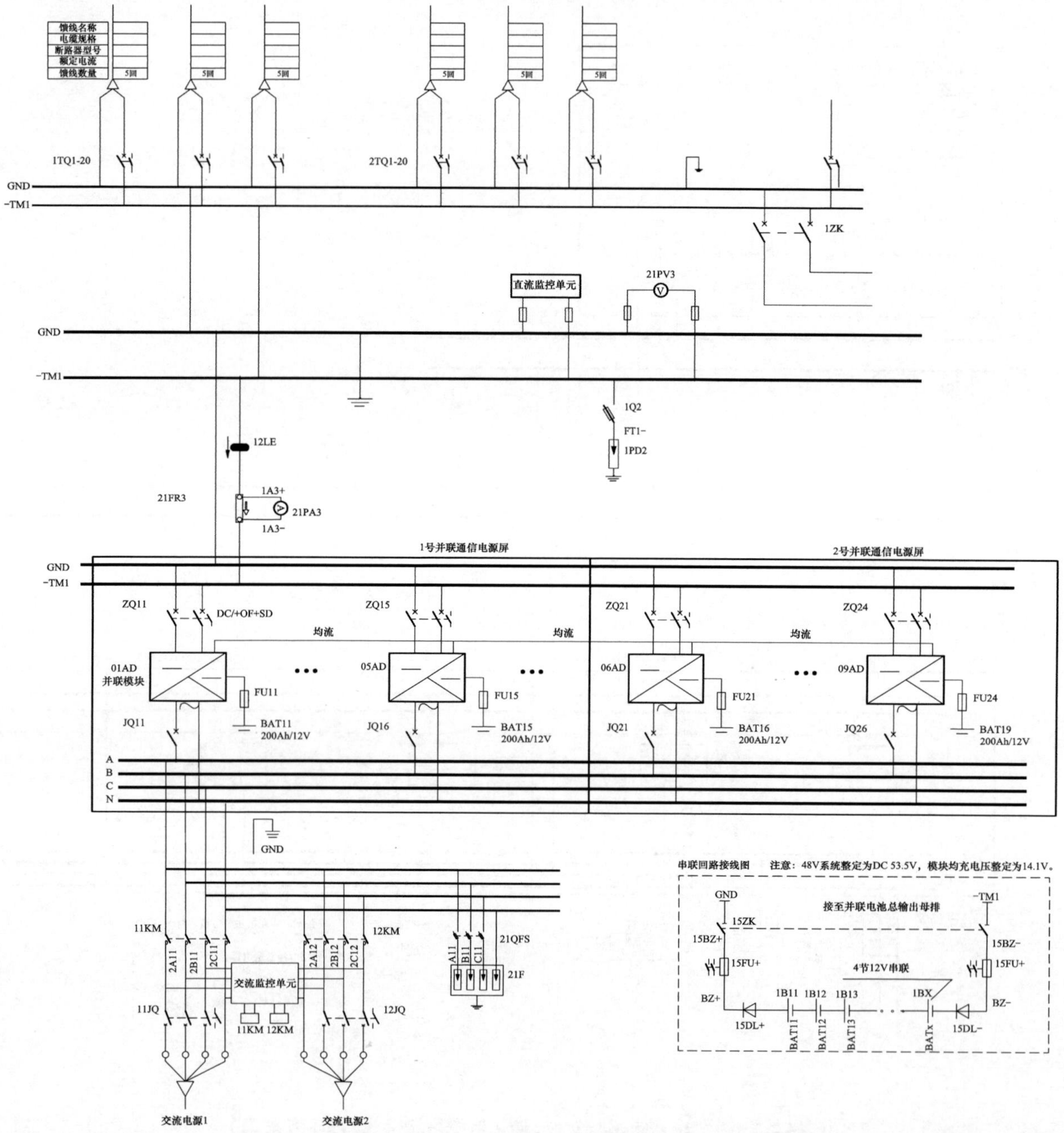


图 14.2.2-08 HA-35-E3-1 一体化电源系统接线图 3（方案二）

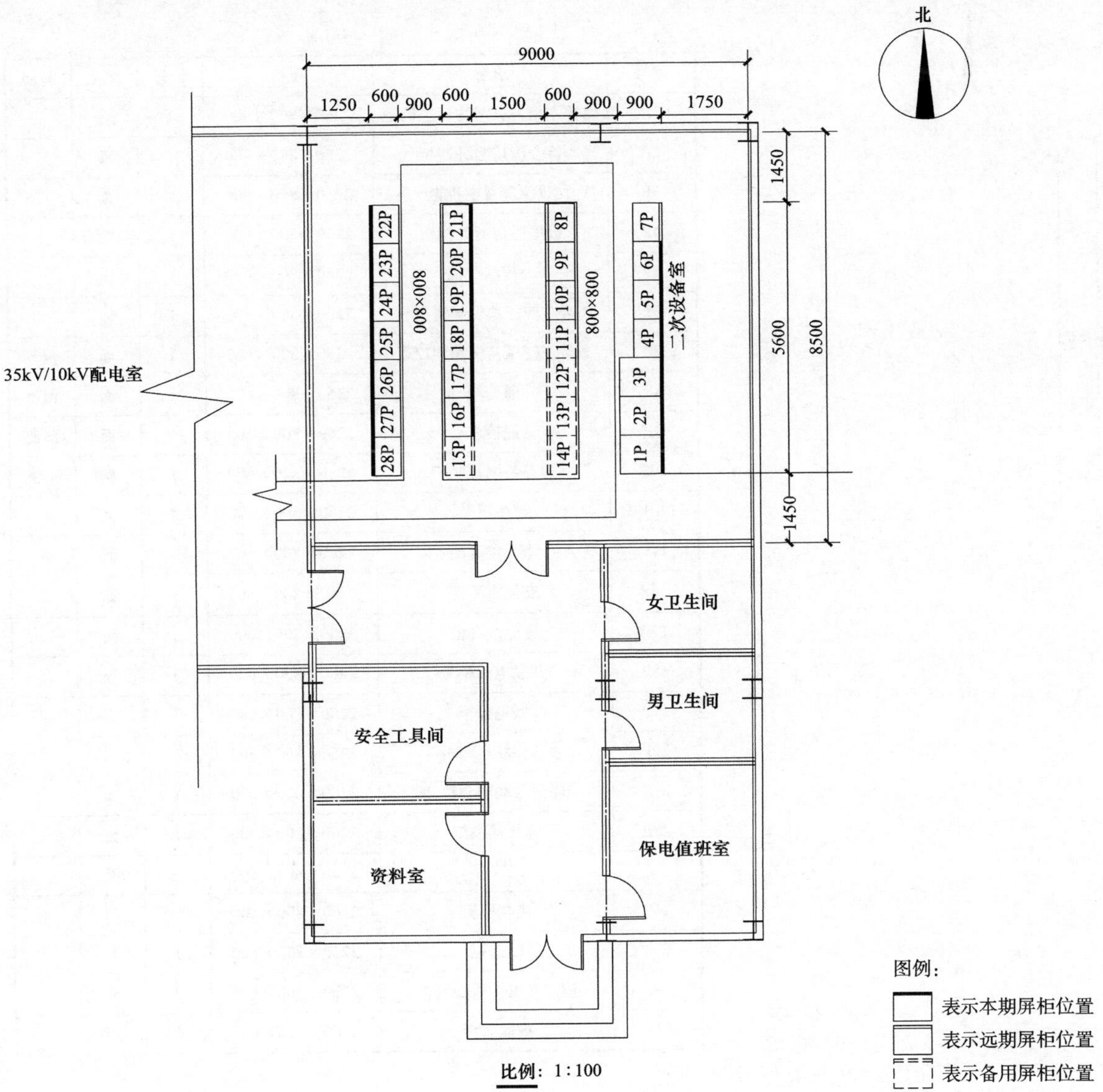


屏 位 表

| 屏号 | 名称 | 规格 | 数量 | 单位 | 备注 |
|---|---|---|---|---|---|
| 1P | 监控主机及智能防误主机柜 | 2260×800×900 | 1 | 面 | |
| 2P | 综合应用服务器柜 | 2260×800×900 | 1 | 面 | |
| 3P | 边缘巡视主机柜 | 2260×800×900 | 1 | 面 | |
| 4P | 数据通信网关机柜 | 2260×800×600 | 1 | 面 | |
| 5P | 公用测控柜 | 2260×800×600 | 1 | 面 | |
| 6P | 1 号主变压器保护测控柜 | 2260×800×600 | 1 | 面 | |
| 7P | 2 号主变压器保护测控柜 | 2260×800×600 | 1 | 面 | 预留 |
| 8P | 通信柜 | 2260×800×600 | 1 | 面 | 预留 |
| 9P | 通信柜 | 2260×800×600 | 1 | 面 | 预留 |
| 10P | 消弧线圈控制柜 | 2260×800×600 | 1 | 面 | 预留 |
| 11～15P | 备用 | 2260×800×600 | 5 | 面 | |
| 16P | 交流电源柜 | 2260×800×600 | 1 | 面 | |
| 17P | 直流充电柜 | 2260×800×600 | 1 | 面 | |
| 18P | 直流馈线柜 | 2260×800×600 | 1 | 面 | |
| 19P | 通信及 UPS 电源柜 | 2260×800×600 | 1 | 面 | |
| 20P | 蓄电池柜 1 | 2260×800×600 | 1 | 面 | |
| 21P | 蓄电池柜 2 | 2260×800×600 | 1 | 面 | |
| 22P | 综合配线架 | 2260×800×600 | 1 | 面 | |
| 23P | PTN 柜 | 2260×800×600 | 1 | 面 | |
| 24P | 光端机柜 | 2260×800×600 | 1 | 面 | |
| 25P | IAD 柜 | 2260×800×600 | 1 | 面 | |
| 26～27P | 调度数据接入专网柜 | 2260×800×600 | 2 | 面 | |
| 28P | 电能表柜 | 2260×800×600 | 1 | 面 | |

**图 14.2.2-09　HA-35-E3-1　二次设备室屏位布置图（方案一）**

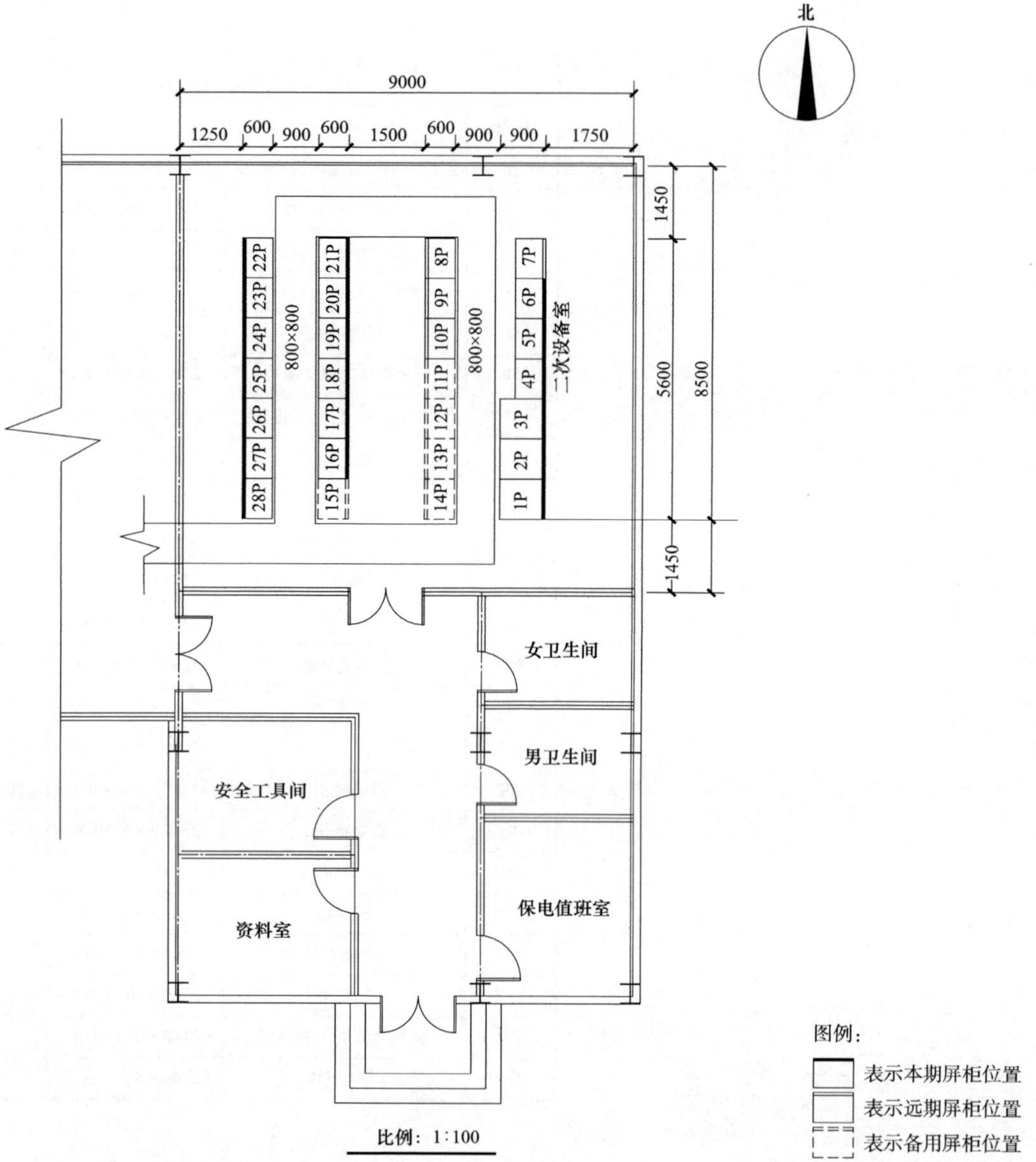


屏 位 表

| 屏号 | 名称 | 规格 | 数量 | 单位 | 备注 |
|---|---|---|---|---|---|
| 1P | 监控主机及智能防误主机柜 | 2260×800×900 | 1 | 面 | |
| 2P | 综合应用服务器柜 | 2260×800×900 | 1 | 面 | |
| 3P | 边缘巡视主机柜 | 2260×800×900 | 1 | 面 | |
| 4P | 数据通信网关机柜 | 2260×800×600 | 1 | 面 | |
| 5P | 公用测控柜 | 2260×800×600 | 1 | 面 | |
| 6P | 1 号主变压器保护测控柜 | 2260×800×600 | 1 | 面 | |
| 7P | 2 号主变压器保护测控柜 | 2260×800×600 | 1 | 面 | 预留 |
| 8P | 通信柜 | 2260×800×600 | 1 | 面 | 预留 |
| 9P | 通信柜 | 2260×800×600 | 1 | 面 | 预留 |
| 10P | 消弧线圈控制柜 | 2260×800×600 | 1 | 面 | 预留 |
| 11～14P | 备用 | 2260×800×600 | 4 | 面 | |
| 15P | UPS 电源柜 | 2260×800×600 | 1 | 面 | |
| 16P | 交流电源柜 | 2260×800×600 | 1 | 面 | |
| 17P | 直流馈线柜 | 2260×800×600 | 1 | 面 | |
| 18P | 并联电源柜 1 | 2260×800×600 | 1 | 面 | |
| 19P | 并联电源柜 2 | 2260×800×600 | 1 | 面 | |
| 20P | 通信并联电源柜 1 | 2260×800×600 | 1 | 面 | |
| 21P | 通信并联电源柜 2 | 2260×800×600 | 1 | 面 | |
| 22P | 综合配线架 | 2260×800×600 | 1 | 面 | |
| 23P | PTN 柜 | 2260×800×600 | 1 | 面 | |
| 24P | 光端机柜 | 2260×800×600 | 1 | 面 | |
| 25P | IAD 柜 | 2260×800×600 | 1 | 面 | |
| 26～27P | 调度数据接入专网柜 | 2260×800×600 | 2 | 面 | |
| 28P | 电能表柜 | 2260×800×600 | 1 | 面 | |

图 14.2.2-10 HA-35-E3-1 二次设备室屏位布置图（方案二）

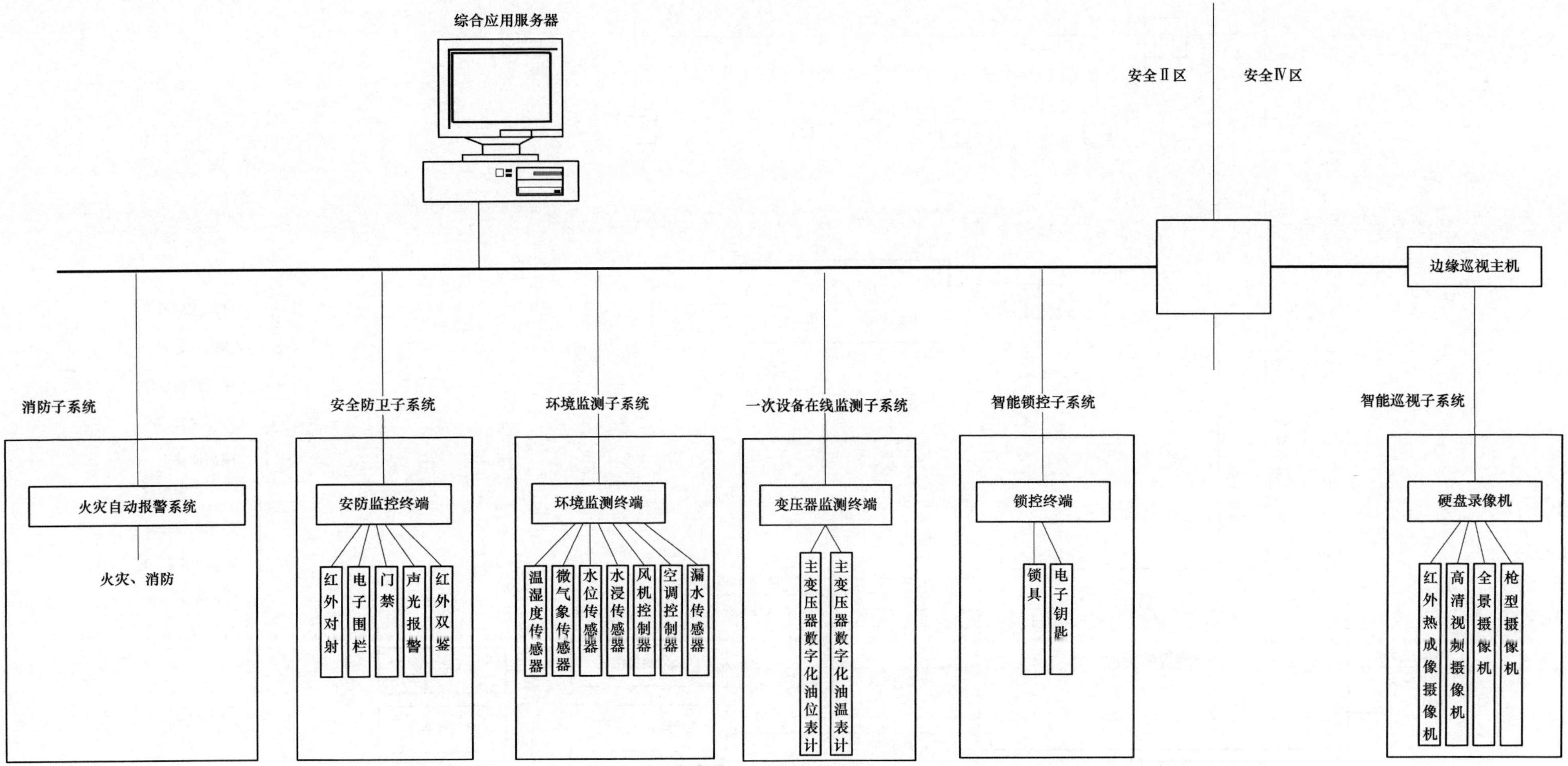


图 14.2.2-11　HA-35-E3-1　辅助设备智能监控系统结构示意图

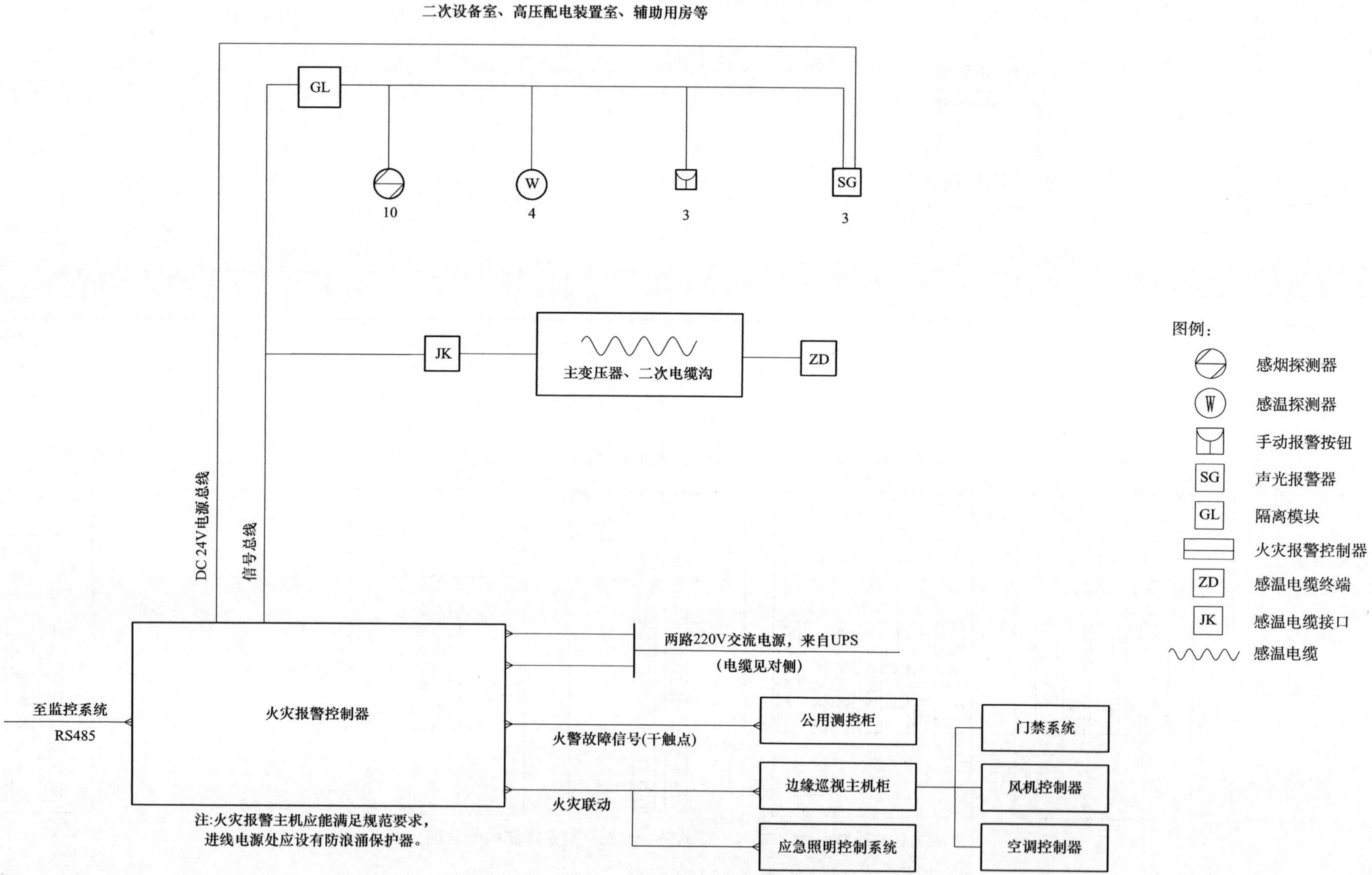


图 14.2.2-12　HA-35-E3-1　火灾自动报警系统配置图

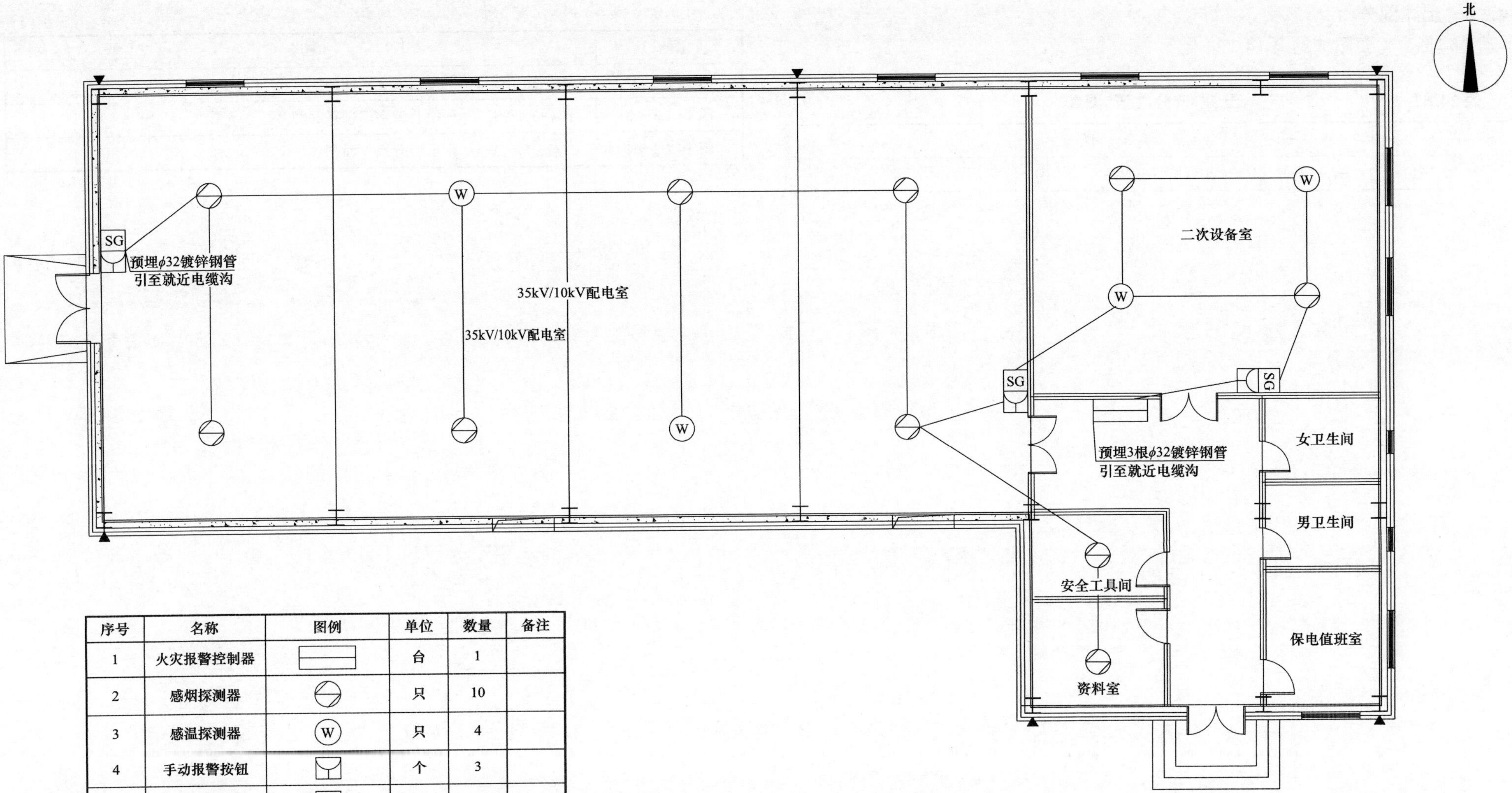


| 序号 | 名称 | 图例 | 单位 | 数量 | 备注 |
|---|---|---|---|---|---|
| 1 | 火灾报警控制器 | | 台 | 1 | |
| 2 | 感烟探测器 | | 只 | 10 | |
| 3 | 感温探测器 | W | 只 | 4 | |
| 4 | 手动报警按钮 | | 个 | 3 | |
| 5 | 声光报警器 | SG | 只 | 3 | |
| 6 | 感温电缆接口 | JK | 个 | 按需 | |
| 7 | 感温电缆终端 | ZD | 个 | 按需 | |
| 8 | 感温电缆 | ∿∿∿ | m | 按需 | |

图例：

| 图例 | 名称 | 说明 |
|---|---|---|
| | 手动报警按钮 | 门口处安装高度距地 1.5m，与声光报警器保持直线垂直预留线盒。 |
| SG | 声光报警器 | 门口处安装高度距地 2.5m，与手动报警按钮保持直线垂直预留线盒。 |
| | 感烟探测器 | 吸顶安装，在顶部居中适宜位置处预埋线盒。 |
| W | 感温探测器 | 吸顶安装，在顶部居中适宜位置处预埋线盒。 |
| | 火灾报警控制器 | 走廊墙上壁挂式安装，根据现场情况确定具体安装位置，侧边距门 1.2m，底边距地 1.5m，预留孔洞。 |

**图 14.2.2-13　HA-35-E3-1　火灾报警探测器布点图**

### 14.2.3 土建部分

土建部分主要图纸见表 14.2.3-1。

**表 14.2.3-1　　土建部分主要图纸**

| 图号 | 图名 |
|---|---|
| 图 14.2.3-01 | HA-35-E3-1　土建总平面布置图 |
| 图 14.2.3-02 | HA-35-E3-1　配电装置室平面图 |
| 图 14.2.3-03 | HA-35-E3-1　配电装置室屋顶平面图 |
| 图 14.2.3-04 | HA-35-E3-1　配电装置室立面图 |

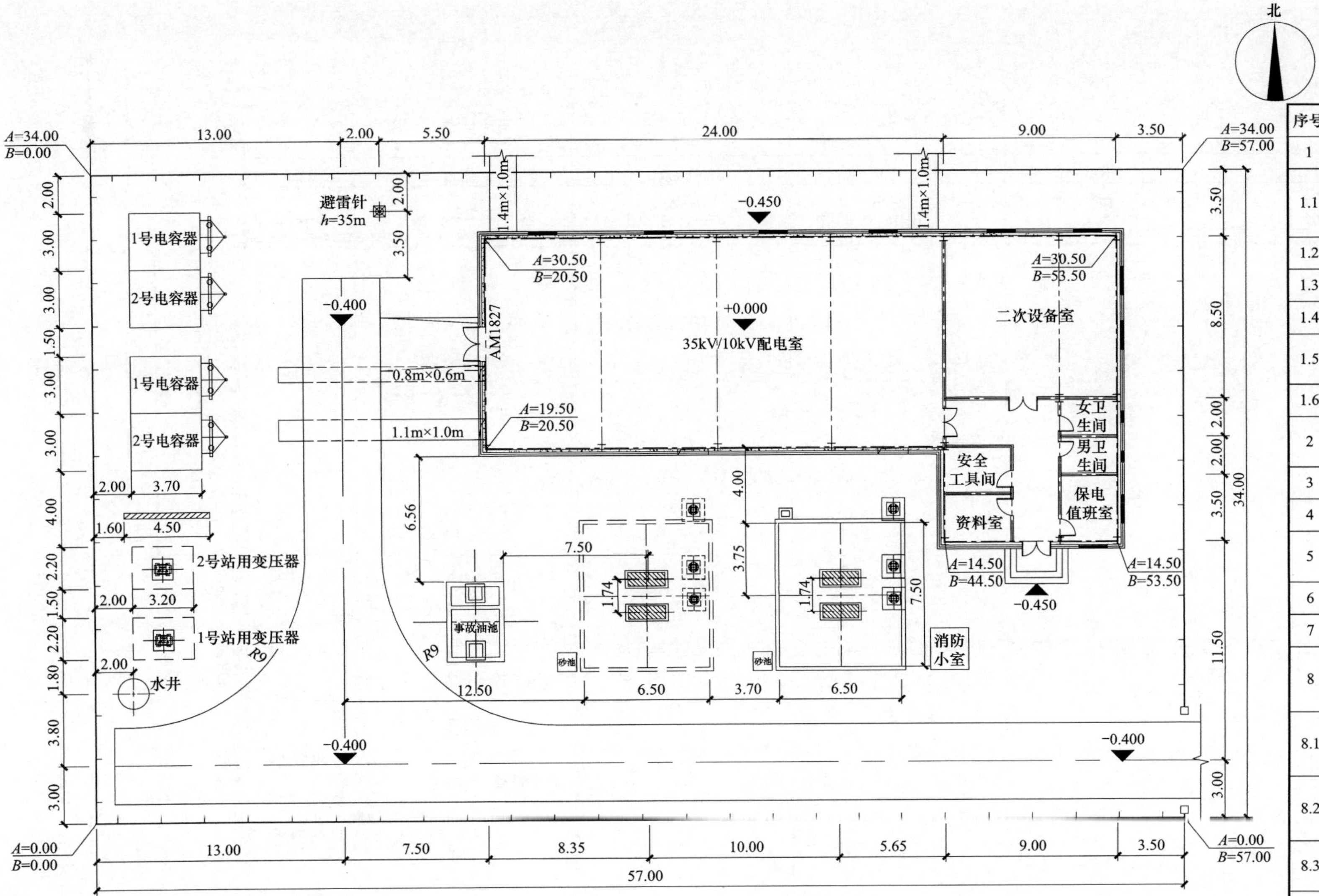


## 主要技术经济指标一览表

| 序号 | 项目 | | 单位 | 数量 | 备注 |
|---|---|---|---|---|---|
| 1 | 站址总用地面积 | | $hm^2$ | | |
| 1.1 | 站区围墙内用地面积 | | $hm^2$ | 0.1938 | 合2.91亩 |
| 1.2 | 进站道路用地面积 | | $hm^2$ | | |
| 1.3 | 站外供水设施用地面积 | | $hm^2$ | | |
| 1.4 | 站排洪水设施用地面积 | | $hm^2$ | | |
| 1.5 | 站外防（排）洪设施用地面积 | | $hm^2$ | | |
| 1.6 | 其他用地面积 | | $hm^2$ | | |
| 2 | 进站道路长度（新建/改造） | | m | | |
| 3 | 站外供水管线长度 | | m | | |
| 4 | 站外排水管线长度 | | m | | |
| 5 | 站内室外电缆沟 | 1.4m×1.0m | m | 33 | |
| 6 | 站内外挡土墙体积 | | $m^3$ | | |
| 7 | 站内外护坡面积 | | $m^2$ | | |
| 8 | 站址土（石）方量 | 挖方（-） | $m^3$ | | |
| | | 填方（+） | $m^3$ | | |
| 8.1 | 站区场地平整 | 挖方（-） | $m^3$ | | |
| | | 填方（+） | $m^3$ | | |
| 8.2 | 进站道路 | 挖方（-） | $m^3$ | | |
| | | 填方（+） | $m^3$ | | |
| 8.3 | 建构（筑）物基槽及场平余土 | | $m^3$ | | |
| 9 | 站址土方综合平衡 | 弃土 | $m^3$ | | |
| | | 购土 | $m^3$ | | |
| 10 | 站内道路面积 | | $m^2$ | 368 | |
| 11 | 屋外场地面积 | | $m^2$ | 950 | |
| 12 | 总建筑面积 | | $m^2$ | 448 | |
| 13 | 站区围墙长度 | | $m^2$ | 177 | |

## 站区建（构）筑物一览表

| 序号 | 项目 | 单位 | 数量 | 备注 | 序号 | 项目 | 单位 | 数量 | 备注 |
|---|---|---|---|---|---|---|---|---|---|
| 1 | 配电装置用房 | $m^2$ | 448 | | 5 | 独立避雷针 | 根 | 1 | 35m |
| 2 | 主变压器场地 | $m^2$ | 320 | | 6 | 成品化粪池 | 座 | 1 | $2m^3$ |
| 3 | 电容器场地 | $m^2$ | 150 | | 7 | 消防小室 | 座 | 1 | 成品 |
| 4 | 事故油池 | 座 | 1 | $15m^3$ | 8 | 消防砂池 | 座 | 1 | $1m^3$ |

**图 14.2.3-01　HA-35-E3-1　土建总平面布置图**

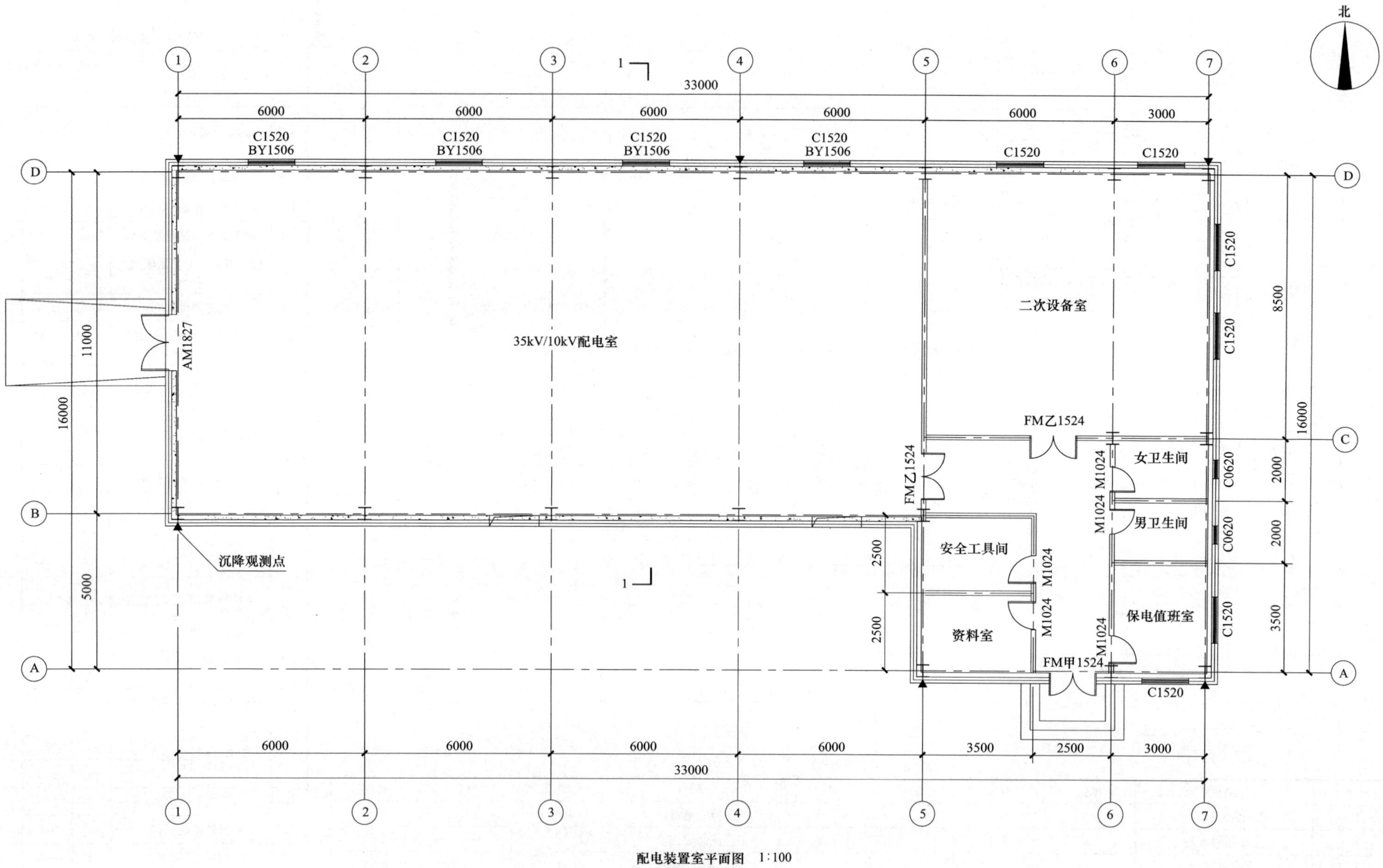


图 14.2.3-02　HA-35-E3-1　配电装置室平面图

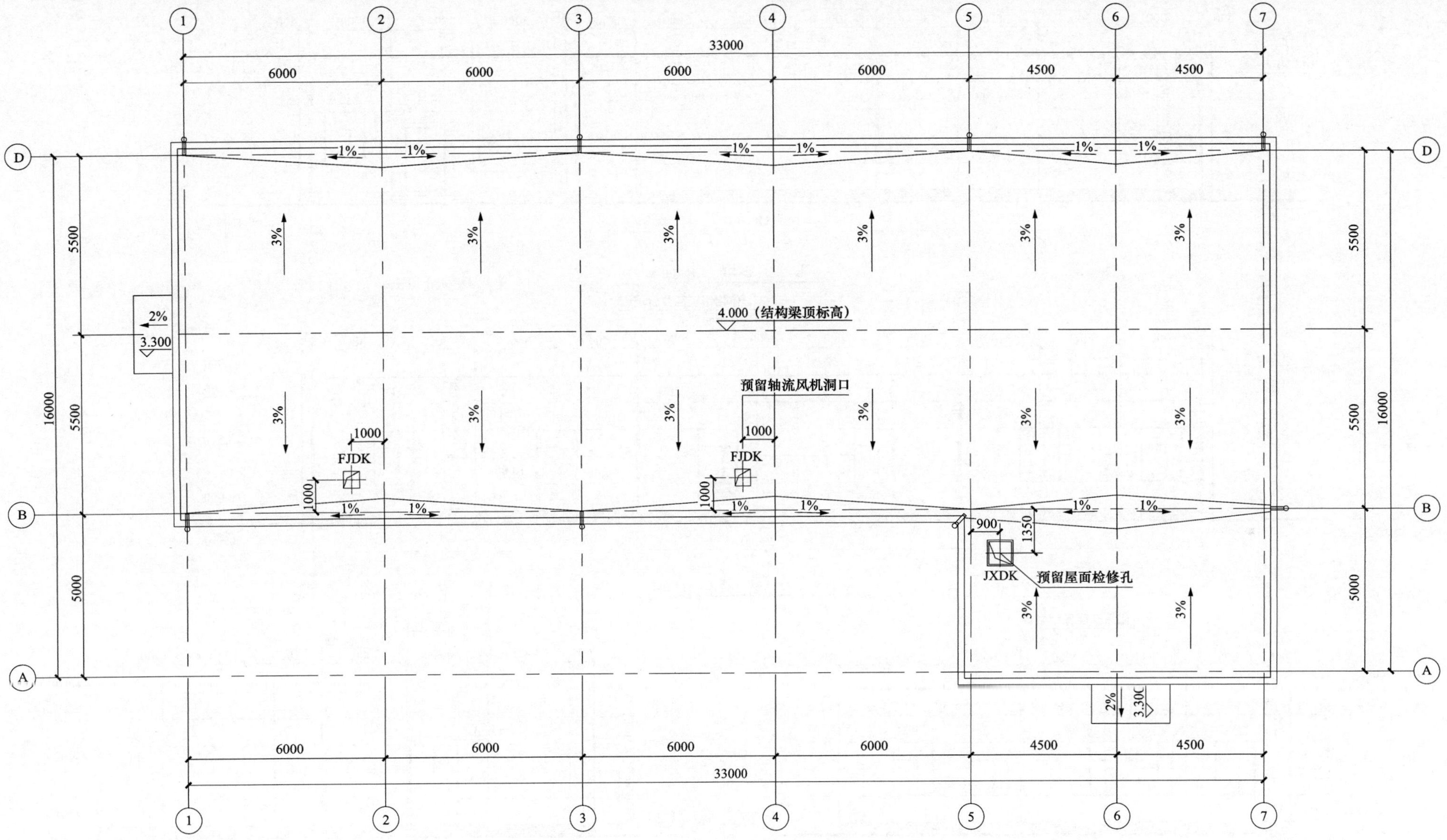


配电装置室屋顶平面图 1:100

**图 14.2.3-03 HA-35-E3-1 配电装置室屋顶平面图**

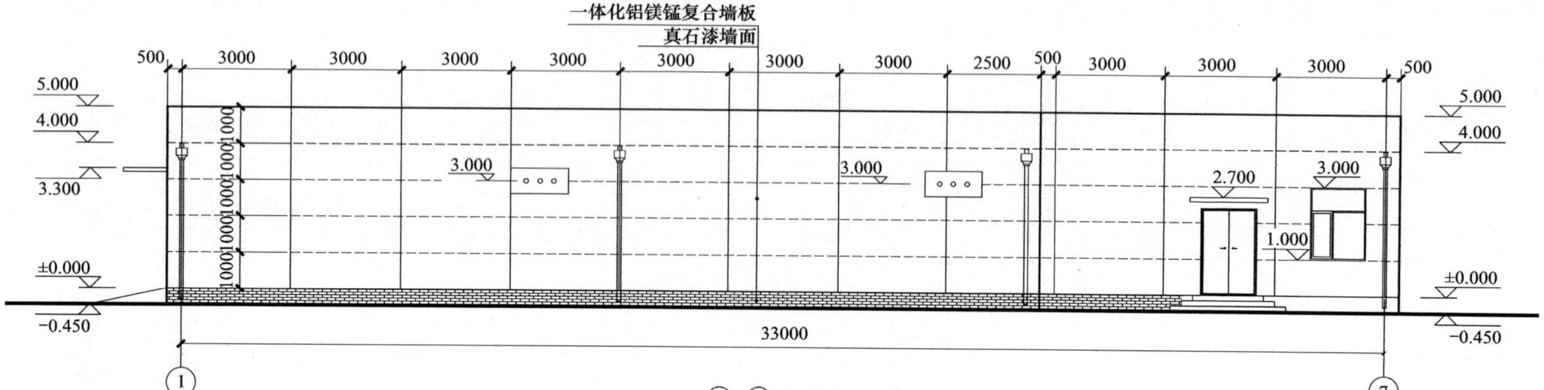


①-⑦ 立面图　1∶100

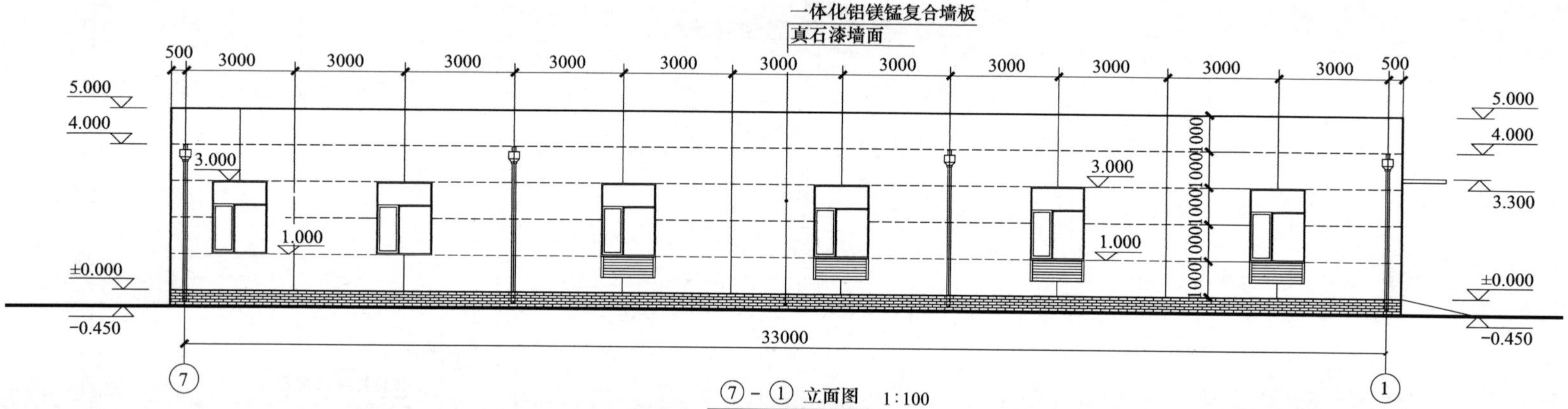


⑦-① 立面图　1∶100

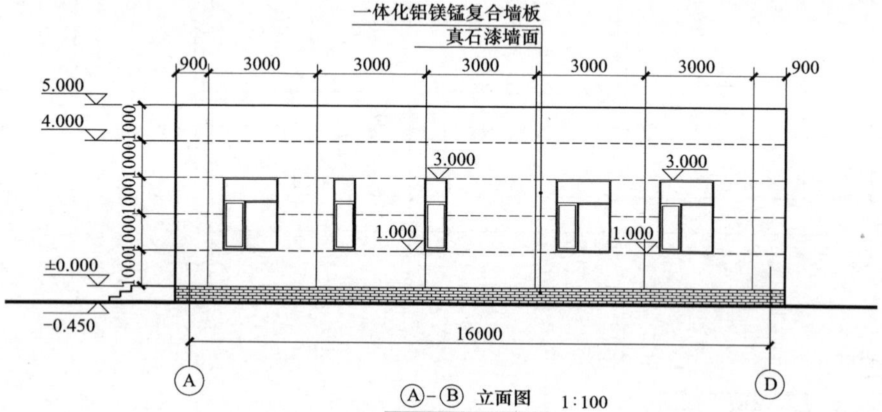


Ⓐ-Ⓓ 立面图　1∶100

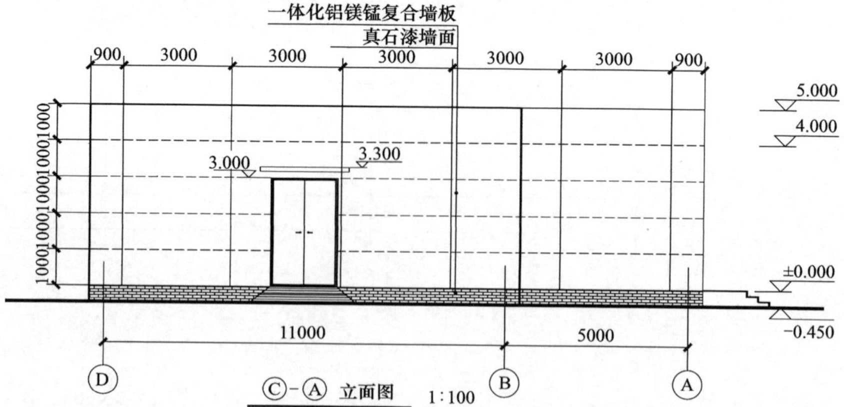


Ⓒ-Ⓐ 立面图　1∶100

**图 14.2.3-04　HA-35-E3-1　配电装置室立面图**

图 7.2.0-1　HA-220-A2-10 方案三维效果图（一）

图 7.2.0-2　HA-220-A2-10 方案三维效果图（二）

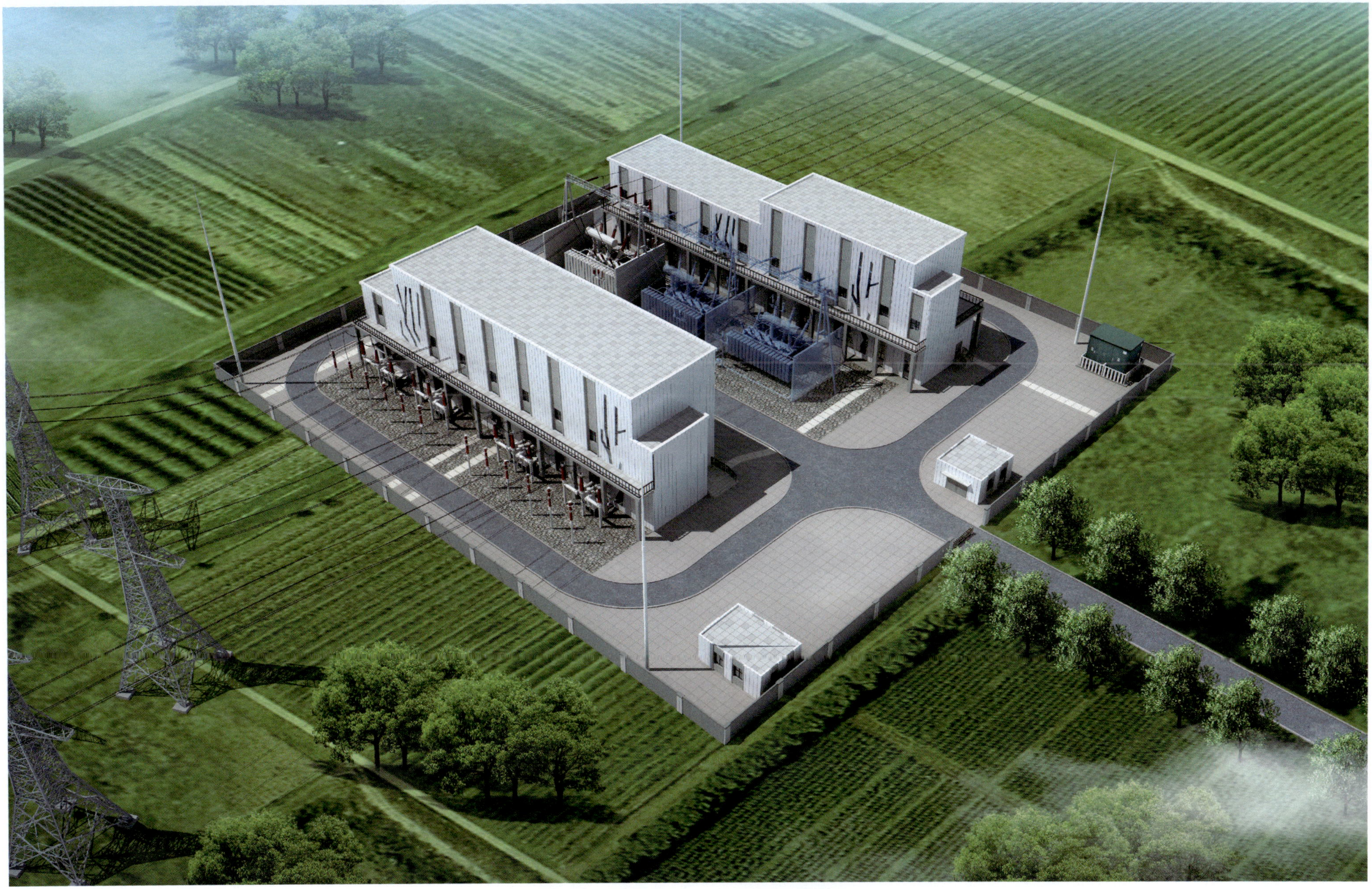

图 8.2.0-1　HA-220-A3-2 方案三维效果图

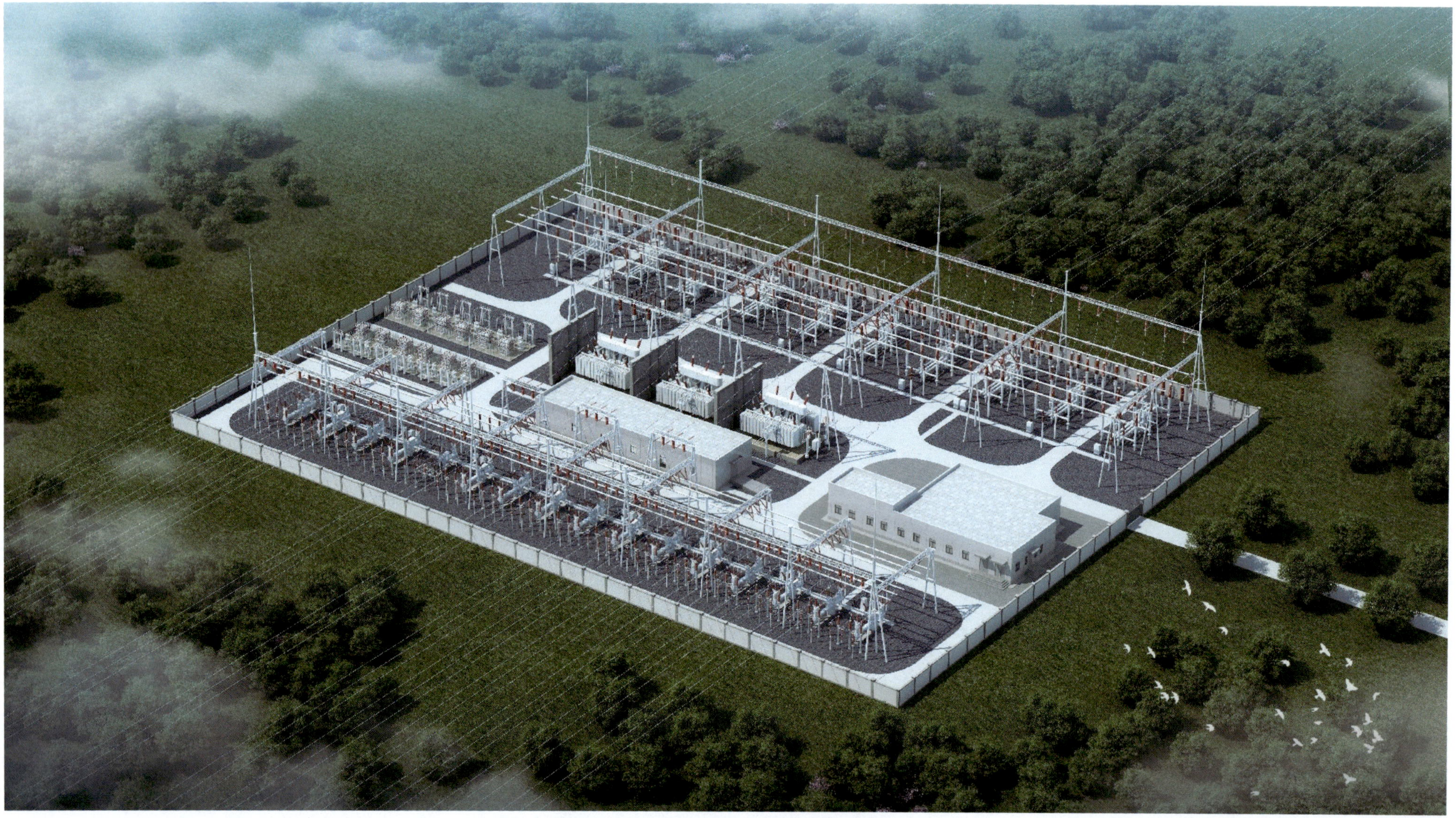

图 9.2.0-1　HA-220-B-1 方案三维效果图

图 10.2.0-1　HA-110-A2-3 方案三维效果图

图 11.2.0-1　HA-110-A3-3 方案三维效果图

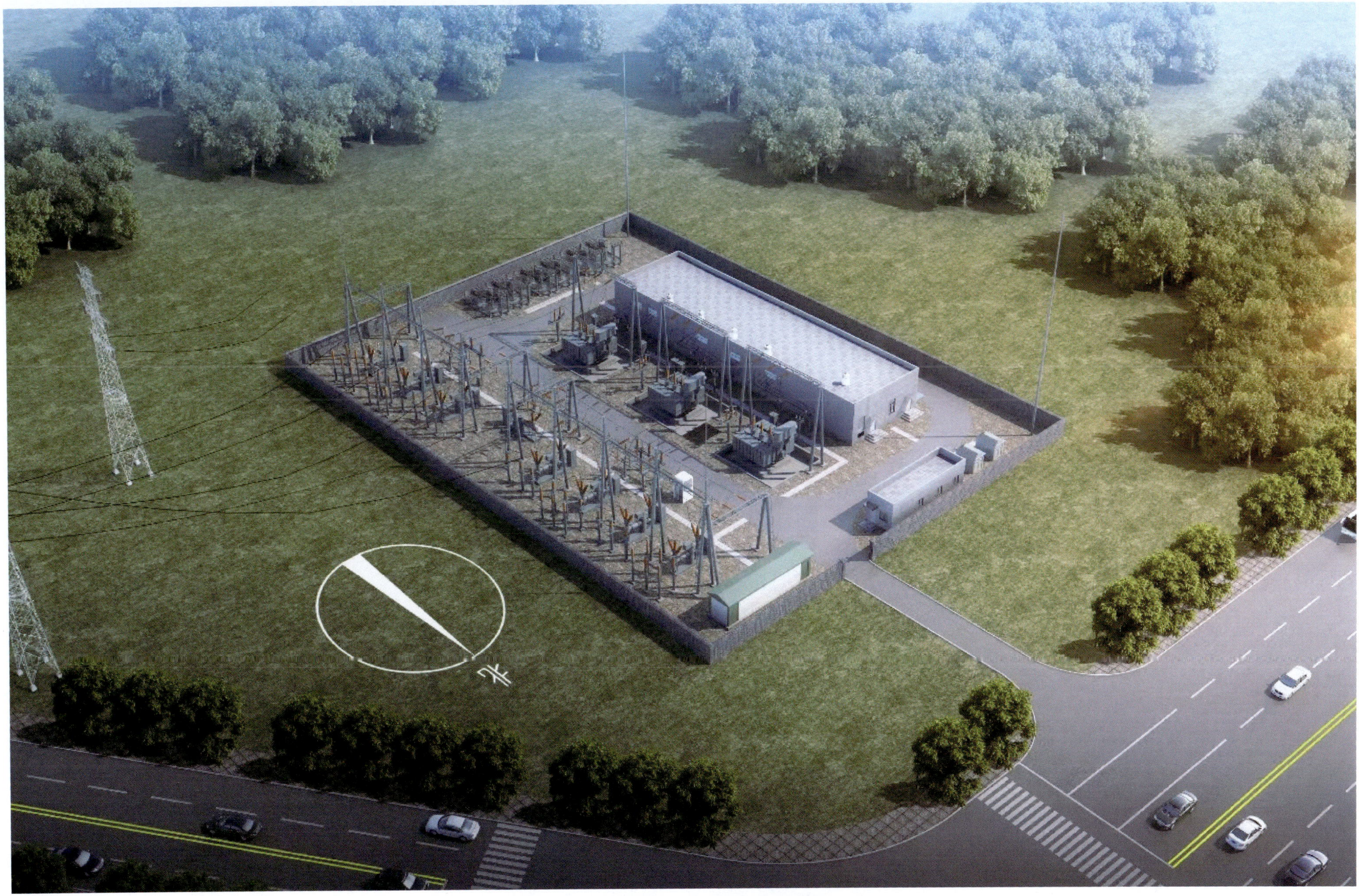


**图 12.2.0-1　HA-110-B-1 方案三维效果图（一）**

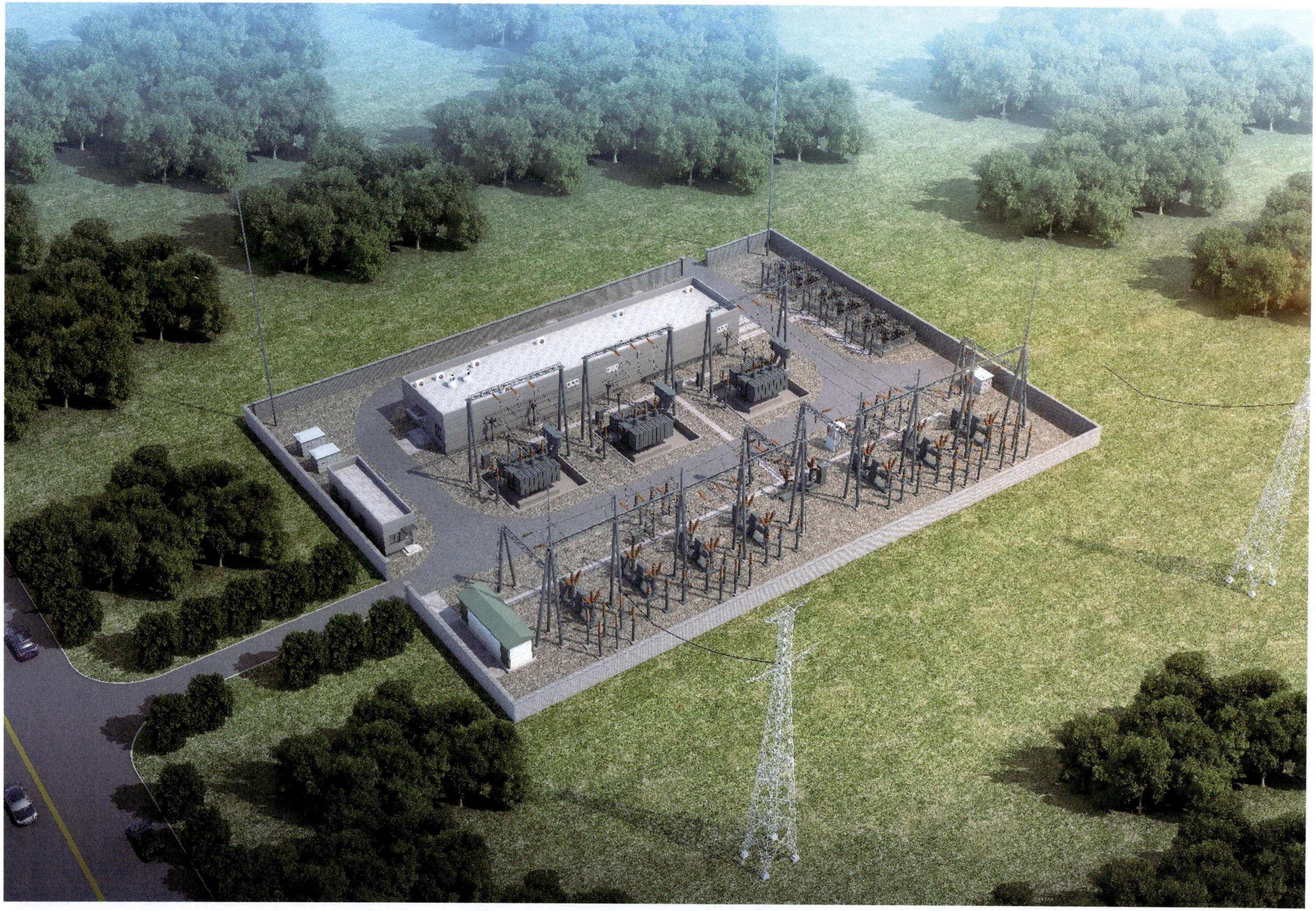

图 12.2.0-2　HA-110-B-1 方案三维效果图（二）

图 12.2.0-3　HA-110-B-1 方案三维效果图（三）

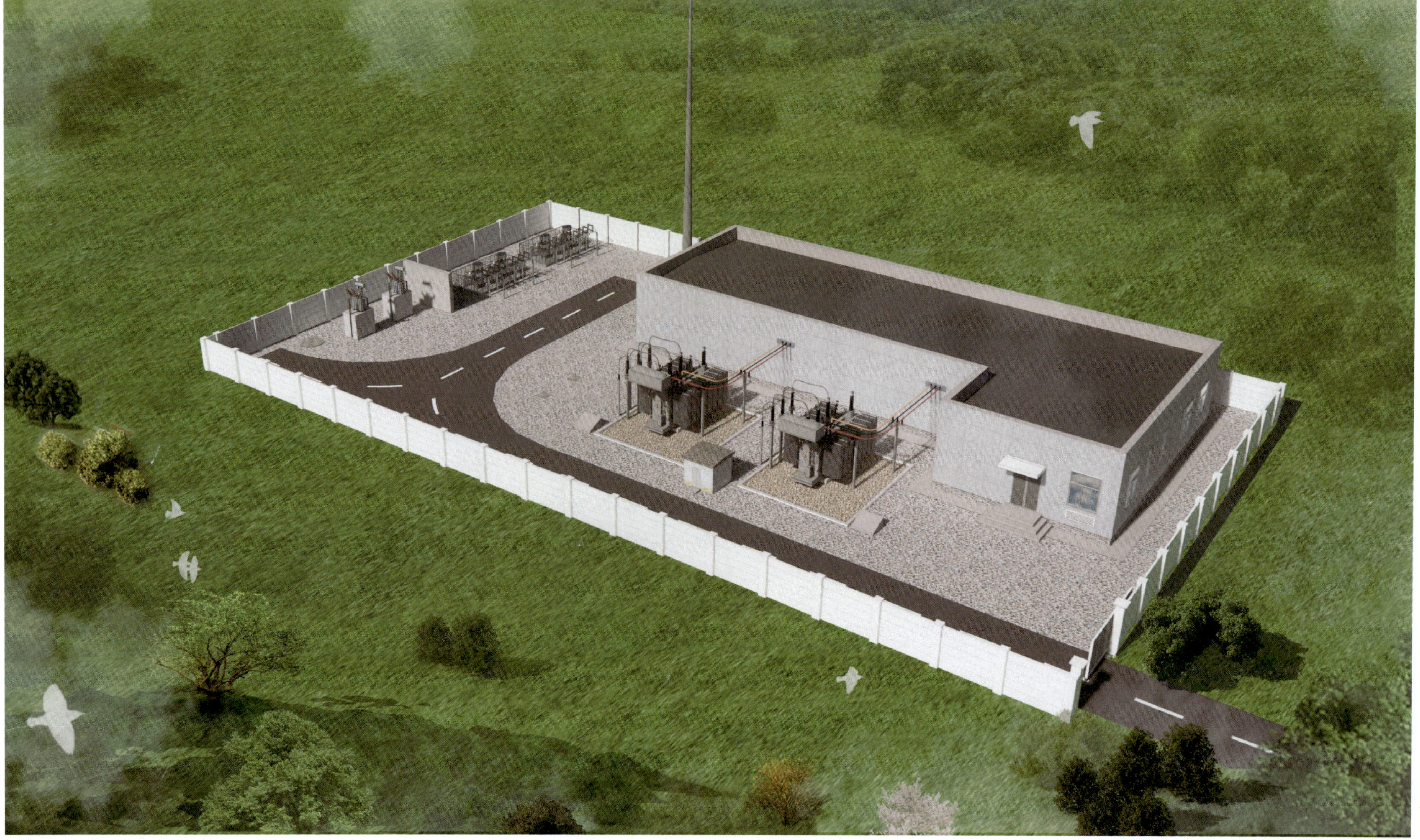

图 14.2.0-1　HA-35-E3-1 方案三维效果图